에듀윌과 함께 시작하면,
당신도 합격할 수 있습니다!

대학 졸업을 앞두고 취업준비를 하며
수질환경기사 시험을 준비하는 취준생

비전공자이지만 더 많은 기회를 만들기 위해
수질환경기사에 도전하는 수험생

환경 관련 업체에서 일하면서 승진을 위해
수질환경기사에 도전하는 주경야독 직장인

누구나 합격할 수 있습니다.
시작하겠다는 '다짐' 하나면 충분합니다.

마지막 페이지를 덮으면,

에듀윌과 함께
수질환경기사 합격이 시작됩니다.

환경 쌍기사 취득
취업의 문이 넓어집니다!

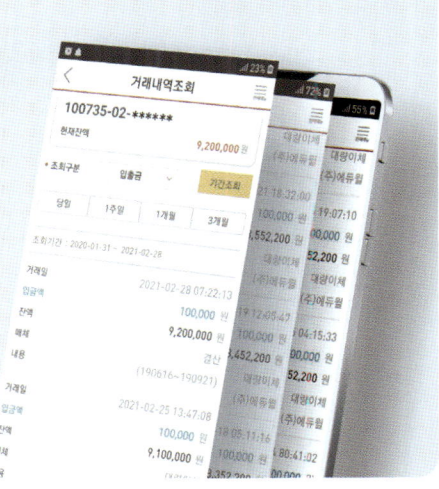

에듀윌 수질환경기사

4주 완성 학습 플래너

1, 2주차 학습전략

빠른 회독으로 전체적인 내용 파악

WEEK	DAY	학습내용	완료
WEEK 01	DAY 01	25년 기출문제	☐
	DAY 02	24년 기출문제	☐
	DAY 03	23년 기출문제	☐
	DAY 04	22년 기출문제	☐
	DAY 05	21년 기출문제	☐
	DAY 06	20년 기출문제	☐
	DAY 07	19년 기출문제	☐
WEEK 02	DAY 08	18년 기출문제 1회독	☐
	DAY 09	핵심이론 특강(1~6강)	☐
	DAY 10	25~24년 기출문제	☐
	DAY 11	23~22년 기출문제	☐
	DAY 12	21~20년 기출문제	☐
	DAY 13	19~18년 기출문제 2회독	☐
	DAY 14	핵심이론 특강(7~11강)	☐

3, 4주차 학습전략

기출 위주 학습으로 합격점수 완성

WEEK	DAY	학습내용	완료
WEEK 03	DAY 15	빈출공식 계산문제 특강	☐
	DAY 16	25~24년 기출문제	☐
	DAY 17	23~22년 기출문제	☐
	DAY 18	21~20년 기출문제	☐
	DAY 19	19~18년 기출문제 3회독	☐
	DAY 20	핵심이론 복습	☐
	DAY 21	25~24년 기출문제	☐
WEEK 04	DAY 22	23~22년 기출문제	☐
	DAY 23	21~20년 기출문제	☐
	DAY 24	19~18년 기출문제 4회독	☐
	DAY 25	25~24년 기출문제	☐
	DAY 26	23~22년 기출문제	☐
	DAY 27	21~20년 기출문제	☐
	DAY 28	19~18년 기출문제 5회독	☐

2026

에듀윌
수질환경기사
필기 4주끝장
+무료특강

❶권 | 빈출공식+8개년 기출

무료특강
핵심이론전체
계산문제해설

기출기반 KEYWORD로 정리한 핵심이론!
빈출공식+8개년 기출 반복으로 단기합격!

- 최신기출 | 2025년 CBT 복원문제 3회 수록
- 무료특강 | 핵심이론, 빈출공식&계산문제 특강 제공
- 별책부록 | 빈출공식&법령 우선순위 암기노트 수록

eduwill

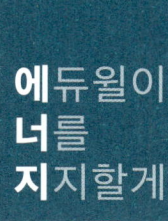

에듀윌이
너를
지지할게
ENERGY

시작하라.

그 자체가 천재성이고,
힘이며, 마력이다.

– 요한 볼프강 폰 괴테(Johann Wolfgang von Goethe)

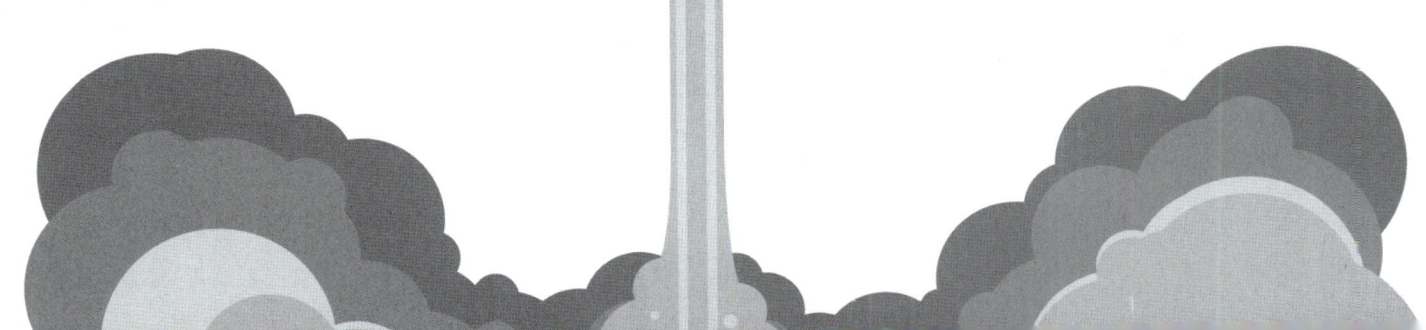

수질환경관계법규 및 수질오염공정시험기준 개정에 따른 안내사항

수질환경기사 필기 1과목에서는 물환경보전법, 환경정책기본법 등 수질 관련 법령이 출제됩니다. 이 법령들은 수시로 개정되며, 개정된 내용은 시행일 이후 치러지는 시험부터 적용됩니다. 이에 따라 저희 에듀윌 교재는 최신 법령 개정안을 반영하여 개정 및 출간하고 있습니다. (최신 개정 법령: 물환경보전법 2025.08.28 개정안)

또한 4과목에서는 수질오염공정시험기준이 출제되며, 최근 개정안(2024.11.27)에서 관련 용어의 정의, 시료의 보존방법 등 세부 항목이 개정되었습니다. 저희 에듀윌 교재는 수험생이 현행 기준에 맞춰 학습할 수 있도록 개정 사항을 모두 반영하였습니다. 학습에 불편함이 없도록 참고하셔서 합격하시기 바랍니다.

에듀윌 수질환경기사

필기 4주끝장

빈출공식＋8개년 기출

수질환경기사 필기 시험정보

01 필기시험일정

구분	원서접수	시험날짜	합격자 발표
1회	2026.01	2026.02	2026.03
2회	2026.04	2026.05	2026.06
3회	2026.07	2026.08	2026.09

※ 2026 시험일정은 2025년 12월에 확정되며, 정확한 시험일정 및 시험정보는 한국산업인력공단(Q-net) 참고

02 필기시험 진행방법

구분	내용
시험과목	수질오염개론, 상하수도계획, 수질오염방지기술, 수질오염공정시험기준
검정방법	• 객관식, 4지택일형, CBT 시험방식으로 진행 • 시험시간은 과목당 30분으로 총 120분임
합격기준	• 100점을 만점으로 전 과목 평균 60점 이상인 경우 합격 • 한 과목이라도 40점 미만인 경우 과락으로 불합격

03 응시자격

① 환경 관련학과의 대학졸업자 또는 졸업예정자

② 산업기사 등급 이상의 자격을 취득한 후 응시하려는 종목이 속하는 동일 및 유사 직무분야에서 1년 이상 실무에 종사한 사람

※ 정확한 응시자격은 한국산업인력공단(Q-net) 참고

수질환경기사 자격 취득자 우대 사항

01 기술직공무원 자격

환경, 보건, 해양 등의 직렬에서 수질환경기사 자격을 취득한 사람은 6급 이하 공무원 채용시험에 응시하는 경우 가산점을 인정받을 수 있습니다.

02 환경기술인 선임

1일 폐수배출량이 $2,000m^3$ 이상인 사업장은 수질환경기사 이상의 기술자격 소지자 1명 이상 환경기술인으로 임명해야 합니다.

03 기술관리인 선임

폐기분 처분시설 또는 재활용시설로 매립시설을 설치, 운영하기 위해서는 수질환경기사 소지자 1명 이상을 기술관리인으로 선임하여야 합니다.

CBT 시험이란?

CBT 시험은 종이가 아닌 컴퓨터 화면 속의 문제를 푸는 방식입니다.

시험 시행	2022년 3회차부터 CBT 시험방식으로 시행 중
준비물	신분증, 필기구, 계산기 * 별도의 연습종이는 시험장에서 제공
일반 필기시험 VS CBT 시험	**공통점** • 출제범위나 난이도 등은 동일함 • 기존 기출문제에 포함되지 않는 신출문제도 출제됨 **차이점** • 일반 필기시험은 OMR 답안지에 답을 표기하지만 CBT 시험은 문제를 풀면서 컴퓨터에 직접 답을 입력함 • 일반 필기시험은 동일한 문제에 순서만 바뀐 A형, B형 시험지로 시험이 진행되지만 CBT 시험은 모든 수험생에게 다른 문제가 주어짐 • 일반 필기시험은 시험 당일 가답안이 발표되지만 CBT 시험은 시험이 끝나면 즉시 자신의 점수를 확인할 수 있음

정말 4주만에 합격이 가능할까요?

STEP 01 전 문항 빈출도 표기된 기출문제로 반복 학습

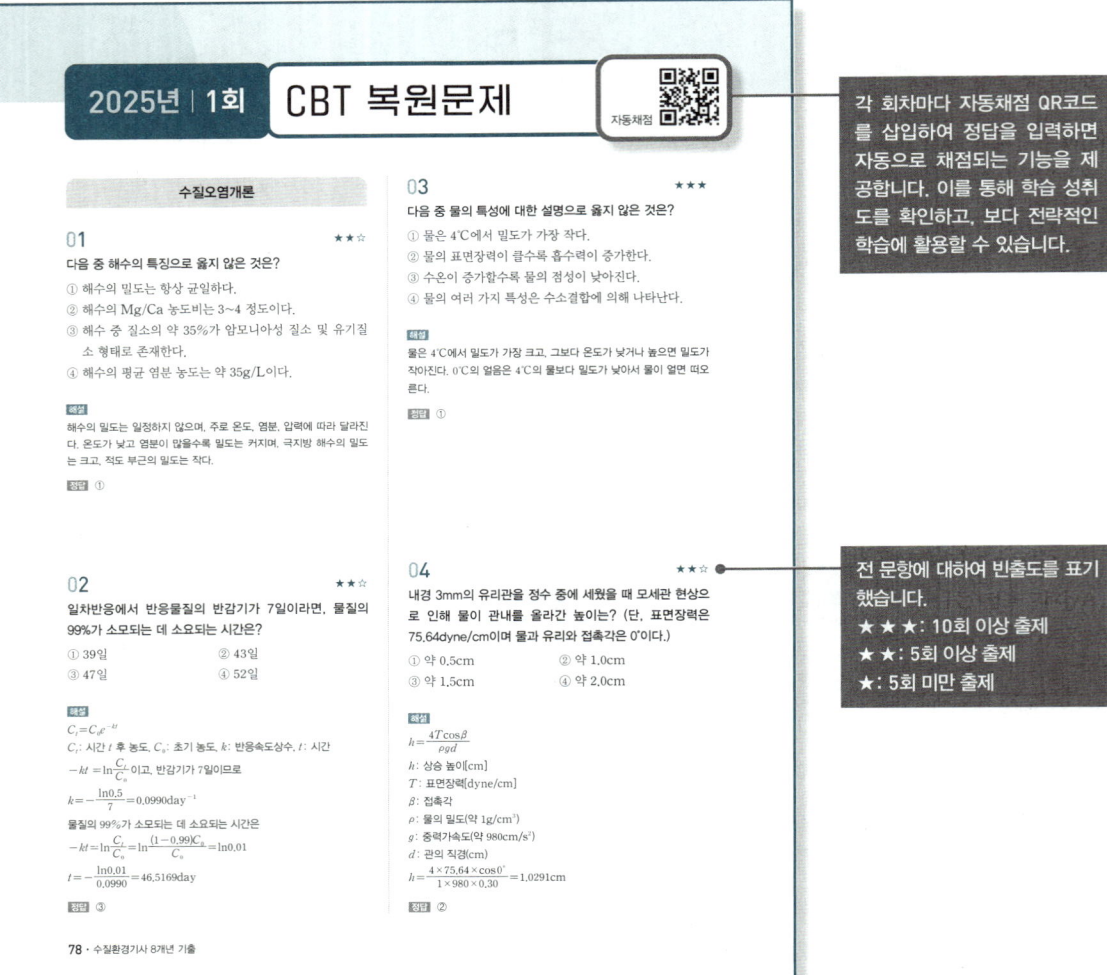

각 회차마다 자동채점 QR코드를 삽입하여 정답을 입력하면 자동으로 채점되는 기능을 제공합니다. 이를 통해 학습 성취도를 확인하고, 보다 전략적인 학습에 활용할 수 있습니다.

전 문항에 대하여 빈출도를 표기했습니다.
★ ★ ★ : 10회 이상 출제
★ ★ : 5회 이상 출제
★ : 5회 미만 출제

> **최신 8개년 기출문제 분석과**
> **QR코드 자동채점으로 완벽 구성**

STEP 02   빈출 KEYWORD로 정리한 이론편으로 복습

환경 전문 저자의 과목별 합격 GUIDE를
제공합니다.

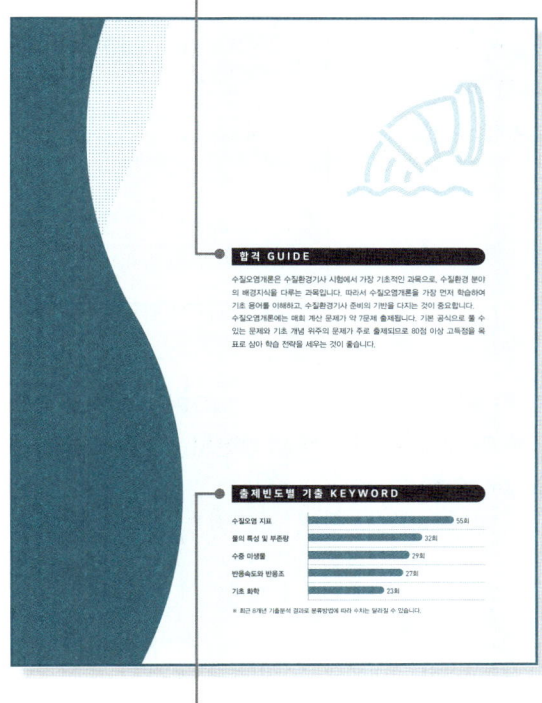

합격 GUIDE

수질오염개론은 수질환경기사 시험에서 가장 기초적인 과목으로, 수질환경 분야의 배경지식을 다루는 과목입니다. 따라서 수질오염개론을 가장 먼저 학습하여 기초 용어를 이해하고, 수질환경기사 준비의 기반을 다지는 것이 중요합니다.
수질오염개론에는 매회 계산 문제가 약 7문제 출제됩니다. 기본 공식으로 풀 수 있는 문제와 기초 개념 위주의 문제가 주로 출제되므로 80점 이상 고득점을 목표로 삼아 학습 전략을 세우는 것이 좋습니다.

출제빈도별 기출 KEYWORD

수질오염 지표	55회
물의 특성 및 부존량	32회
수중 미생물	29회
반응속도와 반응조	27회
기초 화학	23회

※ 최근 8개년 기출문제 분석 결과로 분류방법에 따라 수치는 달라질 수 있습니다.

8개년 기출문제를 분석하여 자주 나온
KEYWORD를 순서대로 제시합니다.

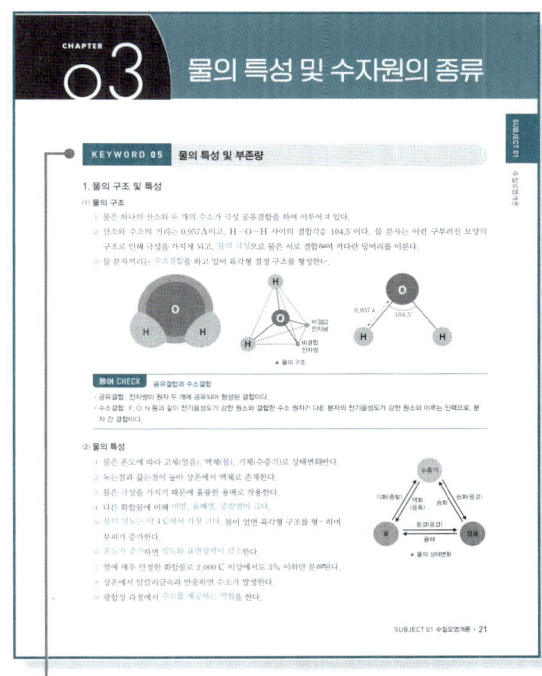

기출문제의 빈출 KEYWORD 중심으로
이론을 정리했습니다.

> ❝ **기출문제 반복학습 & 알짜이론으로**
> **초단기 합격 완성** ❞

정말 4주만에 합격이 가능할까요?

STEP 03 · 전 과목 이론 강의&빈출 계산문제 해설특강으로 완벽 정복

❶ 빈출공식 BEST 30＋계산문제 해설특강

수질환경기사 필기시험에서는 공식을 암기해야만 풀 수 있는 계산문제가 자주 출제되고 있습니다.

에듀윌 수질환경기사 필기교재는 8개년 기출문제를 분석하여 자주 나오는 빈출공식 30개를 기출문제와 함께 수록하였습니다. 해당 빈출공식과 계산문제를 푸는 방법을 자세히 설명하는 계산문제 원포인트 특강을 제공합니다.

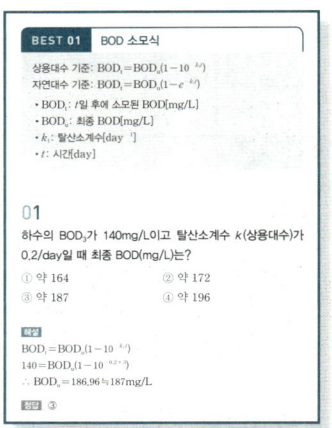

BEST 01 | BOD 소모식

상용대수 기준: $BOD_t = BOD_u(1-10^{-k_1 t})$
자연대수 기준: $BOD_t = BOD_u(1-e^{-k_1 t})$
- BOD_t: t일 후에 소모된 BOD[mg/L]
- BOD_u: 최종 BOD[mg/L]
- k_1: 탈산소계수[day^{-1}]
- t: 시간[day]

01
하수의 BOD_5가 140mg/L이고 탈산소계수 k(상용대수)가 0.2/day일 때 최종 BOD(mg/L)는?
① 약 164 　　② 약 172
③ 약 187 　　④ 약 196

해설
$BOD_5 = BOD_u(1-10^{-k_1 t})$
$140 = BOD_u(1-10^{-0.2 \times 5})$
∴ $BOD_u = 186.96 ≒ 187$mg/L

정답 ③

❷ 전 과목 이론 총정리 강의

에듀윌 수질환경기사 필기 교재에는 빈출 KEYWORD로 정리된 핵심이론이 수록되어 있으며, 수험생의 확실한 합격을 위해 환경 전문 교수의 전체 이론 총정리 강의를 제공합니다. 기출문제를 충분히 공부한 후 부족한 개념은 핵심이론 강의를 통해 보충학습 및 마무리 학습을 할 수 있습니다.

이찬범 교수

전 과목 이론 총정리 & 빈출 계산문제 해설강의 전부 무료 제공!

강의 수강경로
에듀윌 도서몰(book.eduwill.net) ▶ 회원가입／로그인 ▶ 동영상강의실
▶ 수질환경기사 검색

STEP 04 우선순위 암기노트로 공식 & 법령 마무리 점검

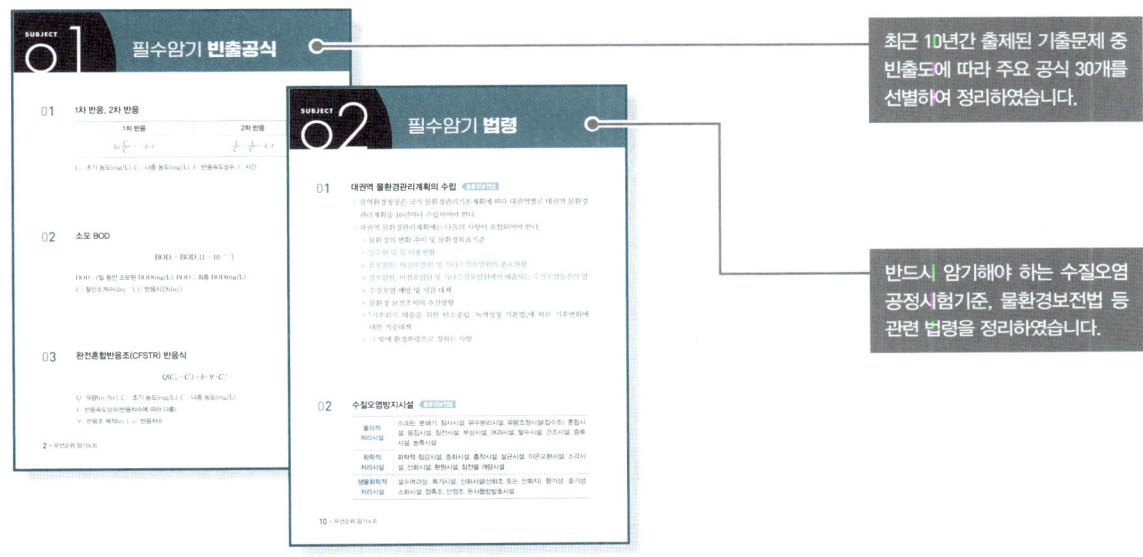

최근 10년간 출제된 기출문제 중 반출도에 따라 주요 공식 30개를 선별하여 정리하였습니다.

반드시 암기해야 하는 수질오염 공정시험기준, 물환경보전법 등 관련 법령을 정리하였습니다.

STEP 05 교수님과 1:1 질문/답변으로 보충 학습

기출문제와 이론을 학습하면서 모르는 문제나 궁금한 사항은 저자에게 직접 1:1 문의하여 보충 학습할 수 있습니다. 에듀윌 도서몰을 통해 문의하시면 보다 친절하고 명쾌한 해설로 이해도를 높일 수 있습니다.

경로 안내 에듀윌 도서몰(book.eduwill.net) → 문의하기 → 교재(내용,출간)

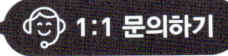
1:1 문의하기

차례 CONTENTS

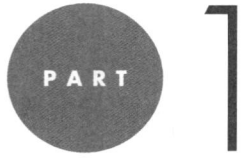

빈출공식 BEST 30

최신 8개년 기출문제

빈출공식
BEST 30

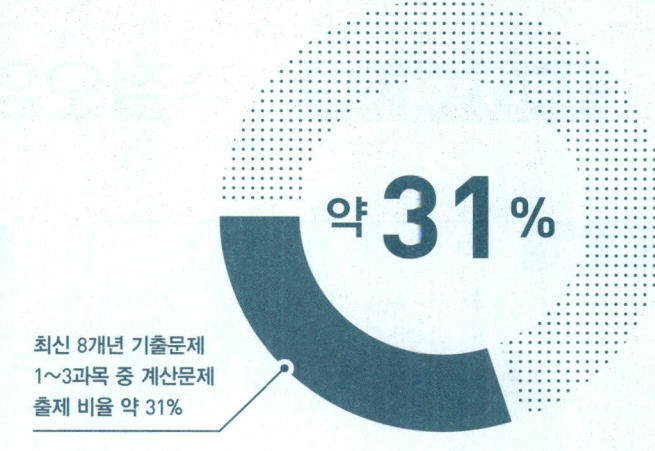

약 **31%**

최신 8개년 기출문제
1~3과목 중 계산문제
출제 비율 약 31%

계산문제 출제경향 분석

수질환경기사 필기시험에서 계산문제가 가장 많이 줄제되는 과목은 수질오염방지기술입니다. 회차에 따라 차이가 있지만 일반적으로 수질오염방지기술 과목의 약 45%는 계산문제가 출제되며, 수질오염개론은 약 30%, 상하수도계획은 약 25%가 출제됩니다. 수질오염공정시험기준 과목의 경우 대부분 규정과 관련된 내용이 출제되나, 공식을 암기하여 풀 수 있는 계산문제가 간혹 출제되어 해당 내용을 수록했습니다.

대부분 문제에 맞는 공식을 적용하고 단위 환산만 잘 하면 정답을 맞힐 수 있으며, 공식을 응용해야 하는 수준으로는 잘 출제되지 않습니다.

PART 1은 수질환경기사 8개년 기출문제를 분석하여 자주 출제되는 공식 30개를 선별하였으며, 기출문제와 함께 학습하실 수 있습니다

무료특강 제공

PART 01 내용은 환경 분야 전문 교수의 무료특강을 제공합니다.

강의수강경로
에듀윌 도서몰(https://book.eduwill.net) ⋯ 회원가입/로그인 ⋯ 동영상 강의실
⋯ 수질환경기사 검색

BEST 01 BOD 소모식

상용대수 기준: $BOD_t = BOD_u(1 - 10^{-k_1 t})$
자연대수 기준: $BOD_t = BOD_u(1 - e^{-k_1 t})$

- BOD_t: t일 후에 소모된 BOD[mg/L]
- BOD_u: 최종 BOD[mg/L]
- k_1: 탈산소계수[day^{-1}]
- t: 시간[day]

01

하수의 BOD_3가 140mg/L이고 탈산소계수 k(상용대수)가 0.2/day일 때 최종 BOD(mg/L)는?

① 약 164   ② 약 172
③ 약 187   ④ 약 196

해설

$BOD_t = BOD_u(1 - 10^{-k_1 t})$
$140 = BOD_u(1 - 10^{-0.2 \times 3})$
$\therefore BOD_u = 186.96 \fallingdotseq 187mg/L$

정답 ③

02

20℃에서 k_1이 0.16/day(base 10)이라 하면, 10℃에 대한 BOD_5/BOD_u 비는? (단, θ=1.047)

① 0.63   ② 0.69
③ 0.73   ④ 0.78

해설

$K_{10℃} = K_{20℃} \times 1.047^{(10-20)}$
$\qquad = 0.16day^{-1} \times 1.047^{(10-20)} = 0.101day^{-1}$
$BOD_t = BOD_u(1 - 10^{-k_1 t})$
$BOD_5 = BOD_u(1 - 10^{-0.101 \times 5})$
$\therefore \dfrac{BOD_5}{BOD_u} = 1 - 10^{-0.101 \times 5} = 0.687 \fallingdotseq 0.69$

정답 ②

BEST 02 1차 반응속도식

$\ln \dfrac{C_t}{C_0} = -k \cdot t$

- C_0: 초기 농도[mg/L]
- C_t: 처리 후 농도[mg/L]
- k: 반응속도상수[day^{-1}]
- t: 반응시간[day]

03

시료의 대장균수가 5,000개/mL라면 대장균수가 20개/mL 될 때까지의 소요시간(hr)은? (단, 일차반응기준, 대장균 수의 반감기는 2시간)

① 약 16   ② 약 18
③ 약 20   ④ 약 22

해설

$\ln \dfrac{C_t}{C_0} = -k \cdot t$

㉠ 먼저 반감기를 이용하여 k를 구한다.

$\quad \ln \dfrac{2,500}{5,000} = -k \cdot 2hr$

$\quad \therefore k = 0.3466hr^{-1}$

㉡ 대장균수가 20개/mL 될 때까지의 소요시간을 구하면

$\quad \ln \dfrac{20}{5,000} = -0.3466hr^{-1} \cdot t$

$\quad \therefore t = 15.93 \fallingdotseq 16hr$

정답 ①

BEST 03 용존산소 부족농도

$$D_t = \frac{L_o \cdot K_1}{K_2 - K_1}(10^{-K_1 t} - 10^{-K_2 t}) + D_o \times 10^{-K_2 t}$$

- D_t: t일 후의 용존산소 부족량[mg/L]
- K_1: 탈산소계수[day^{-1}]
- K_2: 재폭기계수[day^{-1}]
- t: 시간[day]
- L_o: 최종 BOD($=$BOD$_u$)[mg/L]
- D_o: 초기 용존산소 부족량[mg/L]

BEST 04 이상기체방정식

$$PV = nRT$$

- P: 압력[atm]
- V: 부피[L]
- n: 기체의 몰수[mol]
- R: 기체상수[L·atm/mol·k]
- T: 절대온도[K]

04

산소포화농도가 9mg/L인 하천에서 처음의 용존산소농도가 7mg/L라면 3일간 흐른 후 하천 하류지점에서의 용존산소농도(mg/L)는? (단, BOD$_u$=10mg/L, 탈산소계수= 0.1day^{-1}, 재폭기계수=0.2day^{-1}, 상용대수 기준)

① 4.5 ② 5.0
③ 5.5 ④ 6.0

해설

$$D_t = \frac{L_o \cdot K_1}{K_2 - K_1}(10^{-K_1 t} - 10^{-K_2 t}) + D_o \times 10^{-K_2 t}$$

$$D_o = 9\text{mg/L} - 7\text{mg/L} = 2\text{mg/L}$$

$$D_t = \frac{10 \times 0.1}{0.2 - 0.1}(10^{-0.1 \times 3} - 10^{-0.2 \times 3}) + 2 \times 10^{-0.2 \times 3}$$

$$= 3.002\text{mg/L} \fallingdotseq 3.0\text{mg/L}$$

∴ 시간이 흐른 뒤 산소농도 $= 9\text{mg/L} - 3.0\text{mg/L}$
$$= 6.0\text{mg/L}$$

정답 ④

05

25℃, 4atm의 압력에 있는 메탄가스 15kg을 저장하는 데 필요한 탱크의 부피(m^3)는? (단, 이상기체의 법칙 적용, 표준상태 기준, R=0.082L · atm/mol · K)

① 4.42 ② 5.73
③ 6.54 ④ 7.45

해설

$$PV = nRT$$

$$V[\text{m}^3] = \frac{nRT}{P}$$

$$n[\text{mol}] = \frac{M}{M_w}$$

$$= \frac{15\text{kg}}{} \left| \frac{1\text{mol}}{16\text{g}} \right| \frac{10^3\text{g}}{1\text{kg}} = 937.5\text{mol}$$

$$\therefore V = \frac{937.5\text{mol}}{} \left| \frac{0.082\text{L·atm}}{\text{mol·K}} \right| \frac{(273+25)\text{K}}{} \left| \frac{1}{4\text{atm}} \right.$$

$$= 5,727.19\text{L} \fallingdotseq 5.73\text{m}^3$$

정답 ②

BEST 05   SAR (Sodium Adsorption Ratio)

$$SAR = \frac{Na^+}{\sqrt{\dfrac{Ca^{2+}+Mg^{2+}}{2}}}$$

- Na^+: 나트륨 농도[meq/L]
- Ca^{2+}: 칼슘 농도[meq/L]
- Mg^{2+}: 마그네슘 농도[meq/L]

06

다음과 같은 수질을 가진 농업용수의 SAR 값은? (단,
$Na^+=460mg/L$, $PO_4^{3-}=1,500mg/L$, $Cl^-=108mg/L$,
$Ca^{2+}=600mg/L$, $Mg^{2+}=240mg/L$, $NH_3-N=380mg/L$,
원자량=Na : 23, P : 31, Cl : 35.5, Ca : 40, Mg : 24)

① 2   ② 4
③ 6   ④ 8

해설

SAR 값은 다음과 같이 구할 수 있으므로 Na^+, Ca^{2+}, Mg^{2+}의 농도
만 이용한다.

$$SAR = \frac{Na^+}{\sqrt{\dfrac{Ca^{2+}+Mg^{2+}}{2}}}$$ (단, 이온 농도의 단위는 meq/L이다.)

- Na^+: 나트륨 농도

$$Na^+ = \frac{460mg}{L} \left| \frac{1meq}{23mg} = 20meq/L \right.$$

- Ca^{2+}: 칼슘 농도

$$Ca^{2+} = \frac{600mg}{L} \left| \frac{2meq}{40mg} = 30meq/L \right.$$

- Mg^{2+}: 마그네슘 농도

$$Mg^{2+} = \frac{240mg}{L} \left| \frac{2meq}{24mg} = 20meq/L \right.$$

$$\therefore SAR = \frac{20}{\sqrt{\dfrac{20+30}{2}}} = 4$$

정답 ②

BEST 06   pH/pOH

$$pH = \log \frac{1}{[H^+]} = -\log[H^+]$$

$$pOH = \log \frac{1}{[OH^-]} = -\log[OH^-]$$

$$pH + pOH = 14$$

- H^+: 수소이온 농도
- OH^-: 수산화이온 농도

07

아세트산(CH_3COOH) 120mg/L 용액의 pH는? (단, 아세트
산 $K_a=1.8\times10^{-5}$)

① 4.65   ② 4.21
③ 3.72   ④ 3.52

해설

$$CH_3COOH \rightarrow CH_3COO^- + H^+$$

$$K_a = \frac{[CH_3COO^-][H^+]}{[CH_3COOH]} = 1.8\times10^{-5}$$

$$CH_3COOH[mol/L] = \frac{120mg}{L} \left| \frac{1mol}{60g} \right| \frac{1g}{10^3mg}$$
$$= 2.0\times10^{-3}mol/L = 0.002M$$

$$[CH_3COO^-] = [H^+]$$

$$\therefore 1.8\times10^{-5} = \frac{[H^+]^2}{0.002M}$$

$$[H^+] = 1.897\times10^{-4}M$$

$$\therefore pH = \log\frac{1}{[H^+]} = \log\frac{1}{(1.897\times10^{-4})} \fallingdotseq 3.72$$

정답 ③

BEST 07 모세관 높이

$h = \dfrac{4T\cos\beta}{\omega d}$

- T: 표면장력[g_f/cm]
- β: 접촉각
- ω: 비중량[$1g_f$/cm^3]
- d: 직경[cm]

08

직경이 0.1mm인 모관에서 10℃일 때 상승하는 물의 높이(cm)는? (단, 공기밀도 1.25×10^{-3}g/cm^3(10℃일 때), 접촉각은 0°, h(상승높이)$=4\sigma/[gr(Y-Y_a)]$, 표면장력 74.2dyne/cm)

① 30.3 ② 42.5
③ 51.7 ④ 63.9

해설

주어진 공식을 이용하면

$h = \dfrac{4\sigma}{gr(Y-Y_a)}$

$\quad = \dfrac{4 \times 74.2}{980 \times 0.01 \times (1 - 1.25 \times 10^{-3})}$

$\quad = 30.3236$cm

다른 풀이

이론의 공식을 사용해도 무방하다.

$h = \dfrac{4T\cos\beta}{\omega d}$

$\therefore h[\text{cm}] = \dfrac{4}{}\left|\dfrac{74.2\text{dyne}}{\text{cm}}\right|\dfrac{\cos 0°}{}\left|\dfrac{\text{cm}^3}{1\text{g}}\right|\dfrac{1}{0.01\text{cm}}\left|\dfrac{1\text{g}}{980\text{dyne}}\right|$

$\qquad \fallingdotseq 30.3$cm

정답 ①

09

내경 5mm인 유리관을 정수 중에 연직으로 세울 때 유리관 내의 모세관높이(cm)는? (단, 물의 수온=15℃, 이때의 표면장력=0.076g/cm, 물과 유리의 접촉각=8°)

① 0.5 ② 0.6
③ 0.7 ④ 0.8

해설

$h = \dfrac{4T\cos\beta}{wd}$

- T: 표면장력[g_f/cm]
- β: 접촉각
- w: 비중량[$1g_f$/cm^3]
- d: 직경[cm]

$\therefore h[\text{cm}] = \dfrac{4}{}\left|\dfrac{0.076\text{g}}{\text{cm}}\right|\dfrac{\cos 8°}{}\left|\dfrac{\text{cm}^3}{1\text{g}}\right|\dfrac{1}{5\text{mm}}\left|\dfrac{10\text{mm}}{1\text{cm}}\right|$

$\qquad \fallingdotseq 0.6$cm

정답 ②

BEST 08 효율

$\eta = \left(1 - \dfrac{C_o}{C_i}\right) \times 100$

- η: 처리효율[%]
- C_i: 초기 농도[mg/L]
- C_o: 나중 농도[mg/L]

10

BOD가 2,000mg/L인 폐수를 제거율 85%로 처리한 후 몇 배 희석하면 방류수 기준에 맞는가? (단, 방류수 기준은 40mg/L이라고 가정한다.)

① 4.5배 이상 ② 5.5배 이상
③ 6.5배 이상 ④ 7.5배 이상

해설

$C_o = C_i \times (1 - \eta)$

$\quad = 2,000 \times (1 - 0.85)$

$\quad = 300$mg/L

$\therefore$ 희석배수 $= \dfrac{300}{40} = 7.5$배

정답 ④

BEST 09   우수유출량 (합리식)

$$Q = \frac{1}{360} CIA$$

- Q: 우수유출량[m³/sec]
- C: 유출계수
- I: 강우강도[mm/hr]
- A: 유역면적[ha]

BEST 10   비교회전도

$$N_s = N \times \frac{Q^{\frac{1}{2}}}{H^{\frac{3}{4}}}$$

- N_s: 비교회전도[rpm]
- N: 펌프의 회전수[rpm]
- Q: 펌프의 토출량[m³/min]
- H: 펌프의 양정[m]

11

유역면적이 2km²인 지역에서의 우수 유출량을 산정하기 위하여 합리식을 사용하였다. 다음 조건일 때 관로 길이 1,000m인 하수관의 우수유출량(m³/sec)은? (단, 강우강도 I(mm/hr)$= \frac{3,660}{t+30}$, 유입 시간 6분, 유출계수 0.7, 관내의 평균유속 1.5m/sec)

① 약 25
② 약 30
③ 약 35
④ 약 40

해설

합리식에 의한 우수유출량을 계산한다.

$$Q = \frac{1}{360} CIA$$

- C: 유출계수 = 0.7
- A: 유역면적 = $\dfrac{2km^2}{} \left| \dfrac{100ha}{km^2} \right. = 200ha$
- $I = \dfrac{3,660}{t+30} = \dfrac{3,660}{17.11+30} = 77.69mm/hr$
  → t = 유입시간 + 유하시간
  $$= 6min + \frac{1,000m}{} \left| \frac{sec}{1.5m} \right| \frac{1min}{60sec}$$
  $$= 17.11min$$

∴ $Q = \dfrac{1}{360} CIA$
$$= \frac{1}{360} \times 0.7 \times 77.69 \times 200$$
$$= 30.21 ≒ 30m³/sec$$

정답 ②

12

펌프의 규정회전수는 10회/sec, 규정토출량은 0.3m³/sec, 펌프의 규정양정이 5m일 때 비교회전도는?

① 642
② 761
③ 836
④ 935

해설

문제에서 제시된 초당 회전수를 분당 회전수(rpm)로 전환시켜야 한다.

$$N_s = N \times \frac{Q^{\frac{1}{2}}}{H^{\frac{3}{4}}}$$

∴ $N_s = (10 \times 60) \times \dfrac{(0.3 \times 60)^{\frac{1}{2}}}{(5)^{\frac{3}{4}}} = 761.31 ≒ 761회$

정답 ②

13

펌프의 회전수 N = 2,400rpm, 최고 효율점의 토출량 Q = 162m³/hr, 전양정 H = 90m인 원심펌프의 비회전도는?

① 약 115
② 약 125
③ 약 135
④ 약 145

해설

$$N_s = N \times \frac{Q^{1/2}}{H^{3/4}}$$

이때, 유량은 m³/min으로 환산하여 계산한다.

$$Q = \frac{162m^3}{hr} \left| \frac{1hr}{60min} \right. = 2.7m³/min$$

∴ $N_s = 2,400 \times \dfrac{2.7^{1/2}}{90^{3/4}} = 134.96 ≒ 135$

정답 ③

BEST 11	Manning의 유속공식

$$V = \frac{1}{n} \cdot R^{\frac{2}{3}} \cdot I^{\frac{1}{2}}$$

- V: 평균유속[m/sec]
- n: 조도계수
- R: 경심 $\left(\dfrac{A(수류단면적)}{P(윤변)} = \dfrac{D}{4}\right)$[m]
- I: 동수경사

14

지름 2,000mm의 원심력 철근콘크리트관이 포설되어 있다. 만관으로 흐를 때의 유량(m³/s)은? (단, 조도계수= 0.015, 동수구배=0.001, Manning 공식 이용)

① 4.17   ② 2.45
③ 1.67   ④ 0.66

해설

$Q = A(단면적) \times V(유속)$을 Manning 공식을 사용하여 정리하면 다음과 같다.

Manning 공식: $V = \dfrac{1}{n} \cdot R^{\frac{2}{3}} \cdot I^{\frac{1}{2}}$

- V: 평균유속[m/sec]
- n: 조도계수
- R: 경심 $\left(= \dfrac{A(수류단면적)}{P(윤변)} = \dfrac{D}{4}\right)$[m]
- I: 동수경사

$\therefore Q = A \times \left(\dfrac{1}{n} \cdot R^{\frac{2}{3}} \cdot I^{\frac{1}{2}}\right)$

여기서,

$A = \dfrac{\pi D^2}{4} = \dfrac{\pi \times (2m)^2}{4} = 3.14m^2$

$n = 0.015$

$R = \dfrac{D}{4} = \dfrac{2}{4} = 0.5$

$I = \dfrac{1}{1,000}$

$\therefore Q = 3.14 \times \left(\dfrac{1}{0.015}\right) \times (0.5)^{\frac{2}{3}} \times \left(\dfrac{1}{1,000}\right)^{\frac{1}{2}}$

$\quad = 3.14 \times 1.328 = 4.17m^3/sec$

정답 ①

BEST 12	인구추정법

등차급수법

$P_n = P_o + n \cdot a$

등비급수법

$P_n = P_o(1+r)^n$

- P_o: 현재인구[명]
- P_n: 계획년도의 인구[명]
- n: 계획년수
- a: 인구 증가수
- r: 인구 증가비

15

도시의 상수도 보급을 위하여 최근 7년간의 인구를 이용하여 급수인구를 추정하려고 한다. 최근 7년간 도시의 인구가 다음과 같은 경향을 나타낼 때 2018년도의 인구를 등차급수법으로 추정한 것은?

년도	2008	2009	2010	2011	2012	2013	2014
인구	157,000	176,200	185,400	198,400	201,100	213,520	225,270

① 약 265,324명   ② 약 270,786명
③ 약 277,750명   ④ 약 294,416명

해설

$P_n = P_o + n \cdot a$

- P_n: n년 후 인구
- P_o: 첫 기준 연도 인구
- n: 연도 수
- a: 연평균 인구 증가수

$a = \dfrac{225,270 - 157,000}{6} = 11,378.33$

$\therefore P_n = 225,270 + 4 \times 11,378.33 = 270,783.32$

정답 ②

16

도시의 인구가 매년 일정한 비율로 증가한 결과라면 연 평균 증가율은? (단, 현재인구 450,000명, 10년전 인구 200,000명, 장래에 크게 발전할 가망성이 있는 도시)

① 0.225

② 0.084

③ 0.438

④ 0.076

해설

$P_n = P_o(1+r)^n$

· P_n: 현재인구[명]

· P_o: 10년 전 인구[명]

· r: 연 평균 증가율

· n: 경과 연도

$\dfrac{450,000}{200,000} = (1+r)^{10}$

$1.08447 = 1+r$

$\therefore r = 0.0845 ≒ 0.084$

정답 ②

BEST 13 역사이펀의 손실수두

$$H = i \cdot L + \beta \times \frac{V^2}{2g} + \alpha$$

· H: 역사이펀의 손실수두[m]

· i: 동수경사

· L: 관의 길이[m]

· β: 계수 (보통 1.5를 표준으로 함)

· V: 관내 유속[m/sec]

· g: 중력가속도($=9.8$m/sec^2)

· a: 여유율($0.03 \sim 0.05$m)

17

관경 1,100mm, 역사이펀 관로 내의 동수경사 2.4‰, 유속 2.15m/sec, 역사이펀 관로의 길이 76m일 때, 역사이펀의 손실수두(m)는? (단, β=1.5, α=0.05m이다.)

① 0.29m

② 0.39m

③ 0.49m

④ 0.59m

해설

$$H = i \cdot L + \beta \times \frac{V^2}{2g} + \alpha$$

· H: 역사이펀의 손실수두[m]

· i: 동수경사

· L: 관의 길이[m]

· V: 유속[m/sec]

· β: 계수($=1.5$)

· g: 중력가속도($=9.8$m/sec^2)

· α: 여유율($=0.05$m)

$\therefore H = i \cdot L + 1.5 \times \dfrac{V^2}{2g} + \alpha$

$\quad = \dfrac{2.4}{1,000} \times 76 + 1.5 \times \dfrac{2.15^2}{2 \times 9.8} + 0.05$

$\quad = 0.586 ≒ 0.59$m

정답 ④

BEST 14 Stokes 공식

$$V_s = \frac{d^2(\rho_p - \rho)g}{18\mu}$$

- V_s: 침강속도[m/sec]
- d: 입자의 직경[m]
- ρ_p: 입자의 밀도[kg/m³]
- ρ: 유체의 밀도[kg/m³]
- g: 중력가속도($=9.8$m/sec²)
- μ: 점성계수[kg/m·sec]

BEST 15 SRT (고형물 체류시간)

$$SRT = \frac{\forall \cdot X}{X_r Q_w + X_e(Q - Q_w)} \fallingdotseq \frac{\forall \cdot X}{X_r \cdot Q_w}$$

- Q: 유입유량[m³/day]
- $\forall$: 폭기조의 부피[m³]
- X: MLSS의 농도[mg/L] (MLSS 대신 MLVSS 적용가능)
- X_r: 잉여슬러지 SS농도[mg/L]
- X_e: 2차 침전지 유출수 SS농도[mg/L]
- Q_w: 잉여슬러지 배출량[m³/day]

18

폐수 처리시설에서 직경 0.01cm, 비중 2.5인 입자를 중력 침강시켜 제거하고자 한다. 수온 4.0℃에서 물의 비중은 1.0, 점성계수는 1.31×10^{-2}g/cm·sec일 때, 입자의 침강속도(m/hr)는? (단, 입자의 침강속도는 Stokes 식에 따른다.)

① 12.2
② 22.4
③ 31.6
④ 37.6

해설

Stokes 공식

$$V_s = \frac{d^2(\rho_p - \rho)g}{18\mu}$$

- d: 입자의 직경[cm]
- ρ_p: 입자의 밀도[g/cm³]
- ρ: 물의 밀도[g/cm³]
- μ: 점성계수[g/cm·sec]
- g: 중력가속도($=980$cm/sec²)

$$\therefore V_s = \frac{(0.01)^2 \times (2.5 - 1.0) \times 980}{18 \times (1.31 \times 10^{-2})}$$
$$= 0.6234\text{cm/sec} = 22.4\text{m/hr}$$

정답 ②

19

1차 처리된 분뇨의 2차 처리를 위해 폭기조, 2차 침전지로 구성된 표준활성슬러지를 운영하고 있다. 운영조건이 다음과 같을 때 고형물 체류시간(SRT, day)은? (단, 유입유량＝1,000m³/day, 폭기조 수리학적체류시간＝6시간, MLSS 농도＝3,000mg/L, 잉여슬러지 배출량＝30m³/day, 잉여슬러지 SS농도＝10,000mg/L, 2차침전지 유출수 SS농도＝5mg/L)

① 약 2
② 약 2.5
③ 약 3
④ 약 3.5

해설

$$SRT = \frac{\forall \cdot X}{X_r Q_w + X_e(Q - Q_w)}$$

여기서,

$$\forall[\text{m}^3] = Q \times t = \frac{1,000\text{m}^3}{\text{day}} \left| \frac{6\text{hr}}{} \right| \frac{1\text{day}}{24\text{hr}} = 250\text{m}^3$$

$$X = 3,000\text{mg/L}$$

$$X_r Q_w = \frac{30\text{m}^3}{\text{day}} \left| \frac{10,000\text{mg}}{\text{L}} \right| \frac{1\text{kg}}{10^6\text{mg}} \left| \frac{10^3\text{L}}{1\text{m}^3} \right. = 300\text{kg/day}$$

$$Q - Q_w = 1,000 - 30 = 970\text{m}^3/\text{day}$$

$$X_e(Q - Q_w) = \frac{970\text{m}^3}{\text{day}} \left| \frac{5\text{mg}}{\text{L}} \right| \frac{1\text{kg}}{10^6\text{mg}} \left| \frac{10^3\text{L}}{1\text{m}^3} \right. = 4.85\text{kg/day}$$

$$\therefore SRT = \frac{\forall \cdot X}{X_r Q_w + X_e(Q - Q_w)}$$
$$= \frac{\text{day}}{(300 + 4.85)\text{kg}} \left| \frac{250\text{m}^3}{} \right| \frac{3,000\text{mg}}{\text{L}} \left| \frac{1\text{kg}}{10^6\text{mg}} \right| \frac{10^3\text{L}}{1\text{m}^3}$$
$$= 2.46 \fallingdotseq 2.5\text{day}$$

정답 ②

BEST 16 유량

$Q = AV$

$Q = \dfrac{\forall}{t}$

- Q: 유량[m³/sec]
- A: 면적[m²]
- V: 유속[m/sec]
- $\forall$: 체류부피[m³]
- t: 시간[sec]

20

활성슬러지공법으로부터 1일 3,000kg(건조고형물 기준)이 발생되는 폐슬러지를 호기성으로 소화처리 하고자 할 때 소화조의 용적(m³)은? (단, 폐슬러지 농도는 3%, 수온이 20℃, 수리학적 체류시간 23일, 비중 1.03)

① 약 1,515
② 약 1,725
③ 약 1,945
④ 약 2,233

해설

$Q = \dfrac{3{,}000\text{kg TS}}{\text{day}} \left| \dfrac{\text{m}^3}{1{,}030\text{kg}} \right| \dfrac{100\ \text{SL}}{3\ \text{TS}}$

  $= 97.09\text{m}^3/\text{day}$

$Q = \dfrac{\forall}{t}$

소화조의 용적 $\forall$ = 처리유량 Q × 체류시간 t

$\forall = 97.09\text{m}^3/\text{day} \times 23\text{day}$

  $= 2{,}233.07 ≒ 2{,}233\text{m}^3$

정답 ④

21

살수여상 공정으로부터 유출되는 유출수의 부유 물질을 제거하고자 한다. 유출수의 평균 유량은 12,300m³/day, 여과지의 여과속도는 17L/m² · min이고 4개의 여과지(병렬기준)를 설계하고자 할 때 여과지 하나의 면적(m²)은?

① 약 75
② 약 100
③ 약 125
④ 약 150

해설

$Q = AV$
- Q: 여과지 유량 [m³/day]
- A: 여과지 면적[m²]
- V: 여과속도 [L/m² · min]

$A = \dfrac{Q}{V}$

  $= \dfrac{12{,}300\text{m}^3}{\text{day}} \left| \dfrac{\text{m}^2 \cdot \text{min}}{17\text{L}} \right| \dfrac{\text{day}}{1{,}440\text{min}} \left| \dfrac{10^3\text{L}}{\text{m}^3} \right| \dfrac{1}{4}$

  $= 125.61 ≒ 125\text{m}^2$

정답 ③

BEST 17 슬러지 생산량

$$\frac{X_r \cdot Q_w}{\forall \cdot X} = \frac{Y \cdot \mathrm{BOD} \cdot Q \cdot \eta}{\forall \cdot X} - K_d = \frac{1}{\mathrm{SRT}}$$

또는 $\dfrac{1}{\mathrm{SRT}} = \dfrac{Y(S_i - S)Q}{\forall \cdot X} - K_d$

Q: 유입유량[m³/sec]

$\forall$: 폭기조의 부피[m³]

X: MLSS의 농도[mg/L]
  (MLSS 대신 MLVSS 적용가능)

Y: 세포생산계수

K_d: 내호흡계수

SRT: 고형물 체류시간

X_r: 잉여슬러지 SS농도[mg/L]

Q_w: 잉여슬러지 배출량[m³/sec]

X_e: 2차 침전지 유출수 SS농도[mg/L]

S_i: 유입수의 BOD농도[mg/L]

S: 처리수의 BOD농도[mg/L]

22

다음 조건과 같이 혐기성 반응을 시킬 때 세포생산량(kg 세포/day)은?

세포생산계수(Y)=0.04g 세포/g $\mathrm{BOD_L}$
폐수유량(Q)=1,000m³/day
BOD 제거효율(E)=0.7
세포내호흡계수(K_d)=0.015/day
세포 체류시간(θ_c)=20일
폐수유기물질농도(S_o)=10g $\mathrm{BOD_L}$/L

① 84   ② 182

③ 215   ④ 334

해설

$$\frac{1}{\mathrm{SRT}} = \frac{Y \cdot \mathrm{BOD} \cdot Q \cdot \eta}{\forall \cdot X} - K_d$$

$$\frac{1}{20} = \frac{0.04 \times 10 \times 1,000 \times 0.7}{\forall \cdot X} - 0.015$$

$\forall \cdot X = 4,307.69\mathrm{kg}$

$X_r \cdot Q_w = Y \cdot \mathrm{BOD} \cdot Q \cdot \eta - K_d \cdot \forall \cdot X$

$\qquad = 0.04 \times 10 \times 1,000 \times 0.7 - 0.015 \times 4,307.69$

$\qquad = 215.39\mathrm{kg/day}$

정답 ③

BEST 18 교반에 필요한 동력산출

$$G = \sqrt{\frac{P}{\mu V}}, \ P = G^2 \mu V$$

• G: 속도경사[sec⁻¹]

• P: 동력[N·m/sec, Watt]

• V: 혼합조 용적[m³]

• μ: 점성계수[N·sec/m², kg/m·sec]

23

G=200/sec, V=150m³, 교반기 효율 80%, μ(점성계수)=1.35×10⁻²g/cm·sec일 때 소요동력 P(kW)는?

① 20.8kW   ② 15.8kW

③ 10.1kW   ④ 5.1kW

해설

$$G = \sqrt{\frac{P}{\mu V}}$$

• G: 속도경사[sec⁻¹]

• P: 동력[kW]

• μ: 점성계수[kg/m·sec]

• V: 부피[m³]

$$G = \sqrt{\frac{P}{\mu V}} \rightarrow P = G^2 \mu V$$

$G = 200/\mathrm{sec}$

$$\mu = \frac{1.35 \times 10^{-2}\mathrm{g}}{\mathrm{cm \cdot sec}} \left| \frac{\mathrm{kg}}{10^3 \mathrm{g}} \right| \frac{10^2 \mathrm{cm}}{\mathrm{m}}$$

$\quad = 1.35 \times 10^{-3}\mathrm{kg/m \cdot sec}$

$V = 150\mathrm{m}^3$

$\therefore P = G^2 \mu V$

$\qquad = 200^2 \times 1.35 \times 10^{-3} \times 150 = 8,100\mathrm{W} = 8.1\mathrm{kW}$

교반기 효율이 80%이므로

$8.1 \div \dfrac{80}{100} = 8.1 \times \dfrac{100}{80} = 10.1\mathrm{kW}$

정답 ③

BEST 19 처리 전, 처리 후 슬러지 부피

$V_1(100-W_1)=V_2(100-W_2)$
- V_1: 처리 전 슬러지 부피[m³]
- W_1: 처리 전 함수율[%]
- V_2: 처리 후 슬러지 부피[m³]
- W_2: 처리 후 함수율[%]

24

슬러지를 진공 탈수시켜 부피가 50% 감소되었다. 유입슬러지 함수율이 98%이었다면 탈수 후 슬러지의 함수율(%)은? (단, 슬러지 비중은 1.0 기준)

① 90 ② 92
③ 94 ④ 96

해설

$V_1(100-W_1)=V_2(100-W_2)$
$100(100-98)=50(100-W_2)$
∴ $W_2=96\%$

정답 ④

25

농축조에 함수율 99%인 일차슬러지를 투입하여 함수율 96%의 농축슬러지를 얻었다. 농축 후의 슬러지량은 초기 일차 슬러지량의 몇 %로 감소하였는가? (단, 비중은 1.0 기준)

① 50 ② 33
③ 25 ④ 20

해설

$V_1(100-W_1)=V_2(100-W_2)$
$100(100-99)=V_2(100-96)$
$V_2=25$
∴ $\dfrac{V_2}{V_1}=\dfrac{25}{100}=0.25=25\%$

정답 ③

BEST 20 SVI(슬러지 용적지수)/SDI(슬러지 밀도지수)

$SVI=\dfrac{SV_{30}}{MLSS[mg/L]}=\dfrac{10^6}{X_r}$
$SDI=\dfrac{100}{SVI}$
- SVI: 고형물 1g이 만드는 슬러지의 부피(mL)
- SV_{30}: 30분 침강 후 슬러지가 차지하는 부피
- X_r: 슬러지 1L 중 고형물의 mg
- SDI: 슬러지 100mL 중의 고형물량(g)

26

농도 5,500mg/L인 폭기조 활성슬러지 1L를 30분간 정치시킨 후 침강 슬러지의 부피가 45%를 차지하였을 때의 SDI는?

① 1.22 ② 1.48
③ 1.61 ④ 1.83

해설

SDI는 슬러지 밀도지표이고, SVI는 슬러지 용량지표이다.
SV(%)는 SV_{30}이라고도 하며, 용적 1L의 부피플라스크에 시료를 30분간 정체시킨 후의 침전슬러지량을 그 시료량에 대한 백분율로 표시한 것이다.

$SVI=\dfrac{SV_{30}[\%]}{MLSS[mg/L]}\times 10^4$
$=\dfrac{45}{5,500}\times 10^4=81.81$

SVI와 SDI의 관계를 보면 $SVI=\dfrac{100}{SDI}$이므로,
∴ $SDI[g/100mL]=\dfrac{100}{SVI}=\dfrac{100}{81.81}=1.22$

정답 ①

BEST 21   Monod식

$$\mu = \mu_{max} \times \frac{S}{K_s + S}$$

- μ: 비증식속도[day^{-1}]
- μ_{max}: 최대 비증식속도[day^{-1}]
- K_s: 제한기질의 반포화농도[mg/L]
- S: 제한기질의 농도[mg/L]

27

Monod 식을 이용한 세포의 비증식속도(hr^{-1})는? (단, 제한 기질농도=200mg/L, 1/2포화농도=50mg/L, 세포의 비증 식속도 최대치=0.1hr^{-1})

① 0.08   ② 0.12

③ 0.16   ④ 0.24

해설

$$\mu = \mu_{max} \times \frac{S}{K_s + S}$$
$$= 0.1 \times \frac{200}{50 + 200}$$
$$= 0.08 \text{hr}^{-1}$$

정답 ①

28

Michaelis–Menten 공식에서 반응속도(μ)가 μ_{max}의 80%일 때의 기질농도와 μ_{max}의 20%일 때의 기질농도의 비($[S]_{80}$/$[S]_{20}$)는?

① 8   ② 16

③ 24   ④ 41

해설

$$\mu = \mu_{max} \times \frac{[S]}{K_s + [S]}$$

(1) μ가 μ_{max}의 80%일 경우

$$\rightarrow 80 = 100 \times \frac{[S]_{80}}{K_s + [S]_{80}}$$
$$100[S]_{80} = 80(K_s + [S]_{80})$$
$$80K_s = 20[S]_{80} \rightarrow [S]_{80} = 4K_s$$

(2) μ가 μ_{max}의 20%일 경우

$$\rightarrow 20 = 100 \times \frac{[S]_{20}}{K_s + [S]_{20}}$$
$$100[S]_{20} = 20(K_s + [S]_{20})$$
$$20K_s = 80[S]_{20} \rightarrow [S]_{20} = 0.25K_s$$

$$\therefore \frac{[S]_{80}}{[S]_{20}} = \frac{4K_s}{0.25K_s} = 16$$

정답 ②

BEST 22 · A/S비

$$A/S = \frac{1.3S_a(f \cdot P - 1)}{SS} \times R$$

- 1.3: 공기밀도[mg/mL]
- S_a: 공기의 용해도(20℃에서 18.7mL/L)
- f: 압력 P에서 용존되는 공기분율(0.5)
- P: 가압탱크 내 압력[atm]
- SS: 고형물 농도[mg/L]
- R: 반송률$\left(= \dfrac{Q_r}{Q}\right)$

29

MLSS의 농도가 1,500mg/L인 슬러지를 부상법(Flotation)에 의해 농축시키고자 한다. 압축탱크의 유효전달 압력이 4기압이며 공기의 밀도를 1.3g/L, 공기의 용해량이 18.7mL/L일 때 Air/Solid(A/S)비는? (단, 유량=300m³/day, f=0.5, 처리수의 반송은 없다.)

① 0.008
② 0.010
③ 0.016
④ 0.020

해설

A/S 비는 다음 식에 의해 계산된다.

$$A/S비 = \frac{1.3S_a(f \cdot P - 1)}{SS}$$
$$= \frac{1.3 \times 18.7 \times (0.5 \times 4 - 1)}{1,500}$$
$$= 0.016$$

정답 ③

30

폐수 유량이 2,000m³/day, 부유 고형물의 농도가 200mg/L이다. 설계온도 20℃, 이 때의 공기 용해도는 18.7mL/L, 흡수비 0.5, 표면부하율이 120m³/(m²·day), 운전압력이 3기압이라면 반송비와 부상조의 필요한 표면적(m²)은 약 얼마인가? (단, A/S비 0.05, 반송이 있는 공기 부상조 기준)

① 0.82, 25
② 0.82, 30
③ 0.87, 25
④ 0.87, 30

해설

부상조의 A/S비 계산식을 이용한다.

$$A/S = \frac{1.3S_a(f \cdot P - 1)}{SS} \times R$$

1) 반송비

$$A/S = \frac{1.3S_a(f \cdot P - 1)}{SS} \times R$$
$$0.05 = \frac{1.3 \times 18.7 \times (0.5 \times 3 - 1)}{200} \times R$$
$$0.05 = \frac{12.155}{200} \times R$$
$$\therefore R = 0.823 \fallingdotseq 0.82$$

2) 표면적[m²]
- 부상조로 유입되는 유량 Q = 폐수 유량 + 반송 유량
  - → 폐수 유량 = 2,000m³/day
  - → 반송 유량 = 2,000 × 0.823 = 1,646m³/day
  - → Q = 2,000m³/day + 1,646m³/day = 3,646m³/day
- 표면부하율 = $\dfrac{\text{부상조로 유입되는 유량}}{\text{부상조의 필요한 표면적}} = \dfrac{Q}{A}$

$$120\text{m}^3/\text{m}^2 \cdot \text{day} = \frac{3,646\text{m}^3/\text{day}}{A[\text{m}^2]}$$
$$\therefore A = \frac{3,646\text{m}^3}{\text{day}} \left| \frac{\text{m}^2 \cdot \text{day}}{120\text{m}^3} \right.$$
$$= 30.38 \fallingdotseq 30\text{m}^2$$

정답 ②

BEST 23 | F/M비

$$F/M = \frac{BOD \cdot Q}{\forall \cdot X} = \frac{BOD}{t \cdot X}$$

- BOD: BOD의 농도[mg/L]
- Q: 유입유량[m³/day]
- $\forall$: 폭기조 용적[m³]
- X: MLSS 농도[mg/L]
- t: 체류시간[day]

31

MLSS 농도 3,000mg/L, F/M비가 0.4인 포기조에 BOD 350mg/L의 폐수가 3,000m³/day로 유입되고 있다. 포기조 체류시간(hr)은?

① 5   ② 7

③ 9   ④ 11

해설

1) F/M비

$$F/M = \frac{BOD \cdot Q}{MLSS \cdot \forall} = 0.4\,day^{-1}$$

$$\rightarrow \forall = \frac{BOD \cdot Q}{MLSS \cdot F/M}$$

$$= \frac{350mg/L \times 3,000m^3/day}{3,000mg/L \times 0.4day^{-1}}$$

$$= 875m^3$$

2) 체류시간 $t = \dfrac{\forall}{Q}$

- $\forall$: 포기조 용적[m³]
- Q: 유입유량[m³/day]

$$\therefore t = \frac{\forall}{Q} = \frac{875m^3}{3,000m^3/day} = 0.2916day$$

$$\rightarrow 0.2916day \times \frac{24hr}{1day} = 7hr$$

정답 ②

32

유입 유량이 500,000m³/day, BOD$_5$가 200mg/L인 폐수를 처리하기 위해 완전혼합형 활성슬러지 처리장을 설계하려고 한다. 1차 침전지에서 제거된 우입수의 BOD$_5$는 34%이고, MLVSS는 3,000mg/L, 반응속도상수(K)는 1.0L/g MLVSS·hr이라면, 일차반응일 경우 F/M비는? (단, 유출수 BOD$_5$ 10mg/L)

① 0.26 kg BOD/kg MLVSS·day

② 0.28 kg BOD/kg MLVSS·day

③ 0.32 kg BOD/kg MLVSS·day

④ 0.36 kg BOD/kg MLVSS·day

해설

$$F/M = \frac{BOD \cdot Q}{\forall \cdot X}$$

1) $BOD = 200 \times (1 - 0.34) = 132mg/L = 0.132kg/m^3$

2) $Q = 500,000m^3/day$

3) $QC_o - QC_t = K \cdot \forall \cdot C_t$

$$\rightarrow \forall = \frac{Q(C_o - C_t)}{K \cdot C_t}$$

$$= \frac{500,000m^3}{day} \left| \frac{(132-10)mg}{L} \right| \frac{g \cdot hr}{1.0L} \left| \frac{L}{3g} \right| \frac{L}{10mg} \left| \frac{1day}{24hr} \right.$$

$$= 84,722.22m^3$$

4) $X = 3,000mg/L = 3kg/m^3$

$$\therefore F/M = \frac{BOD \cdot Q}{\forall \cdot X}$$

$$= \frac{0.132kg}{m^3} \left| \frac{500,000m^3}{day} \right| \frac{1}{84,722.22m^3} \left| \frac{m^3}{3kg} \right.$$

$$= 0.26kg\ BOD/kg\ MLVSS \cdot day$$

정답 ①

BEST 24 표면부하율 (수면적부하)

표면부하율 $= \dfrac{Q}{A}$

· Q: 유입유량[m³/day]
· A: 침전면적[m²]

33

수량이 30,000m³/day, 수심이 3.5m, 하수 체류시간이 2.5hr인 침전지의 수면부하율(또는 표면부하율)은?

① 67.1m³/m²·day ② 54.2m³/m²·day

③ 41.5m³/m²·day ④ 33.6m³/m²·day

해설

수면부하율 $= \dfrac{\text{유입유량[m}^3\text{/day]}}{\text{수면적[m}^2\text{]}} = \dfrac{Q}{A}$

$Q = 30,000\text{m}^3\text{/day}$

$A[\text{m}^2] = \dfrac{\text{부피[m}^3\text{]}}{\text{수심[m]}}$

$\qquad = \dfrac{30,000\text{m}^3}{\text{day}} \left| \dfrac{2.5\text{hr}}{} \right| \dfrac{1\text{day}}{24\text{hr}} \left| \dfrac{}{3.5\text{m}} \right.$

$\qquad = 892.86\text{m}^2$

∴ 수면부하율 $= \dfrac{30,000\text{m}^3\text{/day}}{892.86\text{m}^2}$

$\qquad\qquad = 33.6\text{m}^3/\text{m}^2 \cdot \text{day}$

정답 ④

BEST 25 반송률, 재순환율

$R = \dfrac{X}{X_r - X}$ (단, 유입수의 SS는 고려하지 않음)

· X: MLSS 농도[mg/L]
· X_r: 반송슬러지 농도[mg/L]

34

포기조 내의 혼합액 중 부유물 농도(MLSS)가 2,000g/m³, 반송슬러지의 부유물 농도가 9,576g/m³이라면 슬러지 반송률은? (단, 유입수내 SS는 고려하지 않음)

① 23.2% ② 26.4%

③ 28.6% ④ 32.8%

해설

$R = \dfrac{X}{X_r - X} \times 100$

$\quad = \dfrac{2,000}{9,576 - 2,000} \times 100$

$\quad = 26.40\%$

정답 ②

35

포기조 내의 혼합액의 SVI가 100이고, MLSS농도를 2,200mg/L로 유지하려면 적정한 슬러지의 반송률(%)은? (단, 유입수의 SS는 무시한다.)

① 23.6 ② 28.2

③ 33.6 ④ 38.3

해설

반송률 $R[\%] = \dfrac{X}{X_r - X} \times 100$

· X: MLSS 농도 $= 2,200\text{mg/L}$

· X_r: 반송슬러지 농도 $= \dfrac{10^6}{\text{SVI}} = \dfrac{10^6}{100} = 10,000\text{mg/L}$

∴ $R = \dfrac{2,200}{10,000 - 2,200} \times 100 = 28.2\%$

정답 ②

수질오염공정시험기준

BEST 26 혼합공식

$$C_m = \frac{C_1 Q_1 + C_2 Q_2}{Q_1 + Q_2}$$

- C_1: 1번 농도[mg/L]
- Q_1: 1번 유량[m³/day]
- C_2: 2번 농도[mg/L]
- Q_2: 2번 유량[m³/day]

36

70% 질산을 물로 희석하여 5% 질산으로 제조하려고 한다. 70% 질산과 물의 비율은?

① 1 : 9 ② 1 : 11
③ 1 : 13 ④ 1 : 15

해설

[방법1]

$$희석배율 = \frac{처음농도}{나중농도} = \frac{70\%}{5\%} = 14배 희석(= 질산1 : 물13)$$

[방법2]

$$C_m = \frac{C_1 Q_1 + C_2 Q_2}{Q_1 + Q_2}$$

$$\therefore 5\% = \frac{70\% \times Q_1 + 0\% \times Q_2}{Q_1 + Q_2}$$

$$0.05(Q_1 + Q_2) = 0.7 Q_1$$

$$0.65 Q_1 = 0.05 Q_2$$

$$13 Q_1 = Q_2$$

$$\therefore Q_1 = 1, \ Q_2 = 13$$

정답 ③

BEST 27 Lambert – Beer 법칙

$$흡광도(A) = -\log t = \log \frac{1}{t}$$

$$투과도(t) = \frac{투사광의\ 강도}{입사광의\ 강도}$$

37

I_o 단색광이 정색액을 통과할 때 그 빛의 50%가 흡수된다면 이 경우 흡광도는?

① 0.6 ② 0.5
③ 0.3 ④ 0.2

해설

$$A = \log \frac{1}{t}$$

$$\therefore A = \log \frac{1}{t} = \log \frac{1}{0.5} = 0.3$$

정답 ③

38

흡광 광도 측정에서 입사광의 60%가 흡수되었을 때의 흡광도는?

① 약 0.6 ② 약 0.5
③ 약 0.4 ④ 약 0.3

해설

$$흡광도(A) = \log \frac{1}{t}$$

$$\therefore A = \log \frac{1}{0.4} = 0.4$$

정답 ③

BEST 28   중화적정

$N_1 V_1 = N_2 V_2$
- N_1: 산의 노르말 농도[eq/L]
- V_1: 산의 부피[mL]
- N_2: 염기의 노르말 농도[eq/L]
- V_2: 염기의 부피[mL]

39

환원제인 $FeSO_4$용액 25mL를 H_2SO_4 산성에서 0.1N–$K_2Cr_2O_7$으로 산화시키는 데 31.25mL 소비되었다. $FeSO_4$ 용액 200mL를 0.05N 용액으로 만들려고 할 때 가하는 물의 양(mL)은?

① 200   ② 300
③ 400   ④ 500

해설
$NV = N'V'$
- $0.1N \times 31.25mL = X\,N \times 25mL$
  - → $X = 0.125N$
- $0.125N \times 200mL = 0.05N \times Y\,mL$
  - → $Y = 500mL$

따라서 0.125N 농도 200mL에 물 300mL를 가하면 0.05N 농도의 500mL 수용액이 된다.

정답 ②

BEST 29   직각 3각 웨어/4각 웨어

직각 3각 웨어
$Q = K \cdot h^{5/2}$
- Q: 유량[m^3/min]
- K: 유량계수 $= 81.2 + \dfrac{0.24}{h} + \left(8.4 + \dfrac{12}{\sqrt{D}}\right) \times \left(\dfrac{h}{B} - 0.09\right)^2$
- B: 수로의 폭[m]
- D: 수로의 밑면으로부터 절단 하부점까지의 높이[m]
- h: 웨어의 수두[m]

4각 웨어
$Q = K \cdot b \cdot h^{3/2}$
- Q: 유량[m^3/min]
- K: 유량계수
  $$= 107.1 + \dfrac{0.177}{h} + 14.2\dfrac{h}{D} - 25.7 \times \sqrt{\dfrac{(B-b)h}{D \cdot B}}$$
  $$+ 2.04\sqrt{\dfrac{B}{D}}$$
- D: 수로의 밑면으로부터 절단 하부 모서리까지의 높이[m]
- B: 수로의 폭[m]
- b: 절단의 폭[m]
- h: 웨어의 수두[m]

40

4각 웨어에 의하여 유량을 측정하려고 한다. 웨어의 수두 0.5m, 절단의 폭이 4m이면 유량(m^3/분)은?
(단, 유량계수=4.8)

① 약 4.3   ② 약 6.8
③ 약 8.1   ④ 약 10.4

해설
4각 웨어의 유량
$$Q[m^3/min] = K \cdot b \cdot h^{3/2}$$
$$= 4.8 \times 4 \times 0.5^{3/2}$$
$$= 6.788 ≒ 6.8 m^3/min$$

정답 ②

41

웨어의 수두가 0.25m, 수로의 폭이 0.8m, 수로의 밑면에서 절단 하부점까지의 높이가 0.7m인 직각 3각웨어의 유량 (m^3/min)은?

$$\left(단, 유량계수\ K=81.2+\frac{0.24}{h}+\left(8.4+\frac{12}{\sqrt{D}}\right)\times\left(\frac{h}{B}-0.09\right)^2\right)$$

① 1.4

② 2.1

③ 2.6

④ 2.9

해설

1) $Q=K\cdot h^{\frac{5}{2}}$

· Q: 유량[m^3/min]

· K: 유량계수

· h: 웨어의 수두[m]

2) $K=81.2+\dfrac{0.24}{h}+\left(8.4+\dfrac{12}{\sqrt{D}}\right)\times\left(\dfrac{h}{B}-0.09\right)^2$

· D: 수로의 밑면으로부터 절단 하부 점까지의 높이[m]

· B: 수로의 폭[m]

$\therefore Q=K\cdot h^{\frac{5}{2}}$

$=\left\{81.2+\dfrac{0.24}{0.25}+\left(8.4+\dfrac{12}{\sqrt{0.7}}\right)\times\left(\dfrac{0.25}{0.8}-0.09\right)^2\right\}\times(0.25)^{\frac{5}{2}}$

$=2.6m^3$/min

정답 ③

BEST 30 BOD 농도

식종하지 않은 시료

$BOD[mg/L]=(D_1-D_2)\times P$

식종희석수를 사용한 시료

$BOD[mg/L]=[(D_1-D_2)-(B_1-B_2)\times f]\times P$

· D_1: 15분간 방치된 후의 희석(조제)한 시료의 DO[mg/L]

· D_2: 5일간 배양한 다음의 희석(조제)한 시료의 DO[mg/L]

· B_1: 식종액의 BOD를 측정할 때 희석된 식종액의 배양전 DO[mg/L]

· B_2: 식종액의 BOD를 측정할 때 희석된 식종액의 배양후 DO[mg/L]

· f: 희석시료 중의 식종액 함유율과 희석한 식종액 중의 식종액 함유율의 비

· P: 희석시료 중 시료의 희석배수(희석시료량/시료량)

42

BOD 실험에서 배양기간 중에 4.0mg/L의 DO 소모를 바란 다면 BOD 200mg/L로 예상되는 폐수를 실험할 때 300mL BOD 병에 몇 mL 넣어야 하는가?

① 2.0

② 4.0

③ 6.0

④ 8.0

해설

$BOD[mg/L]=(D_1-D_2)\times P$

$200mg/L=4\times\dfrac{300}{X}$

$\therefore X=6mL$

정답 ③

43

30배 희석한 시료를 15분간 방치한 후와 5일간 배양한 후의 DO가 각각 8.6mg/L, 3.6mg/L이었고, 식종액의 BOD를 측정할 때 식종액의 배양 전과 후의 DO가 각각 7.5mg/L, 3.7mg/L이었다면 이 시료의 BOD(mg/L)는? (단, 희석시료 중의 식종액 함유율과 희석한 식종액 중의 식종액 함유율의 비는 0.1임)

① 139

② 143

③ 147

④ 15

해설

$BOD=[(D_1-D_2)-(B_1-B_2)\times f]\times P$

$\therefore BOD=[(8.6-3.6)-(7.5-3.7)\times0.1]\times30$

$=138.6\fallingdotseq139mg/L$

정답 ①

PART **2**

최신 8개년
기출문제

약 **72%**

2022년 2회 기출문제 중
8개년 기출문제에서 출제된
비율 약 72%

8 개년 출제경향 분석

수질환경기사 필기시험은 2022년 3회 시험부터 CBT 시험으로 시행되고 있습니다. 이에 저희 교재는 CBT 시험을 직접 복원해 수록했습니다.

CBT 시험은 기존의 기출문제가 그대로 출제되기도 하고, 보기에 있는 내용 또는 문제의 숫자가 일부 변형되어 출제되는 경우도 많습니다. 따라서 단기간에 합격하기 위해서는 기출문제 위주로 학습하는 전략이 필요합니다. 특히 자주 출제되는 문제와 단순한 계산 문제는 반드시 맞혀야 하는 문제라고 생각하고 학습하는 것을 추천해 드립니다.

빈 출 문 항 표 기

에듀윌 수질환경기사 필기 교재에는 모든 기출문제의 빈출도를 분석하여 별표로 표기하였습니다.

★ ★ ★	빈출문제로 반드시 맞혀야 하는 문제
★ ★ ☆	내용을 이해하고, 해설 까지 꼼꼼히 공부해야 하는 문제
★ ☆ ☆	간단하게 답만 확인하는 정도로 공부할 문제

수질오염개론

01 ★★☆

아세트산(CH_3COOH) 6.0g을 증류수에 녹여 1L 용액을 제조하였을 때 이 용액의 pH는? (단, 이온화 상수는 1.75×10^{-5}이다.)

① 2.33   ② 2.54

③ 2.88   ④ 3.19

해설

아세트산의 분자량: $12 \times 2 + 1 \times 4 + 16 \times 2 = 60g/mol$

아세트산의 몰농도(M): $\dfrac{6.0g}{L} \times \dfrac{1mol}{60g} = 0.10mol/L = 0.10M$

$$CH_3COOH \rightleftharpoons CH_3COO^- + H^+$$

0.1M	0M	0M
$-x$M	$+x$M	$+x$M
$0.1-x$M	xM	xM

$$K_a = \frac{[CH_3COO^-][H^+]}{[CH_3COOH]} = \frac{x^2}{0.1-x} = \frac{x^2}{0.1} = 1.75 \times 10^{-5}$$

$$x = [H^+] = \sqrt{0.1 \times 1.75 \times 10^{-5}} = 1.3229 \times 10^{-3}$$

$$pH = -\log(1.3229 \times 10^{-3}) = 2.88$$

정답 ③

02 ★★☆

3mol의 글리신($C_2H_5NO_2$)이 분해되는 데 필요한 이론적 산소요구량(g O_2)으로 옳은 것은? (단, 분해 생성물은 이산화탄소, 질산, 물이다.)

① 336   ② 341

③ 357   ④ 364

해설

글리신의 이론적 산화반응식을 이용한다.

$$C_2H_5NO_2 + 3.5O_2 \rightarrow 2CO_2 + 2H_2O + HNO_3$$

$1mol : 3.5mol \times 32g/mol = 3mol : xg$

∴ 이론적 산소요구량(ThOD) $= 336g$ O_2

정답 ①

03 ★☆☆

유량이 10,000m³/day인 폐수를 하천에 방류하였다. 폐수 방류 전 하천의 BOD는 4mg/L, 유량은 4,000,000m³/day이다. 방류한 폐수가 하천수와 완전혼합되었을 때 하천의 BOD가 1mg/L 높아진다고 하면, 하천에 가해지는 폐수의 BOD 부하량은? (단, 폐수가 유입된 이후에 생물학적 분해로 인한 하천의 BOD 양 변화는 고려하지 않는다.)

① 1,280kg/day   ② 2,810kg/day

③ 3,250kg/day   ④ 4,050kg/day

해설

혼합 전후의 BOD 부하량 평형을 이용하여 폐수의 BOD 농도를 구한 후, 폐수 유량과 곱하여 BOD 부하량을 계산한다.

• 혼합 후 하천의 BOD 농도

$C_m = 4mg/L + 1mg/L = 5mg/L$

• 혼합 후 하천의 총 유량

$Q_{전체} = 10,000m^3/day + 4,000,000m^3/day = 4,010,000m^3/day$

• 혼합 전후 BOD 부하량 평형

$Q_{하천}C_{하천} + Q_{폐수}C_{폐수} = Q_{전체}C_{혼합}$

$(4,000,000m^3/day \times 4mg/L) + (10,000m^3/day \times C_{폐수})$

$= 4,010,000m^3/day \times 5mg/L$

$C_{폐수} = 405mg/L$

• BOD 부하량 $= Q_{폐수} \times C_{폐수}$

$$= \frac{10,000m^3}{day} \times \frac{405mg}{L} \times \frac{1kg}{10^6mg} \times \frac{1,000L}{1m^3}$$

$$= 4,050kg/day$$

정답 ④

04

★☆☆

다음 수질을 가진 농업용수의 SAR 값으로부터 Na^+가 흙에 미치는 영향은 어떻다고 할 수 있는가? (단, 수질 농도는 $Na^+=1,150mg/L$, $Ca^{2+}=60mg/L$, $Mg^{2+}=36mg/L$, $PO_4^{3-}=1,500mg/L$, $I^-=200mg/L$이며 원자량은 Na: 23, Mg: 24, P: 31, Ca: 40이다.)

① 영향이 적다.
② 영향이 중간 정도이다.
③ 영향이 비교적 크다.
④ 영향이 매우 크다.

해설

$$SAR=\frac{Na^+}{\sqrt{\dfrac{Ca^{2+}+Mg^{2+}}{2}}}$$ (단, 이온 농도의 단위는 meq/L이다.)

• 나트륨의 농도

$$Na^+=\frac{1,150mg}{L}\times\frac{meq}{23mg}=50.0meq/L$$

• 칼슘의 농도

$$Ca^{2+}=\frac{60mg}{L}\times\frac{2meq}{40mg}=3.0meq/L$$

• 마그네슘의 농도

$$Mg^{2+}=\frac{36mg}{L}\times\frac{2meq}{24mg}=3.0meq/L$$

$$SAR=\frac{50.0}{\sqrt{\dfrac{3.0+3.0}{2}}}=28.8675$$

SAR이 26 이상이면 영향이 매우 크다.

SAR	토양에 대한 영향
0 이상 10 미만	영향이 적다.
10 이상 18 미만	중간 정도이다.
18 이상 26 미만	비교적 크다.
26 이상	매우 크다.

정답 ④

05

★★★

반감기가 3일인 방사성 폐수의 농도가 10mg/L일 때, 반응 속도상수(day^{-1})의 값으로 옳은 것은? (단, 1차 반응이며 자연대수 기준으로 한다.)

① 0.132
② 0.231
③ 0.326
④ 0.430

해설

$$\ln\frac{C_t}{C_0}=-kt$$

• C_t: 처리 후 농도[mg/L]
• C_0: 초기 농도[mg/L]
• k: 반응속도상수[day^{-1}]
• t: 반응시간[day]

$$\ln\left(\frac{5mg/L}{10mg/L}\right)=-k\times3day$$

$$k=0.2310day^{-1}$$

정답 ②

06

★★☆

생물학적 질화 중 아질산화에 관한 설명으로 틀린 것은?

① Nitrobacter에 의해 수행된다.
② 수율은 0.04~0.13mg VSS/mg NH_4^+-N 정도이다.
③ 관련 미생물은 독립영양성 세균이다.
④ 산소가 필요하다.

해설

단백질은 효소에 의해 가수분해되어 글리신 등의 아미노산이 된다. 아미노산은 암모니아성 질소(NH_3-N) 상태에서 질산화균(Nitrosomonas)에 의해 아질산성질소(NO_2-N)로 산화되고 다시 질산화균(Nitrobacter)에 의해 질산성 질소(NO_3-N)로 산화된다.

정답 ①

07 ★☆☆

원핵세포에 관한 설명으로 틀린 것은?

① 원핵세포의 세포벽은 세포막의 외부에 위치하며 세포를 지지하고 보호해 주는 견고한 구조로 되어 있다.
② 원핵세포의 리보솜은 단백질과 리보핵산으로 구성되어 있는 작은 과립체이다.
③ 원핵세포의 세포소기관은 에너지 생산기능을 수행한다.
④ 원핵세포의 세포 크기는 진핵세포에 비하여 작으며 유사분열이 없다.

해설
원핵세포는 막으로 구획된 세포소기관(미토콘드리아, 소포체 등)이 없는 대신 세포막이나 세포질 내 효소 시스템을 통해 호흡이나 발효 등을 수행한다. 즉, 진핵세포의 세포소기관이 에너지 생산기능을 수행한다.

정답 ③

08 ★★☆

BOD$_5$가 275mg/L이고, COD가 500mg/L인 경우에 NBDCOD(mg/L)는? (단, 탈산소계수 k_1=0.15/day이며, 상용대수 기준이다.)

① 약 114 　　　　② 약 127
③ 약 141 　　　　④ 약 166

해설
$BOD_t = BOD_u \times (1 - 10^{-k_1 t})$
$275mg/L = BOD_u \times (1 - 10^{-0.15 \times 5})$
$BOD_u = 334.4799mg/L$
$NBDCOD = COD - BOD_u$
$\qquad = 500mg/L - 334.4799mg/L = 165.5201mg/L$

정답 ④

09 ★★★

수질오염물질별 인체영향(질환)이 틀리게 짝지어진 것은?

① 비소: 반상치(법랑반점)
② 크롬: 비중격 연골천공
③ 아연: 기관지 자극 및 폐렴
④ 납: 근육과 관절의 장애

해설
• 비소
　㉠ 급성 중독 증상: 구토, 설사, 복통, 탈수증, 위장염, 혈압 저하, 혈변, 순환기 장애 등을 유발한다.
　㉡ 만성중독 증상: 국소 및 전신마비, 피부염, 흑피증, 발암, 색소침착, 간장비대 등의 순환기 장애를 유발한다.
• 불소의 중독 증상: 반상치(법랑반점)을 유발한다.
• 납의 급성 중독 증상: 신장, 생식계통, 간 그리고 근육과 관절(뇌와 중추신경계)에 심각한 장애를 유발한다.

정답 ①

10 ★★☆

하천모델의 종류 중 'DO SAG - I, II, III'에 관한 설명으로 틀린 것은?

① 1차원 정상상태 모델이다.
② 비점오염원이 하천의 용존산소에 미치는 영향은 고려하지 않는다.
③ Streeter-Phelps 식을 기본으로 한다.
④ 저질의 영향이나 광합성 작용에 의한 용존산소 반응을 무시한다.

해설
DO SAG 모델은 점오염원 및 비점오염원이 하천의 용존산소에 미치는 영향을 판단할 수 있다.

정답 ②

11 ★★☆

반응조 혼합에 관한 내용을 기술한 것으로 틀린 것은?

① Morrill 지수가 1인 경우, 이상적인 플러그 흐름 상태이다.
② 분산수가 무한대가 되면 이상적인 플러그 흐름 상태이다.
③ 분산이 1이면 이상적인 완전혼합 흐름 상태이다.
④ Morrill 지수의 값이 클수록 완전혼합 흐름 상태에 근접한다.

해설
분산수가 무한대가 되면 완전혼합(CFSTR) 흐름 상태이다.

관련이론 | PFR과 CFSTR(CMFR)의 혼합 정도

	PFR	CFSTR(CMFR)
분산	0	1
분산수	0	∞
Morrill 지수	1	클수록
지체시간	이론적 체류시간 동일	0

정답 ②

12 ★★☆

하천의 자정작용에 관한 설명 중 틀린 것은?

① 생물학적 자정작용인 혐기성 분해는 중간 화합물이 휘발성이므로 유해한 경우가 많으며 호기성 분해에 비하여 장시간이 요구된다.
② 자정작용 중 가장 큰 비중을 차지하는 것은 생물학적 작용이라 할 수 있다.
③ 자정계수는 탈산소계수/재폭기계수를 뜻한다.
④ 화학적 자정작용인 응집작용은 흡수된 산소에 의해 오염물질이 분해될 때 발생하는 탄산가스가 물의 pH를 증가시켜 수산화물의 생성을 촉진시키므로 용해되어 있는 철이나 망간 등을 침전시킨다.

해설
자정계수(f)는 재폭기계수(k_2)/탈산소계수(k_1)로 나타낼 수 있다.

정답 ③

13 ★☆☆

친수성 콜로이드에 관한 설명으로 틀린 것은?

① 유탁 상태(에멀전)로 존재한다.
② 물에 쉽게 분산된다.
③ 친수성 콜로이드의 대부분은 소수성 콜로이드를 보호하는 작용을 한다.
④ 틴들(Tyndall) 효과가 크다.

해설
틴들 효과는 소수성 콜로이드에서 더 뚜렷하게 나타나며, 친수성 콜로이드는 입자와 물의 굴절률 차이가 작아 틴들 효과가 상대적으로 작다.

정답 ④

14 ★★☆

DO 포화농도가 9mg/L인 하천에서 t=0일 때 DO가 6mg/L라면 물이 3일 유하했을 때의 DO 부족량(mg/L)은? (단, 최종 BOD=10mg/L, k_1=0.1day^{-1}, k_2=0.2day^{-1}이며, 상용대수 기준이다.)

① 약 2.3 ② 약 3.3
③ 약 4.3 ④ 약 5.3

해설
Streeter - Phelps 식을 이용한다.

$$D(t) = \frac{k_1 L}{k_2 - k_1}(10^{-k_1 t} - 10^{-k_2 t}) + D_0 \cdot 10^{-k_2 t}$$

$$D(3) = \frac{0.1 \times 10}{0.2 - 0.1} \times (10^{-0.1 \times 3} - 10^{-0.2 \times 3}) + (9-6) \times 10^{-0.2 \times 3}$$

$$= 3.2536\text{mg/L}$$

정답 ②

15

★★☆

초과배출부과금 부과 대상 수질오염물질이 아닌 것은?

① 구리 및 그 화합물
② 벤젠류
③ 아연 및 그 화합물
④ 테트라클로로에틸렌

해설

벤젠류는 휘발성 유기화합물(VOCs)에는 속하지만 초과배출부과금 부과 대상에는 해당하지 않는다.

관련이론 | 초과배출부과금 부과 대상 수질오염물질의 종류「시행령 제46조」

- 유기물질
- 카드뮴 및 그 화합물
- 유기인화합물
- 6가 크롬 화합물
- 수은 및 그 화합물
- 구리 및 그 화합물
- 페놀류
- 테트라클로로에틸렌
- 아연 및 그 화합물
- 총 인
- 부유물질
- 시안화합물
- 납 및 그 화합물
- 비소 및 그 화합물
- 폴리염화비페닐
- 크롬 및 그 화합물
- 트리클로로에틸렌
- 망간 및 그 화합물
- 총 질소

정답 ②

16

★☆☆

무기화합물과 유기화합물의 일반적 차이점으로 옳지 않은 것은?

① 유기화합물들은 대체로 가연성이다.
② 유기화합물들은 대체로 물에 잘 녹는다.
③ 유기화합물들은 일반적으로 녹는점과 끓는점이 낮다.
④ 유기화합물들은 대체로 이온 반응보다는 분자 반응을 하므로 반응속도가 느리다.

해설

대부분의 유기화합물은 비극성 분자이거나 극성이 작아 극성 용매인 물(H_2O)에 잘 녹지 않는다. 다만, 알코올, 카복실산, 아민 등 일부 극성 작용기를 가진 유기화합물은 물에 용해된다.

정답 ②

17

★★☆

수질 및 수생태계 환경기준 중 하천에서의 사람의 건강보호기준으로 옳은 것은?

① 안티몬: 0.05mg/L 이하
② 벤젠: 0.05mg/L 이하
③ 납: 0.05mg/L 이하
④ 카드뮴: 0.05mg/L 이하

해설

수질 및 수생태계 중 하천에서의 사람의 건강보호 기준「환경정책기본법 시행령 별표 1」

항목	기준값(mg/L)
카드뮴(Cd)	0.005 이하
비소(As)	0.05 이하
시안(CN)	검출되어서는 안 됨 (검출한계 0.01)
수은(Hg)	검출되어서는 안 됨 (검출한계 0.001)
유기인	검출되어서는 안 됨 (검출한계 0.0005)
폴리클로리네이티드비페닐(PCB)	검출되어서는 안 됨 (검출한계 0.0005)
납(Pb)	0.05 이하
6가 크롬(Cr^{6+})	0.05 이하
음이온 계면활성제(ABS)	0.5 이하
사염화탄소	0.004 이하
1, 2-디클로로에탄	0.03 이하
테트라클로로에틸렌(PCE)	0.04 이하
디클로로메탄	0.02 이하
벤젠	0.01 이하
클로로포름	0.08 이하
디에틸헥실프탈레이트(DEHP)	0.008 이하
안티몬	0.02 이하
1, 4-다이옥세인	0.05 이하
포름알데히드	0.5 이하
헥사클로로벤젠	0.00004 이하

정답 ③

18 ★★☆

다음은 시운전 기간 등에 관한 설명이다. (   ) 안에 들어갈 내용으로 옳은 것은?

> 가동시작신고(가동시작일의 변경신고를 포함한다)를 받은 시·도지사는 시운전 기간이 지난 날부터 (   ) 이내에 폐수배출시설 및 수질오염방지시설의 가동상태를 점검하고, 수질오염물질을 채취한 후 검사기관에 오염도검사를 하도록 하여 배출허용기준의 준수 여부를 확인하도록 하여야 한다.

① 5일
② 10일
③ 15일
④ 20일

해설

시운전 기간 등 「시행규칙 제47조」

가동시작신고(가동시작일의 변경신고를 포함한다)를 받은 시·도지사는 제1항에 따른 기간이 지난 날부터 15일 이내에 폐수배출시설 및 수질오염방지시설의 가동상태를 점검하고, 수질오염물질을 채취한 후 검사기관에 오염도검사를 하도록 하여 배출허용기준의 준수 여부를 확인하도록 하여야 한다.

정답 ③

19 ★☆☆

수질예측모형의 공간성에 따른 분류에 관한 설명으로 틀린 것은?

① 0차원 모형: 식물성 플랑크톤의 계절적 변동사항에 주로 이용된다.
② 1차원 모형: 하천이나 호수를 종방향 또는 횡방향의 연속교반 반응조로 가정한다.
③ 2차원 모형: 수질의 변동이 일방향성이 아닌 이방향성으로 분포하는 것으로 가정한다.
④ 3차원 모형: 대호수의 순환 패턴 분석에 이용된다.

해설

0차원 모형은 수체를 완전혼합반응조로 가정하여 공간적 수질변화가 없어 식물성 플랑크톤의 계절적 변동사항에는 이용할 수 없다.

정답 ①

20 ★★☆

분뇨의 특징에 관한 설명으로 틀린 것은?

① 분뇨 내 질소화합물은 알칼리도를 높게 유지시켜 pH의 강하를 막아준다.
② 분과 뇨의 구성비는 약 1:8~1:10 정도이며 고액분리가 용이하다.
③ 분의 경우 질소산화물은 전체 VS의 12~20% 정도 함유되어 있다.
④ 분뇨는 다량의 유기물을 함유하며, 점성이 있는 반고상 물질이다.

해설

분과 뇨의 구성비는 약 1:8~1:10 정도가 맞으나, 고액분리는 어렵다.

정답 ②

상하수도계획

21 ★★★

계획오수량에 관한 설명으로 옳지 않은 것은?

① 합류식에서 우천시 계획오수량은 원칙적으로 계획시간 최대오수량의 3배 이상으로 한다.

② 계획시간 최대오수량은 계획1일 최대오수량의 1시간당 수량의 1.3~1.8배를 표준으로 한다.

③ 계획1일 평균오수량은 계획1일 최대오수량의 60~70%를 표준으로 한다.

④ 지하수량은 1인1일 최대오수량의 10~20%로 한다.

해설

계획1일 평균오수량은 계획1일 최대오수량의 70~80%를 표준으로 한다.

정답 ③

22 ★★★

회전수가 20회/sec, 토출량이 23m³/min, 전양정이 8m인 터빈 펌프의 비교회전도(rpm)는?

① 약 610　　　　② 약 810

③ 약 1,210　　　④ 약 1,610

해설

$$N_s = N \times \frac{Q^{1/2}}{H^{3/4}}$$

· N: 펌프의 회전수
· Q: 펌프의 토출량
· H: 전양정

$$N = 20회/\sec \times \frac{60\sec}{\min} = 1,200\text{rpm}$$

$$N_s = 1,200\text{rpm} \times \frac{(23\text{m}^3/\min)^{1/2}}{(8\text{m})^{3/4}} = 1,209.8393\text{rpm}$$

정답 ③

23

접촉산화법의 특징 및 장단점에 관한 내용으로 틀린 것은?

① 부착생물량을 임의로 조정하기 어려워 조작조건의 변경에 대응하기가 용이하지 않다.

② 슬러지의 자산화가 기대되어 잉여슬러지량이 감소한다.

③ 반응조 내 매체를 균일하게 포기 교반하는 조건설정이 어렵고 사수부가 발생할 우려가 있다.

④ 반송슬러지가 필요하지 않으므로 유지관리가 용이하다.

해설

접촉산화법은 접촉재의 종류, 크기, 면적, 유속 등을 조절함으로써 부착생물량을 조절할 수 있으며, 폐수의 특성 변화에 따라 처리효율을 유지하기 위해 조작조건을 유연하게 변경할 수 있다.

정답 ①

24 ★☆☆

다음은 하수관로의 접합에 관한 내용이다. (　　) 안에 들어갈 내용으로 옳은 것은?

> 2개의 관로가 합류하는 경우의 중심교각은 되도록 (　㉠　) 이하로 하고 곡선을 갖고 합류하는 경우의 곡률반경은 내경의 (　㉡　) 이상으로 한다.

① ㉠ 45°, ㉡ 5배　　② ㉠ 45°, ㉡ 10배

③ ㉠ 60°, ㉡ 5배　　④ ㉠ 60°, ㉡ 10배

해설

2개의 관로가 합류하는 경우의 중심교각은 되도록 60° 이하로 하고, 곡선을 갖고 합류하는 경우의 곡률반경은 내경의 5배 이상으로 한다.

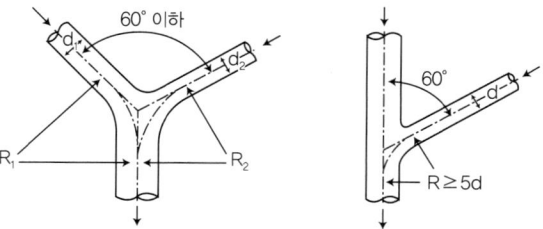

관로가 합류하는 경우 중심선 교각　관로가 곡선으로 합류하는 경우 곡률반경

정답 ③

25 ★★☆

도수관 설계 시 자연유하식인 경우 평균유속의 기준으로 옳은 것은?

① 허용최대한도는 1.5m/s, 최소한도는 0.3m/s로 한다.
② 허용최대한도는 1.5m/s, 최소한도는 0.6m/s로 한다.
③ 허용최대한도는 3.0m/s, 최소한도는 0.3m/s로 한다.
④ 허용최대한도는 3.0m/s, 최소한도는 0.6m/s로 한다.

해설

자연유하식인 경우 도수관의 허용최대한도는 3.0m/s, 평균유속은 최소한도 0.3m/s로 한다.

정답 ③

26 ★☆☆

하수관로의 단면형상이 계란형인 경우에 관한 설명으로 옳지 않은 것은?

① 유량이 적은 경우 원형 관로에 비해 수리학적으로 유리하다.
② 원형 관로에 비해 관 폭이 커도 되므로 수평 방향의 토압에 유리하다.
③ 재질에 따라 제조비가 늘어나는 경우가 있다.
④ 수직 방향의 시공에 정확도가 요구되므로 면밀한 시공이 필요하다.

해설

계란형 관로는 상부가 좁고 하부가 깊은 형태로, 원형 관로보다 관의 폭은 좁고 높이는 크다. 따라서 수평 방향 토압에는 불리하며, 수직 하중에는 유리한 구조이다.

정답 ②

27 ★☆☆

배수시설인 배수관의 수압에 대한 다음 설명 중 (   ) 안에 들어갈 값으로 옳은 것은?

> 급수관을 분기하는 지점에서 배수관 내의 최대정수압은 (   )kPa를 초과하지 않아야 한다.

① 500
② 700
③ 900
④ 1,100

해설

급수관을 분기하는 지점에서 배수관 내의 최대정수압은 700kPa(약 7.1kgf/cm^2)을 초과하지 않아야 한다.

관련이론 | 배수관 정비 시 고려사항

- 수압: 급수관을 분기하는 지점에서 배수관 내의 최소동수압은 150kPa(약 1.53kgf/cm^2) 이상이어야 하며, 최대정수압은 700kPa(약 7.1kgf/cm^2)을 초과하지 않아야 한다.
- 관경: 관로의 동수압은 평상시에는 그 구역에 필요한 최소동수압 이상으로 유지되도록 하며, 또한 수압분포를 가능한 한 균등하게 되도록 결정한다.
- 소화전: 원칙적으로 단구소화전은 관경 150mm 이상의 배수관에, 쌍구소화전은 관경 300mm 이상의 배수관에 설치한다.
- 매설 위치: 배수관을 다른 지하매설물과 교차 또는 인접하여 부설할 때에는 최소 30cm 이상의 간격을 두어야 한다.

정답 ②

28 ★★☆

하수도 계획의 목표연도는 원칙적으로 몇 년 정도로 하는가?

① 10년
② 15년
③ 20년
④ 25년

해설

하수도 계획의 목표연도는 원칙적으로 20년으로 하며, 상수도 계획의 목표연도는 15~20년으로 한다.

정답 ③

29 ★★★

상수처리를 위한 용존공기부상 공정 중 플록형성지에 관한 설명으로 틀린 것은?

① 플록형성지는 2지 이상으로 구분한다.

② 플록형성지 유출부에 수평면에 대하여 60~70°인 경사진 저류벽을 설치한다.

③ 플록형성지 폭은 부상지의 폭과 같도록 하며 10m 정도로 한다.

④ 교반시간, 즉 체류시간은 일반적으로 3~5분 정도이다.

해설

플록형성지(Flocculation basin)는 입자 응집과 플록 성장을 위한 시간을 확보하는 것이 중요하다. 일반적으로 체류시간은 20~40분 정도이다.

정답 ④

30 ★☆☆

침전지의 침전효율과 관련된 내용으로 옳은 것은?

① 침전제거율 향상을 위해 침전지의 침강면적(A)을 작게 한다.

② 침전제거율 향상을 위해 플록의 침강속도(V)를 작게 한다.

③ 침전제거율 향상을 위해 유량(Q)을 크게 한다.

④ 가장 기본적인 지표는 표면부하율이다.

선지분석

① 침강면적이 작을수록 침전효율이 감소하며, 침강면적이 클수록 침전효율이 증가한다.

② 플록의 침강속도가 느릴수록 침전효율이 작으며, 플록의 침강속도가 빠를수록 침전효율이 크다.

③ 유량이 증가하면 침전지에 체류하는 시간이 짧아져 침전효율이 감소한다.

정답 ④

31 ★★☆

집수정에서 가정까지의 급수계통을 순서대로 나열한 것으로 옳은 것은?

① 취수 → 도수 → 정수 → 송수 → 배수 → 급수

② 취수 → 도수 → 정수 → 배수 → 송수 → 급수

③ 취수 → 송수 → 도수 → 정수 → 배수 → 급수

④ 취수 → 송수 → 배수 → 정수 → 도수 → 급수

해설

수원에서부터 급수계통은 취수 → 도수 → 정수 → 송수 → 배수 → 급수 순으로 이루어진다.

수원으로부터 물을 취수하여(취수) 정수시설로 끌어온 뒤(도수), 정수하여(정수) 배수지로 보내고(송수), 배수지에서 각 지역으로 나뉘어 보내지며(배수), 최종적으로 소비자에게 공급(급수)된다.

관련이론 | 급수계통 시설

- 취수시설: 수원에서 필요한 수량을 취수하는 데 필요한 시설
- 정수시설: 수질을 정화시키는 데 필요한 시설
- 송수시설: 정수된 물을 배수지까지 보내는 시설
- 배수시설: 배수지로부터 배수관까지의 시설
- 급수시설: 배수관으로부터 각 소비자의 급수전 사이의 시설

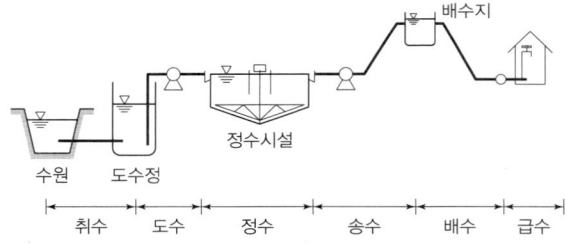

정답 ①

32 ★☆☆

하수처리시설인 순산소활성슬러지법에 관한 설명으로 틀린 것은?

① 잉여슬러지 발생량은 슬러지의 체류시간에 의해서 큰 차이가 나므로 표준활성슬러지법에 비해서 일반적으로 적다.

② MLSS 농도는 표준활성슬러지법의 2배 이상으로 유지 가능하다.

③ 포기조 내의 SVI는 보통 100 이하로 유지되고 슬러지 침강성은 양호하다.

④ 이차침전지에서 스컴이 거의 발생하지 않는다.

해설

순산소활성슬러지법은 잉여슬러지 발생량이 적고 MLSS 농도를 높게 유지하며 SVI가 낮아 슬러지 침강성이 우수하다는 특징을 갖지만, 이차침전지에서 스컴이 발생할 수 있다.

정답 ④

33 ★★☆

상수도시설인 집수매거의 구조에 대한 설명으로 틀린 것은?

① 집수매거의 경사는 수평으로 하거나 1/500 이하의 완만한 경사로 한다.

② 집수매거는 지형 등을 고려하여 가능한 한 복류수 흐름 방향과 수평으로 설치하는 것이 효율적이다.

③ 집수매거의 매설깊이는 5m 이상으로 하는 것이 바람직하다.

④ 집수매거의 길이는 시험우물 등에 의한 양수시험 결과에 따라 정한다.

해설

집수매거는 지하수(복류수)의 흐름에 수직이 되도록 설치하는 것이 효율적이며, 흐름과 평행하게 설치하면 집수 효율이 낮아진다.

정답 ②

34 ★☆☆

하수처리시설인 우수 침사지의 표면 부하율로 옳은 것은?

① $2,400\text{m}^3/\text{m}^2 \cdot \text{day}$ 정도

② $2,800\text{m}^3/\text{m}^2 \cdot \text{day}$ 정도

③ $3,200\text{m}^3/\text{m}^2 \cdot \text{day}$ 정도

④ $3,600\text{m}^3/\text{m}^2 \cdot \text{day}$ 정도

해설

하수처리시설 중 우수 침사지의 표면 부하율은 보통 $3,600\text{m}^3/\text{m}^2 \cdot \text{day}$ 정도이며, 오수 침사지는 보통 $1,800\text{m}^3/\text{m}^2 \cdot \text{day}$ 정도이다. 우수 침사지는 빗물의 특성상 유량이 많고 부유물질 농도가 상대적으로 낮아 표면 부하율이 더 높다.

관련이론 | 침사지의 제원

- 용량: 계획취수량을 10~20분간 저류할 수 있는 크기
- 평균유속: 2~7cm/sec
- 유효수심: 3~4m
- 여유고(퇴사심도): 0.5~1.0m
- 길이: 폭의 3~8배
- 종류: 보통 침사지, 폭기식 침사지

정답 ④

35 ★☆☆

저수시설을 형태적으로 분류할 때의 구분과 가장 거리가 먼 것은?

① 지하댐　　　　　② 저류지

③ 호소　　　　　　④ 하구둑

해설

저수시설을 형태적으로 분류하면 댐, 호소, 유수지, 하구둑, 저수지, 지하댐 등이 있다. 저류지는 빗물을 저장하는 곳으로, 유수지와 유사하다고 볼 수 있으나 저수시설의 형태적 분류와는 구분하여 정의한다.

정답 ②

36 ★★☆

하수배제방식이 분류식인 경우 중계펌프장의 계획하수량으로 옳은 것은?

① 계획시간 최대오수량   ② 계획우수량
③ 우천 시 계획오수량   ④ 계획1일 최대오수량

해설

하수도 설계기준에 따르면 분류식 하수관로에서 오수펌프의 계획하수량은 계획시간 최대오수량으로 한다. 계획시간 최대오수량은 하루 중 하수가 가장 많이 발생하는 시간에 집중적으로 유입되는 양을 말하며, 펌프의 용량을 결정하는 데 중요한 기준이 된다.

관련이론 | 중계펌프장

- 유입구역의 오수를 다음 펌프장 또는 처리장으로 이송하는 역할을 한다.
- 관로가 긴 경우 관로의 매설깊이가 깊어져 비경제적일 때 사용한다.
- 오수펌프는 계획시간 최대오수량을 기준으로 한다.

정답 ①

37 ★☆☆

도수관 설계 시 접합정에 대한 설명으로 틀린 것은?

① 구조상 안전한 것으로 충분한 수밀성과 내구성을 지니며 용량은 계획도수량의 3분 이상으로 한다.
② 유입속도가 큰 경우에는 접합정 내에 월류벽 등을 설치하여 유속을 감쇄시킨 다음 유출관으로 유출되는 구조로 한다.
③ 유출관의 유출구 중심높이는 저수위에서 관경의 2배 이상 낮게 하는 것을 원칙으로 한다.
④ 필요에 따라 양수장치, 배수설비, 월류장치를 설치하고 유출구와 배수설비에는 제수밸브 또는 제수문을 설치한다.

해설

접합정은 원형 또는 각형의 철근 콘크리트 등으로 설치하여 충분한 수밀성과 내구성을 지니며 용량(체류시간)은 계획도수량의 1.5분 이상을 표준으로 한다.

정답 ①

38 ★★☆

배수면적이 50km²인 지역의 우수량이 800m³/s일 때 이 지역의 강우강도(I)는 몇 mm/hr인가? (단, 유출계수는 0.83이고, 우수량의 산출은 합리식을 적용한다.)

① 약 70   ② 약 75
③ 약 80   ④ 약 85

해설

$$Q = \frac{1}{360}CIA$$

- Q: 우수유출량[m³/s]
- C: 유출계수($=0.83$)
- I: 강우강도[mm/hr]
- A: 배수면적[ha]

여기서,

$$I = 360 \times \frac{Q}{CA} = 360 \times \frac{800\text{m}^3/\text{s}}{0.83 \times 5,000\text{ha}} = 69.3976\text{mm/hr}$$

$$A = 50\text{km}^2 \times \frac{100\text{ha}}{\text{km}^2} = 5,000\text{ha}$$

정답 ①

39 ★☆☆

상수도 계획 시 계획급수량의 변동계수(K)가 클수록 고려해야 할 사항은?

① 수질 기준 강화
② 관경 확대 및 배수지 용량 증가
③ 송수관의 유속 감소
④ 표준 부지면적 감소

해설

변동계수가 크면 최대 수요에 대응하기 위해 관경 및 배수지 용량을 늘려야 한다.

정답 ②

40 ★☆☆

배수탑에 대한 설명으로 틀린 것은?

① 배수탑의 총 수심은 20m 정도를 한계로 하여야 한다.

② 유출관의 유출구 중심고는 저수위보다 관경의 2배 이상 낮게 하여야 한다.

③ 배수탑에는 고수위에 벨 마우스를 갖는 월류관을 설치하여야 한다.

④ 배수탑의 유입관, 유출관, 월류관, 배출관에는 부등침하나 신축과는 관계 없으므로 신축이음을 설치할 필요가 없다.

해설

배수탑과 같은 대형 구조물에 연결되는 모든 관로(유입관, 유출관, 월류관, 배출관 등)에는 반드시 신축이음(Expansion joint)을 설치해야 한다.

관련이론 | 관의 파손 원인

- 부등침하: 땅이 고르지 않게 가라앉았거나, 구조물과 주변 지반의 침하 속도가 다른 경우 관에 무리한 힘이 가해져 파손될 수 있다.
- 신축: 관은 여름철 온도 상승으로 인해 팽창하고, 겨울철 온도 하강으로 인해 수축한다. 이러한 팽창과 수축이 반복될 경우 관이 휘어지거나 터질 수 있다.

정답 ④

수질오염방지기술

41 ★☆☆

BOD 200mg/L, 유량 25m³/hr인 폐수를 활성슬러지법으로 처리하고자 한다. BOD 용적부하를 0.6kg BOD/m³·day로 유지하려면 폭기조의 수리학적 체류시간은?

① 4시간 ② 6시간
③ 8시간 ④ 10시간

해설

$$\text{BOD 부하량} = \frac{0.2\text{kg}}{\text{m}^3} \times \frac{25\text{m}^3}{\text{hr}} \times \frac{24\text{hr}}{\text{day}} = 120\text{kg/day}$$

$$\text{폭기조의 용적} = \frac{\text{BOD 부하량}}{\text{용적부하}} = \frac{120\text{kg/day}}{0.6\text{kg/m}^3 \cdot \text{day}} = 200\text{m}^3$$

$$HRT = \frac{\text{폭기조 부피(m}^3)}{\text{유량(m}^3/\text{hr)}} = \frac{200\text{m}^3}{25\text{m}^3/\text{hr}} = 8\text{hr}$$

정답 ③

42 ★☆☆

수면에 대한 스크린 설치 경사각이 60°, 스크린의 막대 굵기가 2cm, 스크린의 유효간격이 22mm, 폐수의 유속이 0.45m/sec, 스크린의 막대 단면 모습에 따른 계수가 3.5일 때 스크린 설치에 따른 수두손실은?

$$\left(\text{단, } hr = \beta \sin\alpha \left(\frac{t}{b}\right)^{\frac{4}{3}} \frac{V^2}{2g}\right)$$

① 약 0.021m ② 약 0.028m
③ 약 0.032m ④ 약 0.039m

해설

$$hr = \beta \sin\alpha \left(\frac{t}{b}\right)^{\frac{4}{3}} \frac{V^2}{2g}$$

- β: 계수(=3.5)
- α: 경사각(=60°)
- t: 막대의 굵기(=2cm=0.02m)
- b: 유효간격(=22mm=0.022m)
- V: 유속(=0.45m/sec)
- g: 중력가속도(=9.8m/sec²)

$$hr = 3.5 \times \sin 60° \times \left(\frac{0.02\text{m}}{0.022\text{m}}\right)^{\frac{4}{3}} \times \frac{(0.45\text{m/sec})^2}{2 \times 9.8\text{m/sec}^2}$$

$$= 0.0276\text{m}$$

정답 ②

43

★☆☆

36mg/L의 암모늄이온(NH_4^+)을 함유한 3,000m^3의 폐수를 50,000g $CaCO_3$/m^3의 처리용량을 가지는 양이온 교환수지로 처리하고자 한다. 이때 소요되는 양이온 교환수지의 부피(m^3)는?

① 3 ② 4
③ 5 ④ 6

해설

- 처리할 총 암모늄이온(NH_4^+)의 양 계산

$$\frac{36mg}{L} \times \frac{1,000L}{m^3} \times 3,000m^3 \times \frac{kg}{10^6mg} = 108kg$$

- 암모늄이온(NH_4^+)을 처리하기 위한 $CaCO_3$의 양 계산

$$108kg\ NH_4^+ \times \frac{1eq}{18kg\ NH_4^+} \times \frac{100kg\ CaCO_3}{2eq}$$
$$= 300kg\ CaCO_3$$

- 필요한 양이온 교환수지의 부피 계산

$$\frac{필요한\ CaCO_3\ 양}{양이온\ 교환수지의\ 처리용량}$$
$$= 300kg\ CaCO_3 \times \frac{m^3}{50,000g\ CaCO_3} \times \frac{1,000g\ CaCO_3}{kg\ CaCO_3}$$
$$= 6m^3$$

정답 ④

44

★★★

아래의 공정은 A^2/O 공정을 나타낸 것이다. 각 반응조의 주요 기능에 대하여 옳은 것은?

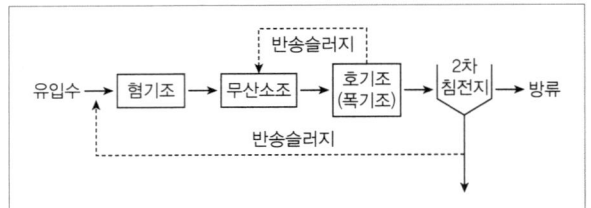

① 혐기조: 인방출,
   무산소조: 질산화, 폭기조: 탈질, 인과잉섭취
② 혐기조: 인방출,
   무산소조: 탈질, 폭기조: 인과잉섭취, 질산화
③ 혐기조: 탈질,
   무산소조: 질산화, 폭기조: 인방출 및 과잉섭취
④ 혐기조: 탈질,
   무산소조: 인과잉섭취, 폭기조: 질산화, 인방출

해설

A^2/O 공정은 슬러지 반송 절차를 통하여 인 제거에 중점을 둔 공정이며, 혐기조(인방출), 무산소조(탈질), 폭기조(질산화, 인과잉섭취)의 반응조가 있다.

정답 ②

45

★☆☆

양이온 교환물질에 있어 일반적인 양이온에 대한 선택성의 순서로 가장 적합한 것은?

① $Ba^{2+} > Pb^{2+} > Sr^{2+} > Ca^{2+} > Ni^{2+}$
② $Ba^{2+} > Pb^{2+} > Ca^{2+} > Ni^{2+} > Sr^{2+}$
③ $Ba^{2+} > Pb^{2+} > Ca^{2+} > Sr^{2+} > Ni^{2+}$
④ $Ba^{2+} > Pb^{2+} > Sr^{2+} > Ni^{2+} > Ca^{2+}$

해설

양이온 교환수지의 양이온에 대한 선택성 순서
$Ba^{2+} > Pb^{2+} > Sr^{2+} > Ca^{2+} > Ni^{2+} > Cd^{2+} > Cu^{2+} > Zn^{2+} > Tl^+ > Ag^+ > Cs^+ > Rb^+ > K^+ > NH_4^+ > Na^+$

정답 ①

46 ★☆☆

살수여상법에서 최초침전지의 BOD 제거율을 35%로 하고, 여상의 BOD 부하를 0.6kg/m³·day, 여상 깊이를 1.5m로 할 때, 생하수의 BOD가 250ppm이고 1일 계획처리량이 100m³/day라면 살수여상의 설계 면적은?

① 12m² ② 14m²
③ 16m² ④ 18m²

해설

- 최초침전지 통과 후의 BOD 농도 계산

$250\text{mg/L} \times (1-0.35) = 162.5\text{mg/L}$

- 여상으로 유입되는 1일 총 BOD 부하량 계산

유입 BOD 농도 × 1일 계획처리량

$= \dfrac{162.5\text{mg}}{\text{L}} \times \dfrac{\text{kg}}{10^6\text{mg}} \times \dfrac{1{,}000\text{L}}{\text{m}^3} \times \dfrac{100\text{m}^3}{\text{day}} = 16.25\text{kg/day}$

- 필요한 살수여상의 총 부피 계산

$\dfrac{1일\ 총\ BOD\ 부하량}{여상의\ BOD\ 부하} = \dfrac{16.25\text{kg/day}}{0.6\text{kg/m}^3 \cdot \text{day}} = 27.0833\text{m}^3$

- 살수여상의 설계 면적 계산

$\dfrac{여상\ 총\ 부피}{여상\ 깊이} = \dfrac{27.0833\text{m}^3}{1.5\text{m}} = 18.0555\text{m}^2$

정답 ④

47 ★☆☆

총질소 제거를 위한 공정 중 질산화-탈질소 공정에서 필수적인 조건이 아닌 것은?

① 혐기성 조건 ② 산소 존재
③ 탄소원 공급 ④ 질산염 존재

해설

탈질소 공정은 혐기성 조건에서 진행되므로 산소는 필요하지 않다.

정답 ②

48 ★★☆

폐수처리에 관련된 침전현상으로 입자들이 서로 위치를 바꾸려 하지 않고 상대적으로 고정된 위치에 존재하는 침전은?

① 제1형 침전(독립침전) ② 제2형 침전(응집침전)
③ 제3형 침전(지역침전) ④ 제4형 침전(압축침전)

관련이론 | 침전현상의 종류 및 특징

구분	특징
Ⅰ형 침전 (독립침전, 자유침전)	• 상호 간 방해없이 침전 • Stokes 법칙 사용 • 침사지, 보통침전지에서 적용
Ⅱ형 침전 (응집침전)	• 응결, 응집으로 침전 속도 증가 • 약품침전지에서 적용
Ⅲ형 침전 (지역침전, 간섭침전)	• 입자 간에 작용하는 힘에 의해 주변입자들의 침전 방해 • 입자 서로 간의 상대적 위치를 변경시키려하지 않으며 침전 • 생물학적 2차 침전지에서 적용
Ⅳ형 침전 (압밀침전, 압축침전)	• Floc 사이의 물이 빠져 나가는 압밀작용이 발생 • 농축시설에서 적용

정답 ③

49 ★★☆

플록을 형성하여 침강하는 입자들이 서로 방해를 받으므로 침전속도는 점차 감소하게 되며 침전하는 부유물과 상징수 간에 뚜렷한 경계면이 생기는 침전형태는?

① 지역침전 ② 압축침전
③ 압밀침전 ④ 응집침전

관련이론 | 지역침전

- 지역침전이란 플록을 형성하여 침강하는 입자들이 서로 방해를 받아 침전속도가 감소하는 침전이다.
- 중간 정도의 농도로써 침전하는 부유물과 상징수 간에 경계면을 지키면서 침강한다.
- 일명 방해, 장애, 집단, 계면, 간섭침전 등으로 칭하며 상향류식 부유물 접촉침전지, 농축조가 이에 해당한다.

정답 ①

50 ★★☆

최종 BOD 5kg을 혐기성 조건에서 안정화시킬 때 생산되는 이론적 메탄의 양(kg)은? (단, 유기물은 $C_6H_{12}O_6$로 가정한다.)

① 0.45   ② 1.25

③ 2.15   ④ 3.65

해설

• 유기물 분해식

$$\underset{180kg}{C_6H_{12}O_6} + \underset{6\times32kg}{6O_2} \rightarrow 6CO_2 + 6H_2O$$

따라서 $C_6H_{12}O_6$ 180kg당 O_2 192kg이 필요하다.

• 혐기성 조건에서의 메탄(CH_4) 생성 반응식

$$\underset{180kg}{C_6H_{12}O_6} \rightarrow \underset{3\times16kg}{3CH_4} + 3CO_2$$

따라서 $C_6H_{12}O_6$ 180kg당 CH_4 48kg이 생성된다.

• 생성되는 메탄의 양 계산

$$5kg\ BOD \times \frac{48kg\ CH_4}{192kg\ BOD} = 1.25kg\ CH_4$$

정답 ②

51 ★☆☆

슬러지 내 고형물 무게의 1/3이 유기물질, 2/3가 무기물질이고 이 슬러지 함수율은 90%, 유기물질 비중이 1.2, 무기물질 비중은 2.3이라면 슬러지 전체의 비중은?

① 1.019   ② 1.031

③ 1.045   ④ 1.067

해설

고형물의 질량을 1kg이라고 가정한다.

고형물의 부피＝유기물의 부피＋무기물의 부피

$$= \left(\frac{1kg \times \frac{1}{3}}{1.2kg/m^3} \right) + \left(\frac{1kg \times \frac{2}{3}}{2.3kg/m^3} \right) = 0.5676m^3$$

고형물의 밀도 $= \dfrac{1kg}{0.5676m^3} = 1.7618kg/m^3$

건조 전 슬러지의 함수율이 90%이므로 건조 전 슬러지 1kg 중 고형물의 질량은 0.1kg, 물의 질량은 0.9kg이라고 할 수 있다.

건조 전 슬러지의 부피＝고형물의 부피＋물의 부피

$$= \frac{0.1kg}{1.7618kg/m^3} + \frac{0.9kg}{1kg/m^3} = 0.9568m^3$$

건조 전 슬러지의 밀도 $= \dfrac{1kg}{0.9568m^3} = 1.0452kg/m^3$

정답 ③

52 ★★☆

자외선 소독, 오존 소독과 비교하였을 때 염소 소독의 특징으로 옳지 않은 것은?

① 유량변동에 대해 적응하기가 어렵다.

② 인체에 위해성이 높다.

③ 바이러스에 대하여 효과적이다.

④ 잔류효과가 크다.

해설

염소 소독은 낮은 농도에서 대장균 등을 살균하며, 바이러스(Virus), 낭포체(Cysts), 세균 포자(Spores) 등을 비활성화하는 데에는 효과가 제한적인 편이다.

관련이론 | 염소 소독의 장·단점

장점	• 소독 효과가 강하다. • 잔류염소로 관로 내 소독력이 유지된다. • 저렴하고 정립된 기술이다. • 암모니아를 첨가하여 결합 잔류염소를 형성한다.
단점	• 탈염소 과정을 통해 잔류독성을 제거해야 한다. • 안전규제 및 화학적 제거시설이 필요할 수 있다. • THM 및 기타 염화탄화수소를 생성한다. • 바이러스(Virus), 낭포체(Cysts), 세균 포자(Spores) 등을 비활성화하는 데에는 효과가 제한적이다. • 처리수의 총 용존고형물의 양이 증가한다. • 하수의 염화물 함량이 증가한다. • 염소접촉조로부터 휘발성 유기물이 생성된다.

정답 ③

53 ★★☆

폭기조 내의 혼합액의 SVI가 125이고, MLSS 농도를 2,200mg/L로 유지하기 위해 적정한 슬러지의 반송률은? (단, 유입수의 SS는 무시한다.)

① 38% ② 46%

③ 52% ④ 63%

해설

- $SVI = \dfrac{\text{슬러지 침강 부피[mL/L]}}{MLSS[g/L]}$

슬러지 침강 부피 $= SVI \times MLSS$

$$= \frac{125mL}{g} \times \frac{2,200mg}{L} \times \frac{g}{1,000mg}$$

$$= 275mL/L$$

- 반송률 $R = \dfrac{Q_r}{Q_0} = \dfrac{SVI \times MLSS}{1,000 - SVI \times MLSS}$

$$= \frac{275}{1,000 - 275} = 0.3793 = 37.93\%$$

정답 ①

54 ★★★

생물학적 인 제거 공정 중 A/O 공법의 장단점으로 틀린 것은?

① 폐슬러지 내 인의 함량(1% 이하)이 낮다.

② 타 공법에 비하여 운전이 비교적 간단하다.

③ 높은 BOD/P 비가 요구된다.

④ 비교적 수리학적 체류시간이 짧다.

해설

생물학적 인 제거 공정은 미생물이 인을 과잉 흡수하여 제거하는 방식으로, 처리 과정에서 발생하는 폐슬러지 내 인의 함량이 높은 편이다. A/O 공법으로 처리된 폐슬러지 내 인의 함량은 약 3~5% 수준으로, 비료로써의 가치가 있는 것으로 알려져 있다.

정답 ①

55 ★☆☆

슬러지 탈수 방법에 관한 설명으로 틀린 것은?

① 원심분리기: 고농도의 부유성 고형물에 적합

② 벨트형 여과기: 슬러지 특성에 민감함

③ 원심분리기: 건조한 슬러지 케이크를 생산함

④ 벨트형 여과기: 유입부에 슬러지 분쇄기 설치가 필요함

해설

원심분리 탈수방법

슬러지를 회전시켜 원심력을 부여하고 슬러지로부터 고형물을 분리하는 방법으로 슬러지 중 고형물이 물보다 비중이 큰 물질에 유리하며, 고농도의 부유성 고형물의 경우 처리하기 어렵다.

정답 ①

56 ★☆☆

물리·화학적으로 질소를 효과적으로 제거하는 방법이 아닌 것은?

① 금속염(Al, Fe) 첨가법

② 공기 탈기법(Air Stripping)

③ 선택적 이온교환법

④ 파괴점 염소주입법

해설

금속염(Al, Fe) 첨가법은 화학적 인 제거 방법으로, 금속염을 첨가하여 물속 인산염을 불용성 인산염으로 만들어 응집·침전시켜 제거한다.

정답 ①

57

★ ☆ ☆

물 $5m^3$의 DO가 8.0mg/L이다. 이 산소를 제거하는 데 필요한 아황산나트륨의 양(g)은?

① 298
② 309
③ 315
④ 324

해설

• $2Na_2SO_3 + O_2 \rightarrow 2Na_2SO_4$

• 총 DO $= \dfrac{8.0mg}{L} \times \dfrac{g}{1,000mg} \times \dfrac{1,000L}{m^3} \times 5m^3 = 40g\ O_2$

• 필요한 Na_2SO_3 양

$= 40g\ O_2 \times \dfrac{mol\ O_2}{32g\ O_2} \times \dfrac{2mol\ Na_2SO_3}{1mol\ O_2} \times \dfrac{126g\ Na_2SO_3}{mol\ Na_2SO_3}$

$= 315g\ Na_2SO_3$

정답 ③

58

★ ☆ ☆

회분식 활성슬러지 공정(SBR)에서 시간 구성이 잘못된 것은?

① 유입 → 반응 → 침전 → 배출
② 유입 → 반응 → 배출 → 침전
③ 반응 → 침전 → 배출 → 유입
④ 유입 → 반응 → 침전 → 잉여슬러지 인출

해설

회분식 활성슬러지 공정(SBR)의 순서
유입 → 반응 → 침전 → 배출

정답 ①

59

★ ☆ ☆

회분식 혐기소화조에서 휘발성 고형물(VS) 감소율이 60%일 경우, 소화율 계산식으로 옳은 것은?

① $1 - \dfrac{VS_출}{VS_입}$
② $\dfrac{VS_출}{VS_입}$
③ $1 - \dfrac{TS_출}{TS_입}$
④ $\dfrac{VSS_출}{SS_입}$

해설

소화율 $= \dfrac{VS_입 - VS_출}{VS_입} = 1 - \dfrac{VS_출}{VS_입}$

정답 ①

60

★ ☆ ☆

이론적 산소요구량을 계산할 때 암모니아성 질소(NH_4^+–N) 1mg 제거 시 필요한 산소량은?

① 3.43mg
② 4.57mg
③ 5.12mg
④ 6.63mg

해설

• $NH_4^+ + 2O_2 \rightarrow NO_3^- + 2H^+ + H_2O$
NH_4^+ 1mol당 O_2 2mol이 필요하다.

• $1mg \times \dfrac{g}{1,000mg} \times \dfrac{mol}{14g} = 7.1429 \times 10^{-5}mol$

$(7.1429 \times 10^{-5})mol \times \dfrac{2mol}{1mol} \times \dfrac{32g}{mol} \times \dfrac{1,000mg}{g} = 4.5715mg$

정답 ②

수질오염공정시험기준

61 ★★☆

유도결합플라스마–원자발광분광법에 대한 설명으로 가장 거리가 먼 것은?

① 토치는 2중으로 된 석영관을 사용한다.
② 냉각기체는 아르곤을 사용한다.
③ 운반기체는 아르곤을 사용한다.
④ 플라스마는 그 자체가 광원으로 이용된다.

해설

토치는 내부직경 18mm, 12mm, 1.5mm인 3개의 동심원 또는 동등한 규격의 석영관을 사용한다. 가장 바깥쪽 관의 냉각기체는 아르곤을 사용하며, 중심관과 중간관의 운반기체와 보조기체로는 아르곤을 사용한다.

정답 ①

62 ★☆☆

시료를 보존할 때 반드시 유리 용기에 넣어 보존해야 하는 측정항목이 아닌 것은?

① 폴리염화바이페닐(PCB)
② 페놀류
③ 유기인
④ 불소

해설

불소 이온(F^-)은 유리의 규산염과 주로 반응하여 SiF_4 등을 생성하기 때문에 폴리에틸렌 용기에 보관해야 한다. 폴리염화바이페닐(PCB), 페놀류, 유기인은 플라스틱 용기와 반응하거나 용기를 부식시킬 수 있어 반드시 유리 용기에 보관해야 한다.

정답 ④

63 ★☆☆

6가 크롬 표준용액(0.5mg/mL) 1L를 제조하기 위하여 소요되는 표준시약(다이크롬산칼륨)의 양(g)은 약 얼마인가? (단, 원자량: 칼륨 39, 크롬 52)

① 1.413
② 2.826
③ 3.218
④ 4.641

해설

$K_2Cr_2O_7 = 39 \times 2 + 52 \times 2 + 16 \times 7 = 294g$
$K_2Cr_2O_7 : Cr^{2+} = 1mol : 2mol = 294g : 2 \times 52g$
$xg : 0.5g = 294g : 104g$
$x = 1.4135g$

정답 ①

64 ★☆☆

노말헥산 추출물질 시험법에서 총 노말헥산 추출물질을 분석하기 위한 시료의 pH 기준으로 가장 적절한 것은?

① pH 2 이하
② pH 4 이하
③ pH 9 이상
④ pH 10 이상

해설

노말헥산 추출물질 시험법은 물중에 비교적 휘발되지 않는 탄화수소, 탄화수소유도처, 그리스유상물질 및 광유류를 함유하고 있는 시료를 pH 4 이하의 산성으로 하여 노말헥산층에 용해되는 물질을 노말헥산으로 추출하고 노말헥산을 증발시킨 잔류물의 무게로부터 구하는 방법이다.

정답 ②

65 ★★☆

수질오염물질의 농도 표시방법에 대한 설명으로 적절하지 않은 것은?

① 백만분율을 표시할 때는 ppm 또는 mg/L의 기호를 쓴다.
② 십억분율을 표시할 때는 g/m^3 또는 ppb의 기호를 쓴다.
③ 용액의 농도를 %로만 표시할 때는 W/V%를 말한다.
④ 십억분율은 1ppm의 1/1,000이다.

해설
십억분율(ppb, parts per billion)을 표시할 때는 μg/L, μg/kg의 기호를 쓴다. $1g/m^3$은 1mg/L라고 할 수 있으며, 이는 1ppm과 같다고 볼 수 있다.

정답 ②

66 ★★☆

알킬수은 화합물을 기체크로마토그래피에 따라 정량할 때 사용하는 검출기로 가장 적절한 것은?

① 불꽃광도형 검출기(FPD)
② 전자포획형 검출기(ECD)
③ 불꽃열이온화 검출기(FTD)
④ 열전도도 검출기(TCD)

해설
알킬수은은 – 기체크로마토그래피에서는 전자포획형 검출기(ECD, Electron Capture Detector)를 사용하고, 검출기의 온도는 140~200℃로 한다.

관련이론 | 전자포획형 검출기(ECD)
· 전기음성도가 높은 원소(할로겐 원소 등)를 포함하는 화합물에 매우 민감하게 반응하여 낮은 농도의 물질도 효과적으로 검출할 수 있다.
· 유기할로겐화합물, 니트로화합물 및 유기금속화합물을 선택적으로 검출할 수 있다.

정답 ②

67 ★☆☆

식물성플랑크톤을 현미경계수법으로 측정할 때 분석기기 및 기구에 관한 내용으로 틀린 것은?

① 광학현미경 혹은 위상차현미경: 1,000배율까지 확대할 수 있는 현미경을 사용한다.
② 대물마이크로미터: 눈금이 새겨져 있는 평평한 판이며, 현미경으로 물체의 길이를 측정할 때 쓰는 도구로써 접안마이크로미터 한 눈금의 길이를 계산하는 데 사용한다.
③ 혈구계수기: 슬라이드글라스의 중앙에 격자 모양 계수 구역이 상하 2개로 구분되어 있으며, 계수 구역에는 격자 모양으로 구분되어 있어 각 격자 구역 내 침전된 조류를 계수한 후 mL당 총 세포 수를 환산한다.
④ 접안마이크로미터: 평평한 유리에 새겨진 눈금이며 접안렌즈에 부착하여 대물마이크로미터 길이 환산에 적용한다.

해설
접안마이크로미터(Ocular micrometer)는 둥근 유리에 새겨진 눈금이며 접안렌즈에 부착하여 사용한다. 현미경으로 물체의 길이를 측정할 때 사용한다.

관련이론 | 접안마이크로미터(Ocular Micrometer)
· 접안렌즈에 삽입되는 눈금 원판이다.
· 눈금 길이는 현미경 배율에 따라 실제 길이가 달라지므로 대물마이크로미터를 이용하여 접안마이크로미터의 눈금 실제 길이를 보정한다.

정답 ④

68 ★☆☆

냄새 측정을 위한 시료의 최대 보존기간은?

① 즉시
② 6시간
③ 24시간
④ 48시간

해설
냄새 측정 목적의 시료는 가능한 한 빨리 분석해야 하며, 최대 보존기간은 6시간이다. 냄새는 쉽게 휘산(揮散)·분해되기 때문에 장기 보존이 불가능하다.

정답 ②

69 ★☆☆

다음은 비소-수소화물생성법-원자흡수분광광도법에 관한 내용이다. ( ) 안에 들어갈 말로 옳은 것은?

> 물속에 존재하는 비소를 측정하는 방법으로 아연 또는 ( )을 넣어 수소화 비소로 포집하여 아르곤(또는 질소)-수소 불꽃에서 원자화시켜 193.7nm에서 흡광도를 측정하고 비소를 정량하는 방법이다.

① 다이에틸디티오카바민산은수화물
② 염화제이철수화물
③ 요오드화포타슘수화물
④ 소듐붕소수화물

해설
물속에 존재하는 비소를 측정하는 방법으로 아연 또는 소듐붕소수화물($NaBH_4$)을 넣어 수소화 비소로 포집하여 아르곤(또는 질소)-수소 불꽃에서 원자화시켜 193.7nm에서 흡광도를 측정하고 비소를 정량하는 방법이다.

정답 ④

70 ★★☆

ICP-AES(유도결합플라스마-원자발광분광법)의 간섭 현상 중 '분광 간섭(스펙트럼 간섭)'의 예로 가장 적절한 것은?

① 플라스마 불안정성
② 아르곤의 방출선과 분석선의 중첩
③ 시료의 점도에 의한 분무량 변화
④ 시료의 농도에 의한 자가흡수

해설
분광 간섭(스펙트럼 간섭)은 측정원소의 방출선에 대해 플라스마의 기체 성분이나 공존 물질에서 유래하는 분광학적 요인에 의한 원래의 방출선의 세기 변동 및 다른 원자 혹은 이온의 방출선과의 겹침 현상이 발생할 수 있으며, 시료 분석 후 보정이 반드시 필요하다.

정답 ②

71 ★★★

다음 중 수질오염공정시험기준 총칙에 관한 설명으로 옳지 않은 것은?

① "바탕시험을 하여 보정한다"라 함은 시료에 대한 처리 및 측정을 할 때, 시료를 사용하지 않고 정제수를 이용하여 같은 방법으로 측정한 분석값을 시료의 분석값에서 빼는 것을 뜻한다.
② "항량으로 될 때까지 건조한다"라 함은 같은 조건에서 1시간 더 건조할 때 전후 무게의 차가 g당 0.3mg 이하일 때를 말한다.
③ "밀폐용기"라 함은 취급 또는 저장하는 동안에 밖으로부터의 공기 또는 다른 가스가 침입하지 아니하도록 내용물을 보호하는 용기를 말한다.
④ "약"이라 함은 기재된 양에 대하여 ±10% 이상의 차가 있어서는 안 된다.

해설
"밀폐용기"라 함은 취급 또는 저장하는 동안에 이물질이 들어가거나 또는 내용물이 손실되지 아니하도록 보호하는 용기를 말한다. "기밀용기"라 함은 취급 또는 저장하는 동안에 밖으로부터의 공기 또는 다른 가스가 침입하지 아니하도록 내용물을 보호하는 용기를 말한다.

정답 ③

72 ★☆☆

TOC 분석에서 산화제(과황산포타슘 등)를 사용하는 이유로 옳은 것은?

① 비휘발성 유기탄소를 휘발화
② 무기탄소 제거
③ 유기탄소의 완전 산화
④ 수소 이온 농도 조절

해설
총 유기탄소-과황산 UV 및 과황산 열 산화법에서 유기탄소를 이산화탄소로 완전 산화시키기 위해 강력한 산화제로 과황산염 용액(과황산포타슘 또는 과황산소듐)을 사용한다.

정답 ③

73 ★★☆

화학적 산소요구량(COD)을 적정법-산성과망간산칼륨법으로 측정할 때 아질산염의 방해가 우려되는 경우, 간접 제거 방법으로 옳은 것은?

① 아질산성 질소 1mg당 10mg의 황산은을 넣는다.
② 아질산성 질소 1mg당 10mg의 질산은을 넣는다.
③ 아질산성 질소 1mg당 10mg의 옥살산나트륨을 넣는다.
④ 아질산성 질소 1mg당 10mg의 설파민산을 넣는다.

해설

아질산염의 방해가 우려되면 아질산성 질소 1mg당 10mg의 설파민산을 넣어 간섭을 제거한다.

선지분석

① 황산은: 아질산염을 제거하는 데 사용하지 않는다.
② 질산은: 산화제로, 오히려 과망간산칼륨과의 반응을 방해할 수 있다.
③ 옥살산나트륨: 환원제이지만 COD 측정에는 적합하지 않다.

정답 ④

74 ★☆☆

고온연소산화법으로 총 유기탄소를 측정할 때 정량한계로 옳은 것은?

① 0.1mg/L
② 0.3mg/L
③ 0.5mg/L
④ 0.7mg/L

해설

총 유기탄소-고온연소산화법은 지표수, 지하수, 하·폐수 등에 적용할 수 있으며, 정량한계는 0.3mg/L이다.

정답 ②

75 ★☆☆

수질오염공정시험기준을 기준으로 할 때 폐수 내 불소화합물 측정에 적용 가능한 시험방법으로 가장 거리가 먼 것은?

① 자외선/가시선 분광법
② 이온전극법
③ 불꽃 원자흡수분광광도법
④ 이온크로마토그래피

해설

불꽃 원자흡수분광광도법(Flame AAS)은 금속 원소(Fe, Pb, Zn 등)을 측정하는 데 사용한다. 반면에 불소(F)는 비금속 원소이며, 휘발성을 가지기 때문에 불꽃 원자흡수분광광도법으로 측정할 수 없다.

정답 ③

76 ★☆☆

공장의 폐수 100mL를 취하여 산성 100℃에서 $KMnO_4$에 의한 화학적 산소 소비량을 측정하였다. 시료의 적정에 소비된 0.025N $KMnO_4$의 양이 7.5mL였다면 이 폐수의 COD (mg/L)는 약 얼마인가? (단, 0.025N $KMnO_4$ factor 1.02, 바탕시험 적정에 소비된 0.025N $KMnO_4$ 1.00mL이다.)

① 13.3
② 16.7
③ 24.8
④ 32.2

해설

$$COD[mg/L] = (b-a) \times f \times \frac{1,000}{V} \times 0.2$$

· a: 바탕시험 적정에 소비된 0.025N $KMnO_4$ = 1.00mL
· b: 시료의 적정에 소비된 0.025N $KMnO_4$ = 7.5mL
· f: 0.025N $KMnO_4$ 농도계수(factor) = 1.02
· V: 시료의 양(mL) = 100mL

$$\therefore COD[mg/L] = (7.5-1.0) \times 1.02 \times \frac{1,000}{100} \times 0.2$$
$$= 13.26mg/L$$

정답 ①

77 ★☆☆

4각 웨어로 유량을 측정하는 계산식으로 옳은 것은? (단, Q: 유량(m³/min), K: 유량계수, b: 절단의 폭(m), h: 웨어의 수두(m))

① $Q=Kbh^{\frac{5}{2}}$ ② $Q=Kh^{\frac{5}{2}}$

③ $Q=Kbh^{\frac{3}{2}}$ ④ $Q=Kh^{\frac{3}{2}}$

해설

표류수가 없는 Sharp-crested 4각 웨어의 유량 계산식

$Q=K \cdot b \cdot h^{\frac{3}{2}}$

· Q: 유량[m³/min]
· K: 유량계수
· b: 절단의 폭[m]
· h: 웨어의 수두[m]

정답 ③

78 ★☆☆

다음 중 투명도 측정 중 투명도판에 관한 내용으로 옳지 않은 것은?

① 백색원판의 지름은 30cm이다.
② 세키 디스크의 지름은 20cm이다.
③ 백색원판에는 지름 3cm의 구멍 8개가 뚫려 있다.
④ 세키 디스크는 사용 시 약 3kg의 추를 원판 하부에 부착하여 사용한다.

해설

백색원판은 지름이 30cm로 무게가 약 3kg이 되는 원판에 지름 5cm의 구멍 8개가 뚫려 있다.

정답 ③

79 ★☆☆

정량한계(LOQ)를 실험적으로 산정할 때 가장 적절한 설명은?

① 기기검출한계(IDL)의 3배
② S/N 비 3:1 이상인 경우
③ 시료의 평균값의 10배
④ 바탕시료의 표준편차의 10배

해설

일반적으로 정량한계(LOQ)는 공백시료의 표준편차의 10배, 검출한계(LOD)는 표준편차의 3.3배, 기기검출한계는 기기 자체의 최소검출농도로 산정한다.

정답 ④

80 ★☆☆

자외선/가시선 분광광도법에서 바탕시료(Blank)를 사용하는 주요 목적은?

① 분석 대상물의 농도 산정
② 파장보정
③ 배경 흡광의 제거
④ 기기 노이즈 제거

해설

바탕시료(Blank)는 시약 등의 배경 흡광도를 제거하고 분석물질의 순수 흡광도만 측정하기 위해 사용한다.

정답 ③

수질오염개론

01 ★★☆

직경 3mm인 모세관의 표면장력이 0.0037kg$_f$/m이라면 물 기둥의 상승높이(cm)는? $\left(\text{단, } h=\dfrac{4T\cos\beta}{wd}, \text{ 접촉각 } \beta=5°\right)$

① 0.26 ② 0.38
③ 0.49 ④ 0.57

해설

$h=\dfrac{4T\cos\beta}{wd}$

· T : 표면장력[g$_f$/cm]
· β : 접촉각
· w : 비중량($=1$g$_f$/cm^3)
· d : 직경[cm]

$\therefore h=\dfrac{4\times\dfrac{0.0037\text{kg}_f}{\text{m}}\times\dfrac{\text{m}^3}{1{,}000\text{kg}_f}\times\cos 5°}{3\text{mm}\times\dfrac{1\text{cm}}{10\text{mm}}}$

　　$=0.4915$cm

정답 ③

02 ★★★

수은(Hg) 중독과 관련이 없는 것은?

① 이타이이타이병을 유발한다.
② 무기수은은 황화물 침전법, 활성탄 흡착법, 이온교환법 등으로 처리할 수 있다.
③ 유기수은은 무기수은보다 독성이 강하며 신경계통에 장해를 준다.
④ 난청, 언어장애, 구심성 시야협착, 정신장애를 일으킨다.

해설

카드뮴 중독의 대표적인 질환이 이타이이타이병이다.

정답 ①

03 ★★☆

보통 농업용수의 수질평가 시 SAR로 정의하는데 이에 대한 설명으로 틀린 것은?

① SAR 값이 20 정도이면 Na$^+$가 토양에 미치는 영향이 적다.
② SAR의 값은 Na$^+$, Ca^{2+}, Mg^{2+} 농도와 관계가 있다.
③ 경수가 연수보다 토양에 더 좋은 영향을 미친다고 볼 수 있다.
④ SAR의 계산식에 사용되는 이온의 농도는 meq/L를 사용한다.

해설

SAR의 값이 10 이하인 경우 경작토양으로 문제가 발생하지 않으며, SAR의 값이 20 정도이면 Na$^+$가 토양에 미치는 영향이 비교적 크다.

정답 ①

04 ★★☆

최종 BOD가 500mg/L이고, 탈산소계수(자연대수 기준)가 0.1/day인 물의 5일 소모 BOD는?

① 175mg/L ② 197mg/L
③ 224mg/L ④ 255mg/L

해설

$\text{BOD}_5=500\times(1-e^{-0.1\times5})=196.7347\text{mg/L}$

정답 ②

2025년

05 ★★☆

150kL/day의 분뇨를 산기관을 이용하여 포기하였더니 BOD의 20%가 제거되었다. BOD 1kg을 제거하는 데 필요한 공기공급량이 40m³일 때 하루당 공기공급량[m³]은? (단, 연속포기, 분뇨의 BOD=20,000mg/L이다.)

① 2,400
② 12,000
③ 24,000
④ 36,000

해설

하루당 공기공급량[m³/day]

$$= \frac{150\text{kL}}{\text{day}} \times \frac{20,000\text{mg}}{\text{L}} \times \frac{10^3\text{L}}{\text{kL}} \times \frac{\text{kg}}{10^6\text{mg}} \times \frac{40\text{m}^3}{1\text{kg}} \times \frac{20}{100}$$

$$= 24,000\text{m}^3/\text{day}$$

정답 ③

06 ★★☆

이상적인 완전혼합 흐름상태를 나타내는 반응조 혼합정도의 표시로 틀린 것은?

① 분산이 1일 때
② 지체시간이 0일 때
③ Morrill 지수가 1에 가까울수록
④ 분산수가 무한대일 때

해설

반응조에 있어서 혼합 정도의 척도는 분산(Variance), 분산수(Dispersion number), Morrill 지수, 지체시간 등으로 나타낼 수 있으며 이를 비교하면 다음 표와 같다.

	PFR	CFSTR(CMFR)
분산	0	1
분산수	0	∞
Morrill 지수	1	클수록
지체시간	이론적 체류시간 동일	0

정답 ③

07 ★★★

박테리아($C_5H_7O_2N$) 10g/L을 COD로 환산하면 몇 g/L인가? (단, 질소는 암모니아로 전환된다.)

① 10.3g/L
② 12.1g/L
③ 14.2g/L
④ 16.8g/L

해설

$$C_5H_7O_2N + 5O_2 \rightarrow 5CO_2 + 2H_2O + NH_3$$

이론적 $COD = C_5H_7O_2N$ 농도 $\times \dfrac{C_5H_7O_2N과\ 반응하는\ O_2\ 질량}{C_5H_7O_2N\ 질량}$

$$\underset{113\text{kg}}{C_5H_7O_2N} + \underset{5 \times 32\text{kg}}{5O_2} \rightarrow 5CO_2 + 2H_2O + NH_3$$

이론적 $COD = 10\text{g/L} \times \dfrac{5 \times 32\text{g}}{113\text{g}} = 14.1593\text{g/L}$

정답 ③

08 ★★★

일차반응에서 반응물질 A의 반감기가 5일이라고 한다면 A 물질의 90%가 소모되는 데 소요되는 시간은?

① 약 14일
② 약 17일
③ 약 19일
④ 약 22일

해설

$C_t = C_0 e^{-kt}$

C_t: 시간 t 후 농도

C_0: 초기 농도

k: 반응속도상수

t: 시간

$-kt = \ln\dfrac{C_t}{C_0}$이고, 반감기가 5일이므로

$k = -\dfrac{\ln 0.5}{5} = 0.1386\text{day}^{-1}$

물질의 90%가 소모되는 데 필요한 시간은

$-kt = \ln\dfrac{(1-0.9)C_0}{C_0} = \ln 0.1$

$t = -\dfrac{\ln 0.1}{0.1386} = 16.6132\text{day}$

정답 ②

09 ★☆☆

0℃에서 DO 8.0mg/L인 물의 DO 포화도는 몇 %인가? (단, 대기의 화학적 조성 중 O_2는 21%(V/V), 0℃에서 순수한 물의 공기 용해도는 38.46mL/L이다.)

① 50.7   ② 60.7

③ 63.5   ④ 69.3

해설

산소 용해도 = 38.46mL/L × 0.21 = 8.0766mL/L

DO 포화농도 = $\dfrac{38.46mL}{L} × 0.21 × \dfrac{32mg}{22.4mL}$ = 11.538mg/L

실제 DO 농도는 8.0mg/L이므로

DO 포화도(%) = $\dfrac{8.0mg/L}{11.538mg/L}$ × 100% = 69.32%

정답 ④

10 ★☆☆

생분뇨의 BOD는 19,500ppm, 염소이온 농도는 4,500ppm이다. 정화조 방류수의 염소이온 농도가 225ppm이고 BOD 농도가 30ppm일 때, 정화조의 BOD 제거 효율(%)은? (단, 희석 적용하며, 염소는 분해되지 않는다.)

① 96   ② 97

③ 98   ④ 99

해설

$\eta = \left(1 - \dfrac{C_o}{C_i}\right) × 100$

- C_i: 유입 BOD 농도[mg/L]
- C_o: 처리수 BOD 농도[mg/L]

염소 이온의 농도를 이용하여 희석배수를 구하면, $\dfrac{4,500}{225}$ = 20배

C_i = 19,500ppm

C_o = 30 × 20 = 600ppm

$\therefore \eta = \left(1 - \dfrac{C_o}{C_i}\right) × 100 = \left(1 - \dfrac{600}{19,500}\right) × 100$

= 96.92%

정답 ②

11 ★☆☆

염소가스를 물에 녹여 pH가 7이고 염소 이온의 농도가 71mg/L일 때 자유염소와 차아염소산 간의 비([HOCl]/[Cl₂])는? (단, 차아염소산은 해리되지 않는 것으로 가정하며, 전리상수 값은 4.5×10⁻⁴mol/L(25℃)이다.)

① $3.57 × 10^7$ ② $3.57 × 10^6$

③ $2.57 × 10^7$ ④ $2.25 × 10^6$

해설

$Cl_2 + H_2O \rightarrow HOCl + H^+ + Cl^-$ 에서

평형상수 $K = \dfrac{[HOCl][H^+][Cl^-]}{[Cl_2]}$

- 자유염소의 몰농도

$[Cl^-] = \dfrac{71mg}{L} × \dfrac{1mol}{(35.5 × 10^3)mg} = 2 × 10^{-3}mol/L$

- 수소 이온의 몰농도

$[H^+] = 10^{-pH} = 10^{-7}mol/L$

$\therefore K = \dfrac{[HOCl][H^+][Cl^-]}{[Cl_2]}$

$4.5 × 10^{-4} = \dfrac{[HOCl][10^{-7}][2 × 10^{-3}]}{[Cl_2]}$

$\therefore \dfrac{[HOCl]}{[Cl_2]} = 2.25 × 10^6$

정답 ④

12 ★☆☆

CaF₂의 용해도적이 3.9×10⁻¹¹일 때 용액 2,000mL에 녹아 있는 CaF₂의 양(g)은? (단, CaF₂의 분자량은 78이다.)

① 약 0.013   ② 약 0.028

③ 약 0.033   ④ 약 0.048

해설

$CaF_2(s) \rightleftharpoons Ca^{2+}(aq) + 2F^-(aq)$

$K_{sp} = [Ca^{2+}][F^-]^2 = s × (2s)^2 = 4s^3 = 3.9 × 10^{-11}$

$s = \left(\dfrac{3.9 × 10^{-11}}{4}\right)^{\frac{1}{3}} = 2.1363 × 10^{-4}M$

용액에 녹아있는 CaF₂의 양(g)

= $(2.1363 × 10^{-4})M × 2L × 78g/mol = 0.03333g$

정답 ③

13 ★☆☆

하수 등의 유입으로 인한 하천 변화 상태를 Whipple의 4지대로 나타낼 수 있다. 다음 중 '활발한 분해지대'에 관한 내용으로 틀린 것은?

① 용존산소가 없어 부패상태이며 물리적으로 이 지대는 회색 내지 흑색으로 나타난다.
② 혐기성 세균과 곰팡이류가 호기성 세균과 교체되어 번식한다.
③ 수중의 CO_2 농도나 암모니아성 질소가 증가한다.
④ 화장실 냄새나 H_2S에 의한 달걀 썩는 냄새가 난다.

해설

Whipple의 4지대에는 분해지대, 활발한 분해지대, 회복지대, 정수지대가 있으며, 활발한 분해지대에서는 DO가 0에 가까워지고 혐기성 분해가 일어나며 H_2S, CH_4 등의 가스가 발생해 악취가 심하다. 이 지대에서는 혐기성 세균이 호기성 세균을 교체하여 곰팡이류는 사라진다.

정답 ②

14 ★☆☆

환경부장관에게 공공폐수처리시설 기본계획 변경승인을 받아야 하는 항목 중 공공폐수처리시설의 처리용량 기준으로 옳은 것은?

① 처리용량을 100분의 10 이상 변경하려는 경우
② 처리용량을 100분의 20 이상 변경하려는 경우
③ 처리용량을 100분의 25 이상 변경하려는 경우
④ 처리용량을 100분의 50 이상 변경하려는 경우

해설

공공폐수처리시설 기본계획승인 등 「시행령 제66조」
공공처리폐수시설의 처리용량을 100분의 20 이상 변경하려는 경우(누적된 변경으로 처리용량의 100분의 20 이상이 되는 경우를 포함하며, 1일 처리용량이 500세제곱미터 이상인 공공폐수처리시설만 해당한다) 환경부장관에게 공공처리시설 기본계획의 변경승인을 받아야 한다.

정답 ②

15 ★★☆

물의 특성에 관한 설명으로 틀린 것은?

① 수소와 산소의 공유결합 및 수소결합으로 되어 있다.
② 수온이 감소하면 물의 점성도가 감소한다.
③ 물의 점성도는 표준상태에서 대기의 대략 100배 정도이다.
④ 물 분자 사이의 수소결합으로 큰 표면장력을 갖는다.

해설

물은 온도가 낮을수록 흐름이 둔해지고 점성이 커진다.

정답 ②

16 ★★★

시료의 BOD_5가 200mg/L이고 탈산소계수가 0.15/day(단, 상용대수 기준)일 때 최종 BOD는?

① 213mg/L
② 223mg/L
③ 233mg/L
④ 243mg/L

해설

$$BOD_u = \frac{BOD_t}{1 - 10^{-kt}} = \frac{200}{1 - 10^{-0.15 \times 5}} = 243.2581 mg/L$$

정답 ④

17 ★★☆

조류(Algae)의 경험적 화학 분자식으로 옳은 것은?

① $C_5H_8O_5N$
② $C_5H_8O_2N$
③ $C_5H_7O_2N$
④ $C_6H_2O_5N$

해설

- 균류(Fungi): $C_{10}H_{17}O_6N$
- 박테리아(Bacteria, 세균): $C_5H_7O_2N$
- 조류(Algae): $C_5H_8O_2N$

정답 ②

18 ★★☆

폐수종말처리시설의 방류수수질기준 중 생태독성(TU) 기준으로 옳은 것은? (단, 2020.1.1. 이후 수질 기준, 보기항의 ( )는 농공단지 폐수종말처리시설 방류수 수질 기준이다.)

① 1(1) 이하
② 1(2) 이하
③ 2(2) 이하
④ 2(3) 이하

해설

공공폐수처리시설의 방류수 수질기준 「시행규칙 별표 10」

구분	수질기준			
	I 지역	II 지역	III 지역	IV 지역
생물화학적 산소 요구량(BOD) (mg/L)	10(10) 이하	10(10) 이하	10(10) 이하	10(10) 이하
총유기탄소량(TOC) (mg/L)	15(25) 이하	15(25) 이하	25(25) 이하	25(25) 이하
부유물질(SS) (mg/L)	10(10) 이하	10(10) 이하	10(10) 이하	10(10) 이하
총질소(T-N) (mg/L)	20(20) 이하	20(20) 이하	20(20) 이하	20(20) 이하
총인(T-P) (mg/L)	0.2(0.2) 이하	0.3(0.3) 이하	0.5(0.5) 이하	2(2) 이하
총대장균군수 (개/mL)	3,000 (3,000) 이하	3,000 (3,000) 이하	3,000 (3,000) 이하	3,000 (3,000) 이하
생태독성(TU)	1(1) 이하	1(1) 이하	1(1) 이하	1(1) 이하

관련이론 | 생태독성(TU)

- 폐수에 포함된 물질이 수생 생물에 미치는 유해 정도를 나타낸다.
- 폐수종말처리시설에서 방류되는 수질이 수생태계에 미치는 영향을 최소화하기 위해 설정한다.
- $TU = \dfrac{100}{EC_{50}}(\%)$
- EC_{50}: 수생 생물의 50%에게 영향을 미치는 독성 농도(%)
- TU가 낮을수록 독성이 낮다.

정답 ①

19 ★☆☆

골프장의 잔디 및 수목 등에 맹·고독성 농약을 사용한 자에 대한 벌금 또는 과태료 부과 기준은?

① 3백만원 이하의 벌금
② 5백만원 이하의 벌금
③ 3백만원 이하의 과태료 부과
④ 1천만원 이하의 과태료 부과

해설

과태료 「법 제82조」

다음의 어느 하나에 해당하는 자에게는 1천만 원 이하의 과태료를 부과한다.

- 측정기기를 부착하지 아니하거나 측정기기를 가동하지 아니한 자
- 측정 결과를 기록·보전하지 아니하거나 거짓으로 기록·보존한 자
- 방지시설의 설치·설치면제 및 면제자 준수사항 규정에 의한 준수사항을 지키지 아니한 자
- 환경기술인을 임명하지 아니한 자
- 골프장의 잔디 및 수목 등에 맹·고독성 농약을 사용한 자
- 폐수처리업의 규정에 의한 준수사항을 지키지 아니한 폐수처리업자

정답 ④

20 ★☆☆

수온이 증가하면 일반적으로 다음 중 어떤 현상이 나타나는가?

① DO가 증가한다.
② BOD 반응속도가 감소한다.
③ 수중 용존산소량이 감소한다.
④ 물의 점성이 증가한다.

해설

수온이 증가하면 산소의 용해도가 감소하므로 수중 용존산소량이 감소한다.

선지분석

① 수온이 증가하면 DO는 감소한다.
② 수온이 증가하면 BOD 반응속도가 증가한다.
④ 수온이 증가하면 물의 점성이 감소한다.

정답 ③

상하수도계획

21 ★☆☆

우수배제계획 수립에 적용되는 계획우수량 산정 시 고려하는 빗물펌프장의 설계강우는 원칙적으로 얼마인가?

① 10년   ② 20년

③ 30년   ④ 40년

해설

계획우수량 산정 시 고려하는 빗물펌프장의 설계강우는 원칙적으로 30년으로 하며, 기후변화로 인한 강우특성의 변화추세, 방재상 필요성, 지역 특성 및 경제성을 고려하여 50년 또는 이보다 강화된 기준을 적용할 수 있다.

관련이론 | 설계강우

확률년수(Return period)라고도 하며, 어떤 강우 강도나 수위가 평균적으로 몇 년에 한 번 발생할 확률인지를 나타낸 값을 의미한다. 확률년수가 10년이라는 것은 10년에 한 번 일어난다는 것을 의미한다.

지역/시설	적용 확률년수 기준
일반 도시지역의 우수관거	10~30년 적용(원칙)
하천 주변, 중요 기반시설 인근	경우에 따라 50년 이상 적용 가능
농촌지역, 저밀도 지역	5~10년 수준 적용 가능

정답 ③

22 ★★☆

단면형태가 원형인 수로의 특징으로 옳지 않은 것은?

① 역학적으로 유리하다.

② 수리학적으로 계산이 용이하다.

③ 내경 3,000mm 정도까지 공장제품 사용이 가능하여 공사 기간을 단축할 수 있다.

④ 별도의 기초 공사가 필요하지 않다.

해설

원형 수로는 대부분의 경우 하중 지지력 확보 및 침하 방지를 위해 기초 공사(모래, 자갈, 콘크리트 등)가 반드시 필요하며, 특히 연약한 지반에서는 기초 공사가 매우 중요하다.

정답 ④

23 ★★★

유역면적이 2km²인 지역에서의 우수유출량을 산정하기 위하여 합리식을 사용하였다. 다음 조건일 때 관로 길이가 1,000m인 하수관의 우수유출량(m³/sec)은? (단, 강우강도 $I(\text{mm/hr}) = \dfrac{3,660}{t+30}$, 유입시간 6분, 유출계수 0.7, 관내의 평균 유속 1.5m/sec이다.)

① 약 25   ② 약 30

③ 약 35   ④ 약 40

해설

합리식에 의해 우수유출량을 계산하면 다음과 같다.

$$Q = \frac{1}{360}CIA$$

- C : 유출계수(= 0.7)
- A : 유역면적[ha]

$$A = 2\text{km}^2 \times \frac{100\text{ha}}{1\text{km}^2} = 200\text{ha}$$

t = 유입시간 + 유하시간

$$= 6\text{min} + 1,000\text{m} \times \frac{\text{sec}}{1.5\text{m}} \times \frac{1\text{min}}{60\text{sec}}$$

$$= 17.1111\text{min}$$

$$I = \frac{3,660}{t+30} = \frac{3,660}{17.1111+30} = 77.6887\text{mm/hr}$$

$$\therefore Q = \frac{1}{360}CIA$$

$$= \frac{1}{360} \times 0.7 \times 77.6887 \times 200$$

$$= 30.2123\text{m}^3/\text{sec}$$

정답 ②

24 ★★★

$I = \dfrac{3,660}{t+15}$ mm/hr, 면적 2.0km², 유입시간 6분, 유출계수 $C = 0.65$, 관내 유속이 1m/sec인 경우, 관 길이 600m인 하수관에서 흘러나오는 우수량(m³/sec)은? (단, 합리식을 적용한다.)

① 약 31
② 약 38
③ 약 43
④ 약 52

해설

우수량 계산을 위한 합리식은 다음과 같다.

$Q = \dfrac{1}{360} CIA$

- Q: 우수량[m³/sec]
- C: 유출계수
- I: 강우강도[mm/hr]
- A: 유역면적[ha]

$I = \dfrac{3,660}{t+15}$ mm/hr에서,

$t =$ 유입시간 + 유하시간

$= 6\text{min} + 600\text{m} \times \dfrac{\text{sec}}{1\text{m}} \times \dfrac{\text{min}}{60\text{sec}} = 16\text{min}$

이므로 강우강도 I는 다음과 같다.

$I = \dfrac{3,660}{16+15} = 118.0645\text{mm/hr}$

유역면적 A는 아래와 같이 단위변환이 가능하다.

$A = 2.0\text{km}^2 \times \dfrac{100\text{ha}}{\text{km}^2} = 200\text{ha}$

조건에서 $C = 0.65$이므로 우수량 Q는 다음과 같다.

$Q = \dfrac{1}{360} CIA$

$= \dfrac{1}{360} \times 0.65 \times 118.0645 \times 200$

$= 42.6344\text{m}^3/\text{sec}$

정답 ③

25 ★☆☆

펌프의 운전 시 발생하는 현상이 아닌 것은?

① 공동현상
② 수격작용(수충작용)
③ 노크 현상
④ 맥동 현상

해설

노크 현상(Knocking)은 자동차 엔진의 연료가 조기 점화될 때 기계적 충격음이 발생하는 현상으로, 펌프 운전과는 무관하며 내연기관과 관련이 있다.

정답 ③

26 ★★☆

상수도 시설 중 침사지에 관한 설명으로 옳지 않은 것은?

① 지의 길이는 폭의 3~8배를 표준으로 한다.
② 지의 상단높이는 고수위보다 0.6~1m의 여유고를 둔다.
③ 지의 유효수심은 5~7m를 표준으로 한다.
④ 표면부하율은 200~500mm/min을 표준으로 한다.

해설

침사지의 유효수심은 3~4m를 표준으로 하고, 퇴사심도를 0.5~1m로 한다.

정답 ③

27 ★☆☆

직경 2m인 하수관을 매설하려고 한다. 성토에 의하여 관에 가해지는 하중을 Marston의 방법에 의해 계산하면? (단, 흙의 단위 중량 = 1.9kN/m³, C_1 = 1.86, 관의 상부 90° 부분에서의 관 매설을 위해 굴토한 도랑의 폭 = 3.3m이다.)

① 약 25.7kN/m
② 약 38.5kN/m
③ 약 45.7kN/m
④ 약 52.9kN/m

해설

Marston의 공식을 이용한다.

$W = C_1 \times \gamma \times B^2$

C_1: 계수
γ: 단위 중량[kN/m³]
B: 도랑의 폭[m]

$W = 1.86 \times 1.9\text{kN/m}^3 \times (3.3\text{m})^2 = 38.4853\text{kN/m}$

정답 ②

28 ★☆☆

하수처리시설의 계획유입수질 산정방식으로 옳은 것은?

① 계획오염부하량을 계획1일 평균오수량으로 나누어 산정한다.
② 계획오염부하량을 계획시간 평균오수량으로 나누어 산정한다.
③ 계획오염부하량을 계획1일 최대오수량으로 나누어 산정한다.
④ 계획오염부하량을 계획시간 최대오수량으로 나누어 산정한다.

해설
하수의 계획유입수질은 계획오염부하량을 계획1일 평균오수량으로 나눈 값으로 한다.

정답 ①

29 ★★☆

호소, 댐을 수원으로 하는 취수문에 관한 설명으로 틀린 것은?

① 일반적으로 중, 소량 취수에 쓰인다.
② 일반적으로 취수량을 조정하기 위한 수문 또는 수위조절판(Stop Log)을 설치한다.
③ 파랑, 결빙 등의 기상조건에 영향이 거의 없다.
④ 하천의 표류수나 호소의 표층수를 취수하기 위하여 물가에 만들어지는 취수시설이다.

해설
취수문은 갈수, 홍수, 결빙 시에는 취수량 확보 조치 및 조정이 필요하다. 특히 파랑, 결빙에 의하여 취수가 불가능해지는 경우가 있기 때문에 주의를 요한다.

정답 ③

30 ★☆☆

상수도시설인 정수시설 중 급속 여과지의 여과모래에 대한 기준으로 틀린 것은?

① 강열감량은 0.75% 이하일 것
② 균등계수는 2.7 이하일 것
③ 비중은 2.55~2.65의 범위일 것
④ 마모율은 3% 이하일 것

해설
급속 여과지에 사용되는 여과사(여과모래)의 기준

항목	기준
강열감량(Loss on ignition)	0.75% 이하
균등계수(Uniformity coefficient)	1.7 이하
비중(Specific gravity)	2.55~2.65
마모율(Abrasion loss)	3% 이하

정답 ②

31 ★☆☆

펌프 효율 η=80%, 전양정 H=16m인 조건 하에서 양수량 Q=12L/sec로 펌프를 회전시킨다면 이때 필요한 축동력(kW)은? (단, 전동기는 직결, 물의 밀도 γ=1,000kg/m³이다.)

① 1.28
② 1.73
③ 2.35
④ 2.88

해설
$$P_a[\text{kW}] = \frac{\gamma \cdot Q \cdot H}{102 \cdot \eta} \times \alpha$$
$$= \frac{1,000 \times 0.012 \times 16}{102 \times 0.8}$$
$$= 2.3529\text{kW}$$

- γ: 물의 밀도[kg/m³]
- Q: 양수량[m³/sec]
- H: 전양정[m]
- η: 펌프효율[%]

정답 ③

32 ★☆☆

상수의 송수시설에 관한 설명 중 틀린 것은?

① 송수시설의 계획송수량은 원칙적으로 계획시간 최대급수량을 기준으로 한다.

② 송수는 관수로로 하는 것을 원칙으로 하되 개수로로 할 경우에는 터널 또는 수밀성의 암거로 한다.

③ 송수시설은 정수장에서 배수지까지 송수하는 시설이다.

④ 송수방식은 자연유하식, 펌프가압식 및 병용식이 있다.

해설

상수도의 송수시설의 계획송수량은 원칙적으로 계획1일 최대급수량을 기준으로 한다.

정답 ①

33 ★★☆

하수의 배제방식인 분류식에 관한 설명으로 틀린 것은?

① 오수관로와 우수관로와의 2계통을 동일도로에 매설하여 합리적인 관리가 되도록 한다.

② 오수관로에서는 소구경 관로를 매설하므로 시공이 용이하지만 관로의 경사가 급하면 매설 깊이가 크게 된다.

③ 관로 내의 퇴적이 적으나 수세효과는 기대할 수 없다.

④ 관로오접의 철저한 감시가 필요하다.

해설

분류식 하수 배제방식은 오수와 우수를 각각 별도의 관로로 분리하여 배제하는 방식으로, 오수관로와 우수관로를 동일도로에 매설하여 합리적인 관리를 하는 것은 합류식의 특징이다.

관련이론 | 분류식 하수 배제방식의 특징

1. 장점
   • 오수만을 처리 시설로 보내 처리하므로 수질 보전에 유리하고, 우수는 하천이나 바다로 바로 방류하여 위생적인 면에서도 유리하다.
   • 관로 내 유속이 빨라 퇴적이 적고, 우천 시 월류의 우려가 적다.
2. 단점
   • 분류식은 관로가 2계통으로 분리되므로 시공비가 많이 든다.
   • 오수와 우수 관로의 구분이 명확하지 않은 곳에서는 오접의 가능성이 있다는 단점도 있다.

정답 ①

34 ★☆☆

하수처리에서 막분리 활성슬러지법(MBR법)의 장단점 및 설계, 유지관리 상의 유의점이 아닌 것은?

① 2차 침전지의 침강성과 관련된 문제가 없다.

② 완벽한 고액분리가 가능하며 높은 MLSS 유지가 가능하다.

③ 적은 소요부지로 부지 이용성이 탁월하다.

④ 분리막 파울링에 대한 대처가 용이하다.

해설

막분리 활성슬러지법(MBR, Membrane Bioreactor)

• 고액분리가 탁월하여 기존 활성슬러지법보다 처리효율과 공간 효율이 우수하다.

• 분리막 파울링(Fouling)에 대한 대처가 어렵다.

관련이론 | 분리막 파울링(Fouling)

• 막분리 활성슬러지법의 가장 큰 단점으로, 막 표면에 유기물, 세균, 슬러지 등이 붙으면서 투과 유속 저하, 운전압력 상승, 세정빈도 증가 등의 문제를 유발한다.

• 세정주기 조절, 역세척, 약품 세정 등을 통해 관리해야 하며, 대처가 어렵고 유지비용이 증가하는 요인 중 하나이다.

정답 ④

35 ★★☆

상수도 시설 중 완속여과지의 여과속도 표준 범위는?

① 4~5m/day   ② 5~15m/day

③ 15~25m/day   ④ 25~50m/day

해설

완속여과지의 여과속도는 4~5m/day를 표준으로 한다.

정답 ①

36 ★☆☆

상수도에서 사용하는 주철관(DIP)의 주요 장점은?

① 부식에 매우 약하다.
② 가격이 매우 저렴하다.
③ 내압성이 낮다.
④ 내구성과 내압성이 우수하다.

해설

덕타일 주철관(DIP)은 강도, 내구성, 내압성이 우수해 배수관에 많이 사용한다.

정답 ④

37 ★☆☆

상수도 계획에서 1인1일 급수량 산정 시 고려하지 않아도 되는 항목은?

① 일반급수량 ② 수도용 누수량
③ 공업용수량 ④ 비상 시 소화용수량

해설

소화용수는 상수도 계획에서 1인1일 급수량 산정 시 포함되지 않으며, 설계 시 별도로 고려한다.

정답 ④

38 ★☆☆

상수도 계획 시 배수지의 역할로 적절하지 않은 것은?

① 수압 조절 ② 수질 정화
③ 수요 변동 대응 ④ 비상 시 용수 공급

해설

배수지는 수질 정화 기능보다는 수량 조절 및 수압 유지를 목적으로 한다.

정답 ②

39 ★☆☆

다음 중 관망 해석에서 사용하는 수치 해석 기법이 아닌 것은?

① Hardy Cross 법
② Newton—Raphson 법
③ Gauss—Seidel 법
④ Manning 공식

해설

Manning 공식은 개수로 유량을 계산하는 식으로, 수치 해석 기법에 해당하지 않는다.

정답 ④

40 ★★☆

호소, 댐을 수원으로 하는 경우의 취수시설인 취수틀에 관한 설명으로 틀린 것은?

① 수위 변화에 대한 영향이 비교적 작다.
② 호소 등의 대소에는 영향을 받지 않는다.
③ 호소의 표면수를 안정적으로 취수할 수 있다.
④ 구조가 간단하고 시공도 비교적 용이하다.

해설

취수틀은 수중에 설치되기 때문에 호소의 표면수 취수는 불가능하다.

관련이론 | 취수틀
• 호소의 바닥이나 댐의 바닥에 설치되어 물을 취수하는 시설이다.
• 표면수를 취수하기 위해서는 별도의 부유식 취수시설이 필요하다.

정답 ③

수질오염방지기술

41

★★☆

다음 중 하수처리과정에서 소독 방법 중 자외선 소독의 특징으로 옳지 않은 것은?

① 잔류효과, 잔류독성이 있다.
② 물과 수중의 성분은 자외선 전달 및 흡수에 영향을 주며 Beer−Lambert 법칙이 적용된다.
③ 부산물이 생성되지 않는다.
④ 소독이 성공적으로 되었는지 즉시 측정할 수 없다.

해설

자외선 소독은 소독 즉시에는 효과가 있으나, 물속에 활성 성분이 남지 않아 잔류효과는 전혀 없다. 반면에 염소계 소독은 물속에 잔류염소가 존재하여 잔류효과가 있다.

관련이론 | 자외선(UV) 소독의 특징

· 자외선(UV, 254nm)이 미생물의 DNA를 파괴하여 증식 불가 상태로 만드는 방법이다.
· 소독 이후 남는 활성 성분이 없어 잔류효과 및 재오염 방지 효과가 없다.
· 염소계 소독제와 달리 트리할로메탄(THMs) 등 부산물이 거의 없다.
· UV 흡광도는 수중의 부유물·색도 등에 따라 영향을 받으며, Beer−Lambert 법칙을 적용할 수 있다.
· 염소처럼 잔류물 측정이 안 되므로 소독의 성공 여부를 직접 측정이 어렵다.

정답 ①

42

★☆☆

건조된 슬러지 무게의 30%는 유기물, 70%는 무기물이고 건조 전 슬러지 함수율은 94%, 유기물의 비중은 1.0, 무기물의 비중은 2.5일 때 건조 전 슬러지 전체의 비중으로 옳은 것은?

① 1.021
② 1.026
③ 1.031
④ 1.036

해설

전체 슬러지의 질량을 1g이라고 가정한다.
건조 전 슬러지 함수율이 94%이므로

$$고형물 = 1g \times \frac{(100-94)}{100} = 0.06g$$

$$유기물 = 0.06g \times \frac{30}{100} \times \frac{cm^3}{1.0g} = 0.018cm^3$$

$$무기물 = 0.06g \times \frac{70}{100} \times \frac{cm^3}{2.5g} = 0.0168cm^3$$

$$물(수분) = 1g \times \frac{94}{100} \times \frac{cm^3}{1.0g} = 0.94cm^3$$

총 부피 = 0.018 + 0.0168 + 0.94 = 0.9748cm³

$$슬러지 전체의 비중 = \frac{1g}{0.9748cm^3} = 1.0259g/cm^3$$

정답 ②

43

★☆☆

펜톤처리공정에 관한 설명으로 가장 거리가 먼 것은?

① 펜톤시약의 반응시간은 철염과 과산화수소수의 주입농도에 따라 변화를 보인다.
② 펜톤시약을 이용하여 난분해성 유기물을 처리하는 과정은 대체로 산화반응과 함께 pH조절, 펜톤산화, 중화 및 응집, 침전으로 크게 4단계로 나눌 수 있다.
③ 펜톤시약의 효과는 pH 8.3~10 범위에서 가장 강력한 것으로 알려져 있다.
④ 폐수의 COD는 감소하지만 BOD는 증가할 수 있다.

해설

펜톤시약의 최적 반응은 pH 3~4.5일 때 일어난다.

정답 ③

44 ★★★

생물학적 인 제거 공정에서 설계 SRT가 상대적으로 짧으며, 높은 유기부하율을 설계에 사용할 수 있는 장점이 있고, 타 공법에 비해 운전이 비교적 간단하고 폐슬러지의 인 함량이 높아(3~5%) 비료의 가치를 가지는 것은?

① A/O 공정
② 개량 Bardenpho 공정
③ 연속회분식반응조(SBR) 공정
④ UCT 공법

해설

A/O 공정에 대한 내용이다.
· A/O 공정, Phostrip 공정: 인만 제거
· A²/O, UCT 공정: 인과 질소 제거
· Bardenpho 공정: 질소 제거(4단계)
· 수정 Bardenpho 공정: 인과 질소 제거(5단계)

관련이론 | 생물학적 인·질소 제거 공정

1) A/O 공정
· 운전이 비교적 간단하고, 수리학적 체류시간이 짧음
· 폐슬러지 내 인 함량이 비교적 높아(3~5%) 비료로서 이용 가능
· 질소와 인 동시 제거 불가능(인 제거)
· 온도가 낮은 경우 높은 BOD/P 비가 요구됨

2) A²/O 공정
· 폐슬러지는 인 함량이 비교적 높아 비료로 이용 가능

3) Bardenpho 공정
· 폐슬러지를 비료로 이용 가능
· 4단계는 질소만 제거, 5단계는 인과 질소 제거
· 펌프 유지 관리비가 높음
· 높은 BOD/P 비가 요구됨

4) SBR 공정
· 다양한 조건에서 질소, 인의 동시 제거 처리가 가능
· 처리가 단일 반응조에서 이루어질 수 있음
· 일체식으로 자동운전이 쉬움
· 적은 유량에 적용, 예비 장치가 필요

정답 ①

45 ★☆☆

깊이가 2.75m인 조에서 물의 체류시간을 2분으로 할 때 G 값을 $500s^{-1}$로 유지하는 데 필요한 공기의 양은? (단, 수온 5℃인 경우, $Q=0.21m^3/s$, $\mu=1.518\times10^{-3}N\cdot s/m^2$, $P_a=101.3\times10^3N/m^2$, $P=P_a\times Q_a\times\ln\left[\dfrac{(10.3+h)}{10.3}\right]$ 식을 적용한다.)

① 약 $0.40m^3/s$
② 약 $0.55m^3/s$
③ 약 $0.86m^3/s$
④ 약 $1.21m^3/s$

해설

에너지-점도 관계식을 이용한다.

$$G=\sqrt{\frac{P}{\mu V}}$$

· G: 속도경사[sec^{-1}]
· P: 동력[W]
· μ: 점성계수[N·s/m²]
· V: 응결지 부피[m³]

1) 반응조 부피(V)

$$V=Q\times\theta=0.21m^3/s\times2min\times\frac{60s}{min}=25.2m^3$$

2) 필요 동력(P)

$$P=G^2\times\mu\times V$$
$$=(500s^{-1})^2\times(1.518\times10^{-3}N\cdot s/m^2)\times25.2m^3$$
$$=9,563.4N\cdot m/s=9,563.4W$$

3) 공기량(Q_a)

$$P=P_a\times Q_a\times\ln\frac{(10.3+h)}{10.3}$$
$$Q_a=\frac{P}{P_a}\times\frac{1}{\ln\frac{(10.3+h)}{10.3}}$$
$$=\frac{9,563.4}{101,300}\times\frac{1}{\ln\frac{(10.3+2.75)}{10.3}}=0.3989m^3/s$$

정답 ①

46

★☆☆

처리인구가 5,200명인 2차 하수처리시설로 폭기식 라군 공정을 설계하고자 한다. 유량은 380L/cap·day, 유입 BOD_5는 200mg/L, 유출 BOD_5는 20mg/L, 반응속도상수 k는 2.1/day이며 kg BOD_5당 1.6kg 산소가 필요하다면 필요 반응시간에 따른 총 라군 부피는? (단, 1차 반응이며, 1차 침전지에서 유입 BOD_5의 33%가 제거된다.)

① $3,360m^3$
② $4,360m^3$
③ $5,360m^3$
④ $6,360m^3$

해설

1) 총 유량

$1m^3 = 1,000L$이므로

$Q = 380L/cap·day \times \dfrac{m^3}{1,000L} \times 5,200cap$

$\quad = 1,976m^3/day$

2) 1차 침전지에서 33% 제거한 후의 BOD

$BOD = 200mg/L \times \dfrac{(100-33)}{100} = 134mg/L$

3) 필요 반응시간에 따른 총 라군 부피

라군은 완전혼합반응조(CSTR)이므로

$C_t = \dfrac{C_0}{1+kt}$

$t = \dfrac{1}{k}\left(\dfrac{C_0}{C_t}-1\right) = \dfrac{1}{2.1}\left(\dfrac{134}{20}-1\right) = 2.7143day$

$V = 1,976m^3/day \times 2.7143day = 5,363.4568m^3$

정답 ③

47

★★☆

입자상 매체 여과를 이용하여 살수여상 공정으로부터 유출되는 유출수의 부유물질을 제거하고자 한다. 유출수의 평균 유량은 50,000m^3/day, 여과속도는 120L/m^2·min이고, 2개의 여과지를 설계하고자 할 때 여과지 하나의 면적은? (단, 완속 여과, 병렬 설치 기준이다.)

① $125m^2$
② $145m^2$
③ $165m^2$
④ $185m^2$

해설

$Q = 50,000m^3/day \times \dfrac{day}{1,440min} = 34.7222m^3/min$

여과속도 $= 120L/m^2·min \times \dfrac{m^3}{1,000L} = 0.12m^3/m^2·min$

여과지를 병렬 설치하므로 여과지 1개당 유량은 다음과 같다.

$Q_1 = \dfrac{34.7222m^3/min}{2} = 17.3611m^3/min$

여과지 하나의 면적을 계산하면

$A = \dfrac{17.3611m^3/min}{0.12m^3/m^2·min} = 144.6758m^2$

정답 ②

48 ★★☆

인구가 30,000명인 마을의 폐수를 활성슬러지법으로 처리하는 처리장에 저율 혐기성소화조를 설계하려고 한다. 생슬러지(건조고형물 기준) 발생량은 0.11kg/인·day이고 휘발성 고형물은 건조고형물의 70%이다. 가스생산량은 0.94m³/kg-소화된 고형물이고 휘발성고형물의 65%가 소화된다면 일일 가스발생량은?

① 4,521.3m³/day ② 3,652.8m³/day
③ 2,563.9m³/day ④ 1,411.4m³/day

해설
- 총 건조고형물의 양
  $= 0.11kg/인·day \times 30,000인 = 3,300kg/day$
- 휘발성 고형물(VS)의 양
  $= 3,300kg/day \times 0.70 = 2,310kg_{-VS}/day$
- 소화된 휘발성 고형물의 양
  $= 2,310kg_{-VS}/day \times 0.65 = 1,501.5kg_{-소화된 VS}/day$
- 일일 가스 발생량
  $= 1,501.5kg_{-소화된 VS}/day \times 0.94m³/kg_{-소화된 VS}$
  $= 1,411.41m³/day$

정답 ④

49 ★★☆

암모니아성 질소의 농도가 300mg/L인 폐수의 완전 질산화에 필요한 이론적 산소요구량(mg/L)은?

① 약 1,171 ② 약 1,271
③ 약 1,371 ④ 약 1,471

해설
$$\underset{14 \times 1}{NH_4^+} + \underset{32 \times 2}{2O_2} \rightarrow NO_3^- + 2H^+ + H_2O$$

$14g : 64g = 300mg/L : xmg/L$

$x = \dfrac{64 \times 300}{14} = 1,371.4286mg/L$

정답 ③

50 ★★★

생물학적 3차 처리를 위한 A/O 공정을 나타낸 것으로 반응조 역할을 가장 적절하게 설명한 것은?

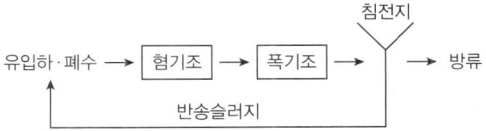

① 혐기조에서는 유기물 제거와 인의 방출이 일어나고, 폭기조에서는 인의 과잉섭취가 일어난다.
② 폭기조에서는 유기물 제거가 일어나고, 혐기조에서는 질산화 및 탈질이 동시에 일어난다.
③ 제거율을 높이기 위해서는 외부탄소원인 메탄올 등을 폭기조에 주입한다.
④ 혐기조에서는 인의 과잉섭취가 일어나며, 폭기조에서는 질산화가 일어난다.

해설
A/O 공정은 인 제거에 중점을 둔 공정으로, 혐기조(유기물 제거, 인 방출), 폭기조(인 과잉섭취)의 반응조로 이루어져 있다.

정답 ①

51 ★☆☆

슬러지의 소화율이란 생슬러지 중의 VSS가 가스화 및 액화되는 비율을 말한다. 생슬러지와 소화슬러지의 VSS/SS가 각각 80% 및 50%일 경우 소화율(%)은?

① 75% ② 78%
③ 82% ④ 86%

해설
- $(VSS/SS)_{생슬러지} = 80\%$일 때
  $FSS_{생슬러지} = 100 - 80 = 20\%$
- $(VSS/SS)_{소화슬러지} = 50\%$일 때
  $FSS_{소화슬러지} = 100 - 50 = 50\%$
- 소화율 $= 1 - \dfrac{(VSS/SS)_{소화}}{(VSS/SS)_{생}} \times \dfrac{FSS_{생}}{FSS_{소화}}$
  $= 1 - \dfrac{50}{80} \times \dfrac{20}{50} = 0.75 \times 100\% = 75\%$

정답 ①

52 ★★★

하수처리를 위한 생물처리설비 중 회전원판장치에 관한 설명으로 틀린 것은?

① 접촉지의 용량은 액량면적비로 결정한다.
② 처리계열은 2계열 이상으로 하고 각 계열은 2개 이상의 접촉지를 직렬로 배치한다.
③ 회전원판의 주변속도는 15~20m/min을 표준으로 한다.
④ 접촉지의 내벽과 원판 끝부분과의 간격은 원판 직경의 5~8%를 표준으로 한다.

해설
접촉지 내벽과 원판 끝부분과의 간격은 원판 직경의 약 2~3%를 표준으로 한다.

정답 ④

53 ★☆☆

Cd^{2+}가 함유된 폐수의 pH를 높여주면 수산화카드뮴의 침전물이 생성되어 제거된다. 20℃, pH 11에서 폐수 내 이론적 카드뮴 이온의 농도는? (단, 20℃, pH 11에서 수산화카드뮴의 용해도적은 4.0×10^{-14}이며 카드뮴 원자량은 112.4이다.)

① 3.5×10^{-5}mg/L
② 4.5×10^{-5}mg/L
③ 3.5×10^{-3}mg/L
④ 4.5×10^{-3}mg/L

해설
$Cd(OH)_2 \rightleftharpoons Cd^{2+} + 2OH^-$
$pH = 11 \rightarrow [OH^-] = 10^{-3}mol/L$
$$[Cd^{2+}] = \frac{K_{sp}}{[OH^-]^2}$$
$$= \frac{4.0 \times 10^{-14}}{(10^{-3})^2} = 4.0 \times 10^{-8}mol/L$$
$$\frac{4.0 \times 10^{-8}mol}{L} \times \frac{112.4g}{mol} \times \frac{1,000mg}{g} = 4.496 \times 10^{-3}mg/L$$

정답 ④

54 ★☆☆

유량이 6,750m³/day, 부유물질농도(SS)가 55mg/L인 폐수에 황산제이철($Fe_2(SO_4)_3$) 100mg/L을 응집제로 주입한다. 이 물에 알칼리도가 없는 경우 매일 첨가해야 하는 석회의 양(kg/day)은? (단, 원자량은 Fe=55.8, Ca=40이다.)

① 315
② 346
③ 375
④ 386

해설
1) $Fe_2(SO_4)_3$ 주입량
$$\frac{6,750m^3}{day} \times \frac{100mg}{L} \times \frac{10^3L}{m^3} \times \frac{kg}{10^6mg} = 675kg/day$$
2) $Fe_2(SO_4)_3$와 $Ca(OH)_2$의 반응식을 이용한다.
$Fe_2(SO_4)_3 + 3Ca(OH)_2 \rightarrow 2Fe(OH)_3\downarrow + 3CaSO_4$
$Fe_2(SO_4)_3 : Ca(OH)_2$
$= 399.6g/mol \times 1mol : 74g/mol \times 3mol$
$= 675kg/day : x kg/day$
$x = 375kg/day$

정답 ③

55 ★☆☆

폐수량 1,800m³/일, BOD 250mg/L를 활성슬러지공법으로 처리하여 BOD 20mg/L 이하로 유지하고자 한다. 포기조 용적이 500m³일 때 BOD 용적부하(kg/m³ · day)는?

① 0.9
② 1.0
③ 1.1
④ 1.2

해설
$$BOD \text{ 용적부하} = \frac{Q \times S_0}{V}$$
Q : 유량(m³/day)
S_0 : 유입되는 BOD의 농도(kg/m³)
V : 포기조 용적(m³)
$$S_0 = \frac{250mg}{L} \times \frac{kg}{10^6mg} \times \frac{1,000L}{m^3} = 0.25kg/m^3$$
$$BOD \text{ 용적부하} = \frac{1,800 \times 0.25}{500} = 0.9kg/day$$

정답 ①

56 ★★★

회전수 5회/sec, 토출량 23m³/min, 전양정 8m의 터빈 펌프의 비속도(rpm)는?

① 707   ② 606

③ 505   ④ 303

해설

$$N_s = N \times \frac{Q^{\frac{1}{2}}}{H^{\frac{3}{4}}}$$

- N_s : 비교회전도[rpm]
- N : 펌프의 회전수[rpm]
- Q : 펌프의 토출량[m³/min]
- H : 펌프의 양정[m]

$$N = \frac{5회}{sec} \times \frac{60sec}{min} = 300rpm$$

$$\therefore N_s = 300 \times \frac{23^{\frac{1}{2}}}{8^{\frac{3}{4}}} = 302.4598rpm$$

정답 ④

57 ★☆☆

다음 중 화학적 인(P) 제거제로 주로 사용되는 물질은?

① 황산나트륨   ② 황산제이철

③ 염화암모늄   ④ 염소가스

해설

황산제이철($Fe_2(SO_4)_3$)은 인과 반응하여 불용성 인화철을 형성함으로써 화학적 인 제거에 효과적이다.

정답 ②

58 ★★☆

포기조의 유입수 BOD＝150mg/L, 유출수 BOD＝10mg/L, MLSS＝3,000mg/L, 미생물 성장계수＝0.7kg MLSS/kg BOD, 내생호흡계수(k_d)＝0.03day⁻¹, 포기시간(t)＝6시간일 때, 미생물 체류시간(θ_C)은?

① 약 10day   ② 약 12day

③ 약 14day   ④ 약 16day

해설

$$\theta_C = \frac{X}{\dfrac{y(S_0 - S)}{t} - k_d \cdot X}$$

- θ_C : 미생물 체류시간[hr]
- X : MLSS[mg/L]
- y : 미생물 성장계수[kg MLSS/kg BOD]
- S_0 : 유입수 BOD[mg/L]
- S : 유출수 BOD[mg/L]
- k_d : 내생호흡계수[day⁻¹]
- t : 포기시간[day]

$$\theta_C = \frac{3,000}{\dfrac{0.7 \times (150 - 10)}{6hr \times \dfrac{day}{24hr}} - 0.03 \times 3,000} = 9.9338day$$

정답 ①

59 ★☆☆

활성슬러지법에서 슬러지의 팽화 현상이 발생하는 주요 원인으로 가장 적절한 것은?

① 유기물 농도 과다
② 혐기성 세균의 증식
③ 필라멘트성 미생물의 과다 성장
④ 고온에 의한 산소포화도 증가

해설
슬러지 팽화 현상은 실 모양의 필라멘트성 미생물이 과도하게 성장하여 침강성을 저하시킬 때 발생한다.

정답 ③

60 ★★☆

질소 제거 공정에서 탈질(Denitrification)에 필요한 조건으로 옳지 않은 것은?

① 유기탄소원이 필요하다.
② 무산소 조건이 유지되어야 한다.
③ 질산염(NO_3^-)이 필요하다.
④ 높은 DO가 유지되어야 한다.

해설
탈질은 혐기성 상태에서 수행되므로 높은 DO(용존산소)는 방해 요소 중 하나이며, 무산소 조건 및 유기탄소원은 필수 요소이다.

정답 ④

61 ★☆☆

냄새역치(TON)의 계산식으로 옳은 것은? (단, A: 시료 부피(mL), B: 무취 정제수 부피(mL))

① (A+B)/B
② (A+B)/A
③ A/(A+B)
④ B/(A+B)

해설
$$TON = \frac{A+B}{A}$$
A: 냄새가 있는 시료의 부피[mL]
B: 냄새가 없는 무취수의 부피[mL]

관련이론 | 냄새 역치(TON)
냄새가 감지될 수 있는 최소한의 농도 또는 시료의 냄새가 무취수와 혼합되었을 때 더 이상 냄새가 감지되지 않을 때의 희석 배수를 말한다.

정답 ②

62 ★☆☆

아연(원자흡수분광광도법) 정량에 관한 설명 중 (   ) 안의 내용으로 알맞은 것은?

물속에 존재하는 아연을 측정하는 방법으로, 시료를 (   )으로 전처리 후 원자흡수분광광도법에 따라 측정하는 것이다.

① 산분해법, 막여과법
② 알칼리분해법, 용매추출법
③ 산분해법, 용매추출법
④ 추출법, 막여과법

해설
아연−원자흡수분광광도법은 물속에 존재하는 아연을 측정하는 방법으로, 시료를 산분해법, 용매추출법으로 전처리 후 원자흡수분광광도법에 따라 측정하는 것이다.

정답 ③

63 ★★☆

수산화나트륨(NaOH) 10g을 물에 녹여서 500mL로 하였을 경우 용액의 농도(N)는?

① 0.25   ② 0.5

③ 0.75   ④ 1.0

해설

$$X[eq/L] = \frac{10g}{0.5L} \times \frac{1eq}{40g} = 0.5eq/L$$

정답 ②

64 ★★☆

직각 3각 웨어에서 웨어의 수두 0.2m, 수로 폭 0.5m, 수로의 밑면으로부터 절단 하부점까지의 높이가 0.9m일 때, 아래의 식을 이용하여 유량(m³/min)을 구하면?

$$K = 81.2 + \frac{0.24}{h} + \left[\left(8.4 + \frac{12}{\sqrt{D}} \right) \times \left(\frac{h}{B} - 0.09 \right)^2 \right]$$

① 1.0   ② 1.5

③ 2.0   ④ 2.5

해설

$$K = 81.2 + \frac{0.24}{h} + \left[\left(8.4 + \frac{12}{\sqrt{D}} \right) \times \left(\frac{h}{B} - 0.09 \right)^2 \right]$$

$$= 81.2 + \frac{0.24}{0.2} + \left[\left(8.4 + \frac{12}{\sqrt{0.9}} \right) \times \left(\frac{0.2}{0.5} - 0.09 \right)^2 \right]$$

$$= 84.4228$$

h: 웨어의 수두[m]

D: 수로의 밑면으로부터 절단 하부점까지의 높이[m]

B: 수로의 폭[m]

직각 3각 웨어의 유량 $Q[m^3/min]$

$$\therefore Q = K \cdot h^{5/2}$$

$$= 84.4228 \times 0.2^{5/2}$$

$$= 1.5102 m^3/min$$

정답 ②

65 ★★☆

유도결합플라스마 원자발광분광법으로 금속류를 측정할 때 간섭에 관한 내용으로 옳지 않은 것은?

① 물리적 간섭: 시료 도입부의 분무과정에서 시료의 비중, 점성도, 표면장력의 차이에 의해 발생한다.

② 분광 간섭: 측정원소의 방출선에 대해 플라스마의 기체 성분이나 공존 물질에서 유래하는 분광학적 요인에 의해 원래의 방출선의 세기 변동 및 다른 원자 혹은 이온의 방출선과의 겹침 현상이 발생할 수 있다.

③ 화학적 간섭: 플라스마의 높은 온도로 화학적 간섭이 발생하며 출력이 높은 경우에 현저하다.

④ 물리적 간섭: 시료의 종류에 따라 분무기의 종류를 바꾸거나, 시료의 희석, 매질 일치법, 내부표준법, 농축 분리법을 사용하여 간섭을 최소화한다.

해설

• 유도결합플라스마 원자발광분광법에서 플라스마의 높은 온도와 비활성으로 화학적 간섭의 발생 가능성은 낮으나, 출력이 낮은 경우 일부 발생할 수 있다.

• 화학적 간섭은 플라스마 온도가 낮을수록 더 잘 발생하며, 온도가 높을수록 간섭이 감소한다.

관련이론 | ICP-AES의 간섭 종류

• 물리적 간섭: 시료 도입부의 분무과정에서 시료의 비중, 점성도, 표면장력의 차이에 의해 발생하며, 시료의 물리적 성질이 다르면 플라스마로 흡입되는 원소의 양이 달라져 방출선의 세기가 달라진다.

• 이온화 간섭: 이온화 에너지가 작은 알칼리 금속이 공존 원소로 시료에 존재 시 플라스마의 전자밀도를 증가시키고, 증가된 전자밀도는 들뜬 상태의 원자와 이온화된 원자 수를 증가시켜 방출선의 세기를 크게 할 수 있다.

• 분광 간섭: 측정원소의 방출선에 대해 플라스마의 기체 성분이나 공존 물질에서 유래하는 분광학적 요인에 의해 원래의 방출선의 세기 변동 및 다른 원자 혹은 이온의 방출선과의 겹침 현상이 발생할 수 있으며, 시료 분석 후 보정이 반드시 필요하다.

정답 ③

66

★☆☆

다음 설명 중 틀린 것은?

① 연속측정 또는 현장측정의 목적으로 사용하는 측정기기는 공정시험기준에 의한 측정치와의 정확한 보정을 행한 후 사용할 수 있다.
② 검정곡선은 분석물질의 농도변화에 따른 지시값을 나타낸 것을 말한다.
③ 표준편차율이라 함은 평균값을 표준편차로 나눈 값의 백분율로서 반복조작 시의 편차를 상대적으로 표시한 것을 말한다.
④ 기기검출한계(IDL)란 시험분석 대상물질을 기기가 검출할 수 있는 최소한의 농도 또는 양을 의미한다.

해설
표준편차율은 표준편차를 평균값으로 나눈 값의 백분율로서 반복조작 시의 편차를 상대적으로 표시한 것이다.

관련이론 | 표준편차율(CV, Coefficient of Variation)

$$표준편차율 = \frac{표준편차}{평균값} \times 100\%$$

정답 ③

67

★☆☆

정량한계(LOQ)를 옳게 표시한 것은?

① 정량한계 = 3 × 표준편차
② 정량한계 = 3.3 × 표준편차
③ 정량한계 = 5 × 표준편차
④ 정량한계 = 10 × 표준편차

해설
정량한계(LOQ, Limit of Quantitation)
· 정량적으로 신뢰할 수 있는 수치로 판단 가능한 최소 농도를 말한다.
· $LOQ = 10 \times$ 표준편차(σ)

관련이론 | 검출한계(LOD, Limit of Detection)
· 분석기기로 검출이 가능하다고 판단되는 최소 농도를 말한다.
· $LOD = 3.3 \times$ 표준편차(σ)
· 경우에 따라 $LOD = 3 \times$ 표준편차(σ)로 계산할 수도 있다.

정답 ④

68

★★☆

수산화나트륨 1g을 증류수에 용해시켜 400mL로 하였을 때 이 용액의 pH는?

① 13.8
② 12.8
③ 11.8
④ 10.8

해설
$pH = 14 - pOH, pOH = -\log[OH^-]$
$$NaOH[mol/L] = \frac{1g}{0.4L} \times \frac{1mol}{40g} = 0.0625mol/L$$
$pOH = -\log[OH^-] = -\log(0.0625) = 1.2041$
$\therefore pH = 14 - pOH = 14 - 1.2041 = 12.80$

정답 ②

69

★☆☆

유도결합플라스마-원자발광광도계의 측정 시 유도코일 상단으로부터 플라스마 발광부 관측 높이(mm)는? (단, 알칼리 원소는 제외한다.)

① 15~18
② 20~25
③ 30~34
④ 40~43

해설
· 보통 유도코일 상단부터 15~18mm 부근이 원소별 방출선이 가장 안정적인 고온 영역이다.
· 알칼리 원소(Na, K 등)는 이온화 에너지가 낮고 상대적으로 높은 위치에서 방출이 강하기 때문에 20~25mm 정도의 높이에서 관측하는 것이 적절하다.

관련이론 | 유도결합플라스마-원자발광분광법(ICP-AES)
· 아르곤 가스로 형성된 고온(6,000~10,000K)의 플라스마 내에서 시료 원자를 여기 후 발생하는 방출선을 분석하는 방법이다.
· 플라스마는 토치(Torch) 내부에서 생성되며, 보통 유도코일 상단으로부터 15~18mm 부근이 원소별 방출선이 가장 안정적인 고온 영역이다. 이 위치가 대부분의 비알칼리 원소에 대해 최적의 분석 조건을 제공한다.

정답 ①

70 ★☆☆

원자흡수분광광도법을 이용하여 분석할 때, 각 금속 원소별 선택파장(nm)으로 옳은 것은?

① 니켈 ─ 248.3
② 구리 ─ 324.7
③ 비소 ─ 232.0
④ 철 ─ 193.7

선지분석
① 니켈(Ni): 232.0nm
③ 비소(As): 193.7nm
④ 철(Fe): 248.3nm

정답 ②

71 ★★☆

유도결합플라스마 원자발광분광법에서 적용하는 정량방법과 가장 거리가 먼 것은?

① 넓이 백분율법
② 표준물첨가법
③ 내부표준물법
④ 검량선법

해설
넓이 백분율법(Area Percent method)은 기체 크로마토그래피(GC)에서 시료 성분의 피크 면적을 기준으로 정량하는 방법으로, 유도결합플라스마 원자발광분광법(ICP─AES)에서는 스펙트럼 강도(선강도)를 주로 사용하고 넓이 백분율법은 사용하지 않는다.

관련이론 | 시료 정량분석 방법의 종류
- 검정곡선법(Calibration curve method): 농도─신호 강도 관계를 직선 또는 곡선으로 만들어 분석하는 방법으로, 가장 기본적인 정량방법 중 하나이다.
- 표준물첨가법(Standard addition method): 시료와 동일한 매질에 일정량의 표준물질을 첨가하여 검정곡선을 작성하는 방법으로, 매트릭스 간섭 보정에 유리해 유도결합플라스마 분석법에서 주로 사용한다.
- 내부표준물법(Internal standard calibration): 검정곡선 작성용 표준용액과 시료에 동일한 양의 내부표준물질을 첨가하여 시험분석 절차, 기기 또는 시스템의 변동으로 발생하는 오차를 보정하기 위해 사용하는 방법이다.

정답 ①

72 ★★☆

수질시험에서 총질소(TN) 항목을 자외선/가시선 분광법 중 산화법으로 측정할 경우, 일반적으로 필요한 전처리로 옳은 것은?

① 알칼리 추출
② 산화 환원 전환
③ 자외선 산화 분해
④ 침전─건조

해설
자외선/가시선 분광법 중 산화법은 시료 중 모든 질소화합물을 알칼리성 과황산칼륨을 사용하여 120℃ 부근에서 유기물과 함께 분해하여 질산이온으로 산화시킨 후 산성상태로 하여 흡광도를 220nm에서 측정하여 총질소를 정량하는 방법이다.

정답 ③

73 ★☆☆

시료량 50mL를 취하여 막여과법으로 총대장균군수를 측정하려고 배양을 한 결과, 50개의 집락수가 생성되었을 때 총대장균군수/100mL는?

① 10
② 100
③ 1,000
④ 10,000

해설
배양 후 금속성 광택을 띠는 적색이나 진한적색 계통의 집락을 계수하며, 집락수가 20~80개의 범위에 드는 것을 선정하여 다음의 식에 의해 계산한다.

$$총대장균군수/100mL = \frac{C}{V} \times 100$$

- C = 생성된 집락수
- V = 여과한 시료량[mL]

$$\therefore 총대장균군수/100mL = \frac{50}{50} \times 100$$
$$= 100/100mL$$

정답 ②

74 ★★☆

다음 중 관내의 유량 측정 방법이 아닌 것은?

① 오리피스
② 자기식 유량측정기(Magnetic flow meter)
③ 피토우(Pitot) 관
④ 위어(Weir)

해설

위어(Weir)는 수면 위로 흐르게 하여 넘치는 양으로 유량을 측정하는 방법으로, 개방 수로(Open channel)에서 주로 사용하며 관내에서는 사용할 수 없다.

선지분석

① 오리피스(Orifice): 관 내부 유량을 인위적으로 축소시켜 압력차를 이용하여 유량을 계산한다.
② 자기식 유량측정기(Magnetic flow meter): 도전성 액체가 자계를 통과할 때 발생하는 유도 전압을 측정함으로써 유량을 계산하는 방법으로, 관내 유량 측정 시 흔하게 사용한다.
③ 피토우(Pitot) 관: 유속과 정압을 측정하여 유량을 계산하는 방법으로, 배관, 항공기, 플루이드 실험 등에 사용한다.

정답 ④

75 ★☆☆

공정시험기준에서 화학적 산소요구량(COD) 측정 시 사용하는 산화제로 올바른 것은?

① 요오드산칼륨
② 과황산암모늄
③ 중크롬산칼륨
④ 차아염소산나트륨

해설

COD 분석에는 강력한 산화제인 중크롬산칼륨($K_2Cr_2O_7$)을 황산 조건에서 사용하며, 과량 주입 후 남은 Cr^{6+}를 요오드 적정법 또는 자외선/가시선 흡광광도법으로 정량분석한다.

정답 ③

76 ★☆☆

다음은 시안(자외선/가시선 분광법) 측정에 관한 내용이다. ( ) 안의 내용으로 옳은 것은?

> 물속에 존재하는 시안을 측정하기 위하여 시료를 pH 2 이하의 산성에서 가열 증류하여 시안화물 및 시안착화합물의 대부분을 시안화수소로 유출시켜 포집한 다음 포집된 시안이온을 중화하고 ( )을(를) 넣어 생성된 염화시안이 피리딘－피라졸론 등의 발색시약과 반응하여 나타내는 청색을 620nm에서 측정하는 방법이다.

① 클로라민－T
② 설퍼민아마이드산
③ 염화제이철
④ 하이포염소산

해설

시료 중 시안(CN^-)을 염소화제로 염소화하여 염소시안(ClCN)으로 전환하는데, 이때 염소화제로 클로라민－T(Chloramine－T)를 사용한다.

선지분석

② 설퍼민아마이드산: 니트로계 물질 분석에 사용되는 환원성 시약이다.
③ 염화제이철($FeCl_3$): 인산, 황산염 등과 착화합물을 형성할 때 사용하며, 철 분석 또는 인산염 계량에 사용한다.
④ 하이포염소산(HOCl): 염소계 산화제로, 소독제 역할을 한다.

정답 ①

77 ★★☆

수질오염공정시험기준상 총대장균군의 시험방법으로 옳지 않은 것은?

① 효소기질정량법
② 현미경계수법
③ 막여과법
④ 시험관법

해설

수질오염공정시험기준상 총대장균군의 시험방법의 종류로는 막여과법, 시험관법, 평판집락법, 효소기질정량법, 건조필름법이 있다.

관련이론 | 총대장균군의 시험방법

- 막여과법(Membrane Filtration): 표준적인 분석법으로, 특정 배지를 사용해 여과지 위에 균을 배양하여 집락을 계수하는 방법이다.
- 시험관법: 희석된 시료를 배지에 접종하여 배양하는 추정시험 방법과 접종루프를 사용하여 무균적으로 이식하는 확정시험 방법으로 나뉜다.
- 평판집락법: 배지 표면에 평판집락법 배지를 굳힌 후 배양한 다음 집락을 계수하는 방법이다.
- 효소기질정량법: 무균조작으로 시료와 효소기질 시약을 넣어 배양 후 총대장균군 양성 여부를 판정하여 정량하는 방법이다.
- 건조필름법: 총대장균군 건조필름배지에서 배양한 후 양성 집락수를 계산하는 방법이다.

정답 ②

78 ★☆☆

총인(TP)의 정량을 위한 공정시험기준에서 사용하는 분해 조건으로 옳은 것은?

① 황산-질산 혼합산 가열분해
② 과산화수소 환류분해
③ 과황산포타슘 가열분해
④ 염산-과망간산포타슘 산화분해

해설

총인(TP)은 유기화합물 형태의 인을 과황산포타슘($K_2S_2O_8$)을 이용하여 산화 분해 후 몰리브덴산암모늄을 아스코빈산으로 환원하여 생성된 몰리브덴산의 흡광도를 880nm에서 측정하여 정량하는 방법이다.

정답 ③

79 ★★☆

금속 물질을 분석하기 위해 유도결합플라스마-원자발광분광법을 이용하려고 한다. 유도결합플라스마-원자발광광도계에 대한 설명으로 옳지 않은 것은?

① 검출 및 측정 방법에 따라 다색화분광기 또는 단색화장치 모두 사용 가능해야 한다.
② 순도 99.99% 이상 고순도 기체 또는 액체 아르곤을 사용해야 한다.
③ 아르곤 및 플라스마 기체의 유량조절기를 사용해야 하며, 시료 주입을 위해 속도 조절이 가능한 연동펌프를 사용할 수 있다.
④ 점성이 있는 시료나 입자상 물질이 존재할 경우 교차흐름 분무기를 사용한다.

해설

일반적인 시료의 경우 동심축 분무기(Concentric nebulizer) 또는 교차흐름 분무기(Cross-flow nebulizer)를 사용하며, 점성이 있는 시료나 입자상 물질이 존재할 경우 바빙톤 분무기(Barbington nebulizer)를 사용한다. 이외에도, 분석 목적에 따라 초음파 분무기(Ultrasonic nebulizer) 등 다양한 형태의 분무기 사용이 가능하다.

정답 ④

80 ★☆☆

수질오염공정시험기준에 따른 부유물질(SS) 측정 시 사용하는 여과지의 공극 크기로 적절한 것은?

① 0.22μm
② 0.45μm
③ 1.0μm
④ 1.5μm

해설

부유물질은 무게법으로 측정하며, 시료를 지름 47mm, 공극 크기 0.45μm의 유리섬유 여과지로 여과하여 건조 후 잔류량을 측정한다. 0.45μm는 고형물 기준 분리 표준이다.

정답 ②

수질오염개론

01 ★★☆

다음 중 해수의 특징으로 옳지 않은 것은?

① 해수의 밀도는 항상 균일하다.

② 해수의 Mg/Ca 농도비는 3~4 정도이다.

③ 해수 중 질소의 약 35%가 암모니아성 질소 및 유기질소 형태로 존재한다.

④ 해수의 평균 염분 농도는 약 35g/L이다.

해설

해수의 밀도는 일정하지 않으며, 주로 온도, 염분, 압력에 따라 달라진다. 온도가 낮고 염분이 많을수록 밀도는 커지며, 극지방 해수의 밀도는 크고, 적도 부근의 밀도는 작다.

정답 ①

02 ★★☆

일차반응에서 반응물질의 반감기가 7일이라면, 물질의 99%가 소모되는 데 소요되는 시간은?

① 39일 ② 43일

③ 47일 ④ 52일

해설

$C_t = C_0 e^{-kt}$

C_t: 시간 t 후 농도, C_0: 초기 농도, k: 반응속도상수, t: 시간

$-kt = \ln\dfrac{C_t}{C_0}$ 이고, 반감기가 7일이므로

$k = -\dfrac{\ln 0.5}{7} = 0.0990 \text{day}^{-1}$

물질의 99%가 소모되는 데 소요되는 시간은

$-kt = \ln\dfrac{C_t}{C_0} = \ln\dfrac{(1-0.99)C_0}{C_0} = \ln 0.01$

$t = -\dfrac{\ln 0.01}{0.0990} = 46.5169 \text{day}$

정답 ③

03 ★★★

다음 중 물의 특성에 대한 설명으로 옳지 않은 것은?

① 물은 4℃에서 밀도가 가장 작다.

② 물의 표면장력이 클수록 흡수력이 증가한다.

③ 수온이 증가할수록 물의 점성이 낮아진다.

④ 물의 여러 가지 특성은 수소결합에 의해 나타난다.

해설

물은 4℃에서 밀도가 가장 크고, 그보다 온도가 낮거나 높으면 밀도가 작아진다. 0℃의 얼음은 4℃의 물보다 밀도가 낮아서 물이 얼면 떠오른다.

정답 ①

04 ★★☆

내경 3mm의 유리관을 정수 중에 세웠을 때 모세관 현상으로 인해 물이 관내를 올라간 높이는? (단, 표면장력은 75.64dyne/cm이며 물과 유리와 접촉각은 0°이다.)

① 약 0.5cm ② 약 1.0cm

③ 약 1.5cm ④ 약 2.0cm

해설

$h = \dfrac{4T\cos\beta}{\rho g d}$

h: 상승 높이[cm]

T: 표면장력[dyne/cm]

β: 접촉각

ρ: 물의 밀도(약 1g/cm^3)

g: 중력가속도(약 980cm/s^2)

d: 관의 직경(cm)

$h = \dfrac{4 \times 75.64 \times \cos 0°}{1 \times 980 \times 0.30} = 1.0291\text{cm}$

정답 ②

2025년

05 ★★★

하수의 BOD_5가 170mg/L이고 탈산소계수 k가 0.2day^{-1}일 때 최종 BOD(mg/L)는? (단, 자연대수 기준으로 한다.)

① 약 257 ② 약 269

③ 약 275 ④ 약 282

해설

$BOD_5 = BOD_u \times (1 - e^{-kt})$

$BOD_u = \dfrac{170}{1 - e^{-0.2 \times 5}} = 268.9360 mg/L$

정답 ②

06 ★☆☆

암모니아성 질소의 농도가 150mg/L인 폐수를 질산화하여 NO_2^-가 생성되었을 때 필요한 이론적 산소요구량(mg/L)은?

① 200 ② 300

③ 400 ④ 500

해설

질산화 반응에 따라 암모니아성 질소 1mol당 산소 1.5mol이 필요하다.

$\underset{14g}{NH_4^+ - N} + \underset{1.5 \times 32g}{1.5O_2} \rightarrow NO_2^- + 2H^+ + H_2O$

비례식으로 정리하면,

$14g : 1.5 \times 32g = 150 mg/L : X mg/L$

∴ X = 514.2857mg/L

정답 ④

07 ★☆☆

콜로이드(Colloid) 용액이 갖는 일반적인 특성으로 틀린 것은?

① 콜로이드 입자가 분산매 및 다른 입자와 충돌하여 불규칙한 운동을 하게 된다.

② 콜로이드 입자는 질량에 비해서 표면적이 크므로 용액 속에 있는 다른 입자를 흡착하는 힘이 크다.

③ 광선을 통과시키면 입자가 빛을 산란하여 빛의 진로를 볼 수 없게 된다.

④ 콜로이드 용액에서 콜로이드 입자는 음이온을 띠고 있다.

해설

콜로이드는 틴들 효과를 가지고 있는 것이 특성이다. 틴들 효과란 콜로이드 용액에 빛을 통과시키면 콜로이드 입자가 빛을 산란시켜 빛의 진로가 보이는 현상을 말한다.

정답 ③

08 ★★☆

이상적인 완전혼합 흐름 상태를 나타내는 반응조 혼합 정도의 표시로 옳은 것은?

① 분산이 0일 때

② 분산수가 1일 때

③ 지체시간이 0일 때

④ Morrill 지수가 1일 때

해설

이상적인 완전혼합 흐름 상태(CSTR)는 지체시간이 0이다.

관련이론 | PFR와 CFSTR(CMFR)의 혼합 정도

	PFR	CFSTR(CMFR)
분산	0	1
분산수	0	∞
Morrill 지수	1	클수록
지체시간	이론적 체류시간 동일	0

정답 ③

09 ★★☆

지하수에 Na^+ 13mg/L, Ca^{2+} 30mg/L, Mg^{2+} 18mg/L, K^+ 8mg/L가 함유되어 있을 때 총경도(mg/L as $CaCO_3$)는? (단, 원자량은 Na=23, Ca=40, Mg=24, K=39이다.)

① 130   ② 140

③ 150   ④ 160

해설

경도 유발물질은 Ca^{2+}, Mg^{2+}이며, Na^+, K^+는 경도에 영향을 주지 않는다.

$$총경도(mg/L\ as\ CaCO_3) = \sum \left[M(mg/L) - \frac{50}{g당량} \right]$$
$$= 30 \times \frac{50}{\left(\frac{40}{2}\right)} + 18 \times \frac{50}{\left(\frac{24}{2}\right)} = 150mg/L$$

정답 ③

10 ★☆☆

Streeter-Phelps 식의 기본가정으로 틀린 것은?

① 오염원은 점오염원

② 하상퇴적물의 유기물 분해를 고려하지 않음

③ 조류의 광합성은 무시, 유기물의 분해는 1차 반응

④ 하천의 흐름 방향 분산을 고려

해설

하천을 Plug flow형으로 가정하며, 모든 방향에 대하여 확산(분산)은 무시한다.

정답 ④

11 ★☆☆

건조고형물량이 3,000kg/day인 생슬러지를 저율혐기성소화조로 처리할 때 휘발성고형물은 건조고형물의 70%이고 휘발성고형물의 60%는 소화에 의해 분해된다. 소화된 슬러지의 총고형물량(kg/day)은?

① 1,040   ② 1,740

③ 2,040   ④ 2,440

해설

슬러지 소화 후 총고형물(TS)
  =잔존성고형물(FS)+분해되지 못한 휘발성고형물(VS)
• 잔존성고형물(FS)=3,000×(1−0.7)
            =900kg/day (일정)
• 분해되지 못한 휘발성고형물(VS)
  =건조고형물 총량×휘발성 고형물 비율×(1−소화율)
  =3,000×0.7×(1−0.6)=840kg/day
∴ 슬러지 소화 후 총고형물
  =900+840=1,740kg/day

정답 ②

12 ★★☆

글리신(Glycine, CH_2NH_2COOH) 2mol이 분해되는 데 필요한 이론적 산소요구량(g O_2)은? (단, 글리신의 최종 분해산물은 CO_2, HNO_3, H_2O이다.)

① 208   ② 216

③ 224   ④ 242

해설

글리신의 이론적 산화반응을 이용한다.
$CH_2NH_2COOH + 3.5O_2 \rightarrow 2CO_2 + 2H_2O + HNO_3$
$CH_2NH_2COOH : O_2 = 1 : 3.5 = 2 : 7$ (mol)
이론적 산소요구량(ThOD)=7mol×32g/mol=224g O_2

정답 ③

13 ★★☆

슬러지 4,500kg/day의 함수율이 90%이고 이 슬러지 중 유기물이 90%이다. 그중 60%가 휘발되고 난 후 60%는 소화에 의해 분해된다. 소화된 슬러지의 총고형물량(kg/day)은?

① 109.8

② 113.4

③ 116.2

④ 121.9

해설

최종적으로 남는 건조된 고형물의 양을 기준으로 계산해야 한다.

- 고형물량 = 4,500kg/day × (1 − 0.9) = 450kg/day
- 유기물량 = 450 × 0.9 = 405kg/day
- 무기물량 = 450 × (1 − 0.9) = 45kg/day
- 유기물 중 휘발되지 않고 남은 양 = 405 × (1 − 0.6) = 162kg/day
- 휘발되지 않은 유기물 중 소화에 의해 분해된 양 = 162 × 0.6 = 97.2kg/day
- 휘발되지 않은 유기물 중 소화되지 않은 잔류 유기물의 양 = 162 × (1 − 0.6) = 64.8kg/day
- 최종 고형물량 = 64.8 + 45 = 109.8kg/day

정답 ①

14 ★☆☆

금속수산화물 $M(OH)_2$의 용해도적(K_{sp})이 4.0×10^{-9}이면 $M(OH)_2$의 용해도(g/L)는? (단, M은 2가, $M(OH)_2$의 분자량은 80이다.)

① 0.04

② 0.08

③ 0.12

④ 0.16

해설

$$M(OH)_2 \rightleftharpoons \underset{L_m}{M^{2+}} + \underset{2L_m}{2OH^-}$$

$$K_{sp} = [M^{2+}][OH^-]^2 = L_m \times (2L_m)^2 = 4 \times L_m^3$$

$$L_m[\text{mol/L}] = \sqrt[3]{\frac{K_{sp}}{4}}$$

$$= \sqrt[3]{\frac{4.0 \times 10^{-9}}{4}}$$

$$= 1.0 \times 10^{-3}\text{mol/L}$$

$$\therefore \text{용해도[g/L]} = \frac{1.0 \times 10^{-3}\text{mol}}{\text{L}} \times \frac{80\text{g}}{1\text{mol}} = 0.08\text{g/L}$$

정답 ②

15 ★★★

수질오염방지시설 중 화학적 처리시설에 해당하지 않는 것은?

① 흡착시설

② 농축시설

③ 산화시설

④ 소각시설

해설

농축시설은 물리적 처리시설에 해당한다.

관련이론 | 수질오염방지시설 「시행규칙 별표 5」

화학적 처리시설	화학적 침강시설, 중화시설, 흡착시설, 살균시설, 이온교환시설, 소각시설, 산화시설, 환원시설, 침전물 개량시설
물리적 처리시설	스크린, 분쇄기, 침사시설, 유수분리시설, 유량조정시설(집수조), 혼합시설, 응집시설, 침전시설, 부상시설, 여과시설, 탈수시설, 건조시설, 증류시설, 농축시설
생물화학적 처리시설	살수여과상, 폭기시설, 산화시설(산화조 또는 산화지), 혐기성·호기성 소화시설, 접촉조, 안정조, 돈사톱밥발효시설

정답 ②

16 ★☆☆

다음 중 BOD 측정 시 용존산소(DO)가 감소하는 원인과 가장 거리가 먼 것은?

① 시료 내 세균이 부족한 경우

② 초기 DO 측정 시 공기와 접촉한 경우

③ 시료 내 유기물이 과다한 경우

④ 측정 중 수온이 낮은 경우

해설

수온이 낮으면 미생물의 대사활동이 둔화되어 산소 소모 속도가 느려지므로 BOD가 다소 낮은 값으로 측정될 수 있으나, DO가 감소하는 원인에는 해당하지 않는다.

정답 ④

17 ★☆☆

다음 중 수소 이온 농도(pH)가 산성 조건일 때에 해당하는 값은?

① 3

② 7

③ 9

④ 11

해설

pH 7이 중성이고, pH 7 미만은 산성, pH 7 초과는 알칼리성이다. 따라서 pH 3은 강한 산성에 해당한다.

정답 ①

18 ★★★

1차 반응에서 물질의 반감기($t_{1/2}$)가 10일일 때, 속도상수 $k(day^{-1})$의 값으로 옳은 것은? (단, 자연대수 기준으로 한다.)

① 0.030

② 0.050

③ 0.069

④ 0.100

해설

1차 반응의 반감기 식을 이용한다.

$-kt_{\frac{1}{2}} = \ln 0.5$

$k = -\dfrac{\ln 0.5}{10} = 0.06931 day^{-1}$

정답 ③

19 ★★☆

다음 중 경도에 영향을 미치는 이온은?

① K^+

② Na^+

③ Ca^{2+}

④ NO_3^-

해설

경도는 주로 칼슘(Ca^{2+})과 마그네슘(Mg^{2+})에 의해 발생하며, Na^+, K^+ 등 1가 양이온 또는 NO_3^- 등 음이온은 경도에 영향을 주지 않는다.

정답 ③

20 ★★☆

배출부과금을 부과하는 경우, 당해 배출부과금 부과기준일 전 6개월 동안 방류수 수질기준을 초과하는 수질오염물질을 배출하지 아니한 사업자에 대하여 방류수 수질기준을 초과하지 아니하고 수질오염물질을 배출한 기간별로, 당해 부과 기간에 부과하는 기본배출부과금의 감면율은?

① 6개월 이상 1년 내: 100분의 10

② 1년 이상 2년 내: 100분의 30

③ 2년 이상 3년 내: 100분의 50

④ 3년 이상: 100분의 60

해설

배출부과금의 감면 등「시행령 제52조」

방류수수질기준을 초과하지 아니하고 수질오염물질을 배출한 기간별로 다음 각 목의 구분에 따른 감면율을 적용하여 해당 부과기간에 부과되는 기본배출부과금을 감경한다.

가. 6개월 이상 1년 내: 100분의 20

나. 1년 이상 2년 내: 100분의 30

다. 2년 이상 3년 내: 100분의 40

라. 3년 이상: 100분의 50

정답 ②

상하수도계획

21 ★★☆

다음 중 경질염화비닐관의 특징으로 옳은 것은?

① 강한 압력을 받더라도 깨지거나 금이 가지 않는다.
② 열팽창률이 작아 열에 의한 변형이 잘 일어나지 않는다.
③ 관의 마찰저항이 커 녹이나 물때가 잘 생기지 않는다.
④ 장시간 직사광선에 노출될 경우 변색, 균열 등이 발생할 수 있다.

해설

경질염화비닐관은 자외선에 장시간 노출될 경우 표면이 황변하거나 물성이 약해져 균열이 발생할 가능성이 증가한다.

관련이론 | 경질염화비닐관(PVC: Polyvinyl Chloride)의 특징

· 강도는 있으나 취성(Brittle)이 있어 강한 충격이나 압력을 받으면 깨지거나 금이 갈 수 있다. 특히 겨울철 저온에서는 더 취약하다.
· 금속보다 열팽창률이 커 온도 변화가 크면 변형될 수 있으므로 설치 시 팽창 여유 공간을 확보할 필요가 있다.
· 마찰저항이 작고 표면이 매끄러워서 부식, 물때가 잘 생기지 않는다.
· 자외선(UV)에 장시간 노출될 경우 표면이 황변(노랗게 됨)하거나 물성이 약해져 균열이 발생할 가능성이 증가하므로 외부에서 사용 시 자외선 차단 덮개 설치 또는 차광처리를 해야 한다.

정답 ④

22 ★★☆

상수도 계획의 계획기준 중 취수시설에 대한 설명으로 옳은 것은?

① 계획취수량은 계획시간 최대급수량을 기준으로 한다.
② 계획도수량은 계획1일 평균급수량을 기준으로 한다.
③ 계획정수량은 계획시간 최대배수량을 기준으로 한다.
④ 계획송수량은 계획1일 최대급수량을 기준으로 한다.

해설

상하수도계획에서 시설별로 설계 시 기준이 되는 급수량이 다르며, 취수시설은 계획1일 최대급수량에 여유율을 고려한 양을 기준으로 한다.

관련이론 | 상수도 시설별 기준 급수량

시설 종류	기준량
취수시설	계획1일 최대급수량＋여유율
도수시설	계획1일 최대급수량
정수시설	계획1일 최대급수량
송수시설	계획1일 최대급수량
배수시설	계획시간 최대배수량

정답 ④

2025년

23 ★★★

다음 중 하수도 오수 배제계획 중 계획오수량에 대한 설명으로 옳지 않은 것은?

① 생활오수량의 1인1일 최대오수량은 계획목표년도에서 계획지역 내 상수도 계획상의 1인1일 최대급수량을 감안하여 결정한다.

② 지하수량은 1인1일 최대오수량의 20% 이하로 한다.

③ 계획1일 평균오수량은 계획1일 최대오수량의 70~80%를 표준으로 한다.

④ 계획시간 최대오수량은 계획1일 평균오수량의 1시간당 수량의 1.2~1.5배로 한다.

해설

계획시간 최대오수량은 보통 계획1일 평균오수량의 1시간당 수량의 1.3~1.8배 수준으로, 시간 변동이 매우 크다.

$$1.3 \times \left(\frac{Q_{avg.day}}{24} \right) < Q_{hour.max} < 1.8 \times \left(\frac{Q_{avg.day}}{24} \right)$$

선지분석

① 생활오수량은 대체로 급수량과 비례하며, 상수도계획의 1인1일 최대급수량을 기반으로 1인1일 최대오수량을 결정한다.

② 지하수가 유입되면 부하가 커지므로 설계 시 지하수량은 최대오수량의 20% 이하로 제한한다.

③ 계획1일 평균오수량은 일변동계수를 고려하여 최대오수량의 70~80% 수준으로 결정한다.

정답 ④

24 ★★★

유역면적이 2km²인 지역에서의 우수 유출량을 산정하기 위하여 합리식을 사용하였다. 다음 조건일 때 관로 길이 1,000m인 하수관의 우수유출량(m³/sec)은? (단, 강우강도 $I(\text{mm/hr}) = \frac{3,660}{t+30}$, 유입 시간 6분, 유출계수 0.7, 관내의 평균유속 1.5m/sec이다.)

① 약 25　　　　② 약 30

③ 약 35　　　　④ 약 40

해설

합리식에 의한 우수유출량을 계산한다.

$$Q = \frac{1}{360} CIA$$

- C: 유출계수 = 0.7

- A: 유역면적 = $2\text{km}^2 \times \frac{100\text{ha}}{\text{km}^2} = 200\text{ha}$

- $I = \frac{3,660}{t+30} = \frac{3,660}{17.1111+30} = 77.6887\text{mm/hr}$

→ t = 유입시간 + 유하시간

$\qquad = 6\text{min} + 1,000\text{m} \times \frac{\text{sec}}{1.5\text{m}} \times \frac{1\text{min}}{60\text{sec}}$

$\qquad = 17.1111\text{min}$

$\therefore Q = \frac{1}{360} CIA$

$\qquad = \frac{1}{360} \times 0.7 \times 77.6887 \times 200$

$\qquad = 30.2123\text{m}^3/\text{sec}$

정답 ②

25

★☆☆

다음 그림과 같은 수로에서 유량이 20m³/s일 때, 유속으로 옳은 값은?

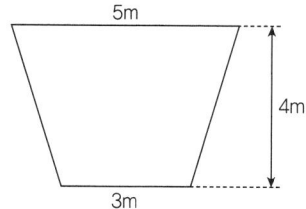

5m

4m

3m

① 0.75m/s

② 1m/s

③ 1.25m/s

④ 1.5m/s

해설

$Q = A \cdot V$

사다리꼴의 면적(A)

$= \frac{1}{2}H(a+b) = \frac{1}{2} \times 4 \times (5+3) = 16m^2$

$V = \frac{Q}{A} = \frac{20m^3/s}{16m^2} = 1.25m/s$

정답 ③

26

★★★

콘크리트조의 장방형 수로(폭 2m, 깊이 2.5m)가 있다. 이 수로의 유효수심이 2m인 경우의 평균유속(m/sec)은? (단, Manning 공식을 이용하며, 동수경사=1/2,000, 조도계수 =0.017이다.)

① 1.00

② 1.42

③ 1.53

④ 1.73

해설

Manning 공식을 이용한다.

$V = \frac{1}{n} \cdot R^{\frac{2}{3}} \cdot I^{\frac{1}{2}}$

· V: 평균유속[m/sec]

· n: 조도계수

· R: 경심$\left(= \dfrac{수류단면적}{윤변}\right)$[m]

· I: 동수경사

여기서,

$n = 0.017$

$I = 1/2,000$

$R = \dfrac{수류단면적}{윤변} = \dfrac{2m \times 2m}{2 \times 2m + 2m} = 0.6667m$

$\therefore V[m/sec] = \dfrac{1}{0.017} \times (0.6667)^{2/3} \times \left(\dfrac{1}{2,000}\right)^{1/2}$

$= 1.0038m/sec$

정답 ①

27

★☆☆

하수도 시설인 유량조정조에 관한 내용으로 틀린 것은?

① 유량조정조는 철근 콘크리트 구조이다.
② 직사각형 또는 정사각형 형상을 가지며, 2조 이상이다.
③ 유효수심은 5~8m를 표준으로 한다.
④ 조의 용량은 처리장에 유입되는 하수량의 시간변동에 의해 정한다.

해설

유량조정조의 유효수심은 송수펌프의 양정을 작게 하기 위하여 3~5m로 한다.

관련이론 | 유량조정조

• 하수도의 급격한 유량 변동(시간별, 강우 등)에 대응하여 일정한 유량으로 하수를 방류할 수 있도록 하는 조정 시설이다.
• 유입 유량이 과다할 경우 잠시 저장한 후 점진적으로 방류함으로써 정수·처리 시설의 효율과 안정성 향상을 목표로 한다.

항목	표준값 또는 설명
구조 재질	철근 콘크리트
형상	직사각형 또는 정사각형 2조 이상으로 구성
유효수심	3~5m

정답 ③

28

★☆☆

단면형태가 직사각형인 하수관로의 장·단점으로 옳은 것은?

① 시공장소의 흙 두께 및 폭원에 제한을 받는 경우에 유리하다.
② 만류가 되기까지는 수리학적으로 불리하다.
③ 철근이 해를 받았을 경우에도 상부하중에 대하여 대단히 안정적이다.
④ 현장 타설의 경우, 공사기간이 단축된다.

선지분석

② 만류가 되기까지는 수리학적으로 유리하다.
③ 철근이 해를 받았을 경우 상부하중에 대하여 대단히 불안정하게 된다.
④ 현장 타설의 경우, 공사기간이 지연된다. 따라서 직사각형 하수관로 설치 시 공사의 신속성을 도모하기 위해 상부를 따로 제작해 나중에 덮는 방법을 사용할 수 있다.

정답 ①

29

★☆☆

다음 중 상수도 관로의 수두손실에 영향을 미치는 요소로 옳지 않은 것은?

① 관의 길이   ② 관의 내면 조도
③ 유속   ④ 수온

해설

수두손실(Head loss)은 Darcy-Weisbach 또는 Hazen-Williams 식으로 구하며, 다음 요소들에 영향을 받는다.
• 관의 길이: 길수록 손실 증가
• 관의 조도 계수: 클수록 손실 증가
• 관내 유속: 빠를수록 손실 증가
그러나 수온은 수두손실에 직접적인 영향은 없으며, 점도에 간접적인 영향은 줄 수 있다.

정답 ④

30

★★☆

다음 중 합류식 배제방식에 대한 설명으로 옳지 않은 것은?

① 검사 및 수리가 비교적 편리하다.

② 대구경 관로일 경우 좁은 도로에서 매설하기에 어려움이 있다.

③ 관로오접 사항에 관해서 철저한 감시가 불필요하다.

④ 강우 시 오수 처리에 유리하다.

해설

합류식 배제방식은 강우 시 처리장을 초과하여 월류가 발생할 수 있어 오수 처리에 불리하다.

관련이론 | 합류식 배제방식

• 우수와 오수를 하나의 관로(합류관)로 함께 처리하는 방식이다.

• 주로 오래된 도심지 하수도에서 사용된다.

• 설치비는 저렴하지만 강우 시 월류 발생 등 문제점이 많다.

정답 ④

31

★★☆

막여과시설에서 막모듈의 열화에 대한 내용으로 틀린 것은?

① 미생물과 막 재질의 자화 또는 분비물의 작용에 의한 변화

② 산화제에 의하여 막 재질의 특성변화나 분해

③ 건조되거나 수축으로 인한 막 구조의 비가역적인 변화

④ 응집제 투입에 따른 막모듈의 공급유로가 고형물로 폐색

해설

④번은 막모듈의 세척/청소만으로 고형물을 제거해줌으로써 막의 성능이 회복되는 파울링이다.

나머지 보기는 모두 막의 변질로 인한 성능의 회복이 불가능한 열화이다.

정답 ④

32

★☆☆

다음 중 경질염화비닐관에 대한 설명으로 옳지 않은 것은?

① 내화학성이 우수하다.

② 열과 압력에 잘 견딘다.

③ 가벼워서 시공성이 뛰어나다.

④ 내면조도가 변하지 않는다.

해설

경질염화비닐관은 고온, 고압에서 변형, 손상될 수 있다.

선지분석

① 내화학성이 우수하여 산, 알칼리 등 대부분의 화학약품에 견딜 수 있다.

③ 금속관보다 훨씬 가볍고 시공성이 뛰어나다.

④ 내부 부식이 거의 없어 내면조도 변화가 적다.

정답 ②

33

★☆☆

말굽형 하수관로의 장점으로 옳지 않은 것은?

① 대구경 관로에 유리하며 경제적이다.

② 수리학적으로 유리하다.

③ 단면형상이 간단하여 시공성이 우수하다.

④ 상반부의 아치작용에 의해 역학적으로 유리하다.

해설

말굽형 하수관로의 단점

• 단면형상이 복잡하여 시공성이 열악하다.

• 현장 타설일 경우 공사기간이 지연된다.

정답 ③

34 ★★★

상수시설 중 배수지에 관한 설명으로 틀린 것은?

① 유효용량은 시간변동조정용량, 비상대처용량 등을 합하여 급수구역의 계획1일 최대급수량의 12시간분 이상을 표준으로 한다.
② 배수지는 가능한 한 급수지역의 중앙 가까이 설치한다.
③ 유효수심은 1~2m 정도를 표준으로 한다.
④ 자연유하식 배수지의 표고는 최소동수압이 확보되는 높이여야 한다.

해설
배수지의 유효수심은 배수관의 동수압이 적절하게 유지될 수 있도록 3~6m 정도로 한다.

정답 ③

35 ★★☆

계획급수량 결정 시, 사용수량의 내역이나 다른 기초자료가 정비되어 있지 않은 경우 산정의 기초로 사용할 수 있는 것은?

① 계획1인1일 최대급수량
② 계획1인1일 평균급수량
③ 계획1인1일 평균사용수량
④ 계획1인1일 최대사용수량

해설
계획급수량은 원칙적으로 용도별 사용수량을 기초로 결정되지만, 사용수량의 내역이나 다른 기초자료가 정비되어 있지 않은 경우에는 1인 1일 평균사용수량을 기초로 산정할 수 있다.

정답 ③

36 ★☆☆

펌프를 선정할 때 고려 사항으로 적당하지 않은 것은?

① 펌프를 최대효율점 부근에서 운전하도록 용량 및 대수를 결정한다.
② 펌프의 설치대수는 유지관리상 가능한 한 적게하고 동일용량의 것으로 한다.
③ 펌프는 저용량일수록 효율이 높으므로 가능한 한 저용량으로 한다.
④ 내부에서 막힘이 없고, 부식 및 마모가 적어야 한다.

해설
펌프는 펌프 토출량이 많을수록 효율이 높으므로 가능한 한 고용량의 것으로 하며, 유입 오수량에 따라 대응 운전이 가능한 대·중·소 조합 운전이 되도록 한다.

정답 ③

37 ★☆☆

하수도 관로 계획 시 고려할 사항으로 틀린 것은?

① 오수관로는 계획시간 최대오수량을 기준으로 계획한다.
② 오수관로와 우수관로가 교차하여 역사이펀을 피할 수 없는 경우, 우수관로를 역사이펀으로 하는 것이 좋다.
③ 분류식과 합류식이 공존하는 경우에는 원칙적으로 양 지역의 관로는 분리하여 계획한다.
④ 관로는 원칙적으로 암거로 하며 수밀한 구조로 하여야 한다.

해설
오수관로와 우수관로가 교차하여 역사이펀을 피할 수 없는 경우, 오수관로를 역사이펀으로 하는 것이 좋다.

정답 ②

38 ★☆☆

다음 표는 어떤 지역의 우수량을 계산하기 위해 조사한 지역 분포와 유출계수 표이다. 전체 평균유출계수는?

지역	분포	유출계수
상업	20%	0.2
주거	20%	0.3
공원	30%	0.3
공업	30%	0.2

① 0.21

② 0.23

③ 0.25

④ 0.27

해설

평균유출계수 $C = \dfrac{\sum(공종의\ 면적 \times 유출계수)}{\sum 공종의\ 면적}$

$\quad = \dfrac{(20 \times 0.2) + (20 \times 0.3) + (30 \times 0.3) + (30 \times 0.2)}{100}$

$\quad = 0.25$

정답 ③

39 ★☆☆

직사각형 하수관로의 특징에 대한 설명으로 옳은 것은?

① 시공장소의 흙 두께 및 폭원에 제한을 받는 경우에 유리하다.

② 현장 타설일 경우 공사기간이 단축된다.

③ 대구경 관로에 유리하며 경제적이다.

④ 수직 방향의 시공에 정확도가 요구된다.

선지분석

② 현장 타설일 경우 공사기간이 길어진다.

③ 대구경 관로는 일반적으로 말굽형 관로가 유리하다.

④ 수직 방향의 시공에 정확도가 요구되는 것은 계란형 관로이다.

정답 ①

40 ★☆☆

하수처리장 내 침사지의 설치 목적 중 가장 부합하는 설명은?

① 유기물의 생물학적 분해를 위한 초기 처리

② 질소 및 인의 제거를 위한 고도처리

③ 모래, 자갈 등 큰 입자의 침전 제거

④ 미세 플라스틱 제거를 위한 고급 여과

해설

침사지는 하수처리의 전처리 단계로 설치되며, 큰 입자를 물리적으로 제거하는 것이 주된 목적이다.

관련이론 | 침사지의 설치 목적

• 비부패성 무기물 제거

• 입자가 큰 부유물(모래, 자갈, 깡통 등) 제거

• 펌프, 관로, 기계의 파손, 폐쇄 방지

정답 ③

수질오염방지기술

41 ★☆☆

무색의 기체로, 인화성이 강하고 공기보다 무거우며 썩은 달걀 냄새가 나는 물질은?

① 황화수소　　　　② 암모니아
③ 메탄　　　　　　④ 염소

해설

황화수소(H_2S)는 무색의 기체로, 인화성이 강하고 공기보다 무거우며 썩은 달걀 냄새가 난다.

선지분석

② 암모니아(NH_3): 자극적이고 역한, 코를 찌르는 냄새가 나는 기체로, 공기보다 가벼우며, 약한 인화성을 띤다.
③ 메탄(CH_4): 무색, 무취(순수한 경우)의 기체로, 공기보다 가볍다. 인화성이 강해 일반적으로 가스 냄새를 인위적으로 섞어 사용한다.
④ 염소(Cl_2): 연녹색을 띠며 자극적인 냄새가 나는 기체로, 공기보다 무겁다. 인화성은 없으나 독성이 매우 강하다.

정답 ①

42 ★☆☆

다음 중 생물학적 처리에서 사용하는 혐기성 미생물의 주요 기능으로 옳은 것은?

① 질산화　　　　　② 탈질소
③ 메탄 생성　　　　④ 인산염 고정

해설

혐기성 미생물은 산소 없이 유기물을 분해하여 메탄(CH_4)과 이산화탄소(CO_2)를 생성하며, 질산화 및 탈질소는 호기성/무산소성 미생물의 작용으로 이루어진다.

정답 ③

43 ★☆☆

황산알루미늄과 폴리염화알루미늄(PAC)의 차이로 옳지 않은 것은?

① 황산알루미늄은 폴리염화알루미늄(PAC)에 비해 슬러지 폐기물이 더 적다.
② 폴리염화알루미늄(PAC)은 황산알루미늄에 비해 알루미늄의 사용량이 더 적다.
③ 폴리염화알루미늄(PAC)은 황산알루미늄에 비해 응집 pH 범위가 더 넓다.
④ 황산알루미늄은 폴리염화알루미늄(PAC)에 비해 알칼리도 저하 효과가 크다.

해설

황산알루미늄($Al_2(SO_4)_3$)과 폴리염화알루미늄(PAC) 비교

항목	황산알루미늄 ($Al_2(SO_4)_3$)	폴리염화알루미늄 (PAC)
응집효율	보통	우수
생성 슬러지	많음	적음
사용 pH	5.5~7.5	넓음(4~9)
알칼리도 소모 정도	많음	적음
사용량	많음	적음(동일효과 대비)

정답 ①

44 ★☆☆

다음 중 I형 침전에 대한 설명으로 옳지 않은 것은?

① 비중이 1보다 큰 입자의 침전 형태이다.

② Stokes 법칙이 적용된다.

③ 플록(Floc)이 형성되면서 침전되는 형태이다.

④ 침사지, 1차 침전지에서 적용한다.

해설

II형 침전(응집침전)은 플록(Floc)이 형성되면서 침전되는 형태이다.

관련이론 | 침전의 종류

구분	침전 유형	입자 특성	주요 침전지
I형 침전	분리침전 (Discrete settling)	독립된 비응집성 입자가 침전	침사지, 1차 침전지
II형 침전	응집침전 (Flocculent settling)	플록 형성 후 점점 커지며 침전	응집지, 일부 1차 침전지
III형 침전	구간침전 (Zone settling)	고농도 슬러지 등 집단 이동하며 침전	농축조
IV형 침전	압축침전 (Compression settling)	슬러지가 압축되어 침전	슬러지 처리공정

정답 ③

45 ★☆☆

고도처리 공정 중 잔류 암모니아 제거에 가장 적합한 처리 방법은?

① 응집침전법　　　　② 생물학적 탈질법

③ 이온교환법　　　　④ 스트립핑법

해설

스트립핑(탈기법, Stripping)은 공기 접촉을 통해 암모니아 기체를 휘발 제거하는 방법으로, pH를 높여 암모늄 이온(NH_4^+)을 암모니아(NH_3)로 전환한 후 제거한다.

정답 ④

46 ★★☆

수량이 30,000m^3/day, 수심이 3.5m, 하수 체류시간이 2.5hr인 침전지의 수면부하율(또는 표면부하율, m^3/m^2·day)은?

① 67.1　　　　② 54.2

③ 41.5　　　　④ 33.6

해설

$$수면부하율 = \frac{Q}{A}$$

· Q: 유입유량[m^3/day]

· A: 면적$\left(=\dfrac{부피}{수심}\right)$[m^2]

여기서,

$Q = 30,000$m^3/day

$A = \dfrac{30,000\text{m}^3}{\text{day}} \times 2.5\text{hr} \times \dfrac{1\text{day}}{24\text{hr}} \times \dfrac{1}{3.5\text{m}}$

$= 892.8571$m^2

∴ 수면부하율[m^3/m^2·day]

$= \dfrac{30,000\text{m}^3/\text{day}}{892.8571\text{m}^2} = 33.6000$m^3/m^2·day

정답 ④

47 ★★★

폐수로부터 질소물질을 제거하는 주요 물리화학적 방법이 아닌 것은?

① 암모니아 스트리핑법   ② 이온교환법
③ 파괴점 염소처리법   ④ Phostrip 법

해설
- Phostrip 법은 인(P)을 제거하는 생물화학적 처리 공법이다.
- 물리화학적 질소 제거 방법으로는 암모니아 스트리핑법(Air stripping), 파괴점 염소처리법, 이온교환법이 있다.

정답 ④

49 ★☆☆

무기수은계 화합물을 함유한 폐수의 처리방법이 아닌 것은?

① 황화물 침전법   ② 활성탄 흡착법
③ 산화분해법   ④ 이온교환법

해설
무기수은은 황화물 침전법, 활성탄 흡착법, 이온교환법 등으로 처리할 수 있다.

정답 ③

48 ★☆☆

다음 중 바이러스 살균에 가장 효과적인 것은?

① 염소 살균   ② 차아염소산 살균
③ 오존 살균   ④ 이산화염소 살균

해설
바이러스 살균 방법의 종류

항목	바이러스 살균력	산화력	잔류성	비고
오존	매우 강함	$+2.07V$	없음	바이러스, 암모니아, 유기물에 강력함
이산화염소	보통	$+1.07V$	약간 있음	부식 정도, 냄새가 적음
차아염소산	강함	$+1.63V$	있음	pH에 민감함
염소	보통	$+1.36V$	있음	전통적 방식, 저렴함

정답 ③

50 ★★★

생물화학적 인 및 질소 제거 공법 중 인과 질소를 모두 제거할 수 있는 공법은?

① Phostrip 공법
② A/O 공법
③ A^2/O 공법
④ Bardenpho 공법

해설
생물화학적 인 및 질소 제거 공법 중 인과 질소를 모두 제거할 수 있는 공법은 A^2/O 공법이다.

관련이론 | 생물화학적 인 및 질소 제거 공법의 종류

공법	구성 단계	인 제거	질소 제거
Phostrip	물리화학적 처리 중심 (스트립조)	○	×
A/O	혐기조 → 호기조	○	×
A^2/O	혐기조 → 무산소조 → 호기조	○	○
Bardenpho	무산소조 → 호기조 → 무산소조 → 호기조 (4단계 이상)	△	○

정답 ③

51

★☆☆

다음 중 처리효율 평가 지표로 가장 널리 사용되는 것은?

① TSS
② pH
③ BOD 제거율
④ 온도

해설

처리효율 평가 지표로는 BOD(생물학적 산소요구량) 제거율을 대표적으로 사용한다.

선지분석

① TSS: 고형물 지표
② pH: 상태 지표
④ 온도: 상태 지표

정답 ③

52

★★☆

다음 중 소독제에 대한 설명으로 옳지 않은 것은?

① 오존(O_3)은 소독에 의한 부산물이 적게 생성된다.
② 염소(Cl_2)는 소독력이 강하며 잔류염소를 수송관로 내에 유지시킬 수 있다.
③ 차아염소산나트륨(NaClO)은 박테리아 살균에 효과적이나, 바이러스 사멸률은 낮다.
④ 자외선(UV)은 지속적인 살균이 가능하지만 소독 효과가 약해 염소처리와 병행할 필요가 있다.

해설

소독제	잔류성	바이러스 살균력	지속 살균성	주요 특징
염소 (Cl_2)	있음	△	○	잔류염소가 남으며, 경제적이다.
오존 (O_3)	없음	○	×	부산물 적고, 강한 산화력을 가진다.
차아염소산나트륨 (NaClO)	있음	△	○	pH의 영향을 받으며, 저장이 편리하다.
자외선 (UV)	없음	○	×	접촉하는 순간에만 살균이 이루어지므로 다른 소독 방법과의 병행이 필요하다.

정답 ④

53

★☆☆

다음 중 시안을 함유한 폐수 처리 방법으로 옳지 않은 것은?

① 알칼리염소법
② 전기분해법
③ 오존산화법
④ 이온교환법

해설

이온교환법은 이온 형태의 금속 이온을 제거하는 데 적합하며, 시안은 이온교환 대상이 아니다.

선지분석

① 알칼리염소법: 가장 널리 쓰이는 산화법으로, $CN^- \rightarrow CNO^- \rightarrow CO_2 + N_2$ 등 산화 반응을 이용한다.
② 전기분해법: 전극을 이용하여 시안을 산화 또는 환원하여 분해한다.
③ 오존산화법: 고급 산화법 중 하나로, 시안 산화에 매우 효과적이다.

관련이론 | 시안(CN^-)계 폐수의 특징

· 독성이 매우 강하다.
· 도금, 금속광업, 전자부품 산업 등에서 발생한다.
· 법정 기준 이하로 처리하지 않으면 환경, 인체에 심각한 피해를 초래할 수 있다.

정답 ④

54

★☆☆

다음 중 슬러지 감량에 가장 효과적인 생물학적 처리 방식은?

① 완전혼합형 활성슬러지법
② 접촉산화법
③ 혐기성 소화법
④ 폭기탱크법

해설

혐기성 소화법은 유기 슬러지를 분해하여 메탄(CH_4) 가스를 생성하며 슬러지 양이 크게 감소하는 방법으로, 슬러지 농축 및 안정화에도 매우 효과적이다.

정답 ③

55

★☆☆

다음 중 중금속 제거에 가장 적합한 수질오염방지기술은?

① 산화환원법　　　　　② 생물학적 처리
③ 오존산화　　　　　　④ 고도응집

해설

중금속은 산화환원법을 통해 산화 또는 환원 후 침전시킴으로써 화학적으로 안정화하여 제거한다.

정답　①

56

★★☆

다음 중 생물학적 처리에서 질소 제거에 가장 핵심적인 미생물은?

① Nitrosomonas
② Sphaerotilus
③ Methanobacterium
④ Desulfovibrio

해설

Nitrosomonas는 암모니아(NH_3)를 아질산(NO_2^-)으로 산화하여 질소를 제거하는 질산화균이다.

선지분석

② Sphaerotilus는 슬러지 팽화에 관여하는 미생물이다.
③ Methanobacterium은 이산화탄소(CO_2)를 메탄(CH_4)으로 환원시키는 메탄균이다.
④ Desulfovibrio는 황산 이온(SO_4^{2-})을 황 이온(S^{2-})으로 환원시키는 황산환원균이다.

정답　①

57

★☆☆

다음 중 유기물 BOD가 높은 폐수에 가장 적합한 전처리 방법은?

① 여과　　　　　　　　② 응집
③ 중화　　　　　　　　④ 산기 및 침전

해설

BOD가 높은 경우 산기(Air flotation)로 기름 성분을 분리하여 침전함으로써 고형물을 제거한 후 생물학적 처리를 진행한다.

정답　④

58

★☆☆

다음 중 고도산화공정(AOP)에 해당하는 것은?

① PAC 응집
② UV+H_2O_2
③ NaClO 소독
④ H_2SO_4 중화

해설

고도산화공정(AOP)은 OH 라디칼을 생성하여 난분해성 유기물을 분해하는 공법으로, UV+H_2O_2, O_3+H_2O_2 방법 등이 있다.

정답　②

59

★★★

생물화학적 인 및 질소 제거 공법 중 질소 제거만을 주목적으로 개발된 공법은?

① Phostrip 공법
② A/O 공법
③ A²/O 공법
④ Bardenpho 공법

해설

생물화학적 인 및 질소 제거 공법 중 질소 제거에 특화되어 있는 공법은 Bardenpho 공법이다.

관련이론 | 생물화학적 인 및 질소 제거 공법의 종류

공법	구성 단계	인 제거	질소 제거
Phostrip	물리화학적 처리 중심 (스트립조)	○	×
A/O	혐기조 → 호기조	○	×
A²/O	혐기조 → 무산소조 → 호기조	○	○
Bardenpho	무산소조 → 호기조 → 무산소조 → 호기조 (4단계 이상)	△	○

정답 ④

60

★☆☆

다음 중 활성슬러지법의 운전 관리 항목으로 가장 직접적으로 미생물 상태를 파악할 수 있는 지표는?

① MLSS(Mixed Liquor Suspended Solids)
② SVI(Sludge Volume Index)
③ DO(Dissolved Oxygen)
④ pH

해설

SVI는 침전성과 슬러지의 성상 특성을 확인할 수 있으며, 미생물의 상태를 직접 파악할 수 있다.

선지분석

① MLSS: 혼합액의 총부유물 농도로, 미생물의 총량, 성상은 반영하지 않는다.
③ DO: 용존산소 농도를 나타내며, 환경 조건 및 미생물의 상태에 간접적인 영향을 미친다.
④ pH: 산성도를 나타내며, 미생물의 상태에 간접적인 영향을 미친다.

관련이론 | SVI(Sludge Volume Index)

• 슬러지 용적지수라고도 하며, 30분간 침전한 슬러지의 부피(mL/L)를 MLSS(g/L)로 나눈 값으로 나타낸다.
• 슬러지의 침전성, 팽화 여부 및 미생물의 상태를 반영한다.
• SVI가 높으면 슬러지 팽화, 침전성 저하가 일어나며, 미생물이 이상 상태가 된다.
• SVI가 낮으면 응집력 및 처리 효율이 저하된다.

$$SVI[mL/g] = \frac{SV_{30}[mL/L]}{MLSS[g/L]}$$

정답 ②

수질오염공정시험기준

61 ★☆☆

다음 중 이온전극법에서 이온전극으로 사용되는 전극으로 옳지 않은 것은?

① 유리막 전극
② 고체막 전극
③ 격막형 전극
④ 칼로멜 전극

해설

칼로멜 전극은 기준전극(비교전극)으로 사용하며, 이는 일정 전위를 유지하는 참조 전극의 역할을 한다.

선지분석

① 유리막 전극: 이온전극으로, pH를 측정하는 H^+ 이온전극이 대표적이다.
② 고체막 전극: 이온전극으로, 비휘발성 음이온(F^-, NO_3^-, Cl^- 등)을 측정한다.
③ 격막형 전극: 이온전극으로, 막을 통해 이온만 선택적으로 통과시켜 측정한다.

정답 ④

63 ★☆☆

방사선 동위원소의 붕괴로부터 방출되는 β선이 운반기체를 전리하여 미소전류를 흘려보낼 때 시료 중의 할로겐이나 산소와 같이 전자포획력이 강한 화합물에 의하여 전자가 포획되어 전류가 감소하는 것을 이용하는 검출기로 옳은 것은?

① ECD
② FID
③ TCD
④ FTD

해설

ECD(전자 포획 검출기, Electron Capture Detector)는 방사성 동위원소의 붕괴로 인해 발생한 β선이 운반기체를 전리하여 미소전류를 흘려보낼 때, 시료 중의 할로겐이나 산소와 같이 전자친화력이 강한 화합물에 의하여 전자가 포획되어 전류가 감소하는 현상을 이용하는 검출기이다.

선지분석

② FID(Flame Ionization Detector): 수소를 포함한 유기물 시료가 불꽃을 통과하며 이온화하며 생성되는 전류를 측정한다.
③ TCD(Thermal Conductivity Detector): 운반기체를 제외한 거의 모든 기체에 적용할 수 있으며, 열전도도가 서로 다른 운반기체와 시료 기체 사이 발생하는 온도 변화를 통해 전류를 측정한다.
④ FTD(Flame Thermoionic Detector): 질소, 인 화합물이 불꽃을 통과하며 이온화함으로써 선택적으로 검출할 수 있다.

정답 ①

62 ★★☆

NaOH 0.01M은 몇 mg/L인가?

① 40
② 400
③ 4,000
④ 40,000

해설

$$X[\text{mg/L}] = \frac{0.01\text{mol}}{\text{L}} \times \frac{40\text{g}}{1\text{mol}} \times \frac{10^3\text{mg}}{1\text{g}} = 400\text{mg/L}$$

정답 ②

64 ★★☆

0.005M-$KMnO_4$ 400mL를 조제하려면 $KMnO_4$ 약 몇 g을 취해야 하는가? (단, 원자량은 K=39, Mn=55이다.)

① 약 0.32
② 약 0.63
③ 약 0.84
④ 약 0.98

해설

$$X[\text{g}] = \frac{0.005\text{mol}}{\text{L}} \times 0.4\text{L} \times \frac{158\text{g}}{1\text{mol}} = 0.316\text{g}$$

정답 ①

65

★ ☆ ☆

공장의 폐수 100mL를 취하여 산성 100℃에서 $KMnO_4$에 의한 화학적 산소 소비량을 측정하였다. 시료의 적정에 소비된 0.025N $KMnO_4$의 양이 7.5mL였다면 이 폐수의 COD (mg/L)는 약 얼마인가? (단, 0.025N $KMnO_4$ factor 1.02, 바탕시험 적정에 소비된 0.025N $KMnO_4$ 1.00mL이다.)

① 13.3 　　　　　　② 16.7
③ 24.8 　　　　　　④ 32.2

해설

$$COD[mg/L] = (b-a) \times f \times \frac{1,000}{V} \times 0.2$$

- a : 바탕시험 적정에 소비된 0.025N $KMnO_4$ = 1.00mL
- b : 시료의 적정에 소비된 0.025N $KMnO_4$ = 7.5mL
- f : 0.025N $KMnO_4$ 농도계수(factor) = 1.02
- V : 시료의 양 = 100mL

$$\therefore COD[mg/L] = (7.5-1.0) \times 1.02 \times \frac{1,000}{100} \times 0.2$$
$$= 13.26mg/L$$

정답 ①

66

★ ☆ ☆

다음 금속류 분석 시료 중 최대 보존기간이 가장 짧은 것은?

① 비소 　　　　　　② 셀레늄
③ 알킬수은 　　　　④ 6가 크롬

해설

분석 시료의 최대 보존기간

① 비소 : 6개월
② 셀레늄 : 6개월
③ 알킬수은 : 1개월
④ 6가 크롬 : 24시간

정답 ④

67

★ ★ ☆

알킬수은 화합물의 분석 방법으로 옳은 것은? (단, 수질오염공정시험기준을 기준으로 한다.)

① 이온크로마토그래피
② 자외선/가시선 분광법
③ 기체크로마토그래피
④ 유도결합플라스마 – 원자발광분광법

해설

알킬수은 화합물의 분석방법

- 기체크로마토그래피
- 원자흡수분광광도법

정답 ③

68

★ ★ ☆

유기물을 다량 함유하고 있으면서 산분해가 어려운 시료에 적용되는 전처리법은?

① 질산 – 염산법 　　　② 질산 – 황산법
③ 질산 – 초산법 　　　④ 질산 – 과염소산법

해설

시료의 전처리 방법

전처리 방법	적용 시료
질산법	유기함량이 비교적 높지 않은 시료의 전처리에 사용한다.
질산 – 염산법	유기물 함량이 비교적 높지 않고 금속의 수산화물, 산화물, 인산염 및 황화물을 함유하고 있는 시료에 적용된다.
질산 – 황산법	유기물 등을 많이 함유하고 있는 대부분의 시료에 적용된다.
질산 – 과염소산법	유기물을 다량 함유하고 있으면서 산분해가 어려운 시료에 적용된다.
질산 – 과염소산 – 불화수소산법	다량의 점토질 또는 규산염을 함유한 시료에 적용된다.

정답 ④

2025년

69 ★★★

다음 중 온도에 대한 설명으로 옳지 않은 것은?

① 냉수는 15℃ 이하를 말한다.
② 온수는 40~50℃를 말한다.
③ 열수는 약 100℃를 말한다.
④ "수욕상 또는 수욕 중에서 가열한다"라 함은 따로 규정이 없는 한 수온 100℃에서 가열함을 뜻하고 약 100℃ 부근의 증기욕으로 대응할 수 있다.

해설
온수는 약 60~70℃의 물을 말한다.

정답 ②

70 ★☆☆

다음은 시안(자외선/가시선 분광법) 측정에 관한 내용이다. ( ) 안의 내용으로 옳은 것은?

> 물속에 존재하는 시안을 측정하기 위하여 시료를 pH 2 이하의 산성에서 가열 증류하여 시안화물 및 시안착화합물의 대부분을 시안화수소로 유출시켜 포집한 다음 포집된 시안이온을 중화하고 ( )을(를) 넣어 생성된 염화시안이 피리딘－피라졸론 등의 발색시약과 반응하여 나타내는 청색을 620nm에서 측정하는 방법이다.

① 클로라민－T
② 설퍼민아마이드산
③ 염화제이철
④ 하이포염소산

해설
시료 중 시안(CN^-)을 염소화제로 염소화하여 염소시안($ClCN$)으로 전환하는데, 이때 염소화제로 클로라민－T(Chloramine－T)를 사용한다.

선지분석
② 설퍼민아마이드산: 니트로계 물질 분석에 사용되는 환원성 시약이다.
③ 염화제이철($FeCl_3$): 인산, 황산염 등과 착화합물을 형성할 때 사용하며, 철 분석 또는 인산염 계량에 사용한다.
④ 하이포염소산($HOCl$): 염소계 산화제로, 소독제 역할을 한다.

정답 ①

71 ★☆☆

분원성대장균군－막여과법의 측정방법으로 ( )에 옳은 내용은?

> 물속에 존재하는 분원성대장균군을 측정하기 위하여 페트리접시에 배지를 올려놓은 다음 배양 후 여러 가지 색조를 띠는 ( )의 집락을 계수하는 방법이다.

① 황색
② 녹색
③ 적색
④ 청색

해설
분원성대장균군 － 막여과법
물속에 존재하는 분원성대장균군을 측정하기 위하여 페트리접시에 배지를 올려놓은 다음 배양 후 여러 가지 색조를 띠는 청색의 집락을 계수하는 방법이다.

정답 ④

72 ★★☆

노말헥산 추출물질을 측정할 때 시험과정 중 지시약으로 사용되는 것은?

① 메틸레드
② 메틸오렌지
③ 메틸렌블루
④ 페놀프탈레인

해설
이 시험기준은 물중에 비교적 휘발되지 않는 탄화수소, 탄화수소유도체, 그리스유상물질 및 광유류를 함유하고 있는 시료를 pH 4 이하의 산성으로 하여 노말헥산층에 용해되는 물질을 노말헥산으로 추출하고 노말헥산을 증발시킨 잔류물의 무게로부터 구하는 방법이다.
시료 적당량(노말헥산 추출물질로서 5~200mg 해당량)을 분별깔때기에 넣고 메틸오렌지용액(0.1%) 2~3방울을 넣고 황색이 적색으로 변할 때까지 염산(1＋1)을 넣어 시료의 pH를 4 이하로 조절한다.

정답 ②

73 ★★☆

금속류-유도결합플라스마-원자발광분광법의 간섭물질 중 발생가능성이 가장 낮은 것은?

① 물리적 간섭
② 이온화 간섭
③ 분광 간섭
④ 화학적 간섭

해설
금속류 – 유도결합플라스마 – 원자발광분광법은 물리적 간섭, 이온화 간섭, 분광 간섭이 발생한다. 화학적 간섭은 플라스마의 높은 온도와 비활성으로 발생가능성은 낮으나, 출력이 낮은 경우 일부 발생할 수 있다.

정답 ④

74 ★★☆

자외선/가시선 분광법을 적용한 음이온 계면활성제 측정에 관한 설명으로 틀린 것은?

① 정량한계는 0.02mg/L이다.
② 시료 중의 계면활성제를 종류별로 구분하여 측정할 수 없다.
③ 시료 속에 미생물이 있을 경우 일부의 음이온 계면활성제가 신속히 변할 가능성이 있으므로 가능한 빠른 시간 안에 분석을 하여야 한다.
④ 양이온계면활성제가 존재할 경우 양의 오차가 발생한다.

해설
음이온 계면활성제 – 자외선/가시선 분광법
양이온 계면활성제 혹은 아민과 같은 양이온 물질이 존재할 경우 음의 오차가 발생할 수 있다.
유기 설폰산염(Sulfonate), 황산염(Sulfate), 카르복실산염 (Carboxylate), 페놀 및 그 화합물, 무기 티오시안(Thiocyanide) 류, 질산이온 등이 존재할 경우 메틸렌블루 중 일부가 클로로폼 층으로 이동하여 양의 오차를 나타낸다.

정답 ④

75 ★☆☆

불소화합물 측정에 적용 가능한 시험방법과 가장 거리가 먼 것은? (단, 수질오염공정시험기준을 기준으로 한다.)

① 자외선/가시선 분광법
② 원자흡수분광광도법
③ 이온전극법
④ 이온크로마토그래피

해설
불소화합물의 적용 가능한 시험방법
• 자외선/가시 선 분광법
• 이온전극법
• 이온크로마토그래피
• 연속흐름법

정답 ②

76 ★★☆

음이온 계면활성제를 자외선/가시선 분광법으로 측정할 때 사용되는 시약으로 옳은 것은?

① 메틸레드
② 메틸오렌지
③ 메틸렌블루
④ 메틸렌옐로우

해설
물속에 존재하는 음이온 계면활성제를 측정하기 위하여 메틸렌블루와 반응시켜 생성된 청색의 착화합물을 클로로폼으로 추출하여 흡광도를 650nm에서 측정하는 방법이다.

정답 ③

77 ★☆☆

수질오염공정시험기준에서 암모니아성 질소의 분석방법으로 가장 거리가 먼 것은?

① 자외선/가시선 분광법
② 연속흐름법
③ 이온전극법
④ 적정법

관련이론 | 암모니아성 질소 – 적용 가능한 시험방법

암모니아성 질소	정량한계[mg/L]	정밀도[% RSD]
자외선/가시선 분광법	0.01mg/L	±25% 이내
이온전극법	0.08mg/L	±25% 이내
적정법	1mg/L	±25% 이내

정답 ②

78 ★☆☆

다음 중 총유기탄소(TOC) 분석에 사용되는 방법으로 가장 적절한 것은?

① 킬달법
② 자외선/가시선 분광법
③ 연소산화법
④ 적정법

해설
TOC는 물속 유기물의 총량을 탄소를 기준으로 측정하는 항목으로, 유기물을 고온에서 연소하여 CO_2로 산화시켜 정량분석한다. TOC 분석 방법으로는 고온연소산화법, 과황산 UV 및 과황산 열 산화법 등이 있다.

선지분석
① 킬달법: 총질소 분석에 사용한다.
② 자외선/가시선 분광법: 착색 반응을 이용한 분석 방법으로, 총인, 암모니아성 질소 등을 측정한다.
④ 적정법: 산–염기, 산화–환원 반응에 이용한다.

정답 ③

79 ★★☆

다음 중 총질소(T–N) 분석 시 반드시 포함되는 전처리 과정은?

① 직접 흡광도 측정
② 염산을 이용한 pH 조절
③ 고온 가열 또는 자외선 분해
④ 유기물 산화 방지제 첨가

해설
총질소(T–N)
• 총질소(T–N)=유기질소+암모니아성 질소+아질산성 질소+질산성 질소
• 분석 시 질산이온으로 산화하기 위해 전처리로 고온 가열 또는 자외선 분해 과정을 거쳐야 한다.
• 이후 자외선/가시선 분광법, 킬달법 등으로 흡광도를 측정하여 정량 분석한다.

정답 ③

80 ★☆☆

다음 중 흡광광도법으로 분석하지 않는 항목은?

① BOD
② 질산성 질소($NO_3^- - N$)
③ 인산염(PO_4^{3-})
④ 페놀류

해설
흡광광도법은 페놀류, 질소, 인 등 착색 반응이 있는 항목을 분석하는 데 사용한다.

관련이론 | 생물화학적 산소요구량(BOD, Biochemical Oxygen Demand)
• 유기물이 소비하는 산소량을 간접적으로 측정하는 항목이다.
• 희석–포화공기법으로 측정한 후 용존산소(DO)의 초기값과 5일 후의 값의 차이로써 측정한다.

정답 ①

오늘의 내 기분은
행복으로 정할래.

수질오염개론

01   ★★★

공중 위생상 중요한 방사능 물질인 스트론튬(Sr⁹⁰)은 29년의 반감기를 가지고 있다. 주어진 양의 스트론튬을 90% 감소시키기 위한 저장기간(년)은? (단, 1차 반응, 자연대수 기준)

① 약 37   ② 약 67

③ 약 97   ④ 약 113

해설

1차 반응식을 이용한다.

$\ln \dfrac{C_t}{C_0} = -k \cdot t$

· C_t: 처리 후 농도[mg/L]
· C_0: 초기 농도[mg/L]
· k: 속도상수[year⁻¹]
· t: 시간[year]

1) $t=29$년일 때 $C_0=100$, $C_t=50$이므로(반감기) 반응속도상수 k와의 관계식을 만들면

$$\ln \frac{50}{100} = -k \cdot 29\text{year}$$

$$-k = \frac{\ln \dfrac{50}{100}}{29\text{year}} = -0.0239\text{year}^{-1}$$

$$\therefore k = 0.0239\text{year}^{-1}$$

2) 따라서 90%에서의 t를 구하면

$$t = \frac{\ln (C_t/C_0)}{-k} = \frac{\ln (10/100)}{-0.0239}$$

$$= 96.34년 ≒ 97년$$

정답 ③

02   ★★☆

분뇨의 특징에 관한 설명으로 틀린 것은?

① 분뇨 내 질소화합물은 알칼리도를 높게 유지시켜 pH의 강하를 막아준다.

② 분과 뇨의 구성비는 약 1 : 8~1 : 10 정도이며 고액분리가 용이하다.

③ 분의 경우 질소산화물은 전체 VS의 12~20% 정도 함유되어 있다.

④ 분뇨는 다량의 유기물을 함유하며, 점성이 있는 반고상 물질이다.

해설

분과 뇨의 구성비는 약 1 : 8~1 : 10 정도가 맞으나, 고액분리는 어렵다.

정답 ②

03   ★☆☆

정수처리 방법 중 트리할로메탄(Trihalomethane)을 감소 또는 제거시킬 수 있는 방법으로 가장 거리가 먼 것은?

① 중간염소처리   ② 활성탄처리

③ 결합염소처리   ④ 전염소처리

해설

트리할로메탄을 감소 또는 제거시킬 수 있는 방법

· 중간염소처리
· 활성탄처리
· 결합염소처리

정답 ④

04 ★☆☆

다음은 산과 염기에 관한 설명이다. 다음 중 틀린 것은?

① Lewis는 전자쌍을 받는 화학종을 산이라고 정의
② Arrhenius는 수용액에서 수산화이온을 내어놓는 것이 염기라고 정의
③ Bronsted−Lowry는 양성자를 받는 분자나 이온을 산이라 정의
④ 산은 활성을 띤 금속과 반응하여 원소상태의 수소를 내어 놓음

해설

Bronsted−Lowry는 양성자(H^+)를 주는 분자나 이온을 산이라 정의하였다.

관련이론 | 학자별 산과 염기의 정의

학자	산	염기
아레니우스 (Arrhenius)	H^+을 내놓는 물질 $HA \rightleftharpoons H^+ + A^-$	OH^-을 내놓는 물질 $BOH \rightleftharpoons B^+ + OH^-$
브뢴스테드와 로우리 (Brönsted-Lowry)	양성자(H^+)를 주는 이온 또는 분자	양성자(H^+)를 받는 이온 또는 분자
루이스 (Lewis)	전자쌍의 수용체 (받는 화학종)	전자쌍의 공여체 (주는 화학종)

정답 ③

05 ★★☆

우리나라의 수자원 이용현황 중 가장 많은 용도로 사용하는 용수는?

① 유지용수
② 농업용수
③ 공업용수
④ 생활용수

해설

우리나라의 수자원 이용현황은 농업용수, 유지용수, 생활용수, 공업용수 순으로 이용률이 높다.

정답 ②

06 ★★☆

적조현상에 의해 어패류가 폐사하는 원인과 가장 거리가 먼 것은?

① 적조생물이 어패류의 아가미에 부착하여
② 치사성이 높은 유독물질을 분비하는 조류로 인해
③ 적조류의 사후분해에 의한 수중 부패 독의 발생으로 인해
④ 적조류의 광범위한 수면막 형성으로 인해

해설

광범위한 수면막이 형성되어 어패류가 폐사하는 것은 유류오염에 의한 것이다.
이 외에 적조현상에 의한 어패류 폐사 원인으로는 적조생물의 표수층 과포화로 인한 산소 차단도 있다.

정답 ④

07 ★★★

호수 내의 성층현상에 관한 설명으로 가장 거리가 먼 것은?

① 여름성층의 연직 온도경사는 분자확산에 의한 DO구배와 같은 모양이다.
② 성층의 구분 중 약층(Thermocline)은 수심에 따른 수온변화가 적다.
③ 겨울성층은 표층수 냉각에 의한 성층이어서 역성층이라고도 한다.
④ 전도현상은 가을과 봄에 일어나며 수괴(水槐)의 연직혼합이 왕성하다.

해설

성층의 구분 중 약층(Thermocline)은 수심에 따른 수온변화가 매우 크다.

정답 ②

08 ★★★

다음 설명에 알맞은 수질관리모델은?

> • 하천 및 호수의 부영양화를 고려한 생태계 모델이다.
> • 정적 및 동적인 하천의 수질, 수문학적 특성을 고려한다.

① WASP
② DO−SAG
③ QUAL−Ⅰ
④ WQRRS

선지분석

① WASP: 수체와 퇴적물을 포함하는 모델로 하천, 강, 호수, 하구 등 여러 형태의 수체에 적용 가능하다.
② DO SAG-I(DO−SAG): Streeter−Phelps식을 기본으로 Ⅰ, Ⅱ, Ⅲ 단계에 걸쳐 개발한 모델이다.
③ QUAL−I: 하천과 대기 사이의 열복사, 열교환 고려한 모델이다.
④ WQRRS: 하천 및 호수의 부영양화를 고려한 생태계 모델로, 정적 및 동적인 하천의 수질, 수문학적 특성을 고려하며, 호수에는 수심별 1차원 모델을 적용한다.

정답 ④

09 ★★☆

연속류 교반 반응조(CFSTR)에 관한 내용으로 틀린 것은?

① 충격부하에 강하다.
② 부하변동에 강하다.
③ 유입된 액체의 일부분은 즉시 유출된다.
④ 동일 용량 PFR에 비해 제거효율이 좋다.

해설

CFSTR은 동일처리용량 기준으로 PFR에 비하여 제거효율이 낮다.

정답 ④

10 ★★★

물의 특성을 설명한 것으로 적절치 못한 것은?

① 상온에서 알칼리금속, 알칼리토금속, 철과 반응하여 수소를 발생시킨다.
② 표면장력은 불순물농도가 낮을수록 감소한다.
③ 표면장력은 수온이 증가하면 감소한다.
④ 점도는 수온과 불순물의 농도에 따라 달라지는데 수온이 증가할수록 점도는 낮아진다.

해설

표면장력은 불순물의 농도가 높을수록 감소한다.

정답 ②

11 ★☆☆

분체 증식을 하는 미생물을 회분 배양하는 경우 미생물은 시간에 따라 5단계를 거치게 된다. 5단계 중 생존한 미생물의 중량보다 미생물 원형질의 전체 중량이 더 크게 되며, 미생물수가 최대가 되는 단계로 가장 적합한 것은?

① 증식단계
② 대수성장단계
③ 감소성장단계
④ 내생성장단계

해설

감소성장단계에서는 배지 중의 영양분이 감소(결핍)하여 미생물의 개체수 증가속도가 감소되어 이 단계의 끝에서 미생물 수가 최대치에 도달하며, 사멸 생물이 발생하기 시작한다. 이때 생존미생물의 중량보다 총 미생물(생존＋사멸)의 원형질의 중량이 더 크다.

정답 ③

12 ★★☆

배양기의 제한기질농도(S)가 100mg/L, 세포최대비증식계수(μ_{max})가 0.35hr^{-1}일 때 Monod식에 의한 세포의 비증식계수(μ, hr^{-1})는? (단, 제한기질 반포화농도(K_s)=30mg/L)

① 약 0.27
② 약 0.34
③ 약 0.42
④ 약 0.54

해설

Monod식을 이용한다.

$$\mu = \mu_{max} \times \frac{S}{K_s + S}$$

$$= 0.35\text{hr}^{-1} \times \frac{100}{30 + 100} = 0.269 \fallingdotseq 0.27\text{hr}^{-1}$$

정답 ①

13 ★☆☆

콜로이드(Colloid) 용액이 갖는 일반적인 특성으로 틀린 것은?

① 콜로이드 입자가 분산매 및 다른 입자와 충돌하여 불규칙한 운동을 하게 된다.
② 콜로이드 입자는 질량에 비해서 표면적이 크므로 용액 속에 있는 다른 입자를 흡착하는 힘이 크다.
③ 광선을 통과시키면 입자가 빛을 산란하여 빛의 진로를 볼 수 없게 된다.
④ 콜로이드 용액에서 콜로이드 입자는 음이온을 띠고 있다.

해설

콜로이드는 틴들현상을 가지고 있는 것이 특성이다. 틴들현상이란 콜로이드 용액에 빛을 통과시키면 콜로이드 입자가 빛을 산란시켜 빛의 진로가 보이는 현상을 말한다.

정답 ③

14 ★☆☆

하천이나 호수의 심층에서 미생물의 작용에 관한 설명으로 가장 거리가 먼 것은?

① 수중의 유기물은 분해되어 일부가 세포합성이나 유지 대사를 위한 에너지원이 된다.
② 호수심층에 산소가 없을 때 질산이온을 전자수용체로 이용하는 종속영양세균인 탈질화 세균이 많아진다.
③ 유기물이 다량 유입되면 혐기성 상태가 되어 H$_2$S와 같은 기체를 유발하지만 호기성 상태가 되면 암모니아성 질소가 증가한다.
④ 어느 정도 유기물이 분해된 하천의 경우 조류발생이 증가할 수 있다.

해설

유기물이 다량 유입되면 혐기성 상태가 되어 H$_2$S와 같은 기체를 유발하지만 호기성 상태가 되면 질산성 질소가 증가한다.

정답 ③

15 ★★☆

지표수와 비교하여 지하수의 일반적 특성으로 가장 거리가 먼 것은?

① 미생물이 거의 없고 오염물질이 적다.
② 수온변동이 적고 탁도가 낮다.
③ 무기염류농도와 경도가 높다.
④ 자정속도가 빠르다.

해설

지하수는 수온변동이 적고 자정속도가 느리다.

정답 ④

16 ★★☆

Glucose($C_6H_{12}O_6$) 500mg/L 용액을 호기성 처리 시 필요한 이론적인 인(P)농도(mg/L)는? (단, $BOD_5 : N : P = 100 : 5 : 1$, $k_1 = 0.1day^{-1}$, 상용대수기준, 완전분해기준, $BOD_u = COD$)

① 약 3.7
② 약 5.6
③ 약 8.5
④ 약 12.8

해설

$\underset{180g \quad 6 \times 32g}{C_6H_{12}O_6 + 6O_2 \rightarrow 6CO_2 + 6H_2O}$

비례식으로 정리하면,

$180g : 6 \times 32g = 500mg/L : X(mg/L)$

$X(= BOD_u) = 533.33mg/L$

$BOD_t = BOD_u(1 - 10^{-k_1 t})$

$BOD_5 = 533.33 \times (1 - 10^{-0.1 \times 5})$

$\qquad = 364.68mg/L$

따라서, $BOD_5 : P = 100 : 1$

$364.68 : P = 100 : 1$이므로

$\therefore P = 3.6468 \fallingdotseq 3.7mg/L$

정답 ①

17 ★☆☆

세균의 구조에 대한 설명이 올바르지 못한 것은?

① 액포: DNA 및 RNA를 보관하는 세포소기관
② 세포막: 세포의 외벽을 이루고 있는 막
③ 세포질: 세포의 구성물질을 담아 유지하는 물질
④ 핵: 유전물질이 채워져 있는 세포소기관

해설

액포는 수분과 노폐물을 보관하는 세포소기관을 말한다.

정답 ①

18 ★☆☆

상향류 혐기성 슬러지상(UASB)에 관한 설명으로 틀린 것은?

① 고형물의 농도가 높을 경우 고형물 및 미생물이 유실될 우려가 있다.
② 수리학적 체류시간을 작게 할 수 있어 반응조 용량이 축소된다.
③ 폐수의 성상에 의하여 슬러지의 입상화가 크게 영향을 받는다.
④ 미생물 부착을 위한 여재를 이용하여 혐기성 미생물을 슬러지층으로 축적시켜 폐수를 처리하는 방식이다.

해설

상향류 혐기성 슬러지상(UASB)은 생물막공법이지만 다른 공법과 달리 부착매체가 없다.

정답 ④

19 ★☆☆

연못의 수면에 용존산소 농도가 11.3mg/L이고 수온이 20℃인 경우, 가장 적절한 판단이라 볼 수 있는 것은?

① 수면의 난류로 계속 폭기가 일어나 DO가 계속 높아질 가능성이 있다.
② 연못에 산화제가 유입되었을 가능성이 있다.
③ 조류가 번식하여 DO가 과포화 되었을 가능성이 있다.
④ 물속에 수산화물과 (중)탄산염을 포함하여 완충능력이 클 가능성이 있다.

해설

일반적으로 20℃에서 물의 포화용존산소량은 약 9.17mg/L 정도인데 현재 용존산소량이 11.3mg/L이므로 조류(Algae)의 광합성에 의한 산소의 공급이 이뤄졌을 가능성이 높다.

정답 ③

20 ★★☆

알칼리도(Alkalinity)에 관한 설명으로 가장 거리가 먼 것은?

① P-알칼리도와 M-알칼리도를 합친 것을 총 알칼리도라 한다.

② 알칼리도 계산은 다음 식으로 나타낸다.

$$Alk(CaCO_3 \, mg/L) = \frac{a \cdot N \cdot 50}{V} \times 1,000$$

a: 소비된 산의 부피(mL), N: 산의 농도(eq/L),
V: 시료의 양(mL)

③ 실용목적에서는 자연수에 있어서 수산화물, 탄산염, 중탄산염 이외 기타 물질에 기인되는 알칼리도는 중요하지 않다.

④ 부식제어에 관련되는 중요한 변수인 Langelier 포화지수 계산에 적용된다.

해설
총 알칼리도는 M-알칼리도(메틸오렌지 알칼리도)라 할 수 있다.
• M-알칼리도: pH 4.5 근처에서의 알칼리도
• P-알칼리도: pH 8.3 근처에서의 알칼리도

정답 ①

상하수도계획

21 ★☆☆

하수관로 설계 시 오수관로의 최소관경에 관한 기준은?

① 150mm를 표준으로 한다.

② 200mm를 표준으로 한다.

③ 250mm를 표준으로 한다.

④ 300mm를 표준으로 한다.

해설
관로의 최소관경
• 오수관로: 200mm
• 우수관로 및 합류관로: 250mm
• 오수관로에서 장래 하수량 증가가 없는 경우: 150mm

정답 ②

22 ★★☆

하수의 배제방식 중 분류식(합류식과 비교)에 대한 설명으로 옳지 않은 것은?

① 우천 시의 월류: 일정량 이상이 되면 우천 시 오수가 월류한다.

② 처리장으로의 토사유입: 토사의 유입이 있지만 합류식 정도는 아니다.

③ 관로오접: 철저한 감시가 필요하다.

④ 관로 내 퇴적: 관로 내의 퇴적이 적으며 수세효과는 기대할 수 없다.

해설

구분		분류식	합류식
유지 관리면 검토 사항	관로오접	철저한 감시 필요	감시 불필요
	관로 내 퇴적	관로 내 퇴적이 적으며, 수세효과는 없음	청천 시에 수위가 낮고 유속이 적어 오염물이 침전하기 쉬우나 우천 시에는 수세효과가 있기 때문에 관로 내의 청소 빈도가 적음
	처리장으로의 토사유입	토사의 유입이 있지만 합류식보다 적음	우천 시에 처리장으로 다량의 토사가 유입하여 장기간에 걸쳐 수로 바닥 등에 퇴적됨
수질 보전면 검토 사항	청천 시 및 우천 시의 월류	청천 시, 우천 시 월류 없음	• 청천 시 월류 없음 • 우천 시 일정량 이상이 되면 월류함

정답 ①

23 ★☆☆

관로 직선부에서 하수도 맨홀의 최대 간격 표준은? (단, 600mm 이하의 관 기준)

① 50m　　　　　　② 75m
③ 100m　　　　　④ 150m

해설
관경 600mm 이하에서 맨홀의 최대 간격은 75m이다.

관련이론 ㅣ 맨홀의 최대 간격 표준

관경 (mm)	600 이하	600~ 1,000	1,000~ 1,500	1,650 이상
최대 간격 (m)	75	100	150	200

맨홀의 설치
맨홀은 관로의 기점, 방향, 경사 및 관경 등이 변하는 곳, 단차가 발생하는 곳, 관로가 합류하는 곳이나 관로의 유지관리상 필요한 장소에 반드시 설치한다. 관로 직선부는 관경에 따라 적당한 간격마다 설치한다.

정답 ②

24 ★☆☆

다음 응집제 중 알칼리도를 가장 크게 감소시키는 것은? (단, 응집제 1mg/L 주입 기준)

① 황산알루미늄(액체)($Al_2(SO_4)_3$, 8%)
② 황산알루미늄(고형)($Al_2(SO_4)_3$, 15%)
③ 폴리염화알루미늄($Al_2(OH)_nCl_{6-n}$, 염기도 30%)
④ 폴리염화알루미늄($Al_2(OH)_nCl_{6-n}$, 염기도 50%)

해설
응집제는 크게 황산알루미늄염(Aluminium sulfate : alum, $Al_2(SO_4)_3 \cdot 18H_2O$), 폴리염화알루미늄(PAC; Poly Aluminium Chloride), 철염류(염화제2철[$FeCl_3$], 황산제1철[$FeSO_4$]) 등이 있으며 이 중 알칼리도 저하 효과는 황산알루미늄이 크다. 반면, 폴리염화알루미늄의 경우가 알칼리도의 저하가 가장 작다.
따라서 보기 중 함유량이 큰 15%의 황산알루미늄이 알칼리도를 가장 크게 감소시킨다.

정답 ②

25 ★★☆

도수관 설계시 자연유하식인 경우 평균유속의 최대한도 기준은?

① 0.3m/sec
② 0.4m/sec
③ 3.0m/sec
④ 4.0m/sec

해설
도수거
1. 역할 및 기능
• 취수시설로부터 정수시설까지 원수를 개수로 방식으로 도수하는 시설
• 개거, 암거 및 터널 등의 구조
2. 설치 위치 및 구조
• 한랭지에서 도수거는 반드시 암거로 해야 하며, 기타 지역에서도 가급적 암거로 설치하고 부득이 개거로 할 경우에는 수질오염을 방지하고 위험을 방지하기 위한 조치를 강구한다.
• 지층의 변화점, 수로교, 둑, 통문 등의 전후에는 플렉시블한 신축조인트를 설치한다.
• 암거에는 환기구를 설치한다.
• 일정한 동수경사(통상 1/3,000~1/1,000)를 유지한다.
• 도수거의 평균유속: 최대한도는 3.0m/sec, 최소유속은 0.3m/sec

정답 ③

26 ★★☆

하수관로를 매설하기 위해 굴토한 도랑의 폭이 1.8m이다. 매설지점의 표토는 젖은 진흙으로서 흙의 밀도가 $2.0t/m^3$이고, 흙의 종류와 관의 깊이에 따라 결정되는 계수 $C_1=1.5$이었다. 이 때 매설관이 받는 하중(t/m)은? (단, Marston 공식에 의한 계산)

① 2.5　　　　　　② 5.8
③ 7.4　　　　　　④ 9.7

해설
$W = C_1 \times \gamma \times B^2$
$\quad = 1.5 \times \dfrac{2t}{m^3} \times (1.8m)^2 = 9.72 ≒ 9.7t/m$

정답 ④

27 ★☆☆

하수처리수 재이용 처리시설에 대한 계획으로 적합하지 않은 것은?

① 재이용수 저장시설 및 펌프장은 일최대공급유량을 기준으로 한다.
② 처리시설에서 발생되는 농축수는 공공하수처리시설로 반류하지 않도록 한다.
③ 처리시설의 위치는 공공하수처리시설 부지내에 설치하는 것을 원칙으로 한다.
④ 재이용수 공급관로는 계획시간 최대유량을 기준으로 계획한다.

해설
처리시설에서 발생되는 농축수(역세척수, R/O농축수 등)는 해당 처리장의 영향을 고려하여 반류하도록 한다.

관련이론 | 하수처리수의 재이용 처리시설 계획 시 고려사항
• 처리시설의 위치는 공공하수처리시설 부지내에 설치하는 것을 원칙으로 한다.
• 처리시설의 규모는 시설설치비, 운영관리비 등의 경제성과 수처리의 효율성, 공급수의 수질변동성 등을 종합적으로 고려하여 합리적으로 정한다.
• 처리시설의 부지면적은 장래요구량이 있을 경우 확장을 고려하여 계획한다.
• 처리시설은 이상 수위에서도 침수되지 않는 지반고에 설치하거나 또는 방호시설을 설치한다.
• 처리시설에서 발생되는 농축수(역세척수, R/O농축수 등)는 해당 처리장의 영향을 고려하여 반류하도록 한다.
• 처리시설은 유지관리가 쉽고 확실하도록 계획하며, 주변의 환경조건에 대하여 충분히 고려한다.
• 재이용수 저장시설 및 펌프장은 일최대공급유량을 기준으로 공급에 차질이 없도록 계획한다.
• 재이용수 공급관로는 계획시간 최대유량을 기준으로 계획한다.

정답 ②

28 ★★☆

펌프를 선정할 때 고려사항으로 적당하지 않은 것은?

① 펌프는 저용량일수록 효율이 높으므로 가능한 한 저용량으로 한다.
② 펌프의 설치대수는 유지관리상 가능한 한 적게 하고 동일용량의 것으로 한다.
③ 펌프를 최대효율점 부근에서 운전하도록 용량 및 대수를 결정한다.
④ 내부에서 막힘이 없고, 부식 및 마모가 적어야 한다.

해설
펌프는 펌프 토출량이 많을수록 효율이 높으므로 가능한 한 고용량으로 한다. 또한, 유입 오수량에 따라 대응운전이 가능한 한 대·중·소 조합운전이 되도록 한다.

정답 ①

29 ★☆☆

Bar rack의 설계조건이 다음과 같을 때 손실수두(m)는? (단, $h_L = 1.79\left(\frac{W}{b}\right)^{4/3} \cdot \frac{u^2}{2g}\sin\theta$, 원형봉의 지름=20mm, bar의 유효간격 25mm, 수평설치각도=50°, 접근유속=1.0m/sec)

① 0.0427
② 0.0482
③ 0.0519
④ 0.0599

해설
$$h_L = 1.79\left(\frac{W}{b}\right)^{\frac{4}{3}} \cdot \frac{u^2}{2g}\sin\theta$$
$$= 1.79\left(\frac{20}{25}\right)^{\frac{4}{3}} \cdot \frac{1^2}{2\times9.8}\times\sin50°$$
$$= 0.0519m$$

정답 ③

30 ★☆☆

상수도 급수배관에 관한 설명으로 틀린 것은?

① 급수관을 공공도로에 부설할 경우에는 도로 관리자가 정한 점용위치와 깊이에 따라 배관해야 하며 다른 매설물과의 간격을 30cm 이상 확보한다.

② 급수관이 개거를 횡단하는 경우에는 가능한 한 개거의 위로 부설한다.

③ 급수관을 부설하고 되메우기를 할 때에는 양질토 또는 모래를 사용하여 적절하게 다짐하여 관을 보호한다.

④ 수요가의 대지 내에서 가능한 한 직선배관이 되도록 한다.

해설

급수관이 개거를 횡단하는 경우에는 가능한 한 개거의 아래로 부설한다.

정답 ②

31 ★☆☆

계획우수량을 정할 때 고려하여야 할 사항 중 틀린 것은?

① 하수관로의 확률년수는 원칙적으로 10~30년으로 한다.

② 유입시간은 최소단위배수구의 지표면특성을 고려하여 구한다.

③ 유출계수는 지형도를 기초로 답사를 통하여 충분히 조사하고 장래 개발계획을 고려하여 구한다.

④ 유하시간은 최상류관로의 끝으로부터 하류관로의 어떤 지점까지의 거리를 계획유량에 대응한 유속으로 나누어 구하는 것을 원칙으로 한다.

해설

유출계수는 토지이용도별 기초유출계수로부터 총괄유출계수를 구하는 것을 원칙으로 한다.

정답 ③

32 ★★☆

복류수나 자유수면을 갖는 지하수를 취수하는 시설인 집수매거에 관한 설명으로 틀린 것은?

① 집수매거의 매설깊이는 1.0m 이하로 한다.

② 집수매거의 길이는 시험우물 등에 의한 양수시험 결과에 따라 정한다.

③ 집수매거는 수평 또는 흐름방향으로 향하여 완경사로 하고 집수매거의 유출단에서 매거내의 평균유속은 1.0m/sec 이하로 한다.

④ 세굴의 우려가 있는 제외지에 설치할 경우에는 철근콘크리트틀 등으로 방호한다.

해설

집수매거는 노출되거나 유실될 우려가 없도록 5m 이상의 깊이로 매설한다.

관련이론 | 집수매거

집수매거는 하천 부지의 하상 밑의 땅속에 매설하여 집수 기능을 갖는 관로이며 지하수를 취수하는 시설이다.

· 자갈이나 모래 등 투수성이 좋은 대수층을 선정하여 설치한다.
· 복류수의 흐름방향과 직각으로 설치한다.
· 직접 지표수의 영향을 받지 않기 위해 매설깊이는 5m 이상으로 한다.

정답 ①

33 ★★★

취수시설 중 취수보의 위치 및 구조에 대한 고려사항으로 옳지 않은 것은?

① 원칙적으로 철근콘크리트 구조로 한다.

② 원칙적으로 홍수의 유심방향과 평행인 직선형으로 가능한 한 하천의 곡선부에 설치한다.

③ 유심이 취수구에 가까우며 안정되고 홍수에 의한 하상변화가 적은 지점으로 한다.

④ 침수 및 홍수 시 수면상승으로 인하여 상류에 위치한 하천공작물 등에 미치는 영향이 적은 지점에 설치한다.

해설

취수보는 원칙적으로 홍수의 유심방향과 직각의 직선형으로 가능한 한 하천의 직선부에 설치한다.

정답 ②

34 ★★☆

천정호(얕은 우물)의 경우 양수량 $Q=\dfrac{\pi k(H^2-h^2)}{2.3\log(R/r)}$로 표시된다. 반경 0.5m의 천정호 시험정에서 $H=6$m, $h=4$m, $R=50$m의 경우에 $Q=10$L/sec의 양수량을 얻었다. 이 조건에서 투수계수 k는?

① 0.043m/분
② 0.073m/분
③ 0.086m/분
④ 0.146m/분

해설

$Q=\dfrac{\pi k(H^2-h^2)}{2.3\log\dfrac{R}{r}}$

- Q: 양수량[m³/min]
- k: 투수계수[m/min]
- H: 원지하수의 두께[m]
- h: Q를 양수중의 우물 수심[m]
- R: 영향원 반지름[m]
- r: 우물의 반지름[m]

$\therefore k=\dfrac{2.3\log\dfrac{R}{r}}{\pi(H^2-h^2)}\times Q$

$=\dfrac{2.3\log\dfrac{50}{0.5}}{\pi(6^2-4^2)}\times(10\times10^{-3}\text{m}^3/\text{sec})$

$=7.32\times10^{-4}\text{m/sec}$

$=0.043\text{m/min}$

정답 ①

35 ★★☆

상수처리를 위한 정수시설 중 완속여과지의 수심 표준으로 가장 적절한 것은?

① 여과지의 모래면 위의 수심은 30~60cm를 표준으로 한다.
② 여과지의 모래면 위의 수심은 60~90cm를 표준으로 한다.
③ 여과지의 모래면 위의 수심은 90~120cm를 표준으로 한다.
④ 여과지의 모래면 위의 수심은 120~150cm를 표준으로 한다.

해설

여과지의 모래면 위의 수심은 90~120cm를 표준으로 한다.

관련이론 | 완속여과지의 특징

- 모래층의 두께는 70~90cm를 표준으로 한다.
- 완속여과지의 여과속도는 4~5m/day를 표준으로 한다.
- 여과지 깊이는 하부집수장치의 높이에 자갈층 두께, 모래층 두께, 모래면 위의 수심과 여유고를 더하여 2.5~3.5m를 표준으로 한다.

정답 ③

36 ★☆☆

말굽형 하수관로의 장점으로 옳지 않은 것은?

① 수리학적으로 유리하다.
② 상반부의 아치작용에 의해 역학적으로 유리하다.
③ 대구경 관로에 유리하며 경제적이다.
④ 단면형상이 간단하여 시공성이 우수하다.

해설

말굽형 하수관로의 단점

- 단면형상이 복잡하여 시공성이 열악하다.
- 현장타설일 경우 공사기간이 지연된다.

정답 ④

37 ★★☆

하수처리공법 중 접촉산화법에 대한 설명으로 틀린 것은?

① 반송슬러지가 필요하지 않으므로 운전관리가 용이하다.

② 생물상이 다양하여 처리효과가 안정적이다.

③ 부착생물량의 임의 조정이 어려워 조작조건의 변경에 대응하기 쉽지 않다.

④ 접촉재가 조 내에 있기 때문에 부착생물량의 확인이 어렵다.

해설

부착생물량의 임의 조정이 가능하여 조작조건의 변경에 대응하기 쉽다.

관련이론 | 접촉산화법의 특징

• 반송슬러지가 필요하지 않으므로 운전관리가 용이하다.

• 비표면적이 큰 접촉재를 사용하여 부착생물량을 다량으로 보유할 수 있기 때문에, 유입기질의 변동에 유연히 대응할 수 있다.

• 생물상이 다양하여 처리효과가 안정적이다.

• 슬러지의 자산화가 기대되어 잉여슬러지량이 감소한다.

• 부착생물량을 임의로 조정할 수 있어서 조작조건의 변경에 대응하기 쉽다.

• 접촉재가 조 내에 있기 때문에, 부착생물량의 확인이 어렵다.

• 고부하에서 운전하면 생물막이 비대화되어 접촉재가 막히는 경우가 발생한다.

정답 ③

38 ★★★

강우강도가 2mm/min, 면적 1.0km², 유입시간 6분, 유출계수가 0.65인 경우 우수량(m³/sec)은? (단, 합리식 적용)

① 21.7 ② 0.217

③ 1.30 ④ 13.0

해설

$$Q = \frac{1}{360}CIA$$

• Q : 우수유출량[m³/sec]

• C : 유출계수

• I : 강우강도[mm/hr]

• A : 유역면적[ha]

여기서,

$$I = \frac{2mm}{min} \times \frac{60min}{1hr} = 120mm/hr$$

$$A = 1km² \times \frac{100ha}{1km²} = 100ha$$

$$\therefore Q = \frac{1}{360}CIA = \frac{1}{360} \times 0.65 \times 120 \times 100 ≒ 21.7m³/sec$$

정답 ①

39 ★☆☆

다음 표는 우수량을 산출하기 위해 조사한 지역분포와 유출계수의 결과이다. 이 지역의 전체 평균유출계수는?

지역	분포	유출계수
상업	20%	0.6
주거	30%	0.4
공원	10%	0.2
공업	40%	0.5

① 0.30 ② 0.35

③ 0.42 ④ 0.46

해설

$$평균유출계수\ C = \frac{\sum (공종의\ 면적 \times 유출계수)}{\sum 공종의\ 면적}$$

$$= \frac{20 \times 0.6 + 30 \times 0.4 + 10 \times 0.2 + 40 \times 0.5}{100}$$

$$= 0.46$$

정답 ④

40 ★☆☆

상수처리를 위한 고속응집침전지를 채택할 때는 다음 조건을 고려하여 결정하여야 하는데, 맞지 않는 것은?

① 원수의 탁도는 10도 정도가 바람직하다.
② 최고 탁도는 1,000도 이하인 것이 바람직하다.
③ 용량은 계획정수량의 1.5~2.0시간분으로 한다.
④ 지내의 평균상승유속은 10~20mm/분을 표준으로 한다.

해설
지내의 평균상승유속(표면부하율)은 40~60mm/분을 표준으로 한다.

관련이론 | 고속응집침전지
1. 설치조건
   • 원수의 탁도는 10NTU(도) 이상, 최고 탁도는 1,000NTU(도) 이하로 한다.
   • 탁도와 수온, 수량의 변동이 적어야 한다.
2. 지수와 구조
   • 지수는 청소와 고장에 대비하여 2지 이상 설치한다.
   • 표면부하율(평균상승유속): 40~60mm/min
   • 용량 : 계획정수량의 1.5~2.0시간분
   • 경사판 등의 침강장치를 설치하는 경우에는 슬러지 계면의 상부에 설치한다.
   • 슬러지 배출설비는 지내의 잉여슬러지를 수시로 또는 상시 연속으로 충분하게 배출할 수 있는 구조로 설치한다.

정답 ④

---

41 ★★★

하수 고도처리 공법인 Phostrip 공정에 관한 설명으로 옳지 않은 것은?

① 기존 활성슬러지 처리장에 쉽게 적용 가능하다.
② 인 제거 시 BOD/P비에 의하여 조절되지 않는다.
③ 최종침전지에서 인 용출을 위해 용존산소를 낮춘다.
④ Main Stream 화학침전에 비하여 약품사용량이 적다.

해설
최종침전지에서 인 용출을 위해 용존산소를 높인다.

관련이론 | Phostrip 공정

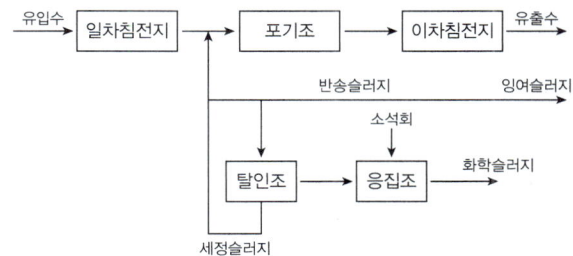

• 생물화학적 인 제거만을 위해 개발된 공정이다.
• 기존의 혐기호기 조합법에 비해 슬러지의 처리가 용이하다.
• 석회주입량은 알루미늄이나 금속염과 달리 알칼리도에 의하여 결정한다.
• 인 제거 시 BOD/P비에 의하여 조절되지 않는다.
• 탈인조 상징액이 총 유입수량에 비하여 아주 적으므로 인을 침전시키기 위하여 소요되는 석회의 양이 순수화학처리방법(Main Stream 화학침전)보다 적다.
• 최종침전지에서 인 용출을 위해 용존산소를 높인다.

정답 ③

42

★☆☆

SS 3,600mg/L를 함유하고 있는 폐수 내 입자의 침강속도 분포가 그림과 같을 때 폐수 28,800m³/day를 보통 침전처리하여 SS 90% 이상을 제거하고자 한다. 필요한 침전지의 최소 소요면적(m²)은?

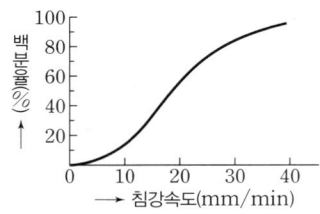

① 약 100
② 약 200
③ 약 1,000
④ 약 2,000

해설

- 효율 90% 일 때 제거되지 못하는 SS는 10%이고, 그림에서 이때의 침강속도 $v_0 = 10$mm/min($= 14.4$m/day)이다.

$$\frac{10\text{mm}}{\text{min}} \times \frac{1\text{m}}{1{,}000\text{mm}} \times \frac{1{,}440\text{min}}{1\text{day}} = 14.4\text{m/day}$$

- 침강속도 = 설계 수면적 부하

$$v_0 = \frac{Q}{A_a}$$

$$\therefore A_a = \frac{Q}{v_0} = \frac{28{,}800\text{m}^3/\text{day}}{14.4\text{m/day}}$$

$$= 2{,}000\text{m}^2$$

정답 ④

43

★☆☆

하수내 질소 및 인을 생물학적으로 처리하는 UCT 공법의 경우 다른 공법과는 달리 침전지에서 반송되는 슬러지를 혐기조로 반송하지 않고 무산소조로 반송하는데, 그 이유로 가장 적합한 것은?

① 혐기조에 질산염의 부하를 감소시킴으로써 인의 방출을 증대시키기 위해
② 호기조에서 질산화된 질소의 일부를 잔류 유기물을 이용하여 탈질시키기 위해
③ 무산소조에 유입되는 유기물 부하를 감소시켜 탈질을 증대시키기 위해
④ 후속되는 호기조의 질산화를 증대시키기 위해

해설

혐기조에서 질산염의 농도가 증가함에 따라 인의 방출이 방해받을 수 있다.

정답 ①

44

★★★

연속회분식 활성슬러지법(SBR, Sequencing Batch Reactor)에 대한 설명으로 잘못된 것은?

① 단일 반응조에서 1주기(cycle) 중에 호기 – 무산소 – 혐기 등의 조건을 설정하여 질산화, 탈질화를 도모할 수 있다.
② 충격부하 또는 첨두유량에 대한 대응성이 약하다.
③ 처리용량이 큰 처리장에는 적용하기 어렵다.
④ 질소(N)와 인(P)의 동시제거 시 운전의 유연성이 크다.

해설

부하변동이 큰 소규모 시설에서는 운전의 유연성 등을 고려하여 저부하형 연속회분식 활성슬러지법으로 한다. 또한, SBR은 충격부하 또는 첨두유량에 대한 대응성이 강하다.

정답 ②

45 ★★☆

폐수처리에 관련된 침전현상으로 입자 간에 작용하는 힘에 의해 주변입자들의 침전을 방해하는 중간정도 농도 부유액에서의 침전은?

① 제1형 침전(독립침전)　② 제2형 침전(응집침전)
③ 제3형 침전(계면침전)　④ 제4형 침전(압밀침전)

해설

침전현상의 종류 및 특징

제1형 침전	• 독립침전, 자유침전 • 스토크스(Stokes)법칙을 따름
제2형 침전	• 플록침전, 응결침전, 응집침전 • 입자들이 서로 위치를 바꾸려 함
제3형 침전	• 지역침전, 계면침전, 방해침전 • 입자들이 서로 위치를 바꾸려 하지 않음
제4형 침전	• 압축침전, 압밀침전 • 고농도의 폐수에 적용됨

정답 ③

46 ★☆☆

혐기성 공법 중 혐기성 유동상의 장점이라 볼 수 없는 것은?

① 짧은 수리학적 체류시간과 높은 부하율로 운전이 가능하다.
② 유출수는 재순환이 필요 없으므로 공정이 간단하다.
③ 매질의 첨가나 제거가 쉽다.
④ 독성물질에 대한 완충능력이 좋다.

해설

혐기성 유동상은 유출수의 재순환이 필요하므로 공정이 복잡하다.

정답 ②

47 ★☆☆

하수관로가 매설되어 있지 않은 지역에 위치한 500개의 단독주택(정화조 설치)에서 생성된 정화조 슬러지를 소규모 하수처리장에 운반하여 처리할 경우, 이로 인한 BOD 부하량 증가율(질량 기준, 유입일 기준, %)은?

- 정화조는 연 1회 슬러지 수거
- 각 정화조에서 발생되는 슬러지: $3.8m^3$
- 연간 250일 동안 일정량의 정화조 슬러지를 수거, 운반, 하수처리장 유입 처리
- 정화조 슬러지 BOD 농도: 6,000mg/L
- 하수처리장 유량 및 BOD 농도: $3,800m^3/day$ 및 220mg/L
- 슬러지 비중 1.0 가정

① 약 3.5　② 약 5.5
③ 약 7.5　④ 약 9.5

해설

- BOD 부하량 증가율

$$=\frac{연간\ 정화조내\ 슬러지\ 양[kg/년]}{연간\ 하수처리장내\ 슬러지\ 양[kg/년]}\times100$$

이때, 슬러지 비중이 1.0이라면 슬러지 양은 다음과 같다.
$1m^3=1,000L=1,000kg$

- 연간 정화조내 슬러지 양

$$=500가구\times\frac{3.8m^3}{년}\times\frac{6,000mg}{L}\times\frac{1kg}{10^6mg}\times\frac{1,000L}{1m^3}$$

$$=11,400kg/년$$

- 연간 하수처리장내 슬러지 양

$$=\frac{3,800m^3}{일}\times\frac{220mg}{L}\times\frac{250일}{년}\times\frac{1kg}{10^6mg}\times\frac{1,000L}{1m^3}$$

$$=209,000kg/년$$

$$\therefore\ BOD\ 부하량\ 증가율=\frac{11,400kg/년}{209,000kg/년}\times100$$

$$=5.45≒5.5\%$$

정답 ②

2024년

48

★☆☆

하·폐수를 통하여 배출되는 계면활성제에 대한 설명 중 잘못된 것은?

① 물에 약간 녹으며 폐수처리 플랜트에서 거품을 만들게 된다.
② ABS는 생물학적으로 분해가 매우 쉬우나 LAS는 생물학적으로 분해가 어려운 난분해성 물질이다.
③ 계면활성제는 메틸렌블루 활성물질이라고도 한다.
④ 계면활성제는 주로 합성세제로부터 배출되는 것이다.

해설

ABS 세제는 세척력이 우수하지만 생물학적으로 분해가 어렵다. 물속에 존재하는 미생물은 탄소화합물을 분해해 정화하는 능력이 있는데 ABS 세제처럼 가지 달린 탄소화합물은 쉽게 분해하지 못한다. LAS 세제는 ABS 세제보다 생물학적 분해가 쉽다.

정답 ②

49

★☆☆

슬러지 개량법의 특징으로 가장 거리가 먼 것은?

① 고분자 응집제 첨가: 슬러지 응결을 촉진한다.
② 무기약품 첨가: 무기약품은 슬러지의 pH를 변화시켜 무기질 비율을 증가시키고 안정화를 도모한다.
③ 세정: 혐기성 소화슬러지의 알칼리도를 감소시켜 산성 금속염의 주입량을 감소시킨다.
④ 열처리: 슬러지의 함수율을 감소시키고 응결핵을 생성시켜 탈수를 개선한다.

해설

열처리는 180~240℃, 1,700~2,760kN/m²의 압력에서 약 15~20분간 열처리하여 슬러지의 탈수성을 증대시키는 방법으로 응집제(Alum)를 주입하는 것보다 약 10배 이상 탈수 효과가 증대되는 것으로 알려져 있다.

정답 ④

50

★☆☆

슬러지를 Leaf test한 결과 아래와 같은 실험값을 얻었다. 주어진 실험 조건하에서 탈수 시 여과속도는 건조고형물을 기준할 때 얼마가 되겠는가?

- 유효여과면적: 150cm²
- 운전시간: 5분
- 1회 cake양: 400g
- cake 함수율: 60%(중량비)

① 146kg/m²·hr
② 128kg/m²·hr
③ 89kg/m²·hr
④ 65kg/m²·hr

해설

$$여과속도 = \frac{M}{A \times t} \times \left(1 - \frac{X}{100}\right)$$

- M: 회당 케이크양[g]
- A: 유효여과면적[m²]
- t: 운전시간[min]
- X: 케이크내 함수율

∴ 여과속도

$$= \frac{400g \times \dfrac{10^{-3}kg}{g}}{150cm^2 \times 5min \times \left(\dfrac{1m}{100cm}\right)^2 \times \dfrac{1hr}{60min}} \times \left(1 - \frac{60}{100}\right)$$

$$= 128kg/m^2 \cdot hr$$

정답 ②

51 ★★☆

살균/소독 방식 중 염소와 비교하여 오존의 장·단점으로 옳지 않은 것은?

① 경제성이 좋다.
② 철 및 망간의 제거 능력이 크다.
③ 바이러스의 불활성화 효과가 크다.
④ 병원균에 대하여 살균작용이 강하다.

해설

오존 소독 시 오존발생장치가 필요하며, 전력비용이 과다하여 경제성이 좋지 않다.

관련이론 | 오존을 이용한 소독의 장·단점

장점	단점
• 미생물, 병원균의 살균작용이 강하다. • 철 및 망간의 제거 능력이 크다. • 바이러스의 불활성화 효과가 크다. • THM이 생성되지 않는다. • 맛, 냄새 제거에 효과적이다.	• 잔류성이 없다. • 운전비용이 많이 든다.

정답 ①

52 ★★★

고도 수처리에 이용되는 정밀여과 분리막 방법에 관한 설명으로 가장 거리가 먼 것은?

① 분리형태: 용해, 확산
② 구동력: 정수압차(0.1~1bar)
③ 막형태: 대칭형 다공성막(Pore size 0.1~10μm)
④ 적용분야: 전자공업의 초순수 제조, 무균수 제조

해설

정밀여과는 정밀여과막을 사용하여 체거름 원리에 따라 입자를 분리하는 여과법이다. 역삼투 분리 방법의 분리형태가 용해, 확산이다.

정답 ①

53 ★★☆

활성슬러지공법으로부터 1일 3,000kg(건조고형물 기준)이 발생되는 폐슬러지를 호기성으로 소화처리 하고자 할 때 소화조의 용적(m³)은? (단, 폐슬러지 농도는 3%, 수온이 20℃, 수리학적 체류시간 23일, 비중 1.03)

① 약 1,515
② 약 1,725
③ 약 1,945
④ 약 2,233

해설

소화조의 용적 $\forall$ = 처리유량 Q × 체류시간 t

$$\to Q = \frac{\forall}{t}$$

$$= \frac{3,000\text{kg TS}}{\text{day}} \times \frac{\text{m}^3}{1,030\text{kg}} \times \frac{100\text{ SL}}{3\text{ TS}}$$

$$= 97.09\text{m}^3/\text{day}$$

$$\therefore \forall = 97.09\text{m}^3/\text{day} \times 23\text{day}$$

$$= 2,233.07 \fallingdotseq 2,233\text{m}^3$$

정답 ④

54 ★☆☆

활성슬러지 공정에서 폭기조나 침전지 표면에 갈색거품을 유발시키는 방선균의 일종인 Nocardia의 과도한 성장을 유발시킬 수 있는 요인 또는 제어방법에 관한 내용으로 틀린 것은?

① 낮은 F/M 비가 유발 요인이 된다.
② 불충분한 슬러지 인출로 인한 MLSS 농도의 증가가 유발 요인이 된다.
③ 미생물 체류시간을 증가시킨다.
④ 화학약품을 투여하여 폭기조의 pH를 낮춘다.

해설

Nocardia의 제어방법

• 미생물 체류시간을 감소시킨다.
• 사상균의 성장을 방해하기 위해 미생물 선택조를 설치한다.
• 거품의 축적을 줄이기 위해서 폭기량을 줄인다.
• 반송슬러지에 염소를 주입한다.
• 거품상부에 직접 염소수 또는 분말차아염소산칼슘을 살포한다.
• 질산화를 유도하거나 화학약품을 투여하여 폭기조의 pH를 낮춘다.

정답 ③

55 ★★☆

폐수 유량이 2,000m³/day, 부유 고형물의 농도가 200mg/L 이다. 설계온도 20℃, 이 때의 공기 용해도는 18.7mL/L, 흡수비 0.5, 표면부하율이 120m³/(m²·day), 운전압력이 3기압이라면 반송비와 부상조의 필요한 표면적(m²)은 약 얼마인가? (단, A/S비 0.05, 반송이 있는 공기 부상조 기준)

① 0.82, 25
② 0.82, 30
③ 0.87, 25
④ 0.87, 30

해설

부상조의 A/S비 계산식을 이용한다.

$$A/S = \frac{1.3S_a(f \cdot P - 1)}{SS} \times R$$

· 1.3: 공기밀도[mg/mL]
· S_a: 공기의 용해도(20℃에서 18.7mL/L)
· f: 압력 P에서 용존되는 공기분율(0.5)
· P: 가압탱크 내 압력[atm]
· SS: 고형물 농도[mg/L]
· R: 반송비

1) 반송비

$$A/S = \frac{1.3S_a(f \cdot P - 1)}{SS} \times R$$

$$0.05 = \frac{1.3 \times 18.7 \times (0.5 \times 3 - 1)}{200} \times R$$

$$0.05 = \frac{12.155}{200} \times R$$

$$\therefore R = 0.823 ≒ 0.82$$

2) 표면적[m²]

· 부상조로 유입되는 유량 Q = 폐수 유량 + 반송 유량
→ 폐수 유량 = 2,000m³/day
→ 반송 유량 = 2,000 × 0.823 = 1,646m³/day
→ Q = 2,000m³/day + 1,646m³/day = 3,646m³/day

· 표면부하율 = $\frac{\text{부상조로 유입되는 유량}}{\text{부상조의 필요한 표면적}} = \frac{Q}{A}$

$$120\text{m}^3/\text{m}^2 \cdot \text{day} = \frac{3,646\text{m}^3/\text{day}}{A[\text{m}^2]}$$

$$\therefore A = \frac{3,646\text{m}^3}{\text{day}} \times \frac{\text{m}^2 \cdot \text{day}}{120\text{m}^3}$$

$$= 30.38 ≒ 30\text{m}^2$$

정답 ②

56 ★★★

직경이 1.0×10^{-2}cm인 원형 입자의 침강속도(m/hr)는? (단, Stokes 공식 사용, 물의 밀도=1.0g/cm³, 입자의 밀도 =2.1g/cm³, 물의 점성계수=1.0087×10^{-2}g/cm·sec)

① 21.4
② 24.4
③ 28.4
④ 32.4

해설

$$V_s = \frac{d^2(\rho_p - \rho)g}{18\mu}$$

· d: 입자의 직경[m]
· ρ_p: 입자의 밀도[kg/m³]
· ρ: 물의 밀도[kg/m³]
· μ: 점성계수[kg/m·sec]

$$\therefore V_s\left[\frac{\text{m}}{\text{hr}}\right]$$

$$= \frac{(1.0 \times 10^{-2})^2\text{cm}^2}{18} \times \frac{(2.1 - 1)\text{g}}{\text{cm}^3} \times \frac{9.8\text{m}}{\text{sec}} \times \frac{\text{cm} \cdot \text{sec}}{1.0087 \times 10^{-2}\text{g}}$$

$$\times \frac{3,600\text{sec}}{1\text{hr}}$$

$$= 21.37 ≒ 21.4\text{m/hr}$$

정답 ①

57 ★★★

하수고도처리를 위한 A/O공정의 특징으로 옳은 것은? (단, 일반적인 활성슬러지공법과 비교 기준)

① 혐기조에서 인의 과잉흡수가 일어난다.
② 폭기조 내에서 탈질이 잘 이루어진다.
③ 잉여슬러지 내의 인 농도가 높다.
④ 표준 활성슬러지공법의 반응조 전반 10% 미만을 혐기 반응조로 하는 것이 표준이다.

선지분석

A/O공정의 특징

① 혐기조에서 인의 방출이 일어난다.
② 폭기조 내에서 인의 과잉흡수가 일어난다.
③ 잉여슬러지 내의 인 농도가 높아 비료의 가치가 있다.
④ 표준 활성슬러지공법의 반응조 전반 20~40% 정도를 혐기반응조로 하는 것이 표준이다.

정답 ③

58 ★☆☆

슬러지 건조상 면적을 결정하기 위한 건조고형성분 중량치 (건조 Alum 슬러지)는 73kg/m², 평균 Alum 주입량 10mg/L, 원수의 평균 탁도가 12 NTU 이라면 30일간의 슬러지를 저류하기 위한 정사각형 슬러지 건조상의 한 변의 길이(m)는? (단, 일일 평균 처리수 유량 75,700m³)

> 1일당 건조 Alum 슬러지 발생량(단위: 처리수 1,000m³ 당 kg)은 [alum 주입량(mg/L)×0.26]+[원수 탁도(NTU)×1.3]의 공식으로 산정

① 약 12
② 약 16
③ 약 20
④ 약 24

해설

- 1일당 건조 Alum 슬러지 발생량[kg/1,000m³]
  $= 10 \times 0.26 + 12 \times 1.3 = 18.2 \text{kg}/1,000\text{m}^3$
- 30일 건조슬러지 발생량[kg]

  $\dfrac{18.2\text{kg}}{1,000\text{m}^3} \times \dfrac{75,700\text{m}^3}{\text{일}} \times 30\text{일} = 41,332.2\text{kg}$

- 면적(A)

  $41,332.2\text{kg} \times \dfrac{\text{m}^2}{73\text{kg}} = 566.19\text{m}^2$

- 한 변의 길이(a)

  $a \times a = 566.19$

  $\therefore a = 23.79 \fallingdotseq 24\text{m}$

정답 ④

59 ★★☆

유기물의 감소반응이 2차반응($V_c = -KC^2$)이라 할 때 반응 후 초기농도($C_o=1$)에 대하여 유출농도($C_e=0.2$)가 80% 감소되도록 하는 데 필요한 CFSTR(완전혼합반응기)과 PFR (플럭흐름반응기)의 부피비는?

(단, CFSTR의 물질수지식: $0 = QC_0 - QC_e - VKC_e^2$(정상 상태),

PFR은 정상상태에서 $V = \dfrac{Q}{K}\left(\dfrac{1}{C_e} - \dfrac{1}{C_o}\right)$의 식으로 표현)

① CFSTR : PFR = 5 : 1
② CFSTR : PFR = 7 : 1
③ CFSTR : PFR = 10 : 1
④ CFSTR : PFR = 15 : 1

해설

1) CFSTR

$$0 = QC_0 - QC_e - VKC_e^2$$

$$VKC_e^2 = QC_0 - QC_e$$

$$V = \frac{QC_0 - QC_e}{KC_e^2}$$

$$V_{CFSTR} = \frac{Q(C_0 - C_e)}{KC_e^2} = \frac{Q}{K}\left(\frac{1-0.2}{0.2^2}\right) = 20\frac{Q}{K}$$

2) PFR

$$V_{PFR} = \frac{Q}{K}\left(\frac{1}{C_e} - \frac{1}{C_0}\right) = \frac{Q}{K}\left(\frac{1}{0.2} - \frac{1}{1}\right) = 4\frac{Q}{K}$$

$$\therefore V_{CFSTR} : V_{PFR} = 20 : 4 = 5 : 1$$

정답 ①

60 ★☆☆

활성슬러지 변형법 중 폐수를 여러곳으로 유입시켜 Plug-Flow System이지만 F/M비를 포기조 내에서 유지하는 것은?

① 계단식 포기법(Step aeration)
② 점감 포기법(Tapered aeration)
③ 접촉 안정법(Contact stablization)
④ 단기(개량) 포기법(Short or modified aeration)

해설

1. 계단식 포기법(Step aeration)
   • 산소소비량이 균등하며 포기조의 앞쪽이 뒤쪽보다 산소요구량이 크지만 이것은 표준활성슬러지법에 비해서 균등하다.
   • 포기조 용적을 작게 할 수 있다.
   • 폐수를 여러곳으로 유입시키기 때문에 Plug-Flow System이지만 F/M비를 포기조 내에서 유지해야 한다.
2. 점감 포기법(Tapered aeration)
   • 유입부 부근에서의 산소 부족현상을 보완한다.
   • 송풍기의 용량과 운전비용이 낮다.
3. 접촉 안정법(Contact stablization)
   • 콜로이드 상태로 존재하는 도시하수 처리법이다.
   • 공정의 유연성이 크며, 시설규모는 작다.

정답 ①

---

61 ★★☆

자외선/가시선 분광법에 의한 페놀류의 측정원리를 설명한 내용 중 옳지 않은 것은?

① 수용액에서는 510nm에서 흡광도를 측정한다.
② 클로로폼용액에서는 460nm에서 흡광도를 측정한다.
③ 추출법의 정량한계는 0.1mg/L이다.
④ 황 화합물의 간섭이 있는 경우 인산(H_3PO_4)이 사용된다.

해설

자외선/가시선 분광법 중 클로로폼 추출법의 정량한계는 0.005mg/L, 직접측정법의 정량한계는 0.05mg/L이다.

관련이론 | 자외선/가시선 분광법에 의한 페놀류 측정원리
물속에 존재하는 페놀류를 측정하기 위하여 증류한 시료에 염화암모늄-암모니아 완충용액을 넣어 pH 10으로 조절한 다음 4-아미노안티피린과 헥사시안화철(Ⅱ)산칼륨을 넣어 생성된 붉은색의 안티피린계 색소의 흡광도를 측정하는 방법으로, 수용액에서는 510nm, 클로로폼 용액에서는 460nm에서 측정한다. 추출법의 정량한계는 0.005mg/L 이다.

정답 ③

62 ★☆☆

시안(CN^-) 분석용 시료를 보관할 때 20% NaOH 용액을 넣어 pH 12의 알칼리성으로 보관하는 이유는?

① 산성에서는 CN^- 이온이 HCN으로 되어 휘산하기 때문
② 산성에서는 탄산염을 형성하기 때문
③ 산성에서는 시안이 침전되기 때문
④ 산성에서나 중성에서는 시안이 분해 변질되기 때문

해설

시안(CN^-)이 H^+ 이온과 접촉하여 HCN으로 되는 것을 방지하기 위해서 알칼리성 조건을 조성해서 보관한다.

정답 ①

63 ★★★

수질오염공정시험기준 총칙에 관한 설명으로 옳지 않은 것은?

① '즉시'라 함은 30초 이내에 표시된 조작을 하는 것을 말한다.

② 분석용 저울은 0.1mg까지, 미량저울은 0.01mg까지 달 수 있는 것이어야 한다.

③ '정확히 단다'라 함은 규정된 수치의 무게를 0.3mg까지 다는 것을 말한다.

④ '정밀히 단다'라 함은 규정된 양의 시료를 취하여 화학저울 또는 미량저울로 칭량함을 말한다.

해설
"정확히 단다"라 함은 규정된 수치의 무게를 0.1mg까지 다는 것을 말한다.

정답 ③

64 ★☆☆

총인을 자외선/가시선 분광법으로 정량하는 방법에 대한 설명으로 가장 거리가 먼 것은?

① 분해되기 쉬운 유기물을 함유한 시료는 질산 – 과염소산으로 전처리한다.

② 다량의 유기물을 함유한 시료는 질산 – 황산으로 전처리한다.

③ 전처리로 유기물을 산화분해시킨 후 몰리브덴산암모늄·아스코르빈산 혼액 2mL를 넣어 흔들어 섞는다.

④ 정량한계는 0.005mg/L이며, 상대표준편차는 ±25% 이내이다.

해설
분해되기 쉬운 유기물을 함유한 시료는 과황산칼륨으로 전처리한다.

정답 ①

65 ★★★

항량으로 될 때까지 건조한다는 용어의 의미는?

① 같은 조건에서 1시간 더 건조하였을 때 전후 무게의 차가 거의 없을 때

② 같은 조건에서 1시간 더 건조하였을 때 전후 무게의 차가 g당 0.1mg 이하일 때

③ 같은 조건에서 1시간 더 건조하였을 때 전후 무게의 차가 g당 0.3mg 이하일 때

④ 같은 조건에서 1시간 더 건조하였을 때 전후 무게의 차가 g당 0.5mg 이하일 때

해설
'항량으로 될 때까지 건조한다'는 같은 조건에서 1시간 더 건조하였을 때 전후 무게의 차가 g당 0.3mg 이하일 때를 의미한다.

관련이론
- 즉시: 30초 이내 조작
- 감압 또는 진공: 15 mmHg 이하
- 약: ±10% 이상의 차가 있어서는 안된다.
- 항량으로 될 때까지 건조한다: 같은 조건에서 1시간 더 건조하였을 때 전후 무게의 차가 g당 0.3mg 이하일 때를 말한다.
- 정밀히 단다: 규정된 양의 시료를 취하여 화학저울 또는 미량저울로 칭량함을 말한다.
- 정확히 단다: 규정된 수치의 무게를 0.1mg까지 다는 것을 말한다.
- 바탕시험을 하여 보정한다: 시료에 대한 처리 및 측정을 할 때, 시료를 사용하지 않고 정제수를 이용하여 같은 방법으로 측정한 분석값을 시료의 분석값에서 빼는 것을 뜻한다.

정답 ③

66 ★☆☆

기체크로마토그래피법으로 인 또는 유황화합물을 선택적으로 검출하려 할 때 사용되는 검출기는?

① ECD   ② FID
③ FPD   ④ TCD

해설
불꽃광도검출기(FPD)는 황 또는 인 화합물의 감도는 일반 탄화수소 화합물에 비하여 100,000배 커서 H_2S나 SO_2와 같은 황화합물은 약 200ppb까지, 인화합물은 약 10ppb까지 검출이 가능하다.

선지분석
① 유기할로겐화합물, 니트로화합물 및 유기금속화합물 등 전자친화력이 큰 원소가 포함된 화합물을 수 ppm의 낮은 농도까지 선택적으로 검출할 수 있다.
② 대부분의 화합물에 대하여 열전도검출기보다 약 1,000배 높은 감도를 나타내고 대부분의 유기화합물의 검출이 가능하므로 가장 흔히 사용된다.
④ 모든 화합물을 검출할 수 있어 분석대상에 제한이 없다. 값이 저렴하며, 시료를 파괴하지않는 장점이 있다. 단, 다른 검출기에 비해서 감도가 낮다.

정답 ③

67 ★★☆

기체크로마토그래피에 의한 알킬수은의 분석방법으로 ( ) 에 알맞은 것은?

> 알킬수은화합물을 (㉠)으로 추출하여 (㉡)에 선택적으로 역추출하고 다시 (㉠)으로 추출하여 기체크로마토그래프로 측정하는 방법이다.

① ㉠ 헥산, ㉡ 염화메틸수은용액
② ㉠ 헥산, ㉡ 크로모졸브용액
③ ㉠ 벤젠, ㉡ 펜토에이트용액
④ ㉠ 벤젠, ㉡ L – 시스테인용액

해설
알킬수은화합물을 벤젠으로 추출하여 L – 시스테인용액에 선택적으로 역추출하고 다시 벤젠으로 추출하여 기체크로마토그래프로 측정하는 방법이다.

정답 ④

68 ★★☆

예상 BOD치에 대한 사전경험이 없을 때, 희석하여 시료를 조제하는 기준으로 알맞은 것은?

① 오염도가 심한 공장폐수: 0.01~0.05%
② 오염된 하천수: 10~20%
③ 처리하여 방류된 공장폐수: 50~75%
④ 처리하지 않은 공장폐수: 1~5%

해설
예상 BOD값에 대한 사전경험이 없을 때에는 희석하여 시료를 조제한다.
• 오염도가 심한 공장폐수: 0.1~1.0%
• 처리하지 않은 공장폐수와 침전된 하수: 1~5%
• 처리하여 방류된 공장폐수: 5~25%
• 오염된 하천수: 25~100%

정답 ④

69 ★☆☆

기체크로마토그래피법에 의한 PCB 정량법에서 실리카겔 컬럼의 역할은?

① 기체크로마토그래피의 정량물질을 고열로부터 보호하기 위한 컬럼이다.
② 기체크로마토그래피에 분석용 시료를 주입하기 전에 PCB 이외 극성화합물을 제거하는 컬럼이다.
③ 분석용 시료 중의 수분을 흡수시키는 컬럼이다.
④ 시료중 가용성 염류를 분리시키는 이온교환 컬럼이다.

해설

실리카겔 컬럼 정제는 산, 염화페놀, 폴리클로로페녹시페놀 등의 극성 화합물을 제거하기 위하여 수행하며, 사용 전에 정제하고 활성화시켜야 하거나 시판용 실리카 카트리지를 이용할 수 있다.

정답 ②

70 ★☆☆

자외선/가시선 분광법으로 시안을 정량할 때 시료에 포함되어 분석에 영향을 미치는 물질과 이를 제거하기 위해 사용되는 시약을 틀리게 연결한 것은?

① 유지류 : 클로로폼
② 황화합물 : 아세트산아연용액
③ 잔류염소 : 아비산나트륨용액
④ 질산염 : L−아스코르빈산

해설

L−아스코르빈산은 아비산나트륨과 같이 잔류염소 제거에 사용한다.

정답 ④

71 ★☆☆

염소이온에 관한 측정법에 대한 설명으로 가장 거리가 먼 것은?

① 정량범위는 질산은 적정법의 경우 0.1mg/L, 이온크로마토그래피법의 경우 0.7mg/L 이상이다.
② 질산은 적정법의 경우 시료가 심하게 착색되어 있으면 칼륨명반현탁액을 넣어 탈색시켜야 한다.
③ 질산은 적정법에 의한 종말점은 엷은 적황색 침전이 나타날 때이다.
④ 질산은 적정법은 질산은이 크롬산과 반응하여 크롬산은의 침전으로 나타나는 점을 적정의 종말점으로 한다.

해설

염소이온의 측정에서 적정법의 경우 정량범위는 0.7mg/L 이상이고 이온크로마토그래피법의 경우 0.1mg/L 이상이다.

염소이온	정량한계[mg/L]	정밀도[% RSD]
이온크로마토그래피	0.1	±25% 이내
적정법	0.7	±25% 이내
이온전극법	5	±25% 이내

정답 ①

72

★★★

시료채취 시 유의사항에 관한 내용으로 가장 거리가 먼 것은?

① 채취용기는 시료를 채우기 전에 시료로 3회 이상 세척 후 사용한다.

② 수소이온을 측정하기 위한 시료를 채취할 때에는 운반 중 공기와 접촉이 없도록 용기에 가득 채운다.

③ 휘발성 유기화합물 분석용 시료를 채취할 때에는 뚜껑에 격막이 생성되지 않도록 주의한다.

④ 시료채취량은 시험항목 및 시험횟수에 따라 차이가 있으나 보통 3~5리터 정도이다.

해설
휘발성 유기화합물 분석용 시료를 채취할 때에는 뚜껑의 격막을 만지지 않도록 주의하여야 한다.

정답 ③

73

★☆☆

현장에서 용존산소 측정이 어려운 경우에는 시료를 가득 채운 300mL BOD병에 황산망간용액 1mL, 알칼리성 요오드화칼륨－아자이드화나트륨 용액 1mL를 넣는다. 만약 시료 중 Fe(Ⅲ)이 함유되어 있을 때에 넣어주는 용액은?

① KF 용액
② KI 용액
③ H_2SO_4
④ 전분용액

해설
Fe(Ⅲ) 100~200mg/L가 함유되어 있는 시료의 경우, 황산을 첨가하기 전에 플루오린화칼륨(KF)용액 1mL를 가한다.

정답 ①

74

★★☆

웨어의 수두가 0.25m, 수로의 폭이 0.8m, 수로의 밑면에서 절단 하부점까지의 높이가 0.7m인 직각 3각웨어의 유량(m^3/min)은?

$$\left(\text{단, 유량계수 } K=81.2+\frac{0.24}{h}+\left(8.4+\frac{12}{\sqrt{D}}\right)\times\left(\frac{h}{B}-0.09\right)^2\right)$$

① 1.4
② 2.1
③ 2.6
④ 2.9

해설
1) $Q=K \cdot h^{\frac{5}{2}}$
   - Q: 유량[m^3/min]
   - K: 유량계수
   - h: 웨어의 수두[m]

2) $K=81.2+\dfrac{0.24}{h}+\left(8.4+\dfrac{12}{\sqrt{D}}\right)\times\left(\dfrac{h}{B}-0.09\right)^2$
   - D: 수로의 밑면으로부터 절단 하부 점까지의 높이[m]
   - B: 수로의 폭[m]

$\therefore Q=K \cdot h^{\frac{5}{2}}$

$=\left\{81.2+\dfrac{0.24}{0.25}+\left(8.4+\dfrac{12}{\sqrt{0.7}}\right)\times\left(\dfrac{0.25}{0.8}-0.09\right)^2\right\}\times(0.25)^{\frac{5}{2}}$

$=2.6m^3$/min

정답 ③

75 ★★☆

크롬 – 자외선/가시선 분광법에 관한 내용으로 틀린 것은?

① $KMnO_4$로 3가 크롬을 6가 크롬으로 산화시킨다.
② 적자색 착화합물의 흡광도를 430nm에서 측정한다.
③ 정량한계는 0.04mg/L이다.
④ 6가 크롬을 산성에서 다이페닐카바자이드와 반응시킨다.

해설
크롬은 적자색 착화합물의 흡광도를 540nm에서 측정한다.

관련이론 | 크롬 – 자외선/가시선 분광법
물속에 존재하는 크롬을 자외선/가시선 분광법으로 측정하는 것으로, 3가 크롬은 과망간산칼륨을 첨가하여 크롬으로 산화시킨 후, 산성 용액에서 다이페닐카바자이드와 반응하여 생성하는 적자색 착화합물의 흡광도를 540nm에서 측정한다.

정답 ②

76 ★☆☆

총질소의 측정원리에 관한 내용으로 (   )에 알맞은 것은?

> 시료 중 모든 질소화합물을 알칼리성 (   )을 사용하여 120℃ 부근에서 유기물과 함께 분해하여 질산이온으로 산화시킨 후 산성상태로 하여 흡광도를 220nm에서 측정하여 총질소를 정량하는 방법이다.

① 과황산칼륨
② 몰리브덴산 암모늄
③ 염화제일주석산
④ 아스코르빈산

해설
시료 중 모든 질소화합물을 알칼리성 과황산칼륨을 사용하여 120℃ 부근에서 유기물과 함께 분해하여 질산이온으로 산화시킨 후 산성상태로 하여 흡광도를 220nm에서 측정하여 총질소를 정량하는 방법이다.

정답 ①

77 ★★☆

물벼룩을 이용한 급성 독성시험법에서 사용하는 용어의 정의로 틀린 것은?

① 치사: 일정 비율로 준비된 시료에 물벼룩을 투입하고 24시간 경과 후 시험용기를 살며시 움직여주고, 15초 후 관찰했을 때 아무 반응이 없는 경우를 '치사'라 판정한다.
② 유영저해: 독성물질에 의해 영향을 받아 일부 기관(촉각, 후복부등)이 움직임이 없을 경우를 '유영저해'로 판정한다.
③ 반수영향농도: 투입 시험생물의 50%가 치사 혹은 유영저해를 나타낸 농도이다.
④ 지수식 시험방법: 시험기간 중 시험용액을 교환하여 농도를 지수적으로 계산하는 시험을 말한다.

해설
지수식 시험방법: 시험기간 중 시험용액을 교환하지 않는 시험을 말한다.

정답 ④

78 ★☆☆

황산산성에서 과요오드산 칼륨으로 산화하여 생성된 이온을 흡광도 525nm에서 측정하여 정량하는 금속은?

① Mn^{++}
② Ni^{++}
③ Co^{++}
④ Pb^{++}

해설
망간 – 자외선/가시선 분광법
물속에 존재하는 망간이온을 황산산성에서 과요오드산칼륨으로 산화하여 생성된 과망간산이온의 흡광도를 525nm에서 측정하는 방법이다.

정답 ①

79 ★☆☆

수질오염공정시험기준상 질산성 질소의 측정법으로 가장 적절한 것은?

① 자외선/가시선분광법(디아조화법)
② 이온크로마토그래피법
③ 이온전극법
④ 카드뮴 환원법

해설

질산성 질소의 적용가능한 시험방법
· 이온크로마토그래피법
· 자외선/가시선 분광법(부루신법)
· 자외선/가시선 분광법(활성탄흡착법)
· 데발다합금 환원증류법

정답 ②

80 ★☆☆

총인을 아스코르빈산 환원법에 의해 흡광도를 측정할 때 880nm에서 측정이 불가능한 경우, 어느 파장(nm)에서 측정할 수 있는가?

① 560 ② 660
③ 710 ④ 810

해설

총인을 아스코르빈산 환원법에 의해 흡광도를 측정할 때 880nm에서 측정이 불가능할 경우 710nm에서 측정한다.

정답 ③

수질환경관계법규

81 ★☆☆

중권역 환경관리위원회의 위원으로 될 수 없는 자는?

① 수자원 관계 기관의 임직원
② 지방의회의원
③ 관계 행정기관의 공무원
④ 영리 민간단체에서 추천한 자

해설

「환경정책기본법 시행령 제17조」

중권역위원회는 위원장 1명을 포함한 30명 이내의 위원으로 구성하고 중권역위원회의 위원장은 유역환경청장 또는 지방환경청장이 된다. 중권역위원회의 위원은 유역환경청장 또는 지방환경청장이 다음의 사람 중에서 위촉하거나 임명한다.
· 관계 행정기관의 공무원
· 지방의회의원
· 수자원 관계 기관의 임직원
· 상공(商工)단체 등 관계 경제단체·사회단체의 대표자
· 그 밖에 환경보전 또는 국토계획·도시계획에 관한 학식과 경험이 풍부한 사람
· 시민단체(「비영리민간단체 지원법」 제2조에 따른 비영리민간단체)에서 추천한 사람

정답 ④

82 ★☆☆

특정수질유해물질로 분류되어 있지 않은 것은?

① 구리와 그 화합물 ② 벤젠
③ 아크릴로니트릴 ④ 아세트알데히드

해설

「법 제2조」

"특정수질유해물질"이란 사람의 건강, 재산이나 동식물의 생육(生育)에 직접 또는 간접으로 위해를 줄 우려가 있는 수질오염물질로서 환경부령으로 정하는 것을 말한다.

「시행규칙 제4조」 및 「시행규칙 별표 3」

1. 구리와 그 화합물	18. 클로로포름
2. 납과 그 화합물	19. 1, 4-다이옥산
3. 비소와 그 화합물	20. 디에틸헥실프탈레이트
4. 수은과 그 화합물	(DEHP)
5. 시안화합물	21. 염화비닐
6. 유기인 화합물	22. 아크릴로니트릴
7. 6가크롬 화합물	23. 브로모포름
8. 카드뮴과 그 화합물	24. 아크릴아미드
9. 테트라클로로에틸렌	25. 나프탈렌
10. 트리클로로에틸렌	26. 폼알데하이드
11. 폴리클로리네이티드바이페닐	27. 에피클로로하이드린
12. 셀레늄과 그 화합물	28. 페놀
13. 벤젠	29. 펜타클로로페놀
14. 사염화탄소	30. 스티렌
15. 디클로로메탄	31. 비스(2-에틸헥실)아디페이트
16. 1, 1-디클로로에틸렌	32. 안티몬
17. 1, 2-디클로로에탄	

정답 ④

83 ★★☆

낚시제한구역에서의 낚시방법 제한사항에 관한 기준이 아닌 것은?

① 낚싯바늘에 끼워서 사용하지 아니하고 떡밥 등을 던지는 행위
② 1개의 낚싯대에 3개의 낚싯바늘을 떡밥과 뭉쳐서 미끼로 던지는 행위
③ 어선을 이용한 낚시행위 등 「낚시 관리 및 육성법」에 따른 낚시어선업을 영위하는 사업
④ 1명당 4대 이상의 낚싯대를 사용하는 행위

해설

「시행규칙 제30조」

낚시제한구역에서의 제한사항

- 낚싯바늘에 끼워서 사용하지 아니하고 물고기를 유인하기 위하여 떡밥·어분 등을 던지는 행위
- 어선을 이용한 낚시행위 등 「낚시 관리 및 육성법」에 따른 낚시어선업을 영위하는 행위
- 1명당 4대 이상의 낚싯대를 사용하는 행위
- 1개의 낚싯대에 5개 이상의 낚싯바늘을 떡밥과 뭉쳐서 미끼로 던지는 행위
- 쓰레기를 버리거나 취사행위를 하거나 화장실이 아닌 곳에서 대·소변을 보는 등 수질오염을 일으킬 우려가 있는 행위
- 고기를 잡기 위하여 폭발물·배터리·어망 등을 이용하는 행위(「내수면어업법」에 따라 면허 또는 허가를 받거나 신고를 하고 어망을 사용하는 경우 제외)

정답 ②

84 ★★★

대권역 물환경관리계획을 수립하는 경우 포함되어야 할 사항 중 가장 거리가 먼 것은?

① 점오염원의 확대 계획 및 저감시설 현황

② 점오염원, 비점오염원 및 기타수질오염원 분포현황

③ 상수원 및 물 이용현황

④ 점오염원, 비점오염원 및 기타수질오염원에서 배출되는 수질오염물질의 양

해설

「법 제24조」

대권역 물환경관리계획의 수립 시 포함되어야 할 사항

- 물환경의 변화 추이 및 물환경목표기준
- 상수원 및 물 이용현황
- 점오염원, 비점오염원 및 기타수질오염원의 분포현황
- 점오염원, 비점오염원 및 기타수질오염원에서 배출되는 수질오염물질의 양
- 수질오염 예방 및 저감 대책
- 물환경 보전조치의 추진방향
- 「기후위기 대응을 위한 탄소중립·녹색성장 기본법」에 따른 기후변화에 대한 적응대책
- 그 밖에 환경부령으로 정하는 사항

정답 ①

85 ★☆☆

시·도지사가 측정망을 이용하여 수질오염도를 상시측정하거나 수생태계 현황을 조사한 경우에 그 조사 결과를 며칠 이내에 환경부장관에게 보고하여야 하는가?

① 수질오염도: 측정일이 속하는 달의 다음 달 5일 이내, 수생태계현황: 조사 종료일부터 1개월 이내

② 수질오염도: 측정일이 속하는 달의 다음 달 5일 이내, 수생태계현황: 조사 종료일부터 3개월 이내

③ 수질오염도: 측정일이 속하는 달의 다음 달 10일 이내, 수생태계현황: 조사 종료일부터 1개월 이내

④ 수질오염도: 측정일이 속하는 달의 다음 달 10일 이내, 수생태계현황: 조사 종료일부터 3개월 이내

해설

「시행규칙 제23조」

시·도지사, 대도시의 장 또는 수면관리자는 수질오염도를 상시측정하거나 수질의 관리 등을 위한 조사를 한 경우에는 그 결과를 다음 기간까지 환경부장관에게 보고하여야 한다.

- 수질오염도: 측정일이 속하는 달의 다음 달 10일 이내
- 수생태계 현황: 조사 종료일부터 3개월 이내

정답 ④

86 ★☆☆

기본배출부과금 산정 시 청정지역 및 가 지역의 지역별 부과계수는?

① 2.0　　　　② 1.5

③ 1.0　　　　④ 0.5

해설

「시행령 별표 10」

청정지역 및 가지역	나지역 및 특례지역
1.5	1

정답 ②

87 ★☆☆

호소안의 쓰레기 수거, 처리에 관한 설명으로 적절치 못한 것은?

① 수면관리자와 관계 자치단체의 장은 호소 안의 쓰레기 수거에 소요되는 비용을 분담하기 위한 협의를 하여야 한다.

② 해당 호소를 관할하는 시장, 군수, 구청장은 수거된 쓰레기를 운반, 처리하여야 한다.

③ 호소안의 쓰레기 운반·처리에 관한 협약이 체결되지 아니하는 경우 조정권자는 환경부장관이다.

④ 호소안의 쓰레기 수거 의무자는 수면관리자이다.

해설

「법 제31조」

• 수면관리자는 호소 안의 쓰레기를 수거하고, 해당 호소를 관할하는 특별자치시장·특별자치도지사·시장·군수·구청장은 수거된 쓰레기를 운반·처리하여야 한다.

• 수면관리자 및 특별자치시장·특별자치도지사·시장·군수·구청장은 제1항에 따른 쓰레기의 운반·처리 주체 및 쓰레기의 운반·처리에 드는 비용을 분담하기 위한 협약을 체결하여야 한다.

• 수면관리자 및 특별자치시장·특별자치도지사·시장·군수·구청장은 제2항에 따른 협약이 체결되지 아니하는 경우에는 환경부장관에게 조정을 신청할 수 있다. 이 경우 환경부장관의 조정이 있으면 제2항에 따른 협약이 체결된 것으로 본다.

• 제3항에 따른 조정의 신청절차에 관하여 필요한 사항은 환경부령으로 정한다.

정답 ①

88 ★★☆

물환경보전법상 수면관리자에 관한 정의로 옳은 것은?

> (㉠)에 따라 호소를 관리하는 자를 말한다. 이 경우 동일한 호소를 관리하는 자가 둘 이상인 경우에는 (㉡)가 수면관리자가 된다.

① ㉠ 물환경보전법,
  ㉡ 상수도법에 따른 하천관리청의 자

② ㉠ 물환경보전법,
  ㉡ 상수도법에 따른 하천관리청 외의 자

③ ㉠ 다른 법령,
  ㉡ 하천법에 따른 하천관리청의 자

④ ㉠ 다른 법령,
  ㉡ 하천법에 따른 하천관리청 외의 자

해설

「법 제2조」

수면관리자란 다른 법령에 따라 호소를 관리하는 자를 말한다. 이 경우 동일한 호소를 관리하는 자가 둘 이상인 경우에는 하천법에 따른 하천관리청 외의 자가 수면관리자가 된다.

정답 ④

89 ★☆☆

위임업무 보고사항 중 업무내용에 따른 보고횟수가 연 2회에 해당하지 않는 것은?

① 기타 수질오염원 현황

② 과징금 부과 실적

③ 비점오염원 설치신고 및 방지시설 설치 현황

④ 과징금 징수 실적 및 체납처분 현황

선지분석

「시행규칙 별표 23」

① 기타 수질오염원 현황: 연 2회

② 과징금 부과 실적: 연 2회

③ 비점오염원 설치신고 및 방지시설 설치 현황: 연 4회

④ 과징금 징수 실적 및 체납처분 현황: 연 2회

정답 ③

2024년

90 ★★☆

환경정책기본법령에 의한 수질 및 수생태계 상태를 등급으로 나타내는 경우 '좋음' 등급에 대해 설명한 것은? (단, 수질 및 수생태계 하천의 생활 환경기준)

① 용존산소가 풍부하고 오염물질이 거의 없는 청정상태에 근접한 생태계로 침전 등 간단한 정수처리 후 생활용수로 사용할 수 있음
② 용존산소가 풍부하고 오염물질이 거의 없는 청정상태에 근접한 생태계로 여과·침전 등 간단한 정수처리 후 생활용수로 사용할 수 있음
③ 용존산소가 많은 편이고 오염물질이 거의 없는 청정상태에 근접한 생태계로 여과·침전·살균 등 일반적인 정수처리 후 생활용수로 사용할 수 있음
④ 용존산소가 많은 편이고 오염물질이 거의 없는 청정상태에 근접한 생태계로 활성탄 투입 등 일반적인 정수처리 후 생활용수로 사용할 수 있음

해설

「환경정책기본법 시행령 별표 1」

등급별 수질 및 수생태계 상태
- 매우 좋음: 용존산소가 풍부하고 오염물질이 없는 청정상태의 생태계로 여과·살균 등 간단한 정수처리 후 생활용수로 사용할 수 있음
- 좋음: 용존산소가 많은 편이고 오염물질이 거의 없는 청정상태에 근접한 생태계로 여과·침전·살균 등 일반적인 정수처리 후 생활용수로 사용할 수 있음
- 약간 좋음: 약간의 오염물질은 있으나 용존산소가 많은 상태의 다소 좋은 생태계로 여과·침전·살균 등 일반적인 정수처리 후 생활용수 또는 수영용수로 사용할 수 있음
- 보통: 보통의 오염물질로 인하여 용존산소가 소모되는 일반 생태계로 여과, 침전, 활성탄 투입, 살균 등 고도의 정수처리 후 생활용수로 이용하거나 일반적 정수처리 후 공업용수로 사용할 수 있음
- 약간 나쁨: 상당량의 오염물질로 인하여 용존산소가 소모되는 생태계로 농업용수로 사용하거나 여과, 침전, 활성탄 투입, 살균 등 고도의 정수처리 후 공업용수로 사용할 수 있음
- 나쁨: 다량의 오염물질로 인하여 용존산소가 소모되는 생태계로 산책 등 국민의 일상생활에 불쾌감을 주지 않으며, 활성탄 투입, 역삼투압 공법 등 특수한 정수처리 후 공업용수로 사용할 수 있음
- 매우 나쁨: 용존산소가 거의 없는 오염된 물로 물고기가 살기 어려움

정답 ③

91 ★☆☆

오염총량관리 조사·연구반의 수행 업무와 가장 거리가 먼 것은?

① 오염총량관리기본계획에 대한 검토
② 오염총량관리 성과지표에 대한 검토
③ 오염총량관리시행계획에 대한 검토
④ 오염총량목표수질 설정을 위하여 필요한 수계특성에 대한 조사·연구

해설

「시행규칙 제20조」

오염총량관리 조사·연구반의 수행 업무
- 오염총량목표수질에 대한 검토·연구
- 오염총량관리기본방침에 대한 검토·연구
- 오염총량관리기본계획에 대한 검토
- 오염총량관리시행계획에 대한 검토
- 오염총량관리시행계획에 대한 전년도의 이행사항 평가 보고서 검토
- 오염총량목표수질 설정을 위하여 필요한 수계특성에 대한 조사·연구
- 오염총량관리제도의 시행과 관련한 제도 및 기술적 사항에 대한 검토·연구
- 위의 업무를 수행하기 위한 정보체계의 구축 및 운영

정답 ②

92 ★★☆

공공폐수처리시설의 유지·관리기준에 관한 사항으로 ( )에 옳은 내용은?

> 처리시설의 관리, 운영자는 처리시설의 적정 운영 여부를 확인하기 위하여 방류수 수질검사를 (㉠) 실시하되, 1일당 2천 세제곱미터 이상인 시설은 주 1회 이상 실시하여야 한다. 다만, 생태독성(TU) 검사는 (㉡) 실시하여야 한다.

① ㉠ 월 2회 이상, ㉡ 월 1회 이상
② ㉠ 월 1회 이상, ㉡ 월 2회 이상
③ ㉠ 월 2회 이상, ㉡ 월 2회 이상
④ ㉠ 월 1회 이상, ㉡ 월 1회 이상

해설
「시행규칙 별표 15」
처리시설의 관리, 운영자는 처리시설의 적정 운영 여부를 확인하기 위하여 방류수 수질검사를 월 2회 이상 실시하되 1일당 2천 세제곱미터 이상인 시설은 주 1회 이상 실시하여야 한다. 다만, 생태독성(TU) 검사는 월 1회 이상 실시하여야 한다.

정답 ①

93 ★★★

수질오염방지시설 중 물리적 처리시설에 해당되지 않는 것은?

① 유수분리시설
② 혼합시설
③ 침전물 개량시설
④ 응집시설

해설
「시행규칙 별표 5」
침전물 개량시설은 화학적 처리시설이다.

정답 ③

94 ★★☆

배출시설에 대한 일일기준초과배출량 산정에 적용되는 일일유량은 (측정유량×일일조업시간)이다. 일일유량을 구하기 위한 일일조업 시간에 대한 설명으로 ( )에 맞는 것은?

> 측정하기 전 최근 조업한 30일간의 배출시설 조업시간의 (㉠)로서 (㉡)으로 표시한다.

① ㉠ 평균치, ㉡ 분(min)
② ㉠ 평균치, ㉡ 시간(hr)
③ ㉠ 최대치, ㉡ 분(min)
④ ㉠ 최대치, ㉡ 시간(hr)

해설
「시행령 별표 15」
측정하기 전 최근 조업한 30일간의 배출시설 조업시간의 평균치로서 분(min)으로 표시한다.

정답 ①

95 ★☆☆

환경부장관이 수질 등의 측정자료를 관리·분석하기 위하여 측정기기 부착사업자 등이 부착한 측정기기와 연결, 그 측정결과를 전산 처리할 수 있는 전산망 운영을 위한 수질원격감시체계 관제센터를 설치·운영할 수 있는 곳은?

① 국립환경과학원
② 유역환경청
③ 한국환경공단
④ 시·도 보건환경연구원

해설
「법 제38조의5」
「시행령 제37조」
환경부장관은 전산망을 운영하기 위하여 「한국환경공단법」에 따른 한국환경공단에 수질원격감시체계 관제센터를 설치·운영할 수 있다.

정답 ③

2024년

96

★☆☆

하천, 호소에서 자동차를 세차하는 행위를 한 자에 대한 과태료 처분기준으로 적절한 것은?

① 100만원 이하의 과태료 ② 50만원 이하의 과태료
③ 30만원 이하의 과태료 ④ 10만원 이하의 과태료

해설
「법 제82조」
100만원 이하의 과태료
• 하천·호소에서 자동차를 세차하는 행위를 한 자
• 낚시제한구역에서 낚시행위를 한 사람
• 배출시설의 변경신고를 하지 아니한 자
• 기타수질오염원의 변경신고를 하지 아니한 자
• 환경기술인 등의 교육을 받게 하지 아니한 자
• 보고를 하지 아니하거나 거짓으로 보고한 자 또는 자료를 제출하지 아니하거나 거짓으로 제출한 자

정답 ①

97

★☆☆

사업장의 규모별 구분에 관한 내용으로 (   )에 맞는 내용은?

> 최초 배출시설 설치허가시의 폐수배출량은 사업계획에 따른
> (   )을 기준으로 산정한다.

① 예상희석수사용량 ② 예상폐수배출량
③ 예상하수배출량 ④ 예상용수사용량

해설
「시행령 별표 13」
최초 배출시설 설치허가시의 폐수배출량은 사업계획에 따른 예상용수사용량을 기준으로 산정한다.

정답 ④

98

★★☆

초과부과금을 산정할 때 1kg당 부과금액이 가장 높은 수질오염물질은?

① 카드뮴 및 그 화합물
② 크롬 및 그 화합물
③ 시안화합물
④ 구리 및 그 화합물

선지분석
「시행령 별표 14」
1킬로그램당 부과금액
① 카드뮴 및 그 화합물(500,000원)
② 크롬 및 그 화합물(75,000원)
③ 시안화합물(150,000원)
④ 구리 및 그 화합물(50,000원)

정답 ①

99 ★★★

물환경보전법상 용어의 정의로 옳지 않은 것은?

① 폐수라 함은 물에 액체성 또는 고체성의 수질오염물질이 섞여 있어 그대로는 사용할 수 없는 물을 말한다.

② 수질오염물질이라 함은 수질오염의 요인이 되는 물질로서 환경부령이 정하는 것을 말한다.

③ 폐수무방류배출시설이라 함은 폐수배출시설에서 발생하는 폐수를 위탁하여 공공수역으로 배출하지 아니하는 시설을 말한다.

④ 기타수질오염원이라 함은 점오염원 및 비점오염원으로 관리되지 아니하는 수질오염물질을 배출하는 시설 또는 장소로서 환경부령이 정하는 것을 말한다.

해설

「법 제2조」

"폐수무방류배출시설"이란 폐수배출시설에서 발생하는 폐수를 해당 사업장에서 수질오염방지시설을 이용하여 처리하거나 동일 폐수배출시설에 재이용하는 등 공공수역으로 배출하지 아니하는 폐수배출시설을 말한다.

정답 ③

100 ★★☆

비점오염저감시설의 설치기준에서 자연형 시설중 인공습지의 설치기준으로 틀린 것은?

① 습지에는 물이 연중 항상 있을 수 있도록 유량공급대책을 마련하여야 한다.

② 인공습지의 유입구에서 유출구까지의 유로는 최대한 길게 하고, 길이 대 폭의 비율은 2 : 1 이상으로 한다.

③ 생물의 서식 공간을 창출하기 위하여 5종부터 7종까지의 다양한 식물을 심어 생물다양성을 증가시킨다.

④ 유입부에서 유출부까지의 경사는 1.0~5.0%를 초과하지 아니하도록 한다.

해설

「시행규칙 별표 17」

인공습지의 설치기준

- 인공습지의 유입구에서 유출구까지의 유로는 최대한 길게 하고, 길이 대 폭의 비율은 2 : 1 이상으로 한다.
- 다양한 생태환경을 조성하기 위하여 인공습지 전체 면적 중 50퍼센트는 얕은 습지(0~0.3미터), 30퍼센트는 깊은 습지(0.3~1.0미터), 20퍼센트는 깊은 못(1~2미터)으로 구성한다.
- 유입부에서 유출부까지의 경사는 0.5퍼센트 이상 1.0퍼센트 이하의 범위를 초과하지 아니하도록 한다.
- 물이 습지의 표면 전체에 분포할 수 있도록 적당한 수심을 유지하고, 물 이동이 원활하도록 습지의 형상 등을 설계하며, 유량과 수위를 정기적으로 점검한다.
- 습지는 생태계의 상호작용 및 먹이사슬로 수질정화가 촉진되도록 정수식물, 침수식물, 부엽식물 등의 수생식물과 조류, 박테리아 등의 미생물, 소형 어패류 등의 수중생태계를 조성하여야 한다.
- 습지에는 물이 연중 항상 있을 수 있도록 유량공급대책을 마련하여야 한다.
- 생물의 서식 공간을 창출하기 위하여 5종부터 7종까지의 다양한 식물을 심어 생물다양성을 증가시킨다.
- 부유성 물질이 습지에서 최종 방류되기 전에 하류수역으로 유출되지 아니하도록 출구 부분에 자갈쇄석, 여과망 등을 설치한다.

정답 ④

수질오염개론

01 ★★★

크기가 2,000m³인 탱크 내 염소이온 농도가 250mg/L이다. 탱크 내의 물은 완전혼합이며, 염소이온이 없는 물이 20m³/hr로 연속적으로 유입되어 염소이온 농도가 2.5mg/L로 낮아질 때까지의 소요시간(hr)은?

① 약 310　　　　② 약 360
③ 약 410　　　　④ 약 460

해설

CFSTR 반응조이지만 염소이온의 일시적 유입이 주어졌으므로 이 문제는 1차 반응식으로 풀어야 한다.

$$\ln\frac{C_t}{C_0} = -k \cdot t$$

- C_t: 처리 후 농도[mg/L]
- C_0: 초기 농도[mg/L]
- k: 반응속도상수[hr⁻¹]
- t: 반응시간[hr]

$$\ln\frac{C_t}{C_0} = -\frac{Q}{\forall}t \quad \left(\because k = \frac{Q}{\forall}\right)$$

$$\ln\frac{2.5\text{mg/L}}{250\text{mg/L}} = -\frac{20\text{m}^3/\text{hr}}{2,000\text{m}^3} \times t$$

$$\therefore t = 460.517 ≒ 460\text{hr}$$

정답 ④

02 ★★☆

다음 중 수자원에 대한 특성으로 옳은 것은?

① 지하수는 지표수에 비하여 자연, 인위적인 국지조건에 따른 영향이 크다.
② 해수는 염분, 온도, pH 등 물리화학적 성상이 불안정하다.
③ 하천수는 주변지질의 영향이 적고 유기물을 많이 함유하는 경우가 거의 없다.
④ 우수의 주성분은 해수의 주성분과 거의 동일하다.

해설

우수의 주성분은 육수보다는 해수와 거의 동일하다.

선지분석

① 지하수 자체의 특성에는 자연, 인위적인 국지조건에 따른 영향이 큰 것은 맞지만, 지표수와 비교했을 때는 지표수가 지하수에 비하여 영향이 더 크다.
② 해수는 염분, 온도, pH 등 물리화학적 성상이 안정하다.
③ 하천수는 유기물을 많이 함유하고 있다.

정답 ④

03 ★☆☆

진핵세포 또는 원핵세포 내 기관 중 단백질 합성이 주요 기능인 것은?

① 미토콘드리아　　　② 리보솜
③ 액포　　　　　　　④ 리소좀

선지분석

① 미토콘드리아: 에너지 분자 ATP 분자 생성하는 소기관
② 리보솜: 단백질 합성을 담당하는 세포 소기관
③ 액포: 세포 내 불순물과 수분을 저장하는 소기관
④ 리소좀: 단백질 분해 효소가 들어있는 세포 내의 작은 주머니 형태의 소기관

정답 ②

04 ★★★

수질오염물질 중 중금속에 관한 설명으로 틀린 것은?

① 카드뮴: 인체 내에서 투과성이 높고 이동성이 있는 독성 메틸 유도체로 전환된다.
② 비소: 인산염 광물에 존재해서 인 화합물 형태로 환경 중에 유입된다.
③ 납: 급성독성은 신장, 생식계통, 간 그리고 뇌와 중추신경계에 심각한 장애를 유발한다.
④ 수은: 수은 중독은 BAL, Ca_2EDTA로 치료할 수 있다.

해설

카드뮴은 인체에서 투과성이 높지 않아 칼슘과 치환되어 축적된다. 일반적으로 식품으로부터 가장 많이 섭취되며, 이타이이타이병을 유발한다.

정답 ①

05 ★★☆

자정상수(f)의 영향 인자에 관한 설명으로 옳은 것은?

① 수심이 깊을수록 자정상수는 커진다.
② 수온이 높을수록 자정상수는 작아진다.
③ 유속이 완만할수록 자정상수는 커진다.
④ 바닥구배가 클수록 자정상수는 작아진다.

선지분석

자정상수(f)의 영향 인자

① 수심이 얕을수록 자정상수는 커진다.
② 수온이 높을수록 자정상수는 작아진다.
③ 유속이 빨라지면 자정상수는 커진다.
④ 바닥구배가 클수록 자정상수는 커진다.

정답 ②

06 ★☆☆

부영양화가 진행된 호소에 대한 수면관리 대책으로 틀린 것은?

① 수중폭기한다.
② 퇴적층을 준설한다.
③ 수생식물을 이용한다.
④ 살조제는 황산알루미늄을 주로 많이 쓴다.

관련이론 | 부영양화 호소의 수면관리

1. 유로변경
   • 영양염류가 풍부한 유입수를 호소에 유입되지 않도록 다른 곳으로 전환하는 방법이다.
   • 부영양화 정도가 경미하고 유입수 외에는 특별한 영양염류의 유입원이 없는 호소에 적당하다.
2. 화학응집
   • 호소 내 영양염류가 과다한 소규모 호소에 적당하다.
   • 화학약품 투입을 통해 영양염류를 침전시키거나 생물체에 이용이 곤란한 형태로 전환한다.
   • 대부분 인산염을 공침시키기 위해 Ca^{2+}, Fe^{3+}, Al^{3+}를 첨가한다.
3. 준설(Dredging)
   • 유기물 및 영양염류의 함량이 높은 퇴적물을 제거하는 방법이다.
   • 퇴적물로부터의 영양염 공급이 현저히 많은 경우에 적당하다.
4. 심층폭기(Hypolimnetic Aeration)
   혐기성 상태인 심층수를 폭기시켜 산소를 공급함으로써 유기물 분해를 촉진하고 퇴적층으로부터의 영양염류 용출을 억제한다.
5. 살조제(Algicide) 사용
   • 소규모 호소에 적당하다.
   • 황산구리($CuSO_4$)가 널리 이용되며 조류 생장이 적은 이른 봄에 투여하는 것이 적당하고, 일반적으로 수표면에 0.1~0.5mg/L의 농도로 투여한다.

정답 ④

07 ★☆☆

산화-환원에 대한 설명으로 알맞지 않은 것은?

① 산화는 전자를 받아들이는 현상을 말하며, 환원은 전자를 잃는 현상을 말한다.

② 이온 원자가나 공유 원자가에 (+)나 (−)부호를 붙인 것을 산화수라 한다.

③ 산화는 산화수의 증가를 말하며, 환원은 산화수의 감소를 말한다.

④ 산화는 수소화합물에서 수소를 잃는 현상이며 환원은 수소와 화합하는 현상을 말한다.

해설

산화는 전자를 잃는 현상을 말하며, 환원은 전자를 받아들이는 현상을 말한다.

관련이론 | 산화-환원의 정의

	산소	수소	전자	산화수 (산화상태)
산화	얻음	잃음	잃음	증가
환원	잃음	얻음	얻음	감소

정답 ①

08 ★★☆

연속류 교반 반응조(CFSTR)에 관한 내용으로 틀린 것은?

① 충격부하에 강하다.

② 부하변동에 강하다.

③ 유입된 액체의 일부분은 즉시 유출된다.

④ 동일 용량 PFR에 비해 제거효율이 좋다.

해설

CFSTR 반응조는 동일 용량 PFR에 비해 제거효율이 낮다.

정답 ④

09 ★★☆

$Ca(OH)_2$ 500mg/L 용액의 pH는? (단, $Ca(OH)_2$는 완전해리, 원자량 Ca: 40, H: 1, O: 16)

① 11.43
② 11.73
③ 12.13
④ 12.53

해설

$Ca(OH)_2 \rightarrow Ca^{2+} + 2OH^-$

$Ca(OH)_2$ 분자량: 74g/mol

$$pH = \log\frac{1}{[H^+]} = 14 - \log\frac{1}{[OH^-]}$$

· $Ca(OH)_2$ 몰농도

$$\frac{500mg}{L} \times \frac{1g}{10^3 mg} \times \frac{1mol}{74g} = 6.76 \times 10^{-3} mol/L$$

· 해리된 OH^- 몰농도 $= 2 \times Ca(OH)_2$ 몰농도 $= 2 \times 6.76 \times 10^{-3}$

※ $Ca(OH)_2$가 100% 전리된다면 전리된 $[OH^-]$는 $Ca(OH)_2$ 몰농도의 2배가 된다.

$$\therefore pH = 14 - \log\frac{1}{[OH^-]}$$

$$= 14 - \log\frac{1}{[2 \times 6.76 \times 10^{-3}]} = 12.13$$

정답 ③

10 ★★☆

자체의 염분농도가 평균 20mg/L인 폐수에 시간당 4kg의 소금을 첨가시킨 후 하류에서 측정한 염분의 농도가 55mg/L이었을 때 유량(m³/sec)은?

① 0.0317
② 0.317
③ 0.0634
④ 0.634

해설

$$C_m = \frac{C_1 Q_1 + C_2 Q_2}{Q_1 + Q_2}$$

$$55mg/L = \frac{20mg/L \times Q_1 + 4kg/hr}{Q_1 + 0}$$

$$55mg/L \times Q_1 = 20mg/L \times Q_1 + 4kg/hr$$

$$35mg/L \times Q_1 = 4kg/hr$$

$$\therefore Q_1[m^3/sec] = \frac{4kg}{hr} \times \frac{L}{35mg} \times \frac{10^6 mg}{1kg} \times \frac{1m^3}{10^3 L} \times \frac{1hr}{3,600sec}$$

$$= 0.0317 m^3/sec$$

정답 ①

11 ★★★

호수나 저수지의 여름철 성층현상에 관한 설명 중 옳지 않은 것은?

① 수온 차에 따라 표수층, 수온약층, 심수층의 성층을 이룬다.
② 하층의 물은 표층으로 잘 순환(Turn Over)되지 않고 수직 운동은 상층에만 국한된다.
③ 완충작용을 하는 수온약층의 깊이에 따른 수온 차이는 표층수에 비해 매우 적다.
④ 수심에 따른 온도변화로 인해 발생되는 물의 밀도 차에 의해 발생된다.

해설

태양에 의해 수표면이 가열됨에 따라 표층의 수온만 상승하게 되어 표층과 심층 간에는 뚜렷한 온도차가 나타나며, 이러한 표층과 심층의 중간인 중층의 수온변화가 큰 층을 수온약층이라고 한다.

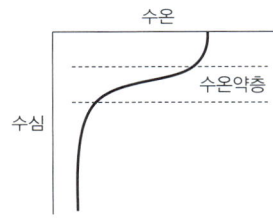

관련이론 | 호소의 성층현상(Stratification)

- 햇빛에 의해 수표면 가열이 일어나 표층의 밀도가 심층보다 낮아져 가벼운 물(수온이 높은 물)은 표층에, 무거운 물(수온이 낮은 물)은 심층에 존재하게 됨으로서 수체의 수직 혼합이 억제되어 안정상태를 유지하게 된다.
- 여름성층의 경우 수심에 따른 수온과 용존산소(DO)는 유사한 형태를 갖는다.

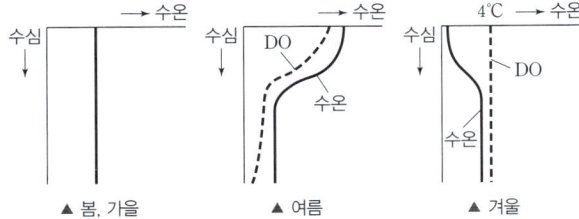

정답 ③

12 ★★☆

산업폐수의 BOD_5가 235mg/L이며, BOD_u는 350mg/L이라면 BOD_3은? (단, 기타 조건은 같음, base는 상용대수)

① 약 141mg/L ② 약 151mg/L
③ 약 161mg/L ④ 약 171mg/L

해설

BOD 소모 공식을 이용한다.
$BOD_t = BOD_u(1-10^{-k_1 t})$
$235 = 350(1-10^{-k_1 \times 5})$
$k_1 = 0.0967$
$BOD_3 = BOD_u(1-10^{-k_1 \times 3})$
$\quad = 350 \times (1-10^{-0.0967 \times 3}) = 170.5398mg/L$

정답 ④

13 ★☆☆

자연계 내에서 질소를 고정할 수 있는 생물과 가장 거리가 먼 것은?

① Blue green algae ② Rhizobium
③ Azotobacter ④ Flagellates

해설

Flagellates(편모충류)는 질소고정과 관련이 없다.
질소고정 세균은 대기 속에 존재하는 유리질소를 유기물 합성에 이용할 수 있는 세균으로 단생질소고정균과 공생질소고정균으로 나눌 수 있다.
단생질소고정균에는 ① 남조류(Blue green algae), ③ 아조토박터(Azotobacter), 클로스트리디움(Clostridium) 등이 해당하며, 공생질소고정균에는 ② 뿌리혹박테리아(Rhizobium)와 엽류균 등이 포함된다.

정답 ④

14

★☆☆

벤젠, 톨루엔, 에틸벤젠, 자일렌이 같은 몰수로 혼합된 용액이 라울트 법칙을 따른다고 가정하면 혼합액의 총 증기압 (25℃ 기준, atm)은? (단, 벤젠, 톨루엔, 에틸벤젠, 자일렌의 25℃에서 순수액체의 증기압은 각각 0.126, 0.038, 0.0126, 0.01177atm이며, 기타 조건은 고려하지 않음)

① 0.047
② 0.057
③ 0.067
④ 0.077

해설

벤젠, 톨루엔, 에틸벤젠, 자일렌이 같은 몰수로 혼합된 용액이라면 각 물질의 몰분율은 0.25이다.
벤젠의 증기압을 계산할 때에는 톨루엔, 에틸벤젠, 자일렌이 용질이 되므로 용질의 몰분율은 이들의 합인 0.75가 된다는 점에 유의한다.
라울트의 법칙에 의하여 각 물질의 증기압을 계산하면 다음과 같다.

- 벤젠 증기압 $= 0.126 \times (1 - 0.75) = 0.0315$atm
- 톨루엔 증기압 $= 0.038 \times (1 - 0.75) = 0.0095$atm
- 에틸벤젠 증기압 $= 0.0126 \times (1 - 0.75) = 0.00315$atm
- 자일렌 증기압 $= 0.01177 \times (1 - 0.75) = 0.0029425$atm

$$\therefore \text{총 증기압} = 0.0315 + 0.0095 + 0.00315 + 0.0029425$$
$$= 0.047\text{atm}$$

관련이론 | 라울트의 법칙
용액의 증기압(P_x)=순수 용매의 증기압$(P_o) \times (1-$용질의 몰분율$(X_A))$

정답 ①

15

★★☆

25℃, 2기압의 메탄가스 40kg을 저장하는 데 필요한 탱크의 부피(m³)는? (단, 이상기체의 법칙, $R=0.082$L·atm/mol·K)

① 20.6
② 25.3
③ 30.5
④ 35.3

해설

이상기체(상태)방정식 $PV = nRT$를 이용한다.
메탄가스(CH_4)의 분자량은 16g이므로 n은 다음과 같다.

$$n[\text{mol}] = \frac{M}{M_w}$$
$$= 40\text{kg} \times \frac{1\text{mol}}{16\text{g}} \times \frac{10^3\text{g}}{1\text{kg}} = 2,500\text{mol}$$

$$\therefore V[\text{m}^3] = \frac{nRT}{P}$$
$$= 2,500\text{mol} \times \frac{0.082\text{L}\cdot\text{atm}}{\text{mol}\cdot\text{K}} \times (273+25)\text{K} \times \frac{1}{2\text{atm}}$$
$$\times \frac{1\text{m}^3}{10^3\text{L}} = 30.5\text{m}^3$$

정답 ③

16

★☆☆

용액을 통해 흐르는 전류의 특성으로 틀린 것은?

① 전류는 전자에 의해 운반된다.
② 온도의 상승은 저항을 감소시킨다.
③ 대체로 전기저항이 금속의 경우보다 크다.
④ 용액에서 화학변화가 일어난다.

해설

용액의 경우 이온에 의해 전류가 흐른다. 금속을 통해 흐르는 전류가 전자에 의해 운반된다.

정답 ①

17 ★☆☆

부조화형 호수가 아닌 것은?

① 부식영양형 호수　　② 부영양형 호수
③ 알칼리영양형 호수　　④ 산영양형 호수

· 부(비)조화형 호수에는 부식영양형, 산영양형, 알칼리영양형이 있다.
· 부영양형 호수는 조화형 호수에 해당한다.

　②

18 ★☆☆

건조고형물량이 3,000kg/day인 생슬러지를 저율혐기성소화조로 처리할 때 휘발성고형물은 건조고형물의 70%이고 휘발성고형물의 60%는 소화에 의해 분해된다. 소화된 슬러지의 총고형물은 몇 kg/day인가?

① 1,040kg/day　　② 1,740kg/day
③ 2,040kg/day　　④ 2,440kg/day

소화 후 슬러지의 총고형물＝소화 후 VS＋소화 후 FS

소화 후 $VS = \dfrac{3,000\text{kg}}{\text{day}} \times \dfrac{70}{100} \times \dfrac{40}{100}$
$\quad\quad\quad = 840\text{kg/day}$

소화 후 $FS = \dfrac{3,000\text{kg}}{\text{day}} \times \dfrac{30}{100}$
$\quad\quad\quad = 900\text{kg/day}$

∴ 소화 후 슬러지의 총고형물＝840＋900＝1,740kg/day

　②

19 ★☆☆

수산화칼슘(Ca(OH)$_2$)은 중탄산칼슘(Ca(HCO$_3$)$_2$)과 반응하여 탄산칼슘(CaCO$_3$)의 침전을 형성한다고 할 때 10g의 Ca(OH)$_2$에 대하여 몇 g의 CaCO$_3$가 생성되는가? (단, 원자량 Ca: 40)

① 37　　　　　　② 27
③ 17　　　　　　④ 7

$$\underset{74\text{g}}{\text{Ca(OH)}_2} + \text{Ca(HCO}_3)_2 \rightarrow \underset{2 \times 100\text{g}}{2\text{CaCO}_3} + 2\text{H}_2\text{O}$$

비례식으로 정리하면,

74g : 2×100g＝10g : X(g)

∴ X(＝CaCO$_3$)＝27.03≒27g

　②

20 ★☆☆

일반적으로 적용되는 부영양화모델의 방정식 $\dfrac{\partial x}{\partial t} = f(x, u, a, p)$의 설명으로 틀린 것은?

① a: 호수생태계의 특색을 나타내는 상수 vector
② f: 유입, 유출, 호수 내에서의 이류, 확산 등 상태 변수의 변화속도
③ p: 수량부하, 일사량 등에 관련되는 입력함수
④ x: 호수 및 저니 속의 어떤 지점에서의 물리적, 화학적, 생물학적인 상태량

· p: 확률적인 요인
· u: 입력함수(수량부하, 일사량, 풍력에너지의 대응)

　③

상하수도계획

21 ★★★

펌프의 규정토출량 50m³/min, 펌프의 규정회전수 900회/min, 펌프의 규정양정 15m일 때 비교 회전도는?

① 약 835   ② 약 926

③ 약 1,048   ④ 약 1,135

해설

$$N_s = N \times \frac{Q^{\frac{1}{2}}}{H^{\frac{3}{4}}}$$

- N_s : 비교회전도(rpm)
- N : 펌프의 회전수(rpm)
- Q : 펌프의 토출량(m³/min)
- H : 펌프의 양정(m)

$$N_s = N \times \frac{Q^{\frac{1}{2}}}{H^{\frac{3}{4}}}$$
$$= 900 \times \frac{50^{\frac{1}{2}}}{15^{\frac{3}{4}}} = 834.9 \fallingdotseq 835$$

정답 ①

22 ★★☆

취수탑의 위치에 관한 내용으로 ( )에 옳은 것은?

> 연간을 통하여 최소수심이 ( ) 이상으로 하천에 설치하는 경우에는 유심이 제방에 되도록 근접한 지점으로 한다.

① 1m   ② 2m

③ 3m   ④ 4m

해설

연간을 통하여 최소수심이 2m 이상으로 하천에 설치하는 경우에는 유심이 제방에 되도록 근접한 지점으로 한다.

정답 ②

23 ★☆☆

상수도관 부식의 종류 중 매크로셀 부식으로 분류되지 않는 것은? (단, 자연부식 기준)

① 콘크리트 · 토양   ② 이종금속

③ 산소농담(통기차)   ④ 박테리아

해설

	매크로셀 부식	· 콘크리트 · 토양 · 산소농담(통기차) · 이종금속
자연부식	미크로셀 부식	· 일반토양부식 · 특수토양부식 · 박테리아부식
전식		· 전철의 미주 전류 · 간섭

정답 ④

24 ★☆☆

하수시설인 중력식침사지에 대한 설명 중 옳은 것은?

① 체류시간은 3~6분을 표준으로 한다.

② 수심은 유효수심에 모래퇴적부의 깊이를 더한 것으로 한다.

③ 오수침사지의 표면부하율은 3,600m³/m²·day 정도로 한다.

④ 우수침사지의 표면부하율은 1,800m³/m²·day 정도로 한다.

선지분석

① 체류시간은 30~60초를 표준으로 한다.

③ 오수침사지의 표면부하율은 1,800m³/m²·day 정도로 한다.

④ 우수침사지의 표면부하율은 3,600m³/m²·day 정도로 한다.

정답 ②

25 ★☆☆

다음은 하수관로의 접합에 관한 내용이다. (　　) 안에 옳은 내용은?

> 2개의 관로가 합류하는 경우의 중심교각은 되도록 (㉠) 이하로 하고 곡선을 갖고 합류하는 경우의 곡률반경은 내경의 (㉡) 이상으로 한다.

① ㉠ 45°　　㉡ 5배
② ㉠ 45°　　㉡ 10배
③ ㉠ 60°　　㉡ 5배
④ ㉠ 60°　　㉡ 10배

해설

물의 흐름을 원활하게 하고 유속이 커지는 것을 방지하기 위하여 2개의 관로가 합류하는 경우의 중심교각은 되도록 60° 이하로 한다. 또한 곡선을 갖고 합류하는 경우의 곡률반경은 내경의 5배 이상으로 한다.

관련이론 | 하수관로의 접합

· 접합의 종류에는 관정접합, 관중심접합, 수면접합, 관저접합 등이 있다.
· 관로의 관경이 변화하는 경우의 접합방법은 원칙적으로 수면접합 또는 관정접합으로 한다.
· 지표의 경사가 급한 경우에는 관경변화에 대한 유무에 관계없이 원칙적으로 단차접합 또는 계단접합을 한다.

정답 ③

26 ★☆☆

하수슬러지 농축방법 중 잉여슬러지 농축에 부적합한 것은?

① 부상식 농축
② 중력식 농축
③ 원심분리 농축
④ 중력벨트 농축

해설

주로 2차침전지에서 잉여/폐슬러지 농축이 일어나는 데 여기에는 부상식, 원심분리, 중력벨트 농축이 적합하다. 중력식 농축은 1차침전지(1차슬러지 농축)에 적합한 방법이다.

정답 ②

27 ★☆☆

오수 이송방법은 자연유하식, 압력식, 진공식이 있다. 이중 압력식(다중압송)에 관한 내용으로 옳지 않은 것은?

① 지형변화에 대응이 어렵다.
② 지속적인 유지관리가 필요하다.
③ 저지대가 많은 경우 시설이 복잡하다.
④ 정전 등 비상대책이 필요하다.

해설

어떠한 상황변화에도 대응할 수 있다.

관련이론 | 압력식 관로시스템

· 소형 가정오수 하수도 시스템이다.
· 그라인더 펌프 유니트를 이용하여 이송하는 시스템이다.
· 압송관로, 그라인더 펌프 유니트, 중계펌프장으로 구성된다.
· 배관을 얕게 매설하므로 (평균 1.0m), 지하수위가 높고 암반이 견고한 지역에서 건설비가 싸다.
· 펌프를 이용하므로 심양정이 있는 경우에는 펌프의 능력 범위내에서 처리가 가능하다.
· 이물질을 잘게 부수어 압송하므로 배관구경을 작게 할 수 있다.
· 각 펌프마다 전원을 공급해야 하므로 유지, 관리 비용이 많이 든다.

정답 ①

28 ★★☆

계획취수량을 확보하기 위하여 필요한 저수용량의 결정에 사용되는 계획기준년에 관한 내용으로 (　　)에 적절한 것은?

> 원칙적으로 (　　)에 제1위 정도의 갈수를 표준으로 한다.

① 5개년
② 7개년
③ 10개년
④ 15개년

해설

계획취수량을 확보하기 위하여 필요한 저수용량의 결정에 사용하는 계획기준년은 원칙적으로 10개년에 제1위 정도의 갈수를 표준으로 한다.

정답 ③

29 ★★★

강우강도 $I = \dfrac{3,970}{t+31}$ mm/hr, 유역면적 3.0km², 유입시간 180sec, 관로길이 1km, 유출계수 1.1, 하수관의 유속 33m/min일 경우 우수 유출량은? (단, 합리식 적용)

① 약 29m³/sec ② 약 33m³/sec

③ 약 48m³/sec ④ 약 57m³/sec

해설

$$Q = \frac{1}{360}CIA$$

- Q: 우수량[m³/sec]
- C: 유출계수
- I: 강우강도[mm/hr]
- A: 유역면적[ha]

1) 유출계수 $C = 1.1$

2) 유역면적 $A = 3\text{km}^2 \times \dfrac{100\text{ha}}{1\text{km}^2} = 300\text{ha}$

3) $t = $ 유입시간 + 유하시간 $= t_i + \dfrac{L}{V}$

$$= 180\text{sec} \times \frac{1\text{min}}{60\text{sec}} + \frac{\text{min}}{33\text{m}} \times 1\text{km} \times \frac{10^3\text{m}}{1\text{km}}$$

$$= 33.3\text{min}$$

4) $I = \dfrac{3,970}{t+31} = \dfrac{3,970}{33.3+31}$

$$= 61.74\text{mm/hr}$$

$\therefore Q = \dfrac{1}{360}CIA$

$$= \frac{1}{360} \times 1.1 \times 61.74 \times 300$$

$$= 56.60 \fallingdotseq 57\text{m}^3/\text{sec}$$

정답 ④

30 ★☆☆

하수처리시설의 계획하수량에 관한 설명으로 옳은 것은?

① 합류식 하수도에서 일차침전지까지 처리장내 연결관로는 계획시간 최대오수량으로 한다.

② 합류식 하수도에서 우천 시에는 계획시간 최대오수량을 유입시켜 2차처리해야 한다.

③ 합류식 하수도는 우천 시 일차침전지의 침전시간을 0.5시간 이상 확보하도록 한다.

④ 합류식 하수도의 소독시설 계획하수량은 계획시간 최대오수량으로 한다.

선지분석

① 합류식 하수도에서 일차침전지까지 처리장내 연결관로는 우천 시 계획오수량으로 한다.

② 합류식 하수도에서 우천 시에는 우천 시 계획오수량을 유입시켜 1차처리를 한다.

④ 합류식 하수도의 소독시설 계획하수량은 계획1일 최대오수량으로 한다.

정답 ③

31 ★★★

정수시설인 용존공기부상 공정 중 플록형성지에 관한 설명으로 틀린 것은?

① 약품침전지의 플록형성지에 비하여 상대적으로 낮은 교반강도를 갖는다.

② 교반시간, 즉 체류시간은 일반적으로 15~20분 정도이다.

③ 기포 플록덩어리가 부상지 수면쪽으로 향하도록 부상지 유입구에 경사진 저류벽을 설치한다.

④ 플록형성지 폭을 부상지의 폭과 같도록 한다.

해설

약품침전지의 플록형성지에 비하여 상대적으로 높은 교반강도를 갖는다.

정답 ①

32 ★☆☆

상수관로의 길이 800m, 내경 200mm에서 유속 2m/sec로 흐를 때 관마찰 손실수두(m)는? (단, Darcy-Weisbach 공식을 이용, 마찰손실계수=0.02)

① 약 16.3
② 약 18.4
③ 약 20.7
④ 약 22.6

해설

$$H_L[\text{m}] = f \times \frac{L}{D} \times \frac{V^2}{2g}$$

- f: 마찰손실계수
- L: 길이[m]
- D: 내경[m]
- V: 유속[m/sec]

$$\therefore H_L = 0.02 \times \frac{800}{0.2} \times \frac{2^2}{2 \times 9.8} = 16.33 ≒ 16.3\text{m}$$

정답 ①

33 ★☆☆

배수시설인 배수관의 최소동수압 및 최대정수압 기준으로 옳은 것은? (단, 급수관을 분기하는 지점에서 배수관내 수압기준)

① 100kPa 이상을 확보함, 500kPa를 초과하지 않아야 함
② 100kPa 이상을 확보함, 600kPa를 초과하지 않아야 함
③ 150kPa 이상을 확보함, 700kPa를 초과하지 않아야 함
④ 150kPa 이상을 확보함, 800kPa를 초과하지 않아야 함

해설

최소동수압은 150kPa 이상을 확보하고, 최대정수압은 700kPa을 초과하지 않아야 한다.

정답 ③

34 ★☆☆

도수거에 대한 설명으로 맞는 것은?

① 도수거의 개수로 경사는 일반적으로 1/100~1/300의 범위에서 선정된다.
② 개거나 암거인 경우에는 대개 30~50m 간격으로 시공조인트를 겸한 신축조인트를 설치한다.
③ 도수거에서 평균유속의 최대한도는 2.0m/sec로 한다.
④ 도수거에서 최소유속은 0.5m/sec로 한다.

선지분석

① 도수거의 개수로 경사는 일반적으로 1/1,000~1/3,000의 범위에서 선정된다.
③ 도수거에서 평균유속의 최대한도는 3.0m/sec로 한다.
④ 도수거에서 최소유속은 0.3m/sec로 한다.

관련이론 | 도수거의 구조와 형식

- 개거와 암거는 구조상 안전하고 충분한 수밀성과 내구성을 가지고 있어야 한다.
- 도수거는 한랭지에서뿐만 아니라 기타 장소에서도 될수록 암거로 설치한다. 부득이 개거로 할 경우에는 수질오염을 방지하고 위험을 방지하기 위한 조치를 강구해야 한다.
- 개거나 암거인 경우에는 대개 30~50m 간격으로 시공조인트를 겸한 신축조인트를 설치한다.
- 암거에는 환기구를 설치한다.

정답 ②

35 ★☆☆

하수도시설인 우수조정지의 여수토구에 관한 내용으로 옳은 것은?

① 여수토구는 확률년수 10년 강우의 최대우수유출량의 1.2배 이상의 유량을 방류시킬 수 있는 것으로 한다.
② 여수토구는 확률년수 10년 강우의 최대우수유출량의 1.44배 이상의 유량을 방류시킬 수 있는 것으로 한다.
③ 여수토구는 확률년수 100년 강우의 최대우수유출량의 1.2배 이상의 유량을 방류시킬 수 있는 것으로 한다.
④ 여수토구는 확률년수 100년 강우의 최대우수유출량의 1.44배 이상의 유량을 방류시킬 수 있는 것으로 한다.

해설
환경부 하수도시설기준에 의하면 여수토구는 확률년수 100년 강우의 최대우수유출량의 1.44배 이상의 유량을 방류시킬 수 있는 것으로 한다.

정답 ④

36 ★☆☆

하수 고도처리를 위한 급속여과법에 관한 설명과 가장 거리가 먼 것은?

① 여층의 운동방식에 의해 고정상형 및 이동상형으로 나눌 수 있다.
② 여층의 구성은 유입수와 여과수의 수질, 역세척 주기 및 여과면적을 고려하여 정한다.
③ 여과속도는 유입수와 여과수의 수질, SS의 포획능력 및 여과지속시간을 고려하여 정한다.
④ 여재는 종류, 공극률, 비표면적, 균등계수 등을 고려하여 정한다.

해설
여재 및 여층의 구성은 SS 제거율, 유지관리의 편의성 및 경제성을 고려하여 정한다.

정답 ②

37 ★☆☆

계획급수인구 결정 시 시계열 경향분석에 의한 장래인구의 추계방법이 아닌 것은?

① 변동곡선식에 의한 방법
② 수정 지수곡선식에 의한 방법
③ 베기 곡선식에 의한 방법
④ 논리(로지스틱) 곡선식에 의한 방법

해설
시계열 경향분석에 의한 방법
· 연평균 인구 증감수와 증감률에 의한 방법(등차급수법, 등비급수법)
· 수정 지수곡선식에 의한 방법
· 베기 곡선식에 의한 방법(확장된 등비급수법)
· 로지스틱 곡선식에 의한 방법

관련이론 ┃ 로지스틱(Logistic)인구 추정공식
무한연도에 수렴치(최대값) K를 갖는 추정식으로 S형태의 곡선을 나타낸다. 초기의 급격한 증가 후 점점 그 추세가 완화되는 자료치에 잘 어울린다.

$$y = \frac{K}{1 + e^{a-bx}}$$

· y : 추정치
· x : 경과년수
· K : 포화인구
· a, b : 매개변수

정답 ①

38 ★☆☆

응집 시설 중 완속교반시설에 관한 설명으로 틀린 것은?

① 완속교반기는 패들형과 터빈형이 사용된다.
② 완속교반 시 속도경사는 40~100초⁻¹ 정도로 낮게 유지한다.
③ 조의 형태는 폭 : 길이 : 깊이＝1 : 1 : 1~1.2가 적당하다.
④ 체류시간은 5~10분이 적당하고 3~4개의 실로 분리하는 것이 좋다.

해설
체류시간은 통상 20~30분이 적당하며, 조는 3~4개의 실로 분리하는 것이 좋다.

정답 ④

39 ★★☆

펌프의 토출량이 0.1m³/sec, 토출구의 유속이 2m/sec로 할 때 펌프의 구경은?

① 약 255mm　　② 약 365mm
③ 약 475mm　　④ 약 545mm

해설
$Q = A \cdot V$

$\rightarrow A = \dfrac{Q}{V} = \dfrac{0.1\text{m}^3}{\text{sec}} \times \dfrac{\text{sec}}{2\text{m}} = 0.05\text{m}^2 = \dfrac{\pi D^2}{4}$

$\therefore D = 0.2523\text{m} = 252.3\text{mm} ≒ 255\text{mm}$

정답 ①

40 ★☆☆

상수시설의 도수관 중 공기밸브의 설치에 관한 설명으로 틀린 것은?

① 관로의 종단도상에서 상향 돌출부의 하단에 설치해야 하지만 제수밸브의 중간에 상향 돌출부가 없는 경우에는 높은 쪽의 제수밸브 바로 뒤쪽에 설치한다.
② 관경 400mm 이상의 관에는 반드시 급속공기밸브 또는 쌍구공기밸브를 설치하고, 관경 350mm 이하의 관에 대해서는 급속공기밸브 또는 단구공기밸브를 설치한다.
③ 공기밸브에는 보수용의 제수밸브를 설치한다.
④ 매설관에 설치하는 공기밸브에는 밸브실을 설치한다.

해설
관로의 종단도상에서 상향 돌출부의 하단에 설치해야 하지만 제수밸브의 중간에 상향 돌출부가 없는 경우에는 높은 쪽의 제수밸브 바로 앞쪽에 설치한다.

정답 ①

수질오염방지기술

41 ★☆☆

양이온 교환수지를 이용하여 암모늄이온 9mg/L를 포함하고 있는 물 10,000m³를 처리하고자 한다. 이 교환수지의 교환능력이 100kg $CaCO_3$/m³이라면 필요한 이론적 교환수지의 부피는?

① 1.5m³   ② 2.5m³

③ 3.5m³   ④ 4.5m³

해설

· NH_4^+ g 당량수

$$\frac{9mg}{L} \times \frac{g}{10^3mg} \times \frac{eq}{18g} \times \frac{(100/2)g}{eq} \times \frac{10^3L}{m^3} \times 10,000m^3$$
$$= 250,000g\ CaCO_3$$

∴ 양이온 교환수지의 부피[m³]

$$\frac{m^3}{100kg} \times 250,000g \times \frac{kg}{10^3g} = 2.5m^3$$

정답 ②

42 ★★☆

크롬함유 폐수를 환원처리공법 중 수산화물 침전법으로 처리하고자 할 때 침전을 위한 적정 pH 범위는?

(단, $Cr^{3+} + 3OH^- \rightarrow Cr(OH)_3\downarrow$)

① pH 4.0~4.5   ② pH 5.5~6.5

③ pH 8.0~8.5   ④ pH 11.0~11.5

해설

크롬함유 폐수를 수산화물 침전법으로 처리할 때에는 pH 8.0~8.5로 한다.

정답 ③

43 ★★☆

혐기성 소화조 운전 중 이상발포가 발생되었을 때의 대책이 아닌 것은?

① 슬러지의 유입을 줄이고 배출을 일시 중지한다.

② 소화온도를 높인다.

③ 스컴을 파쇄 · 제거한다.

④ 조내 교반을 중지한다.

해설

소화조 운전상 문제점 및 대책

상태	원인	대책
이상발포 : 맥주모양의 이상발포	1) 과다배출로 조내 슬러지 부족 2) 유기물의 과부하 3) 1단계조의 교반 부족 4) 온도 저하 5) 스컴 및 토사의 퇴적	1) 슬러지의 유입을 줄이고 배출을 일시 중지한다. 2) 조내 교반을 충분히 한다. 3) 소화온도를 높인다. 4) 스컴을 파쇄 · 제거 한다. 5) 토사의 퇴적은 준설한다.

정답 ④

44 ★☆☆

반송슬러지의 탈인 제거 공정에 관한 설명으로 틀린 것은?

① 유입수의 유기물 부하에 따른 영향이 크다.

② 인을 침전시키기 위해 소요되는 석회의 양은 순수 화학 처리방법보다 적다.

③ 탈인조 상징액은 유입수량에 비하여 매우 작다.

④ 대표적인 인 제거공법으로는 Phostrip Process가 있다.

해설

탈인 제거공정은 비교적 유입수의 유기물 부하에 영향을 받지 않는다.

정답 ①

45 ★★★

MLSS 농도 3,000mg/L, F/M비가 0.4인 포기조에 BOD 350mg/L의 폐수가 3,000m³/day로 유입되고 있다. 포기조 체류시간(hr)은?

① 5   ② 7
③ 9   ④ 11

해설

1) F/M비

$$F/M = \frac{BOD \cdot Q}{MLSS \cdot \forall} = 0.4 day^{-1}$$

$$\therefore \forall = \frac{BOD \cdot Q}{MLSS \cdot F/M}$$

$$= \frac{350mg/L \times 3,000m^3/day}{3,000mg/L \times 0.4day^{-1}}$$

$$= 875m^3$$

2) 체류시간 $t = \dfrac{\forall}{Q}$

- $\forall$: 포기조 용량[m³]
- Q: 유입유량 [m³/day]

$$\therefore t = \frac{\forall}{Q} = \frac{875m^3}{3,000m^3/day} = 0.2916day \fallingdotseq 7hr$$

정답 ②

46 ★★☆

질산화 반응에 관한 설명으로 옳은 것은?

① 질산균의 슬러지일령은 짧게 하여야 한다.
② 질산균의 증식속도는 활성슬러지 내 미생물보다 빠르다.
③ 질산균의 질산화 반응에 알칼리도가 필요하다.
④ 용존산소가 0 또는 0mg/L에 가까운 조건이어야 한다.

선지분석

① 질산균의 슬러지일령은 길게 하여야 한다.
② 질산균의 증식속도는 활성슬러지 내 미생물보다 느리다.
④ 용존산소가 0 또는 0mg/L에 가까운 조건은 탈질반응에 해당한다.

정답 ③

47 ★☆☆

활성슬러지 처리시설의 유출수에 대장균이 10^7마리/100mL가 있다고 할 때 이를 200마리/100mL 이하로 낮추기 위해 필요한 염소잔류량(C_t)은? (단, 접촉시간은 20분으로 규정한다.)

$$\frac{N_t}{N_0} = (1 + 0.23C_t \cdot t)^{-3}$$

① 3.1mg/L   ② 5.6mg/L
③ 7.8mg/L   ④ 9.4mg/L

해설

$$C_t = \frac{\left(\frac{N_t}{N_0}\right)^{-\frac{1}{3}} - 1}{0.23 \times t}$$

$$C_t = \frac{\left(\frac{200}{10^7}\right)^{-\frac{1}{3}} - 1}{0.23 \times 20} \fallingdotseq 7.8mg/L$$

정답 ③

48 ★☆☆

유기물에 의한 최종 BOD 2kg을 안정화시킬 때 이론적으로 발생되는 메탄량은? (단, 유기물은 Glucose로 가정할 것, 완전분해 기준)

① 약 0.4kg   ② 약 0.5kg
③ 약 0.6kg   ④ 약 0.7kg

해설

- Glucose의 호기성 분해반응식

$$C_6H_{12}O_6 + 6O_2 \rightarrow 6CO_2 + 6H_2O$$

- Glucose의 혐기성 분해반응식

$$C_6H_{12}O_6 \rightarrow 3CO_2 + 3CH_4$$

최종 BOD 2kg을 안정화한다고 하였으므로 이를 이용하여 계산한다.

$6O_2 : 3CO_2$

$6 \times 32kg : 3 \times 16kg$

비례식으로 정리 하면,

$6 \times 32kg : 3 \times 16kg = 2kg : X$

$$\therefore X = \frac{3 \times 16 \times 2}{6 \times 32} = 0.5kg$$

정답 ②

2024년

49

★☆☆

속도경사(velocity gradient)에 대한 설명으로 틀린 것은?

① 속도경사는 점성계수가 클수록 커진다.

② 속도경사는 동력이 클수록 커진다.

③ 일반적으로 속도경사의 단위는 sec^{-1}이다.

④ 속도경사는 반응조 용적이 클수록 작아진다.

해설

$$G=\sqrt{\frac{P}{\mu V}}$$

- G: 속도경사[sec^{-1}]
- P: 동력[W]
- μ: 점성계수[$N \cdot s/m^2$]
- V: 응결지 부피[m^3]

$\rightarrow P=G^2 \cdot \mu \cdot V$

즉, 속도경사(G)는 점성계수와 반비례 관계이므로, 점성계수가 작을수록 커진다.

정답 ①

50

★★☆

농축조에 함수율 99%인 일차슬러지를 투입하여 함수율 96%의 농축슬러지를 얻었다. 농축 후의 슬러지량은 초기 일차 슬러지량의 몇 %로 감소하였는가? (단, 비중은 1.0 기준)

① 50

② 33

③ 25

④ 20

해설

$V_1(100-W_1)=V_2(100-W_2)$

$100(100-99)=V_2(100-96)$

$\rightarrow V_2=25$

$\therefore \frac{V_2}{V_1}=\frac{25}{100}=0.25=25\%$

정답 ③

51

★☆☆

생물학적 처리법 가운데 살수여상법에 대한 설명으로 가장 거리가 먼 것은?

① 슬러지일령은 부유성장 시스템보다 높아 100일 이상의 슬러지일령에 쉽게 도달된다.

② 총괄 관측수율은 전형적인 활성슬러지공정의 60~80% 정도이다.

③ 덮개 없는 여상의 재순환율을 증대시키면 실제로 여상 내의 평균온도가 높아진다.

④ 정기적으로 여상에 살충제를 살포하거나 여상을 침수 토록 하여 파리문제를 해결할 수 있다.

해설

덮개 없는 여상의 재순환율을 증대시키면 실제로 여상 내의 평균온도가 낮아지거나 유지된다.

정답 ③

52

★★☆

포기조 내의 혼합액 중 부유물 농도(MLSS)가 $2,000g/m^3$, 반송슬러지의 부유물 농도가 $9,576g/m^3$이라면 슬러지 반송률은? (단, 유입수내 SS는 고려하지 않음)

① 23.2

② 26.4

③ 28.6

④ 32.8

해설

$$R=\frac{X}{X_r-X}\times100=\frac{2,000}{9,576-2,000}\times100=26.4\%$$

정답 ②

53

★☆☆

다음의 중금속과 그 처리방법으로 가장 거리가 먼 것은?

① 카드뮴: 아말감 침전법   ② 납: 황화물 침전법
③ 시안: 알칼리염소법   ④ 비소: 수산화물 공침법

해설

중금속과 그 처리 방법

종류	처리방법
카드뮴	수산화물 침전법, 황화물 침전법, 이온교환법, 부상법 등
납	수산화물 침전법, 황화물 침전법 등
시안	알칼리염소법, 오존산화법, 전기투석법 등
비소	수산화물 공침법, 이온교환법, 흡착법 등
수은	아말감 침전법, 황화물 침전법, 이온교환법 등
6가크롬	수산화물 침전법, 이온화법 등

정답 ①

54

★☆☆

응집을 이용하여 하수를 처리할 때 하수온도가 응집반응에 미치는 영향을 설명한 내용으로 틀린 것은?

① 수온이 높으면 반응속도는 증가한다.
② 수온이 높으면 물의 점도저하로 응집제의 화학반응이 촉진된다.
③ 수온이 낮으면 입자가 커지고 응집제 사용량도 적어진다.
④ 수온이 낮으면 플록 형성에 소요되는 시간이 길어진다.

해설

수온이 낮아지면 입자가 작아지고, 응집제의 사용량이 증가하며 플록 형성의 소요시간이 길어진다.

정답 ③

55

★★☆

수량이 30,000m³/day, 수심이 3.5m, 하수 체류시간이 2.5hr인 침전지의 수면부하율(또는 표면부하율, m³/m²·day)은?

① 67.1   ② 54.2
③ 41.5   ④ 33.6

해설

$$수면부하율 = \frac{Q}{A}$$

· Q: 유입유량[m³/day]

· A: 면적[m²] $= \dfrac{부피[m^3]}{수심[m]}$

여기서,

$Q = 30,000 \text{m}^3/\text{day}$

$A = \dfrac{30,000\text{m}^3}{\text{day}} \times 2.5\text{hr} \times \dfrac{1\text{day}}{24\text{hr}} \times \dfrac{1}{3.5\text{m}}$

$\quad = 892.86\text{m}^2$

∴ 수면부하율[m³/m²·day]

$\quad = \dfrac{30,000\text{m}^3/\text{day}}{892.86\text{m}^2} = 33.6\text{m}^3/\text{m}^2 \cdot \text{day}$

정답 ④

56

★☆☆

단면이 직사각형인 하천의 깊이가 0.2m이고 깊이에 비하여 폭이 매우 넓을 때 동수반경(m)은?

① 0.2   ② 0.5
③ 0.8   ④ 1.0

해설

수심에 비하여 폭이 넓은 경우 동수반경은 수심과 같다.

정답 ①

57 ★★☆

기계식 봉 스크린을 0.64m/s로 흐르는 수로에 설치하고자 한다. 봉의 두께는 10mm이고, 간격이 30mm라면 봉 사이로 지나는 유속(m/s)은?

① 0.75   ② 0.80
③ 0.85   ④ 0.90

해설
$V_1A_1 = V_2A_2$
· $V_1 = 0.64$m/s
· $A_1 = 40$mm $\times D$(깊이) → 봉 설치 전 면적
· $A_2 = 30$mm $\times D$(깊이) → 봉 설치 후 감소된 면적
$V_1A_1 = V_2A_2$
0.64m/s $\times$ 40mm $\times D = V_2 \times$ 30mm $\times D$
$\therefore V_2 = \dfrac{0.64\text{m/s} \times 40\text{mm} \times D}{30\text{mm} \times D} \fallingdotseq 0.85$m/s

정답 ③

58 ★☆☆

생물학적 질소, 인 제거공정에서 폭기조의 기능과 가장 거리가 먼 것은?

① 질산화   ② 유기물 제거
③ 탈질   ④ 인 과잉섭취

해설
각 공정의 주된 역할은 다음과 같다.
· 호기조(폭기조): 질산화 및 인의 과잉섭취(흡수)
· 무산소조: 탈질
· 혐기조: 인의 방출(용출)

정답 ③

59 ★☆☆

펜톤처리공정에 관한 설명으로 가장 거리가 먼 것은?

① 펜톤시약의 반응시간은 철염과 과산화수소수의 주입 농도에 따라 변화를 보인다.
② 펜톤시약을 이용하여 난분해성 유기물을 처리하는 과정은 대체로 산화반응과 함께 pH조절, 펜톤산화, 중화 및 응집, 침전으로 크게 4단계로 나눌 수 있다.
③ 펜톤시약의 효과는 pH 8.3~10 범위에서 가장 강력한 것으로 알려져 있다.
④ 폐수의 COD는 감소하지만 BOD는 증가할 수 있다.

해설
펜톤시약의 최적 반응은 pH 3~4.50이다.

정답 ③

60 ★☆☆

부유입자에 의한 백색광 산란을 설명하는 Rayleigh의 법칙은? (단, I: 산란광의 세기, V: 입자의 체적, λ: 빛의 파장, n: 입자의 수)

① $I \propto \dfrac{V^2}{\lambda^4} n$ ② $I \propto \dfrac{V}{\lambda^2} n$
③ $I \propto \dfrac{V}{\lambda} n^2$ ④ $I \propto \dfrac{V}{\lambda^2} n^2$

관련이론 | Rayleigh의 법칙
빛의 산란강도는 광선 파장의 4승에 반비례한다는 법칙이다. 파장이 작을수록 산란이 더 잘 일어난다.

정답 ①

수질오염공정시험기준

61
★☆☆

기체크로마토그래프 검출기에 관한 설명으로 틀린 것은?

① 열전도도 검출기는 금속 필라멘트 또는 전기저항체를 검출소자로한다.
② 수소염 이온화 검출기의 본체는 수소연소노즐, 이온수집기, 대극용기는 용량 $100 \sim 200L$인 것을 사용하여 유수를 채우는 데에 요하는 시간을 스톱워치로 잰다.
③ 알칼리 열이온화 검출기는 함유할로겐 화합물 및 함유황화합물을 고감도로 검출할 수 있다.
④ 전자포획형 검출기는 많은 니트로 화합물, 유기금속화합물 등을 선택적으로 검출할 수 있다.

해설
알칼리 열이온화 검출기는 불꽃이온화검출기에 알칼리 또는 알칼리토류 금속염의 튜브를 부착한 것으로 유기질소 화합물 및 유기염소화합물을 선택적으로 검출할 수 있다.

정답 ③

62
★★☆

다음 금속류 분석 시료 중 최대 보존기간이 가장 짧은 것은?

① 비소
② 셀레늄
③ 알킬수은
④ 6가크롬

선지분석
분석 시료의 최대 보존기간
① 비소: 6개월
② 셀레늄: 6개월
③ 알킬수은: 1개월
④ 6가크롬: 24시간

정답 ④

63
★☆☆

다음은 자외선/가시선 분광법을 적용한 니켈의 측정 방법에 관한 내용이다. ( ) 안에 옳은 내용은?

> 니켈이온을 암모니아의 약알칼리성에서 다이메틸글리옥심과 반응시켜 생성한 니켈착염을 클로로폼으로 추출하고 이것을 묽은 염산으로 역추출한다. 추출물에 브롬과 암모니아수를 넣어 니켈을 산화시키고 다시 암모니아 알칼리성에서 다이메틸글리옥심과 반응하여 생성한 (   )의 흡광도를 측정한다.

① 적색 니켈착염
② 청색 니켈착염
③ 적갈색 니켈착염
④ 황갈색 니켈착염

해설
물속에 존재하는 니켈이온을 암모니아의 약알칼리성에서 다이메틸글리옥심과 반응시켜 생성한 니켈착염을 클로로폼으로 추출하고 이것을 묽은 염산으로 역추출한다. 추출물에 브롬과 암모니아수를 넣어 니켈을 산화시키고 다시 암모니아 알칼리성에서 다이메틸글리옥심과 반응시켜 생성한 적갈색 니켈착염의 흡광도 450nm에서 측정하는 방법이다

정답 ③

64
★☆☆

수질오염공정시험기준상 이온전극법으로 측정할 수 있는 대상 항목과 가장 거리가 먼 것은?

① 브롬
② 시안
③ 암모니아성 질소
④ 염소이온

해설
이온전극법으로 측정할 수 있는 대상 항목은 불소, 시안, 암모니아성 질소, 염소이온 등이다.

정답 ①

65 ★★☆

유량이 유체의 탁도, 점성, 온도의 영향은 받지 않고, 유속에 의해 결정되며 손실수두가 적은 유량계는?

① 피토우관
② 오리피스
③ 벤튜리미터
④ 자기식 유량측정기

선지분석

① 피토우관은 마노미터에 나타나는 수두차를 이용하여 유량을 계산한다.
② 오리피스는 설치비용이 적게 들고 비교적 정확한 유량측정이 가능하다.
③ 벤튜리미터는 긴 관의 일부로써 단면이 작은 목(Throat) 부분과 점점 축소, 점점 확대되는 단면을 가진 관을 이용한다.

관련이론 | 자기식 유량측정기

• 고형물질이 많아 관을 메울 우려가 있는 폐·하수에 이용할 수 있다.
• 자장의 직각에서 전도체를 이동시킬 때 유발되는 전압은 전도체의 속도에 비례한다는 원리를 이용한다.
• 전압이 활성도, 탁도, 점성, 온도의 영향을 받지 않는다.
• 유체(폐·하수)의 유속에 의하여 결정되며 수두손실이 적다.

정답 ④

66 ★★☆

NaOH 0.01M은 몇 mg/L 인가?

① 40
② 400
③ 4,000
④ 40,000

해설

$$X[\text{mg/L}] = \frac{0.01\text{mol}}{\text{L}} \times \frac{40\text{g}}{1\text{mol}} \times \frac{10^3\text{mg}}{1\text{g}} = 400\text{mg/L}$$

정답 ②

67 ★★★

수질분석용 시료 채취 시 유의사항과 가장 거리가 먼 것은?

① 심부층의 지하수 채취 시에는 고속양수펌프를 이용하여 채취시간을 최소화함으로써 수질의 변질을 방지하여야 한다.
② 용존가스, 환원성 물질, 휘발성유기화합물, 냄새, 유류 및 수소이온 등을 측정하기 위한 시료를 채취할 때는 운반 중 공기와의 접촉이 없도록 시료 용기에 가득 채운 후 빠르게 뚜껑을 닫는다.
③ 시료 채취 용기는 시료를 채우기 전에 시료로 3회 이상 씻은 다음 사용한다.
④ 유류 또는 부유물질 등이 함유된 시료는 시료의 균일성이 유지될 수 있도록 채취하여야 하며 침전물 등이 부상하여 혼입되어서는 안 된다.

해설

지하수 시료 채취 시 심부층의 경우 저속양수펌프 등을 이용하여 반드시 저속시료 채취하여 시료 교란을 최소화하여야 한다.

정답 ①

68 ★★☆

전기전도도 측정에 관한 설명으로 틀린 것은?

① 용액이 전류를 운반할 수 있는 정도를 말한다.
② 온도차에 의한 영향이 적어 폭 넓게 적용된다.
③ 용액에 담겨있는 2개의 전극에 일정한 전압을 가해주면 가압 전압이 전류를 흐르게 하며, 이 때 흐르는 전류의 크기는 용액의 전도도에 의존한다는 사실을 이용한다.
④ 용액 중의 이온세기를 신속하게 평가할 수 있는 항목으로 국제적으로 S(Siemens)단위가 통용되고 있다.

해설

온도차에 의한 영향은 ±2%/℃정도이며 측정결과값의 통일을 위하여 보정하여야 한다.

정답 ②

69 ★☆☆

파샬수로(Parshall flume)에 대한 설명으로 옳은 것은?

① 수두차가 작은 경우에는 유량 측정의 정확도가 현저히 떨어진다.

② 부유물질 또는 토사 등이 많이 섞여있는 경우에는 목(throat)부분에 부유물질의 침전이 다량 발생되어 자연유하가 어렵다.

③ 재질은 부식에 대한 내구성이 강한 스테인레스 강판, 염화비닐합성수지 등을 이용하며 면처리는 매끄럽게 처리하여 가급적 마찰로 인한 수두손실을 적게 한다.

④ 관형 및 장방형으로 구분되며 패러데이(Faraday)의 법칙을 이용한다.

해설

① 수두차가 작은 경우에도 유량의 정확도가 양호하다.

② 토사가 많이 섞여있는 경우에도 목 부분에서 유속이 빠르므로 부유물질은 침전이 적고 자연유하가 가능하다.

④ 자기식 유량측정기에 대한 설명이다.

정답 ③

70 ★☆☆

유도결합플라스마 – 원자발광분광법에 의한 원소별 정량한계로 틀린 것은?

① Cu: 0.006mg/L ② Pb: 0.004mg/L

③ Ni: 0.015mg/L ④ Mn: 0.002mg/L

해설

납(Pb)의 정량한계는 0.04mg/L이다.

정답 ②

71 ★☆☆

크롬을 원자흡수분광광도법으로 분석할 때 0.02M–KMnO₄ (MW=158.03) 용액을 조제하는 방법은?

① KMnO₄ 8.1g을 정제수에 녹여 전량을 100mL로 한다.

② KMnO₄ 3.4g을 정제수에 녹여 전량을 100mL로 한다.

③ KMnO₄ 1.8g을 정제수에 녹여 전량을 100mL로 한다.

④ KMnO₄ 0.32g을 정제수에 녹여 전량을 100mL로 한다.

해설

과망간산칼륨용액(0.02M) 조제

$KMnO_4$의 분자량=158.03g/mol

$$\frac{0.02mol}{L} \times \frac{158.03g}{1mol} \times 100mL \times \frac{1L}{10^3mL} ≒ 0.32g$$

과망간산칼륨($KMnO_4$, 분자량: 158.03) 0.32g을 정제수에 녹여 100mL로 한다.

정답 ④

72 ★☆☆

자외선/가시선 분광법을 적용한 불소 측정에 관한 설명으로 틀린 것은?

① 란탄알리자린 콤프렉손의 착화합물이 불소이온과 반응 생성하는 청색의 복합 착화합물의 흡광도를 620nm에서 측정한다.

② 정량한계는 0.03mg/L이다.

③ 알루미늄 및 철의 방해가 크나 증류하면 영향이 없다.

④ 전처리법으로 직접증류법과 수증기증류법이 있다.

해설

불소화합물 정량한계

• 자외선/가시선 분광법: 0.15mg/L

• 이온전극법: 0.1mg/L

• 이온크로마토그래피: 0.1mg/L

정답 ②

73 ★☆☆

20℃ 이하에서 BOD 측정 시료의 용존산소가 과포화되어 있을 때 처리하는 방법은?

① 시료의 산소가 과포화되어 있어도 배양전 용존산소 값으로 측정되므로 상관이 없다.
② 시료의 수온을 23~25℃로 하여 15분간 통기하고 방냉한 후 수온을 20℃로 한다.
③ 아황산나트륨을 적당량 넣어 산소를 소모시킨다.
④ 5℃ 이하로 냉각시켜 냉암소에서 15분간 잘 저어준다.

해설
수온이 20℃ 이하일 때의 용존산소가 과포화되어 있을 경우에는 수온을 23~25℃로 상승시킨 이후에 15분간 통기하고 방치하고 냉각하여 수온을 다시 20℃로 한다.

정답 ②

74 ★★☆

총질소 실험방법과 가장 거리가 먼 것은? (단, 수질오염공정시험기준 적용)

① 연속흐름법
② 자외선/가시선 분광법 – 환원증류 · 킬달법
③ 자외선/가시선 분광법 – 카드뮴 · 구리 환원법
④ 자외선/가시선 분광법 – 활성탄흡착법

해설
총질소 실험방법의 분류
• 총질소 분석법 – 연속흐름법
• 자외선/가시선 분광법 – 산화법
• 자외선/가시선 분광법 – 카드뮴 · 구리 환원법
• 자외선/가시선 분광법 – 환원증류 · 킬달법

정답 ④

75 ★☆☆

시료 전처리 방법 중 중금속 측정을 위한 용매 추출법인 피로리딘 다이티오카르바민산 암모늄추출법에 관한 설명으로 알맞지 않은 것은?

① 크롬은 3가크롬과 6가크롬 상태로 존재할 경우에 추출된다.
② 망간을 측정하기 위해 전처리한 경우는 망간 착화합물의 불안전성 때문에 추출 즉시 측정하여야 한다.
③ 철의 농도가 높은 경우에는 다른 금속추출에 방해를 줄 수 있다.
④ 시료 중 구리, 아연, 납, 카드뮴, 니켈, 코발트 및 은 등의 측정에 적용된다.

해설
크롬은 6가크롬 상태로 존재할 경우에 추출된다.
피로리딘 다이티오카르바민산 암모늄추출법은 Cu, Zn, Pb, Ni, Fe, Mn, Cr^{6+}, Co, Ag의 측정에 사용된다.

정답 ①

76 ★☆☆

분원성 대장균군을 측정하기 위한 시료의 보존방법 기준으로 옳은 것은?

① 저온(4℃ 이하)
② 저온(10℃ 이하)
③ 4℃ 보관
④ 4℃ 냉양소에 보관

해설
분원성 대장균은 폴리에틸렌/유리용기에 10℃ 이하로 보존하여 최대 보존기간은 24시간이다.

정답 ②

77 ★☆☆

총질소의 측정원리에 관한 내용으로 (   )에 알맞은 것은?

> 시료 중 모든 질소화합물을 알칼리성 (   )을 사용하여 120℃ 부근에서 유기물과 함께 분해하여 질산이온으로 산화시킨 후 산성상태로 하여 흡광도를 220nm에서 측정하여 총질소를 정량하는 방법이다.

① 염화제일주석산
② 몰리브덴산 암모늄
③ 과황산칼륨
④ 아스코르빈산

해설

시료 중 모든 질소화합물을 알칼리성 과황산칼륨을 사용하여 120℃ 부근에서 유기물과 함께 분해하여 질산이온으로 산화시킨 후 산성상태로 하여 흡광도를 220nm에서 측정하여 총질소를 정량하는 방법이다.

정답 ③

78 ★★☆

알킬수은 화합물의 분석 방법으로 옳은 것은? (단, 수질오염공정시험기준 기준)

① 이온크로마토그래피법
② 자외선/가시선 분광법
③ 기체크로마토그래피법
④ 유도결합플라스마 – 원자발광분광법

해설

알킬수은 화합물의 분석방법
• 기체크로마토그래피
• 원자흡수분광광도법

정답 ③

79 ★★★

다음 용어의 정의로 옳지 않은 것은?

① 감압 또는 진공: 따로 규정이 없는 한 15mmHg 이하를 뜻한다.
② 바탕시험을 하여 보정한다: 시료에 대한 처리 및 측정을 할 때 시료를 사용하지 않고 같은 방법으로 조작한 측정치를 더한 것을 뜻한다.
③ 용기: 시험용액 또는 시험에 관계된 물질을 보존, 운반 또는 조작하기 위하여 넣어두는 것으로 시험에 지장을 주지 않도록 깨끗한 것을 뜻한다.
④ 정밀히 단다: 규정된 양의 시료를 취하여 화학저울 또는 미량저울로 칭량함을 말한다.

해설

'바탕시험을 하여 보정한다'는 시료에 대한 처리 및 측정을 할 때, 시료를 사용하지 않고 정제수를 이용하여 같은 방법으로 측정한 분석값을 시료의 분석값에서 빼는 것을 뜻한다. (2024년 12월 개정)

정답 ②

80

★★☆

유기물을 다량 함유하고 있으면서 산분해가 어려운 시료에 적용되는 전처리법은?

① 질산 – 염산법
② 질산 – 황산법
③ 질산 – 초산법
④ 질산 – 과염소산법

해설

시료의 전처리 방법

전처리 방법	적용 시료
질산법	유기 함량이 비교적 높지 않은 시료의 전처리에 사용한다.
질산 – 염산법	유기물 함량이 비교적 높지 않고 금속의 수산화물, 산화물, 인산염 및 황화물을 함유하고 있는 시료에 적용된다.
질산 – 황산법	유기물 등을 많이 함유하고 있는 대부분의 시료에 적용된다.
질산 – 과염소산법	유기물을 다량 함유하고 있으면서 산분해가 어려운 시료에 적용된다.
질산 – 과염소산 – 불화수소산법	다량의 점토질 또는 규산염을 함유한 시료에 적용된다.

정답 ④

수질환경관계법규

81

★★☆

공공폐수처리시설의 유지·관리기준에 관한 사항으로 ( )에 옳은 내용은?

처리시설의 관리, 운영자는 처리시설의 적정 운영 여부를 확인하기 위하여 방류수 수질검사를 (㉠) 실시하되, 1일당 2천 세제곱미터 이상인 시설은 주 1회 이상 실시하여야 한다. 다만, 생태독성(TU) 검사는 (㉡) 실시하여야 한다.

① ㉠ 월 2회 이상, ㉡ 월 1회 이상
② ㉠ 월 1회 이상, ㉡ 월 2회 이상
③ ㉠ 월 2회 이상, ㉡ 월 2회 이상
④ ㉠ 월 1회 이상, ㉡ 월 1회 이상

해설

「시행규칙 별표 15」
처리시설의 관리, 운영자는 처리시설의 적정 운영 여부를 확인하기 위하여 방류수 수질검사를 월 2회 이상 실시하되 1일당 2천 세제곱미터 이상인 시설은 주 1회 이상 실시하여야 한다. 다만, 생태독성(TU) 검사는 월 1회 이상 실시하여야 한다.

정답 ①

82

★★☆

제1종 사업장으로서 배출허용기준을 처음 위반한 경우 배출부과금 산정 시 부과되는 계수는? (단, 사업장 규모: 10,000m³/day 이상인 경우)

① 2.0
② 1.8
③ 1.6
④ 1.4

해설

「시행령 별표 16」
제1종 사업장이며, 사업장 규모가 10,000m³/일 이상일 때, 처음 위반한 경우 1.8로 하고, 다음 위반부터는 그 위반 직전의 부과계수에 1.5를 곱한 것으로 한다.

정답 ②

83

★☆☆

수질오염방제센터에서 수행하는 사업과 가장 거리가 먼 것은?

① 수질오염 수역 수계·호소 등의 관리 우선수위 및 관리대책
② 수질오염사고에 대비한 장비, 자재, 약품 등의 비치 및 보관을 위한 시설의 설치·운영
③ 수질오염 방제기술 관련 교육·훈련, 연구개발 및 홍보
④ 공공수역의 수질오염사고 감시

해설

「법 제16조의3」

수질오염방제센터의 운영

방제센터는 다음 각 호의 사업을 수행한다.
1. 공공수역의 수질오염사고 감시
2. 제15조제6항에 따른 방제조치의 지원
3. 수질오염사고에 대비한 장비, 자재, 약품 등의 비치 및 보관을 위한 시설의 설치·운영
4. 수질오염 방제기술 관련 교육·훈련, 연구개발 및 홍보
5. 그 밖에 수질오염사고 발생 시 수질오염물질의 수거·처리

정답 ①

84

★★☆

1일 폐수배출량이 500m³일 때 사업장의 규모별 구분으로 맞는 것은?

① 제1종 사업장
② 제2종 사업장
③ 제3종 사업장
④ 제4종 사업장

해설

「시행령 별표 13」

사업장 규모별 구분

종류	배출규모
제1종 사업장	1일 폐수배출량이 2,000m³ 이상인 사업장
제2종 사업장	1일 폐수배출량이 700m³ 이상 2,000m³ 미만인 사업장
제3종 사업장	1일 폐수배출량이 200m³ 이상 700m³ 미만인 사업장
제4종 사업장	1일 폐수배출량이 50m³ 이상 200m³ 미만인 사업장
제5종 사업장	위 제1종부터 제4종까지의 사업장에 해당하지 아니하는 배출시설

정답 ③

85

★☆☆

정당한 사유 없이 공공수역에 다량의 토사를 유출하거나 버려 상수원 또는 하천, 호소를 현저히 오염되게 하는 행위를 한 자에게 부과되는 벌칙은?

① 100만원 이하의 벌금을 부과
② 300만원 이하의 벌금을 부과
③ 500만원 이하의 벌금을 부과
④ 1천만원 이하의 벌금을 부과

해설

「법 제82조」

과태료

환경부령으로 정하는 기준 이상의 토사를 유출하거나 버리는 행위를 한 자에게는 1천만원 이하의 과태료를 부과한다.

정답 ④

86 ★☆☆

수변생태구역의 매수·조성 등에 관한 내용으로 (　　)에 옳은 것은?

> 환경부장관은 하천·호소 등의 물환경 보전을 위하여 필요하다고 인정하는 때에는 (　㉠　)으로 정하는 기준에 해당하는 수변습지 및 수변토지를 매수하거나 (　㉡　)으로 정하는 바에 따라 생태적으로 조성·관리할 수 있다.

① ㉠ 환경부령, ㉡ 대통령령
② ㉠ 대통령령, ㉡ 환경부령
③ ㉠ 환경부령, ㉡ 총리령
④ ㉠ 총리령, ㉡ 환경부령

해설

「법 제19조의3」

환경부장관은 하천·호소 등의 물환경 보전을 위하여 필요하다고 인정할 때에는 대통령령으로 정하는 기준에 해당하는 수변습지 및 수변토지를 매수하거나 환경부령으로 정하는 바에 따라 생태적으로 조성·관리할 수 있다.

정답 ②

87 ★☆☆

수질 및 수생태계 환경기준에서 하천에서의 사람의 건강보호 기준 중 기준값이 '검출되어서는 안됨(검출한계 0.01mg/L)'에 해당되는 항목은 어느 것인가?

① 카드뮴　　　② 시안
③ 비소　　　　④ 유기인

해설

「환경정책기본법 시행령 별표 1」

검출한계

① 카드뮴 : 0.005mg/L 이하
② 시안: 0.01mg/L(검출되어서는 안 됨)
③ 비소: 0.05mg/L 이하
④ 유기인: 0.0005mg/L(검출되어서는 안 됨)

정답 ②

88 ★★★

대권역 물환경관리계획의 수립 시 포함되어야 할 사항으로 틀린 것은?

① 상수원 및 물 이용현황
② 물환경의 변화 추이 및 물환경목표기준
③ 물환경 보전조치의 추진방향
④ 물환경 관리 우선순위 및 대책

해설

「법 제24조」

대권역 물환경관리계획의 수립 시 포함되어야 할 사항

· 물환경의 변화 추이 및 물환경목표기준
· 상수원 및 물 이용현황
· 점오염원, 비점오염원 및 기타수질오염원의 분포현황
· 점오염원, 비점오염원 및 기타수질오염원에서 배출되는 수질오염물질의 양
· 수질오염 예방 및 저감 대책
· 물환경 보전조치의 추진방향
· 「기후위기 대응을 위한 탄소중립·녹색성장 기본법」에 따른 기후변화에 대한 적응대책
· 그 밖에 환경부령으로 정하는 사항

정답 ④

89 ★★☆

비점오염저감시설 중 장치형 시설에 해당되는 것은?

① 저류형 시설
② 침투형 시설
③ 생물학적 처리형 시설
④ 인공습지형 시설

해설

「시행규칙 별표 6」

자연형 비점오염저감시설의 종류

· 저류시설
· 인공습지
· 침투시설
· 식생형 시설

장치형 비점오염저감시설의 종류

· 여과형 시설
· 소용돌이형 시설
· 스크린형 시설
· 응집·침전 처리형 시설
· 생물학적 처리형 시설

정답 ③

90 ★☆☆

조치명령 또는 개선명령을 받지 아니한 사업자가 배출허용 기준을 초과하여 오염물질을 배출하게 될 때 환경부장관에게 제출하는 개선계획서에 기재할 사항이 아닌 것은?

① 개선사유
② 개선내용
③ 개선기간 중의 수질오염물질 예상배출량 및 배출농도
④ 개선 후 배출시설의 오염물질 저감량 및 저감효과

해설

「시행령 제40조」

조치명령 또는 개선명령을 받지 아니한 사업자가 배출허용기준을 초과할 우려가 있다고 인정하여 측정기기·배출시설 또는 방지시설을 개선하려는 경우에는 개선계획서에 개선사유, 개선내용, 개선기간, 개선기간 중의 수질오염물질 예상배출량 및 배출농도 등을 적어 환경부장관에게 제출하고 그 배출시설 등을 개선할 수 있다.

정답 ④

91 ★☆☆

환경부장관이 수질 등의 측정자료를 관리·분석하기 위하여 측정기기 부착사업자 등이 부착한 측정기기와 연결, 그 측정결과를 전산 처리할 수 있는 전산망 운영을 위한 수질 원격감시체계 관제센터를 설치·운영할 수 있는 곳은?

① 국립환경과학원
② 유역환경청
③ 한국환경공단
④ 시·도 보건환경연구원

해설

「법 제38조의5」

「시행령 제37조」

환경부장관은 전산망을 운영하기 위하여 「한국환경공단법」에 따른 한국환경공단에 수질원격감시체계 관제센터를 설치·운영할 수 있다.

정답 ③

92

★★★

청정지역에서 1일 폐수배출량이 1,000m³ 이하로 배출하는 배출시설에 적용되는 배출 허용기준 중 생물화학적 산소요구량(mg/L)은? (단, 2020년 1월 1일부터 적용되는 기준)

① 30 이하
② 40 이하
③ 50 이하
④ 60 이하

해설

「시행규칙 별표 13」

대상 규모	1일 폐수배출량 2천 세제곱미터 이상			1일 폐수배출량 2천 세제곱미터 미만		
항목 지역 구분	생물 화학적 산소 요구량 (mg/L)	총 유기 탄소량 (mg/L)	부유 물질량 (mg/L)	생물 화학적 산소 요구량 (mg/L)	총 유기 탄소량 (mg/L)	부유 물질량 (mg/L)
청정 지역	30 이하	25 이하	30 이하	40 이하	30 이하	40 이하
가 지역	60 이하	40 이하	60 이하	80 이하	50 이하	80 이하
나 지역	80 이하	50 이하	80 이하	120 이하	75 이하	120 이하
특례 지역	30 이하	25 이하	30 이하	30 이하	25 이하	30 이하

정답 ②

93

★☆☆

골프장의 맹독성·고독성 농약의 사용여부의 확인에 대한 설명으로 틀린 것은?

① 특별자치도지사·시장·군수·구청장은 매년 분기마다 골프장에 대한 농약잔류량 검사를 실시하여야 한다.
② 농약사용량 조사 및 농약잔류량 검사 등에 관하여 필요한 사항은 환경부장관이 정하여 고시한다.
③ 유출수가 흐르지 않을 경우에는 최종 유출구 전단의 집수조 또는 연못 등에서 시료를 채취한다.
④ 유출수 시료채수는 골프장 부지경계선의 각 최종 유출구에서 1개 지점 이상 채취한다.

해설

「시행규칙 제89조」

특별자치도지사·시장·군수·구청장은 매년 반기마다 골프장에 대한 농약잔류량 검사를 실시하여야 한다.

정답 ①

94

★☆☆

다음은 폐수종말처리시설의 유지, 관리기준에 관한 내용이다. ( ) 안에 옳은 내용은?

> 처리시설의 가동시간, 폐수방류량, 약품투입량, 관리·운영자, 그 밖에 처리시설의 운영에 관한 주요사항을 사실대로 매일 기록하고 이를 최종 기록한 날부터 ( ) 보존하여야 한다.

① 1년간
② 2년간
③ 3년간
④ 5년간

해설

「시행규칙 별표 15」
처리시설의 가동시간, 폐수방류량, 약품투입량, 관리 및 운영자, 그 밖에 처리시설의 운영에 관한 주요사항을 사실대로 매일 기록하고 이를 최종 기록한 날로부터 1년간 보존하여야 한다. 다만, 폐수무방류배출시설의 경우에는 운영일지를 3년간 보존하여야 한다.

정답 ①

95

★★☆

시도지사는 공공수역의 물환경 보전을 위하여 환경부령이 정하는 해발고도 이상에 위치한 농경지 중 환경부령이 정하는 경사도 이상의 농경지를 경작하는 자에 대하여 경작방식의 변경, 농약·비료의 사용량 저감, 휴경 등을 권고할 수 있다. 위에서 언급한 환경부령이 정하는 해발고도와 경사도 기준은?

① 400미터, 15퍼센트
② 400미터, 25퍼센트
③ 600미터, 15퍼센트
④ 600미터, 25퍼센트

해설

「시행규칙 제85조」
"환경부령으로 정하는 해발고도"는 해발 400미터를 말하고 "환경부령으로 정하는 경사도"는 15퍼센트를 말한다.

정답 ①

96

★★☆

공공폐수처리시설의 방류수 수질기준 중 생태독성(TU)기준으로 옳은 것은? (단, 2020.1.1. 이후 수질기준, 보기 항의 ( )내 기준은 농공단지 공공폐수처리시설 방류수 수질기준)

① 2(2) 이하
② 1(2) 이하
③ 1(1) 이하
④ 2(3) 이하

해설

「시행규칙 별표 10」
방류수 수질기준

구분	Ⅰ 지역	Ⅱ 지역	Ⅲ 지역	Ⅳ 지역
생물화학적 산소요구량(BOD) (mg/L)	10(10) 이하	10(10) 이하	10(10) 이하	10(10) 이하
총유기탄소량(TOC) (mg/L)	15(25) 이하	15(25) 이하	25(25) 이하	25(25) 이하
부유물질(SS) (mg/L)	10(10) 이하	10(10) 이하	10(10) 이하	10(10) 이하
총질소(T-N) (mg/L)	20(20) 이하	20(20) 이하	20(20) 이하	20(20) 이하
총인(T-P) (mg/L)	0.2(0.2) 이하	0.3(0.3) 이하	0.5(0.5) 이하	2(2) 이하
총대장균군수 (개/mL)	3,000 (3,000) 이하	3,000 (3,000) 이하	3,000 (3,000) 이하	3,000 (3,000) 이하
생태독성(TU)	1(1) 이하	1(1) 이하	1(1) 이하	1(1) 이하

(적용기간에 따른 수질기준란의 ( )는 농공단지 공공폐수처리시설의 방류수 수질기준임)

정답 ③

2024년

97 ★★☆

수질오염경보 중 조류경보 시 취수장·정수장 관리자의 조치사항에 해당하는 것은?

① 주 2회 이상 시료채취·분석
② 정수의 독소분석 실시
③ 발령기관에 대한 시험분석결과의 신속한 통보
④ 취수구 및 조류가 심한 지역에 대한 방어막 설치 등 조류 제거 조치 실시

해설

「시행령 별표 4」

수질오염경보 중 조류경보 시 취수장·정수장 관리자의 조치사항

관계기관	단계	조치사항
취수장 · 정수장 관리자	관심	정수 처리 강화 (활성탄 처리, 오존 처리)
	경계	• 조류증식 수심 이하로 취수구 이동 • 정수처리 강화 (활성탄 처리, 오존 처리)
	조류 대발생	• 조류증식 수심 이하로 취수구 이동 • 정수처리 강화 (활성탄 처리, 오존 처리) • 정수의 독소분석 실시

정답 ②

98 ★☆☆

환경기술인 등의 교육기간·대상자 등에 관한 내용으로 틀린 것은?

① 최초교육: 기술인력 등이 최초로 업무에 종사한 날부터 1년 이내에 실시하는 교육
② 보수교육: 최초 교육 후 3년마다 실시하는 교육
③ 환경기술인 교육기관: 환경관리협회
④ 기술요원 교육기관: 국립환경인재개발원

해설

「시행규칙 제93조」

• 최초교육: 기술인력 등이 최초로 업무에 종사한 날부터 1년 이내에 실시하는 교육
• 보수교육: 최초 교육 후 3년마다 실시하는 교육
• 환경기술인 교육기관: 환경보전원
• 기술요원 교육기관: 국립환경인재개발원

정답 ③

99 ★★☆

일일기준초과배출량 및 일일유량산정방법에 관한 설명으로 옳지 않은 것은?

① 특정수질유해물질의 배출허용기준 초과 일일오염물질 배출량은 소수점 이하 넷째자리까지 계산한다.
② 배출농도의 단위는 리터당 밀리그램으로 한다.
③ 일일조업시간은 측정하기 전 최근 조업한 30일간의 배출 시간의 조업시간 평균치로서 시간으로 표시한다.
④ 일일유량산정을 위한 측정유량의 단위는 분당 리터로 한다.

해설

「시행령 별표 15」

일일조업시간은 측정하기 전 최근 조업한 30일간의 배출시설 조업시간의 평균치로서 분으로 표시한다.

정답 ③

100

★★☆

낚시제한구역에서의 제한사항이 아닌 것은?

① 1명당 3대의 낚시대를 사용하는 행위

② 1개의 낚시대에 5개 이상의 낚시바늘을 떡밥과 뭉쳐서 미끼로 던지는 행위

③ 낚시바늘에 끼워서 사용하지 아니하고 물고기를 유인하기 위하여 떡밥·어분 등을 던지는 행위

④ 어선을 이용한 낚시행위 등 「낚시 관리 및 육성법」에 따른 낚시어선업을 영위하는 행위(「내수면어업법 시행령」에 따른 외줄낚시는 제외한다)

해설

「시행규칙 제30조」

낚시제한구역에서의 제한사항

• 낚싯바늘에 끼워서 사용하지 아니하고 물고기를 유인하기 위하여 떡밥·어분 등을 던지는 행위

• 어선을 이용한 낚시행위 등 「낚시 관리 및 육성법」에 따른 낚시어선업을 영위하는 행위

• 1명당 4대 이상의 낚싯대를 사용하는 행위

• 1개의 낚싯대에 5개 이상의 낚싯바늘을 떡밥과 뭉쳐서 미끼로 던지는 행위

• 쓰레기를 버리거나 취사행위를 하거나 화장실이 아닌 곳에서 대·소변을 보는 등 수질오염을 일으킬 우려가 있는 행위

• 고기를 잡기 위하여 폭발물·배터리·어망 등을 이용하는 행위

정답 ①

수질오염개론

01 ★★☆

진핵세포에 대한 설명으로 틀린 것은?

① 몇 개의 DNA분자로 되어 있다.
② 세포핵에 1개의 염색체를 가지고 있다.
③ 세포벽은 두껍거나 없다.
④ 유사분열을 한다.

해설

진핵세포는 둘 또는 그 이상의 염색체를 갖고 있다.

정답 ②

02 ★★★

호수의 성층현상에 대해 틀린 것은?

① 수심에 따른 온도변화로 인해 발생되는 물의 밀도차에 의하여 발생한다.
② Thermocline(약층)은 순환층과 정체층의 중간층으로 깊이에 따른 온도변화가 크다.
③ 봄이 되면 얼음이 녹으면서 수표면 부근의 수온이 높아지게 되고 따라서 수직운동이 활발해져 수질이 악화된다.
④ 여름이 되면 연직에 따른 온도 경사와 용존산소 경사가 반대 모양을 나타낸다.

해설

여름이 되면 연직에 따른 온도 경사와 용존산소 경사가 같은 모양을 나타내는 것이 특징이다.

정답 ④

03 ★★★

하천수의 수온은 10℃이다. 20℃의 탈산소계수 k(상용대수)가 0.1day^{-1}일 때 최종 BOD에 대한 BOD$_6$의 비는? (단, $k_T = k_{20} \times 1.047^{(T-20)}$)

① 0.42
② 0.58
③ 0.63
④ 0.83

해설

BOD 소모 공식을 이용한다.
먼저 온도변화에 따른 k값을 보정하면

$$k_{10℃} = k_{20} \times 1.047^{(T-20)}$$
$$= 0.1 \times 1.047^{(10-20)}$$
$$= 0.0632 day^{-1}$$
$$BOD_6 = BOD_u(1-10^{-0.0632 \times 6})$$
$$\therefore \frac{BOD_6}{BOD_u} = (1-10^{-0.0632 \times 6}) = 0.58$$

정답 ②

04 ★☆☆

섬유상 유황박테리아로 에너지원으로 황화수소를 이용하며 균체에 황입자를 축적하는 것은?

① *Sphaerotilus*
② *Zooglea*
③ *Cyanophyia*
④ *Beggiatoa*

선지분석

① *Sphaerotilus*: 슬러지 팽화에 관여하는 미생물
② *Zooglea*: 유기물 분해 호기성 미생물
③ *Cyanophyia*: 남조류, 광합성 및 산소 생성

정답 ④

05

★★☆

이상적인 완전혼합 흐름상태를 나타내는 반응조 혼합정도의 표시로 틀린 것은?

① 분산이 1일 때
② 지체시간이 0일 때
③ Morrill 지수가 1에 가까울수록
④ 분산수가 무한대일 때

해설

반응조에 있어서 혼합 정도의 척도는 분산(Variance), 분산수(Dispersion number), Morrill 지수, 지체시간 등으로 나타낼 수 있으며 이를 비교하면 다음 표와 같다.

	PFR	CFSTR(CMFR)
분산	0	1
분산수	0	∞
Morrill 지수	1	클수록
지체시간	이론적 체류시간 동일	0

정답 ③

06

★★☆

경도가 $CaCO_3$로서 500mg/L이고 Ca^{2+} 100mg/L, Na^+ 46mg/L, Cl^- 1.3mg/L인 물에서의 Mg^{2+}의 농도(mg/L)는? (단, 원자량은 Ca 40, Mg 24, Na 23, Cl 35.5)

① 30
② 60
③ 120
④ 240

해설

$$경도 = \sum \left(M_c^{2+} \times \frac{50}{E_q} \right)$$

$$500 = 100mg/L \times \frac{50}{40/2} + X[mg/L] \times \frac{50}{24/2}$$

$$\therefore X(=Mg^{2+}) = 60mg/L$$

정답 ②

07

★☆☆

다음은 수질조사에서 얻은 결과인데, Ca^{2+} 결과치의 분실로 인하여 기재가 되지 않았다. 주어진 자료로부터 Ca^{2+} 농도(mg/L)는?

양이온(mg/L)		음이온(mg/L)	
Na^+	46	Cl^-	71
Ca^{2+}	—	HCO_3^-	122
Mg^{2+}	36	SO_4^{2-}	192

① 20
② 40
③ 60
④ 80

해설

수질조사 후 염에서 양이온과 음이온이 만들어졌기 때문에 양이온과 음이온의 당량 합은 서로 같아야 한다.
Ca^{2+}농도$=x$mg/L 라고 하면,

1) 양이온 당량

· $Na^{2+} = \dfrac{46mg}{L} \times \dfrac{1meq}{23mg} = 2meq/L$

· $Mg^{2+} = \dfrac{36mg}{L} \times \dfrac{2meq}{24mg} = 3meq/L$

· $Ca^{2+} = \dfrac{x\,mg}{L} \times \dfrac{2meq}{40mg} = \dfrac{x}{20}meq/L$

2) 음이온 당량

· $Cl^- = \dfrac{71mg}{L} \times \dfrac{1meq}{35.5mg} = 2meq/L$

· $HCO_3^- = \dfrac{122mg}{L} \times \dfrac{1meq}{61mg} = 2meq/L$

· $SO_4^{2-} = \dfrac{192mg}{L} \times \dfrac{1meq}{48mg} = 4meq/L$

∴ 양이온 당량=음이온 당량

$$2 + 3 + \frac{x}{20} = 2 + 2 + 4$$

$$\therefore x = 60mg/L$$

정답 ③

2024년

08 ★★★

저수지의 용량이 $2.8 \times 10^8 m^3$이고 염분의 농도가 1.25%이며 유량은 $2.4 \times 10^9 m^3$/년이라면 저수지 염분농도가 200mg/L로 될 때까지의 소요시간(개월)은? (단, 염분 유입은 없으며 저수지는 완전혼합 반응조, 1차반응(자연대수)으로 가정한다.)

① 4.6 ② 5.8
③ 6.9 ④ 7.4

해설

$$\ln \frac{C_t}{C_0} = -k \cdot t$$

- C_t: 처리 후 농도[mg/L]
- C_0: 초기 농도[mg/L]
- k: 반응속도상수[month^{-1}]
- t: 반응시간[month]

1) $k = \dfrac{Q}{\forall}$

$$= \frac{2.4 \times 10^9 m^3}{year} \times \frac{1}{2.8 \times 10^8 m^3} \times \frac{1year}{12month}$$
$$= 0.714 month^{-1}$$

2) $\ln \dfrac{C_t}{C_0} = -k \cdot t$

$$\ln \left(\frac{200}{1.25 \times 10^4} \right) = \frac{-0.714}{month} \times t$$
$$\therefore t = \ln \left(\frac{200}{1.25 \times 10^4} \right) \times \frac{month}{-0.714}$$
$$= 5.79 \fallingdotseq 5.8 month$$

정답 ②

09 ★★★

하천의 수질관리를 위하여 1920년대 초에 개발된 수질예측모델로 BOD와 DO반응 즉 유기물의 분해로 인한 DO소비와 대기로부터 수면을 통해 산소가 재공급되는 재폭기만 고려한 것은?

① DO SAG Ⅰ 모델 ② QUAL – 1 모델
③ WQRRS 모델 ④ Streeter – Phelps 모델

선지분석

① DO SAG-Ⅰ(DO−SAG): Streeter-Phelps 식을 기본으로 Ⅰ, Ⅱ, Ⅲ 단계에 걸쳐 개발
② QUAL-1: 하천과 대기 사이의 열복사, 열교환 고려
③ WQRRS: 하천 및 호수의 부영양화를 고려한 생태계 모델
④ Streeter-Phelps 모델: BOD와 DO반응 즉 유기물의 분해로 인한 DO소비와 대기로부터 수면을 통한 산소를 재공급하는 재폭기만 고려

정답 ④

10 ★☆☆

생물체 내에서 일어나는 에너지 대사에 적용되는 열역학법칙 내용과 거리가 먼 것은?

① 에너지의 총량은 일정하다.
② 자연적인 반응은 질서도가 커지는 방향으로 진행한다.
③ 엔트로피는 끊임없이 증가하고 있다.
④ 절대온도 0K(−273.16℃)에서는 분자운동이 없으며 엔트로피는 0이다.

해설

자연계에서 에너지 대사는 항상 무질서한 방향으로 진행한다. (열역학 제2법칙)

정답 ②

11 ★☆☆

응집제 투여량이 많으면 많을수록 응집효과가 커지게 되는 Schulze–Hardy Rule의 크기를 옳게 나타낸 것은?

① $Al^{3+} > Ca^{2+} > K^+$
② $K^+ > Ca^{2+} > Al^{3+}$
③ $K^+ > Al^{3+} > Ca^{2+}$
④ $Ca^{2+} > K^+ > Al^{3+}$

해설

이온의 원자가가 클수록 응집효과가 크다.

관련이론 | 응집의 특성
- 응집제를 가해주는 목적은 콜로이드의 반발력을 감소시키고자 함이며 콜로이드 입자의 제타 전위는 0이고, 이중층이 존재하지 않는 등전점까지 pH를 조정함으로써 감소한다.
- 제타전위는 반대전하의 이온이나 콜로이드를 가해주면 감소한다.
- 반대전하의 2가 이온은 1가 이온보다 적어도 50배, 그리고 3가 이온은 100배나 더 효과적이다.(Schulze–Hardy Rule → 이온의 원자가가 클수록 응집효과가 크다.)
- 친수성 콜로이드의 부착수는 고농도인 염류에 의해 감소되어 염석 효과를 일으키며 염석의 효과도는 양이온 보다는 음이온의 성질에 의존한다.

정답 ①

12 ★☆☆

박테리아를 환경적인 조건에 따라 분류할 때, 바닷물과 비슷한 염 조건하에서 잘 자라는 박테리아(호염균)는?

① *Hyperthermophiles*
② *Microaerophiles*
③ *Halophiles*
④ *Chemotrophs*

해설

*Halophiles*는 염(Salt)이 많은 물에서 서식하는 호염성 세균이다. *Hyperthermophiles*(초고온성균)는 뜨거운 온천, 석탄광산 등 특이한 환경에 서식하는 균이다. 또한 *Microaerophiles*는 미호기성 미생물, *Chemotrophs*는 화학영양 미생물이다.

정답 ③

13 ★★★

유해물질, 배출원, 유해내용이 맞게 짝지어진 것은?

① 납 – 합금, 도금, 제련 – 피부궤양
② 수은 – 금속광산, 정련공장, 원자로 – 미나마타병
③ 카드뮴 – 전해소다공장, 농약공장 – 수족의 지각장애
④ 망간 – 광산, 합금, 유리착색 – 윌슨씨 증후군

해설

수질오염물질	인체영향
수은	미나마타병, 헌터루셀 증후군
카드뮴	이따이이따이병
비소	피부염, 설사, 발암
크롬	비중격 연골천공, 피부염
아연	기관지 자극 및 폐렴
납	근육과 관절의 장애
PCB	카네미유증
불소	법랑반점
구리	윌슨씨 증후군

정답 ②

14 ★★☆

알칼리도(Alkalinity)에 관한 설명으로 틀린 것은?

① 알칼리도가 낮은 물은 철(Fe)에 대한 부식성이 강하다.
② 알칼리도가 부족할 때는 소석회($Ca(OH)_2$)나 소다회(Na_2CO_3)와 같은 약제를 첨가하여 보충한다.
③ 자연수의 알칼리도는 주로 중탄산염(HCO_3^-)의 형태를 이룬다.
④ 중탄산염(HCO_3^-)이 많이 함유된 물을 가열하면 pH는 낮아진다.

해설

중탄산염(HCO_3^-)이 많이 함유된 물을 가열하면 pH는 높아진다.

정답 ④

15 ★☆☆

호소의 영양상태를 평가하기 위한 Carlson 지수를 산정하기 위해 요구되는 인자가 아닌 것은?

① Chlorophyll-a ② SS
③ 투명도 ④ T-P

해설

Carlson에 의해 개발된 Carlson 지수는 경험적으로 만든 연속적인 부영양화도 지수로서 TSI(SD), TSI(Chlorophyll-a), TSI(T-P)가 있다.

- TSI(SD): 투명도(SD)에 대한 부영양화도 지수
- TSI(Chlorophyll-a): 투명도(SD)-클로로필 농도(Chlorophyll-a)의 상관관계에 의한 부영양화도 지수
- TSI(T-P): 클로로필 농도(Chlorophyll-a)-총인(T-P)의 상관관계를 이용한 부영양화도 지수

정답 ②

16 ★★☆

하천수의 난류확산 방정식과 상관성이 적은 인자는?

① 유량 ② 침강속도
③ 난류확산계수 ④ 유속

해설

하천수의 난류확산 방정식

$$\frac{\partial C}{\partial t} + \frac{\partial(uC)}{\partial x} + \frac{\partial(vC)}{\partial z} + \frac{\partial(wC)}{\partial z}$$

$$= \frac{\partial}{\partial x}\left(D_x\frac{\partial C}{\partial x}\right) + \frac{\partial}{\partial y}\left(D_y\frac{\partial C}{\partial y}\right) + \frac{\partial}{\partial z}\left(D_z\frac{\partial C}{\partial z}\right) + w_o\frac{\partial C}{\partial z} - KC$$

여기서,
C: 하천수의 오염물질 농도[mg/L]
u, v, w: x(유하), y(수평), z(수직) 방향의 유속
D_x, D_y, D_z: x, y, z 방향의 확산계수
W_o: 대상 오염물질의 침강속도[m/sec]
K: 대상 오염물질의 자기감쇠계수

정답 ①

17 ★★☆

자정상수(f)의 영향 인자에 관한 설명으로 옳은 것은?

① 수심이 깊을수록 자정상수는 커진다.
② 수온이 높을수록 자정상수는 작아진다.
③ 유속이 완만할수록 자정상수는 커진다.
④ 바닥구배가 클수록 자정상수는 작아진다.

선지분석

자정상수(f)의 영향 인자

① 수심이 얕을수록 자정상수는 커진다.
② 수온이 높을수록 자정상수는 작아진다.
③ 유속이 빨라지면 자정상수는 커진다.
④ 바닥구배가 클수록 자정상수는 커진다.

정답 ②

18 ★★☆

산소포화농도가 9mg/L인 하천에서 처음의 용존산소농도가 7mg/L라면 3일간 흐른 후 하천 하류지점에서의 용존산소농도(mg/L)는? (단, BOD_u=10mg/L, 탈산소계수=0.1day^{-1}, 재폭기계수=0.2day^{-1}, 상용대수 기준)

① 4.5 ② 5.0
③ 5.5 ④ 6.0

해설

$$D_t = \frac{L_o \cdot K_1}{K_2 - K_1}(10^{-K_1 t} - 10^{-K_2 t}) + D_o \times 10^{-K_2 t}$$

$$D_o = 9mg/L - 7mg/L = 2mg/L$$

$$D_t = \frac{10 \times 0.1}{0.2 - 0.1}(10^{-0.1 \times 3} - 10^{-0.2 \times 3}) + 2 \times 10^{-0.2 \times 3}$$

$$= 3.002mg/L \fallingdotseq 3.0mg/L$$

∴ 시간이 흐른 뒤 산소농도 $= 9mg/L - 3.0mg/L$
$$= 6.0mg/L$$

정답 ④

19 ★☆☆

물의 특성에 관한 설명으로 틀린 것은?

① 수소와 산소의 공유결합 및 수소결합으로 되어 있다.
② 물의 점성도는 표준상태에서 대기의 대략 100배 정도 이다.
③ 수온이 감소하면 물의 점성도가 감소한다.
④ 물분자 사이의 수소결합으로 큰 표면장력을 갖는다.

해설
수온이 감소하면 물의 점성도가 증가한다.

정답 ③

20 ★★☆

유기화합물이 무기화합물과 다른 점을 올바르게 설명한 것은?

① 유기화합물들은 대체로 이온반응보다는 분자반응을 하므로 반응속도가 느리다.
② 유기화합물들은 대체로 분자반응보다는 이온반응을 하므로 반응속도가 느리다.
③ 유기화합물들은 대체로 이온반응보다는 분자반응을 하므로 반응속도가 빠르다.
④ 유기화합물들은 대체로 분자반응보다는 이온반응을 하므로 반응속도가 빠르다.

해설
유기화합물들은 대체로 이온반응보다는 분자반응을 하므로 반응속도가 느리다.

정답 ①

상하수도계획

21 ★★★

취수시설 중 취수보의 위치 및 구조에 대한 고려사항으로 옳지 않은 것은?

① 원칙적으로 홍수의 유심방향과 평행인 직선형으로 가능한 한 하천의 곡선부에 설치한다.
② 유심이 취수구에 가까우며 안정되고 홍수에 의한 하상변화가 적은 지점으로 한다.
③ 원칙적으로 철근콘크리트 구조로 한다.
④ 침수 및 홍수 시 수면상승으로 인하여 상류에 위치한 하천공작물 등에 미치는 영향이 적은 지점에 설치한다.

해설
취수보는 원칙적으로 홍수의 유심방향과 직각의 직선형으로 가능한 하천의 직선부에 설치한다.

정답 ①

22 ★☆☆

하수관로의 유속과 경사는 하류로 갈수록 어떻게 되도록 설계하여야 하는가?

① 유속: 증가, 경사: 감소 　② 유속: 증가, 경사: 증가
③ 유속: 감소, 경사: 증가 　④ 유속: 감소, 경사: 감소

해설
하수 중의 오물이 차례로 관로에 침전되는 것을 막기 위하여 하류방향으로 내려감에 따라 유속을 점차 증가하도록 해야 하며, 경사는 하류로 갈수록 감소시켜야 한다.

정답 ①

23 ★☆☆

수격작용을 방지 또는 줄이는 방법이라 할 수 없는 것은?

① 관내 유속을 낮추거나 관로상황을 변경한다.
② 펌프 토출구 부근에 공기탱크를 두거나 부압 발생지점에 흡기밸브를 설치하여 압력강하 시 공기를 넣어준다.
③ 흡입측 관로에 압력조절수조를 설치하여 부압을 유지시킨다.
④ 펌프에 플라이휠을 붙여 펌프의 관성을 증가시킨다.

해설

수격작용을 방지 또는 줄이기 위해서는 토출측 관로에 압력조절수조를 설치하여 부압 발생장소에 물을 공급하여 부압을 방지한다.

관련이론

ⓐ **수격작용**

관로의 밸브를 급히 제동하거나 펌프의 급제동으로 인하여 순간유속이 제로(0)가 되면서 압력파가 발생하는데 이때 발생한 압력파가 관내를 일정한 전파속도로 왕복하면서 충격을 주게 되는 현상을 말한다. 수격작용은 배관과 펌프의 파손원인이 된다.

ⓑ **수격작용 방지 방법**

· 관내의 유속을 낮추거나 관경을 크게 한다.
· 펌프의 속도가 급격히 변화하는 것을 방지한다.
· 수압을 조절할 수 있는 수조를 관선에 설치한다.
· 펌프에 플라이휠을 붙여 펌프의 관성을 증가시킨다.
· 펌프 토출구 부근에 공기탱크를 두거나 부압 발생지점에 흡기밸브를 설치하여 압력강하 시 공기를 넣어준다.

정답 ③

24 ★☆☆

자연부식 중 매크로셀부식에 해당되는 것은?

① 산소농담(통기차) ② 특수토양부식
③ 간섭 ④ 박테리아부식

관련이론 | 관의 부식

정답 ①

25 ★★☆

자유수면을 갖는 천정호(반경 r=0.5m, 원지하수위 H=7.0m)에 대한 양수시험결과 양수량이 0.03m³/sec일 때 정호의 수심 h=5.0m, 영향반경 R=200m에서 평형이 되었다. 이 때 투수계수 k(m/sec)는?

① 4.5×10^{-4} ② 2.4×10^{-3}
③ 3.5×10^{-3} ④ 1.6×10^{-2}

해설

$$\text{양수량} Q = \frac{\pi k (H^2 - h^2)}{2.3 \log (R/r)}$$

$$0.03\text{m}^3/\text{sec} = \frac{\pi k (7^2 - 5^2)}{2.3 \log (200/0.5)}$$

$$\therefore k = 2.38 \times 10^{-3} \fallingdotseq 2.4 \times 10^{-3}\text{m/sec}$$

정답 ②

26

★☆☆

펌프의 운전 시 발생되는 현상이 아닌 것은?

① 공동현상
② 수격작용(수충작용)
③ 노크현상
④ 맥동현상

선지분석

① 공동현상: 펌프의 내부에서 유속이 급변하거나 와류 발생, 유로 장애 등에 의하여 유체의 압력이 저하되어 포화 수증기압에 가까워지면 물속에 용존되어 있는 기체가 액체 중에서 분리되어 기포로 되며 특히 포화수증기압 이하로 되면 물이 기화되어 흐름 중에 공동이 생기는 현상이다.
② 수격작용(수충작용): 관 내를 충만하여 흐르고 있는 물의 속도가 급격히 변하면 수압도 심한 변화를 일으키는 현상이다.
④ 맥동현상: 송출유량과 송출압력 사이에 주기적인 변동이 일어나 토출유량의 변화를 가져오는 현상이다.

정답 ③

27

★☆☆

화학적 처리를 위한 응집시설 중 급속혼화시설에 관한 설명으로 (   )에 옳은 내용은?

> 기계식 급속혼화시설을 채택하는 경우에는 (   ) 이내의 체류시간을 갖는 혼화지에 응집제를 주입한 다음 즉시 급속교반시킬 수 있는 혼화장치를 설치한다.

① 30초
② 1분
③ 3분
④ 5분

해설

기계식 급속혼화시설을 채택하는 경우에는 1분 이내의 체류시간을 갖는 혼화지에 응집제를 주입한 다음 즉시 급속교반시킬 수 있는 혼화장치를 설치한다.

정답 ②

28

★☆☆

하수관로 개·보수계획 수립 시 포함되어야 할 사항이 아닌 것은?

① 불명수량 조사
② 개·보수 우선순위의 결정
③ 개·보수공사 범위의 설정
④ 주변 인근 신설관로 현황 조사

해설

하수관로 개·브수계획은 관로의 중요도, 계획의 시급성, 환경성 및 기존 관로 현황 등을 고려하여 수립하되 다음과 같은 사항을 포함한다.
• 기초자료 분석 및 조사 우선순위 결정
• 불명수량 조사
• 기존 관로 현황 조사
• 개·보수 우선순위의 결정
• 개·보수공사 범위의 설정
• 개·보수공법의 선정

정답 ④

29

★☆☆

하수관로를 매설하기 위해 굴토한 도랑의 폭이 1.8m이다. 매설지점의 표토는 젖은 진흙으로서 흙의 밀도가 $2.0t/m^3$이고, 흙의 종류와 관의 깊이에 따라 결정되는 계수 C_1=1.5이었다. 이 때 매설관이 받는 하중(t/m)은?
(단, Marstor 공식에 의한 계산)

① 2.5
② 5.8
③ 7.4
④ 9.7

해설

$$W = C_1 \times \gamma \times B^2$$
$$= 1.5 \times \frac{2t}{m^3} \times (1.8m)^2 = 9.7t/m$$

정답 ④

2024년

30 ★★☆

취수탑의 위치에 관한 내용으로 ( )에 옳은 것은?

> 연간을 통하여 최소수심이 ( ) 이상으로 하천에 설치하는 경우에는 유심이 제방에 되도록 근접한 지점으로 한다.

① 1m
② 2m
③ 3m
④ 4m

해설

2m 미만의 수위에서는 하천 바닥의 불필요한 침전물과 토사의 유입이 증가할 수 있다.

정답 ②

31 ★☆☆

상수관로의 길이 800m, 내경 200mm에서 유속 2m/sec로 흐를 때 관 마찰손실수두(m)는? (단, Darcy – Weisbach 공식을 이용, 마찰손실계수＝0.02)

① 약 16.3
② 약 18.4
③ 약 20.7
④ 약 22.6

해설

$$H_L[\text{m}]=f \times \frac{L}{D} \times \frac{V^2}{2g}$$

• f: 마찰손실계수
• L: 길이[m]
• D: 내경[m]
• V: 유속[m/sec]

$$\therefore H_L = 0.02 \times \frac{800}{0.2} \times \frac{2^2}{2 \times 9.8} = 16.33 \fallingdotseq 16.3\text{m}$$

정답 ①

32 ★☆☆

우수배제계획의 수립 중 우수유출량의 억제에 대한 계획으로 옳지 않은 것은?

① 우수저류형 시설 중 On-site 시설은 단지 내 저류, 우수조정지, 우수체수지 등이 있다.
② 우수저류형은 우수유출총량은 변하지 않으나 첨두유출량을 감소시키는 효과가 있다.
③ 우수유출량의 억제방법은 크게 우수저류형, 우수침투형 및 토지이용의 계획적관리로 나눌 수 있다.
④ 우수침투형은 우수를 지중에 침투시키므로 우수유출총량을 감소시키는 효과를 발휘한다.

해설

우수저류형 시설
• On-site 시설은 강우 장소에서 우수를 저류하는 시설로 공원 내 저류, 학교운동장 내 저류, 광장 내 저류, 주차장 내 저류, 건물 사이 내 저류, 집 사이 내 저류 등이다.
• Off-site 시설은 유출한 우수를 집수하여 별도의 장소에서 저류하는 시설로 우수조정지, 우수체수지, 다목적유수지, 우수저류관 등이다.

관련이론 | 우수유출량의 저감(억제)방법
크게 우수저류형과 우수침투형으로 나눌 수 있다.
• 우수저류형: 우수유출총량은 변하지 않으나 유출량을 평균화시켜 첨두유출량을 감소시키는 효과를 발휘한다.
• 우수침투형: 우수를 지중에 침투시키므로 우수유출총량을 감소시키는 효과를 발휘한다. 침투형에는 침투받이, 침투 트렌치, 침투 측구, 투수성 포장 등이 있다.

정답 ①

33 ★☆☆

다음 응집제 중 알칼리도를 가장 크게 감소시키는 것은?
(단, 응집제 1mg/L 주입 기준)

① 황산알루미늄(액체)(Al$_2$(SO$_4$)$_3$, 8%)
② 황산알루미늄(고형)(Al$_2$(SO$_4$)$_3$, 15%)
③ 폴리염화알루미늄(Al$_2$(OH)$_n$Cl$_{6-n}$, 염기도 30%)
④ 폴리염화알루미늄(Al$_2$(OH)$_n$Cl$_{6-n}$, 염기도 50%)

해설

응집제는 크게 황산알루미늄염(Aluminium sulfate : alum, Al$_2$(SO$_4$)$_3$·18H$_2$O), 폴리염화알루미늄(PAC; Poly Aluminium Chloride), 철염류(염화제2철[FeCl$_3$], 황산제1철[FeSO$_4$]) 등이 있으며 이 중 알칼리도 저하 효과는 황산알루미늄이 크다. 반면, 폴리염화알루미늄의 경우가 알칼리도의 저하가 가장 작다.
따라서 보기 중 함유량이 큰 15%의 황산알루미늄이 알칼리도를 가장 크게 감소시킨다.

정답 ②

35 ★☆☆

로지스틱(Logistic) 인구 추정공식에 관한 설명으로 틀린 것은? ($y=K/(1+e^{a-bx})$)

① y: 추정치
② K: 연 평균 인구 증가율
③ x: 경과년수
④ a, b: 상수

해설

로지스틱(Logistic) 인구 추정공식
무한연도에 수렴치(최대값) K를 갖는 추정식으로 S형태의 곡선을 나타낸다. 초기의 급격한 증가 후 점점 그 추세가 완화되는 자료치에 잘 어울린다.

$$y=\frac{K}{1+e^{a-bx}}$$

• y: 추정치
• x: 경과년수
• K: 포화인구
• a, b: 매개변수

정답 ②

34 ★☆☆

지하수의 취수지점 선정에 관련된 설명 중 틀린 것은?

① 연해부의 경우에는 해수의 영향을 받지 않아야 한다.
② 얕은 우물인 경우에는 오염원으로부터 5m 이상 떨어져서 장래에도 오염의 영향을 받지 않는 지점이어야 한다.
③ 기존 우물 또는 집수매거의 취수에 영향을 주지 않아야 한다.
④ 복류수인 경우에 장래에 일어날 수 있는 유로변화 또는 하상저하 등을 고려하고 하천개수계획에 지장이 없는 지점을 선정한다.

해설

얕은 우물이나 복류수인 경우에는 오염원으로부터 15m 이상 떨어져서 장래에도 오염의 영향을 받지 않는 지점이어야 한다.

정답 ②

36 ★★★

상수시설인 배수지의 용량에 관한 내용으로 (　　)에 옳은 것은?

> 유효용량은 "시간변동조정용량"과 "비상대처용량"을 합하여 급수구역의 계획1일 최대급수량의 (　　) 이상을 표준으로 하여야 하며 지역 특성과 상수도시설의 안정성 등을 고려하여 결정한다.

① 6시간분
② 8시간분
③ 10시간분
④ 12시간분

해설

유효용량은 "시간변동조정용량"과 "비상대처용량"을 합하여 급수구역의 계획1일 최대급수량의 12시간분 이상을 표준으로 한다.

정답 ④

37

★☆☆

다음 표는 우수량을 산출하기 위해 조사한 지역분포와 유출계수의 결과이다. 이 지역의 전체 평균유출계수는?

지역	분포	유출계수
상업	20%	0.6
주거	30%	0.4
공원	10%	0.2
공업	40%	0.5

① 0.30

② 0.35

③ 0.42

④ 0.46

해설

평균유출계수 $C = \dfrac{\sum (\text{공종의 면적} \times \text{유출계수})}{\sum \text{공종의 면적}}$

$= \dfrac{20 \times 0.6 + 30 \times 0.4 + 10 \times 0.2 + 40 \times 0.5}{20 + 30 + 10 + 40}$

$= 0.46$

정답 ④

38

★★★

1분당 300m³의 물을 150m 양정(전양정)할 때 최고효율점에 달하는 펌프가 있다. 이 때의 회전수가 1,500rpm이라면, 이 펌프의 비속도(비교회전도)는?

① 약 512

② 약 554

③ 약 606

④ 약 658

해설

$N_s = N \times \dfrac{Q^{1/2}}{H^{3/4}}$

· N_s: 비교회전도[rpm]
· N: 펌프의 회전수[rpm]
· Q: 펌프의 토출량[m³/min]
· H: 펌프의 양정[m]

∴ $N_s = N \times \dfrac{Q^{1/2}}{H^{3/4}} = 1,500 \times \dfrac{300^{1/2}}{150^{3/4}} = 606.15 ≒ 606\text{rpm}$

정답 ③

39

★★☆

면적이 3km²이고, 유입시간이 5분, 유출계수 $C=0.65$, 관 내 유속 1m/sec로 관 길이 1,200m인 하수관으로 우수가 흐르는 경우 유달시간(분)은?

① 10

② 15

③ 20

④ 25

해설

t(유달시간) = 유입시간 + 유하시간

$= 5\text{분} + \dfrac{1,200\text{m}}{1\text{m/sec} \times 60\text{sec/min}}$

$= 25\text{분}$

정답 ④

40

★☆☆

우수배제 계획에서 계획우수량을 산정할 때 고려할 사항이 아닌 것은?

① 유출계수

② 유속계수

③ 배수면적

④ 유달시간

해설

우수배제 계획에서 계획우수량을 산정할 때 고려할 사항

· 우수유출량
· 유출계수
· 확률연수
· 유달시간
· 배수면적

정답 ②

수질오염방지기술

41

★☆☆

정수처리시 적용되는 랑게리아지수에 관한 내용으로 틀린 것은?

① 랑게리아지수란 물의 실제 pH와 이론적 pH(pHs: 수중의 탄산칼슘이 용해되거나 석출되지 않는 평형상태로 있을 때의 pH)와의 차이를 말한다.

② 랑게리아지수가 양(+)의 값으로 절대치가 클수록 탄산칼슘 피막 형성이 어렵다.

③ 랑게리아지수가 음(−)의 값으로 절대치가 클수록 물의 부식성이 강하다.

④ 물의 부식성이 강한 경우의 랑게리아지수는 pH, 칼슘경도, 알칼리도를 증가시킴으로써 개선할 수 있다.

해설

랑게리아지수가 양(+)의 값으로 절대치가 클수록 탄산칼슘의 석출이 일어나기 쉽고, 0이면 평형관계에 있으며, 음(−)의 값에서는 탄산칼슘 피막은 형성되지 않고 그 절대치가 클수록 물의 부식성이 강하다.

정답 ②

42

★★☆

표면적이 $2m^2$이고 깊이가 2m인 침전지에 유량 $48m^3$/day의 폐수가 유입될 때 폐수의 체류시간(hr)은?

① 2 ② 4
③ 6 ④ 8

해설

$\forall = Qt$

- $\forall$: 침전지 체적[m^3]
- Q: 일일 유(입)량[m^3/day]
- t: 시간[day]

$\rightarrow t = \dfrac{\forall}{Q} = \dfrac{2m^2 \times 2m}{48m^3/day} = \dfrac{1}{12}day = 2hr$

정답 ①

43

★☆☆

회전 생물막접촉판법은 일반적으로 2~4개의 조를 직렬 배치하여 적용하는 경우가 많은데 첫째 조에서 최종조로 폐수가 이전됨에 따라 관찰되는 현상과 거리가 먼 것은?

① 용존산소의 농도는 점차 감소한다.

② 최종조로 갈수록 난분해성 기질이 잔류한다.

③ 회전판 표면의 생물막의 두께가 얇아진다.

④ 각 조에서의 원판사이의 간격은 첫째 조에서 상대적으로 가장 넓게 조절한다.

해설

순차적으로 조를 넘어갈 때마다 용존산소는 증가한다.

관련이론 | 회전원판법(RBC)

- 호기성여상법으로 대표되는 생물막을 이용하여 하수를 처리하는 방식을 말한다.
- 원판의 일부를 수면에 잠기도록(40%)하여 원판 위에 자연적으로 발생하는 호기성 미생물을 이용한다.
- 원판의 회전으로 인해 부착생물과 회전판 사이에 전단력이 생겨 과잉의 부착생물은 자연적으로 떨어지게 된다(탈리현상).
- 운전관리상 조작이 간단하다.
- 소비전력량이 표준활성슬러지법에 비해 적다.
- 질산화가 일어나기 쉬우며 pH가 저하되는 경우도 있다.
- 벌킹으로 인해 이차침전지에서 일시적으로 다량의 슬러지가 유출되는 현상이 없다.
- 활성슬러지법에 비해 이차침전지에서 미세한 SS가 유출되기 쉽고, 처리수의 투경도가 나쁘다.
- 살수여상과 같이 여상에 파리는 발생하지 않으나, 하루살이가 발생한다.

정답 ①

44 ★☆☆

물 5m³의 DO가 9.0mg/L이다. 이 산소를 제거하는 데 필요한 아황산나트륨의 양(g)은?

① 256.5
② 354.4
③ 452.6
④ 488.8

해설

$$Na_2SO_3 + 0.5O_2 \rightarrow Na_2SO_4$$
$$\underset{126g}{} \quad \underset{0.5 \times 32g}{}$$

비례식으로 정리하면,

$$126g : 0.5 \times 32g = X(mg/L) : 9mg/L$$

$$\rightarrow X = \frac{126 \times 9}{0.5 \times 32} = 70.875mg/L$$

∴ 아황산나트륨의 양[g]

$$= \frac{70.875mg}{L} \times \frac{1g}{10^3mg} \times 5m^3 \times \frac{10^3L}{1m^3} ≒ 354.4g$$

정답 ②

45 ★☆☆

물속의 휘발성유기화합물(VOC)을 에어스트리핑으로 제거할 때 제거 효율관계를 설명한 것으로 옳지 않은 것은?

① 액체 중의 VOC농도가 높을수록 효율이 증가한다.
② 오염되지 않은 공기를 주입할 때 제거효율은 증가한다.
③ K_{La}가 감소하면 효율이 증가한다.
④ 온도가 상승하면 효율이 증가한다.

해설

산소전달계수(또는 총산소이동용량계수) K_{La}가 증가하면 VOC 제거효율도 비례하여 증가한다.

정답 ③

46 ★★☆

다음 공정에서 처리될 수 있는 폐수의 종류는?

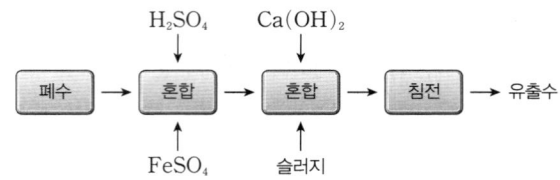

① 크롬폐수
② 시안폐수
③ 비소폐수
④ 방사능폐수

해설

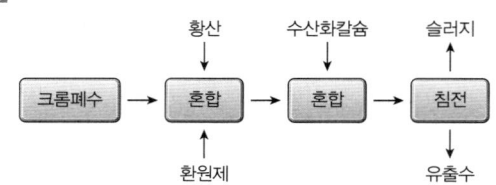

크롬 환원 – 침전법

크롬함유 폐수는 6가 크롬을 3가 크롬으로 환원시킨 후에 석회(수산화칼슘) 등의 알칼리성 물질을 넣어 중화시키고 3가 상태의 크롬으로 침전시키는 방법이다.

정답 ①

47 ★★★

입자의 침전속도가 작게 되는 경우는? (단, 기타 조건은 동일하며 침전속도는 스톡스법칙에 따른다.)

① 부유물질 입자의 입경이 클 경우
② 부유물질 입자의 밀도가 클 경우
③ 처리수의 밀도가 작을 경우
④ 처리수의 점성도가 클 경우

해설

스톡스 법칙

$$V_s = \frac{d^2(\rho_p - \rho)g}{18\mu}$$

처리수의 점성도가 클수록 입자의 침전속도는 작아진다.

정답 ④

48

★☆☆

하수 고도처리 도입 이유로 가장 거리가 먼 것은?

① 개방형 수역의 부영양화 촉진
② 방류수역의 수질환경기준의 달성
③ 방류수역의 이용도 향상
④ 처리수의 재이용

해설

고도처리를 도입하는 이유
- 폐쇄성 수역의 부영양화 방지
- 방류수역의 수질환경기준의 달성
- 방류수역의 이용도 향상
- 처리수의 재이용

정답 ①

49

★☆☆

소화조 슬러지 주입율이 100m³/day이고, 슬러지의 SS 농도가 6.47%, 소화조 부피가 1,250m³, SS내 VS 함유율이 85%일 때 소화조에 주입되는 VS의 용적부하(kg/m³·day)는? (단, 슬러지의 비중은 1.0이다.)

① 1.4
② 2.4
③ 3.4
④ 4.4

해설

VS의 용적부하 $\left[\dfrac{kg}{m^3 \cdot day}\right]$

$= \dfrac{\text{유입 VS의 양[kg/day]}}{\text{소화조의 용적[m}^3\text{]}}$

$= \dfrac{100m^3(SL)}{day} \times \dfrac{6.47(TS)}{100(SL)} \times \dfrac{85(VS)}{100(TS)} \times \dfrac{1}{1,250m^3} \times \dfrac{1,000kg}{m^3}$

$= 4.3996 ≒ 4.4kg/m^3 \cdot day$

정답 ④

50

★★☆

1일 10,000m³의 폐수를 급속혼화지에서 체류시간 60sec, 평균속도경사(G) 400sec⁻¹인 기계식고속 교반장치를 설치하여 교반하고자 한다. 이 장치에 필요한 소요 동력(W)은? (단, 수온 10℃, 점성계수(μ)=1.307×10⁻³kg/m·s)

① 약 2,621
② 약 2,226
③ 약 1,842
④ 약 1,452

해설

$G = \sqrt{\dfrac{P}{\mu V}}$

- G: 속도경사[1/sec]
- P: 동력[Watt]
- μ: 점성계수[kg/m·s]
- V: 부피[m³]

여기서,

$V = Q \times t$

$\quad = \dfrac{10,000m^3}{day} \times 60sec \times \dfrac{1day}{86,400sec}$

$\quad = 6.944m^3$

$\therefore$ 동력$(P) = G^2 \times \mu \times V$

$\quad\quad = 400^2 \times 1.307 \times 10^{-3} \times 6.944$

$\quad\quad = 1,452.13W$

정답 ④

51

★★☆

염소살균에 관한 설명으로 틀린 것은?

① HOCl의 살균력은 OCl⁻의 약 80배 정도 강한 것으로 알려져 있다.
② 수중 용존 염소는 페놀과 반응하여 클로로페놀을 형성하여 불쾌한 맛과 냄새를 유발한다.
③ pH 9 이상에서는 물에 주입된 염소는 대부분이 HOCl로 존재한다.
④ 유리잔류염소는 수중의 암모니아나 유기성 질소화합물이 존재할 경우 이들과 반응하여 결합잔류염소를 형성한다.

해설

pH 4~6 에서는 95% 이상이 HOCl로 존재하고, pH 9 이상에서는 95% 이상이 OCl⁻로 존재한다.

정답 ③

2024년

52 ★★☆

폐수 유량이 2,000m³/day, 부유 고형물의 농도가 200mg/L 이다. 설계온도 20℃, 이 때의 공기 용해도는 18.7mL/L, 흡수비 0.5, 표면부하율이 120m³/(m²·day), 운전압력이 3기압이라면 반송비와 부상조의 필요한 표면적(m²)은 약 얼마인가? (단, A/S비 0.05, 반송이 있는 공기 부상조 기준)

① 0.82, 25
② 0.82, 30
③ 0.87, 25
④ 0.87, 30

해설

부상조의 A/S비 계산식을 이용한다.

$$A/S = \frac{1.3S_a(f \cdot P - 1)}{SS} \times R$$

· 1.3: 공기밀도[mg/mL]
· S_a: 공기의 용해도(20℃에서 18.7mL/L)
· f: 압력 P에서 용존되는 공기분율(0.5)
· P: 가압탱크 내 압력[atm]
· SS: 고형물 농도[mg/L]
· R: 반송비

1) 반송비

$$A/S = \frac{1.3S_a(f \cdot P - 1)}{SS} \times R$$

$$0.05 = \frac{1.3 \times 18.7 \times (0.5 \times 3 - 1)}{200} \times R$$

$$0.05 = \frac{12.155}{200} \times R$$

$$\therefore R = 0.823 ≒ 0.82$$

2) 표면적[m²]

· 부상조로 유입되는 유량 Q = 폐수 유량 + 반송 유량
  → 폐수 유량 = 2,000m³/day
  → 반송 유량 = 2,000 × 0.823 = 1,646m³/day
  → Q = 2,000m³/day + 1,646m³/day = 3,646m³/day

· 표면부하 = $\dfrac{\text{부상조로 유입되는 유량}}{\text{부상조의 필요한 표면적}} = \dfrac{Q}{A}$

$$120\text{m}^3/\text{m}^2 \cdot \text{day} = \frac{3,646\text{m}^3/\text{day}}{A[\text{m}^2]}$$

$$\therefore A = \frac{3,646\text{m}^3}{\text{day}} \times \frac{\text{m}^2 \cdot \text{day}}{120\text{m}^3}$$

$$= 30.38 ≒ 30\text{m}^2$$

정답 ②

53 ★☆☆

질산화 미생물의 전자공여체로 가장 거리가 먼 것은?

① 메탄올
② 암모니아
③ 아질산염
④ 환원된 무기성 화합물

해설

메탄올은 탈질과정에서 탄소원으로 사용된다.

정답 ①

54 ★☆☆

바이오센서와 수질오염공정시험기준에서 독성평가에 사용되기도 하는 생물종으로 가장 가까운 것은?

① *Leptodora*
② *Monia*
③ *Daphnia*
④ *Alona*

해설

바이오센서와 수질오염공정시험기준에서 독성평가에 사용되기도 하는 생물종은 물벼룩(*Daphnia*)이다.

정답 ③

55 ★★★

생물학적 방법과 화학적 방법을 함께 이용한 고도처리 방법은?

① 수정 Bardenpho 공정
② Phostrip 공정
③ SBR 공정
④ UCT 공정

선지분석

① 수정 Bardenpho 공정: 생물학적 방법, 인과 질소 제거
③ SBR 공정: 연속회분식 활성슬러지법
④ UCT 공정: 생물학적 방법, 인과 질소 제거

정답 ②

56 ★★☆

다음 조건의 활성슬러지조에서 1일 발생하는 잉여슬러지량 (kg/day)은? (단, 유입수량=10,500m³/day, 유입수 BOD =200mg/L, 유출수 BOD=20mg/L, Y=0.6, K_d=0.05/day, θ_c=10일)

① 624
② 756
③ 847
④ 966

해설

$$X_r Q_w = \frac{YQ(S_i - S)}{(1 + K_d \times \theta_c)}$$
$$= \frac{0.6 \times 10,500 \times (200 - 20) \times 10^{-3}}{1 + 0.05 \times 10}$$
$$= 756 \text{kg/day}$$

정답 ②

57 ★☆☆

응집에 관한 설명으로 옳지 않은 것은?

① 황산알루미늄을 응집제로 사용할 때 수산화물 플록을 만들기 위해서는 황산알루미늄과 반응할 수 있도록 물에 충분한 알칼리도가 있어야 한다.
② 응집제로 황산알루미늄은 대개 철염에 비해 가격이 저렴한 편이다.
③ 응집제로 황산알루미늄은 철염보다 넓은 pH 범위에서 적용이 가능하다.
④ 응집제로 황산알루미늄을 사용하는 경우, 적당한 pH 범위는 대략 4.5에서 8이다.

해설

황산알루미늄은 가격이 저렴하고 거의 모든 현탁성 물질이나 부유물의 제거에 유효하나 적정 pH 폭이 좁고, 플록이 가벼운 단점이 있다.

정답 ③

58 ★★☆

다음 중 폐수처리방법으로 가장 적절하지 않은 것은?

① 시안(CN) 함유 폐수를 처리하기 위해 pH를 4 이하로 조정하고 차아염소산나트륨(NaClO)을 사용하였다.
② 카드뮴(Cd) 함유 폐수를 처리하기 위해 pH를 10 정도로 조정하고 수산화나트륨(NaOH)을 사용하였다.
③ 크롬(Cr) 함유 폐수를 처리하기 위해 pH를 3 정도로 조정하고 황산철(FeSO₄)을 사용하였다.
④ 납(Pb) 함유 폐수를 처리하기 위해 pH를 10 정도로 조정하고 수산화나트륨(NaOH)을 사용하였다.

해설

시안(CN) 함유 폐수를 처리하기 위해 pH를 10 이하로 조정하고 차아염소산나트륨(NaClO)을 사용하였다.

정답 ①

59 ★☆☆

폐수를 살수여상법으로 처리할 때 처리효율이 가장 좋은 것은?

① 저속여상(low-rate)
② 중속여상(intermediate-rate)
③ 고속여상(high-rate)
④ 초고속여상(super-rate)

해설

속도를 기준으로 했을 때, 저속(25m/day 이하)으로 여과할수록 처리효율이 좋다.

정답 ①

60 ★★★

A²/O 공법에 대한 설명으로 틀린 것은?

① 혐기조 – 무산소조 – 호기조 – 침전조 순으로 구성된다.
② A²/O 공정은 내부재순환이 있다.
③ 미생물에 의한 인의 섭취는 주로 혐기조에서 일어난다.
④ 무산소조에서 질산성질소가 질소가스로 전환된다.

해설
혐기조에서는 인 방출, 무산소조에서는 탈질, 폭기조에서는 질산화 및 인의 과잉흡수가 일어난다.
미생물에 의한 인의 섭취는 호기조에서 일어난다.

정답 ③

수질오염공정시험기준

61 ★☆☆

다음은 기체크로마토그래피법을 적용하여 석유계총탄화수소를 측정할 때의 원리이다. (   )안에 맞는 내용은?

> 시료 중의 제트유, 등유, 경유, 벙커 C유, 윤활유, 원유 등을 (   )(으)로 추출하여 기체크로마토그래피법에 따라 확인 및 정량한다.

① 사염화탄소
② 클로로포름
③ 다이클로로메탄
④ 노말헥산＋에탄올

해설
물속에 존재하는 비등점이 높은(150~500℃) 유류에 속하는 석유계총탄화수소(제트유, 등유, 경유, 벙커 C유, 윤활유, 원유 등)를 다이클로로메탄으로 추출하여 기체크로마토그래프에 따라 확인 및 정량하는 방법이다.
크로마토그램에 나타난 피크의 패턴에 따라 유류 성분을 확인하고 탄소수가 짝수인 노말알칸(C_8~C_{40}) 표준물질과 시료의 크로마토그램 총 면적을 비교하여 정량한다.

정답 ③

62 ★☆☆

이온크로마토그래피에 관한 설명 중 틀린 것은?

① 물 시료 중 음이온의 정성 및 정량분석에 이용된다.
② 기본구성은 용리액조, 시료 주입부, 펌프, 분리컬럼, 검출기 및 기록계로 되어있다.
③ 일반적으로 음이온 분석에는 이온교환 검출기를 사용한다.
④ 시료의 주입량은 보통 10~100μL 정도이다.

해설
일반적으로 음이온 분석에는 전기전도도 검출기를 사용한다.

정답 ③

63 ★★★

수질분석을 위한 시료 채취 시 유의사항으로 옳지 않은 것은?

① 채취용기는 시료를 채우기 전에 깨끗한 물로 3회 이상 씻은 다음 사용한다.
② 지하수 시료는 취수정 내에 고여 있는 물을 충분히 퍼 낸(고여 있는 물의 4~5배 정도나 pH 및 전기전도도를 연속적으로 측정하여 이 값이 평형을 이룰 때까지로 한다.) 다음 새로 나온 물을 채취한다.
③ 용존가스, 환원성 물질, 휘발성 유기물질 등의 측정을 위한 시료는 운반중 공기와의 접촉이 없도록 가득 채워야 한다.
④ 시료채취량은 시험항목 및 시험횟수에 따라 차이가 있으나 보통 3~5L 정도이어야 한다.

해설

시료 채취용기는 시료를 채우기 전에 시료로 3회 이상 씻은 다음 사용한다.

정답 ①

64 ★★★

측정항목 중 H_2SO_4를 이용하여 pH를 2 이하로 한 후 4℃에서 보존하는 것이 아닌 것은?

① 화학적 산소요구량   ② 질산성 질소
③ 암모니아성 질소   ④ 총질소

해설

4℃ 보관, H_2SO_4로 pH 2 이하로 보존: 화학적 산소요구량(COD), 암모니아성 질소, 총인, 총질소, 노말헥산추출물질

정답 ②

65 ★★☆

분석물질의 농도변화에 대한 지시값을 나타내는 검정곡선 방법에 대한 설명으로 옳은 것은?

① 검정곡선법은 시료의 농도와 지시값과의 상관성을 검정곡선 식에 대입하여 작성하는 방법으로, 직선성이 유지되는 농도범위 내에서 제조농도 3~5개를 사용한다.
② 표준물첨가법은 시료와 동일한 매질에 일정량의 표준물질을 첨가하여 검정곡선을 작성하는 것으로, 시험분석 절차, 기기 또는 시스템의 변동으로 발생하는 오차를 보정하기 위해 사용한다.
③ 내부표준법은 표준용액과 시료에 동일한 양의 내부표준물질을 첨가하여 검정곡선을 작성하는 것으로, 매질효과가 큰 시험분석방법에서 분석 대상 시료와 동일한 매질의 시료를 확보하지 못한 경우에 매질효과를 보정하기 위해 사용한다.
④ 검정곡선의 검증은 방법검출한계의 2~5배 또는 검정곡선의 중간 농도에 해당하는 표준용액에 대한 측정값이 검정곡선 작성 시의 지시값과 10% 이내에서 일치하여야 한다.

관련이론 | 검정곡선

• 검정곡선법: 시료의 농도와 지시값과의 상관성을 검정곡선 식에 대입하여 작성하는 방법이다.
• 표준물첨가법: 시료와 동일한 매질에 일정량의 표준물질을 첨가하여 검정곡선을 작성하는 것으로서, 매질효과가 큰 시험분석방법에서 분석 대상 시료와 동일한 매질의 표준시료를 확보하지 못한 경우에 매질효과를 보정하여 분석할 수 있는 방법이다.
• 내부표준법: 검정곡선 작성용 표준용액과 시료에 동일한 양의 내부표준물질을 첨가하여 시험분석 절차, 기기 또는 시스템의 변동으로 발생하는 오차를 보정하기 위해 사용하는 방법이다.
• 검정곡선의 검증: 방법검출한계의 5~50배 또는 검정곡선의 중간 농도에 해당하는 표준용액에 대한 측정값이 검정곡선 작성 시의 지시값과 10% 이내에서 일치하여야 한다.

정답 ①

66

★☆☆

95.5% H_2SO_4(비중 1.83)을 사용하여 0.5N-H_2SO_4 250mL를 만들려면 95.5% H_2SO_4 몇 mL가 필요한가?

① 17　　　　　　　② 14

③ 8.5　　　　　　　④ 3.5

해설

0.5N H_2SO_4 용액 0.25L에 들어있는 H_2SO_4의 당량수
$=(0.5eq/L) \times 0.25L = 0.125eq$ H_2SO_4

· H_2SO_4의 당량수$=2eq/mol$이므로, 당량수를 몰수로 환산하면
　$0.125eq/(2eq/mol) = 0.0625mol$ H_2SO_4

· H_2SO_4의 몰질량$=98g/mol$이므로, 몰수를 질량으로 환산하면
　$0.0625mol \times (98g/mol) = 6.125g$ H_2SO_4

· 시약의 순도가 95.5%이므로, $\dfrac{6.125g}{95.5/100} ≒ 6.41g$ 시약

즉, 6.41g 시약 속에 6.125g H_2SO_4가 들어 있다.

질량을 부피로 환산하면,

$6.41g \times \dfrac{mL}{1.83g} ≒ 3.5mL$ ($\because$ 비중 1.83)

정답 ④

67

★★★

수질오염공정시험기준에서 시료 보존방법이 지정되어 있지 않은 측정항목은?

① 용존산소(윙클러법)　　　② 불소

③ 색도　　　　　　　　　　④ 부유물질

해설

불소는 보존 방법은 지정되어 있지 않고, 최대보존기간은 28일이다.

선지분석

① 용존산소(윙클러법): 즉시 용존산소 고정 후 암소 보관, 최대보존기간 8시간

③ 색도: 4℃ 보관, 최대보존기간 48시간

④ 부유물질: 4℃ 보관, 최대보존기간 7일

정답 ②

68

★★☆

하천수의 시료 채취 지점에 관한 내용으로 (　　)에 공통으로 들어갈 내용은?

> 하천의 단면에서 수심이 가장 깊은 수면의 지점과 그 지점을 중심으로 하여 좌우로 수면폭을 2등분한 각각의 지점의 수면으로부터 수심 (　　) 미만일 때에는 수심의 $\dfrac{1}{3}$에서 수심 (　　) 이상일 때에는 수심의 $\dfrac{1}{3}$ 및 $\dfrac{2}{3}$에서 각각 채수한다.

① 2m　　　　　　　② 3m

③ 5m　　　　　　　④ 6m

해설

하천의 단면에서 수심이 가장 깊은 수면의 지점과 그 지점을 중심으로 하여 좌우로 수면폭을 2등분한 각각의 지점의 수면으로부터 수심 2m 미만일 때에는 수심의 $\dfrac{1}{3}$에서, 수심이 2m 이상일 때에는 수심의 $\dfrac{1}{3}$ 및 $\dfrac{2}{3}$에서 각각 채수한다.

정답 ①

69

★★☆

취급 또는 저장하는 동안에 이물질이 들어가거나 내용물이 손실되지 아니하도록 보호하는 용기는?

① 밀폐용기　　　　　② 기밀용기

③ 밀봉용기　　　　　④ 차광용기

선지분석

② 기밀용기: 취급 또는 저장하는 동안에 밖으로부터의 공기 또는 다른 가스가 침입하지 아니하도록 내용물을 보호하는 용기를 말한다.

③ 밀봉용기: 취급 또는 저장하는 동안에 기체 또는 미생물이 침입하지 아니하도록 내용물을 보호하는 용기를 말한다.

④ 차광용기: 광선이 투과하지 않는 용기 또는 투과하지 않게 포장을 한 용기이며 취급 또는 저장하는 동안에 내용물의 광화학적 변화를 방지할 수 있는 용기를 말한다.

정답 ①

70

★★☆

$0.1M$ $KMnO_4$ 용액을 용액층의 두께가 10mm 되도록 용기에 넣고 $5,400 Å$의 빛을 비추었을 때 그 30%가 투과되었다. 같은 조건하에서 40%의 빛을 흡수하는 $KMnO_4$ 용액 농도(M)는?

① 0.02
② 0.03
③ 0.04
④ 0.05

해설

흡광도(A)는 투과도(t) 역수의 대수로 나타낼 수 있다.

$$A = \log \frac{1}{t} = \log \frac{1}{I_t/I_0} = \varepsilon Cl$$

$$\log \frac{1}{0.3} : 0.1M = \log \frac{1}{0.6} : X(M)$$

$$\therefore X = 0.04M$$

정답 ③

71

★☆☆

석유계 총탄화수소 용매추출/기체크로마토그래피에 대한 설명으로 틀린 것은?

① 컬럼은 안지름 0.20~0.35mm, 필름두께 0.1~3.0μm, 길이 15~60m의 DB-1, DB-5 및 DB-624 등의 모세관이나 동등한 분리 성능을 가진 모세관으로 대상 분석 물질의 분리가 양호한 것을 택하여 시험한다.

② 운반기체는 순도 99.999% 이상의 헬륨으로서(또는 질소) 유량은 0.5~5mL/min로 한다.

③ 검출기는 불꽃광도검출기(FPD)를 사용한다.

④ 시료 주입부 온도는 280~320℃, 컬럼온도는 40~320℃로 사용한다.

해설

검출기는 불꽃이온화검출기(FID, Flame Ionization Detector)를 사용한다.

정답 ③

72

★★☆

막여과법에 의한 총대장균군 시험의 분석절차에 대한 설명으로 틀린 것은?

① 멸균된 핀셋으로 여과막을 눈금이 위로 가게 하여 여과장치의 지지대 위에 올려 놓은 후 막여과장치의 깔때기를 조심스럽게 부착시킨다.

② 페트리접시에 20~80개의 세균 집락을 형성하도록 시료를 여과관 상부에 주입하면서 흡인여과하고 멸균수 20~30mL로 씻어준다.

③ 여과하여야 할 예상 시료량이 10mL보다 적을 경우에는 멸균돈 희석액으로 희석하여 여과하여야 한다.

④ 총대장균군수를 예측할 수 없는 경우에는 여과량을 달리하여 여러 개의 시료를 분석하고 한 여과 표면 위의 모든 형태의 집락수가 200개 이상의 집락이 형성되도록 하여야 한다.

해설

총대장균군수를 예측할 수 없을 경우에는 여과량을 달리하여 여러 개의 시료를 분석하고 한 여과 표면 위의 모든 형태의 집락수가 200개 이상의 집락이 형성되지 않도록 하여야 한다.

정답 ④

73 ★☆☆

기체크로마토그래피법으로 PCB를 정량할 때 관련이 없는 것은?

① 전자포획형 검출기
② 석영가스 흡수 셀
③ 실리카겔 칼럼
④ 질소캐리어 가스

해설

PCB(폴리클로리네이티드비페닐) 용매 추출/기체크로마토그래피 개요
물속에 존재하는 폴리클로리네이티드비페닐(polychlorinatedbiphenyls, PCBs)을 측정하는 방법으로, 채수한 시료를 헥산으로 추출하여 필요 시 알칼리 분해한 다음 다시 헥산으로 추출하고 실리카겔 또는 플로리실 컬럼을 통과시켜 정제한다. 이 액을 농축시켜 기체크로마토그래프에 주입하고 크로마토그램을 작성하여 나타난 피크 패턴에 따라 PCB를 확인하고 정량하는 방법이다. 운반기체는 순도 99.999% 이상의 질소로서 유량은 0.5mL/min~3mL/min, 검출기는 전자포획검출기를 사용한다.

정답 ②

74 ★★☆

예상 BOD치에 대한 사전경험이 없을 때 오염 정도가 심한 공장폐수의 희석배율(%)은?

① 25~100
② 5~25
③ 1~5
④ 0.1~1.0

해설

예상 BOD값에 대한 사전경험이 없을 때 다음과 같이 희석하여 시료를 조제한다.
• 오염 정도가 심한 공장폐수: 시료를 0.1~1.0% 넣는다.
• 처리하지 않은 공장폐수와 침전된 하수: 시료를 1~5% 넣는다.
• 처리하여 방류된 공장폐수: 시료를 5~25% 넣는다.
• 오염된 하천수: 시료를 25~100% 넣는다.

정답 ④

75 ★★☆

자외선/가시선 분광법으로 하는 크롬 측정에 관한 내용으로 틀린 것은?

① 3가 크롬은 과망간산칼륨을 첨가하여 6가 크롬으로 산화시킨다.
② 적자색 착화물의 흡광도를 620nm에서 측정한다.
③ 정량한계는 0.04mg/L이다.
④ 몰리브덴, 수은, 바나듐, 철, 구리 이온이 과량 함유되어 있는 경우, 방해 영향이 나타날 수 있다.

해설

크롬 – 자외선/가시선 분광법은 물속에 존재하는 크롬을 측정하는 것으로, 3가 크롬은 과망간산칼륨을 첨가하여 크롬으로 산화시킨 후, 산성용액에서 다이페닐카바자이드와 반응하여 생성하는 적자색 착화합물의 흡광도를 540nm에서 측정한다.

정답 ②

76 ★☆☆

카드뮴을 자외선/가시선 분광법으로 측정할 때 사용되는 시약으로 가장 거리가 먼 것은?

① 수산화나트륨용액
② 요오드화칼륨용액
③ 시안화칼륨용액
④ 타타르산용액

해설

카드뮴을 자외선/가시선 분광법으로 측정할 때 사용되는 시약
• 디티존·사염화탄소용액(0.005%)
• 사이트르산이암모늄용액(10%)
• 수산화나트륨용액(10%)
• 시안화칼륨용액(1%)
• 염산(1+10)
• 염산하이드록실아민용액(10%)
• 타타르산용액(2%)

정답 ②

77 ★☆☆

정도관리 요소 중 정밀도를 옳게 나타낸 것은?

① 정밀도(%)＝(연속적으로 n회 측정한 결과의 평균값/ 표준편차)×100
② 정밀도(%)＝(표준편차/연속적으로 n회 측정한 결과의 평균값)×100
③ 정밀도(%)＝(상대편차/연속적으로 n회 측정한 결과의 평균값)×100
④ 정밀도(%)＝(연속적으로 n회 측정한 결과의 평균값/ 상대편차)×100

해설

정밀도는 시험분석 결과의 반복성을 나타내는 것으로 반복시험하여 얻은 결과를 상대표준편차로 나타내며, 연속적으로 n회 측정한 결과의 평균값($\bar{x}$)과 표준편차(s)로 구한다.

$$정밀도(\%)=\frac{s}{\bar{x}}\times100$$

정답 ②

78 ★★☆

환원제인 $FeSO_4$용액 25mL를 H_2SO_4 산성에서 $0.1N-K_2Cr_2O_7$으로 산화시키는 데 31.25mL 소비되었다. $FeSO_4$ 용액 200mL를 0.05N 용액으로 만들려고 할 때 가하는 물의 양(mL)은?

① 200 　　　　② 300
③ 400 　　　　④ 500

해설

$NV=N'V'$

- $0.1N\times31.25mL=X(N)\times25mL$
  → $X=0.125N$
- $0.125N\times200mL=0.05N\times Y(mL)$
  → $Y=500mL$

따라서 0.125N 농도 200mL에 물 300mL를 가하면 0.05N 농도의 500mL 수용액이 된다.

정답 ②

79 ★☆☆

질산성 질소의 정량시험 방법 중 정량범위가 0.1mg NO_3-N/L가 아닌 것은?

① 이온크로마토그래피법
② 자외선/가시선 분광법(부루신법)
③ 자외선/가시선 분광법(활성탄흡착법)
④ 데발다합금 환원증류법(분광법)

해설

자외선/가시선 분광법(활성탄흡착법)의 정량한계는 0.3mg/L이다.

관련이론 | 질산성 질소 시험방법 및 정량한계

시험방법	정량한계(mg/L)
이온크로마토그래피	0.1
자외선/가시선분광법 (부루신법)	0.1
자외선/가시선분광법 (활성탄흡착법)	0.3
데발다합금 환원증류법	중화적정법: 0.5
	분광법: 0.1

정답 ③

80 ★☆☆

퍼지·트랩 – 기체크로마토그래피(질량분석법)법으로 분석하는 휘발성 저급탄화수소와 가장 거리가 먼 것은?

① 폴리클로리네이티드비페닐
② 사염화탄소
③ 벤젠
④ 환원, 1 – 다이클로로에틸렌

해설

폴리클로리네이티드비페닐은 용매추출 기체크로마토그래피법으로 분석한다.

※ '환원, 1 – 다이클로로에틸렌'은 '1, 1 – 다이클로로에틸렌'으로 표기하기도 한다.

정답 ①

수질환경관계법규

81 ★★☆

1일 800m³의 폐수가 배출되는 사업장의 환경기술인의 자격에 관한 기준은?

① 수질환경기사 1명 이상
② 수질환경산업기사 1명 이상
③ 환경기능사 1명 이상
④ 2년 이상 수질분야 환경관련 업무에 직접 종사한 자 1명 이상

해설

「시행령 별표 13」

사업장 규모별 구분

종류	배출규모
제1종 사업장	1일 폐수배출량이 2,000m³ 이상인 사업장
제2종 사업장	1일 폐수배출량이 700m³ 이상 2,000m³ 미만인 사업장
제3종 사업장	1일 폐수배출량이 200m³ 이상 700m³ 미만인 사업장
제4종 사업장	1일 폐수배출량이 50m³ 이상 200m³ 미만인 사업장
제5종 사업장	위 제1종부터 제4종까지의 사업장에 해당하지 아니하는 배출시설

「시행령 별표 17」

구분	환경기술인
제1종 사업장	수질환경기사 1명 이상
제2종 사업장	수질환경산업기사 1명 이상
제3종 사업장	수질환경산업기사, 환경기능사 또는 3년 이상 수질분야 환경 관련 업무에 직접 종사한 자 1명 이상
제4종 사업장 · 제5종 사업장	배출시설 설치허가를 받거나 배출시설 설치신고가 수리된 사업자 또는 배출시설 설치허가를 받거나 배출시설 설치신고가 수리된 사업자가 그 사업장의 배출시설 및 방지시설업무에 종사하는 피고용인 중에서 임명하는 자 1명 이상

정답 ②

82 ★☆☆

폐수처리업자의 준수사항에 관한 설명으로 (   )에 옳은 것은?

> 수탁한 폐수는 정당한 사유 없이 (㉠) 보관할 수 없으며, 보관폐수의 전체량이 저장시설 저장능력의 (㉡) 이상 되게 보관하여서는 아니 된다.

① ㉠ 10일 이상, ㉡ 80%
② ㉠ 10일 이상, ㉡ 90%
③ ㉠ 30일 이상, ㉡ 80%
④ ㉠ 30일 이상, ㉡ 90%

해설

「시행규칙 별표 21」

수탁한 폐수는 정당한 사유 없이 10일 이상 보관할 수 없으며 보관폐수의 전체량이 저장시설 저장능력의 90% 이상 되게 보관하여서는 아니 된다.

정답 ②

83 ★★☆

오염물질 희석처리의 인정을 받으려는 자가 시 · 도지사에게 제출하여야 하는 서류가 아닌 것은?

① 처리하려는 폐수의 농도
② 희석처리의 불가피성
③ 희석처리방법 및 계통도
④ 처리하려는 폐수의 특성

해설

「시행규칙 제48조」

오염물질 희석처리의 인정을 받으려는 자가 시 · 도지사에게 제출하여야 하는 서류

- 처리하려는 폐수의 농도 및 특성
- 희석처리의 불가피성
- 희석배율 및 희석량

정답 ③

84

★☆☆

낚시금지구역 또는 낚시제한구역을 지정하고자 하는 경우 고려하여야 할 사항으로 틀린 것은?

① 오염원 현황　　　　② 지역별 낚시인구 현황
③ 수질오염도　　　　④ 용수의 목적

해설

「시행령 제27조」

낚시금지구역 또는 낚시제한구역 지정 시 고려 사항

- 용수의 목적
- 오염원 현황
- 수질오염도
- 낚시터 인근에서의 쓰레기 발생 현황 및 처리 여건
- 연도별 낚시 인구의 현황
- 서식 어류의 종류 및 양 등 수중생태계 현황

정답 ②

85

★★☆

초과부과금 산정 시 1킬로그램당 부과금액이 가장 큰 수질오염물질은?

① 크롬 및 그 화합물　　② 비소 및 그 화합물
③ 테트라클로로에틸렌　　④ 납 및 그 화합물

선지분석

「시행령 별표 14」

1킬로그램당 부과금액

① 크롬 및 그 화합물(75,000원)

② 비소 및 그 화합물(100,000원)

③ 테트라클로로에틸렌(300,000원)

④ 납 및 그 화합물(150,000원)

정답 ③

86

★☆☆

방지시설설치의 면제를 받을 수 있는 기준에 해당되는 경우가 아닌 것은?

① 배출시설의 기능 및 공정상 오염물질이 항상 배출허용기준 이하로 배출되는 경우
② 폐수처리업의 허가를 받은 자에게 환경부령이 정하는 폐수를 전량 위탁처리하는 경우
③ 발생 폐수의 전량 재이용 등 방지시설을 설치하지 아니하고도 수질오염물질을 적정하게 처리할 수 있는 경우
④ 발생 폐수를 공공폐수처리시설에 재배출하여 처리하는 경우

해설

「시행령 제33조」

방지시설 설치의 면제기준

- 배출시설의 기능 및 공정상 수질오염물질이 항상 배출허용기준 이하로 배출되는 경우
- 폐수처리업의 허가를 받은 자 또는 환경부장관이 인정하여 고시하는 관계 전문기관에 환경부령으로 정하는 폐수를 전량 위탁처리하는 경우
- 폐수를 전량 재이용하는 등 방지시설을 설치하지 아니하고도 수질오염물질을 적정하게 처리할 수 있는 경우로서 환경부령으로 정하는 경우

정답 ④

87 ★☆☆

수변생태구역의 매수·조성 등에 관한 내용으로 (   )에
옳은 것은?

> 환경부장관은 하천·호소 등의 물환경 보전을 위하여 필요하
> 다고 인정하는 때에는 (㉠)으로 정하는 기준에 해당하는
> 수변습지 및 수변토지를 매수하거나 (㉡)으로 정하는 바
> 에 따라 생태적으로 조성·관리할 수 있다.

① ㉠ 환경부령, ㉡ 대통령령
② ㉠ 대통령령, ㉡ 환경부령
③ ㉠ 환경부령, ㉡ 총리령
④ ㉠ 총리령, ㉡ 환경부령

해설

「법 제19조의3」
환경부장관은 하천·호소 등의 물환경 보전을 위하여 필요하다고 인정
할 때에는 대통령령으로 정하는 기준에 해당하는 수변습지 및 수변토지
를 매수하거나 환경부령으로 정하는 바에 따라 생태적으로 조성·관리
할 수 있다.

정답 ②

88 ★★☆

공공수역의 수질보전을 위하여 환경부령이 정하는 휴경 등
권고대상 농경지의 해발고도 및 경사도 기준으로 옳은 것은?

① 해발 400m, 경사도 15%
② 해발 400m, 경사도 30%
③ 해발 800m, 경사도 15%
④ 해발 800m, 경사도 30%

해설

「시행규칙 제85조」
"환경부령이 정하는 해발고도"라 함은 해발 400미터를, "환경부령이
정하는 경사도"라 함은 경사도 15퍼센트를 말한다.

정답 ①

89 ★★☆

제2종 사업장에 해당되는 폐수배출량은?

① 1일 배출량이 $50m^3$ 이상, $200m^3$ 미만
② 1일 배출량이 $100m^3$ 이상, $300m^3$ 미만
③ 1일 배출량이 $500m^3$ 이상, $2,000m^3$ 미만
④ 1일 배출량이 $700m^3$ 이상, $2,000m^3$ 미만

해설

「시행령 별표 13」

사업장 규모별 구분

종류	배출규모
제1종 사업장	1일 폐수배출량이 $2,000m^3$ 이상인 사업장
제2종 사업장	1일 폐수배출량이 $700m^3$ 이상 $2,000m^3$ 미만인 사업장
제3종 사업장	1일 폐수배출량이 $200m^3$ 이상 $700m^3$ 미만인 사업장
제4종 사업장	1일 폐수배출량이 $50m^3$ 이상 $200m^3$ 미만인 사업장
제5종 사업장	위 제1종부터 제4종까지의 사업장에 해당하지 아니하는 배출시설

정답 ④

90 ★★☆

일일기준초과배출량의 산정방법으로 맞는 것은?

① 일일유량 × 배출허용기준농도 × 10^{-6}
② 일일유량 × 배출허용기준농도 × 10^{-3}
③ 일일유량 × 배출허용기준초과농도 × 10^{-6}
④ 일일유량 × 배출허용기준초과농도 × 10^{-3}

해설

「시행령 별표 15」
일일기준초과배출량
＝ 일일유량 × 배출허용기준초과농도 × 10^{-6}

정답 ③

91 ★☆☆

폐수처리업의 등록기준에 관한 내용으로 틀린 것은?

① 하나의 시설 또는 장비가 두 가지 이상의 기능을 가질 경우에는 각각의 해당 시설 또는 장비를 갖춘 것으로 본다.

② 폐수수탁처리업, 폐수재이용업을 함께 하려는 때는 같은 요건이라도 업종별로 따로 갖추어야 한다.

③ 수질오염물질 각 항목을 측정·분석할 수 있는 실험기기·기구 및 시약을 보유한 측정대행업자 또는 대학부설 연구기관 등과 측정대행계약 또는 공동사용계약을 체결한 경우에는 해당 실험기기·기구 및 시약을 갖추지 아니할 수 있다.

④ 기술능력이 환경기술인의 자격요건 이상이고 폐수처리시설과 폐수배출시설이 동일한 시설인 경우에는 환경기술인을 중복하여 임명하지 아니하여도 된다.

해설

「시행규칙 별표 20」

폐수처리업의 등록기준

• 하나의 시설 또는 장비가 두 가지 이상의 기능을 가질 경우에는 각각의 해당 시설 또는 장비를 갖춘 것으로 본다.

• 폐수수탁처리업, 폐수재이용업을 함께 하려는 때는 같은 요건을 중복하여 갖추지 않을 수 있다.

• 수질오염물질 각 항목을 측정·분석할 수 있는 실험기기·기구 및 시약을 보유한 측정대행업자 또는 대학부설 연구기관 등과 측정대행계약 또는 공동사용계약을 체결하거나 실험기기·기구의 임차계약을 체결한 경우에는 그 계약기간 중에는 해당 실험기기·기구 또는 시약을 갖추지 않을 수 있으며, 수질오염물질 항목 전부에 대하여 측정대행계약 또는 공동사용계약을 한 경우에는 그 계약기간 중에는 실험실을 갖추지 않을 수 있다.

• 폐수처리업자 또는 폐수처리업을 하려는 자가 「환경기술 및 환경산업 지원법」, 「폐기물관리법」, 「하수도법」, 「가축분뇨의 관리 및 이용에 관한 법률」, 「화학물질관리법」에 따라 허가 또는 등록되는 환경관련 사업을 함께 하려는 경우에는 공통되는 실험실·실험기기 및 기구를 중복하여 갖추지 않을 수 있다.

• 기술능력이 환경기술인의 자격요건 이상이고 폐수처리시설과 폐수배출시설이 동일한 시설인 경우에는 환경기술인을 중복하여 임명하지 않을 수 있다.

정답 ②

92 ★★☆

환경부장관이 물환경을 보전할 필요가 있다고 지정, 고시하고 물환경을 정기적으로 조사, 측정하여야 하는 호소의 기준으로 틀린 것은?

① 1일 30만톤 이상의 원수를 취수하는 호소

② 만수위일 때 면적이 10만 제곱미터 이상인 호소

③ 수질오염이 심하여 특별한 관리가 필요하다고 인정되는 호소

④ 동식물의 서식시·도래지이거나 생물다양성이 풍부하여 특별히 보전할 필요가 있다고 인정되는 호소

해설

「시행령 제30조」

정기적으로 조사·측정하여야 하는 호소의 기준

• 1일 30만 톤 이상의 원수를 취수하는 호소

• 동식물의 서식지·도래지이거나 생물다양성이 풍부하여 특별히 보전할 필요가 있다고 인정되는 호소

• 수질오염이 심하여 특별한 관리가 필요하다고 인정되는 호소

정답 ②

93 ★☆☆

소권역 물환경관리계획에 관한 내용으로 (   )에 알맞은 것은?

> 소권역계획 수립 대상 지역이 같은 시·도의 관할 구역 내의 둘 이상의 시·군·구에 걸쳐 있는 경우 (   )가 수립할 수 있다.

① 유역환경청장 또는 지방환경청장

② 광역시장 또는 구청장

③ 환경부장관 또는 시·도지사

④ 중권역수립권자

해설

「법 제27조」

환경부장관 또는 시·도지사의 소권역계획 수립

소권역계획 수립 대상 지역이 같은 시·도의 관할 구역 내의 둘 이상의 시·군·구에 걸쳐있는 경우: 환경부장관 또는 시·도지사가 수립

정답 ③

94 ★★☆

국립환경과학원장이 설치·운영하는 측정망의 종류로 틀린 것은?

① 퇴적물 측정망

② 점오염원 배출 오염물질 측정망

③ 공공수역 유해물질 측정망

④ 생물 측정망

해설

「시행규칙 제22조」

국립환경과학원장, 유역환경청장, 지방환경청장이 설치·운영하는 측정망의 종류

· 비점오염원에서 배출되는 비점오염물질 측정망

· 수질오염물질의 총량관리를 위한 측정망

· 대규모 오염원의 하류지점 측정망

· 수질오염경보를 위한 측정망

· 대권역·중권역을 관리하기 위한 측정망

· 공공수역 유해물질 측정망

· 퇴적물 측정망

· 생물 측정망

· 그 밖에 국립환경과학원장, 유역환경청장 또는 지방환경청장이 필요하다고 인정하여 설치·운영하는 측정망

정답 ②

95 ★☆☆

초과배출부과금 산정 시 적용되는 기준이 아닌 것은?

① 기준초과배출량

② 수질오염물질 1킬로그램당 부과금액

③ 지역별 부과계수

④ 사업장의 연간 매출액

해설

「시행령 제45조」

초과배출부과금＝기준초과배출량×수질오염물질 1킬로그램당 부과금액×연도별 부과금산정지수×지역별 부과계수×배출허용기준초과율별 부과계수×배출허용기준 위반횟수별 부과계수

정답 ④

96 ★☆☆

중점관리저수지의 지정기준으로 옳은 것은?

① 총저수용량이 1만세제곱미터 이상인 저수지

② 총저수용량이 10만세제곱미터 이상인 저수지

③ 총저수용량이 1백만세제곱미터 이상인 저수지

④ 총저수용량이 1천만세제곱미터 이상인 저수지

해설

「법 31조의2」

중점관리저수지의 지정기준

· 총저수용량이 1천만세제곱미터 이상인 저수지

· 오염 정도가 대통령령으로 정하는 기준을 초과하는 저수지

· 그 밖에 환경부장관이 상수원 등 해당 수계의 수질보전을 위하여 필요하다고 인정하는 경우

정답 ④

97 ★★☆

초과배출부과금 산정 시 적용되는 위반횟수별 부과계수에 관한 내용이다. (   )에 알맞은 것은?

> 폐수무방류배출시설에 대한 위반횟수별 부과계수는 처음 위반한 경우 (㉠)로 하고, 다음 위반부터는 그 위반직전의 부과계수에 (㉡)을 곱한 것으로 한다.

① ㉠ 1.5, ㉡ 1.3　　　　② ㉠ 1.8, ㉡ 1.5

③ ㉠ 2.1, ㉡ 1.7　　　　④ ㉠ 2.4, ㉡ 1.9

해설

「시행령 별표 16」

폐수무방류배출시설에 대한 위반횟수별 부과계수는 처음 위반한 경우 1.8로 하고, 다음 위반부터는 그 위반직전의 부과계수에 1.5를 곱한 것으로 한다.

정답 ②

98

★☆☆

다음은 기타 수질오염원의 설치·관리자가 하여야 할 조치에 관한 내용이다. (   ) 안에 옳은 내용은?

> [수산물 양식시설: 가두리양식업시설]
> 사료를 준 후 2시간 지났을 때 침전되는 양이 (   ) 미만인 물에 뜨는 사료를 사용한다. 다만, 10센티미터 미만의 치어 또는 종묘에 대한 사료는 제외한다.

① 10%
② 20%
③ 30%
④ 40%

해설

「시행규칙 별표 19」

사료를 준 후 2시간 지났을 때 침전되는 양이 10% 미만인 물에 뜨는 사료를 사용한다. 다만, 10센티미터 미만의 치어 또는 종묘에 대한 사료는 제외한다.

정답 ①

99

★★☆

비점오염저감시설 중 자연형 시설에 해당되는 것은?

① 생물학적 처리형 시설
② 여과시설
③ 침투시설
④ 소용돌이형 시설

해설

「시행규칙 별표 6」

자연형 시설

• 저류시설
• 인공습지
• 침투시설
• 식생형 시설

정답 ③

100

★★★

물환경보전법에 적용되는 용어의 정의로 틀린 것은?

① 폐수무방류배출시설: 폐수배출시설에서 발생하는 폐수를 해당 사업장 안에서 수질오염방지시설을 이용하여 처리하거나 동일 배출시설에 재이용하는 등 공공수역으로 배출하지 아니하는 폐수배출 시설을 말한다.
② 수면관리자: 호소를 관리하는 자를 말하며, 이 경우 동일한 호소를 관리하는 자가 3인 이상인 경우에는 하천법에 의한 하천관리청의 자가 수면관리자가 된다.
③ 특정수질유해물질: 사람의 건강, 재산이나 동·식물의 생육에 직접 또는 간접으로 위해를 줄 우려가 있는 수질오염물질로서 환경부령이 정하는 것을 말한다.
④ 공공수역: 하천·호소·항만·연안해역 그 밖에 공공용에 사용되는 수역과 이에 접속하여 공공용으로 사용되는 환경부령이 정하는 수로를 말한다.

해설

「법 제2조」

"수면관리자"란 다른 법령에 따라 호소를 관리하는 자를 말한다. 이 경우 동일한 호소를 관리하는 자가 둘 이상인 경우에는 하천법에 따른 하천관리청 외의 자가 수면관리자가 된다.

정답 ②

수질오염개론

01 ★★★

하천 및 호수의 부영양화를 고려한 생태계모델로 정적 및 동적인 하천의 수질 및 수문학적 특성을 광범위하게 고려한 수질관리모델은?

① QUAL2E 모델
② WQRRS 모델
③ WASP 모델
④ Vollenweider

해설

모델의 구분	특징
QUAL2E	• 1985년 미국 EPA에 의해 개발된 하천수질 모델로 가장 널리 사용되는 모델 • 정상상태(Steady-state)를 가정한 1차원 모델 • 여러 개의 지천을 동시에 모의 가능
WQRRS	• 1978년 미국 공병단의 수공학센터(HEC)에 의해 개발된 1차원 모델 • 정상상태와 비정상상태에서 수리 및 수질모의 가능
WASP	• 1981년 미국 EPA에 의해 개발되었으며, 수체와 퇴적물을 포함하는 모델 • 하천, 강, 호수, 하구 등 여러 형태의 수체에 적용 가능 • 정상상태를 기본으로 하지만 시간에 따른 수질변화도 예측 가능 • 1차원, 2차원, 3차원 모의 가능 • 수체의 유동을 모의하는 DYNHYD와 일반 수질(DO, BOD, 영양염류)을 모의하는 EUTRO, 독성물질을 모의하는 TOXI로 구성
Vollenweider	• 0차원 모델(무차원 모델) • 모의대상 수체를 하나의 박스형태로 가정한 모델 • 수체는 연속교반반응조(CFSTR) • 호수내 무기물질의 축적 등의 평가에는 유용하지만, 식물성 플랑크톤의 계절변화 등은 모의가 곤란함

정답 ②

02 ★☆☆

기체의 법칙 중 Graham의 법칙에 관한 설명으로 가장 적절한 것은?

① 기체가 관련된 화학반응에서는 반응하는 기체와 생성된 기체의 부피 사이에는 정수관계가 성립한다.
② 기체의 확산속도(조그마한 구멍을 통한 기체의 탈출)는 기체 분자량의 제곱근에 반비례한다.
③ 일정한 온도에서 일정한 부피의 액체에 용해되면 기체의 양은 그 액체 위에 미치는 기체 압력에 비례한다.
④ 공기와 같은 혼합기체 속에서 각 성분기체는 서로 독립적으로 압력을 나타낸다.

선지분석

① 게이-뤼삭의 법칙: 두 기체가 서로 과부족없이 반응할 때 이들 기체와 생성된 기체의 부피는 간단한 정수비를 나타낸다.
③ 헨리의 법칙: 일정한 온도 조건에서 일정량의 물에 용해되는 기체의 질량은 그 기체의 부분압력에 비례한다.
④ 달톤의 법칙: 혼합기체의 전체 압력은 각각의 기체의 분압의 합과 같다.

정답 ②

03 ★★☆

우리나라의 수자원 이용현황 중 가장 많은 용도로 사용하는 용수는?

① 유지용수
② 농업용수
③ 공업용수
④ 생활용수

해설

우리나라의 수자원 이용현황은 농업용수, 유지용수, 생활용수, 공업용수 순으로 이용률이 높다.

정답 ②

04

★☆☆

자연계 내에서 질소를 고정할 수 있는 생물과 가장 거리가 먼 것은?

① Azotobacter
② Flagellates
③ Rhizobium
④ Blue green algae

해설

Flagellates(편모충류)는 질소고정과 관련이 없다.

질소고정세균은 대기 속에 존재하는 유리질소를 유기물 합성에 이용할 수 있는 세균으로 단생질소고정균과 공생질소고정균으로 나눌 수 있다.

단생질소고정균에는 남조류(Blue green algae), 아조토박터(Azotobacter), 클로스트리디움(Clostridium) 등이 해당하며, 공생질소고정균에는 뿌리혹박테리아(Rhizobium)와 엽류균 등이 포함된다.

정답 ②

06

★☆☆

pH 7인 물에서 CO_2의 해리상수는 4.3×10^{-7}이고 $[HCO_3^-] = 4.3 \times 10^{-2}$ mol/L 일 때 CO_2의 농도는?

① 1 mg/L
② 10 mg/L
③ 44 mg/L
④ 440 mg/L

해설

$$CO_2 + H_2O \rightleftharpoons H_2CO_3$$
$$+ \quad H_2CO_3 \rightleftharpoons HCO_3^- + H^+$$
$$\overline{CO_2 + H_2O \rightleftharpoons HCO_3^- + H^+}$$

CO_2 해리상수 $= \dfrac{[HCO_3^-][H^+]}{[CO_2]} = 4.3 \times 10^{-7}$

1) $[H^+] = 10^{-pH} = 10^{-7}$ mol/L

2) $[HCO_3^-] = 4.3 \times 10^{-2}$ mol/L

$4.3 \times 10^{-7} = \dfrac{[HCO_3^-][H^+]}{[CO_2]} = \dfrac{(4.3 \times 10^{-2}) \times (10^{-7})}{[CO_2]}$

$\rightarrow [CO_2] = 0.01$ mol/L

$\therefore CO_2 = \dfrac{0.01 \text{mol}}{L} \times \dfrac{44g}{1\text{mol}} \times \dfrac{10^3 \text{mg}}{1g}$

$\qquad = 440$ mg/L

정답 ④

05

★★★

유해물질로 인하여 발생하는 대표적 질환으로 맞는 것은?

① PCB: 파킨슨씨 증후군과 유사한 증상
② 수은: 중추신경계의 마비와 콩팥 기능의 장해
③ 아연: 윌슨씨병
④ 구리: 카네미유증

해설

• PCB: 카네미유증
• Mn: 파킨슨씨 증후군과 유사한 증상
• 아연: 소인증, 구토, 설사 등
• 구리: 윌슨씨병

정답 ②

07 ★★★

호수의 성층현상에 대해 틀린 것은?

① 하층의 물은 표층으로 잘 순환(turn over)되지 않고, 수직운동은 상층에만 국한된다.
② 수온차에 따라 표수층, 수온약층, 심수층의 성층을 이룬다.
③ 완충작용을 하는 수온약층의 깊이에 따른 수온차이는 표층수에 비해 매우 작다.
④ 수심에 따른 온도변화로 인해 발생되는 물의 밀도차에 의하여 발생한다.

해설

태양에 의해 수표면이 가열됨에 따라 표층의 수온만 상승하게 되어 표층과 심층 간에는 뚜렷한 온도차가 나타나며, 이러한 표층과 심층의 중간인 중층의 수온변화가 큰 층을 수온약층이라고 한다.

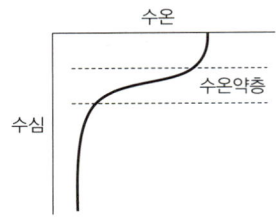

관련이론 | 호소의 성층현상(Stratification)

• 햇빛에 의해 수표면 가열이 일어나 표층의 밀도가 심층보다 낮아져 가벼운 물(수온이 높은 물)은 표층에, 무거운 물(수온이 낮은 물)은 심층에 존재하게 됨으로서 수체의 수직 혼합이 억제되어 안정상태를 유지하게 된다.
• 여름성층의 경우 수심에 따른 수온과 용존산소(DO)는 유사한 형태를 갖는다.

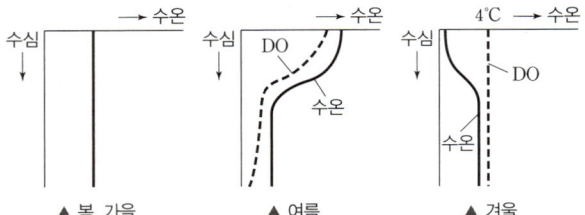

정답 ③

08 ★☆☆

응집제 투여량이 많으면 많을수록 응집효과가 커지게 되는 Schulze–Hardy Rule의 크기를 옳게 나타낸 것은?

① $Al^{3+} > Ca^{2+} > K^+$
② $K^+ > Ca^{2+} > Al^{3+}$
③ $K^+ > Al^{3+} > Ca^{2+}$
④ $Ca^{2+} > K^+ > Al^{3+}$

해설

이온의 원자가가 클수록 응집효과가 크다.

관련이론 | 응집의 특성

• 응집제를 가해주는 목적은 콜로이드의 반발력을 감소시키고자 함이며 콜로이드 입자의 제타 전위는 0이고, 이중층이 존재하지 않는 등전점까지 pH를 조정함으로써 감소한다.
• 제타전위는 반대전하의 이온이나 콜로이드를 가해주면 감소한다.
• 반대전하의 2가 이온은 1가 이온보다 적어도 50배, 그리고 3가 이온은 100배나 더 효과적이다.(Schulze–Hardy Rule → 이온의 원자가가 클수록 응집효과가 크다.)
• 친수성 콜로이드의 부착수는 고농도인 염류에 의해 감소되어 염석효과를 일으키며 염석의 효과도는 양이온 보다는 음이온의 성질에 의존한다.

정답 ①

09 ★★☆

분뇨의 특성에 관한 설명으로 틀린 것은?

① 분의 경우 질소화합물을 전체 VS의 12~20% 정도 함유하고 있다.
② 뇨의 경우 질소화합물을 전체 VS의 40~50% 정도 함유하고 있다.
③ 질소화합물은 주로 $(NH_4)_2CO_3$, NH_4HCO_3 형태로 존재한다.
④ 질소화합물은 알칼리도를 높게 유지시켜 주므로 pH의 강하를 막아주는 완충작용을 한다.

해설
분뇨 내에는 다량의 질소화합물이 함유되어 있는데 뇨의 경우 질소화합물을 전체 VS의 80~90% 정도 함유하고 있다.

정답 ②

10 ★☆☆

하수관로 내에서 황화수소가 발생할 수 있는 이유를 가장 정확히 설명한 것은?

① 미생물이 하수내의 용존산소를 이용하여 황산염을 산화시키기 때문이다.
② 하수내의 단백질이 용존산소에 의하여 산화되기 때문이다.
③ 하수관로 내에 침전된 유기물이 호기성 상태에서 황산염으로 환원되기 때문이다.
④ 미생물이 혐기성 상태에서 하수내의 황산염을 환원시키기 때문이다.

해설
하수관로 내에서 황산염이 혐기성 상태에서 혐기성 세균에 의해 환원되어 황화수소가 발생되고 이때 발생된 황화수소가 공기 중에서 산화되어 황산이 된 후 콘크리트를 부식시킨다.

정답 ④

11 ★☆☆

도시에서 DO 0mg/L, BOD_u 200mg/L, 유량 1.0m³/sec, 온도 20℃의 하수를 유량 6m³/sec인 하천에 방류하고자 한다. 방류지점에서 몇 km 하류에서 DO 농도가 가장 낮아지겠는가? (단, 하천의 온도 20℃, BOD_u 1mg/L, DO 9.2mg/L, 방류 후 혼합된 유량의 유속 3.6km/hr이며, 혼합수의 k_1=0.1/day, k_2=0.2/day, 20℃에서 산소포화농도는 9.2mg/L이다. 상용대수 기준)

① 약 243 ② 약 258
③ 약 273 ④ 약 292

해설
$L = V(유속) \times t_c(임계점 도달시간)$
- $V = 3.6$km/hr
- $t_c = \dfrac{1}{k_1(f-1)}\log\left[f\left\{1-(f-1)\dfrac{D_o}{L_o}\right\}\right]$
- $f(자정계수) = \dfrac{k_2}{k_1} = \dfrac{0.2/day}{0.1/day} = 2$
- $D_o = 초기산소부족량$
  $= D_s - D_m = 9.2 - 7.89 = 1.31$mg/L
- $D_m = \dfrac{(1.0 \times 0) + (6 \times 9.2)}{1.0 + 6} = 7.89$mg/L
- $L_o = \dfrac{(1.0 \times 200) + (6 \times 1)}{1.0 + 6} = 29.43$mg/L

$\therefore t_c = \dfrac{1}{0.1 \times (2-1)}\log\left[2\left\{1-(2-1)\dfrac{1.31}{29.43}\right\}\right]$
$= 2.81$day

$\therefore L = V \times t_c = \dfrac{3.6\text{km}}{\text{hr}} \times 2.81\text{day} \times \dfrac{24\text{hr}}{1\text{day}}$
$= 242.78 \fallingdotseq 243$km

정답 ①

12 ★★☆

다음 지하수의 특성에 대한 설명 중 잘못된 것은?

① 주로 세균에 의한 유기물 분해작용이 일어난다.

② 연중 평균 수온 차이는 2℃ 내외이다.

③ 지하수는 국지적인 환경조건의 영향보다 광역적인 환경조건의 영향을 크게 받는다.

④ 비교적 얕은 지하수의 염분농도는 하천수보다 평균 30% 이상 큰 값을 나타낸다.

해설

지하수는 국지적인 환경조건의 영향을 크게 받는다.

관련이론 | 지하수의 특징

- 작은 수온 변동, 낮은 탁도, 느린 유속, 지표수 대비 약 30% 높은 염분농도를 갖는다.
- 오염물과 미생물이 적은 편이고, 혐기성 세균에 의한 유기물 분해작용이 일어난다.
- 한번 오염되면 정화하기 어렵고, 많은 시간과 비용이 든다. (지하수의 수질은 국지적인 환경에 쉽게 영향을 받는다.)

정답 ③

13 ★☆☆

자정계수에 관한 설명으로 틀린 것은?

① 자정계수는 대형 호수보다 소규모 저수지가 크다.

② 자정계수는 유속이 급하고 큰 하천 일수록 커진다.

③ 자정계수는 [재폭기계수/탈산소계수]이다.

④ 온도가 높아지면 자정계수는 낮아진다.

해설

자정계수는 대형 호수보다 소규모 저수지가 작다.

관련이론 | 자정계수(상수)

자정계수 $f = \dfrac{\text{재폭기계수}(k_2)}{\text{탈산소계수}(k_1)}$

- 자정계수의 단위는 없다.
- 유속이 빨라지면 자정계수는 커진다. (k_2 증가)
- 구배가 크면 자정계수는 커진다. (k_2 증가) (자정계수는 대형 호수가 소규모 저수지보다 크다.)
- 수심이 얕을수록 자정계수는 커진다. (k_2 증가)
- 온도가 높아지면 자정계수는 낮아진다. (온도가 증가함에 따라 k_1, k_2가 모두 증가하지만 k_2가 k_1보다 증가율이 작아서 f는 감소한다.)
- 자정계수 순서는 폭포>유속이 빠른 하천>완만한 하천>조그만한 연못이다.
- 유기물질의 구조가 간단할수록 탈산소계수는 증가한다.

정답 ①

14 ★☆☆

콜로이드(Colloid) 용액이 갖는 일반적인 특성으로 틀린 것은?

① 콜로이드 입자가 분산매 및 다른 입자와 충돌하여 불규칙한 운동을 하게 된다.
② 콜로이드 입자는 질량에 비해서 표면적이 크므로 용액 속에 있는 다른 입자를 흡착하는 힘이 크다.
③ 광선을 통과시키면 입자가 빛을 산란하여 빛의 진로를 볼 수 없게 된다.
④ 콜로이드 용액에서 콜로이드 입자는 음이온을 띠고 있다.

해설
콜로이드는 틴들현상을 가지고 있는 것이 특성이다. 틴들현상이란 콜로이드 용액에 빛을 통과시키면 콜로이드 입자가 빛을 산란시켜 빛의 진로가 보이는 현상을 말한다.

정답 ③

15 ★☆☆

질소에 관한 설명으로 옳지 않은 것은?

① 대기 중에 질소는 질소순환 과정을 거치지 않고 그대로 존재한다.
② 유기질소와 암모니아성 질소를 포함하는 물은 최근에 오염된 것으로 간주 할 수 있다.
③ 혐기성 조건하에서 질산 이온과 아질산 이온이 모두 탈질반응에 의해 환원된다.
④ 아질산 이온은 질산화 세균인 Nitrobacter에 의하여 산화된다.

해설
대기 중에 질소는 질소고정박테리아와 특정 조류에 의해 단백질로 전환한다.

정답 ①

16 ★☆☆

봄과 가을에 순간적 급성장을 보여 호수의 성층현상과 관련 있는 것으로 판단되는 조류로 보통 단세포이며 드물게 군락을 이루고 있는 경우가 있으며 초기 지질시대에 호수에 번성하여 축적된 잔해가 가끔 거대한 퇴적층을 형성하기도 하는 것으로 가장 적절한 것은?

① 청 – 록조류   ② 녹조류
③ 규조류   ④ 적조류

해설
규조류에 대한 설명이다.
규조류는 황조류로 엽록소 a, c와 크산토필의 색소를 가지고 있고 찬물에서 잘 생장하여 겨울철에도 번성한다.

관련이론 | 남조류, 녹조류
1. 남조류
   • 세포벽의 형태와 구조가 박테리아와 유사하다.
   • 섬유상, 군락상의 단세포로 편모가 없고 엽록소가 세포 전체에 퍼져있는 원핵생물이다.
   • 내부기관이 발달되어 있지 않아 박테리아에 가깝고 엽록소를 가져 광합성을 한다.
   • 호기성 신진대사를 하며 전자공여체로 물을 이용한다.
   • 대기로부터 질소를 암모니아로 전환하는 질소고정능력을 가진다.
2. 녹조류
   • 조류 중 가장 큰 문(Division)이다.
   • 세포벽이 엽록소이며 클로로필 a, b를 가지고 있다.
   • 단세포와 다세포가 있으며 일부는 유영 편모를 갖춰 운동성이 있다.

정답 ③

17

★★☆

진핵세포에 관한 설명으로 틀린 것은?

① 리보솜은 80S(예외: 미토콘드리아와 엽록체는 70S) 이다.

② 핵막이 있다.

③ 세포소기관으로 미토콘드리아, 엽록체, 액포 등이 존재한다.

④ 분리분열을 한다.

해설

진핵세포는 유사분열을 한다.

정답 ④

18

★★☆

Glycine(CH₂(NH₂)COOH) 7몰을 분해하는 데 필요한 이론적 산소요구량(g O₂/mol)은? (단, 최종산물은 HNO₃, CO₂, H₂O이다.)

① 724 ② 742

③ 768 ④ 784

해설

$$CH_2(NH_2)COOH + 3.5O_2 \rightarrow 2CO_2 + HNO_3 + 2H_2O$$
$$1mol : 3.5 \times 32g$$
$$7mol : X(g)$$
$$\therefore X = 784g\ O_2$$

정답 ④

19

★★☆

식초산(CH_3COOH) 1,500mg/L 용액의 pH가 3.4이라면 이 용액의 전리상수는?

① 5.14×10^{-6} ② 6.34×10^{-6}

③ 7.74×10^{-6} ④ 8.54×10^{-6}

해설

$$CH_3COOH[mol/L] = \frac{1,500mg}{L} \times \frac{1g}{10^3 mg} \times \frac{1mol}{60g}$$
$$= 0.025 mol/L$$
$$[H^+] = 10^{-3.4} = 3.98 \times 10^{-4} = [CH_3COO^-]$$

전리상수$[K_a]$

$$= \frac{[CH_3COO^-][H^+]}{[CH_3COOH]} = \frac{(3.98 \times 10^{-4})^2}{0.025} = 6.34 \times 10^{-6}$$

정답 ②

20

★★☆

지표수와 비교하여 지하수의 일반적 특성으로 가장 거리가 먼 것은?

① 미생물이 거의 없고 오염물질이 적다.

② 수온변동이 적고 탁도가 낮다.

③ 무기염류농도와 경도가 높다.

④ 자정속도가 빠르다.

해설

지하수는 수온변동이 적고 자정속도가 느리다.

정답 ④

상하수도계획

21 ★☆☆

펌프를 선정할 때 고려사항으로 적당하지 않은 것은?

① 펌프는 저용량일수록 효율이 높으므로 가능한 한 저용량으로 한다.
② 펌프의 설치대수는 유지관리상 가능한 한 적게 하고 동일용량의 것으로 한다.
③ 펌프를 최대효율점 부근에서 운전하도록 용량 및 대수를 결정한다.
④ 내부에서 막힘이 없고, 부식 및 마모가 적어야 한다.

해설
펌프는 펌프 토출량이 많을수록 효율이 높으므로 가능한 한 고용량으로 한다. 또한, 유입 오수량에 따라 대응운전이 가능한 한 대·중·소 조합운전이 되도록 한다.

정답 ①

22 ★★☆

상수도 취수시설 중 취수틀에 관한 설명으로 옳지 않은 것은?

① 구조가 간단하고 시공도 비교적 용이하다.
② 수중에 설치되므로 호소 표면수는 취수할 수 없다.
③ 단기간에 완성되고 안정된 취수가 가능하다.
④ 보통 대형취수에 사용되며 수위변화에 영향이 적다.

관련이론 | 취수틀
• 가장 간단한 취수시설로서 중소량 취수에 사용된다.
• 호소·하천 등의 수중에 설치되는 취수설비로서 하상 또는 호상의 변화가 심한 곳은 부적당하다.
• 단기간에 축조할 수 있으며 비교적 안정된 취수를 할 수 있으나 홍수 시 매몰, 유실될 우려가 있다.

정답 ④

23 ★☆☆

계획우수량을 정할 때 고려하여야 할 사항 중 틀린 것은?

① 유하시간은 최상류관로의 끝으로부터 하류관로의 어떤 지점까지의 거리를 계획유량에 대응한 유속으로 나누어 구하는 것을 원칙으로 한다.
② 유입시간은 최소단위배수구의 지표면특성을 고려하여 구한다.
③ 유출계수는 지형도를 기초로 답사를 통하여 충분히 조사하고 장래 개발계획을 고려하여 구한다.
④ 하수관로의 확률년수는 원칙적으로 10~30년으로 한다.

해설
유출계수는 토지이용도별 기초유출계수로부터 총괄유출계수를 구하는 것을 원칙으로 한다.

정답 ③

24 ★☆☆

상수도 급수배관에 관한 설명으로 틀린 것은?

① 급수관을 공공도로에 부설할 경우에는 도로 관리자가 정한 점용위치와 깊이에 따라 배관해야 하며 다른 매설물과의 간격을 30cm 이상 확보한다.
② 급수관이 개거를 횡단하는 경우에는 가능한 한 개거의 위로 부설한다.
③ 급수관을 부설하고 되메우기를 할 때에는 양질토 또는 모래를 사용하여 적절하게 다짐하여 관을 보호한다.
④ 수요가의 대지 내에서 가능한 한 직선배관이 되도록 한다.

해설
급수관이 개거를 횡단하는 경우에는 가능한 한 개거의 아래로 부설한다.

정답 ②

25

★★☆

복류수나 자유수면을 갖는 지하수를 취수하는 시설인 집수매거에 관한 설명으로 틀린 것은?

① 집수매거의 매설깊이는 1.0m 이하로 한다.
② 집수매거의 길이는 시험우물 등에 의한 양수시험 결과에 따라 정한다.
③ 집수매거는 수평 또는 흐름방향으로 향하여 완경사로 하고 집수매거의 유출단에서 매거내의 평균유속은 1.0m/sec 이하로 한다.
④ 세굴의 우려가 있는 제외지에 설치할 경우에는 철근콘크리트틀 등으로 방호한다.

해설

집수매거는 노출되거나 유실될 우려가 없도록 5m 이상의 깊이로 매설한다.

관련이론 | 집수매거

집수매거는 하천 부지의 하상 밑의 땅속에 매설하여 집수 기능을 갖는 관로이며 지하수를 취수하는 시설이다.

• 자갈이나 모래 등 투수성이 좋은 대수층을 선정하여 설치한다.
• 복류수의 흐름방향과 직각으로 설치한다.
• 직접 지표수의 영향을 받지 않기 위해 매설깊이는 5m 이상으로 한다.

정답 ①

26

★☆☆

하수처리수 재이용 처리시설에 대한 계획으로 적합하지 않은 것은?

① 재이용수 저장시설 및 펌프장은 일최대공급유량을 기준으로 한다.
② 처리시설에서 발생되는 농축수는 공공하수처리시설로 반류하지 않도록 한다.
③ 처리시설의 위치는 공공하수처리시설 부지내에 설치하는 것을 원칙으로 한다.
④ 재이용수 공급관로는 계획시간 최대유량을 기준으로 계획한다.

해설

처리시설에서 발생되는 농축수(역세척수, R/O농축수 등)는 해당 처리장의 영향을 고려하여 반류하도록 한다.

관련이론 | 하수처리수의 재이용 처리시설 계획 시 고려사항

• 처리시설의 위치는 공공하수처리시설 부지내에 설치하는 것을 원칙으로 한다.
• 처리시설의 규모는 시설설치비, 운영관리비 등의 경제성과 수처리의 효율성, 공급수의 수질변동성 등을 종합적으로 고려하여 합리적으로 정한다.
• 처리시설의 부지면적은 장래요구량이 있을 경우 확장을 고려하여 계획한다.
• 처리시설은 이상 수위에서도 침수되지 않는 지반고에 설치하거나 또는 방호시설을 설치한다.
• 처리시설에서 발생되는 농축수(역세척수, R/O농축수 등)는 해당 처리장의 영향을 고려하여 반류하도록 한다.
• 처리시설은 유지관리가 쉽고 확실하도록 계획하며, 주변의 환경조건에 대하여 충분히 고려한다.
• 재이용수 저장시설 및 펌프장은 일최대공급유량을 기준으로 공급에 차질이 없도록 계획한다.
• 재이용수 공급관로는 계획시간 최대유량을 기준으로 계획한다.

정답 ②

27

★☆☆

상수처리를 위한 정수시설 중 완속여과지의 수심 표준으로 가장 적절한 것은?

① 여과지의 모래면 위의 수심은 30~60cm를 표준으로 한다.

② 여과지의 모래면 위의 수심은 60~90cm를 표준으로 한다.

③ 여과지의 모래면 위의 수심은 90~120cm를 표준으로 한다.

④ 여과지의 모래면 위의 수심은 120~150cm를 표준으로 한다.

해설

여과지의 모래면 위의 수심은 90~120cm를 표준으로 한다.

관련이론 | 완속여과지의 특징

• 모래층의 두께는 70~90cm를 표준으로 한다.
• 완속여과지의 여과속도는 4~5m/day를 표준으로 한다.
• 여과지 깊이는 하부집수장치의 높이에 자갈층 두께, 모래층 두께, 모래면 위의 수심과 여유고를 더하여 2.5~3.5m를 표준으로 한다.

정답 ③

28

★☆☆

말굽형 하수관로의 장점으로 옳지 않은 것은?

① 수리학적으로 유리하다.

② 상반부의 아치작용에 의해 역학적으로 유리하다.

③ 대구경 관로에 유리하며 경제적이다.

④ 단면형상이 간단하여 시공성이 우수하다.

해설

말굽형 하수관로의 단점

• 단면형상이 복잡하여 시공성이 열악하다.
• 현장타설일 경우 공사기간이 지연된다.

정답 ④

29

★☆☆

하수관로를 매설하기 위해 굴토한 도랑의 폭이 1.8m이다. 매설지점의 표토는 젖은 진흙으로서 흙의 밀도가 $2.0t/m^3$이고, 흙의 종류와 관의 깊이에 따라 결정되는 계수 $C_1 = 1.5$이었다. 이 때 매설관이 받는 하중(t/m)은? (단, Marston 공식에 의한 계산)

① 2.5   ② 5.8

③ 7.4   ④ 9.7

해설

$$W = C_1 \times \gamma \times B^2$$
$$= 1.5 \times \frac{2t}{m^3} \times (1.8m)^2 = 9.72 \fallingdotseq 9.7t/m$$

정답 ④

30

★☆☆

펌프의 운전 시 발생되는 현상이 아닌 것은?

① 노크현상
② 맥동현상
③ 공동현상
④ 수격작용(수충작용)

선지분석
② 맥동현상: 송출유량과 송출압력 사이에 주기적인 변동이 일어나 토출유량의 변화를 가져오는 현상이다.
③ 공동현상: 펌프의 내부에서 유속이 급변하거나 와류 발생, 유로 장애 등에 의하여 유체의 압력이 저하되어 포화 수증기압에 가까워지면 물속에 용존되어 있는 기체가 액체 중에서 분리되어 기포로 되며 특히 포화수증기압 이하로 되면 물이 기화되어 흐름 중에 공동이 생기는 현상이다.
④ 수격작용(수충작용): 관 내를 충만하여 흐르고 있는 물의 속도가 급격히 변하면 수압도 심한 변화를 일으키는 현상이다.

정답 ①

31

★★☆

도수관 설계시 자연유하식인 경우 평균유속의 최소한도 기준은?

① 0.3m/sec
② 0.5m/sec
③ 1.5m/sec
④ 3.0m/sec

해설
도수관의 평균유속
자연유하식인 경우에는 허용최대한도를 3.0m/s로 하고, 도수관의 평균유속의 최소한도를 0.3m/s로 한다.

정답 ①

32

★☆☆

우수배제계획의 수립 중 우수유출량의 억제에 대한 계획으로 옳지 않은 것은?

① 우수저류형 시설 중 On-site 시설은 단지 내 저류, 우수조정지, 우수체수지 등이 있다.
② 우수저류형은 우수유출총량은 변하지 않으나 첨두유출량을 감소시키는 효과가 있다.
③ 우수유출량의 억제방법은 크게 우수저류형, 우수침투형 및 토지이용의 계획적관리로 나눌 수 있다.
④ 우수침투형은 우수를 지중에 침투시키므로 우수유출총량을 감소시키는 효과를 발휘한다.

해설
우수저류형 시설
· On-site 시설은 강우 장소에서 우수를 저류하는 시설로 공원 내 저류, 학교운동장 내 저류, 광장 내 저류, 주차장 내 저류, 건물 사이 내 저류, 집 사이 내 저류 등이다.
· Off-site 시설은 유출한 우수를 집수하여 별도의 장소에서 저류하는 시설로 우수조정지, 우수체수지, 다목적유수지, 우수저류관 등이다.

관련이론 | 우수유출량의 저감(억제)방법
크게 우수저류형과 우수침투형으로 나눌 수 있다.
· 우수저류형: 우수유출총량은 변하지 않으나 유출량을 평균화시켜 첨두유출량을 감소시키는 효과를 발휘한다.
· 우수침투형: 우수를 지중에 침투시키므로 우수유출총량을 감소시키는 효과를 발휘한다. 침투형에는 침투받이, 침투 트렌치, 침투 측구, 투수성 포장 등이 있다.

정답 ①

33 ★☆☆

다음 응집제 중 알칼리도를 가장 크게 감소시키는 것은?
(단, 응집제 1mg/L 주입 기준)

① 황산알루미늄(액체)($Al_2(SO_4)_3$, 8%)
② 황산알루미늄(고형)($Al_2(SO_4)_3$, 15%)
③ 폴리염화알루미늄($Al_2(OH)_nCl_{6-n}$, 염기도 30%)
④ 폴리염화알루미늄($Al_2(OH)_nCl_{6-n}$, 염기도 50%)

해설

응집제는 크게 황산알루미늄염(Aluminium sulfate : alum, $Al_2(SO_4)_3 \cdot 18H_2O$), 폴리염화알루미늄(PAC; Poly Aluminium Chloride), 철염류(염화제2철[$FeCl_3$], 황산제1철[$FeSO_4$]) 등이 있으며 이 중 알칼리도 저하 효과는 황산알루미늄이 크다. 반면, 폴리염화알루미늄의 경우가 알칼리도의 저하가 가장 작다.
따라서 보기 중 함유량이 큰 15%의 황산알루미늄이 알칼리도를 가장 크게 감소시킨다.

정답 ②

34 ★☆☆

정수처리를 위한 막여과설비에서 적절한 막여과의 유속 설정 시 고려사항으로 틀린 것은?

① 전처리설비의 유무와 방법
② 입지조건과 설치공간
③ 막의 종류
④ 막공급의 수질과 최고 수온

해설

막여과의 유속 설정 시 고려사항
· 막의 종류
· 막공급의 수질과 최저 수온
· 전처리설비의 유무와 방법
· 입지조건과 설치공간

정답 ④

35 ★★★

콘크리트조의 장방형 수로(폭 2m, 깊이 2.5m)가 있다. 이 수로의 유효수심이 2m인 경우의 평균유속은? (단, Manning 공식으로 계산, 동수경사: 1/2,000, 조도계수: 0.017이다.)

① 1.00 m/sec
② 1.42 m/sec
③ 1.53 m/sec
④ 1.73 m/sec

해설

Manning 공식

$$V[\text{m/sec}] = \frac{1}{n} \cdot R^{\frac{2}{3}} \cdot I^{\frac{1}{2}}$$

· V : 평균유속 [m/sec]
· n : 조도계수
· R : 경심$\left(= \dfrac{\text{수류단면적}}{\text{윤변}} \right)$[m]
· I : 동수경사

1) $n = 0.017$

2) $I = \dfrac{1}{2,000}$

3) $R = \dfrac{\text{단면적}}{\text{윤변}} = \dfrac{2\text{m} \times 2\text{m}}{2 \times 2\text{m} + 2\text{m}} = 0.67\text{m}$

$\therefore V = \dfrac{1}{0.017} \times (0.67)^{\frac{2}{3}} \times \left(\dfrac{1}{2,000} \right)^{\frac{1}{2}}$

$\qquad = 1.01 \fallingdotseq 1.00\text{m/sec}$

정답 ①

36 ★★☆

하수의 배제방식 중 분류식(합류식과 비교)에 대한 설명으로 옳지 않은 것은?

① 우천 시의 월류: 일정량 이상이 되면 우천 시 오수가 월류한다.
② 처리장으로의 토사유입: 토사의 유입이 있지만 합류식 정도는 아니다.
③ 관로오접: 철저한 감시가 필요하다.
④ 관로 내 퇴적: 관로 내의 퇴적이 적으며 수세효과는 기대할 수 없다.

해설

구분		분류식	합류식
유지관리면 검토사항	관로오접	철저한 감시 필요	감시 불필요
	관로 내 퇴적	관로 내 퇴적이 적으며, 수세효과는 없음	청천 시에 수위가 낮고 유속이 적어 오염물이 침전하기 쉬우나 우천 시에는 수세효과가 있기 때문에 관로 내의 청소 빈도가 적음
	처리장으로의 토사유입	토사의 유입이 있지만 합류식보다 적음	우천 시에 처리장으로 다량의 토사가 유입하여 장기간에 걸쳐 수로 바닥 등에 퇴적됨
수질보전면 검토사항	청천 시 및 우천 시의 월류	청천 시, 우천 시 월류 없음	• 청천 시 월류 없음 • 우천 시 일정량 이상이 되면 월류함

정답 ①

37 ★★★

$I=\dfrac{3,660}{t+15}$ mm/hr, 면적 2.0km², 유입시간 6분, 유출계수 $C=0.65$, 관내유속이 1m/sec인 경우, 관길이가 600m인 하수관에서 흘러나오는 우수량(m³/sec)은? (단, 합리식 적용)

① 약 31
② 약 38
③ 약 43
④ 약 52

해설

우수량 계산을 위한 합리식은 다음과 같다.

$$Q=\frac{1}{360}CIA$$

• Q: 우수량[m³/sec]
• C: 유출계수
• I: 강우강도[mm/hr]
• A: 유역면적[ha]

$I=\dfrac{3,660}{t+15}$ mm/hr에서,

$t=$ 유입시간 + 유하시간

$$=6\text{min}+\frac{600\text{m}}{1\text{m/sec}}\times\frac{\text{min}}{60\text{sec}}=16\text{min}$$

이므로 강우강도 I 는 다음과 같다.

$$I=\frac{3,660}{16+15}=118.06\text{mm/hr}$$

유역면적 A 는 아래와 같이 단위변환이 가능하다.

$$A=2.0\text{km}^2=2.0\text{km}^2\times\frac{100\text{ha}}{\text{km}^2}=200\text{ha}$$

조건에서 $C=0.65$이므로 우수량 Q는 다음과 같다.

$$Q=\frac{1}{360}CIA$$

$$=\frac{1}{360}\times0.65\times118.06\text{mm/hr}\times200\text{ha}$$

$$=42.63 \fallingdotseq 43\text{m}^3/\text{sec}$$

정답 ③

38 ★☆☆

상수처리를 위한 고속응집침전지를 채택할 때는 다음 조건을 고려하여 결정하여야 하는데, 맞지 않는 것은?

① 원수의 탁도는 10도 정도가 바람직하다.
② 최고 탁도는 1,000도 이하인 것이 바람직하다.
③ 용량은 계획정수량의 1.5~2.0시간분으로 한다.
④ 지내의 평균상승유속은 10~20mm/분을 표준으로 한다.

해설
지내의 평균상승유속(표면부하율)은 40~60mm/분을 표준으로 한다.

관련이론 | 고속응집침전지

1. 설치조건
  • 원수의 탁도는 10NTU(도) 이상, 최고 탁도는 1,000NTU(도) 이하로 한다.
  • 탁도와 수온, 수량의 변동이 적어야 한다.
2. 지수와 구조
  • 지수는 청소와 고장에 대비하여 2지 이상 설치한다.
  • 표면부하율(평균상승유속): 40~60mm/min
  • 용량 : 계획정수량의 1.5~2.0시간 분
  • 경사판 등의 침강장치를 설치하는 경우에는 슬러지 계면의 상부에 설치한다.
  • 슬러지 배출설비는 지내의 잉여슬러지를 수시로 또는 상시 연속으로 충분하게 배출할 수 있는 구조로 설치한다.

정답 ④

39 ★★☆

오수관로의 유속 범위로 알맞은 것은? (단, 계획시간 최대오수량 기준)

① 최소 0.2m/sec, 최대 2.0m/sec
② 최소 0.3m/sec, 최대 2.0m/sec
③ 최소 0.6m/sec, 최대 3.0m/sec
④ 최소 0.8m/sec, 최대 3.0m/sec

해설
오수관로는 계획시간 최대오수량에 대해 유속은 최소 0.6m/sec, 최대 3.0m/sec로 한다.

정답 ③

40 ★☆☆

정수처리 방법 중 트리할로메탄(Trihalomethane)을 감소 또는 제거시킬 수 있는 방법으로 가장 거리가 먼 것은?

① 중간염소처리   ② 활성탄처리
③ 결합염소처리   ④ 전염소처리

해설
트리할로메탄을 감소 또는 제거시킬 수 있는 방법
 • 중간염소처리
 • 활성탄처리
 • 결합염소처리

정답 ④

수질오염방지기술

41 ★★★

하수 고도처리 공법인 Phostrip 공정에 관한 설명으로 옳지 않은 것은?

① 기존 활성슬러지 처리장에 쉽게 적용 가능하다.
② 인 제거 시 BOD/P비에 의하여 조절되지 않는다.
③ 최종침전지에서 인 용출을 위해 용존산소를 낮춘다.
④ Main Stream 화학침전에 비하여 약품사용량이 적다.

해설
최종침전지에서 인 용출을 위해 용존산소를 높인다.

관련이론 | Phostrip 공정

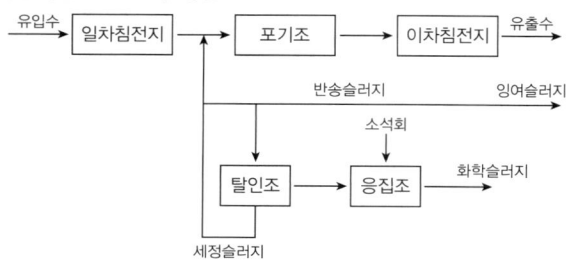

- 생물화학적 인 제거만을 위해 개발된 공정이다.
- 기존의 혐기호기 조합법에 비해 슬러지의 처리가 용이하다.
- 석회주입량은 알루미늄이나 금속염과 달리 알칼리도에 의하여 결정한다.
- 인 제거 시 BOD/P비에 의하여 조절되지 않는다.
- 탈인조 상징액이 총 유입수량에 비하여 아주 적으므로 인을 침전시키기 위하여 소요되는 석회의 양이 순수화학처리방법(Main Stream 화학침전)보다 적다.
- 최종침전지에서 인 용출을 위해 용존산소를 높인다.

정답 ③

42 ★☆☆

Cd^{2+} 이온으로 오염된 물을 NaOH를 첨가하여 침전법으로 중금속을 제거하려고 한다. 이때, 이론상 당량에 맞게 NaOH를 첨가했을 때, 이 물의 pH는? (Cd^{2+}의 몰질량: 112.4, $Cd(OH)_2$ K_{sp}=4.5×10^{-13}, 수질기준 Cd^{2+}의 농도: 0.01 ppm)

① 3.34 ② 7.00
③ 9.21 ④ 11.35

해설
Cd^{2+} 이온의 농도[g/L]
$=0.01ppm=0.01mg/L=0.01\times10^{-3}g/L$
Cd^{2+} 몰농도[mol/L]
$=0.01\times10^{-3}g/L \div 112.4g/mol=8.9\times10^{-8}mol/L$
$Cd(OH)_2(s) \rightleftharpoons Cd^{2+}(aq)+2OH^{-}(aq)$
$K_{sp}=[Cd^{2+}][OH^{-}]^2$
$4.5\times10^{-13}=(8.9\times10^{-8})\times[OH^{-}]^2$
$\therefore [OH^{-}]=\sqrt{(4.5\times10^{-13})\div(8.9\times10^{-8})}=2.25\times10^{-3}$
$pH=14-pOH=14+\log[OH^{-}]$
$=14+\log(2.25\times10^{-3})$
$=11.35$

정답 ④

43 ★☆☆

하수관로 내에서 황화수소(H_2S)가 발생되는 조건으로 가장 거리가 먼 것은?

① 혐기성 세균의 증식
② 염기성 pH
③ 용존산소의 결핍
④ 황산염의 환원

해설
황화수소는 pH가 산성일 때 발생한다.

정답 ②

44 ★☆☆

유기물을 함유한 유체가 완전혼합연속반응조를 통과할 때 유기물의 농도가 20mg/L에서 2mg/L로 감소한다. 반응조 내의 반응이 일차반응이고 반응조의 체적이 1,000L이며, 유량은 4,500L/day이라면 반응속도상수(day⁻¹)는? (단, 모두 이산화탄소와 물로 분해되며, 그 반응이 1차 반응이라 가정한다.)

① 약 10   ② 약 20
③ 약 30   ④ 약 40

해설

CFSTR의 물질수지식을 이용한다.

$Q(C_i - C_o) = K \cdot \forall \cdot C_o^m$

· Q: 유량[L/hr]
· C_i: 유입농도[mg/L]
· C_o: 유출농도[mg/L]
· K: 반응속도상수[day⁻¹]
· $\forall$: 부피[m³]
· m: 반응차수=1차

$$K = \frac{Q(C_i - C_o)}{\forall \cdot C_o^m}$$
$$= \frac{4{,}500\text{L/day} \times (20-2)\text{mg/L}}{1{,}000\text{L} \times 2\text{mg/L}}$$
$$= 40.5\text{day}^{-1}$$

정답 ④

45 ★★★

폐수 처리시설에서 직경 0.01cm, 비중 2.5인 입자를 중력 침강시켜 제거하고자 한다. 수온 4.0°C에서 물의 비중은 1.0, 점성계수는 1.31×10^{-2}g/cm·sec일 때, 입자의 침강속도(m/hr)는? (단, 입자의 침강속도는 Stokes 식에 따른다.)

① 12.2   ② 22.4
③ 31.6   ④ 37.6

해설

Stokes 공식

$$V_s = \frac{d^2(\rho_p - \rho)g}{18\mu}$$

· d: 입자의 직경[cm]
· ρ_p: 입자의 밀도[g/cm³]
· ρ: 물의 밀도[g/cm³]
· μ: 점성계수[g/cm·sec]
· g: 중력가속도(상수, 980cm/sec²)

$$\therefore V_s = \frac{(0.01)^2 \times (2.5 - 1.0) \times 980}{18 \times (1.31 \times 10^{-2})}$$
$$= 0.6234\text{cm/sec} = 22.4\text{m/hr}$$

정답 ②

46 ★☆☆

경사판 침전지에서 경사판의 효과가 아닌 것은?

① 처리효율의 증대효과
② 침전지 소요면적의 저감효과
③ 수면적 부하율의 증가효과
④ 고형물의 침전효율 증대효과

해설

경사판 침전지에서는 수면적 부하율이 감소한다.

정답 ③

47 ★★★

Chick's law에 의하면 염소소독에 의한 미생물 사멸율은 1차 반응에 따른다. 미생물의 80%가 0.1mg/L 잔류 염소로 2분 내에 사멸된다면 99.9%를 사멸시키기 위해서 요구되는 접촉시간(분)은?

① 5.7
② 8.6
③ 12.7
④ 14.2

해설

1차 반응식을 이용한다.

$\ln \dfrac{C_t}{C_0} = -k \cdot t$

- C_t: 처리 후 농도[mg/L]
- C_0: 초기 농도[mg/L]
- k: 반응속도상수[min^{-1}]
- t: 반응시간[min]

$\ln \dfrac{20}{100} = -k \cdot 2\text{min}$

$\therefore k = 0.8047\text{min}^{-1}$

$\ln \dfrac{0.1}{100} = -0.8047 \cdot t$

$\therefore t = 8.58 \fallingdotseq 8.6\text{min}$

정답 ②

48 ★★★

분리막을 이용한 다음의 폐수처리방법 중 구동력이 농도차에 의한 것은?

① 한외여과(Ultrafiltration)
② 역삼투(Reverse Osmosis)
③ 정밀여과(Microfiltration)
④ 투석(Dialysis)

해설

투석(Dialysis)의 추진력은 농도차이다.
정밀여과, 한외여과, 나노여과, 역삼투의 추진력은 정수압차이며, 전기투석은 전기(전압, 기전력)차이다.

정답 ④

49 ★☆☆

회전 생물막접촉판법은 일반적으로 2~4개의 조를 직렬 배치하여 적용하는 경우가 많은데 첫째 조에서 최종조로 폐수가 이전됨에 따라 관찰되는 현상과 거리가 먼 것은?

① 용존산소의 농도는 점차 감소한다.
② 최종조로 갈수록 난분해성 기질이 잔류한다.
③ 회전판 표면의 생물막의 두께가 얇아진다.
④ 각 조에서의 원판사이의 간격은 첫째 조에서 상대적으로 가장 넓게 조절한다.

해설

순차적으로 조를 넘어갈 때마다 용존산소는 증가한다.

관련이론 | 회전원판법(RBC)

- 호기성여상법으로 대표되는 생물막을 이용하여 하수를 처리하는 방식을 말한다.
- 원판의 일부를 수면에 잠기도록(40%)하여 원판 위에 자연적으로 발생하는 호기성 미생물을 이용한다.
- 원판의 회전으로 인해 부착생물과 회전판 사이에 전단력이 생겨 과잉의 부착생물은 자연적으로 떨어지게 된다(탈리현상).
- 운전관리상 조작이 간단하다.
- 소비전력량이 표준활성슬러지법에 비해 적다.
- 질산화가 일어나기 쉬우며 pH가 저하되는 경우도 있다.
- 벌킹으로 인해 이차침전지에서 일시적으로 다량의 슬러지가 유출되는 현상이 없다.
- 활성슬러지법에 비해 이차침전지에서 미세한 SS가 유출되기 쉽고, 처리수의 투명도가 나쁘다.
- 살수여상과 같이 여상에 파리는 발생하지 않으나, 하루살이가 발생한다.

정답 ①

50

★ ☆ ☆

정수장의 물이 상류에서 하류로 방류될 때 수리학적 안정성을 판단하는 지표로 가장 알맞은 것은? (단, 중력흐름이 준임계인지 초임계인지를 규정함)

① Froude 수
② Schmidt 수
③ Prandtl 수
④ Rossby 수

선지분석

① Froude 수: 물이 방류될 때 수리학적 안정성을 판단하는 지표이다.

$$Fr = \frac{유속}{수조깊이} = \frac{V(유속)}{\sqrt{g(중력가속도) \times L(특성길이)}}$$

② Schmidt 수: 운동량 확산과 질량 확산의 비로 정의되는 무차원 수로 동시 운동량 및 질량 확산 변환 과정이 있는 유체 흐름을 특징 짓기 위해 사용한다.

$$Sc = \frac{\nu(점성)}{D(질량\ 확산)} = \frac{\mu(유체의\ 동적\ 점성)}{\rho(밀도) \times D}$$

③ Prandtl 수: 운동량의 퍼짐정도인 점성도과 열확산도의 비를 근사적으로 표현하는 무차원 수이다.

$$Pr = \frac{c_p \mu}{k} = \frac{\nu}{\alpha}$$

④ Rossby 수: 회전 유체에서 일어나는 운동에 대하여 관성력이 코리올리힘의 몇 배인가를 나타내는 무차원 수이다.

$$R = \frac{V(유속)}{2\Omega(회전\ 각속도) \times L(길이)}$$

정답 ①

51

★ ★ ☆

설계부하가 $37.6\,m^3/m^2 \cdot day$이고, 처리할 폐수 유량이 $9,568\,m^3/day$인 경우의 원형 침전조 직경은?

① 12m
② 14m
③ 16m
④ 18m

해설

$$A = \frac{유량}{설계부하}$$

$$= \frac{9,568\,m^3}{day} \left| \frac{m^2 \cdot day}{37.6\,m^3} \right.$$

$$= 254.468\,m^2 = \frac{\pi D^2}{4}$$

$$\therefore\ D = 17.99 = 18m$$

정답 ④

52

★ ☆ ☆

음용수 중 철과 망간의 기준 농도에 맞추기 위한 그 제거 공정으로 알맞지 않은 것은?

① 인산염에 의한 산화
② 제올라이트 수착
③ 생물학적 여과
④ 포기에 의한 침전

해설

철과 망간의 제거 공정으로는 포기에 의한 침전, 생물학적 여과, 제올라이트법 외에 과망간산칼륨의 주입에 의한 산화법, 접촉산화법, 전해법, 이온교환법 등이 있다.

정답 ①

53 ★☆☆

생석회와 소다회가 섞인 물 4,000m³/day을 처리하려고 한다. 소다회 약품의 순도가 85%일 때, 1개월(30일)동안 필요한 소다회 약품의 양(ton)은? (단, 물의 경도는 150mg/L CaCO₃, 알칼리도 80mg/L CaCO₃, 다른 이온의 영향이 없다고 가정한다.)

① 10.5 ② 32.5
③ 41.9 ④ 22.0

해설

한 달에 처리해야 하는 물의 양[m³]
$= 4,000 \text{m}^3/\text{day} \times 30 \text{day} = 120,000 \text{m}^3$
물의 경도[g/m³]
$= 150 \text{mg/L} \times 10^3 \text{L/m}^3 \times 1 \text{g}/10^3 \text{mg} = 150 \text{g/m}^3$
알칼리도[g/m³]
$= 80 \text{mg/L} \times 10^3 \text{L/m}^3 \times 1 \text{g}/10^3 \text{mg} = 80 \text{g/m}^3$
물 1m³ 당 필요한 소다회의 양[g/m³]
= 물의 경도 + 알칼리도
$= 150 \text{g/m}^3 + 80 \text{g/m}^3 = 230 \text{g/m}^3$
한 달에 필요한 소다회의 양[ton]
= 소다회의 양 × 한 달에 처리해야 하는 물의 양
$= 230 \text{g/m}^3 \times 120,000 \text{m}^3 \times 1 \text{kg}/10^3 \text{g} \times 1 \text{ton}/10^3 \text{kg}$
$= 27.6 \text{ton}$
소다회 약품의 순도가 85%이므로,
한 달에 필요한 약품의 양[ton]
= 한 달에 필요한 소다회의 양 ÷ 0.85
$= 27.6 \text{ton} \div 0.85$
$= 32.5 \text{ton}$

정답 ②

54 ★★☆

표면적이 2m²이고 깊이가 2m인 침전지에 유량 48m³/day의 폐수가 유입될 때 폐수의 체류시간(hr)은?

① 2 ② 4
③ 6 ④ 8

해설

$\forall = Qt$

- $\forall$: 침전지 체적[m³]
- Q: 일일 유(입)량[m³/day]
- t: 시간[day]

$\rightarrow t = \dfrac{\forall}{Q} = \dfrac{2\text{m}^2 \times 2\text{m}}{48\text{m}^3/\text{day}} = \dfrac{1}{12}\text{day} = 2\text{hr}$

정답 ①

55 ★☆☆

하·폐수를 통하여 배출되는 계면활성제에 대한 설명 중 잘못된 것은?

① 물에 약간 녹으며 폐수처리 플랜트에서 거품을 만들게 된다.
② ABS는 생물학적으로 분해가 매우 쉬우나 LAS는 생물학적으로 분해가 어려운 난분해성 물질이다.
③ 계면활성제는 메틸렌블루 활성물질이라고도 한다.
④ 계면활성제는 주로 합성세제로부터 배출되는 것이다.

해설

ABS 세제는 세척력이 우수하지만 생물학적으로 분해가 어렵다. 물속에 존재하는 미생물은 탄소화합물을 분해해 정화하는 능력이 있는데 ABS 세제처럼 가지 달린 탄소화합물은 쉽게 분해하지 못한다. LAS 세제는 ABS 세제보다 생물학적 분해가 쉽다.

정답 ②

56 ★★☆

유기물의 감소반응이 2차반응($V_c=-KC^2$)이라 할 때 반응 후 초기농도($C_0=1$)에 대하여 유출농도($C_e=0.2$)가 80% 감소되도록 하는 데 필요한 CFSTR(완전혼합반응기)와 PFR(플럭흐름반응기)의 부피비는?

(단, CFSTR의 물질수지식: $0=QC_0-QC_e-VKC_e^2$(정상상태), PFR은 정상상태에서 $V=\dfrac{Q}{K}\left(\dfrac{1}{C_e}-\dfrac{1}{C_0}\right)$의 식으로 표현)

① CFSTR : PFR = 5 : 1
② CFSTR : PFR = 7 : 1
③ CFSTR : PFR = 10 : 1
④ CFSTR : PFR = 15 : 1

해설

1) CFSTR

$$0=QC_0-QC_e-VKC_e^2$$
$$VKC_e^2=QC_0-QC_e$$
$$V=\frac{QC_0-QC_e}{KC_e^2}$$
$$V_{CFSTR}=\frac{Q(C_0-C_e)}{KC_e^2}=\frac{Q}{K}\left(\frac{1-0.2}{0.2^2}\right)=20\frac{Q}{K}$$

2) PFR

$$V_{PFR}=\frac{Q}{K}\left(\frac{1}{C_e}-\frac{1}{C_0}\right)=\frac{Q}{K}\left(\frac{1}{0.2}-\frac{1}{1}\right)=4\frac{Q}{K}$$
$$\therefore V_{CFSTR} : V_{PFR}=20 : 4=5 : 1$$

정답 ①

57 ★☆☆

핀 플록이나 플록파괴가 발생하는 원인이 아닌 것은?

① 독성물질 유입
② 유황
③ 혐기성 상태
④ 장기폭기

해설

유황은 슬러지팽화 현상을 야기한다.

정답 ②

58 ★☆☆

폐수의 고도처리에 관한 다음의 기술 중 옳지 않은 것은?

① 인산이온은 수산화나트륨 등으로 중화하여 침전처리한다.
② Cl^-, SO_4^{2-} 등의 무기염류의 제거에는 전기투석법이 이용된다.
③ 질소제거는 소석회 등을 사용하여 pH $10.8\sim11.5$에서 암모니아 스트리핑을 한다.
④ 잔류 COD는 급속사여과 후 활성탄 흡착 처리한다.

해설

인산이온은 석회(수산화칼슘), 철, 알루미늄 등을 주입하여 응집침전시켜 제거한다.

정답 ①

59 ★★☆

폭기조의 MLSS 농도를 3,000mg/L로 유지하기 위한 재순환율은? (단, $SVI=120$, 유입 SS 고려하지 않고, 방류수 SS는 0mg/L임)

① 36.3
② 46.3
③ 56.3
④ 66.3

해설

$$R=\frac{X}{\dfrac{10^6}{SVI}-X}=\frac{3{,}000\text{mg/L}}{\dfrac{10^6}{120}-3{,}000\text{mg/L}}=0.5625 \quad \left(X_r=\frac{10^6}{SVI}\right)$$

$$\therefore R[\%]=0.5625\times100=56.25\fallingdotseq56.3\%$$

정답 ③

2023년

60 ★★☆

3%(V/V%) 고형물 함량의 슬러지 30m³을 10%(V/V%) 고형물 함량의 슬러지 케이크로 탈수하면 탈수 케이크의 용적은? (단, 슬러지 비중은 1.0)

① 3.4m³

② 8.2m³

③ 9.0m³

④ 14.5m³

해설

$V_1(1-W_1)=V_2(1-W_2)$

· V_1: 탈수 전 부피

· V_2: 탈수 후 부피

· W_1: 탈수 전 함수율

· W_2: 탈수 후 함수율

$30m^3 \times 0.03 = V_2 \times 0.1$

$\therefore V_2 = 9m^3$

정답 ③

수질오염공정시험기준

61 ★★★

수질오염공정시험기준 총칙에 관한 설명으로 옳지 않은 것은?

① 분석용 저울은 0.1mg까지, 미량저울은 0.01mg까지 달 수 있는 것이어야 한다.

② 방울수라 함은 20℃에서 정제수 20방울을 적하할 때, 그 부피가 약 1mL 되는 것을 뜻한다.

③ 정량범위라 함은 본 시험방법에 따라 시험할 경우 표준편차율 10% 이하에서 측정할 수 있는 정량하한과 정량상한의 범위를 말한다.

④ 표준편차율이라 함은 표준편차를 실험횟수(n)로 나눈 값의 백분율이다.

해설

표준편차율이라 함은 표준편차를 평균값으로 나눈 값의 백분율이다.

정답 ④

62 ★★☆

금속류 – 불꽃 원자흡수분광광도법에서 일어나는 간섭 중 물리적 간섭에 관한 설명으로 옳은 것은?

① 시료 도입부의 분무과정에서 시료의 비중, 점성도, 표면장력의 차이에 의해 발생한다.

② 불꽃온도가 너무 높을 경우 중성원자에서 전자를 빼앗아 이온이 생성될 수 있으며 이 경우 음(−)의 오차가 발생하게 된다.

③ 분석하고자 하는 원소의 흡수파장과 비슷한 다른 원소의 파장이 서로 겹쳐 비이상적으로 높게 측정되는 경우이다.

④ 불꽃의 온도가 분자를 들뜬 상태로 만들기에 충분히 높지 않아서, 해당 파장을 흡수하지 못하여 발생한다.

해설

물리적 간섭은 표준용액과 시료 또는 시료와 시료간의 물리적 성질(점도, 밀도, 표면장력 등)의 차이 또는 표준물질과 시료의 매질(matrix) 차이에 의해 발생한다. 이러한 차이는 시료의 주입 및 분무 효율에 영향을 주어 양(+) 또는 음(−)의 오차를 유발하게 된다.

물리적 간섭은 표준용액과 시료간의 매질을 일치시키거나 표준물질첨가법을 사용하여 방지할 수 있다.

정답 ①

63 ★☆☆

다음의 금속류 중 원자형광법으로 측정할 수 있는 것은? (단, 수질오염공정시험기준 기준)

① 수은

② 6가 크롬

③ 납

④ 비소

해설

금속류 중 원자형광법으로 측정할 수 있는 것은 수은이다.

정답 ①

64 ★☆☆

다음은 효소이용정량법을 적용하여 대장균을 분석하는 내용이다. ( ) 안에 옳은 내용은?

> 물속에 존재하는 대장균을 분석하기 위한 것으로 효소기질 시약과 시료를 혼합하여 배양한 후 ( )로 측정하는 방법이다.

① 무균 검출기
② 자외선 검출기
③ 색도 검출기
④ 시험관 검출기

해설

효소이용정량법

- 이 시험기준은 물속에 존재하는 대장균을 분석하기 위한 것으로, 효소기질 시약과 시료를 혼합하여 배양한 후 자외선 검출기로 측정하는 방법이다.
- 시험 배양액에 자외선 검출기(365~366nm)를 조사하여 형광이 검출되면 대장균 양성으로 판정하여 정량한다.
- 이 시험기준은 하천수, 호소수, 지하수, 물놀이형 수경시설 등에 적용한다.

정답 ②

65 ★☆☆

총인을 자외선/가시선 분광법으로 정량하는 방법에 대한 설명으로 가장 거리가 먼 것은?

① 분해되기 쉬운 유기물을 함유한 시료는 질산-과염소산으로 전처리한다.
② 다량의 유기물을 함유한 시료는 질산-황산으로 전처리한다.
③ 전처리로 유기물을 산화분해시킨 후 몰리브덴산암모늄·아스코르빈산 혼액 2mL를 넣어 흔들어 섞는다.
④ 정량한계는 0.005mg/L이며, 상대표준편차는 ±25% 이내이다.

해설

분해되기 쉬운 유기물을 함유한 시료는 과황산칼륨으로 전처리한다.

정답 ①

66 ★☆☆

자외선/가시선 분광법(이염화주석환원법)을 이용한 인산염인 측정에서 시료가 산성인 경우 사용하는 지시약은?

① 메틸오렌지
② 페놀프탈레인
③ p-나이트로페놀용액
④ 메틸 레드

해설

시료가 산성일 경우 p-나이트로페놀용액(0.1%)을 지시약으로 수산화나트륨 용액(4%) 또는 암모니아수(1+10)를 첨가하여 액이 황색이 될 때까지 중화한다.

정답 ③

2023년

67

★★☆

금속성분을 측정하기 위한 시료의 전처리 방법 중 유기물을 다량 함유하고 있으면서 산분해가 어려운 시료에 적용되는 방법은?

① 질산 – 염산에 의한 분해
② 질산 – 불화수소산에 의한 분해
③ 질산 – 과염소산에 의한 분해
④ 질산 – 과염소산 – 불화수소산에 의한 분해

관련이론 | 전처리 방법

전처리 방법	적용 시료
질산법	유기 함량이 비교적 높지 않은 시료의 전처리에 적용된다.
질산 – 염산법	유기물 함량이 비교적 높지 않고 금속의 수산화물, 산화물, 인산염 및 황화물을 함유하고 있는 시료에 적용된다.
질산 – 황산법	유기물 등을 많이 함유하고 있는 대부분의 시료에 적용된다.
질산 – 과염소산법	유기물을 다량 함유하고 있으면서 산분해가 어려운 시료에 적용된다.
질산 – 과염소산 – 불화수소산법	다량의 점토질 또는 규산염을 함유한 시료에 적용된다.

정답 ③

68

★★☆

다음 중 자기식 유량측정기에 관한 설명으로 옳은 것은?

① 반드시 일직선 상의 관에서 이루어져야 한다.
② 단면이 축소되는 목부분을 조절함으로써 유량이 조절된다.
③ 고형물질이 많아 관을 메울 우려가 있는 폐·하수의 관 내 유량을 측정한다.
④ 재질은 부식에 대한 내구성이 강한 스테인리스 강판, 염화비닐합성수지 등을 이용하며 면처리는 매끄럽게 처리하여 가급적 마찰로 인한 수두손실을 적게 한다.

해설

자기식 유량측정기

- 고형물질이 많아 관을 메울 우려가 있는 폐하수에 이용할 수 있는 유량 측정기기이다.
- 측정원리는 패러데이의 법칙을 이용하여 자장의 직각에서 전도체를 이동시킬 때 유발되는 전압은 전도체의 속도에 비례한다는 원리를 이용한 것이다.
- 측정기의 전압은 유체(폐하수)의 활성도, 탁도, 점성 및 온도의 영향을 받지 않으며, 다만 유체의 유속에 의하여 결정되고 수두손실이 적다.

정답 ③

69 ★★☆

수질오염공정시험기준상 탁도 측정에 관한 설명으로 옳지 않은 것은?

① 시료 속의 거품은 빛을 산란시키고 높은 측정값을 나타낸다.

② 탁도를 측정하기 위해서는 탁도계를 이용하여 물의 흐림 정도를 측정한다.

③ 파편과 입자가 큰 침전이 존재하는 시료를 빠르게 침전시킬 경우 탁도값이 낮게 측정된다.

④ 물에 색깔이 있는 시료는 잠재적으로 측정값이 높게 분석된다.

해설

물에 색깔이 있는 시료는 색이 빛을 흡수하기 때문에 잠재적으로 측정값이 낮게 분석된다.

탁도 측정

• 이 시험기준은 탁도를 측정하기 위하여 탁도계를 이용하여 물의 흐림 정도를 측정하는 방법이며 지표수와 지하수에 적용할 수 있다.

• 정확도는 첨가한 표준물질의 농도에 대한 측정평균값의 상대 백분율로서 나타내며 그 값이 75%~125% 이내이어야 하며 정밀도는 측정값의 % 상대표준편차(RSD)로 계산하며 측정값이 25% 이내이어야 한다.

• 파편과 입자가 큰 침전이 존재하는 시료를 빠르게 침전시킬 경우 탁도값이 낮게 측정된다.

• 시료 속의 거품은 빛을 산란시키고 높은 측정값을 나타낸다. 따라서 시료 분취 시 거품 생성을 방지하고 시료를 셀의 벽을 따라 부어야 한다.

정답 ④

70 ★★☆

공장폐수 및 하수유량 – 관(pipe)내의 유량측정 방법 중 오리피스에 관한 설명으로 옳지 않은 것은?

① 설치에 비용이 적게 소요되며 비교적 유량측정이 정확하다.

② 오리피스판의 두께에 따라 흐름의 수로 내외에 설치가 가능하다.

③ 오리피스 단면에 커다란 수두손실이 일어나는 단점이 있다.

④ 단면이 축소되는 목부분을 조절함으로써 유량이 조절된다.

해설

오리피스는 설치에 비용이 적게 들고 비교적 유량측정이 정확하여 얇은 판 오리피스가 널리 이용되고 있으며 흐름의 수로 내에 설치된다.

관련이론 | 오리피스 유량계

• 유체가 흐르는 도관에 작은 구멍이 뚫린 판을 끼워 넣으면 이 구조물 양단에는 우체의 속도차이에 의하여 차압이 발생한다.

• 오리피스 유량계는 차압의 크기가 유체속도의 크기에 비례하기 때문에 생기는 압력 차이를 측정함으로써 유량을 유추하는 방식이다.

• 설치에 비용이 적게 소요되며 비교적 유량측정이 정확하다.

• 단면이 축소되는 목 부분을 조절함으로써 유량이 조절된다.

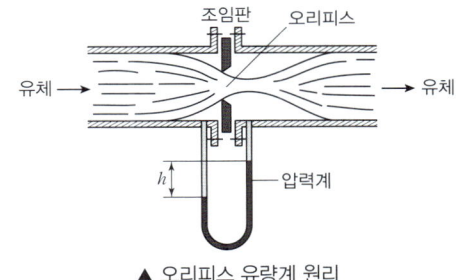

▲ 오리피스 유량계 원리

정답 ②

71

★☆☆

다음은 1,4-다이옥산-용매추출/기체크로마토그래프-질량 분석법에 관한 설명이다. ( ) 안에 알맞은 것은?

> 이 시험기준은 물 속에 존재하는 1,4-다이옥산을 측정하기 위한 것으로 (㉠)을 이용하여 1,4-다이옥산을 추출한 다음 실온 상태에서 농축하여 기체크로마토그래프-질량분석기로 분석하며, 이 시험기준에 의한 정량한계는 (㉡)mg/L 이다.

① ㉠ 노말헥산, ㉡ 0.01
② ㉠ 노말헥산, ㉡ 0.05
③ ㉠ 다이클로로메탄, ㉡ 0.01
④ ㉠ 다이클로로메탄, ㉡ 0.05

해설

이 방법은 물 중에 있는 1,4-다이옥산을 측정하기 위한 것으로 다이클로로메탄을 이용하여 1,4-다이옥산을 추출한 다음 실온 상태에서 농축하여 기체크로마토그래프-질량분석기로 분석한다.
이 방법은 폐수 또는 1,4-다이옥산의 농도가 비교적 높은 지표수, 지하수 등에 적용한다. 정량한계는 0.01mg/L이다.

정답 ③

72

★☆☆

공장의 폐수 100mL를 취하여 산성 100℃에서 $KMnO_4$에 의한 화학적 산소 소비량을 측정하였다. 시료의 적정에 소비된 0.025N $KMnO_4$의 양이 7.5mL였다면 이 폐수의 COD (mg/L)는 약 얼마인가? (단, 0.025N $KMnO_4$ factor 1.02, 바탕시험 적정에 소비된 0.025N $KMnO_4$ 1.00mL)

① 13.3 ② 16.7
③ 24.8 ④ 32.2

해설

$$COD[mg/L] = (b-a) \times f \times \frac{1,000}{V} \times 0.2$$

· a: 바탕시험 적정에 소비된 0.025N $KMnO_4$=1.00mL
· b: 시료의 적정에 소비된 0.025N $KMnO_4$=7.5mL
· f: 0.025N $KMnO_4$ 농도계수(factor)=1.02
· V: 시료의 양(mL)=100mL

$$\therefore COD[mg/L] = (7.5-1.0) \times 1.02 \times \frac{1,000}{100} \times 0.2$$
$$= 13.26 = 13.3mg/L$$

정답 ①

73

★★★

시료의 보존방법으로 틀린 것은?

① 아질산성 질소: 4℃ 보관, H_2SO_4로 pH 2 이하
② 총질소(용존 총질소): 4℃ 보관, H_2SO_4로 pH 2 이하
③ 화학적 산소요구량: 4℃ 보관, H_2SO_4로 pH 2 이하
④ 암모니아성 질소: 4℃ 보관, H_2SO_4로 pH 2 이하

해설

· 아질산성 질소: 4℃ 보관
· 총질소, 화학적 산소요구량, 암모니아성 질소, 노말헥산추출 물질: 4℃ 보관, H_2SO_4로 pH 2 이하에서 최대 28일 보관(공통조건)

정답 ①

74 ★☆☆

이온전극법에 대한 설명으로 틀린 것은?

① 시료용액의 교반은 이온전극의 응답속도 이외의 전극범위, 정량한계값에는 영향을 미치지 않는다.
② 전극과 비교전극을 사용하여 전위를 측정하고 그 전위차로부터 정량하는 방법이다.
③ 이온전극법에 사용하는 장치의 기본구성은 비교전극, 이온전극, 자석교반기, 저항 전위계, 이온측정기 등으로 되어 있다.
④ 이온전극의 종류에는 유리막 전극, 고체막 전극, 격막형 전극으로 구분된다

해설
시료용액의 교반은 이온전극의 전극범위, 응답속도, 정량한계값에 영향을 미친다.

정답 ①

75 ★☆☆

잔류염소(비색법)를 측정할 때 크롬산(2mg/L 이상)으로 인한 종말점 간섭을 방지하기 위해 가하는 시약은?

① 황산구리
② 염화바륨
③ 염산용액(25%)
④ 과망간산칼륨

해설
2mg/L 이상의 크롬산은 종말점에서 간섭을 하는데, 이때 염화바륨을 가하여 침전시켜 제거한다.

정답 ②

76 ★★☆

수질오염물질의 농도표시 방법에 대한 설명으로 적절치 않은 것은?

① 천분율을 표시할 때에는 g/L로 표현한다.
② 용액의 농도를 %로만 표시할 때는 V/V%를 말한다.
③ 백만분율을 표시할 때는 ppm 또는 mg/L의 기호를 쓴다.
④ 십억분율을 표시할 때는 ppb의 기호를 쓴다.

해설
용액의 농도를 "%"로만 표시할 때는 W/V(%)를 말한다.

선지분석
① 천분율(ppt, parts per thousand)은 g/L 또는 g/kg로 표현한다.
③ 백만분율(ppm, parts per million)은 mg/L 또는 mg/kg로 표현한다.
④ 십억분율(ppb, parts per billion)은 μg/L 또는 μg/kg로 표현한다.

정답 ②

77 ★☆☆

BOD 측정용 시료를 희석할 때 식종 희석수를 사용하지 않아도 되는 시료는?

① 화학공장 폐수
② 유기물질이 많은 가정 하수
③ 잔류염소를 함유한 폐수
④ pH 4 이하 산성으로 된 폐수

해설

BOD 측정용 식종 희석수는 시료 중에 유기물질을 산화시킬 수 있는 미생물의 양이 충분하지 못할 때, 미생물을 시료에 넣어주는 것을 말한다.
유기물질이 많은 가정 하수는 미생물이 번식하기 좋은 조건이므로 식종 희석수를 사용하지 않아도 된다.

정답 ②

78 ★☆☆

시안(CN^-) 분석용 시료를 보관할 때 20% NaOH 용액을 넣어 pH 12의 알칼리성으로 보관하는 이유는?

① 산성에서는 CN^- 이온이 HCN으로 되어 휘산하기 때문
② 산성에서는 탄산염을 형성하기 때문
③ 산성에서는 시안이 침전되기 때문
④ 산성에서나 중성에서는 시안이 분해 변질되기 때문

해설

시안(CN^-)이 H^+ 이온과 접촉하여 HCN으로 되는 것을 방지하기 위해서 알칼리성 조건을 조성해서 보관한다.

정답 ①

79 ★☆☆

수질시료를 보존할 때 반드시 폴리에틸렌에 보존해야하는 측정항목은?

① 페놀류
② 불소
③ 잔류염소
④ 용존산소

해설

측정항목별 시료용기

시료용기	측정항목
BOD병	용존산소(전극법, 적정법) 등
유리	노말헥산추출물질, 냄새, 물벼룩 급성 독성, 휘발성유기화합물, 폴리클로리네이티드 비페닐(PCB), 페놀류, 유기인 등
유리(갈색)	1,4 - 다이옥산, 잔류염소, 브로모폼, 염화비닐, 아크릴로니트릴, 석유계총탄화수소, 다이에틸헥실프탈레이트 등
폴리에틸렌	불소, 부유물질, 색도, 생물화학적 산소요구량, 수소이온농도, 온도, 전기전도도, 탁도, 클로로필 a, 브롬이온, 시안 등

정답 ②

80 ★★☆

램버트 - 비어(Lambert - Beer)의 법칙에서 흡광도의 의미는? (단, I_o=입사광의 강도, I_t=투사광의 강도, t=투과도)

① I_t/I_o
② $t \times 100$
③ $\log (1/t)$
④ $I_t \times 10^{-1}$

해설

흡광도$(A) = \log \dfrac{1}{투과도}$

$A = \log \dfrac{1}{t} = \log \dfrac{1}{I_t/I_o} \left(\because 투과도(t) = \dfrac{투사광의 세기}{입사광의 세기} \right)$

정답 ③

수질환경관계법규

81 ★★★

대권역 물환경관리계획을 수립하는 경우 포함되어야 할 사항 중 가장 거리가 먼 것은?

① 점오염원, 비점오염원 및 기타수질오염원에서 배출되는 수질오염물질의 양
② 점오염원, 비점오염원 및 기타수질오염원 분포현황
③ 상수원 및 물 이용현황
④ 점오염원의 확대 계획 및 저감시설 현황

해설

「법 제24조」

대권역 물환경관리계획의 수립 시 포함되어야 할 사항

- 물환경의 변화 추이 및 물환경목표기준
- 상수원 및 물 이용현황
- 점오염원, 비점오염원 및 기타수질오염원의 분포현황
- 점오염원, 비점오염원 및 기타수질오염원에서 배출되는 수질오염물질의 양
- 수질오염 예방 및 저감 대책
- 물환경 보전조치의 추진방향
- 「기후위기 대응을 위한 탄소중립·녹색성장 기본법」에 따른 기후변화에 대한 적응대책
- 그 밖에 환경부령으로 정하는 사항

정답 ④

82 ★★☆

비점오염저감시설의 설치기준에서 자연형 시설 중 인공습지의 설치기준으로 틀린 것은?

① 습지에는 물이 연중 항상 있을 수 있도록 유량공급대책을 마련하여야 한다.
② 유입부에서 유출부까지의 경사는 1.0% 이상 2.0% 이하의 범위를 초과하지 아니하도록 한다.
③ 생물의 서식 공간을 창출하기 위하여 5종부터 7종까지의 다양한 식물을 심어 생물다양성을 증가시킨다.
④ 인공습지의 유입구에서 유출구까지의 유로는 최대한 길게 하고, 길이 대 폭의 비율은 2 : 1 이상으로 한다.

해설

「시행규칙 별표 17」

인공습지 설치기준

- 인공습지의 유입구에서 유출구까지의 유로는 최대한 길게 하고, 길이 대 폭의 비율은 2 : 1 이상으로 한다.
- 다양한 생태환경을 조성하기 위하여 인공습지 전체 면적 중 50퍼센트는 얕은 습지(0~0.3미터), 30퍼센트는 깊은 습지(0.3~1.0미터), 20퍼센트는 깊은 못(1~2미터)으로 구성한다.
- 유입부에서 유출부까지의 경사는 0.5퍼센트 이상 1.0퍼센트 이하의 범위를 초과하지 아니하도록 한다.
- 물이 습지의 표면 전체에 분포할 수 있도록 적당한 수심을 유지하고, 물 이동이 원활하도록 습지의 형상 등을 설계하며, 유량과 수위를 정기적으로 점검한다.
- 습지는 생태계의 상호작용 및 먹이사슬로 수질정화가 촉진되도록 정수식물, 침수식물, 부엽식물 등 수생식물과 조류, 박테리아 등의 미생물, 소형 어패류 등의 수중생태계를 조성하여야 한다.
- 습지에는 물이 연중 항상 있을 수 있도록 유량공급대책을 마련하여야 한다.
- 생물의 서식 공간을 창출하기 위하여 5종부터 7종까지의 다양한 식물을 심어 생물다양성을 증가시킨다.
- 부유성 물질이 습지에서 최종 방류되기 전에 하류수역으로 유출되지 아니하도록 출구 부분에 자갈쇄석, 여과망 등을 설치한다.

정답 ②

83 ★☆☆

비점오염저감시설의 관리·운영기준으로 옳지 않은 것은? (단, 자연형 시설)

① 인공습지: 식생대가 50퍼센트 이상 고사하는 경우에는 추가로 수생식물을 심어야 한다.
② 인공습지: 동절기(11월부터 다음 해 3월까지를 말한다)에는 인공습지에서 말라 죽은 식생을 제거·처리하여야 한다.
③ 식생형 시설: 전처리를 위한 침사지는 주기적으로 협잡물과 침전물을 제거하여야 한다.
④ 식생형 시설: 식생수로 바닥의 퇴적물이 처리용량의 25퍼센트를 초과하는 경우에는 침전된 토사를 제거하여야 한다.

해설

「시행규칙 별표 18」
'전처리를 위한 침사지는 주기적으로 협잡물과 침전물을 제거하여야 한다'는 장치형 시설 중 여과형 시설의 관리·운영기준이다.

정답 ③

84 ★★☆

오염총량초과과징금의 납부통지는 부과 사유가 발생한 날부터 며칠 이내에 하여야 하는가?

① 15   ② 30
③ 45   ④ 60

해설

「시행령 제11조」
오염총량초과과징금의 납부통지는 부과 사유가 발생한 날부터 60일 이내에 하여야 한다.

정답 ④

85 ★★☆

수질오염경보의 종류별·경보단계별 조치사항 중 상수원 구간에서 조류경보 '경계' 단계 발령시 조치사항이 아닌 것은?

① 정수의 독소분석 실시
② 황토 등 흡착제 살포 등을 이용한 조류제거 조치 실시
③ 주변오염원에 대한 단속 강화
④ 어패류 어획·식용, 가축 방목 등의 자제 권고

해설

「시행령 별표 4」
경계 단계 발령 시 조치사항

관계 기관	조치사항
4대강 물환경연구소장 (시·도 보건환경연구원장 또는 수면관리자)	1) 주 2회 이상 시료 채취 및 분석 (남조류 세포 수, 클로로필-a, 냄새물질, 독소) 2) 시험분석 결과를 발령기관으로 신속하게 통보
수면관리자 (수면관리자)	취수구와 조류가 심한 지역에 대한 차단막 설치 등 조류 제거 조치 실시
취수장·정수장 관리자 (취수장·정수장 관리자)	1) 조류증식 수심 이하로 취수구 이동 2) 정수처리 강화(활성탄처리, 오존처리) 3) 정수의 독소분석 실시
유역·지방 환경청장 (시·도지사)	1) 경계경보 발령 및 대중매체를 통한 홍보 2) 주변오염원에 대한 단속 강화 3) 낚시·수상스키·수영 등 친수 활동, 어패류 어획·식용, 가축 방목 등의 자제 권고 및 이에 대한 공지(현수막 설치 등)
홍수통제소장, 한국수자원공사사장(홍수통제소장, 한국수자원공사사장)	기상상황, 하천수문 등을 고려한 방류량 산정
한국환경공단이사장 (한국환경공단이사장)	1) 환경기초시설 및 폐수배출사업장 관계기관 합동점검 시 지원 2) 하천구간 조류 제거에 관한 사항 지원 3) 환경기초시설 수질자동측정자료 모니터링 강화

(관계 기관란의 괄호는 시·도지사가 조류경보를 발령하는 경우의 관계 기관을 말한다.)

정답 ②

86 ★☆☆

기술진단에 관한 설명으로 (   )에 알맞은 것은?

> 공공폐수처리시설을 설치·운영하는 자는 공공폐수처리시설의 관리상태를 점검하기 위하여 (   )년마다 해당 공공폐수처리시설에 대하여 기술진단을 하고, 그 결과를 환경부장관에게 통보하여야 한다.

① 1　　　　　　　　② 5
③ 10　　　　　　　 ④ 15

해설
「법 제50조의2」
시행자는 공공폐수처리시설의 관리상태를 점검하기 위하여 5년마다 해당 공공폐수처리시설에 대하여 기술진단을 하고, 그 결과를 환경부장관에게 통보하여야 한다.

정답 ②

87 ★☆☆

총량관리 단위유역의 수질 측정방법 중 측정수질에 관한 내용으로 (   )에 맞는 것은?

> 산정 시점으로부터 과거 (   ) 측정한 것으로 하며, 그 단위는 리터당 밀리그램(mg/L)으로 표시한다.

① 1년간　　　　　　② 2년간
③ 3년간　　　　　　④ 5년간

해설
「시행규칙 별표 7」
측정수질은 산정 시점으로부터 과거 3년간 측정한 것으로 하며, 그 단위는 리터당 밀리그램(mg/L)으로 표시한다.

정답 ③

88 ★★☆

낚시제한구역에서의 낚시방법 제한사항에 관한 기준이 아닌 것은?

① 낚싯바늘에 끼워서 사용하지 아니하고 떡밥 등을 던지는 행위
② 1명당 4대 이상의 낚싯대를 사용하는 행위
③ 어선을 이용한 낚시행위 등「낚시 관리 및 육성법」에 따른 낚시어선업을 영위하는 사업
④ 1개의 낚싯대에 3개의 낚싯바늘을 떡밥과 뭉쳐서 미끼로 던지는 행위

해설
「시행규칙 제30조」
낚시제한구역에서의 제한사항
• 낚싯바늘에 끼워서 사용하지 아니하고 물고기를 유인하기 위하여 떡밥·어분 등을 던지는 행위
• 어선을 이용한 낚시행위 등「낚시 관리 및 육성법」에 따른 낚시어선업을 영위하는 행위
• 1명당 4대 이상의 낚싯대를 사용하는 행위
• 1개의 낚싯대에 5개 이상의 낚싯바늘을 떡밥과 뭉쳐서 미끼로 던지는 행위
• 쓰레기를 버리거나 취사행위를 하거나 화장실이 아닌 곳에서 대·소변을 보는 등 수질오염을 일으킬 우려가 있는 행위
• 고기를 잡기 위하여 폭발물·배터리·어망 등을 이용하는 행위(「내수면어업법」에 따라 면허 또는 허가를 받거나 신고를 하고 어망을 사용하는 경우 제외)

정답 ④

89 ★★☆

다음 중 초과배출부과금의 부과 대상이 되는 오염물질의 종류로 짝지어진 것은?

> 가. 카드뮴 및 그 화합물
> 나. 불소화합물
> 다. 시안화합물
> 라. 디클로로메탄
> 마. 트리클로로에틸렌

① 나, 다
② 다, 라, 마
③ 가, 다, 마
④ 가, 나, 마

해설

「시행령 제46조」

초과배출부과금 부과 대상 수질 오염물질의 종류

- 유기물질
- 부유물질
- 카드뮴 및 그 화합물
- 시안화합물
- 유기인화합물
- 납 및 그 화합물
- 6가크롬화합물
- 비소 및 그 화합물
- 수은 및 그 화합물
- 폴리염화비페닐[polychlorinated biphenyl]
- 구리 및 그 화합물
- 크롬 및 그 화합물
- 트리클로로에틸렌
- 테트라클로로에틸렌
- 망간 및 그 화합물
- 아연 및 그 화합물
- 총 질소
- 총 인
- 페놀류

정답 ③

90 ★☆☆

환경기술인 또는 기술요원 등의 교육에 관한 설명 중 틀린 것은?

① 교육기관에서 작성한 교육계획에는 교재편찬계획 및 교육성적의 평가방법 등이 포함되어야 한다.
② 교육기간은 5일 이내로 하며, 정보통신매체를 이용한 원격교육도 5일 이내로 한다.
③ 환경기술인이 이수하여야 할 교육과정은 환경기술인 과정, 폐수처리기술요원과정이다.
④ 환경기술인은 1년 이내에 최초교육과 최초교육 후 3년마다 보수교육을 이수하여야 한다.

해설

「시행규칙 제94조」

교육기간은 4일 이내로 한다. 다만, 정보통신매체를 이용하여 원격교육을 시행하는 경우 환경부장관이 인정하는 기간으로 한다.

정답 ②

91 ★★☆

수질 및 수생태계 환경기준 중 하천의 사람의 건강보호 기준항목인 6가크롬 기준(mg/L)으로 옳은 것은?

① 0.01 이하
② 0.02 이하
③ 0.05 이하
④ 0.08 이하

해설

「환경정책기본법 시행령 별표 1」

수질 및 수생태계 환경기준 중 하천의 사람의 건강보호 기준항목인 6가크롬의 기준값은 0.05mg/L 이하이다.

정답 ③

92 ★★★

다음 조건에서 적용되는 오염물질의 배출허용기준은?

- 1일 폐수배출량이 2,000m³ 미만
- 환경기준(수질) Ⅱ등급 정도의 수질을 보전하여야 한다고 인정하는 수역의 수질에 영향을 미치는 지역으로서 환경부장관이 정하여 고시하는 지역
- 단위: mg/L

① BOD 80 이하, SS 80 이하
② BOD 70 이하, SS 70 이하
③ BOD 60 이하, SS 60 이하
④ BOD 50 이하, SS 50 이하

해설

「시행규칙 별표 13」
가 지역: 수질 및 수생태계 환경기준 좋음(Ⅰb), 약간 좋음(Ⅱ) 등급 정도의 수질을 보전하여야 한다고 인정되는 수역의 수질에 영향을 미치는 지역으로서 환경부장관이 정하여 고시하는 지역

대상 규모 지역 구분 ＼ 항목	1일 폐수배출량 2천 세제곱미터 미만		
	생물화학적 산소요구량 (mg/L)	총유기 탄소량 (mg/L)	부유물질량 (mg/L)
청정 지역	40 이하	30 이하	40 이하
가 지역	80 이하	50 이하	80 이하
나 지역	120 이하	75 이하	120 이하
특례 지역	30 이하	25 이하	30 이하

- 생물화학적 산소요구량: BOD
- 부유물질량: SS

정답 ①

93 ★★☆

수질오염경보(조류경보) 중 조류대발생 경보시 4대강 물환경연구소장(시·도 보건환경연구원장 또는 수면관리자)의 조치사항에 대한 기준으로 가장 적합한 것은?

① 주 2회 이상 시료 채취·분석(클로로필-a, 남조류 세포 수, 독소)
② 주 5회 이상 시료 채취·분석(클로로필-a, 남조류 세포 수, 독소)
③ 매일 1호 이상 시료 채취·분석(클로로필-a, 남조류 세포 수, 독소)
④ 매일 2호 이상 시료 채취·분석(클로로필-a, 남조류 세포 수, 독소)

해설

[시행령 별표 4]
조류대발생 경보 발령시 조치사항

관계기관	조치사항
4대강 물환경연구소장 (시·도 보건환경연구원장 또는 수면관리자)	1) 주 2회 이상 시료 채취 및 분석 (남조류 세포 수, 클로로필-a, 냄새물질, 독소) 2) 시험분석 결과를 발령기관으로 신속하게 통보

정답 ①

94 ★☆☆

환경부장관이 수질 등의 측정자료를 관리·분석하기 위하여 측정기기 부착사업자 등이 부착한 측정기기와 연결, 그 측정결과를 전산 처리할 수 있는 전산망 운영을 위한 수질원격감시체계 관제센터를 설치·운영할 수 있는 곳은?

① 국립환경과학원
② 유역환경청
③ 한국환경공단
④ 시·도 보건환경연구원

해설

「법 제38조의5」
「시행령 제37조」
환경부장관은 전산망을 운영하기 위하여 「한국환경공단법」에 따른 한국환경공단에 수질원격감시체계 관제센터를 설치·운영할 수 있다.

정답 ③

95 ★☆☆

특별자치시장·특별자치도지사·시장·군수·구청장이 하천·호소의 이용목적 및 수질상황 등을 고려하여 대통령령이 정하는 바에 따라 낚시금지구역 또는 낚시제한구역을 지정할 경우 누구와 협의하여야 하는가?

① 수면관리자　　　　② 지방의회
③ 해양수산부장관　　④ 지방환경청장

해설

「법 제20조」

특별자치시장·특별자치도지사·시장·군수·구청장은 하천·호소의 이용목적 및 수질상황 등을 고려하여 대통령령으로 정하는 바에 따라 낚시금지구역 또는 낚시제한구역을 지정할 수 있다. 이 경우 수면관리자와 협의하여야 한다.

정답 ①

96 ★★☆

공공폐수처리시설의 유지·관리기준에 관한 내용으로 (　　)에 맞는 것은?

> 처리시설의 가동시간, 폐수방류량, 약품투입량, 관리·운영자, 그 밖에 처리시설의 운영에 관한 주요사항을 사실대로 매일 기록하고 이를 최종기록한 날부터 (　　) 보존하여야 한다.

① 1년간　　　　　　② 2년간
③ 3년간　　　　　　④ 5년간

해설

「시행규칙 별표 15」

처리시설의 가동시간, 폐수방류량, 약품투입량, 관리·운영자, 그 밖에 처리시설의 운영에 관한 주요사항을 사실대로 매일 기록하고 이를 최종기록한 날부터 1년간 보존하여야 한다.

정답 ①

97 ★★☆

수질오염경보(조류경보) 단계 중 다음 발령·해제 기준의 설명에 해당하는 단계는? (단, 상수원 구간)

> 2회 연속 채취 시 남조류 세포 수가 1,000세포/mL 이상 10,000세포/mL 미만인 경우

① 관심　　　　　　② 경보
③ 조류대발생　　　④ 해제

해설

「시행령 별표 3」

조류경보(상수원 구간)

경보단계	발령·해제 기준
관심	2회 연속 채취 시 남조류 세포 수가 1,000세포/mL 이상 10,000세포/mL 미만인 경우
경계	2회 연속 채취 시 남조류 세포 수가 10,000세포/mL 이상 1,000,000세포/mL 미만인 경우
조류 대발생	2회 연속 채취 시 남조류 세포 수가 1,000,000세포/mL 이상인 경우
해제	2회 연속 채취 시 남조류 세포 수가 1,000세포/mL 미만인 경우

정답 ①

98 ★★☆

초과부과금을 산정할 때 1kg당 부과금액이 가장 높은 수질 오염물질은?

① 카드뮴 및 그 화합물

② 크롬 및 그 화합물

③ 시안화합물

④ 구리 및 그 화합물

선지분석

「시행령 별표 14」

1킬로그램당 부과금액

① 카드뮴 및 그 화합물(500,000원)

② 크롬 및 그 화합물(75,000원)

③ 시안화합물(150,000원)

④ 구리 및 그 화합물(50,000원)

정답 ①

99 ★☆☆

사업자가 배출시설 또는 방지시설의 설치를 완료하여 당해 배출시설 및 방지시설을 가동하고자 하는 때에는 환경부령이 정하는 바에 의하여 미리 환경부 장관에게 가동시작 신고를 하여야 한다. 이를 위반하여 가동시작 신고를 하지 아니하고 조업한 자에 대한 벌칙 기준은?

① 2백만원 이하의 벌금

② 3백만원 이하의 벌금

③ 5백만원 이하의 벌금

④ 1년 이하의 징역 또는 1천만원 이하의 벌금

해설

「법 제78조」

가동시작 신고를 하지 아니하고 조업한 자는 1년 이하의 징역 또는 1천만원 이하의 벌금에 처한다.

정답 ④

100 ★★★

청정지역에서 1일 폐수배출량을 2,000m³ 미만으로 배출하는 배출시설에 적용되는 배출허용 기준 중 총유기탄소량(mg/L)은?

① 20 이하

② 25 이하

③ 30 이하

④ 35 이하

해설

「시행규칙 별표 13」

항목별 배출허용 기준

대상 규모 / 지역 구분	1일 폐수배출량 2천 세제곱미터 이상			1일 폐수배출량 2천 세제곱미터 미만		
항목	생물화학적산소요구량 (mg/L)	총유기탄소량 (mg/L)	부유물질량 (mg/L)	생물화학적산소요구량 (mg/L)	총유기탄소량 (mg/L)	부유물질량 (mg/L)
청정지역	30 이하	25 이하	30 이하	40 이하	30 이하	40 이하
가지역	60 이하	40 이하	60 이하	80 이하	50 이하	80 이하
나지역	80 이하	50 이하	80 이하	120 이하	75 이하	120 이하
특례지역	30 이하	25 이하	30 이하	30 이하	25 이하	30 이하

정답 ③

수질오염개론

01 ★☆☆

반응속도에 관한 설명으로 알맞지 않은 것은?

① 일차반응은 반응속도가 시간에 따른 반응물의 농도변화 정도에 반비례하여 진행하는 반응이다.

② 영차반응은 반응물의 농도에 독립적인 속도로 진행하는 반응이다.

③ 이차반응은 반응속도가 한 가지 반응물 농도의 제곱에 비례하여 진행하는 반응이다.

④ 실험치에 따라 특정 반응속도의 차수를 구하기 위하여는 시간에 따른 농도변화를 그래프로 그리고 직선으로부터의 편차를 구하여 평가한다.

해설

일차반응은 반응속도가 시간에 따른 반응물의 농도변화 정도에 비례하여 진행하는 반응이다.

정답 ①

02 ★★☆

지표수와 비교하여 지하수의 일반적 특성으로 가장 거리가 먼 것은?

① 미생물이 거의 없고 오염물질이 적다.

② 무기염류농도와 경도가 높다.

③ 자정속도가 빠르다.

④ 수온변동이 적고 탁도가 낮다.

해설

지하수는 수온변동이 적고 자정속도가 느리다.

정답 ③

03 ★★★

호수의 성층현상에 대해 틀린 것은?

① 봄, 가을에는 저수지의 수직혼합이 활발하여 분명한 층의 구별이 없어진다.

② 겨울과 여름에는 수직운동이 없어 정체현상이 생기며 수심에 따라 온도와 용존산소농도의 차이가 크다.

③ 여름이 되면 연직에 따른 온도경사와 용존산소 경사가 반대 모양을 나타낸다.

④ 수심에 따른 온도변화로 인해 발생되는 물의 밀도차에 의하여 발생한다.

해설

여름철 연직 온도경사는 분자 확산에 의한 산소구배(DO구배)와 비슷한 모양을 나타낸다.

정답 ③

04 ★☆☆

$Ca(OH)_2$ 용액 50mL를 중화시키는데 0.02N HCl 용액이 32.5mL 소요되었다. $Ca(OH)_2$ 용액의 경도($CaCO_3$ 기준)는 몇 mg/L인가?

① 350
② 450
③ 550
④ 650

해설

$NV = N'V'$

$0.02\text{N} \times 32.5\text{mL} = N' \times 50\text{mL}$

$N' = 0.013\text{N}$

$Ca(OH)_2$ 용액의 경도(mg/L as $CaCO_3$)

$= \dfrac{0.013\text{eq}}{\text{L}} \times \dfrac{100\text{g}/2}{1\text{eq}} \times \dfrac{10^3\text{mg}}{1\text{g}} = 650\text{mg/L}$

정답 ④

05 ★★☆

분뇨의 특징에 관한 설명으로 틀린 것은?

① 분뇨 내 질소화합물은 알칼리도를 높게 유지시켜 pH의 강하를 막아준다.
② 분의 경우 질소산화물은 전체 VS의 12~20% 정도 함유되어 있다.
③ 뇨의 경우 질소화합물을 전체 VS의 50~60% 정도 함유하고 있다.
④ 질소화합물은 주로 $(NH_4)_2CO_3$, NH_4HCO_3 형태로 존재한다.

해설
분뇨 내에는 다량의 질소화합물이 함유되어 있는데 뇨의 경우 질소화합물을 전체 VS의 80~90% 정도 함유하고 있다.

정답 ③

06 ★★☆

적조 현상에 관한 설명으로 틀린 것은?

① 수괴의 연직안정도가 작을 때 발생한다.
② 적조조류에 의한 아가미 폐색과 어류의 호흡장애가 발생한다.
③ 강우에 따른 하천수의 유입으로 해수의 염분량이 낮아지고 영양염류가 보급될 때 발생한다.
④ 수중 용존산소 감소에 의한 어패류의 폐사가 발생한다.

해설
적조는 수괴의 연직안정도가 클 때 잘 발생한다.

관련이론 | 적조 현상이 잘 일어나는 조건
• 수괴의 연직안정도가 클 때
• 정체성 수역일 때
• 염분농도가 낮을 때

정답 ①

07 ★☆☆

염소가스를 물에 녹여 pH가 7이고 염소이온의 농도가 71mg/L일 떠 자유염소와 차아염소산간의 비($[HOCl]/[Cl_2]$)는? (단, 차아염소산은 해리되지 않는 것으로 가정, 전리상수 값 4.5×10^{-4}mol/L(25℃))

① 3.57×10^7
② 3.57×10^6
③ 2.57×10^7
④ 2.25×10^6

해설
$Cl_2 + H_2O \rightarrow HOCl + H^+ + Cl^-$ 에서

평형상수 $K = \dfrac{[HOCl][H^+][Cl^-]}{[Cl_2]}$

• 자유염소 $[Cl^-]$의 몰농도
$= \dfrac{71mg}{L} \times \dfrac{1mol}{(35.5 \times 10^3)mg} = 2 \times 10^{-3}$mol/L

• 수소이온 $[H^+]$의 몰농도
$= 10^{-pH} = 10^{-7}$mol/L

$\therefore K = \dfrac{[HOCl][H^+][Cl^-]}{[Cl_2]}$

$4.5 \times 10^{-4} = \dfrac{[HOCl][10^{-7}][2 \times 10^{-3}]}{[Cl_2]}$

$\therefore \dfrac{[HOCl]}{[Cl_2]} = 2.25 \times 10^6$

정답 ④

08 ★☆☆

원생생물이 아닌 것은?

① 바이러스
② 박테리아
③ 조류
④ 고세균

해설
미생물은 바이러스와 원생생물로 구분할 수 있다. 보기에서 바이러스를 제외한 박테리아, 조류, 고세균 등은 원생생물에 속하며 세포성 미생물이고 바이러스는 비세포성 미생물이다. 바이러스는 숙주에 감염되어 기생되지 않는 한 스스로 번식하거나 자체 분열 등 생명활동이 불가능하다.

관련이론 | 원생생물
원생생물은 진핵생물 중에서 동물, 식물 또는 균계에 속하지 않는 생물의 분류를 말한다. 이 범위 안에는 녹조류, 갈조류, 편모충류, 아메바류 등이 속한다.

정답 ①

09

★☆☆

다음 중 박테리아 세포에서만 발견되는 기관으로 호흡에 관여하는 효소가 존재하는 것은?

① 협막(capsule)
② 볼루틴 과립(volutin granules)
③ 메소좀(mesosome)
④ 리보좀(ribosomes)

해설

메소좀은 세포막에서부터 형성하며 호흡과 관련된 효소가 집중되어 있다.

선지분석

① 협막: 세균을 감싸고 있는 다당체로 이루어진 껍질이다.
② 볼루틴 과립: 세포질에 보관되어 있는 복합 무기 폴리인산염의 형태로 폴리포스페이트 과립이라고도 한다.
④ 리보좀: 세포 소기관 중 하나로, mRNA를 해석하여 세포에 필요한 단백질을 합성한다.

정답 ③

10

★★☆

하천수의 난류확산 방정식과 상관성이 적은 인자는?

① 유량
② 난류확산계수
③ 유속
④ 침강속도

해설

하천수의 난류확산 방정식

$$\frac{\partial C}{\partial t}+\frac{\partial (uC)}{\partial x}+\frac{\partial (vC)}{\partial y}+\frac{\partial (wC)}{\partial z}$$
$$=\frac{\partial}{\partial x}\left(D_x\frac{\partial C}{\partial x}\right)+\frac{\partial}{\partial y}\left(D_y\frac{\partial C}{\partial y}\right)+\frac{\partial}{\partial z}\left(D_z\frac{\partial C}{\partial z}\right)+w_o\frac{\partial C}{\partial z}-KC$$

- C: 하천수의 오염물질 농도(mg/L)
- u, v, w: x(유하), y(수평), z(수직) 방향의 유속
- D_x, D_y, D_z: x, y, z 방향의 확산계수
- w_o: 대상오염물질의 침강속도(m/sec)
- K: 대상오염물질의 자기감쇠계수

정답 ①

11

★★☆

유기화합물의 특징으로 옳지 않은 것은?

① 유기화합물은 대체로 가연성이다.
② 유기화합물들은 일반적으로 녹는점과 끓는점이 높다.
③ 유기화합물들은 대체로 이온반응보다는 분자반응을 하므로 반응속도가 느리다.
④ 유기화합물들은 대체로 물에 잘 녹지 않는다.

해설

유기화합물은 분자간 인력 중 비교적 약한 분산력을 띠는 경향이 있어 이온결합이나 수소결합을 하는 화합물과 비교하였을 때 녹는점과 끓는점이 낮다.

정답 ②

12

★★☆

우리나라의 수자원 이용현황 중 가장 많은 용도로 사용하는 용수는?

① 유지용수
② 농업용수
③ 공업용수
④ 생활용수

해설

우리나라의 수자원 이용현황은 농업용수, 유지용수, 생활용수, 공업용수 순으로 이용률이 높다.

정답 ②

13

★☆☆

다음 반응식 중 환원상태가 되면 가장 나중에 일어나는 반응은? (단, ORP값 기준)

① $NO_3^- \rightarrow NO_2^-$
② $Fe^{3+} \rightarrow Fe^{2+}$
③ $NO_2^- \rightarrow NH_3$
④ $SO_4^{2-} \rightarrow S^{2-}$

해설

환원상태가 되면 가장 나중에 일어나는 반응은 $SO_4^{2-} \rightarrow S^{2-}$이며, 가장 먼저 일어나는 반응은 $NO_3^- \rightarrow NO_2^-$이다.
ORP가 낮은 환원상태에서 전자수용순서는 다음과 같다.
$O_2 > NO_3^- > NO_2^- > Fe^{3+} > SO_4^{2-}$

정답 ④

14 ★☆☆

0℃에서 DO 4mg/L인 물(액상)의 DO 포화도는 몇 %인가? (단, 대기의 화학적 조성 중 O_2는 21%, 0℃에서 순수한 물의 용해도는 40mL/L이라 가정한다. 1기압 기준)

① 31.5   ② 33.3

③ 37.5   ④ 39.2

해설

DO 포화도$[\%]=\dfrac{\text{현재 DO 농도}}{\text{포화 DO 농도}}\times100$

현재 DO 농도 = 4mg/L

포화 DO 농도 $=\dfrac{40\text{mL}}{\text{L}}\times\dfrac{32\text{mg}}{22.4\text{mL}}\times\dfrac{21}{100}=12\text{mg/L}$

∴ DO 포화도$[\%]=\dfrac{4\text{mg/L}}{12\text{mg/L}}\times100=33.3333\fallingdotseq33.3\%$

정답 ②

15 ★☆☆

수중의 물질이동확산에 관한 설명으로 옳은 것은?

① 해역에서의 난류확산은 수평방향이 심하고 수직방향은 비교적 완만하다.
② 일정한 온도에서 일정량의 물에 용해하는 기체의 부피는 그 기체의 분압에 비례한다.
③ 수중에서 오염물질의 확산속도는 분자량이 커질수록 작아지며, 기체 밀도의 제곱근에 반비례한다.
④ 하천, 호수, 해역 등에 유입된 오염물질은 분자확산, 여과, 전도현상 등에 의해 점점 농도가 높아진다.

선지분석

② 헨리의 법칙: 일정한 온도에서 일정량의 물에 용해하는 기체의 질량은 그 기체의 분압에 비례한다.
③ Graham의 법칙: 일정한 온도와 압력상태에서 기체의 확산속도는 그 기체 분자량의 제곱근에 반비례한다.
④ 하천, 호수, 해역 등에 유입된 오염물질은 분자확산, 여과, 전도현상 등에 의해 점점 농도가 낮아진다.

정답 ①

16 ★★★

시료의 BOD_5가 200mg/L이고 탈산소계수값이 0.15day^{-1}일 때 최종 BOD(mg/L)는?

① 약 213   ② 약 223

③ 약 233   ④ 약 243

해설

BOD 소모 공식을 이용한다.

$BOD_t=BOD_u(1-10^{-k_1t})$

$BOD_5=BOD_u\times(1-10^{-0.15\times5})$

$200=BOD_u\times(1-10^{-0.15\times5})$

∴ $BOD_u=243.258\fallingdotseq243$

정답 ④

17 ★☆☆

약품응집침전법의 설명 중 옳지 않은 것은?

① Zeta 전의가 클수록 입자간의 응집력이 커진다.
② 황산알루미늄은 철염에 비해 플록이 가볍고 적정 pH의 폭이 좁다.
③ 알칼리도가 낮으면 응집이 잘 일어나지 않는다.
④ 3가의 응집제는 2가의 응집제보다 효과가 크다.

해설

제타 전위는 콜로이드 반발력을 나타내는 지표이며 제타(Zeta) 전위가 낮아야 응집이 일어난다.

관련이론 | 응집에 영향을 미치는 인자

인자	내용
수온	수온이 높으면 반응속도 증가와 물의 점도 저하로 응집제의 화학반응이 촉진되고, 낮으면 플록 형성에 소요되는 시간이 길어질 뿐만 아니라 입자가 작아지고, 응집제의 사용량도 많아진다.
pH	응집제의 종류에 따라 최적의 pH 조건을 맞추어 주어야 한다.
알칼리도	하수의 알칼리도가 많으면 응집제를 완전히 가수분해시키고, 플록을 형성하는데 효과적이며, pH 변화와 관련된다.
용존물질의 성분	수중에 응집반응을 방해하는 용존물질이 다량 존재하는지의 여부를 검토하여야 한다.
교반 조건	응집제 및 응집보조제의 적절한 반응을 위하여 교반 조건을 조절하여야 한다.

정답 ①

18 ★☆☆

하천에 유기물이 유입된 후 흘러감에 따라 탈산소계수(K_1)와 재폭기계수(K_2)의 변화로 가장 올바른 것은? (단, 하천의 유하함에 따라 추가적인 유기물의 유입은 없으며 미생물에 의한 자정작용은 활발히 일어남)

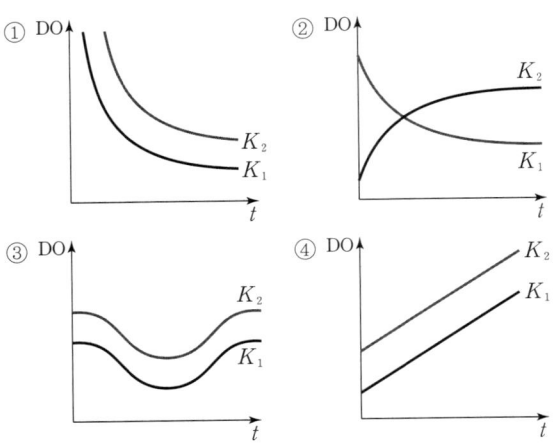

해설

하천에 유기물이 유입된 후 하천이 유하하면서 미생물에 의한 유기물 분해와 재폭기가 일어나며 자정작용이 활발하게 진행된다. 이 때 수중의 DO 농도는 DO Sag Curve를 따른다. DO 농도 변화에 따른 탈산소계수와 재폭기계수의 그래프는 아래 그림과 같다.

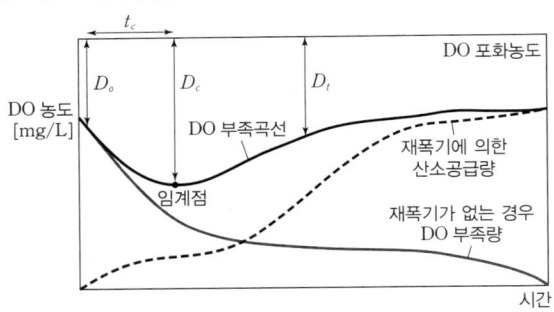

정답 ②

19 ★☆☆

카드뮴에 대한 내용으로 틀린 것은?

① 카드뮴은 은백색이며 아연 정련업, 도금공업 등에서 배출된다.
② 골연화증이 유발된다.
③ 윌슨씨병 증후군과 소인증이 유발된다.
④ 만성폭로로 인한 흔한 증상은 단백뇨이다.

해설

카드뮴은 식품으로부터 가장 많이 섭취되며 대표적인 질환으로 이타이이타이병이 있다. 칼슘대사기능장해로 칼슘(Ca)의 소실·체내 칼슘(Ca)의 불균형에 의한 골연화증, 위장장애가 유발되며, 발암작용은 아직 알려진 바 없다.
윌슨씨병 증후군은 구리 대사의 이상으로 구리가 축적되는 질환이다.

정답 ③

20 ★★☆

다음의 각종 용액 중 몰(mole)농도가 가장 큰 것은? (단, Na, Cl의 원자량은 각각 23, 35.5이다.)

① 130g 수산화나트륨/0.1L
② 5.4g 황산/4L
③ 0.4kg 염화나트륨/10L
④ 5.2g 염산/30mL

선지분석

몰농도(mol/L)＝질량(g)/부피(L)÷분자량(g/mol)
① NaOH＝23＋16＋1＝40
   130g/0.1L÷40g/mol＝32.5mol/L
② H_2SO_4＝(1×2)＋32＋(16×4)＝98
   5.4g/4L÷98g/mol＝0.0138mol/L
③ NaCl＝23＋35.5＝58.5
   400g/10L÷58.5g/mol＝0.6838mol/L
④ HCl＝1＋35.5＝36.5
   5.2g/0.03L÷36.5g/mol＝4.7489mol/L

정답 ①

상하수도계획

21 ★☆☆

하수 관로시설인 빗물받이의 설치에 관한 설명으로 틀린 것은?

① 도로 옆의 물이 모이기 쉬운 장소나 L형 측구의 유하 방향 하단부에 설치한다.
② 협잡물 및 토사의 유입을 저감할 수 있는 방안을 고려하여야 한다.
③ 설치위치는 보·차도 구분이 없는 경우에는 도로와 사유지의 경계에 설치한다.
④ 우수침수방지를 위하여 횡단보도 및 가옥의 출입구 앞에 설치함을 원칙으로 한다.

해설
빗물받이는 횡단보도 및 가옥의 출입구 앞에는 가급적 설치하지 않는 것이 좋다.

정답 ④

22 ★☆☆

정수처리방법인 중간염소처리에서 염소의 주입 지점으로 가장 적절한 것은?

① 혼화지와 침전지 사이
② 침전지와 여과지 사이
③ 착수정과 혼화지 사이
④ 착수정과 도수관 사이

해설

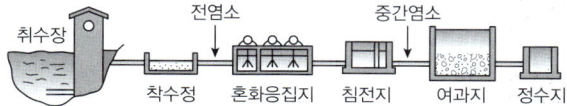
＜전염소 및 중간염소 주입위치＞

정답 ②

23 ★☆☆

다음 중 펌프의 특성이 옳지 않은 것은?

① 축류펌프는 베인의 양력작용에 의하여 임펠러 내의 물에 압력 및 속도에너지를 주고 가이드베인으로 속도에너지의 일부를 압력으로 변환하여 양수작용을 한다.
② 사류펌프는 수량변동에 대해 동력의 변화도 적으므로 우수용 펌프 등 수위변동이 큰 곳에 적합하다.
③ 원심펌프는 4미터 미만의 양정의 펌프이며, 구경에 상관없이 효율이 높다.
④ 스크류펌프는 구조가 간단하며 회전수가 낮아 마모가 적다.

관련이론 | 펌프의 종류 및 특성

구분	종류	특성
터보형 펌프	원심 펌프	4m 이상 전양정, 80mm 이상 구경 또는 높은 효율의 경우 구경 400mm 이상에서 사용
	사류 펌프	• 전양정(3~12m) 펌프이며, 비교적 적은 공간 차지 • 수명이 길고, 변화 있는 곳에 최적인 펌프로 효율성도 좋음 • 구경 300~1,000mm(일반적으로 400mm 이상)에서 사용
	축류 펌프	• 임펠러 내의 물에 압력 및 속도에너지를 주고 가이드베인으로 속도에너지의 일부를 압력으로 변환 • 전양정(5m 이하) 펌프이며, 양정변화가 적은 곳에 설치 • 간단한 구조, 저렴한 기초공사
비터보형 펌프	스크류 펌프	• 슬러지양수용 펌프이며, 간단한 구조 • 회전수가 낮아 마모가 적음

정답 ③

24

★★☆

상수도시설의 등급별 내진설계 목표에 대한 내용으로 ( )에 옳은 내용은?

> 상수도시설물의 내진성능 목표에 따른 설계지진강도는 붕괴방지수준에서 시설물의 내진등급이 Ⅰ등급인 경우에는 재현주기 (㉠), Ⅱ등급인 경우에는 (㉡)에 해당되는 지진지반운동으로 한다.

① ㉠ 1,000년, ㉡ 500년
② ㉠ 100년, ㉡ 50년
③ ㉠ 500년, ㉡ 200년
④ ㉠ 200년, ㉡ 100년

해설

상수도시설물의 내진성능 목표에 따른 설계지진강도는 붕괴방지수준에서 시설물의 내진등급이 Ⅰ등급인 경우에는 재현주기 1,000년, Ⅱ등급인 경우에는 500년에 해당하는 지진지반운동으로 한다.

정답 ①

25

★★☆

하수 배제방식 중 합류식에 관한 내용으로 옳지 않은 것은?

① 우천 시 오수가 월류한다.
② 대구경관로가 되면 좁은 도로에서의 매설에 어려움이 있다.
③ 검사 및 수리가 비교적 편리하다.
④ 강우 초기 노면 세정수가 하천 등으로 유입되어 감시가 필요하다.

해설

구분	분류식	합류식
우천 시 월류	없음	일정량 이상이 되면 우천 시 오수가 월류한다.
청천 시 월류	없음	없음
강우 초기의 노면 세정수	노면의 오물질이 포함된 세정수가 직접 하천 등으로 유입된다.	시설의 일부를 개선 또는 개량하면 강우 초기의 오염된 우수를 수용해서 처리할 수 있다.

정답 ④

26

★★★

유역면적이 2km²인 지역에서의 우수유출량을 산정하기 위하여 합리식을 사용하였다. 다음 조건일 때 관로 길이 1,000m인 하수관의 우수유출량(m³/sec)은? (단, 강우강도 I(mm/hr)$=\dfrac{3,660}{t+30}$, 유입시간 6분, 유출계수 0.7, 관내의 평균 유속 1.5m/sec)

① 약 25
② 약 30
③ 약 35
④ 약 40

해설

합리식에 의해 우수유출량을 계산하면 다음과 같다.

$$Q=\frac{1}{360}CIA$$

- C: 유출계수($=0.7$)
- A: 유역면적[ha]

여기서,

$$A=2km^2\times\frac{100ha}{1km^2}=200ha$$

$$I=\frac{3,660}{t+30}=\frac{3,660}{17.11+30}=77.69mm/hr$$

$t=$ 유입시간 $+$ 유하시간

$$=6min+1,000m\times\frac{sec}{1.5m}\times\frac{1min}{60sec}$$

$$=17.11min$$

$$\therefore Q=\frac{1}{360}CIA$$

$$=\frac{1}{360}\times0.7\times77.69\times200$$

$$=30.21≒30m^3/sec$$

정답 ②

27 ★☆☆

다음 표는 우수량을 산출하기 위해 조사한 지역분포와 유출계수의 결과이다. 이 지역의 전체 평균유출계수는?

지역	분포	유출계수
상업	20%	0.6
주거	30%	0.4
공원	10%	0.2
공업	40%	0.5

① 0.30
② 0.35
③ 0.42
④ 0.46

해설

평균유출계수 $C = \dfrac{\sum (공종의\ 면적 \times 유출계수)}{\sum 공종의\ 면적}$

$= \dfrac{20 \times 0.6 + 30 \times 0.4 + 10 \times 0.2 + 40 \times 0.5}{20 + 30 + 10 + 40}$

$= 0.46$

정답 ④

28 ★☆☆

하수 고도처리(잔류 SS 및 잔류 용존 유기물제거) 방법인 막 분리법에 적용되는 분리막 모듈형식으로 가장 거리가 먼 것은?

① 투사형
② 중공사형
③ 나선형
④ 판형

해설

분리막 모듈의 형식
• 판형
• 관형
• 나선형
• 중공사형

정답 ①

29 ★☆☆

우리나라 대규모 상수도의 수원으로 가장 많이 이용되며 오염물질에 노출을 주의해야 하는 수원은?

① 지표수
② 지하수
③ 용천수
④ 복류수

해설

지표수는 하천수, 호소수로 세분되며, 현재 대규모 상수도원으로 가장 많이 이용되고 있지만 오염물질의 노출에 주의해야 한다.

정답 ①

30 ★★★

펌프의 공동현상(Cavitation)에 관한 설명 중 틀린 것은?

① 공동 속의 압력은 절대로 0이 되지는 않는다.
② 비교회전도가 클수록 발생하기 쉽다.
③ 장시간이 경과하면 재료의 침식을 생기게 한다.
④ 펌프의 흡입양정이 작아질수록 공동현상이 발생하기 쉽다.

해설

펌프의 흡입양정이 커질수록 공동현상이 발생하기 쉽다.

정답 ④

31 ★☆☆

계획오수량을 정할 때 고려되는 지하수량에 대한 설명으로 옳은 것은?

① 1인1일 평균오수량의 5~10%로 한다.
② 1인1일 최대오수량의 5~10%로 한다.
③ 1인1일 평균오수량의 20% 이하로 한다.
④ 1인1일 최대오수량의 20% 이하로 한다.

해설

지하수량은 1인1일 최대오수량의 20% 이하로 한다.

정답 ④

32

★★★

펌프의 회전수 $N=2,400$회, 최고 효율점의 토출량 $Q=162\text{m}^3/\text{hr}$, 전양정 $H=90\text{m}$인 원심펌프의 비회전도는?

① 약 115
② 약 125
③ 약 135
④ 약 145

해설

$$N_s = N \times \frac{Q^{1/2}}{H^{3/4}}$$

이때, 유량은 m^3/min으로 환산하여 계산한다.

$$Q = \frac{162\text{m}^3}{\text{hr}} \times \frac{1\text{hr}}{60\text{min}} = 2.7\text{m}^3/\text{min}$$

$$\therefore N_s = 2,400 \times \frac{2.7^{1/2}}{90^{3/4}} = 134.96 \fallingdotseq 135$$

정답 ③

33

★☆☆

지하수의 취수지점 선정에 관련된 설명 중 틀린 것은?

① 연해부의 경우에는 해수의 영향을 받지 않아야 한다.
② 얕은 우물인 경우에는 오염원으로부터 5m 이상 떨어져서 장래에도 오염의 영향을 받지 않는 지점이어야 한다.
③ 기존 우물 또는 집수매거의 취수에 영향을 주지 않아야 한다.
④ 복류수인 경우에 장래에 일어날 수 있는 유로변화 또는 하상저하 등을 고려하고 하천개수계획에 지장이 없는 지점을 선정한다.

해설

얕은 우물이나 복류수인 경우에는 오염원으로부터 15m 이상 떨어져서 장래에도 오염의 영향을 받지 않는 지점이어야 한다.

정답 ②

34

★☆☆

수격작용을 방지 또는 줄이는 방법이라 할 수 없는 것은?

① 관내 유속을 낮추거나 관로상황을 변경한다.
② 펌프 토출구 부근에 공기탱크를 두거나 부압 발생지점에 흡기밸브를 설치하여 압력강하 시 공기를 넣어준다.
③ 흡입측 관로에 압력조절수조를 설치하여 부압을 유지시킨다.
④ 펌프에 플라이휠을 붙여 펌프의 관성을 증가시킨다.

해설

수격작용을 방지 또는 줄이기 위해서는 토출측 관로에 압력조절수조를 설치하여 부압 발생장소에 물을 공급하여 부압을 방지한다.

관련이론

ⓐ **수격작용**

관로의 밸브를 급히 제동하거나 펌프의 급제동으로 인하여 순간유속이 제로(0)가 되면서 압력파가 발생하는데 이때 발생한 압력파가 관내를 일정한 전파속도로 왕복하면서 충격을 주게 되는 현상을 말한다. 수격작용은 배관과 펌프의 파손원인이 된다.

ⓑ **수격작용 방지 방법**

- 관내의 유속을 낮추거나 관경을 크게 한다.
- 펌프의 속도가 급격히 변화하는 것을 방지한다.
- 수압을 조절할 수 있는 수조를 관선에 설치한다.
- 펌프에 플라이휠을 붙여 펌프의 관성을 증가시킨다.
- 펌프 토출구 부근에 공기탱크를 두거나 부압 발생지점에 흡기밸브를 설치하여 압력강하 시 공기를 넣어준다.

정답 ③

35 ★★★

직경 D=450mm인 하수용 원심력 철근콘크리트관이 구배 10‰로 매설되어 있다. 만수된 상태로 송수된다고 할 때 Manning 공식에 의한 유량(Q)은? (단, 조도계수 n=0.015 이다.)

① 약 0.25m³/sec ② 약 0.75m³/sec
③ 약 1.25m³/sec ④ 약 1.85m³/sec

해설

$Q=A$(단면적)$\times V$(유속)을 Manning 공식을 이용하여 정리하면 다음과 같다.

Manning 공식: $V=\dfrac{1}{n}\cdot R^{\frac{2}{3}}\cdot I^{\frac{1}{2}}$

· V : 평균유속[m/sec]
· n : 조도계수
· R : 경심$\left(=\dfrac{A(\text{수류단면적})}{P(\text{윤변})}=\dfrac{D}{4}\right)$[m]
· I : 동수경사

$\therefore Q=A\times\left(\dfrac{1}{n}\cdot R^{\frac{2}{3}}\cdot I^{\frac{1}{2}}\right)$

여기서,

$A=\dfrac{\pi D^2}{4}=\dfrac{\pi\times(0.45\text{m})^2}{4}=1.590\text{m}^2$

$R(\text{경심})=\dfrac{\text{단면적}}{\text{윤변}}=\dfrac{D}{4}=\dfrac{0.45\text{m}}{4}=0.1125\text{m}$

$I=10‰=\dfrac{10}{1,000}=\dfrac{1}{100}$

$\therefore Q=0.159\times\left(\dfrac{1}{0.015}\right)\times(0.1125)^{\frac{2}{3}}\times\left(\dfrac{1}{100}\right)^{\frac{1}{2}}$

$\quad=0.2470≒0.25\text{m}^3/\text{sec}$

정답 ①

36 ★★☆

펌프의 토출량이 1,200m³/hr, 흡입구의 유속이 2.0m/sec 일 경우 펌프의 흡입구경[mm]은?

① 약 262 ② 약 362
③ 약 462 ④ 약 562

해설

$Q=AV$

$\rightarrow A=\dfrac{Q}{V}=\dfrac{\dfrac{1,200\text{m}^3}{\text{hr}}}{\dfrac{2\text{m}}{\text{sec}}\times\dfrac{3,600\text{sec}}{\text{hr}}}=0.167\text{m}^2=\dfrac{\pi D^2}{4}$

$\therefore D=\sqrt{\dfrac{4\times0.167\text{m}^2}{\pi}}=0.4611\text{m}≒462\text{mm}$

정답 ③

37 ★★★

정수장의 플록형성지에 관한 설명으로 틀린 것은?

① 플록형성시간은 계획정수량에 대하여 20~40분간을 표준으로 한다.
② 플록큐레이터의 주변속도는 5~10cm/sec로 한다.
③ 플록형성지 내의 교반강도는 하류로 갈수록 점차 감소시키는 것이 바람직하다.
④ 플록형성지는 혼화지와 침전지 사이에 위치하고 침전지에 붙여서 설치한다.

해설

플록큐레이터의 주변속도는 15~80cm/sec로 한다.

정답 ②

38 ★☆☆

최근 활성 슬러지법으로 2차 폐수처리장을 건설할 때 1차 침전지(Primary settling tank)를 생략하는 경우가 많아지고 있다. 1차 침전지가 없으므로 갖는 장점이 아닌 것은?

① 부지면적과 건설비가 절감된다.
② 충격부하 시 처리가 용이하다.
③ 슬러지 양이 감소한다.
④ 생물학적 처리 이전의 고농도 유기물의 부패방지가 된다.

해설
충격부하 시 처리가 용이하지 못하다.

관련이론 | 1차 침전지가 없을 시 장점 및 단점

장점	• 부지면적과 건설비가 절감된다. • 미생물을 처리하기 전에 고농도 유기물의 부패를 방지할 수 있다. • 슬러지 양이 감소되고 운전비가 그만큼 감소한다.
단점	• 고형물 함유도가 높은 폐수는 폭기조의 미생물 반응에 장애를 주어 처리에 어려움을 주고 효율저하를 가져온다. • 처리가 불안정하여 미생물 처리 공정의 특수설계 및 운전의 주의가 필요하다. • 충격부하 시 바로 폭기조로 유입되므로 대비할 여유가 없어진다.

정답 ②

39 ★★☆

계획급수량 결정 시, 사용수량의 내역이나 다른 기초자료가 정비되어 있지 않은 경우 산정의 기초로 사용할 수 있는 것은?

① 계획1인1일 최대사용수량
② 계획1인1일 평균사용수량
③ 계획1인1일 최대급수량
④ 계획1인1일 평균급수량

해설
계획급수량은 원칙적으로 용도별 사용 수량을 기초로 결정되지만, 사용수량의 내역이나 다른 기초자료가 정비되어 있지 않은 경우에는 1인1일 평균사용수량을 기초로 산정할 수 있다.

정답 ②

40 ★★★

취수시설 중 취수보의 위치 및 구조에 대한 고려사항으로 옳지 않은 것은?

① 원칙적으로 철근콘크리트 구조로 한다.
② 원칙적으로 홍수의 유심방향과 평행인 직선형으로 가능한 한 하천의 곡선부에 설치한다.
③ 유심이 취수구에 가까우며 안정되고 홍수에 의한 하상변화가 적은 지점으로 한다.
④ 침수 및 홍수 시 수면상승으로 인하여 상류에 위치한 하천공작물 등에 미치는 영향이 적은 지점에 설치한다.

해설
취수보는 원칙적으로 홍수의 유심방향과 직각의 직선형으로 가능한 한 하천의 직선부에 설치한다.

정답 ②

수질오염방지기술

41 ★★★

연속회분식(SBR)의 운전단계에 관한 설명으로 틀린 것은?

① 주입: 주입단계는 총 cycle 시간의 약 25% 정도이다.
② 주입: 주입단계 운전의 목적은 기질(원폐수 또는 1차 유출수)을 반응조에 주입하는 것이다.
③ 반응: 반응단계는 총 cycle 시간의 약 65% 정도이다.
④ 침전: 연속흐름식 공정에 비하여 일반적으로 더 효율적이다.

해설
반응단계는 총 cycle 시간의 약 35% 정도이다.

정답 ③

42

★☆☆

하수내 질소 및 인을 생물학적으로 처리하는 UCT 공법의 경우 다른 공법과는 달리 침전지에서 반송되는 슬러지를 혐기조로 반송하지 않고 무산소조로 반송하는데, 그 이유로 가장 적합한 것은?

① 혐기조에 질산염의 부하를 감소시킴으로써 인의 방출을 증대시키기 위해
② 후속되는 호기조의 질산화를 증대시키기 위해
③ 무산소조에 유입되는 유기물 부하를 감소시켜 탈질을 증대시키기 위해
④ 호기조에서 질산화된 질소의 일부를 잔류 유기물을 이용하여 탈질시키기 위해

해설

혐기조에서 질산염의 농도가 증가함에 따라 인의 방출이 방해받을 수 있다.

정답 ①

43

★☆☆

질산화 미생물로 짝지어진 것은?

① Nitrosomonas, Nitrobacter
② Nitrosomonas, Thiobacillus
③ Vorticella, Nitrobacter
④ Pseudomonas, Vorticella

해설

질산화란 암모니아성 질소가 호기성 조건에서 질산화 미생물에 의해 아질산성 질소를 거쳐 질산성 질소로 변화하는 과정을 말한다. 질산화 미생물 중 암모니아를 아질산성 질소로 변환시키는 미생물은 주로 Nitrosomonas이고, 질산성 질소로 변환시키는 미생물은 주로 Nitrobacter이다.

- Nitrosomonas: $2NH_4^+ + 3O_2 \rightarrow 2NO_2^- + 4H^+ + 2H_2O$
- Nitrobacter: $2NO_2^- + O_2 \rightarrow 2NO_3^-$

정답 ①

44

★★★

활성슬러지 공정에서 폭기조 유입 BOD가 180mg/L, SS가 180mg/L, BOD-슬러지부하가 0.6kgBOD/kgMLSS·day일 때, MLSS 농도는? (단, 폭기조 수리학적 체류시간은 6시간이다.)

① 1,100mg/L
② 1,200mg/L
③ 1,300mg/L
④ 1,400mg/L

해설

F/M 비로부터 MLSS 농도를 구한다.

$$F/M = \frac{BOD \cdot Q}{\forall \cdot X} = \frac{BOD}{t \cdot X}$$

$$\frac{0.6}{day} = \frac{180mg}{L} \left| \frac{24hr}{6hr} \right| \frac{L}{X\,mg}$$

$$\therefore X(=MLSS) = 1,200mg/L$$

정답 ②

45

★☆☆

수면에 대한 스크린 설치 경사각이 60°, 스크린의 막대 굵기 2cm, 스크린의 유효간격이 22mm, 폐수의 유속이 0.45m/sec, 스크린의 막대 단면 모습에 따른 계수가 3.5일 때 스크린 설치에 따른 수두손실은?

$$\left(단,\ H_L = \beta \sin\alpha \left(\frac{t}{b} \right)^{\frac{4}{3}} \frac{V^2}{2g} \right)$$

① 약 0.021m
② 약 0.028m
③ 약 0.032m
④ 약 0.039m

해설

$$H_L = \beta \sin\alpha \times \left(\frac{t}{b} \right)^{\frac{4}{3}} \times \left(\frac{V^2}{2g} \right)$$

- β : 스크린 형상계수
- α : 스크린의 설치 각도
- t : 스크린의 두께[m]
- b : 스크린의 유효간격[m]
- V : 유속[m/sec]
- g : 중력가속도(9.8m/sec²)

$$H_L = 3.5 \times \sin60° \times \left(\frac{20mm}{22mm} \right)^{\frac{4}{3}} \times \left(\frac{(0.45m/sec)^2}{2 \times 9.8m/sec^2} \right)$$

$$= 0.0276 ≒ 0.028m$$

정답 ②

46 ★★☆

살균/소독 방식 중 염소와 비교하여 오존의 장점으로 옳지 않은 것은?

① pH 영향을 강하게 받지 않음
② 잔류성이 있음
③ 소독부산물 발생 적음
④ 철, 망간의 제거능력이 우수함

해설

염소 소독의 대표적인 장점은 강한 소독력과 잔류성이다.

관련이론 | 소독제 종류에 따른 소독의 장단점

소독제	장점	단점
염소 (Cl₂)	• 강한 소독력과 잔류성 • 간단한 주입방법 • 저렴하고 사용실적이 많음 • 보관 중 안정성 큼	• 염소제 소독부산물(THMs 등) 발생 • 맛과 냄새 발생 • 부식성 • pH에 따른 소독효과 영향 • 바이러스에 대한 사멸율 저조
이산화염소 (ClO₂)	• 강한 소독력과 잔류성(Cl₂에 비해 2.5배 산화력) • pH 영향 적음 • THM 생성 없음 • 철, 망간, 맛, 냄새 제거 우수 • 페놀 분해능력 우수	• 고가 • 저장 및 운반이 곤란해 현장 제조 • 암모니아와 반응하지 않으므로 암모니아성 질소 제거 불가 • 바이러스에 대한 사멸율 저조
차아염소산 나트륨 (NaClO)	• 강한 소독력과 잔류성 • 박테리아에 대한 효과적 살균제 • 유지비용 저렴	• 미량의 THMs 생성 • 접촉시간 긺 • 불쾌한 맛과 냄새 수반 • 바이러스에 대한 사멸율 저조
오존 (O₃)	• 강한 산화력(Cl₂보다 강함) • pH 영향 적음 • 맛과 냄새의 문제 없음 • 소독부산물 발생 적음 • 철, 망간의 제거 우수	• 에너지 소요 큼 • 저장이 곤란해 반드시 현장 생산 • 고가이고 제조와 주입방법이 복잡 • 잔류소독효과 없음
클로라민	• 강한 잔류소독효과 • 미미한 소독 부산물 생성 • 사용실적 많음	• 약한 소독력 • 맛과 냄새 발생 • pH가 소독효과에 영향을 미침

자외선	• 소독효과 우수 • 유량과 수질변동에 적응력 강함 • 짧은 접촉시간(1~5초) • 소독부산물 생성 없음 • 인체 무해하고 설치 용이 • pH 영향 없음 • 저렴한 비용	• 잔류소독효과 없음 • 물의 탁도가 높은 경우 소독효과에 영향 • 소독성공여부 즉시 측정이 곤란

정답 ②

47 ★☆☆

반송슬러지의 탈인 제거 공정에 관한 설명으로 틀린 것은?

① 탈인조 상징액은 유입수량에 비하여 매우 작다.
② 인을 침전시키기 위해 소요되는 석회의 양은 순수 화학 처리방법보다 적다.
③ 유입수의 유기물 부하에 따른 영향이 크다.
④ 대표적인 인 제거공법으로는 Phostrip Process가 있다.

해설

탈인 제거공정은 비교적 유입수의 유기물 부하에 영향을 받지 않는다.

정답 ③

48 ★★★

폐수로부터 질소물질을 제거하는 주요 물리화학적 방법이 아닌 것은?

① 암모니아스트리핑법　　② 이온교환법
③ 파괴점염소처리법　　　④ Phostrip법

해설

• Phostrip법은 인(P)을 제거하는 생물화학적 처리 공법이다.
• 물리화학적 질소제거방법으로는 암모니아스트리핑법, 파괴점염소처리법, 이온교환법이 있다.

정답 ④

49 ★☆☆

폐수처리에 사용되는 주요 생물학적 처리공정 중 부착성장 미생물을 활용하는 공정으로 가장 옳은 것은?

① 살수여상
② 활성슬러지 공정
③ 호기성 소화
④ 호기성 라군

해설

부착성장 미생물을 활용하는 공정으로 살수여상, 회전원판법, 접촉산화법 등이 있으며, 활성슬러지 공정, 호기성 소화, 호기성 라군 등은 부유증식미생물을 활용하는 공정이다.

관련이론 | 살수여상법

- 쇄석이나 기타 여재로 채워진 여상위에 폐수를 살포함으로써 폐수가 여재를 통과하는 동안 여재 표면에 부착된 미생물막에 의해 폐수 내 유기물질을 처리하는 방식을 말한다.
- 여상매질 표면에서 탈리된 미생물을 침전시켜 제거하기 위한 최종 침전지가 필요하다.
- 여상 공극의 폐쇄를 막기 위해 1차 침전지에서의 전처리 과정이 필수적이다.
- 여상을 통과한 유출수를 재순환시킨다.

정답 ①

50 ★☆☆

공장에서 배출되는 pH 2.5인 산성폐수 500m³/day를 인접 공장 폐수와 혼합 처리하고자 한다. 인접 공장 폐수 유량은 10,000m³/day이고, pH=6.5이다. 두 폐수를 혼합한 후의 pH는?

① 1.61
② 3.82
③ 7.64
④ 9.54

해설

$$[H^+] = \frac{10^{-2.5} \times 500 + 10^{-6.5} \times 10,000}{500 + 10,000}$$

$$= 1.509 \times 10^{-4} \text{mol/L}$$

$$\therefore pH = -\log[H^+] = -\log(1.509 \times 10^{-4}) = 3.82$$

정답 ②

51 ★☆☆

기질과 미생물 혼합물로 채워진 호기성 반응조가 있다. $t=0$일 때 기질농도(S)는 150mg/L이고 미생물의 농도(X)는 1,500mg/L이며 생물반응은 일차반응이다. 6시간 동안 폭기한 후 기질농도는 4mg/L이고 미생물의 농도는 1,590mg/L이다. 이 때 ($t=6hr$)의 미생물 성장률(mg/L·hr)은? (단, $\mu = \mu_{max} \dfrac{S}{K_s + S}$, $\mu_{max} = 3.0 d^{-1}$, $K_s = 60$mg/L이다.)

① 약 4
② 약 8
③ 약 12
④ 약 18

해설

$$\mu = \mu_{max} \times \frac{S}{K_s + S}$$

$$= 3.0 \text{day}^{-1} \times \left(\frac{4\text{mg/L}}{60\text{mg/L} + 4\text{mg/L}} \right)$$

$$= 0.1875 \text{day}^{-1} = 7.8125 \times 10^{-3} \text{hr}^{-1}$$

$$\therefore \text{미생물의 성장률} = \mu \times \text{미생물의 농도}$$

$$= 7.8125 \times 10^{-3} \text{hr}^{-1} \times 1,590\text{mg/L}$$

$$= 12.42 ≒ 12\text{mg/L·hr}$$

정답 ③

52 ★★☆

생물학적 원리를 이용하여 질소, 인을 제거하는 공정인 5단계 Bardenpho 공법에 관한 설명으로 옳지 않은 것은?

① 인 제거를 위해 혐기성조가 추가된다.
② 내부반송률은 유입유량 기준으로 100~200% 정도이며 2단계 무산소조로부터 1단계 무산소조로 반송된다.
③ 조 구성은 혐기조, 무산소조, 호기조, 무산소조, 호기조 순이다.
④ 마지막 호기성 단계는 폐수 내 잔류 질소가스를 제거하고 최종 침전지에서 인의 용출을 최소화하기 위하여 사용한다.

해설

5단계 Bardenpho 공법의 내부반송률은 유입유량 기준으로 100~200% 정도이며 1단계 호기조로부터 1단계 무산소조로 반송된다.

정답 ②

53 ★☆☆

5% Alum을 사용하여 시료량 500mL에 대하여 Jar Test한 최적결과가 다음과 같다면 Alum의 최적 주입농도(mg/L)는? (단, 5% Alum의 비중=1.0, Alum 주입량=3mL)

① 약 300
② 약 400
③ 약 600
④ 약 900

해설

Alum의 총 양[mg]$=3mL \times 5g/100mL=0.15g=150mg$
처리된 물의 양[mL]$=$시료량$-$Alum 주입량
$\qquad = 500mL-3mL=497mL$
∴ 최적 주입농도[mg/L]$=$Alum의 총 양$\div$처리된 물의 양
$\qquad\qquad = 150mg \div 0.497L$
$\qquad\qquad = 301.81mg/L$

정답 ①

54 ★★☆

질산화 반응에 관한 설명으로 옳은 것은?

① 질산균의 슬러지일령은 짧게 하여야 한다.
② 질산균의 증식속도는 활성슬러지 내 미생물보다 빠르다.
③ 질산균의 질산화 반응에 알칼리도가 필요하다.
④ 용존산소가 0 또는 0mg/L에 가까운 조건이어야 한다.

선지분석
① 질산균의 슬러지일령은 길게 하여야 한다.
② 질산균의 증식속도는 활성슬러지 내 미생물보다 느리다.
④ 용존산소가 0 또는 0mg/L에 가까운 조건은 탈질반응에 해당한다.

정답 ③

55 ★☆☆

혐기성 공법 중 혐기성 유동상의 장점이라 볼 수 없는 것은?

① 짧은 수리학적 체류시간과 높은 부하율로 운전가능
② 미생물 체류시간을 적절히 조절하여 저농도 유기성 폐수처리가능
③ 유출수 재순환으로 유출수의 편류발생 방지
④ 매질의 첨가나 제거가 용이

해설

혐기성 유동상은 편류가 발생하여 유출수의 재순환이 필요하므로 공정이 복잡한 단점이 있다.

정답 ③

56 ★☆☆

잔류 침전제 Alum($Al_2(SO_4)_3$) 400g을 제거하는데 필요한 알칼리성 중탄산칼슘의 양(g)은? (단, $Al_2(SO_4)_3$ 몰질량: 342, 중탄산칼슘 $Ca(HCO_3)_2$ 몰질량:162)

① 약 570g
② 약 540g
③ 약 510g
④ 약 490g

해설

Alum 제거 반응식(침전 반응식)
$Al_2(SO_4)_3+3Ca(HCO_3)_2$
$\qquad \rightarrow 3CaSO_4(침전)+2Al(OH)_3+6CO_2$
$Al_2(SO_4)_3 : 3Ca(HCO_3)_2$
$\quad 1mol \quad : \quad 3mol$
$= 400g \times \dfrac{1mol}{342g} : Xg \times \dfrac{1mol}{162g}$
∴ $X = 3mol \times 400g \times \dfrac{1mol}{342g} \times \dfrac{162g}{1mol} \times \dfrac{1}{1mol} = 568.42g$

정답 ①

57 ★★☆

NO_3^-가 N_2로 환원되는 경우 pH의 변화는?

① 증가한다.
② 감소하다 증가한다.
③ 감소한다.
④ 변화없다.

해설

미생물에 의해 질산염(NO_3^-)이 환원되어 최종적으로 기체상태의 질소 분자(N_2)가 되는 과정을 탈질화(denitrification)라고 한다. 탈질화 작용은 미생물이 산소가 부족하면 질산(NO_3)에 포함되어 있는 산소를 빼어내 이용하므로 질산은 산소를 잃고, 질소가스(N_2)로 환원되어 대기 중으로 방출되는 것이다. 따라서 pH는 증가한다.

정답 ①

58 ★☆☆

혐기성 처리와 호기성 처리의 비교 설명으로 가장 거리가 먼 것은?

① 호기성 처리가 혐기성 처리보다 유출수의 수질이 더 좋다.
② 혐기성 처리가 호기성 처리보다 슬러지 발생량이 더 적다.
③ 호기성 처리에서는 1차침전지가 필요하지만 혐기성 처리에서는 1차침전지가 필요 없다.
④ 주어진 기질량에 대한 영양물질의 필요성은 호기성 처리보다 혐기성 처리에서 더 크다.

해설

주어진 기질량에 대한 영양물질의 필요성은 혐기성 처리보다 호기성 처리에서 더 크다.

정답 ④

59 ★☆☆

슬러지를 Leaf test한 결과 아래와 같은 실험값을 얻었다. 주어진 실험 조건하에서 탈수 시 여과속도는 건조고형물을 기준할 때 얼마가 되겠는가?

- 유효여과면적: $150cm^2$
- 운전시간 5분
- 1회 cake양: 400g
- cake 함수율: 60%(중량비)

① $146kg/m^2 \cdot hr$
② $128kg/m^2 \cdot hr$
③ $89kg/m^2 \cdot hr$
④ $65kg/m^2 \cdot hr$

해설

$$여과속도 = \frac{M}{A \times t} \times \left(1 - \frac{X}{100}\right)$$

- M : 회당 케이크양[g]
- A : 유효여과면적[m^2]
- t : 운전시간[min]
- X : 케이크내 함수율

∴ 여과속도

$$= \frac{400g \times \dfrac{10^{-3}kg}{g}}{150cm^2 \times 5min \times \left(\dfrac{1m}{100cm}\right)^2 \times \dfrac{1hr}{60min}} \times \left(1 - \frac{60}{100}\right)$$

$$= 128kg/m^2 \cdot hr$$

정답 ②

60 ★☆☆

응집을 이용하여 하수를 처리할 때 하수온도가 응집반응에 미치는 영향을 설명한 내용으로 틀린 것은?

① 수온이 높으면 반응속도는 증가한다.
② 수온이 높으면 물의 점도저하로 응집제의 화학반응이 촉진된다.
③ 수온이 낮으면 입자가 커지고 응집제 사용량도 적어진다.
④ 수온이 낮으면 플록 형성에 소요되는 시간이 길어진다.

해설

수온이 낮아지면 입자가 작아지고, 응집제의 사용량이 증가하며 플록 형성의 소요시간이 길어진다.

정답 ③

61

★☆☆

COD측정에서 최초로 첨가한 과망간산칼륨량의 1/2 이상이 남도록 첨가하는 이유는?

① 과망간산칼륨 잔류량이 1/2 이하로 되면 유기물의 분해온도가 저하한다.
② 과망간산칼륨 잔류량이 1/2 이상이면 모든 유기물의 산화가 완료한다.
③ 과망간산칼륨 잔류량이 많을 경우 유기물의 산화속도가 저하한다.
④ 과망간산칼륨 농도가 저하되면 유기물의 산화율이 저하한다.

해설
충분한 양의 산화제(과망간산칼륨)가 있어야 산화반응이 거의 완전하게 일어날 수 있다.

정답 ④

62

★☆☆

가스크로마토그래프의 검출기 중 Ni, H를 이용하는 검출기는?

① 전자포획형 검출기(ECD)
② 불꽃 광도형 검출기(FPD)
③ 열전도도 검출기(TCD)
④ 불꽃이온화 검출기(FID)

해설
전자포획형 검출기(Electron Capture Detector, ECD)
방사선 동위원소(^{63}Ni, ^{3}H 등)로부터 방출되는 β선이 운반가스를 전리하여 미소전류를 흘려보낼 때 시료 중의 할로겐이나 산소와 같이 전자포획력이 강한 화합물에 의하여 전자가 포획되어 전류가 감소하는 것을 이용하는 방법으로 유기할로겐화합물, 니트로화합물 및 유기금속화합물을 선택적으로 검출할 수 있다.

정답 ①

63

★★☆

긴 관의 일부로써 단면이 작은 목(Throat) 부분과 점점 축소, 점점 확대되는 단면을 가진 관으로 관내의 흐름이 완전히 발달하여 와류에 영향을 받지 않고 실질적으로 직선적인 흐름을 유지하기 위해 난류 발생의 원인이 되는 관로상의 점으로부터 충분히 하류지점에 설치하여야 하는 것은?

① 벤튜리미터
② 오리피스
③ 피토우관
④ 자기식 유량측정기

해설
공장폐수 및 하수 유량측정장치 – 벤튜리미터
벤튜리미터 설치에 있어 관내의 흐름이 완전히 발달하여 와류에 영향을 받지 않고 실질적으로 직선적인 흐름을 유지하기 위해 난류 발생에 원인이 되는 관로상의 점으로부터 충분히 하류지점에 설치해야 하며, 통상 관 직경의 약 30~50배 하류에 설치해야 효과적이다.

정답 ①

64

★☆☆

폐수 중의 부유물질(SS)을 측정하기 위하여 다음과 같은 결과를 얻었다. 이 결과로부터 시료 여과 후 여과지의 무게는? (단, 결과: 시료량 200mL, 여과 전 여과지 무게: 1.9912g, 시료의 SS: 124mg/L)

① 2.0060g
② 2.0160g
③ 2.1160g
④ 2.2540g

해설

$$SS(mg/L) = (b-a) \times \frac{1,000}{V}$$

여기서,
a: 시료 여과 전의 여과지 무게[mg]
b: 시료 여과 후의 여과지 무게[mg]
V: 시료의 양[mL]

$$124 = (b-1.9912) \times \frac{1,000}{200}$$

$$\therefore b = 24.8mg \times \frac{g}{10^3 mg} + 1.9912g = 2.016g$$

정답 ②

65 ★★☆

수질오염공정시험기준상 음이온계면활성제 실험방법으로 옳은 것은?

① 자외선/가시선 분광법　　② 원자흡수분광광도법
③ 기체크로마토그래피법　　④ 이온전극법

해설

음이온계면활성제 분석방법
· 자외선/가시선 분광법
· 연속흐름법

관련이론 | 음이온계면활성제의 일반적 성질
· 가정하수나 산업폐수로 지하수나 지표수에 흘러 들어갈 수 있다.
· 보통 물에 녹기 쉬운 친수성 부분과 기름에 녹기 쉬운 소수성 부분을 가지고 있다.
· 세제로 많이 사용되는 것 외에도 식품과 화장품의 유화제, 보습제로도 많이 사용된다.

정답 ①

66 ★☆☆

냄새 측정 시 잔류염소 제거를 위해 첨가하는 용액은?

① 과망간산칼륨　　　　　② 티오황산나트륨
③ L – 아스코빈산나트륨　④ 질산은

해설

잔류염소 냄새는 측정에서 제외한다. 따라서 잔류염소가 존재하면 티오황산나트륨 용액을 첨가하여 잔류염소를 제거한다.

정답 ②

67 ★★★

수질분석용 시료 채취 시 유의사항과 가장 거리가 먼 것은?

① 심부층의 지하수 채취 시에는 고속양수펌프를 이용하여 채취시간을 최소화함으로써 수질의 변질을 방지하여야 한다.
② 용존가스, 환원성 물질, 휘발성유기화합물, 냄새, 유류 및 수소이온 등을 측정하기 위한 시료를 채취할 때는 운반 중 공기와의 접촉이 없도록 시료 용기에 가득 채운 후 빠르게 뚜껑을 닫는다.
③ 시료 채취 용기는 시료를 채우기 전에 시료로 3회 이상 씻은 다음 사용한다.
④ 유류 또는 부유물질 등이 함유된 시료는 시료의 균일성이 유지될 수 있도록 채취하여야 하며 침전물 등이 부상하여 혼입되어서는 안 된다.

해설

지하수 시료 채취 시 심부층의 경우 저속양수펌프 등을 이용하여 반드시 저속시료 채취하여 시료 교란을 최소화하여야 한다.

정답 ①

68 ★☆☆

총 유기탄소 분석기기 내 산화부에서 유기탄소를 이산화탄소로 산화하는 방법으로 옳은 것은?

① 고온연소산화법　　② 산성과망간산칼륨법
③ 아스코빈산환원법　　④ 냉증기 – 원자형광법

해설
총 유기탄소 – 고온연소산화법
물 속에 존재하는 총 유기탄소를 측정하기 위하여 시료 적당량을 산화성 촉매로 충전된 고온의 연소기에 넣은 후에 연소를 통해서 수중의 유기탄소를 이산화탄소(CO_2)로 산화시켜 정량하는 방법이다.

정답 ①

69 ★☆☆

이온크로마토그래피에 관한 설명 중 틀린 것은?

① 물 시료 중 음이온의 정성 및 정량분석에 이용된다.
② 기본구성은 용리액조, 시료 주입부, 펌프, 분리컬럼, 검출기 및 기록계로 되어있다.
③ 일반적으로 음이온 분석에는 이온교환 검출기를 사용한다.
④ 시료의 주입량은 보통 $10 \sim 100 \mu L$ 정도이다.

해설
일반적으로 음이온 분석에는 전기전도도 검출기를 사용한다.

정답 ③

70 ★★☆

식물성 플랑크톤을 현미경계수법으로 측정할 때 저배율 방법(200배율 이하) 적용에 관한 내용으로 틀린 것은?

① 세즈윅 – 라프터 챔버는 중배율 이상에서도 관찰이 용이하여 미소 플랑크톤의 검경에 적절하다.
② 계수 시 격자의 경우 격자 경계면에 걸린 개체는 격자의 4면 중 2면에 걸린 개체는 계수하고 나머지 2면에 들어온 개체는 계수하지 않는다.
③ 계수 시 스트립을 이용할 경우, 양쪽 경계면에 걸린 개체는 하나의 경계면에 대해서만 계수한다.
④ 시료를 챔버에 채울 때 피펫은 입구가 넓은 것을 사용하는 것이 좋다.

해설
세즈윅 – 라프터 챔버는 조작이 편리하고 재현성이 높은 반면 중배율 이상에서는 관찰이 어렵기 때문에 미소 플랑크톤(Nano Plankton)의 검경에는 적절하지 않다.

관련이론 | 세즈윅 – 라프터(Sedgwick – Rafter) 챔버
길이 50mm, 폭 20mm, 깊이 1mm로 부피 1mL인 챔버를 사용한다.

정답 ①

71 ★★☆

4각 웨어에 의하여 유량을 측정하려고 한다. 웨어의 수두 0.5m, 절단의 폭이 4m이면 유량(m^3/분)은? (단, 유량 계수 =4.8)

① 약 4.3 ② 약 6.8
③ 약 8.1 ④ 약 10.4

해설

4각 웨어의 유량
$$Q[m^3/min] = K \cdot b \cdot h^{3/2}$$
$$= 4.8 \times 4 \times 0.5^{3/2}$$
$$= 6.788 \fallingdotseq 6.8 m^3/min$$

정답 ②

72 ★☆☆

총유기탄소(TOC)의 공정시험기준에 준하여 시험을 수행하였을 때 잘못된 것은?

① 용존성 유기탄소(DOC)를 측정하기 위하여 $0.45\mu m$ 여과지를 사용하였다.
② 부유물질 정도관리를 위하여 셀룰로오스를 사용하였다.
③ 탄소를 검출하기 위하여 고온연소산화법을 적용하였다.
④ 비정화성 유기탄소(NPOC)를 측정하기 위하여 pH를 4로 조절하였다.

해설

비정화성 유기탄소(NPOC)는 총탄소 중 pH 2 이하에서 포기에 의해 정화(Purging)되지 않는 탄소를 말한다.

정답 ④

73 ★☆☆

수은을 원자흡광광도법으로 측정할 때 시료 중 염화물이온이 다량 함유된 경우에는 산화조작시 유리염소를 발생시켜 253.7nm에서 흡광도를 나타낸다. 이를 해결하는 방법으로 적절한 것은?

① 티오황산나트륨 용액을 과잉으로 넣어 유리염소를 산화시키고 용기 중에 잔류하는 염소는 질소 가스를 통기시켜 추출한다.
② 염산히드록실아민 용액을 과잉으로 넣어 유리염소를 환원시키고 용기 중에 잔류하는 염소는 질소 가스를 통기시켜 추출한다.
③ 염화제일주석산 용액을 과잉으로 넣어 유리염소를 산화시키고 용기 중에 잔류하는 염소는 질소 가스를 통기시켜 추출한다.
④ 과망간산칼륨 분해 후 헥산으로 이들 물질을 추출 분리한 다음 시험한다.

해설

시료 중 염화둘이온이 다량 함유된 경우에는 산화조작시 유리염소를 발생하여 253.7nm에서 흡광도를 나타낸다. 이때는 염산하이드록실아민 용액을 과잉으로 넣어 유리염소를 환원시키고 용기 중에 잔류하는 염소는 질소 가스를 통기시켜 추출한다.

정답 ②

74 ★☆☆

총질소 실험방법과 가장 거리가 먼 것은? (단, 수질오염공정시험기준 적용)

① 연속흐름법
② 자외선/가시선 분광법 – 활성탄흡착법
③ 자외선/가시선 분광법 – 카드뮴·구리 환원법
④ 자외선/가시선 분광법 – 환원증류·킬달법

해설

총질소 실험방법의 분류

· 총질소 분석법 – 연속흐름법
· 자외선/가시선 분광법 – 산화법
· 자외선/가시선 분광법 – 카드뮴·구리 환원법
· 자외선/가시선 분광법 – 환원증류·킬달법

정답 ②

75 ★☆☆

유속 – 면적법에 의한 하천유량을 구하기 위한 소구간 단면에 있어서의 평균유속 V_m을 구하는 식은? (단, $V_{0.2}$, $V_{0.4}$, $V_{0.6}$, $V_{0.8}$은 각각 수면으로부터 전수심의 20%, 40%, 60% 80%인 점의 유속이다.)

① 수심이 0.4m 이상일 때 $V_m=(V_{0.2}+V_{0.8})\times 1/2$
② 수심이 0.4m 이상일 때 $V_m=(V_{0.4}+V_{0.6})\times 1/2$
③ 수심이 0.4m 미만일 때 $V_m=V_{0.4}$
④ 수심이 0.4m 미만일 때 $V_m=V_{0.2}$

해설

하천의 평균유속은 수심 0.4m를 기점으로 다음과 같이 구분하여 계산한다.

· 수심이 0.4m 이상일 때 $V_m=(V_{0.2}+V_{0.8})\times\frac{1}{2}$
· 수심이 0.4m 미만일 때 $V_m=V_{0.6}$

정답 ①

76 ★★☆

2N와 7N HCl 용액을 혼합하여 5N – HCl 1L를 만들고자 한다. 각각 몇 mL씩을 혼합해야 하는가?

① 2N–HCl 400mL와 7N–HCl 600mL
② 2N–HCl 500mL와 7N–HCl 400mL
③ 2N–HCl 300mL와 7N–HCl 700mL
④ 2N–HCl 700mL와 7N–HCl 300mL

해설

2N HCl 용액의 양을 xL로 둔다.

$$N_o=\frac{N_1V_1+N_2V_2}{V_1+V_2}$$
$$5=\frac{2\times x+7\times(1-x)}{x+(1-x)}$$
$$x=0.4L=400mL$$

∴ 2N–HCl 400mL와 7N–HCl 600mL를 혼합하면 5N–HCl 1L가 만들어진다.

정답 ①

77 ★☆☆

유기인을 용매추출/기체크로마토그래피법으로 측정할 경우, 각 성분별 정량한계는?

① 0.5mg/L
② 0.05mg/L
③ 0.005mg/L
④ 0.0005mg/L

해설

유기인 – 용매추출/기체크로마토그래피법은 물속에 존재하는 유기인계 농약성분 중 다이아지논, 파라티온, 이피엔, 메틸디메톤 및 펜토에이트를 측정하기 위한 것으로, 채수한 시료를 헥산으로 추출하여 필요 시 실리카겔 또는 플로리실 컬럼을 통과시켜 정제한다. 이 액을 농축시켜 기체크로마토그래프에 주입하고 크로마토그램을 작성하여 유기인을 확인하고 정량하는 방법이다. 이 시험기준은 지표수, 지하수, 폐수 등에 적용할 수 있으며, 각 성분별 정량한계는 0.0005mg/L이다.

정답 ④

78 ★☆☆

윙클러－아자이드화나트륨법을 통해 용존산소(DO)를 측정 시 분석과정에서 생성되는 갈색 침전물은 무엇인가?

① $Mn(OH)_2$ ② $MnSO_4$

③ $Mn(OH)_3$ ④ MnO_4^-

해설

윙클러－아자이드(Winkler－Azide)화나트륨법

황산망간($MnSO_4$)과 알칼리성 요오드칼륨 용액을 넣을 때 생기는 수산화제일망간이 시료중의 용존산소에 의하여 산화되어 수산화제이망간($Mn(OH)_3$, 갈색 침전)으로 되고, 황산 산성에서 용존산소량에 대응하는 요오드를 유리한다. 유리된 요오드를 티오황산나트륨($Na_2S_2O_3$)으로 적정하여 용존산소의 양을 정량하는 방법이다.

이 방법은 아질산염 5mg/L 이하, 제일철염 1.0mg/L 이하에서 방해를 받지 않으며, 하천수, 하수 및 공장폐수에 적용한다. 정량범위는 0.1mg/L 이상이다.

정답 ③

79 ★☆☆

다음 중 질산성질소의 정량한계가 다른 측정방법은?

① 이온크로마토그래피

② 자외선/가시선 분광법 － 부루신법

③ 자외선/가시선 분광법 － 활성탄흡착법

④ 데발다합금 환원증류법 － 분광법

선지분석

적용가능한 시험방법 및 정량한계는 다음과 같다.

① 이온크로마토그래피: 0.1mg/L

② 자외선/가시선 분광법 － 부루신법: 0.1mg/L

③ 자외선/가시선 분광법 － 활성탄흡착법: 0.3mg/L

④ 데발다합금 환원증류법 － 중화적정법: 0.5mg/L

                                 － 분광법: 0.1mg/L

정답 ③

80 ★☆☆

비소 시험법 중 원자흡수분광광도법의 측정원리로 틀린 것은?

① 염화제일주석으로 시료중 비소를 3가비소로 환원시킨다.

② 염산히드록실아민용액으로 비화수소를 발생시킨다.

③ 운반가스는 아르곤, 연소가스는 아르곤－수소이다.

④ 불꽃에서 원자화시켜 193.7nm에서 흡광도를 측정하여 정량한다.

해설

염산히드록실아민용액은 수은, 철, 알루미늄 분석 시 사용하는 시약이다.

관련이론 | 비소시험법 － 원자흡수분광광도법

물속에 존재하는 비소를 측정하는 방법으로 아연 또는 나트륨 붕소수화물($NaBH_4$)을 넣어 수소화 비소로 포집하여 아르곤(또는 질소)－수소 불꽃에서 원자화시켜 193.7nm에서 흡광도를 측정하고 비소를 정량하는 방법이다. 아래 그림과 같은 수소화물 발생장치를 꾸며서 시험한다.

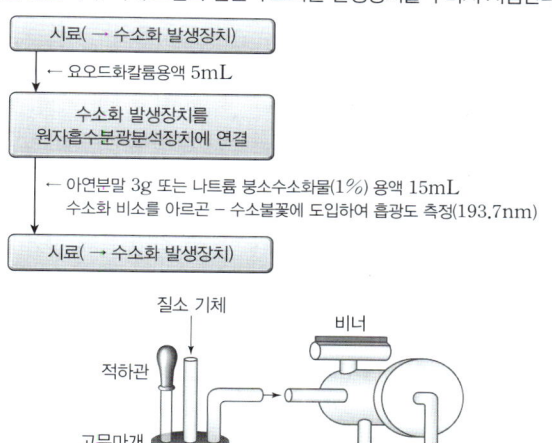

정답 ②

수질환경관계법규

81 ★★☆

비점오염원으로부터 배출되는 수질오염물질을 제거하거나 감소하게 하는 비점오염저감시설을 자연형 시설과 장치형 시설로 구분할 때 바르게 나열한 것은?

① 장치형 시설: 저류시설, 침투시설
② 자연형 시설: 여과형 시설, 침투시설
③ 장치형 시설: 스크린형 시설, 생물학적 처리형 시설
④ 자연형 시설: 식생형 시설, 여과형 시설

해설

「시행규칙 별표 6」
자연형 비점오염저감시설의 종류
- 저류시설
- 인공습지
- 침투시설
- 식생형 시설

장치형 비점오염저감시설의 종류
- 여과형 시설
- 소용돌이형 시설
- 스크린형 시설
- 응집·침전 처리형 시설
- 생물학적 처리형 시설

정답 ③

82 ★★☆

오염총량초과과징금의 납부통지는 부과 사유가 발생한 날부터 며칠 이내에 하여야 하는가?

① 15
② 30
③ 45
④ 60

해설

「시행령 제11조」
오염총량초과과징금의 납부통지는 부과 사유가 발생한 날부터 60일 이내에 하여야 한다.

정답 ④

83 ★★☆

환경기준인 수질 및 수생태계 상태별 생물학적 특성 이해 표 내용 중 생물등급이 "좋음~보통"일 때의 생물 지표종으로 옳지 않은 것은?

① 넓적거머리
② 동양하루살이
③ 다슬기
④ 붉은 깔따구

해설

「환경정책기본법 시행령 별표 1」

생물등급	생물 지표종	
	저서생물(底棲生物)	어류
매우 좋음 ~좋음	옆새우, 가재, 뿔하루살이, 민하루살이, 강도래, 물날도래, 광택날도래, 띠무늬우묵날도래, 바수염날도래	산천어, 금강모치, 열목어, 버들치 등 서식
좋음~보통	다슬기, 넓적거머리, 강하루살이, 동양하루살이, 등줄하루살이, 등딱지하루살이, 물삿갓벌레, 큰줄날도래	쉬리, 갈겨니, 은어, 쏘가리 등 서식
보통~ 약간 나쁨	물달팽이, 턱거머리, 물벌레, 밀잠자리	피라미, 끄리, 모래무지, 참붕어 등 서식
약간 나쁨~ 매우 나쁨	왼돌이물달팽이, 실지렁이, 붉은깔따구, 나방파리, 꽃등에	붕어, 잉어, 미꾸라지, 메기 등 서식

정답 ④

84 ★★☆

사람의 건강보호를 위한 수질 및 수생태계 하천의 환경기준으로 잘못된 것은?

① 유기인: 검출되어서는 안됨
② 6가크롬: 0.05mg/L 이하
③ 카드뮴(Cd): 0.05mg/L 이하
④ 음이온 계면활성제(ABS): 0.5mg/L 이하

해설

「환경정책기본법 시행령 별표 1」
카드뮴(Cd): 0.005mg/L 이하

정답 ③

85 ★★★

물환경보전법상 용어의 정의로 옳지 않은 것은?

① 폐수: 물에 액체성 또는 고체성의 수질오염물질이 섞여 있어 그대로는 사용할 수 없는 물
② 기타수질오염원: 점오염원 및 비점오염원으로 관리되지 아니하는 수질오염물질을 배출하는 시설 또는 장소로서 환경부령이 정하는 것
③ 수질오염물질: 수질오염의 요인이 되는 물질로서 환경부령이 정하는 것
④ 폐수무방류배출시설: 폐수배출시설에서 발생하는 폐수를 위탁하여 공공수역으로 배출하지 아니하는 시설

해설

「법 제2조」

"폐수무방류배출시설"이란 폐수배출시설에서 발생하는 폐수를 해당 사업장에서 수질오염 방지시설을 이용하여 처리하거나 동일 폐수배출시설에 재이용하는 등 공공수역으로 배출하지 아니하는 폐수배출시설을 말한다.

정답 ④

86 ★★☆

1일 폐수배출량이 500m^{3}일 때 사업장의 규모별 구분으로 맞는 것은?

① 제1종 사업장
② 제2종 사업장
③ 제3종 사업장
④ 제4종 사업장

해설

「시행령 별표 13」
사업장 규모별 구분

종류	배출규모
제1종 사업장	1일 폐수배출량이 2,000m^3 이상인 사업장
제2종 사업장	1일 폐수배출량이 700m^3 이상 2,000m^3 미만인 사업장
제3종 사업장	1일 폐수배출량이 200m^3 이상 700m^3 미만인 사업장
제4종 사업장	1일 폐수배출량이 50m^3 이상 200m^3 미만인 사업장
제5종 사업장	위 제1종부터 제4종까지의 사업장에 해당하지 아니하는 배출시설

정답 ③

87 ★☆☆

다음 중 수질오염측정망 설치계획에 포함되지 않는 사항은?

① 측정망 설치시기
② 측정망 설치기간
③ 측정망 운영기관
④ 측정자료의 확인방법

해설

「시행규칙 제24조」
수질오염측정망 설치계획에 포함되어야 할 사항

• 측정망 설치시기
• 측정망 배치도
• 측정망을 설치할 토지 또는 건축물의 위치 및 면적
• 측정망 운영기관
• 측정자료의 확인방법

정답 ②

88 ★★★

위임업무 보고사항 중 업무내용에 따른 보고횟수가 연 1회에 해당되는 것은?

① 폐수무방류배출시설의 설치허가 현황
② 기타 수질오염원 현황
③ 폐수위탁·사업장 내 처리현황 및 처리실적
④ 비점오염원의 설치신고 및 방지시설 설치현황 및 행정처분현황

선지분석

「시행규칙 별표 23」
① 폐수무방류배출시설의 설치허가(변경허가) 현황: 수시
② 기타 수질오염원 현황: 연 2회
④ 비점오염원 설치신고 및 방지시설 설치현황 및 행정처분현황: 연 4회

정답 ③

89 ★☆☆

배출시설 변경신고에 따른 가동시작 신고의 대상으로 틀린 것은?

① 배출시설에 설치된 방지시설의 폐수처리방법을 변경하는 경우

② 폐수배출량이 신고 당시보다 100분의 50 이상 증가하는 경우

③ 방지시설 설치면제기준에 따라 방지시설을 설치하지 아니한 배출시설에 방지시설을 새로 설치하는 경우

④ 배출시설에서 배출허용기준보다 적게 발생한 오염물질로 인해 개선이 필요한 경우

해설

「시행규칙 제38조」

배출시설 변경신고에 따른 가동시작 신고의 대상

• 폐수배출량이 신고 당시보다 100분의 50 이상 증가하는 경우
• 폐수배출량이 증가하거나 감소하여 사업장 종류가 변경되는 경우
• 폐수배출시설에서 새로운 수질오염물질이 배출되는 경우
• 폐수배출시설에 설치된 수질오염방지시설의 폐수처리방법 및 처리공정을 변경하는 경우
• 수질오염방지시설을 설치하지 아니한 폐수배출시설에 수질오염방지시설을 새로 설치하는 경우
• 폐수배출시설 또는 수질오염방지시설의 일부를 폐쇄하는 경우
• 변경신고를 갈음할 수 있는 사항을 변경하는 경우

정답 ④

90 ★★☆

폐수무방류배출시설의 세부 설치기준으로 옳지 않은 것은?

① 폐수는 고정된 관로를 통하여 수집, 이송, 처리, 저장되어야 한다.

② 배출시설에서 분리, 집수시설로 유입하는 폐수의 관로는 맨눈으로 관찰할 수 있도록 설치하여야 한다.

③ 폐수무방류배출시설에서 발생된 폐수를 폐수처리장으로 유입, 재처리할 수 있도록 세정식, 응축식 대기오염방지시설 등을 설치하여야 한다.

④ 배출시설의 처리공정도 및 폐수 배관도는 폐수처리장 내 사무실에 비치하여 내부 직원만 열람할 수 있도록 하여야 한다.

해설

「시행령 별표 6」

배출시설의 처리공정도 및 폐수 배관도는 누구나 알아볼 수 있도록 주요 배출시설의 설치장소와 폐수처리장에 부착하여야 한다.

정답 ④

91 ★☆☆

사업자가 환경기술인을 바꾸어 임명하는 경우는 그 사유가 발생한 날부터 며칠 이내에 신고하여야 하는가?

① 3일
② 5일
③ 7일
④ 10일

해설

「시행령 제59조」

사업자가 환경기술인을 임명하려는 경우에는 다음 각 호의 구분에 따라 임명하여야 한다.

• 최초로 배출시설을 설치한 경우: 가동시작 신고와 동시
• 환경기술인을 바꾸어 임명하는 경우: 그 사유가 발생한 날부터 5일 이내

정답 ②

92 ★★☆

공공폐수처리시설의 유지·관리기준에 관한 사항으로 ( )에 옳은 내용은?

> 처리시설의 관리, 운영자는 처리시설의 적정 운영 여부를 확인하기 위하여 방류수 수질검사를 (㉠) 실시하되, 1일당 2천 세제곱미터 이상인 시설은 주 1회 이상 실시하여야 한다. 다만, 생태독성(TU) 검사는 (㉡) 실시하여야 한다.

① ㉠ 월 2회 이상, ㉡ 월 1회 이상
② ㉠ 월 1회 이상, ㉡ 월 2회 이상
③ ㉠ 월 2회 이상, ㉡ 월 2회 이상
④ ㉠ 월 1회 이상, ㉡ 월 1회 이상

해설

「시행규칙 별표 15」

처리시설의 관리, 운영자는 처리시설의 적정 운영 여부를 확인하기 위하여 방류수 수질검사를 월 2회 이상 실시하되 1일당 2천 세제곱미터 이상인 시설은 주 1회 이상 실시하여야 한다. 다만, 생태독성(TU) 검사는 월 1회 이상 실시하여야 한다.

정답 ①

93 ★★☆

제1종 사업장으로서 배출허용기준을 처음 위반한 경우 배출부과금 산정 시 부과되는 계수는? (단, 사업장 규모: 10,000m³/day 이상인 경우)

① 2.0
② 1.8
③ 1.6
④ 1.4

해설

「시행령 별표 16」

제1종 사업장이며, 사업장 규모가 10,000m³/일 이상일 때, 처음 위반한 경우 1.8로 하고, 다음 위반부터는 그 위반 직전의 부과계수에 1.5를 곱한 것으로 한다.

정답 ②

94 ★☆☆

오염총량관리시행계획에 포함되어야 하는 사항으로 가장 거리가 먼 것은?

① 오염총량관리시행계획 대상 유역의 현황
② 연차별 오염부하량 삭감 목표 및 구체적 삭감 방안
③ 오염도 조사 및 오염부하량 산정방법
④ 오염원 현황 및 예측

해설

「시행령 제6조」

오염총량관리시행계획을 수립할 때 포함하여야 하는 사항

· 오염총량관리시행계획 대상 유역의 현황
· 오염원 현황 및 예측
· 연차별 지역 개발계획으로 인하여 추가로 배출되는 오염부하량 및 해당 개발계획의 세부 내용
· 연차별 오염부하량 삭감 목표 및 구체적 삭감 방안
· 오염부하량 할당 시설별 삭감량 및 그 이행 시기
· 수질예측 산정자료 및 이행 모니터링 계획

정답 ③

95 ★☆☆

물놀이 등의 행위제한 권고기준 중 대상행위가 어패류 등 섭취에서 '어패류 체내 총 수은(Hg)'의 경우인 것은?

① 0.3mg/kg 이상
② 0.03mg/kg 이상
③ 0.003mg/kg 이상
④ 3mg/kg 이상

해설

「시행령 별표 5」

물놀이 등 행위제한 권고기준

대상행위	항목	기준
수영 등 물놀이	대장균	500(개체수/100mL) 이상
어패류 등 섭취	어패류 체내 총 수은(Hg)	0.3mg/kg 이상

정답 ①

96 ★☆☆

호소안의 쓰레기 수거, 처리에 관한 설명으로 적절치 못한 것은?

① 호소안의 쓰레기 수거 의무자는 수면관리자이다.
② 해당 호소를 관할하는 시장, 군수, 구청장은 수거된 쓰레기를 운반, 처리하여야 한다.
③ 호소안의 쓰레기 운반·처리에 관한 협약이 체결되지 아니하는 경우 조정권자는 환경부장관이다.
④ 수면관리자와 관계 자치단체의 장은 호소안의 쓰레기 수거에 소요되는 비용을 분담하기 위한 협의를 하여야 한다.

해설

「법 제31조」

- 수면관리자는 호소 안의 쓰레기를 수거하고, 해당 호소를 관할하는 특별자치시장·특별자치도지사·시장·군수·구청장은 수거된 쓰레기를 운반·처리하여야 한다.
- 수면관리자 및 특별자치시장·특별자치도지사·시장·군수·구청장은 제1항에 따른 쓰레기의 운반·처리 주체 및 쓰레기의 운반·처리에 드는 비용을 분담하기 위한 협약을 체결하여야 한다.
- 수면관리자 및 특별자치시장·특별자치도지사·시장·군수·구청장은 제2항에 따른 협약이 체결되지 아니하는 경우에는 환경부장관에게 조정을 신청할 수 있다. 이 경우 환경부장관의 조정이 있으면 제2항에 따른 협약이 체결된 것으로 본다.
- 제3항에 따른 조정의 신청절차에 관하여 필요한 사항은 환경부령으로 정한다.

정답 ④

97 ★★☆

폐수처리 시 희석처리를 인정받고자 하는 자가 이를 입증하기 위해 시·도지사에게 제출하여야 하는 사항이 아닌 것은?

① 처리하려는 폐수의 농도 및 특성
② 희석처리의 불가피성
③ 희석배율 및 희석량
④ 희석처리 시 환경에 미치는 영향

해설

「시행규칙 제48조」

오염물질 희석처리의 인정을 받으려는 자가 시·도지사에게 제출하여야 하는 서류

- 처리하려는 폐수의 농도 및 특성
- 희석처리의 불가피성
- 희석배율 및 희석량

정답 ④

98 ★☆☆

비점오염원의 설치신고 또는 변경신고를 할 때 제출하는 비점오염저감계획서에 포함되어야 하는 사항으로 가장 거리가 먼 것은?

① 비점오염원 저감방안
② 비점오염원 관련 현황
③ 비점오염원 관리 및 모니터링 방안
④ 비점오염저감시설 설치계획

해설

「시행규칙 제74조」

비점오염저감계획서에는 다음 각 호의 사항이 포함되어야 한다.

- 비점오염원 관련 현황
- 비점오염원 저감방안
- 비점오염원저감시설 설치계획
- 비점오염저감시설 유지관리 및 모니터링 방안

정답 ③

99 ★★☆

비점오염저감시설의 설치기준에서 자연형 시설 중 인공습지의 설치기준으로 틀린 것은?

① 유입부에서 유출부까지의 경사는 0.5% 이상 1.0% 이하의 범위를 초과하지 아니하도록 한다.
② 생물의 서식 공간을 창출하기 위하여 5종부터 7종까지의 다양한 식물을 심어 생물다양성을 증가시킨다.
③ 인공습지의 유입구에서 유출구까지의 유로는 최대한 길게 하고, 길이 대 폭의 비율은 5 : 1 이상으로 한다.
④ 습지에는 물이 연중 항상 있을 수 있도록 유량공급대책을 마련하여야 한다.

해설

「시행규칙 별표 17」
인공습지 설치기준
• 인공습지의 유입구에서 유출구까지의 유로는 최대한 길게 하고, 길이 대 폭의 비율은 2 : 1 이상으로 한다.
• 다양한 생태환경을 조성하기 위하여 인공습지 전체 면적 중 50퍼센트는 얕은 습지(0~0.3미터), 30퍼센트는 깊은 습지(0.3~1.0미터), 20퍼센트는 깊은 못(1~2미터)으로 구성한다.
• 유입부에서 유출부까지의 경사는 0.5퍼센트 이상 1.0퍼센트 이하의 범위를 초과하지 아니하도록 한다.
• 물이 습지의 표면 전체에 분포할 수 있도록 적당한 수심을 유지하고, 물 이동이 원활하도록 습지의 형상 등을 설계하며, 유량과 수위를 정기적으로 점검한다.
• 습지는 생태계의 상호작용 및 먹이사슬로 수질정화가 촉진되도록 정수식물, 침수식물, 부엽식물 등 수생식물과 조류, 박테리아 등의 미생물, 소형 어패류 등의 수중생태계를 조성하여야 한다.
• 습지에는 물이 연중 항상 있을 수 있도록 유량공급대책을 마련하여야 한다.
• 생물의 서식 공간을 창출하기 위하여 5종부터 7종까지의 다양한 식물을 심어 생물다양성을 증가시킨다.
• 부유성 물질이 습지에서 최종 방류되기 전에 하류수역으로 유출되지 아니하도록 출구 부분에 자갈쇄석, 여과망 등을 설치한다.

정답 ③

100 ★☆☆

환경부장관이 물환경보전법의 목적을 달성하기 위하여 필요하다고 인정하는 때에 관계기관의 장에게 조치를 요청할 수 있는 사항이 아닌 것은?

① 수질오염원 등록규제
② 해충제거방법의 개선
③ 농업용수의 사용규제
④ 농약·비료의 사용규제

해설

「법 제70조」
환경부장관은 「물환경보전법」의 목적을 달성하기 위하여 필요하다고 인정할 때에는 다음에 해당하는 조치를 관계 기관의 장에게 요청할 수 있다. 이 경우 관계기관의 장은 특별한 사유가 없으면 이에 따라야 한다.
• 해충제거방법의 개선
• 농약·비료의 사용규제
• 농업용수의 사용규제
• 녹지지역 및 경관지구의 지정
• 공공폐수처리시설 또는 공공하수처리시설의 설치
• 공공수역의 준설
• 하천점용허가의 취소, 하천공사의 시행중지·변경 또는 그 인공구조물 등의 이전이나 제거
• 공유수면의 점용 및 사용 허가의 취소, 공유수면 사용의 정지·제한 또는 시설 등의 개축·철거
• 송유관, 유류저장시설, 농약보관시설 등 수질오염사고를 일으킬 우려가 있는 시설에 대한 수질오염 방지조치 및 시설현황에 관한 자료의 제출
• 그 밖에 대통령령으로 정하는 사항

정답 ①

수질오염개론

01 ★★★

호수의 성층현상에 대해 틀린 것은?

① 수심에 따른 온도변화로 인해 발생되는 물의 밀도차에 의하여 발생한다.

② 여름이 되면 연직에 따른 온도경사와 용존산소 경사가 반대 모양을 나타낸다.

③ 겨울과 여름에는 수직운동이 없어 정체현상이 생기며 수심에 따라 온도와 용존산소농도의 차이가 크다.

④ 봄, 가을에는 저수지의 수직혼합이 활발하여 분명한 층의 구별이 없어진다.

해설

여름철 연직 온도경사는 분자 확산에 의한 산소구배(DO구배)와 비슷한 모양을 나타낸다.

정답 ②

02 ★★☆

진핵세포에 대한 설명으로 틀린 것은?

① 세포벽은 두껍거나 없다.

② 유사분열을 한다.

③ 세포핵에 1개의 염색체를 가지고 있다.

④ 몇 개의 DNA분자로 되어 있다.

해설

진핵세포는 둘 또는 그 이상의 염색체를 가지고 있다.

정답 ③

03 ★★☆

이상적인 완전혼합 흐름상태를 나타내는 반응조 혼합정도의 표시로 틀린 것은?

① 지체시간이 0일 때

② Morrill 지수가 1에 가까울수록

③ 분산이 1일 때

④ 분산수가 무한대일 때

해설

반응조에 있어서 혼합 정도의 척도는 분산(Variance), 분산수(Dispersion number), Morrill 지수, 지체시간 등으로 나타낼 수 있으며 이를 비교하면 다음 표와 같다.

	PFR	CFSTR(CMFR)
분산	0	1
분산수	0	∞
Morrill 지수	1	클수록
지체시간	이론적 체류시간 동일	0

정답 ②

04 ★☆☆

그램음성 독립영양세균에 속하지 않는 것은?

① *Micrococcus*속

② *Thiobacillus*속

③ *Nitrosomonas*속

④ *Beggiatoa*속

해설

*Micrococcus*속은 탈질균으로, 종속영양미생물에 해당한다.

정답 ①

05 ★☆☆

광합성의 영향인자와 가장 거리가 먼 것은?

① 빛의 파장
② 빛의 강도
③ 온도
④ O_2 농도

해설

산소(O_2)는 광합성의 부산물로 방출된다.

관련이론 | 광합성에 영향을 미치는 인자

- 빛의 파장
- 빛의 강도(세기)
- 온도
- CO_2 농도

정답 ④

06 ★★★

유해물질, 배출원, 유해내용이 맞게 짝지어진 것은?

① 납 – 합금, 도금, 제련 – 피부궤양
② 수은 – 금속광산, 정련공장, 원자로 – 미나마타병
③ 카드뮴 – 전해소다공장, 농약공장 – 수족의 지각장애
④ 망간 – 광산, 합금, 유리착색 – 윌슨씨 증후군

해설

수질오염물질	인체영향
수은	미나마타병, 헌터루셀 증후군
카드뮴	이따이이따이병
비소	피부염, 설사, 발암
크롬	비중격 연골천공, 피부염
아연	기관지 자극 및 폐렴
납	근육과 관절의 장애
PCB	카네미유증
불소	법랑반점
구리	윌슨씨 증후군

정답 ②

07 ★☆☆

응집제 투여량이 많으면 많을수록 응집효과가 커지게 되는 Schulze – Hardy Rule의 크기를 옳게 나타낸 것은?

① $Al^{3+} > Ca^{2+} > K^+$
② $K^+ > Ca^{2+} > Al^{3+}$
③ $K^+ > Al^{3+} > Ca^{2+}$
④ $Ca^{2+} > K^+ > Al^{3+}$

해설

이온의 원자가가 클수록 응집효과가 크다.

관련이론 | 응집의 특성

- 응집제를 가해주는 목적은 콜로이드의 반발력을 감소시키고자 함이며 콜로이드 입자의 제타 전위는 0이고, 이중층이 존재하지 않는 등전점까지 pH를 조정함으로써 감소한다.
- 제타전위는 반대전하의 이온이나 콜로이드를 가해주면 감소한다.
- 반대전하의 2가 이온은 1가 이온보다 적어도 50배, 그리고 3가 이온은 100배나 더 효과적이다. (Schulze – Hardy Rule → 이온의 원자가가 클수록 응집효과가 크다.)
- 친수성 콜로이드의 부착수는 고농도인 염류에 의해 감소되어 염석효과를 일으키며 염석의 효과도는 양이온 보다는 음이온의 성질에 의존한다.

정답 ①

08 ★★★

하천 모델 중 다음의 특징을 가지는 것은?

> • 유속, 수심, 조도계수에 의한 확산계수 결정
> • 하천과 대기 사이의 열복사, 열교환 고려
> • 음해법으로 미분방정식의 해를 구함

① DO SAG- Ⅰ   ② WQRRS
③ QUAL- Ⅰ   ④ HSPE

선지분석
① DO SAG-1(DO-SAG): Streeter-Phelps 식을 기본으로 Ⅰ, Ⅱ, Ⅲ 단계에 걸쳐 개발
② WQRRS: 하천 및 호수의 부영양화를 고려한 생태계 모델
④ HSPE: 모듈을 선택하여 다양한 분야에 적용

정답 ③

09 ★☆☆

콜로이드(Colloid) 용액이 갖는 일반적인 특성으로 틀린 것은?

① 광선을 통과시키면 입자가 빛을 산란하여 빛의 진로를 볼 수 없게 된다.
② 콜로이드 용액에서는 콜로이드 입자는 이온을 띠고 있다.
③ 콜로이드 입자는 질량에 비해서 표면적이 크다.
④ 콜로이드 입자가 분산매 및 다른 입자와 충돌하여 불규칙한 운동을 하게 된다.

해설
콜로이드는 틴들현상을 가지고 있는 것이 특성이다. 틴들현상이란 콜로이드 용액에 빛을 통과시키면 콜로이드 입자가 빛을 산란시켜 빛의 진로가 보이는 현상을 말한다.

정답 ①

10 ★☆☆

다음 중 g 당량이 가장 높은 것은? (단, Na, K, Cr, Mn, I, S의 원자량은 각각 23, 39, 52, 55, 127, 32)

① $Na_2S_2O_3$ ② KIO_3
③ $K_2Cr_2O_7$ ④ $KMnO_4$

해설
산화제(또는 환원제) g 당량＝몰질량/당량수
$Na_2S_2O_3$의 g 당량수＝$\dfrac{158g}{mol} \times \dfrac{mol}{1eq} = 158g/eq$

선지분석
② KIO_3의 g 당량수＝$\dfrac{214g}{mol} \times \dfrac{mol}{5eq} = 42.8g/eq$

③ $K_2Cr_2O_7$의 g 당량수＝$\dfrac{294g}{mol} \times \dfrac{mol}{6eq} = 49g/eq$

④ $KMnO_4$의 g 당량수＝$\dfrac{158g}{mol} \times \dfrac{mol}{5eq} = 31.6g/eq$

정답 ①

11 ★★☆

우리나라의 수자원 이용현황 중 가장 많은 용도로 사용하는 용수는?

① 유지용수   ② 농업용수
③ 공업용수   ④ 생활용수

해설
우리나라의 수자원 이용현황은 농업용수, 유지용수, 생활용수, 공업용수 순으로 이용률이 높다.

정답 ②

12 ★★★

저수지의 용량이 $2.8 \times 10^8 m^3$이고 염분의 농도가 1.25%이며 유량은 $2.4 \times 10^9 m^3$/년이라면 저수지 염분농도가 200mg/L로 될 때까지의 소요시간(개월)은? (단, 염분 유입은 없으며 저수지는 완전혼합 반응조, 1차반응(자연대수)으로 가정한다.)

① 4.6   ② 5.8

③ 6.9   ④ 7.4

해설

$$\ln \frac{C_t}{C_0} = -k \cdot t$$

- C_t: 처리 후 농도[mg/L]
- C_0: 초기 농도[mg/L]
- k: 반응속도상수[$month^{-1}$]
- t: 반응시간[month]

1) $k = \dfrac{Q}{\forall}$

$$= \frac{2.4 \times 10^9 m^3}{year} \left| \frac{1}{2.8 \times 10^8 m^3} \right| \frac{1year}{12month}$$

$$= 0.714 month^{-1}$$

2) $\ln \dfrac{C_t}{C_0} = -k \cdot t$

$$\ln \left(\frac{200}{1.25 \times 10^4} \right) = \frac{-0.714}{month} \times t$$

$$\therefore t = \ln \left(\frac{200}{1.25 \times 10^4} \right) \times \frac{month}{-0.714}$$

$$= 5.79 \fallingdotseq 5.8 month$$

정답 ②

13 ★☆☆

다음은 수질조사에서 얻은 결과인데, Ca^{2+} 결과치의 분실로 인하여 기재가 되지 않았다. 주어진 자료로부터 Ca^{2+} 농도 (mg/L)는?

양이온(mg/L)		음이온(mg/L)	
Na^+	46	Cl^-	71
Ca^{2+}	—	HCO_3^-	122
Mg^{2+}	36	SO_4^{2-}	192

① 20   ② 40

③ 60   ④ 80

해설

수질조사 후 염에서 양이온과 음이온이 만들어졌기 때문에 양이온과 음이온의 당량 합은 서로 같아야 한다.

Ca^{2+}농도 $= x$ mg/L 라고 하면,

㉠ 양이온 당량

- $Na^{2+} = \dfrac{46mg}{L} \times \dfrac{1meq}{23mg} = 2meq/L$
- $Mg^{2+} = \dfrac{36mg}{L} \times \dfrac{2meq}{24mg} = 3meq/L$
- $Ca^{2+} = \dfrac{x \, mg}{L} \times \dfrac{2meq}{40mg} = \dfrac{x}{20} meq/L$

㉡ 음이온 당량

- $Cl^- = \dfrac{71mg}{L} \times \dfrac{1meq}{35.5mg} = 2meq/L$
- $HCO_3^- = \dfrac{122mg}{L} \times \dfrac{1meq}{61mg} = 2meq/L$
- $SO_4^{2-} = \dfrac{192mg}{L} \times \dfrac{1meq}{48mg} = 4meq/L$

∴ 양이온 당량 = 음이온 당량

$$2 + 3 + \frac{x}{20} = 2 + 2 + 4$$

$$\therefore x = 60 mg/L$$

정답 ③

14 ★★★

하천 및 호수의 부영양화를 고려한 생태계 모델로 정적 및 동적인 하천의 수질, 수문학적 특성이 고려하고 호수에는 수심별 1차원 모델이 적용하는 하천 모델은?

① WASP   ② DO – Sag
③ QUAL – Ⅰ   ④ WQRRS

해설
WQRRS 모델은 하천 및 호수의 부영양화를 고려한 생태계 모델이다.

관련이론 | 수질환경모델
- QUAL – Ⅰ: 하천과 대기 사이의 열복사, 열교환 고려
- DO Sag – 1(DO – Sag): Streeter – Phelps 식을 기본으로 Ⅰ, Ⅱ, Ⅲ 단계에 걸쳐 개발
- Streeter – Phelps 모델: BOD와 DO반응 즉 유기물의 분해로 인한 DO소비와 대기로부터 수면을 통한 산소를 재공급하는 재폭기만 고려

정답 ④

15 ★☆☆

완충용액에 대한 설명으로 틀린 것은?

① 완충용액은 보통 강염기와 그 염기의 강산의 염이 함유된 용액이다.
② 완충용액의 작용은 화학평형원리로 쉽게 설명된다.
③ 완충용액은 한도내에서 산을 가했을 때 pH에 약간의 변화만 준다.
④ 완충용액은 보통 약산과 그 약산의 짝염기의 염이 함유된 용액이다.

해설
완충용액은 보통 약염기와 그 약염기의 짝산의 염이 함유된 용액, 약산과 그 약산의 짝염기의 염이 함유된 용액이다.

정답 ①

16 ★★★

수은(Hg) 중독과 관련이 없는 것은?

① 이타이이타이병을 유발한다.
② 무기수은은 황화물 침전법, 활성탄 흡착법, 이온교환법 등으로 처리할 수 있다.
③ 유기수은은 무기수은보다 독성이 강하며 신경계통에 장해를 준다.
④ 난청, 언어장애, 구심성 시야협착, 정신장애를 일으킨다.

해설
카드뮴 중독의 대표적인 질환이 이타이이타이병이다.

정답 ①

17 ★☆☆

분뇨를 퇴비화 처리할 때 초기의 최적 환경조건으로 가장 거리가 먼 것은?

① 퇴비화는 호기성미생물을 활용하는 기술이므로 산소공급을 충분히 한다.
② 초기 재료의 pH는 6.0~8.0으로 조정한다.
③ 부자재를 혼합하여 수분함량이 20~30% 되도록 한다.
④ 축분에 수분조정을 위해 부자재를 혼합할 때 퇴비재료의 적정 C/N비는 25~30이 좋다.

해설
부자재를 혼합하여 수분함량이 50~60% 되도록 한다.

관련이론 | 퇴비화 조건
- 수분량: 50~60wt%
- C/N비: 25~30이 적정범위
- 온도: 적절한 온도(50~60℃)
- 입경: 5cm 이하
- pH: 약알칼리 상태(pH 6~8)
- 공기: 호기적 산화 분해로 산소의 존재가 필수적.
  산소함량(5~ 15%), 공기주입률(50~200L/min·m³)

정답 ③

18

★☆☆

염산 130mg 용액 1L에 1N 가성소다 3mL 첨가했을 때의 pH는? (단, 염산 및 가성소다의 분자량은 각각 36.5와 40)

① 2.75

② 3.00

③ 3.25

④ 3.55

해설

$HCl + NaOH \rightarrow NaCl + H_2O$

· 염산(HCl)의 몰수

$$= 130mg \times \frac{g}{10^3 mg} \times \frac{1mol}{36.5g} = 3.5616 \times 10^{-3} \, mol \, HCl$$

· 1M 가성소다 용액 3mL에 들어있는 NaOH의 몰수

(1M 가성소다(NaOH)=1N 가성소다(NaOH))

$$= \frac{1mol}{L} \times 3mL \times \frac{1L}{10^3 mL} = 0.003 mol \, NaOH$$

HCl : NaOH = 1 : 1 반응하므로,

· 반응 후 남아있는 HCl의 몰수

$= (3.5616 \times 10^{-3}) - 0.003 = 5.616 \times 10^{-4} \, mol \, HCl$

$HCl \rightarrow H^+ + Cl^-$ 에서 $[H^+]$의 몰농도를 구한다.

(단, $[HCl] = [H^+]$)

· HCl의 몰농도

$= (5.616 \times 10^{-4}) mol \div (1 + 0.003) L = 5.5992 \times 10^{-4} M \, HCl$

HCl : H^+ = 1 : 1 반응하므로,

$[HCl] = [H^+] = 5.5992 \times 10^{-4} M$

$\therefore pH = -\log[H^+] = -\log(5.5992 \times 10^{-4})$

$= 3.2519 ≒ 3.25$

정답 ③

19

★☆☆

트리할로메탄(THM)에 관한 설명으로 틀린 것은?

① 온도가 증가할수록 THM의 생성량은 증가한다.

② pH가 증가할수록 THM의 생성량은 증가한다.

③ 일정 기준 이상의 염소를 주입하면 THM의 농도는 급감한다.

④ 수돗물에 생성된 트리할로메탄류는 대부분 클로로포름으로 존재한다.

해설

염소 주입량 20ppm까지는 트리할로메탄(THM) 생성이 급속히 증가하고 그 이후는 서서히 증가한다.

정답 ③

20

★★☆

적조현상에 의해 어패류가 폐사하는 원인과 가장 거리가 먼 것은?

① 적조생물이 어패류의 아가미에 부착하여

② 치사성이 높은 유독물질을 분비하는 조류로 인해

③ 적조류의 사후분해에 의한 수중 부패 독의 발생으로 인해

④ 적조류의 광범위한 수면막 형성으로 인해

해설

광범위한 수면막이 형성되어 어패류가 폐사하는 것은 유류오염에 의한 것이다.

이 외에 적조현상에 의한 어패류 폐사 원인으로는 적조생물의 표수층 과포화로 인한 산소 차단도 있다.

정답 ④

상하수도계획

21 ★★★

정수장의 플록형성지에 관한 설명으로 틀린 것은?

① 플록형성은 응집된 미소플록을 크게 성장시키기 위해 적당한 기계식교반이나 우류식교반이 필요하다.

② 플록형성지는 혼화지와 침전지 사이에 위치하고 침전지에 붙여서 설치한다.

③ 플록형성지는 단락류나 정체부가 생기지 않으면서 충분하게 교반될 수 있는 구조로 한다.

④ 플록형성지 내의 교반강도는 하류로 갈수록 점차 증가시키는 것이 바람직하다.

해설
플록형성지 내의 교반강도는 하류로 갈수록 점차 감소시키는 것이 바람직하다.

정답 ④

22 ★☆☆

다음 표는 어느 강우 배수구역의 우수량을 산출하기 위해 조사한 지역분포와 유출계수의 결과이다. 이 지역 전체의 평균유출계수는?

구분	유출계수	면적
A 지역	0.6	20%
B 지역	0.4	30%
C 지역	0.5	40%
D 지역	0.2	10%

① 0.23   ② 0.39
③ 0.53   ④ 0.46

해설
평균유출계수(C)

$$C = \frac{\sum(\text{유출계수} \times \text{공종의 면적})}{\sum \text{공종의 면적}}$$
$$= \frac{0.6 \times 20 + 0.4 \times 30 + 0.5 \times 40 + 0.2 \times 10}{20 + 30 + 40 + 10} = 0.46$$

정답 ④

23 ★★☆

전양정에 대한 펌프의 형식 중 틀린 것은?

① 전양정 5m 이하, 펌프 구경 400mm 이상, 축류펌프

② 전양정 3~12m, 펌프 구경 400mm 이상, 원심펌프

③ 전양정 5~20m, 펌프 구경 300mm 이상, 원심사류펌프

④ 전양정 4m 이상, 펌프 구경 80mm 이상, 원심펌프

해설
전양정 3~12m는 펌프 구경 400mm 이상의 사류펌프를 사용한다.

관련이론 | 펌프의 종류 및 전양정

형식	전양정(m)	펌프구경(mm)
축류펌프	5 이하	400 이상
사류펌프	3~12	400 이상
원심사류펌프	5~20	300 이상
원심펌프	4 이상	80 이상

정답 ②

24 ★★☆

취수시설 중 취수탑에 관한 설명으로 틀린 것은?

① 연간을 통하여 최소 수심이 2m 이상으로 하천에 설치하는 경우에는 유심이 제방에 되도록 근접한 지점으로 한다.

② 취수탑의 상단 및 관리교의 하단은 하천, 호소 및 댐의 계획최고수위보다 높게 한다.

③ 취수탑의 횡단면은 환상으로서 원형 또는 타원형으로 한다.

④ 취수탑을 하천에 설치하는 경우에는 장축방향을 흐름방향과 직각이 되도록 설치한다.

해설
취수탑을 하천에 설치하는 경우, 장축방향을 흐름 방향과 평행이 되도록 설치한다. 호소 및 댐에 설치하는 경우에는 최고수위에 대하여 바람이나 지진에 의한 파랑의 높이를 고려한다.

정답 ④

25 ★☆☆

하수슬러지 소각을 위한 소각로 중에서 건설비가 가장 큰 것은?

① 다단소각로
② 회전소각로
③ 유동층소각로
④ 기류건조소각로

해설

기류건조소각로가 건설비가 가장 크다.

정답 ④

26 ★☆☆

기존의 하수처리시설에 고도처리시설을 설치하고자 할 때 검토사항으로 틀린 것은?

① 기본설계과정에서 처리장의 운영실태 정밀분석을 실시한 후 이를 근거로 사업추진 방향 및 범위 등을 결정하여야 한다.
② 표준활성슬러지법이 설치된 기존 처리장의 고도처리개량은 개선대상 오염물질별 처리특성을 감안하여 효율적인 설계가 되어야 한다.
③ 시설개량은 시설개량방식을 우선 검토하되 방류수 수질기준 준수가 곤란한 경우에 한해 운전개선방식을 함께 추진하여야 한다.
④ 기존 시설물 및 처리공정을 최대한 활용하여야 한다.

해설

시설개량은 운전개량방식을 우선 검토하되 방류수 수질기준 준수가 곤란한 경우에 한해 시설개량방식을 함께 추진하여야 한다.

관련이론 | 고도처리시설 설치 시 검토사항

- 기본설계과정에서 처리장의 운영실태 정밀분석을 실시한 후 이를 근거로 사업추진 방향 및 범위 등을 설계에 반영해야 한다.
- 하수처리장 부지 여건을 충분히 고려하여 고도처리시설을 수립하여야 한다.
- 기존 시설물 및 처리공정을 최대한 활용하여 중복투자가 발생되지 않도록 한다.
- 표준활성슬러지법이 설치된 기존 처리장에 고도처리시설을 도입할 경우에는 개선대상 오염물질별 처리특성을 감안하여 효율적인 설계가 되도록 하여야 한다.

정답 ③

27 ★★★

입자의 침전속도가 작게 되는 경우는? (단, 기타 조건은 동일하며 침전속도는 스톡스법칙에 따른다.)

① 부유물질 입자의 입경이 클 경우
② 부유물질 입자의 밀도가 클 경우
③ 처리수의 밀도가 작을 경우
④ 처리수의 점성도가 클 경우

해설

스톡스 법칙

$$V_s = \frac{d^2(\rho_p - \rho)g}{18\mu}$$

처리수의 점성도가 클수록 입자의 침전속도는 작아진다.

정답 ④

28 ★★☆

하수도계획의 목표연도는 원칙적으로 몇 년 정도로 하는가?

① 10년
② 20년
③ 30년
④ 40년

해설

하수도계획의 목표연도는 원칙적으로 20년 정도로 한다.
상수도계획의 목표연도는 15~20년이다.

정답 ②

29 ★★☆

정수시설인 완속여과지에 관한 내용으로 옳지 않은 것은?

① 여과속도는 4~5m/day를 표준으로 한다.
② 모래층의 두께는 70~90cm를 표준으로 한다.
③ 주위벽 상단은 지반보다 60cm 이상 높여 여과지 내로 오염수나 토사 등의 유입을 방지한다.
④ 여과면적은 계획정수량을 여과속도로 나누어 구한다.

해설

주위벽 상단은 지반보다 15cm 이상 높여 여과지 내로 오염수나 토사 등의 유입을 방지한다.

정답 ③

30 ★★★

직경 1m의 원형콘크리트관에 하수가 흐르고 있다. 동수구배(I)가 0.01이고, 수심이 0.5m일 때 유속(m/sec)은? (단, 조도계수(n)=0.013, Manning 공식 적용, 만관기준)

① 2.1
② 2.7
③ 3.1
④ 3.7

해설

Manning 공식

$$V[\text{m/sec}]=\left(\frac{1}{n}\right)\cdot R^{\frac{2}{3}}\cdot I^{\frac{1}{2}}$$

- V : 평균유속[m/sec]
- n : 조도계수
- R : 경심(경심＝수류단면적/윤변＝$D/4$)[m]
- I : 동수구배

여기서,

$n=0.013$

$R=\dfrac{D}{4}=\dfrac{1}{4}=0.25\text{m}$

$I=0.01$

$\therefore V[\text{m/sec}]=\dfrac{1}{0.013}\times(0.25)^{\frac{2}{3}}\times(0.01)^{\frac{1}{2}}$

$\qquad\qquad\quad =3.05 ≒ 3.1\text{m/sec}$

정답 ③

31 ★☆☆

다음 중 하수관로인 지선관로와 간선관로의 각 설계빈도로 옳은 것은?

① 지선관로: 10년, 간선관로: 30년
② 지선관로: 30년, 간선관로: 10년
③ 지선관로: 10년, 간선관로: 10년
④ 지선관로: 30년, 간선관로: 30년

해설

하수관로	설계빈도
지선관로	10년(30년 이상 가능)
간선관로	30년(50년 이상 가능)
빗물펌프장	30년(50년 이상 가능)

정답 ①

32 ★☆☆

다음 중 저수시설과 관련하여 수량 및 수위 기준이 틀린 것은?

① 풍수량: 1년 중 95일은 이보다 낮지 않는 수량과 수위
② 평수량: 1년 중 125일은 이보다 낮지 않는 수량과 수위
③ 저수량: 1년 중 275일은 이보다 낮지 않는 수량과 수위
④ 갈수량: 1년 중 355일은 이보다 낮지 않는 수량과 수위

관련이론 | 저수시설 수량 및 수위 기준

- 풍수량: 하천의 수위 중에서 1년을 통하여 95일간 이보다 더 내려가지 않는 수위
- 평수량: 하천의 수위 중에서 1년을 통하여 185일간 이보다 더 내려가지 않는 수위
- 저수량: 하천의 수위 중에서 1년을 통하여 275일간 이보다 더 내려가지 않는 수위
- 갈수량: 하천의 수위 중에서 1년을 통하여 355일간 이보다 더 내려가지 않는 수위

정답 ②

33 ★★☆

직경 200cm 원형관로에 물이 1/2 차서 흐를 경우, 이 관로의 경심은?

① 15cm
② 25cm
③ 50cm
④ 100cm

해설

$$경심(R)=\frac{수류단면적(A)}{윤변(P)}=\frac{\dfrac{\pi D^2}{4}\times\dfrac{1}{2}}{\pi D\times\dfrac{1}{2}}$$

$$=\frac{D}{4}=\frac{200\text{cm}}{4}=50\text{cm}$$

정답 ③

34 ★☆☆

활성슬러지법에서 사용하는 수중형 포기장치에 관한 설명으로 틀린 것은?

① 깊은 반응조에 적용하며 운전에 융통성이 있다.
② 송풍조의 규모를 줄일 수 있어 전기료가 적게 소요된다.
③ 저속터빈과 압력튜브 혹은 보통관을 통한 압축공기를 주입하는 형식이다.
④ 혼합정도가 좋으며 단위용량당주입량이 크다.

해설
수중형 포기장치는 송풍조의 규모를 줄일 수 없고 전기소비량은 압축공기의 주입량에 비례한다.

정답 ②

35 ★★☆

상수처리를 위한 정수시설인 급속여과지에 관한 설명으로 틀린 것은?

① 여과속도는 120~150m/day를 표준으로 한다.
② 급속여과지는 중력식과 압력식이 있으며 중력식을 표준으로 한다.
③ 여과지 1지의 여과면적은 50m² 이하로 한다.
④ 여과 및 여과층의 세척이 충분하게 이루어질 수 있어야 한다.

해설
여과지 1지의 여과면적은 150m² 이하로 한다.

정답 ③

36 ★☆☆

복류수 취수와 관련하여 저수지나 배수지의 용량을 구할 때 사용하는 방법으로 옳은 것은?

① 합리식 방식(Rational Method)
② 리플법(Ripple's Method)
③ 랜니법(Rammey Method)
④ 하디 – 크로스법(Hardy – Cross Method)

해설
리플법(Ripple's Method)이란 유량누가곡선 도표법라고도 하며 저수지(배수지)의 유효저수량을 산정하는 방법으로 매월의 유량누가곡선과 계획취수량 누가곡선을 도시하여 유효저수량과 저수지 용량을 구할 수 있다.

선지분석
① 합리식 방식(Rational Method): 저류효과를 고려할 필요없는 소규모 유역의 첨두유량을 산정하는 간단한 방법으로 강우강도와 유역면적, 유출계수와 첨두유량은 비례한다는 가정에서 시작하였다.
③ 랜니법(Rammey Method): 유기물의 분석 방법 중 하나로, 이 방법은 용액을 희석시켜 적외선 분광기를 이용하여 유기물의 농도를 측정하는 방법이다.
④ 하디–크로스법(Hardy – Cross Method):배수관망의 설계에서 관망의 관경이나 유량을 먼저 가정하여 반복계산을 행하면서 차이량을 반복적으로 가감함에 따라 관의 유량이나 손실수두 등을 순차적으로 실제값에 근접시키는 방법이다.

정답 ②

37

★☆☆

펌프 운전시 발생할 수 있는 비정상현상 중 펌프운전중에 토출량과 토출압이 주기적으로 숨이 찬 것처럼 변동하는 상태를 일으키는 현상으로 펌프 특성 곡선이 산형에서 발생하며 큰 진동을 발생하는 경우를 무엇이라 하는가?

① 캐비테이션
② 서어징
③ 수격작용
④ 크로스컨넥숀

해설

서어징에 대한 내용이다.

선지분석

① 캐비테이션(Cavitation): 유수 중 어느 부분의 정압이 물의 온도에 해당하는 증기압 이하로 되어 물이 증발하고 수중에 용입되어 있던 공기가 낮은 압력으로 인하여 기포가 발생하는 현상으로 공동현상이라고도 한다.
③ 수격작용(Water hammer): 관로 내의 물의 운동상태를 갑자기 변화시킴에 따라 생기는 물의 급격한 압력 변화의 현상이다. 급격한 압력변화가 관 속에 바로 전달되기 때문에 진동과 충격음을 내고, 심할 때는 펌프 고장의 원인이 된다.
④ 크로스컨넥숀(Cross connection): 서로 상이한 목적으로 설치된 배관이 연결되거나 오염된 지하수의 수압이 배관수압보다 높아 역류하여 상수, 음용수 등이 오염되는 것을 말한다.

정답 ②

38

★☆☆

연평균 강우량이 1,135mm인 지역에 필요한 저수지의 용량(day)은? (단, 가정법 적용)

① 약 126
② 약 146
③ 약 166
④ 약 186

해설

저수용량(가정법) 식은 다음과 같다.

$$C = \frac{5,000}{\sqrt{0.8 \times R}} = \frac{5,000}{\sqrt{0.8 \times 1,135}}$$

$$= 165.93일 ≒ 166일$$

· R: 연평균 강수량[mm]

정답 ③

39

★★☆

천정호(얕은우물)의 경우 양수량 $Q = \frac{\pi k(H^2 - h^2)}{2.3 \log(R/r)}$ 로 표시된다. 반경 0.5m의 천정호 시험정에서 $H = 6$m, $h = 4$m, $R = 50$m인 경우에 $Q = 0.6$m³/sec의 양수량을 얻었다. 이 조건에서 투수계수는?

① 0.044
② 0.073
③ 0.086
④ 0.146

해설

양수량(Q)은 다음과 같다.

$$Q = \frac{\pi k(H^2 - h^2)}{2.3 \log(R/r)}$$

$$0.6 = \frac{\pi k(6^2 - 4^2)}{2.3 \log(50/0.5)}$$

$$\therefore k = 0.044$$

※ k 값은 공학용계산기의 SOLVE 기능을 이용하여 구하는 것이 편리합니다.

정답 ①

40

★★☆

계획송수량과 계획도수량의 기준이 되는 수량은?

① 계획송수량: 계획1일 최대급수량
   계획도수량: 계획시간 최대급수량
② 계획송수량: 계획1일 최대급수량
   계획도수량: 계획취수량
③ 계획송수량: 계획시간 최대급수량
   계획도수량: 계획1일 최대급수량
④ 계획송수량: 계획취수량
   계획도수량: 계획1일 최대급수량

해설

· 송수는 정수된 물을 배수지까지 보내는 것으로, 계획송수량은 계획1일 최대급수량 기준이다.
· 도수는 수원에서 취수한 물을 정수장까지 보내는 것으로, 계획도수량은 계획취수량 기준이다.

정답 ②

수질오염방지기술

41 ★★★

유입 유량이 500,000m³/day, BOD₅가 200mg/L인 폐수를 처리하기 위해 완전혼합형 활성슬러지 처리장을 설계하려고 한다. 1차 침전지에서 제거된 유입수의 BOD₅는 34%이고, MLVSS는 3,000mg/L, 반응속도상수(K)는 1.0L/g MLVSS·hr이라면, 일차반응일 경우 F/M비는? (단, 유출수 BOD₅ 10mg/L)

① 0.26 kg BOD/kg MLVSS·day
② 0.28 kg BOD/kg MLVSS·day
③ 0.32 kg BOD/kg MLVSS·day
④ 0.36 kg BOD/kg MLVSS·day

해설

$\text{F/M} = \dfrac{\text{BOD} \cdot Q}{\forall \cdot X}$

1) $\text{BOD} = 200 \times (1 - 0.34) = 132\text{mg/L} = 0.132\text{kg/m}^3$

2) $Q = 500,000\text{m}^3/\text{day}$

3) $QC_i - QC_o = K \cdot \forall \cdot C_o$

$\rightarrow \forall = \dfrac{Q(C_i - C_o)}{K \cdot C_o}$

$= \dfrac{500,000\text{m}^3}{\text{day}} \left| \dfrac{(132-10)\text{mg}}{\text{L}} \right| \dfrac{\text{g}\cdot\text{hr}}{1.0\text{L}} \left| \dfrac{\text{L}}{3\text{g}} \right| \dfrac{\text{L}}{10\text{mg}} \left| \dfrac{1\text{day}}{24\text{hr}} \right.$

$= 84,722.22\text{m}^3$

4) $X = 3,000\text{mg/L} = 3\text{kg/m}^3$

$\therefore \text{F/M} = \dfrac{\text{BOD} \cdot Q}{\forall \cdot X}$

$= \dfrac{0.132\text{kg}}{\text{m}^3} \left| \dfrac{500,000\text{m}^3}{\text{day}} \right| \dfrac{\text{m}^3}{84,722.22\text{m}^3} \left| \dfrac{\text{m}^3}{3\text{kg}} \right.$

$= 0.26\text{kg BOD/kg MLVSS}\cdot\text{day}$

정답 ①

42 ★☆☆

활성슬러지 공정의 2차 침전지에서 나타나는 일반적인 고형물농도와 침전속도의 관계를 바르게 나타낸 그래프는?

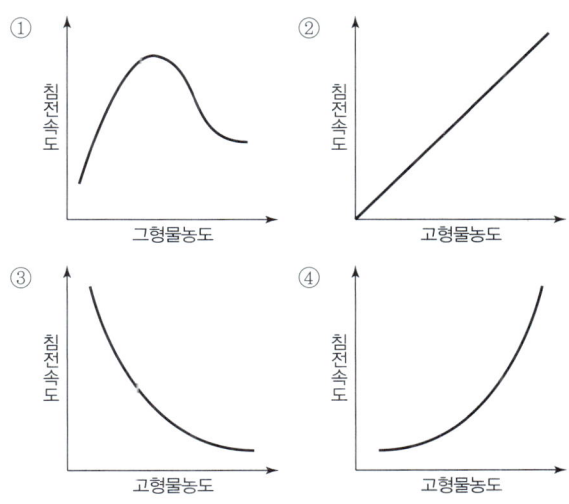

해설

2차 침전지에서 침전속도는 고형물의 농도와 반비례한다.

정답 ③

43 ★★★

분리방법 중 정밀여과에 대한 설명으로 틀린 것은?

① 막형태: 대칭형 다공성막(Pore size 0.1~10μm)
② 구동력: 정수압차(0.1~1bar)
③ 분리형태: 용해, 확산
④ 적용분야: 전자공업의 초순수 제조, 무균수 제조식품의 무균여과

해설

정밀여과는 정밀여과막을 사용하여 체거름 원리에 따라 입자를 분리하는 여과법이다. 역삼투 분리 방법의 분리형태가 용해, 확산이다.

정답 ③

44 ★☆☆

질산염(NO_3^-) 40mg/L가 탈질되어 질소로 환원될 때 필요한 이론적인 메탄올(CH_3OH)의 양(mg/L)은?

① 17.2   ② 36.6

③ 58.4   ④ 76.2

해설

질산염(NO_3^-)의 몰질량=62g/mol

메탄올(CH_3OH)의 몰질량=32g/mol

메탄올을 전자공여체로 한 탈질 반응식

$6NO_3^- + 5CH_3OH \rightarrow 3N_2 + 7H_2O + 5CO_2 + 6OH^-$

$6 \times 62g : 5 \times 32g = 40mg/L : Xmg/L$

$\therefore X = 17.20mg/L$

정답 ①

46 ★★★

회전생물막접촉기(RBC)에 관한 설명으로 틀린 것은?

① 충격부하의 조절이 가능하다.

② 온도에 따른 처리효율의 영향이 적다.

③ 재순환이 필요 없고 유지비가 적게 든다.

④ 반송이 필요없다.

관련이론 | 회전생물막접촉기(RBC)

특징	• 운전조작이 간단함 • 폭기가 필요 없어 소비전력이 표준활성슬러지법보다 적음 • 질산화가 잘 일어나며, pH 저하가 일어날 수 있음 • 2차 침전지에서 슬러지 벌킹으로 인한 슬러지 유출이 없음 • 2차 침전지에서 미세한 SS 유출이 쉽고, 처리수 투명도 나쁨
장점	• 슬러지발생량이 적음 • 슬러지반송이 필요 없음 • 부하변동에 강함 • 질산화가 일어나 질소 제거가 가능함 • 단회로 제어가 가능함
단점	• 낮은 효율, 처리량 낮음 • 2차 침전지에서 미세한 SS 유출될 수 있음 • 처리수 투명도가 나쁨 • 온도 영향이 큼 • 하루살이가 발생함

정답 ②

45 ★☆☆

핀 플록(Pin-floc)이나 플록파괴(Deflocculation)가 발생하는 원인이 아닌 것은?

① 유황(Sulfide)

② 독성(Toxic)물질 유입

③ 장기폭기(Extended Aeration)

④ 혐기성(Anaerobic) 상태

해설

유황은 슬러지팽화 현상을 야기한다.

정답 ①

47

★☆☆

질소 제거를 위한 파괴점 염소주입법에 관한 설명과 가장 거리가 먼 것은?

① 적절한 운전으로 모든 암모니아성 질소의 산화가 가능하다.
② 기존 시설에 적용이 용이하다.
③ 수생생물에 독성을 끼치는 잔류염소농도가 높아진다.
④ 염소 주입으로 유출수 내 TDS 농도가 감소한다.

해설

염소 주입으로 유출수 내 TDS 농도가 증가한다.

관련이론 | 파괴점 염소주입법(Breakpoint Chlorination)의 장단점

장점	• 암모니아성 질소의 산화 가능 • 유출수의 동시 소독 가능 • 적은 토지 소요 • 독성물질과 온도에 둔감 • 저렴한 시설비 • 기존 시설에 적용 용이
단점	• 수생생물에 독성을 끼치는 잔류염소농도 증가 • 폐수 내 다양한 물질로 인해 염소 요구량 증대 • pH에 민감하여 염소 요구량에 영향 • THM 형성으로 상수공급원 수질에 영향 • 염소주입으로 유출수 내 TDS 농도 증가 • 삼염화질소가스 형성방지를 위해 pH 조정 필요 • 숙련된 운전자 필요

정답 ④

48

★☆☆

하·폐수를 통하여 배출되는 계면활성제에 대한 설명 중 잘못된 것은?

① 계면활성제는 메틸렌블루 활성물질이라고도 한다.
② 물에 약간 녹으며 폐수처리 플랜트에서 거품을 만들게 된다.
③ ABS는 생물학적으로 분해가 매우 쉬우나 LAS는 생물학적으로 분해가 어려운 난분해성 물질이다.
④ 계면활성제는 주로 합성세제로부터 배출되는 것이다.

해설

ABS 세제는 세척력이 우수하지만 생물학적으로 분해가 어렵다. 물속에 존재하는 미생물은 탄소화합물을 분해해 정화하는 능력이 있는데 ABS 세제처럼 가지 달린 탄소화합물은 쉽게 분해하지 못한다. 따라서 LAS 세제는 ABS 세제보다 생물학적 분해가 쉽다.

정답 ③

49

★★☆

농도 4,000mg/L인 포기조내 활성슬러지 1L를 30분간 정치시켰을 때, 침강슬러지 부피가 40%를 차지하였다. 이때 SDI는?

① 1
② 2
③ 10
④ 100

해설

$$SDI[g/100mL] = \frac{100}{SVI}$$

$$SVI = \frac{SV[\%]}{MLSS[mg/L]} \times 10^4$$

$$= \frac{40}{4,000} \times 10^4 = 100$$

$$\therefore SDI = \frac{100}{SVI} = \frac{100}{100} = 1g/100mL$$

정답 ①

50 ★★★

활성슬러지 공정의 폭기조 내 MLSS 농도 2,000mg/L, 폭기조의 용량 $5m^3$, 유입 폐수의 BOD 농도 300mg/L, 폐수 유량이 $15m^3$/day일 때, F/M 비(kg BOD/kg MLSS·day)는?

① 0.35

② 0.45

③ 0.55

④ 0.65

해설

BOD 슬러지 부하(kg BOD/kg MLSS·day)는 폭기조 내 MLSS 단위무게당 하루에 부하되는 BOD의 무게로 F/M비를 의미한다.

$$F/M = \frac{1일\ BOD\ 유입량[kg/day]}{MLSS량[kg]} = \frac{BOD \cdot Q}{\forall \cdot X}$$

· BOD: BOD 농도[mg/L]

· Q: 유입유량[m^3/day]

· $\forall$: 폭기조 용적[m^3]

· X: MLSS 농도[mg/L]

$$\frac{BOD \cdot Q}{\forall \cdot X} = \frac{300 \times 15}{5 \times 2,000}$$

$$= 0.45kg\ BOD/kg\ MLSS \cdot day$$

정답 ②

51 ★☆☆

수은계 폐수 처리방법으로 틀린 것은?

① 수산화물 침전법

② 흡착법

③ 이온교환법

④ 황화물침전법

해설

수은함유 폐수를 처리하는 방법에는 흡착법, 이온교환법, 황화물침전법, 아말감법 등이 있다. 수산화물 침전법은 주로 Pb, Cd, Cr^{6+} 처리에 이용한다.

정답 ①

52 ★☆☆

인구 6,000명의 도시하수를 RBC로 처리한다. 평균유량은 380L/cap·day, 유입 BOD_5는 200mg/L, 초기 침전조에서 BOD_5는 33% 제거되며, 총 유출 BOD_5는 20mg/L, 단수는 4이다. 실험에서 K는 50.6L/day·m^2이라면 대수적 방법으로 구한 설계 수력학적 부하는? (단, 성능식:

$$\frac{S_n}{S_o} = \left[\frac{1}{\left(1 + \frac{K}{Q/A}\right)}\right]^n)$$

① Q/A: 65.4L/day·m^2

② Q/A: 77.7L/day·m^2

③ Q/A: 83.1L/day·m^2

④ Q/A: 96.9L/day·m^2

해설

$$\frac{S_n}{S_o} = \left[\frac{1}{\left(1 + \frac{K}{Q/A}\right)}\right]^n$$

· RBC로 유입되는 BOD 농도 $S_o = 200 \times 0.67 = 134mg/L$

· RBC에서 유출되는 BOD 농도 $S_n = 20mg/L$

· 단수 $n = 4$

· $K = 50.6L/day \cdot m^2$

$$\frac{20}{134} = \left[\frac{1}{\left(1 + \frac{50.6}{Q/A}\right)}\right]^4$$

$$\rightarrow Q/A = 83.11L/day \cdot m^2$$

정답 ③

53 ★★☆

반지름이 8cm인 원형 관로에서 유체의 유속이 20m/sec일 때 반지름이 40cm인 곳에서의 유속(m/sec)은? (단, 유량 동일, 기타 조건은 고려하지 않음)

① 0.8 ② 1.6
③ 2.2 ④ 3.4

해설

$A_1V_1 = A_2V_2$

$\dfrac{\pi(0.16m)^2}{4} \times 20 = \dfrac{\pi(0.8m)^2}{4} \times V_2$

$\therefore V_2 = 0.8m/sec$

정답 ①

54 ★☆☆

원형 1차침전지를 설계하고자 할 때 가장 적당한 침전지의 직경[m]은?
(단, 평균유량=9,000m³/day, 평균표면부하율=45m³/m²·day, 최대유량=2.5×평균유량, 최대표면부하율=100m³/m²·day)

① 12 ② 15
③ 17 ④ 20

해설

실제 설계하여야 하는 1차침전지의 수면적은 평균유량에 해당하는 면적과 최대유량에 해당하는 면적을 구한 뒤 더 큰 면적으로 설계한다.

표면부하율$(V_o) = \dfrac{평균유량[m^3/day]}{침전지\ 수면적[m^2]}$

• 평균유량에 해당하는 수면적[m²]

$= \dfrac{9,000m^3}{day} \times \dfrac{m^2 \cdot day}{45m^3} = 200m^2$

• 최대유량에 해당하는 수면적[m²]

$= \dfrac{2.5 \times 9,000m^3}{day} \times \dfrac{m^2 \cdot day}{100m^3} = 225m^2$

따라서, 최대유량에 해당하는 면적으로부터 직경(D)를 구한다.

$A = \dfrac{\pi D^2}{4} = 225m^2$

$\therefore D = 16.93 ≒ 17m$

정답 ③

55 ★★☆

폐수처리에 관련된 침전현상으로 입자들의 서로 위치를 바꾸려 하지 않고 입자는 서로간에 상대적으로 고정된 위치에 존재하는 침전은?

① 제1형 침전(독립침전) ② 제2형 침전(응집침전)
③ 제3형 침전(지역침전) ④ 제4형 침전(압축침전)

관련이론 | 침전형상의 종류 및 특징

구분	특징
I형 침전 (독립침전, 자유침전)	• 상호간 방해없이 침전 • Stokes 법칙 사용 • 침사지/보통침전지에서 적용
II형 침전 (응집침전)	• 응결/응집으로 침전 속도 증가 • 약품침전지에서 적용
III형 침전 (지역침전, 간섭침전)	• 입자 간에 작용하는 힘에 의해 주변입자들의 침전 방해 • 입자 서로간의 상대적 위치를 변경시키려하지 않으며 침전 • 생물학적 2차 침전지에서 적용
IV형 침전 (압밀침전, 압축침전)	• Floc 사이의 물이 빠져 나가는 압밀작용이 발생 • 농축시설에서 적용

정답 ③

56 ★☆☆

Jar-test를 하기 위해 500mL 증류수에 0.1% 황산알루미늄을 1g 주입하였다. 이때 황산알루미늄의 농도는 몇 mg/L 인가?

① 0.5 ② 1.0
③ 1.5 ④ 2.0

해설

0.1% 황산알루미늄이란 황산알루미늄을 0.1% 포함한 혼합물을 말한다. 순수한 황산알루미늄의 질량을 계산하면,

$\dfrac{1g}{500mL} \times \dfrac{0.1}{100} \times \dfrac{10^3mg}{1g} \times \dfrac{10^3mL}{1L} = 2.0mg/L$

정답 ④

57 ★☆☆

함수율 96%인 축산폐수 500m³/day가 혐기성소화조에 투입되고 있다. VS/TS비는 50%이며 혐기성 소화 후 VS 물질의 80%가 가스로 발생하고 있다. 이 소화조에서 하루 발생한 소화가스의 열량(kcal/day)은? (단, 축산폐수의 비중 1.0, VS 1ton은 25m³의 소화 가스를 발생, 소화가스 1m³의 열량은 6,000kcal)

① 130,000
② 400,000
③ 840,000
④ 1,200,000

해설

Gas[kcal/day]

$$= \frac{500m^3}{day} \times \frac{4}{100} \times \frac{50}{100} \times \frac{80}{100} \times \frac{1,000kg}{m^3} \times \frac{1ton}{1,000kg} \times \frac{25m^3}{1ton}$$

$$\times \frac{6,000kcal}{1m^3}$$

$$= 1,200,000kcal/day$$

정답 ④

58 ★☆☆

함수율이 90%인 슬러지 겉보기 비중이 1.02이었다. 이 슬러지를 탈수하여 함수율이 60%인 슬러지를 얻었다면 탈수된 슬러지가 갖는 비중은? (단, 물의 비중 1.0)

① 약 1.09
② 약 1.19
③ 약 1.29
④ 약 1.39

해설

슬러지의 밀도(비중) 수지식을 이용한다.

$$\frac{m_{SL}}{\rho_{SL}} = \frac{m_{TS}}{\rho_{TS}} + \frac{m_w}{\rho_w}$$

• 함수율이 90%일 때

$$\frac{100}{1.02} = \frac{10}{\rho_{TS}} + \frac{90}{1.0} \qquad \therefore \rho_{TS} = 1.244$$

• 함수율이 60%일 때

$$\frac{100}{\rho_{SL}} = \frac{40}{1.244} + \frac{60}{1.0} \qquad \therefore \rho_{SL} = 1.085 \fallingdotseq 1.09$$

정답 ①

59 ★★★

생물화학적 인 및 질소 제거 공법 중 인 제거만을 주목적으로 개발된 공법은?

① A²/O
② Phostrip
③ UCT
④ Bardenpho

해설

인 제거만을 주목적으로 개발된 공법에는 Phostrip 공법과 A/O 공법이 있다.
• A/O 공법, Phostrip 공법: 인만 제거
• A²/O 공법, UCT 공법: 인과 질소 제거
• Bardenpho 공법: 질소 제거(4단계)
• 수정 Bardenpho 공법: 인과 질소 제거(5단계)

정답 ②

60 ★☆☆

하수내 질소 및 인을 생물학적으로 처리하는 UCT 공법의 경우 다른 공법과는 달리 침전지에서 반송되는 슬러지를 혐기조로 반송하지 않고 무산소조로 반송하는데, 그 이유로 가장 적합한 것은?

① 호기조에서 질산화된 질소의 일부를 잔류 유기물을 이용하여 탈질시키기 위해
② 후속되는 호기조의 질산화를 증대시키기 위해
③ 무산소조에 유입되는 유기물 부하를 감소시켜 탈질을 증대시키기 위해
④ 혐기조에 질산염의 부하를 감소시킴으로써 인의 방출을 증대시키기 위해

해설

혐기조에서 질산염의 농도가 증가함에 따라 인의 방출이 방해받을 수 있다.

정답 ④

수질오염공정시험기준

61 ★★★

'항량으로 될 때까지 건조한다'는 정의 중 (   )에 해당하는 것은?

> 같은 조건에서 1시간 더 건조할 때 전후 무게의 차가 g당 (   )mg 이하일 때

① 0.1

② 0.3

③ 0.5

④ 1

해설

"항량으로 될 때까지 건조한다"라 함은 같은 조건에서 1시간 더 건조할 때 전후 무게의 차가 g당 0.3mg 이하일 때를 말한다.

정답 ②

62 ★☆☆

다음은 기체크로마토그래피법을 적용하여 석유계총탄화수소를 측정할 때의 원리이다. (   ) 안에 맞는 내용은?

> 시료 중의 제트유, 등유, 경유, 벙커 C유, 윤활유, 원유 등을 (   )(으)로 추출하여 기체크로마토그래피법에 따라 확인 및 정량한다.

① 사염화탄소

② 노말헥산＋에탄올

③ 다이클로로메탄

④ 클로로포름

해설

물속에 존재하는 비등점이 높은(150~500℃) 유류에 속하는 석유계총탄화수소(제트유, 등유, 경유, 벙커 C유, 윤활유, 원유 등)를 다이클로로메탄으로 추출하여 기체크로마토그래프에 따라 확인 및 정량하는 방법이다.

크로마토그램에 나타난 피크의 패턴에 따라 유류 성분을 확인하고 탄소수가 짝수인 노말알칸(C_8~C_{40}) 표준물질과 시료의 크로마토그램 총면적을 비교하여 정량한다.

정답 ③

63 ★★★

수질분석을 위한 시료 채취 시 유의사항으로 옳지 않은 것은?

① 채취용기는 시료를 채우기 전에 깨끗한 물로 3회 이상 씻은 다음 사용한다.

② 지하수 시료는 취수정 내에 고여 있는 물을 충분히 퍼낸(고여 있는 물의 4~5배 정도이나 pH 및 전기전도도를 연속적으로 측정하여 이 값이 평형을 이룰 때까지로 한다.) 다음 새로 나온 물을 채취한다.

③ 용존가스, 환원성 물질, 휘발성 유기물질 등의 측정을 위한 시료는 운반중 공기와의 접촉이 없도록 가득 채워야 한다.

④ 시료채취량은 시험항목 및 시험횟수에 따라 차이가 있으나 보통 3~5L 정도이어야 한다.

해설

시료 채취용기는 시료를 채우기 전에 시료로 3회 이상 씻은 다음 사용한다.

정답 ①

64 ★☆☆

자외선/가시선 분광법(인도페놀법)으로 암모니아성 질소를 측정할 때 암모늄 이온이 차아염소산의 공존 아래에서 페놀과 반응하여 생성하는 인도페놀의 색깔과 파장은?

① 적자색, 510nm

② 적색, 540nm

③ 청색, 630nm

④ 황갈색, 610nm

해설

자외선/가시션 분광법에 의한 암모니아성 질소 측정은 물속에 존재하는 암모니아성 질소를 측정하기 위하여 암모늄 이온이 하이포염소산(차아염소산)의 존재하에서 페놀과 반응하여 생성하는 인도페놀의 청색을 630nm에서 측정하는 방법이다.

정답 ③

65

★☆☆

배출허용기준 적합여부 판정을 위한 시료채취시 복수시료 채취방법 적용을 제외할 수 있는 경우가 아닌 것은?

① 환경오염사고 또는 취약시간대의 환경오염 감시 등 신속한 대응이 필요한 경우
② 사업장 내에서 발생하는 폐수를 회분식 등 간헐적으로 처리하여 방류하는 경우
③ 유량이 일정하며 연속적으로 발생되는 폐수가 방류되는 경우
④ 부득이 복수시료채취방법으로 할 수 없을 경우

선지분석

① 환경오염사고 또는 취약시간대(일요일, 공휴일 및 평일 18:00~09:00 등)의 환경오염 감시 등 신속한 대응이 필요한 경우 제외할 수 있다.
② 사업장 내에서 발생하는 폐수를 회분식(batch식) 등 간헐적으로 처리하여 방류하는 경우 제외할 수 있다.
④ 부득이 복수시료채취방법으로 시료를 채취할 수 없을 경우 제외할 수 있다.
이외에 물환경보전법 제38조 제1항의 규정에 의한 비정상적 행위를 할 경우에도 제외할 수 있다.

정답 ③

66

★★☆

예상 BOD치에 대한 사전경험이 없을 때 처리하지 않은 공장폐수의 희석배율(%)은?

① 1~5
② 5~25
③ 25~100
④ 0.1~1.0

해설

예상 BOD값에 대한 사전경험이 없을 때 다음과 같이 희석하여 시료를 조제한다.
• 오염 정도가 심한 공장폐수: 시료를 0.1~1.0% 넣는다.
• 처리하지 않은 공장폐수와 침전된 하수: 시료를 1~5% 넣는다.
• 처리하여 방류된 공장폐수: 시료를 5~25% 넣는다.
• 오염된 하천수: 시료를 25~100% 넣는다.

정답 ①

67

★★☆

직각 3각 웨어에서 웨어의 수두 0.2m, 수로폭 0.5m, 수로의 밑면으로부터 절단 하부 점까지의 높이 0.9m일 때, 아래의 식을 이용하여 유량(m³/min)을 구하면?

$$K = 81.2 + \frac{0.24}{h} + \left\{ \left(8.4 + \frac{12}{\sqrt{D}} \right) \times \left(\frac{h}{B} - 0.09 \right)^2 \right\}$$

① 1.0
② 1.5
③ 2.0
④ 2.5

해설

$$K = 81.2 + \frac{0.24}{h} + \left\{ \left(8.4 + \frac{12}{\sqrt{D}} \right) \times \left(\frac{h}{B} - 0.09 \right)^2 \right\}$$
$$= 81.2 + \frac{0.24}{0.2} + \left\{ \left(8.4 + \frac{12}{\sqrt{0.9}} \right) \times \left(\frac{0.2}{0.5} - 0.09 \right)^2 \right\}$$
$$= 84.42$$

직각 삼각 웨어의 유량 $Q[\text{m}^3/\text{min}]$
$$Q = K \cdot h^{\frac{5}{2}}$$
$$= 84.42 \times 0.2^{\frac{5}{2}}$$
$$= 1.51 ≒ 1.5\text{m}^3/\text{min}$$

정답 ②

68

★☆☆

퍼지·트랩 – 기체크로마토그래피(질량분석법)법으로 분석하는 휘발성 저급탄화수소와 가장 거리가 먼 것은?

① 폴리클로리네이티드비페닐
② 사염화탄소
③ 벤젠
④ 환원, 1 – 다이클로로에틸렌

해설

폴리클로리네이티드비페닐은 용매추출 기체크로마토그래피법으로 분석한다.
※ '환원, 1 – 다이클로로에틸렌'은 '1, 1 – 다이클로로에틸렌'으로 표기하기도 한다.

정답 ①

69

★☆☆

폐수의 BOD를 측정하기 위하여 다음과 같은 자료를 얻었다. 이 폐수의 BOD(mg/L)는? (단, $f=1.0$)

> BOD 병의 부피는 300mL이고 BOD 병에 주입된 폐수량 5mL, 희석된 식종액의 배양전 및 배양후의 DO는 각각 7.6mg/L, 7.0mg/L, 희석한 시료용액을 15분간 방치한 후 DO 및 5일간 배양한 다음의 희석한 시료용액의 DO는 각각 7.6mg/L, 4.0mg/L이었다.

① 180

② 216

③ 246

④ 270

해설

$$BOD[mg/L] = \{(D_1 - D_2) - (B_1 - B_2) \times f\} \times P$$

- D_1: 15분간 방치된 후의 희석한 시료의 DO[mg/L]
- D_2: 5일간 배양한 후의 희석한 시료의 DO[mg/L]
- B_1: 식종액의 BOD를 측정할 때 희석된 식종액의 배양전 DO[mg/L]
- B_2: 식종액의 BOD를 측정할 때 희석된 식종액의 배양후 DO[mg/L]
- f: 희석시료 중의 식종액 함수율과 희석한 식종액 중의 식종액 함수율의 비
- P: 희석시료 중 시료의 희석배수(희석시료량/시료량)

$$BOD = \{(7.6 - 4.0) - (7.6 - 7.0) \times 1.0\} \times \frac{300}{5}$$

$$= 180mg/L$$

정답 ①

70

★☆☆

다음의 가스크로마토그래피용 검출기 중 유기할로겐화합물, 니트로화합물 및 유기금속화합물을 선택적으로 검출하는데 가장 알맞은 것은?

① 불꽃광도형 검출기

② 열전도도 검출기

③ 전자포획형 검출기

④ 불꽃이온화 검출기

해설

전자포획형 검출기(Electron Capture Detector, ECD)는 유기할로겐화합물, 니트로화합물 및 유기금속화합물을 선택적으로 검출할 수 있으며, 방사선 동위원소로부터 방출되는 β선이 운반가스를 전리하여 미소전류를 흘려보낼 때 시료중의 할로겐이나 산소와 같이 전자포획력이 강한 화합물에 의하여 전자가 포획되어 전류가 감소하는 것을 이용하는 방법이다.

선지분석

① 불꽃광도형 검출기(Flame Photometric Detector, FPD): 수소염에 의하여 시료성분을 연소시키고 이때 발생하는 불꽃의 광도를 분광학적으로 측정하는 방법으로서 인 또는 황화합물을 선택적으로 검출할 수 있다.

② 열전도도 검출기(Thermal Conductivity Detector, TCD): 금속 필라멘트(Filament) 또는 전기저항체(Thermistor)를 검출소자로 하여 금속판(Block)안에 들어 있는 본체와 여기에 안정된 직류전기를 공급하는 전원회로, 전류조절부, 신호검출 전기회로, 신호 감쇄부 등으로 구성된다.

④ 불꽃이온화 검출기(Flame Ionization Detector, FID): 수소연소노즐(Nozzle), 이온수집기(Ion Collector)와 함께 대극 및 배기구로 구성되는 본체와 이 전극 사이에 직류전압을 주어 흐르는 이온전류를 측정하기 위한 직류전압 변환회로, 감도 조절부, 신호감쇄부 등으로 구성된다.

관련이론

불꽃열이온화 검출기(Flame Thermionic Detector, FTD)

불꽃이온화검출기(FID)에 알칼리 또는 알칼리토류 금속염의 튜브를 부착한 것으로 유기질소 화합물 및 유기염소 화합물을 선택적으로 검출할 수 있다. 운반가스와 수소가스의 혼합부, 조연가스 공급구, 연소노즐, 알칼리원 가열기구, 전극 등으로 구성된다.

정답 ③

2023년

71 ★★☆

분석물질의 농도변화에 대한 지시값을 나타내는 검정곡선 방법에 대한 설명으로 옳은 것은?

① 검정곡선법은 시료의 농도와 지시값과의 상관성을 검정곡선 식에 대입하여 작성하는 방법으로, 직선성이 유지되는 농도범위 내에서 제조농도 3~5개를 사용한다.

② 표준물첨가법은 시료와 동일한 매질에 일정량의 표준물질을 첨가하여 검정곡선을 작성하는 것으로, 시험분석 절차, 기기 또는 시스템의 변동으로 발생하는 오차를 보정하기 위해 사용한다.

③ 검정곡선의 검증은 방법검출한계의 2~5배 또는 검정곡선의 중간 농도에 해당하는 표준용액에 대한 측정값이 검정곡선 작성시의 지시값과 10% 이내에서 일치하여야 한다.

④ 내부표준법은 표준용액과 시료에 동일한 양의 내부표준물질을 첨가하여 검정곡선을 작성하는 것으로, 매질효과가 큰 시험분석방법에서 분석 대상 시료와 동일한 매질의 시료를 확보하지 못한 경우에 매질효과를 보정하기 위해 사용한다.

관련이론 | 검정곡선
- 검정곡선법: 시료의 농도와 지시값과의 상관성을 검정곡선 식에 대입하여 작성하는 방법이다.
- 표준물첨가법: 시료와 동일한 매질에 일정량의 표준물질을 첨가하여 검정곡선을 작성하는 것으로서, 매질효과가 큰 시험분석방법에서 분석 대상 시료와 동일한 매질의 표준시료를 확보하지 못한 경우에 매질효과를 보정하여 분석할 수 있는 방법이다.
- 내부표준법: 검정곡선 작성용 표준용액과 시료에 동일한 양의 내부표준물질을 첨가하여 시험분석 절차, 기기 또는 시스템의 변동으로 발생하는 오차를 보정하기 위해 사용하는 방법이다.
- 검정곡선의 검증: 방법검출한계의 5~50배 또는 검정곡선의 중간 농도에 해당하는 표준용액에 대한 측정값이 검정곡선 작성 시의 지시값과 10% 이내에서 일치하여야 한다.

정답 ①

72 ★☆☆

배출허용기준 적합여부 판정을 위해 자동시료채취기로 시료를 채취하는 방법의 기준은?

① 24시간 이내에 30분 이상 간격으로 2회 이상 채취하여 일정량의 단일 시료로 한다.

② 12시간 이내에 30분 이상 간격으로 2회 이상 채취하여 일정량의 단일 시료로 한다.

③ 8시간 이내에 30분 이상 간격으로 2회 이상 채취하여 일정량의 단일 시료로 한다.

④ 6시간 이내에 30분 이상 간격으로 2회 이상 채취하고 동일한 양을 혼합하여 단일 시료(Composite sample)로 한다.

해설

자동시료채취기로 시료를 채취할 경우에는 6시간 이내에 30분 이상 간격으로 2회 이상 채취하고 동일한 양을 혼합하여 단일 시료(Composite sample)로 한다.

정답 ④

73 ★☆☆

COD측정에서 최초로 첨가한 과망간산칼륨량의 1/2 이상이 남도록 첨가하는 이유는?

① 과망간산칼륨 잔류량이 1/2 이하로 되면 유기물의 분해온도가 저하한다.

② 과망간산칼륨 잔류량이 1/2 이상이면 모든 유기물의 산화가 완료한다.

③ 과망간산칼륨 잔류량이 많을 경우 유기물의 산화속도가 저하한다.

④ 과망간산칼륨 농도가 저하되면 유기물의 산화율이 저하한다.

해설

충분한 양의 산화제(과망간산칼륨)가 있어야 산화반응이 거의 완전하게 일어날 수 있다.

정답 ④

74 ★★☆

막여과법에 의한 총대장균군 측정방법에 대한 설명으로 틀린 것은?

① 양성대조군은 E. Coli 표준균주를 사용하고 음성대조군은 멸균 희석액을 사용하도록 한다.

② 총대장균군은 그람음성, 무아포성의 간균으로서 락토오스를 분해하여 기체 또는 산을 생성하는 모든 호기성 또는 통성 혐기성균을 말한다.

③ 페트리접시에 배지를 올려놓은 다음 배양 후 금속성 광택을 띠는 적색이나 진한적색 계통의 집락을 계수하는 방법이다.

④ 고체배지는 에탄올(90%) 20mL를 포함한 정제수 1L에 배지를 정해진 고체배지 조성대로 넣고 완전히 녹을 때까지 저어주면서 끓인다. 이 때 고압증기멸균한다.

해설

고체배지는 에탄올(95%) 20mL를 포함한 정제수 1L에 배지를 고체배지 조성대로 넣고 pH(7.2±0.2)를 확인한 다음 완전히 녹을 때까지 저어주면서 끓인 후, 45~50℃까지 식힌 다음 5~7mL를 페트리접시에 부어 굳힌다. 이 때 고압증기멸균하지 않는다.

정답 ④

75 ★★☆

다음 중 자기식 유량측정기에 관한 설명으로 옳은 것은?

① 단면이 축소되는 목부분을 조절함으로써 유량이 조절된다.

② 고형물질이 많아 관을 메울 우려가 있는 폐·하수의 관내 유량을 측정한다.

③ 수두손실이 크다.

④ 반드시 일직선 상의 관에서 이루어져야 한다.

해설

자기식 유량측정기

· 고형물질이 많아 관을 메울 우려가 있는 폐하수에 이용할 수 있는 유량 측정기기이다.

· 측정원리는 패러데이의 법칙을 이용하여 자장의 직각에서 전도체를 이동시킬 때 유발되는 전압은 전도체의 속도에 비례한다는 원리를 이용한 것이다.

· 측정기의 전압은 유체(폐하수)의 활성도, 탁도, 점성 및 온도의 영향을 받지 않으며, 다만 유체의 유속에 의하여 결정되고 수두손실이 적다.

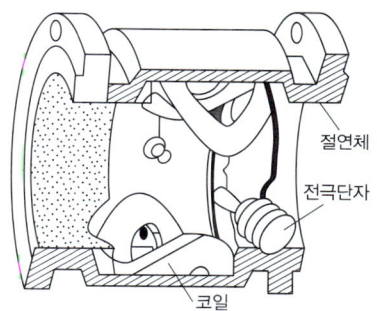

절연체
전극단자
코일

정답 ②

76 ★☆☆

카드뮴을 자외선/가시선 분광법으로 측정할 때 사용되는 시약으로 가장 거리가 먼 것은?

① 디티존·사염화탄소 용액 ② 요오드화칼륨 용액

③ 염산 ④ 염산하이드록실아민 용액

해설
카드뮴을 자외선/가시선 분광법으로 측정할 때 사용되는 시약
- 디티존·사염화탄소 용액(0.005%)
- 사이트르산이암모늄 용액(10%)
- 수산화나트륨 용액(10%)
- 시안화칼륨 용액(1%)
- 염산(1+10)
- 염산하이드록실아민 용액(10%)
- 타타르산 용액(2%)

정답 ②

77 ★★☆

하천수의 시료 채취 지점에 관한 내용으로 (   )에 공통으로 들어갈 내용은?

> 하천의 단면에서 수심이 가장 깊은 수면의 지점과 그 지점을 중심으로 하여 좌우로 수면폭을 2등분한 각각의 지점의 수면으로부터 수심 (   ) 미만일 때에는 수심의 1/3에서, 수심 (   ) 이상일 때에는 수심의 1/3 및 2/3에서 각각 채수한다.

① 2m ② 3m
③ 5m ④ 6m

해설
하천의 단면에서 수심이 가장 깊은 수면의 지점과 그 지점을 중심으로 하여 좌우로 수면폭을 2등분한 각각의 지점의 수면으로부터 수심 2m 미만일 때에는 수심의 1/3에서, 수심 2m 이상일 때에는 수심의 1/3 및 2/3에서 각각 채수한다.

정답 ①

78 ★★☆

자외선/가시선 분광법으로 하는 크롬 측정에 관한 내용으로 틀린 것은?

① 3가 크롬은 과망간산칼륨을 첨가하여 6가 크롬으로 산화시킨다.
② 적자색 착화물의 흡광도를 620nm에서 측정한다.
③ 정량한계는 0.04mg/L이다.
④ 몰리브덴, 수은, 바나듐, 철, 구리 이온이 과량 함유되어 있는 경우, 방해 영향이 나타날 수 있다.

해설
크롬 – 자외선/가시선 분광법은 물속에 존재하는 크롬을 측정하는 것으로, 3가 크롬은 과망간산칼륨을 첨가하여 크롬으로 산화시킨 후, 산성 용액에서 다이페닐카바자이드와 반응하여 생성하는 적자색 착화합물의 흡광도를 540nm에서 측정한다.

정답 ②

79 ★☆☆

산성 과망간산칼륨법에 의해 COD를 측정할 때 0.05N 과망간산칼륨용액 1mL은 산소 몇 mg에 상당하는가?

① 0.2mg ② 0.4mg
③ 0.8mg ④ 0.16mg

해설
$$\text{산소[mg]} = \frac{0.05\text{eq}}{\text{L}} \times 1\text{mL} \times \frac{1\text{L}}{10^3\text{mL}} \times \frac{8\text{g}}{1\text{eq}} \times \frac{10^3\text{mg}}{1\text{g}}$$
$$= 0.4\text{mg}$$

정답 ②

80

★☆☆

공장의 폐수 100mL를 취하여 산성 100℃에서 $KMnO_4$에 의한 화학적산소소비량을 측정하였다. 시료의 적정에 소비된 0.025N $KMnO_4$의 양이 7.5mL였다면 이 폐수의 COD(mg/L)는? (단, 0.025N $KMnO_4$ factor=1.02, 바탕시험 적정에 소비된 0.025N $KMnO_4$=1.00mL)

① 13.3
② 16.7
③ 24.8
④ 32.2

해설

$$COD[mg/L]=(b-a)\times f\times\frac{1,000}{V}\times0.2$$

- a: 바탕시험(공시험) 적정에 소비된 0.025N $KMnO_4$=1.00mL
- b: 시료의 적정에 소비된 0.025N $KMnO_4$=7.5mL
- f: 0.025N $KMnO_4$ 역가(factor)=1.02
- V: 시료의 양(mL)=100mL

$$\therefore COD[mg/L]=(7.5-1.0)\times1.02\times\frac{1,000}{100}\times0.2$$
$$=13.26\fallingdotseq13.3mg/L$$

정답 ①

수질환경관계법규

81

★★☆

수질환경기준(하천) 중 사람의 건강보호를 위한 전수역에서 각 성분별 환경기준으로 맞는 것은?

① 납(Pb): 0.01mg/L 이하
② 음이온 계면활성제(ABS): 0.01mg/L 이하
③ 비소(As): 0.1mg/L 이하
④ 6가 크롬(Cr^{6+}): 0.05mg/L 이하

해설

「환경정책기본법 시행령 별표 1」
수질환경기준(하천) 중 사람의 건강보호기준
① 납(Pb): 0.05mg/L 이하
② 음이온 계면활성제(ABS): 0.5mg/L 이하
③ 비소(As): 0.05mg/L 이하
④ 6가 크롬(Cr^{6+}): 0.05mg/L 이하

정답 ④

82

★★☆

제1종 사업장으로서 배출허용기준을 처음 위반한 경우 배출부과금 산정 시 부과되는 계수는? (단, 사업장 규모: 10,000m³/day 이상인 경우)

① 2.0
② 1.8
③ 1.6
④ 1.4

해설

「시행령 별표 16」
제1종 사업장이며, 사업장 규모가 10,000m³/일 이상일 때, 처음 위반한 경우 1.8로 하고, 다음 위반부터는 그 위반 직전의 부과계수에 1.5를 곱한 것으로 한다.

정답 ②

83 ★★★

유역환경청장이 수립하는 대권역 물환경관리계획에 포함되어야 하는 사항으로 틀린 것은?

① 점오염원, 비점오염원 및 기타수질오염원에 의한 수질오염물질의 양
② 물환경의 변화 추이 및 목표기준
③ 수질오염관리 기본 및 시행계획
④ 점오염원, 비점오염원 및 기타수질오염원의 분포현황

해설

「법 제24조」

대권역 물환경관리계획의 수립 시 포함되어야 할 사항

- 물환경의 변화 추이 및 물환경 목표기준
- 상수원 및 물 이용현황
- 점오염원, 비점오염원 및 기타수질오염원의 분포현황
- 점오염원, 비점오염원 및 기타수질오염원에서 배출되는 수질오염물질의 양
- 수질오염 예방 및 저감대책
- 물환경 보전조치의 추진방향
- 「기후위기 대응을 위한 탄소중립 · 녹색성장 기본법」에 따른 기후변화에 대한 적응대책
- 그 밖에 환경부령으로 정하는 사항

정답 ③

84 ★☆☆

기본배출부과금 산정 시 청정지역 및 가 지역의 지역별 부과계수는?

① 2.0
② 1.5
③ 1.0
④ 0.5

해설

「시행령 별표 10」

청정지역 및 가 지역	나 지역 및 특례지역
1.5	1

정답 ②

85 ★★☆

비점오염원으로부터 배출되는 수질오염물질을 제거하거나 감소하게 하는 비점오염저감시설을 자연형 시설과 장치형 시설로 구분할 때 바르게 나열한 것은?

① 장치형 시설: 저류시설, 침투시설
② 장치형 시설: 스크린형 시설, 생물학적 처리형 시설
③ 자연형 시설: 여과형 시설, 소용돌이형 시설
④ 자연형 시설: 식생형 시설, 소용돌이형 시설

해설

「시행규칙 별표 6」

자연형 비점오염저감시설의 종류

- 저류시설
- 인공습지
- 침투시설
- 식생형 시설

장치형 비점오염저감시설의 종류

- 여과형 시설
- 소용돌이형 시설
- 스크린형 시설
- 응집 · 침전 처리형 시설
- 생물학적 처리형 시설

정답 ②

86 ★★☆

비점오염저감시설의 설치기준에서 자연형 시설 중 인공습지의 설치기준으로 틀린 것은?

① 인공습지의 유입구에서 유출구까지의 유로는 최대한 길게 하고, 길이 대 폭의 비율은 5 : 1 이상으로 한다.
② 유입부에서 유출부까지의 경사는 0.5% 이상 1.0% 이하의 범위를 초과하지 아니하도록 한다.
③ 습지에는 물이 연중 항상 있을 수 있도록 유량공급대책을 마련하여야 한다.
④ 생물의 서식 공간을 창출하기 위하여 5종부터 7종까지의 다양한 식물을 심어 생물다양성을 증가시킨다.

해설

「시행규칙 별표 17」

인공습지 설치기준

- 인공습지의 유입구에서 유출구까지의 유로는 최대한 길게 하고, 길이 대 폭의 비율은 2 : 1 이상으로 한다.
- 다양한 생태환경을 조성하기 위하여 인공습지 전체 면적 중 50퍼센트는 얕은 습지($0\sim0.3$미터), 30퍼센트는 깊은 습지($0.3\sim1.0$미터), 20퍼센트는 깊은 못($1\sim2$미터)으로 구성한다.
- 유입부에서 유출부까지의 경사는 0.5퍼센트 이상 1.0퍼센트 이하의 범위를 초과하지 아니하도록 한다.
- 물이 습지의 표면 전체에 분포할 수 있도록 적당한 수심을 유지하고, 물 이동이 원활하도록 습지의 형상 등을 설계하며, 유량과 수위를 정기적으로 점검한다.
- 습지는 생태계의 상호작용 및 먹이사슬로 수질정화가 촉진되도록 정수식물, 침수식물, 부엽식물 등 수생식물과 조류, 박테리아 등의 미생물, 소형 어패류 등의 수중생태를 조성하여야 한다.
- 습지에는 물이 연중 항상 있을 수 있도록 유량공급대책을 마련하여야 한다.
- 생물의 서식 공간을 창출하기 위하여 5종부터 7종까지의 다양한 식물을 심어 생물다양성을 증가시킨다.
- 부유성 물질이 습지에서 최종 방류되기 전에 하류수역으로 유출되지 아니하도록 출구 부분에 자갈쇄석, 여과망 등을 설치한다.

정답 ①

87 ★☆☆

다음 중 수질오염측정망 설치계획에 포함되지 않는 사항은?

① 측정망 설치시기
② 측정망 배치도
③ 측정자료의 확인방법
④ 측정망 설치기간

해설

「시행규칙 제24조」

수질오염측정망 설치계획에 포함되어야 할 사항

- 측정망 설치시기
- 측정망 배치도
- 측정망을 설치할 토지 또는 건축물의 위치 및 면적
- 측정망 운영기관
- 측정자료의 확인방법

정답 ④

88 ★★☆

1일 폐수량이 1,500m³일 때 사업장의 규모별 구분으로 맞는 것은?

① 제1종 사업장
② 제2종 사업장
③ 제3종 사업장
④ 제4종 사업장

해설

「시행령 별표 13」

사업장 규모별 구분

종류	배출규모
제1종 사업장	1일 폐수배출량이 2,000m³ 이상인 사업장
제2종 사업장	1일 폐수배출량이 700m³ 이상 2,000m³ 미만인 사업장
제3종 사업장	1일 폐수배출량이 200m³ 이상 700m³ 미만인 사업장
제4종 사업장	1일 폐수배출량이 50m³ 이상 200m³ 미만인 사업장
제5종 사업장	위 제1종부터 제4종까지의 사업장에 해당하지 아니하는 배출시설

정답 ②

89 ★★☆

사업자 및 배출시설과 방지시설에 종사하는 자는 배출시설과 방지시설의 정상적인 운영, 관리를 위한 환경기술인의 업무를 방해하여서는 아니 되며, 그로부터 업무수행에 필요한 요청을 받은 때에는 정당한 사유가 없으면 이에 따라야 한다. 이 규정을 위반하여 환경기술인의 업무를 방해하거나 환경기술인의 요청을 정당한 사유 없이 거부한 자에 대한 벌칙 기준은?

① 100만원 이하의 벌금 ② 200만원 이하의 벌금
③ 300만원 이하의 벌금 ④ 500만원 이하의 벌금

해설

「법 제80조」
다음의 어느 하나에 해당하는 자는 100만원 이하의 벌금에 처한다.
• 적산전력계 또는 적산유량계를 부착하지 아니한 자
• 환경기술인의 업무를 방해하거나 환경기술인의 요청을 정당한 사유 없이 거부한 자

정답 ①

90 ★★☆

오염총량초과과징금의 납부통지에 관한 사항으로 (   ) 안에 들어갈 내용은?

> 오염총량초과과징금의 납부통지는 부과 사유가 발생한 날부터 (   )일 이내에 하여야 한다.

① 15 ② 30
③ 45 ④ 60

해설

「시행령 제11조」
오염총량초과과징금의 납부통지는 부과 사유가 발생한 날부터 60일 이내에 하여야 한다.

정답 ④

91 ★★☆

특정수질유해물질로 분류되어 있지 않은 것은?

① 1,4-다이옥산 ② 아세트알데히드
③ 아크릴아미드 ④ 브로모포름

해설

「법 제2조」
"특정수질유해물질"이란 사람의 건강, 재산이나 동식물의 생육(生育)에 직접 또는 간접으로 위해를 줄 우려가 있는 수질오염물질로서 환경부령으로 정하는 것을 말한다.

「시행규칙 제4조」 및 「시행규칙 별표 3」

1. 구리와 그 화합물	18. 클로로포름
2. 납과 그 화합물	19. 1, 4-다이옥산
3. 비소와 그 화합물	20. 디에틸헥실프탈레이트 (DEHP)
4. 수은과 그 화합물	21. 염화비닐
5. 시안화합물	22. 아크릴로니트릴
6. 유기인 화합물	23. 브로모포름
7. 6가크롬 화합물	24. 아크릴아미드
8. 카드뮴과 그 화합물	25. 나프탈렌
9. 테트라클로로에틸렌	26. 폼알데하이드
10. 트리클로로에틸렌	27. 에피클로로하이드린
11. 폴리클로리네이티드바이페닐	28. 페놀
12. 셀레늄과 그 화합물	29. 펜타클로로페놀
13. 벤젠	30. 스티렌
14. 사염화탄소	31. 비스(2-에틸헥실)아디페이트
15. 디클로로메탄	32. 안티몬
16. 1, 1-디클로로에틸렌	
17. 1, 2-디클로로에탄	

정답 ②

92 ★★★

물환경보전법상 용어의 정의로 옳지 않은 것은?

① 폐수: 물에 액체성 또는 고체성의 수질오염물질이 섞여 있어 그대로는 사용할 수 없는 물
② 강우유출수: 비점오염원의 수질오염물질이 섞여 유출되는 빗물 또는 눈 녹은 물 등
③ 수질오염물질: 사람의 건강, 재산이나 동, 식물 생육에 위해를 줄 수 있는 물질로 환경부령으로 정하는 것
④ 기타수질오염원: 점오염원 및 비점오염원으로 관리되지 아니하는 수질오염물질을 배출하는 시설 또는 장소로서 환경부령이 정하는 것

해설

「법 제2조」
"수질오염물질"이란 수질오염의 요인이 되는 물질로서 환경부령으로 정하는 것을 말한다.

정답 ③

93 ★★☆

공공폐수처리시설의 유지 · 관리기준에 관한 사항으로 (   )에 옳은 내용은?

> 처리시설의 관리, 운영자는 처리시설의 적정 운영 여부를 확인하기 위하여 방류수 수질검사를 (㉠) 실시하되, 1일당 2천 세제곱미터 이상인 시설은 주 1회 이상 실시하여야 한다. 다만, 생태독성(TU) 검사는 (㉡) 실시하여야 한다.

① ㉠ 월 2회 이상, ㉡ 월 1회 이상
② ㉠ 월 1회 이상, ㉡ 월 2회 이상
③ ㉠ 월 2회 이상, ㉡ 월 2회 이상
④ ㉠ 월 1회 이상, ㉡ 월 1회 이상

해설

「시행규칙 별표 15」
처리시설의 관리, 운영자는 처리시설의 적정 운영 여부를 확인하기 위하여 방류수 수질검사를 월 2회 이상 실시하되 1일당 2천 세제곱미터 이상인 시설은 주 1회 이상 실시하여야 한다. 다만, 생태독성(TU) 검사는 월 1회 이상 실시하여야 한다.

정답 ①

94 ★☆☆

오염총량관리 시행계획에 포함되어야 하는 사항으로 가장 거리가 먼 것은?

① 오염원 현황 및 예측
② 오염도 조사 및 오염부하량 산정방법
③ 연차별 오염부하량 삭감 목표 및 구체적 삭감 방안
④ 수질예측 산정자료 및 이행 모니터링 계획

해설

「시행령 제6조」
오염총량관리시 행계획을 수립할 때 포함하여야 하는 사항
• 오염총량관리 시행계획 대상 유역의 현황
• 오염원 현황 및 예측
• 연차별 지역 개발계획으로 인하여 추가로 배출되는 오염부하량 및 해당 개발계획의 세부 내용
• 연차별 오염부하량 삭감 목표 및 구체적 삭감 방안
• 오염부하량 할당 시설별 삭감량 및 그 이행 시기
• 수질예측 산정자료 및 이행 모니터링 계획

정답 ②

95 ★★☆

폐수처리방법이 생물화학적 처리방법인 경우 가동시작신고를 한 사업자의 시운전 기간은? (단, 가동시작일:11월 10일)

① 가동시작일부터 30일
② 가동시작일부터 50일
③ 가동시작일부터 70일
④ 가동시작일부터 90일

해설

「시행규칙 제47조」
시운전 기간
• 폐수처리방법이 생물화학적 처리방법인 경우: 가동시작일부터 50일 (가동시작일이 11월 1일부터 다음 연도 1월 31일까지에 해당하는 경우: 가동시작일부터 70일)
• 폐수처리방법이 물리적 또는 화학적 처리방법인 경우: 가동시작일부터 30일

정답 ③

2023년 1회 CBT 복원문제 · 281

96 ★★★

위임업무 보고사항의 업무내용 중 보고횟수가 연 1회에 해당되는 것은?

① 환경기술인의 자격별·업종별 현황
② 배출업소의 지도·점검 및 행정처분 실적
③ 폐수무방류배출시설의 설치허가(변경허가) 현황
④ 과징금 징수실적 및 체납처분현황

선지분석
「시행규칙 별표 23」
① 환경기술인의 자격별·업종별 현황(연 1회)
② 배출업소의 지도·점검 및 행정처분 실적(연 4회)
③ 폐수무방류배출시설의 설치허가(변경허가) 현황(수시)
④ 과징금 징수실적 및 체납처분현황(연 2회)

정답 ①

97 ★☆☆

소권역 물환경관리계획에 관한 내용으로 (   )에 알맞은 것은?

> 소권역계획 수립 대상 지역이 같은 시·도의 관할 구역 내의 둘 이상의 시·군·구에 걸쳐 있는 경우 (   )가 수립할 수 있다.

① 유역환경청장 또는 지방환경청장
② 광역시장 또는 구청장
③ 환경부장관 또는 시·도지사
④ 중권역수립권자

해설
「법 제27조」
환경부장관 또는 시·도지사의 소권역계획 수립
소권역계획 수립 대상 지역이 같은 시·도의 관할 구역 내의 둘 이상의 시·군·구에 걸쳐있는 경우: 환경부장관 또는 시·도지사가 수립

정답 ③

98 ★★☆

환경부장관이 물환경을 보전할 필요가 있다고 지정, 고시하고 물환경을 정기적으로 조사·측정 및 분석하여야 하는 호소의 기준으로 틀린 것은?

① 수질오염이 심하여 특별한 관리가 필요하다고 인정되는 호소
② 동식물의 서식지·도래지이거나 생물다양성이 풍부하여 특별히 보전할 필요가 있다고 인정되는 호소
③ 만수위일 때 면적이 10만 제곱미터 이상인 호소
④ 1일 30만 톤 이상의 원수를 취수하는 호소

해설
「시행령 제30조」
환경부장관은 다음 어느 하나에 해당하는 호소로서 물환경을 보전할 필요가 있는 호소를 지정·고시하고, 그 호소의 물환경을 정기적으로 조사·측정 및 분석하여야 한다.
• 1일 30만 톤 이상의 원수(原水)를 취수하는 호소
• 동식물의 서식지·도래지이거나 생물다양성이 풍부하여 특별히 보전할 필요가 있다고 인정되는 호소
• 수질오염이 심하여 특별한 관리가 필요하다고 인정되는 호소

정답 ③

99

★☆☆

다음은 특별대책지역의 수질오염을 방지하기 위하여 해당 지역에 새로 설치되는 배출시설에 대해 적용할 수 있는 배출허용기준에 관한 내용으로 (　　　) 안에 알맞은 것은?

> 환경부장관은 특별대책지역의 수질오염을 방지하기 위하여 필요하다고 인정할 때에는 해당 지역에 설치된 배출시설에 대하여 기준보다 (　㉠　) 배출허용기준을 정할 수 있고, 해당 지역에 새로 설치되는 배출시설에 대하여 (　㉡　)배출허용기준을 정할 수 있다.

① ㉠ 엄격한, ㉡ 별도
② ㉠ 특별한, ㉡ 별도
③ ㉠ 엄격한, ㉡ 특별
④ ㉠ 특별한, ㉡ 특별

해설

「법 제32조」
환경부장관은 특별대책지역의 수질오염을 방지하기 위하여 필요하다고 인정할 때에는 해당 지역에 설치된 배출시설에 대하여 기준보다 엄격한 배출허용기준을 정할 수 있고, 해당 지역에 새로 설치되는 배출시설에 대하여 특별배출허용기준을 정할 수 있다.

정답 ③

100

★★☆

환경기준인 수질 및 수생태계 상태별 생물학적 특성 이해 표 내용 중 생물등급이 "좋음~보통"일 때의 생물 지표종(어류)으로 옳은 것은?

① 붕어
② 피라미
③ 갈겨니
④ 열목어

해설

「환경정책기본법 시행령 별표 1」

생물등급	생물 지표종	
	저서생물(底棲生物)	어류
매우 좋음~좋음	옆새우, 가재, 뿔하루살이, 민하루살이, 강도래, 물날도래, 광택날도래, 띠무늬우묵날도래, 바수염날도래	산천어, 금강모치, 열목어, 버들치 등 서식
좋음~보통	다슬기, 넓적거머리, 강하루살이, 동양하루살이, 등줄하루살이, 등딱지하루살이, 물삿갓벌레, 큰줄날도래	쉬리, 갈겨니, 은어, 쏘가리 등 서식
보통~약간 나쁨	물달팽이, 턱거머리, 물벌레, 밀잠자리	피라미, 끄리, 모래무지, 참붕어 등 서식
약간 나쁨~매우 나쁨	왼돌이물달팽이, 실지렁이, 붉은깔따구, 나방파리, 꽃등에	붕어, 잉어, 미꾸라지, 메기 등 서식

정답 ③

수질오염개론

01 ★★★

호수의 성층현상에 대해 틀린 것은?

① 수심에 따른 온도변화로 인해 발생되는 물의 밀도차에 의하여 발생한다.

② Thermocline(약층)은 순환층과 정체층의 중간층으로 깊이에 따른 온도변화가 크다.

③ 봄이 되면 얼음이 녹으면서 수표면 부근의 수온이 높아지게 되고 따라서 수직운동이 활발해져 수질이 악화된다.

④ 여름이 되면 연직에 따른 온도경사와 용존산소 경사가 반대 모양을 나타낸다.

해설

여름철 연직 온도경사는 분자 확산에 의한 산소구배(DO구배)와 비슷한 모양을 나타낸다.

정답 ④

02 ★★☆

다음 유기물 1M이 완전산화될 때 이론적인 산소요구량 (ThOD)이 가장 적은 것은?

① C_6H_6 ② $C_6H_{12}O_6$
③ C_2H_5OH ④ CH_3COOH

해설

$$\underline{CH_3COOH} + \underline{2O_2} \rightarrow 2CO_2 + 2H_2O$$
$$\text{1mol} \quad \text{2mol}$$

선지분석

① $\underline{C_6H_6} + \underline{\frac{15}{2}O_2} \rightarrow 6CO_2 + 3H_2O$
  1mol 7.5mol

② $\underline{C_6H_{12}O_6} + \underline{6O_2} \rightarrow 6CO_2 + 6H_2O$
  1mol 6mol

③ $\underline{C_2H_5OH} + \underline{3O_2} \rightarrow 2CO_2 + 3H_2O$
  1mol 3mol

정답 ④

03 ★★★

해수에 관한 다음의 설명 중 옳은 것은?

① 해수의 중요한 화학적 성분 7가지는 Cl^-, Na^+, Mg^{2+}, SO_4^{2-}, HCO_3^-, K^+, Ca^{2+}이다.

② 염분은 적도해역에서 낮고 남북 양극해역에서 높다.

③ 해수의 Mg/Ca비는 담수보다 작다.

④ 해수의 밀도는 수심이 깊을수록 염농도가 감소함에 따라 작아진다.

해설

해수의 Holy seven 물질(7대 해수조성이온) 농도 순서는 다음과 같다.

$$Cl^- > Na^+ > SO_4^{2-} > Mg^{2+} > Ca^{2+} > K^+ > HCO_3^-$$

선지분석

② 염분은 적도해역에서는 높고, 남북 양극해역에서는 다소 낮다.

③ Mg/Ca 비는 해수가 3~4 정도이고, 담수는 0.1~0.3으로 해수가 담수보다 월등히 더 크다.

④ 해수의 밀도는 수온, 염분, 수압의 함수로서 수심이 깊을수록 증가한다.

정답 ①

04 ★★★

소수성 콜로이드의 특성으로 틀린 것은?

① 물과 반발하는 성질을 가진다.

② 물속에 현탁상태로 존재한다.

③ 아주 작은 입자로 존재한다.

④ 염에 큰 영향을 받지 않는다.

해설

소수성 콜로이드는 염과 매우 쉽게 반응한다.

따라서, 소수성 콜로이드를 수용액에서 제거할 때에는 반대전하를 띠는 콜로이드 입자와 소량의 염을 첨가하여 응집침전을 형성하는 원리를 이용한다.

정답 ④

05 ★★☆

BOD$_5$가 270mg/L이고, COD가 450mg/L인 경우, 탈산소계수(k_1)의 값이 0.1/day 일 때, 생물학적으로 분해 불가능한 COD는? (단, BDCOD=BOD$_u$, 상용대수 기준)

① 약 55mg/L   ② 약 65mg/L
③ 약 75mg/L   ④ 약 85mg/L

해설

생물학적으로 분해 불가능한 COD, 즉 NBDCOD는 다음 식으로 계산한다.

NBDCOD=COD−BDCOD
1) COD=450mg/L
2) BDCOD=BOD$_u$

$$BOD_5 = BOD_u(1-10^{-k_1 \cdot t})$$
$$270 = BOD_u \times (1-10^{-0.1 \times 5})$$
$$BOD_u = \frac{270}{(1-10^{-0.1 \times 5})} = 394.87 mg/L$$

∴ NBDCOD=COD−BDCOD
　　　　　=450−394.87=55.13≒55mg/L

정답 ①

06 ★★☆

하수가 유입된 하천의 자정작용을 하천 유하거리에 따라 분해지대, 활발한 분해지대, 회복지대, 정수지대의 4단계로 분류하여 나타내는 경우, 회복지대의 특성으로 틀린 것은?

① 세균수가 감소한다.
② 발생된 암모니아성 질소가 질산화 된다.
③ 용존산소의 농도가 포화될 정도로 증가한다.
④ 규조류가 사라지고 윤충류, 갑각류도 감소한다.

해설

호기성 세균이 혐기성 세균을 교체하여 조류(Algae)가 발생하며, 원생동물, 윤충(Rotifer), 갑각류가 번식하기 시작한다.

선지분석

① 회복지대는 물이 점점 깨끗해지는 단계로 세균의 수가 감소한다.
②, ③ DO가 포화될 정도로 증가하고, 아질산염이나 질산염의 농도도 증가한다.

정답 ④

07 ★★★

호소의 부영양화에 대한 일반적 영향으로 틀린 것은?

① 부영양화가 진행된 수원을 농업용수로 사용하면 영양염류의 공급으로 농산물 수확량이 지속적으로 증가한다.
② 조류나 ㅁ 생물에 의해 생성된 용해성 유기물질이 불쾌한 맛과 냄새를 유발한다.
③ 부영양화 평가모델은 인(P)부하모델인 Vollenweider 모델 등이 대표적이다.
④ 심수층의 용존산소량이 감소한다.

해설

부영양화가 진행된 수원을 농업용수로 사용하면 영양염류의 공급으로 농산물 수확량이 지속적으로 감소한다.

정답 ①

08 ★☆☆

용존산소농도가 9.0mg/L인 물 1,000L가 있다. 이 물의 용존산소를 완전히 제거하기 위해 이론적으로 필요한 Na$_2$SO$_3$의 양은? (단, Na: 23, S: 32)

① 14.2g   ② 35.5g
③ 45.5g   ④ 70.9g

해설

• 용존산소농도가 9.0mg/L인 물 1,000L에 들어있는 산소의 질량
9.0mg/L×1,000L=9,000mg=9.0g O$_2$
O$_2$의 몰질량=32g/mol

• 9.0g O$_2$의 몰수
$$\frac{9.0g}{} \Big| \frac{mol}{32g} = 0.28125mol$$

• 균형 맞춘 화학 반응식
$$2Na_2SO_3 + O_2 \rightarrow 2Na_2SO_4$$
Na$_2$SO$_3$: O$_2$=2mol : 1mol=x mol : 0.28125mol
x=0.5625mol Na$_2$SO$_3$
Na$_2$SO$_3$의 몰질량=2(Na)+(S)+3(O)
　　　　　　　　=2(23)+(32)+3(16)=126g/mol

∴ 0.5625mol Na$_2$SO$_3$의 질량
　=0.5625mol×126g/mol=70.9g Na$_2$SO$_3$

정답 ④

09 ★★☆

이상적인 완전혼합 흐름상태를 나타내는 반응조 혼합 정도의 표시로 틀린 것은?

① 분산이 1일 때
② 지체시간이 0일 때
③ Morrill 지수가 1에 가까울수록
④ 분산수가 무한대일 때

해설

반응조에 있어서 혼합 정도의 척도는 분산(Variance), 분산수(Dispersion number), Morrill 지수, 지체시간 등으로 나타낼 수 있으며 이를 비교하면 다음 표와 같다.

	PFR	CFSTR(CMFR)
분산	0	1
분산수	0	∞
Morrill 지수	1	클수록
지체시간	이론적 체류시간 동일	0

정답 ③

10 ★★☆

분뇨의 특징에 관한 설명으로 틀린 것은?

① 분뇨 내 질소화합물은 알칼리도를 높게 유지시켜 pH의 강하를 막아준다.
② 분과 뇨의 구성비는 약 1 : 8~1 : 10 정도이며 고액분리가 용이하다.
③ 분의 경우 질소산화물은 전체 VS의 12~20% 정도 함유되어 있다.
④ 분뇨는 다량의 유기물을 함유하며, 점성이 있는 반고상 물질이다.

해설

분과 뇨의 구성비는 약 1 : 8~1 : 10 정도가 맞으나, 고액분리는 어렵다.

정답 ②

11 ★★★

유해물질, 배출원, 유해내용이 맞게 짝지어진 것은?

① 카드뮴 – 전해소다공장, 농약공장 – 수족의 지각장애
② 수은 – 금속광산, 정련공장, 원자로 – 동요성 보행
③ 납 – 합금, 도금, 제련 – 피부궤양
④ 망간 – 광산, 합금, 유리착색 – 파킨스병 유사증세

해설

망간은 광산, 합금, 건전지, 유리착색, 화학공업(과망간산칼륨 제조)에서 배출되며, 경구섭취에 의한 중추신경계 진행의 악화 및 기면현상을 일으킨다. 다량으로 섭취할 경우 파킨슨씨병 증후군과 유사한 증상을 나타내기도 한다.

정답 ④

12 ★★☆

25℃, 2기압의 메탄가스 40kg을 저장하는데 필요한 탱크의 부피(m³)는? (단, 이상기체의 법칙 $R = 0.082L \cdot atm/mol \cdot K$ 적용)

① 20.6
② 25.3
③ 30.6
④ 35.3

해설

이상기체방정식 $PV = nRT$

$$\rightarrow V[\text{m}^3] = \frac{nRT}{P}$$

· P: 압력[atm]
· V: 부피[L]
· n: 기체의 몰수[mol]
· R: 기체상수[L·atm/mol·K]
· T: 절대온도[K]

여기서,

$$n[\text{mol}] = \frac{M}{M_W}$$

$$= \frac{40\text{kg}}{} \left| \frac{1\text{mol}}{16\text{g}} \right| \frac{10^3\text{g}}{1\text{kg}} = 2,500\text{mol}$$

$$\therefore V[\text{m}^3] = \frac{2,500\text{mol}}{} \left| \frac{0.082\text{L} \cdot \text{atm}}{\text{mol} \cdot \text{K}} \right| \frac{(273+25)\text{K}}{} \left| \frac{1}{2\text{atm}} \right| \frac{1\text{m}^3}{10^3\text{L}}$$

$$\fallingdotseq 30.6\text{m}^3$$

정답 ③

13 ★★★

시료의 대장균 수가 5,000개/mL라면 대장균 수가 20개/mL 될 때까지의 소요시간(hr)은? (단, 일차반응기준, 대장균 수의 반감기는 2시간)

① 약 16 ② 약 18
③ 약 20 ④ 약 22

해설

1차 반응식을 이용한다.

$$\ln \frac{N_t}{N_0} = -k \cdot t$$

㉠ 반감기를 이용하여 k를 구한다.

$$\ln \frac{2,500}{5,000} = -k \cdot 2\text{hr}$$

$$\therefore k = 0.3466\text{hr}^{-1}$$

㉡ 20개/mL 될 때까지의 소요시간

$$\ln \frac{20}{5,000} = -0.3466\text{hr}^{-1} \times t$$

$$\therefore t = 15.93 \fallingdotseq 16\text{hr}$$

정답 ①

14 ★★☆

진핵세포에 대한 설명으로 틀린 것은?

① 세포핵에 1개의 염색체를 가지고 있다.
② 유사분열을 한다.
③ 몇 개의 DNA분자로 되어 있다.
④ 세포벽은 두껍거나 없다.

해설

진핵세포는 둘 또는 그 이상의 염색체를 가지고 있다.

정답 ①

15 ★★☆

생물농축에 대한 설명으로 가장 거리가 먼 것은?

① 수생생물 체내의 각종 중금속 농도는 환경수중의 농도보다는 높은 경우가 많다.
② 생물체중의 농도와 환경수중의 농도비를 농축비 또는 농축계수라고 한다.
③ 수생생물의 종류에 따라서 중금속의 농축비가 다른 경우가 많다.
④ 농축비는 먹이사슬 과정에서 높은 단계의 소비자에 상당하는 생물일수록 낮게 된다.

해설

농축비는 먹이사슬 과정에서 높은 단계의 소비자에 해당하는 생물일수록 높게 된다.

정답 ④

16 ★★☆

배양기의 제한기질농도(S)가 100mg/L, 세포최대비증식계수(μ_{max})가 0.35hr^{-1}일 때 Monod식에 의한 세포의 비증식계수(μ, hr^{-1})는? (단, 제한기질 반포화농도(K_s)=30mg/L)

① 약 0.27 ② 약 0.34
③ 약 0.42 ④ 약 0.54

해설

Monod식을 이용한다.

$$\mu = \mu_{max} \times \frac{S}{K_s + S}$$

$$= 0.35\text{hr}^{-1} \times \frac{100}{30 + 100} = 0.269 \fallingdotseq 0.27\text{hr}^{-1}$$

정답 ①

17 ★☆☆

다음은 수질조사에서 얻은 결과인데, Ca^{2+} 결과치의 분실로 인하여 기재가 되지 않았다. 주어진 자료로부터 Ca^{2+} 농도 (mg/L)는?

양이온(mg/L)		음이온(mg/L)	
Na^+	46	Cl^-	71
Ca^{2+}	—	HCO_3^-	122
Mg^{2+}	36	SO_4^{2-}	192

① 20 ② 40
③ 60 ④ 80

해설

수질조사 후 염에서 양이온과 음이온이 만들어졌기 때문에 양이온과 음이온의 당량 합은 서로 같아야 한다.
Ca^{2+}농도$=x$mg/L 라고 하면,

㉠ 양이온 당량
- $Na^{2+}=\dfrac{46mg}{L}\times\dfrac{1meq}{23mg}=2meq/L$
- $Mg^{2+}=\dfrac{36mg}{L}\times\dfrac{2meq}{24mg}=3meq/L$
- $Ca^{2+}=\dfrac{x\,mg}{L}\times\dfrac{2meq}{40mg}=\dfrac{x}{20}meq/L$

㉡ 음이온 당량
- $Cl^-=\dfrac{71mg}{L}\times\dfrac{1meq}{35.5mg}=2meq/L$
- $HCO_3^-=\dfrac{122mg}{L}\times\dfrac{1meq}{61mg}=2meq/L$
- $SO_4^{2-}=\dfrac{192mg}{L}\times\dfrac{1meq}{48mg}=4meq/L$

∴ 양이온 당량＝음이온 당량
$$2+3+\frac{x}{20}=2+2+4$$
$$\therefore x=60mg/L$$

정답 ③

18 ★☆☆

완충용액에 대한 설명으로 틀린 것은?

① 완충용액의 작용은 화학평형원리로 쉽게 설명된다.
② 완충용액은 한도내에서 산을 가했을 때 pH에 약간의 변화만 준다.
③ 완충용액은 보통 약산과 그 약산의 짝염기의 염이 함유된 용액이다.
④ 완충용액은 보통 강염기와 그 염기의 강산의 염이 함유된 용액이다.

해설

완충용액은 보통 약염기와 그 약염기의 짝산의 염이 함유된 용액이다.

정답 ④

19 ★★☆

아세트산(CH_3COOH) 120mg/L용액의 pH는? (단, 아세트산 $K_a=1.8\times10^{-5}$)

① 4.65 ② 4.21
③ 3.72 ④ 3.52

해설

$CH_3COOH \rightarrow CH_3COO^- + H^+$
$$K_a=\frac{[CH_3COO^-][H^+]}{[CH_3COOH]}$$
$CH_3COOH[mol/L]=\dfrac{120mg}{L}\times\dfrac{1mol}{60g}\times\dfrac{1g}{10^3mg}$
$\qquad\qquad=2.0\times10^{-3}mol/L$
$[CH_3COO^-]=[H^+]$
$\therefore 1.8\times10^{-5}=\dfrac{[H^+]^2}{0.002M}$
$[H^+]=1.897\times10^{-4}M$
$\therefore pH=\log\dfrac{1}{[H^+]}=\log\dfrac{1}{1.897\times10^{-4}}≒3.72$

정답 ③

20

★☆☆

하천의 DO가 8mg/L, BOD_u가 10mg/L일 때, 용존산소곡선(DO Sag Curve)에서의 임계점에 도달하는 시간(day)은? (단, 온도는 20℃, DO 포화농도는 9.2mg/L, $k_1=0.1$/day, $k_2=0.2$/day, $t_c=\dfrac{1}{k_1(f-1)}\log\left[f\times\left(1-(f-1)\dfrac{D_0}{L_0}\right)\right]$이다. 상용대수 기준)

① 2.46　　　　　② 2.64

③ 2.78　　　　　④ 2.93

해설

f(자정계수)$=\dfrac{0.2/\text{day}}{0.1/\text{day}}=2$

$\therefore t_c$(임계시간)$=\dfrac{1}{k_1(f-1)}\log\left[f\times\left(1-(f-1)\dfrac{D_0}{L_0}\right)\right]$

$\qquad\qquad\quad =\dfrac{1}{0.1(2-1)}\log\left[2\times\left(1-(2-1)\times\dfrac{(9.2-8)}{10}\right)\right]$

$\qquad\qquad\quad =2.46\,\text{day}$

정답 ①

상하수도계획

21

★☆☆

다음 중 하수도 시설인 중력식 침사지에 관한 설명으로 틀린 것은?

① 침사지의 표면부하율은 오수침사지의 경우 $1,800\text{m}^3/\text{m}^2\cdot$일, 우수침사지의 경우 $3,600\text{m}^3/\text{m}^2\cdot$일 정도로 한다.

② 침사지의 평균 유속은 3m/초를 표준으로 한다.

③ 형상은 보통 직사각형이나 정사각형 등으로 하고, 지수는 2지 이상으로 하는 것을 원칙으로 한다.

④ 체류시간은 30~60초를 표준으로 한다.

해설

침사지의 평균 유속은 0.3m/초를 표준으로 한다.

정답 ②

22

★★★

정수장의 플록형성지에 관한 설명으로 틀린 것은?

① 플록형성지는 혼화지와 침전지 사이에 위치하고 침전지에 붙여서 설치한다.

② 플록형성시간은 계획정수량에 대하여 20~40분간을 표준으로 한다.

③ 플록큐레이터의 주변속도는 15~80cm/sec로 한다.

④ 플록형성지 내의 교반강도는 하류로 갈수록 점차 증가시키는 것이 바람직하다.

해설

플록형성지 내의 교반강도는 하류로 갈수록 점차 감소시키는 것이 바람직하다.

정답 ④

23 ★★☆

단면 ① (지름 0.5m)에서 유속이 2m/sec일 때, 단면 ② (지름 0.2m)에서의 유속(m/sec)은? (단, 만관 기준이며 유량은 변화 없음)

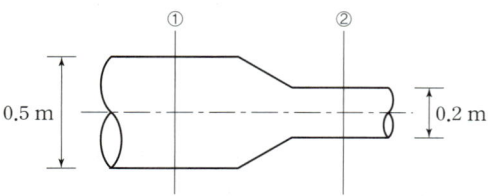

① 약 5.5
② 약 8.5
③ 약 9.5
④ 약 12.5

해설

$A_1 V_1 = A_2 V_2$

$\dfrac{\pi(0.5)^2}{4} \times 2 = \dfrac{\pi(0.2)^2}{4} \times V_2$

$\therefore V_2 = 12.5\text{m/sec}$

정답 ④

24 ★★★

펌프의 캐비테이션이 발생하는 것을 방지하기 위한 대책으로 볼 수 없는 것은?

① 펌프의 설치위치를 가능한 한 높게 하여 펌프의 필요유효흡입수두를 작게 한다.
② 펌프의 회전속도를 낮게 선정하여 펌프의 필요유효흡입수두를 작게 한다.
③ 흡입관의 손실을 가능한 한 작게 하여 펌프의 가용유효흡입수두를 크게 한다.
④ 흡입측 밸브를 완전히 개방하고 펌프를 운전한다.

해설

펌프의 설치위치를 가능한 한 낮게 하여 펌프의 가용유효흡입수두를 크게 한다.

관련이론 | 그 외 캐비테이션(Cavitation) 방지 대책

• 펌프의 회전수를 감소시킨다.
• 성능에 크게 영향을 미치지 않는 범위 내에서 흡입관의 직경을 증가시킨다.
• 두 대 이상의 펌프를 사용하거나 회전차를 수중에 완전히 잠기게 한다.
• 양흡입 펌프, 입축형 펌프, 수중펌프의 사용을 검토한다.

정답 ①

25 ★★☆

정수시설인 완속여과지에 관한 내용으로 옳지 않은 것은?

① 주위 벽 상단은 지반보다 60cm 이상 높여 여과지 내로 오염수나 토사 등의 유입을 방지한다.
② 여과속도는 4~5m/day를 표준으로 한다.
③ 모래층의 두께는 70~90cm를 표준으로 한다.
④ 여과면적은 계획정수량을 여과속도로 나누어 구한다.

해설

주위 벽 상단은 지반보다 15cm 이상 높여 여과지 내로 오염수나 토사 등의 유입을 방지한다.

정답 ①

26 ★★★

상수관로에서 조도계수 0.014, 동수경사 1/100이고, 관경이 400mm일 때 이 관로의 유량은? (단, 만관 기준, Manning 공식에 의함)

① 3.8m³/min   ② 6.2m³/min

③ 9.3m³/min   ④ 11.6m³/min

해설

Manning 공식

$$V = \frac{1}{n} \cdot R^{\frac{2}{3}} \cdot I^{\frac{1}{2}}$$

- V : 평균유속[m/sec]
- n : 조도계수
- R : 경심$\left(= \dfrac{수류단면적}{윤변} = \dfrac{D}{4} \right)$[m]
- I : 동수경사

1) R(경심) $= \dfrac{수류단면적}{윤변} = \dfrac{D}{4} = \dfrac{0.4m}{4} = 0.1m$

2) $I = \dfrac{1}{100}$

$\therefore V = \dfrac{1}{0.014} \times (0.1)^{\frac{2}{3}} \times \left(\dfrac{1}{100} \right)^{\frac{1}{2}}$

     $= 1.5389\text{m/sec}$

$Q = AV$

$A = \dfrac{\pi D^2}{4} = \dfrac{\pi \times (0.4\text{m})^2}{4} = 0.1257\text{m}^2$

$\therefore Q = 0.1257\text{m}^2 \times 1.5389\text{m/sec}$

     $= 0.1934\text{m}^3/\text{sec} ≒ 11.6\text{m}^3/\text{min}$

정답 ④

27 ★★☆

계획송수량과 계획도수량의 기준이 되는 수량은?

① 계획송수량: 계획1일 최대급수량
    계획도수량: 계획시간 최대급수량

② 계획송수량: 계획시간 최대급수량
    계획도수량: 계획1일 최대급수량

③ 계획송수량: 계획취수량
    계획도수량: 계획1일 최대급수량

④ 계획송수량: 계획1일 최대급수량
    계획도수량: 계획취수량

해설

- 송수는 정수된 물을 배수지까지 보내는 것으로, 계획송수량은 계획 1일 최대급수량 기준이다.
- 도수는 수원에서 취수한 물을 정수장까지 보내는 것으로, 계획도수량은 계획취수량 기준이다.

정답 ④

28 ★★☆

비교회전도(N_s)에 대한 설명 중 틀린 것은?

① 펌프의 규정회전수가 증가하면 비교회전도도 증가한다.
② 펌프의 규정양정이 증가하면 비교회전도는 감소한다.
③ 일반적으로 비교회전도가 크면 유량이 많은 저양정의 펌프가 된다.
④ 비교회전도가 크게 될수록 흡입성능이 좋아지고 공동 현상 발생이 줄어든다.

해설

비교회전도가 크게 될수록 흡입성능이 나빠지고 공동현상이 발생하기 쉽다.

정답 ④

29 ★★☆

펌프의 크기를 나타내는 구경을 산정하는 식은? (단, D=펌프의 구경(mm), Q=펌프의 토출량(m³/min), V=흡입구 또는 토출구의 유속(m/sec))

① $D=146\sqrt{\dfrac{Q}{V}}$

② $D=146\sqrt{\dfrac{Q}{2V}}$

③ $D=148\sqrt{\dfrac{Q}{V}}$

④ $D=148\sqrt{\dfrac{Q}{2V}}$

해설

$D=146\sqrt{\dfrac{Q}{V}}$

- D: 펌프의 흡입구경[mm]
- Q: 펌프의 토출량[m³/min]
- V: 흡입구 유속[m/sec]

정답 ①

30 ★☆☆

말굽형 하수관로의 장점으로 옳지 않은 것은?

① 대구경 관로에 유리하며 경제적이다.

② 수리학적으로 유리하다.

③ 단면형상이 간단하여 시공성이 우수하다.

④ 상반부의 아치작용에 의해 역학적으로 유리하다.

해설

말굽형 하수관로의 단점

- 단면형상이 복잡하여 시공성이 열악하다.
- 현장타설일 경우 공사기간이 지연된다.

정답 ③

31 ★★☆

하수관로를 매설하기 위해 굴토한 도랑의 폭이 1.8m이다. 매설지점의 표토는 젖은 진흙으로서 흙의 밀도가 2.0t/m³이고, 흙의 종류와 관의 깊이에 따라 결정되는 계수 C_1=1.5이었다. 이때 매설관이 받는 하중(t/m)은? (단, Marston 공식에 의한 계산)

① 2.5

② 5.8

③ 7.4

④ 9.7

해설

$W=C_1\times\gamma\times B^2$

$=\dfrac{1.5}{}\left|\dfrac{2\text{t}}{\text{m}^3}\right|\dfrac{(1.8\text{m})^2}{}=9.7\text{t/m}$

정답 ④

32 ★★☆

펌프의 회전수 N=2,400rpm, 최고 효율점의 토출량 Q=162m³/hr, 전양정 H=90m인 원심펌프의 비회전도는?

① 약 115

② 약 125

③ 약 135

④ 약 145

해설

$N_s=N\times\dfrac{Q^{1/2}}{H^{3/4}}$

이때 유량은 m³/min으로 환산해야 한다.

- N_s: 비교회전도[rpm]
- N: 펌프의 회전수[rpm]
- Q: 펌프의 토출량[m³/min]
- H: 펌프의 양정[m]

여기서,

$Q=\dfrac{162\text{m}^3}{\text{hr}}\left|\dfrac{1\text{hr}}{60\text{min}}\right.=2.7\text{m}^3/\text{min}$

$\therefore N_s=N\times\dfrac{Q^{1/2}}{H^{3/4}}=2,400\times\dfrac{2.7^{1/2}}{90^{3/4}}$

$=134.96\fallingdotseq135$회

정답 ③

33 ★★☆

취수탑의 취수구에 관한 설명으로 가장 거리가 먼 것은?

① 단면형상은 정방형을 표준으로 한다.
② 취수탑의 내측이나 외측에 슬루스게이트(제수문), 버터 플라이밸브 또는 제수밸브 등을 설치한다.
③ 전면에는 협잡물을 제거하기 위한 스크린을 3~5cm 간격으로 취수구의 전면에 설치한다.
④ 최하단에 설치하는 취수구는 계획최저수위를 기준으로 하고 갈수 시에도 계획취수량을 확실하게 취수할 수 있는 것으로 한다.

해설
단면형상은 장방형 또는 원형으로 한다.
장방형은 내각이 모두 직각인 사각형으로 주로 정사각형이 아닌 것을 뜻한다. 정방형은 정사각형을 의미한다.

정답 ①

34 ★☆☆

슬러지탈수 방법 중 가압식 벨트프레스 탈수기에 관한 내용으로 옳지 않은 것은? (단, 원심탈수기와 비교)

① 소음이 적다.
② 동력이 적다.
③ 부대장치가 적다.
④ 소모품이 적다.

해설
벨트프레스 탈수기의 특징
• 소음이 적고, 동력이 적다.
• 설치가 간단하고 설치면적이 작다.
• 유지 관리가 용이하고 소모품이 적다.

정답 ③

35 ★☆☆

기존의 하수처리시설에 고도처리시설을 설치하고자 할 때 검토사항으로 틀린 것은?

① 표준활성슬러지법이 설치된 기존처리장의 고도처리 개량은 개선 대상오염물질별 처리특성을 감안하여 효율적인 설계가 되어야 한다.
② 시설개량은 시설개량방식을 우선 검토하되 방류수 수질기준 준수가 곤란한 경우에 한해 운전개선방식을 함께 추진하여야 한다.
③ 기본설계과정에서 처리장의 운영실태 정밀분석을 실시한 후 이를 근거로 사업추진방향 및 범위 등을 결정하여야 한다
④ 기존시설물 및 처리공정을 최대한 활용하여야 한다.

해설
시설개량은 운전개선방식을 우선 검토하되 방류수 수질기준 준수가 곤란한 경우에 한해 시설개량방식을 함께 추진하여야 한다.

정답 ②

36 ★★★

유출계수가 0.65인 $1km^2$의 분수계에서 흘러내리는 우수의 양(m^3/sec)은? (단, 강우강도＝3mm/min, 합리식 적용)

① 1.3   ② 6.5
③ 21.7   ④ 32.5

해설
$$Q = \frac{1}{360} CIA$$

• C : 유출계수＝0.65

• $I = \dfrac{3mm}{min} \left| \dfrac{60min}{1hr} \right. = 180mm/hr$

• A : 유역면적＝$\dfrac{1km^2}{} \left| \dfrac{100ha}{1km^2} \right. = 100ha$

$\therefore Q = \dfrac{1}{360} CIA = \dfrac{1}{360} \times 0.65 \times 180 \times 100$
$\quad\quad = 32.5m^3/sec$

정답 ④

37 ★★☆

하수도계획의 목표연도는 원칙적으로 몇 년 정도로 하는가?

① 10년　　　　　　② 15년
③ 20년　　　　　　④ 25년

해설

하수도계획의 목표연도는 원칙적으로 20년 정도로 한다.
상수도계획의 목표연도는 15~20년이다.

정답 ③

38 ★★☆

취수지점으로부터 정수장까지 원수를 공급하는 시설 배관은?

① 취수관　　　　　② 송수관
③ 도수관　　　　　④ 배수관

해설

상수의 급수계통

취수 → 도수 → 정수 → 송수 → 배수 → 급수

정답 ③

39 ★☆☆

정수처리 방법 중 트리할로메탄(Trihalomethane)을 감소 또는 제거시킬 수 있는 방법으로 가장 거리가 먼 것은?

① 중간염소처리　　② 전염소처리
③ 활성탄처리　　　④ 결합염소처리

해설

트리할로메탄을 감소 또는 제거시킬 수 있는 방법

• 중간염소처리
• 활성탄처리
• 결합염소처리

정답 ②

40 ★★☆

전양정에 대한 펌프의 형식 중 틀린 것은?

① 전양정 5m 이하는 펌프구경 400mm 이상의 축류펌프를 사용한다.
② 전양정 3~12m는 펌프구경 400mm 이상의 원심펌프를 사용한다.
③ 전양정 5~20m는 펌프구경 300mm 이상의 원심 사류 펌프를 사용한다.
④ 전양정 4m 이상은 펌프구경 80mm 이상의 원심펌프를 사용한다.

해설

전양정 3~12m는 펌프구경 400mm 이상의 사류펌프를 사용한다.

관련이론 | 펌프의 종류 및 특성

구분	종류	특성
터보형 펌프	원심 펌프	4m 이상 전양정, 80mm 이상 구경 또는 높은 효율의 경우 구경 400mm 이상에서 사용
	사류 펌프	• 전양정(3~12m) 펌프이며, 비교적 적은 공간 차지 • 수명이 길고, 수위 변화가 있는 곳에 최적인 펌프로 효율성도 좋음 • 구경 300~1,000mm(일반적으로 400mm 이상)에서 사용
	축류 펌프	• 임펠러내의 물에 압력 및 속도에너지를 주고 가이드베인으로 속도에너지의 일부를 압력으로 변환 • 전양정(5m 이하)펌프이며, 양정변화가 적은 곳에 설치 • 간단한 구조, 저렴한 기초공사
비터보형 펌프	스크류 펌프	• 슬러지양수용 펌프이며, 간단한 구조 • 회전수가 낮아 마모가 적음

정답 ②

수질오염방지기술

41 ★★★

회전 원판 접촉법(RBC)의 장점이 아닌 것은?

① 충격부하의 조절이 가능하다.
② 다단계 공정에서 높은 질산화율을 얻을 수 있다.
③ 활성슬러지 공법에 비하여 소요동력이 적다.
④ 반송에 따른 처리효율의 효과적 증대가 가능하다.

해설

회전 원판 접촉법(RBC)은 반송이 없으므로 동력비가 적게 들고 고도의 운전기술을 요하지 않는다.

정답 ④

42 ★★☆

슬러지를 진공 탈수시켜 부피가 50% 감소되었다. 유입슬러지 함수율이 98%이었다면 탈수 후 슬러지의 함수율(%)은? (단, 슬러지 비중은 1.0 기준)

① 90
② 92
③ 94
④ 96

해설

$V_1(1-W_1)=V_2(1-W_2)$
$1(1-0.98)=0.5(1-W_2)$
$0.02=0.5(1-W_2)$
$\therefore W_2=0.96=96\%$

정답 ④

43 ★★★

직경이 다른 두개의 원형입자를 동시에 20℃의 물에 떨어뜨려 침강실험을 했다. 입자 A의 직경은 2×10^{-2}cm이며 입자 B의 직경은 5×10^{-2}cm라면 입자 A와 입자 B의 침강 속도의 비율(V_A/V_B)은? (단, 입자 A와 B의 비중은 같으며, Stokes 공식을 적용, 기타 조건은 같음)

① 0.28
② 0.23
③ 0.16
④ 0.12

해설

Stokes 공식에 의하면 입자의 침강 속도(V_s)는 입자의 크기(직경) (d)의 제곱에 비례한다.

$$V_s = \frac{d^2(\rho_p-\rho)g}{18\mu}$$

· d : 입자의 직경[cm]
· ρ_p : 입자의 밀도[g/cm³]
· ρ : 물의 밀도[g/cm³]
· μ : 점성계수[g/m·sec]
· g : 중력가속도(상수, 980cm/sec²)

이때, 온도 – 용매 – 비중이 동일한 조건이라면 A와 B 두 입자의 침강 속도 비와 입자크기의 제곱의 비는 같다.

$$\therefore \frac{V_A}{V_B} = \frac{(입자\,A의\,직경)^2}{(입자\,B의\,직경)^2} = \frac{(2 \times 10^{-2}\text{cm})^2}{(5 \times 10^{-2}\text{cm})^2} = 0.16$$

정답 ③

44 ★☆☆

기계적으로 청소가 되는 바 스크린의 바(bar)두께는 5mm이고, 바 간의 거리는 30mm이다. 바를 통과하는 유속이 0.9m/sec일 때 스크린을 통과하는 수두손실(m)은? (단, $h_L = \left(\dfrac{V_B{}^2 - V_A{}^2}{2g}\right)\left(\dfrac{1}{0.7}\right)$)

① 0.0157
② 0.0238
③ 0.0325
④ 0.0452

해설

먼저 스크린 통과 후 유속(V_A)를 구한다.

$V_B \times A_B = V_A \times A_A$

$0.9\text{m/sec} \times 30\text{mm} \times D = V_A \times 35\text{mm} \times D$

$V_A = 0.77\text{m/sec}$

$\therefore h_L = \dfrac{V_B{}^2 - V_A{}^2}{2g} \times \dfrac{1}{0.7}$

$\quad = \dfrac{(0.9\text{m/sec})^2 - (0.77\text{m/sec})^2}{2 \times 9.8\text{m/sec}^2} \times \dfrac{1}{0.7}$

$\quad = 0.0157\text{m}$

정답 ①

45 ★☆☆

상향류 혐기성 슬러지상(UASB)에 관한 설명으로 틀린 것은?

① 미생물 부착을 위한 여재를 이용하여 혐기성 미생물을 슬러지층으로 축적시켜 폐수를 처리하는 방식이다.
② 수리학적 체류시간을 작게 할 수 있어 반응조 용량이 축소된다.
③ 폐수의 성상에 의하여 슬러지의 입상화가 크게 영향을 받는다.
④ 고형물의 농도가 높을 경우 고형물 및 미생물이 유실될 우려가 있다.

해설

상향류 혐기성 슬러지상(UASB)은 생물막공법이지만 다른 공법과 달리 부착매체가 없다.

정답 ①

46 ★★☆

활성슬러지 폭기조의 유효용적이 1,000m³, MLSS 농도는 3,000mg/L이고 MLVSS는 MLSS농도의 75%이다. 유입하수의 유량은 4,000m³/day이고, 합성계수 Y는 0.63mg MLVSS/mg BOD, 내생분해계수 K_d는 0.05day^{-1}, 1차 침전조 유출수의 BOD는 200mg/L, 폭기조 유출수의 BOD는 20mg/L일 때, 슬러지 생성량은?

① 301kg/day
② 321kg/day
③ 341kg/day
④ 361kg/day

해설

슬러지 생산량 $Q_w \cdot X_r = P_x$

$P_x = Y \cdot \text{BOD제거량} - K_d \cdot \text{MLSS량}$

$\quad = Y \cdot Q(C_i - C_o) - K_d \cdot \forall \cdot X$

- P_x: 슬러지 생산량[kg/day]
- Y: 합성계수 (Yield coefficient)
- Q: 유입유량[m³/day]
- C_i: 1차 침전조 유출수 BOD[kg/m³]
- C_o: 폭기조 유출수 BOD[kg/m³]
- K_d: 미생물 내생분해계수[day^{-1}]
- $\forall$: 폭기조의 부피[m³]
- X: 폭기조의 MLVSS 농도[kg/m³]

1) $C_i = \dfrac{200\text{mg}}{\text{L}} \left| \dfrac{10^3\text{L}}{\text{m}^3} \right| \dfrac{\text{kg}}{10^6\text{mg}} = 0.2\text{kg/m}^3$

2) $C_o = \dfrac{20\text{mg}}{\text{L}} \left| \dfrac{10^3\text{L}}{\text{m}^3} \right| \dfrac{\text{kg}}{10^6\text{mg}} = 0.02\text{kg/m}^3$

3) $X = \dfrac{3,000\text{mg}}{\text{L}} \left| \dfrac{10^3\text{L}}{\text{m}^3} \right| \dfrac{\text{kg}}{10^6\text{mg}} \left| \dfrac{75}{100} \right. = 2.25\text{kg/m}^3$

$\therefore P_x = Y \cdot Q(C_i - C_o) - K_d \cdot \forall \cdot X$

$\quad = 0.63 \times 4,000\text{m}^3/\text{day} \times (0.2\text{kg/m}^3 - 0.02\text{kg/m}^3)$

$\qquad - 0.05\text{day}^{-1} \times 1,000\text{m}^3 \times 2.25\text{kg/m}^3$

$\quad = 341.1 ≒ 341\text{kg/day}$

정답 ③

47 ★★★

분리막을 이용한 수처리 방법 중 추진력이 정수압차가 아닌 것은?

① 투석　　　　　　② 정밀여과
③ 역삼투　　　　·　④ 한외여과

해설

투석(Dialysis)의 추진력은 농도차이다.
정밀여과, 역삼투, 한외여과, 나노여과의 추진력은 정수압차이다.

관련이론

전기투석은 전기(전압, 기전력)차이다.

정답 ①

48 ★★★

Side Stream을 적용하여 생물학적 방법과 화학적 방법으로 인을 제거하는 공정은?

① 수정 Bardenpho 공정　② Phostrip 공정
③ SBR 공정　　　　　④ UCT 공정

해설

Phostrip 공정은 인을 제거하는 공정으로 생물학적 방법과 화학적 방법을 함께 이용한다. 반송슬러지의 일부를 혐기성 상태인 탈인조로 유입시켜 혐기성 상태에서 인을 방출 및 분리한 후 상등수에 과량 함유된 인을 화학 침전시키는 방법으로, 측류(Side Stream)에서 인을 제거한다.

선지분석

① 수정 Bardenpho 공정: 질소와 인을 제거하는 공정으로 제거율이 높은 장점이 있으나 높은 BOD/P비가 필요한 단점이 있다.
③ SBR 공정: 질소와 인을 제거하는 공정으로 기존 활성 슬러지 처리에서의 공간개념을 시간개념으로 전환한 것이다.
④ UCT 공정: 질소와 인을 제거하는 공정으로 반송 슬러지를 무산소조로 반송시켜서 탈질 반응에 의해 질산성 질소를 제거시킨 후 혐기조로 다시 반송한다.

정답 ②

49 ★★★

연속회분식 활성슬러지법(SBR, Sequencing Batch Reactor)에 대한 설명으로 잘못된 것은?

① 단일 반응조에서 1주기(Cycle) 중에 호기-무산소-혐기 등의 조건을 설정하여 질산화, 탈질화를 도모할 수 있다.
② 충격부하 또는 첨두유량에 대한 대응성이 약하다.
③ 처리용량이 큰 처리장에는 적용하기 어렵다.
④ 질소(N)와 인(P)의 동시제거 시 운전의 유연성이 크다.

해설

부하변동이 큰 소규모 시설에서는 운전의 유연성 등을 고려하여 저부하형 연속회분식 활성슬러지법으로 한다. 또한, SBR은 충격부하 또는 첨두유량에 대한 대응성이 강하다.

정답 ②

50 ★★☆

1차 처리된 분뇨의 2차 처리를 위해 폭기조, 2차 침전지로 구성된 표준활성슬러지를 운영하고 있다. 운영조건이 다음과 같을 때 고형물 체류시간(SRT, day)은? (단, 유입유량 =1,000m³/day, 폭기조 수리학적 체류시간=6시간, MLSS 농도=3,000mg/L, 잉여슬러지 배출량=30m³/day, 잉여슬러지 SS농도=10,000mg/L, 2차침전지 유출수 SS농도=5mg/L)

① 약 2 ② 약 2.5
③ 약 3 ④ 약 3.5

해설

$$SRT = \frac{\forall \cdot X}{X_r Q_w + Q_o X_e}$$

- X: MLSS 농도[mg/L]
- $\forall$: 폭기조의 부피[m³]
- X_r: 잉여슬러지 SS농도[mg/L]
- Q_w: 잉여슬러지 배출량[m³/day]
- X_e: 2차 침전지 유출수 SS농도[mg/L]

여기서,

$$\forall[m^3] = Q \times t = \frac{1,000m^3}{day} \left| \frac{6hr}{} \right| \frac{1day}{24hr} = 250m^3$$

$X = 3,000mg/L$

$$X_r Q_w = \frac{10,000mg}{L} \left| \frac{30m^3}{day} \right| \frac{1kg}{10^6 mg} \left| \frac{10^3 L}{1m^3} \right. = 300kg/day$$

$$Q_o = Q - Q_w = 1,000 - 30 = 970m^3/day$$

$$Q_o X_e = \frac{970m^3}{day} \left| \frac{5mg}{L} \right| \frac{1kg}{10^6 mg} \left| \frac{10^3 L}{1m^3} \right. = 4.85kg/day$$

$$\therefore SRT = \frac{\forall \cdot X}{X_r Q_w + Q_o X_e}$$
$$= \frac{day}{(300+4.85)kg} \left| \frac{250m^3}{} \right| \frac{3,000mg}{L} \left| \frac{1kg}{10^6 mg} \right| \frac{10^3 L}{1m^3}$$
$$= 2.46 ≒ 2.5day$$

정답 ②

51 ★☆☆

단면이 직사각형인 하천의 깊이가 0.2m이고 깊이에 비하여 폭이 매우 넓을 때 동수반경(m)은?

① 0.2 ② 0.5
③ 0.8 ④ 1.0

해설

수심에 비하여 폭이 넓은 경우 동수반경은 수심과 같다.

정답 ①

52 ★★☆

염소살균에 관한 설명으로 틀린 것은?

① HOCl의 살균력은 OCl⁻의 약 80배 정도 강한 것으로 알려져 있다.
② 수중 용존염소는 페놀과 반응하여 클로로페놀을 형성하여 불쾌한 맛과 냄새를 유발한다.
③ pH 9 이상에서는 물에 주입된 염소는 대부분이 HOCl로 존재한다.
④ 유리잔류염소는 수중의 암모니아나 유기성 질소화합물이 존재할 경우 이들과 반응하여 결합잔류염소를 형성한다.

해설

pH 4~6 에서는 95% 이상이 HOCl로 존재하고, pH 9 이상에서는 95% 이상이 OCl⁻로 존재한다.

정답 ③

53 ★★☆

9.0kg 글루코스(Glucose)로부터 발생 가능한 0℃, 1atm에서 CH₄ 가스의 용적(L)은? (단, 혐기성 분해 기준)

① 3,160 ② 3,360
③ 3,560 ④ 3,760

해설

$$\underset{180g}{C_6 H_{12} O_6} \rightarrow \underset{3 \times 22.4SL}{3CH_4} + 3CO_2$$

비례식으로 정리하면,

$$180g : 3 \times 22.4SL = 9,000g : X \, L(STP)$$

$$\therefore X(=CH_4) = \frac{9,000 \times 3 \times 22.4}{180} = 3,360L(STP)$$

정답 ②

54

★☆☆

평균입도 3.2mm인 균일한 층 30cm에서의 Reynolds 수는? (단, 여과속도 $=160L/m^2 \cdot min$, 동점성계수 $=1.003 \times 10^{-6}$ m^2/sec)

① 8.5
② 11.6
③ 15.9
④ 18.3

해설

$$Re = \frac{D \cdot V \cdot \rho}{\mu} = \frac{D \cdot V}{\nu} \left(\because \nu = \frac{\mu}{\rho} \right)$$

· D : 입자의 크기[m]
· V : 유속[m/sec]
· ρ : 밀도[kg/m^3]
· μ : 점성계수[kg/m·sec]
· ν : 동점성계수[m^2/sec]

$$\therefore Re = \frac{D \cdot V}{\nu}$$

$$= \frac{3.2 \times 10^{-3}m}{} \left| \frac{160L}{m^2 \cdot min} \right| \frac{sec}{1.003 \times 10^{-6}m^2} \left| \frac{1m^3}{10^3 L} \right| \frac{1min}{60sec}$$

$$= 8.5078 ≒ 8.5$$

정답 ①

55

★★☆

혐기성 소화 시 소화가스 발생량 저하의 원인이 아닌 것은?

① 저농도 슬러지 유입
② 소화슬러지 과잉 배출
③ 소화가스 누적
④ 조 내 온도 저하

해설

소화가스 발생량 저하의 원인
· 저농도 슬러지 유입
· 소화슬러지 과잉 배출
· 조 내 온도 저하
· 소화가스 누출
· 과다한 산 생성

정답 ③

56

★★☆

폐수처리에 관련된 침전현상으로 입자 간에 작용하는 힘에 의해 주변입자들의 침전을 방해하는 중간정도 농도 부유액에서의 침전은?

① 제1형 침전(독립침전)
② 제2형 침전(응집침전)
③ 제3형 침전(계면침전)
④ 제4형 침전(압밀침전)

해설

침전현상의 종류 및 특징

제1형 침전	· 독립침전, 자유침전 · 스토크스(Stokes)법칙을 따름
제2형 침전	· 응결침전, 응집침전, 플록침전 · 입자들이 서로 위치를 바꾸려 함
제3형 침전	· 지역침전, 간섭침전, 계면침전 · 입자들이 서로 위치를 바꾸려 하지 않음
제4형 침전	· 압축침전, 압밀침전 · 고농도의 폐수에 적용됨

정답 ③

57

★★☆

유량 10,000m^3/day인 폐수를 처리하기 위한 정방형 Skimming 탱크의 표면적 부하율[m^3/m$^2 \cdot$ day]은? (단, 체류시간은 10분이고, 상승 속도는 200mm/min임)

① 213
② 233
③ 258
④ 288

해설

표면적 부하율 V_o는 이론적 침강속도임과 동시에 이론적 부상속도라 볼 수 있다.

$$V_o = \frac{Q}{A} = \frac{m^3/day}{m^2} = m/day$$

$$= \frac{200mm}{min} \left| \frac{60min}{hr} \right| \frac{24hr}{day} \left| \frac{m}{10^3 mm} \right| = 288m/day$$

$$= 288m^3/m^2 \cdot day$$

정답 ④

58 ★★☆

활성슬러지 혼합액의 고형물을 0.26%에서 3%까지 농축하고자 할 때 가압순환 흐름이 있는 경우의 부상농축기를 설계하고자 한다. 다음의 조건하에서 소요 순환유량(m³/day)은? (단, A/S=0.06, 온도=20℃, 공기용해도=18.7mL/L, 압력=3.7atm, 용존 공기 비율=0.5, 부유고형물 농도=4,000mg/L, 슬러지 유량=400m³/day)

① 약 2,500m³/day ② 약 3,000m³/day
③ 약 3,500m³/day ④ 약 4,000m³/day

해설

$$A/S = \frac{1.3 S_a (f \cdot P - 1)}{SS} \times \left(\frac{Q_r}{Q}\right)$$

- S_a: 공기용해도[mL/L]
- f: 포화상태 공기용해비
- P: 압축탱크의 압력[atm]
- SS: 고형물의 농도[mg/L]

$$0.06 = \frac{1.3 \times 18.7 \times (0.5 \times 3.7 - 1)}{10^4 \times 0.26} \times \left(\frac{Q_r}{400}\right)$$

∴ $Q_r = 3{,}019.8 ≒ 3{,}000 \text{m}^3/\text{day}$

정답 ②

59 ★☆☆

분뇨의 생물학적 처리공법으로서 호기성 미생물이 아닌 혐기성 미생물을 이용한 혐기성처리공법을 주로 사용하는 근본적인 이유는?

① 분뇨에는 혐기성미생물이 살고 있기 때문에
② 분뇨에 포함된 오염물질은 혐기성미생물만이 분해할 수 있기 때문에
③ 분뇨의 유기물 농도가 너무 높아 포기에 너무 많은 비용이 들기 때문에
④ 혐기성처리공법으로 발생되는 메탄가스가 공법에 필수적이기 때문에

해설

호기성 세균은 산소 기체가 원활히 공급되어야 활동을 할 수 있기 때문에 포기 장치 설치가 필수적이다. 즉, 비용이 많이 든다.

정답 ③

60 ★★☆

BOD 250mg/L인 폐수를 살수여상법으로 처리할 때 처리수의 BOD는 80mg/L, 온도가 20℃였다. 만일 온도가 23℃로 된다면 처리수의 BOD농도(mg/L)는? (단, 온도 이외의 처리조건은 같음, $E_T = E_{20} \times \theta^{(T-20)}$, E: 처리효율, $\theta = 1.035$)

① 약 46 ② 약 53
③ 약 62 ④ 약 71

해설

효율공식을 이용한다.
$$\eta = \left(1 - \frac{C_o}{C_i}\right) \times 100$$

- C_o: 처리수 BOD 농도[mg/L]
- C_i: 유입 BOD 농도[mg/L]

1) 20℃에서의 살수여상의 효율
$$\eta = \left(1 - \frac{C_o}{C_i}\right) \times 100$$
$$= \left(1 - \frac{80}{250}\right) \times 100 = 68\%$$

→ 주어진 식을 토대로 23℃에서의 효율로 환산한다.

2) $E_T = E_{20} \times \theta^{(T-20)} = 68 \times 1.035^{(23-20)}$
$$= 75.39\%$$

3) 효율이 75.39%일 때 처리수의 BOD 농도
$$75.39(\%) = \left(1 - \frac{C_o}{250}\right) \times 100$$

∴ $C_o = 61.53 ≒ 62 \text{mg/L}$

정답 ③

수질오염공정시험기준

61 ★★☆

직각 3각 웨어에서 웨어의 수두 0.2m, 수로폭 0.5m, 수로의 밑면으로부터 절단 하부점까지의 높이가 0.9m일 때, 아래의 식을 이용하여 유량(m³/min)을 구하면?

$$K = 81.2 + \frac{0.24}{h} + \left[\left(8.4 + \frac{12}{\sqrt{D}} \right) \times \left(\frac{h}{B} - 0.09 \right)^2 \right]$$

① 1.0 ② 1.5
③ 2.0 ④ 2.5

해설

$K = 81.2 + \dfrac{0.24}{h} + \left[\left(8.4 + \dfrac{12}{\sqrt{D}} \right) \times \left(\dfrac{h}{B} - 0.09 \right)^2 \right]$

$\quad = 81.2 + \dfrac{0.24}{0.2} + \left\{ \left(8.4 + \dfrac{12}{\sqrt{0.9}} \right) \times \left(\dfrac{0.2}{0.5} - 0.09 \right)^2 \right\}$

$\quad = 84.42$

직각삼각웨어의 유량 Q[m³/min]

$\therefore Q = K \cdot h^{5/2}$

$\quad = 84.42 \times 0.2^{5/2}$

$\quad = 1.51 ≒ 1.5 \text{m}^3/\text{min}$

정답 ②

62 ★☆☆

다음은 효소이용정량법을 적용하여 대장균을 분석하는 내용이다. ( ) 안에 옳은 내용은?

> 물속에 존재하는 대장균을 분석하기 위한 것으로 효소기질 시약과 시료를 혼합하여 배양한 후 ( )로 측정하는 방법이다.

① 무균 검출기 ② 자외선 검출기
③ 색도 검출기 ④ 시험관 검출기

해설

효소이용정량법
- 이 시험기준은 물속에 존재하는 대장균을 분석하기 위한 것으로, 효소기질 시약과 시료를 혼합하여 배양한 후 자외선 검출기로 측정하는 방법이다.
- 시험 배양액에 자외선 검출기(365~366nm)를 조사하여 형광이 검출되면 대장균 양성으로 판정하여 정량한다.
- 이 시험기준은 하천수, 호소수, 지하수, 물놀이형 수경시설 등에 적용한다.

정답 ②

63 ★☆☆

다음의 금속류 중 원자형광법으로 측정할 수 있는 것은? (단, 수질오염공정시험기준 기준)

① 수은 ② 납
③ 6가 크롬 ④ 비소

해설

금속류 중 원자형광법으로 측정할 수 있는 것은 수은이다.

정답 ①

64 ★★★

수질오염공정시험기준 총칙에 관한 설명으로 옳지 않은 것은?

① '즉시'라 함은 30초 이내에 표시된 조작을 하는 것을 말한다.
② 분석용 저울은 0.1mg까지, 미량저울은 0.01mg까지 달 수 있는 것이어야 한다.
③ '정확히 단다'라 함은 규정된 수치의 무게를 0.3mg까지 다는 것을 말한다.
④ '정밀히 단다'라 함은 규정된 양의 시료를 취하여 화학저울 또는 미량저울로 칭량함을 말한다.

해설

"정확히 단다"라 함은 규정된 수치의 무게를 0.1mg까지 다는 것을 말한다.

정답 ③

65 ★★☆

노말헥산 추출물질을 측정할 때 시험과정 중 지시약으로 사용되는 것은?

① 메틸레드
② 메틸오렌지
③ 메틸렌블루
④ 페놀프탈레인

해설

이 시험기준은 수중에 비교적 휘발되지 않는 탄화수소, 탄화수소유도체, 그리스유상물질 및 광유류를 함유하고 있는 시료를 pH 4 이하의 산성으로 하여 노말헥산층에 용해되는 물질을 노말헥산으로 추출하고 노말헥산을 증발시킨 잔류물의 무게로부터 구하는 방법이다.
시료 적당량(노말헥산 추출물질로서 5mg~200mg 해당량)을 분별깔때기에 넣고 메틸오렌지용액(0.1%) 2~3방울을 넣고 황색이 적색으로 변할 때까지 염산 (1+1)을 넣어 시료의 pH를 4 이하로 조절한다.

정답 ②

66 ★☆☆

공장폐수의 BOD를 측정하기 위해 검수에 희석을 가하여 50배로 희석하여 20℃, 5일 배양하였다. 희석 후 초기 DO를 측정하기 위해 소모된 0.025N−$Na_2S_2O_3$의 양은 4.0mL였으며 5일 후 DO를 측정하는 데 0.025N−$Na_2S_2O_3$ 2.0mL 소모되었을 때 공장폐수의 BOD(mg/L)는? (단, BOD 병=285mL, 적정에 사용된 액량=100mL, BOD병에 가한 시약은 황산망간과 아자이드화나트륨 용액=총 2mL, 적정시약의 factor=1)

① 201.5
② 211.5
③ 221.5
④ 231.5

해설

$$DO[mg/L] = a \times f \times \frac{V_1}{V_2} \times \frac{1,000}{V_1 - R} \times 0.2$$

- a: 적정에 소비된 티오황산나트륨 용액 (0.025N)의 양[mL]
- f: 티오황산나트륨 (0.025N)의 인자(factor)
- V_1: 전체 시료의 양[mL]
- V_2: 적정에 사용한 시료의 양[mL]
- R: 황산망간 용액과 알칼리성 요오드화칼륨−아자이드화나트륨 용액 첨가량[mL]

1) $DO_1[mg/L] = 4 \times 1 \times \frac{285}{100} \times \frac{1,000}{285-2} \times 0.2 = 8.057$

2) $DO_2[mg/L] = 2 \times 1 \times \frac{285}{100} \times \frac{1,000}{285-2} \times 0.2 = 4.028$

$$\therefore BOD = (DO_1 - DO_2) \times P$$
$$= (8.057 - 4.028) \times 50$$
$$= 201.45 ≒ 201.5mg/L$$

정답 ①

67 ★☆☆

BOD 측정용 시료를 희석할 때 식종 희석수를 사용하지 않아도 되는 시료는?

① 잔류염소를 함유한 폐수
② pH 4 이하 산성으로 된 폐수
③ 화학공장 폐수
④ 유기물질이 많은 가정 하수

해설

BOD 측정용 식종 희석수는 시료 중에 유기물질을 산화시킬 수 있는 미생물의 양이 충분하지 못할 때, 미생물을 시료에 넣어주는 것을 말한다.
유기물질이 많은 가정 하수는 미생물이 번식하기 좋은 조건이므로 식종 희석수를 사용하지 않아도 된다.

정답 ④

68 ★★☆

램버트 – 비어(Lambert – Beer)의 법칙에서 흡광도의 의미는? (단, I_o＝입사광의 강도, I_t＝투사광의 강도, t＝투과도)

① I_t/I_o
② $t \times 100$
③ $\log (1/t)$
④ $I_t \times 10^{-1}$

해설

흡광도$(A)=\log \dfrac{1}{투과도}$

$A=\log \dfrac{1}{t}=\log \dfrac{1}{I_t/I_o} \left(\because 투과도(t)=\dfrac{투사광의 세기}{입사광의 세기} \right)$

정답 ③

69 ★☆☆

수질오염공정시험기준상 탁도 측정에 관한 설명으로 옳지 않은 것은?

① 파편과 입자가 큰 침전이 존재하는 시료를 빠르게 침전시킬 경우, 탁도값이 낮게 측정된다.
② 물에 색깔이 있는 시료는 잠재적으로 측정값이 높게 분석된다.
③ 시료 속의 거품은 빛을 산란시키고 높은 측정값을 나타낸다.
④ 탁도를 측정하기 위해서는 탁도계를 이용하여 물의 흐림 정도를 측정한다.

해설

물에 색깔이 있는 시료는 색이 빛을 흡수하기 때문에 잠재적으로 측정값이 낮게 분석된다.

관련이론 | 탁도 측정
- 이 시험기준은 탁도를 측정하기 위하여 탁도계를 이용하여 물의 흐림 정도를 측정하는 방법이며 지표수와 지하수에 적용할 수 있다.
- 정확도는 첨가한 표준물질의 농도에 대한 측정평균값의 상대 백분율로서 나타내며 그 값이 75%~125%이내이어야 하며 정밀도는 측정값의 % 상대표준편차(RSD)로 계산하며 측정값이 25% 이내이어야 한다.
- 파편과 입자가 큰 침전이 존재하는 시료를 빠르게 침전시킬 경우 탁도값이 낮게 측정된다.
- 시료 속의 거품은 빛을 산란시키고 높은 측정값을 나타낸다. 따라서 시료 분취 시 거품 생성을 방지하고 시료를 셀의 벽을 따라 부어야 한다.

정답 ②

70 ★★☆

다음 중 자기식 유량측정기에 관한 설명으로 옳은 것은?

① 단면이 축소되는 목부분을 조절함으로써 유량이 조절된다.
② 고형물질이 많아 관을 메울 우려가 있는 폐·하수의 관내 유량을 측정한다.
③ 재질은 부식에 대한 내구성이 강한 스테인리스 강판, 염화비닐합성수지 등을 이용하며 면처리는 매끄럽게 처리하여 가급적 마찰로 인한 수두손실을 적게 한다.
④ 반드시 일직선 상의 관에서 이루어져야 한다.

해설

자기식 유량측정기
· 고형물질이 많아 관을 메울 우려가 있는 폐하수에 이용할 수 있는 유량 측정기기이다.
· 측정원리는 패러데이의 법칙을 이용하여 자장의 직각에서 전도체를 이동시킬 때 유발되는 전압은 전도체의 속도에 비례한다는 원리를 이용한 것이다.
· 측정기의 전압은 유체(폐하수)의 활성도, 탁도, 점성 및 온도의 영향을 받지 않으며, 다만 유체의 유속에 의하여 결정되고 수두손실이 적다.

정답 ②

71 ★★☆

금속류 – 불꽃 원자흡수분광광도법에서 일어나는 간섭 중 물리적 간섭에 관한 설명으로 옳은 것은?

① 분석하고자 하는 원소의 흡수파장과 비슷한 다른 원소의 파장이 서로 겹쳐 비이상적으로 높게 측정되는 경우이다.
② 불꽃온도가 너무 높을 경우 중성원자에서 전자를 빼앗아 이온이 생성될 수 있으며 이 경우 음(−)의 오차가 발생하게 된다.
③ 시료 도입부의 분무과정에서 시료의 비중, 점성도, 표면장력의 차이에 의해 발생한다.
④ 불꽃의 온도가 분자를 들뜬 상태로 만들기에 충분히 높지 않아서, 해당 파장을 흡수하지 못하여 발생한다.

해설

물리적 간섭은 표준용액과 시료 또는 시료간의 물리적 성질(점도, 밀도, 표면장력 등)의 차이 또는 표준물질과 시료의 매질(matrix) 차이에 의해 발생한다. 이러한 차이는 시료의 주입 및 분무 효율에 영향을 주어 양(+) 또는 음(−)의 오차를 유발하게 된다.
물리적 간섭은 표준용액과 시료간의 매질을 일치시키거나 표준물질첨가법을 사용하여 방지할 수 있다.

정답 ③

72 ★☆☆

0.005M–KMnO₄ 400mL를 조제하려면 KMnO₄ 약 몇 g을 취해야 하는가? (단, 원자량 K=39, Mn=55)

① 약 0.32 ② 약 0.63
③ 약 0.84 ④ 약 0.98

해설

$$X[g] = \frac{0.005 mol}{L} \left| \frac{0.4L}{} \right| \frac{158g}{1mol} = 0.316 ≒ 0.32g$$

정답 ①

73 ★☆☆

최적응집제 주입량을 결정하는 실험을 하려고 한다. 다음 중 실험에 반드시 필요한 것이 아닌 것은?

① 비이커
② pH 완충용액
③ Jar Tester
④ 시계

해설

최적응집제 주입량 판별실험에 pH 완충용액은 필요하지 않다.

관련이론 | 최적응집제 주입량 판별실험 도구

- 비이커
- 응집교반기(Jar Tester)
- 시계
- pH 미터
- 마그네틱 교반기
- 피펫
- 메스플라스크

정답 ②

74 ★★★

시료의 보존방법으로 틀린 것은?

① 아질산성 질소: 4℃ 보관, H_2SO_4로 pH 2 이하
② 총질소(용존 총질소): 4℃ 보관, H_2SO_4로 pH 2 이하
③ 화학적 산소요구량: 4℃ 보관, H_2SO_4로 pH 2 이하
④ 암모니아성 질소: 4℃ 보관, H_2SO_4로 pH 2 이하

해설

- 아질산성 질소: 4℃ 보관
- 총질소, 화학적 산소요구량, 암모니아성 질소, 노말헥산추출 물질: 4℃ 보관, H_2SO_4로 pH 2 이하에서 최대 28일 보관(공통조건)

정답 ①

75 ★★☆

물 1L에 NaOH 0.8g이 용해되었을 때의 농도(몰)는?

① 0.1
② 0.2
③ 0.01
④ 0.02

해설

- 수산화나트륨(NaOH)의 몰질량＝40g/mol
- 몰농도: $\dfrac{0.8g}{}\left|\dfrac{mol}{40g}\right|\dfrac{}{1L}=0.02mol/L(M)$

정답 ④

76 ★☆☆

다음의 표준용액 중 pH가 가장 높은 것은 어느 것인가?

① 탄산염 표준용액
② 붕산염 표준용액
③ 수산염 표준용액
④ 프탈산염 표준용액

해설

pH는 수산화칼슘＞탄산염＞붕산염＞인산염＞프탈산염＞수산염 순으로 높다.

관련이론 | 표준용액 pH

온도(℃)	수산염 표준용액	프탈산염 표준용액	인산염 표준용액	붕산염 표준용액	탄산염 표준용액	수산화칼슘 표준용액
0	1.67	4.01	6.98	9.46	10.32	13.43
5	1.67	4.01	6.95	9.39	10.25	13.21
10	1.67	4.00	6.92	9.33	10.18	13.00
15	1.67	4.00	6.90	9.27	10.12	12.81
20	1.68	4.00	6.88	9.22	10.07	12.63
25	1.68	4.01	6.86	9.18	10.02	12.45
30	1.69	4.01	6.85	9.14	9.97	12.30
35	1.69	4.02	6.84	9.10	9.93	12.14
40	1.70	4.03	6.84	9.07	—	11.99
50	1.71	4.06	6.83	9.01	—	11.70
60	1.73	4.10	6.84	8.96	—	11.45

정답 ①

77

★★★

수질분석을 위한 시료 채취 시 유의사항으로 옳지 않은 것은?

① 채취용기는 시료를 채우기 전에 맑은 물로 3회 이상 씻은 다음 사용한다.
② 용존가스, 환원성 물질, 휘발성 유기화합물 등의 측정을 위한 시료는 운반중 공기와의 접촉이 없도록 가득 채워야 한다.
③ 지하수 시료는 취수정 내에 고여있는 물을 충분히 퍼낸 (고여 있는 물의 4~5배 정도나 pH 및 전기전도도를 연속적으로 측정하여 이 값이 평형을 이룰 때까지로 한다) 다음 새로 나온 물을 채취한다.
④ 시료채취량은 시험항목 및 시험횟수에 따라 차이가 있으나 보통 3~5L 정도이어야 한다.

해설
시료 채취 용기는 시료를 채우기 전에 시료로 3회 이상 씻은 다음 사용한다.

정답 ①

78

★★☆

취급 또는 저장하는 동안에 이물질이 들어가거나 또는 내용물이 손실되지 아니하도록 보호하는 용기는?

① 밀봉용기　　　　② 밀폐용기
③ 기밀용기　　　　④ 압밀용기

해설
밀폐용기는 물질을 취급 또는 저장하는 동안에 이물질이 들어가거나 내용물이 손실되지 않도록 보호하는 용기를 뜻한다.

선지분석
① 밀봉용기: 물질을 취급 또는 저장하는 동안에 기체 또는 미생물이 침입하지 않도록 내용물을 보호하는 용기
③ 기밀용기: 물질을 취급 또는 저장하는 동안에 외부로부터의 공기 또는 다른 가스가 침입하지 않도록 내용물을 보호하는 용기
④ 압밀용기: 압밀시험을 위해 측정시료에 고압력을 가할 수 있게 내구성이 있도록 제작된 용기

관련이론 | 차광용기
광선이 투과하지 않는 용기 또는 투과하지 않게 포장을 한 용기이며 취급 또는 보관하는 동안에 내용물의 광화학적 변화를 방지할 수 있는 용기

정답 ②

79

★★☆

자외선/가시선 분광법을 적용한 크롬 측정에 관한 내용으로 (　　)에 옳은 것은?

> 3가 크롬은 (　㉠　)을 첨가하여 6가 크롬으로 산화시킨 후 산성용액에서 다이페닐카바자이드와 반응하여 생성되는 (　㉡　) 착화합물의 흡광도를 측정한다.

① ㉠ 과망간산칼륨, ㉡ 황색
② ㉠ 과망간산칼륨, ㉡ 적자색
③ ㉠ 티오황산나트륨, ㉡ 적색
④ ㉠ 티오황산나트륨, ㉡ 황갈색

해설
• 3가 크롬은 과망간산칼륨을 첨가하여 6가 크롬으로 산화시킨 후 산성용액에 다이페닐카바자이드와 반응하여 생성하는 적자색 착화합물의 흡광도를 540nm에서 측정한다.
• 지표수, 폐수 등에 적용할 수 있으며, 정량한계는 0.04mg/L이다.

정답 ②

80

★☆☆

공장의 폐수 100mL를 취하여 산성 100℃에서 $KMnO_4$에 의한 화학적 산소 소비량을 측정하였다. 시료의 적정에 소비된 0.025N $KMnO_4$의 양이 7.5mL였다면 이 폐수의 COD (mg/L)는 약 얼마인가? (단, 0.025N $KMnO_4$ factor 1.02, 바탕시험 적정에 소비된 0.025N $KMnO_4$ 1.00mL)

① 13.3　　　　　② 16.7
③ 24.8　　　　　④ 32.2

해설
$$COD[mg/L] = (b-a) \times f \times \frac{1,000}{V} \times 0.2$$

• a: 바탕시험 적정에 소비된 0.025N $KMnO_4$＝1.00mL
• b: 시료의 적정에 소비된 0.025N $KMnO_4$＝7.5mL
• f: 0.025N $KMnO_4$ 농도계수(factor)＝1.02
• V: 시료의 양(mL)＝100mL

$$\therefore COD[mg/L] = (7.5-1.0) \times 1.02 \times \frac{1,000}{100} \times 0.2$$
$$= 13.26 ≒ 13.3mg/L$$

정답 ①

수질환경관계법규

81 ★★☆

환경기준인 수질 및 수생태계 상태별 생물학적 특성 이해표 내용 중 생물등급이 "보통~약간 나쁨" 일 때의 생물 지표종(어류)으로 옳은 것은?

① 피라미
② 붕어
③ 갈겨니
④ 미꾸라지

해설

「환경정책기본법 시행령 별표 1」

생물등급	생물 지표종	
	저서생물(底棲生物)	어류
매우 좋음 ~좋음	옆새우, 가재, 뿔하루살이, 민하루살이, 강도래, 물날도래, 광택날도래, 띠무늬우묵날도래, 바수염날도래	산천어, 금강모치, 열목어, 버들치 등 서식
좋음~보통	다슬기, 넓적거머리, 강하루살이, 동양하루살이, 등줄하루살이, 등딱지하루살이, 물삿갓벌레, 큰줄날도래	쉬리, 갈겨니, 은어, 쏘가리 등 서식
보통~ 약간 나쁨	물달팽이, 턱거머리, 물벌레, 밀잠자리	피라미, 끄리, 모래무지, 참붕어 등 서식
약간 나쁨~ 매우 나쁨	왼돌이물달팽이, 실지렁이, 붉은깔따구, 나방파리, 꽃등에	붕어, 잉어, 미꾸라지, 메기 등 서식

정답 ①

82 ★★★

수질오염방지시설 중 생물화학적 처리시설이 아닌 것은?

① 접촉조
② 살균시설
③ 폭기시설
④ 살수여과상

해설

「시행규칙 별표 5」
살균시설은 화학적 처리시설이다.

정답 ②

83 ★★★

물환경보전법상 용어의 정의로 옳지 않은 것은?

① 폐수라 함은 물에 액체성 또는 고체성의 수질오염물질이 섞여 있어 그대로는 사용할 수 없는 물을 말한다.
② 수질오염물질이라 함은 수질오염의 요인이 되는 물질로서 환경부령이 정하는 것을 말한다.
③ 폐수무방류배출시설이라 함은 폐수배출시설에서 발생하는 폐수를 위탁하여 공공수역으로 배출하지 아니하는 시설을 말한다.
④ 기타수질오염원이라 함은 점오염원 및 비점오염원으로 관리되지 아니하는 수질오염물질을 배출하는 시설 또는 장소로서 환경부령이 정하는 것을 말한다.

해설

「법 제2조」
"폐수무방류배출시설"이란 폐수배출시설에서 발생하는 폐수를 해당 사업장에서 수질오염방지시설을 이용하여 처리하거나 동일 폐수배출시설에 재이용하는 등 공공수역으로 배출하지 아니하는 폐수배출시설을 말한다.

정답 ③

84 ★★☆

폐수처리업자의 준수사항 내용으로 (   )에 알맞은 것은?

> 수탁한 폐수는 정당한 사유 없이 (   ) 이상 보관할 수 없다.

① 10일
② 15일
③ 30일
④ 45일

해설

「시행규칙 별표 21」
수탁한 폐수는 정당한 사유 없이 10일 이상 보관할 수 없으며, 보관폐수의 전체량이 저장시설 저장능력의 90% 이상 되게 보관하여서는 아니 된다.

정답 ①

85

★★☆

낚시제한구역에서의 낚시방법 제한사항에 관한 기준이 아닌 것은?

① 1명당 4대 이상의 낚싯대를 사용하는 행위
② 낚싯바늘에 끼워서 사용하지 아니하고 떡밥 등을 던지는 행위
③ 1개의 낚싯대에 3개의 낚싯바늘을 떡밥과 뭉쳐서 미끼로 던지는 행위
④ 어선을 이용한 낚시행위 등 「낚시 관리 및 육성법」에 따른 낚시어선업을 영위하는 사업

해설

「시행규칙 제30조」
낚시제한구역에서의 제한사항
• 낚싯바늘에 끼워서 사용하지 아니하고 물고기를 유인하기 위하여 떡밥·어분 등을 던지는 행위
• 어선을 이용한 낚시행위 등 「낚시 관리 및 육성법」에 따른 낚시어선업을 영위하는 행위
• 1명당 4대 이상의 낚싯대를 사용하는 행위
• 1개의 낚싯대에 5개 이상의 낚싯바늘을 떡밥과 뭉쳐서 미끼로 던지는 행위
• 쓰레기를 버리거나 취사행위를 하거나 화장실이 아닌 곳에서 대·소변을 보는 등 수질오염을 일으킬 우려가 있는 행위
• 고기를 잡기 위하여 폭발물·배터리·어망 등을 이용하는 행위(「내수면어업법」에 따라 면허 또는 허가를 받거나 신고를 하고 어망을 사용하는 경우 제외)

정답 ③

86

★☆☆

기본배출부과금 산정에 필요한 지역별 부과계수로 옳은 것은?

① 청정지역 및 가 지역: 1.5
② 청정지역 및 가 지역: 1.2
③ 나 지역 및 특례지역: 1.5
④ 나 지역 및 특례지역: 1.2

해설

「시행령 별표 10」
• 청정지역 및 가 지역: 1.5
• 나 지역 및 특례지역: 1

정답 ①

87

★☆☆

농약사용제한 규정에 대한 설명으로 (   )에 들어갈 기간은?

시·도지사는 골프장의 농약사용제한 규정에 따라 골프장의 맹독성·고독성 농약의 사용여부를 확인하기 위하여 (   )마다 골프장별로 농약사용량을 조사하고 농약잔류량을 검사하여야 한다.

① 한 달 ② 분기
③ 반기 ④ 1년

해설

「시행규칙 제89조」
시·도지사는 골프장의 농약사용제한 규정에 따라 골프장의 맹독성·고독성 농약의 사용여부를 확인하기 위하여 반기마다 골프장별로 농약사용량을 조사하고 농약잔류량을 검사하여야 한다.

정답 ③

88

★★★

사업장별 환경기술인의 자격기준에 관한 설명으로 알맞지 않은 것은?

① 방지시설 설치면제 대상 사업장과 배출시설에서 배출되는 오염물질 등을 공동방지시설에서 처리하게 하는 사업장은 2, 3종 사업장에 해당하는 환경기술인을 두어야 한다.
② 연간 90일 미만 조업하는 1, 2, 3종 사업장은 4, 5종 사업장에 해당하는 환경기술인을 선임할 수 있다.
③ 공동방지시설에 있어서 폐수배출량이 4종 및 5종 사업장의 규모에 해당하는 경우에는 3종 사업장에 해당하는 환경기술인을 두어야한다.
④ 대기환경기술인으로 임명된 자가 수질환경기술인의 자격을 함께 갖춘 경우에는 수질환경기술인을 겸임할 수 있다.

해설

「시행령 별표 17」
방지시설 설치면제 대상인 사업장과 배출시설에서 배출되는 수질오염물질 등을 공동방지시설에서 처리하게 하는 사업장은 제4종 사업장·제5종 사업장에 해당하는 환경기술인을 둘 수 있다.

정답 ①

89 ★★☆

수질 및 수생태계 환경기준 중 하천에서의 사람의 건강보호 기준으로 옳은 것은?

① 6가크롬 – 0.5mg/L 이하
② 비소 – 0.05mg/L 이하
③ 음이온 계면활성제 – 0.1mg/L 이하
④ 테트라클로로에틸렌 – 0.02mg/L 이하

선지분석

「환경정책기본법 시행령 별표 1」
① 6가크롬: 0.05mg/L 이하
③ 음이온 계면활성제: 0.5mg/L 이하
④ 테트라클로로에틸렌: 0.04mg/L 이하

정답 ②

90 ★★★

대권역 물환경관리계획의 수립 시 포함되어야 할 사항과 가장 거리가 먼 것은?

① 상수원 및 물 이용현황
② 물환경의 변화 추이 및 물환경목표기준
③ 물환경 보전조치의 추진방향
④ 물환경 관리 우선순위 및 대책

해설

「법 제24조」
대권역 물환경관리계획에는 다음의 사항이 포함되어야 한다.
• 물환경의 변화 추이 및 물환경목표기준
• 상수원 및 물 이용현황
• 점오염원, 비점오염원 및 기타수질오염원의 분포현황
• 점오염원, 비점오염원 및 기타수질오염원에서 배출되는 수질오염물질의 양
• 수질오염 예방 및 저감 대책
• 물환경 보전조치의 추진방향
• 「기후위기 대응을 위한 탄소중립·녹색성장 기본법」에 따른 기후변화에 대한 적응대책
• 그 밖에 환경부령으로 정하는 사항

정답 ④

91 ★★★

청정지역에서 1일 폐수배출량을 2,000m³ 미만으로 배출하는 배출시설에 적용되는 배출 허용기준 중 총유기탄소량 (mg/L)은?

① 20 이하
② 25 이하
③ 30 이하
④ 35 이하

해설

「시행규칙 별표 13」
항목별 배출허용 기준

대상 규모	1일 폐수배출량 2천 세제곱미터 이상			1일 폐수배출량 2천 세제곱미터 미만		
항목 지역 구분	생물 화학적 산소 요구량 (mg/L)	총유기 탄소량 (mg/L)	부유 물질량 (mg/L)	생물 화학적 산소 요구량 (mg/L)	총유기 탄소량 (mg/L)	부유 물질량 (mg/L)
청정 지역	30 이하	25 이하	30 이하	40 이하	30 이하	40 이하
가 지역	60 이하	40 이하	60 이하	80 이하	50 이하	80 이하
나 지역	80 이하	50 이하	80 이하	120 이하	75 이하	120 이하
특례 지역	30 이하	25 이하	30 이하	30 이하	25 이하	30 이하

정답 ③

92 ★★☆

오염총량초과과징금의 납부통지는 부과 사유가 발생한 날부터 며칠 이내에 하여야 하는가?

① 15
② 30
③ 45
④ 60

해설

「시행령 제11조」
오염총량초과과징금의 납부통지는 부과 사유가 발생한 날부터 60일 이내에 하여야 한다.

정답 ④

93 ★★★

물환경보전법상 호소 및 해당 지역에 관한 설명으로 틀린 것은?

① 제방(사방사업법의 사방시설 포함)을 쌓아 하천에 흐르는 물을 가두어 놓은 곳
② 하천에 흐르는 물이 자연적으로 가두어진 곳
③ 화산활동 등으로 인하여 함몰된 지역에 물이 가두어진 곳
④ 댐·보를 쌓아 하천에 흐르는 물을 가두어 놓은 곳

해설

「법 제2조」

호소 및 해당 지역
· 댐·보(洑) 또는 둑(「사방사업법」에 따른 사방시설 제외) 등을 쌓아 하천 또는 계곡에 흐르는 물을 가두어 놓은 곳
· 하천에 흐르는 물이 자연적으로 가두어진 곳
· 화산활동 등으로 인하여 함몰된 지역에 물이 가두어진 곳

정답 ①

94 ★☆☆

오염총량관리시행계획에 포함되어야 하는 사항으로 가장 거리가 먼 것은?

① 오염원 현황 및 예측
② 오염도 조사 및 오염부하량 산정방법
③ 연차별 오염부하량 삭감 목표 및 구체적 삭감 방안
④ 수질예측 산정자료 및 이행 모니터링 계획

해설

「시행령 제6조」

오염총량관리시행계획을 수립할 때 포함하여야 하는 사항
· 오염총량관리시행계획 대상 유역의 현황
· 오염원 현황 및 예측
· 연차별 지역 개발계획으로 인하여 추가로 배출되는 오염부하량 및 해당 개발계획의 세부 내용
· 연차별 오염부하량 삭감 목표 및 구체적 삭감 방안
· 오염부하량 할당 시설별 삭감량 및 그 이행 시기
· 수질예측 산정자료 및 이행 모니터링 계획

정답 ②

95 ★☆☆

다음 중 수질오염측정망 설치계획에 포함되지 않는 사항은?

① 측정망 설치시기
② 측정망 배치도
③ 측정망을 설치할 토지 또는 건축물의 위치 및 면적
④ 측정망 설치기간

해설

「시행규칙 제24조」

수질오염측정망 설치계획에 포함되어야 할 사항
· 측정망 설치시기
· 측정망 배치도
· 측정망을 설치할 토지 또는 건축물의 위치 및 면적
· 측정망 운영기관
· 측정자료의 확인방법

정답 ④

96 ★★★

일일기준초과배출량 및 일일유량산정방법에 관한 설명으로 옳지 않은 것은?

① 특정수질유해물질의 배출허용기준 초과 일일오염물질 배출량은 소수점 이하 넷째자리까지 계산한다.
② 배출농도의 단위는 리터당 밀리그램으로 한다.
③ 일일조업시간은 측정하기 전 최근 조업한 30일간의 배출시설의 조업시간 평균치로서 시간으로 표시한다.
④ 일일유량산정을 위한 측정유량의 단위는 분당 리터로 한다.

해설

「시행령 별표 15」
일일조업시간은 측정하기 전 최근 조업한 30일간의 배출시설 조업시간의 평균치로서 분으로 표시한다.

정답 ③

97 ★☆☆

환경부장관이 공공수역의 물환경을 관리 · 보전하기 위하여 대통령령으로 정하는 바에 따라 수립하는 국가 물환경관리 기본계획의 수립 주기는?

① 매년
② 2년
③ 3년
④ 10년

해설

「법 제23조의2」
환경부장관은 공공수역의 물환경을 관리 · 보전하기 위하여 대통령령으로 정하는 바에 따라 국가 물환경관리기본계획을 10년마다 수립하여야 한다.

정답 ④

98 ★★☆

수질(하천)의 생활환경기준 항목이 아닌 것은?

① 수소이온농도
② 부유물질량
③ 용매 추출유분
④ 총대장균군

해설

「환경정책기본법 시행령 별표 1」
환경기준에서 하천의 생활환경기준에 포함되는 검사항목
· BOD(생물화학적산소요구량)
· pH(수소이온농도)
· TOC(총유기탄소량)
· SS(부유물질량)
· DO(용존산소량)
· TP(총인)
· 총대장균군
· 분원성대장균군

정답 ③

99 ★★☆

공공폐수처리시설의 유지 · 관리기준에 관한 내용으로 (   )에 맞는 것은?

> 처리시설의 가동시간, 폐수방류량, 약품투입량, 관리 · 운영자, 그 밖에 처리시설의 운영에 관한 주요사항을 사실대로 매일 기록하고 이를 최종기록한 날부터 (   ) 보존하여야 한다.

① 1년간
② 2년간
③ 3년간
④ 5년간

해설

「시행규칙 별표 15」
처리시설의 가동시간, 폐수방류량, 약품투입량, 관리 · 운영자, 그 밖에 처리시설의 운영에 관한 주요사항을 사실대로 매일 기록하고 이를 최종기록한 날부터 1년간 보존하여야 한다.

정답 ①

100 ★★☆

규정에 의한 관계 공무원의 출입 · 검사를 거부 · 방해 또는 기피한 폐수무방류배출시설을 설치 · 운영하는 사업자에게 처하는 벌칙 기준은?

① 3년 이하의 징역 또는 3천만원 이하의 벌금
② 2년 이하의 징역 또는 2천만원 이하의 벌금
③ 1년 이하의 징역 또는 1천만원 이하의 벌금
④ 500만원 이하의 벌금

해설

「법 제78조」
관계 공무원의 출입 · 검사를 거부 · 방해 또는 기피한 폐수무방류배출시설을 설치 · 운영하는 사업자는 1년 이하의 징역 또는 1천만원 이하의 벌금에 처한다.

정답 ③

수질오염개론

01 ★★☆

하수가 유입된 하천의 자정작용을 하천 유하거리에 따라 분해지대, 활발한 분해지대, 회복지대, 정수지대의 4단계로 분류하여 나타내는 경우, 회복지대의 특성으로 틀린 것은?

① 세균수가 감소한다.
② 발생된 암모니아성 질소가 질산화 된다.
③ 용존산소의 농도가 포화될 정도로 증가한다.
④ 규조류가 사라지고 윤충류, 갑각류도 감소한다.

해설

호기성 세균이 혐기성 세균을 교체하여 조류(Algae)가 발생하며, 원생동물, 윤충(Rotifer), 갑각류가 번식하기 시작한다.

선지분석

① 회복지대는 물이 점점 깨끗해지는 단계로 세균의 수가 감소한다.
②, ③ DO가 포화될 정도로 증가하고, 아질산염이나 질산염의 농도도 증가한다.

정답 ④

02 ★☆☆

강우의 pH의 관한 설명으로 틀린 것은?

① 보통 대기 중의 이산화탄소와 평형상태에 있는 물은 약 pH 5.7의 산성을 띠고 있다.
② 산성강우의 주요원인 물질로 황산화물, 질소산화물 및 염소산화물을 들 수 있다.
③ 산성강우현상은 대기오염이 혹심한 지역에 국한되어 나타난다.
④ 강우는 부유재(Fly Ash)로 인하여 때때로 알칼리성을 띨 수 있다.

해설

산성강우현상은 대기오염이 혹심한 지역 여부와는 상관없이 광범위한 지역에서 포괄적으로 나타난다.

정답 ③

03 ★★★

호소의 부영양화에 대한 일반적 영향으로 틀린 것은?

① 부영양화가 진행된 수원을 농업용수로 사용하면 영양염류의 공급으로 농산물 수확량이 지속적으로 증가한다.
② 조류나 미생물에 의해 생성된 용해성 유기물질이 불쾌한 맛과 냄새를 유발한다.
③ 부영양화 평가모델은 인(P)부하모델인 Vollenweider 모델 등이 대표적이다.
④ 심수층의 용존산소량이 감소한다.

해설

부영양화가 진행된 수원을 농업용수로 사용하면 영양염류의 공급으로 농산물 수확량이 지속적으로 감소한다.

정답 ①

04 ★★★

수질오염물질 중 중금속에 관한 설명으로 틀린 것은?

① 카드뮴: 인체 내에서 투과성이 높고 이동성이 있는 독성 메틸 유도체로 전환된다.
② 비소: 인산염 광물에 존재해서 인 화합물 형태로 환경 중에 유입된다.
③ 납: 급성독성은 신장, 생식계통, 간 그리고 뇌와 중추신경계에 심각한 장애를 유발한다.
④ 수은: 수은 중독은 BAL, Ca_2EDTA로 치료할 수 있다.

해설

카드뮴은 인체에서 투과성이 높지 않아 칼슘과 치환되어 축적된다. 일반적으로 식품으로부터 가장 많이 섭취되며, 이타이이타이병을 유발한다.

정답 ①

05 ★☆☆

광합성에 대한 설명으로 틀린 것은?

① 호기성광합성(녹색식물의 광합성)은 진조류와 청녹조류를 위시하여 고등식물에서 발견된다.
② 녹색식물의 광합성은 탄산가스와 물로부터 산소와 포도당(또는 포도당 유도산물)을 생성하는 것이 특징이다.
③ 세균활동에 의한 광합성은 탄산가스의 산화를 위하여 물 이외의 화합물질이 수소원자를 공여, 유리산소를 형성한다.
④ 녹색식물의 광합성 시 광은 에너지를 그리고 물은 환원반응에 수소를 공급해 준다.

해설
세균활동에 의한 광합성은 필요한 수소를 물이 아니라 환원물질로부터 얻으므로 유리산소를 발생시키지 않는다.

정답 ③

06 ★★★

물의 특성에 대한 설명으로 옳지 않은 것은?

① 기화열이 크기 때문에 생물의 효과적인 체온 조절이 가능하다.
② 비열이 크기 때문에 수온의 급격한 변화를 방지해 줌으로써 생물활동이 가능한 기온을 유지한다.
③ 융해열이 작기 때문에 생물체의 결빙이 쉽게 일어나지 않는다.
④ 빙점과 비점사이가 100℃나 되므로 넓은 범위에서 액체 상태를 유지할 수 있다.

해설
융해열이 크기 때문에 생물체의 결빙이 쉽게 일어나지 않는다.

정답 ③

07 ★★☆

생물농축에 대한 설명으로 가장 거리가 먼 것은?

① 수생생물 체내의 각종 중금속 농도는 환경수중의 농도보다는 높은 경우가 많다.
② 생물체중의 농도와 환경수중의 농도비를 농축비 또는 농축계수라고 한다.
③ 수생생물의 종류에 따라서 중금속의 농축비가 다른 경우가 많다.
④ 농축비는 먹이사슬 과정에서 높은 단계의 소비자에 상당하는 생물일수록 낮게 된다.

해설
농축비는 먹이사슬 과정에서 높은 단계의 소비자에 해당하는 생물일수록 높게 된다.

정답 ④

08 ★☆☆

벤젠, 톨루엔, 에틸벤젠, 자일렌이 같은 몰수로 혼합된 용액이 라울트 법칙을 따른다고 가정하면 혼합액의 총 증기압(25℃ 기준, atm)은? (단, 벤젠, 톨루엔, 에틸벤젠, 자일렌의 25℃에서 순수액체의 증기압은 각각 0.126, 0.038, 0.0126, 0.01177atm이며, 기타 조건은 고려하지 않음)

① 0.047
② 0.057
③ 0.067
④ 0.077

해설
벤젠, 톨루엔, 에틸벤젠, 자일렌이 같은 몰수로 혼합된 용액이라면 각 물질의 몰분율은 0.25이다.
벤젠의 증기압을 계산할 때에는 톨루엔, 에틸벤젠, 자일렌이 용질이 되므로 용질의 몰분율은 0.75가 된다는 점을 유의한다.
라울트의 법칙에 의하여 각 물질의 증기압을 계산하면 다음과 같다.
• 벤젠 증기압 $=0.126\times(1-0.75)=0.0315atm$
• 톨루엔 증기압 $=0.038\times(1-0.75)=0.0095atm$
• 에틸벤젠 증기압 $=0.0126\times(1-0.75)=0.00315atm$
• 자일렌 증기압 $=0.01177\times(1-0.75)=0.0029425atm$
∴ 총 증기압 $=0.0315+0.0095+0.00315+0.0029425$
$=0.047atm$

관련이론 | 라울트의 법칙
용액의 증기압$(P_x)=$순수 용매의 증기압$(P_o)\times(1-$용질의 몰분율$(X_A))$

정답 ①

09 ★★☆

BOD_5가 270mg/L이고, COD가 450mg/L인 경우, 탈산소계수(k_1)의 값이 0.1/day일 때, 생물학적으로 분해 불가능한 COD(mg/L)는? (단, BDCOD=BOD_u, 상용대수 기준)

① 약 55
② 약 65
③ 약 75
④ 약 85

해설

$NBDCOD = COD - BDCOD$

$COD = 450mg/L$

$BDCOD = BOD_u$

$BOD_t = BOD_u(1 - 10^{-k_1 t})$

$BOD_5 = BOD_u \times (1 - 10^{-k_1 \times 5})$

$270 = BOD_u \times (1 - 10^{-0.1 \times 5})$

$\rightarrow BOD_u(=BDCOD) = 394.87mg/L$

$\therefore NBDCOD = COD - BDCOD$
$= 450 - 394.87 = 55.13 ≒ 55mg/L$

정답 ①

10 ★★☆

생물학적 질화 중 아질산화에 관한 설명으로 틀린 것은?

① Nitrobacter에 의해 수행된다.
② 수율은 0.04~0.13mg VSS/mg $NH_4^+ - N$ 정도이다.
③ 관련 미생물은 독립영양성 세균이다.
④ 산소가 필요하다.

해설

단백질은 효소에 의해 가수분해되어 글리신 등의 아미노산이 된다. 아미노산은 암모니아성 질소($NH_3 - N$) 상태에서 질산화균(Nitrosomonas)에 의해 아질산성질소($NO_2 - N$)로 산화되고 다시 질산화균(Nitrobacter)에 의해 질산성 질소($NO_3 - N$)로 산화된다.

정답 ①

11 ★☆☆

다음은 수질조사에서 얻은 결과인데, Ca^{2+}결과치의 분실로 인하여 기재가 되지 않았다. 주어진 자료로부터 Ca^{2+}농도(mg/L)는?

양이온(mg/L)		음이온(mg/L)	
Na^+	46	Cl^-	71
Ca^{2+}	—	HCO_3^-	122
Mg^{2+}	36	SO_4^{2-}	192

① 20
② 40
③ 60
④ 80

해설

수질조사 후 염에서 양이온과 음이온이 만들어졌기 때문에 양이온과 음이온의 당량 합은 서로 같아야 한다.

Ca^{2+}농도 = x mg/L 라고 하면,

㉠ 양이온 당량

· $Na^{2+} = \dfrac{46mg}{L} \times \dfrac{1meq}{23mg} = 2meq/L$

· $Mg^{2+} = \dfrac{36mg}{L} \times \dfrac{2meq}{24mg} = 3meq/L$

· $Ca^{2+} = \dfrac{x mg}{L} \times \dfrac{2meq}{40mg} = \dfrac{x}{20} meq/L$

㉡ 음이온 당량

· $Cl^- = \dfrac{71mg}{L} \times \dfrac{1meq}{35.5mg} = 2meq/L$

· $HCO_3^- = \dfrac{122mg}{L} \times \dfrac{1meq}{61mg} = 2meq/L$

· $SO_4^{2-} = \dfrac{192mg}{L} \times \dfrac{1meq}{48mg} = 4meq/L$

$\therefore$ 양이온 당량 = 음이온 당량

$2 + 3 + \dfrac{x}{20} = 2 + 2 + 4$

$\therefore x = 60mg/L$

정답 ③

※ 실제 문제에서는 음이온 표에 CO_4^{2-}가 192mg/L로 출제되었으나, 문제 오류로 판단하여 CO_4^{2-}를 SO_4^{2-}로 수정함.

12

★☆☆

부영양화가 진행된 호소에 대한 수면관리 대책으로 틀린 것은?

① 수중폭기한다.
② 퇴적층을 준설한다.
③ 수생식물을 이용한다.
④ 살조제는 황산알루미늄을 주로 많이 쓴다.

관련이론 | 부영양화 호소의 수면관리

1. 유로변경
   • 영양염류가 풍부한 유입수를 호소에 유입되지 않도록 다른 곳으로 전환하는 방법이다.
   • 부영양화 정도가 경미하고 유입수 외에는 특별한 영양염류의 유입원이 없는 호소에 적당하다.
2. 화학응집
   • 호소 내 영양염류가 과다한 소규모 호소에 적당하다.
   • 화학약품 투입을 통해 영양염류를 침전시키거나 생물체에 이용이 곤란한 형태로 전환한다.
   • 대부분 인산염을 공침시키기 위해 Ca^{2+}, Fe^{3+}, Al^{3+}를 첨가한다.
3. 준설(Dredging)
   • 유기물 및 영양염류의 함량이 높은 퇴적물을 제거하는 방법이다.
   • 퇴적물로부터의 영양염 공급이 현저히 많은 경우에 적당하다.
4. 심층폭기(Hypolimnetic Aeration)
   혐기성 상태인 심층수를 폭기시켜 산소를 공급함으로써 유기물 분해를 촉진하고 퇴적층으로부터의 영양염류 용출을 억제한다.
5. 살조제(Algicide) 사용
   • 소규모 호소에 적당하다.
   • 황산구리($CuSO_4$)가 널리 이용되며 조류 생장이 적은 이른 봄에 투여하는 것이 적당하고, 일반적으로 수표면에 $0.1 \sim 0.5mg/L$의 농도로 투여한다.

정답 ④

13

★☆☆

0.01M-KBr과 0.02M-ZnSO₄ 용액의 이온강도는? (단, 완전 해리 기준)

① 0.08　　　　　　② 0.09
③ 0.12　　　　　　④ 0.14

해설

$$I = \frac{1}{2} \sum_i C_i Z_i^2$$

• C_i: 이온의 몰농도
• Z_i: 이온의 전하(K^+: $+1$, Br^-: -1, Zn^{2+}: $+2$, SO_4^{2-}: -2)

$$\therefore I = \frac{1}{2}[0.01 \times (+1)^2 + 0.01 \times (-1)^2 + 0.02 \times (+2)^2 + 0.02 \times (-2)^2]$$

$$= 0.09$$

정답 ②

14

★☆☆

바닷물에 0.054M의 MgCl₂가 포함되어 있을 때 바닷물 250mL에 포함되어 있는 MgCl₂의 양(g)은? (단, 원자량 Mg=24.3, Cl=35.5)

① 약 0.8　　　　　② 약 1.3
③ 약 2.6　　　　　④ 약 3.9

해설

$$X(=MgCl_2) = \frac{0.054mol}{L} \left| \frac{0.25L}{} \right| \frac{95.3g}{1mol} = 1.29 ≒ 1.3g$$

정답 ②

15 ★☆☆

반응속도에 관한 설명으로 알맞지 않은 것은?

① 영차반응: 반응물의 농도에 독립적인 속도로 진행하는 반응이다.

② 일차반응: 반응속도가 시간에 따른 반응물의 농도변화 정도에 반비례하여 진행하는 반응이다.

③ 이차반응: 반응속도가 한 가지 반응물 농도의 제곱에 비례하여 진행하는 반응이다.

④ 실험치에 따라 특정 반응속도의 차수를 구하기 위하여는 시간에 따른 농도변화를 그래프로 그리고 직선으로부터의 편차를 구하여 평가한다.

해설

일차반응은 반응속도가 시간에 따른 반응물의 농도변화 정도에 비례하여 진행하는 반응이다.

정답 ②

16 ★★★

방사성 물질인 스트론튬(Sr^{90})의 반감기가 29년이라면 주어진 양의 스트론튬(Sr^{90})이 99% 감소하는데 걸리는 시간(년)은?

① 143　　　　　　　　② 193

③ 233　　　　　　　　④ 273

해설

1차반응식을 이용한다.

$$\ln\frac{C_t}{C_0}=-k\cdot t$$

- C_t: 처리 후 농도[mg/L]
- C_0: 초기 농도[mg/L]
- k: 속도상수[year^{-1}]
- t: 시간[year]

$t=29$년일 때 $C_0=100$, $C_t=50$이므로 반응속도상수 k와의 관계식을 만들면

$$\ln\frac{50}{100}=-k\cdot 29\text{year}$$

$$\therefore k=0.0239\text{year}^{-1}$$

따라서, 99% 감소하는데 걸리는 시간을 구하면

$$t=\frac{\ln(C_t/C_0)}{-k}=\frac{\ln(1/100)}{-0.0239}$$

$$=192.68≒193년$$

정답 ②

17 ★☆☆

수질모델링을 위한 절차에 해당하는 항목으로 가장 거리가 먼 것은?

① 변수추정　　　　　② 수질예측 및 평가

③ 보정　　　　　　　④ 감응도 분석

해설

수질모델링의 절차

- 모델의 설계 및 자료수집
- 모델링 프로그램(CODE) 선택 및 운영
- 보정(Calibration)
- 검증(Verification)
- 감응도 분석(Sensitivity Analysis)
- 수질예측 및 평가

정답 ①

18 ★★☆

다음과 같은 수질을 가진 농업용수의 SAR 값은? (단, Na$^+$=460mg/L, PO$_4^{3-}$=1,500mg/L, Cl$^-$=108mg/L, Ca^{2+}=600mg/L, Mg^{2+}=240mg/L, NH$_3$-N=380mg/L, 원자량=Na : 23, P : 31, Cl : 35.5, Ca : 40, Mg : 24)

① 2　　　　　　　　② 4

③ 6　　　　　　　　④ 8

해설

SAR 값은 다음과 같이 구할 수 있으므로 Na$^+$, Ca^{2+}, Mg^{2+}의 농도만 신경쓴다.

$$\text{SAR}=\frac{\text{Na}^+}{\sqrt{\dfrac{\text{Ca}^{2+}+\text{Mg}^{2+}}{2}}}$$ (단, 이온 농도의 단위는 meq/L이다.)

- Na$^+$: 나트륨의 농도

$$\text{Na}^+=\frac{460\text{mg}}{\text{L}}\left|\frac{1\text{meq}}{23\text{mg}}\right.=20\text{meq/L}$$

- Ca^{2+}: 칼슘의 농도

$$\text{Ca}^{2+}=\frac{600\text{mg}}{\text{L}}\left|\frac{2\text{meq}}{40\text{mg}}\right.=30\text{meq/L}$$

- Mg^{2+}: 마그네슘의 농도

$$\text{Mg}^{2+}=\frac{240\text{mg}}{\text{L}}\left|\frac{2\text{meq}}{24\text{mg}}\right.=20\text{meq/L}$$

$$\text{SAR}=\frac{20}{\sqrt{\dfrac{30+20}{2}}}=4$$

정답 ②

19 ★☆☆

다음의 기체 법칙 중 옳은 것은?

① Boyle의 법칙: 일정한 압력에서 기체의 부피는 절대온도에 정비례한다.
② Henry의 법칙: 기체와 관련된 화학반응에서는 반응하는 기체와 생성되는 기체의 부피 사이에 정수관계가 있다.
③ Graham의 법칙: 기체의 확산속도(조그마한 구멍을 통한 기체의 탈출)는 기체 분자량의 제곱근에 반비례한다.
④ Gay‑Lussac의 결합부피 법칙: 혼합 기체내의 각 기체의 부분압력은 혼합물 속의 기체의 양에 비례한다.

해설

Graham의 법칙
일정한 온도와 압력상태에서 기체의 확산속도는 그 기체 분자량의 제곱근(밀도의 제곱근)에 반비례한다는 법칙이다.

선지분석
① Boyle의 법칙: 일정한 온도 조건에서 기체의 부피는 압력에 반비례한다.
② Henry의 법칙: 일정한 온도 조건에서 일정량의 물에 용해되는 기체의 질량은 그 기체의 부분압력에 비례한다.
④ Gay‑Lussac의 법칙: 두 기체가 서로 과부족없이 반응할 때 이들 기체와 생성된 기체의 부피는 간단한 정수비를 나타낸다.

정답 ③

20 ★★★

시료의 BOD_5가 200mg/L이고 탈산소계수값이 $0.15day^{-1}$일 때 최종 BOD(mg/L)는?

① 약 213
② 약 223
③ 약 233
④ 약 243

해설

BOD 소모 공식을 이용한다.
$$BOD_t = BOD_u(1-10^{-k_1 t})$$
$$BOD_5 = BOD_u \times (1-10^{-0.15 \times 5})$$
$$200 = BOD_u \times (1-10^{-0.15 \times 5})$$
$$\therefore BOD_u = 243.258 ≒ 243$$

정답 ④

---

21 ★★★

계획 오수량에 관한 설명으로 (   )에 알맞은 내용은?

> 합류식에서 우천 시 계획오수량은 (   ) 이상으로 한다.

① 원칙적으로 계획1일 최대오수량의 2배
② 원칙적으로 계획1일 최대오수량의 3배
③ 원칙적으로 계획시간 최대오수량의 2배
④ 원칙적으로 계획시간 최대오수량의 3배

해설

• 합류식에서 우천 시 계획오수량은 원칙적으로 계획시간 최대오수량의 3배 이상으로 한다.
• 계획시간 최대오수량은 계획1일 최대오수량의 1시간당 수량의 1.3~1.8배를 표준으로 한다.
• 계획1일 평균오수량은 계획1일 최대오수량의 70~80%를 표준으로 한다.
• 지하수량은 1인1일 최대오수량의 20% 이하로 한다.

정답 ④

22 ★☆☆

하수 배제방식의 특징에 대한 설명으로 옳지 않은 것은?

① 분류식은 우천 시에 월류가 없다.
② 분류식은 강우 초기 노면 세정수가 하천 등으로 유입되지 않는다.
③ 합류식 시설의 일부를 개선 또는 개량하면 강우 초기의 오염된 우수를 수용해서 처리할 수 있다.
④ 합류식은 우천 시 일정량 이상이 되면 오수가 월류한다.

해설

구분	분류식	합류식
우천 시 월류	없음	일정량 이상이 되면 우천 시 오수가 월류한다.
청천 시 월류	없음	없음
강우 초기의 노면 세정수	노면의 오물질이 포함된 세정수가 직접 하천 등으로 유입된다.	시설의 일부를 개선 또는 개량하면 강우 초기의 오염된 우수를 수용해서 처리할 수 있다.

정답 ②

2022년

23

★☆☆

정수처리방법인 중간염소처리에서 염소의 주입 지점으로 가장 적절한 것은?

① 혼화지와 침전지 사이
② 침전지와 여과지 사이
③ 착수정과 혼화지 사이
④ 착수정과 도수관 사이

해설

< 전염소 및 중간염소 주입위치 >

정답 ②

24

★★☆

계획취수량을 확보하기 위하여 필요한 저수용량의 결정에 사용되는 계획기준년에 관한 내용으로 (   )에 적절한 것은?

원칙적으로 (   )에 제1위 정도의 갈수를 표준으로 한다.

① 5개년   ② 7개년
③ 10개년   ④ 15개년

해설

계획취수량을 확보하기 위하여 필요한 저수용량의 결정에 사용하는 계획기준년은 원칙적으로 10개년에 제1위 정도의 갈수를 표준으로 한다.

정답 ③

25

★★☆

하수관로에 관한 설명 중 옳지 않은 것은?

① 우수관로에서 계획하수량은 계획우수량으로 한다.
② 합류식관로에서 계획하수량은 계획시간 최대오수량에 계획우수량을 합한 것으로 한다.
③ 차집관로에서 계획하수량은 계획시간 최대오수량으로 한다.
④ 지역의 실정에 따라 계획하수량에 여유율을 둘 수 있다.

해설

계획하수량

오수관로	계획시간 최대오수량
우수관로	계획우수량
합류식관로	계획시간 최대오수량에 계획우수량을 합한 것
차집관로	우천 시 계획오수량

정답 ③

26

★☆☆

기존의 하수처리시설에 고도처리시설을 설치하고자 할 때 검토사항으로 틀린 것은?

① 표준활성슬러지법이 설치된 기존처리장의 고도처리 개량은 개선 대상오염물질별 처리특성을 감안하여 효율적인 설계가 되어야 한다.
② 시설개량은 시설개량방식을 우선 검토하되 방류수 수질기준 준수가 곤란한 경우에 한해 운전개선방식을 함께 추진하여야 한다.
③ 기본설계과정에서 처리장의 운영실태 정밀분석을 실시한 후 이를 근거로 사업추진방향 및 범위 등을 결정하여야 한다.
④ 기존시설물 및 처리공정을 최대한 활용하여야 한다.

해설

시설개량은 운전개선방식을 우선 검토하되 방류수 수질기준 준수가 곤란한 경우에 한해 시설개량방식을 함께 추진하여야 한다.

정답 ②

27 ★☆☆

해수담수화방식 중 상(相) 변화방식인 증발법에 해당되는 것은?

① 가스수화물법
② 다중효용법
③ 냉동법
④ 전기투석법

해설

해수담수화의 분류

정답 ②

28 ★★★

1분당 300m³의 물을 150m 양정(전양정)할 때 최고효율점에 달하는 펌프가 있다. 이 때의 회전수가 1,500rpm이라면, 이 펌프의 비속도(비교회전도)는?

① 약 512
② 약 554
③ 약 606
④ 약 658

해설

$$N_s = N \times \frac{Q^{1/2}}{H^{3/4}}$$

· N_s: 비교회전도[rpm]
· N: 펌프의 회전수[rpm]
· Q: 펌프의 토출량[m³/min]
· H: 펌프의 양정[m]

$$\therefore N_s = N \times \frac{Q^{1/2}}{H^{3/4}} = 1,500 \times \frac{300^{1/2}}{150^{3/4}} = 606.15 ≒ 606\text{rpm}$$

정답 ③

29 ★★☆

펌프의 토출량이 0.20m³/sec, 흡입구 유속이 3m/sec인 경우, 펌프의 흡입구경(mm)은?

① 약 198
② 약 282
③ 약 323
④ 약 412

해설

$$D = 146\sqrt{\frac{Q}{V}}$$

· D: 펌프의 흡입구경[mm]
· Q: 펌프의 토출량[m³/min]
· V: 흡입구 유속[m/sec]

$$D = 146\sqrt{\frac{0.2\text{m}^3/\text{sec}}{3.0\text{m/sec}}} = 146\sqrt{\frac{12\text{m}^3/\text{min}}{3.0\text{m/sec}}}$$
$$= 292$$

정답 ②

30 ★★☆

막모듈의 열화와 가장 거리가 먼 것은?

① 장기적인 압력부하에 의한 막 구조의 압밀화
② 건조되거나 수축으로 인한 막 구조의 비가역적인 변화
③ 원수 중의 고형물이나 진동에 의한 막 면의 상처, 마모, 파단
④ 막의 다공질부의 흡착, 석출, 포착 등에 의한 폐색

해설

열화(劣化): 막 자체의 변질로 생긴 비가역적인 막 성능의 저하

1. 물리적 열화: 장기적인 압력부하에 의한 막 구조의 압밀화
2. 압밀화: 원수 중의 고형물이나 진동에 의한 막 면의 상처나 마모, 파단
3. 손상, 건조: 건조되거나 수축으로 인한 막 구조의 비가역적인 변화
4. 화학적 열화: 막이 pH나 온도 등의 작용에 의해 분해
5. 가수분해, 산화: 산화제에 의하여 막 재질의 특성 변화나 분해
6. 생물화학적 변화: 미생물과 막 재질의 자화 또는 분비물의 작용에 의한 변화

정답 ④

2022년

31 ★☆☆

상수도 계획급수량과 관련된 내용으로 잘못된 것은?

① 계획1일 평균급수량＝계획1일 평균사용수량/계획유효율

② 계획1일 최대급수량＝계획1일 평균급수량×계획첨두율

③ 일반적인 산정절차는 각 용도별 1일평균사용수량(실적) → 각 계획용도별 1일평균사용수량 → 계획1일 평균사용수량 → 계획1일 평균급수량 → 계획1일 최대급수량으로 한다.

④ 일반적으로 소규모 도시일수록 첨두율 값이 작다.

해설

일반적으로 소규모 도시일수록 첨두율 값이 크다.
첨두(부하)율: 1.3(대도시, 공업도시), 1.5(중소도시), 2.0(농촌, 주택단지, 소도시)

정답 ④

32 ★☆☆

오수 이송방법은 자연유하식, 압력식, 진공식이 있다. 이중 압력식(다중압송)에 관한 내용으로 옳지 않은 것은?

① 지형변화에 대응이 어렵다.

② 지속적인 유지관리가 필요하다.

③ 저지대가 많은 경우 시설이 복잡하다.

④ 정전 등 비상대책이 필요하다.

해설

어떠한 상황변화에도 대응할 수 있다.

관련이론 | 압력식 관로시스템

• 소형 가정오수 하수도 시스템이다.

• 그라인더 펌프 유니트를 이용하여 이송하는 시스템이다.

• 압송관로, 그라인더 펌프 유니트, 중계펌프장으로 구성된다.

• 배관을 얕게 매설하므로 (평균 1.0m), 지하수위가 높고 암반이 견고한 지역에서 건설비가 싸다.

• 펌프를 이용하므로 심양정이 있는 경우에는 펌프의 능력 범위내에서 처리가 가능하다.

• 이물질을 잘게 부수어 압송하므로 배관구경을 작게 할 수 있다.

• 각 펌프마다 전원을 공급해야 하므로 유지, 관리 비용이 많이 든다.

정답 ①

33 ★☆☆

도수거에 관한 설명으로 옳지 않은 것은?

① 수리학적으로 자유 수면을 갖고 중력 작용으로 경사진 수로를 흐르는 시설이다.

② 개거나 암거인 경우에는 대개 300~500m 간격으로 시공조인트를 겸한 신축조인트를 설치한다.

③ 균일한 동수경사(통상 1/3,000~1/1,000)로 도수하는 시설이다.

④ 도수거의 평균유속의 최대한도는 3.0m/sec로 하고 최소유속은 0.3m/sec로 한다.

해설

개거나 암거인 경우에는 대개 30~50m 간격으로 시공조인트를 겸한 신축조인트를 설치한다.

관련이론 | 도수거

1. 역할 및 기능

• 취수시설로부터 정수시설까지 원수를 개수로 방식으로 도수하는 시설

• 개거, 암거 및 터널 등의 구조

2. 설치 위치 및 구조

• 한랭지에서 도수거는 반드시 암거로 해야 하며, 기타 지역에서도 가급적 암거로 설치하고 부득이 개거로 할 경우에는 수질오염을 방지하고 위험을 방지하기 위한 조치를 강구한다.

• 지층의 변화점, 수로교, 둑, 통문 등의 전후에는 플렉시블한 신축조인트를 설치한다.

• 암거에는 환기구를 설치한다.

• 일정한 동수경사(통상 1/3,000~1/1,000)를 유지한다.

• 도수거의 평균유속: 최대한도는 3.0m/sec, 최소유속은 0.3m/sec

정답 ②

수질환경기사
필기

우선순위
암기노트

빈출공식 & 법령

eduwill

필수암기 빈출공식

01 1차 반응, 2차 반응

1차 반응	2차 반응
$\ln \dfrac{C_t}{C_0} = -k \cdot t$	$\dfrac{1}{C_t} - \dfrac{1}{C_0} = k \cdot t$

C_0: 초기 농도(mg/L), C_t: 나중 농도(mg/L), k: 반응속도상수, t: 시간

02 소모 BOD

$$\mathrm{BOD}_t = \mathrm{BOD}_u (1 - 10^{-k_1 \cdot t})$$

BOD_t: t일 동안 소모된 BOD(mg/L), BOD_u: 최종 BOD(mg/L)

k_1: 탈산소계수(day^{-1}), t: 반응시간(day)

03 완전혼합반응조(CFSTR) 반응식

$$Q(C_0 - C_t) = k \cdot \forall \cdot C_t^n$$

Q: 유량$(\mathrm{m}^3/\mathrm{hr})$, C_0: 초기 농도(mg/L), C_t: 나중 농도(mg/L)

k: 반응속도상수(반응차수에 따라 다름)

$\forall$: 반응조 체적(m^3), n: 반응차수

04 혼합 공식

$$C_m = \frac{C_1 Q_1 + C_2 Q_2}{Q_1 + Q_2}$$

C_m: 혼합 농도(mg/L)

C_1: 1번 농도(mg/L), Q_1: 1번 유량(m³/day)

C_2: 2번 농도(mg/L), Q_2: 2번 유량(m³/day)

05 부피 공식

재순환이 없음	재순환이 있음
$\forall = Q \cdot t$	$\forall = (Q + Q_r) \times t$

$\forall$: 부피(m³), Q: 유량(m³/day), Q_r: 재순환 유량(m³/day), t: 시간(day)

06 온도 보정

$$k_t = k_{20℃} \times \theta^{(t-20)}$$

$k_{20℃}$: 20℃에서의 탈산소계수(day^{-1}), θ: 온도보정계수, t: 온도(℃)

07 DO 부족량

$$D_t = \frac{k_1 L_0}{k_2 - k_1}(10^{-k_1 \cdot t} - 10^{-k_2 \cdot t}) + D_0 \times 10^{-k_2 \cdot t}$$

D_t: t일 후 용존산소(DO) 부족농도(mg/L), k_1: 탈산소계수(day^{-1})

k_2: 재폭기계수(day^{-1}), L_0: 최종 BOD(mg/L)

D_0: 초기용존산소부족량(mg/L), t: 시간(day)

08 합리식 계획우수량

$$Q = \frac{1}{360} CIA$$

Q: 최대계획우수유출량($\mathrm{m}^3/\mathrm{sec}$), C: 유출계수, A: 유역면적(ha, $100\mathrm{ha} = 1\mathrm{km}^2$)

I: 유달시간(t) 내의 평균강우강도(mm/hr)

※ t: 유달시간(min) $\left(t(\mathrm{min}) = 유입시간 + 유하시간 \left(= \dfrac{길이(L)}{유속(V)} \right) \right)$

09 Manning의 유속 공식

$$V = \frac{1}{n} R^{\frac{2}{3}} I^{\frac{1}{2}}$$

V: 유속(m/sec), n: 조도계수

R: 경심(m) $\left(= \dfrac{단면적}{윤변}, \ 원형 = \dfrac{D}{4} \right)$, I: 동수경사

10   마찰손실수두

$$h_L = f \times \frac{L}{D} \times \frac{V^2}{2g}$$

h_L: 마찰손실수두(m), f: 마찰손실계수, L: 관의 길이(m)
D: 관의 직경(m), V: 유속(m/sec), g: 중력가속도(9.8m/sec^2)

11   임계시간

$$t_c = \frac{1}{k_1(f-1)} \log\left[f\left\{1-(f-1)\frac{D_0}{L_0}\right\}\right]$$

t_c: 임계시간(day), k_1: 탈산소계수(day^{-1}), f: 자정계수$\left(=\dfrac{k_2}{k_1}\right)$
D_0: 초기용존산소부족량(mg/L), L_0: 최종 BOD(mg/L)

12   동력

$$P = \frac{\gamma \times \triangle H \times Q}{102 \times \eta} \times \alpha$$

P: 동력(kW), γ: 물의 비중($1{,}000$kg/m^3), $\triangle H$: 전양정(m)
Q: 유량(m^3/sec), η: 효율, α: 여유율
※ 1HP(마력)$=0.746$kW

13 중력침강속도, 부상속도

중력침강속도	부상속도
$V_g = \dfrac{d_p^{\,2}(\rho_p - \rho)g}{18\mu}$	$V_F = \dfrac{d_p^{\,2}(\rho_w - \rho_p)g}{18\mu}$

V_g: 중력침강속도(cm/sec), V_F: 부상속도(cm/sec), d_p: 입자의 직경(cm)

ρ_p: 입자의 밀도(g/cm^3), ρ: 유체의 밀도(g/cm^3), ρ_w: 물의 밀도(g/cm^3)

g: 중력가속도(980cm/sec^2), μ: 유체의 점성계수(g/cm·sec)

14 레이놀즈 수

$$Re = \frac{D \cdot V \cdot \rho}{\mu} = \frac{D \cdot V}{\nu}$$

Re: 레이놀즈 수, D: 직경(m), V: 유속(m/sec), ρ: 유체의 밀도(kg/m^3)

μ: 유체의 점성계수(kg/m·sec), ν: 동점성계수(m^2/sec)

15 Freundlich 등온흡착식

$$\frac{X}{M} = KC^{\frac{1}{n}}$$

X: 흡착된 용질의 농도(mg/L), M: 주입된 흡착제의 농도(mg/L)

C: 흡착 후 남은 농도(mg/L), K, n: 상수

16 중화 반응식

$$N_1 V_1 = N_2 V_2$$

N_1: 산의 노르말농도(eq/L), V_1: 산의 부피(L)

N_2: 염기의 노르말농도(eq/L), V_2: 염기의 부피(L)

17 속도경사

$$G = \sqrt{\frac{P}{\mu \cdot \forall}}$$

G: 속도경사(sec^{-1}), P: 소요 동력(W), μ: 점성계수(kg/m·sec), $\forall$: 부피(m^3)

※ $1\text{Watt} = \text{kg} \cdot \text{m}^2/\text{sec}^3 = \text{N} \cdot \text{m}/\text{sec}$

18 F/M비

$$\text{F/M비} = \frac{\text{BOD} \cdot Q}{\forall \cdot X} = \frac{\text{BOD}}{t \cdot X}$$

BOD: BOD의 농도(mg/L), Q: 유량(m^3/day)

$\forall$: 부피(m^3), X: MLSS 농도(mg/L) (MLSS 대신 MLVSS 적용가능)

t: 체류시간(day)

19   SRT

$$\text{SRT} = \frac{\forall \cdot X}{X_r Q_w + X_e(Q - Q_w)}$$

SRT: 고형물 체류시간(day), $\forall$: 부피(m³), X : MLSS 농도(mg/L)

X_r: 잉여슬러지 SS 농도(mg/L), Q_w: 잉여슬러지 배출량(m³/day)

X_e: 유출 SS 농도(mg/L), Q: 유량(m³/day)

20   반송비

$$R = \frac{Q_r}{Q} = \frac{X - SS}{X_r - X} \fallingdotseq \frac{X}{X_r - X}$$

Q_r: 반송슬러지 유량(m³/day), Q: 유량(m³/day), X : MLSS 농도(mg/L)

SS: 고형물의 농도(mg/L), X_r: 잉여슬러지 SS 농도(mg/L)

21   잉여슬러지

$$X_r Q_w = Y \cdot \text{BOD} \cdot Q \cdot \eta - K_d \cdot \forall \cdot X = Y(S_i - S)Q - K_d \cdot \forall \cdot X$$

X_r: 잉여슬러지 SS 농도(mg/L), Q_w: 잉여슬러지 배출량(m³/day), Y : 세포생산계수

BOD: BOD의 농도(mg/L), Q: 유량(m³/day), η: 효율, K_d: 내생호흡계수(day⁻¹)

$\forall$: 부피(m³), X : MLSS의 농도(mg/L), S_i: 유입 BOD 농도(mg/L)

S: 유출 BOD 농도(mg/L)

22 탈질반응조 체류시간

$$\theta = \frac{S_0 - S}{R_{DN} \cdot X}$$

θ: 체류시간(day), S_0: 반응조로의 유입수 질산염 농도(mg/L)

S: 반응조로의 유출수 질산염 농도(mg/L), R_{DN}: 탈질율(day^{-1})

X: MLVSS의 농도(mg/L)

23 처리수량

$$Q_F = \frac{Q}{A} = K(\triangle P - \triangle \pi)$$

Q_F: 단위 면적당 처리수량(L/m^2·day), Q: 처리수량(L/day), A: 막 면적(m^2)

K: 물질전달전이계수(L/m^2·day·kPa), $\triangle P$: 압력차(kPa), $\triangle \pi$: 삼투압차(kPa)

24 처리 전/후 슬러지 발생량

$$\rho_1 V_1 (1 - W_1) = \rho_2 V_2 (1 - W_2)$$

ρ_1: 처리 전 밀도 또는 비중, V_1: 처리 전 슬러지 부피(m^3), W_1: 처리 전 슬러지 함수율

ρ_2: 처리 후 밀도 또는 비중, V_2: 처리 후 슬러지 부피(m^3), W_2: 처리 후 슬러지 함수율

필수암기 법령

01 대권역 물환경관리계획의 수립 〈물환경보전법〉

① 유역환경청장은 국가 물환경관리기본계획에 따라 대권역별로 대권역 물환경관리계획을 10년마다 수립하여야 한다.

② 대권역 물환경관리계획에는 다음의 사항이 포함되어야 한다.

　㉠ 물환경의 변화 추이 및 물환경목표기준

　㉡ 상수원 및 물 이용현황

　㉢ 점오염원, 비점오염원 및 기타수질오염원의 분포현황

　㉣ 점오염원, 비점오염원 및 기타수질오염원에서 배출되는 수질오염물질의 양

　㉤ 수질오염 예방 및 저감 대책

　㉥ 물환경 보전조치의 추진방향

　㉦ 「기후위기 대응을 위한 탄소중립·녹색성장 기본법」에 따른 기후변화에 대한 적응대책

　㉧ 그 밖에 환경부령으로 정하는 사항

02 수질오염방지시설 〈물환경보전법〉

물리적 처리시설	스크린, 분쇄기, 침사시설, 유수분리시설, 유량조정시설(집수조), 혼합시설, 응집시설, 침전시설, 부상시설, 여과시설, 탈수시설, 건조시설, 증류시설, 농축시설
화학적 처리시설	화학적 침강시설, 중화시설, 흡착시설, 살균시설, 이온교환시설, 소각시설, 산화시설, 환원시설, 침전물 개량시설
생물화학적 처리시설	살수여과상, 폭기시설, 산화시설(산화조 또는 산화지), 혐기성·호기성 소화시설, 접촉조, 안정조, 돈사톱밥발효시설

물환경보전법 용어 ◀ 물환경보전법

① 기타수질오염원: 점오염원 및 비점오염원으로 관리되지 아니하는 수질오염 물질을 배출하는 시설 또는 장소로서 환경부령으로 정하는 것을 말한다.

② 폐수: 물에 액체성 또는 고체성의 수질오염물질이 섞여 있어 그대로는 사용할 수 없는 물을 말한다.

③ 수질오염물질: 수질오염의 요인이 되는 물질로서 환경부령으로 정하는 것을 말한다.

④ 특정수질유해물질: 사람의 건강, 재산이나 동식물의 생육에 직접 또는 간접으로 위해를 줄 우려가 있는 수질오염물질로서 환경부령으로 정하는 것을 말한다.

⑤ 공공수역: 하천, 호소, 항만, 연안해역, 그 밖에 공공용으로 사용되는 수역과 이에 접속하여 공공용으로 사용되는 환경부령으로 정하는 수로를 말한다.

⑥ 폐수무방류배출시설: 폐수배출시설에서 발생하는 폐수를 해당 사업장에서 수질오염방지시설을 이용하여 처리하거나 동일 폐수배출시설에 재이용하는 등 공공수역으로 배출하지 아니하는 폐수배출시설을 말한다.

⑦ 수질오염방지시설: 점오염원, 비점오염원 및 기타수질오염원으로부터 배출되는 수질오염물질을 제거하거나 감소하게 하는 시설로서 환경부령으로 정하는 것을 말한다.

⑧ 비점오염저감시설: 수질오염방지시설 중 비점오염원으로부터 배출되는 수질오염물질을 제거하거나 감소하게 하는 시설로서 환경부령으로 정하는 것을 말한다.

⑨ 호소: 다음 각 목의 어느 하나에 해당하는 지역으로서 만수위(댐의 경우 계획 홍수위) 구역 안의 물과 토지를 말한다.

　㉠ 댐·보 또는 둑(「사방사업법」에 따른 사방시설은 제외) 등을 쌓아 하천 또는 계곡에 흐르는 물을 가두어 놓은 곳

　㉡ 하천에 흐르는 물이 자연적으로 가두어진 곳

　㉢ 화산활동 등으로 인하여 함몰된 지역에 물이 가두어진 곳

⑩ 수면관리자: 다른 법령에 따라 호소를 관리하는 자를 말한다. 이 경우 동일한 호소를 관리하는 자가 둘 이상인 경우에는 「하천법」에 따른 하천관리청 외의 자가 수면관리자가 된다.

04 사업장의 규모별 구분 〔물환경보전법〕

종류	배출규모
제1종사업장	1일 폐수배출량이 2,000m³ 이상인 사업장
제2종사업장	1일 폐수배출량이 700m³ 이상, 2,000m³ 미만인 사업장
제3종사업장	1일 폐수배출량이 200m³ 이상, 700m³ 미만인 사업장
제4종사업장	1일 폐수배출량이 50m³ 이상, 200m³ 미만인 사업장
제5종사업장	위 제1종부터 제4종까지의 사업장에 해당하지 아니하는 배출시설

※ 사업장의 규모별 구분은 1년 중 가장 많이 배출한 날을 기준으로 정한다.

05 유량계의 종류 〔수질오염공정시험기준〕

① 벤튜리미터(Venturi meter): 긴 관의 일부로써 단면이 작은 목(throat)부분과 점점 축소, 점점 확대되는 단면을 가진 관이다.

② 유량 측정용 노즐(Nozzle): 벤튜리미터와 오리피스 간의 특성을 고려하여 만든 유량측정용 기구이다.

③ 오리피스(Orifice): 설치에 비용이 적게 들고 비교적 유량측정이 정확하여 얇은 판 오리피스가 널리 이용되고 있으며 흐름의 수로 내에 설치한다. 단면이 축소되는 목(throat) 부분을 조절함으로써 유량이 조절된다는 장점이 있으나 오리피스 단면에서 커다란 수두손실이 일어난다는 단점도 있다.

④ 피토우(Pitot) 관: 관의 설치 장소는 관이 변화하는 지점(엘보우, 티 등)으로부터 최소한 관 지름의 15~50배 정도 떨어진 지점이어야 한다.

⑤ 자기식 유량측정기(Magnetic flow meter): 패러데이 법칙(자장의 직각에서 전도체를 이동시킬 때 유발되는 전압은 전도체의 속도에 비례한다는 원리)을 이용하여 측정하는 기기이다. 고형물질이 많아 관을 메울 우려가 있는 폐·하수에 이용할 수 있다.

06 총칙상의 용어 ◀ 수질오염공정시험기준

① 시험조작 중 "즉시"란 30초 이내에 표시된 조작을 하는 것을 뜻한다.

② "감압 또는 진공"이라 함은 따로 규정이 없는 한 15mmHg 이하를 뜻한다.

③ "바탕시험을 하여 보정한다"라 함은 시료에 대한 처리 및 측정을 할 때, 시료를 사용하지 않고 정제수를 이용하여 같은 방법으로 측정한 분석값을 시료의 분석값에서 빼는 것을 뜻한다.

④ "방울수"라 함은 20℃에서 정제수 20방울을 적하할 때, 그 부피가 약 1mL 되는 것을 뜻한다.

⑤ "항량으로 될 때까지 건조한다"라 함은 같은 조건에서 1시간 더 건조할 때 전후 무게의 차가 g당 0.3mg 이하일 때를 말한다.

⑥ "용기"라 함은 시험용액 또는 시험에 관계된 물질을 보존, 운반 또는 조작하기 위하여 넣어두는 것으로 시험에 지장을 주지 않도록 깨끗한 것을 뜻한다.

⑦ "밀폐용기"라 함은 취급 또는 저장하는 동안에 이물질이 들어가거나 또는 내용물이 손실되지 아니하도록 보호하는 용기를 말한다.

⑧ "기밀용기"라 함은 취급 또는 저장하는 동안에 밖으로부터의 공기 또는 다른 가스가 침입하지 아니하도록 내용물을 보호하는 용기를 말한다.

⑨ "밀봉용기"라 함은 취급 또는 저장하는 동안에 기체 또는 기생물이 침입하지 아니하도록 내용물을 보호하는 용기를 말한다.

⑩ "차광용기"라 함은 광선이 투과하지 않는 용기 또는 투과하지 않게 포장을 한 용기이며 취급 또는 저장하는 동안에 내용물의 광화학적 변화를 방지할 수 있는 용기를 말한다.

⑪ "정밀히 단다"라 함은 규정된 양의 시료를 취하여 화학저울 또는 미량저울로 칭량함을 말한다.

⑫ 무게를 "정확히 단다"라 함은 규정된 수치의 무게를 0.1mg까지 다는 것을 말한다.

⑬ "정확히 취하여"라 하는 것은 규정한 양의 액체를 부피피펫으로 눈금까지 취하는 것을 말한다.

⑭ "약"이라 함은 기재된 양에 대하여 ±10% 이상의 차가 있어서는 안 된다.

⑮ 시험에 쓰는 물은 따로 규정이 없는 한 증류수 또는 정제수로 한다.

07 시료채취 시 유의사항 <수질오염공정시험기준>

① 시료 채취 용기는 깨끗이 세척된 용기 또는 멸균된 용기를 사용하며, 시료를 채울 때에는 어떠한 경우에도 시료의 교란이 일어나서는 안 되며 가능한 한 공기와 접촉하는 시간을 짧게 하여 채취한다.

② 시료채취량은 시험항목 및 시험횟수에 따라 차이가 있으나 보통 3~5L 정도 이어야 한다.

③ 용존가스, 환원성 물질, 휘발성유기화합물, 냄새, 유류 및 수소이온 등을 측정하기 위한 시료를 채취할 때에는 운반 중 공기와의 접촉이 없도록 시료 용기에 가득 채운 후 빠르게 뚜껑을 닫는다.

※ 휘발성유기화합물 분석용 시료를 채취할 때에는 뚜껑의 격막을 만지지 않도록 주의하여야 한다.

④ 지하수 시료는 취수정 내에 고여 있는 물과 원래 지하수의 성상이 달라질 수 있으므로 고여 있는 물을 충분히 퍼낸 다음 새로 나온 물을 채취한다. 이 경우 퍼내는 양은 고여 있는 물의 4~5배 정도이나 pH 및 전기전도도를 연속적으로 측정하여 이 값이 평형을 이룰 때까지로 한다.

⑤ 지하수 시료채취 시 심부층의 경우 저속양수펌프 등을 이용하여 반드시 저속 시료채취하여 시료 교란을 최소화하여야 하며, 천부층의 경우 저속양수펌프 또는 정량이송펌프 등을 사용한다.

⑥ 퍼클로레이트를 측정하기 위한 시료채취 시 시료 용기를 질산 및 정제수로 씻은 후 사용하며, 시료채취 시 시료병의 2/3를 채운다.

시료의 보존방법 〈수질오염공정시험기준〉

항목		시료 용기	보존방법	최대보존기간 (권장보존기간)
냄새		G	가능한 한 즉시 분석 또는 냉장 보관	6시간
노말헥산추출물질		G	H_2SO_4로 pH 2 이하	28일
부유물질		P, G	–	7일
색도		P, G	–	48시간
용존 산소	적정법	BOD병	가능한 한 빨리 용존산소 고정 후 암소 보관	8시간
	전극법	BOD병	–	가능한 한 빨리 현장 측정
화학적 산소요구량		P, G	H_2SO_4로 pH 2 이하	28일(7일)
불소		P	–	28일
아질산성 질소		P, G	–	48시간(즉시)
암모니아성 질소		P, G	H_2SO_4로 pH 2 이하	28일(7일)
질산성 질소		P, G	–	48시간
총인(용존 총인)		P, G	H_2SO_4로 pH 2 이하	28일
총질소 (용존 총질소)		P, G	H_2SO_4로 pH 2 이하	28일(7일)
페놀류		G	H_3PO_4로 pH 4 이하 조정한 후 시료 1L 당 $CuSO_4$ 1g 첨가	28일
6가 크롬		P, G	–	24시간
유기인		G, G(갈색)	NaOH 또는 H_2SO_4로 pH 5~9	7일 (추출 후 40일)

09 자외선/가시선분광법 – 크롬, 페놀류 수질오염공정시험기준

① 크롬
- 3가 크롬은 과망간산포타슘을 첨가하여 크롬으로 산화시킨 후, 산성 용액에서 다이페닐카바자이드와 반응하여 생성하는 적자색 착화합물의 흡광도를 540nm에서 측정
- 정량한계: 0.04mg/L

② 페놀류
- 증류한 시료에 염화암모늄 – 암모니아 완충용액을 넣어 pH 10으로 조절한 다음 4-아미노안티피린과 헥사시안화철(Ⅱ)산칼륨을 넣어 생성된 붉은색의 안티피린계 색소의 흡광도를 측정하는 방법
- 수용액에서는 510nm, 클로로폼 용액에서는 460nm에서 측정
- 정량한계: 클로로폼 추출법일 때 0.005mg/L, 직접측정법일 때 0.05mg/L

10 기체크로마토그래피 – 알킬수은 수질오염공정시험기준

- 물속에 존재하는 알킬수은 화합물을 기체크로마토그래피에 따라 정량하는 방법으로 알킬수은화합물을 벤젠으로 추출하여 L-시스테인용액에 선택적으로 역추출하고 다시 벤젠으로 추출하여 기체크로마토그래프로 측정
- 정량한계: 0.0005mg/L
- 운반기체: 순도 99.999% 이상의 질소 또는 헬륨
- 검출기 및 검출기 온도: 전자포획형 검출기(ECD) 사용, 온도 140~200℃

34 ★☆☆

하수처리를 위한 산화구법에 관한 설명으로 틀린 것은?

① 용량은 HRT가 24∼48시간이 되도록 정한다.

② 형상은 장원형 무한수로로 하며 수심은 1.0∼3.0m, 수로 폭은 2.0∼6.0m 정도가 되도록 한다.

③ 저부하조건의 운전으로 SRT가 길어 질산화반응이 진행되기 때문에 무산소조건을 적절히 만들면 70% 정도의 질소제거가 가능하다.

④ 산화구내의 혼합상태가 균일하여도 구내에서 MLSS, 알칼리도 농도의 구배는 크다.

해설

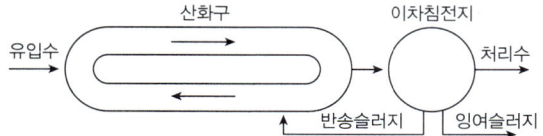

산화구내의 혼합상태에 따른 용존산소 농도는 흐름의 방향에 따라 농도구배가 발생하지만 MLSS농도, 알칼리도 농도 등은 구내에서 균일하다.

정답 ④

35 ★★☆

취수시설에서 침사지에 관한 설명으로 옳지 않은 것은?

① 지의 위치는 가능한 한 취수구에 근접하여 제내지에 설치한다.

② 지의 상단높이는 고수위보다 0.3∼0.6m의 여유고를 둔다.

③ 지의 고수위는 계획취수량이 유입될 수 있도록 취수구의 계획최저수위 이하로 정한다.

④ 지의 길이는 폭의 3∼8배, 지내 평균유속 2∼7cm/sec를 표준으로 한다.

해설

지의 상단높이는 고수위보다 0.6∼1m의 여유고를 둔다.

관련이론 | 침사지

• 원수와 동시에 유입된 모래를 침강, 제거하기 위한 시설이다.

• 위치는 가급적 취수구에 근접하여 제내지에 설치한다.

• 지의 형상은 장방형으로 하고 유입부 및 유출부를 각각 점차 확대 · 축소시킨 형태이다.

• 지수는 2지 이상 설치한다.

• 표면부하율: 200∼500mm/min

• 체류시간: 계획취수량의 10∼20분

• 지의 길이는 폭의 3∼8배, 지내 평균유속은 2∼7cm/sec를 표준으로 한다.

• 지의 고수위는 계획취수량이 유입될 수 있도록 취수구의 계획최저수위 이하로 한다.

• 지의 상단높이는 고수위보다 0.6∼1m의 여유고를 둔다.

• 지의 유효수심은 3∼4m를 표준으로 하고 퇴사심도는 0.5∼1m으로 한다.

• 바닥은 모래배출을 위하여 중앙에 배수로(pit)를 설치하고 길이방향은 배수구로 향하여 $\frac{1}{100}$, 가로방향은 중앙배수로를 향하여 $\frac{1}{50}$ 정도의 경사를 둔다.

• 한랭지에서는 수면 결빙을 방지하기 위해 지붕을 설치한다.

정답 ②

36 ★★☆

상수의 공급과정을 바르게 나타낸 것은?

① 취수 → 도수 → 정수 → 송수 → 배수 → 급수
② 취수 → 도수 → 송수 → 정수 → 배수 → 급수
③ 취수 → 송수 → 정수 → 배수 → 도수 → 급수
④ 취수 → 송수 → 배수 → 정수 → 도수 → 급수

해설
상수의 급수계통
취수 → 도수 → 정수 → 송수 → 배수 → 급수

정답 ①

37 ★☆☆

계획취수량이 10m³/sec, 유입수심이 5m, 유입속도가 0.4m/sec인 지역에 취수구를 설치하고자 할 때 취수구의 폭(m)은? (단, 취수보 설계 기준)

① 0.5
② 1.25
③ 2.5
④ 5.0

해설
취수구의 폭(B)[m] $= \dfrac{Q}{H \times V}$

· Q : 계획취수량[m³/sec]
· H : 유입수심[m]
· V : 유입속도[m/sec]

∴ 취수구의 폭$(B) = \dfrac{10}{5 \times 0.4} = 5.0$m

정답 ④

38 ★★★

정수시설 중 플록형성지에 관한 설명으로 틀린 것은?

① 기계식교반에서 플록큐레이터(Flocculator)의 주변속도는 5~10cm/sec를 표준으로 한다.
② 플록형성시간은 계획정수량에 대하여 20~40분간을 표준으로 한다.
③ 직사각형이 표준이다.
④ 혼화지와 침전지 사이에 위치하고 침전지에 붙여서 설치한다.

해설
플록큐레이터의 주변속도는 15~80cm/sec로 한다.

정답 ①

39 ★★☆

오수관로 계획 시 기준이 되는 오수량은?

① 계획시간 최대오수량
② 계획1일 최대오수량
③ 계획시간 평균오수량
④ 계획1일 평균오수량

해설

관로	계획 하수량	최소 및 최대 유속	최소관경
오수관로	계획시간 최대오수량	0.6m/s 3.0m/s	200mm
우수관로	계획우수량	0.8m/s 0.3m/s	250mm
합류식 관로	계획시간 최대오수량 + 계획우수량		
차집관로	우천시 계획하수량	지역실정에 따라 다름	지역실정에 따라 다름

정답 ①

40 ★★☆

천정호(얕은우물)의 경우 양수량 $Q = \dfrac{\pi k(H^2 - h^2)}{2.3 \log(R/r)}$ 로 표시된다. 반경 0.5m의 천정호 시험정에서 $H=6m$, $h=4m$, $R=50m$인 경우에 $Q=0.6m^3/sec$의 양수량을 얻었다. 이 조건에서 투수계수는?

① 0.044　　　　　② 0.073
③ 0.086　　　　　④ 0.146

해설

양수량(Q)은 다음과 같다.

$$Q = \frac{\pi k(H^2 - h^2)}{2.3 \log(R/r)}$$

$$0.6 = \frac{\pi k(6^2 - 4^2)}{2.3 \log(50/0.5)}$$

$$\therefore k = 0.044$$

※ k 값은 공학용계산기의 SOLVE 기능을 이용하여 구하는 것이 편리합니다.

정답 ①

수질오염방지기술

41 ★☆☆

탈질소 공정에서 폐수에 탄소원 공급용으로 가해지는 약품은?

① 응집제　　　　　② 질산
③ 소석회　　　　　④ 메탄올

해설

일반적으로 메탄올, 에탄올 등이 탄소원으로 사용된다.

정답 ④

---

42 ★★☆

MLSS의 농드가 1,500mg/L인 슬러지를 부상법으로 농축시키고자 한다. 압축탱크의 유효전달 압력이 4기압이며 공기의 밀도가 1.3g/L, 공기의 용해량이 18.7mL/L일 때 A/S비는? (단, 유량=300m³/day, $f=0.5$, 처리수의 반송은 없다.)

① 0.008　　　　　② 0.010
③ 0.016　　　　　④ 0.020

해설

A/S비는 다음 식에 의해 계산된다.

$$A/S비 = \frac{1.3 \cdot S_a(f \cdot P - 1)}{SS}$$

- S_a: 공기용해도[mL/L]
- f: 포화상태 공기용해비
- P: 압축탱드의 압력[atm]
- SS: 고형물의 농도[mg/L]

$$\therefore A/S비 = \frac{1.3 \times 18.7 \times (0.5 \times 4 - 1)}{1,500}$$

$$= 0.016$$

정답 ③

---

43 ★★☆

포기조 내의 혼합액의 SVI가 100이고, MLSS 농도를 2,200mg/L로 유지하려면 적정한 슬러지의 반송률(%)은? (단, 유입수의 SS는 무시한다.)

① 23.6　　　　　② 28.2
③ 33.6　　　　　④ 38.3

해설

$$반송률\ R[\%] = \frac{X}{X_r - X} \times 100$$

- X: MLSS 농도 $= 2,200mg/L$
- X_r: 반송슬러지 농도 $= \dfrac{10^6}{SVI} = \dfrac{10^6}{100} = 10,000mg/L$

$$\therefore R = \frac{2,200}{(10,000 - 2,200)} \times 100 = 28.2\%$$

정답 ②

44

★☆☆

기계적으로 청소가 되는 바 스크린의 바(bar)두께는 5mm이고 바 간의 거리는 30mm이다. 바를 통과하는 유속이 0.90m/sec일 때 스크린을 통과하는 수두손실(m)은? (단, $h_L = \left(\dfrac{V_B^2 - V_A^2}{2g} \right)\left(\dfrac{1}{0.7} \right)$)

① 0.0157
② 0.0238
③ 0.0325
④ 0.0452

해설

먼저 스크린 통과 후 유속(V_A)를 구한다.

$V_B \times A_B = V_A \times A_A$

$0.9\text{m/s} \times 30\text{mm} \times D = V_A \times 35\text{mm} \times D$

$V_A = 0.77\text{m/s}$

$\therefore h_L = \dfrac{V_B^2 - V_A^2}{2g} \times \dfrac{1}{0.7}$

$= \dfrac{(0.9\text{m/s})^2 - (0.77\text{m/s})^2}{2 \times 9.8\text{m/s}^2} \times \dfrac{1}{0.7}$

$= 0.0157\text{m}$

정답 ①

45

★☆☆

경사판 침전지에서 경사판의 효과가 아닌 것은?

① 수면적 부하율의 증가효과
② 침전지 소요면적의 저감효과
③ 고형물의 침전효율 증대효과
④ 처리효율의 증대효과

해설

경사판 침전지에서는 수면적 부하율이 감소한다.

정답 ①

46

★☆☆

분뇨의 생물학적 처리공법으로서 호기성 미생물이 아닌 혐기성 미생물을 이용한 혐기성처리공법을 주로 사용하는 근본적인 이유는?

① 분뇨에는 혐기성미생물이 살고 있기 때문에
② 분뇨에 포함된 오염물질은 혐기성미생물만이 분해할 수 있기 때문에
③ 분뇨의 유기물 농도가 너무 높아 포기에 너무 많은 비용이 들기 때문에
④ 혐기성처리공법으로 발생되는 메탄가스가 공법에 필수적이기 때문에

해설

호기성 세균이 유기물을 분해하기 위해서는 충분한 산소가 필요하다. 따라서, 유기물이 풍부한 분뇨를 호기성 세균으로 원활히 분해하려면 쌓여있는 분뇨 속에 산소 기체를 포함시켜주는 포기 작업을 기계적으로 해줘야하는데 이 포기장치 구축에 비용이 많이 소요되기 때문에 설비비용과 운용비용이 많이 든다.

정답 ③

47

★★☆

크롬함유 폐수를 환원처리공법 중 수산화물 침전법으로 처리하고자 할 때 침전을 위한 적정 pH 범위는?

(단, $Cr^{3+} + 3OH^- \rightarrow Cr(OH)_3 \downarrow$)

① pH 4.0~4.5
② pH 5.5~6.5
③ pH 8.0~8.5
④ pH 11.0~11.5

해설

크롬함유 폐수를 수산화물 침전법으로 처리할 때에는 pH 8.0~8.5로 한다.

정답 ③

48 ★★★

Side Stream을 적용하여 생물학적 방법과 화학적 방법으로 인을 제거하는 공정은?

① 수정 Bardenpho 공정
② Phostrip 공정
③ SBR 공정
④ UCT 공정

해설

Phostrip 공정은 인을 제거하는 공정으로 생물학적 방법과 화학적 방법을 함께 이용한다. 반송슬러지의 일부를 혐기성 상태인 탈인조로 유입시켜 혐기성 상태에서 인을 방출 및 분리한 후 상등수에 과량 함유된 인을 화학 침전시키는 방법으로, 측류(Side Stream)에서 인을 제거한다.

선지분석

① 수정 Bardenpho 공정: 질소와 인을 제거하는 공정으로 제거율이 높은 장점이 있으나 높은 BOD/P비가 필요한 단점이 있다.
③ SBR 공정: 질소와 인을 제거하는 공정으로 기존 활성 슬러지 처리에서의 공간개념을 시간개념으로 전환한 것이다.
④ UCT 공정: 질소와 인을 제거하는 공정으로 반송 슬러지를 무산소조로 반송시켜서 탈질 반응에 의해 질산성 질소를 제거시킨 후 혐기조로 다시 반송한다.

정답 ②

49 ★☆☆

이온교환막 전기투석법에 관한 설명 중 옳지 않은 것은?

① 칼슘, 마그네슘 등 경도 물질의 제거효율은 높지만 인 제거율은 상대적으로 낮다.
② 콜로이드성 현탁물질 제거에 주로 적용된다.
③ 배수 중의 용존염분을 제거하여 양질의 처리수를 얻는다.
④ 소요전력은 용존염분농도에 비례하여 증가한다.

해설

콜로이드성 현탁물질은 화학적 응집법으로 제거한다.

정답 ②

50 ★★★

분리막을 이용한 수처리 방법 중 추진력이 정수압차가 아닌 것은?

① 투석
② 정밀여과
③ 역삼투
④ 한외여과

해설

투석(Dialysis)의 추진력(구동력)은 농도차이다.

관련이론

전기투석의 추진력(구동력)은 전압(기전력)차이다.

정답 ①

51 ★★☆

폐수처리에 관련된 침전현상으로 입자 간에 작용하는 힘에 의해 주변입자들의 침전을 방해하는 중간정도 농도 부유액에서의 침전은?

① 제1형 침전(독립침전)
② 제2형 침전(응집침전)
③ 제3형 침전(계면침전)
④ 제4형 침전(압밀침전)

해설

침전현상의 종류 및 특징

제1형 침전	• 독립침전, 자유침전 • 스토크스(Stokes)법칙을 따름
제2형 침전	• 플록침전, 응결침전, 응집침전 • 입자들이 서로 위치를 바꾸려 함
제3형 침전	• 지역침전, 계면침전, 방해침전 • 입자들이 서로 위치를 바꾸려 하지 않음
제4형 침전	• 압축침전, 압밀침전 • 고농도의 폐수에 적용됨

정답 ③

2022년

52 ★★☆

생물학적 원리를 이용하여 질소, 인을 제거하는 공정인 5단계 Bardenpho 공법에 관한 설명으로 옳지 않은 것은?

① 인 제거를 위해 혐기성조가 추가된다.

② 조 구성은 혐기성조, 무산소조, 호기성조, 무산소조, 호기성조 순이다.

③ 내부반송률은 유입유량 기준으로 100~200% 정도이며 2단계 무산소조로부터 1단계 무산소조로 반송된다.

④ 마지막 호기성 단계는 폐수 내 잔류 질소가스를 제거하고 최종 침전지에서 인의 용출을 최소화하기 위하여 사용한다.

해설

내부반송은 1단계 호기조로부터 1단계 무산소조로 반송된다.

관련이론 | 5단계(수정) Bardenpho 공법

1. 개요

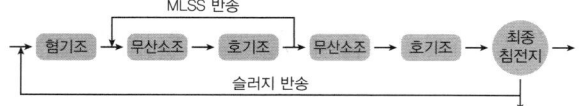

• 생물학적으로 질소를 제거할 수 있도록 개발된 활성슬러지 공법의 변법인 Bardenpho 공법를 개선시킨 공법이다.

• 인을 제거할 수 있도록 하기 위하여 Bardenpho 공법의 시스템 앞에 혐기조가 추가된 수정 Bardenpho 공정 (5단계 Bardenpho)으로 개선되었다.

2. 각 조별 기능

• 혐기조: 유입하수와 함께 반송슬러지가 혐기조로 유입되어 슬러지 내 인 방출

• 1단계 무산소조: 유입하수 중의 1단계 포기조로부터 내부반송된 혼합액(질화액)의 질산성 질소를 탈질하는 탈질반응

• 1단계 호기조: 암모니아를 질산으로 산화시키는 질산화 과정이 일어나며, 동시에 BOD 제거와 함께 인의 과잉섭취

• 2단계 무산소조: 탈질반응을 일으켜 혼합액 중의 미처리된 질산성 질소를 제거

• 2단계 호기조: 혐기·호기상태를 거친 슬러지는 전형적으로 벌킹현상이 발생하게 되며, 2차 무산소조에서 최종침전지로 이동하면 최종 침전지에서 혐기성 상태가 되어 슬러지내에 함유하고 있던 인이 재방출될 가능성이 있어, 최종침전지에서의 혐기성 상태를 방지하기 위해 짧은 시간동안 재포기 실시

정답 ③

53 ★★★

회전원판법(RBC)의 장점으로 가장 거리가 먼 것은?

① 미생물에 대한 산소 공급 소요전력이 적다.

② 고정메디아로 높은 미생물 농도 및 슬러지일령을 유지할 수 있다.

③ 기온에 따른 처리효율의 영향이 적다.

④ 재순환이 필요 없다.

해설

기온에 따른 처리효율의 영향이 크다.

관련이론 | 회전원판법(RBC)

• 원판의 일부를 수면에 잠기도록(40%)하여 원판 위에 자연적으로 발생하는 호기성 미생물을 이용한다.

• 질산화가 일어나기 쉽고, pH가 저하되는 경우가 있다.

• 소규모 처리시설에서 소비전력량은 표준활성슬러지법에 비해 적다.

정답 ③

54 ★☆☆

생물학적 처리법 가운데 살수여상법에 대한 설명으로 가장 거리가 먼 것은?

① 슬러지일령은 부유성장 시스템보다 높아 100일 이상의 슬러지일령에 쉽게 도달된다.

② 총괄 관측수율은 전형적인 활성슬러지공정의 60~80% 정도이다.

③ 덮개 없는 여상의 재순환율을 증대시키면 실제로 여상 내의 평균온도가 높아진다.

④ 정기적으로 여상에 살충제를 살포하거나 여상을 침수토록 하여 파리문제를 해결할 수 있다.

해설

덮개 없는 여상의 재순환율을 증대시키면 실제로 여상 내의 평균온도가 낮아지거나 유지된다.

정답 ③

55 ★★★

하수 고도처리 공법인 Phostrip 공정에 관한 설명으로 옳지 않은 것은?

① 기존 활성슬러지 처리장에 쉽게 적용 가능하다.

② 인 제거 시 BOD/P비에 의하여 조절되지 않는다.

③ 최종침전지에서 인 용출을 위해 용존산소를 낮춘다.

④ Main Stream 화학침전에 비하여 약품사용량이 적다.

해설

최종침전지에서 인 용출을 위해 용존산소를 높인다.

관련이론 | Phostrip 공정

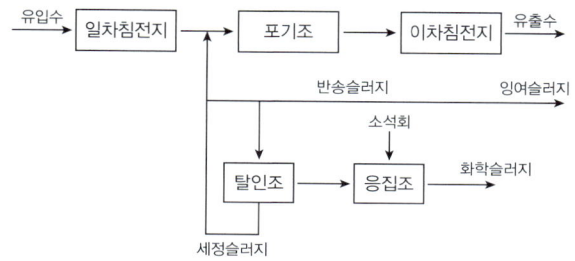

- 생물화학적 인 제거만을 위해 개발된 공정이다.
- 기존의 혐기호기 조합법에 비해 슬러지의 처리가 용이하다.
- 석회주입량은 알루미늄이나 금속염과 달리 알칼리도에 의하여 결정한다.
- 인 제거 시 BOD/P비에 의하여 조절되지 않는다.
- 탈인조 상징액이 총 유입수량에 비하여 아주 적으므로 인을 침전시키기 위하여 소요되는 석회의 양이 순수화학처리방법(Main Stream 화학침전)보다 적다.
- 최종침전지에서 인 용출을 위해 용존산소를 높인다.

정답 ③

56 ★☆☆

상향류 혐기성 슬러지상의 장점이라 볼 수 없는 것은?

① 미생물 체류시간을 적절히 조절하면 저농도 유기성 폐수의 처리도 가능하다.

② 기계적인 교반이나 여재가 필요 없기 때문에 비용이 적게 든다.

③ 고액 및 기액분리장치를 제외하면 전체적으로 구조가 간단하다.

④ 폐수 성상이 슬러지 입상화에 미치는 영향이 적어 안정된 처리가 가능하다.

해설

폐수의 성상에 의하여 슬러지의 입상화가 크게 영향을 받는다.

관련이론 | 상향류 혐기성 슬러지상(UASB)

- 생물막공법이지만 다른 공법과 달리 부착매체가 없다.
- 수리학적 체류시간을 작게 할 수 있어 반응조 용량이 축소된다.
- 고형물의 농도가 높을 경우 고형물 및 미생물이 유실될 우려가 있다.
- 고액 및 기액분리장치를 제외하면 전체적으로 구조가 간단하다.
- 기계적인 교반이나 여재가 필요 없기 때문에 비용이 적게 든다.
- 미생물 체류시간을 적절히 조절하면 저농도 유기성 폐수의 처리도 가능하다.

정답 ④

57 ★★☆

평균 유입하수량 10,000m³/day인 도시하수처리장의 1차 침전지를 설계하고자 한다. 1차침전지의 표면부하율을 50m³/m²·day로 하여 원형침전지를 설계한다면 침전지의 직경(m)은?

① 약 14   ② 약 16

③ 약 18   ④ 약 20

해설

설계유량을 이용하여 설계 소요표면적($A_{설계}$)을 산출하면 다음과 같다.

표면부하율 $50\text{m}^3/\text{m}^2\cdot\text{day} = \dfrac{10,000\text{m}^3}{\text{day}}\bigg|\dfrac{}{A_{설계}[\text{m}^2]}$

$\rightarrow A_{설계} = 200\text{m}^2 = \dfrac{\pi D^2}{4}$

∴ 침전지의 직경 $D = 15.96 \fallingdotseq 16\text{m}$

정답 ②

2022년

58

★☆☆

수온 20℃일 때, pH 6.0이면 응결에 효과적이다. pOH를 일정하게 유지하는 경우, 5℃일 때의 pH는? (단, 20℃일 때 $K_w = 0.68 \times 10^{-14}$)

① 4.34　　　　　　② 6.47

③ 8.31　　　　　　④ 10.22

해설

$pK_w = pH + pOH$ 이라는 점을 이용한다.

물은 25℃일 때, $K_w = 1.0 \times 10^{14}$이고, $pK_w = 14$이다.

또, 20℃일 때, $K_w = 0.68 \times 10^{14}$이고, $pK_w = 14.16$이다.

물이 25℃에서 20℃으로 온도가 5℃ 떨어졌을 때, pK_w는 0.16 증가한다.

따라서, 20℃에서 5℃로 15℃가 하락하면, pK_w는 0.48 정도 더 증가하여, 5℃의 물의 $pK_w = 14.64$가 된다.

20℃일 때, $pK_w = 14.16$이고, pH가 6.0 이라면 pOH = 8.16이다.

pOH가 8.16으로 고정된 상태에서 온도가 5℃로 하락했다면 $pK_w = 14.64$가 된다.

5℃일 때, $pK_w = pH + pOH$

$\qquad\qquad 14.64 = pH + 8.16$

$\therefore pH = 6.48 \fallingdotseq 6.47$

정답 ②

59

★☆☆

2차 처리 유출수에 포함된 25m/L의 유기물을 분말 활성탄 흡착법으로 3차 처리하여 2mg/L 될 때 까지 제거하고자 할 때 폐수 3m³당 필요한 활성탄의 양(g)은? (단, Freundlich 등온식 활용, $K = 0.5$, $n = 1$)

① 69　　　　　　② 76

③ 84　　　　　　④ 91

해설

Freundlich 등온흡착식을 이용한다.

$$\frac{X}{M} = K \cdot C^{\frac{1}{n}} \rightarrow \frac{(25-2)}{M} = 0.5 \times 2^{\frac{1}{1}}$$

$\therefore M = 23mg/L$ (1L당 활성탄의 양)

$3m^3$ 당 활성탄의 양 = 3,000L 당 활성탄의 양

$\qquad\qquad = 23mg/L \times 3,000L = 69,000mg = 69g$

정답 ①

60

★★★

수온 20℃에서 평균직경 1mm인 모래입자의 침전속도 (m/sec)는? (단, 동점성값은 $1.003 \times 10^{-6} m^2/sec$, 모래비중은 2.5, Stokes법칙 이용)

① 0.414　　　　　　② 0.614

③ 0.814　　　　　　④ 1.014

해설

$$V_s = \frac{d^2(\rho_p - \rho)g}{18\mu}$$

· d(입자의직경) $= 1.0 \times 10^{-3}$m

· ρ_p(입자의 밀도) $= 2,500kg/m^3$

· ρ(물의 밀도) $= 1,000kg/m^3$

· g(중력가속도) $= 9.8m/sec^2$

· $\mu[kg/m \cdot sec] = \nu$(동점도) $\times \rho$(밀도)

$\qquad\qquad = 1.003 \times 10^{-6} m^2/sec \times 1,000kg/m^3$

$\qquad\qquad = 1.003 \times 10^{-3} kg/m \cdot sec$

$\therefore V_s = \frac{d^2(\rho_p - \rho)g}{18\mu}$

$\qquad = \frac{(1.0 \times 10^{-3})^2 \times (2,500-1,000) \times 9.8}{18 \times 1.003 \times 10^{-3}}$

$\qquad = 0.8142 \fallingdotseq 0.814 m/sec$

정답 ③

수질오염공정시험기준

61 ★★★

시료의 보존방법으로 틀린 것은?

① 아질산성 질소: 4℃ 보관, H_2SO_4로 pH 2 이하
② 총질소(용존 총질소): 4℃ 보관, H_2SO_4로 pH 2 이하
③ 화학적 산소요구량: 4℃ 보관, H_2SO_4로 pH 2 이하
④ 암모니아성 질소: 4℃ 보관, H_2SO_4로 pH 2 이하

해설

아질산성 질소: 4℃ 보관

정답 ①

62 ★★☆

원자흡수분광광도법에서 일어나는 간섭에 대한 설명으로 틀린 것은?

① 광학적 간섭: 분석하고자 하는 원소의 흡수 파장과 비슷한 다른 원소의 파장이 서로 겹쳐 비이상적으로 높게 측정되는 경우 발생
② 물리적 간섭: 표준용액과 시료 또는 시료와 시료 간의 물리적 성질(점도, 밀도, 표면장력 등)의 차이 또는 표준물질과 시료의 매질(matrix) 차이에 의해 발생
③ 화학적 간섭: 불꽃의 온도가 분자를 들뜬 상태로 만들기에 충분히 높지 않아서, 해당 파장을 흡수하지 못하여 발생
④ 이온화 간섭: 불꽃온도가 너무 낮을 경우 중성원자에서 전자를 빼앗아 이온이 생성될 수 있으며 이 경우 양(+)의 오차가 발생

해설

이온화 간섭은 불꽃온도가 너무 높을 경우 중성원자에서 전자를 빼앗아 이온이 생성될 수 있으며 이 경우 음(-)의 오차가 발생한다.

정답 ④

63 ★☆☆

공장의 폐수 100mL를 취하여 산성 100℃에서 KMnO₄에 의한 화학적산소소비량을 측정하였다. 시료의 적정에 소비된 0.025N KMnO₄의 양이 7.5mL였다면 이 폐수의 COD (mg/L)는? (단, 0.025N KMnO₄ factor=1.02, 바탕시험 적정에 소비된 0.025N KMnO₄=1.00mL)

① 13.3 ② 16.7
③ 24.8 ④ 32.2

해설

$$COD[mg/L] = (b-a) \times f \times \frac{1,000}{V} \times 0.2$$

- a: 바탕시험(공시험) 적정에 소비된 0.025N KMnO₄=1.00mL
- b: 시료의 적정에 소비된 0.025N KMnO₄=7.5mL
- f: 0.025N KMnO₄ 역가(factor)=1.02
- V: 시료의 양(mL)=100mL

$$\therefore COD[mg/L] = (7.5-1.0) \times 1.02 \times \frac{1,000}{100} \times 0.2 = 13.26mg/L$$

정답 ①

64 ★☆☆

35% HCl(비중 1.19)을 10% HCl으로 만들기 위한 35% HCl과 물의 용량비는?

① 1 : 1.5 ② 3 : 1
③ 1 : 3 ④ 1.5 : 1

해설

- 중량기준 35% HCl(Xg)와 물의 양(g)

  $35\% \times X = 10\% \times 1,000g$

  → X(=35% HCl)=285.7g

  물=1,000-285.7=714.3g

- 중량을 용량으로 전환(비중 이용)

  $35\% \ HCl = 285.7g \times \frac{1mL}{1.19g} = 240.084mL$

  $물 = 714.3g \times \frac{1mL}{1g} = 714.3mL$

$\therefore$ 35% HCl : 물=240.084mL : 714.3mL ≒ 1 : 3

정답 ③

65 ★★☆

분원성 대장균군 – 막여과법에서 배양온도 유지 기준은?

① 25±0.2℃
② 30±0.5℃
③ 35±0.5℃
④ 44.5±0.2℃

해설
배양기 또는 항온수조는 배양온도를 (44.5±0.2)℃로 유지할 수 있는 것을 사용한다.

정답 ④

66 ★☆☆

ppm을 설명한 것으로 틀린 것은?

① ppb농도의 1,000배이다.
② 백만분율이라고 한다.
③ mg/kg이다.
④ %농도의 1/1,000이다.

해설
ppm은 %농도의 1/10,000이다.

정답 ④

67 ★☆☆

유도결합플라스마 – 원자발광분광법에 의한 원소별 정량한계로 틀린 것은?

① Cu: 0.006mg/L
② Pb: 0.004mg/L
③ Ni: 0.015mg/L
④ Mn: 0.002mg/L

해설
납(Pb)의 정량한계는 0.04mg/L이다.

정답 ②

68 ★☆☆

수질오염공정시험기준상 이온크로마토그래피법을 정량분석에 이용할 수 없는 항목은?

① 염소이온
② 아질산성 질소
③ 질산성 질소
④ 암모니아성 질소

해설
이 법은 액체시료를 이온교환컬럼에 고압으로 전개시켜 분리되는 각 성분의 크로마토그램을 작성하여 분석하는 고속액체 크로마토그래피의 일종으로서 액체 시료중 음이온(F^-, Cl^-, NO_2^-, NO_3^-, PO_4^{3-}, Br^- 및 SO_4^{2-})의 정성 및 정량분석에 이용된다.

정답 ④

69 ★★☆

자외선/가시선 분광법을 적용한 음이온계면활성제 측정에 관한 설명으로 틀린 것은?

① 정량한계는 0.02mg/L이다.
② 시료 중의 계면활성제를 종류별로 구분하여 측정할 수 없다.
③ 시료 속에 미생물이 있는 경우 일부의 음이온 계면활성제가 신속히 변할 가능성이 있으므로 가능한 빠른 시간 안에 분석을 하여야 한다.
④ 양이온계면활성제가 존재할 경우 양의 오차가 발생한다.

해설
음이온계면활성제 – 자외선/가시선 분광법
양이온계면활성제 혹은 아민과 같은 양이온 물질이 존재할 경우 음의 오차가 발생할 수 있다.
유기 설폰산염 (sulfonate), 황산염 (sulfate), 카르복실산염 (carboxylate), 페놀 및 그 화합물, 무기 티오시안(thiocyanide)류, 질산이온 등이 존재할 경우 메틸렌블루 중 일부가 클로로폼 층으로 이동하여 양의 오차를 나타낸다.

정답 ④

70 ★★☆

적절한 보존방법을 적용한 경우 시료 최대보존기간이 가장 짧은 항목은?

① 시안
② 용존 총인
③ 질산성 질소
④ 암모니아성 질소

해설

질산성 질소가 48시간으로 최대보존기간이 가장 짧다.

선지분석

① 시안: 14일
② 용존 총인: 28일
④ 암모니아성 질소: 28일

정답 ③

※ 실제 문제에서는 '적절한 보존방법을 적용한 경우 시료 최대보존기간이 가장 긴 항목은?'으로 출제되어 문제 오류로 처리됨.

71 ★★☆

용존산소(DO) 측정 시 시료가 착색, 현탁된 경우에 사용하는 전처리시약은?

① 칼륨명반용액, 암모니아수
② 황산구리, 설파민산
③ 황산, 불화칼륨용액
④ 황산제이철용액, 과산화수소

해설

용존산소 측정 시 시료가 착색, 현탁된 경우 칼륨명반용액과 암모니아수를 사용한다.

관련이론 | 시료의 전처리

② 활성오니의 미생물의 플록(floc)이 형성된 경우: 황산구리 – 설파민산법을 사용한다.
③ Fe(III) 100~200mg/L가 함유되어 있는 시료의 경우: 황산 첨가 전 불화칼륨용액(300g/L) 1mL를 가한다.
④ 망간함유량이 미량일 경우: 시료 적당량을 비커에 넣어 가열한 뒤 황산제이철용액과 과산화수소수용액을 넣는다.

정답 ①

72 ★★☆

수질오염공정시험기준상 총대장균군의 시험방법이 아닌 것은?

① 현미경계수법
② 막여과법
③ 시험관법
④ 평판집락법

해설

• 총대장균군 시험방법: 막여과법, 시험관법, 평판집락법, 효소이용정량법
• 분원성 대장균군 시험방법: 막여과법, 시험관법, 효소이용정량법
• 대장균 시험방법: 효소이용정량법

정답 ①

73 ★★☆

노말헥산추출물질 측정을 위한 시험방법에 관한 설명으로 (   )에 옳은 것은?

> 시료 적당량을 분별깔대기에 넣고 (   ) 변할 때까지 염산(1＋1)을 넣어 pH 4 이하로 조절한다.

① 메틸오렌지용액(0.1%) 2~3 방울을 넣고 황색이 적색으로
② 메틸오렌지용액(0.1%) 2~3 방울을 넣고 적색이 황색으로
③ 메틸오렌지용액(0.5%) 2~3 방울을 넣고 황색이 적색으로
④ 메틸오렌지용액(0.5%) 2~3 방울을 넣고 적색이 황색으로

해설

위의 측정 방법은 물 중의 비교적 휘발되지 않는 탄화수소, 탄화수소유도체, 그리스 유상물질 및 광유류를 함유하고 있는 시료를 pH 4 이하의 산성으로 하여 노말헥산층에 용해되는 물질을 노말헥산으로 추출하여 노말헥산을 증발시킨 잔류물의 무게로부터 구하는 방법이다.
시료 적당량(노말헥산 추출물질로서 5mg~200mg 해당량)을 분별깔때기에 넣고 메틸오렌지용액(0.1%) 2~3 방울을 넣고 황색이 적색으로 변할 때까지 염산(1＋1)을 넣어 pH 4 이하로 조절한다.

정답 ①

2022년

74 ★★☆

전기전도도 측정에 관한 설명으로 틀린 것은?

① 용액이 전류를 운반할 수 있는 정도를 말한다.

② 온도차에 의한 영향이 적어 폭 넓게 적용된다.

③ 용액에 담겨있는 2개의 전극에 일정한 전압을 가해주면 가압 전압이 전류를 흐르게 하며, 이 때 흐르는 전류의 크기는 용액의 전도도에 의존한다는 사실을 이용한다.

④ 용액 중의 이온세기를 신속하게 평가할 수 있는 항목으로 국제적으로 S(Siemens)단위가 통용되고 있다.

해설

온도차에 의한 영향은 ±2%/℃정도이며 측정결과값의 통일을 위하여 보정하여야 한다.

정답 ②

75 ★☆☆

크롬 – 원자흡수분광광도법의 정량한계에 관한 내용으로 ( )에 옳은 것은?

> 357.9nm에서의 산처리법은 (㉠) mg/L, 용매추출법은 (㉡) mg/L이다.

① ㉠ 0.1, ㉡ 0.01
② ㉠ 0.1, ㉡ 0.1
③ ㉠ 0.01, ㉡ 0.001
④ ㉠ 0.001, ㉡ 0.01

해설

크롬은 공기 – 아세틸렌 불꽃에 주입하여 분석하며 정량한계는 357.9nm에서의 산처리법은 0.01mg/L, 용매추출법은 0.001mg/L이다.

관련이론 | 크롬 – 원자흡수분광광도법

물속에 존재하는 크롬을 측정하는 방법으로, 시료를 산분해하거나 용매추출하여 시료를 직접 불꽃으로 주입하여 원자흡수분광광도계로 분석한다.

정답 ③

76 ★★★

온도에 관한 내용으로 옳지 않은 것은?

① 찬 곳은 따로 규정이 없는 한 0~15℃의 곳을 뜻한다.

② 냉수는 15℃ 이하를 말한다.

③ 온수는 70~90℃를 말한다.

④ 상온은 15~25℃를 말한다.

해설

냉수는 15℃ 이하, 온수는 60~70℃, 열수는 약 100℃를 말한다. 표준온도는 0℃, 상온은 15~25℃, 실온은 1~35℃로 하고, 찬 곳은 따로 규정이 없는 한 0~15℃의 곳을 뜻한다.

정답 ③

77 ★★★

'항량으로 될 때까지 건조한다'는 정의 중 ( )에 해당하는 것은?

> 같은 조건에서 1시간 더 건조할 때 전후 무게의 차가 g당 ( )mg 이하일 때

① 0
② 0.1
③ 0.3
④ 0.5

해설

"항량으로 될 때까지 건조한다"라 함은 같은 조건에서 1시간 더 건조할 때 전후 무게의 차가 g당 0.3mg 이하일 때를 말한다.

정답 ③

78

★☆☆

냄새역치(TON)의 계산식으로 옳은 것은? (단, A: 시료 부피 (mL), B: 무취 정제수 부피(mL))

① $(A+B)/B$ 　　　② $(A+B)/A$
③ $A/(A+B)$ 　　　④ $B/(A+B)$

해설

냄새역치(TON: Threshold Odor Number)
냄새역치를 구하는 경우 사용한 시료의 부피와 냄새 없는 희석수의 부피를 사용하여 다음과 같이 계산한다.

$$냄새역치(TON) = \frac{A+B}{A}$$

여기서, A는 시료 부피(mL), B는 무취 정제수 부피(mL)이다.

정답 ②

79

★★☆

취급 또는 저장하는 동안에 기체 또는 미생물이 침입하지 아니하도록 내용물을 보호하는 용기는?

① 밀봉용기 　　　② 밀폐용기
③ 기밀용기 　　　④ 차광용기

해설

밀봉용기: 물질을 취급 또는 저장하는 동안에 기체 또는 미생물이 침입하지 않도록 내용물을 보호하는 용기

선지분석

② 밀폐용기: 물질을 취급 또는 저장하는 동안에 이물질이 들어가거나 내용물이 손실되지 않도록 보호하는 용기
③ 기밀용기: 물질을 취급 또는 저장하는 동안에 외부로부터의 공기 또는 다른 가스가 침입하지 않도록 내용물을 보호하는 용기
④ 차광용기: 물질을 취급 또는 저장하는 동안에 내용물의 광화학적 변화를 방지할 수 있는 용기

정답 ①

80

★★☆

공장폐수 및 하수유량 – 관(pipe)내의 유량측정 방법 중 오리피스에 관한 설명으로 옳지 않은 것은?

① 설치에 비용이 적게 소요되며 비교적 유량측정이 정확하다.
② 오리피스판의 두께에 따라 흐름의 수로 내외에 설치가 가능하다.
③ 오리피스 단면에 커다란 수두손실이 일어나는 단점이 있다.
④ 단면이 축소되는 목부분을 조절함으로써 유량이 조절된다.

해설

오리피스는 설치에 비용이 적게 들고 비교적 유량측정이 정확하여 얇은 판 오리피스가 널리 이용되고 있으며 흐름의 수로 내에 설치된다.

관련이론 ┃ 오리피스 유량계

• 유체가 흐르는 도관에 작은 구멍이 뚫린 판을 끼워 넣으면 이 구조물 양단에는 유체의 속도차이에 의하여 차압이 발생한다.
• 오리피스 유량계는 차압의 크기가 유체속도의 크기에 비례하기 때문에 생기는 압력 차이를 측정함으로써 유량을 유추하는 방식이다.
• 설치에 비용이 적게 소요되며 비교적 유량측정이 정확하다.
• 단면이 축소되는 목 부분을 조절함으로써 유량이 조절된다.

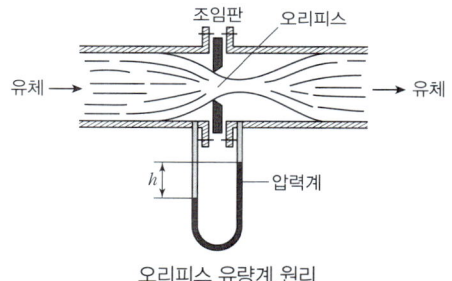

오리피스 유량계 원리

정답 ②

수질환경관계법규

81 ★☆☆

물놀이 등의 행위제한 권고기준 중 대상행위가 '어패류 등 섭취'인 경우인 것은?

① 어패류 체내 총 카드뮴: 0.3mg/kg 이상
② 어패류 체내 총 카드뮴: 0.03mg/kg 이상
③ 어패류 체내 총 수은: 0.3mg/kg 이상
④ 어패류 체내 총 수은: 0.03mg/kg 이상

해설

「시행령 별표 5」
물놀이 등 행위제한 권고기준

대상행위	항목	기준
수영 등 물놀이	대장균	500(개체수/100mL) 이상
어패류 등 섭취	어패류 체내 총 수은(Hg)	0.3mg/kg 이상

정답 ③

82 ★☆☆

기본배출부과금 산정에 필요한 지역별 부과계수로 옳은 것은?

① 청정지역 및 가 지역: 1.5
② 청정지역 및 가 지역: 1.2
③ 나 지역 및 특례지역: 1.5
④ 나 지역 및 특례지역: 1.2

해설

「시행령 별표 10」

청정지역 및 가 지역	나 지역 및 특례지역
1.5	1

정답 ①

83 ★★★

사업장별 환경기술인의 자격기준에 관한 설명으로 옳지 않은 것은?

① 방지시설 설치면제 대상 사업장과 배출시설에서 배출되는 수질오염물질 등을 공동방지시설에서 처리하게 하는 사업장은 제3종사업장에 해당하는 환경기술인을 두어야 한다.
② 연간 90일 미만 조업하는 제1종부터 제3종까지의 사업장은 제4종·제5종사업장에 해당하는 환경기술인을 선임할 수 있다.
③ 공동방지시설에 있어서 폐수배출량이 제4종 또는 제5종사업장의 규모에 해당하면 제3종 사업장에 해당하는 환경기술인을 두어야 한다.
④ 대기환경기술인으로 임명된 자가 수질환경 기술인의 자격을 함께 갖춘 경우에는 수질환경기술인을 겸임할 수 있다.

해설

「시행령 별표 17」
방지시설 설치면제 대상인 사업장과 배출시설에서 배출되는 수질오염물질 등을 공동방지시설에서 처리하게 하는 사업장은 제4종사업장·제5종사업장에 해당하는 환경기술인을 둘 수 있다.

정답 ①

84 ★☆☆

폐수수탁처리업에서 사용하는 폐수운반차량에 관한 설명으로 틀린 것은?

① 청색으로 도색한다.
② 차량 양쪽 옆면과 뒷면에 폐수운반차량, 회사명, 허가번호 및 용량을 표시하여야 한다.
③ 차량에 표시는 흰색바탕에 황색글씨로 한다.
④ 운송 시 안전을 위한 보호구, 중화제 및 소화기를 갖추어 두어야 한다.

해설

「시행규칙 별표 20」
• 폐수운반차량은 청색으로 도색하고 양쪽 옆면과 뒷면에 가로 50cm, 세로 20cm 이상 크기의 노란색 바탕에 검은색 글씨로 폐수운반차량, 회사명, 허가번호, 전화번호 및 용량을 지워지지 아니하도록 표시하여야 한다.
• 운송 시 안전을 위한 보호구, 중화제 및 소화기를 갖추어 두어야 한다.

정답 ③

85 ★☆☆

기술인력 등의 교육에 관한 설명으로 (   )에 들어갈 기간은?

> 환경기술인 또는 폐수처리업에 종사하는 기술요원의 최초교육은 최초로 업무에 종사한 날부터 (   ) 이내에 실시하여야 한다.

① 6개월　　　　　② 1년
③ 2년　　　　　　④ 3년

해설

「시행규칙 제93조」
• 최초교육 : 기술인력 등이 최초로 업무에 종사한 날부터 1년 이내에 실시하는 교육
• 보수교육 : 최초교육 후 3년마다 실시하는 교육

정답 ②

86 ★☆☆

조치명령 또는 개선명령을 받지 아니한 사업자가 배출허용기준을 초과하여 오염물질을 배출하게 될 때 환경부장관에게 제출하는 개선계획서에 기재할 사항이 아닌 것은?

① 개선사유
② 개선내용
③ 개선기간 중의 수질오염물질 예상배출량 및 배출농도
④ 개선 후 배출시설의 오염물질 저감량 및 저감효과

해설

「시행령 제40조」
조치명령 또는 개선명령을 받지 아니한 사업자가 배출허용기준을 초과할 우려가 있다고 인정하여 측정기기 · 배출시설 또는 방지시설을 개선하려는 경우에는 개선계획서에 개선사유, 개선내용, 개선기간, 개선기간 중의 수질오염물질 예상배출량 및 배출농도 등을 적어 환경부장관에게 제출하고 그 배출시설 등을 개선할 수 있다.

정답 ④

87 ★☆☆

환경부장관이 배출시설을 설치 · 운영하는 사업자에 대하여 (조업정지를 명하는 경우로써) 조업정지처분에 갈음하여 과징금을 부과할 수 있는 대상 배출시설이 아닌 것은?

① 의료기관의 배출시설
② 발전소의 발전설비
③ 제조업의 배출시설
④ 기타 환경부령으로 정하는 배출시설

해설

「법 제43조」
조업정지처분에 갈음한 과징금 처분대상 배출시설
• 「의료법」에 따른 의료기관의 배출시설
• 발전소의 발전설비
• 「초 · 중등교육법」 및 「고등교육법」에 따른 학교의 배출시설
• 제조업의 배출시설
• 그 밖에 대통령령으로 정하는 배출시설

정답 ④

2022년

88 ★☆☆

수질오염감시경보 단계 중 경계단계의 발령기준으로 ( )에 들어갈 내용으로 옳은 것은?

생물감시 측정값이 생물감시 경보기준 농도를 30분 이상 지속적으로 초과하고 전기전도도, 휘발성유기화합물, 페놀, 중금속(구리, 납, 아연, 카드뮴 등) 항목 중 (㉠) 이상의 항목이 측정항목별 경보기준을 (㉡) 이상 초과하는 경우

① ㉠ 1개, ㉡ 2배 ② ㉠ 1개, ㉡ 3배
③ ㉠ 2개, ㉡ 2배 ④ ㉠ 2개, ㉡ 3배

해설

「시행령 별표 3」
경계단계의 발령기준
생물감시 측정값이 생물감시 경보기준 농도를 30분 이상 지속적으로 초과하고, 전기전도도, 휘발성유기화합물, 페놀, 중금속(구리, 납, 아연, 카드뮴 등) 항목 중 1개 이상의 항목이 측정항목별 경보기준을 3배 이상 초과하는 경우

정답 ②

89 ★★☆

낚시제한구역에서의 제한사항이 아닌 것은?

① 1명당 3대의 낚시대를 사용하는 행위
② 1개의 낚시대에 5개 이상의 낚시바늘을 떡밥과 뭉쳐서 미끼로 던지는 행위
③ 낚시바늘에 끼워서 사용하지 아니하고 물고기를 유인하기 위하여 떡밥·어분 등을 던지는 행위
④ 어선을 이용한 낚시행위 등 「낚시 관리 및 육성법」에 따른 낚시어선업을 영위하는 행위(「내수면어업법 시행령」에 따른 외줄낚시는 제외한다)

해설

「시행규칙 제30조」
낚시제한구역에서의 제한사항
• 낚싯바늘에 끼워서 사용하지 아니하고 물고기를 유인하기 위하여 떡밥·어분 등을 던지는 행위
• 어선을 이용한 낚시행위 등 「낚시 관리 및 육성법」에 따른 낚시어선업을 영위하는 행위
• 1명당 4대 이상의 낚싯대를 사용하는 행위
• 1개의 낚싯대에 5개 이상의 낚싯바늘을 떡밥과 뭉쳐서 미끼로 던지는 행위
• 쓰레기를 버리거나 취사행위를 하거나 화장실이 아닌 곳에서 대·소변을 보는 등 수질오염을 일으킬 우려가 있는 행위
• 고기를 잡기 위하여 폭발물·배터리·어망 등을 이용하는 행위

정답 ①

90 ★☆☆

폐수처리업에 종사하는 기술요원에 대한 교육기관으로 옳은 것은?

① 국립환경인재개발원 ② 국립환경과학원
③ 한국환경공단 ④ 환경보전원

해설

「시행규칙 제93조」
폐수처리업에 종사하는 기술요원 교육기관은 국립환경인재개발원이다.

정답 ①

91 ★☆☆

공공수역에 정당한 사유없이 특정수질유해물질 등을 누출·유출시키거나 버린 자에 대한 처벌기준은?

① 1년 이하의 징역 또는 1천만원 이하의 벌금
② 2년 이하의 징역 또는 2천만원 이하의 벌금
③ 3년 이하의 징역 또는 3천만원 이하의 벌금
④ 5년 이하의 징역 또는 5천만원 이하의 벌금

해설

「법 제77조」
특정수질유해물질 등을 누출·유출하거나 버린 자는 3년 이하의 징역 또는 3천만원 이하의 벌금에 처한다.

정답 ③

92 ★★★

대권역 물환경관리계획의 수립 시 포함되어야 할 사항으로 틀린 것은?

① 상수원 및 물 이용현황
② 물환경의 변화 추이 및 물환경목표기준
③ 물환경 보전조치의 추진방향
④ 물환경 관리 우선순위 및 대책

해설

「법 제24조」
대권역 물환경관리계획의 수립 시 포함되어야 할 사항
• 물환경의 변화 추이 및 물환경목표기준
• 상수원 및 물 이용현황
• 점오염원, 비점오염원 및 기타수질오염원의 분포현황
• 점오염원, 비점오염원 및 기타수질오염원에서 배출되는 수질오염물질의 양
• 수질오염 예방 및 저감 대책
• 물환경 보전조치의 추진방향
•「기후위기 대응을 위한 탄소중립·녹색성장 기본법」에 따른 기후변화에 대한 적응대책
• 그 밖에 환경부령으로 정하는 사항

정답 ④

93 ★★☆

초과부과금 산정기준으로 적용되는 수질오염 물질 1킬로그램당 부과금액이 가장 높은(많은) 것은?

① 카드뮴 및 그 화합물
② 6가크롬 화합물
③ 납 및 그 화합물
④ 수은 및 그 화합물

해설

「시행령 별표 14」
수질오염물질 1킬로그램당 부과금액
• 수은 및 그 화합물 (1,250,000원)
• 카드뮴 및 그 화합물 (500,000원)
• 6가크롬화합물 (300,000원)
• 납 및 그 화합물 (150,000원)

정답 ④

94 ★☆☆

수계영향권별 물환경 보전에 관한 설명으로 옳은 것은?

① 환경부장관은 공공수역의 물환경을 관리·보전하기 위하여 국가 물환경관리기본계획을 10년마다 수립하여야 한다.
② 유역환경청장은 수계영향권별로 오염원의 종류, 수질오염물질 발생량 등을 정기적으로 조사하여야 한다.
③ 환경부장관은 국가 물환경기본계획에 따라 중권역의 물환경관리계획을 수립하여야 한다.
④ 수생태계 복원계획의 내용 및 수립 절차 등에 필요한 사항은 환경부령으로 정한다.

해설

「법 제23조의2」
환경부장관은 공공수역의 물환경을 관리·보전하기 위하여 대통령령으로 정하는 바에 따라 국가 물환경관리기본계획을 10년마다 수립하여야 한다.

선지분석

② 환경부장관 및 시·도지사는 수계영향권별로 오염원의 종류, 수질오염물질 발생량 등을 정기적으로 조사하여야 한다. (「법 제23조」)
③ 지방환경관서의 장은 대권역 물환경관리계획에 따라 중권역의 물환경관리계획을 수립하여야 한다. (「법 제25조」)
④ 수생태계 복원계획의 내용 및 수립 절차 등에 필요한 사항은 대통령령으로 정한다. (「법 제27조의2」)

정답 ①

2022년

95 ★★★

물환경보전법에 사용하는 용어의 뜻으로 틀린 것은?

① 점오염원이란 폐수배출시설, 하수발생시설, 축사 등으로서 관로·수로 등을 통하여 일정한 지점으로 수질오염물질을 배출하는 배출원을 말한다.
② 공공수역이란 하천, 호소, 항만, 연안해역, 그 밖에 공공용으로 사용되는 대통령령으로 정하는 수역을 말한다.
③ 폐수란 물에 액체성 또는 고체성의 수질오염물질이 섞여 있어 그대로는 사용할 수 없는 물을 말한다.
④ 폐수무방류배출시설이란 폐수배출시설에서 발생하는 폐수를 해당 사업장에서 수질오염방지시설을 이용하여 처리하거나 동일 폐수배출시설에 재이용하는 등 공공수역으로 배출하지 아니하는 폐수배출시설을 말한다.

해설
「법 제2조」
공공수역이란 하천, 호소, 항만, 연안해역, 그 밖에 공공용으로 사용되는 수역과 이에 접속하여 공공용으로 사용되는 환경부령으로 정하는 수로를 말한다.

정답 ②

96 ★★★

수질오염방지시설 중 물리적 처리시설에 해당되지 않는 것은?

① 유수분리시설
② 혼합시설
③ 침전물 개량시설
④ 응집시설

해설
「시행규칙 별표 5」
침전물 개량시설은 화학적 처리시설이다.

정답 ③

97 ★★☆

일일기준초과배출량 산정 시 적용되는 일일유량의 산정 방법은 [측정유량×일일조업시간]이다. 측정유량의 단위는?

① 초당 리터
② 분당 리터
③ 시간당 리터
④ 일당 리터

해설
「시행령 별표 15」
측정유량의 단위는 분당 리터(L/min)로 한다.

정답 ②

98 ★★☆

하천(생활환경기준)의 등급별 수질 및 수생태계의 상태에 대한 설명으로 다음에 해당되는 등급은?

> 수질 및 수생태계 상태: 상당량의 오염물질로 인하여 용존산소가 소모되는 생태계로 농업용수로 사용하거나 여과, 침전, 활성탄 투입, 살균 등 고도의 정수처리 후 공업용수로 사용할 수 있음

① 보통
② 약간 나쁨
③ 나쁨
④ 매우 나쁨

해설

「환경정책기본법 시행령 별표 1」
등급별 수질 및 수생태계 상태
- 매우 좋음: 용존산소가 풍부하고 오염물질이 없는 청정상태의 생태계로 여과·살균 등 간단한 정수처리 후 생활용수로 사용할 수 있음
- 좋음: 용존산소가 많은 편이고 오염물질이 거의 없는 청정상태에 근접한 생태계로 여과·침전·살균 등 일반적인 정수처리 후 생활용수로 사용할 수 있음
- 약간 좋음: 약간의 오염물질은 있으나 용존산소가 많은 상태의 다소 좋은 생태계로 여과·침전·살균 등 일반적인 정수처리 후 생활용수 또는 수영용수로 사용할 수 있음
- 보통: 보통의 오염물질로 인하여 용존산소가 소모되는 일반 생태계로 여과, 침전, 활성탄 투입, 살균 등 고도의 정수처리 후 생활용수로 이용하거나 일반적 정수처리 후 공업용수로 사용할 수 있음
- 약간 나쁨: 상당량의 오염물질로 인하여 용존산소가 소모되는 생태계로 농업용수로 사용하거나 여과, 침전, 활성탄 투입, 살균 등 고도의 정수처리 후 공업용수로 사용할 수 있음
- 나쁨: 다량의 오염물질로 인하여 용존산소가 소모되는 생태계로 산책 등 국민의 일상생활에 불쾌감을 주지 않으며, 활성탄 투입, 역삼투압 공법 등 특수한 정수처리 후 공업용수로 사용할 수 있음
- 매우 나쁨: 용존산소가 거의 없는 오염된 물로 물고기가 살기 어려움

정답 ②

99 ★★☆

공공수역의 전국적인 수질 현황을 파악하기 위해 설치할 수 있는 측정망의 종류로 틀린 것은?

① 생물 측정망
② 토질 측정망
③ 공공수역 유해물질 측정망
④ 비점오염원에서 배출되는 비점오염물질 측정망

해설

「시행규칙 제22조」
국립환경과학원장, 유역환경청장, 지방환경청장이 설치·운영하는 측정망의 종류
- 비점오염원에서 배출되는 비점오염물질 측정망
- 수질오염물질의 총량관리를 위한 측정망
- 대규모 오염원의 하류지점 측정망
- 수질오염경보를 위한 측정망
- 대권역·중권역을 관리하기 위한 측정망
- 공공수역 유해물질 측정망
- 퇴적물 측정강
- 생물 측정망
- 그 밖에 국립환경과학원장, 유역환경청장 또는 지방환경청장이 필요하다고 인정하여 설치·운영하는 측정망

정답 ②

100 ★★★

위임업무 보고사항 중 업무내용에 따른 보고횟수가 연 1회에 해당되는 것은?

① 기타 수질오염원 현황
② 환경기술인의 자격별·업종별 현황
③ 폐수무방류배출시설의 설치허가 현황
④ 폐수처리업에 대한 허가·지도단속실적 및 처리실적 현황

선지분석

「시행규칙 별표 23」
① 기타 수질오염원 현황: 연 2회
③ 폐수무방류배출시설의 설치허가(변경허가) 현황: 수시
④ 폐수처리업에 대한 허가·지도단속실적 및 처리실적 현황: 연 2회

정답 ②

2022년

수질오염개론

01 ★★☆

미생물에 의한 영양대사과정 중 에너지 생성반응으로서 기질이 세포에 의해 이용되고, 복잡한 물질에서 간단한 물질로 분해되는 과정(작용)은?

① 이화　　　　　　　　② 동화
③ 환원　　　　　　　　④ 동기화

해설
이화작용은 에너지 생성반응으로 세포 합성에 필요한 전구물질과 에너지를 얻기 위해 수행되는 화학반응을 말한다.

정답 ①

02 ★☆☆

다음 산화제(또는 환원제) 중 g당량이 가장 큰 화합물은? (단, Na, K, Cr, Mn, I, S의 원자량은 각각 23, 39, 52, 55, 127, 32이다.)

① $Na_2S_2O_3$　　　　　② $K_2Cr_2O_7$
③ $KMnO_4$　　　　　　④ KIO_3

해설
산화제(또는 환원제) g 당량 = 몰질량/당량수

$Na_2S_2O_3$의 g당량수 $= \dfrac{158g}{mol} \times \dfrac{mol}{1eq} = 158g/eq$

선지분석

② $K_2Cr_2O_7$의 g당량수 $= \dfrac{294g}{mol} \times \dfrac{mol}{6eq} = 49g/eq$

③ $KMnO_4$의 g당량수 $= \dfrac{158g}{mol} \times \dfrac{mol}{5eq} = 31.6g/eq$

④ KIO_3의 g당량수 $= \dfrac{214g}{mol} \times \dfrac{mol}{5eq} = 42.8g/eq$

정답 ①

03 ★★★

하천 모델 중 다음의 특징을 가지는 것은?

- 유속, 수심, 조도계수에 의한 확산계수 결정
- 하천과 대기 사이의 열복사, 열교환 고려
- 음해법으로 미분방정식의 해를 구함

① QUAL−Ⅰ　　　　② WQRRS
③ DO SAG−Ⅰ　　　④ HSPE

선지분석
② WQRRS: 하천 및 호수의 부영양화를 고려한 생태계 모델
③ DO SAG-1(DO-SAG): Streeter-Phelps 식을 기본으로 Ⅰ, Ⅱ, Ⅲ 단계에 걸쳐 개발
④ HSPE: 모듈을 선택하여 다양한 분야에 적용

정답 ①

04 ★★☆

다음 중 수자원에 대한 특성으로 옳은 것은?

① 지하수는 지표수에 비하여 자연, 인위적인 국지조건에 따른 영향이 크다.
② 해수는 염분, 온도, pH 등 물리화학적 성상이 불안정하다.
③ 하천수는 주변지질의 영향이 적고 유기물을 많이 함유하는 경우가 거의 없다.
④ 우수의 주성분은 해수의 주성분과 거의 동일하다.

해설
우수의 주성분은 육수보다는 해수와 거의 동일하다.

선지분석
① 지하수 자체의 특성에는 자연, 인위적인 국지조건에 따른 영향이 큰 것은 맞지만, 지표수와 비교했을 때는 지표수가 지하수에 비하여 영향이 더 크다.
② 해수는 염분, 온도, pH 등 물리화학적 성상이 안정하다.
③ 하천수는 유기물을 많이 함유하고 있다.

정답 ④

05 ★★☆

수온이 20℃인 하천은 대기로부터의 용존산소 공급량이 0.06mg O_2/L·hr라고 한다. 이 하천의 평상시 용존산소농도가 4.8mg/L로 유지되고 있다면 이 하천의 산소전달계수(/hr)는? (단, α, β값은 각각 0.75이며, 포화용존산소농도는 9.2mg/L 이다.)

① 3.8×10^{-1} ② 3.8×10^{-2}
③ 3.8×10^{-3} ④ 3.8×10^{-4}

해설

$$\frac{dC}{dt} = \alpha \cdot K_{La}(\beta C_s - C)$$

- $\frac{dC}{dt}$: 시간에 따른 용존산소 농도의 변화[mg/L·hr]
- K_{La} : 산소전달계수[/hr]
- C_s : 포화산소농도[mg/L]
- C : 수중 용존산소농도[mg/L]
- α, β : 계수

0.06mg O_2/L·hr $= 0.75 \times K_{La} \times (0.75 \times 9.2 - 4.8)$
$\therefore K_{La} = 3.81 \times 10^{-2}$/hr

정답 ②

06 ★☆☆

BOD곡선에서 탈산소 계수를 구하는데 적용되는 방법으로 가장 알맞은 것은?

① O'Connor – Dobbins 식
② Thomas 도해법
③ Ripple 법
④ Tracer 법

해설

- 탈산소계수를 구하는데 적용되는 방법: Thomas 도해법, 최소자승법, Moment법, 실측에 의한 방법
- 재폭기계수를 구하는데 적용되는 방법: O'Connor – Dobbins식, Isaac식, Churchill식, Owens식

정답 ②

07 ★★★

수질오염물질별 인체영향(질환)이 틀리게 짝지어진 것은?

① 비소: 반상치(법랑반점)
② 크롬: 비중력 연골천공
③ 아연: 기관지 자극 및 폐렴
④ 납: 근육과 관절의 장애

해설

법랑반점은 불소로 인한 질환이다.

관련이론 | 수질오염물질의 피해 및 영향

- 비소
  ㉠ 급성 중독 증상: 구토, 설사, 복통, 탈수증, 위장염, 혈압 저하, 혈변, 순환기 장애 등을 유발한다.
  ㉡ 만성중독 증상: 국소 및 전신마비, 피부염, 발암, 색소침착, 간장 비대 등의 순환기 장애를 유발한다.
- 불소의 중독 증상: 반상치(법랑반점)를 유발한다.
- 납의 급성 중독 증상: 근육과 관절의 장애, 신장·생식계통·간·뇌·중추신경계에 심각한 장애를 유발한다.

정답 ①

08 ★☆☆

알칼리도에 관한 반응 중 가장 부적절한 것은?

① $CO_2 + H_2O \rightarrow H_2CO_3 \rightarrow HCO_3^- + H^+$
② $HCO_3^- \rightarrow CO_3^{2-} + H^+$
③ $CO_3^{2-} + H_2O \rightarrow HCO_3^- + OH^-$
④ $HCO_3^- + H_2O \rightarrow H_2CO_3 + OH^-$

해설

물과 이산화탄소의 반응
1) $CO_2 + H_2O \rightarrow H_2CO_3 \rightarrow HCO_3^- + H^+$
2) $HCO_3^- - CO_3^{2-} + H^+$
3) $CO_3^{2-} + H_2O \rightarrow HCO_3^- + OH^-$
4) $M(HCO_3)_2 \rightarrow M^{2+} + 2HCO_3^-$

정답 ④

09 ★★☆

하천모델의 종류 중 DO SAG-Ⅰ, Ⅱ, Ⅲ에 관한 설명으로 틀린 것은?

① 2차원 정상상태 모델이다.
② 점오염원 및 비점오염원이 하천의 용존산소에 미치는 영향을 나타낼 수 있다.
③ Streeter-Phelps 식을 기본으로 한다.
④ 저질의 영향과 광합성 작용에 의한 용존산소반응을 무시한다.

해설

1차원 정상상태 모델이다.

관련이론 | DO SAG-Ⅰ, Ⅱ, Ⅲ 모델
- Streeter-Phelps 식을 기본으로 Ⅰ, Ⅱ, Ⅲ 단계에 걸쳐 개발되었다.
- 하천에는 점오염원에 의한 유기물오염뿐만 아니라 하천생태계의 영향을 미치는 조류의 광합성 및 호흡에 의한 용존산소의 변화량과 하천바닥에 쌓인 침전물에 의한 용존산소 요구량(SOD; Sediment Oxygen Demand), 기타 오염원에 의한 용존산소 요구량 등이 있는데 이를 모두 무시하였다는 것이 한계점이다.
- 1차원 정상상태 모델이다.
- 점오염원 및 비점오염원이 하천의 용존산소에 미치는 영향을 나타낼 수 있다.

정답 ①

10 ★☆☆

혐기성 미생물의 성장을 알아보기 위해 혐기성 배양을 하는 방법으로 분석하고자 할 때 가장 적합한 기술은?

① 평판계수법
② 단백질 농도 측정법
③ 광학밀도 측정법
④ 용존산소 소모율 측정법

해설

단백질 농도 측정법은 혐기성 미생물이 생산하는 단백질의 농도가 미생물의 성장에 비례한다는 점을 이용하여 미생물의 성장을 알아보기 위해 혐기성 배양을 하는 방법이다.

선지분석
① 평판계수법: 세균의 수를 알아내기 위해 고체 배지에 미생물을 배양한 다음 생성되는 집락(콜로니)의 수를 세는 방법이다.
③ 광학밀도 측정법: 용액의 탁도를 측정하여 부유 물질의 농도를 측정하는 방법으로, 입사광(I_o) 대비 투과광(I_t)의 비율에 로그처리를 한 값이다.
④ 용존산소 소모율 측정법: 미생물에 의한 유기물 분해에 따른 산소소모율, 수온과 유기물의 양에 의해 영향을 받는다.

정답 ②

11 ★☆☆

녹조류(Green Algae)에 관한 설명으로 틀린 것은?

① 조류 중 가장 큰 문(Division)이다.
② 저장물질은 라미나린(다당류)이다.
③ 세포벽은 섬유소이다.
④ 클로로필 a, b를 가지고 있다.

해설

녹조류
- 조류 중 가장 큰 문(Division)이다.
- 세포벽이 섬유소이며 클로로필 a, b를 가지고 있다.
- 단세포와 다세포가 있으며 일부는 유영 편모를 갖추고 있어 운동성이 있다.

정답 ②

12 ★☆☆

응집제 투여량이 많으면 많을수록 응집효과가 커지게 되는 Schulze-Hardy Rule의 크기를 옳게 나타낸 것은?

① $Al^{3+} > Ca^{2+} > K^+$
② $K^+ > Ca^{2+} > Al^{3+}$
③ $K^+ > Al^{3+} > Ca^{2+}$
④ $Ca^{2+} > K^+ > Al^{3+}$

해설

이온의 원자가가 클수록 응집효과가 크다.

관련이론 | 응집의 특성

· 응집제를 가해주는 목적은 콜로이드의 반발력을 감소시키고자 함이 며 콜로이드 입자의 제타 전위는 0이고, 이중층이 존재하지 않는 등전점까지 pH를 조정함으로써 감소한다.
· 제타전위는 반대전하의 이온이나 콜로이드를 가해주면 감소한다.
· 반대전하의 2가 이온은 1가 이온보다 적어도 50배, 그리고 3가 이온 은 100배나 더 효과적이다.(Schulze-Hardy Rule → 이온의 원 자가가 클수록 응집효과가 크다.)
· 친수성 콜로이드의 부착수는 고농도인 염류에 의해 감소되어 염석 효과를 일으키며 염석의 효과도는 양이온 보다는 음이온의 성질에 의존한다.

정답 ①

13 ★★★

길이가 500km이고 유속이 1m/sec인 하천에서 상류지점의 BOD_u 농도가 250mg/L이면 이 지점부터 300km 하류지점 의 잔존 BOD 농도(mg/L)는? (단, 탈산소계수는 0.1/day, 수온 20℃, 상용대수 기준, 기타조건은 고려하지 않음)

① 약 51
② 약 82
③ 약 113
④ 약 138

해설

상류에서 하류로 이동하면서 BOD는 감소한다.
BOD 감소량(ΔBOD)$= BOD_u(1-10^{-k_1 t})$
여기서,
$t =$ 상류에서 300km까지 이동하는 시간(day)
$= 300,000m \div 60m/min \div 1,440min/day$
$= 3.472day$
$\therefore \Delta BOD = 250 \times (1-10^{-0.1 \times 3.472})$
$= 137.6mg/L$
300km 지점에서의 BOD
$= BOD_u - \Delta BOD = 250 - 137.6$
$= 112.4mg/L \doteqdot 113mg/L$

정답 ③

14 ★★★

카드뮴이 인체에 미치는 영향으로 가장 거리가 먼 것은?

① 칼슘 대사기능 장해
② Hunter-Russel 장해
③ 골연화증
④ Fanconi씨 증후군

해설

카드뮴은 식품에서 가장 많이 섭취되며 대표적인 질환으로 이타이이 타이병이 있다. 칼슘 대사 기능장애로 칼슘(Ca)의 소실·체내 칼슘 (Ca)의 불균형에 의한 골연화증, 위장장애가 유발되며, 발암작용은 아 직 알려진 바 없다.

관련이론 | Hunter-Russel 장해(Hunter-Russel 증후군)

메틸수은에 의한 특징적 중독 증상이다. 근육에는 이상이 없으나 복잡 한 운동 기능을 수행하지 못하는 운동 실조, 평면 시야가 중심 부분으 로 쏠려서 장애를 일으키는 구심성 시야 협착, 손발의 운동 장애 등의 증상이 나타난다.

정답 ②

15 ★★☆

우리나라의 수자원 특성에 대한 설명으로 잘못된 것은?

① 우리나라의 연간 강수량은 약 1,274mm로서 이는 세계 평균강수량의 1.2배에 이른다.
② 우리나라의 1인당 강수량은 세계평균량의 1/11 정도 이다.
③ 우리나라 수자원의 총 이용률은 9% 이내로 OECD 국 가에 비해 적은 편이다.
④ 수자원 이용현황은 농업용수가 가장 많은 비율을 차지하 고 있고 하천유지용수, 생활용수, 공업용수의 순이다.

해설

담수 중 실제 생활에 바로 이용 가능한 물은 11% 정도이다.

정답 ③

2022년

16 ★☆☆

완충용액에 대한 설명으로 틀린 것은?

① 완충용액의 작용은 화학평형원리로 쉽게 설명된다.
② 완충용액은 한도 내에서 산을 가했을 때 pH에 약간의 변화만 준다.
③ 완충용액은 보통 약산과 그 약산의 짝염기의 염이 함유한 용액이다.
④ 완충용액은 보통 강염기와 그 염기의 강산의 염이 함유된 용액이다.

해설

완충용액
• 약산과 그 약산의 짝염기의 염이 혼합된 용액
• 약염기와 그 약염기의 짝산의 염이 혼합된 용액

정답 ④

17 ★☆☆

간격 0.5cm의 평행평판 사이에 점성계수가 0.04poise인 액체가 가득 차 있다. 한쪽 평판을 고정하고 다른 쪽의 평판을 2m/sec의 속도로 움직이고 있을 때 고정판에 작용하는 전단응력(g/cm²)은?

① 1.61×10^{-2} ② 4.08×10^{-2}
③ 1.61×10^{-5} ④ 4.08×10^{-5}

해설

전단응력$(\tau) = \mu \times \dfrac{dV}{dy}$

$= \dfrac{0.04 \text{dyne} \cdot \text{sec}}{\text{cm}^2} \left| \dfrac{200\text{cm}}{\text{sec}} \right| \dfrac{1}{0.5\text{cm}} \left| \dfrac{1\text{g}}{980\text{dyne}} \right.$

$= 0.0163 = 1.61 \times 10^{-2} \text{g/cm}^2$

• 1g/980dyne
• [poise]=[dyne·sec/cm²]

정답 ①

18 ★★★

수은(Hg) 중독과 관련이 없는 것은?

① 난청, 언어장애, 구심성 시야협착, 정신장애를 일으킨다.
② 이타이이타이병을 유발한다.
③ 유기수은은 무기수은보다 독성이 강하며 신경계통에 장해를 준다.
④ 무기수은은 황화물 침전법, 활성탄 흡착법, 이온교환법 등으로 처리할 수 있다.

해설

카드뮴 중독의 대표적인 질환이 이타이이타이병이다.

정답 ②

19 ★★☆

완전혼합 흐름 상태에 관한 설명 중 옳은 것은?

① 분산이 1일 때 이상적 완전혼합 상태이다.
② 분산수가 0일 때 이상적 완전혼합 상태이다.
③ Morrill 지수의 값이 1에 가까울수록 이상적 완전혼합 상태이다.
④ 지체시간이 이론적 체류시간과 동일할 때 이상적 완전혼합 상태이다.

해설

반응조에 있어서 혼합 정도의 척도는 분산(Variance), 분산수(Dispersion number), Morrill 지수, 지체시간 등으로 나타낼 수 있으며 이를 비교하면 다음 표와 같다.

	PFR	CFSTR(CMFR)
분산	0	1
분산수	0	∞
Morrill 지수	1	클수록
지체시간	이론적 체류시간 동일	0

정답 ①

20 ★★☆

하천수의 분석결과가 다음과 같을 때 총경도(mg/L as CaCO₃)는? (단, 원자량: Ca 40, Mg 24, Na 23, Sr 88)

분석 결과: Na^+(25mg/L), Mg^{2+}(11mg/L)
Ca^{2+}(8mg/L), Sr^{2+}(2mg/L)

① 약 68 　　② 약 78
③ 약 88 　　④ 약 98

해설
경도 유발물질은 Fe^{2+}, Mg^{2+}, Ca^{2+}, Mn^{2+}, Sr^{2+}이다.
$$TH = \sum \left(Mc^{2+} \times \frac{50}{Eq} \right)$$
$$= 8 \times \frac{50}{\frac{40}{2}} + 11 \times \frac{50}{\frac{24}{2}} + 2 \times \frac{50}{\frac{88}{2}} = 68 \text{mg/L as } CaCO_3$$

정답 ①

상하수도계획

21 ★☆☆

하천표류수를 수원으로 할 때 하천기준 수량은?

① 평수량 　　② 갈수량
③ 홍수량 　　④ 최대홍수량

해설
하천표류수를 수원으로 할 때 하천기준 수량은 갈수량이다.

정답 ②

22 ★★☆

펌프의 크기를 나타내는 구경을 산정하는 식은? (단, D=펌프의 구경(mm), Q=펌프의 토출량(m³/min), V=흡입구 또는 토출구의 유속(m/sec))

① $D = 146\sqrt{\frac{Q}{V}}$ 　　② $D = 146\sqrt{\frac{Q}{2V}}$
③ $D = 148\sqrt{\frac{Q}{V}}$ 　　④ $D = 148\sqrt{\frac{Q}{2V}}$

해설
$$D = 146\sqrt{\frac{Q}{V}}$$
- D: 펌프의 흡입구경 [mm]
- Q: 펌프의 토출량 [m³/min]
- V: 흡입구 유속 [m/sec]

정답 ①

23

★☆☆

정수처리시설 중에서 이상적인 침전지에서의 효율을 검증하고자 한다. 실험결과, 입자의 침전속도가 0.15cm/sec이고 유량이 30,000m³/day로 나타났을 때 침전효율(제거율, %)은? (단, 침전지의 유효표면적=100m², 수심=4m, 이상적 흐름상태로 가정)

① 73.2

② 63.2

③ 53.2

④ 43.2

해설

침전 효율 $\eta = \dfrac{V_s}{V_o} = \dfrac{V_s}{\dfrac{Q}{A}}$

· $V_s = 0.15$cm/sec

· $V_o = \dfrac{Q}{A} = \dfrac{30,000\text{m}^3}{\text{day}} \left| \dfrac{1}{100\text{m}^2} \right| \dfrac{100\text{cm}}{1\text{m}} \left| \dfrac{1\text{day}}{86,400\text{sec}} \right.$

   $= 0.347$cm/sec

∴ $\eta = \dfrac{0.15\text{cm/sec}}{0.347\text{cm/sec}} \times 100 = 43.2\%$

정답 ④

24

★★★

상수처리를 위한 정수시설 중 착수정에 관한 내용으로 틀린 것은?

① 수위가 고수위 이상으로 올라가지 않도록 월류관이나 월류위어를 설치한다.

② 착수정의 고수위와 주변벽체의 상단 간에는 60cm 이상의 여유를 두어야 한다.

③ 착수정의 용량은 체류시간을 30분 이상으로 한다.

④ 필요에 따라 분말활성탄을 주입할 수 있는 장치를 설치하는 것이 바람직하다.

해설

착수정의 용량은 체류시간을 1.5분 이상으로 한다.

정답 ③

25

★☆☆

하수처리수 재이용 처리시설에 대한 계획으로 적합하지 않은 것은?

① 처리시설의 위치는 공공하수처리시설 부지내에 설치하는 것을 원칙으로 한다.

② 재이용수 공급관로는 계획시간 최대유량을 기준으로 계획한다.

③ 처리시설에서 발생되는 농축수는 공공하수처리시설로 반류하지 않도록 한다.

④ 재이용수 저장시설 및 펌프장은 일최대공급유량을 기준으로 한다.

해설

처리시설에서 발생되는 농축수(역세척수, R/O농축수 등)는 해당 처리장의 영향을 고려하여 반류하도록 한다.

관련이론 |

하수처리수의 재이용 처리시설 계획 시 고려사항

· 처리시설의 위치는 공공하수처리시설 부지내에 설치하는 것을 원칙으로 한다.

· 처리시설의 규모는 시설설치비, 운영관리비 등의 경제성과 수처리의 효율성, 공급수의 수질변동성 등을 종합적으로 고려하여 합리적으로 정한다.

· 처리시설의 부지면적은 장래요구량이 있을 경우 확장을 고려하여 계획한다.

· 처리시설은 이상 수위에서도 침수되지 않는 지반고에 설치하거나 또는 방호시설을 설치한다.

· 처리시설에서 발생되는 농축수(역세척수, R/O농축수 등)는 해당 처리장의 영향을 고려하여 반류하도록 한다.

· 처리시설은 유지관리가 쉽고 확실하도록 계획하며, 주변의 환경조건에 대하여 충분히 고려 한다.

· 재이용수 저장시설 및 펌프장은 일최대공급유량을 기준으로 공급에 차질이 없도록 계획한다.

· 재이용수 공급관로는 계획시간 최대유량을 기준으로 계획한다.

정답 ③

26 ★★★

계획오수량에 관한 설명으로 틀린 것은?

① 계획시간 최대오수량은 계획1일 최대오수량의 1시간당 수량의 1.3~1.8배를 표준으로 한다.

② 지하수량은 1인1일 최대오수량의 20% 이하로 한다.

③ 합류식에서 우천 시 계획오수량은 원칙적으로 계획1일 최대오수량의 1.5배 이상으로 한다.

④ 계획1일 평균오수량은 계획1일 최대오수량의 70~80%를 표준으로 한다.

해설

합류식에서 우천 시 계획오수량은 원칙적으로 계획시간 최대오수량의 3배 이상으로 한다.

정답 ③

27 ★☆☆

펌프의 수격작용을 방지하기 위한 방법으로 틀린 것은?

① 펌프의 플라이휠을 제거하는 방법

② 토출관쪽에 조압수조를 설치하는 방법

③ 펌프 토출측에 완폐체크밸브를 설치하는 방법

④ 관내 유속을 낮추거나 관로상황을 변경하는 방법

해설

펌프의 수격작용을 방지하기 위해 펌프에 플라이휠을 붙여 펌프의 관성을 증가시킨다.

관련이론

1. 수격작용

관로의 밸브를 급히 제동하거나 펌프의 급제동으로 인하여 순간유속이 제로(0)가 되면서 압력파가 발생하는데 이때 발생한 압력파가 관내를 일정한 전파속도로 왕복하면서 충격을 주게 되는 현상이다. 수격작용은 배관과 펌프의 파손 원인이 된다.

2. 수격작용 방지 방법

- 펌프에 Fly Wheel을 붙여 펌프의 관성을 증가시킨다.
- 펌프 토출구 부근에 공기 탱크를 두거나 부압 발생지점에 흡기밸브를 설치하여 압력강하 시 공기를 넣어준다.
- 관내 유속을 낮추거나 관로상황을 변경한다.
- 토출측 관로에 한방향 조압수조를 설치한다.
- 토출관쪽에 조압수조를 설치한다.

정답 ①

28 ★☆☆

하수도시설인 우수조정지의 여수토구에 관한 설명으로 ( )에 옳은 것은?

> 여수토구는 확률년수 (⊙)년 강우의 최대우수유출량의 (ⓒ)배 이상의 유량을 방류시킬 수 있는 것으로 한다.

① ⊙ 10, ⓒ 1.2

② ⊙ 10, ⓒ 1.44

③ ⊙ 100, ⓒ 1.2

④ ⊙ 100, ⓒ 1.44

해설

환경부 하수도시설기준에 의하면 여수토구는 확률년수 100년 강우의 최대우수유출량의 1.44배 이상의 유량을 방류시킬 수 있는 것으로 한다.

정답 ④

29 ★☆☆

하수도시설의 목적과 가장 거리가 먼 것은?

① 침수방지

② 하수의 버제와 이에 따른 생활환경의 개선

③ 공공수역의 수질보전과 건전한 물순환의 회복

④ 폐수의 적정처리와 이에 따른 산업단지 환경개선

해설

하수도 시설의 목적

- 하수의 배제와 이에 따른 생활환경의 개선
- 침수방지
- 공공수역의 수질보전과 건전한 물순환의 회복
- 지속발전가능한 도시구축에 기여

정답 ④

30 ★★☆

하수처리에 사용되는 생물학적 처리공정 중 부유미생물을 이용한 공정이 아닌 것은?

① 산화구법   ② 접촉산화법

③ 질산화내생탈질법   ④ 막분리활성슬러지법

해설

접촉산화법은 철과 망간의 제거 공정으로 과망간산칼륨의 주입에 의한 산화법, 접촉산화법, 전해법, 이온교환법 중 한 가지에 속하는 공정이다.

정답 ②

31 ★★☆

하천의 제내지나 제외지 혹은 호소 부근에 매설되어 복류수를 취수하기 위하여 사용하는 집수매거에 관한 설명으로 거리가 먼 것은?

① 집수매거의 방향은 통상 복류수의 흐름방향에 직각이 되도록 한다.

② 집수매거의 매설깊이는 5m를 표준으로 한다.

③ 집수매거의 유출단에서 매거내의 평균유속은 1m/sec 이하로 한다.

④ 집수구멍의 직경은 2~8mm로 하며 그 수는 관로 표면적 1m²당 200~300개 정도로 한다.

해설

집수공의 직경은 10~20mm로 1m²당 20~30개 정도로 한다.

관련이론 | 집수매거의 구조

- 집수공의 직경은 10~20mm로 1m²당 20~30개 정도로 하고 집수공이 막히는 것을 방지하기 위하여 집수공의 직경이 외측은 작고 내측은 크게 유지하며 유입속도는 3cm/sec 이하가 좋다.
- 집수매거의 방향은 통상 복류수의 흐름방향에 직각이 되도록 해야 하나 많은 양의 물을 취수할 때에는 본관에 수 개의 지관을 분기하여 사용할 수 있으며 집수매거는 1/500 이하의 완만한 경사로 매설한다. 집수매거 유출단의 평균유속은 1m/sec 이하로 한다.
- 집수매거의 깊이는 직접 표류수의 영향이 없도록 5m를 표준으로 하나, 지질이나 지층의 제한으로부터 부득이한 경우에는 그 이하로 할 수 있다.

정답 ④

32 ★★☆

정수방법인 완속여과방식에 관한 설명으로 틀린 것은?

① 약품처리가 필요 없다.

② 완속여과의 정화는 주로 생물작용에 의한 것이다.

③ 비교적 양호한 원수에 알맞은 방식이다.

④ 소요 부지면적이 작다.

해설

완속여과방식은 유지관리가 간단하고 고도의 기술을 요구하지 않으면서 안정된 양질의 처리수를 얻을 수 있다는 장점이 있으나, 여과속도가 느리기 때문에(=항시 운영을 해야 하기 때문에) 넓은 면적이 필요하고 많은 인력이 필요한 단점이 있다.

정답 ④

33 ★☆☆

펌프의 흡입관 설치요령으로 틀린 것은?

① 흡입관은 펌프 1대당 하나로 한다.

② 흡입관이 길 때에는 중간에 진동방지대를 설치할 수도 있다.

③ 흡입관은 연결부나 기타 부분으로부터 절대로 공기가 흡입하지 않도록 한다.

④ 흡입관과 취수정 바닥까지의 깊이는 흡인관 직경의 1.5배 이상으로 유격을 둔다.

해설

흡입관과 취수정 바닥까지의 깊이는 직경의 0.5배 이상으로 유격을 둔다.

정답 ④

34 ★☆☆

막여과법을 정수처리에 적용하는 주된 선정 이유로 가장 거리가 먼 것은?

① 응집제를 사용하지 않거나 또는 적게 사용한다.
② 막의 특성에 따라 원수 중의 현탁물질, 콜로이드, 세균류, 크립토스포리디움 등 일정한 크기 이상의 불순물을 제거할 수 있다.
③ 부지면적이 종래보다 적을 뿐 아니라 시설의 건설공사 기간도 짧다.
④ 막의 교환이나 세척 없이 반영구적으로 자동운전이 가능하여 유지관리 측면에서 에너지를 절약할 수 있다.

해설
막여과법은 막의 교환이나 약품세척이 필요하다. 자동운전이 가능하여 유지관리 측면에서 에너지 절약이 가능하다.

정답 ④

35 ★★☆

계획우수량의 설계강우 산정 시 측정된 강우자료 분석을 통해 고려해야 하는 지선관로의 최소 설계빈도는?

① 50년   ② 30년
③ 10년   ④ 5년

해설
하수도 시설물별 최소 설계빈도는 지선관로 10년, 간선관로 30년, 빗물펌프장 30년이다.

정답 ③

36 ★★☆

상수처리를 위한 정수시설인 급속여과지에 관한 설명으로 틀린 것은?

① 여과속도는 120∼150m/day를 표준으로 한다.
② 플록의 질이 일정한 것으로 가정하였을 때 여과층의 필요두께는 여재입경에 반비례한다.
③ 여과면적은 계획정수량을 여과속도로 나누어 계산한다.
④ 여과지 1지의 여과면적은 150m² 이하로 한다.

해설
플록의 질을 일정한 것으로 가정하였을 경우에 플록의 여과층 침입깊이, 즉 여과층의 필요두께는 여재입경과 여과속도에 비례한다.

정답 ②

37 ★☆☆

정수시설의 시설능력에 관한 설명으로 (   )에 옳은 것은?

소비자에게 고품질의 수도 서비스를 중단없이 제공하기 위하여 정수시설은 유지보수, 사고대비, 시설 개량 및 확장 등에 대비하여 적절한 예비용량을 갖춤으로서 수도시스템으로의 안정성을 높여야 한다. 이를 위하여 예비용량을 감안한 정수시설의 가동률은 (   ) 내외가 적당하다.

① 70%   ② 75%
③ 80%   ④ 85%

해설
예비용량을 감안한 정수시설의 가동률은 75% 내외가 적당하다.

정답 ②

38 ★★☆

상수도 취수시설 중 취수틀에 관한 설명으로 옳지 않은 것은?

① 구조가 간단하고 시공도 비교적 용이하다.
② 수중에 설치되므로 호소 표면수는 취수할 수 없다.
③ 단기간에 완성하고 안정된 취사가 가능하다.
④ 보통 대형취수에 사용되며 수위변화에 영향이 적다.

해설

취수틀

• 가장 간단한 취수시설로서 중소량 취수에 사용된다.
• 호소·하천 등의 수중에 설치되는 취수설비로서 하상 또는 호상의 변화가 심한 곳은 부적당하다.
• 단기간에 축조할 수 있으며 비교적 안정된 취수를 할 수 있으나 홍수 시 매몰, 유실될 우려가 있다.

정답 ④

39 ★★★

하수관로에서 조도계수 0.014, 동수경사 1/100 이고 관경이 400mm일 때 이 관로의 유량(m³/sec)은? (단, 만관기준, Manning 공식에 의함)

① 약 0.08 ② 약 0.12
③ 약 0.15 ④ 약 0.19

해설

$Q = A$(단면적)$\times V$(유속)을 Manning 공식을 사용하여 정리하면 다음과 같다.

Manning 공식: $V = \dfrac{1}{n} \cdot R^{\frac{2}{3}} \cdot I^{\frac{1}{2}}$

• V: 평균유속[m/sec]
• n: 조도계수
• R: 경심$\left(= \dfrac{A(\text{수류단면적})}{P(\text{윤변})} = \dfrac{D}{4}\right)$[m]
• I: 동수경사

$\therefore Q = A \times \left(\dfrac{1}{n} \cdot R^{\frac{2}{3}} \cdot I^{\frac{1}{2}} \right)$

여기서,

$A = \dfrac{\pi D^2}{4} = \dfrac{\pi \times (0.4\text{m})^2}{4} = 0.1257\text{m}^2$

$R = \dfrac{D}{4} = \dfrac{0.4\text{m}}{4} = 0.1\text{m}$

$I = \dfrac{1}{100}$

$\therefore Q = A \times \left(\dfrac{1}{n} \cdot R^{\frac{2}{3}} \cdot I^{\frac{1}{2}} \right)$

$\quad = 0.1257 \times \dfrac{1}{0.014} \times (0.1)^{\frac{2}{3}} \times \left(\dfrac{1}{100} \right)^{\frac{1}{2}}$

$\quad = 0.1934 \fallingdotseq 0.19\text{m}^3/\text{sec}$

정답 ④

40 ★☆☆

하수도 관로의 접합방법 중 아래 설명에 해당되는 것은?

> 굴착 깊이를 얕게 하므로 공사비용을 줄일 수 있으며, 수위상승을 방지하고 양정고를 줄일 수 있어 펌프로 배수하는 지역에 적합하나 상류부에서는 동수경사선이 관정보다 높이 올라갈 우려가 있음

① 수면접합　　　② 관저접합
③ 동수접합　　　④ 관정접합

선지분석
① 수면접합: 수리학적으로 대개 계획수위를 일치시켜 접합시키는 것으로서 양호한 방법이다.
③ 동수접합: 관로의 접합방법과 관련이 없는 용어이다.
④ 관정접합: 관정(관로의 내면 상부)을 일치시켜 접합하는 방법으로, 유수는 원활한 흐름이 되지만 굴착깊이가 증가됨으로 공사비가 증대되고 펌프로 배수하는 지역에서는 양정이 높게 되는 것이 단점이다.

정답 ②

수질오염방지기술

41 ★★☆

분뇨 소화슬러지 발생량은 1일 분뇨투입량의 10%이다. 발생된 소화슬러지의 탈수 전 함수율이 96%라고 하면 탈수된 소화슬러지의 1일 발생량(m^3)은? (단, 분뇨투입량=360kL/day, 탈수된 소화 슬러지의 함수율=72%, 분뇨 비중=1.0)

① 2.47　　　② 3.78
③ 4.21　　　④ 5.14

해설
· 분뇨 활성슬러지 발생량(SL_1) 산정
$$\frac{360m^3}{day} \times \frac{10}{100} = 36m^3/day$$
· 함수율(X_1, X_2)에 따른 소화슬러지 발생량(SL_2) 산정
$$SL_1(1-X_1) = SL_2(1-X_2)$$
$$36m^3/day(1-0.96) = SL_2(1-0.72)$$
$$\therefore SL_2 = 5.14m^3/day$$

정답 ④

42 ★★☆

표준활성화슬러지법에서 포기조의 MLSS 농도를 3,000mg/L로 유지하기 위해서 슬러지 반송률(%)은? (단, 반송 슬러지의 SS농도=8,000mg/L)

① 40　　　② 50
③ 60　　　④ 70

해설
슬러지 반송률
$$R[\%] = \frac{X}{X_r - X} \times 100 = \frac{3,000}{8,000-3,000} \times 100 = 60\%$$

정답 ③

43 ★★☆

폐수량 1,000m³/day, BOD 300mg/L인 폐수를 완전혼합 활성슬러지공법으로 처리하는데 포기조 MLSS 농도 3,000mg/L, 반송슬러지 농도 8,000mg/L로 유지하고자 한다. 이때 슬러지 반송률은? (단, 폐수 및 방류수 MLSS 농도는 0, 미생물 생장률과 사멸률은 같다.)

① 0.6 　　　　② 0.7

③ 0.8 　　　　④ 0.9

해설

$$R=\frac{Q_r}{Q}≒\frac{X}{X_r-X}$$

- R : 반송률
- Q : 유입유량[m³/day]
- Q_r : 반송슬러지 유량[m³/day]
- X : 조 내의 MLSS 농도[mg/L]
- X_r : 반송슬러지의 MLSS 농도[mg/L]

$$∴ \frac{X}{X_r-X}=\frac{3,000mg/L}{8,000mg/L-3,000mg/L}=0.6$$

정답 ①

44 ★★☆

수은계 폐수 처리방법으로 틀린 것은?

① 수산화물 침전법 　　　② 흡착법

③ 이온교환법 　　　　　　④ 황화물 침전법

해설

무기수은은 황화물 침전법, (활성탄)흡착법, 이온교환법 등으로 처리할 수 있다.

정답 ①

45 ★★☆

생물학적 질소, 인 처리공정인 5단계 Bardenpho 공법에 관한 설명으로 틀린 것은?

① 폐슬러지내의 인의 농도가 높다.

② 1차 무산소조에서는 탈질화 현상으로 질소 제거가 이루어진다.

③ 호기성조에서는 질산화와 인의 방출이 이루어진다.

④ 2차 무산소조에서는 잔류 질산성질소가 제거된다.

해설

호기성조에서는 인의 과잉섭취가 이루어진다. 인의 방출이 이루어지는 조는 혐기성조이다.

정답 ③

46 ★★☆

활성슬러지를 탈수하기 위하여 98%(중량비)의 수분을 함유하는 슬러지에 응집제를 가했더니 [상등액 : 침전 슬러지]의 용적비가 2 : 1이 되었다. 이때 침전 슬러지의 함수율(%)은? (단, 응집제의 양은 매우 적고, 비중=1.0)

① 92 　　　　② 93

③ 94 　　　　④ 95

해설

$$V_1(100-X_1)=V_2(100-X_2)$$

- V : 슬러지(수분포함) 용적 부피
- X : 해당 슬러지의 함수율[%]

$$\frac{V_1}{V_2}=\frac{(100-X_2)}{(100-X_1)}$$

$$\frac{2+1}{1}=\frac{(100-X_2)}{(100-98)}$$

$$X_2=94\%$$

정답 ③

47 ★☆☆

활성슬러지 공법으로 폐수를 처리할 경우 산소요구량 결정에 중요한 인자가 아닌 것은?

① 유입수의 BOD와 처리수의 BOD
② 포기시간과 고형물 체류시간
③ 포기조 내의 MLSS 중 미생물 농도
④ 유입수의 SS와 DO

해설

산소요구량을 결정하기 위해서는 슬러지 생산량이 중요한 인자로 작용한다.

슬러지 생산량($X_r \cdot Q_w$) 산정

$$X_r \cdot Q_w = Y \cdot BOD \cdot Q \cdot \eta - K_d \cdot \forall \cdot X$$

$$\frac{X_r \cdot Q_w}{\forall \cdot X} = \frac{Y \cdot BOD \cdot Q \cdot \eta}{\forall \cdot X} - K_d = \frac{1}{SRT}$$

여기서,

$BOD \cdot \eta = S_i - S$이므로

$$\frac{1}{SRT} = \frac{Y(S_i - S)Q}{\forall X} - K_d$$

· BOD: BOD의 농도[mg/L]
· SRT: 고형물 체류시간[day]
· K_d: 내호흡계수
· Y: 세포생산계수
· X: MLSS의 농도[mg/L]
· S_i: 유입수의 BOD농도[mg/L]
· S: 처리수의 BOD농도[mg/L]

따라서 ①, ②, ③번은 중요한 인자로 작용한다.

정답 ④

48 ★☆☆

질소 제거를 위한 파괴점 염소주입법에 관한 설명과 가장 거리가 먼 것은?

① 적절한 운전으로 모든 암모니아성 질소의 산화가 가능하다.
② 시설비가 낮고 기존 시설에 적용이 용이하다.
③ 수생생물에 독성을 끼치는 잔류염소농도가 높아진다.
④ 독성물질과 온도에 민감하다.

해설

질소 제거를 위한 파괴점 염소 주입법은 pH에 민감하다.

관련이론 | 파괴점 염소주입법

· 염소의 살균능력은 세균의 생존에 중요한 효소의 능력을 파괴시킬 수 있는 염소의 능력에 기인한다.
· 살균율은 잔류염소의 농도와 형태, 물의 pH와 온도, 수중의 불순물 농도, 접촉시간 등에 의하여 영향을 받는다.

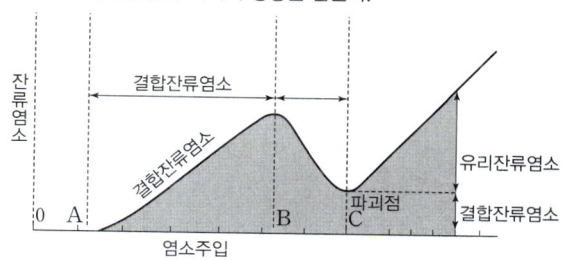

소독을 하는 과정에서 염소를 투여할 때 계속적으로 공급(A－B 구간)을 하여 염소가 염화아민을 일산화질소(NO)나 질소(N_2) 기체 등으로 파괴하는데 소모되므로 잔류염소량이 급격하게 낮아지고(B－C구간) C지점을 지나 계속 염소를 주입하면 더 이상 염소와 결합할 물질이 없으므로 주입된 염소량만큼 잔류 염소량으로 남게 된다. 이 때, C지점을 파괴점이라고 부르고 이 점 이상으로 염소를 주입하는 것을 파괴점 염소주입이라고 한다.

정답 ④

2022년

49 ★★☆

정수장에 적용되는 완속여과의 장점이라 볼 수 없는 것은?

① 여과시스템의 신뢰성이 높고 양질의 음용수를 얻을 수 있다.
② 수량과 탁질의 급격한 부하변동에 대응할 수 있다.
③ 고도의 지식이나 기술을 가진 운전자를 필요로 하지 않고 최소한의 전력만 필요로 한다.
④ 여과지를 간헐적으로 사용하여도 양질의 여과수를 얻을 수 있다.

해설
완속여과는 원수가 비교적 깨끗한 경우에 사용하는 방법으로, 관리가 용이하고 안정된 양질의 처리수를 확보할 수 있지만, 여과속도가 느리기 때문에 넓은 부지가 필요하며, 여과지를 간헐적으로 사용하면 여층 중간이 혐기성 상태로 되고 여과수 수질이 악화된다.

정답 ④

50 ★★★

생물학적 질소, 인제거를 위한 A^2/O 공정 중 호기조의 역할로 옳게 짝지은 것은?

① 질산화, 인 방출　　② 질산화, 인 흡수
③ 탈질화, 인 방출　　④ 탈질화, 인 흡수

해설
A^2/O 공정

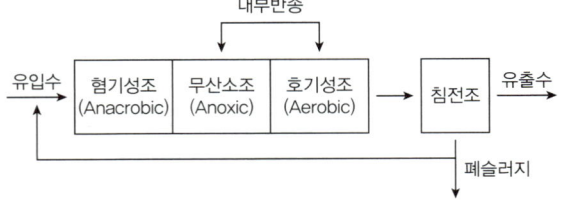

- 혐기성조: 인의 방출, 유기물 제거
- 무산소조: 호기조에서 질산화된 질산염이 질소가스(N_2)로 탈질되어 제거
- 호기성조: 인의 과잉흡수 및 질산화, BOD 잔여량 제거
- 내부반송: 호기성조에서 질산화를 통하여 생성된 질산성 질소를 무산소조로 보내 질소 제거

정답 ②

51 ★☆☆

생물학적 처리 중 호기성 처리법이 아닌 것은?

① 활성슬러지법　　② 혐기성소화법
③ 산화지법　　　　④ 살수여상법

해설
생물막법(생물학적처리법)은 호기성 처리와 혐기성 처리로 구분된다.
- 호기성 처리: 활성슬러지법, 살수여상법, 산화지법, 회전원판법, 호기성소화법
- 혐기성 처리: 혐기성소화법, 부패조, Imhoff 조, 혐기성 산화지법

정답 ②

52 ★☆☆

바 랙(bar rack)의 수두손실은 바모양 및 바사이 흐름의 속도수두의 함수이다. Kirschmer는 손실수두를 $h_L = \beta(w/b)^{4/3} h_v \sin\theta$로 나타내었다. 여기서 바 형상인자($\beta$)에 의해 수두손실이 달라지는데 수두손실이 가장 큰 형상인자(β)는?

① 끝이 예리한 장방형
② 상류면이 반원형인 장방형
③ 원형
④ 상류 및 하류면이 반원형인 장방형

해설
형상인자(β)는 1.67~2.42 범위 안에 있으며, 원형일수록 작아지고 사각형일수록 커진다.

스크린 바(봉)의 형태	형상인자(β)
끝이 예리한 장방형(=직사각형)	2.42
상류 및 하류면이 반원형인 장방형	1.83
원형	1.67

정답 ①

53 ★☆☆

초심층포기법(Deep Shaft Aeration System)에 대한 설명 중 틀린 것은?

① 기포와 미생물이 접촉하는 시간이 표준활성슬러지법 보다 길어서 산소전달 효율이 높다.
② 순환류의 유속이 매우 빠르기 때문에 난류상태가 되어 산소전달율을 증가시킨다.
③ F/M비는 표준활성슬러지공법에 비하여 낮게 운전한다.
④ 표준활성슬러지공법에 비하여 MLSS 농도를 높게 운전한다.

해설

폭기조를 지하에 심어 필요부지를 줄이고 지하로 내려갈수록 압력이 높아지므로 산소전달율이 높아진다. 산소전달율이 높으므로 준활성슬러지공법에 비하여 높은 F/M비(고부하운전)로 운전할 수 있다. 또한 MLSS 농도도 활성슬러지에 비해 높다.

관련이론 | 초심층포기법(＝초심층폭기법) 특징
· 소요 면적이 작다.
· 송풍량이 적고 악취 대책이 쉽다.
· 송풍 동력이 작아 경제적이다.
· 탈기 시설이 필요하다.
· 지질조건에 따라 포기조 깊이 결정에 제약이 있을 수 있다.

정답 ③

54 ★☆☆

자외선 살균효과가 가장 높은 파장의 범위(nm)는?

① 680~710
② 510~530
③ 250~270
④ 180~200

해설

자외선의 살균작용은 200~280nm 범위에서 이루어지며, 그중 살균효과가 가장 큰 파장은 254nm이다. 자외선의 살균작용은 자외선이 세균의 세포막을 투과하여 더 이상 세포증식이 이루어지지 않도록 DNA를 손상시키는 원리이다.

정답 ③

55 ★☆☆

질산염(NO_3^-) 40mg/L가 탈질되어 질소로 환원될 때 필요한 이론적인 메탄올(CH_3OH)의 양(mg/L)은?

① 17.2
② 36.6
③ 58.4
④ 76.2

해설

질산염(NO_3^-)의 몰질량＝62g/mol
메탄올(CH_3OH)의 몰질량＝32g/mol
메탄올을 전자공여체로 한 탈질 반응식
$6NO_3^- + 5CH_3OH \rightarrow 3N_2 + 7H_2O + 5CO_2 + 6OH^-$
$6 \times 62g : 5 \times 32g = 40mg/L : Xmg/L$
∴ X＝17.20mg/L

정답 ①

56 ★☆☆

활성슬러지 변형법 중 폐수를 여러곳으로 유입시켜 Plug-Flow System이지만 F/M비를 포기조 내에서 유지하는 것은?

① 계단식 포기법(Step aeration)
② 점감 포기법(Tapered aeration)
③ 접촉 안정법(Contact stablization)
④ 단기(개량) 포기법(Short or modified aeration)

해설

1. 계단식 포기법(Step aeration)
 · 산소소비량이 균등하며 포기조의 앞쪽이 뒤쪽보다 산소요구량이 크지만 이것은 표준활성슬러지법에 비해서 균등하다.
 · 포기조 용적을 작게 할 수 있다.
 · 폐수를 여러곳으로 유입시키기 때문에 Plug-Flow System이지만 F/M비를 포기조 내에서 유지해야 한다.
2. 점감 포기법(Tapered aeration)
 · 유입부 부근에서의 산소 부족현상을 보완한다.
 · 송풍기의 용량과 운전비용이 낮다.
3. 접촉 안정법(Contact stabilization)
 · 콜로이드 상태로 존재하는 도시하수 처리법이다.
 · 공정의 유연성이 크며, 시설규모는 작다.

정답 ①

57 ★☆☆

흡착장치 중 고정상 흡착장치의 역세척에 관한 설명으로 가장 알맞은 것은?

> (㉠) 동안 먼저 표면세척을 한 다음 (㉡)$m^3/m^2 \cdot hr$ 의 속도로 역세척수를 사용하여 층을 (㉢) 정도 부상시켜 실시한다.

① ㉠ 24시간, ㉡ 14~48, ㉢ 25~30%
② ㉠ 24시간, ㉡ 24~28, ㉢ 10~50%
③ ㉠ 10~15분, ㉡ 14~48, ㉢ 25~30%
④ ㉠ 10~15분, ㉡ 24~28, ㉢ 10~50%

해설
- 고도정수처리 공정에서 활성탄 여과지의 경우 역세척을 통하여 활성탄 흡착탑내 축적된 부유물을 제거할 수 있다.
- 역세척률은 수리적 부하, 하수내 부유물질의 성질과 농도, 탄소입자의 크기, 접촉방법에 따라 달라진다.
- 역세척의 시간은 대략 10~15분 가량이며, 24~28$m^3/m^2 \cdot hr$의 속도로 역세척수를 사용하여 층을 10~50% 정도 부상시킨다.
- 역세척 횟수는 시간간격, 손실수두, 탁도와 같은 운전기준에 따라 결정된다.

정답 ④

58 ★☆☆

침사지의 설치 목적으로 잘못된 것은?

① 펌프나 기계설비의 마모 및 파손방지
② 관의 폐쇄 방지
③ 활성슬러지의 Dead Space 등에 사석이 쌓이는 것을 방지
④ 침전지와 슬러지 소화조 내의 축적

해설
폐수 내의 사석(그릿, Grit)은 자갈, 모래, 기타 뼈나 금속부속품 등의 무거운 입자들로 구성되는데 이들이 쌓이지 않도록 반드시 제거해야 한다. 이들은 폐수처리장의 기계나 펌프를 손상시키고 관을 폐쇄하는 현상을 일으킨다. 따라서 침전지나 혼화지(슬러지 소화조)에 폐수가 흘러들어오기 전에 이들을 제거할 목적으로 침사지를 설치한다. 종류로는 수평류식, 폭기식, 와류식, 수직류식 등이 있다.

정답 ④

59 ★★☆

기계적으로 청소가 되는 바(bar)스크린의 바 두께는 5mm 이고, 바 간의 거리는 20mm이다. 바를 통과하는 유속이 0.9m/sec라고 한다면 스크린을 통과하는 수두손실(m)은? (단, $H = [(V_B^2 - V_A^2)/2g][1/0.7]$)

① 0.0157
② 0.0212
③ 0.0317
④ 0.0438

해설
먼저 스크린 통과 후 유속(V_A)를 구한다.
$$V_B \times A_B = V_A \times A_A$$
$$0.9\text{m/s} \times 20\text{mm} \times D = V_A \times 25\text{mm} \times D$$
$$V_A = 0.72\text{m/s}$$
$$\therefore H = \frac{V_B^2 - V_A^2}{2g} \times \frac{1}{0.7}$$
$$= \frac{(0.9\text{m/s})^2 - (0.72\text{m/s})^2}{2 \times 9.8\text{m/s}^2} \times \frac{1}{0.7}$$
$$= 0.0212\text{m}$$

정답 ②

60 ★☆☆

바닥면적이 1km^2인 호수의 물 깊이는 5m로 측정되었다. 한 달(30일) 사이 호수물의 인 농도가 250μg/L에서 40μg/L로 감소하고 감소한 인은 모두 침강된 것으로 추정될 때 인의 침전율(mg/$m^2 \cdot$day)은? (단, 호수의 유입, 유출은 고려하지 않음)

① 26.6
② 35.0
③ 48.0
④ 52.3

해설
인의 침전율[mg/$m^2 \cdot$day]
$$= \frac{(250-40)\text{mg}}{m^3} \left| \frac{}{30\text{day}} \right| \frac{5\text{m}}{} = 35.0\text{mg/}m^2 \cdot \text{day}$$

정답 ②

수질오염공정시험기준

61 ★☆☆

95.5% H_2SO_4(비중 1.83)을 사용하여 0.5N-H_2SO_4 250mL를 만들려면 95.5% H_2SO_4 몇 mL가 필요한가?

① 17
② 14
③ 8.5
④ 3.5

해설

0.5N H_2SO_4 용액 0.25L에 들어있는 H_2SO_4의 당량수
$=(0.5eq/L)\times0.25L=0.125eq\ H_2SO_4$

- H_2SO_4의 당량수=2eq/mol이므로, 당량수를 몰수로 환산하면
  0.125eq/(2eq/mol)=0.0625mol H_2SO_4
- H_2SO_4의 몰질량=98g/mol이므로, 몰수를 질량으로 환산하면
  0.0625mol×(98g/mol)=6.125g H_2SO_4
- 시약의 순도가 95.5%이므로, $\dfrac{6.125g}{95.5/100}≒6.41g$ 시약

즉, 6.41g 시약 속에 6.125g H_2SO_4가 들어 있다.
질량을 부피로 환산하면,

$\dfrac{6.41g}{}\Big|\dfrac{mL}{1.83g}≒3.5mL$ (∵ 비중 1.83)

정답 ④

62 ★★☆

노말헥산 추출물질의 정도관리로 맞는 것은?

① 정량한계는 0.5mg/L로 설정하였다.
② 상대표준편차가 ±35% 이내이면 만족한다.
③ 정확도가 110%여서 재시험을 수행하였다.
④ 정밀도가 10%여서 재시험을 수행하였다.

해설

노말헥산 추출물질 시험기준은 지표수, 지하수, 폐수 등에 적용할 수 있으며, 정량한계는 0.5mg/L이다.

관련이론 | 노말헥산 추출물질 정도관리의 목표 값

정도관리 항목	정도관리 목표
정량한계	0.5mg/L
정밀도	상대표준편차 ±25% 이내
정확도	75%~125%

정답 ①

63 ★☆☆

투명도 측정게 관한 내용으로 틀린 것은?

① 투명도판(백색원판)의 지름인 30cm이다.
② 투명도판에 뚫린 구멍의 지름은 5cm이다.
③ 투명도판에는 구멍이 8개 뚫려있다.
④ 투명도판의 무게는 약 2kg이다.

해설

투명도 측정

- 지름 30cm의 투명도판(백색원판)을 사용하여 호소나 하천에 보이지 않는 깊이로 넣은 다음 이것을 천천히 끌어 올리면서 보이기 시작한 깊이를 0.1m 단위로 읽어 투명도를 측정하는 방법
- 투명도판: 무게가 약 3kg인 지름 30cm의 백색원판에 지름 5cm의 구멍 8개가 뚫린 것

정답 ④

64 ★★☆

노말헥산 추출물질을 측정할 때 시험과정 중 지시약으로 사용되는 것은?

① 메틸레드
② 메틸오렌지
③ 메틸렌블루
④ 페놀프탈레인

해설

폐수 중의 비교적 휘발되지 않는 탄화수소, 탄화수소유도체, 그리스 유상물질 및 광유류를 함유하고 있는 시료를 pH 4 이하의 산성으로 하여 노말헥산층게 용해되는 물질을 노말헥산으로 추출하여 노말헥산을 증발시킨 잔류쿨의 무게로부터 구하는 방법이다.
시료 적당량(노말헥산 추출물질로서 5mg~200mg 해당량)을 분별깔때기에 넣고 메틸오렌지용액(0.1%) 2~3방울을 넣고 황색이 적색으로 변할 때까지 염산(1+1)을 넣어 시료의 pH를 4 이하로 조절한다.

정답 ②

2022년

65

★☆☆

배출허용기준 적합여부 판정을 위해 자동시료채취기로 시료를 채취하는 방법의 기준은?

① 6시간 이내에 30분 이상 간격으로 2회 이상 채취하고 동일한 양을 혼합하여 단일 시료로 한다.
② 6시간 이내에 1시간 이상 간격으로 2회 이상 채취하여 일정량의 단일 시료로 한다.
③ 8시간 이내에 1시간 이상 간격으로 2회 이상 채취하여 일정량의 단일 시료로 한다.
④ 8시간 이내에 2시간 이상 간격으로 2회 이상 채취하여 일정량의 단일 시료로 한다.

해설
자동시료채취기로 시료를 채취할 경우에는 6시간 이내에 30분 이상 간격으로 2회 이상 채취하고 동일한 양을 혼합하여 단일시료(Composite sample)로 한다.

정답 ①

66

★☆☆

수중 시안을 측정하는 방법으로 가장 거리가 먼 것은?

① 자외선/가시선 분광법
② 이온전극법
③ 이온크로마토그래피법
④ 연속흐름법

해설
수중 시안 측정에 적용 가능한 시험방법으로는 자외선/가시선 분광법, 이온전극법, 연속흐름법이 있다.

정답 ③

67

★★☆

시료의 전처리를 위한 산분해법 중 질산 – 과염소산법에 관한 설명으로 옳지 않은 것은?

① 과염소산을 넣을 경우 질산이 공존하지 않으면 폭발할 위험이 있으므로 반드시 질산을 먼저 넣어 주어야 한다.
② 납을 측정할 경우 과염소산에 따른 납 증기 발생으로 측정치에 손실을 가져온다.
③ 유기물을 다량 함유하고 있으면서 산분해가 어려운 시료들에 적용한다.
④ 유기물을 함유한 뜨거운 용액에 과염소산을 넣어서는 안 된다.

해설
납을 측정하는 경우 시료 중에 황산이온(SO_4^{2-})이 다량 존재하면 불용성의 황산납이 생성되어 측정값에 손실을 가져온다.

관련이론 | 질산 – 과염소산 분해법
유기물을 다량 함유하고 있으면서 산분해가 어려운 시료에 적용된다.
가) 시료 적당량 (100mL~500mL)을 취하여 비커 또는 킬달플라스크에 넣고 여기에 질산 5mL와 끓임쪽 4개~5개를 넣은 다음 서서히 가열하여 액량이 15mL~20mL가 될 때까지 증발농축하고 냉각한다.
나) 질산 5mL를 넣고 가열 후 냉각한다.
다) 다시 과염소산 10mL를 넣고 가열을 계속하여 과염소산이 분해되어 백연이 발생하기 시작하면 가열을 중지한다.
 • 과염소산을 넣을 경우 질산이 공존하지 않으면 폭발할 위험이 있으므로 반드시 질산을 먼저 넣어주어야 하며, 어떠한 경우에도 유기물을 함유한 뜨거운 용액에 과염소산을 넣어서는 안 된다.

정답 ②

68

★★☆

물 1L에 NaOH 0.8g이 용해되었을 때의 농도(몰)는?

① 0.1
② 0.2
③ 0.01
④ 0.02

해설
수산화나트륨(NaOH)의 몰질량＝40g/mol
몰농도: NaOH 0.8g÷40g/mol÷1L＝0.02mol/L(M)

정답 ④

69 ★☆☆

이온전극법에 대한 설명으로 틀린 것은?

① 시료용액의 교반은 이온전극의 응답속도 이외의 전극
  범위, 정량한계값에는 영향을 미치지 않는다.
② 전극과 비교전극을 사용하여 전위를 측정하고 그 전위
  차로부터 정량하는 방법이다.
③ 이온전극법에 사용하는 장치의 기본구성은 비교전극,
  이온전극, 자석교반기, 저항 전위계, 이온측정기 등으
  로 되어 있다.
④ 이온전극의 종류에는 유리막 전극, 고체막 전극, 격막
  형 전극이 있다.

해설

시료용액의 교반은 이온전극의 전극범위, 응답속도, 정량한계값에 영
향을 미친다.

정답 ①

70 ★★☆

분원성 대장균군(시험관법)측정에 관한 내용으로 틀린 것은?

① 분원성 대장균군 시험은 추정시험과 확정시험으로 한다.
② 최적확수시험 결과는 분원성 대장균군수는 /1,000mL
  로 표시한다.
③ 확정시험에서 가스가 발생한 시료는 분원성 대장균군
  양성으로 판정한다.
④ 분원성 대장균군은 온혈동물의 배설물에서 발견된 그
  람음성·무아포성의 간균으로서 44.5℃에서 락토오스
  를 분해하여 가스 또는 산을 생성하는 모든 호기성 또
  는 통성 혐기성균을 말한다.

해설

분원성 대장군군 시험관법 시험결과는 확률적인 수치인 최적확수로
나타나지만, 결과는 '분원성 대장균군수/100mL'로 표기한다.

선지분석

① 분원성 대장균군 시험은 추정시험과 확정시험으로 하며, 추정시험
  양성 시험단은 확정시험을 수행한다.
③ 확정시험에서 가스가 발생한 시료는 분원성 대장균군 양성으로 판
  정하고, 가스가 발생하지 않는 시료는 분원성 대장균군 음성으로
  판정한다.
④ 온혈동물의 배설물에서 발견되는 그람음성·무아포성의 간균으로
  서 44.5℃에서 락토오스를 분해하여 가스 또는 산을 생성하는 모든
  호기성 또는 통성 혐기성균을 말한다.

정답 ②

71

★★☆

용존산소의 정량에 관한 설명으로 틀린 것은?

① 전극법은 산화성 물질이 함유된 시료나 착색된 시료에 적합하다.
② 일반적으로 온도가 일정할 때 용존산소 포화량은 수중의 염소이온량이 클수록 크다.
③ 시료가 착색, 현탁된 경우는 시료에 칼륨명반용액과 암모니아수를 주입한다.
④ Fe(Ⅲ) 100~200mg/L가 함유되어 있는 시료의 경우 황산을 첨가하기 전에 플루오린화칼륨용액 1mL을 가한다.

해설
일반적으로 온도가 일정할 때, 용존산소 포화량은 수중의 염소이온량이 적을수록 크다.

정답 ②

72

★☆☆

공장폐수 및 하수유량 – 관(pipe)내의 유량측정 장치인 벤튜리미터의 범위(최대유량 : 최소유량)로 옳은 것은?

① 2 : 1
② 3 : 1
③ 4 : 1
④ 5 : 1

해설
유량계에 따른 정밀/정확도 및 최대유량과 최소유량의 비율

유량계	범위 (최대유량: 최소유량)	정확도 (실제유량에 대한 %)	정밀도 (최대유량에 대한 %)
벤튜리미터 (Venturi Meter)	4 : 1	±1	±0.5
유량측정용 노즐 (Nozzle)	4 : 1	±0.3	±0.5
오리피스(Orifice)	4 : 1	±1	±1
피토우 (Pitot)관	3 : 1	±3	±1
자기식 유량측정기 (Magnetic Flow Meter)	10 : 1	±1~2	±0.5

정답 ③

73

★★☆

기체크로마토그래피를 적용한 알킬수은 정량에 관한 내용으로 틀린 것은?

① 검출기는 전자포획형 검출기를 사용하고 검출기의 온도는 140~200℃로 한다.
② 정량한계는 0.0005mg/L이다.
③ 알킬수은화합물을 사염화탄소로 추출한다.
④ 정밀도(% RSD)는 ±25%이다.

해설
알킬수은화합물을 벤젠으로 추출하여 L – 시스테인용액에 선택적으로 역추출하고 다시 벤젠으로 추출하여 기체크로마토그래피로 측정하는 방법이다.

정답 ③

74

★★☆

자외선/가시선을 이용한 음이온 계면활성제 측정에 관한 내용으로 ( )에 옳은 내용은?

물속에 존재하는 음이온 계면활성제를 측정하기 위해 (㉠)와 반응시켜 생성된 (㉡)의 착화합물을 클로로폼으로 추출하여 흡광도를 측정하는 방법이다.

① ㉠ 메틸레드, ㉡ 적색
② ㉠ 메틸렌레드, ㉡ 적자색
③ ㉠ 메틸오렌지, ㉡ 황색
④ ㉠ 메틸렌블루, ㉡ 청색

해설
물속에 존재하는 음이온 계면활성제가 메틸렌블루와 반응하여 생성된 청색의 착화합물을 클로로폼 등으로 추출하여 650nm 또는 기기의 정해진 흡수파장에서 흡광도를 측정하는 방법이다.

정답 ④

75 ★★☆

식물성 플랑크톤(조류) 분석 시 즉시 시험하기 어려울 경우 시료보존을 위해 사용되는 것은? (단, 침강성이 좋지 않은 남조류나 파괴되기 쉬운 와편모 조류인 경우)

① 사염화탄소용액　　　② 에틸알콜용액
③ 메틸알콜용액　　　　④ 루골용액

해설

환경부 수질오염공정시험기준

항목	식물성 플랑크톤
시료용기	polyethylene, glass
보존방법	즉시 분석 또는 포르말린용액을 시료의 3~5% 가하거나 글루타르알데하이드 또는 루골용액을 시료의 1~2% 가하여 냉암소보관
최대보존기간 (권장보존기간)	6개월

정답 ④

76 ★☆☆

염소이온 측정방법 중 질산은 적정법의 정량한계(mg/L)는?

① 0.1　　　　　　　　② 0.3
③ 0.5　　　　　　　　④ 0.7

해설

정량 범위는 질산은 적정법의 경우 0.7mg/L, 이온크로마토그래피법의 경우 0.1mg/L이다.

정답 ④

77 ★★★

수질분석을 위한 시료 채취 시 유의사항으로 옳지 않은 것은?

① 채취용기는 시료를 채우기 전에 맑은 물로 3회 이상 씻은 다음 사용한다.
② 용존가스, 환원성 물질, 휘발성 유기물질 등의 측정을 위한 시료는 운반중 공기와의 접촉이 없도록 가득 채워야 한다.
③ 지하수 시료는 취수정 내에 고여 있는 물을 충분히 퍼낸(고여 있는 물의 4~5배 정도이나 pH 및 전기전도도를 연속적으로 측정하여 이 값이 평형을 이룰 때까지로 한다.) 다음 새로 나온 물을 채취한다.
④ 시료채취량은 시험항목 및 시험횟수에 따라 차이가 있으나 보통 3~5L 정도이어야 한다.

해설

시료 채취용기는 시료를 채우기 전에 시료로 3회 이상 씻은 다음 사용한다.

정답 ①

78 ★☆☆

기체크로마트그래피법의 전자포획검출기에 관한 설명으로 (　　) 에 알맞은 것은?

> 방사선 동위원소로부터 방출되는 (　　)이 운반기체를 전리하여 미소전류를 흘려보낼 때 시료 중의 할로겐이나 산소와 같이 전자포획력이 강한 화합물에 의하여 전자가 포획되어 전류가 감소하는 것을 이용하는 방법이다.

① α(알파)선　　　　　② β(베타)선
③ γ(감마)선　　　　　④ 중성자선

해설

전자포획검출기(ECD, Electron Capture Detector)는 방사선 동위원소로부터 방출되는 β선이 운반기체를 전리하여 미소전류를 흘려보낼 때 시료 중의 할로겐이나 산소와 같이 전자포획력이 강한 화합물에 의하여 전자가 포착되어 전류가 감소하는 것을 이용하며 유기할로겐화합물, 니트로화합물 및 유기 금속화합물을 선택적으로 검출할 수 있다.

정답 ②

2022년

79 ★☆☆

현재 널리 사용되고 있는 유도결합 플라스마의 고주파 전원으로 알맞은 것은?

① 라디오고주파 발생기의 27.12MHz로 1kW 출력
② 라디오고주파 발생기의 40.68MHz로 5kW 출력
③ 라디오고주파 발생기의 27.12MHz로 100kW 출력
④ 라디오고주파 발생기의 40.68MHz로 1,000kW 출력

해설
라디오고주파 발생기는 출력범위 750~1,200W 이상의 것을 사용하며, 이때 사용하는 주파수는 27.12MHz 또는 40.68MHz를 사용한다.

정답 ①

80 ★☆☆

중금속 측정을 위한 시료 전처리 방법 중 용매추출법인 피로리딘다이티오카르바민산 암모늄 추출법에 대한 설명으로 옳지 않은 것은?

① 시료 중의 구리, 아연, 납, 카드뮴, 니켈, 코발트 및 은 등의 측정에 이용되는 방법이다.
② 철의 농도가 높을 때는 다른 금속 추출에 방해를 줄 수 있다.
③ 망간은 착화합물 상태에서 매우 안정적이기 때문에 추출되기 어렵다.
④ 크롬은 6가 크롬 상태로 존재할 경우에만 추출된다.

해설
피로리딘다이티오카르바민산 암모늄 추출법은 구리, 아연, 납, 카드뮴, 니켈, 철, 망간, 6가 크롬, 코발트 및 은 등의 측정에 적용된다. 다만 망간은 착화합물 상태에서 매우 불안정하므로 추출 즉시 측정하여야 하며, 크롬은 6가 크롬 상태로 존재할 경우에만 추출된다.
또한 철의 농도가 높을 경우에는 다른 금속의 추출에 방해를 줄 수 있으므로 주의해야 한다.

정답 ③

수질환경관계법규

81 ★★☆

III지역에 있는 공공폐수처리시설의 방류수 수질기준으로 알맞은 것은? (단, 단위: mg/L)

① SS: 10 이하, 총질소: 20 이하, 총인: 0.5 이하
② SS: 10 이하, 총질소: 30 이하, 총인: 1 이하
③ SS: 30 이하, 총질소: 30 이하, 총인: 2 이하
④ SS: 30 이하, 총질소: 60 이하, 총인: 4 이하

해설
「시행규칙 별표 10」

구분	수질기준			
	I 지역	II지역	III지역	IV지역
부유물질(SS) (mg/L)	10 이하	10 이하	10 이하	10 이하
총질소(T-N) (mg/L)	20 이하	20 이하	20 이하	20 이하
총인(T-P) (mg/L)	0.2 이하	0.3 이하	0.5 이하	2 이하

정답 ①

82 ★☆☆

환경부장관은 물환경보전법의 목적을 달성하기 위하여 필요하다고 인정하는 때에는 관계기관의 협조를 요청할 수 있다. 이 각 호에 해당하는 항 중에서 대통령령이 정하는 사항에 해당되지 않는 것은?

① 도시개발제한구역의 지정
② 녹지지역 및 경관지구의 지정
③ 관광시설이나 산업시설 등의 설치로 훼손된 토지의 원상복구
④ 수질이 악화되어 수도용수의 취수가 불가능하여 댐저류수의 방류가 필요한 경우의 방류량 조절

해설
「시행령 제80조」
②는 대통령령으로 정하는 사항이 아니다.

정답 ②

83 ★★☆

제1종 사업장으로서 배출허용기준을 처음 위반한 경우 배출부과금 산정 시 부과되는 계수는? (단, 사업장 규모: 10,000m³/day 이상인 경우)

① 2.0
② 1.8
③ 1.6
④ 1.4

해설

「시행령 별표 16」

제1종 사업장이며, 사업장 규모가 10,000m³/일 이상일 때, 처음 위반한 경우 1.8로 하고, 다음 위반부터는 그 위반 직전의 부과계수에 1.5를 곱한 것으로 한다.

정답 ②

84 ★★☆

낚시제한구역에서의 낚시방법 제한사항에 관한 기준으로 아닌 것은?

① 1명당 4대 이상의 낚싯대를 사용하는 행위
② 낚싯바늘에 끼워서 사용하지 아니하고 떡밥 등을 던지는 행위
③ 1개의 낚싯대에 3개의 낚싯바늘을 떡밥과 뭉쳐서 미끼로 던지는 행위
④ 어선을 이용한 낚시행위 등 [낚시 관리 및 육성법]에 따른 낚시어선업을 영위하는 사업

해설

「시행규칙 제30조」

낚시제한구역에서의 제한사항

• 낚싯바늘에 끼워서 사용하지 아니하고 물고기를 유인하기 위하여 떡밥 · 어분 등을 던지는 행위
• 어선을 이용한 낚시행위 등 「낚시 관리 및 육성법」에 따른 낚시어선업을 영위하는 행위
• 1명당 4대 이상의 낚싯대를 사용하는 행위
• 1개의 낚싯대에 5개 이상의 낚싯바늘을 떡밥과 뭉쳐서 미끼로 던지는 행위
• 쓰레기를 버리거나 취사행위를 하거나 화장실이 아닌 곳에서 대 · 소변을 보는 등 수질오염을 일으킬 우려가 있는 행위
• 고기를 잡기 위하여 폭발물 · 배터리 · 어망 등을 이용하는 행위(「내수면어업법」에 따라 면허 또는 허가를 받거나 신고를 하고 어망을 사용하는 경우 제외)

정답 ③

85 ★★☆

공공폐수처리시설의 유지 · 관리기준에 관한 내용으로 (   )에 맞는 것은?

> 처리시설은 가동시간, 폐수방류량, 약품 투입량, 관리 · 운영자, 그 밖에 처리시설의 운영에 관한 주요사항을 사실대로 매일 기록하고 이를 최종기록한 날부터 (   ) 보존하여야 한다.

① 1년간
② 2년간
③ 3년간
④ 5년간

해설

「시행규칙 별도 15」

처리시설의 가동시간, 폐수방류량, 약품투입량, 관리 · 운영자, 그 밖에 처리시설의 운영에 관한 주요사항을 사실대로 매일 기록하고 이를 최종기록한 날부터 1년간 보존하여야 한다.

정답 ①

86 ★★☆

수질 및 수생태계 환경기준 중 하천의 "사람의 건강보호 기준"으로 옳은 것은? (단, 단위는 mg/L)

① 벤젠: 0.03 이하
② 클로로포름: 0.08 이하
③ 비소: 검출되어서는 안 됨(검출한계 0.01)
④ 음이온계면활성제: 0.1 이하

해설

「환경정책기본법 시행령 별표 1」

• 벤젠: 0.01 이하
• 클로로포름: 0.08 이하
• 비소: 0.05 이하
• 음이온계면활성제: 0.5 이하

정답 ②

87 ★★★

사업장별 환경기술인의 자격기준에 관한 내용으로 틀린 것은?

① 대기환경기술인으로 임명된 자가 수질환경기술인의 자격을 함께 갖춘 경우에는 수질환경기술인을 겸임할 수 있다.

② 공동방지시설에 있어서 폐수배출량이 1, 2종사업장 규모인 경우에는 3종사업장에 해당하는 환경기술인을 선임할 수 있다.

③ 연간 90일 미만 조업하는 1, 2, 3종사업장은 4, 5종사업장에 해당하는 환경기술인을 선임할 수 있다.

④ 특정수질유해물질이 포함된 수질오염물질을 배출하는 4, 5종사업장은 3종사업장에 해당하는 환경기술인을 두어야 한다. 다만, 특정 수질유해물질이 포함된 1일 $10m^3$ 이하의 폐수를 배출하는 사업장의 경우에는 그러하지 아니하다.

해설

「시행령 별표 17」
공동방지시설의 경우에 폐수배출량이 제4종 또는 제5종사업장의 규모에 해당하면 제3종사업장에 해당하는 환경기술인을 두어야 한다.

정답 ②

88 ★★☆

특별자치도지사·시장·군수·구청장은 공공수역의 물환경보전을 위하여 환경부령이 정하는 해발고도 이상에 위치한 농경지 중 환경부령이 정하는 경사도 이상의 농경지를 경작하는 자에 대하여 경작방식의 변경, 농약·비료의 사용량 저감, 휴경 등을 권고할 수 있다. 위에서 언급한 환경부령이 정하는 해발고도와 경사도 기준은?

① 400미터, 15퍼센트   ② 400미터, 25퍼센트
③ 600미터, 15퍼센트   ④ 600미터, 25퍼센트

해설

「시행규칙 제85조」
"환경부령이 정하는 해발고도"라 함은 해발 400미터를, "환경부령이 정하는 경사도"라 함은 경사도 15퍼센트를 말한다.

정답 ①

89 ★★☆

국립환경과학원장, 유역환경청장, 지방환경청장이 설치할 수 있는 측정망과 가장 거리가 먼 것은?

① 생물 측정망
② 공공수역 유해물질 측정망
③ 도심하천 측정망
④ 퇴적물 측정망

해설

「시행규칙 제22조」
국립환경과학원장, 유역환경청장, 지방환경청장이 설치할 수 있는 측정망의 종류
• 비점오염원에서 배출되는 비점오염물질 측정망
• 수질오염물질의 총량관리를 위한 측정망
• 대규모 오염원의 하류지점 측정망
• 수질오염경보를 위한 측정망
• 대권역·중권역을 관리하기 위한 측정망
• 공공수역 유해물질 측정망
• 퇴적물 측정망
• 생물 측정망
• 그 밖에 국립환경과학원장, 유역환경청장 또는 지방환경청장이 필요하다고 인정하여 설치·운영하는 측정망

정답 ③

90 ★★☆

기본배출부과금에 관한 설명으로 (   )에 알맞은 것은?

> 공공폐수처리시설 또는 공공하수처리시설에서 배출되는 폐수 중 수질오염물질이 (   )하는 경우

① 배출허용기준을 초과   ② 배출허용기준을 미달
③ 방류수 수질기준을 초과   ④ 방류수 수질기준을 미달

해설

「법 제41조」
기본배출부과금
• 배출시설에서 배출되는 폐수 중 수질오염물질이 배출허용기준 이하로 배출되나 방류수 수질기준을 초과하는 경우
• 공공폐수처리시설 또는 공공하수처리시설에서 배출되는 폐수 중 수질오염물질이 방류수 수질기준을 초과하는 경우

정답 ③

91 ★★☆

환경부장관 또는 시·도지사는 수질오염피해가 우려되는 하천·호소를 선정하여 수질오염 경보를 단계별로 발령할 수 있다. 수질오염경보의 경보단계별 발령 및 해제기준이 바르지 않은 것은?

① 관심: 2회 연속 채취 시 남조류 세포수 1,000 세포/mL 이상 10,000 세포/mL 미만인 경우
② 경계: 2회 연속 채취 시 남조류 세포수 10,000 세포/mL 이상 1,000,000 세포/mL 미만인 경우
③ 조류 대발생: 2회 연속 채취 시 남조류 세포수 1,000,000 세포/mL 이상인 경우
④ 해제: 2회 연속 채취 시 남조류 세포수 500 세포/mL 미만인 경우

> **해설**
> 「시행령 별표 3」
> 수질오염경보의 종류별 경보단계 및 그 단계별 발령·해제기준
> 조류경보(상수원 구간)

경보단계	발령·해제 기준
관심	2회 연속 채취 시 남조류 세포수가 1,000세포/mL 이상 10,000세포/mL 미만인 경우
경계	2회 연속 채취 시 남조류 세포수가 10,000세포/mL 이상 1,000,000세포/mL 미만인 경우
조류 대발생	2회 연속 채취 시 남조류 세포수가 1,000,000세포/mL 이상인 경우
해제	2회 연속 채취 시 남조류 세포수가 1,000세포/mL 미만인 경우

> **정답** ④

92 ★☆☆

상수원을 오염시킬 우려가 있는 물질을 수송하는 자동차의 통행을 제한하고자 한다. 표지판을 설치해야 하는 자는?

① 경찰청장
② 환경부장관
③ 대통령
④ 지자체장

> **해설**
> 「법 제17조」
> 경찰청장은 자동차의 통행제한을 위하여 필요하다고 인정하는 때에는 다음 조치를 하여야 한다.
> • 자동차 통행제한 표지판의 설치
> • 통행제한 위반 자동차의 단속

> **정답** ①

93 ★☆☆

공공폐수처리시설의 배수설비 설치방법 및 구조기준으로 옳지 않은 것은?

① 배수관의 관경은 100mm 이상으로 하여야 한다.
② 배수관은 우수관과 분리하여 빗물이 혼합되지 않도록 설치하여야 한다.
③ 배수관이 직선인 부분에는 안지름의 120배 이하의 간격으로 맨홀을 설치하여야 한다.
④ 배수관 입구에는 유효간격 10mm 이하의 스크린을 설치하여야 한다.

> **해설**
> 「시행규칙 별표 16」
> 배수관은 폐수관로와 연결되어야 하며, 관경(관지름)은 안지름 150mm 이상으로 하여야 한다.

> **선지분석**
> ② 배수관은 우수관과 분리하여 빗물이 혼합되지 아니하도록 설치하여야 한다.
> ③ 배수관의 기점·종점·합류점·굴곡점과 관경·관 종류가 달라지는 지점에는 맨홀을 설치하여야 하며, 직선인 부분에는 안지름의 120배 이하의 간격으로 맨홀을 설치하여야 한다.
> ④ 배수관 입구에는 유효간격 10mm 이하의 스크린을 설치하여야 하고, 다량의 토사를 배출하는 유출구에는 적당한 크기의 모래받이를 각각 설치하여야 하며, 배수관·맨홀 등 악취가 발생할 우려가 있는 시설에는 방취장치를 설치하여야 한다.

> **정답** ①

94 ★★☆

특정수질유해물질에 해당되지 않는 것은?

① 트리클로로메탄
② 1, 1 - 디클로로에틸렌
③ 디클로로메탄
④ 펜타클로로페놀

해설

「시행규칙 별표 3」
① 구리와 그 화합물
② 납과 그 화합물
③ 비소와 그 화합물
④ 수은과 그 화합물
⑤ 시안화합물
⑥ 유기인 화합물
⑦ 6가크롬 화합물
⑧ 카드뮴과 그 화합물
⑨ 테트라클로로에틸렌
⑩ 트리클로로에틸렌
⑪ 폴리클로리네이티드바이페닐
⑫ 셀레늄과 그 화합물
⑬ 벤젠
⑭ 사염화탄소
⑮ 디클로로메탄
⑯ 1, 1 - 디클로로에틸렌
⑰ 1, 2 - 디클로로에탄
⑱ 클로로포름
⑲ 1, 4 - 다이옥산
⑳ 디에틸헥실프탈레이트(DEHP)
㉑ 염화비닐
㉒ 아크릴로니트릴
㉓ 브로모포름
㉔ 아크릴아미드
㉕ 나프탈렌
㉖ 폼알데하이드
㉗ 에피클로로하이드린
㉘ 페놀
㉙ 펜타클로로페놀
㉚ 스티렌
㉛ 비스 (2 - 에틸헥실)아디페이트
㉜ 안티몬

정답 ①

95 ★★☆

수질(하천)의 생활환경기준 항목이 아닌 것은?

① 수소이온농도
② 부유물질량
③ 용매 추출유분
④ 총대장균군

해설

「환경정책기본법 시행령 별표 1」
환경기준에서 하천의 생활환경기준에 포함되는 검사항목
· BOD(생물화학적산소요구량)
· pH(수소이온농도)
· TOC(총유기탄소량)   · SS(부유물질량)
· DO(용존산소량)   · TP(총인)
· 총대장균군   · 분원성대장균군

정답 ③

96 ★★☆

오염총량관리기본계획 수립 시 포함되지 않는 내용은?

① 해당 지역 개발계획의 내용
② 지방자치단체별 · 수계구간별 오염부하량의 할당
③ 관할 지역에서 배출되는 오염부하량의 총량 및 저감계획
④ 오염총량 초과부과금의 산정방법과 산정기준

해설

「법 4조의3」
오염총량관리기본계획의 수립 시 포함되어야 하는 사항
· 해당 지역 개발계획의 내용
· 지방자치단체별 · 수계구간별 오염부하량의 할당
· 관할 지역에서 배출되는 오염부하량의 총량 및 저감계획
· 해당 지역 개발계획으로 인하여 추가로 배출되는 오염부하량 및 그 저감계획

정답 ④

97 ★★☆

폐수처리업자의 준수사항 내용으로 (   )에 알맞은 것은?

수탁한 폐수는 정당한 사유 없이 (   ) 이상 보관할 수
없다.

① 10일　　　　　　② 15일
③ 30일　　　　　　④ 45일

해설

「시행규칙 별표 21」
수탁한 폐수는 정당한 사유 없이 10일 이상 보관할 수 없으며, 보관폐
수의 전체량이 저장시설 저장능력의 90% 이상 되게 보관하여서는 아
니 된다.

정답 ①

98 ★★☆

배출시설에 대한 일일기준 초과배출량 산정에 적용되는 일
일유량은 (측정유량×일일조업시간)이다. 일일유량을 구하기
위한 일일조업시간에 대한 설명으로 (   )에 알맞은 것은?

측정하기 전 최근 조업한 30일간의 배출시설 조업시간의
(㉠)로서 (㉡)으로 표시한다.

① ㉠ 평균치, ㉡ 분(min)　　② ㉠ 평균치, ㉡ 시간(hr)
③ ㉠ 최대치, ㉡ 분(min)　　④ ㉠ 최대치, ㉡ 시간(hr)

해설

「시행령 별표 15」
일일조업시간은 측정하기 전 최근 조업한 30일간의 배출시설 조업시
간의 평균치로서 분(min)으로 표시한다.

정답 ①

99 ★☆☆

하수도법에서 사용하는 용어에 대한 정의가 틀린 것은?

① 분뇨는 수거식 화장실에서 수거되는 액체성 또는 고체
성의 오염물질이다.
② 합류식하수관로는 오수와 하수도로 유입되는 빗물·지
하수가 함께 흐르도록 하기 위한 하수관로이다.
③ 분뇨처리시설은 분뇨를 침전·분해 등의 방법으로 처리
하는 시설이다.
④ 배수구역은 하수를 공공하수처리시설에 유입하여 처리
할 수 있는 지역이다.

해설

「하수도법 제2조」
"배수구역"이라 함은 공공하수도에 의하여 하수를 유출시킬 수 있는
지역을 말한다

정답 ④

100 ★☆☆

오염총량관리시행계획에 포함되지 않는 것은?

① 대상 유역의 현황
② 연차별 오염부하량 삭감 목표 및 구체적 삭감 방안
③ 수질과 오염원과의 관계
④ 수질예측 산정자료 및 이행 모니터링 계획

해설

「시행령 제6조」
오염총량관리시행계획을 수립할 때 포함하여야 하는 사항
• 오염총량관리시행계획 대상 유역의 현황
• 오염원 현황 및 예측
• 연차별 지역 개발계획으로 인하여 추가로 배출되는 오염부하량 및
　해당 개발계획의 세부 내용
• 연차별 오염부하량 삭감 목표 및 구체적 삭감 방안
• 오염부하량 할당 시설별 삭감량 및 그 이행 시기
• 수질예측 산정자료 및 이행 모니터링 계획

정답 ③

수질오염개론

01 ★★☆

미생물 영양원 중 유황(Sulfur)에 관한 설명으로 틀린 것은?

① 황환원세균은 편성 혐기성 세균이다.
② 유황을 함유한 아미노산은 세포 단백질의 필수 구성원이다.
③ 미생물세포에서 탄소 대 유황의 비는 100 : 1 정도이다.
④ 유황고정, 유황화합물 환원, 산화 순으로 변환된다.

해설

미생물의 대표적인 영양원에는 질소, 인, 황 등이 있으며, 황의 경우는 환원 → 산화 → 유황고정의 순으로 변환과정을 거친다.

정답 ④

02 ★★☆

최종 BOD가 20mg/L, DO가 5mg/L인 하천의 상류지점으로부터 3일 유하 거리의 하류지점에서의 DO 농도(mg/L)는? (단, 온도 변화는 없으며 DO 포화농도는 9mg/L이고, 탈산소계수는 0.1/day, 재폭기계수는 0.2/day, 상용대수 기준임)

① 약 4.0
② 약 4.5
③ 약 3.0
④ 약 2.5

해설

$$D_t = \frac{L_0 \cdot K_1}{K_2 - K_1}(10^{-K_1 t} - 10^{-K_2 t}) + D_o \times 10^{-K_2 t}$$

$$= \frac{20 \times 0.1}{0.2 - 0.1}(10^{-0.1 \times 3} - 10^{-0.2 \times 3}) + (9 - 5) \times 10^{-0.2 \times 3}$$

$$= 6.005 mg/L$$

∴ 하류 지점에서의 DO 농도
$$DO = 9 - 6.005 = 2.995 ≒ 3.0 mg/L$$

정답 ③

03 ★★☆

공장폐수의 시료 분석결과가 다음과 같을 때 NBDICOD (Non-biodegradable insoluble COD) 농도(mg/L)는? (단, k는 1.72를 적용할 것)

• COD=857mg/L	• SCOD=380mg/L
• BOD$_5$=468mg/L	• SBOD$_5$=214mg/L
• TSS=384mg/L	• VSS=318mg/L

① 24.68
② 32.56
③ 40.12
④ 52.04

해설

• COD=BDCOD+NBDCOD
→ NBDCOD=COD−BDCOD
BDCOD=BOD$_5$×k=468×1.72
$\qquad$ = 804.96mg/L
∴ NBDCOD=857−804.96
$\qquad$ =52.04mg
• NBDCOD=NBDICOD+NBDSCOD
NBDSCOD=SCOD−(SBOD$_5$×k)
$\qquad$ =380−(214×1.72)
$\qquad$ =11.92mg/L
∴ NBDICOD=NBDCOD−NBDSCOD
$\qquad$ =52.04−11.92
$\qquad$ =40.12mg/L

정답 ③

04 ★★☆

이상적 완전혼합형 반응조내 흐름(혼합)에 관한 설명으로 틀린 것은?

① 분산수(Dispersion number)가 0에 가까울수록 완전혼합 흐름상태라 할 수 있다.
② Morrill지수의 값이 클수록 이상적인 완전혼합 흐름상태에 가깝다.
③ 분산(Variance)이 1일 때 완전혼합 흐름상태라 할 수 있다.
④ 지체시간(Lag time)이 0이다.

해설 이상적 PFR과 이상적 CFSTR(CMFR) (IPF와 ICM)

	PFR	CFSTR(CMFR)
분산	0	1
분산수	0	∞
Morrill지수	1	클수록
지체시간	이론적 체류시간 동일	0

따라서 분산수가 무한대일 때 이상적인 완전혼합이라고 할 수 있다.

정답 ①

05 ★☆☆

건조고형물량이 3,000kg/day인 생슬러지를 저율혐기성소화조로 처리할 때 휘발성고형물은 건조고형물의 70%이고 휘발성고형물의 60%는 소화에 의해 분해된다. 소화된 슬러지의 총고형물 량(kg/day)은?

① 1,040
② 1,740
③ 2,040
④ 2,440

해설
슬러지 소화 후 총고형물(TS)
＝잔존성고형물(FS)＋분해되지 못한 휘발성고형물(VS)
· 잔존성고형물(FS)＝3,000×(1－0.7)
＝900kg/day (일정)
· 분해되지 못한 휘발성고형물(VS)
＝생슬러지 총량×건조고형물 비율×(1－소화 비율)
＝3,000×0.7×(1－0.6)＝840kg/day
∴ 슬러지 소화 후 총고형물
＝900＋840＝1,740kg/day

정답 ②

06 ★★☆

글루코스($C_6H_{12}O_6$) 100mg/L인 용액을 호기성 처리할 때 이론적으로 필요한 질소량(mg/L)은? (단, k_1(상용대수)=0.1/day, BOD_5 : N=100 : 5, BOD_u=ThOD로 가정)

① 약 3.7
② 약 4.2
③ 약 5.3
④ 약 6.9

해설

$C_6H_{12}O_6+6O_2 \rightarrow 6CO_2+6H_2O$
　180g : 6×32g
$=100mg/L : X(mg/L)$
$\therefore X(=ThOD=BOD_u)=106.6667mg/L$
$BOD_t=BOD_u(1-10^{k_1 \cdot t})$
$BOD_5=106.6667 \times (1-10^{-0.1 \cdot 5})$
$\quad\quad =72.9357mg/L$
$BOD_5 : N=100 : 5=72.9357 : x$
$\therefore x=3.6468 \fallingdotseq 3.7mg/L$

정답 ①

07 ★☆☆

Formaldehyde(CH_2O) 500mg/L의 이론적 COD값(mg/L)은?

① 약 512
② 약 533
③ 약 553
④ 약 576

해설

이론적 COD＝CH_2O 농도×$\dfrac{A와 반응하는 O_2 질량}{CH_2O 기준질량A}$

$\underset{30g}{CH_2O}+\underset{32g}{O_2} \rightarrow CO_2+H_2O$

∴ 이론적 COD$=500 \times \dfrac{32}{30} \fallingdotseq 533mg/L$

정답 ②

08 ★★★

담수와 해수에 대한 일반적인 설명으로 틀린 것은?

① 해수의 용존산소 포화도는 주로 염류 때문에 담수보다 작다.

② Upwelling은 담수가 해수의 표면으로 상승하는 현상이다.

③ 해수의 주성분으로는 Cl^-, Na^+, SO_4^{2-} 등이 있다.

④ 하구에서는 담수와 해수가 쐐기 형상으로 교차한다.

해설

- 상승류(Upwelling Current)는 해수가 담수의 표면으로 상승하는 현상이다.
- 해수의 Holy seven 물질(7대 해수조성이온) 농도 순서는 다음과 같다.

$$Cl^- > Na^+ > SO_4^{2-} > Mg^{2+} > Ca^{2+} > K^+ > HCO_3^-$$

정답 ②

09 ★★★

하천의 길이가 500km이며, 유속은 56m/min이다. 상류지점의 BOD_u가 280ppm 이라면, 상류지점에서부터 378km 되는 하류지점의 BOD(mg/L)는? (단, 상용대수기준, 탈산소계수는 0.1/day, 수온은 20℃, 기타조건은 고려하지 않음)

① 45 　　　　　② 68

③ 95 　　　　　④ 132

해설

상류에서 하류로 이동하면서 BOD는 감소한다.

BOD 감소량($\triangle$BOD)$=BOD_u(1-10^{-k_1 t})$

여기서,

t = 상류에서 378km까지 이동하는 시간[day]

$= 378,000m \div 56m/min \div 1,440min/day$

$= 4.688day$

$\therefore \triangle BOD = 280 \times (1-10^{-0.1 \times 4.688})$

$= 184.8mg/L$

$\therefore$ 378km 지점에서의 BOD

$= BOD_u - \triangle BOD = 280 - 184.8$

$= 95.2 ≒ 95mg/L$

정답 ③

10 ★★☆

3g의 아세트산(CH_3COOH)을 증류수에 녹여 1L로 하였을 때 수소이온 농도(mol/L)는? (단, 이온화 상수값$=1.75 \times 10^{-5}$)

① 6.3×10^{-4} 　　　　② 6.3×10^{-5}

③ 9.3×10^{-4} 　　　　④ 9.3×10^{-5}

해설

아세트산의 분자량: 60g/mol

아세트산의 몰농도(M): $3g/L \times \dfrac{1mol}{60g} = 0.05mol/L = 0.05M$

	CH_3COOH	$\rightleftharpoons$	CH_3COO^-	$+$	H^+
초	0.05M		0M		0M
중	$-x$M		$+x$M		$+x$M
말	$0.05-x$M		xM		xM
	$\simeq 0.05$M				

이온화 상수$(K_a) = \dfrac{[CH_3COO^-][H^+]}{[CH_3COOH]} = \dfrac{x^2}{0.05} = 1.75 \times 10^{-5}$

$x = [H^+] = \sqrt{0.05 \times 1.75 \times 10^{-5}} = 9.35 \times 10^{-4}$

$≒ 9.3 \times 10^{-4} mol/L$

정답 ③

11 ★★★

소수성 콜로이드의 특성으로 틀린 것은?

① 물과 반발하는 성질을 가진다.

② 물속에 현탁상태로 존재한다.

③ 아주 작은 입자로 존재한다.

④ 염에 큰 영향을 받지 않는다.

해설

소수성 콜로이드는 염과 매우 쉽게 반응한다.

소수성 콜로이드를 수용액에서 제거할 때에는 반대전하를 띠는 콜로이드 입자와 소량의 염을 첨가하여 응집침전을 형성하는 원리를 이용한다.

정답 ④

12 ★★☆

연속류 교반 반응조(CFSTR)에 관한 내용으로 틀린 것은?

① 충격부하에 강하다.
② 부하변동에 강하다.
③ 유입된 액체의 일부분은 즉시 유출된다.
④ 동일 용량 PFR에 비해 제거효율이 좋다.

해설

CFSTR은 동일처리용량 기준으로 PFR에 비하여 제거효율이 낮다.

정답 ④

13 ★☆☆

수중에서 유기질소가 유입되었을 때 유기질소는 미생물에 의하여 여러 단계를 거치면서 변화된다. 정상적으로 변화되는 과정에서 가장 적은 양으로 존재하는 것은?

① 유기질소　　　　② NO_2^-
③ NO_3^-　　　　④ NH_4^+

해설

질산화균(미생물)에 의한 유기질소(아미노산)의 호기성 환원과정
유기질소 → NH_4^+ → NO_2^- → NO_3^-
이 과정에서 NO_2^-는 NH_4^+으로부터 생성된 후 빠르게 NO_3^-로 변환하기 때문에 실시간 존재 농도가 가장 낮다.

정답 ②

14 ★☆☆

오염된 지하수를 복원하는 방법 중 오염물질의 유발요인이 한 지점에 집중적이고 오염된 면적이 비교적 작을 때 적용할 수 있는 적합한 방법은?

① 현장공기추출법
② 유해물질 굴착제거법
③ 오염된 지하수의 양수처리법
④ 토양 내 미생물을 이용한 처리법

해설

유해물질 굴착제거법은 협소한 지역에 오염물질원이 포진되어 있을 경우 해당 오염원만을 국소적으로 도려내듯 지표 또는 지각에서 파내어 제거하는 방식이다.

정답 ②

15 ★☆☆

분체 증식을 하는 미생물을 회분 배양하는 경우 미생물은 시간에 따라 5단계를 거치게 된다. 5단계 중 생존한 미생물의 중량보다 미생물 원형질의 전체 중량이 더 크게 되며, 미생물수가 최대가 되는 단계로 가장 적합한 것은?

① 증식단계　　　　② 대수성장단계
③ 감소성장단계　　　④ 내생성장단계

해설

감소성장단계에서는 배지 중의 영양분이 감소(결핍)하여 미생물의 개체수 증가속도가 감소되어 이 단계의 끝에서 미생물 수가 최대치에 도달하며, 사멸 생성물이 발생하기 시작한다. 이때 생존미생물의 질량보다 총 미생물(생존＋사멸)의 원형질의 중량이 더 크다.

정답 ③

16 ★★★

다음 유기물 1M이 완전 산화될 때 이론적인 산소요구량 (ThOD)이 가장 적은 것은?

① C_6H_6

② $C_6H_{12}O_6$

③ C_2H_5OH

④ CH_3COOH

해설

CH_3COOH가 2mol로 가장 적다.

선지분석

① $C_6H_6 + \dfrac{15}{2}O_2 \rightarrow 6CO_2 + 3H_2O$
$\underline{\quad}\quad\underline{\qquad}$
1mol   7.5mol

② $C_6H_{12}O_6 + 6O_2 \rightarrow 6CO_2 + 6H_2O$
$\underline{\qquad}\quad\underline{\quad}$
1mol   6mol

③ $C_2H_5OH + 3O_2 \rightarrow 2CO_2 + 3H_2O$
$\underline{\qquad}\quad\underline{\quad}$
1mol   3mol

④ $CH_3COOH + 2O_2 \rightarrow 2CO_2 + 2H_2O$
$\underline{\qquad}\quad\underline{\quad}$
1mol   2mol

정답 ④

17 ★★★

농도가 A인 기질을 제거하기 위한 반응조를 설계하려고 한다. 요구되는 기질의 전환율이 90%일 경우에 회분식 반응조에서의 체류시간(hr)은? (단, 반응은 1차 반응(자연대수 기준)이며, 반응상수 k=0.45/hr)

① 5.12

② 6.58

③ 13.16

④ 19.74

해설

$\ln \dfrac{C_t}{C_o} = -k \cdot t$

$\ln \left(\dfrac{0.1}{1} \right) = -0.45 \times t$

$\therefore t = \dfrac{-2.3025}{-0.45} = 5.116 \fallingdotseq 5.12$시간

정답 ①

18 ★★☆

생물농축에 대한 설명으로 가장 거리가 먼 것은?

① 생물농축은 생태계에서 영양단계가 낮을수록 현저하게 나타난다.

② 독성물질뿐 아니라 영양물질도 똑같이 물질 순환을 통해 축적될 수 있다.

③ 생물체내의 오염물질 농도는 환경수중의 농도보다 일반적으로 높다.

④ 생물체는 서식장소에 존재하는 물질의 필요 유무에 관계없이 섭취한다.

해설

생태계에서 먹이사슬의 상단에 해당할수록 즉, 영양단계가 높을수록 생물농축은 높아진다.

정답 ①

19 ★☆☆

해수의 HOLY SEVEN에서 가장 농도가 낮은 것은?

① Cl^-

② Mg^{2+}

③ Ca^{2+}

④ HCO_3^-

해설

해수의 Holy seven 물질(7대 해수조성이온) 농도 순서는 다음과 같다.
$Cl^- > Na^+ > SO_4^{2-} > Mg^{2+} > Ca^{2+} > K^+ > HCO_3^-$

정답 ④

20

★★☆

하천의 자정단계와 오염의 정도를 파악하는 Whipple의 자정단계(지대별 구분)에 대한 설명으로 틀린 것은?

① 분해지대: 유기성 부유물의 침전과 환원 및 분해에 의한 탄산가스의 방출이 일어난다.

② 분해지대: 용존산소의 감소가 현저하다.

③ 활발한 분해지대: 수중환경은 혐기성상태가 되어 침전저니는 흑갈색 또는 황색을 띤다.

④ 활발한 분해지대: 오염에 강한 실지렁이가 나타나고 혐기성 곰팡이가 증식한다.

해설

오염에 강한 실지렁이가 나타나고 혐기성 곰팡이가 증식하는 것은 분해지대이다.

관련이론 | 하천의 수질변화(Whipple의 4단계)

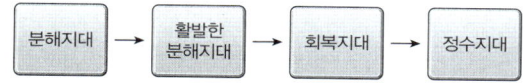

㉠ 분해지대
 • 세균의 수가 증가하고, 유기물을 많이 함유하는 슬러지의 침전이 증가한다.
 • 물의 물리적, 화학적 성질이 나빠지며 오염에 약한 고등생물이 오염에 강한 미생물로 대체된다.
 • 호기성 미생물의 활동에 의해 BOD가 감소한다.

㉡ 활발한 분해지대
 • 혐기성 지점으로 용존산소가 없어 부패 상태에 도달하는 단계이다.
 • H_2S 등에 의한 악취가 발생한다.
 • 호기성 세균이 혐기성 세균으로 대체된다.
 • 균류가 사라진다.

㉢ 회복지대
 • 분해지대와 반대되는 현상이 일어나며 물이 점점 깨끗해진다.
 • 혐기성 세균이 호기성 세균으로 대체된다.
 • 세균의 수가 감소하며, 용존산소가 증가하며 원생동물, 윤형동물(원충), 환형동물, 갑각류, 곰팡이(Fungi) 등이 서식하기 시작한다.

㉣ 정수지대
 • 가장 깨끗한 물로 보인다.
 • 호기성 세균이 증가하고, 맑은 물에 서식하는 송어, 쏘가리 등이 증가한다.

정답 ④

21

★★☆

다음 중 생물막법과 가장 거리가 먼 것은?

① 살수여상법
② 회전원판법
③ 접촉산화법
④ 산화구법

해설

생물막법(생물학적 처리법)은 호기성 처리와 혐기성 처리로 구분된다.
 • 호기성 처리: 활성 슬러지법, 살수여상법, 산화지법, 회전원판법, 호기성소화법
 • 혐기성 처리: 혐기성 소화법, 부패조, Imhoff tank, 혐기성 산화지법

관련이론 | 접촉산화법 특징

 • 생물막법의 일종으로 반응조 내 접촉재 표면에 부착된 호기성 미생물의 대사활동에 의해 하수를 처리하는 방식이다.
 • 생물상이 다양하여 처리효과가 안정적이다.
 • 분해속도가 낮은 기질제거에 효과적이며 수온의 변동에 강하다.
 • 반송슬러지가 필요하지 않으므로 운전관리가 용이하다.
 • 접촉재가 조내에 있어 부착생물량의 확인이 어렵다.

정답 ④

22

★★★

취수보의 위치와 구조 결정 시 고려할 사항으로 적절하지 않은 것은?

① 유심이 취수구에 가까우며, 홍수에 의한 하상변화가 적은 지점으로 한다.

② 홍수의 유심방향과 직각의 직선형으로 가능한 한 하천의 직선부에 설치한다.

③ 고정보의 상단 또는 가동보의 상단 높이는 유하단면 내에 설치한다.

④ 원칙적으로 철근콘크리트구조로 한다.

해설

가동보의 상단 높이는 계획하상높이, 현재의 하상높이 및 장래의 하상변동 등을 고려하여 설치한다.

정답 ③

23 ★★☆

하수의 배제방식 중 합류식에 관한 설명으로 틀린 것은?

① 관로내의 보수: 폐쇄의 염려가 없다.
② 토지이용: 기존의 측구를 폐지할 경우는 도로폭을 유효하게 이용할 수 있다.
③ 관로오접: 철저한 감시가 필요하다.
④ 시공: 대구경관로가 되면 좁은 도로에서의 매설에 어려움이 있다.

해설
관로오접의 철저한 감시가 필요한 것은 분류식에 해당하는 내용이다. 합류식은 우수를 신속하게 배수하기 위한 지형조건에 적합한 관로망으로 단면적이 크므로 관로의 내부 환기가 잘되고 검사 및 수리가 비교적 편리하다.

정답 ③

24 ★★★

펌프의 캐비테이션이 발생하는 것을 방지하기 위한 대책으로 잘못된 것은?

① 펌프의 설치위치를 가능한 낮추어 가용유효흡입수두를 크게 한다.
② 흡입관의 손실을 가능한 작게 하여 가용유효흡입수두를 크게 한다.
③ 펌프의 회전속도를 높게 선정하여 필요유효흡입수두를 크게 한다.
④ 흡입측 밸브를 완전히 개방하고 펌프를 운전한다.

해설
펌프의 회전속도를 낮게 선정하여 필요유효흡입수두를 작게 한다.

정답 ③

25 ★★☆

취수탑의 위치에 관한 내용으로 (   )에 옳은 것은?

연간을 통하여 최소수심이 (   ) 이상으로 하천에 설치하는 경우에는 유심이 제방에 되도록 근접한 지점으로 한다.

① 1m ② 2m
③ 3m ④ 4m

해설
2m 미만의 수위에서는 하천 바닥의 불필요한 침전물과 토사의 유입이 증가할 수 있다.

정답 ②

26 ★★☆

양정변화에 대하여 수량의 변동이 적고 또 수량변동에 대하여 동력의 변화도 적으므로 우수용 펌프 등 수위변동이 큰 곳에 적합한 펌프는?

① 원심펌프 ② 사류펌프
③ 축류펌프 ④ 스크류펌프

해설
수위변동에 최적인 펌프는 사류펌프이다.

관련이론 | 펌프의 분류
• 원심펌프
  − 4m 이상 전양정, 80mm 이상 구경
  − 높은 효율의 경우 구경 400mm 이상에서 사용
• 축류펌프
  − 임펠러 내의 물에 압력 및 속도에너지를 주고 가이드베인으로 속도에너지의 일부를 압력으로 변환
  − 전양정(5m 이하) 펌프, 양정변화가 적은 곳에 설치
  − 간단한 구조, 저렴한 기초공사
• 사류펌프
  − 전양정(3~12m)펌프, 비교적 적은 공간을 차지
  − 긴 수명, 수위변동이 큰 곳에 최적
  − 좋은 효율, 구경 300~1,000mm(일반적으로 400mm 이상)에서 사용
• 스크류펌프
  − 슬러지양수용 펌프, 간단한 구조
  − 회전수 낮아 마모가 적음

정답 ②

27 ★☆☆

상수시설 중 배수시설을 설계하고 정비할 때에 설계상의 기본적인 사항 중 옳은 것은?

① 배수지의 용량은 시간변동조정용량, 비상대처용량, 소화용수량 등을 고려하여 계획시간최대급수량의 24시간분 이상을 표준으로 한다.
② 배수관을 계획할 때에 지역의 특성과 상황에 따라 직결급수의 범위를 확대하는 것 등을 고려하여 최대정수압을 결정하며, 수압의 기준점은 시설물의 최고높이로 한다.
③ 배수본관은 단순한 수지상 배관으로 하지 말고 가능한 한 상호 연결된 관망형태로 구성한다.
④ 배수지관의 경우 급수관을 분기하는 지점에서 배수관 내의 최대정수압은 150kPa을 넘지 않도록 한다.

해설

배수관 망은 격자식, 수지상식, 종합식(격자＋수지상)으로 배치한다.

선지분석

① 배수지의 용량은 계획1일 최대급수량의 12시간분 이상을 표준으로 한다.
② 배수관을 계획할 때에 지역의 특성과 상황에 따라 직결급수의 범위를 확대하는 것 등을 고려하여 최소동수압을 결정하며, 수압의 기준점은 지표면상으로 한다.
④ 급수관을 분기하는 지점에서 배수관내의 최소동수압은 150kPa 이상이며, 최대정수압은 700kPa을 넘지 않도록 한다.

정답 ③

28 ★☆☆

하수도 계획에 대한 설명으로 옳은 것은?

① 하수도 계획의 목표연도는 원칙적으로 30년으로 한다.
② 하수도 계획구역은 행정상의 경계구역을 중심으로 수립한다.
③ 새로운 시가지의 개발에 따른 하수도계획구역은 기존 시가지를 포함한 종합적인 하수도계획의 일환으로 수립한다.
④ 하수처리구역의 경계는 자연유하에 의한 하수배제를 위해 배수구역 경계와 교차하도록 한다.

해설

하수도 계획구역은 하수가 방류되는 하천, 해역 및 호소 등의 수질환경기준을 달성하는 것을 전제조건으로 하여 지형조건 등을 고려한 행정상의 경계에 의존하지 않고, 광역적이고 종합적인 검토 후에 결정한다.

선지분석

① 하수도 계획의 목표연도는 원칙적으로 20년으로 한다.
② 하수도 계획구역은 도시현상, 장래인구증가, 토지이용, 경제동향 등 도시의 전반적인 발전을 중심으로 수립한다.
④ 하수처리구역의 경계는 자연유하에 의한 하수배제를 위해 배수구역 경계와 교차하지 않는 것을 원칙으로 하고, 처리구역 외의 산지 등 배수구역으로부터의 우수유입을 고려하여 계획한다.

정답 ③

29 ★★☆

펌프의 토출량이 1,200m³/hr, 흡입구의 유속이 2.0m/sec인 경우 펌프의 흡입구경[mm]은?

① 약 262
② 약 362
③ 약 462
④ 약 562

해설

$$D = 146\sqrt{\frac{Q}{V}}$$

- D: 펌프의 흡입구경[mm]
- Q: 펌프의 토출량[m³/min]
- V: 흡입구 유속[m/sec]

$$Q[m^3/hr] = \frac{1,200m^3}{hr} \times \frac{hr}{60min} = 20m^3/min$$

$$V[m/sec] = 2.0m/sec$$

$$\therefore 146\sqrt{\frac{20m^3/min}{2.0m/sec}} = 461.69 ≒ 462mm$$

다른 풀이

$$Q = AV$$

$$A = \frac{Q}{V} = \frac{1,200m^3}{hr} \times \frac{sec}{2.0m/sec} \times \frac{hr}{3,600sec} = 0.16667m^2$$

$$\frac{\pi D^2}{4} = 0.16667m^2$$

$$D = 0.4607m = 460.7mm ≒ 462mm$$

정답 ③

30 ★☆☆

고도정수 처리 시 해당물질의 처리방법으로 가장 거리가 먼 것은?

① pH가 낮은 경우에는 플록형성 후에 알칼리제를 주입하여 pH를 조정한다.
② 색도가 높을 경우에는 응집침전처리, 활성탄처리 또는 오존처리를 한다.
③ 음이온 계면활성제를 다량 함유한 경우에는 응집 또는 염소처리를 한다.
④ 원수 중에 불소가 과량으로 포함된 경우에는 응집처리, 활성알루미나, 골탄, 전해 등의 처리를 한다.

해설

비누와 같은 계면활성제는 거품분리법, 활성탄처리 등으로 제거한다. 인 제거시 알루미늄, 철, 석회에 의한 응결법을 이용하고 암모니아와 잔존유기물 제거 혹은 살균시 염소에 의한 산화법을 이용한다.

정답 ③

31 ★☆☆

상수도 수요량 산정 시 불필요한 항목은?

① 계획1인1일 최대사용량
② 계획1인1일 평균급수량
③ 계획1인1일 최대급수량
④ 계획1인당 시간 최대급수량

해설

상수도 수요량 산정 절차
목표연도 설정 → 계획1인1일 평균사용량 산정 → 계획1인1일 평균급수량 산정 → 계획1인1일 최대급수량 산정 → 계획1인당 시간 최대급수량 산정

정답 ①

32 ★★★

정수시설인 배수지에 관한 내용으로 (　　)에 옳은 내용은?

> 유효용량은 시간변동조정용량과 비상대처용량을 합하여 급수구역의 계획1일 최대급수량의 (　　　)을 표준으로 하여야 하며 지역특성과 상수도시설의 안정성 등을 고려하여 결정한다.

① 4시간분 이상
② 8시간분 이상
③ 12시간분 이상
④ 24시간분 이상

해설

$$C = D \times \frac{t}{24}$$

- C : 배수지 유효용량[m³]
- D : 계획1일 최대흡수량[m³/day]
- t : 배수지에 저수되는 시간[hr]

이때, t는 계획1일 최대급수량의 12시간분 이상으로 계산한다.

정답 ③

33 ★☆☆

계획우수량을 정할 때 고려하여야 할 사항 중 틀린 것은?

① 하수관로의 확률년수는 원칙적으로 10~30년으로 한다.
② 유입시간은 최소단위배수구의 지표면특성을 고려하여 구한다.
③ 유출계수는 지형도를 기초로 답사를 통하여 충분히 조사하고 장래 개발계획을 고려하여 구한다.
④ 유하시간은 최상류관로의 끝으로부터 하류관로의 어떤 지점까지의 거리를 계획유량에 대응한 유속으로 나누어 구하는 것을 원칙으로 한다.

해설

유출계수는 토지이용도별 기초유출계수를 근거로 구해야 한다.

정답 ③

34 ★★★

$I = \dfrac{3,660}{t+15}$ mm/hr, 면적 3.0km², 유입시간 6분, 유출계수 $C=0.65$, 관내유속이 1m/sec인 경우 관 길이 600m인 하수관에서 흘러나오는 우수량(m³/sec)은? (단, 합리식 적용)

① 64
② 76
③ 82
④ 91

해설

우수량 계산을 귀한 합리식은 다음과 같다.

$$Q = \frac{1}{360}CIA$$

- Q : 우수량[m³/sec]
- C : 유출계수
- I : 강우강도[mm/hr]
- A : 유역면적[ha]

$I = \dfrac{3,660}{t+15}$ mm/hr에서,

t(유달시간)=유입시간＋유하시간

$$= 6\text{min} + \frac{600\text{m}}{1\text{m/sec}} \times \frac{\text{min}}{60\text{sec}} = 16\text{min}$$

이므로 강우강드 I는 다음과 같다.

$$I = \frac{3,660}{16+15} = 118.06\text{mm/hr}$$

유역면적 A는 가래와 같이 단위변환이 가능하다.

$$A = 3.0\text{km}^2 = 3.0\text{km}^2 \times \frac{100\text{ha}}{\text{km}^2} = 300\text{ha}$$

조건에서 $C=0.65$이므로 우수량 Q는 다음과 같다.

$$Q = \frac{1}{360}CIA$$

$$= \frac{1}{360} \times 0.65 \times 118.06\text{mm/hr} \times 300\text{ha}$$

$$= 63.94 \fallingdotseq 64\text{m}^3/\text{sec}$$

정답 ①

35 ★★☆

취수구 시설게서 스크린, 수문 또는 수위조절판(Stop log)을 설치하여 일체가 되어 작동하게 되는 취수시설은?

① 취수보
② 취수탑
③ 취수문
④ 취수관로

해설

취수시설에는 취수보, 취수탑, 취수관로, 취수틀이 있으며 스크린, 수문, 수위조절판이 콘크리트 구조물로 일체화된 구조는 취수문이 유일하다.

정답 ③

2021년

36

★☆☆

활성슬러지법에서 사용하는 수중형 포기장치에 관한 설명으로 틀린 것은?

① 저속터빈과 압력튜브 혹은 보통관을 통한 압축공기를 주입하는 형식이다.
② 혼합정도가 좋으며 단위용량당주입량이 크다.
③ 깊은 반응조에 적용하며 운전에 융통성이 있다.
④ 송풍조의 규모를 줄일 수 있어 전기료가 적게 소요된다.

해설
수중형 포기장치는 송풍조의 규모를 줄일 수 없고 전기소비량은 압축공기의 주입량에 비례한다.

정답 ④

37

★★★

정수시설인 착수정의 용량기준으로 적절한 것은?

① 체류시간: 0.5분 이상, 수심: 2~4m 정도
② 체류시간: 1.0분 이상, 수심: 2~4m 정도
③ 체류시간: 1.5분 이상, 수심: 3~5m 정도
④ 체류시간: 1.0분 이상, 수심: 3~5m 정도

해설
착수정은 1.5분 이상, 수심 3~5m의 용량을 지녀야 한다.

정답 ③

38

★★☆

막여과시설에서 막모듈의 열화에 대한 내용으로 틀린 것은?

① 미생물과 막 재질의 자화 또는 분비물의 작용에 의한 변화
② 산화제에 의하여 막 재질의 특성변화나 분해
③ 건조되거나 수축으로 인한 막 구조의 비가역적인 변화
④ 응집제 투입에 따른 막모듈의 공급유로가 고형물로 폐색

해설
④번은 막모듈의 세척/청소만으로 고형물을 제거해줌으로써 막의 성능이 회복되는 파울링이다.
나머지 보기는 모두 막의 변질로 인한 성능의 회복이 불가능한 열화이다.

정답 ④

39

★☆☆

정수시설인 하니콤방식에 관한 설명으로 틀린 것은? (단, 회전원판방식과 비교 기준)

① 체류시간: 2시간 정도
② 손실수두: 거의 없음
③ 폭기설비: 필요 없음
④ 처리수조의 깊이: 5~7m

해설
하니콤방식(Honeycomb-tube, 벌집형 방식)은 침지여상법으로 산소공급을 통해 미생물 분해를 유도하는 고정상식 접촉산화법이다. 따라서 폭기설비는 반드시 필요하다.

정답 ③

40

★☆☆

면적이 $3km^2$이고, 유입시간이 5분, 유출계수 $C=0.65$, 관내 유속 1m/sec로 관 길이 1,200m인 하수관으로 우수가 흐르는 경우 유달시간(분)은?

① 10
② 15
③ 20
④ 25

해설
t(유달시간) = 유입시간 + 유하시간

$$= 5분 + \frac{1,200m}{1m/sec \times 60sec/min}$$

$$= 25분$$

정답 ④

수질오염방지기술

41 ★☆☆

생물막을 이용한 하수처리방식인 접촉산화법의 설명으로 틀린 것은?

① 분해속도가 낮은 기질제거에 효과적이다.
② 난분해성물질 및 유해물질에 대한 내성이 높다.
③ 고부하시에도 매체의 공극으로 인하여 폐쇄위험이 작다.
④ 매체에 생성되는 생물량은 부하조건에 의하여 결정된다.

해설
접촉산화법은 분해되어야 할 물질의 양이 많아 부하가 높게 걸릴 경우 (고부하시) 매체의 폐쇄위험이 크기 때문에 부하조건에 한계가 있다.

정답 ③

42 ★★☆

표면적이 $2m^2$이고 깊이가 $2m$인 침전지에 유량 $48m^3/day$의 폐수가 유입될 때 폐수의 체류시간(hr)은?

① 2
② 4
③ 6
④ 8

해설

$\forall = Qt$

- $\forall$: 침전지 체적[m^3]
- Q : 일일 유(입)량[m^3/day]
- t : 시간[day]

$\rightarrow t = \dfrac{\forall}{Q} = \dfrac{2m^2 \times 2m}{48m^3/day} = \dfrac{1}{12} day = 2hr$

정답 ①

43 ★☆☆

혐기성소화조 설계 시 고려해야 할 사항과 관계가 먼 것은?

① 소요산소량
② 슬러지 소화정도
③ 슬러지 소화를 위한 온도
④ 소화조에 주입되는 슬러지의 양과 특성

해설
호기성소화조는 호기성 세균을 이용하기 때문에 산소의 소모가 필수적이나, 혐기성소화조는 혐기성 세균의 특성상 산소가 요구되지 않는다.

정답 ①

44 ★☆☆

하수관로가 매설되어 있지 않은 지역에 위치한 500개의 단독주택(정화조 설치)에서 생성된 정화조 슬러지를 소규모 하수처리장에 운반하여 처리할 경우, 이로 인한 BOD 부하량 증가율(질량기준, 유입일 기준, %)은?

- 정화조는 연 1회 슬러지 수거
- 각 정화조에서 발생되는 슬러지 : $3.8m^3$
- 연간 250일 동안 일정량의 정화조 슬러지를 수거, 운반, 하수처리장 유입 처리
- 정화조 슬러지 BOD 농도 : 6,000mg/L
- 하수처리장 유량 및 BOD 농도 : $3,800m^3/day$ 및 220mg/L
- 슬러지 비중 1.0 가정

① 약 3.5
② 약 5.5
③ 약 7.5
④ 약 9.5

해설

- BOD 부하량 증가율

$= \dfrac{\text{연간 정화조내 슬러지 양[kg/년]}}{\text{연간 하수처리장내 슬러지 양[kg/년]}} \times 100$

이때, 슬러지 비중이 1.0이라면 슬러지 양은 다음과 같다.

$1m^3 = 1,000L = 1,000kg$

- 연간 정화조내 슬러지 양

$= 500가구 \times \dfrac{3.8m^3}{년} \times \dfrac{6,000mg}{L} \times \dfrac{1kg}{10^6mg} \times \dfrac{1,000L}{1m^3}$

$= 11,400kg/년$

- 연간 하수처리장내 슬러지 양

$= \dfrac{3,800m^3}{일} \times \dfrac{220mg}{L} \times \dfrac{250일}{년} \times \dfrac{1kg}{10^6mg} \times \dfrac{1,000L}{1m^3}$

$= 209,000kg/년$

∴ BOD 부하량 증가율 $= \dfrac{11,400kg/년}{209,000kg/년} \times 100$

$= 5.45 ≒ 5.5\%$

정답 ②

45

★☆☆

상수처리를 위한 사각 침전조에 유입되는 유량은 30,000m³/day이고 표면부하율은 24m³/m²·day이며 체류시간은 6시간이다. 침전조의 길이와 폭의 비가 2 : 1이라면 조의 크기는?

① 폭: 20m, 길이: 40m, 깊이: 6m

② 폭: 20m, 길이: 40m, 깊이: 4m

③ 폭: 25m, 길이: 50m, 깊이: 6m

④ 폭: 25m, 길이: 50m, 깊이: 4m

해설

표면부하율 $= \dfrac{Q}{A}$ · Q: 일일 총 유입유량[m³/일]
· A: 침전조 면적[m²]

$A = \dfrac{Q}{\text{표면부하율}} = \dfrac{30,000\text{m}^3/\text{일}}{24\text{m}^2/\text{m}^2 \cdot \text{일}}$

$= 1,250\text{m}^2$

길이와 폭의 비가 2 : 1이므로 폭을 x라고 하면, 길이는 $2x$가 된다.

$2x \times x = 1,250$

$x = 25$

∴ 폭은 25m, 길이는 50m이다.

· ∀: 침전지 체적[m³]
$\forall = Qt$ · Q: 일일 유(입)량[m³/일]
· t: 시간[일]

$Q[\text{m}^3/\text{일}] = \dfrac{\forall [\text{m}^3]}{t[\text{일}]}$

$\rightarrow 30,000\text{m}^3/\text{일} = \dfrac{1,250\text{m}^2 \times \text{깊이}[\text{m}]}{(6\text{시간} \div 24)\text{일}}$

∴ 깊이 = 6m

정답 ③

46

★☆☆

슬러지 내 고형물 무게의 1/30이 유기물질, 2/3가 무기물질이며, 이 슬러지 함수율은 80%, 유기물질 비중이 1.0, 무기물질 비중은 2.5라면 슬러지 전체의 비중은?

① 1.072

② 1.087

③ 1.095

④ 1.112

해설

· $\dfrac{1}{\rho_{TS}} = \dfrac{\text{유기질비율}}{\rho_{VS}} + \dfrac{\text{무기질비율}}{\rho_{FS}}$

$= \dfrac{1/3}{1.0} + \dfrac{2/3}{2.5}$

∴ $\rho_{TS} = 1.6667$

· $\dfrac{1}{\rho_{SL}} = \dfrac{\text{수분비율}}{\rho_W} + \dfrac{\text{고형물비율}}{\rho_{TS}}$

$= \dfrac{8/10}{1.0} + \dfrac{2/10}{1.6667}$

∴ $\rho_{SL} = 1.087$

· TS: 고형물 → ρ_{TS}: 고형물의 비중
· VS: 유기물질 → ρ_{VS}: 유기물질의 비중
· FS: 무기물질 → ρ_{FS}: 무기물질의 비중
· SL: 슬러지 → ρ_{SL}: 슬러지의 비중
· W: 수분(물) → ρ_w: 수분(물)의 비중

관련이론 | 슬러지의 비중 계산

슬러지는 수분과 고형물(고체침전물)로 이루어져 있고 다시 고형물은 유기물과 무기물로 구성되어 있다. 먼저, 유기물과 무기물의 비율과 비중을 근거로 고형물의 비중을 계산하고, 수분과 고형물의 비율과 비중을 근거로 슬러지의 비중을 계산한다.

정답 ②

47 ★☆☆

정수장의 침전조 설계 시 어려운 점은 물의 흐름은 수평방향이고 입자 침강방향은 중력방향이어서 두 방향의 운동을 해석해야 한다는 점이다. 이상적인 수평 흐름 장방형 침전지(제Ⅰ형 침전)설계를 위한 기본 가정 중 틀린 것은?

① 유입부의 깊이에 따라 SS농도는 선형으로 높아진다.
② 슬러지 영역에서는 유체이동이 전혀 없다.
③ 슬러지 영역상부에 사영역이나 단락류가 없다.
④ 플러그 흐름이다.

해설

유입부의 모든 수심에서 부유물질(SS)의 농도는 일정한 것으로 가정하여 설계한다.

정답 ①

48 ★★☆

염소이온 농도가 500mg/L, BOD 2,000mg/L인 폐수를 희석하여 활성슬러지법으로 처리한 결과 염소이온 농도와 BOD는 각각 50mg/L이었다. 이 때의 BOD 제거율(%)은? (단, 희석수의 BOD, 염소이온 농도는 0이다.)

① 85 ② 80
③ 75 ④ 70

해설

$$\eta = \left(1 - \frac{C_o \times P}{C_i}\right) \times 100$$

- η : BOD 제거율[%]
- C_o : 처리 후 BOD[mg/L]
- C_i : 처리 전 BOD[mg/L]
- P : 희석배수 = $\dfrac{\text{희석 후 염소이온 농도[mg/L]}}{\text{희석 전 염소이온 농도[mg/L]}}$

$$\therefore \eta = \left(1 - \frac{50 \times \dfrac{500}{50}}{2,000}\right) \times 100$$
$$= 75\%$$

정답 ③

49 ★★★

생물학적 방법을 이용하여 하수내 인과 질소를 동시에 효과적으로 제거할 수 있다고 알려진 공법과 가장 거리가 먼 것은?

① A²/O 공법
② 5단계 Bardenpho 공법
③ Phostrip 공법
④ SBR 공법

해설

Phostrip 공법으로는 인(P)만 제거할 수 있고 질소(N)는 제거할 수 없다.

정답 ③

50 ★★☆

미생물을 이용하여 폐수에 포함된 오염물질인 유기물, 질소, 인을 동시에 처리하는 공법은 대체로 혐기조, 무산소조, 포기조로 구성되어 있다. 이중 혐기조에서의 주된 생물학적 오염물질 제거반응은?

① 인 방출 ② 인 과잉흡수
③ 질산화 ④ 탈질화

해설

혐기조	유기물 제거, 인(P)의 방출
호기조	유기물 제거, 호기성 미생물 질산화 및 인(P) 과잉섭취 → 질소와 인의 누적
무산소조	미생물(탈질미생물)에 의한 탈질화

정답 ①

51 ★★★

막공법에 관한 설명으로 가장 거리가 먼 것은?

① 투석은 선택적 투과막을 통해 용액 중에 다른 이온, 혹은 분자 크기가 다른 용질을 분리시키는 것이다.

② 투석에 대한 추진력은 막을 기준으로 한 용질의 농도차이다.

③ 한외여과 및 미여과의 분리는 주로 여과작용에 의한 것으로 역삼투현상에 의한 것이 아니다.

④ 역삼투는 반투막으로 용매를 통과시키기 위해 동수압을 이용한다.

해설

역삼투의 경우 동수압이 아닌 정수압차에 의해 용매가 반투막(필터)을 통과한다.

정답 ④

52 ★☆☆

폐수를 처리하기 위해 시료 200mL를 취하여 Jar Test하여 응집제와 응집보조제의 최적주입농도를 구한 결과, $Al_2(SO_4)_3$ 200mg/L, $Ca(OH)_2$ 500mg/L였다. 폐수량 500m³/day을 처리하는 데 필요한 $Al_2(SO_4)_3$의 양(kg/day)은?

① 50　　　　　　② 100

③ 150　　　　　　④ 200

해설

일일 $Al_2(SO_4)_3$ 소요량[kg/day]

=농도×유량(폐수량)

$=200mg/L \times 500m^3/day \times 1,000L/m^3 \times \dfrac{1kg}{10^6 mg}$

$=100kg/day$

관련이론 | 응집교반실험(Jar Test)

자연 중력에 의해 침전되지 않는 콜로이드성 입자의 제거를 위한 최적 응집제의 양과 최적 pH의 도출로 설계 데이터를 확보하기 위한 실험이다.

정답 ②

53 ★★☆

유량이 500m³/day, SS 농도가 220mg/L인 하수가 체류시간이 2시간인 최초침전지에서 60%의 제거효율을 보였다. 이때 발생되는 슬러지 양(m³/day)은? (단, 슬러지 비중은 1.0, 함수율은 98%, SS만 고려함)

① 약 4.2　　　　　② 약 3.3

③ 약 2.4　　　　　④ 약 1.8

해설

SS(부유물)농도: 220mg/L=0.220g/L

　　　　　　　　　=0.220mL/L(비중 1.0g/mL)

일일 총 SS 유입량=500m³/day × 0.220mL/L × 1L/1,000mL

　　　　　　　　　=0.110m³/day

이 중 60%만이 최종 생성되므로

SS의 일일 총 생성량=0.110m³/day × 0.6

　　　　　　　　　=0.066m³/day

SS(=100−함수율) : 슬러지(수분+SS)=2 : 100=0.066m³/day : α

∴ α=3.3m³/day

정답 ②

54 ★★☆

정수장에서 사용하는 소독제의 특성과 가장 거리가 먼 것은?

① 미잔류성

② 저렴한 가격

③ 주입조작 및 취급이 쉬울 것

④ 병원성 미생물에 대한 효과적 살균

해설

염소 소독제를 사용하면 처리수내 잔류시간이 충분히 길고, 잔류독성이 존재할 가능성이 있다.

관련이론 | 염소 소독제의 장단점

장점	• 병원성 미생물에 대한 높은 살균효과 • 저렴한 가격 • 취급이 용이 • 높은 소독효율 • 처리수내 충분히 긴 잔류시간
단점	• 처리수내 pH에 영향을 줄 수 있음 • THM 및 기타 염화탄화수소가 생성되어 상수원의 수질에 영향을 미침 • 염소 접촉조에서 휘발성 유기물 생성 • 처리수내 잔류독성 존재 가능성 있음

정답 ①

55
★☆☆

직사각형 급속여과지의 설계조건이 다음과 같을 때 필요한 급속여과지의 수(개)는? (단, 기타 조건은 고려하지 않음)

〈설계조건〉
• 유량 30,000m³/day
• 여과속도 120m/day
• 여과지 1지의 길이 10m, 폭 7m

① 2 ② 4
③ 6 ④ 8

해설

$n = \dfrac{Q}{V \times A}$

• n: 급속여과지 수
• Q: 유량[m³/day]
• V: 여과속도 [m/day]
• A: 면적[m²]

$n = \dfrac{30,000\text{m}^3/\text{day}}{120\text{m}/\text{day} \times (10\text{m} \times 7\text{m})}$

$= 3.57$

따라서, 급속여과지는 4개가 필요하다.

정답 ②

56
★★☆

만일 혐기성처리 공정에서 제거된 1kg의 용해성 COD가 혐기성 미생물 0.15kg의 순생산을 나타낸다면 표준상태에서의 이론적인 메탄생성 부피(m³)는?

① 0.3 ② 0.4
③ 0.5 ④ 0.6

해설

분해반응COD = 용해성COD − 혐기성 세균의 순생산COD
$\qquad\qquad\quad$ = 1kg − 0.15kg = 0.85kg

$\underset{180\text{g}}{C_6H_{12}O_6} + \underset{6 \times 32\text{g}}{6O_2} \rightarrow 6CO_2 + 6H_2O$

180g : 6 × 32g = x(kg) : 0.85kg

(x: 0.85kg의 COD와 반응할 수 있는 포도당(미생물 영양분)의 양)

∴ $x = \dfrac{180\text{g} \times 0.85\text{kg}}{6 \times 32\text{g}} = 0.7968\text{kg}$

• 혐기성 미생물의 반응식

$\underset{180\text{kg}}{C_6H_{12}O_6} \rightarrow \underset{3 \times 22.4\text{m}^3}{3CH_4} + 3CO_2$

180kg : 3 × 22.4m³ = 0.7968kg : y(m³)

∴ $y = \dfrac{(3 \times 22.4\text{m}^3) \times 0.7968\text{kg}}{180\text{kg}}$

$= 0.2974\text{m}^3 ≒ 0.3\text{m}^3$

(y: 0.7968kg 영양분의 분해 후 발생하는 메탄의 양)

〈참고〉
• 표준조건에서 기체 1mol 부피는 22.4L
• 1,000L = 1m³

정답 ①

2021년

57 ★★★

직경이 다른 두개의 원형입자를 동시에 20°C의 물에 떨어뜨려 침강실험을 했다. 입자 A의 직경은 2×10^{-2}cm이며 입자 B의 직경은 5×10^{-2}cm라면 입자 A와 입자 B의 침강속도의 비율(V_A/V_B)은? (단, 입자 A와 B의 비중은 같으며, Stokes 공식을 적용, 기타 조건은 같음)

① 0.28
② 0.23
③ 0.16
④ 0.12

해설

Stokes 공식에 의하면 입자의 침강 속도 V_s는 입자의 크기(직경) d의 제곱에 비례한다.

$$V_s = \frac{d^2(\rho_p - \rho)g}{18\mu}$$

· d: 입자직경[cm]
· ρ_p: 입자밀도[g/cm³]
· ρ: 물의 밀도[g/cm³]
· μ: 점성계수[g/cm·sec]
· g: 중력가속도(상수, 980cm/sec²)

따라서 온도 – 용매 – 비중이 동일한 조건이라면 A와 B 두 입자의 침강속도 비는 입자크기의 제곱의 비와 같다.

$$\frac{V_A}{V_B} = \frac{(\text{입자 A의 직경})^2}{(\text{입자 B의 직경})^2} = \frac{(2 \times 10^{-2}\text{cm})^2}{(5 \times 10^{-2}\text{cm})^2} = 0.16$$

정답 ③

58 ★☆☆

물속의 휘발성유기화합물(VOC)을 에어스트리핑으로 제거할 때 제거 효율관계를 설명한 것으로 옳지 않은 것은?

① 액체 중의 VOC농도가 높을수록 효율이 증가한다.
② 오염되지 않은 공기를 주입할 때 제거효율은 증가한다.
③ K_{La}가 감소하면 효율이 증가한다.
④ 온도가 상승하면 효율이 증가한다.

해설

산소전달계수(또는 총산소이동용량계수) K_{La}가 증가하면 VOC 제거효율도 비례하여 증가한다.

정답 ③

59 ★★☆

하수 내 함유된 유기물질뿐 아니라 영양물질까지 제거하기 위하여 개발된 A²/O공법에 관한 설명으로 틀린 것은?

① 인과 질소를 동시에 제거할 수 있다.
② 혐기조에서는 인의 방출이 일어난다.
③ 폐슬러지 내의 인함량은 비교적 높아서(3~5%) 비료의 가치가 있다.
④ 무산소조에서는 인의 과잉섭취가 일어난다.

해설

혐기조	유기물 제거, 인(P)의 방출
호기조	유기물 제거, 호기성 미생물 질산화 및 인(P) 과잉섭취 → 질소와 인의 누적
무산소조	미생물(탈질미생물)에 의한 탈질화

정답 ④

60 ★★★

폐수 처리시설에서 직경 0.01cm, 비중 2.5인 입자를 중력 침강시켜 제거하고자 한다. 수온 4.0°C에서 물의 비중은 1.0, 점성계수는 1.31×10^{-2}g/cm·sec일 때, 입자의 침강속도(m/hr)는? (단, 입자의 침강속도는 Stokes 식에 따른다.)

① 12.2
② 22.4
③ 31.6
④ 37.6

해설

Stokes 공식

$$V_s = \frac{d^2(\rho_p - \rho)g}{18\mu}$$

· d: 입자의 직경[cm]
· ρ_p: 입자의 밀도[g/cm³]
· ρ: 물의 밀도[g/cm³]
· μ: 점성계수[g/cm·sec]
· g: 중력가속도(상수, 980cm/sec²)

$$\therefore V_s = \frac{(0.01)^2 \times (2.5 - 1.0) \times 980}{18 \times (1.31 \times 10^{-2})}$$

$$= 0.6234\text{cm/sec} = 22.4\text{m/hr}$$

정답 ②

수질오염공정시험기준

61 ★☆☆

수질오염공정시험기준의 구리시험법(원자흡수분광광도법)에서 사용하는 조연성가스는?

① 수소   ② 아르곤
③ 아산화질소   ④ 아세틸렌 공기

해설

조연성가스란 불꽃원자흡수분광기에서 시료불꽃을 생성하기 위한 연소기체를 뜻한다.

불꽃조성연료 (조연성가스)	분석 원소
공기 – 아세틸렌	Cr^{6+}, Zn, Cu, Cd, Pb, Mn, Ni, Fe, Sn, Cr
아산화질소 – 아세틸렌	Ba
아르곤(또는 질소) – 수소	As, Se

정답 ④

62 ★☆☆

수질오염공정시험기준에서 아질산성 질소를 자외선/가시선 분광법으로 측정하는 흡광도 파장(nm)은?

① 540   ② 620
③ 650   ④ 690

해설

대상 물질	흡광도 파장(λ_{max})
아질산성 질소	540nm
질산성 질소	410nm, 215nm
암모니아성 질소	630nm

정답 ①

63 ★★☆

식물성 플랑크톤 시험 방법으로 옳은 것은? (단, 수질오염공정시험기준 기준)

① 현미경계수법
② 최적확수법
③ 평판집락계수법
④ 시험관정량법

해설

식물성 플랑크톤의 경우 입자크기가 커서(μm 범위) 현미경으로 충분히 관찰 및 계수가 가능하다.

정답 ①

64 ★★☆

웨어의 수두가 0.25m, 수로의 폭이 0.8m, 수로의 밑면에서 절단 하부점까지의 높이가 0.7m인 직각 3각웨어의 유량(m^3/min)은?

$$\left(\text{단, 유량계수 } K=81.2+\frac{0.24}{h}+\left(8.4+\frac{12}{\sqrt{D}}\right)\times\left(\frac{h}{B}-0.09\right)^2\right)$$

① 1.4   ② 2.1
③ 2.6   ④ 2.9

해설

1) $Q=K\cdot h^{\frac{5}{2}}$
- Q: 유량[m^3/min]
- K: 유량계수
- h: 웨어의 수두[m]

2) $K=81.2+\dfrac{0.24}{h}+\left(8.4+\dfrac{12}{\sqrt{D}}\right)\times\left(\dfrac{h}{B}-0.09\right)^2$
- D: 수로의 밑면으로부터 절단 하부 점까지의 높이[m]
- B: 수로의 폭[m]

$\therefore Q=K\cdot h^{\frac{5}{2}}$
$$=\left\{81.2+\frac{0.24}{0.25}+\left(8.4+\frac{12}{\sqrt{0.7}}\right)\times\left(\frac{0.25}{0.8}-0.09\right)^2\right\}\times(0.25)^{\frac{5}{2}}$$
$$=2.6m^3/min$$

정답 ③

65 ★☆☆

기체크로마토그래피에 사용되는 운반기체 중 분리도가 큰 순서대로 나타낸 것은?

① $N_2 > He > H_2$
② $He > H_2 > N_2$
③ $N_2 > H_2 > He$
④ $H_2 > He > N_2$

해설

운반기체의 분자량이 작을수록 분리도가 높다.

정답 ④

66 ★☆☆

폐수의 BOD를 측정하기 위하여 다음과 같은 자료를 얻었다. 이 폐수의 BOD(mg/L)는? (단, $f = 1.0$)

> BOD 병의 부피는 300mL이고 BOD 병에 주입된 폐수량 5mL, 희석된 식종액의 배양전 및 배양후의 DO는 각각 7.6mg/L, 7.0mg/L, 희석한 시료용액을 15분간 방치한 후 DO 및 5일간 배양한 다음의 희석한 시료용액의 DO는 각각 7.6mg/L, 4.0mg/L이었다.

① 180   ② 216
③ 246   ④ 270

해설

$BOD[mg/L] = \{(D_1 - D_2) - (B_1 - B_2) \times f\} \times P$

- D_1 : 15분간 방치된 후의 희석한 시료의 DO[mg/L]
- D_2 : 5일간 배양한 후의 희석한 시료의 DO[mg/L]
- B_1 : 식종액의 BOD를 측정할 때 희석된 식종액의 배양전 DO[mg/L]
- B_2 : 식종액의 BOD를 측정할 때 희석된 식종액의 배양후 DO[mg/L]
- f : 희석시료 중의 식종액 함수율과 희석한 식종액 중의 식종액 함수율의 비
- P : 희석시료 중 시료의 희석배수(희석시료량/시료량)

$BOD = \{(7.6 - 4.0) - (7.6 - 7.0) \times 1.0\} \times \dfrac{300}{5}$

$= 180 mg/L$

정답 ①

67 ★★☆

유량이 유체의 탁도, 점성, 온도의 영향은 받지 않고, 유속에 의해 결정되며 손실수두가 적은 유량계는?

① 피토우관
② 오리피스
③ 벤튜리미터
④ 자기식 유량측정기

선지분석

① 피토우관은 마노미터에 나타나는 수두차를 이용하여 유량을 계산한다.
② 오리피스는 설치비용이 적게 들고 비교적 정확한 유량측정이 가능하다.
③ 벤튜리미터는 긴 관의 일부로써 단면이 작은 목(Throat) 부분과 점점 축소, 점점 확대되는 단면을 가진 관을 이용한다.

관련이론 | 자기식 유량측정기

- 고형물질이 많아 관을 메울 우려가 있는 폐·하수에 이용할 수 있다.
- 자장의 직각에서 전도체를 이동시킬 때 유발되는 전압은 전도체의 속도에 비례한다는 원리를 이용한다.
- 전압이 활성도, 탁도, 점성, 온도의 영향을 받지 않는다.
- 유체(폐·하수)의 유속에 의하여 결정되며 수두손실이 적다.

정답 ④

68 ★☆☆

수질오염공정시험기준상 양극벗김전압전류법으로 측정하는 금속은?

① 구리   ② 납
③ 니켈   ④ 카드뮴

해설

수은, 비소, 납, 아연의 경우 양극벗김전압전류법으로 분석이 가능하다.

정답 ②

69

★ ☆ ☆

윙클러 법으로 용존산소를 측정할 때 0.025N 티오황산나트륨 용액 5mL에 해당되는 용존산소량(mg)은?

① 0.02
② 0.20
③ 1.00
④ 5.00

해설

• 0.025N $Na_2S_2O_3$ = 0.025eq/L $Na_2S_2O_3$

$$\frac{0.025eq}{L} \times \frac{5L}{1,000} \times \frac{8g}{1eq} \times \frac{1,000mg}{1g} = 1.00mg$$

(여기서, 산소원자 8g = 1당량(eq))

정답 ③

70

★ ☆ ☆

클로로필 a의 양을 계산할 때 클로로필 색소를 추출하여 흡광도를 측정한다. 이 때 색소추출에 사용하는 용액은?

① 아세톤용액
② 클로로포름용액
③ 에탄올용액
④ 포르말린용액

해설

엽록소인 클로로필은 극성 유기용매인 아세톤으로 추출 후, 아세톤을 휘발시켜 시료를 건조한 다음 물에 용해시켜 흡광도를 측정한다.

정답 ①

71

★ ☆ ☆

최적응집제 주입량을 결정하는 실험을 하려고 한다. 다음 중 실험에 빈드시 필요한 것이 아닌 것은?

① 비이커
② pH 완충용액
③ Jar Tester
④ 시계

해설

최적응집제 주입량 판별실험에 pH 완충용액은 필요하지 않다.

관련이론 | 최적응집제 주입량 판별실험 도구

• 비이커
• 응집교반기(Jar Tester)
• 시계
• pH 미터
• 마그네틱 교반기
• 피펫
• 메스플라스크

정답 ②

72

★ ☆ ☆

질산성 질소의 정량시험 방법 중 정량범위가 0.1mg NO_3-N/L가 아닌 것은?

① 이온크로마토그래피법
② 자외선/가시선 분광법(부루신법)
③ 자외선/가시선 분광법(활성탄흡착법)
④ 데발다합금 환원증류법(분광법)

해설

자외선/가시선 분광법(활성탄흡착법)의 정량한계는 0.3mg/L이다.

관련이론 | 질산성 질소 시험방법 및 정량한계

시험방법	정량한계(mg/L)
이온크로마토그래피	0.1
자외선/가시선분광법 (투루신법)	0.1
자외선/가시선분광법 (활성탄흡착법)	0.3
데발다합금 환원증류법	중화적정법: 0.5
	분광법: 0.1

정답 ③

73 ★★☆

전기전도도의 측정에 관한 설명으로 잘못된 것은?

① 온도차에 의한 영향은 ±5%/℃ 정도이며 측정결과값의 통일을 위하여 보정하여야 한다.
② 측정단위는 μS/cm로 한다.
③ 전기전도도는 용액이 전류를 운반할 수 있는 정도를 말한다.
④ 전기전도도 셀은 항상 수중에 잠긴 상태에서 보존하여야 하며, 정기적으로 점검한 후 사용한다.

해설
온도차에 의한 영향은 ±2%/℃ 정도이며 측정결과값의 통일을 위하여 보정하여야 한다.

정답 ①

74 ★☆☆

시료 전처리 방법 중 중금속 측정을 위한 용매 추출법인 피로리딘 다이티오카르바민산 암모늄추출법에 관한 설명으로 알맞지 않은 것은?

① 크롬은 3가크롬과 6가크롬 상태로 존재할 경우에 추출된다.
② 망간을 측정하기 위해 전처리한 경우는 망간 착화합물의 불안전성 때문에 추출 즉시 측정하여야 한다.
③ 철의 농도가 높은 경우에는 다른 금속추출에 방해를 줄 수 있다.
④ 시료 중 구리, 아연, 납, 카드뮴, 니켈, 코발트 및 은 등의 측정에 적용된다.

해설
크롬은 6가크롬 상태로 존재할 경우에 추출된다.
피로리딘 다이티오카르바민산 암모늄추출법은 Cu, Zn, Pb, Ni, Fe, Mn, Cr^{6+}, Co, Ag의 측정에 사용된다.

정답 ①

75 ★☆☆

벤튜리미터(Venturi Meter)의 유량 측정공식,

$Q=\dfrac{CA}{\sqrt{1-(\text{㉠})^4}}\sqrt{2gH}$에서 (㉠)에 들어갈 내용으로 옳은 것은? (단, Q: 유량[cm^3/sec], C=유량계수, A=목 부분의 단면적[cm^2], g=중력가속도(980cm/sec^2), H=수두차[cm])

① 유입부의 직경/목(throat)부의 직경
② 목(throat)부의 직경/유입부의 직경
③ 유입부 관 중심부에서의 수두/목(throat)부의 수두
④ 목(throat)부의 수두/유입부 관 중심부에서의 수두

해설
㉠ 부분엔 d_2/d_1이 들어가며, 목(throat)부의 직경/유입부의 직경을 의미한다.
· Q: 유량[cm^3/sec]
· C: 유량계수
· A: 목부분의 단면적[cm^2] $\left(=\dfrac{\pi d_2{}^2}{4}\right)$
· d_1: 유입부의 직경[cm]
· d_2: 목부의 직경[cm]
· g: 중력가속도(=980cm/sec^2)
· H: 수두차[cm](=H_1-H_2)
  (H_1: 유입부관 중심부에서의 수두[cm])
  (H_2: 목부의 수두[cm])

정답 ②

76 ★★☆

램버트 – 비어(Lambert – Beer)의 법칙에서 흡광도의 의미는? (단, I_o는 입사광의 강도, I_t는 투사광의 강도, t는 투과도)

① I_t/I_o ② $t \times 100$
③ $\log(1/t)$ ④ $I_t \times 10^{-1}$

해설
흡광도 $A=-\log t$ (투과도 $t=I_t/I_o$)
      $=\log(1/t)$

정답 ③

77 ★☆☆

백분율(W/V, %)의 설명으로 옳은 것은?

① 용액 100g 중의 성분무게(g)를 표시
② 용액 100mL 중의 성분용량(mL)을 표시
③ 용액 100mL 중의 성분무게(g)를 표시
④ 용액 100g 중의 성분용량(mL)을 표시

해설
· W: Weight 무게(또는 질량, g)
· V: Volume 부피(100mL)

정답 ③

78 ★☆☆

수질측정기기 중에서 현장에서 즉시 측정하기 위한 것이 아닌 것은?

① DO meter
② pH meter
③ TOC meter
④ Thermometer

해설
TOC meter는 측정샘플에 총유기탄소의 농도만을 측정하는 장비로 실시간 현장 측정을 해야 하는 온도, 용존산소농도, 수소이온농도 측정과는 거리가 멀다.

정답 ③

79 ★★☆

하천의 일정장소에서 시료를 채수하고자 한다. 그 단면의 수심이 2m 미만일 때 채수위치는 수면으로부터 수심의 어느 위치인가?

① 1/2 지점
② 1/3 지점
③ 1/3 지점과 2/3 지점
④ 수면상과 1/2 지점

해설
수심에 따른 채수지점
· 수심 2m 미만일 경우: 수심의 1/3 지점
· 수심 2m 이상일 경우: 수심의 1/3 지점과 2/3 지점

정답 ②

80 ★★☆

물벼룩을 이용한 급성 독성 시험법에서 사용하는 용어의 정의로 옳지 않은 것은?

① 치사: 일정 비율로 준비된 시료에 물벼룩을 투입하고 12시간 경과 후 시험용기를 살며시 움직여주고, 30초 후 관찰했을 때 아무 반응이 없는 경우를 판정한다.
② 유영저해: 일정 희석 비율로 준비된 시료에 물벼룩을 투입하여 24시간 경과 후 시험용기를 손으로 살짝 두드려 주고, 15초 후 관찰했을 때 독성물질에 의해 영향을 받아 움직임이 없는 경우를 유영저해로 판정한다.
③ 표준독성물질: 독성시험이 정상적인 조건에서 수행되는지를 주기적으로 확인하기 위하여 사용하며 다이크롬산포타슘을 이용한다.
④ 지수식 시험방법: 시험기간 중 시험용액을 교환하지 않는 시험을 말한다.

해설
일정 희석 비율로 준비된 시료에 물벼룩을 투입하여 24시간 경과 후 시험용기를 손으로 살짝 두드려주고, 15초 후 관찰했을 때 독성물질에 의해 영향을 받아 움직임이 명백하게 없는 상태를 치사라고 판정한다.

정답 ①

수질환경관계법규

81

★★☆

환경기준인 수질 및 수생태계 상태별 생물학적 특성이해표의 내용 중 생물등급이 '좋음~보통'일 때의 생물지표종(어류)으로 틀린 것은?

① 버들치
② 쉬리
③ 갈겨니
④ 은어

해설

「환경정책기본법 시행령 별표 1」
수질 및 수생태계 상태별 생물학적 어류
• 매우 좋음~좋음: 산천어, 금강모치, 열목어, 버들치
• 좋음~보통: 쉬리, 갈겨니, 은어, 쏘가리
• 보통~약간 나쁨: 피라미, 끄리, 모래무지, 참붕어
• 약간 나쁨~매우 나쁨: 붕어, 잉어, 미꾸라지, 메기

정답 ①

82

★☆☆

오염총량관리 조사 · 연구반에 관한 내용으로 ( )에 옳은 내용은?

법에 따른 오염총량관리 조사 · 연구반은 ( )에 둔다.

① 유역환경청
② 한국환경공단
③ 국립환경과학원
④ 수질환경 원격조사센터

해설

「시행규칙 제20조」
법에 따른 오염총량관리 조사 · 연구반은 국립환경과학원에 둔다.

정답 ③

83

★★★

특례지역에 위치한 폐수시설의 부유물질량 배출허용기준 (mg/L 이하)은? (단, 1일 폐수배출량 1,000 세제곱미터)

① 30
② 40
③ 50
④ 60

해설

「시행규칙 별표 13」
특례지역 항목별 배출 허용기준

구분	1일 폐수배출량 2,000m³ 미만 규모	1일 폐수배출량 2,000m³ 이상 규모
생물화학적 산소요구량[mg/L]	30 이하	30 이하
총유기탄소량[mg/L]	25 이하	25 이하
부유물질량[mg/L]	30 이하	30 이하

정답 ①

84

★★☆

사업장의 규모별 구분에 관한 설명으로 틀린 것은?

① 1일 폐수배출량이 1,000m³인 사업장은 제2종 사업장에 해당된다.
② 1일 폐수배출량이 100m³인 사업장은 제4종 사업장에 해당된다.
③ 폐수배출량은 최근 90일 중 가장 많이 배출한 날을 기준으로 한다.
④ 최초 배출시설 설치허가시의 폐수배출량은 사업계획에 따른 예상용수사용량을 기준으로 산정한다.

해설

「시행령 별표 13」
사업장의 규모별 구분은 1년 중 가장 많이 배출한 날을 기준으로 정한다.

사업장	1일 폐수배출량 기준, m³
제1종	2,000 이상
제2종	700 이상 2,000 미만
제3종	200 이상 700 미만
제4종	50 이상 200 미만
제5종	위 1종~4종에 해당되지 않는 배출시설

정답 ③

85 ★★☆

기본배출부과금과 초과배출부과금에 공통적으로 부과대상이 되는 수질오염물질은?

가. 총질소	나. 유기물질
다. 총인	라. 부유물질

① 가, 나, 다, 라
② 가, 나
③ 나, 라
④ 가, 다

해설

「시행령 제42조」
- 기본배출부과금 부과대상 수질오염물질
  : 유기물질, 부유물질

「시행령 제46조」
- 초과배출부과금 부과대상 수질오염물질
  : 유기물질, 부유물질, 카드뮴 및 그 화합물, 시안화합물, 유기인화합물, 납 및 그 화합물, 6가크롬화합물, 비소 및 그 화합물, 수은 및 그 화합물, 폴리염화비페닐, 구리 및 그 화합물, 크롬 및 그 화합물, 페놀류, 트리클로로에틸렌, 테트라클로로에틸렌, 망간 및 그 화합물, 아연 및 그 화합물, 총질소, 총인

정답 ③

86 ★★☆

공공수역의 수질보전을 위하여 환경부령이 정하는 휴경 등 권고대상 농경지의 해발고도 및 경사도 기준으로 옳은 것은?

① 해발 400m, 경사도 15%
② 해발 400m, 경사도 30%
③ 해발 800m, 경사도 15%
④ 해발 800m, 경사도 30%

해설

「시행규칙 제85조」
"환경부령이 정하는 해발고도"라 함은 해발 400미터를, "환경부령이 정하는 경사도"라 함은 경사도 15퍼센트를 말한다.

정답 ①

87 ★☆☆

비점오염원 관리지역에 대한 관리대책을 수립할 때 포함될 사항으로 가장 거리가 먼 것은?

① 관리목표
② 관리대상 수질오염물질의 종류
③ 관리대상 수질오염물질의 분석방법
④ 관리대상 수질오염물질의 저감 방안

해설

「법 제55조」

관리대책의 수립 요소
- 관리목표
- 관리대상 수질오염물질의 종류 및 발생량
- 관리대상 수질오염물질의 발생 예방 및 저감 방안

정답 ③

88 ★★☆

수질환경기준(하천) 중 사람의 건강보호를 위한 전수역에서 각 성분별 환경기준으로 맞는 것은?

① 비소(As): 0.1mg/L 이하
② 납(Pb): 0.01mg/L 이하
③ 6가 크롬(Cr^{6+}): 0.05mg/L 이하
④ 음이온계면활성제(ABS): 0.01mg/L 이하

해설

「환경정책기본법 시행령 별표 1」

수질 및 수생태계 환경기준 중 하천에서의 사람의 건강보호 기준

항목	ABS	비소	납	Cr^{6+}
기준값 [mg/L]	0.5 이하	0.05 이하		

정답 ③

89 ★★☆

비점오염방지시설의 시설유형별 기준에서 장치형 시설이 아닌 것은?

① 침투 시설
② 여과형 시설
③ 스크린형 시설
④ 소용돌이형 시설

해설

「시행규칙 별표 6」
비점오염저감시설

자연형 시설	• 저류시설 • 인공습지 • 침투시설 • 식생형 시설
장치형 시설	• 여과형 시설 • 소용돌이형 시설 • 스크린형 시설 • 응집 · 침전 처리형 시설 • 생물학적 처리형 시설

정답 ①

90 ★☆☆

환경기술인 또는 기술요원 등의 교육에 관한 설명 중 틀린 것은?

① 환경기술인이 이수하여야 할 교육과정은 환경기술인 과정, 폐수처리기술요원과정이다.
② 교육기간은 5일 이내로 하며, 정보통신매체를 이용한 원격교육도 5일 이내로 한다.
③ 환경기술인은 1년 이내에 최초교육과 최초교육 후 3년 마다 보수교육을 이수하여야 한다.
④ 교육기관에서 작성한 교육계획에는 교재편찬계획 및 교육성적의 평가방법 등이 포함되어야 한다.

해설

「시행규칙 제94조」
교육기간은 4일 이내로 한다. 다만, 정보통신매체를 이용하여 원격교육을 시행하는 경우 환경부장관이 인정하는 기간으로 한다.

정답 ②

91 ★☆☆

배출시설에서 배출되는 수질오염물질을 방지시설에 유입하지 아니하고 배출한 경우(폐수무방류 배출시설의 설치허가 또는 변경허가를 받은 사업자는 제외)에 대한 벌칙 기준은?

① 2년 이하의 징역 또는 2천만원 이하의 벌금
② 3년 이하의 징역 또는 3천만원 이하의 벌금
③ 5년 이하의 징역 또는 5천만원 이하의 벌금
④ 7년 이하의 징역 또는 7천만원 이하의 벌금

해설

「법 제38조」 배출시설과 방지시설의 운영
「법 제76조」 벌칙
사업자 또는 방지시설을 운영하는 자 중 배출시설에서 배출되는 수질오염물질을 방지시설에 유입하지 아니하고 배출하거나 방지시설에 유입하지 아니하고 배출할 수 있는 시설을 설치하는 행위를 하는 경우 5년 이하의 징역 또는 5천만원 이하의 벌금에 처한다.

정답 ③

92 ★★★

물환경보전법령상 "호소"에 관한 설명으로 틀린 것은?

① 댐 · 보 또는 둑(「사방사업법」에 따른 사방시설은 제외한다.) 등을 쌓아 하천 또는 계곡에 흐르는 물을 가두어 놓은 곳
② 화산활동 등으로 인하여 함몰된 지역에 물이 가두어진 곳
③ 댐의 갈수위를 기준으로 구역 내 가두어진 곳
④ 하천에 흐르는 물이 자연적으로 가두어진 곳

해설

「법 제2조」
호소 해당 지역
• 댐, 보 또는 둑 등을 쌓아 하천 또는 계곡에 흐르는 물을 가두어 놓은 곳(사방사업법에 따른 사방시설은 제외한다.)
• 하천에 흐르는 물이 자연적으로 가두어진 곳
• 화산활동 등으로 인하여 함몰된 지역에 물이 가두어진 곳

정답 ③

93 ★☆☆

1,000,000m³/day 이상의 하수를 처리하는 공공폐수처리 시설에 적용되는 방류수의 수질기준 중에서 가장 기준(농도) 이 낮은 검사항목은?

① 총질소
② 총인
③ SS
④ BOD

해설

「하수도법 시행규칙 별표 1」

공공하수처리시설의 방류수 수질기준 중 1일 하수처리용량 500m³ 이상인 경우

구분	I 지역	II 지역	III 지역	IV 지역
생물화학적 산소요구량(BOD) (mg/L)	5 이하		10 이하	
총유기탄소량(TOC) (mg/L)	15 이하		25 이하	
부유물질(SS)(mg/L)	10 이하		10 이하	
총질소(T-N)(mg/L)	20 이하			
총인(T-P)(mg/L)	0.2 이하	0.3 이하	0.5 이하	2 이하
총대장균군수(개/mL)	1,000 이하	3,000 이하		
생태독성(TU)	1 이하			

정답 ②

94 ★☆☆

기술진단에 관한 설명으로 (   )에 알맞은 것은?

> 공공폐수처리시설을 설치·운영하는 자는 공공폐수처리시설의 관리상태를 점검하기 위하여 (   )년마다 해당 공공폐수처리시설에 대하여 기술진단을 하고, 그 결과를 환경부장관에게 통보하여야 한다.

① 1
② 5
③ 10
④ 15

해설

「법 제50조의2」

시행자는 공공폐수처리시설의 관리상태를 점검하기 위하여 5년마다 해당 공공폐수처리시설에 대하여 기술진단을 하고, 그 결과를 환경부장관에게 통보하여야 한다.

정답 ②

95 ★☆☆

폐수무방류배출시설의 세부 설치기준으로 틀린 것은?

① 특별대책지역에 설치되는 경우 폐수배출량이 200m³/day 이상이면 실시간 확인 가능한 원격유량감시장치를 설치하여야 한다.
② 폐수는 그정된 관로를 통하여 수집·이송·처리·저장되어야 한다.
③ 특별대책지역에 설치되는 시설이 1일 24시간 연속하여 가동되는 것이면 배출폐수를 전량 처리할 수 있는 예비 방지시설을 설치하여야 한다.
④ 폐수를 그체 상태의 폐기물로 처리하기 위하여 증발·농축·건조·탈수 또는 소각시설을 설치하여야 하며, 탈수 등 방지시설에서 발생하는 폐수가 방지시설에 재유입되지 않도록 하여야 한다.

해설

「시행령 제31조7항」
「시행령 별표 6」

폐수를 고체 상태의 폐기물로 처리하기 위하여 증발·농축·건조·탈수 또는 소각시설을 설치하여야 하며, 탈수 등 방지시설에서 발생하는 폐수가 방지시설에 재유입하도록 하여야 한다.

정답 ④

2021년

96 ★☆☆

다음은 배출시설의 설치허가를 받은 자가 배출시설의 변경 허가를 받아야 하는 경우에 대한 기준이다. (   )에 들어 갈 내용으로 옳은 것은?

> 폐수배출량이 허가 당시보다 100분의 50(특정수질유해물질이 배출되는 시설의 경우에는 100분의 30) 이상 또는 (   ) 이상 증가하는 경우

① 1일 500세제곱미터 ② 1일 600세제곱미터
③ 1일 700세제곱미터 ④ 1일 800세제곱미터

해설
「시행령 제31조」
변경허가 대상
폐수배출량이 허가 당시보다 100분의 50(특정수질유해물질이 환경부령으로 정하는 기준 이상으로 배출되는 배출시설의 경우에는 100분의 30) 이상 또는 1일 700세제곱미터 이상 증가하는 경우

정답 ③

97 ★☆☆

사업장에서 배출되는 폐수에 대한 설명 중 위탁처리를 할 수 없는 폐수는?

① 해양환경관리법상 지정된 폐기물 배출해역에 배출하는 폐수
② 폐수배출시설의 설치를 제한할 수 있는 지역에서 1일 50세제곱미터 미만으로 배출되는 폐수
③ 아파트형공장에서 고정된 관망을 이용하여 이송처리하는 폐수(폐수량에 제한을 받지 않는다.)
④ 성상이 다른 폐수가 수질오염방지시설에 유입될 경우 처리가 어려운 폐수로써 1일 50세제곱미터 미만으로 배출되는 폐수

해설
「시행규칙 제41조」
위탁처리대상 폐수
1일 50m^3 미만으로 배출되는 폐수 (단, 폐수배출시설의 설치를 제한할 수 있는 지역에서는 20m^3 미만으로 제한)

정답 ②
※ ①번은 법규 개정으로 인해 삭제된 내용임.

98 ★★☆

오염총량관리 기본방침에 포함되어야 하는 사항으로 거리가 먼 것은?

① 오염총량관리 대상지역의 수생태계 현황 조사 및 수생태계 건강성 평가 계획
② 오염원의 조사 및 오염부하량 산정방법
③ 오염총량관리의 대상 수질오염물질 종류
④ 오염총량관리의 목표

해설
「시행령 제4조」
오염총량관리 기본방침
• 오염총량관리의 목표
• 오염총량관리의 대상 수질오염물질 종류
• 오염원의 조사 및 오염부하량 산정방법
• 오염총량관리 기본계획의 주체, 내용, 방법 및 시한
• 오염총량관리 시행계획 내용 및 방법

정답 ①

99 ★★☆

수질오염경보 중 수질오염감시경보 대상 항목이 아닌 것은?

① 용존산소
② 전기전도도
③ 부유물질
④ 총유기탄소

해설

「시행령 제28조제2항」
「시행령 별표 2」

수질오염경보 중 수질오염감시경보의 발령 대상, 발령 주체 및 대상 항목

대상 항목	발령 대상	발령 주체
수소이온농도, 용존산소, 총질소, 총인, 전기전도도, 총유기탄소량, 휘발성유기화합물, 페놀, 중금속(구리, 납, 아연, 카드뮴 등), 클로로필-a, 생물감시	실시간으로 수질오염도가 측정되는 하천·호소	환경부장관

정답 ③

100 ★★☆

공공폐수처리시설의 관리·운영자가 처리시설의 적정운영 여부 확인을 위한 방류수 수질검사 실시기준으로 옳은 것은? (단, 시설규모는 1,000m³/day이며, 수질은 현저히 악화되지 않았음)

① 방류수 수질검사 월 2회 이상
② 방류수 수질검사 월 1회 이상
③ 방류수 수질검사 매분기 1회 이상
④ 방류수 수질검사 매반기 1회 이상

해설

「시행규칙 별표 15」

공공폐수처리시설의 유지·관리기준

처리시설의 관리·운영자는 방류수 수질기준 항목에 대한 방류수 수질검사를 다음과 같이 실시하여야 한다.

- 처리시설의 적정 운영 여부를 확인하기 위하여 방류수 수질검사를 월 2회 이상 실시하되, 1일당 2천 세제곱미터 이상인 시설은 주 1회 이상 실시하여야 한다. 다만, 생태독성(TU) 검사는 월 1회 이상 실시하여야 한다.
- 방류수의 수질이 현저하게 악화되었다고 인정되는 경우에는 수시로 방류수 수질검사를 하여야 한다.

정답 ①

수질오염개론

01 ★★☆

자당(Sucrose, $C_{12}H_{22}O_{11}$)이 완전히 산화될 때 이론적인 ThOD/TOC 비는?

① 2.67
② 3.83
③ 4.43
④ 5.68

해설

· ThOD 계산

$$C_{12}H_{22}O_{11}+\underline{12O_2} \rightarrow 12CO_2+11H_2O$$

　　1mol : $12 \times 32g$

　　$\rightarrow$ ThOD $=12 \times 32g$

· TOC 계산

$$C_{12}H_{22}O_{11} \rightarrow \underline{12C}$$

　　1mol : $12 \times 12g$

　　$\rightarrow$ TOC $=12 \times 12g$

$$\therefore \ \frac{ThOD}{TOC}=\frac{12 \times 32g}{12 \times 12g}=2.67$$

관련이론 | ThOD, TOC

· ThOD
　유기물이 화학식상 완전산화 되었을 때 요구되는 이론적 산소요구량
· TOC
　실제 산화된 탄소량으로 연소 시 탄소가 CO_2가 되는 탄소량

정답 ①

02 ★★★

하천의 수질관리를 위하여 1920년대 초에 개발된 수질예측모델로 BOD와 DO반응 즉 유기물 분해로 인한 DO소비와 대기로부터 수면을 통해 산소가 재공급되는 재폭기만 고려한 것은?

① DO SAG I 모델
② QUAL-I 모델
③ WQRRS 모델
④ Streeter-Phelps 모델

선지분석
① DO SAG-I(DO-SAG): Streeter-Phelps 식을 기본으로 I, II, III 단계에 걸쳐 개발
② QUAL-I: 하천과 대기 사이의 열복사, 열교환 고려
③ WQRRS: 하천 및 호수의 부영양화를 고려한 생태계 모델

정답 ④

03 ★☆☆

해양오염에 관한 설명으로 가장 거리가 먼 것은?

① 육지와 인접해 있는 대륙붕은 오염되기 쉽다.
② 유류오염은 산소의 전달을 억제한다.
③ 원유가 바다에 유입되면 해면에 얇은 막을 형성하며 분산된다.
④ 해수 중에서 오염물질의 확산은 일반적으로 수직방향이 수평방향보다 더 빠르게 진행된다.

해설

해수 중에서 오염물질의 확산은 일반적으로 수평방향이 수직방향보다 더 빠르게 진행된다.

정답 ④

04 ★★☆

유기화합물이 무기화합물과 다른 점을 올바르게 설명한 것은?

① 유기화합물들은 대체로 이온반응보다는 분자반응을 하므로 반응속도가 느리다.

② 유기화합물들은 대체로 분자반응보다는 이온반응을 하므로 반응속도가 느리다.

③ 유기화합물들은 대체로 이온반응보다는 분자반응을 하므로 반응속도가 빠르다.

④ 유기화합물들은 대체로 분자반응보다는 이온반응을 하므로 반응속도가 빠르다.

해설

유기화합물들은 대체로 이온반응보다는 분자반응을 하므로 반응속도가 느리다.

정답 ①

05 ★★☆

약산인 0.01N–CH_3COOH가 18% 해리될 때 수용액의 pH는?

① 약 2.15 ② 약 2.25

③ 약 2.45 ④ 약 2.75

해설

	CH_3COOH	→	CH_3COO^-	+	H^+
해리 전	0.01N		0N		0N
해리 후	0.01N × 0.82		0.01N × 0.18		0.01N × 0.18

약산인 0.01N–CH_3COOH가 18% 해리되었다면 약산인 0.01N–CH_3COOH의 해리 전 농도가 0.01N이므로, 해리 후 수소이온의 농도는 0.01N × 0.18이 된다.

$$\therefore \ pH = \log \frac{1}{[H^+]} = \log \frac{1}{0.01 \times 0.18} = 2.7447 \fallingdotseq 2.75$$

정답 ④

06 ★☆☆

식물과 조류세포의 엽록체에서 광합성의 명반응과 암반응을 담당하는 곳은?

① 틸라코이드와 스트로마

② 스트로마와 그라나

③ 그라나와 내막

④ 내막과 외막

해설

빛에너지를 화학에너지로 전환하는 명반응은 엽록체의 틸라코이드 또는 그라나에서 일어난다.

명반응에서 생성된 물질과 이산화탄소를 이용하여 포도당을 합성하는 암반응은 엽록체의 스트로마에서 일어난다.

관련이론 | 광합성

엽록체에서 일어나며, 이산화탄소와 물을 원료로 포도당과 산소를 합성하는 동화작용이다.

정답 ①

07 ★☆☆

호소의 영양상태를 평가하기 위한 Carlson 지수를 산정하기 위해 요구되는 인자가 아닌 것은?

① Chlorophyll-a ② SS

③ 투명도 ④ T–P

해설

Carlson에 의해 개발된 Carlson 지수는 경험적으로 만든 연속적인 부영양화도 지수로서 TSI(SD), TSI(Chlorophyll-a), TSI(T–P)가 있다.

· TSI(SD): 투명도(SD)에 대한 부영양화도 지수

· TSI(Chlorophyll-a): 투명도(SD)–클로로필 농도(Chlorophyll-a)의 상관관계에 의한 부영양화도 지수

· TSI(T–P): 클로로필 농도(Chlorophyll-a)–총인(T–P)의 상관관계를 이용한 부영양화도 지수

정답 ②

08 ★★☆

25℃, 2기압의 메탄가스 40kg을 저장하는 데 필요한 탱크의 부피(m³)는? (단, 이상기체의 법칙, $R=0.082L \cdot atm/mol \cdot K$)

① 20.6
② 25.3
③ 30.5
④ 35.3

해설

이상기체(상태)방정식 $PV=nRT$를 이용한다.
메탄가스(CH_4)의 분자량은 16g이므로 n은 다음과 같다.

$$n[mol]=\frac{M}{M_w}$$

$$=\frac{40kg}{}\left|\frac{1mol}{16g}\right|\frac{10^3g}{1kg}=2,500mol$$

$$\therefore V[m^3]=\frac{nRT}{P}$$

$$=\frac{2,500mol}{}\left|\frac{0.082L \cdot atm}{mol \cdot K}\right|\frac{(273+25)K}{}\left|\frac{1}{2atm}\right|\frac{1m^3}{10^3L}$$

$$=30.5m^3$$

정답 ③

09 ★☆☆

광합성의 영향인자와 가장 거리가 먼 것은?

① 빛의 강도
② 빛의 파장
③ 온도
④ O_2 농도

해설

산소(O_2)는 광합성의 부산물로 방출된다.

관련이론 | 광합성에 영향을 미치는 인자

- 빛의 파장
- 빛의 강도(세기)
- 온도
- CO_2 농도

정답 ④

10 ★☆☆

황조류로 엽록소 a, c와 크산토필의 색소를 가지고 있고 세포벽이 형태상 독특한 단세포 조류이며, 찬물 속에서도 잘 자라 북극지방에서나 겨울철에 번성하는 것은?

① 녹조류
② 갈조류
③ 규조류
④ 쌍편모조류

해설

규조류에 대한 설명이다.
규조류는 봄, 가을에는 급성장을 보여 호수와 성층현상에 관련이 있고 단세포이며 드물게 군락을 이루고 있는 경우도 있다.

관련이론 | 남조류, 녹조류

1. 남조류
   - 세포벽의 형태와 구조가 박테리아와 유사하다.
   - 섬유상, 군락상의 단세포로 편모가 없고 엽록소가 세포 전체에 퍼져있는 원핵생물이다.
   - 내부기관이 발달되어 있지 않아 박테리아에 가깝고 엽록소를 가져 광합성을 한다.
   - 호기성 신진대사를 하며 전자공여체로 물을 이용한다.
   - 대기로부터 질소를 암모니아로 전환하는 질소고정능력을 가진다.
2. 녹조류
   - 조류 중 가장 큰 문(Division)이다.
   - 세포벽이 엽록소이며 클로로필 a, b를 가지고 있다.
   - 단세포와 다세포가 있으며 일부는 유영 편모를 갖춰 운동성이 있다.

정답 ③

11 ★★★

물의 특성에 관한 설명으로 틀린 것은?

① 수소와 산소의 공유결합 및 수소결합으로 되어 있다.
② 수온이 감소하면 물의 점성도가 감소한다.
③ 물의 점성도는 표준상태에서 대기의 대략 100배 정도이다.
④ 물분자 사이의 수소결합으로 큰 표면장력을 갖는다.

해설

수온이 감소하면 물의 점성도가 증가한다.

정답 ②

12

★☆☆

자연계 내에서 질소를 고정할 수 있는 생물과 가장 거리가 먼 것은?

① Blue green algae ② Rhizobium
③ Azotobacter ④ Flagellates

해설

Flagellates(편모충류)는 질소고정과 관련이 없다.

질소고정 세균은 대기 속에 존재하는 유리질소를 유기물 합성에 이용할 수 있는 세균으로 단생질소고정균과 공생질소고정균으로 나눌 수 있다.

단생질소고정균에는 ① 남조류(Blue green algae), ③ 아조토박터(Azotobacter), 클로스트리디움(Clostridium) 등이 해당하며, 공생질소고정균에는 ② 뿌리혹박테리아(Rhizobium)와 엽류균 등이 포함된다.

정답 ④

13

★★★

시료의 대장균수가 5,000개/mL라면 대장균수가 20개/mL 될 때까지의 소요시간(hr)은? (단, 일차반응기준, 대장균 수의 반감기는 2시간)

① 약 16 ② 약 18
③ 약 20 ④ 약 22

해설

$$\ln \frac{C_t}{C_o} = -k \cdot t$$

먼저 반감기를 이용하여 k를 구한다.

㉠ $\ln \dfrac{2,500}{5,000} = -k \cdot 2\text{hr}$

∴ $k = 0.3466 \text{hr}^{-1}$

대장균수가 20개/mL 될 때까지의 소요시간을 구하면

㉡ $\ln \dfrac{20}{5,000} = -0.3466\text{hr}^{-1} \cdot t$

∴ $t = 15.93 ≒ 16\text{hr}$

정답 ①

14

★★☆

보통 농업용수의 수질평가 시 SAR로 정의하는데 이에 대한 설명으로 틀린 것은?

① SAR값이 20 정도이면 Na^+가 토양에 미치는 영향이 적다.
② SAR의 값은 Na^+, Ca^{2+}, Mg^{2+} 농도와 관계가 있다.
③ 경수가 연수보다 토양에 더 좋은 영향을 미친다고 볼 수 있다.
④ SAR의 계산식에 사용되는 이온의 농도도 meq/L를 사용한다.

해설

SAR의 값이 10 이하인 경우는 경작토양으로 문제가 발생하지 않는다. SAR의 값이 20 정도이면 Na^+가 토양에 미치는 영향이 비교적 크다.

정답 ①

15

★★☆

분뇨에 관한 설명으로 옳지 않은 것은?

① 분뇨는 다량의 유기물과 대장균을 포함하고 있다.
② 도시하수에 비하여 고형물 함유도와 점도가 높다.
③ 분과 뇨의 혼합비는 1 : 10이다.
④ 분과 뇨의 고형물비는 약 1 : 1이다.

해설

분과 뇨의 구성비는 대략 부피비로 1 : 10 정도이고, 고형물의 비는 7 : 1 정도이다.

정답 ④

2021년

16 ★☆☆

호소의 조류생산 잠재력조사(AGP 시험)를 적용한 대표적 응용사례와 가장 거리가 먼 것은?

① 제한 영양염의 추정
② 조류 증식에 대한 저해물질의 유무 추정
③ 1차 생산량 측정
④ 방류수역의 부영양화에 미치는 폐수의 영향평가

해설

1차 생산량 측정과는 관련이 없다.

관련이론 | 조류생산 잠재력조사(AGP 시험)의 응용사례
- 제한 영양염의 추정
- 부영양화 정도의 판정
- 조류 증식에 대한 저해물질의 유무 추정
- 조류가 이용 가능한 영양염의 양적 추정
- 방류수역의 부영양화에 미치는 폐수의 영향평가
- 배수처리에 있어서 탈질소, 탈인 등 처리 조작의 효율평가

정답 ③

17 ★★☆

3mol의 글리신(Glycine, $CH_2(NH_2)COOH$)이 분해되는 데 필요한 이론적 산소요구량(g O_2)은?

> 1단계: 유기탄소는 이산화탄소(CO_2), 유기질소는 암모니아(NH_3)로 전환된다.
> 2단계: 암모니아는 산화과정을 통하여 아질산, 최종적으로 질산염까지 전환된다.

① 317　　　　② 336
③ 362　　　　④ 392

해설

글리신의 이론적 산화반응을 이용한다.
$$C_2H_5O_2N + 3.5O_2 \rightarrow 2CO_2 + 2H_2O + HNO_3$$
　1mol : $3.5 \times 32g$
$= 3mol : X(g)$
∴ 이론적 산소요구량(ThOD) $= 336g$

정답 ②

18 ★★☆

1차 반응식이 적용될 때 완전혼합반응기(CFSTR) 체류시간은 압출형반응기(PFR) 체류시간의 몇 배가 되는가? (단, 1차 반응에 의해 초기농도의 70%가 감소되었고, 자연대수로 계산하며 속도상수는 같다고 가정함)

① 1.34　　　　② 1.51
③ 1.72　　　　④ 1.94

해설

㉠ PFR의 경우
$$\ln \frac{C_t}{C_0} = -k \cdot t$$
- C_t: 시간 t에서의 농도
- k: 반응속도상수

$$\rightarrow t = \frac{\ln \frac{C_t}{C_0}}{-k} = \frac{\ln \frac{0.3C_0}{C_0}}{-k}$$
$$= 1.204/k$$

㉡ CFSTR의 경우
$$t = \frac{C_0 - C_t}{k \cdot C_t} = \frac{C_0 - 0.3C_0}{k \cdot 0.3C_0} = 2.33/k$$

∴ 체류시간의 비 $= \frac{CFSTR(t)}{PFR(t)} = \frac{2.33/k}{1.204/k} = 1.94$

정답 ④

19 ★★★

해수에 관한 다음의 설명 중 옳은 것은?

① 해수의 중요한 화학적 성분 7가지는 Cl^-, Na^+, Mg^{2+}, SO_4^{2-}, HCO_3^-, K^+, Ca^{2+}이다.
② 염분은 적도해역에서 낮고 남북 양극해역에서 높다.
③ 해수의 Mg/Ca비는 담수보다 작다.
④ 해수의 밀도는 수심이 깊을수록 염농도가 감소함에 따라 작아진다.

해설

해수의 Holy seven 물질(7대 해수조성이온) 농도 순서는 다음과 같다.
$$Cl^- > Na^+ > SO_4^{2-} > Mg^{2+} > Ca^{2+} > K^+ > HCO_3^-$$

선지분석
② 염분은 적도해역에서는 높고, 남북 양극해역에서는 다소 낮다.
③ Mg/Ca 비는 해수가 3~4 정도이고, 담수는 0.1~0.3로 해수가 담수보다 월등히 크다.
④ 해수의 밀도는 1.02~1.07g/cm³ 범위로 수온, 염분, 수압의 함수이며 수심이 깊을수록 증가한다.

정답 ①

20 ★★☆

아세트산(CH_3COOH) 120mg/L 용액의 pH는? (단, 아세트산 $K_a = 1.8 \times 10^{-5}$)

① 4.65　　② 4.21
③ 3.72　　④ 3.52

해설

$CH_3COOH \rightarrow CH_3COO^- + H^+$

$K_a = \dfrac{[CH_3COO^-][H^+]}{[CH_3COOH]} = 1.8 \times 10^{-5}$

$CH_3COOH[mol/L] = \dfrac{120mg}{L} \left| \dfrac{1mol}{60g} \right| \dfrac{1g}{10^3mg}$

$\qquad = 2.0 \times 10^{-3} mol/L = 0.002M$

$[CH_3COO^-] = [H^+]$

$\therefore 1.8 \times 10^{-5} = \dfrac{[H^+]^2}{0.002M}$

$[H^+] = 1.897 \times 10^{-4} M$

$\therefore pH = \log \dfrac{1}{[H^+]} = \log \dfrac{1}{1.897 \times 10^{-4}} \fallingdotseq 3.72$

정답 ③

상하수도계획

21 ★☆☆

상수시설 중 도수거에서의 최소유속(m/sec)은?

① 0.1　　② 0.3
③ 0.5　　④ 1.0

해설

도수거에서 평균유속의 최대한도는 3.0m/s이고 최소유속은 0.3m/s이다.

정답 ②

22 ★☆☆

슬러지탈수 방법 중 가압식 벨트프레스 탈수기에 관한 내용으로 옳지 않은 것은? (단, 원심탈수기와 비교)

① 소음이 적다.
② 동력이 적다.
③ 부대장치가 적다.
④ 소모품이 적다.

해설

벨트프레스 탈수기의 특징
・소음이 적고, 동력이 적다.
・설치가 간단하고 설치면적이 작다.
・유지 관리가 용이하고 소모품이 적다.

정답 ③

23 ★☆☆

응집지(정수시설) 내 급속혼화시설의 급속혼화방식과 가장 거리가 먼 것은?

① 공기식　　② 수류식
③ 기계식　　④ 펌프 확산에 의한 방법

해설

급속혼화는 수류식이나 기계식 및 펌프 확산에 의한 방법으로 달성할 수 있다.

정답 ①

24 ★☆☆

하수 고도처리를 위한 급속여과법에 관한 설명과 가장 거리가 먼 것은?

① 여층의 운동방식에 의해 고정상형 및 이동상형으로 나눌 수 있다.
② 여층의 구성은 유입수와 여과수의 수질, 역세척 주기 및 여과면적을 고려하여 정한다.
③ 여과속도는 유입수와 여과수의 수질, SS의 포획능력 및 여과지속시간을 고려하여 정한다.
④ 여재는 종류, 공극률, 비표면적, 균등계수 등을 고려하여 정한다.

해설
여재 및 여층의 구성은 SS 제거율, 유지관리의 편의성 및 경제성을 고려하여 정한다.

정답 ②

25 ★★★

상수의 취수시설에 관한 설명 중 틀린 것은?

① 취수탑은 탑의 설치 위치에서 갈수 수심이 최소 2m 이상이어야 한다.
② 취수보의 취수구의 유입유속은 1m/sec 이상이 표준이다.
③ 취수탑의 취수구 단면형상은 장방형 또는 원형으로 한다.
④ 취수문을 통한 유입속도가 0.8m/sec 이하가 되도록 취수문의 크기를 정한다.

해설
취수보의 취수구의 유입유속은 0.4~0.8m/sec가 표준이다.

정답 ②

26 ★★☆

상수처리시설인 침사지의 구조 기준으로 틀린 것은?

① 표면부하율은 200~500mm/min을 표준으로 한다.
② 지내 평균유속은 30cm/sec를 표준으로 한다.
③ 지의 상단높이는 고수위보다 0.6~1m의 여유고를 둔다.
④ 지의 유효수심은 3~4m를 표준으로 한다.

해설
지내 평균유속은 2~7cm/sec를 표준으로 한다.

정답 ②

27 ★★☆

복류수나 자유수면을 갖는 지하수를 취수하는 시설인 집수매거에 관한 설명으로 틀린 것은?

① 집수매거의 길이는 시험우물 등에 의한 양수시험 결과에 따라 정한다.
② 집수매거의 매설깊이는 1.0m 이하로 한다.
③ 집수매거는 수평 또는 흐름방향으로 향하여 완경사로 하고 집수매거의 유출단에서 매거내의 평균유속은 1.0m/sec 이하로 한다.
④ 세굴의 우려가 있는 제외지에 설치할 경우에는 철근콘크리트틀 등으로 방호한다.

해설
집수매거는 노출되거나 유실될 우려가 없도록 5m 이상의 깊이로 매설한다.

관련이론 | 집수매거
집수매거는 하천 부지의 하상 밑의 땅속에 매설하여 집수 기능을 갖는 관로이며 지하수를 취수하는 시설이다.
- 자갈이나 모래 등 투수성이 좋은 대수층을 선정하여 설치한다.
- 복류수의 흐름방향과 직각으로 설치한다.
- 직접 지표수의 영향을 받지 않기 위해 매설깊이는 5m 이상으로 한다.

정답 ②

28 ★★★

계획오수량에 대한 설명 중 올바르지 않은 것은?

① 합류식에서 우천 시 계획오수량은 원칙적으로 계획시간 최대오수량의 3배 이상으로 한다.

② 계획1일 최대오수량은 1인1일 평균오수량에 계획인구를 곱한 후, 여기에 공장폐수량, 지하수량 및 기타 배수량을 더한 것으로 한다.

③ 계획1일 평균오수량은 계획1일 최대오수량의 70~80%를 표준으로 한다.

④ 계획시간 최대오수량은 계획1일 최대오수량의 1시간당 수량의 1.3~1.8배를 표준으로 한다.

해설

계획1일 최대오수량은 1인1일 최대오수량에 계획인구를 곱한 후, 여기에 공장폐수량, 지하수량 및 기타 배수량을 더한 것으로 한다.

정답 ②

29 ★☆☆

도시의 장래하수량 추정을 위해 인구증가 현황을 조사한 결과 매년 증가율이 5%로 나타났다. 이 도시의 20년 후의 추정 인구(명)는? (단, 현재의 인구는 73,000명이다.)

① 약 132,000 ② 약 162,000
③ 약 183,000 ④ 약 194,000

해설

$P_n = P_0(1+r)^n$

• P_n: 계획년도의 인구[명]
• P_0: 현재인구[명]
• r: 인구 증가비
• n: 계획년수

$P_n = 73,000(1+0.05)^{20}$
$\quad = 193,691 ≒ 194,000$명

정답 ④

30 ★☆☆

해수담수화를 위해 해수를 취수할 때 취수위치에 따른 장단점으로 틀린 것은?

① 해중취수(10m 이상): 기상변화, 해조류의 영향이 적다.

② 해안취수(10m 이내): 계절별 수질, 수온 변화가 심하다.

③ 염지하수취수: 추가적 전처리 비용이 발생한다.

④ 해안취수(10m 이내): 양적으로 가장 경제적이다.

해설

염지하수 취수는 전처리 비용을 절감할 수 있다는 장점이 있다.

관련이론 | 해수의 취수

1. 해중취수(10m 이상)
   • 기상변화, 해조류 등에 영향이 적다.
   • 수질, 수온이 비교적 안정적이다.
   • 건설비용이 많이 소요된다.
   • 시공이 어렵다.
2. 해안취수(10m 이내)
   • 양적으로 가장 경제적이다.
   • 비교적 시공이 단순하다.
   • 기상변화, 해조류 등에 영향이 크다.
   • 계절별 수질, 수온 변화가 심하다.
3. 염지하수취수
   • 수질, 수온이 매우 안정적이다.
   • 전처리 비용을 절감할 수 있다.
   • 지역적인 영향을 받는다.
   • 양적인 제한을 받는다.

정답 ③

31 ★★★

펌프의 캐비테이션이 발생하는 것을 방지하기 위한 대책으로 볼 수 없는 것은?

① 펌프의 설치위치를 가능한 한 높게 하여 펌프의 필요유 효흡입수두를 작게 한다.

② 펌프의 회전속도를 낮게 선정하여 펌프의 필요유효흡 입수두를 작게 한다.

③ 흡입관의 손실을 가능한 한 작게 하여 펌프의 가용유효 흡입수두를 크게 한다.

④ 흡입측 밸브를 완전히 개방하고 펌프를 운전한다.

해설

펌프의 설치위치를 가능한 한 낮게 하여 펌프의 가용유효흡입수두를 크게 한다.

관련이론 | 그 외 캐비테이션(Cavitation) 방지 대책

• 펌프의 회전속도를 감소시킨다.

• 성능에 크게 영향을 미치지 않는 범위 내에서 흡입관의 직경을 증가 시킨다.

• 두 대 이상의 펌프를 사용하거나 회전차를 수중에 완전히 잠기게 한다.

• 양흡입 펌프, 입축형 펌프, 수중펌프의 사용을 검토한다.

정답 ①

32 ★★★

정수장에서 송수를 받아 해당 배수구역으로 배수하기 위한 배수지에 대한 설명(기준)으로 틀린 것은?

① 유효용량은 시간변동조정용량과 비상대처용량을 합한다.

② 유효용량은 급수구역의 계획1일 최대급수량의 6시간분 이상을 표준으로 한다.

③ 배수지의 유효수심은 3~6m 정도를 표준으로 한다.

④ 고수위로부터 정수지 상부 슬래브까지는 30cm 이상의 여유고를 둔다.

해설

유효용량은 시간변동조정용량, 비상대처용량을 합하여 급수구역의 계획1일 최대급수량의 12시간분 이상을 표준으로 한다.

정답 ②

33 ★☆☆

오수관로를 계획할 때 고려할 사항으로 맞지 않는 것은?

① 분류식과 합류식이 공존하는 경우에는 원칙적으로 양 지역의 관로는 분리하여 계획한다.

② 관로는 원칙적으로 암거로 하며, 수밀한 구조로 하여야 한다.

③ 관로단면, 형상 및 경사는 관로 내에 침전물이 퇴적하지 않도록 적당한 유속을 확보한다.

④ 관로의 역사이펀이 발생하도록 계획한다.

해설

관로의 역사이펀은 가능한 피하도록 계획한다.
오수관로와 우수관로의 교차로 역사이펀 설치를 피할 수 없는 경우, 오수관로를 역사이펀으로 하는 것이 좋다.

정답 ④

34 ★☆☆

펌프의 특성곡선에서 펌프의 양수량과 양정간의 관계를 가장 잘 나타낸 곡선은?

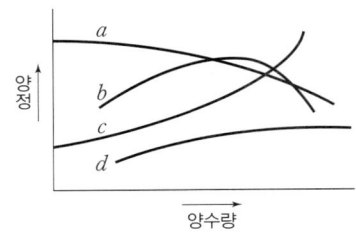

① a 곡선   ② b 곡선

③ c 곡선   ④ d 곡선

해설

양수량과 양정간의 관계를 가장 잘 나타낸 곡선은 a이다.

관련이론 | 펌프의 특성곡선

펌프의 회전속도를 유지하고 펌프용량을 변화시켰을 때 양정, 효율, 축 동력 요구량의 변화를 나타낸 곡선이다.

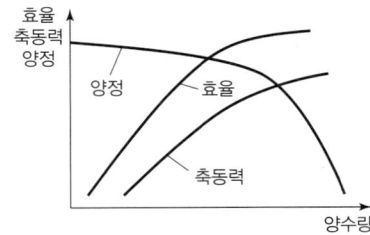

정답 ①

35 ★★★

강우강도 $I=\dfrac{3,970}{t+31}$ mm/hr, 유역면적 3.0km², 유입시간 180sec, 관로길이 1km, 유출계수 1.1, 하수관의 유속 33m/min일 경우 우수유출량(m³/sec)은? (단, 합리식 적용)

① 약 29   ② 약 33
③ 약 48   ④ 약 57

해설

우수량 계산을 위한 합리식은 다음과 같다.

$$Q=\frac{1}{360}CIA$$

- Q: 우수량[m³/sec]
- C: 유출계수
- I: 강우강도[mm/hr]
- A: 유역면적[ha]

- 유출계수 $C=1.1$
- 유역면적 $A=\dfrac{3\text{km}^2}{}\Big|\dfrac{100\text{ha}}{1\text{km}^2}=300\text{ha}$
- $t=$유입시간$+$유하시간$=t_i+\dfrac{L}{V}$

$$=\frac{180\text{sec}}{}\Big|\frac{1\text{min}}{60\text{sec}}+\frac{\text{min}}{33\text{m}}\Big|\frac{1\text{km}}{}\Big|\frac{10^3\text{m}}{1\text{km}}$$

$$=33.3\text{min}$$

- $I=\dfrac{3,970}{t+31}=\dfrac{3,970}{33.3+31}$ mm/hr

$$=61.74\text{mm/hr}$$

$$\therefore Q=\frac{1}{360}\times1.1\times61.74\times300$$

$$=56.595\fallingdotseq57\text{m}^3/\text{sec}$$

정답 ④

36 ★★☆

정수시설인 완속여과지에 관한 내용으로 옳지 않은 것은?

① 주위 벽 상단은 지반보다 60cm 이상 높여 여과지 내로 오염수나 토사 등의 유입을 방지한다.
② 여과속도는 4~5m/day를 표준으로 한다.
③ 모래층의 두께는 70~90cm를 표준으로 한다.
④ 여과면적은 계획정수량을 여과속도로 나누어 구한다.

해설

주위 벽 상단은 지반보다 15cm 이상 높여 여과지 내로 오염수나 토사 등의 유입을 방지한다.

정답 ①

37 ★☆☆

하수도계획 수립 시 포함되어야 하는 사항과 가장 거리가 먼 것은?

① 침수방지계획
② 슬러지 처리 및 자원화 계획
③ 물관리 및 재이용 계획
④ 하수도 구축지역 계획

해설

하수도계획 수립 시 포함되어야 하는 사항

- 침수방지계획
- 수질보존계획
- 물관리 및 재이용 계획
- 슬러지 처리 및 자원화 계획

정답 ④

38 ★★★

유출계수가 0.65인 1km²의 분수계에서 흘러내리는 우수의 양(m³/sec)은? (단, 강우강도=3mm/min, 합리식 적용)

① 1.3   ② 6.5
③ 21.7   ④ 32.5

해설

$$Q=\frac{1}{360}CIA$$

- Q: 우수량[m³/sec]
- C: 유출계수
- I: 강우강도[mm/hr]
- A: 유역면적[ha]

- 유출계수 $C=0.65$
- 유역면적 $A=\dfrac{1\text{km}^2}{}\Big|\dfrac{100\text{ha}}{1\text{km}^2}=100\text{ha}$
- $I=\dfrac{3\text{mm}}{\text{min}}\Big|\dfrac{60\text{min}}{1\text{hr}}=180\text{mm/hr}$

$$\therefore Q=\frac{1}{360}\times0.65\times180\times100$$

$$=32.5\text{m}^3/\text{sec}$$

정답 ④

39 ★☆☆

하수시설인 중력식 침사지에 대한 설명 중 옳은 것은?

① 체류시간은 3~6분을 표준으로 한다.

② 수심은 유효수심에 모래퇴적부의 깊이를 더한 것으로 한다.

③ 오수침사지의 표면부하율은 $3,600\text{m}^3/\text{m}^2 \cdot \text{day}$ 정도로 한다.

④ 우수침사지의 표면부하율은 $1,800\text{m}^3/\text{m}^2 \cdot \text{day}$ 정도로 한다.

해설

중력식 침사지는 수밀성이 있는 철근콘크리트 구조로 평균유속은 0.3m/sec이고, 수심은 유효수심에 모래퇴적부의 깊이를 더한 것으로 한다.

선지분석

① 체류시간은 30~60초를 표준으로 한다.

③ 오수침사지의 표면부하율은 $1,800\text{m}^3/\text{m}^2 \cdot \text{day}$ 정도로 한다.

④ 우수침사지의 표면부하율은 $3,600\text{m}^3/\text{m}^2 \cdot \text{day}$ 정도로 한다.

정답 ②

40 ★☆☆

펌프를 선정할 때 고려 사항으로 적당하지 않은 것은?

① 펌프를 최대효율점 부근에서 운전하도록 용량 및 대수를 결정한다.

② 펌프의 설치대수는 유지관리상 가능한 한 적게 하고 동일용량의 것으로 한다.

③ 펌프는 저용량일수록 효율이 높으므로 가능한 한 저용량으로 한다.

④ 내부에서 막힘이 없고, 부식 및 마모가 적어야 한다.

해설

펌프는 펌프 토출량이 많을수록 효율이 높으므로 가능한 한 고용량으로 한다. 또한, 유입오수량에 따라 대응운전이 가능한 한 대·중·소 조합 운전이 되도록 한다.

정답 ③

수질오염방지기술

41 ★☆☆

포기조에 공기를 0.6m³/m³(물)으로 공급할 때, 물 단위 부피당의 기포 표면적(m²/m³)은? (단, 기포의 평균 지름= 0.25cm, 상승속도=18cm/sec로 균일, 물의 유량= 30,000m³/day, 포기조 안의 체류시간=15min, 포기조의 수심=2.8m)

① 24.9 　　　　② 35.2

③ 43.6 　　　　④ 49.3

해설

$$A = \frac{Q}{\forall} \times \pi d^2 \times \frac{H}{V_f}$$

- A: 기포 표면적$[\text{m}^2]$
- Q: 물의 유량$[\text{m}^3/\text{hr}]$
- $\forall$: 부피$[\text{m}^3]$
- d: 기포 평균 지름$[\text{m}]$
- V_f: 상승속도$[\text{m}/\text{hr}]$
- H: 수심$[\text{m}]$

- $Q = \dfrac{30,000\text{m}^3}{\text{day}} \left| \dfrac{0.6\text{m}^3}{\text{m}^3} \right| \dfrac{1\text{day}}{24\text{hr}} = 750\text{m}^3/\text{hr}$

- $\forall = \dfrac{\pi \times d^3}{6} = \dfrac{\pi \times (0.0025\text{m})^3}{6} = 8.18 \times 10^{-9}\text{m}^3$

- $V_f = \dfrac{0.18\text{m}}{\text{sec}} \left| \dfrac{3,600\text{sec}}{\text{hr}} \right. = 648\text{m}/\text{hr}$

- $\therefore A = \dfrac{750\text{m}^3}{\text{hr}} \left| \dfrac{1}{8.18 \times 10^{-9}\text{m}^3} \right| \dfrac{\pi \times (0.0025)^2\text{m}^2}{1} \left| \dfrac{2.8\text{m}}{648\text{m}/\text{hr}} \right.$
  $= 7,778.95\text{m}^2$

따라서 물 단위 부피당 기포 표면적$[\text{m}^2/\text{m}^3]$은 다음과 같다.

$$\dfrac{7,778.95\text{m}^2}{} \left| \dfrac{\text{day}}{30,000\text{m}^3} \right| \dfrac{1}{15\text{min}} \left| \dfrac{1,440\text{min}}{1\text{day}} \right.$$
$$= 24.89 \fallingdotseq 24.9\text{m}^2/\text{m}^3$$

정답 ①

42 ★★☆

하수처리장에서 발생되는 슬러지를 혐기성 소화조에서 처리하는 도중 소화가스량이 급격하게 감소하였다. 소화가스의 발생량이 감소하는 원인에 대한 설명 중 틀린 것은?

① 유기산이 과도하게 축적되는 경우
② 적정 온도 범위가 유지되지 않거나 독성물질이 유입된 경우
③ 알칼리도가 크게 낮아진 경우
④ pH가 증가된 경우

해설

소화가스 발생량 저하의 원인

- 저농도 슬러지 유입
- 소화슬러지 과잉 배출
- 소화조 내 온도 저하
- 소화가스 누출
- 과다한 산 생성(pH 감소)

정답 ④

43 ★★★

다음 조건과 같이 혐기성 반응을 시킬 때 세포생산량(kg 세포/day)은?

> 세포생산계수(Y)=0.04g 세포/g BOD_L
> 폐수유량(Q)=1,000m^3/day
> BOD 제거효율(E)=0.7
> 세포내호흡계수(K_d)=0.015/day
> 세포 체류시간(θ_c)=20일
> 폐수유기물질농도(S_o)=10g BOD_L/L

① 84
② 182
③ 215
④ 334

해설

$$\frac{1}{SRT} = \frac{Y \cdot BOD \cdot Q \cdot \eta}{\forall \cdot X} - K_d$$

$$\frac{1}{20} = \frac{0.04 \times 10 \times 1,000 \times 0.7}{\forall \cdot X} - 0.015$$

$$\forall \cdot X = 4,307.69kg$$

$$Q_w \cdot X_r = Y \cdot BOD \cdot Q \cdot \eta - K_d \cdot \forall \cdot X$$
$$= 0.04 \times 10 \times 1,000 \times 0.7 - 0.015 \times 4,307.69$$
$$= 215.39kg/day$$

정답 ③

44 ★★☆

응집과정 중 교반의 영향에 관한 설명으로 알맞지 않은 것은?

① 교반에 따른 응집효과는 입자의 농도가 높을수록 좋다.
② 교반에 따른 응집효과는 입자의 지름이 불균일할수록 좋다.
③ 교반을 위한 동력은 응결지 부피와 비례한다.
④ 교반을 위한 동력은 속도경사와 반비례한다.

해설

$$G = \sqrt{\frac{P}{\mu V}}$$

- G: 속도경사[sec^{-1}]
- P: 동력[W]
- μ: 점성계수[$N \cdot s/m^2$]
- V: 응결지 부피[m^3]

$$\rightarrow P = G^2 \cdot \mu \cdot V$$

즉, 동력(P)은 속도경사(G)의 제곱에 비례한다.

정답 ④

45 ★★★

활성슬러지 포기조의 유효용적 1,000m³, MLSS 농도 3,000mg/L, MLVSS는 MLSS농도의 75%, 유입 하수 유량 4,000m³/day, 합성계수(Y) 0.63mg MLVSS/mg BOD_removed, 내생분해계수(K_d) 0.05day⁻¹, 1차 침전조 유출수의 BOD 200mg/L, 포기조 유출수의 BOD 20mg/L일 때, 슬러지 생성량(kg/day)은?

① 301 ② 321
③ 341 ④ 361

해설

$X_r \cdot Q_w$
$= Y \cdot BOD \cdot \eta \cdot Q - K_d \cdot \forall \cdot X$
$= 0.63 \times 0.2 \times 0.9 \times 4,000 - 0.05 \times 1,000 \times (3 \times 0.75)$
$= 341.1 \fallingdotseq 341kg/day$

여기서, 효율(η)$= \dfrac{200-20}{200} = 0.9$

정답 ③

46 ★☆☆

평균입도 3.2mm인 균일한 층 30cm에서의 Reynolds 수는? (단, 여과속도=160L/m²·min, 동점성계수=1.003×10⁻⁶ m²/sec)

① 8.5 ② 11.6
③ 15.9 ④ 18.3

해설

$Re = \dfrac{D \cdot V \cdot \rho}{\mu} = \dfrac{D \cdot V}{\nu}$

$\left(\because \nu = \dfrac{\mu}{\rho} \right)$

- D: 입자크기[m]
- V: 여과속도[m/sec]
- ρ: 밀도[kg/m³]
- μ: 점성계수[kg/m·sec]
- ν: 동점성계수 [m²/sec]

$Re = \dfrac{D \cdot V}{\nu}$

$= \dfrac{3.2 \times 10^{-3}m}{} \left| \dfrac{160L}{m^2 \cdot min} \right| \dfrac{sec}{1.003 \times 10^{-6}m^2} \left| \dfrac{1m^3}{10^3 L} \right| \dfrac{1min}{60sec}$

$= 8.5$

정답 ①

47 ★★☆

농축조에 함수율 99%인 일차슬러지를 투입하여 함수율 96%의 농축슬러지를 얻었다. 농축 후의 슬러지량은 초기 일차 슬러지량의 몇 %로 감소하였는가? (단, 비중은 1.0 기준)

① 50 ② 33
③ 25 ④ 20

해설

$V_1(100-W_1) = V_2(100-W_2)$
$100(100-99) = V_2(100-96)$
$\rightarrow V_2 = 25$
$\therefore \dfrac{V_2}{V_1} = \dfrac{25}{100} = 0.25 = 25\%$

정답 ③

48 ★★☆

하수처리에 관련된 침전현상(독립, 응집, 간섭, 압밀)의 종류 중 '간섭침전'에 관한 설명과 가장 거리가 먼 것은?

① 생물학적 처리시설과 함께 사용되는 2차 침전시설내에서 발생한다.
② 입자 간의 작용하는 힘에 의해 주변 입자들의 침전을 방해하는 중간 정도 농도의 부유액에서의 침전을 말한다.
③ 입자 등은 서로 간의 간섭으로 상대적 위치를 변경시켜 전체 입자들이 한 개의 단위로 침전한다.
④ 함께 침전하는 입자들의 상부에 고체와 액체의 경계면이 형성된다.

해설

간섭침전은 입자 등이 서로 간의 상대적 위치를 변경시키려 하지 않고 전체 입자들이 한 개의 단위로 침전한다.

관련이론 | 간섭침전
침전하는 입자들이 너무 가까이 있어서 입자 간의 힘이 이웃입자의 침전을 방해하게 되고 침전속도는 점점 감소하게 되며 최종 침전지 중간 정도의 깊이에서 일어나는 침전 형태이다.

정답 ③

49 ★☆☆

농약을 제조하는 공장의 폐수 중에는 유기인이 함유되어 있는 경우가 많다. 이들을 처리하는 데 가장 적당한 처리방법은?

① 활성탄 흡착
② 이온교환수지법
③ 황산 알미늄으로 응집
④ 염화철로 응집

해설

일반적으로 알칼리성에서 (활성탄)흡착처리 한다.

관련이론 | 유기인 함유 폐수 처리

- 생물학적 처리법: 유기인이 함유되어 있는 폐수를 소석회로 중화시키고 폐수에 적응된 유기인 내산균을 함유한 활성슬러지와 함께 혼합 포기하는 처리법이다.
- 화학적 처리법: 알칼리성에서 가수분해하여 무해화하는 처리법이다.
- 흡착처리법: 유기인 화합물은 고체 표면에 부착하는 성질이 있어 활성탄 흡착이 매우 효과적이다.

정답 ①

50 ★★★

침전지 내에서 기타의 모든 조건이 같다면 비중이 0.3인 입자에 비하여 0.8인 입자의 부상속도는 얼마나 되는가?

① 7/2배 늘어난다.
② 8/3배 늘어난다.
③ 2/7로 줄어든다.
④ 3/8로 줄어든다.

해설

- V_f : 입자의 부상속도[cm/sec]
- d : 부상하는 입자의 직경[cm]
- ρ_w : 액체의 밀도[g/cm³]
- ρ_p : 부상입자의 밀도[g/cm³]
- g : 중력가속도(980cm/sec²)
- μ : 액체의 점성계수[g/cm·sec]

$$V_f = \frac{d^2(\rho_w - \rho_p)g}{18\mu}$$

$$V_f = \frac{d^2(\rho_w - \rho_p)g}{18\mu} \rightarrow V_f = K(\rho_w - \rho_p)$$

- $V_{f0.8} = K(\rho_w - \rho_p) = K(1 - 0.8) = 0.2K$
- $V_{f0.3} = K(\rho_w - \rho_p) = K(1 - 0.3) = 0.7K$

$$\therefore \frac{V_{f0.8}}{V_{f0.3}} = \frac{0.2K}{0.7K} = \frac{2}{7}$$

정답 ③

51 ★☆☆

생물학적 폐수처리공정에서 생물 반응조에 슬러지를 반송시키는 주된 이유는?

① 폐수처리에 필요한 미생물을 공급하기 위하여
② 폐수에 들어있는 독성물질을 중화시키기 위하여
③ 활성슬러지가 자라는 데 필요한 영양소를 공급하기 위하여
④ 슬러지처리공정으로 들어가는 잉여슬러지의 양을 증가시키기 위하여

해설

슬러지를 반송시키는 이유는 하수 처리에 소요되는 충분한 미생물을 확보하기 위함이며, 나아가서는 폐기시켜야 할 슬러지량을 감소시키기 위해서이다.

관련이론 | 생물학적 폐수처리공정

- 폐수 내 미생물을 이용하여 제거하는 방법이다.
- 폐수의 2차 처리, 슬러지 처리, 공장폐수의 처리 등을 위해 사용한다.

정답 ①

52 ★★★

연속회분식(SBR)의 운전단계에 관한 설명으로 틀린 것은?

① 주입: 주입단계 운전의 목적은 기질(원폐수 또는 1차 유출수)을 반응조에 주입하는 것이다.
② 주입: 주입단계는 총 cycle 시간의 약 25% 정도이다.
③ 반응: 반응단계는 총 cycle 시간의 약 65% 정도이다.
④ 침전: 연속흐름식 공정에 비하여 일반적으로 더 효율적이다.

해설

반응단계는 총 cycle 시간의 약 35% 정도이다.

정답 ③

53

★★☆

혐기성 소화조내의 pH가 낮아지는 원인이 아닌 것은?

① 유기물 과부하
② 과도한 교반
③ 중금속 등 유해물질 유입
④ 온도 저하

해설

교반이 부족할 경우 pH가 낮아진다.

관련이론 | 혐기성 소화조 내의 pH가 낮아지는 원인
· 유기물의 과부하로 소화의 불균형
· 온도 저하
· 교반 부족
· 메탄균 활성을 저해하는 독물 또는 중금속 유입

정답 ②

54

★☆☆

일반적으로 염소계 산화제를 사용하여 무해한 물질로 산화분해시키는 처리방법을 사용하는 폐수의 종류는?

① 납을 함유한 폐수
② 시안을 함유한 폐수
③ 유기인을 함유한 폐수
④ 수은을 함유한 폐수

해설

시안(CN)이 함유된 폐수의 처리는 산화제를 이용하는 산화법인 알칼리염소처리법이 주로 이용된다.
시안을 함유한 폐수 처리에는 이 방법 외에도 오존산화법, 전해산화법, 생물학적 처리법, 감청법 등이 있다.

정답 ②

55

★☆☆

처리유량이 200m³/hr이고 염소요구량이 9.5mg/L, 잔류염소 농도가 0.5mg/L일 때 하루에 주입되는 염소의 양(kg/day)은?

① 2
② 12
③ 22
④ 48

해설

염소주입량 = 염소요구량 + 염소잔류량
$$= 9.5mg/L + 0.5mg/L$$
$$= 10mg/L$$

∴ 하루에 주입되는 염소의 양[kg/day]

$$= \frac{10mg}{L} \left| \frac{200m^3}{hr} \right| \frac{10^3L}{1m^3} \left| \frac{1kg}{10^6mg} \right| \frac{24hr}{day}$$

$$= 48kg/day$$

정답 ④

56

★☆☆

상향류 혐기성 슬러지상(UASB)에 관한 설명으로 틀린 것은?

① 미생물 부착을 위한 여재를 이용하여 혐기성 미생물을 슬러지층으로 축적시켜 폐수를 처리하는 방식이다.
② 수리학적 체류시간을 작게 할 수 있어 반응조 용량이 축소된다.
③ 폐수의 성상에 의하여 슬러지의 입상화가 크게 영향을 받는다.
④ 고형물의 농도가 높을 경우 고형물 및 미생물이 유실될 우려가 있다.

해설

상향류 혐기성 슬러지상(UASB)은 생물막공법이지만 다른 공법과 달리 부착매체가 없다.

정답 ①

57 ★★★

회전원판법(RBC)에서 근접 배치한 얇은 원형 판들을 폐수가 흐르는 통에 몇 % 정도가 잠기는 것(침적률)이 가장 적합한가?

① 20% ② 30%

③ 40% ④ 50%

해설

회전원판법(RBC)은 회전축에 수직으로 가까이 배치한 얇은 원형 판들을 폐수가 흐르는 통에 약 40% 정도 잠기게 설치한다. 원판을 천천히 회전시키면서 원판 위에 자연적으로 발생하는 미생물을 이용하여 폐수를 처리한다.

정답 ③

58 ★★☆

활성슬러지 포기조 용액을 사용한 실험값으로부터 얻은 결과에 대한 설명으로 가장 거리가 먼 것은?

> MLSS 농도가 1,600mg/L인 용액 1리터를 30분 동안 침강시킨 후 슬러지의 부피가 400mL이었다.

① 최종침전지에서 슬러지의 침강성이 양호하다.
② 슬러지 밀도지수(SDI)는 0.5 이하이다.
③ 슬러지 용량지수(SVI)는 200 이상이다.
④ 실모양의 미생물이 많이 관찰된다.

해설

$$\text{SVI} = \frac{\text{SV[mL/L]}}{\text{MLSS[mg/L]}} \times 10^3$$

$$= \frac{400}{1,600} \times 10^3 = 250$$

$$\text{SDI} = \frac{100}{\text{SVI}} = \frac{100}{250} = 0.4$$

SVI가 50~150mL/g 정도의 범위일 경우 침강성이 양호하며, 200mL/g 이상일 경우에는 슬러지 팽화가 발생한다.

정답 ①

59 ★★☆

1,000m³의 하수로부터 최초침전지에서 생성되는 슬러지의 양(m³)은? (단, 최초침전지 체류시간은 2시간, 부유물질 제거효율 60%, 부유물질농도 220mg/L, 부유물질 분해 없음, 슬러지 비중 1.0, 슬러지 함수율 97%)

① 2.4 ② 3.2

③ 4.4 ④ 5.2

해설

$$SL[\text{m}^3] = \frac{1,000\text{m}^3}{} \left| \frac{0.22\text{kg}}{\text{m}^3} \right| \frac{60}{100} \left| \frac{100}{3} \right| \frac{\text{m}^3}{1,000\text{kg}}$$

$$= 4.4\text{m}^3$$

정답 ③

60 ★☆☆

급속교반 탱크에 유입되는 폐수를 6평날 터빈 임펠러로 완전 혼합하고자 한다. 임펠러의 직경은 2.0m, 깊이 6.0m인 탱크의 바닥으로부터 1.2m 높이에서 설치되었다. 수온 30℃에서 임펠러의 회전속도가 30rpm일 때 동력소비량(kW)은? (단, $P = K\rho n^3 D^5$, 30℃ 액체의 밀도 995.7kg/m³, $K = 6.3$)

① 약 115 ② 약 86

③ 약 54 ④ 약 25

해설

$$P = K \cdot \rho \cdot n^3 \cdot D^5 \qquad \begin{array}{l} \cdot P\text{: 소요동력} \\ \cdot K\text{: 상수} \\ \cdot \rho\text{: 유체의 밀도} \\ \cdot n\text{: 임펠러 회전속도} \\ \cdot D\text{: 임펠러 직경} \end{array}$$

$$P = K \cdot \rho \cdot n^3 \cdot D^5$$

$$= \frac{6.3}{} \left| \frac{995.7\text{kg}}{\text{m}^3} \right| \left(\frac{30\text{cycle}}{60\text{sec}} \right)^3 \left| \frac{(2\text{m})^5}{} \right.$$

$$= 25,091.64\text{W} \fallingdotseq 25\text{kW}$$

정답 ④

61 ★☆☆

개수로 유량측정에 관한 설명으로 틀린 것은? (단, 수로의 구성, 재질, 단면의 형상, 기울기 등이 일정하지 않은 개수로의 경우)

① 수로는 될수록 직선적이며, 수면이 물결치지 않는 곳을 고른다.
② 10m를 측정구간으로 하여 2m마다 유수의 횡단면적을 측정하고, 산술평균 값을 구하여 유수의 평균 단면적으로 한다.
③ 유속의 측정은 부표를 사용하여 100m 구간을 흐르는 데 걸리는 시간을 스톱워치로 재며 이때 실측유속을 표면 최대유속으로 한다.
④ 총 평균유속(m/s)은 [0.75 × 표면 최대유속(m/s)]으로 계산된다.

해설
유속의 측정은 부표를 사용하여 10m 구간을 흐르는 데 걸리는 시간을 스톱워치로 재며 이때 실측유속을 표면 최대유속으로 한다.

정답 ③

62 ★☆☆

시료 보존 시 반드시 유리병을 사용하여야 하는 측정 항목이 아닌 것은?

① 노말헥산추출물질
② 음이온계면활성제
③ 유기인
④ PCB

해설
음이온계면활성제는 유리병뿐 아니라 폴리에틸렌을 사용하는 것도 가능하다.

관련이론 | 반드시 유리병을 용기로 사용해야 하는 측정 항목
노말헥산추출물질, 유기인, PCB, 잔류염소(갈색병), 냄새, 페놀류, 염화비닐(갈색병), 아크릴로니트릴(갈색병), 다이에틸헥실프탈레이트(갈색병), 브로모폼(갈색병), 1.4 – 다이옥산(갈색병), 석유계총탄화수소(갈색병), 휘발성유기화합물

정답 ②

63 ★☆☆

자외선/가시선 흡광광도계의 구성 순서로 가장 적합한 것은?

① 광원부 – 파장선택부 – 시료부 – 측광부
② 광원부 – 파장선택부 – 단색화부 – 측광부
③ 시료도입부 – 광원부 – 파장선택부 – 측광부
④ 시료도입부 – 광원부 – 검출부 – 측광부

해설
일반적인 자외선/가시선 흡광광도계의 구성 순서
광원부 – 파장선택부 – 시료부 – 측광부

정답 ①

64 ★☆☆

부유물질 측정 시 간섭물질에 관한 설명으로 틀린 것은?

① 증발잔류물이 1,000mg/L 이상인 경우의 해수, 공장폐수 등은 특별히 취급하지 않을 경우, 높은 부유물질 값을 나타낼 수 있다.
② 5mm 금속망을 통과시킨 큰 입자들은 부유물질 측정에 방해를 주지 않는다.
③ 철 또는 칼슘이 높은 시료는 금속침전이 발생하며 부유물질 측정에 영향을 줄 수 있다.
④ 유지 및 혼합되지 않는 유기물도 여과지에 남아 부유물질 측정값을 높게 할 수 있다.

해설
부피가 큰 모래입자나 나뭇조각 등과 같이 큰 입자들은 부유물질 측정에 방해를 주므로 직경 2mm 금속망에 먼저 통과시켜 걸러낸 후 분석을 실시한다.

정답 ②

65 ★☆☆

폐수 20mL를 취하여 산성 과망간산칼륨법으로 분석하였더니 0.005M−$KMnO_4$ 용액의 적정량이 4mL이었다. 이 폐수의 COD(mg/L)는? (단, 공시험값=0mL, 0.005M−$KMnO_4$ 용액의 f=1.00)

① 16
② 40
③ 60
④ 80

해설

$$COD[mg/L]=(b-a)\times f\times \frac{1,000}{V}\times 0.2$$

• a: 바탕시험 적정에 소비된 과망간산칼륨 용액(0.005M)의 양=0mL
• b: 시료의 적정에 소비된 과망간산칼륨 용액(0.005M)의 양=4mL
• f: 과망간산칼륨 용액(0.005M)의 농도계수(factor)=1.00
• V: 시료의 양=20mL

$$\therefore COD=(4-0)\times 1.00\times \frac{1,000}{20}\times 0.2$$
$$=40mg/L$$

정답 ②

66 ★★★

수질분석용 시료 채취 시 유의사항과 가장 거리가 먼 것은?

① 시료 채취 용기는 시료를 채우기 전에 깨끗한 물로 3회 이상 씻은 다음 사용한다.
② 유류 또는 부유물질 등이 함유된 시료는 시료의 균일성이 유지될 수 있도록 채취하여야 하며 침전물 등이 부상하여 혼입되어서는 안 된다.
③ 용존가스, 환원성 물질, 휘발성유기화합물, 냄새, 유류 및 수소이온 등을 측정하는 시료는 시료용기에 가득 채워야 한다.
④ 시료 채취량은 보통 3~5L 정도이어야 한다.

해설

시료 채취 용기는 시료를 채우기 전에 시료로 3회 이상 씻은 다음 사용한다.

정답 ①

67 ★☆☆

기체 크로마토그래피법으로 유기인계 농약성분인 다이아지논을 측정할 때 사용되는 검출기는?

① ECD
② FID
③ FPD
④ TCD

해설

기체 크로마토그래피법으로 유기인계 농약성분인 다이아지논을 측정할 때 사용되는 검출기는 FPD(Flame Photometric Detector, 불꽃광도형 검출기)이다.

불꽃광도형 검출기는 수소불꽃에 의하여 시료성분을 연소시키고 이때 발생하는 불꽃의 광도를 분광학적으로 측정하는 방법으로서 인 또는 유황화합물을 선택적으로 검출할 수 있다. 운반가스와 조연가스의 혼합부, 수소공급구, 연소노즐, 광학 필터, 광전자증배관 및 전원 등으로 구성되어 있다.

선지분석

① ECD(Electron Capture Detector, 전자포획형 검출기)
유기할로겐화합물, 니트로화합물 및 유기금속화합물 등 전자 친화력이 큰 원소가 포함된 화합물을 수 ppb의 매우 낮은 농도까지 선택적으로 검출할 수 있다.
② FID(Flame Ionization Detector, 수소불꽃이온화검출기)
수소불꽃이 온화검출기는 수소연소노즐(Nozzle), 이온수집기(Ion Collector)와 함께 대극 및 배기구로 구성되는 본체와 이 전극 사이에 직류전압을 주어 흐르는 이온전류를 측정하기 위한 직류전압 변환회로, 감도 조절부, 신호감쇄부 등으로 구성된다.
④ TCD(Thermal Conductivity Detector, 열전도도 검출기)
모든 화합물 검출이 가능하므로 분석대상에 제한이 없고 값이 싸다. 시료를 파괴하지 않는 장점이 있으나 다른 검출기에 비해 감도는 낮다.

정답 ③

68 ★★★

"정확히 취하여"라고 하는 것은 규정한 양의 액체를 무엇으로 눈금까지 취하는 것을 말하는가?

① 메스실린더
② 뷰렛
③ 부피피펫
④ 눈금 비이커

해설

"정확히 취하여"는 규정한 양의 액체를 부피피펫으로 눈금까지 취하는 것을 뜻한다.

정답 ③

69 ★★☆

NO_3^-(질산성 질소) 0.1mg N/L의 표준원액을 만들려고 한다. KNO_3 몇 mg을 달아 증류수에 녹여 1L로 제조하여야 하는가? (단, KNO_3 분자량=101.1)

① 0.10 　　　　　　② 0.14

③ 0.52 　　　　　　④ 0.72

해설

$$KNO_3[mg/L] = \frac{0.1mg\ N}{L} \left| \frac{101.1g\ KNO_3}{14g\ N} \right.$$
$$= 0.72mg/L$$

정답 ④

70 ★★☆

노말헥산 추출물질의 정량한계(mg/L)는?

① 0.1 　　　　　　② 0.5

③ 1.0 　　　　　　④ 5.0

해설

노말헥산 추출물질의 정량한계는 0.5mg/L이다.

관련이론 | 노말헥산(n-Hexane) 추출물질 목적

- 이 시험기준은 물중에 비교적 휘발되지 않는 탄화수소, 탄화수소유도체, 그리스 유상물질 및 광유류를 함유하고 있는 시료를 pH 4 이하의 산성으로 하여 노말헥산층에 용해되는 물질을 노말헥산으로 추출하고 노말헥산을 증발시킨 잔류물의 무게로부터 구하는 방법이다.
- 다만, 광유류의 양을 시험하고자 할 경우에는 활성규산마그네슘(플로리실) 컬럼을 이용하여 동식물유지류를 흡착·제거하고 유출액을 같은 방법으로 구할 수 있다.

정답 ②

71 ★★☆

식물성 플랑크톤을 현미경계수법으로 측정할 때 저배율 방법(200배율 이하) 적용에 관한 내용으로 틀린 것은?

① 세즈윅 – 라프터 챔버는 중배율 이상에서도 관찰이 용이하여 미소 플랑크톤의 검경에 적절하다.

② 시료를 챔버에 채울 때 피펫은 입구가 넓은 것을 사용하는 것이 좋다.

③ 계수 시 스트립을 이용할 경우, 양쪽 경계면에 걸린 개체는 하나의 경계면에 대해서만 계수한다.

④ 계수 시 격자의 경우 격자 경계면에 걸린 개체는 격자의 4면 중 2면에 걸린 개체는 계수하고 나머지 2면에 들어온 개체는 계수하지 않는다.

해설

세즈윅 – 라프터 챔버는 조작이 편리하고 재현성이 높은 반면 중배율 이상에서는 관찰이 어렵기 때문에 미소 플랑크톤(Nano Plankton)의 검경에는 적절하지 않다.

관련이론 | 세즈윅 – 라프터(Sedgwick – Rafter) 챔버

길이 50mm, 폭 20mm, 깊이 1mm로 부피 1mL인 챔버를 사용한다.

정답 ①

72 ★★☆

수질오염공정시험기준상 음이온계면활성제 실험방법으로 옳은 것은?

① 자외선/가시선 분광법 　　② 원자흡수분광광도법

③ 기체크로마토그래피법 　　④ 이온전극법

해설

음이온계면활성제 분석방법

- 자외선/가시선 분광법
- 연속흐름법

관련이론 | 음이온계면활성제의 일반적 성질

- 가정하수나 산업폐수로 지하수나 지표수에 흘러 들어갈 수 있다.
- 보통 물에 녹기 쉬운 친수성 부분과 기름에 녹기 쉬운 소수성 부분을 가지고 있다.
- 세제로 많이 사용되는 것 외에도 식품과 화장품의 유화제, 보습제로도 많이 사용된다.

정답 ①

73 ★★★

공정시험기준의 내용으로 가장 거리가 먼 것은?

① 온수는 60~70℃, 냉수는 15℃ 이하를 말한다.

② 방울수는 20℃에서 정제수 20방울을 적하할 때, 그 부피가 약 1mL가 되는 것을 뜻한다.

③ '정밀히 단다'라 함은 규정된 수치의 무게를 0.1mg까지 다는 것을 말한다.

④ 시험에 쓰는 물은 따로 규정이 없는 한 증류수 또는 정제수로 한다.

해설

- '정밀히 단다'라 함은 규정된 양의 시료를 취하여 화학저울 또는 미량저울로 칭량함을 말한다.
- 규정된 수치의 무게를 0.1mg까지 다는 것은 '정확히 단다'이다.

정답 ③

74 ★★☆

자외선/가시선 분광법을 적용한 크롬 측정에 관한 내용으로 ( )에 옳은 것은?

> 3가 크롬은 (㉠)을 첨가하여 6가 크롬으로 산화시킨 후 산성용액에서 다이페닐카바자이드와 반응하여 생성되는 (㉡) 착화합물의 흡광도를 측정한다.

① ㉠ 과망간산칼륨, ㉡ 황색

② ㉠ 과망간산칼륨, ㉡ 적자색

③ ㉠ 티오황산나트륨, ㉡ 적색

④ ㉠ 티오황산나트륨, ㉡ 황갈색

해설

3가 크롬은 과망간산칼륨을 첨가하여 6가 크롬으로 산화시킨 후 산성용액에 다이페닐카바자이드와 반응하여 생성하는 적자색 착화합물의 흡광도를 540nm에서 측정한다.

지표수, 지하수, 폐수 등에 적용할 수 있으며, 정량한계는 0.04mg/L이다.

정답 ②

75 ★★☆

직각 3각 웨어에서 웨어의 수두 0.2m, 수로폭 0.5m, 수로의 밑면으로부터 절단 하부 점까지의 높이 0.9m일 때, 아래의 식을 이용하여 유량(m^3/min)을 구하면?

$$K = 81.2 + \frac{0.24}{h} + \left\{ \left(8.4 + \frac{12}{\sqrt{D}}\right) \times \left(\frac{h}{B} - 0.09\right)^2 \right\}$$

① 1.0   ② 1.5

③ 2.0   ④ 2.5

해설

$$K = 81.2 + \frac{0.24}{h} + \left\{ \left(8.4 + \frac{12}{\sqrt{D}}\right) \times \left(\frac{h}{B} - 0.09\right)^2 \right\}$$

$$= 81.2 + \frac{0.24}{0.2} + \left\{ \left(8.4 + \frac{12}{\sqrt{0.9}}\right) \times \left(\frac{0.2}{0.5} - 0.09\right)^2 \right\}$$

$$= 84.42$$

직각삼각웨어으 유량 $Q[m^3/min]$

$$Q = K \cdot h^{\frac{5}{2}}$$

$$= 84.42 \times 0.2^{\frac{5}{2}}$$

$$= 1.51 ≒ 1.5 m^3/min$$

정답 ②

76 ★★☆

환원제인 $FeSO_4$용액 25mL를 H_2SO_4 산성에서 0.1N-$K_2Cr_2O_7$으로 산화시키는 데 31.25mL 소비되었다. $FeSO_4$ 용액 200mL를 0.05N 용액으로 만들려고 할 때 가하는 물의 양(mL)은?

① 200   ② 300

③ 400   ④ 500

해설

$NV = N'V'$

- $0.1N \times 31.25mL = X(N) \times 25mL$

  → $X = 0.125N$

- $0.125N \times 200mL = 0.05N \times Y(mL)$

  → $Y = 500mL$

따라서 0.125N 농도 200mL에 물 300mL를 가하면 0.05N 농도의 500mL 수용액이 된다.

정답 ②

77 ★★☆

시료의 최대보존기간이 다른 측정 항목은?

① 시안   ② 불소
③ 염소이온   ④ 노말헥산추출물질

해설

시안의 최대보존기간은 14일이고, 나머지 시료들은 28일이다.

정답 ①

78 ★★☆

취급 또는 저장하는 동안에 이물질이 들어가거나 또는 내용물이 손실되지 아니하도록 보호하는 용기는?

① 밀봉용기   ② 밀폐용기
③ 기밀용기   ④ 압밀용기

해설

밀폐용기는 물질을 취급 또는 저장하는 동안에 이물질이 들어가거나 내용물이 손실되지 않도록 보호하는 용기이다.

선지분석

① 밀봉용기: 물질을 취급 또는 저장하는 동안에 기체 또는 미생물이 침입하지 않도록 내용물을 보호하는 용기
③ 기밀용기: 물질을 취급 또는 저장하는 동안에 밖으로부터의 공기 또는 다른 가스가 침입하지 않도록 내용물을 보호하는 용기
④ 압밀용기: 압밀시험을 위해 측정시료에 고압력을 가할 수 있게 내구성이 있도록 제작된 용기

관련이론 | 차광용기

광선을 투과하지 않은 용기 또는 투과하지 않게 포장을 한 용기이며 취급 또는 저장하는 동안에 내용물의 광화학적 변화를 방지할 수 있는 용기

정답 ②

79 ★☆☆

기체크로마토그래피법으로 PCB를 정량할 때 관련이 없는 것은?

① 전자포획형 검출기
② 석영가스 흡수 셀
③ 실리카겔 칼럼
④ 질소캐리어 가스

해설

PCB(폴리클로리네이티드비페닐) 용매 추출/기체크로마토그래피 개요

물 속에 용존하는 폴리클로리네이티드비페닐(PCB)은 다음과 같은 절차로 분석한다.

㉠ 채수한 시료를 헥산으로 추출하여 필요시 알칼리 분해한 다음 다시 헥산으로 추출하고 실리카겔 또는 플로리실 칼럼을 통과시켜 정제한다.
㉡ 이 용액을 농축하여 기체크로마토그래프에 주입하고 크로마토그램을 작성하여 나타난 피크의 패턴에 따라 PCB를 확인하고 정량한다.

• 간섭물질
  1. 전자포획검출기(ECD)를 사용하여 PCB를 측정할 때 프탈레이트가 방해할 수 있는데 이는 플라스틱 용기 사용을 최소화하여 줄일 수 있다.
  2. 산, 염화페놀, 폴리클로로페녹시페놀 등의 극성화합물을 제거하기 위해 실리카겔 칼럼 정제를 수행한다.

정답 ②

80 ★★☆

알킬수은 화합물을 기체크로마토그래피에 따라 정량하는 방법에 관한 설명으로 가장 거리가 먼 것은?

① 전자포획형 검출기(ECD)를 사용한다.
② 알킬수은 화합물을 벤젠으로 추출한다.
③ 운반기체는 순도 99.999% 이상의 질소 또는 헬륨을 사용한다.
④ 정량한계는 0.05mg/L이다.

해설

정량한계는 0.0005mg/L이다.

정답 ④

수질환경관계법규

81 ★★☆

환경정책기본법령상 환경기준에서 하천의 생활환경기준에 포함되지 않는 검사항목은?

① TP
② TN
③ DO
④ TOC

해설

「환경정책기본법 시행령 별표 1」

환경기준에서 하천의 생활환경기준에 포함되는 검사항목

- BOD(생물화학적산소요구량)
- pH(수소이온농도)
- TOC(총유기탄소량)
- SS(부유물질량)
- DO(용존산소량)
- TP(총인)
- 총대장균군
- 분원성대장균군

정답 ②

82 ★☆☆

과징금에 관한 내용으로 (   )에 옳은 것은?

환경부장관은 폐수처리업의 허가를 받은 자에 대하여 영업정지를 명하여야 하는 경우로서 그 영업정지가 주민의 생활이나 그 밖의 공익에 현저한 지장을 줄 우려가 있다고 인정되는 경우에는 영업정지처분에 갈음하여 매출액에 (   )를 곱한 금액을 초과하지 아니하는 범위에서 과징금을 부과할 수 있다.

① 100분의 1
② 100분의 5
③ 100분의 10
④ 100분의 20

해설

「법 제66조」

환경부장관은 폐수처리업의 허가를 받은 자에 대하여 영업정지를 명하여야 하는 경우로서 그 영업정지가 주민의 생활이나 그 밖의 공익에 현저한 지장을 줄 우려가 있다고 인정되는 경우에는 영업정지처분에 갈음하여 매출액에 100분의 5를 곱한 금액을 초과하지 아니하는 범위에서 과징금을 부과할 수 있다.

정답 ②

83 ★★☆

배출부과금을 부과하는 경우, 당해 배출부과금 부과기준일 전 6개월 동안 방류수 수질기준을 초과하는 수질오염물질을 배출하지 아니한 사업자에 대하여 방류수 수질기준을 초과하지 아니하고 수질오염물질을 배출한 기간별로, 당해 부과 기간에 부과하는 기본배출부과금의 감면율은?

① 6개월 이상 1년 내: 100분의 10
② 1년 이상 2년 내: 100분의 30
③ 2년 이상 3년 내: 100분의 50
④ 3년 이상: 100분의 60

해설

「시행령 제52조」

기본배출부과금의 감면율

- 6개월 이상 1년 내: 100분의 20
- 1년 이상 2년 내: 100분의 30
- 2년 이상 3년 내: 100분의 40
- 3년 이상: 100분의 50

정답 ②

84 ★☆☆

폐수처리업의 허가를 받을 수 없는 결격사유에 해당하지 않는 것은?

① 폐수처리업의 허가가 취소된 후 2년이 지나지 아니한 자
② 파산선고를 받고 복권된 지 2년이 지나지 아니한 자
③ 피성년후견인
④ 피한정후견인

해설

「법 제63조」

다음 각 호의 어느 하나에 해당하는 자는 폐수처리업의 허가를 받을 수 없다.

1. 피성년후견인 또는 피한정후견인
2. 파산선고를 받고 복권되지 아니한 자
3. 폐수처리업의 허가가 취소된 후 2년이 지나지 아니한 자
4. 「대기환경보전법」, 「소음·진동관리법」을 위반하여 징역의 실형을 선고받고 그 형의 집행이 끝나거나 집행을 받지 아니하기로 확정된 후 2년이 지나지 아니한 사람
5. 임원 중에 제1호부터 제4호까지의 어느 하나에 해당하는 사람이 있는 법인

정답 ②

2021년

85 ★★★

수질오염방지시설 중 생물화학적 처리시설이 아닌 것은?

① 살균시설　　　　② 접촉조
③ 안정조　　　　　④ 폭기시설

해설

「시행규칙 별표 5」

생물화학적 처리시설

- 살수여과상
- 폭기시설
- 산화시설(산화조 또는 산화지)
- 혐기성·호기성 소화시설
- 접촉조
- 안정조
- 돈사톱밥발효시설

정답 ①

86 ★★☆

비점오염저감시설 중 장치형 시설이 아닌 것은?

① 생물학적 처리형 시설
② 응집·침전 처리형 시설
③ 소용돌이형 시설
④ 침투형 시설

해설

「시행규칙 별표 6」

비점오염저감시설의 구분 중 장치형 시설

- 여과형 시설
- 소용돌이형 시설
- 스크린형 시설
- 응집·침전 처리형 시설
- 생물학적 처리형 시설

정답 ④

87 ★★★

사업장별 환경관리인의 자격기준으로 알맞지 않은 것은?

① 특정수질유해물질이 포함된 수질오염물질을 배출하는 제4종 또는 제5종사업장은 제4종사업장에 해당하는 환경기술인을 두어야 한다. 다만, 특정수질유해물질이 함유된 1일 20m³ 이하 폐수를 배출하는 경우에는 그러하지 아니한다.
② 방지시설 설치면제 대상인 사업장과 배출시설에서 배출되는 수질오염물질 등을 공동방지시설에서 처리하게 하는 사업장은 제4종사업장·제5종사업장에 해당하는 환경기술인을 둘 수 있다.
③ 공동방지시설의 경우에는 폐수배출량이 제4종 또는 제5종사업장의 규모에 해당하면 제3종사업장에 해당하는 환경기술인을 두어야 한다.
④ 공공폐수처리시설에 폐수를 유입시켜 처리하는 제1종 또는 제2종사업장은 제3종사업장에 해당하는 환경기술인을, 제3종사업장은 제4종사업장·제5종사업장에 해당하는 환경기술인을 둘 수 있다.

해설

「시행령 별표 17」

특정수질유해물질이 포함된 수질오염물질을 배출하는 제4종 또는 5종 사업장은 제3종사업장에 해당하는 환경기술인을 두어야 한다. 다만, 특정수질유해물질이 포함된 1일 10m³ 이하 폐수를 배출하는 경우에는 그러지 아니한다.

정답 ①

88 ★☆☆

중점관리저수지의 지정기준으로 옳은 것은?

① 총저수용량이 1만세제곱미터 이상인 저수지
② 총저수용량이 10만세제곱미터 이상인 저수지
③ 총저수용량이 1백만세제곱미터 이상인 저수지
④ 총저수용량이 1천만세제곱미터 이상인 저수지

해설

「법 31조의2」

중점관리저수지의 지정기준
• 총저수용량이 1천만세제곱미터 이상인 저수지
• 오염 정도가 대통령령으로 정하는 기준을 초과하는 저수지
• 그 밖에 환경부장관이 상수원 등 해당 수계의 수질보전을 위하여 필요하다고 인정하는 경우

정답 ④

90 ★☆☆

환경부장관이 공공수역의 물환경을 관리·보전하기 위하여 대통령령으로 정하는 바에 따라 수립하는 국가 물환경관리 기본계획의 수립 주기는?

① 매년　　　　　② 2년
③ 3년　　　　　④ 10년

해설

「법 제23조의2」

환경부장관은 공공수역의 물환경을 관리·보전하기 위하여 대통령령으로 정하는 바에 따라 국가 물환경관리기본계획을 10년마다 수립하여야 한다.

정답 ④

89 ★☆☆

사업장별부과계수를 알맞게 짝지은 것은?

① 1종사업장(10,000m³/일 이상) – 2.0
② 2종사업장 – 1.6
③ 3종사업장 – 1.3
④ 4종사업장 – 1.1

해설

「시행령 별표 9」

사업장 규모	제1종사업장(단위: m³/일)					제2종 사업장	제3종 사업장	제4종 사업장
	10,000 이상	8,000 이상 10,000 미만	6,000 이상 8,000 미만	4,000 이상 6,000 미만	2,000 이상 4,000 미만			
부과 계수	1.8	1.7	1.6	1.5	1.4	1.3	1.2	1.1

정답 ④

91 ★★☆

오염총량초과과징금의 납부통지는 부과 사유가 발생한 날부터 며칠 이내에 하여야 하는가?

① 15　　　　　② 30
③ 45　　　　　④ 60

해설

「시행령 제11조」

오염총량초과·징금의 납부통지는 부과 사유가 발생한 날부터 60일 이내에 하여야 한다.

정답 ④

92 ★★★

청정지역에서 1일 폐수배출량이 1,000m³ 이하로 배출하는 배출시설에 적용되는 배출 허용기준 중 생물화학적 산소요구량(mg/L)은? (단, 2020년 1월 1일부터 적용되는 기준)

① 30 이하　　　　② 40 이하
③ 50 이하　　　　④ 60 이하

해설

「시행규칙 별표 13」

대상 규모	1일 폐수배출량 2천 세제곱미터 이상			1일 폐수배출량 2천 세제곱미터 미만		
항목 \ 지역 구분	생물화학적 산소요구량 (mg/L)	총 유기 탄소량 (mg/L)	부유 물질량 (mg/L)	생물화학적 산소요구량 (mg/L)	총 유기 탄소량 (mg/L)	부유 물질량 (mg/L)
청정 지역	30 이하	25 이하	30 이하	40 이하	30 이하	40 이하
가 지역	60 이하	40 이하	60 이하	80 이하	50 이하	80 이하
나 지역	80 이하	50 이하	80 이하	120 이하	75 이하	120 이하
특례 지역	30 이하	25 이하	30 이하	30 이하	25 이하	30 이하

정답 ②

93 ★☆☆

시장·군수·구청장(자치구의 구청장을 말한다.)이 낚시금지구역 또는 낚시제한구역을 지정하려는 경우 고려할 사항으로 거리가 먼 것은?

① 용수의 목적
② 오염원 현황
③ 낚시터 인근에서의 쓰레기 발생 현황 및 처리 여건
④ 계절별 낚시 인구의 현황

해설

「시행령 제27조」

낚시금지구역 또는 낚시제한구역을 지정하고자 하는 경우 고려하여야 할 사항

• 용수의 목적
• 오염원 현황
• 수질오염도
• 낚시터 인근에서의 쓰레기 발생 현황 및 처리 여건
• 연도별 낚시 인구의 현황
• 서식 어류의 종류 및 양 등 수중생태계의 현황

정답 ④

94 ★☆☆

배출시설의 설치를 제한할 수 있는 지역의 범위 기준으로 틀린 것은?

① 취수시설이 있는 지역

② 환경정책기본법 제38조에 따라 수질보전을 위해 지정·고시한 특별대책지역

③ 수도법 제7조의2제1항에 따라 공장의 설립이 제한되는 지역

④ 수질보전을 위해 지정·고시한 특별대책지역의 하류 지역

해설

「시행령 제32조」

배출시설 설치 제한지역

1. 취수시설이 있는 지역
2. 「환경정책기본법」 제38조에 따라 수질보전을 위해 지정·고시한 특별대책지역
3. 「수도법」 제7조의2제1항에 따라 공장의 설립이 제한되는 지역
4. 위의 1~3에 해당하는 지역의 상류지역 중 배출시설이 상수원의 수질에 미치는 영향 등을 고려하여 환경부장관이 고시하는 지역(특정수질유해물질이 환경부령으로 정하는 기준 이상으로 배출되는 배출시설의 경우만 해당)

정답 ④

95 ★☆☆

산업폐수의 배출규제에 관한 설명으로 옳은 것은?

① 폐수배출시설에서 배출되는 수질오염물질의 배출허용기준은 대통령이 정한다.

② 시·도 또는 인구 50만 이상의 시는 지역환경 기준을 유지하기가 곤란하다고 인정할 때에는 시·도지사가 특별배출허용기준을 정할 수 있다.

③ 특별대책지역의 수질오염방지를 위해 필요하다고 인정할 때에는 엄격한 배출허용기준을 정할 수 있다.

④ 시·도 안에 설치되어 있는 폐수무방류 배출시설은 조례에 의해 배출허용기준을 적용한다.

해설

「법 제32조」

산업폐수의 배출규제

환경부장관은 특별대책지역의 수질오염을 방지하기 위하여 필요하다고 인정할 때이는 해당 지역에 설치된 배출시설에 대하여 기준보다 엄격한 배출허용기준을 정할 수 있고, 해당 지역에 새로 설치되는 배출시설에 대하여 특별배출허용기준을 정할 수 있다.

정답 ③

96 ★☆☆

중권역 물환경관리계획에 관한 (   )의 내용으로 옳은 것은?

> (㉠   )은(는) 중권역계획을 수립하였을 때에는 (㉡   )에게 통보하여야 한다.

① ㉠ 관계 시 · 도지사, ㉡ 지방환경관서의 장
② ㉠ 지방환경관서의 장, ㉡ 관계 시 · 도지사
③ ㉠ 유역환경청장, ㉡ 지방환경관서의 장
④ ㉠ 지방환경관서의 장, ㉡ 유역환경청장

해설

「법 제25조」
- 지방환경관서의 장은 다음 ㄱ~ㄷ 중 어느 하나에 해당하는 경우에는 대권역계획에 따라 중권역별로 중권역 물환경관리계획(이하 "중권역계획"이라 한다)을 수립하여야 한다.
  ㄱ. 관할 중권역이 물환경목표기준에 미달하는 경우
  ㄴ. 4대강수계법에 따른 관계 수계관리위원회에서 중권역의 물환경관리 · 보전을 위하여 중권역계획의 수립을 요구하는 경우
  ㄷ. 그 밖에 환경부령으로 정하는 경우
- 지방환경관서의 장은 관할 중권역의 물환경목표기준 달성에 인접한 상류지역의 중권역이 영향을 미치는 경우에는 해당 중권역을 관할하는 지방환경관서의 장과 협의를 거쳐 관할 중권역 및 인접한 상류지역의 중권역을 대상으로 하는 중권역계획을 수립할 수 있다.
- 지방환경관서의 장은 중권역계획을 수립하려는 경우에는 관계 시 · 도지사와 협의하여야 한다. 중권역계획을 변경하려는 경우에도 또한 같다.
- 지방환경관서의 장은 중권역계획을 수립하였을 때에는 관계 시 · 도지사에게 통보하여야 한다.

정답 ②

97 ★☆☆

시 · 도지사가 오염총량관리기본계획의 승인을 받으려는 경우, 오염총량관리기본계획안에 첨부하여 환경부장관에게 제출하여야 하는 서류가 아닌 것은?

① 유역환경의 조사 · 분석 자료
② 오염원의 자연증감에 관한 분석 자료
③ 오염총량관리 계획 목표에 관한 자료
④ 오염부하량의 저감계획을 수립하는 데에 사용한 자료

해설

「시행규칙 제11조」
시 · 도지사는 오염총량관리기본계획의 승인을 받으려는 경우에는 오염총량관리기본계획안에 다음의 서류를 첨부하여 환경부장관에게 제출하여야 한다.
- 유역환경의 조사 · 분석 자료
- 오염원의 자연증감에 관한 분석 자료
- 지역개발에 관한 과거와 장래의 계획에 관한 자료
- 오염부하량의 산정에 사용한 자료
- 오염부하량의 저감계획을 수립하는 데에 사용한 자료

정답 ③

98 ★☆☆

골프장의 잔디 및 수목 등에 맹 · 고독성 농약을 사용한 자에 대한 벌금 또는 과태료 부과 기준은?

① 3백만원 이하의 벌금
② 5백만원 이하의 벌금
③ 3백만원 이하의 과태료 부과
④ 1천만원 이하의 과태료 부과

해설

「법 제82조」
다음의 어느 하나에 해당하는 자에게는 1천만 원 이하의 과태료를 부과한다.
- 측정기기를 부착하지 아니하거나 측정기기를 가동하지 아니한 자
- 측정 결과를 기록 · 보전하지 아니하거나 거짓으로 기록 · 보전한 자
- 방지시설의 설치 · 설치면제 및 면제자 준수사항 규정에 의한 준수사항을 지키지 아니한 자
- 환경기술인을 임명하지 아니한 자
- 골프장의 잔디 및 수목 등에 맹 · 고독성 농약을 사용한 자
- 폐수처리업의 규정에 의한 준수사항을 지키지 아니한 폐수처리업자

정답 ④

99

★☆☆

사업자 및 배출시설과 방지시설에 종사하는 자는 배출시설과 방지시설의 정상적인 운영, 관리를 위한 환경기술인의 업무를 방해하여서는 아니 되며, 그로부터 업무수행에 필요한 요청을 받은 때에는 정당한 사유가 없으면 이에 따라야 한다. 이 규정을 위반하여 환경기술인의 업무를 방해하거나 환경기술인의 요청을 정당한 사유없이 거부한 자에 대한 벌칙기준은?

① 100만원 이하의 벌금 ② 200만원 이하의 벌금
③ 300만원 이하의 벌금 ④ 500만원 이하의 벌금

해설

「법 제80조」
다음의 어느 하나에 해당하는 자는 100만원 이하의 벌금에 처한다.
• 적산전력계 또는 적산유량계를 부착하지 아니한 자
• 환경기술인의 업무를 방해하거나 환경기술인의 요청을 정당한 사유 없이 거부한 자

정답 ①

100

★★★

위임업무 보고사항의 업무내용 중 보고횟수가 연 1회에 해당되는 것은?

① 환경기술인의 자격별 · 업종별 현황
② 폐수무방류배출시설의 설치허가(변경허가) 현황
③ 골프장 맹 · 고독성 농약 사용 여부확인 결과
④ 비점오염원의 설치신고 및 방지시설 설치 현황 및 행정처분 현황

해설

「시행규칙 별표 23」
• 배출소 등에 따른 수질오염사고 발생 및 조치사항(수시)
• 폐수무방류배출시설의 설치허가(변경허가) 현황(수시)
• 배출업소의 지도 · 점검 및 행정처분 실적(연 4회)
• 비점오염원 설치신고 및 방지시설 설치현황 및 행정처분현황(연 4회)
• 배출부과금 부과실적(연 4회)
• 기타수질오염원 현황(연 2회)
• 과징금 부과 실적(연 2회)
• 골프장 맹 · 고독성 농약 사용 여부확인 결과(연 2회)
• 과징금 징수실적 및 체납처분현황(연 2회)
• 환경기술인의 자격별 · 업종별 현황(연 1회)
• 폐수위탁 · 사업장 내 처리현황 및 처리실적(연 1회)

정답 ①

수질오염개론

01 ★★☆

미생물 중 세균(Bacteria)에 관한 특징으로 가장 거리가 먼 것은?

① 원시적 엽록소를 이용하여 부분적인 탄소동화작용을 한다.

② 용해된 유기물을 섭취하며 주로 세포분열로 번식한다.

③ 수분 80%, 고형물 20% 정도로 세포가 구성되면 고형물 중 유기물이 90%를 차지한다.

④ pH, 온도에 대하여 민감하며, 열보다 낮은 온도에서 저항성이 높다.

해설

세균(Bacteria)은 탄소동화작용을 하지 않는다.
탄소동화작용은 독립영양생물이 하는 광합성이나 화학합성을 의미한다. 빛에너지 등에서 필요한 에너지를 얻어 유기화합물을 합성한다.

정답 ①

02 ★★★

하천 수질모델 중 WQRRS에 관한 설명으로 가장 거리가 먼 것은?

① 하천 및 호수의 부영양화를 고려한 생태계 모델이다.

② 유속, 수심, 조도계수에 의해 확산계수를 결정한다.

③ 호수에는 수심별 1차원 모델이 적용된다.

④ 정적 및 동적인 하천의 수질, 수문학적 특성이 광범위하게 고려된다.

해설

유속, 수심, 조도계수에 의해 확산계수를 결정하는 것은 QUAL-I 모델에 대한 설명이다.

관련이론 | WQRRS

1978년 미국 육군 공병단에서 개발된 1차원 모델이다.

정답 ②

03 ★★☆

농업용수의 수질을 분석할 때 이용되는 SAR(Sodium Adsorption Ratio)과 관계없는 것은?

① Na^+
② Mg^{2+}
③ Ca^{2+}
④ Fe^{2+}

해설

SAR 값은 다음과 같이 구할 수 있으므로 Fe^{2+}는 포함되지 않는다.

$$SAR = \frac{Na^+}{\sqrt{\dfrac{Ca^{2+} + Mg^{2+}}{2}}}$$

SAR의 값이 10 이하인 경우에는 경작토양으로 문제가 발생하지 않는다.

정답 ④

04 ★☆☆

다음이 설명하는 일반적 기체 법칙은?

> 여러 물질이 혼합된 용액에서 어느 물질의 증기압(분압)은 혼합액에서 그 물질의 몰분율에 순수한 상태에서 그 물질의 증기압을 곱한 것과 같다.

① 라울트의 법칙
② 게이-뤼삭의 법칙
③ 헨리의 법칙
④ 그레함의 법칙

해설

라울트의 법칙은 용매에 용질을 용해하는 것에 의해 생기는 증기압 강하의 크기는 용액에 있는 용질의 몰분율에 비례한다는 법칙이다.

$P = X \cdot P^o$

· P: 용액에 있는 용매의 증기압

· X: 용액에 있는 용매의 몰분율

· P^o: 순수한 용매의 증기압

정답 ①

05 ★★☆

원생동물(Protozoa)의 종류에 관한 내용으로 옳은 것은?

① Paramecia는 자유롭게 수영하면서 고형물질을 섭취한다.
② Vorticella는 불량한 활성슬러지에서 주로 발견된다.
③ Sarcodina는 나팔의 입에서 물흐름을 일으켜 고형물질만 걸러서 먹는다.
④ Suctoria는 몸통으로 움직이면서 위족으로 고형물질을 몸으로 싸서 먹는다.

해설

Paramecia는 자유롭게 수영하면서 고형물질을 섭취한다.

선지분석

② Vorticella는 활성슬러지가 양호할 때 나타나는 미생물이다.
③ Sarcodina는 몸통을 움직이면서 위족으로 고형물질을 몸으로 싸서 섭취한다.
④ Suctoria는 입과 섬모가 없으며, 관 같이 생긴 촉수로 양분을 섭취한다.

정답 ①

06 ★☆☆

2차처리 유출수에 함유된 10mg/L의 유기물을 활성탄흡착법으로 3차처리하여 농도가 1mg/L인 유출수를 얻고자 한다. 이때 폐수 1L당 필요한 활성탄의 양(g)은? (단, Freundlich 등온식 사용, $K=0.5$, $n=2$)

① 9
② 12
③ 16
④ 18

해설

Freundlich 등온흡착식을 이용한다.

$$\frac{X}{M}=K \cdot C^{\frac{1}{n}} \rightarrow \frac{(10-1)}{M}=0.5 \times 1^{\frac{1}{2}}$$

$\therefore M=18\text{g/L}$

※ 일반적으로 Freundlich 등온식에서 M, C, K에 대한 조건이 없다면 mg/L의 단위를 갖는다. 하지만, g/L의 단위를 갖는 경우도 있다.

정답 ④

07 ★★☆

우리나라의 수자원 이용현황 중 가장 많은 용도로 사용하는 용수는?

① 생활용수
② 공업용수
③ 농업용수
④ 유지용수

해설

우리나라의 수자원 이용현황은 농업용수, 유지용수, 생활용수, 공업용수 순으로 이용률이 높다.

정답 ③

08 ★★☆

다음 설명과 가장 관계있는 것은?

> 유리산소가 존재해야만 생장하며, 최적 온도는 20~30℃, 최적 pH는 4.5~6.0이다. 유기산과 암모니아를 생성해 pH를 상승 또는 하강시킬 때도 있다.

① 박테리아
② 균류
③ 조류
④ 원생동물

해설

균류에 대한 설명이다.

선지분석

① 박테리아: 가장 간단한 생물로서 용해된 유기물을 섭취한다. 막대기 모양, 공모양, 나선모양이 있다.
③ 조류: 탄소동화작용을 하며 무기물(무기탄소)을 섭취한다. 갖가지 맛과 냄새를 물에 나타내며 색도를 유발한다. 조류가 사멸하게 되면 세포가 완전 무기물화 되면서 광합성에서 생산했던 정도의 산소를 소비한다.
④ 원생동물: 크기가 $100\mu m$ 이내이며, 세균보다 크고 먹이연쇄의 중요한 중간단계를 이룬다.

정답 ②

09 ★☆☆

산과 염기의 정의에 관한 설명으로 옳지 않은 것은?

① Arrhenius는 수용액에서 수산화이온을 내어 놓는 물질을 염기라고 정의하였다.
② Lewis는 전자쌍을 받는 화학종을 염기라고 정의하였다.
③ Arrhenius는 수용액에서 양성자를 내어놓는 것을 산이라고 정의하였다.
④ Brönsted-Lowry는 수용액에서 양성자를 내어주는 물질을 산이라고 정의하였다.

해설

Lewis는 전자쌍을 받는 화학종을 산, 전자쌍을 주는 화학종을 염기라고 정의하였다.

관련이론 | 학자별 산과 염기의 정의

학자	산	염기
아레니우스 (Arrhenius)	H^+을 내놓는 물질 $HA \rightleftharpoons H^+ + A^-$	OH^-을 내놓는 물질 $BOH \rightleftharpoons B^+ + OH^-$
브뢴스테드와 로우리 (Brönsted-Lowry)	양성자(H^+)를 주는 이온 또는 분자	양성자(H^+)를 받는 이온 또는 분자
루이스 (Lewis)	전자쌍의 수용체 (받는 화학종)	전자쌍의 공여체 (주는 화학종)

정답 ②

10 ★★☆

25℃, 4atm의 압력에 있는 메탄가스 15kg을 저장하는 데 필요한 탱크의 부피(m^3)는? (단, 이상기체의 법칙 적용, 표준상태 기준, R=0.082L · atm/mol · K)

① 4.42
② 5.73
③ 6.54
④ 7.45

해설

$PV = nRT$
· P: 압력[atm]
· V: 부피[L]
· n: 기체의 몰수[mol]
· R: 기체상수[L·atm/mol·K]
· T: 절대온도[K]

여기서,

$n[\text{mol}] = \dfrac{M}{M_w} = \dfrac{15\text{kg}}{} \left| \dfrac{1\text{mol}}{16\text{g}} \right| \dfrac{10^3\text{g}}{1\text{kg}}$

$\qquad = 937.5\text{mol}$

$\therefore V[\text{m}^3] = \dfrac{nRT}{P}$

$\qquad = \dfrac{937.5\text{mol}}{} \left| \dfrac{0.082\text{L} \cdot \text{atm}}{\text{mol} \cdot \text{K}} \right| \dfrac{(273+25)\text{K}}{} \Bigg/ 4\text{atm}$

$\qquad = 5,727.19\text{L} = 5.73\text{m}^3$

정답 ②

11 ★★☆

글루코스($C_6H_{12}O_6$) 1,000mg/L를 혐기성 분해시킬 때 생산되는 이론적 메탄량(mg/L)은?

① 227
② 247
③ 267
④ 287

해설

$C_6H_{12}O_6 \rightarrow 3CH_4 + 3CO_2$에서
$C_6H_{12}O_6$의 분자량은 $[(12 \times 6) + (1 \times 12) + (16 \times 6)] = 180\text{g}$이고,
$3CH_4$의 분자량은 $3 \times [12 + (1 \times 4)] = 48\text{g}$이므로 다음이 성립한다.
$180 : 48 = 1,000 : X(\text{mg/L})$
$\therefore X = 266.667\text{mg/L}$

정답 ③

12

★★☆

유기화합물에 대한 설명으로 옳지 않은 것은?

① 유기화합물들은 일반적으로 녹는점과 끓는점이 낮다.
② 유기화합물들은 하나의 분자식에 대하여 여러 종류의 화합물이 존재할 수 있다.
③ 유기화합물들은 대체로 이온반응보다는 분자반응을 하므로 반응속도가 빠르다.
④ 대부분의 유기화합물은 박테리아의 먹이가 될 수 있다.

해설

유기화합물들은 대체로 이온반응보다는 분자반응을 하므로 반응속도가 느리다.

정답 ③

13

★★★

Colloid 중에서 소량의 전해질에서 쉽게 응집이 일어나는 것으로써 주로 무기물질의 Colloid는?

① 서스펜션 Colloid
② 에멀션 Colloid
③ 친수성 Colloid
④ 소수성 Colloid

해설

소수성 Colloid는 염에 매우 민감하므로, 소량의 염을 첨가하여도 응결, 침전된다.

정답 ④

14

★☆☆

열수 배출에 의한 피해현상으로 가장 거리가 먼 것은?

① 발암물질 생성
② 부영양화
③ 용존산소의 감소
④ 어류의 폐사

해설

열수의 배출은 발암물질의 생성과는 관련이 적다.

관련이론 | 열수의 수계 유입시 일어나는 현상
• 식물성 플랑크톤이 대량 번식하여 수표면에 막층 또는 플록(floc)을 형성
• 부영양화
• 용존산소 감소
• 어패류가 폐사하며 남조류가 번식

정답 ①

15

★★★

피부점막, 호흡기로 흡입되어 국소 및 전신마비, 피부염, 색소 침착을 일으키며 안료, 색소, 유리공업 등이 주요 발생원인 중금속은?

① 비소
② 납
③ 크롬
④ 구리

해설

비소에 대한 설명이다.

관련이론 | 비소
• 비소는 혈관 내 용혈을 일으키며 두통, 오심, 흉부 압박감을 유발하기도 한다.
• 비소 10ppm 정도에 폭로되면 혼미, 혼수, 사망에 이른다.
• 대표적인 3다 증상은 복통, 황달, 빈뇨이다.
• 만성적인 폭로에 의한 국소증상으로는 손이나 발바닥에 나타나는 각화증 외에 각막궤양, 비중격천공, 흑피증 등이 있다.

정답 ①

16

★★☆

BOD가 2,000 mg/L인 폐수를 제거율 85%로 처리한 후 몇 배 희석하면 방류수 기준에 맞는가? (단, 방류수 기준은 40mg/L이라고 가정)

① 4.5배 이상
② 5.5배 이상
③ 6.5배 이상
④ 7.5배 이상

해설

$C_o = C_i \times (1 - \eta)$
$= 2,000(1 - 0.85)$
$= 300\text{mg/L}$

이때, 방류수 기준이 40mg/L이므로

희석배수 $= \dfrac{300}{40} = 7.5$배

정답 ④

17 ★☆☆

수은주 높이 150mm는 수주로 몇 mm인가?

① 약 2,040 ② 약 2,530
③ 약 3,240 ④ 약 3,530

해설

$1기압[atm]=760mmHg=10,332mmH_2O$

$X[mmH_2O]=\dfrac{150mmHg}{}\left|\dfrac{10,332mmH_2O}{760mmHg}\right.$

$=2,039.21 ≒ 2,040mmH_2O$

정답 ①

18 ★☆☆

하천의 탈산소계수를 조사한 결과 20℃에서 0.19/day이었다. 하천수의 온도가 25℃로 증가되었다면 탈산소계수(/day)는? (단, 온도보정계수는 1.047)

① 0.22 ② 0.24
③ 0.26 ④ 0.28

해설

$K_T=K_{20℃}×1.047^{(T-20)}$

$→ K_{25℃}=0.19×1.047^{(25-20)}$

$=0.239 ≒ 0.24/day$

정답 ②

19 ★☆☆

호소수의 전도현상(Turnover)이 호소수 수질환경에 미치는 영향을 설명한 내용 중 옳지 않은 것은?

① 수괴의 수직운동 촉진으로 호소 내 환경용량이 제한되어 물의 자정능력이 감소된다.
② 심층부까지 조류의 혼합이 촉진되어 상수원의 취수 심도에 영향을 끼치게 되므로 수도의 수질이 악화된다.
③ 심층부의 영양염이 상승하게 됨에 따라 표층부에 규조류가 번성하게 되어 부영양화가 촉진된다.
④ 조류의 다량 번식으로 물의 탁도가 증가되고 여과지가 폐색되는 등의 문제가 발생한다.

해설

호소수의 전도현상이 발생하면 호소 내 수질은 악화되지만 물의 자정작용은 촉진된다.

관련이론 | 호소수의 전도현상

연직 방향의 수온 차에 따른 순환 밀도류가 발생하거나, 강한 수면풍의 작용으로 수괴의 연직안정도가 불안정해지는 현상이다.

정답 ①

20 ★★☆

적조 현상에 관한 설명으로 틀린 것은?

① 수괴의 연직안정도가 작을 때 발생한다.
② 강우에 따른 하천수의 유입으로 해수의 염분량이 낮아지고 영양염류가 보급될 때 발생한다.
③ 적조조류에 의한 아가미 폐색과 어류의 호흡장애가 발생한다.
④ 수중 용존산소 감소에 의한 어패류의 폐사가 발생한다.

해설

적조는 수괴의 연직안정도가 클 때 잘 발생한다.

관련이론 | 적조 현상이 잘 일어나는 조건

· 수괴의 연직안정도가 클 때
· 정체성 수역일 때
· 염분농도가 낮을 때

정답 ①

상하수도계획

21

★★★

$I = \dfrac{3,660}{t+15}$ mm/hr, 면적 2.0km², 유입시간 6분, 유출계수 C=0.65, 관내유속이 1m/sec인 경우, 관길이 600m인 하수관에서 흘러나오는 우수량(m³/sec)은? (단, 합리식 적용)

① 약 31
② 약 38
③ 약 43
④ 약 52

해설

우수량 계산을 위한 합리식은 다음과 같다.

$Q = \dfrac{1}{360}CIA$

- Q : 우수량[m³/sec]
- C : 유출계수
- I : 강우강도[mm/hr]
- A : 유역면적[ha]

$I = \dfrac{3,660}{t+15}$ mm/hr에서,

t = 유입시간 + 유하시간

$= 6\text{min} + \dfrac{600\text{m}}{1\text{m/sec}} \times \dfrac{\text{min}}{60\text{sec}} = 16\text{min}$

이므로 강우강도 I 는 다음과 같다.

$I = \dfrac{3,660}{16+15} = 118.06\text{mm/hr}$

유역면적 A 는 아래와 같이 단위변환이 가능하다.

$A = 2.0\text{km}^2 = 2.0\text{km}^2 \times \dfrac{100\text{ha}}{\text{km}^2} = 200\text{ha}$

조건에서 C=0.65이므로 우수량 Q 는 다음과 같다.

$Q = \dfrac{1}{360}CIA$

$= \dfrac{1}{360} \times 0.65 \times 118.06\text{mm/hr} \times 200\text{ha}$

$= 42.63 ≒ 43\text{m}^3/\text{sec}$

정답 ③

22

★☆☆

우수배제계획의 수립 중 우수유출량의 억제에 대한 계획으로 옳지 않은 것은?

① 우수유출량의 억제방법은 크게 우수저류형, 우수침투형 및 토지이용의 계획적관리로 나눌 수 있다.
② 우수저류형 시설 중 On-site 시설은 단지 내 저류, 우수조정지, 우수체수지 등이 있다.
③ 우수침투형은 우수를 지중에 침투시키므로 우수유출총량을 감소시키는 효과를 발휘한다.
④ 우수저류형은 우수유출총량은 변하지 않으나 첨두유출량을 감소시키는 효과가 있다.

해설

우수저류형 시설

- On-site 시설은 강우 장소에서 우수를 저류하는 시설로 공원 내 저류, 학교운동장 내 저류, 광장 내 저류, 주차장 내 저류, 건물 사이 내 저류, 집 사이 내 저류 등이다.
- Off-site 시설은 유출한 우수를 집수하여 별도의 장소에서 저류하는 시설로 우수조정지, 우수체수지, 다목적유수지, 우수저류관 등이다.

관련이론 | 우수유출량의 저감(억제)방법

크게 우수저류형과 우수침투형으로 나눌 수 있다.

- 우수저류형 : 우수유출총량은 변하지 않으나 유출량을 평균화시켜 첨두유출량을 감소시키는 효과를 발휘한다.
- 우수침투형 : 우수를 지중에 침투시키므로 우수유출총량을 감소시키는 효과를 발휘한다. 침투형에는 침투받이, 침투 트렌치, 침투 측구, 투수성 포장 등이 있다.

정답 ②

23 ★☆☆

수원에 관한 설명으로 틀린 것은?

① 복류수는 대체로 수질이 양호하며 대개의 경우 침전지를 생략하는 경우도 있다.
② 용천수는 지하수가 종종 자연적으로 지표에 나타난 것으로 그 성질은 대개 지표수와 비슷하다.
③ 우리나라의 일반적인 하천수는 연수인 경우가 많으므로 침전과 여과에 의하여 용이하게 정화되는 경우도 많다.
④ 호소수는 하천의 유수보다 자정작용이 큰 것이 특징이다.

해설
용천수는 지하에서 물이 흐르는 층을 따라 이동하던 지하수가 암석이나 지층의 틈을 통해 지표면으로 솟아나오는 것으로 지하수의 일종이다.

정답 ②

24 ★☆☆

하수처리공법 중 접촉산화법에 대한 설명으로 틀린 것은?

① 반송슬러지가 필요하지 않으므로 운전관리가 용이하다.
② 생물상이 다양하여 처리효과가 안정적이다.
③ 부착생물량의 임의 조정이 어려워 조작조건 변경에 대응하기 쉽지 않다.
④ 접촉제가 조 내에 있기 때문에 부착생물량의 확인이 어렵다.

해설
접촉산화법은 부착생물량을 임의로 조정할 수 있어 조작조건의 변경에 대응하기 쉽다.

관련이론 | 접촉산화법의 특징
• 반송슬러지가 필요하지 않으므로 운전관리가 용이하다.
• 비표면적이 큰 접촉제를 사용하여 부착생물량을 다량으로 보유할 수 있기 때문에 유입기질의 변동에 유연히 대응할 수 있다.
• 생물상이 다양하여 처리효과가 안정적이다.
• 슬러지의 자산화가 기대되어 잉여 슬러지양이 감소한다.
• 부착생물량을 임의로 조정할 수 있어 조작조건의 변경에 대응하기 쉽다.
• 접촉제가 조 내에 있기 때문에 부착생물량의 확인이 어렵다.
• 고부하에서 운전하면 생물막이 비대화되어 접촉제가 막히는 경우가 발생한다.

정답 ③

25 ★★☆

분류식 하수배제방식에서, 펌프장시설의 계획하수량 결정 시 유입·방류펌프장 계획하수량으로 옳은 것은?

① 계획시간 최대오수량
② 계획우수량
③ 우천시 계획오수량
④ 계획일 최대오수량

해설

하수배제 방식	펌프장의 종류	계획하수량
분류식	중계펌프장 처리장 내 펌프장	계획시간 최대오수량
	빗물펌프장	계획우수량
합류식	중계펌프장 처리장 내 펌프장	우천시 계획오수량
	빗물펌프장	계획하수량 - 우천시 계획오수량

정답 ①

26 ★☆☆

24시간 이상 장시간의 강우강도에 대해 가까운 저류시설 등을 계획할 경우에 적용하는 강우강도식은?

① Cleveland형
② Japanese형
③ Talbot형
④ Sherman형

해설
24시간 우량 등의 장시간 강우강도에 대해서는 Cleveland형이 적합하다.
저류시설 등을 계획하는 경우에도 Cleveland형을 적용하며, 유달시간이 짧은 관로 등의 유하시설을 계획할 경우에는 원칙적으로 Talbot형을 적용하는 것이 좋다.

정답 ①

27 ★★★

계획오수량에 관한 설명으로 틀린 것은?

① 지하수량은 1인1일 최대오수량의 10~20%로 한다.
② 계획시간 최대오수량은 계획1일 최대오수량의 1시간당 수량의 1.3~1.8배를 표준으로 한다.
③ 합류식에서 우천 시 계획오수량은 원칙적으로 계획시간 최대오수량의 3배 이상으로 한다.
④ 계획1일 평균오수량은 계획1일 최대오수량의 50~60%를 표준으로 한다.

해설
계획1일 평균오수량은 계획1일 최대오수량의 70~80%를 표준으로 한다.

정답 ④

28 ★☆☆

길이 1.2km의 하수관이 2‰의 경사로 매설되어 있을 경우, 이 하수관 양 끝단간의 고저차(m)는? (단, 기타 사항은 고려하지 않음)

① 0.24
② 2.4
③ 0.6
④ 6.0

해설
고저차 H[m]=경사 I×유로길이 L

$\therefore H = \dfrac{2}{1,000} \times 1,200 = 2.4\text{m}$

정답 ②

29 ★★☆

비교회전도(N_s)에 대한 설명 중 틀린 것은?

① 펌프의 규정 회전수가 증가하면 비교회전도도 증가한다.
② 펌프의 규정양정이 증가하면 비교회전도는 감소한다.
③ 일반적으로 비교회전도가 크면 유량이 많은 저양정의 펌프가 된다.
④ 비교회전도가 크게 될수록 흡입성능이 좋아지고 공동현상 발성이 줄어든다.

해설
비교회전도가 크게 될수록 흡입성능이 나빠지고 공동현상이 발생하기 쉽다.

정답 ④

30 ★☆☆

상수처리를 위한 약품침전지의 구성과 구조로 틀린 것은?

① 슬러지의 퇴적심도로서 30cm 이상을 고려한다.
② 유효수심은 3~5.5m로 한다.
③ 침전지 바닥에는 슬러지 배제에 편리하도록 배수구를 향하여 경사지게 한다.
④ 고수위에서 침전지 벽체 상단까지의 여유고는 10cm 정도로 한다.

해설
고수위에서 침전지 벽체 상단까지의 여유고는 30cm 이상으로 한다.

관련이론 | 약품침전지의 구성과 구조
• 침전지의 수는 원칙적으로 2지 이상으로 한다.
• 배치는 각 침전지에 균등하게 유출입 될 수 있도록 수리적으로 고려하여 결정한다.
• 각 지마다 독립하여 사용 가능한 구조로 한다.
• 침전지의 형상은 직사각형으로 하고 길이는 폭의 3~8배를 표준으로 한다.
• 유효수심은 3~5.5m로 하고 슬러지 퇴적심도로서 30cm 이상을 고려하되 슬러지 제거설비와 침전지의 구조상 필요한 경우에는 합리적으로 조정할 수 있다.
• 고수위에서 침전지 벽체 상단까지의 여유고는 30cm 이상으로 한다.
• 침전지 바닥에는 슬러지 배제에 편리하도록 배수구를 향하여 경사지게 한다.
• 필요에 따라 복개 등을 한다.

정답 ④

31

★☆☆

상수도 급수배관에 관한 설명으로 틀린 것은?

① 급수관을 공공도로에 부설할 경우에는 도로 관리자가 정한 점용위치와 깊이에 따라 배관해야 하며 다른 매설물과의 간격을 30cm 이상 확보한다.

② 급수관을 부설하고 되메우기를 할 때에는 양질토 또는 모래를 사용하여 적절하게 다짐하여 관을 보호한다.

③ 급수관이 개거를 횡단하는 경우에는 가능한 한 개거의 위로 부설한다.

④ 동결이나 결로의 우려가 있는 급수설비의 노출부분에 대해서는 적절한 방한조치나 결로방지조치를 강구한다.

해설
급수관이 개거를 횡단하는 경우에는 가능한 한 개거의 아래로 부설한다.

정답 ③

32

★☆☆

하수처리시설의 계획유입수질 산정방식으로 옳은 것은?

① 계획오염부하량을 계획1일 평균오수량으로 나누어 산정한다.

② 계획오염부하량을 계획시간 평균오수량으로 나누어 산정한다.

③ 계획오염부하량을 계획1일 최대오수량으로 나누어 산정한다.

④ 계획오염부하량을 계획시간 최대오수량으로 나누어 산정한다.

해설
하수의 계획유입수질은 계획오염부하량을 계획1일 평균오수량으로 나눈 값으로 한다.

정답 ①

33

★☆☆

하수시설에서 우수조정지 구조형식이 아닌 것은?

① 댐식(제방높이 15m 미만)

② 지하식(관내 저류 포함)

③ 굴착식

④ 유하식(자연 호소 포함)

해설
우수조정지의 구조형식에는 댐식, 지하식, 굴착식이 있다.

선지분석
① 댐식: 흙 또는 콘크리트로 우수를 저류시키는 형태이다.

② 지하식: 지하에 조절조를 설치하거나 관로를 설치하여 우수 조정기능을 갖도록 한 것으로 펌프를 통해 방류한다.

③ 굴착식: 평지를 굴착하여 우수를 저류하는 형태로 펌프를 통해 방류한다.

정답 ④

34

★☆☆

하수관로 개·보수계획 수립 시 포함되어야 할 사항이 아닌 것은?

① 불명수량 조사

② 개·보수 우선순위의 결정

③ 개·보수공사 범위의 설정

④ 주변 인근 신설관로 현황 조사

해설
하수관로 개·보수계획은 관로의 중요도, 계획의 시급성, 환경성 및 기존 관로 현황 등을 고려하여 수립하되 다음과 같은 사항을 포함한다.
• 기초자료 분석 및 조사 우선순위 결정
• 불명수량 조사
• 기존 관로 현황 조사
• 개·보수 우선순위의 결정
• 개·보수공사 범위의 설정
• 개·보수공법의 선정

정답 ④

35 ★★★

펌프의 회전수 $N=2,400\text{rpm}$, 최고 효율점의 토출량 $Q=162\text{m}^3/\text{hr}$, 전양정 $H=90\text{m}$인 원심펌프의 비회전도는?

① 약 115

② 약 125

③ 약 135

④ 약 145

해설

$$N_s = N \times \frac{Q^{1/2}}{H^{3/4}}$$

이때, 유량은 m^3/min으로 환산하여 계산한다.

$$Q = \frac{162\text{m}^3}{\text{hr}} \left| \frac{1\text{hr}}{60\text{min}} \right. = 2.7\text{m}^3/\text{min}$$

$$\therefore N_s = 2,400 \times \frac{2.7^{1/2}}{90^{3/4}} = 134.96 ≒ 135$$

정답 ③

36 ★★☆

집수정에서 가정까지의 급수계통을 순서적으로 나열한 것으로 옳은 것은?

① 취수 → 도수 → 정수 → 송수 → 배수 → 급수

② 취수 → 도수 → 정수 → 배수 → 송수 → 급수

③ 취수 → 송수 → 도수 → 정수 → 배수 → 급수

④ 취수 → 송수 → 배수 → 정수 → 도수 → 급수

해설

수원에서부터 급수계통은 취수 → 도수 → 정수 → 송수 → 배수 → 급수 순으로 이루어진다.

수원으로부터 물을 취수하여(취수) 정수시설로 끌어온 뒤(도수), 정수하여(정수) 배수지로 보내고(송수), 배수지에서 각 지역으로 나뉘어 보내지며(배수), 최종적으로 소비자에게 공급(급수)된다.

관련이론 | 급수계통 시설

• 취수시설: 수원에서 필요한 수량을 취수하는 데 필요한 시설
• 정수시설: 수질을 정화시키는 데 필요한 시설
• 송수시설: 정수된 물을 배수지까지 보내는 시설
• 배수시설: 배수지로부터 배수관까지의 시설
• 급수시설: 배수관으로부터 각 소비자의 급수전 사이의 시설

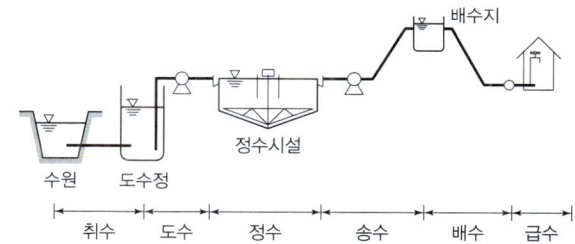

정답 ①

37 ★☆☆

표준활성슬러지법에 관한 설명으로 잘못된 것은?

① 수리학적체류시간(HRT)은 6~8시간을 표준으로 한다.
② 수리학적체류시간(HRT)은 계획하수량에 따라 결정하며, 반송슬러지량을 고려한다.
③ MLSS농도는 1,500~2,500mg/L를 표준으로 한다.
④ MLSS농도가 너무 높으면 필요산소량이 증가하거나 이차침전지의 침전효율이 악화될 우려가 있다.

해설
표준활성슬러지법의 HRT는 6~8시간을 표준으로 하나, 유입수온이 낮거나 유입수질농도(용해성 BOD, SS)가 높아 처리수질을 만족할 수 없는 경우에는 필요한 SRT로부터 HRT를 구한다.

정답 ②

38 ★★☆

계획취수량을 확보하기 위하여 필요한 저수용량의 결정에 사용하는 계획 기준년은?

① 원칙적으로 5개년에 제1위 정도의 갈수를 표준으로 한다.
② 원칙적으로 7개년에 제1위 정도의 갈수를 표준으로 한다.
③ 원칙적으로 10개년에 제1위 정도의 갈수를 표준으로 한다.
④ 원칙적으로 15개년에 제1위 정도의 갈수를 표준으로 한다.

해설
계획취수량을 확보하기 위하여 필요한 저수용량의 결정에 사용하는 계획 기준년은 원칙적으로 10개년에 제1위 정도의 갈수를 표준으로 한다.

정답 ③

39 ★☆☆

상수의 소독(살균)설비 중 저장설비에 관한 내용으로 (　)에 가장 적합한 것은?

> 액화염소의 저장량은 항상 1일 사용량의 (　　) 이상으로 한다.

① 5일분　　　　② 10일분
③ 15일분　　　　④ 30일분

해설
액화염소의 저장량은 항상 1일 사용량의 10일분 이상으로 한다.

정답 ②

40 ★★☆

상수도 시설 중 완속여과지의 여과속도 표준 범위는?

① 4~5m/day　　　　② 5~15m/day
③ 15~25m/day　　　　④ 25~50m/day

해설
완속여과지의 여과속도는 4~5m/day를 표준으로 한다.

정답 ①

수질오염방지기술

41 ★★☆

반지름이 8cm인 원형 관로에서 유체의 유속이 20m/sec일 때 반지름이 40cm인 곳에서의 유속(m/sec)은? (단, 유량 동일, 기타 조건은 고려하지 않음)

① 0.8
② 1.6
③ 2.2
④ 3.4

해설

연속방정식에 따라 정상상태 흐름에서 각 지점을 통과하는 유체의 유량은 동일하다. 즉, 배관 내 유체의 유속은 단면적에 반비례한다.

$A_1V_1 = A_2V_2$

$\dfrac{\pi(0.16)^2}{4} \times 20 = \dfrac{\pi(0.8)^2}{4} \times V_2$

$\therefore V_2 = 0.8\text{m/sec}$

정답 ①

42 ★★☆

농도 4,000mg/L인 포기조내 활성슬러지 1L를 30분간 정치시켰을 때, 침강슬러지 부피가 40%를 차지하였다. 이때 SDI는?

① 1
② 2
③ 10
④ 100

해설

$\text{SDI[g/100mL]} = \dfrac{100}{\text{SVI}}$

$\text{SVI} = \dfrac{\text{SV[\%]}}{\text{MLSS[mg/L]}} \times 10^4$

$\quad = \dfrac{40}{4,000} \times 10^4 = 100$

$\therefore \text{SDI} = \dfrac{100}{\text{SVI}} = \dfrac{100}{100} = 1\text{g/100mL}$

정답 ①

43 ★★☆

질산화 반응에 의한 알칼리도의 변화는?

① 감소한다.
② 증가한다.
③ 변화하지 않는다.
④ 증가 후 감소한다.

해설

질산화 반응과정에서 질산화미생물의 세포 합성을 위하여 HCO_3^-가 소비되면서 pH는 낮아진다.

정답 ①

44 ★★★

하수처리를 위한 회전원판법에 관한 설명으로 틀린 것은?

① 질산화가 일어나기 쉬우며 pH가 저하되는 경우가 있다.
② 원판의 회전으로 인해 부착생물과 회전판 사이에 전단력이 생긴다.
③ 살수여상과 같이 여상에 파리는 발생하지 않으나 하루살이가 발생하는 수가 있다.
④ 활성슬러지법에 비해 이차침전지 SS 유출이 적어 처리수의 투명도가 좋다.

해설

회전원판법은 활성슬러지법에 비해 2차침전지에서 미세한 SS가 유출되기 쉽고, 처리수의 투명도가 나쁘다.

정답 ④

2021년

45

★☆☆

길이 : 폭 비가 3 : 1인 장방형 침전조에 유량 850m³/day 의 흐름이 도입된다. 깊이는 4.0m, 체류 시간은 2.4hr이라 면 표면부하율(m³/m²·day)은? (단, 흐름은 침전조 단면적 에 균일하게 분배된다고 가정)

① 20   ② 30

③ 40   ④ 50

해설

표면부하율 $= \dfrac{\text{유입유량}[m^3/day]}{\text{침전조의 표면적}[m^2]}$

• 유입유량 $Q = 850 m^3/day$

• 침전조의 표면적 $A = W(\text{폭}) \times L(\text{길이})$

부피 $\forall = Q \times t$

$= \dfrac{850 m^3}{day} \left| \dfrac{2.4hr}{} \right| \dfrac{1day}{24hr}$

$= 85 m^3$

$= W \times L \times H \ (= \text{폭} \times \text{길이} \times \text{깊이})$

$= W \times 3W \times 4.0 m$

따라서, $12W^2 = 85 m^2$

$\rightarrow W = 2.66 m, L = 3W = 3 \times 2.66 = 7.98 m$

$\therefore A = 2.66 \times 7.98 = 21.2268 m^2$

표면부하율 $= \dfrac{850 m^3}{day} \left| \dfrac{}{21.2268 m^2} \right.$

$= 40.04 ≒ 40 m^3/m^2 \cdot day$

정답 ③

46

★☆☆

반송슬러지의 탈인 제거 공정에 관한 설명으로 틀린 것은?

① 탈인조 상징액은 유입수량에 비하여 매우 작다.

② 인을 침전시키기 위해 소요되는 석회의 양은 순수 화학 처리방법보다 적다.

③ 유입수의 유기물 부하에 따른 영향이 크다.

④ 대표적인 인 제거공법으로는 Phostrip Process가 있다.

해설

탈인 제거공정은 비교적 유입수의 유기물 부하에 영향을 받지 않는다.

정답 ③

47

★★★

다음에서 설명하는 분리방법으로 가장 적합한 것은?

- 막형태: 대칭형 다공성막
- 구동력: 정수압차
- 분리형태: Pore size 및 흡착현상에 기인한 체거름
- 적용분야: 전자공업의 초순수 제조, 무균수 제조식품의 무 균여과

① 역삼투   ② 한외여과

③ 정밀여과   ④ 투석

해설

정밀여과는 정밀여과막을 사용하여 체거름 원리에 따라 입자를 분리 하는 여과법이다.

정답 ③

48

★☆☆

탈기법을 이용, 폐수 중의 암모니아성 질소를 제거하기 위 하여 폐수의 pH를 조절하고자 한다. 수중 암모니아를 NH_3(기체분자의 형태) 98%로 하기 위한 pH는? (단, 암모 니아성 질소의 수중에서의 평형은 다음과 같다. $NH_3 + H_2O$ $\leftrightarrow NH_4^+ + OH^-$, 평형상수 $K = 1.8 \times 10^{-5}$)

① 11.25   ② 11.03

③ 10.94   ④ 10.62

해설

폐수 중 NH_3의 백분율은 다음과 같이 나타낼 수 있다.

$NH_3[\%] = \dfrac{NH_3}{NH_3 + NH_4^+} \times 100 = \dfrac{100}{1 + (NH_4^+/NH_3)}$

$98\% = \dfrac{100}{1 + NH_4^+/NH_3}$

$\rightarrow NH_4^+/NH_3 = 0.02$

$K = \dfrac{[NH_4^+][OH^-]}{[NH_3]}$

$1.8 \times 10^{-5} = 0.02 \times [OH^-]$

$[OH^-] = 9.0 \times 10^{-4} mol/L$

$\therefore pH = 14 - pOH = 14 - \log \dfrac{1}{[OH^-]}$

$= 14 - \log \dfrac{1}{9.0 \times 10^{-4}}$

$= 10.94$

정답 ③

49

★☆☆

폐수의 고도처리에 관한 다음의 기술 중 옳지 않은 것은?

① Cl^-, SO_4^{2-} 등의 무기염류의 제거에는 전기투석법이 이용된다.
② 활성탄 흡착법에서 폐수 중의 인산은 제거되지 않는다.
③ 모래여과법은 고도처리 중에서 흡착법이나 전기투석법의 전처리로써 이용된다.
④ 폐수 중의 무기성질소 화합물은 철염에 의한 응집침전으로 완전히 제거된다.

해설

질소는 탈기법과 이온교환, 생물학적 처리법으로 제거가 가능하다.

정답 ④

50

★★☆

용수 응집시설의 급속 혼합조를 설계하고자 한다. 혼합조의 설계유량은 18,480m³/day이며 정방형으로 하고 깊이는 폭의 1.25배로 한다면 교반을 위한 필요 동력(kW)은? (단, μ=0.00131N·s/m², 속도경사=900sec⁻¹, 체류시간 30초)

① 약 4.3　　　　　② 약 5.6
③ 약 6.8　　　　　④ 약 7.3

해설

$$G = \sqrt{\frac{P}{\mu V}}$$

- G: 속도경사[sec⁻¹]
- P: 동력[W]
- μ: 점성계수[N·s/m²]
- V: 혼합조 용적[m³]

$$V = \frac{18,480\text{m}^3}{\text{day}} \left| \frac{30\text{sec}}{} \right| \frac{1\text{day}}{24 \times 3,600\text{sec}}$$

$= 6.41\text{m}^3$

$\therefore P = G^2 \mu V$

$$= \frac{900^2}{\text{sec}^2} \left| \frac{0.00131\text{N}\cdot\text{s}}{\text{m}^2} \right| \frac{6.41\text{m}^3}{}$$

$= 6,801.6\text{W} \fallingdotseq 6.8\text{kW}$

정답 ③

51

★★☆

침전하는 입자들이 너무 가까이 있어서 입자간의 힘이 이웃 입자의 침전을 방해하게 되고 동일한 속도로 침전하며 최종 침전지 중간 정도의 깊이에서 일어나는 침전형태는?

① 지역침전　　　　② 응집침전
③ 독립침전　　　　④ 압축침전

해설

지역침전에 대한 설명이다. 간섭침전은 방해, 장해, 집단, 계면, 침전 등으로 칭하며 상향류식 부유물 접촉 침전지, 농축조가 이에 해당한다.

관련이론 ㅣ 간섭침전(지역침전)

- 플록을 형성하여 침강하는 입자들이 서로 방해를 받아 침전속도가 감소하는 침전이다.
- 중간 정도의 농도로서 침전하는 부유물과 상징수 간에 경계면을 형성하면서 침강한다.

정답 ①

2021년

52

★★☆

살수여상 공정으로부터 유출되는 유출수의 부유 물질을 제거하고자 한다. 유출수의 평균 유량은 12,300m³/day, 여과지의 여과속도는 17L/m²·min이고 4개의 여과지(병렬기준)를 설계하고자 할 때 여과지 하나의 면적(m²)은?

① 약 75　　　　　② 약 100
③ 약 125　　　　　④ 약 150

해설

$$Q = AV$$

- Q: 여과지 유량 [m³/day]
- A: 여과지 면적[m²]
- V: 여과속도 [L/m²·min]

$$A = \frac{Q}{V}$$

$$= \frac{12,300\text{m}^3}{\text{day}} \left| \frac{\text{m}^2\cdot\text{min}}{17\text{L}} \right| \frac{\text{day}}{1,440\text{min}} \left| \frac{10^3\text{L}}{\text{m}^3} \right| \frac{1}{4}$$

$= 125.61 \fallingdotseq 125\text{m}^2$

정답 ③

53 ★★☆

폐수량 500m³/day, BOD 300mg/L인 폐수를 표준활성슬러지공법으로 처리하여 최종방류수 BOD 농도를 20mg/L 이하로 유지하고자 한다. 최초침전지 BOD 제거효율이 30%일 때 포기조와 최종침전지, 즉 2차 처리 공정에서 유지되어야 하는 최저 BOD 제거효율(%)은?

① 약 82.5
② 약 85.5
③ 약 90.5
④ 약 94.5

해설

유출수 BOD 농도
＝유입수 BOD 농도×(1−1차 처리효율)×(1−2차 처리효율)
$20\text{mg/L}=300\text{mg/L}×(1-0.3)×(1-X)$
$20\text{mg/L}=300\text{mg/L}×0.7×(1-X)$

$1-X=\dfrac{20\text{mg/L}}{300\text{mg/L}×0.7}$

$\therefore X=1-\dfrac{20\text{mg/L}}{300\text{mg/L}×0.7}$

$\quad\quad=0.90476=90.48\%≒90.5\%$

정답 ③

54 ★☆☆

하수로부터 인 제거를 위한 화학제의 선택에 영향을 미치는 인자가 아닌 것은?

① 유입수의 인 농도
② 슬러지 처리시설
③ 알칼리도
④ 다른 처리공정과의 차별성

해설

다른 처리공정과의 호환성이 하수로부터 인 제거를 위한 화학제의 선택에 영향을 미치는 인자이다.

정답 ④

55 ★☆☆

CSTR 반응조를 일차반응조건으로 설계하고, A의 제거 또는 전환율이 90%가 되게 하고자 한다. 반응상수 k가 0.35/hr일 때 CSTR 반응조의 체류시간(hr)은?

① 12.5
② 25.7
③ 32.5
④ 43.7

해설

1차반응 조건의 CSTR 반응조에 대한 식
$0=QC_0-QC_t-k\forall C_t$
$Q(C_0-C_t)=k\forall C_t$

$Q=\dfrac{k\forall C_t}{C_0-C_t}$

$t=\dfrac{\forall}{Q}=\dfrac{\forall}{\dfrac{k\forall C_t}{C_0-C_t}}=\dfrac{\forall(C_0-C_t)}{kVC_t}=\dfrac{C_0-C_t}{kC_t}$

$\quad=\dfrac{1-0.1}{0.35×0.1}=25.71≒25.7\text{hr}$

정답 ②

56 ★★★

활성슬러지 공정의 폭기조 내 MLSS 농도 2,000mg/L, 폭기조의 용량 5m³, 유입 폐수의 BOD 농도 300mg/L, 폐수 유량이 15m³/day일 때, F/M 비(kg BOD/kg MLSS·day)는?

① 0.35
② 0.45
③ 0.55
④ 0.65

해설

BOD 슬러지 부하(kg BOD/kg MLSS·day)는 폭기조 내 MLSS 단위무게당 하루에 부하되는 BOD의 무게로 F/M비를 의미한다.

$\text{F/M}=\dfrac{1일 BOD 유입량[\text{kg/day}]}{MLSS량[\text{kg}]}=\dfrac{BOD·Q}{\forall·X}$

· BOD: BOD 농도[mg/L]
· Q: 유입유량[m³/day]
· $\forall$: 폭기조 용적[m³]
· X: MLSS 농도[mg/L]

$\to\dfrac{BOD·Q}{\forall·X}=\dfrac{300×15}{2,000×5}$

$\quad\quad=0.45\text{kg BOD/kg MLSS·day}$

정답 ②

57 ★★☆

수질 성분이 부식에 미치는 영향으로 틀린 것은?

① 높은 알칼리도는 구리와 납의 부식을 증가시킨다.
② 암모니아는 착화물 형성을 통해 구리, 납 등의 금속용해도를 증가시킬 수 있다.
③ 잔류염소는 Ca과 반응하여 금속의 부식을 감소시킨다.
④ 구리는 갈바닉 전지를 이룬 배관상에 흠집(구멍)을 야기한다.

해설

염소가 물에 유입되면 HOCl과 HCl이 생성되어 결과적으로 물의 pH가 낮아지게 되고 수중의 수소이온의 농도가 증가하여 부식성을 증가시켜 많은 금속에 대해 부식 방지 피막의 형성을 방해하기도 한다.
염소는 병원성 미생물을 제어하는 데 가장 일반적으로 이용되는 소독제이다.

정답 ③

58 ★☆☆

Freundlich 등온 흡착식($X/M = KC^{1/n}$)에 대한 설명으로 틀린 것은?

① X는 흡착된 용질의 양을 나타낸다.
② K, n은 상수값으로 평형농도에 적용한 단위에 상관없이 동일하다.
③ C는 용질의 평형농도(질량/체적)를 나타낸다.
④ 한정된 범위의 용질농도에 대한 흡착 평형값을 나타낸다.

해설

K, n은 상수값이다.
K값이 커지면 활성탄 흡착능이 커진다. 또한, $1/n$값이 2보다 클 경우에는 흡착량이 크게 줄어든다.

관련이론 | Freundlich 등온 흡착식

$$\frac{X}{M} = KC^{\frac{1}{n}}$$

· X : 활성탄에 흡착된 용질량[mg/L]
· M : 활성탄 주입량 [mg/L]
· K, n : 경험상수
· C : 흡착 후 남은 피흡착물질의 농도

정답 ②

59 ★★☆

생물학적 인, 질소제거 공정에서 호기조, 무산소조, 혐기조 공정의 주된 역할을 가장 올바르게 설명한 것은? (단, 유기물 제거는 고려하지 않으며, 호기조 – 무산소조 – 혐기조 순서임)

① 질산화 및 인의 과잉 흡수 – 탈질소 – 인의 용출
② 질산화 – 탈질소 및 인의 과잉 흡수 – 인의 용출
③ 질산화 및 인의 용출 – 인의 과잉 흡수 – 탈질소
④ 질산화 및 인의 용출 – 탈질소 – 인의 과잉 흡수

해설

각 공정의 주된 역할은 다음과 같다.
· 호기조 : 질산화 및 인의 과잉섭취(흡수)
· 무산소조 : 탈질소
· 혐기조 : 인의 방출(용출)

정답 ①

60 ★★☆

호기성 미생물에 의하여 발생되는 반응은?

① 포도당 → 알코올
② 초산 → 메탄
③ 아질산염 → 질산염
④ 포도당 → 초산

해설

질산화 과정 중 호기성 미생물의 하나인 Nitrobacter에 의해 아질산염이 질산염으로 전환된다.

정답 ③

2021년

수질오염공정시험기준

61

★☆☆

측정 항목과 측정 방법에 관한 설명으로 옳지 않은 것은?

① 불소: 란탄 – 알리자린 콤프렉손에 의한 착화합물의 흡광도를 측정한다.

② 시안: pH 12~13의 알칼리성에서 시안이온전극과 비교전극을 사용하여 전위를 측정한다.

③ 크롬: 산성용액에서 다이페닐카바자이드와 반응하여 생성하는 착화합물의 흡광도를 측정한다.

④ 망간: 황산산성에서 과황산칼륨으로 산화하여 생성된 과망간산 이온의 흡광도를 측정한다.

해설

황산산성에서 과요오드산칼륨으로 산화하여 생성된 과망간산 이온의 흡광도를 525nm에서 측정한다.

선지분석

① 불소: 시료에 넣은 란탄－알리자린 콤프렉손의 착화합물이 불소이온과 반응하여 생성하는 청색의 복합 착화합물의 흡광도를 620nm에서 측정하는 방법이다.

② 시안: pH 12~13의 알칼리성에서 시안이온전극과 비교전극을 사용하여 전위를 측정하고 그 전위차로부터 시안을 정량하는 방법이다.

③ 크롬: 산성용액에서 다이페닐카바자이드와 반응하여 생성하는 적자색 착화합물의 흡광도를 540nm에서 측정한다.

정답 ④

62

★★☆

0.005M–KMnO₄ 400mL를 조제하려면 KMnO₄ 약 몇 g을 취해야 하는가? (단, 원자량 K=39, Mn=55)

① 약 0.32
② 약 0.63
③ 약 0.84
④ 약 0.98

해설

$$X[g]=\frac{0.005mol}{L}\left|\frac{0.4L}{}\right|\frac{158g}{1mol}=0.316≒0.32g$$

정답 ①

63

★☆☆

유속 – 면적법에 의한 하천유량을 구하기 위한 소구간 단면에 있어서의 평균유속 V_m을 구하는 식은? (단, $V_{0.2}$, $V_{0.4}$, $V_{0.5}$, $V_{0.6}$, $V_{0.8}$은 각각 수면으로부터 전수심의 20%, 40%, 50%, 60% 80%인 점의 유속이다.)

① 수심이 0.4m 미만일 때 $V_m=V_{0.5}$

② 수심이 0.4m 미만일 때 $V_m=V_{0.8}$

③ 수심이 0.4m 이상일 때 $V_m=(V_{0.2}+V_{0.8})\times 1/2$

④ 수심이 0.4m 이상일 때 $V_m=(V_{0.4}+V_{0.6})\times 1/2$

해설

하천의 평균유속은 수심 0.4m를 기점으로 다음과 같이 구분하여 계산한다.

• 수심이 0.4m 이상일 때

$$V_m=(V_{0.2}+V_{0.8})\times\frac{1}{2}$$

• 수심이 0.4m 미만일 때

$$V_m=V_{0.6}$$

정답 ③

64 ★☆☆

용해성 망간을 측정하기 위해 시료를 채취 후 속히 여과해야 하는 이유는?

① 망간을 공침시킬 우려가 있는 현탁물질을 제거하기 위해
② 망간 이온을 접촉적으로 산화, 침전시킬 우려가 있는 이산화망간을 제거하기 위해
③ 용존상태에서 존재하는 망간과 침전상태에서 존재하는 망간을 분리하기 위해
④ 단시간 내에 석출, 침전할 우려가 있는 콜로이드 상태의 망간을 제거하기 위해

해설

용해되어 있던 망간이 침전으로 고체화되면 용액 중 망간의 농도가 변하므로 이를 방지하기 위해 망간이 고체화되는 여유를 주지 않도록 가능한 한 신속히 여과한다.

정답 ③

65 ★☆☆

시안(CN^-) 분석용 시료를 보관할 때 20% NaOH 용액을 넣어 pH 12의 알칼리성으로 보관하는 이유는?

① 산성에서는 CN^- 이온이 HCN으로 되어 휘산하기 때문
② 산성에서는 탄산염을 형성하기 때문
③ 산성에서는 시안이 침전되기 때문
④ 산성에서나 중성에서는 시안이 분해 변질되기 때문

해설

시안(CN^-)이 H^+ 이온과 접촉하여 HCN으로 되는 것을 방지하기 위해서 알칼리성 조건을 조성해서 보관한다.

정답 ①

66 ★★★

대장균(효소이용정량법) 측정에 관한 내용으로 (   )에 옳은 것은?

> 물속에 존재하는 대장균을 분석하기 위한 것으로, 효소기질 시약과 시료를 혼합하여 배양한 후 (   ) 검출기로 측정하는 방법이다.

① 자외선
② 적외선
③ 가시선
④ 기전력

해설

효소이용정량법은 물속에 존재하는 대장균을 분석하기 위한 것으로 효소기질 시약과 시료를 혼합하여 배양한 후 자외선 검출기로 측정하는 방법이다.

정답 ①

67 ★★☆

0.025N 과망간산칼륨 표준용액의 농도계수를 구하기 위해 0.025N 수산화나트륨 용액 10mL를 정확히 취해 종점까지 적정하는데 0.025N 과망간산칼륨용액이 10.15mL 소요되었다. 0.025N 과망간산칼륨 표준용액의 농도계수(f)는?

① 1.015
② 1.000
③ 0.9852
④ 0.025

해설

$$NVf = N'V'f'$$
$$\to f = \frac{N'V'f'}{NV} = \frac{0.025 \times 10 \times 1}{0.025 \times 10.15} = 0.9852$$

정답 ③

68 ★★★

"항량으로 될 때까지 건조한다."라 함은 같은 조건에서 어느 정도 더 건조시켜 전후 무게차가 g당 0.3mg 이하일 때를 말하는가?

① 30분　　　　　② 60분
③ 120분　　　　　④ 240분

해설
"항량으로 될 때까지 건조한다."라는 의미는 같은 조건에서 1시간 더 건조할 때 전후 무게의 차가 g당 0.3mg 이하일 때를 의미한다.

정답 ②

69 ★☆☆

원자흡수분광도법으로 셀레늄을 측정할 때 수소화셀레늄을 발생시키기 위해 전처리한 시료에 주입하는 것은?

① 염화제일주석 용액
② 아연분말
③ 요오드화나트륨 분말
④ 수산화나트륨 용액

해설
아연분말 약 3g 또는 나트륨붕소수화물(1%) 용액 15mL를 신속히 반응용기에 넣고 자석교반기로 교반하여 수소화셀레늄을 발생시킨다.

정답 ②

70 ★☆☆

알칼리성에서 다이에틸다이티오카르바민산 나트륨과 반응하여 생성하는 황갈색의 킬레이트 화합물을 초산부틸로 추출하여 흡광도 440nm에서 정량하는 측정원리를 갖는 것은? (단, 자외선/가시선 분광법 기준)

① 아연　　　　　② 구리
③ 크롬　　　　　④ 납

해설
구리 이온이 알칼리성에서 다이에틸다이티오카르바민산 나트륨과 반응하여 생성하는 황갈색의 킬레이트 화합물을 아세트산부틸(초산부틸)로 추출하여 흡광도를 440nm에서 측정한다.

정답 ②

71 ★☆☆

복수시료채취방법에 대한 설명으로 (　　)에 옳은 것은? (단, 배출허용기준 적합여부 판정을 위한 시료채취 시)

> 자동시료채취기로 시료를 채취할 경우에는 (　㉠　) 이내에 30분 이상 간격으로 (　㉡　) 이상 채취하고 동일한 양을 혼합하여 단일 시료로 한다.

① ㉠ 6시간, ㉡ 2회
② ㉠ 6시간, ㉡ 4회
③ ㉠ 8시간, ㉡ 2회
④ ㉠ 8시간, ㉡ 4회

해설
자동시료채취기로 시료를 채취할 경우에는 6시간 이내에 30분 이상 간격으로 2회 이상 채취하고 동일한 양을 혼합하여 단일 시료(Composite sample)로 한다.

정답 ①

72 ★☆☆

수질연속자동측정기기의 설치방법 중 시료 채취지점에 관한 내용으로 ( )에 옳은 것은?

> 취수구의 위치는 수면하 10cm 이상, 바닥으로부터 ( )cm 이상을 유지하여 동절기의 결빙을 방지하고 바닥 퇴적물이 유입되지 않도록 하되, 불가피한 경우는 수면하 5cm에서 채취할 수 있다.

① 5　　　　　　　② 15
③ 25　　　　　　　④ 35

해설

취수구의 위치는 수면하 10cm 이상, 바닥으로부터 15cm 이상을 유지하여 동절기의 결빙을 방지하고 바닥 퇴적물이 유입되지 않도록 하되, 불가피한 경우는 수면하 5cm에서 채취할 수 있다.

정답 ②

73 ★☆☆

BOD 실험에서 배양기간 중에 4.0mg/L의 DO 소모를 바란다면 BOD 200mg/L로 예상되는 폐수를 실험할 때 300mL BOD 병에 몇 mL 넣어야 하는가?

① 2.0　　　　　　② 4.0
③ 6.0　　　　　　④ 8.0

해설

$$BOD[mg/L] = (D_1 - D_2) \times P$$

$$200mg/L = 4 \times \frac{300}{X}$$

$$\therefore X = 6mL$$

정답 ③

74 ★☆☆

기체크로마토그래프 검출기에 관한 설명으로 틀린 것은?

① 열전도도 검출기는 금속 필라멘트 또는 전기저항체를 검출소자로 한다.
② 수소염 이온화 검출기의 본체는 수소연소노즐, 이온수집기, 대극, 배기구로 구성된다.
③ 알칼리열 이온화 검출기는 함유할로겐화합물 및 함유황화합물을 고감도로 검출할 수 있다.
④ 전자포획형 검출기는 많은 니트로화합물, 유기금속화합물 등을 선택적으로 검출할 수 있다.

해설

알칼리열 이온화 검출기(Flame Thermionic Detector, FTD)는 유기질소 화합물 및 유기인 화합물을 선택적으로 검출할 수 있다.

선지분석

① 열전도도 검출기(Thermal Conductivity Detector, TCD)는 금속 필라멘트(Filament) 또는 전기저항체(Thermistor)를 검출소자로 하여 금속판(Block)안에 들어 있는 본체와 여기에 안정된 직류전기를 공급하는 전원회로, 전류조절부, 신호검출 전기회로, 신호 감쇄부 등으로 구성된다.
② 수소염 이온화 검출기(Flame Ionization Detector, FID)는 수소연소노즐(Nozzle), 이온수집기(Ion Collector)와 함께 대극 및 배기구로 구성되는 본체와 이 전극 사이에 직류전압을 주어 흐르는 이온전류를 측정하기 위한 직류전압 변환회로, 감도 조절부, 신호감쇄부 등으로 구성된다.
④ 전자포획형 검출기(Electron Capture Detector, ECD)는 방사선 동위원소로부터 방출되는 β선이 운반가스를 전리하여 미소전류를 흘려보낼 때 시료중의 할로겐이나 산소와 같이 전자포획력이 강한 화합물에 의하여 전자가 포획되어 전류가 감소하는 것을 이용하는 방법으로 유기할로겐화합물, 니트로화합물 및 유기금속화합물을 선택적으로 검출할 수 있다.

관련이론 | 불꽃광도 검출기(Flame Photometric Detector, FPD)

수소염에 의하여 시료성분을 연소시키고 이때 발생하는 불꽃의 광도를 분광학적으로 측정하는 방법으로서 인 또는 황화합물을 선택적으로 검출할 수 있다.

정답 ③

75 ★☆☆

하천유량 측정을 위한 유속 면적의 적용범위로 틀린 것은?

① 대규모 하천을 제외하고 가능하면 도섭으로 측정할 수 있는 지점

② 교량 등 구조물 근처에서 측정할 경우 교량의 상류지점

③ 합류나 분류되는 지점

④ 선정된 유량측정 지점에서 말뚝을 박아 동일 단면에서 유량측정을 수행할 수 있는 지점

해설

합류나 분류가 없는 지점이어야 한다.

관련이론 | 하천유량 측정을 위한 유속면적법의 적용범위

· 대규모 하천을 제외하고 가능하면 도섭으로 측정할 수 있는 지점

· 교량 등 구조물 근처에서 측정할 경우 교량의 상류지점

· 합류나 분류가 없는 지점

· 선정된 유량측정 지점에 말뚝을 박아 동일 단면에서 유량 측정을 수행할 수 있는 지점

· 균일한 유속분포를 확보하기 위한 충분한 길이(약 100m 이상)의 직선하도(河道) 확보가 가능하고 횡단면상의 수심이 균일한 지점

· 모든 유량 규모에서 하나의 하도로 형성되는 지점

· 가능하면 하상이 안정되어 있고, 식생의 성장이 없는 지점

· 유속계나 부자가 어디에서나 유효하게 잠길 수 있을 정도의 충분한 수심이 확보되는 지점

정답 ③

76 ★☆☆

이온크로마토그래피에 관한 설명 중 틀린 것은?

① 물 시료 중 음이온의 정성 및 정량분석에 이용된다.

② 기본구성은 용리액조, 시료 주입부, 펌프, 분리컬럼, 검출기 및 기록계로 되어있다.

③ 시료의 주입량은 보통 $10 \sim 100 \mu L$ 정도이다.

④ 일반적으로 음이온 분석에는 이온교환 검출기를 사용한다.

해설

일반적으로 음이온 분석에는 전기전도도 검출기를 사용한다.

정답 ④

77 ★☆☆

pH 미터의 유지관리에 대한 설명으로 틀린 것은?

① 전극이 더러워졌을 때는 유리전극을 묽은 염산에 잠시 담갔다가 증류수로 씻는다.

② 유리전극을 사용하지 않을 때는 증류수에 담가둔다.

③ 유지, 그리스 등이 전극표면에 부착되면 유기용매로 적신 부드러운 종이로 전극을 닦고 증류수로 씻는다.

④ 전극에 발생하는 조류나 미생물은 전극을 보호하는 작용이므로 떨어지지 않게 주의한다.

해설

전극에 발생하는 조류나 미생물은 측정을 방해한다.

정답 ④

78 ★★☆

4각 웨어에 의하여 유량을 측정하려고 한다. 웨어의 수두 0.5m, 절단의 폭이 4m이면 유량(m³/분)은? (단, 유량 계수 =4.8)

① 약 4.3   ② 약 6.8
③ 약 8.1   ④ 약 10.4

해설

4각 웨어의 유량

$$Q[\text{m}^3/\text{min}] = K \cdot b \cdot h^{3/2}$$
$$= 4.8 \times 4 \times 0.5^{3/2}$$
$$= 6.788 ≒ 6.8\text{m}^3/\text{min}$$

정답 ②

79 ★☆☆

총질소 실험방법과 가장 거리가 먼 것은? (단, 수질오염공정시험기준 적용)

① 연속흐름법
② 자외선/가시선 분광법 – 활성탄흡착법
③ 자외선/가시선 분광법 – 카드뮴 · 구리 환원법
④ 자외선/가시선 분광법 – 환원증류 · 킬달법

해설

총질소 실험방법의 분류

• 총질소 분석법 – 연속흐름법
• 자외선/가시선 분광법 – 산화법
• 자외선/가시선 분광법 – 카드뮴 · 구리 환원법
• 자외선/가시선 분광법 – 환원증류 · 킬달법

정답 ②

80 ★☆☆

배출허용기준 적합여부 판정을 위한 시료채취시 복수시료채취방법 적용을 제외할 수 있는 경우가 아닌 것은?

① 환경오염사고 또는 취약시간대의 환경
② 부득이 복수시료채취방법으로 할 수 없을 경우
③ 유량이 일정하며 연속적으로 발생되는 폐수가 방류되는 경우
④ 사업장 내에서 발생하는 폐수를 회분식 등 간헐적으로 처리하여 방류하는 경우

선지분석

① 환경오염사그 또는 취약시간대(일요일, 공휴일 및 평일 18:00∼09:00 등)의 환경오염 감시 등 신속한 대응이 필요한 경우 제외할 수 있다.
② 부득이 복수시료채취방법으로 시료를 채취할 수 없을 경우 제외할 수 있다.
④ 사업장 내에서 발생하는 폐수를 회분식(batch식) 등 간헐적으로 처리하여 방류하는 경우 제외할 수 있다.
이외에 물환경보전법 제38조 제1항의 규정에 의한 비정상적 행위를 할 경우에도 제외할 수 있다.

정답 ③

수질환경관계법규

81 ★★☆

오염총량관리기본계획에 포함되어야 하는 사항과 가장 거리가 먼 것은?

① 관할 지역에서 배출되는 오염부하량의 총량 및 저감계획
② 해당 지역 개발계획으로 인하여 추가로 배출되는 오염부하량 및 그 저감계획
③ 해당 지역별 및 개발계획에 따른 오염부하량의 할당
④ 해당 지역 개발계획의 내용

해설

「법 제4조의3」

오염총량관리기본계획의 포함 사항
· 해당 지역 개발계획의 내용
· 지방자치단체별·수계구간별 오염부하량(汚染負荷量)의 할당
· 관할 지역에서 배출되는 오염부하량의 총량 및 저감계획
· 해당 지역 개발계획으로 인하여 추가로 배출되는 오염부하량 및 그 저감계획

정답 ③

82 ★★☆

수질오염물질의 배출허용기준의 지역구분에 해당되지 않는 것은?

① 나지역   ② 다지역
③ 청정지역   ④ 특례지역

해설

「시행규칙 별표 13」

배출 허용 기준의 지역구분
· 청정지역   · 가지역
· 특례지역   · 나지역

정답 ②

83 ★★☆

환경정책기본법령에 의한 수질 및 수생태계 상태를 등급으로 나타내는 경우 '좋음' 등급에 대해 설명한 것은? (단, 수질 및 수생태계 하천의 생활 환경기준)

① 용존산소가 풍부하고 오염물질이 거의 없는 청정상태에 근접한 생태계로 침전 등 간단한 정수처리 후 생활용수로 사용할 수 있음
② 용존산소가 풍부하고 오염물질이 거의 없는 청정상태에 근접한 생태계로 여과·침전 등 간단한 정수처리 후 생활용수로 사용할 수 있음
③ 용존산소가 많은 편이고 오염물질이 거의 없는 청정상태에 근접한 생태계로 여과·침전·살균 등 일반적인 정수처리 후 생활용수로 사용할 수 있음
④ 용존산소가 많은 편이고 오염물질이 거의 없는 청정상태에 근접한 생태계로 활성탄 투입 등 일반적인 정수처리 후 생활용수로 사용할 수 있음

해설

「환경정책기본법 시행령 별표 1」

등급별 수질 및 수생태계 상태
· 매우 좋음: 용존산소가 풍부하고 오염물질이 없는 청정상태의 생태계로 여과·살균 등 간단한 정수처리 후 생활용수로 사용할 수 있음
· 좋음: 용존산소가 많은 편이고 오염물질이 거의 없는 청정상태에 근접한 생태계로 여과·침전·살균 등 일반적인 정수처리 후 생활용수로 사용할 수 있음
· 약간 좋음: 약간의 오염물질은 있으나 용존산소가 많은 상태의 다소 좋은 생태계로 여과·침전·살균 등 일반적인 정수처리 후 생활용수 또는 수영용수로 사용할 수 있음
· 보통: 보통의 오염물질로 인하여 용존산소가 소모되는 일반 생태계로 여과, 침전, 활성탄 투입, 살균 등 고도의 정수처리 후 생활용수로 이용하거나 일반적 정수처리 후 공업용수로 사용할 수 있음
· 약간 나쁨: 상당량의 오염물질로 인하여 용존산소가 소모되는 생태계로 농업용수로 사용하거나 여과, 침전, 활성탄 투입, 살균 등 고도의 정수처리 후 공업용수로 사용할 수 있음
· 나쁨: 다량의 오염물질로 인하여 용존산소가 소모되는 생태계로 산책 등 국민의 일상생활에 불쾌감을 주지 않으며, 활성탄 투입, 역삼투압 공법 등 특수한 정수처리 후 공업용수로 사용할 수 있음
· 매우 나쁨: 용존산소가 거의 없는 오염된 물로 물고기가 살기 어려움

정답 ③

84 ★☆☆

폐수처리업자의 준수사항에 관한 설명으로 (   )에 옳은 것은?

수탁한 폐수는 정당한 사유 없이 (㉠) 보관할 수 없으며, 보관폐수의 전체량이 저장시설 저장능력의 (㉡) 이상 되게 보관하여서는 아니 된다.

① ㉠ 10일 이상, ㉡ 80%　② ㉠ 10일 이상, ㉡ 90%
③ ㉠ 30일 이상, ㉡ 80%　④ ㉠ 30일 이상, ㉡ 90%

해설
「시행규칙 별표 21」
수탁한 폐수는 정당한 사유 없이 10일 이상 보관할 수 없으며 보관폐수의 전체량이 저장시설 저장능력의 90% 이상 되게 보관하여서는 아니 된다.

정답 ②

85 ★☆☆

공공폐수처리시설의 유지·관리기준에 관한 내용으로 (   )에 옳은 내용은?

처리시설의 가동시간, 폐수방류량, 약품투입량, 관리·운영자, 그 밖에 처리시설의 운영에 관한 주요사항을 사실대로 매일 기록하고 이를 최종 기록한 날부터 (   ) 보존하여야 한다.

① 1년간　② 2년간
③ 3년간　④ 5년간

해설
「시행규칙 별표 15」
공공폐수처리시설을 운영하는 자는 처리시설의 가동시간, 폐수방류량, 약품투입량, 관리·운영자, 그 밖에 처리시설의 운영에 관한 주요사항을 사실대로 매일 기록하고 이를 최종 기록한 날부터 1년간 보존하여야 한다.

정답 ①

86 ★☆☆

다음 중 법령에서 규정하고 있는 기타 수질오염원의 기준으로 틀린 것은?

① 취수능력 $10m^3$/일 이상인 먹는 물 제조시설
② 면적 $30,000m^2$ 이상인 골프장
③ 면적 $1,500m^2$ 이상인 자동차 폐차장 시설
④ 면적 $200,000m^2$ 이상인 복합물류터미널 시설

해설
「시행규칙 별표 1」
취수능력 $10m^3$/day 이상인 먹는 물 제조시설은 기타 수질오염원에 해당하지 않는다.

정답 ①

87 ★★★

위임업무 보고사항 중 보고 횟수가 다른 업무내용은?

① 폐수처리업에 대한 허가·지도단속실적 및 처리실적 현황
② 폐수위탁·사업장 내 처리현황 및 처리실적
③ 기타 수질오염원 현황
④ 과징금 부과 실적

해설
「시행규칙 별표 23」

업무내용	보고 횟수	보고기일
폐수처리업이 대한 허가·지도단속 실적 및 처리실적 현황	연 2회	매반기 종료 후 15일 이내
폐수위탁·사업장 내 처리현황 및 처리실적	연 1회	다음 해 1월 15일까지
기타 수질오염원 현황	연 2회	매반기 종료 후 15일 이내
과징금 부과 실적	연 2회	매반기 종료 후 10일 이내

정답 ②

88 ★★★

물환경보전법령에 적용되는 용어의 정의로 틀린 것은?

① 폐수무방류배출시설: 폐수배출시설에서 발생하는 폐수를 해당 사업장에서 수질오염 방지시설을 이용하여 처리하거나 동일 배출시설에 재이용하는 등 공공수역으로 배출하지 아니하는 폐수배출시설을 말한다.

② 수면관리자: 호소를 관리하는 자를 말하며, 이 경우 동일한 호소를 관리하는 자가 3인 이상인 경우에는 하천법에 의한 하천의 관리청의 자가 수면관리자가 된다.

③ 특정수질유해물질: 사람의 건강, 재산이나 동식물의 생육에 직접 또는 간접으로 위해를 줄 우려가 있는 수질오염물질로서 환경부령이 정하는 것을 말한다.

④ 공공수역: 하천, 호소, 항만, 연안해역, 그밖에 공공용으로 사용되는 환경부령으로 정하는 수로를 말한다.

해설

「법 제2조」

수면관리자란 다른 법령에 따라 호소를 관리하는 자를 말한다. 이 경우 동일한 호소를 관리하는 자가 둘 이상인 경우에는 하천법에 따른 하천관리청 외의 자가 수면관리자가 된다.

정답 ②

89 ★☆☆

폐수의 배출시설 설치허가 신청 시 제출해야 할 첨부서류가 아닌 것은?

① 폐수배출공정 흐름도 ② 원료의 사용명세서
③ 방지시설의 설치명세서 ④ 배출시설 설치 신고필증

해설

「시행령 제31조」

폐수의 배출시설 설치허가신청 시 제출해야 할 첨부 서류
- 배출시설의 위치도 및 폐수배출공정 흐름도
- 원료(용수 포함)의 사용명세 및 제품의 생산량과 발생할 것으로 예측되는 수질오염물질의 내역서
- 방지시설의 설치명세서와 그 도면(다만, 설치신고를 하는 경우에는 도면을 배치도로 갈음할 수 있다.)
- 배출시설 설치허가증(변경허가를 받는 경우에만 제출)

정답 ④

90 ★★★

대권역 물환경관리계획을 수립하는 경우 포함되어야 할 사항 중 가장 거리가 먼 것은?

① 점오염원, 비점오염원 및 기타수질오염원에서 배출되는 수질오염물질의 양

② 상수원 및 물 이용현황

③ 점오염원, 비점오염원 및 기타수질오염원 분포현황

④ 점오염원의 확대 계획 및 저감시설 현황

해설

「법 제24조」

대권역 물환경관리계획의 수립 시 포함되어야 할 사항
- 물환경의 변화 추이 및 물환경목표기준
- 상수원 및 물 이용현황
- 점오염원, 비점오염원 및 기타수질오염원의 분포현황
- 점오염원, 비점오염원 및 기타수질오염원에서 배출되는 수질오염물질의 양
- 수질오염 예방 및 저감 대책
- 물환경 보전조치의 추진방향
- 「기후위기 대응을 위한 탄소중립·녹색성장 기본법」 제2조제1호에 따른 기후변화에 대한 적응대책
- 그 밖에 환경부령으로 정하는 사항

정답 ④

91 ★★☆

수질자동측정기기 또는 부대시설의 부착면제를 받은 대상 사업장이 면제 대상에서 해제된 경우 그 사유가 발생한 날로부터 몇 개월 이내에 수질자동측정기기 및 부대시설을 부착해야 하는가?

① 3개월 이내 ② 6개월 이내
③ 9개월 이내 ④ 12개월 이내

해설

「시행령 별표 7」

수질자동측정기기 또는 부대시설의 부착면제를 받은 사업장이나 공동방지시설이 면제 대상에 해당하지 않게 된 경우에는 그 사유가 발생한 날부터 9개월 이내에 해당 수질자동측정기기 또는 부대시설을 부착해야 한다.

정답 ③

92 ★☆☆

기본배출부과금 산정 시 적용되는 사업장별 부과계수로 옳은 것은?

① 제1종 사업장(10,000m³/day 이상): 2.0
② 제2종 사업장: 1.5
③ 제3종 사업장: 1.3
④ 제4종 사업장: 1.1

해설

「시행령 별표 9」

사업장 규모	제1종사업장(단위: m³/일)					제2종 사업장	제3종 사업장	제4종 사업장
	10,000 이상	8,000 이상 10,000 미만	6,000 이상 8,000 미만	4,000 이상 6,000 미만	2,000 이상 4,000 미만			
부과 계수	1.8	1.7	1.6	1.5	1.4	1.3	1.2	1.1

정답 ④

93 ★★☆

수질오염물질 총량관리를 위하여 시·도지사가 오염총량관리기본계획을 수립하여 환경부장관에게 승인을 얻어야 한다. 계획수립 시 포함되는 사항으로 가장 거리가 먼 것은?

① 해당 지역 개발계획의 내용
② 시·도지사가 설치·운영하는 측정망 관리계획
③ 관할 지역에서 배출되는 오염부하량의 총량 및 저감계획
④ 해당 지역 개발계획으로 인하여 추가로 배출되는 오염부하량 및 그 저감계획

해설

「법 제4조의3」

오염총량관리기본계획 수립 시 포함사항

• 해당 지역 개발계획의 내용
• 지방자치단체별·수계구간별 오염부하량의 할당
• 관할 지역에서 배출되는 오염부하량의 총량 및 저감계획
• 해당 지역 개발계획으로 인하여 추가로 배출되는 오염부하량 및 그 저감계획

정답 ②

94 ★☆☆

기본배출부과금 산정 시 청정지역 및 가 지역의 지역별 부과계수는?

① 2.0
② 1.5
③ 1.0
④ 0.5

해설

「시행령 별표 10」

청정지역 및 가지역	나지역 및 특례지역
1.5	1

정답 ②

95 ★★★

사업장별 환경기술인의 자격기준 중 제2종 사업장에 해당하는 환경기술인의 기준은?

① 수질환경기사 1명 이상
② 수질환경산업기사 1명 이상
③ 환경기능사 1명 이상
④ 2년 이상 수질분야에 근무한 자 1명 이상

해설

「시행령 별표 17」

구분	환경기술인
제1종 사업장	수질환경기사 1명 이상
제2종 사업장	수질환경산업기사 1명 이상
제3종 사업장	수질환경산업기사, 환경기능사 또는 3년 이상 수질분야 환경관련 업무에 직접 종사한 자 1명 이상
제4종 사업장·제5종 사업장	배출시설 설치허가를 받거나 배출시설 설치신고가 수리된 사업자 또는 배출시설 설치허가를 받거나 배출시설 설치신고가 수리된 사업자가 그 사업장의 배출시설 및 방지시설업무에 종사하는 피고용인 중에서 임명하는 자 1명 이상

정답 ②

96 ★★☆

오염총량초과부과금 산정 방법 및 기준에서 적용되는 측정 유량(일일유량 산정 시 적용) 단위로 옳은 것은?

① m³/min
② L/min
③ m³/sec
④ L/sec

해설
「시행령 별표 1」
측정유량의 단위는 분당 리터로 한다.

정답 ②

97 ★☆☆

발생폐수를 공공폐수처리시설로 유입하고자 하는 배출시설 설치자는 배수관로 등 배수 설비를 기준에 맞게 설치하여야 한다. 배수 설비의 설치방법 및 구조기준으로 틀린 것은?

① 배수관의 관경은 안지름 150mm 이상으로 하여야 한다.
② 배수관은 우수관과 분리하여 빗물이 혼합되지 아니하 도록 설치하여야 한다.
③ 배수관 입구에는 유효간격 10mm 이하의 스크린을 설 치하여야 한다.
④ 배수관의 기점·종점·합류점·굴곡점과 관경·관 종류 가 달라지는 지점에는 유출구를 설치하여야 하며, 직선 인 부분에는 안지름의 200배 이하의 간격으로 맨홀을 설치하여야 한다.

해설
「시행규칙 별표 16」
배수관의 기점·종점·합류점·굴곡점과 관경·관 종류가 달라지는 지 점에는 맨홀을 설치하여야 하며, 직선인 부분에는 안지름의 120배 이 하의 간격으로 맨홀을 설치하여야 한다.

정답 ④

98 ★☆☆

폐수배출시설에서 배출되는 수질오염물질의 부유물질량의 배출허용 기준은? (단, 나지역, 1일 폐수배출량 2천세제곱 미터 미만 기준)

① 80mg/L 이하
② 90mg/L 이하
③ 120mg/L 이하
④ 130mg/L 이하

해설
「시행규칙 별표 13」

대상 규모	1일 폐수배출량 2천 세제곱미터 이상			1일 폐수배출량 2천 세제곱미터 미만		
항목 지역 구분	생물 화학적 산소 요구량 (mg/L)	총 유기 탄소량 (mg/L)	부유 물질량 (mg/L)	생물 화학적 산소 요구량 (mg/L)	총 유기 탄소량 (mg/L)	부유 물질량 (mg/L)
청정 지역	30 이하	25 이하	30 이하	40 이하	30 이하	40 이하
가 지역	60 이하	40 이하	60 이하	80 이하	50 이하	80 이하
나 지역	80 이하	50 이하	80 이하	120 이하	75 이하	120 이하
특례 지역	30 이하	25 이하	30 이하	30 이하	25 이하	30 이하

정답 ③

99

★☆☆

방류수 수질기준 초과율별 부과계수의 구분이 잘못된 것은?

① 20% 이상 30% 미만 − 1.4
② 30% 이상 40% 미만 − 1.8
③ 50% 이상 60% 미만 − 2.0
④ 80% 이상 90% 미만 − 2.6

해설

「시행령 별표 11」

초과율	10% 미만	10% 이상 20% 미만	20% 이상 30% 미만	30% 이상 40% 미만	40% 이상 50% 미만
부과계수	1	1.2	1.4	1.6	1.8
초과율	50% 이상 60% 미만	60% 이상 70% 미만	70% 이상 80% 미만	80% 이상 90% 미만	90% 이상 100% 까지
부과계수	2.0	2.2	2.4	2.6	2.8

정답 ②

100

★★☆

정당한 사유 없이 공공수역에 분뇨, 가축분뇨, 동물의 사체, 폐기물(지정폐기물 제외) 또는 오니를 버리는 행위를 하여서는 아니 된다. 이를 위반하여 분뇨·가축분뇨 등을 버린 자에 대한 벌칙 기준은?

① 6개월 이하의 징역 또는 5백만원 이하의 벌금
② 1년 이하의 징역 또는 1천만원 이하의 벌금
③ 2년 이하의 징역 또는 2천만원 이하의 벌금
④ 3년 이하의 징역 또는 3천만원 이하의 벌금

해설

「법 제78조」

공공수역에 분뇨·가축분뇨 등을 버린 자는 1년 이하의 징역 또는 1천만원 이하의 벌금에 처한다.

정답 ②

수질오염개론

01 ★★★

호수에 부하되는 인산량을 적용하여 대상 호수의 영양상태를 평가, 예측하는 모델 중 호수내의 인의 물질수지 관계식을 이용하여 평가하는 방법으로 가장 널리 이용되는 것은?

① Vollenweider model
② Streeter-Phelps model
③ 2차원 POM
④ ISC model

해설
부영양화 평가모델은 인(P) 부하모델인 Vollenweider 모델 등이 대표적이다.

정답 ①

02 ★★☆

우리나라의 수자원 이용현황 중 가장 많은 용도로 사용하는 용수는?

① 공업용수
② 농업용수
③ 생활용수
④ 유지용수(하천)

해설
우리나라에서는 농업용수의 이용률이 가장 높고, 그 다음으로 발전 및 하천유지용수, 생활용수, 공업용수 순이다.

정답 ②

03 ★★★

일차 반응에서 반응물질의 반감기가 5일이라고 한다면 물질의 90%가 소모되는 데 소요되는 시간(일)은?

① 약 14
② 약 17
③ 약 19
④ 약 22

해설

$$\ln \frac{C_t}{C_0} = -k \cdot t$$

- C_t: 처리 후 농도
- C_0: 초기 농도
- k: 반응속도상수[day^{-1}]
- t: 반응시간[day]

먼저, 반감기를 이용하여 k를 구한다.

$$\ln \frac{0.5C_0}{C_0} = -k \cdot 5\text{day}$$

$$\therefore k = 0.1386\text{day}^{-1}$$

따라서, A 물질의 90%가 소모되는 데 소요되는 시간은 다음과 같다.

$$\ln \frac{10}{100} = -0.1386 \cdot t$$

$$\therefore t = 16.61 \fallingdotseq 17\text{day}$$

정답 ②

04 ★★☆

Fungi(균류, 곰팡이류)에 관한 설명으로 틀린 것은?

① 원시적 탄소동화작용을 통하여 유기물질을 섭취하는 독립영양계 생물이다.
② 폐수내의 질소와 용존산소가 부족한 경우에도 잘 성장하며 pH가 낮은 경우에도 잘 성장한다.
③ 구성물질의 75~80%가 물이며 $C_{10}H_{17}O_6N$을 화학구조식으로 사용한다.
④ 폭이 약 5~10μm로서 현미경으로 쉽게 식별되며 슬러지팽화의 원인이 된다.

해설
Fungi(균류, 곰팡이류)는 탄소동화작용을 하지 않는 종속영양계인 미생물로서 곰팡이류, 효모, 사상균 등이 속한다.

정답 ①

05 ★★☆

하천수에서 난류확산에 의한 오염물질의 농도분포를 나타내는 난류확산방정식을 이용하기 위하여 일차적으로 고려해야 할 인자와 가장 관련이 적은 것은?

① 대상 오염물질의 침강속도(m/s)
② 대상 오염물질의 자기감쇠계수
③ 유속(m/s)
④ 하천수의 난류지수(Re, N_o)

해설
하천수의 난류확산 방정식

$$\frac{\partial C}{\partial t} + \frac{\partial (uC)}{\partial x} + \frac{\partial (vC)}{\partial z}$$
$$= \frac{\partial}{\partial x}\left(D_x\frac{\partial C}{\partial x}\right) + \frac{\partial}{\partial y}\left(D_y\frac{\partial C}{\partial y}\right) + \frac{\partial}{\partial z}\left(D_z\frac{\partial C}{\partial z}\right) + w_0\frac{\partial C}{\partial z} - KC$$

• C: 하천수의 오염물질 농도[mg/L]
• u, v, w: x(유하), y(수평), z(수직) 방향의 유속
• D_x, D_y, D_z: x, y, z 방향의 확산계수
• w_0: 대상 오염물질의 침강속도[m/sec]
• K: 대상 오염물질의 자기감쇠계수

정답 ④

06 ★★☆

직경이 0.1mm인 모관에서 10℃일 때 상승하는 물의 높이(cm)는? (단, 공기밀도 1.25×10^{-3}g/cm³(10℃일 때), 접촉각은 0°, h(상승높이)$=4\sigma/[gr(Y-Y_a)]$, 표면장력 74.2dyne/cm)

① 30.3
② 42.5
③ 51.7
④ 63.9

해설
이론의 공식을 사용해도 무방하다.

$$h = \frac{4T\cos\beta}{wd}$$

$$\therefore h[cm] = \frac{4}{} \left|\frac{74.2dyne}{cm}\right| \frac{\cos 0°}{} \left|\frac{cm^3}{1g}\right| \frac{1}{0.01cm} \left|\frac{1g}{980dyne}\right|$$
$$= 30.3cm$$

정답 ①

07 ★★☆

다음 수질을 가진 농업용수의 SAR값으로 판단할 때 Na^+가 흙에 미치는 영향은? (단, 수질농도 Na^+=230mg/L, Ca^{2+}=60mg/L, Mg^{2+}=36mg/L, PO_4^{3-}=1,500mg/L, Cl^-=200mg/L이다. 원자량=나트륨 23, 칼슘 40, 마그네슘 24, 인 31)

① 영향이 적다.
② 영향이 중간정도이다.
③ 영향이 비교적 높다.
④ 영향이 매우 높다.

해설

$$SAR = \frac{Na^+}{\sqrt{\dfrac{Mg^{2+}+Ca^{2+}}{2}}}$$ (단, 이온 농도의 단위는 meq/L이다.)

• 나트륨의 농도
$$Na^+ = \frac{230mg}{L}\left|\frac{1meq}{23mg}\right| = 10meq/L$$

• 칼슘의 농드
$$Ca^{2+} = \frac{60mg}{L}\left|\frac{2meq}{40mg}\right| = 3meq/L$$

• 마그네슘의 농도
$$Mg^{2+} = \frac{36mg}{L}\left|\frac{2meq}{24mg}\right| = 3meq/L$$

$$SAR = \frac{10}{\sqrt{\dfrac{3+3}{2}}} = 5.77$$

SAR이 10 이하이면 농작물 경작에 영향이 적다.

정답 ①

2020년

08 ★☆☆

확산의 기본법칙인 Fick's 제1법칙을 가장 알맞게 설명한 것은? (단, 확산에 의해 어떤 면적요소를 통과하는 물질의 이동속도 기준)

① 이동속도는 확산물질의 조성비에 비례한다.
② 이동속도는 확산물질의 농도경사에 비례한다.
③ 이동속도는 확산물질의 분자확산계수와 반비례한다.
④ 이동속도는 확산물질의 유입과 유출의 차이만큼 축적된다.

해설
Fick의 제1법칙(정상상태 확산)은 용액 속에서 용질의 확산이 일어나는 방향에 수직인 단위 넓이를 통하여 단위 시간에 확산하는 용질의 양은 그 장소에서의 농도경사에 비례한다는 법칙이다.

정답 ②

09 ★★☆

C_2H_6 15g이 완전 산화하는 데 필요한 이론적 산소량(g)은?

① 약 46
② 약 56
③ 약 66
④ 약 76

해설
$$\underline{C_2H_6} + \underline{3.5O_2} \rightarrow 2CO_2 + 3H_2O$$
$$30g \quad 3.5 \times 32g$$
비례식으로 정리하면,
$$30g : 3.5 \times 32g = 15g : X(g)$$
$$\therefore X = 56g$$

정답 ②

10 ★★☆

콜로이드 응집의 기본 메카니즘과 가장 거리가 먼 것은?

① 이중층 분산
② 전하의 중화
③ 침전물에 의한 포착
④ 입자간의 가교 형성

해설
콜로이드 응집의 기본 메커니즘은 이중층의 압축, 전하의 중화, 침전물에 의한 포착, 입자간의 가교 형성 등이다.

정답 ①

11 ★★★

탈산소계수가 0.15/day이면 BOD_5와 BOD_u의 비(BOD_5/BOD_u)는? (단, 밑수는 상용대수이다.)

① 약 0.69
② 약 0.74
③ 약 0.82
④ 약 0.91

해설
$$BOD_t = BOD_u(1 - 10^{-k_1 t})$$
$$BOD_5 = BOD_u(1 - 10^{-0.15 \times 5})$$
$$\therefore \frac{BOD_5}{BOD_u} = (1 - 10^{-0.15 \times 5}) = 0.822$$

정답 ③

12 ★★★

회전원판공법(RBC)에서 원판면적의 약 몇 %가 폐수 속에 잠겨서 운전하는 것이 가장 좋은가?

① 20
② 30
③ 40
④ 50

해설
회전원판법은 살수여상보다 발전된 폐수처리법으로, 회전축에 수직으로 가까이 배치한 얇은 원형 판들을 폐수가 흐르는 물통에 약 40% 정도가 잠기게 한 후 수직축을 1rpm 속도로 회전시킨다.

정답 ③

13 ★★☆

미생물 세포의 비증식 속도를 나타내는 식에 대한 설명이 잘못된 것은?

$$\mu = \mu_{max} \times \frac{S}{S + K_s}$$

① μ_{max}는 최대 비증식속도로 시간$^{-1}$ 단위이다.
② K_s는 반속도상수로서 최대성장률이 1/2일 때의 기질의 농도이다.
③ $\mu = \mu_{max}$인 경우, 반응속도가 기질농도에 비례하는 1차 반응을 의미한다.
④ S는 제한기질 농도이고 단위는 mg/L이다.

해설

$\mu = \mu_{max}$인 경우 반응속도는 0차 반응을 의미한다.

정답 ③

14 ★☆☆

수질예측모형의 공간성에 따른 분류에 관한 설명으로 틀린 것은?

① 0차원 모형: 식물성 플랑크톤의 계절적 변동사항에 주로 이용된다.
② 1차원 모형: 하천이나 호수를 종방향 또는 횡방향의 연속교반 반응조로 가정한다.
③ 2차원 모형: 수질의 변동이 일방향성이 아닌 이방향성으로 분포하는 것으로 가정한다.
④ 3차원 모형: 대호수의 순환 패턴분석에 이용된다.

해설

0차원 모형은 수체를 완전혼합반응조로 가정하여 공간적 수질변화가 없기 때문에 식물성 플랑크톤의 계절적 변동사항에는 적용하기 곤란하다.

정답 ①

15 ★☆☆

화학합성균 중 독립영양균에 속하는 호기성균으로서 대표적인 황산화세균에 속하는 것은?

① $Sphaeroiilus$ ② $Crenothrix$
③ $Thiobacillus$ ④ $Leptothrix$

해설

황산화세균에 대표적인 것은 티오바실러스($Thiobacillus$)이다.

정답 ③

16 ★☆☆

0.1ppb Cd 용액 1L 중에 들어 있는 Cd의 양(g)은?

① 1×10^{-6} ② 1×10^{-7}
③ 1×10^{-8} ④ 1×10^{-9}

해설

0.1ppb = 0.1μg/L

$Cd[g/L] = \frac{0.1 \mu g}{L} \left| \frac{1mg}{10^3 \mu g} \right| \frac{1g}{10^3 mg} = 1.0 \times 10^{-7} g/L$

∴ 용액 1L 중에 들어 있는 Cd의 양(g)은 1.0×10^{-7}g이다.

정답 ②

17 ★★☆

μ(세포비증가율)가 μ_{max}의 80%일 때 기질농도(S_{80})와 μ_{max}의 20%일 때의 기질농도(S_{20})와의 (S_{80}/S_{20})비는? (단, 배양기 내의 세포비증가율은 Monod식이 적용)

① 4 ② 8
③ 16 ④ 32

해설

Monod 계산식

$$\mu = \mu_{max} \times \frac{S}{K_s + S}$$

• μ가 μ_{max}의 80%일 경우

$$80 = 100 \times \frac{S_{80}}{K_s + S_{80}}$$

$$100S_{80} = 80(K_s + S_{80})$$

$$80K_s = 20S_{80} \rightarrow S_{80} = 4K_s$$

• μ가 μ_{max}의 20%일 경우

$$20 = 100 \times \frac{S_{20}}{K_s + S_{20}}$$

$$100S_{20} = 20(K_s + S_{20})$$

$$20K_s = 80S_{20} \rightarrow S_{20} = 0.25K_s$$

$$\therefore \frac{S_{80}}{S_{20}} = \frac{4K_s}{0.25K_s} = 16$$

정답 ③

18 ★★★

부영양화의 영향으로 틀린 것은?

① 부영양화가 진행되면 상품가치가 높은 어종들이 사라져 수산업의 수익성이 저하된다.
② 부영양화된 호수의 수질은 질소와 인 등 영양염류의 농도가 높으나 인의 과잉공급은 농작물의 이상 성장을 초래하고 병충해에 대한 저항력을 약화시킨다.
③ 부영양호의 pH는 중성 또는 약산성이나 여름에는 일시적으로 강산성을 나타내어 저니층의 용출을 유발한다.
④ 조류로 인해 정수공정의 효율이 저하된다.

해설

부영양호의 pH는 중성 또는 약알칼리성이고 여름에는 일시적으로 강알칼리성을 나타내어 저니층의 용출을 유발한다.

정답 ③

19 ★★☆

산소포화농도가 9mg/L인 하천에서 처음의 용존산소농도가 7mg/L라면 3일간 흐른 후 하천 하류지점에서의 용존산소농도(mg/L)는? (단, BOD_u=10mg/L, 탈산소계수= 0.1day^{-1}, 재폭기계수=0.2day^{-1}, 상용대수 기준)

① 4.5 ② 5.0
③ 5.5 ④ 6.0

해설

t일 후의 용존산소 부족량

$$D_t = \frac{L_o \cdot K_1}{K_2 - K_1}(10^{-K_1 t} - 10^{-K_2 t}) + D_o \times 10^{-K_2 t}$$

• K_1: 탈산소계수[day^{-1}]
• K_2: 재폭기계수[day^{-1}]
• L_o: BOD_u[mg/L]
• D_o: 초기의 산소 부족량[mg/L]

$$D_o = 9 - 7 = 2mg/L$$

$$D_t = \frac{10 \times 0.1}{0.2 - 0.1}(10^{-0.1 \times 3} - 10^{-0.2 \times 3}) + 2 \times 10^{-0.2 \times 3} = 3.0mg/L$$

∴ 3일이 흐른 뒤 용존산소량(DO)

$$9mg/L - 3.0mg/L = 6.0mg/L$$

정답 ④

20 ★★☆

바다에서 발생되는 적조현상에 관한 설명과 가장 거리가 먼 것은?

① 적조 조류의 독소에 의한 어패류의 피해가 발생한다.
② 해수 중 용존산소의 결핍에 의한 어패류의 피해가 발생한다.
③ 갈수기 해수 내 염소량이 높아질 때 발생된다.
④ 플랑크톤의 번식에 충분한 광량과 영양염류가 공급될 때 발생된다.

해설

갈수기 해수 내 염소량이 높아지면 적조현상이 일어나지 않는다.

정답 ③

상하수도계획

21

★☆☆

자연부식 중 매크로셀부식에 해당되는 것은?

① 산소농담(통기차)
② 특수토양부식
③ 간섭
④ 박테리아부식

관련이론 | 관의 부식

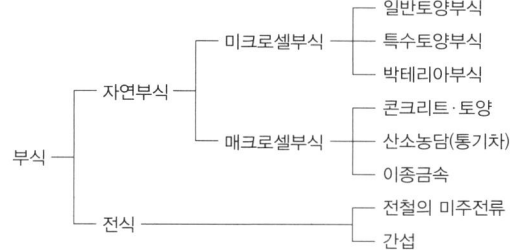

정답 ①

22

★★☆

펌프의 비교회전도에 관한 설명으로 옳은 것은?

① 비교회전도가 크게 될수록 흡입성능이 나쁘고 공동현상이 발생하기 쉽다.
② 비교회전도가 크게 될수록 흡입성능은 나쁘나 공동현상이 발생하기 어렵다.
③ 비교회전도가 크게 될수록 흡입성능은 좋고 공동현상이 발생하기 어렵다.
④ 비교회전도가 크게 될수록 흡입성능은 좋으나 공동현상이 발생하기 쉽다.

해설
비교회전도란 펌프의 성능상태를 나타내는 방법으로서 일정한 유량 및 수두, 즉 $1m^3/min$의 유량을 $1m$ 양수하는 데 필요한 회전수를 의미한다. 비교회전도(N_s)가 클수록 흡입성능이 나쁘고 공동현상이 발생하기 쉽다.

정답 ①

23

★☆☆

상수시설의 급수설비 중 급수관 접속 시 설계기준과 관련한 고려사항(위험한 접속)으로 옳지 않은 것은?

① 급수관은 수도사업자가 관리하는 수도관 이외의 수도관이나 기타 오염의 원인으로 될 수 있는 관과 직접 연결해서는 안 된다.
② 급수관을 방화수조, 수영장 등 오염의 원인이 될 우려가 있는 시설과 연결하는 경우에는 급수관의 토출구를 만수면보다 25mm 이상의 높이에 설치해야 한다.
③ 대변기용 세척밸브는 유효한 진공파괴설비를 설치한 세척밸브나 대변기를 사용하는 경우를 제외하고는 급수관에 직결해서는 안 된다.
④ 저수조를 만들 경우에 급수관의 토출구는 수조의 만수면에서 급수관경 이상의 높이에 만들어야 한다. 다만, 관경이 50mm 이하의 경우는 그 높이를 최소 50mm로 한다.

해설
급수관을 방화수조, 수영장 등 오염의 원인이 될 우려가 있는 시설과 연결하는 경우게는 급수관의 토출구를 만수면보다 200mm 이상의 높이에 설치해야 한다.

정답 ②

24

★★☆

복류수를 취수하는 집수매거의 유출단에서 매거 내의 평균 유속 기준은?

① 0.3m/sec 이하
② 0.5m/sec 이하
③ 0.8m/sec 이하
④ 1.0m/sec 이하

해설
집수매거는 수평 또는 흐름방향을 향하여 완경사로 하고 집수매거의 유출단에서 매거 내의 평균유속은 1m/sec 이하로 한다.

정답 ④

25 ★☆☆

수평부설한 직경 300mm, 길이 3,000m의 주철관에 8,640m³/day로 송수 시 관로 끝에서의 손실수두(m)는? (단, 마찰계수 f=0.03, g=9.8m/sec², 마찰손실만 고려)

① 약 10.8 　　　　② 약 15.3
③ 약 21.6 　　　　④ 약 30.6

해설

$$H_L = f \times \frac{L}{D} \times \frac{V^2}{2g}$$

- H_L: 손실수두[m]
- f: 마찰손실계수
- L: 길이[m]
- D: 직경[m]
- V: 유속[m/sec]

$$V = \frac{Q}{A}$$

$$= \frac{8,640\text{m}^3}{\text{day}} \left| \frac{4}{\pi \times (0.3\text{m})^2} \right| \frac{1\text{day}}{86,400\text{sec}}$$

$$= 1.415\text{m/sec}$$

$$\therefore H_L = 0.03 \times \frac{3,000}{0.3} \times \frac{1.415^2}{2 \times 9.8} = 30.65 ≒ 30.6\text{m}$$

정답 ④

26 ★★☆

하천수를 수원으로 하는 경우, 취수시설인 취수문에 대한 설명으로 틀린 것은?

① 취수지점은 일반적으로 상류부의 소하천에 사용하고 있다.
② 하상변동이 작은 지점에서 취수할 수 있어 복단면의 하천 취수에 유리하다.
③ 시공조건에서 일반적으로 가물막이를 하고 임시하도 설치 등을 고려해야 한다.
④ 기상조건에서 파랑에 대하여 특히 고려할 필요는 없다.

해설

취수문은 하상변동이 작은 지점에서만 취수할 수 있으며, 복단면의 하천에는 적당하지 않다.

정답 ②

27 ★☆☆

정수시설인 배수관의 수압에 관한 내용으로 옳은 것은?

① 급수관을 분기하는 지점에서 배수관내의 최대정수압은 150kPa(약 1.6kg_f/cm²)를 초과하지 않아야 한다.
② 급수관을 분기하는 지점에서 배수관내의 최대정수압은 250kPa(약 2.6kg_f/cm²)를 초과하지 않아야 한다.
③ 급수관을 분기하는 지점에서 배수관내의 최대정수압은 450kPa(약 4.6kg_f/cm²)를 초과하지 않아야 한다.
④ 급수관을 분기하는 지점에서 배수관내의 최대정수압은 700kPa(약 7.1kg_f/cm²)를 초과하지 않아야 한다.

해설

급수관을 분기하는 지점에서 배수관내의 최대정수압은 700kPa(약 7.1kg_f/cm²)를 초과하지 않아야 한다.

정답 ④

28 ★☆☆

화학적 처리를 위한 응집시설 중 급속혼화시설에 관한 설명으로 ( )에 옳은 내용은?

> 기계식 급속혼화시설을 채택하는 경우에는 ( ) 이내의 체류시간을 갖는 혼화지에 응집제를 주입한 다음 즉시 급속 교반시킬 수 있는 혼화장치를 설치한다.

① 30초 　　　　② 1분
③ 3분 　　　　④ 5분

해설

기계식 급속혼화시설을 채택하는 경우에는 1분 이내의 체류시간을 갖는 혼화지에 응집제를 주입한 다음 즉시 급속교반시킬 수 있는 혼화장치를 설치한다.

정답 ②

29 ★★☆

상수도 시설 중 침사지에 관한 설명으로 틀린 것은?

① 위치는 가능한 한 취수구에 근접하여 제내지에 설치한다.
② 지의 유효수심은 2~3m를 표준으로 한다.
③ 지의 상단높이는 고수위보다 0.6~1m의 여유고를 둔다.
④ 지내평균유속은 2~7cm/sec를 표준으로 한다.

해설
침사지의 유효수심은 3~4m가 표준이며, 0.6~1m의 여유고를 둔다.

정답 ②

30 ★☆☆

해수담수화시설 중 역삼투설비에 관한 설명으로 옳지 않은 것은?

① 해수담수화시설에서 생산된 물은 pH나 경도가 낮기 때문에 필요에 따라 적절한 약품을 주입하거나 다른 육지의 물과 혼합하여 수질을 조정한다.
② 막모듈은 플러싱과 약품세척 등을 조합하여 세척한다.
③ 고압펌프를 정지할 때에는 드로백이 유지되도록 체크밸브를 설치하여야 한다.
④ 고압펌프는 효율과 내식성이 좋은 기종으로 하며 그 형식은 시설규모 등에 따라 선정한다.

해설
고압펌프가 정지할 때에는 발생하는 드로백에 대처하기 위하여 필요에 따라 드로백수조를 설치하여야 한다.

정답 ③

31 ★★☆

계획취수량은 계획1일 최대급수량의 몇 % 정도의 여유를 두고 정하는가?

① 5%   ② 10%
③ 15%   ④ 20%

해설
계획취수량의 기준은 계획1일 최대급수량의 10% 정도 증가된 수량으로 한다.

정답 ②

32 ★☆☆

관경 1,100mm, 역사이펀 관로 내의 동수경사 2.4‰, 유속 2.15m/sec, 역사이펀 관로의 길이 76m일 때, 역사이펀의 손실수두(m)는? (단, β=1.5, α=0.05m이다.)

① 0.29m   ② 0.39m
③ 0.49m   ④ 0.59m

해설

$$H = i \cdot L + \beta \times \frac{V^2}{2g} + \alpha$$

· H : 역사이펀의 손실수두[m]
· i : 동수경사
· L : 관의 길이[m]
· V : 유속[m/sec]
· g : 중력가속도($=9.8$m/sec^2)
· α : 여유율($=0.05$m)
· β : 계수($=1.5$)

$$\therefore H = i \cdot L + 1.5 \times \frac{V^2}{2g} + \alpha$$

$$= \frac{2.4}{1,000} \times 76 + 1.5 \times \frac{2.15^2}{2 \times 9.8} + 0.05$$

$$= 0.586 \fallingdotseq 0.59\text{m}$$

정답 ④

33 ★★☆

하수도 계획의 목표연도는 원칙적으로 몇 년 정도로 하는가?

① 10년
② 15년
③ 20년
④ 25년

해설

하수도 계획의 목표연도는 원칙적으로 20년 정도로 한다.
상수도 계획의 목표연도는 15~20년이다.

정답 ③

34 ★★★

원형 원심력 철근콘크리트관에 만수된 상태로 송수된다고 할 때 Manning 공식에 의한 유속(m/sec)은? (단, 조도계수=0.013, 동수경사=0.002, 관지름=250mm)

① 0.24
② 0.54
③ 0.72
④ 1.03

해설

Manning 공식

$$V = \frac{1}{n} \cdot R^{\frac{2}{3}} \cdot I^{\frac{1}{2}}$$

V : 평균유속[m/sec]

n : 조도계수

R : 경심$\left(= \frac{D}{4}\right)$[m]

I : 동수경사

여기서,

$n = 0.013$

$R = \frac{D}{4} = \frac{0.25m}{4} = 0.0625m$

$I = 0.002$

$\therefore V = \frac{1}{0.013} \times (0.0625)^{\frac{2}{3}} \times (0.002)^{\frac{1}{2}}$

$= 0.54 \text{m/sec}$

정답 ②

35 ★★★

상수도 취수보의 취수구에 관한 설명으로 틀린 것은?

① 높이는 배사문의 바닥높이보다 0.5~1m 이상 낮게 한다.
② 유입속도는 0.4~0.8m/sec를 표준으로 한다.
③ 제수문의 전면에는 스크린을 설치한다.
④ 계획취수위는 취수구로부터 도수기점까지의 손실수두를 계산하여 결정한다.

해설

높이는 배사문의 바닥높이보다 0.5~1m 이상 높게 한다.

정답 ①

36 ★☆☆

상수시설에서 급수관을 배관하고자 할 경우의 고려사항으로 옳지 않은 것은?

① 급수관을 공공도로에 부설할 경우에는 다른 매설물과의 간격을 30cm 이상 확보한다.
② 수요가의 대지 내에서 가능한 한 직선배관이 되도록 한다.
③ 가급적 건물이나 콘크리트의 기초 아래를 횡단하여 배관하도록 한다.
④ 급수관이 개거를 횡단하는 경우에는 가능한 한 개거의 아래로 부설한다.

해설

급수관 부설은 가급적 건물이나 콘크리트의 기초 아래를 횡단하는 배관은 피해야 한다. 또한 가능한 한 배수관에서 분기하여 수도미터 보호통까지 직선으로 배관해야 하나, 하수나 오수조 등에 의하여 수돗물이 오염될 우려가 있는 장소는 가능한 한 멀리 우회한다.

정답 ③

37 ★★★

합류식에서 우천 시 계획오수량은 원칙적으로 계획시간 최대오수량의 몇 배 이상으로 고려하여야 하는가?

① 1.5배　　　　　　② 2.0배

③ 2.5배　　　　　　④ 3.0배

해설

합류식에서 우천 시 계획오수량은 원칙적으로 계획시간 최대오수량의 3배 이상으로 한다.

정답 ④

38 ★★★

상수도시설인 착수정에 관한 설명으로 (　　)에 옳은 것은?

> 착수정의 용량은 체류시간을 (　　　) 이상으로 한다.

① 0.5분　　　　　　② 1.0분

③ 1.5분　　　　　　④ 3.0분

해설

착수정의 용량은 체류시간을 1.5분 이상으로 하고 수심은 3~5m로 한다.

정답 ③

39 ★☆☆

하수관로시설이 황화수소에 의하여 부식되는 것을 방지하기 위한 대책으로 틀린 것은?

① 관로를 청소하고 미생물의 생식 장소를 제거한다.
② 염화제2철을 주입하여 황화물을 고정화한다.
③ 염소를 주입하여 ORP를 저하시킨다.
④ 환기에 의해 관내 황화수소를 희석한다.

해설

ORP는 산화환원전위를 말하며, 염소를 주입하여 ORP의 저하를 방지하여 부식되는 것을 방지한다.

관련이론 | 황화수소에 의한 부식 방지 대책
- 산화방법: 하수 중의 황화수소를 산화시키는 방법으로 공기와 산소 또는 과산화수소 및 염소, 과망간산칼륨 등을 주입하는 방법이다.
- 침전방법: 금속염으로 석출하는 방법으로 염화철($FeCl_2$) 및 황산철($FeSO_4$)을 주입하는 방법이다.
- pH 조절방법　가성소다 등을 일시에 다량 투입하여 pH를 높이는 방법이다.
- 그외, 환기에 의한 황화수소 희석, 관로의 청소 등이 있다.

정답 ③

40 ★★★

유역면적이 2km^{2}인 지역에서의 우수유출량을 산정하기 위하여 합리식을 사용하였다. 다음 조건일 때 관로 길이 1,000m인 하수관의 우수유출량(m^3/sec)은? (단, 강우강도 I(mm/hr)$=\dfrac{3,660}{t+30}$, 유입시간 6분, 유출계수 0.7, 관내의 평균 유속 1.5m/sec)

① 약 25   ② 약 30

③ 약 35   ④ 약 40

해설

합리식에 의해 우수유출량을 계산하면 다음과 같다.

$Q=\dfrac{1}{360}CIA$

· C: 유출계수(=0.7)

· A: 유역면적[ha]

여기서,

$A=\dfrac{2\text{km}^2}{}\left|\dfrac{100\text{ha}}{1\text{km}^2}\right.=200\text{ha}$

$I=\dfrac{3,660}{t+30}=\dfrac{3,660}{17.11+30}=77.69\text{mm/hr}$

$t=$유입시간+유하시간

$=6\text{min}+\dfrac{1,000\text{m}}{}\left|\dfrac{\text{sec}}{1.5\text{m}}\right|\dfrac{1\text{min}}{60\text{sec}}$

$=17.11\text{min}$

$\therefore Q=\dfrac{1}{360}CIA$

$=\dfrac{1}{360}\times0.7\times77.69\times200$

$=30.21≒30\text{m}^3\text{/sec}$

정답 ②

수질오염방지기술

41 ★☆☆

응집에 관한 설명으로 옳지 않은 것은?

① 황산알루미늄을 응집제로 사용할 때 수산화물 플록을 만들기 위해서는 황산알루미늄과 반응할 수 있도록 물에 충분한 알칼리도가 있어야 한다.

② 응집제로 황산알루미늄은 대개 철염에 비해 가격이 저렴한 편이다.

③ 응집제로 황산알루미늄은 철염보다 넓은 pH 범위에서 적용이 가능하다.

④ 응집제로 황산알루미늄을 사용하는 경우, 적당한 pH 범위는 대략 4.5에서 8이다.

해설

황산알루미늄은 가격이 저렴하고 거의 모든 현탁성 물질이나 부유물의 제거에 유효하나 적정 pH 폭이 좁고, 플록이 가벼운 단점이 있다.

정답 ③

42 ★★☆

1차 침전지의 유입 유량은 1,000m^3/day이고 SS 농도는 350mg/L이다. 1차 침전지에서 SS 제거효율이 60%일 때 하루에 1차 침전지에서 발생되는 슬러지 부피(m^3)는? (단, 슬러지의 비중=1.05, 함수율=94%, 기타 조건은 고려하지 않음)

① 2.3   ② 2.5

③ 2.7   ④ 3.3

해설

$SL=\dfrac{1,000\text{m}^3}{\text{day}}\left|\dfrac{0.35\text{kg}}{\text{m}^3}\right|\dfrac{60}{100}\left|\dfrac{100}{(100-94)}\right|\dfrac{\text{m}^3}{1.05\times10^3\text{kg}}$

$=3.33\text{m}^3\text{/day}$

정답 ④

43 ★☆☆

도시 폐수의 침전시간에 따라 변화하는 수질인자의 종류와 거리가 가장 먼 것은?

① 침전성 부유물
② 총부유물
③ BOD_5
④ SVI 변화

해설

생물학적 산소요구량(BOD_5)은 침전으로 인하여 변하는 인자가 아니므로 침전시간과는 무관하다.

정답 ③

44 ★☆☆

무기물이 0.30g/g VSS로 구성된 생물성 VSS를 나타내는 폐수의 경우, 혼합액 중의 TSS와 VSS 농도가 각각 2,000mg/L, 1,480mg/L라 하면 유입수로부터 기인된 불활성 고형물에 대한 혼합액 중의 농도(mg/L)는? (단, 유입된 불활성 부유 고형물질의 용해는 전혀 없다고 가정)

① 76
② 86
③ 96
④ 116

해설

$FSS = TSS - VSS$
$\quad\quad = 2,000mg/L - 1,480mg/L$
$\quad\quad = 520mg/L$

SS 중 무기물 농도 $= VSS \times 0.3g/g$
$\quad\quad\quad\quad\quad\quad = 1,480mg/L \times 0.3g/g$
$\quad\quad\quad\quad\quad\quad = 444mg/L$

$\therefore$ 불활성 고형물 $= 520mg/L - 444mg/L$
$\quad\quad\quad\quad\quad\quad = 76mg/L$

정답 ①

45 ★★☆

부피가 4,000m³인 포기조의 MLSS 농도가 2,000mg/L, 반송슬러지의 SS농도가 8,000mg/L, 슬러지 체류시간(SRT)이 5일이면 폐슬러지의 유량(m³/day)은? (단, 2차 침전지 유출수 중의 SS는 무시한다.)

① 125
② 150
③ 175
④ 200

해설

$$SRT = \frac{\forall \cdot X}{X_r Q_w}$$

$$5day = \frac{4,000 \times 2,000}{8,000 \times Q_w}$$

$\therefore Q_w$(폐슬러지의 유량) $= 200m^3/day$

정답 ④

46 ★☆☆

폐수 내 시안화합물 처리방법인 알칼리염소법에 관한 설명과 가장 거리가 먼 것은?

① CN의 분해를 위해 유지되는 pH는 10 이상이다.
② 니켈과 철의 시안착염이 혼입된 경우 분해가 잘 되지 않는다.
③ 산화제의 투입량이 과잉인 경우에는 염화시안이 발생되므로 산화제는 약간 부족하게 주입한다.
④ 염소처리 시 강알칼리성 상태에서 1단계로 염소를 주입하여 시안화합물을 시안산화물로 변환시킨 후 중화하고 2단계로 염소를 재주입하여 N_2와 CO_2로 분해시킨다.

해설

염화시안(CNCl)의 발생은 산화제의 투입량이 과량인 경우보다 pH가 낮은 상태에서 산화제를 투입하는 경우에 발생한다.

정답 ③

47 ★★★

생물학적 3차 처리를 위한 A/O 공정을 나타낸 것으로 각 반응조 역할을 가장 적절하게 설명한 것은?

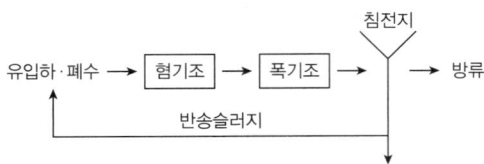

① 혐기조에서는 유기물 제거와 인의 방출이 일어나고, 폭기조에서는 인의 과잉섭취가 일어난다.
② 폭기조에서는 유기물 제거가 일어나고, 혐기조에서는 질산화 및 탈질이 동시에 일어난다.
③ 제거율을 높이기 위해서는 외부탄소원인 메탄올 등을 폭기조에 주입한다.
④ 혐기조에서는 인의 과잉섭취가 일어나며, 폭기조에서는 질산화가 일어난다.

관련이론 | A/O 공정의 특징
• 혐기조에서 미생물에 의한 유기물의 흡수가 일어나면서 인이 방출된다.
• 폭기조 내에서 인의 과잉흡수가 일어난다.
• 잉여슬러지 내의 인 농도가 높아 비료의 가치가 있다.
• 표준 활성슬러지 공법의 반응조 전반 20~40% 정도를 혐기반응조로 하는 것이 표준이다.

정답 ①

48 ★☆☆

정수장 응집 공정에 사용되는 화학 약품 중 나머지 셋과 그 용도가 다른 하나는?

① 오존　　　　　　　② 명반
③ 폴리비닐아민　　　④ 황산제일철

해설
오존은 산화제(소독제)이다.

정답 ①

49 ★☆☆

수량 36,000m³/day의 하수를 폭 15m, 길이 30m, 깊이 2.5m의 침전지에서 표면적 부하 40m³/m²·day의 조건으로 처리하기 위한 침전지 수(개)는? (단, 병렬기준)

① 2　　　　　　　　② 3
③ 4　　　　　　　　④ 5

해설
$$n = \frac{Q}{V_o \cdot A}$$
• n: 침전지 수
• Q: 유량[m³/day]
• V_o: 표면 부하율[m³/m²·day]
• A: 단면적[m²] = $W \times L$

$$\therefore n(침전지 수) = \frac{36,000m^3}{day} \left| \frac{m^2 \cdot day}{40m^3} \right| \frac{1}{(15 \times 30)m^2} = 2개$$

정답 ①

50 ★★★

생물학적 질소 및 인 동시제거공정으로서 혐기조, 무산소조, 호기조로 구성되며, 혐기조에서 인 방출, 무산소조에서 탈질화, 호기조에서 질산화 및 인 섭취가 일어나는 공정은?

① A²/O 공정
② Phostrip 공정
③ Modified Bardenpho 공정
④ Modified UCT 공정

해설
• A/O 공정, Phostrip 공정: 인만 제거
• A²/O, UCT: 인과 질소 제거
• Bardenpho 공정: 질소 제거
• Modified(수정) Bardenpho 공정: 인과 질소 제거

정답 ①

51

★★☆

공단 내에 새 공장을 건립할 계획이 있다. 공단 폐수처리장은 현재 876L/s의 폐수를 처리하고 있다. 공단 폐수처리장에서 Phenol을 제거할 조치를 강구치 않는다면 폐수처리장의 방류수내 Phenol의 농도(mg/L)는? (단, 새 공장에서 배출될 Phenol의 농도는 10g/m^{3}이고 유량은 87.6L/s이며 새공장 외에는 Phenol 배출 공장이 없다.)

① 0.51
② 0.71
③ 0.91
④ 1.11

해설

$$C_m = \frac{Q_1 C_1 + Q_2 C_2}{Q_1 + Q_2}$$

- C_m: 폐수처리장의 방류수 내 농도[g/m^3]
- Q_1: 현재 공단 폐수처리장 유량[L/sec]
- Q_2: 새 공장 유량[L/sec]
- C_1: 현재 공단 폐수처리장 페놀 농도[g/m^3]
- C_2: 새 공장 페놀 농도[g/m^3]

$$\therefore C_m = \frac{876 \times 0 + 87.6 \times 10}{876 + 87.6}$$

$$= 0.909\text{g/m}^3 = 0.909\text{mg/L} \fallingdotseq 0.91\text{mg/L}$$

정답 ③

52

★★★

Chick's law에 의하면 염소소독에 의한 미생물 사멸율은 1차 반응에 따른다. 미생물의 80%가 0.1mg/L 잔류 염소로 2분 내에 사멸된다면 99.9%를 사멸시키기 위해서 요구되는 접촉시간(분)은?

① 5.7
② 8.6
③ 12.7
④ 14.2

해설

1차 반응식을 이용한다.

$$\ln \frac{C_t}{C_o} = -k \cdot t$$

- C_t: 처리 후 농도[mg/L]
- C_o: 초기 농도[mg/L]
- k: 반응속도상수[min^{-1}]
- t: 반응시간[min]

$$\ln \frac{20}{100} = -k \cdot 2\text{min}$$

$$\therefore k = 0.8047\text{min}^{-1}$$

$$\ln \frac{0.1}{100} = -0.8047 \cdot t$$

$$\therefore t = 8.58 \fallingdotseq 8.6\text{min}$$

정답 ②

53

★★☆

질산화 박테리아에 대한 설명으로 옳지 않은 것은?

① 절대호기성이어서 높은 산소농도를 요구한다.
② Nitrobacter는 암모늄이온의 존재 하에서 pH 9.5 이상이면 생장이 억제된다.
③ 질산화 반응의 최적온도는 25℃이며 20℃ 이하, 40℃ 이상에서는 활성이 없다.
④ Nitrosomonas는 알칼리성 상태에서는 활성이 크지만 pH 6.0 이하에서는 생장이 억제된다.

해설

질산화 반응은 온도에 강하게 영향을 받는 것으로 알려져 있으며 대략 4~45℃의 온도범위에서 일어난다.
최적의 반응온도는 Nitrosomonas의 경우 35℃, Nitrobacter의 경우 35~42℃이다.

정답 ③

2020년

54
★☆☆

활성슬러지 공정 중 핀플럭이 주로 많이 발생하는 공정은?

① 심층폭기법
② 장기폭기법
③ 점감식폭기법
④ 계단식폭기법

해설

핀플럭(Pin Floc) 현상은 유기물부하가 낮거나 SRT가 길 때 발생하는 것으로 장기폭기법에서 많이 발생한다.

정답 ②

55
★☆☆

고농도의 액상 PCB 처리방법으로 가장 거리가 먼 것은?

① 방사선조사(코발트 60에 의한 γ선 조사)
② 연소법
③ 자외선조사법
④ 고온 고압 알칼리 분해법

해설

고농도의 액상 PCB 처리방법에는 연소법, 자외선조사법, 고온 고압 알칼리 분해법, 추출법이 있다.

정답 ①

56
★☆☆

살수여상 상단에서 연못화(ponding)가 일어나는 원인으로 가장 거리가 먼 것은?

① 여재가 너무 작을 때
② 여재가 견고하지 못하고 부서질 때
③ 탈락된 생물막이 공극을 폐쇄할 때
④ BOD 부하가 낮을 때

관련이론 | 연못화(ponding) 현상의 원인
• 여재의 크기가 균일하지 않거나 너무 작을 때
• 여재가 견고하지 못하고 부서질 때
• 탈락된 생물막이 공극을 폐쇄할 때
• 미처리된 고형물이 대량 유입할 때
• BOD 부하가 높아서 생물막 두께가 두꺼워질 때

정답 ④

57
★★☆

CFSTR에서 물질을 분해하여 효율 95%로 처리하고자 한다. 이 물질은 0.5차 반응으로 분해되며, 속도상수는 $0.05(mg/L)^{1/2}/hr$이다. 유량은 500L/hr이고 유입농도는 250mg/L로 일정하다면 CFSTR의 필요 부피(m^3)는? (단, 정상상태 가정)

① 약 520
② 약 572
③ 약 620
④ 약 672

해설

CFSTR의 물질수지식을 이용한다.
$$Q(C_i - C_o) = K \cdot \forall \cdot C_o{}^m$$
• Q : 유량[L/hr]
• C_i : 유입농도[mg/L]
• C_o : 유출농도[mg/L] $= 250mg/L \times (1 - 0.95) = 12.5mg/L$
• K : 반응속도상수[$(mg/L)^{0.5}/hr$]
• $\forall$: 부피[m^3]
• m : 반응차수

$$\therefore \forall = \frac{Q(C_i - C_o)}{K \cdot C_o{}^{0.5}}$$
$$= \frac{500(L/hr) \times (250 - 12.5)(mg/L)}{0.05(mg/L)^{0.5}/hr \times (12.5mg/L)^{0.5} \times 10^3 L/m^3}$$
$$= 671.75 ≒ 672m^3$$

정답 ④

58
★★★

회전생물막접촉기(RBC)에 관한 설명으로 틀린 것은?

① 재순환이 필요 없고 유지비가 적게 든다.
② 메디아는 전형적으로 약 40%가 물에 잠긴다.
③ 운영변수가 적어 모델링이 간단하고 편리하다.
④ 설비는 경량재료로 만든 원판으로 구성되며 1~2rpm의 속도로 회전한다.

해설

회전생물막접촉기(RBC)는 운영변수가 많아 모델링이 복잡한 단점이 있다.

정답 ③

59 ★★☆

1차 처리된 분뇨의 2차 처리를 위해 폭기조, 2차 침전지로 구성된 표준 활성슬러지를 운영하고 있다. 운영조건이 다음과 같을 때 폭기조 내의 고형물 체류시간(SRT, day)은? (단, 유입유량 1,000m³/day, 폭기조 수리학적 체류시간=6시간, MLSS 농도=3,000mg/L, 잉여슬러지 배출량=30m³/day, 잉여슬러지 SS농도=10,000mg/L, 2차 침전지 유출수 SS농도=5mg/L)

① 약 2   ② 약 2.5
③ 약 3   ④ 약 3.5

해설

$$SRT = \frac{\forall \cdot X}{X_r Q_w + Q_o X_e}$$

여기서,

$$\forall = Q \times t = \frac{1,000m^3}{day} \left| \frac{6hr}{} \right| \frac{1day}{24hr} = 250m^3$$

$$X = 3,000mg/L$$

$$X_r Q_w = \frac{10,000mg}{L} \left| \frac{30m^3}{day} \right| \frac{1kg}{10^6 mg} \left| \frac{10^3 L}{1m^3} \right| = 300kg/day$$

$$Q_o = Q - Q_w = 1,000 - 30 = 970m^3/day$$

$$Q_o X_e = \frac{970m^3}{day} \left| \frac{5mg}{L} \right| \frac{1kg}{10^6 mg} \left| \frac{10^3 L}{1m^3} \right| = 4.85kg/day$$

$$\therefore SRT = \frac{\forall \cdot X}{X_r Q_w + Q_o X_e}$$

$$= \frac{day}{(300+4.85)kg} \left| \frac{250m^3}{} \right| \frac{3,000mg}{L} \left| \frac{1kg}{10^6 mg} \right| \frac{10^3 L}{1m^3}$$

$$= 2.46 \fallingdotseq 2.5day$$

정답 ②

60 ★★★

생물학적 인 제거를 위한 A/O 공정에 관한 설명으로 옳지 않은 것은?

① 폐슬러지 내의 인의 함량이 비교적 높고 비료의 가치가 있다.
② 비교적 수리학적 체류시간이 짧다.
③ 낮은 BOD/P 비가 요구된다.
④ 추운 기후의 운전조건에서 성능이 불확실하다.

해설

A/O 공정은 높은 BOD/P 비가 요구된다.

정답 ③

수질오염공정시험기준

61 ★★☆

물벼룩을 이용한 급성 독성시험법에서 사용하는 용어의 정의로 틀린 것은?

① 치사 : 일정 희석 비율로 준비된 시료에 물벼룩을 투입하여 24시간 경과 후 시험용기를 손으로 살짝 두드려 주고, 15초 후 관찰했을 때 독성물질에 의해 영향을 받아 움직임이 명백하게 없는 상태를 '치사'라 판정한다.
② 유영저해 : 일정 비율로 준비된 시료에 물벼룩을 투입하여 24시간 경과 후 시험용기를 손으로 살짝 두드려 주고, 15초 후 관찰했을 때 독성물질에 의해 영향을 받아 움직임이 없을 경우를 '유영저해'로 판정한다. 이때 안테나나 다리 등 부속지를 움직인다 하더라도 유영을 하지 못한다면 '유영저해'로 판정한다.
③ 반수영향농도 : 투입 시험생물의 50%가 치사 혹은 유영저해를 나타낸 농도이다.
④ 지수식 시험방법 : 시험기간 중 시험용액을 교환하여 농도를 지수적으로 계산하는 시험을 말한다.

해설

지수식 시험방법 : 시험기간 중 시험용액을 교환하지 않는 시험을 말한다.

정답 ④

※ ①, ②번은 수질오염공정시험기준 개정으로 인해 기출문제 내용을 최신 내용으로 수정함.

62

★ ☆ ☆

시료량 50mL를 취하여 막여과법으로 총대장균군수를 측정하려고 배양을 한 결과, 50개의 집락수가 생성되었을 때 총대장균군수/100mL는?

① 10
② 100
③ 1,000
④ 10,000

해설

배양 후 금속성 광택을 띠는 적색이나 진한적색 계통의 집락을 계수하며, 집락수가 20~80개의 범위에 드는 것을 선정하여 다음의 식에 의해 계산한다.

총대장균군수/100mL $= \dfrac{C}{V} \times 100$

· C = 생성된 집락수
· V = 여과한 시료량[mL]

∴ 총대장균군수/100mL $= \dfrac{50}{50} \times 100$

$= 100/100mL$

정답 ②

63

★ ☆ ☆

폐수의 부유물질(SS)을 측정하였더니 1,312mg/L이었다. 시료 여과 전 유리섬유여지의 무게가 1.2113g이고, 이 때 사용된 시료량이 100mL이었다면 시료 여과 후 건조시킨 유리섬유여지의 무게(g)는?

① 1.2242
② 1.3425
③ 2.5233
④ 3.5233

해설

$SS[\text{mg/L}] = (b-a) \times \dfrac{1,000}{V}$

· SS: 부유물질($=1,312$mg/L)
· a: 시료 여과 전의 유리섬유여지 무게($=1.2113$g)
· b: 시료 여과 후의 유리섬유여지 무게[g]
· v: 시료의 양($=100$mL)

$SS[\text{mg/L}] = (b-a) \times \dfrac{1,000}{V}$

$1,312\text{mg/L} = (b-1.2113\text{g}) \times \dfrac{1,000}{100\text{mL}}$

$(b-1.2113\text{g}) = 1,312\text{mg/L} \times 0.1\text{L}$

∴ $b = 131.2\text{mg} + 1.2113\text{g}$

$= 131.2\text{mg} \times \dfrac{1\text{g}}{10^3\text{mg}} + 1.2113\text{g}$

$= 1.3425\text{g}$

정답 ②

64

★ ★ ☆

흡광도 측정에서 투과율이 30%일 때 흡광도는?

① 0.37
② 0.42
③ 0.52
④ 0.63

해설

흡광도(A) $= \log \dfrac{1}{t}$

· A: 흡광도
· t: 투과도

∴ $A = \log \dfrac{1}{t} = \log \dfrac{1}{0.3} = 0.52$

정답 ③

65 ★☆☆

BOD 측정용 시료를 희석할 때 식종 희석수를 사용하지 않아도 되는 시료는?

① 잔류염소를 함유한 폐수
② pH 4 이하 산성으로 된 폐수
③ 화학공장 폐수
④ 유기물질이 많은 가정 하수

해설

BOD 측정용 식종 희석수는 시료 중에 유기물질을 산화시킬 수 있는 미생물의 양이 충분하지 못할 때, 미생물을 시료에 넣어주는 것을 말한다. 따라서 유기물질이 많은 가정 하수처럼 미생물이 잘 서식할 수 있는 환경의 시료는 식종 희석수를 사용하지 않아도 된다.

정답 ④

66 ★★☆

예상 BOD치에 대한 사전 경험이 없을 때, 희석하여 시료를 조제하는 기준으로 알맞은 것은?

① 오염도가 심한 공장폐수: 0.01~0.05%
② 오염된 하천수: 10~20%
③ 처리하여 방류된 공장폐수: 50~75%
④ 처리하지 않은 공장폐수: 1~5%

해설

예상 BOD값에 대한 사전경험이 없을 때에는 희석하여 시료를 조제한다.
• 오염도가 심한 공장폐수: 0.1~1.0%
• 처리하지 않은 공장폐수와 침전된 하수: 1~5%
• 처리하여 방류된 공장폐수: 5~25%
• 오염된 하천수: 25~100%

정답 ④

67 ★★☆

하천수의 시료 채취 지점에 관한 내용으로 (   )에 공통으로 들어갈 내용은?

> 하천의 단면에서 수심이 가장 깊은 수면의 지점과 그 지점을 중심으로 하여 좌우로 수면폭을 2등분한 각각의 지점의 수면으로부터 수심 (   ) 미만일 때에는 수심의 1/3에서, 수심 (   ) 이상일 때에는 수심의 1/3 및 2/3에서 각각 채수한다.

① 2m   ② 3m
③ 5m   ④ 6m

해설

하천의 단면에서 수심이 가장 깊은 수면의 지점과 그 지점을 중심으로 하여 좌우로 수면폭을 2등분한 각각의 지점의 수면으로부터 수심 2m 미만일 때에는 수심의 1/3에서, 수심 2m 이상일 때에는 수심의 1/3 및 2/3에서 각각 채수한다.

정답 ①

68 ★★☆

2N와 7N HCl 용액을 혼합하여 5N-HCl 1L를 만들고자 한다. 각각 몇 mL씩을 혼합해야 하는가?

① 2N-HCl 400mL와 7N-HCl 600mL
② 2N-HCl 500mL와 7N-HCl 400mL
③ 2N-HCl 300mL와 7N-HCl 700mL
④ 2N-HCl 700mL와 7N-HCl 300mL

해설

2N HCl 용액의 양을 xL로 둔다.

$$N_o = \frac{N_1 V_1 + N_2 V_2}{V_1 + V_2}$$

$$5 = \frac{2 \times x + 7 \times (1-x)}{x + (1-x)}$$

$x = 0.4\text{L} = 400\text{mL}$

∴ 2N-HCl 400mL와 7N-HCl 600mL를 혼합하면 5N-HCl 1L가 만들어진다.

정답 ①

69 ★☆☆

데발다 합금 환원 증류법으로 질산성 질소를 측정하는 원리의 설명으로 틀린 것은?

① 데발다 합금으로 질산성 질소를 암모니아성 질소로 환원한다.
② 지표수, 폐수 등에 적용할 수 있으며, 정량한계는 중화적정법은 0.1mg/L, 흡광도법은 0.5mg/L이다.
③ 아질산성질소는 설퍼민산으로 분해 제거한다.
④ 암모니아성질소 및 일부 분해되기 쉬운 유기질소는 알칼리성에서 증류 제거한다.

해설
데발다 합금 환원 증류법은 지표수, 폐수 등에 적용할 수 있으며, 정량한계는 중화적정법은 0.5mg/L, 흡광도법은 0.1mg/L이다.

정답 ②

70 ★★☆

분원성대장균군(막여과법) 분석 시험에 관한 내용으로 틀린 것은?

① 분원성대장균군이란 온혈동물의 배설물에서 발견되는 그람음성·무아포성의 간균이다.
② 물속에 존재하는 분원성대장균군을 측정하기 위하여 페트리접시에 배지를 올려놓은 다음 배양 후 여러 가지 색조를 띠는 청색의 집락을 계수하는 방법이다.
③ 배양기 및 항온수조는 배양온도를 $(25\pm0.5)℃$로 유지할 수 있는 것을 사용한다.
④ 시험결과는 '분원성대장균군수/100mL'로 표기한다.

해설
배양기 또는 항온수조는 배양온도를 $44.5\pm0.2℃$로 유지할 수 있는 것을 사용한다.

정답 ③

71 ★☆☆

석유계 총탄화수소 용매추출/기체크로마토그래피에 대한 설명으로 틀린 것은?

① 컬럼은 안지름 0.20~0.35mm, 필름두께 0.1~3.0μm, 길이 15~60m의 DB-1, DB-5 및 DB-624 등의 모세관이나 동등한 분리 성능을 가진 모세관으로 대상 분석 물질의 분리가 양호한 것을 택하여 시험한다.
② 운반기체는 순도 99.999% 이상의 헬륨으로서(또는 질소) 유량은 0.5~5mL/min로 한다.
③ 검출기는 불꽃광도검출기(FPD)를 사용한다.
④ 시료 주입부 온도는 280~320℃, 컬럼온도는 40~320℃로 사용한다.

해설
검출기는 불꽃이온화검출기(FID, Flame Ionization Detector)를 사용한다.

정답 ③

72 ★☆☆

카드뮴을 자외선/가시선 분광법으로 측정할 때 사용되는 시약으로 가장 거리가 먼 것은?

① 수산화나트륨 용액
② 요오드화칼륨 용액
③ 시안화칼륨 용액
④ 타타르산 용액

해설
카드뮴을 자외선/가시선 분광법으로 측정할 때 사용되는 시약
• 디티존·사염화탄소 용액(0.005%)
• 사이트르산이암모늄 용액(10%)
• 수산화나트륨 용액(10%)
• 시안화칼륨 용액(1%)
• 염산(1+10)
• 염산하이드록실아민 용액(10%)
• 타타르산 용액(2%)

정답 ②

73 ★☆☆

연속흐름법으로 시안 측정 시 사용되는 흐름주입분석기에 관한 설명으로 옳지 않은 것은?

① 연속흐름분석기의 일종이다.
② 다수의 시료를 연속적으로 자동분석하기 위하여 사용된다.
③ 기본적인 본체의 구성은 분할흐름분석기와 같으나 용액의 흐름 사이에 공기방울을 주입하지 않는 것이 차이점이다.
④ 시료의 연속흐름에 따라 상호 오염을 미연에 방지할 수 있다.

관련이론 | 흐름주입분석기(FIA, Flow Injection Analyzer)
연속흐름분석기의 일종으로 다수의 시료를 연속적으로 자동분석하기 위하여 사용한다. 기본적인 본체의 구성은 분할흐름분석기와 같으나 용액의 흐름 사이에 공기방울을 주입하지 않는 것이 차이점이다. 공기방울 미 주입에 따라 시료의 분산 및 연속흐름에 따른 상호 오염의 우려가 있으나 분석시간이 빠르고 기계장치가 단순화되는 장점이 있다.

정답 ④

74 ★★★

수질오염물질을 측정함에 있어 측정의 정확성과 통일성을 유지하기 위한 제반사항에 관한 설명으로 틀린 것은?

① 시험에 사용하는 시약은 따로 규정이 없는 한 1급 이상 또는 이와 동등한 규격의 시약을 사용한다.
② "항량으로 될 때까지 건조한다"라 함은 같은 조건에서 1시간 더 건조할 때 전후 무게의 차가 g당 0.3mg 이하일 때를 말한다.
③ 기체 중의 농도는 표준상태(0℃, 1기압)로 환산 표시한다.
④ "정확히 취하여"라 하는 것은 규정한 양의 시료를 부피피펫으로 0.1mL까지 취하는 것을 말한다.

해설
"정확히 취하여"라 하는 것은 규정한 양의 액체를 부피피펫으로 눈금까지 취하는 것을 말한다.

정답 ④

75 ★☆☆

감응계수를 옳게 나타낸 것은? (단, 검정곡선 작성용 표준용액의 농도=C, 반응값=R)

① 감응계수=R/C
② 감응계수=C/R
③ 감응계수=$R \times C$
④ 감응계수=$C - R$

해설
감응계수는 검정곡선 작성용 표준용액의 농도(C)에 대한 반응값(R)으로 다음과 같이 구한다.

$$감응계수 = \frac{R}{C}$$

정답 ①

76 ★★☆

유도결합플라스마 원자발광분광법으로 금속류를 측정할 때 간섭에 관한 내용으로 옳지 않은 것은?

① 물리적 간섭: 시료 도입부의 분무과정에서 시료의 비중, 점성도, 표면장력의 차이에 의해 발생한다.
② 분광 간섭: 측정원소의 방출선에 대해 플라스마의 기체 성분이나 공존 물질에서 유래하는 분광학적 요인에 의해 원래의 방출선의 세기 변동 및 다른 원자 혹은 이온의 방출선과의 겹침 현상이 발생할 수 있다.
③ 이온화 간섭: 이온화 에너지가 큰 나트륨 또는 칼륨 등 알칼리 금속이 공존원소로 시료에 존재 시 플라스마의 전자밀도를 감소시킨다.
④ 물리적 간섭: 시료의 종류에 따라 분무기의 종류를 바꾸거나, 시료의 희석, 매질 일치법, 내부표준법, 농축 분리법을 사용하여 간섭을 최소화한다.

관련이론 | 이온화 간섭
이온화 에너지가 작은 나트륨 또는 칼륨 등 알칼리 금속이 공존원소로 시료에 존재 시 플라스마의 전자밀도를 증가시키고, 증가된 전자밀도는 들뜬 상태의 원자와 이온화된 원자수를 증가시켜 방출선의 세기를 크게 할 수 있다. 또는 전자가 이온화된 시료내의 원소와 재결합하여 이온화된 원소의 수를 감소시켜 방출선의 세기를 감소시킨다.

정답 ③

2020년

77 ★★☆

다음 중 관내의 유량측정 방법이 아닌 것은?

① 오리피스
② 자기식 유량측정기
③ 피토우(Pitot)관
④ 웨어(Weir)

해설

관(Pipe)내의 유량측정 방법에는 벤튜리미터(Venturi meter), 유량측정용 노즐(Nozzle), 오리피스(Orifice), 피토우(Pitot)관, 자기식 유량측정기(Magnetic Flow Meter)가 있다.

정답 ④

78 ★★★

수질오염공정시험기준에서 시료 보존방법이 지정되어 있지 않은 측정항목은?

① 용존산소(윙클러법)
② 불소
③ 색도
④ 부유물질

해설

불소는 보존 방법은 지정되어 있지 않고, 최대보존기간은 28일이다.

선지분석

① 용존산소(윙클러법): 즉시 용존산소 고정 후 암소 보관, 최대보존기간 8시간
③ 색도: 4℃ 보관, 최대보존기간 48시간
④ 부유물질: 4℃ 보관, 최대보존기간 7일

정답 ②

79 ★★★

측정항목 중 H_2SO_4를 이용하여 pH를 2 이하로 한 후 4℃에서 보존하는 것이 아닌 것은?

① 화학적 산소요구량
② 질산성 질소
③ 암모니아성 질소
④ 총질소

해설

4℃ 보관, H_2SO_4로 pH 2 이하로 보존: 화학적 산소요구량(COD), 암모니아성 질소, 총인, 총질소, 노말헥산추출물질

정답 ②

80 ★☆☆

금속류 – 불꽃 원자흡수분광광도법에서 일어나는 간섭 중 광학적 간섭에 관한 설명으로 맞는 것은?

① 표준용액과 시료 또는 시료와 시료 간의 물리적 성질(점도, 밀도, 표면장력 등)의 차이 또는 표준물질과 시료의 매질(matrix) 차이에 의해 발생한다.
② 불꽃온도가 너무 높을 경우 중성원자에서 전자를 빼앗아 이온이 생성될 수 있으며 이 경우 음(-)의 오차가 발생하게 된다.
③ 분석하고자 하는 원소의 흡수파장과 비슷한 다른 원소의 파장이 서로 겹쳐 비이상적으로 높게 측정되는 경우이다.
④ 불꽃의 온도가 분자를 들뜬 상태로 만들기에 충분히 높지 않아서, 해당 파장을 흡수하지 못하여 발생한다.

해설

광학적 간섭이란 분석하고자 하는 원소의 흡수파장과 비슷한 다른 원소의 파장이 서로 겹쳐 비이상적으로 높게 측정되는 경우이다.

선지분석

① 물리적 간섭에 관한 내용이다.
② 이온화 간섭에 관한 내용이다.
④ 화학적 간섭에 관한 내용이다.

정답 ③

수질환경관계법규

81 ★★☆

초과부과금을 산정할 때 1kg당 부과 금액이 가장 높은 수질오염물질은?

① 크롬 및 그 화합물
② 카드뮴 및 그 화합물
③ 구리 및 그 화합물
④ 시안화합물

선지분석

「시행령 별표 14」

1킬로그램당 부과금액

① 크롬 및 그 화합물(75,000원)
② 카드뮴 및 그 화합물(500,000원)
③ 구리 및 그 화합물(50,000원)
④ 시안화합물(150,000원)

정답 ②

82 ★☆☆

환경부령으로 정하는 폐수무방류배출시설의 설치가 가능한 특정수질유해물질이 아닌 것은?

① 디클로로메탄
② 구리 및 그 화합물
③ 카드뮴 및 그 화합물
④ 1,1-디클로로에틸렌

해설

「시행규칙 제39조」

폐수무방류배출시설의 설치가 가능한 특정수질유해물질

• 구리 및 그 화합물
• 디클로로메탄
• 1,1-디클로로에틸렌

정답 ③

83 ★☆☆

사업장의 규모별 구분에 관한 내용으로 (   )에 맞는 내용은?

> 최초 배출시설 설치허가시의 폐수배출량은 사업계획에 따른 (   )을 기준으로 산정한다.

① 예상용수사용량
② 예상폐수배출량
③ 예상하수배출량
④ 예상희석수사용량

해설

「시행령 별표 13」

최초 배출시설 설치허가시의 폐수배출량은 사업계획에 따른 예상용수사용량을 기준으로 산정한다.

정답 ①

84 ★☆☆

비점오염저감시설의 관리·운영기준으로 옳지 않은 것은? (단, 자연형 시설)

① 인공습지: 동절기(11월부터 다음 해 3월까지를 말한다)에는 인공습지에서 말라 죽은 식생을 제거·처리하여야 한다.
② 인공습지: 식생대가 50퍼센트 이상 고사하는 경우에는 추가로 수생식물을 심어야 한다.
③ 식생형 시설: 식생수로 바닥의 퇴적물이 처리용량의 25퍼센트를 초과하는 경우에는 침전된 토사를 제거하여야 한다.
④ 식생형 시설: 전처리를 위한 침사지는 주기적으로 협잡물과 침전물을 제거하여야 한다.

해설

「시행규칙 별표 18」

'전처리를 위한 침사지는 주기적으로 협잡물과 침전물을 제거하여야 한다'는 장치형 시설 중 여과형 시설의 관리·운영기준이다.

정답 ④

85 ★☆☆

비점오염원 관리지역의 지정기준이 옳은 것은?

① 하천 및 호소의 물환경에 관한 환경기준에 미달하는 유역으로 유달부하량 중 비점오염 기여율 50% 이하인 지역
② 관광지구 지정으로 비점오염원 관리가 필요한 지역
③ 인구 50만명 이상인 도시로서 비점오염원 관리가 필요한 지역
④ 지질이나 지층 구조가 특이하여 특별한 관리가 필요하다고 인정되는 지역

해설

「시행령 제76조」

비점오염원 관리지역의 지정 기준

• 하천 및 호소의 물환경에 관한 환경기준에 미달하는 유역으로 유달부하량 중 비점오염 기여율이 50% 이상인 지역
• 비점오염물질에 의하여 중대한 위해(危害)가 발생되거나 발생될 것으로 예상되는 지역
• 불투수면적률이 25퍼센트 이상인 지역으로서 비점오염원 관리가 필요한 지역
• 국가산업단지, 일반산업단지로 지정된 지역으로 비점오염원 관리가 필요한 지역
• 지질이나 지층 구조가 특이하여 특별한 관리가 필요하다고 인정되는 지역
• 그 밖에 환경부령으로 정하는 지역

정답 ④

※ ③번 내용은 2022년 7월부로 시행령 제76조에서 삭제된 내용임.

86 ★☆☆

환경부장관이 폐수처리업자에게 허가를 취소하거나 6개월 이내의 기간을 정하여 영업정지를 명할 수 있는 경우에 대한 기준으로 틀린 것은?

① 고의 또는 중대한 과실로 폐수처리영업을 부실하게 한 경우
② 영업정지처분 기간에 영업행위를 한 경우
③ 1년에 2회 이상 영업정지처분을 받은 경우
④ 등록 후 1년 이상 계속하여 영업실적이 없는 경우

해설

「법 제64조」

폐수처리업자에게 허가를 취소하거나 6개월 이내의 기간을 정하여 영업정지를 명할 수 있는 경우

• 다른 사람에게 허가증을 대여한 경우
• 1년에 2회 이상 영업정지처분을 받은 경우
• 고의 또는 중대한 과실로 폐수처리영업을 부실하게 한 경우
• 영업정지처분 기간에 영업행위를 한 경우

정답 ④

87 ★★☆

비점오염저감시설의 설치기준에서 자연형 시설 중 인공습지의 설치기준으로 틀린 것은?

① 습지에는 물이 연중 항상 있을 수 있도록 유량공급대책을 마련하여야 한다.
② 인공습지의 유입구에서 유출구까지의 유로는 최대한 길게 하고, 길이 대 폭의 비율은 2 : 1이상으로 한다.
③ 유입부에서 유출부까지의 경사는 1.0~5.0%를 초과하지 아니하도록 한다.
④ 생물의 서식 공간을 창출하기 위하여 5종부터 7종까지의 다양한 식물을 심어 생물다양성을 증가시킨다.

해설

「시행규칙 별표 17」

유입부에서 유출부까지의 경사는 0.5% 이상 1.0% 이하의 범위를 초과하지 아니하도록 한다.

정답 ③

88 ★☆☆

최종방류구에 방류하기 전에 배출시설에서 배출하는 폐수를 재이용하는 사업자에게 부과되는 배출부과금 감면률이 틀린 것은?

① 재이용률이 10% 이상 30% 미만인 경우: 100분의 20
② 재이용률이 30% 이상 60% 미만인 경우: 100분의 50
③ 재이용률이 60% 이상 90% 미만인 경우: 100분의 70
④ 재이용률이 90% 이상인 경우: 100분의 90

해설

「시행령 제52조」
폐수 재이용률별 감면율 기준
• 재이용률이 10퍼센트 이상 30퍼센트 미만인 경우: 100분의 20
• 재이용률이 30퍼센트 이상 60퍼센트 미만인 경우: 100분의 50
• 재이용률이 60퍼센트 이상 90퍼센트 미만인 경우: 100분의 80
• 재이용률이 90퍼센트 이상인 경우: 100분의 90

정답 ③

89 ★☆☆

비점오염원의 설치신고 또는 변경신고를 할 때 제출하는 비점오염 저감계획서에 포함되어야 하는 사항으로 가장 거리가 먼 것은?

① 비점오염원 관련 현황
② 비점오염저감시설 설치계획
③ 비점오염원 관리 및 모니터링 방안
④ 비점오염원 저감방안

해설

「시행규칙 제74조」
비점오염저감계획서에 포함되어야 할 사항
• 비점오염원 관련 현황
• 비점오염원 저감방안
• 비점오염저감시설 설치계획
• 비점오염저감시설 유지관리 및 모니터링 방안

정답 ③

90 ★★☆

다음 위반행위에 따른 벌칙기준 중 1년 이하의 징역 또는 1천만원 이하의 벌금에 처하는 경우는?

① 허가를 받지 아니하고 폐수배출시설을 설치한 자
② 폐수무방류배출시설에서 배출되는 폐수를 오수 또는 다른 배출시설에서 배출되는 폐수와 혼합하여 처리하는 행위를 한 자
③ 환경부장관에게 신고하지 아니하고 기타수질오염원을 설치한 자
④ 배출시설의 설치를 제한하는 지역에서 배출시설을 설치한 자

해설

「법 제78조」
신고를 하지 아니하고 기타수질오염원을 설치 또는 관리한 자는 1년 이하의 징역 또는 1천만원 이하의 벌금에 처한다.

정답 ③

91 ★★☆

오염총량관리 기본방침에 포함되어야 하는 사항으로 틀린 것은?

① 오염총량관리의 목표
② 오염총량관리의 대상 수질오염물질 종류
③ 오염원의 조사 및 오염부하량 산정방법
④ 오염총량관리 현황

해설

「시행령 제4조」
오염총량관리기본방침에 포함되어야 할 사항
• 오염총량관리의 목표
• 오염총량관리의 대상 수질오염물질 종류
• 오염원의 조사 및 오염부하량 산정방법
• 오염총량관리기본계획의 주체, 내용, 방법 및 시한
• 오염총량관리시행계획의 내용 및 방법

정답 ④

92 ★☆☆

기타 수질오염원의 시설구분으로 틀린 것은?

① 수산물 양식시설
② 농축수산물 단순가공시설
③ 금속 도금 및 세공시설
④ 운수장비 정비 또는 폐차장 시설

해설

「시행규칙 별표 1」

기타 수질오염원의 시설구분

- 수산물 양식시설
- 골프장
- 운수장비 정비 또는 폐차장 시설
- 농축수산물 단순가공시설
- 사진 처리 또는 X-ray 시설
- 금은판매점의 세공시설이나 안경원
- 복합물류터미널 시설
- 거점소독 시설

정답 ③

93 ★☆☆

초과배출부과금 산정 시 적용되는 기준이 아닌 것은?

① 기준초과배출량
② 수질오염물질 1킬로그램당 부과금액
③ 지역별 부과계수
④ 사업장의 연간 매출액

해설

「시행령 제45조」

초과배출부과금＝기준초과배출량×수질오염물질 1킬로그램당 부과금액×연도별 부과금산정지수×지역별 부과계수×배출허용기준초과율별 부과계수×배출허용기준 위반횟수별 부과계수

정답 ④

94 ★★★

1일 800m³의 폐수가 배출되는 사업장의 환경기술인의 자격에 관한 기준은?

① 수질환경기사 1명 이상
② 수질환경산업기사 1명 이상
③ 환경기능사 1명 이상
④ 2년 이상 수질분야 환경관련 업무에 직접 종사한 자 1명 이상

해설

「시행령 별표 13」

사업장 규모별 구분

종류	배출규모
제1종 사업장	1일 폐수배출량이 2,000m³ 이상인 사업장
제2종 사업장	1일 폐수배출량이 700m³ 이상 2,000m³ 미만인 사업장
제3종 사업장	1일 폐수배출량이 200m³ 이상 700m³ 미만인 사업장
제4종 사업장	1일 폐수배출량이 50m³ 이상 200m³ 미만인 사업장
제5종 사업장	위 제1종부터 제4종까지의 사업장에 해당하지 아니하는 배출시설

「시행령 별표 17」

사업장별 환경기술인의 자격기준

구분	환경기술인
제1종 사업장	수질환경기사 1명 이상
제2종 사업장	수질환경산업기사 1명 이상
제3종 사업장	수질환경산업기사, 환경기능사 또는 3년 이상 수질분야 환경 관련 업무에 직접 종사한 자 1명 이상
제4종 사업장·제5종 사업장	배출시설 설치허가를 받거나 배출시설 설치신고가 수리된 사업자 또는 배출시설 설치허가를 받거나 배출시설 설치신고가 수리된 사업자가 그 사업장의 배출시설 및 방지시설업무에 종사하는 피고용인 중에서 임명하는 자 1명 이상

정답 ②

95

★☆☆

공공폐수처리시설의 설치 부담금의 부과·징수와 관련한 설명으로 틀린 것은?

① 공공폐수처리시설을 설치·운영하는 자는 그 시설의 설치에 드는 비용의 전부 또는 일부에 충당하기 위하여 원인자로부터 공공폐수처리시설의 설치 부담금을 부과·징수할 수 있다.

② 공공폐수처리시설 설치 부담금의 총액은 시행자가 해당시설의 설치와 관련하여 지출하는 금액을 초과하여서는 아니 된다.

③ 원인자에게 부과되는 공공폐수처리시설 설치 부담금은 각 원인자의 사업의 종류·규모 및 오염물질의 배출 정도 등을 기준으로 하여 정한다.

④ 국가와 지방자치단체는 세제상 또는 금융상 필요한 지원조치를 할 수 없다.

해설

「법 제48조의2」
국가와 지방자치단체는 중소기업자의 비용부담으로 인하여 중소기업자의 생산활동과 투자의욕이 위축되지 아니하도록 세제상 또는 금융상 필요한 지원 조치를 할 수 있다.

정답 ④

96

★★☆

공공폐수처리시설의 방류수 수질기준으로 틀린 것은?
(단, Ⅰ지역, 2020년 1월 1일 이후 기준, (　　)는 농공단지 폐수종말처리시설의 방류수 수질기준임)

① BOD: 10(10)mg/L 이하
② TOC: 25(25)mg/L 이하
③ 총질소(T-N): 20(20)mg/L 이하
④ 생태독성(TU): 1(1)mg/L 이하

해설

「시행규칙 별표 10」
방류수 수질기준

구분	수질기준			
	Ⅰ 지역	Ⅱ 지역	Ⅲ 지역	Ⅳ 지역
생물화학적 산소요구량(BOD) (mg/L)	10(10) 이하	10(10) 이하	10(10) 이하	10(10) 이하
총유기탄소량(TOC) (mg/L)	15(25) 이하	15(25) 이하	25(25) 이하	25(25) 이하
부유물질(SS) (mg/L)	10(10) 이하	10(10) 이하	10(10) 이하	10(10) 이하
총질소(T-N) (mg/L)	20(20) 이하	20(20) 이하	20(20) 이하	20(20) 이하
총인(T-P) (mg/L)	0.2(0.2) 이하	0.3(0.3) 이하	0.5(0.5) 이하	2(2) 이하
총대장균군수 (개/mL)	3,000 (3,000) 이하	3,000 (3,000) 이하	3,000 (3,000) 이하	3,000 (3,000) 이하
생태독성(TU)	1(1) 이하	1(1) 이하	1(1) 이하	1(1) 이하

정답 ②

※ 방류수 수질기준 항목 중 화학적 산소요구량(COD) 항목이 삭제되고 총유기탄소량(TOC) 항목이 추가되어 문제를 개정 내용에 맞게 수정함.

2020년

97 ★☆☆

폐수배출시설 외에 수질오염물질을 배출하는 시설 또는 장소로서 환경부령이 정하는 것(기타수질오염원)의 대상 시설과 규모기준에 관한 내용으로 틀린 것은?

① 자동차 폐차장시설: 면적 1,000m² 이상
② 수조식양식어업시설: 수조면적 합계 500m² 이상
③ 골프장: 면적 3만m² 이상
④ 무인자동식 현상, 인화, 정착시설: 1대 이상

해설
「시행규칙 별표 1」
자동차 폐차장시설: 면적 1,500m² 이상

정답 ①

98 ★★☆

초과부과금 산정 시 적용되는 위반횟수별 부과계수에 관한 내용으로 ( )에 맞는 것은? (단, 폐수무방류배출시설의 경우)

> 처음 위반의 경우 (㉠), 다음 위반부터는 그 위반 직전의 부과계수에 (㉡)를 곱한 것으로 한다.

① ㉠ 1.5, ㉡ 1.3   ② ㉠ 1.5, ㉡ 1.5
③ ㉠ 1.8, ㉡ 1.3   ④ ㉠ 1.8, ㉡ 1.5

해설
「시행령 별표 16」
폐수무방류배출시설에 대한 위반횟수별 부과계수
처음 위반한 경우 1.8로 하고, 다음 위반부터는 그 위반 직전의 부과계수에 1.5를 곱한 것으로 한다.

정답 ④

99 ★☆☆

방지시설설치의 면제기준에 관한 설명으로 틀린 것은?

① 수질오염물질이 항상 배출허용기준 이하로 배출되는 경우
② 새로운 수질오염물질이 발생되어 배출시설 또는 방지시설의 개선이 필요한 경우
③ 폐수를 전량 위탁처리하는 경우
④ 폐수를 전량 재이용하는 등 방지시설을 설치하지 아니하고도 수질오염물질을 적정하게 처리할 수 있는 경우

해설
「시행령 제33조」
방지시설설치의 면제기준
• 배출시설의 기능 및 공정상 수질오염물질이 항상 배출허용기준 이하로 배출되는 경우
• 폐수처리업의 허가를 받은 자 또는 환경부장관이 인정하여 고시하는 관계 전문기관에 환경부령으로 정하는 폐수를 전량 위탁처리하는 경우
• 폐수를 전량 재이용하는 등 방지시설을 설치하지 아니하고도 수질오염물질을 적정하게 처리할 수 있는 경우로서 환경부령으로 정하는 경우

정답 ②

100 ★★☆

휴경 등 권고대상 농경지의 해발고도 및 경사도는?

① 해발고도: 해발 200미터, 경사도: 10%
② 해발고도: 해발 400미터, 경사도: 15%
③ 해발고도: 해발 600미터, 경사도: 20%
④ 해발고도: 해발 800미터, 경사도: 25%

해설
「시행규칙 제85조」
"환경부령으로 정하는 해발고도"란 해발 400미터 말하고, "환경부령으로 정하는 경사도"란 경사도 15퍼센트를 말한다.

정답 ②

수질오염개론

01 ★★☆

에탄올(C_2H_5OH) 300mg/L가 함유된 폐수의 이론적 COD 값(mg/L)은? (단, 기타 오염물질은 고려하지 않음)

① 312
② 453
③ 578
④ 626

해설

$$C_2H_5OH + 3O_2 \rightarrow 2CO_2 + 3H_2O$$
$$46g \quad 3 \times 32g$$

비례식으로 정리하면,

$46g : 3 \times 32g = 300mg/L : X(mg/L)$

$\therefore X(=COD) = 626.09mg/L \fallingdotseq 626mg/L$

정답 ④

02 ★★☆

물질대사 중 동화작용을 가장 알맞게 나타낸 것은?

① 잔여영양분 + ATP
→ 세포물질 + ADP + 무기인 + 배설물
② 잔여영양분 + ADP + 무기인
→ 세포물질 + ATP + 배설물
③ 세포내 영양분의 일부 + ATP
→ ADP + 무기인 + 배설물
④ 세포내 영양분의 일부 + ADP + 무기인
→ ATP + 배설물

해설

동화작용(Anabolism)

• 저분자 물질을 고분자 물질로 합성하는 작용을 말한다.
• 잔여영양분 + ATP → 세포물질 + ADP + 무기인 + 배설물

정답 ①

03 ★☆☆

세균의 구조에 대한 설명이 올바르지 못한 것은?

① 세포벽: 세포의 기계적인 보호
② 협막과 점액층: 건조 혹은 독성물질로부터 보호
③ 세포막: 호흡대사 기능을 발휘
④ 세포질: 유전에 관계되는 핵산 포함

해설

세포질은 세포의 모양 및 항상성을 유지하며, 세포소기관을 지탱해주는 역할을 한다.

정답 ④

04 ★★☆

자연계의 질소순환에 대한 설명으로 가장 거리가 먼 것은?

① 대기의 질소는 방전작용, 질소고정세균 그리고 조류에 의하여 끊임없이 소비된다.
② 소변 속의 질소는 주로 요소로 바로 탄산암모늄으로 가수 분해된다.
③ 유기질소는 부패균이나 곰팡이의 작용으로 암모니아성 질소로 변환된다.
④ 암모니아성 질소는 혐기성 상태에서 환원균에 의해 바로 질소가스로 변환된다.

해설

암모니아성 질소가 호기성 상태에서 질산성 질소로 변환되고, 질산성 질소가 혐기성 상태에서 아질산성 질소로 변환 후 질소가스로 변환된다.

정답 ④

05 ★★☆

수자원의 순환에서 가장 큰 비중을 차지하는 것은?

① 해양으로의 강우 ② 증발
③ 증산 ④ 육지로의 강우

해설

수자원의 순환에서 가장 큰 비중을 차지하는 것은 증발이며 비중이 가장 작은 것은 식물의 흡수 및 증산작용이다.

정답 ②

06 ★☆☆

Graham의 기체법칙에 관한 내용으로 (   )에 알맞은 것은?

수소의 확산속도에 비해 염소는 약 (㉠), 산소는 (㉡) 정도의 확산속도를 나타낸다.

① ㉠ 1/6, ㉡ 1/4 ② ㉠ 1/6, ㉡ 1/9
③ ㉠ 1/4, ㉡ 1/6 ④ ㉠ 1/9, ㉡ 1/6

관련이론 | Graham의 기체법칙

일정한 온도와 압력상태에서 기체의 확산속도는 그 기체분자량의 제곱근(밀도의 제곱근)에 반비례한다는 법칙이다. 따라서 수소의 확산속도에 비해 염소는 $\dfrac{1}{\sqrt{\dfrac{71}{2}}} = \dfrac{1}{6}$ 정도의 확산속도를 나타내고, 산소는

$\dfrac{1}{\sqrt{\dfrac{32}{2}}} = \dfrac{1}{4}$ 정도의 확산속도를 나타낸다.

정답 ①

07 ★☆☆

화학흡착에 관한 내용으로 옳지 않은 것은?

① 흡착된 물질은 표면에 농축되어 여러 개의 겹쳐진 층을 형성함
② 흡착 분자는 표면에 한 부위에서 다른 부위로의 이동이 자유롭지 못함
③ 흡착된 물질 제거를 위해 일반적으로 흡착제를 높은 온도로 가열함
④ 거의 비가역적임

해설

화학흡착의 흡착된 물질은 단분자층을 형성한다. 여러 개의 층을 형성하는 것은 물리적 흡착이다.

정답 ①

08 ★★☆

유량 400,000m³/day의 하천에 인구 20만명의 도시로부터 30,000m³/day의 하수가 유입되고 있다. 하수 유입 전 하천의 BOD는 0.5mg/L이고, 유입 후 하천의 BOD를 2mg/L로 하기 위해서 하수처리장을 건설하려고 한다면 이 처리장의 BOD 제거효율(%)은? (단, 인구 1인당 BOD 배출량 =20g/day)

① 약 84 ② 약 87
③ 약 90 ④ 약 93

해설

• 도시에서 하수처리장으로 유입되는 BOD 농도

$$C_i = \frac{20g}{인 \cdot 일} \left| \frac{200,000인}{} \right| \frac{day}{30,000m^3} \left| \frac{10^3mg}{1g} \right| \frac{1m^3}{10^3L}$$

$$= 133.33mg/L$$

• 혼합점의 2mg/L를 조건으로 하수처리장 방류구에서 하천으로 유입가능한 허용 BOD 농도

$$2mg/L = \frac{(400,000 \times 0.5) + (30,000 \times C_o)}{400,000 + 30,000}$$

$$C_o = 22mg/L$$

$$\therefore \eta = \left(1 - \frac{C_o}{C_i}\right) \times 100 = \left(1 - \frac{22}{133.33}\right) \times 100 = 83.5 = 84\%$$

정답 ①

09 ★★☆

150kL/day의 분뇨를 포기하여 BOD의 20%를 제거하였다. BOD 1kg을 제거하는 데 필요한 공기공급량이 60m³이라 했을 때 시간당 공기공급량(m³)은? (단, 연속포기, 분뇨의 BOD=20,000mg/L)

① 100

② 500

③ 1,000

④ 1,500

해설

시간당 공기공급량[m³/hr]

$$= \frac{150\text{kL}}{\text{day}} \left| \frac{20,000\text{mg}}{\text{L}} \right| \frac{10^3\text{L}}{\text{kL}} \left| \frac{\text{kg}}{10^6\text{mg}} \right| \frac{60\text{m}^3}{1\text{kg}} \left| \frac{20}{100} \right| \frac{1\text{day}}{24\text{hr}}$$

$$= 1,500\text{m}^3/\text{hr}$$

정답 ④

10 ★★☆

유량 4.2m³/sec, 유속 0.4m/sec, BOD 7mg/L인 하천이 흐르고 있다. 이 하천에 유량 25.2m³/min, BOD 500mg/L인 공장폐수가 유입되고 있다면 하천수와 공장폐수의 합류지점의 BOD(mg/L)는? (단, 완전 혼합이라 가정)

① 약 33

② 약 45

③ 약 52

④ 약 67

해설

$$C_m = \frac{Q_1 C_1 + Q_2 C_2}{Q_1 + Q_2}$$

- C_m : 합류 지점의 BOD 농도[mg/L]
- C_1 : 하천의 BOD 농도[mg/L]
- C_2 : 공장폐수의 BOD 농도[mg/L]
- Q_1 : 하천의 유량[m³/sec]
- Q_2 : 공장폐수의 유량[m³/sec]

$$Q_2 = \frac{25.2\text{m}^3}{\text{min}} \left| \frac{1\text{min}}{60\text{sec}} = 0.42\text{m}^3/\text{sec} \right.$$

$$\therefore C_m = \frac{4.2 \times 7 + 0.42 \times 500}{4.2 + 0.42}$$

$$= 51.82 \fallingdotseq 52\text{mg/L}$$

정답 ③

11 ★★☆

Glucose($C_6H_{12}O_6$) 500mg/L 용액을 호기성 처리 시 필요한 이론적인 인(P)농도(mg/L)는? (단, BOD_5:N:P=100:5:1, $k_1 = 0.1\text{day}^{-1}$, 상용대수기준, 완전분해기준, $BOD_u = COD$)

① 약 3.7

② 약 5.6

③ 약 8.5

④ 약 12.8

해설

$$\underline{C_6H_{12}O_6 + 6O_2} \rightarrow 6CO_2 + 6H_2O$$
$$\quad 180\text{g} \quad 6 \times 32\text{g}$$

비례식으로 정리하면,

$180\text{g} : 6 \times 32\text{g} = 500\text{mg/L} : X(\text{mg/L})$

$X(= BOD_u) = 533.33\text{mg/L}$

$BOD_t = BOD_u(1 - 10^{-k_1 t})$

$BOD_5 = 533.33 \times (1 - 10^{-0.1 \times 5})$

$\quad\quad\quad = 364.68\text{mg/L}$

따라서, $BOD_5 : P = 100 : 1$

→ $364.68 : P = 100 : 1$이므로

$\therefore P = 3.6468 \fallingdotseq 3.7\text{mg/L}$

정답 ①

12 ★★★

20℃에서 k_1이 0.16/day(base 10)이라 하면, 10℃에 대한 BOD_5/BOD_u 비는? (단, θ=1.047)

① 0.63

② 0.69

③ 0.73

④ 0.78

해설

$$K_{10℃} = K_{20℃} \times 1.047^{(10-20)}$$

$$= 0.16\text{day}^{-1} \times 1.047^{(10-20)} = 0.101\text{day}^{-1}$$

$$BOD_t = BOD_u(1 - 10^{-k_1 t})$$

$$BOD_5 = BOD_u(1 - 10^{-0.101 \times 5})$$

$$\therefore \frac{BOD_5}{BOD_u} = (1 - 10^{-0.101 \times 5}) = 0.687 \fallingdotseq 0.69$$

정답 ②

2020년

13 ★★★

크롬에 관한 설명으로 틀린 것은?

① 만성크롬 중독인 경우에는 미나마타병이 발생한다.
② 3가 크롬은 비교적 안정하나 6가 크롬 화합물은 자극성이 강하고 부식성이 강하다.
③ 3가 크롬은 피부흡수가 어려우나 6가 크롬은 쉽게 피부를 통과한다.
④ 만성중독현상으로는 비점막염증이 나타난다.

해설
크롬 중독인 경우에는 피부염, 콧속 궤양, 두통 등이 발생한다. 미나마타병은 수은(Hg) 중독의 대표적인 만성질환이다.

정답 ①

14 ★★☆

우리나라의 수자원에 관한 설명으로 가장 거리가 먼 것은?

① 강수량의 지역적 차이가 크다.
② 주요 하천 중 한강의 수자원 보유량이 가장 많다.
③ 하천의 유역면적은 크지만 하천경사는 급하다.
④ 하천의 하상계수가 크다.

해설
하천의 유역면적이 작고 길이가 짧다.

정답 ③

15 ★★☆

적조현상에 의해 어패류가 폐사하는 원인과 가장 거리가 먼 것은?

① 적조생물이 어패류의 아가미에 부착하여
② 적조류의 광범위한 수면막 형성으로 인해
③ 치사성이 높은 유독물질을 분비하는 조류로 인해
④ 적조류의 사후분해에 의한 수중 부패 독의 발생으로 인해

해설
광범위한 수면막이 형성되어 어패류가 폐사하는 것은 유류오염에 의한 것이다.
이 외에 적조현상에 의한 어패류 폐사 원인으로는 적조생물의 표수층 과포화로 인한 산소 차단도 있다.

정답 ②

16 ★★☆

Formaldehyde(CH_2O)의 COD/TOC 비는?

① 1.37
② 1.67
③ 2.37
④ 2.67

해설
$$CH_2O + O_2 \rightarrow CO_2 + H_2O$$
$$32g 12g$$
비례식으로 정리하면,
COD : 32g = TOC : 12g
$$\therefore COD/TOC = \frac{32}{12} ≒ 2.67$$

정답 ④

17 ★★★

유해물질과 그 중독증상(영향)과의 관계로 가장 거리가 먼 것은?

① Mn: 흑피증
② 유기인: 현기증, 동공축소
③ Cr^{6+}: 피부궤양
④ PCB: 카네미유증

해설
망간(Mn)은 파킨슨씨 증후군과 유사한 증상이 나타난다. 흑피증은 비소(As)의 중독 증상이다.

정답 ①

18 ★☆☆

경도에 관한 관계식으로 틀린 것은?

① 총경도−비탄산경도=탄산경도
② 총경도−칼슘경도=마그네슘경도
③ 알칼리도<총경도 일 때 탄산경도=비탄산경도
④ 알칼리도≥총경도 일 때 탄산경도=총경도

해설
알칼리도<총경도일 때 탄산경도=알칼리도

정답 ③
※ 실제 문제에서는 '② 총경도−탄산경도=마그네슘경도'라고 출제되어 ②번과 ③번이 정답 처리되었음.

19 ★☆☆

하구의 혼합 형식 중 하상구배와 조차가 작아서 염수와 담수의 2층 밀도류가 발생되는 것은?

① 강 혼합형
② 약 혼합형
③ 중 혼합형
④ 완 혼합형

해설

하구(Estuary) 형식

• 약 혼합형: 하상구배와 조차가 작아 염수와 담수의 밀도류가 발생한다.
• 완 혼합형: 하상구배가 어느 정도 크고, 조차가 적당히 있을 때 난류성분에 의해 밀도경계면이 명확하지 않으며, 연직방향의 밀도차가 작아진다.
• 강 혼합형: 하상구배와 조차가 매우 커서 난류성분이 발달하여 연직혼합을 촉진시키며, 수층 전체가 섞여 수직적인 변화가 거의 나타나지 않는다.

정답 ②

20 ★★☆

자정상수(f)의 영향 인자에 관한 설명으로 옳은 것은?

① 수심이 깊을수록 자정상수는 커진다.
② 수온이 높을수록 자정상수는 작아진다.
③ 유속이 완만할수록 자정상수는 커진다.
④ 바닥구배가 클수록 자정상수는 작아진다.

해설

자정상수(f)의 영향 인자

• 수온이 높을수록 자정상수는 작아진다.
• 수심이 얕을수록 자정상수는 커진다.
• 유속이 빨라지면 자정상수는 커진다.
• 바닥구배가 클수록 자정상수는 커진다.

정답 ②

상하수도계획

21 ★★☆

상수도시설인 취수탑의 취수구에 관한 내용과 가장 거리가 먼 것은?

① 계획취수위는 취수구로부터 도수기점까지의 수두손실을 계산하여 결정한다.
② 취수탑의 내측이나 외측에 슬루스게이트(제수문), 버터플라이밸브 또는 제수밸브 등을 설치한다.
③ 전면에서는 협잡물을 제거하기 위한 스크린을 설치해야 한다.
④ 단면형상은 장방형 또는 원형으로 한다.

해설

취수탑의 취수구는 계획최저수위인 경우에도 계획취수량을 확실히 취수할 수 있는 설치위치로 한다.
①번은 취수보의 취수구에 관한 내용이다.

정답 ①

22 ★★★

계획오수량에 관한 설명으로 옳지 않은 것은?

① 계획1일 최대오수량은 1인1일 최대오수량에 계획인구를 곱한 후, 여기에 공장 폐수량, 지하수량 및 기타 배수량을 더한 것으로 한다.
② 합류식에서 우천 시 계획오수량은 원칙적으로 계획시간 최대오수량의 3배 이상으로 한다.
③ 지하수량은 1인1일 평균오수량의 5~10%로 한다.
④ 계획시간 최대오수량은 계획1일 최대오수량의 1시간당 수량의 1.3~1.8배를 표준으로 한다.

해설

지하수량은 1인1일 최대오수량의 10~20%로 한다.

정답 ③

2020년

23 ★★☆

도수관을 설계할 때 평균유속 기준으로 (   )에 옳은 것은?

> 자연유하식인 경우에는 허용최대한도를 (㉠)로 하고, 도수관의 평균유속의 최소한도는 (㉡)로 한다.

① ㉠ 1.5m/s, ㉡ 0.3m/s
② ㉠ 1.5m/s, ㉡ 0.6m/s
③ ㉠ 3.0m/s, ㉡ 0.3m/s
④ ㉠ 3.0m/s, ㉡ 0.6m/s

해설
도수관의 평균유속
자연유하식인 경우에는 허용최대한도를 3.0m/s로 하고, 도수관의 평균유속의 최소한도를 0.3m/s로 한다.

정답 ③

24 ★☆☆

상수의 도수관로의 자연부식 중 매크로셀 부식에 해당되지 않는 것은?

① 이종금속
② 간섭
③ 산소농담(통기차)
④ 콘크리트 · 토양

해설
간섭은 자연부식이 아닌 전식에 해당한다.

관련이론 | 자연부식의 종류

매크로셀 부식	미크로셀부식
• 콘크리트 · 토양	• 일반토양부식
• 산소농담(통기차)	• 특수토양부식
• 이종금속	• 박테리아부식

정답 ②

25 ★★☆

호소의 중소량 취수시설로 많이 사용되고 구조가 간단하며 시공도 비교적 용이하나 수중에 설치되므로 호소의 표면수는 취수할 수 없는 것은?

① 취수틀
② 취수보
③ 취수관로
④ 취수문

해설
취수틀은 호소의 중소량 취수시설로 많이 사용되고 구조가 간단하며 시공도 비교적 용이하나 수중에 설치되므로 호소의 표면수는 취수할 수 없다.

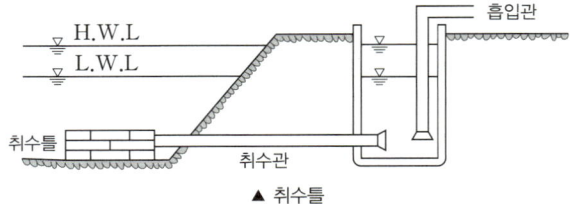

▲ 취수틀

정답 ①

26 ★☆☆

상수도관으로 사용되는 관종 중 스테인리스강관에 관한 특징으로 틀린 것은?

① 강인성이 뛰어나고 충격에 강하다.
② 용접접속에 시간이 걸린다.
③ 라이닝이나 도장을 필요로 하지 않는다.
④ 이종금속과의 절연처리가 필요 없다.

해설
스테인리스강관은 이종금속과의 절연처리가 필요하다.

관련이론 | 스테인리스강관의 장 · 단점

장점	단점
• 강도가 크고 내구성이 있다. • 내식성이 우수하다. • 강인성이 뛰어나고 충격에 강하다. • 라이닝이나 도장을 필요로 하지 않는다.	• 용접접속에 시간이 걸린다. • 이종금속과의 절연처리를 필요로 한다.

정답 ④

27 ★☆☆

상수도시설 일반구조의 설계하중 및 외력에 대한 고려사항으로 틀린 것은?

① 풍압은 풍량에 풍력계수를 곱하여 산정한다.
② 얼음 두께에 비하여 결빙 면이 작은 구조물의 설계에는 빙압을 고려한다.
③ 지하수위가 높은 곳에 설치하는 지상 구조물은 비웠을 경우의 부력을 고려한다.
④ 양압력은 구조물의 전후에 수위차가 생기는 경우에 고려한다.

해설

풍압은 속도압에 풍력계수를 곱하여 산정한다.

정답 ①

28 ★☆☆

하수관로 배수설비의 설명 중 옳지 않은 것은?

① 배수설비는 공공하수도의 일종이다.
② 배수설비 중의 물받이의 설치는 배수구역 경계지점 또는 배수구역 안에 설치하는 것을 기본으로 한다.
③ 결빙으로 인한 우·오수 흐름의 지장이 발생되지 않도록 하여야 한다.
④ 배수관은 암거로 하며, 우수만을 배수하는 경우에는 개거도 가능하다.

해설

하수관로 배수설비란 하수를 공공하수도에 유입시키기 위하여 필요한 배수관, 물받이 및 기타의 설비를 말한다. 즉, 배수설비는 개인하수도의 일종이다.

정답 ①

29 ★★☆

하수 펌프장 시설인 스크류펌프(Screw pump)의 일반적인 장·단점으로 틀린 것은?

① 회전수가 낮기 때문에 마모가 적다.
② 수중의 협잡물이 물과 함께 떠올라 폐쇄 가능성이 크다.
③ 기동에 필요한 물채움장치나 밸브 등 부대시설이 없어 자동운전이 쉽다.
④ 토출측의 수로를 압력관으로 할 수 없다.

해설

수중의 협잡물기 물과 함께 떠올라 폐쇄가 적다.

관련이론 | 스크류펌프의 장·단점

장점	• 구조가 간단하고 개방형이어서 운전 및 보수가 용이하다. • 호전수가 낮기 때문에 마모가 적다. • 수중의 협잡물이 물과 함께 떠올라 폐쇄가 적다. • 흔사지 또는 펌프설치대를 두지 않고도 사용 가능하다. • 기동에 필요한 물채움장치나 밸브 등 부대시설이 없어 자동운전이 쉽다.
단점	• 양정이 제한된다. • 일반 펌프에 비해 부피가 커진다. • 토출측의 수로를 압력관으로 할 수 없다. • 오수의 경우 양수 시에 개방된 상태이므로 악취가 발생한다.

정답 ②

30 ★☆☆

원수의 냄새물질(2-MIB, Geosmin 등), 색도, 미량유기물질, 소독부산물전구물질, 암모니아성 질소, 음이온계면활성제, 휘발성 유기물질 등을 제거하기 위한 수처리공정으로 가장 적합한 것은?

① 완속여과   ② 급속여과
③ 막여과   ④ 활성탄여과

선지분석

① 완속여과: 소량의 현탁물질, 유기물질 등을 제거하기 위한 방법이다.
② 급속여과: 소독만의 방식이나 완속여과방식으로 정화할 수 없는 경우 사용하는 방법이다.
③ 막여과: 콜로이드나 현탁물질을 제거하기 위한 방법이다.

정답 ④

31 ★★☆

지표수의 취수를 위해 하천수를 수원으로 하는 경우의 취수탑에 관한 설명으로 옳지 않은 것은?

① 대량 취수 시 경제적인 것이 특징이다.
② 취수보와 달리 토사유입을 방지할 수 있다.
③ 공사비는 일반적으로 크다.
④ 시공 시 가물막이 등 가설공사는 비교적 소규모로 할 수 있다.

해설

토사유입을 아예 피할 수는 없다. 하지만 하천유량에 따라 수문조작을 조작함으로써 상당히 방지할 수 있다.

관련이론 | 취수탑의 특징
- 연간 안정적인 취수가 가능하다.
- 대량 취수시 경제적이다.
- 초기 공사비는 크지만 취수보에 비해 경제적이다.
- 갈수기 수위가 2m 이상인 곳에 설치가 가능하다.
- 하천유황의 변화가 큰 곳은 취수구가 매몰되거나 노출되므로 부적당하다.

정답 ②

32 ★★☆

계획취수량을 확보하기 위하여 필요한 저수용량의 결정에 사용하는 계획기준년의 표준으로 가장 적절한 것은?

① 3개년에 제1위 정도의 갈수
② 5개년에 제1위 정도의 갈수
③ 7개년에 제1위 정도의 갈수
④ 10개년에 제1위 정도의 갈수

해설

계획취수량을 확보하기 위하여 필요한 저수용량의 결정에 사용하는 계획기준년은 원칙적으로 10개년에 제1위 정도의 갈수를 표준으로 한다.

정답 ④

33 ★★☆

자유수면을 갖는 천정호(반경 $r=0.5$m, 원지하수위 $H=7.0$m)에 대한 양수시험결과 양수량이 0.03m³/sec일 때 정호의 수심 $h=5.0$m, 영향반경 $R=200$m에서 평형이 되었다. 이 때 투수계수 k(m/sec)는?

① 4.5×10^{-4}
② 2.4×10^{-3}
③ 3.5×10^{-3}
④ 1.6×10^{-2}

해설

$$양수량 Q = \frac{\pi k(H^2 - h^2)}{2.3\log(R/r)}$$

$$0.03\text{m}^3/\text{sec} = \frac{\pi k(7^2 - 5^2)}{2.3\log(200/0.5)}$$

$$\therefore k = 2.38 \times 10^{-3} \fallingdotseq 2.4 \times 10^{-3}\text{m/sec}$$

정답 ②

34 ★★☆

계획송수량과 계획도수량의 기준이 되는 수량은?

① 계획송수량: 계획1일 최대급수량
계획도수량: 계획시간 최대급수량
② 계획송수량: 계획시간 최대급수량
계획도수량: 계획1일 최대급수량
③ 계획송수량: 계획취수량
계획도수량: 계획1일 최대급수량
④ 계획송수량: 계획1일 최대급수량
계획도수량: 계획취수량

해설

- 송수는 정수된 물을 배수지까지 보내는 것으로, 계획송수량은 계획1일 최대급수량 기준이다.
- 도수는 수원에서 취수한 물을 정수장까지 보내는 것으로, 계획도수량은 계획취수량 기준이다.

정답 ④

35

★★★

펌프의 캐비테이션(공동현상) 발생을 방지하기 위한 대책으로 옳은 것은?

① 펌프의 설치위치를 가능한 한 높게 하여 가용유효흡입수두를 크게 한다.

② 흡입관의 손실을 가능한 한 작게 하여 가용유효흡입수두를 크게 한다.

③ 펌프의 회전속도를 높게 선정하여 필요유효흡입수두를 작게 한다.

④ 흡입 측 밸브를 완전히 폐쇄하고 펌프를 운전한다.

선지분석

① 펌프의 설치위치를 가능한 한 낮추어 가용유효흡입수두를 크게 한다.

③ 펌프의 회전속도를 낮게 하여 필요유효흡입수두를 작게 한다.

④ 흡입 측 밸브를 완전히 개방하고 펌프를 운전한다.

관련이론 | Cavitation 발생 방지 대책

• 펌프의 설치위치를 가능한 한 낮추어 가용유효흡입수두를 크게 한다.

• 흡입관의 손실을 가능한 한 작게 하여 가용유효흡입수두를 크게 한다.

• 성능에 크게 영향을 미치지 않는 범위 내에서 흡입관의 직경을 증가시킨다.

• 두 대 이상의 펌프를 사용하거나 회전차를 수중에 완전히 잠기게 한다.

• 양흡입 펌프 · 입축형 펌프 · 수중펌프의 사용을 검토한다.

• 펌프의 회전속도를 낮게 하여 필요유효흡입수두를 작게 한다.

• 흡입 측 밸브를 완전히 개방하고 펌프를 운전한다.

정답 ②

36

★★★

직경 1m의 원형콘크리트관에 하수가 흐르고 있다. 동수구배(I)가 0.01이고, 수심이 0.5m일 때 유속(m/sec)은? (단, 조도계수(n)=0.013, Manning 공식적용, 만관기준)

① 2.1 ② 2.7

③ 3.1 ④ 3.7

해설

Manning 공식

$$V[\text{m/sec}] = \left(\frac{1}{n}\right) \cdot R^{\frac{2}{3}} \cdot I^{\frac{1}{2}}$$

• V : 평균유속[m/sec]

• n : 조도계수

• R : 경심(경심=수류단면적/윤변=$D/4$)[m]

• I : 동수구배

여기서,

$n = 0.013$

$R = \dfrac{D}{4} = \dfrac{1\text{m}}{4} = 0.25\text{m}$

$I = 0.01$

$$\therefore V[\text{m/sec}] = \frac{1}{0.013} \times (0.25)^{\frac{2}{3}} \times (0.01)^{\frac{1}{2}}$$

$$= 3.05 ≒ 3.1\text{m/sec}$$

정답 ③

37 ★☆☆

수격작용을 방지 또는 줄이는 방법이라 할 수 없는 것은?

① 펌프에 플라이휠을 붙여 펌프의 관성을 증가시킨다.
② 흡입측 관로에 압력조절수조를 설치하여 부압을 유지시킨다.
③ 펌프 토출구 부근에 공기탱크를 두거나 부압 발생지점에 흡기밸브를 설치하여 압력강하 시 공기를 넣어준다.
④ 관내유속을 낮추거나 관로상황을 변경한다.

해설
수격작용을 방지 또는 줄이기 위해서는 토출측 관로에 압력조절수조를 설치하여 부압 발생장소에 물을 공급하여 부압을 방지한다.

관련이론
㉠ **수격작용**
관로의 밸브를 급히 제동하거나 펌프의 급제동으로 인하여 순간유속이 제로(0)가 되면서 압력파가 발생하는데 이때 발생한 압력파가 관내를 일정한 전파속도로 왕복하면서 충격을 주게 되는 현상을 말한다. 수격작용은 배관과 펌프의 파손원인이 된다.
㉡ **수격작용 방지 방법**
• 관내의 유속을 낮추거나 관경을 크게 한다.
• 펌프의 속도가 급격히 변화하는 것을 방지한다.
• 수압을 조절할 수 있는 수조를 관선에 설치한다.
• 펌프에 플라이휠을 붙여 펌프의 관성을 증가시킨다.
• 펌프 토출구 부근에 공기탱크를 두거나 부압 발생지점에 흡기밸브를 설치하여 압력강하 시 공기를 넣어준다.

정답 ②

38 ★☆☆

취수시설에서 취수된 원수를 정수시설까지 끌어들이는 시설은?

① 배수시설　② 급수시설
③ 송수시설　④ 도수시설

해설
취수시설에서 취수된 원수를 정수시설까지 끌어들이는 시설은 도수시설이다.

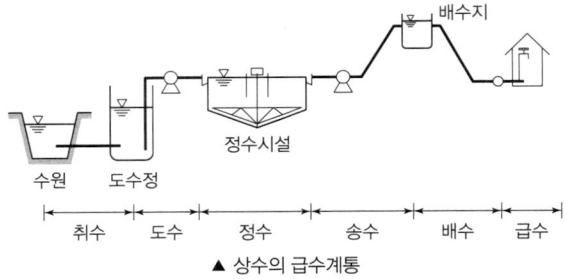
▲ 상수의 급수계통

정답 ④

39 ★☆☆

우수배제계획 수립에 적용되는 하수관로의 계획우수량 결정을 위한 확률년수는?

① 5~10년　② 10~15년
③ 10~30년　④ 30~50년

해설
하수관로의 확률년수는 원칙적으로 10~30년으로 한다.

정답 ③

40 ★★☆

피압수 우물에서 영향원 직경 1km, 우물직경 1m, 피압대수층의 두께 20m, 투수계수 20m/day로 추정되었다면, 양수정에서의 수위 강하를 5m로 유지하기 위한 양수량(m³/sec)은?

(단, $Q = 2\pi kb \dfrac{H-h}{2.3\log_{10}\dfrac{R}{r}}$)

① 약 0.005   ② 약 0.02

③ 약 0.05   ④ 약 0.1

해설

$$Q = 2\pi kb \dfrac{H-h}{2.3\log_{10}\dfrac{R}{r}}$$

- Q: 양수량[m³/sec]
- h: 양수중의 우물 수심[m]
- r: 우물의 반지름[m]
- H: 원지하수의 두께[m]
- R: 영향원 반지름[m]
- b: 피압대수층의 두께[m]
- k: 투수계수 [m/sec]

$$k = \dfrac{20\text{m}}{\text{day}} \left| \dfrac{1\text{day}}{86,400\text{sec}} \right.$$

$$= 2.315 \times 10^{-4}\text{m/sec}$$

$$\therefore Q = 2\pi kb \dfrac{H-h}{2.3\log_{10}\dfrac{R}{r}}$$

$$= 2 \times \pi \times 2.315 \times 10^{-4} \times 20 \times \dfrac{5}{2.3\log_{10}\dfrac{500}{0.5}}$$

$$= 0.0211 \fallingdotseq 0.02\text{m}^3/\text{sec}$$

정답 ②

수질오염방지기술

41 ★☆☆

하·폐수를 통하여 배출되는 계면활성제에 대한 설명 중 잘못된 것은?

① 계면활성제는 메틸렌블루 활성물질이라고도 한다.

② 계면활성제는 주로 합성세제로부터 배출되는 것이다.

③ 물에 약간 녹으며 폐수처리 플랜트에서 거품을 만들게 된다.

④ ABS는 생물학적으로 분해가 매우 쉬우나 LAS는 생물학적으로 분해가 어려운 난분해성 물질이다.

해설

ABS 세제는 세척력이 우수하지만 생물학적으로 분해가 어렵다. 물속에 존재하는 미생물은 탄소화합물을 분해해 정화하는 능력이 있는데 ABS 세제처럼 가지 달린 탄소화합물은 쉽게 분해하지 못한다.
LAS 세제는 ABS 세제보다 생물학적 분해가 쉽다.

정답 ④

42 ★☆☆

접촉매체를 이용한 생물막공법에 대한 설명으로 틀린 것은?

① 유지관리가 쉽고, 유기물 농도가 낮은 기질제거에 유효하다.

② 수온의 변화나 부하변동에 강하고 처리효율에 나쁜 영향을 주는 슬러지 팽화문제를 해결할 수 있다.

③ 공극폐쇄 시에도 양호한 처리수질을 얻을 수 있으며 세정조작이 용이하다.

④ 슬러지 발생량이 적고 고도처리에도 효과적이다.

해설

공극폐쇄 시에 양호한 처리수질을 얻을 수 없다.

정답 ③

43

★☆☆

하수처리를 위한 소독방식의 장단점에 관한 내용으로 틀린 것은?

① ClO_2: 부산물에 의한 청색증이 유발될 수 있다.
② ClO_2: pH 변화에 따른 영향이 적다.
③ NaClO: 잔류효과가 작다.
④ NaClO: 유량이나 탁도 변동에서 적응이 쉽다.

해설

차아염소산나트륨(NaClO)은 잔류효과가 크다.

관련이론 | 차아염소산나트륨 및 이산화염소 소독

구분	차아염소산나트륨 (NaClO)	이산화염소 (ClO_2)
장점	• 강한 소독력과 잔류성 • 유량이나 탁도 변동에 적응이 쉬움 • 박테리아에 대한 효과적 살균제 • 유지비용 저렴	• 염소보다 강한 산화력 • pH 영향 적음 • 발암물질인 THM 생성 없음 • 철, 망간, 맛, 냄새 제거에 효과적 • 페놀 분해능력 우수
단점	• 접촉시간 김 • 미량의 발암물질인 THM 생성 • 불쾌한 맛과 냄새 수반 • 바이러스에 대한 사멸율 저조	• 저장 및 운반이 곤란하여 현장 제조 • 부산물에 의한 청색증 유발

정답 ③

44

★☆☆

막분리 공법을 이용한 정수처리의 장점으로 가장 거리가 먼 것은?

① 부산물이 생기지 않는다.
② 정수장 면적을 줄일 수 있다.
③ 시설의 표준화로 부품관리 시공이 간편하다.
④ 자동화, 무인화가 용이하다.

해설

막분리 공법은 시공 및 부품관리 등에서 신기술이 필요하다.

관련이론 | 막분리 공법의 단점
• 막의 수명이 짧다.
• 돌발적인 수질사고 시 대응이 쉽지 않다.
• 초기 설치비가 고가이다.
• 시공 및 부품관리 등에서 신기술이 필요하다.

정답 ③

45

★★☆

다음 공정에서 처리될 수 있는 폐수의 종류는?

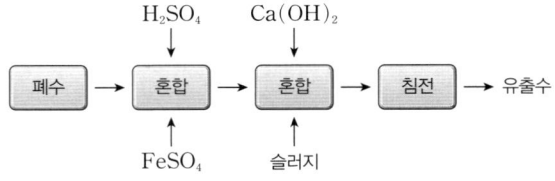

① 크롬폐수 　　　　　② 시안폐수
③ 비소폐수 　　　　　④ 방사능폐수

해설

6가크롬을 처리하는 환원침전법의 계통도이다.

정답 ①

46 ★☆☆

무기수은계 화합물을 함유한 폐수의 처리방법이 아닌 것은?

① 황화물침전법   ② 활성탄흡착법
③ 산화분해법   ④ 이온교환법

해설

무기수은은 황화물침전법, 활성탄흡착법, 이온교환법 등으로 처리할 수 있다.

정답 ③

47 ★☆☆

인이 8mg/L 들어 있는 하수의 인 침전(인을 침전시키는 실험에서 인 1몰 당 알루미늄 1.5몰이 필요)을 위해 필요한 액체명반($Al_2(SO_4)_3 \cdot 18H_2O$)의 양(L/day)은? (단, 액체 명반의 순도=48%, 단위중량=1,281kg/m³, 명반 분자량=666.7, 알루미늄 원자량=26.98, 인 원자량=31, 유량=10,000m³/day)

① 약 2,100   ② 약 2,800
③ 약 3,200   ④ 약 3,700

해설

$P : 1.5Al = 31g : 1.5 \times 26.98g$

$\therefore X[L/day]$

$= \dfrac{8mg}{L} \left| \dfrac{10,000m^3}{day} \right| \dfrac{1.5 \times 26.98g}{31g} \left| \dfrac{666.7g}{53.96g} \right| \dfrac{m^3}{1,281kg} \left| \dfrac{100}{48} \right.$

$\times \left| \dfrac{10^3L}{1m^3} \right| \dfrac{10^3L}{1m^3} \left| \dfrac{1kg}{10^6mg} \right.$

$= 2,098.60 ≒ 2,100 L/day$

정답 ①

48 ★☆☆

바이오센서와 수질오염공정시험기준에서 독성평가에 사용되기도 하는 생물종으로 가장 가까운 것은?

① *Leptodora*   ② *Monia*
③ *Daphnia*   ④ *Alona*

해설

바이오센서와 수질오염공정시험기준에서 독성평가에 사용되기도 하는 생물종은 물벼룩(*Daphnia*)이다.

정답 ③

49 ★★☆

하수처리과정에서 염소소독과 자외선소독을 비교할 때 염소소독의 장 단점으로 틀린 것은?

① 암모니아의 첨가에 의해 결합잔류염소가 형성된다.
② 염소접촉조로부터 휘발성 유기물이 생성된다.
③ 처리수의 총용존고형물이 감소한다.
④ 처리수의 잔류독성이 탈염소과정에 의해 제거되어야 한다.

해설

염소소독은 처리 후 처리수의 총용존고형물이 증가하고, 하수의 염화물 함유량이 증가하는 단점이 있다.

관련이론 | 염소소독의 장·단점

소독제	염소(Cl_2)
장점	• 강한 소독력 • 잔류성이 강함
단점	• 발암물질인 THM 생성 • 처리수의 총용존고형물 증가 • 바이러스에 대한 사멸율 저조 • 염소접촉조로부터 휘발성 유기물 생성 • 처리수의 잔류독성이 탈염소과정에 의해 제거되어야 함

정답 ③

2020년

50 ★★☆

농도 5,500mg/L인 폭기조 활성슬러지 1L를 30분간 정치시킨 후 침강 슬러지의 부피가 45%를 차지하였을 때의 SDI는?

① 1.22
② 1.48
③ 1.61
④ 1.83

해설

SDI는 슬러지 밀도지표이고, SVI는 슬러지 용량지표이다.
SV(%)는 SV_{30}이라고도 하며, 용적 1L의 부피플라스크에 시료를 30분간 정체시킨 후의 침전슬러지량을 그 시료량에 대한 백분율로 표시한 것이다.

$$SVI = \frac{SV_{30}[\%]}{MLSS[mg/L]} \times 10^4$$

$$= \frac{45}{5,500} \times 10^4 = 81.81$$

SVI와 SDI의 관계를 보면 $SVI = \frac{100}{SDI}$이므로,

$$SDI[g/100mL] = \frac{100}{SVI} = \frac{100}{81.81} = 1.22$$

정답 ①

51 ★★★

침전지에서 입자의 침강 속도가 증대되는 원인이 아닌 것은?

① 입자 비중의 증가
② 액체 점성계수의 증가
③ 수온의 증가
④ 입자 직경의 증가

해설

액체의 점성계수가 감소할 때 침강속도는 증가한다.

정답 ②

52 ★★☆

음용수 중 철과 망간의 기준 농도에 맞추기 위한 그 제거 공정으로 알맞지 않은 것은?

① 포기에 의한 침전
② 생물학적 여과
③ 제올라이트 수착
④ 인산염에 의한 산화

해설

철과 망간의 제거 공정으로는 포기에 의한 침전, 생물학적 여과, 제올라이트법 외에 과망간산칼륨의 주입에 의한 산화법, 접촉산화법, 전해법, 이온교환법 등이 있다.

정답 ④

53 ★★★

하수처리방식 중 회전원판법에 관한 설명으로 가장 거리가 먼 것은?

① 활성슬러지법에 비해 2차 침전지에서 미세한 SS가 유출되기 쉽고, 처리수의 투명도가 나쁘다.
② 운전관리상 조작이 간단한 편이다.
③ 질산화가 거의 발생하지 않으며, pH 저하도 거의 없다.
④ 소비 전력량이 소규모 처리시설에서는 표준 활성 슬러지법에 비하여 적은 편이다.

해설

회전원판법은 질산화가 일어나기 쉬우며, pH가 저하되는 경우가 있다.

정답 ③

54 ★☆☆

활성탄 흡착단계를 설명한 것으로 가장 거리가 먼 것은?

① 흡착제 주위의 막을 통하여 피흡착제의 분자가 이동하는 단계
② 피흡착제의 극성에 의해 제타포텐셜(Zeta Potential)이 적용되는 단계
③ 흡착제 공극을 통하여 피흡착제가 확산하는 단계
④ 흡착이 되면서 흡착제와 피흡착제 사이에 결합이 일어나는 단계

해설

제타포텐셜은 응집과 관련된 분자간의 반발력이다.

관련이론 | 흡착의 메커니즘
• 1단계: 유기물질이 물을 통해 고액경계면까지 이동하는 단계
• 2단계: 유기물질이 흡착제의 공극을 통해 분산 확산하는 단계
• 3단계: 확산된 유기물질이 입자의 미세공극의 표면 위에 흡착되는 단계

정답 ②

55 ★★☆

2,000m³/day의 하수를 처리하는 하수 처리장의 1차 침전지에서 침전고형물이 0.4ton/day, 2차 침전지에서 0.3ton/day이 제거되며 이 때 각 고형물의 함수율은 98%, 99.5%이다. 체류시간을 3일로 하여 고형물을 농축시키려면 농축조의 크기(m³)는? (단, 고형물의 비중=1.0 가정)

① 80
② 240
③ 620
④ 1,860

해설

소화조의 용적($\forall$)=처리유량(Q)×체류시간(t)

• 1차 침전지의 슬러지 습량

$$Q_1[\text{m}^3/\text{day}]=\frac{400\text{kg}}{\text{day}}\bigg|\frac{100}{2}\bigg|\frac{\text{m}^3}{1,000\text{kg}}=20\text{m}^3/\text{day}$$

• 2차 침전지의 슬러지의 습량

$$Q_2[\text{m}^3/\text{day}]=\frac{300\text{kg}}{\text{day}}\bigg|\frac{100}{0.5}\bigg|\frac{\text{m}^3}{1,000\text{kg}}=60\text{m}^3/\text{day}$$

∴ 소화조의 용적($\forall$)=$(20+60)\text{m}^3/\text{day}×3\text{day}=240\text{m}^3$

정답 ②

56 ★★☆

포기조 유효용량이 1,000m³이고, 잉여슬러지 배출량이 25m³/day로 운전되는 활성슬러지 공정이 있다. 반송슬러지의 SS 농도(X_r)에 대한 MLSS 농도(X)의 비(X/X_r)가 0.25일 때 평균 미생물 체류시간(day)은? (단, 2차 침전지 유출수의 SS 농도는 무시)

① 7
② 8
③ 9
④ 10

해설

$$\text{SRT}=\frac{\forall \cdot X}{X_r \cdot Q_w}$$

$\forall=1,000\text{m}^3$

$Q_w=25\text{m}^3/\text{day}$

$\dfrac{X}{X_r}=0.25$

∴ $\text{SRT}=\dfrac{\forall \cdot X}{Q_w \cdot X_r}=\dfrac{1,000\text{m}^3}{}\bigg|\dfrac{\text{day}}{25\text{m}^3}\bigg|\dfrac{0.25}{}=10\text{day}$

정답 ④

57 ★★★

활성슬러지 공정을 사용하여 BOD 200mg/L의 하수 2,000m³/day를 BOD 30mg/L까지 처리하고자 한다. 포기조의 MLSS를 1,600mg/L로 유지하고, 체류시간을 8시간으로 하고자 할 때의 F/M 비(kg BOD/kg MLSS·day)는?

① 0.12
② 0.24
③ 0.38
④ 0.43

해설

$$\text{F/M}=\frac{\text{BOD}\cdot Q}{\forall \cdot X}=\frac{\text{BOD}}{t\cdot X}$$

$$\therefore \text{F/M}=\frac{200\text{mg}}{\text{L}}\bigg|\frac{\text{L}}{1,600\text{mg}}\bigg|\frac{}{8\text{hr}}\bigg|\frac{24\text{hr}}{1\text{day}}$$

$$=0.375≒0.38\text{kg BOD/kg MLSS·day}$$

정답 ③

58 ★★☆

9.0kg 글루코스(Glucose)로부터 발생 가능한 0℃, 1atm에서의 CH₄ 가스의 용적(L)은? (단, 혐기성 분해 기준)

① 3,160
② 3,360
③ 3,560
④ 3,760

해설

$$\underset{180\text{g}}{\text{C}_6\text{H}_{12}\text{O}_6} \rightarrow \underset{3×22.4\text{SL}}{3\text{CH}_4+3\text{CO}_2}$$

비례식으로 정리하면,

180g : 3×22.4SL=9,000g : X(SL)

∴ $X(=\text{CH}_4)=\dfrac{9,000×3×22.4}{180}=3,360\text{SL}$

정답 ②

59

★★☆

Monod 식을 이용한 세포의 비증식속도(hr^{-1})는? (단, 제한 기질농도=200mg/L, 1/2포화농도=50mg/L, 세포의 비증식속도 최대치=0.1hr^{-1})

① 0.08
② 0.12
③ 0.16
④ 0.24

해설

$$\mu = \mu_{\max} \times \frac{S}{K_s + S}$$
$$= 0.1 \times \frac{200}{50 + 200}$$
$$= 0.08 hr^{-1}$$

정답 ①

60

★★☆

폐수유량 1,000m^3/day, 고형물농도 2,700mg/L인 슬러지를 부상법에 의해 농축시키고자 한다. 압축탱크의 압력이 4기압이며 공기의 밀도 1.3g/L, 공기의 용해량 29.2cm^3/L일 때 air/solid비는? (단, f=0.5, 비순환방식 기준)

① 0.009
② 0.014
③ 0.019
④ 0.025

해설

$$A/S비 = \frac{1.3 S_a (f \cdot P - 1)}{SS} \times R \qquad (단, R = 1)$$
$$= \frac{1.3 \times 29.2 \times (0.5 \times 4 - 1)}{2,700}$$
$$= 0.014$$

정답 ②

수질오염공정시험기준

61

★★☆

웨어의 수두가 0.8m, 절단의 폭이 5m인 4각 웨어를 사용하여 유량을 측정하고자 한다. 유량계수가 1.6일 때 유량(m^3/day)은?

① 약 4,345
② 약 6,925
③ 약 8,245
④ 약 10,370

해설

$$Q[m^3/min] = K \cdot b \cdot h^{\frac{3}{2}}$$
· K : 유량계수
· b : 절단의 폭[m]
· h : 웨어의 수두[m]
$$Q[m^3/min]$$
$$= 1.6 \times 5 \times 0.8^{\frac{3}{2}} = 5.72 m^3/min$$
$$= 5.72 m^3/min \times 1,440 min/day \ (1day = 24hr = 1440min)$$
$$= 8,236.8 \fallingdotseq 8,245 m^3/day$$

정답 ③

62

★★★

수질오염공정시험기준에 의해 분석할 시료를 채수 후 측정시간이 지연될 경우 시료를 보존하기 위해 4℃에 보관하고, 염산으로 pH를 5~9 정도로 유지하여야 하는 항목은?

① 부유물질
② 망간
③ 알킬수은
④ 유기인

해설

4℃에 보관, 염산으로 pH를 5~9 정도로 유지하여야 하는 항목은 유기인과 PCB이다.

정답 ④

63 ★☆☆

수은을 냉증기 – 원자흡수분광광도법으로 측정할 때 유리염소를 환원시키기 위해 사용하는 시약과 잔류하는 염소를 통기시켜 추출하기 위해 사용하는 가스는?

① 염산하이드록실아민, 질소
② 염산하이드록실아민, 수소
③ 과망간산칼륨, 질소
④ 과망간산칼륨, 수소

해설

시료 중 염화물이온이 다량 함유된 경우에는 산화 조작 시 유리염소를 발생하여 253.7nm에서 흡광도를 나타낸다. 이 때는 염산하이드록실아민 용액을 과잉으로 넣어 유리염소를 환원시키고 용기 중에 잔류하는 염소는 질소 가스를 통기시켜 추출한다.

정답 ①

64 ★★☆

자외선/가시선분광법의 이론적 기초가 되는 Lambert-Beer의 법칙을 나타낸 것은? (단, I_0: 입사광의 강도, I_t: 투사광의 강도, C: 농도, ℓ : 빛의 투과거리, ε: 흡광계수)

① $I_t = I_0 \cdot 10^{-\varepsilon C \ell}$
② $I_t = I_0 \cdot (-\varepsilon C \ell)$
③ $I_t = I_0 / (10^{-\varepsilon C \ell})$
④ $I_t = I_0 / -\varepsilon C \ell$

해설

Lambert-Beer의 법칙은 다음과 같다.
$I_t = I_0 \cdot 10^{-\varepsilon C \ell}$

정답 ①

65 ★☆☆

산성과망간산칼륨법에 의한 화학적산소요구량 측정 시 황산은(Ag_2SO_4)을 첨가하는 이유는?

① 발색조건을 균일하게 하기 위해서
② 염소이온의 방해를 억제하기 위해서
③ pH 조절하여 종말점을 분명하게 하기 위해서
④ 과망간산칼륨의 산화력을 증가시키기 위해서

해설

염소이온은 과광간산에 의해 정량적으로 산화되어 양의 오차를 유발하므로 황산은을 첨가하여 염소이온의 간섭을 제거한다.

정답 ②

66 ★☆☆

유량계 중 최대유량/최소유량 비가 가장 큰 것은?

① 벤튜리미터
② 오리피스
③ 자기식 우량측정기
④ 피토우관

관련이론 | 유량계에 따른 정밀/정확도 및 최대유량과 최소유량의 비율

유량계	범위 (최대유량: 최소유량)	정확도 (실제유량에 대한 %)	정밀도 (최대유량에 대한 %)
벤튜리미터 (Venturi Meter)	4 : 1	±1	±0.5
유량측정용 노즐 (Nozzle)	4 : 1	±0.3	±0.5
오리피스 (Orifice)	4 : 1	±1	±1
피토우(Pitot)관	3 : 1	±3	±1
자기식 유량측정기 (Magnetic Flow Meter)	10 : 1	±1~2	±0.5

정답 ③

67 ★☆☆

정량한계(LOQ)를 옳게 표시한 것은?

① 정량한계＝3×표준편차
② 정량한계＝3.3×표준편차
③ 정량한계＝5×표준편차
④ 정량한계＝10×표준편차

해설

정량한계(LOQ, Limit Of Quantification)란 시험 분석 대상을 정량화할 수 있는 측정값으로서, 제시된 정량한계 부근의 농도를 포함하도록 시료를 준비하고 이를 반복 측정하여 얻은 결과의 표준편차(s)에 10배 한 값을 사용한다.

정량한계＝$10 \times s$

정답 ④

68 ★★☆

노말헥산추출물질 분석에 관한 설명으로 틀린 것은?

① 시료를 pH 4 이하의 산성으로 하여 노말헥산층에 용해되는 물질을 노말헥산으로 추출한다.
② 폐수 중의 비교적 휘발되지 않는 탄화수소, 탄화수소유도체, 그리스유상물질 및 광유류가 노말헥산층에 용해되는 성질을 이용한 방법으로 통상 유분의 성분별 선택적 정량이 곤란하다.
③ 광유류의 양을 시험하고자 할 경우에는 활성규산마그네슘 컬럼으로 광유류를 흡착한 후 추출한다.
④ 지표수, 지하수, 폐수 등에 적용할 수 있으며, 정량한계는 0.5mg/L이다.

해설

광유류의 양을 시험하고자 할 경우에는 활성규산마그네슘 컬럼을 이용하여 동식물유지류를 흡착, 제거한다.

정답 ③

69 ★★☆

자외선/가시선 분광법에 의한 페놀류 시험방법에 대한 설명으로 틀린 것은?

① 정량한계는 클로로폼 추출법일 때 0.005mg/L, 직접 측정법일 때 0.05mg/L이다.
② 완충액을 시료에 가하여 pH 10으로 조절한다.
③ 붉은색의 안티피린계 색소의 흡광도를 측정한다.
④ 흡광도를 측정하는 방법으로 수용액에서는 460nm, 클로로폼 용액에서는 510nm에서 측정한다.

해설

4-아미노안티피린과 헥사시안화철(Ⅱ)산칼륨을 넣어 생성된 붉은색의 안티피린계 색소의 흡광도를 측정하는 방법으로 수용액에서는 510nm, 클로로폼 용액에서는 460nm에서 측정한다.

정답 ④

70 ★★☆

0.1M $KMnO_4$ 용액을 용액층의 두께가 10mm 되도록 용기에 넣고 5,400Å의 빛을 비추었을 때 그 30%가 투과되었다. 같은 조건하에서 40%의 빛을 흡수하는 $KMnO_4$용액 농도(M)는?

① 0.02 ② 0.03
③ 0.04 ④ 0.05

해설

흡광도(A)는 투과도(t) 역수의 대수로 나타낼 수 있다.

$$A = \log \frac{1}{t} = \log \frac{1}{I_t/I_0} = \varepsilon C l$$

$$\log \frac{1}{0.3} : 0.1M = \log \frac{1}{0.6} : X(M)$$

$$\therefore X = 0.04M$$

정답 ③

71 ★★☆

막여과법에 의한 총대장균군 시험의 분석절차에 대한 설명으로 틀린 것은?

① 멸균된 핀셋으로 여과막을 눈금이 위로 가게 하여 여과장치의 지지대 위에 올려 놓은 후 막여과장치의 깔때기를 조심스럽게 부착시킨다.

② 페트리접시에 20~80개의 세균 집락을 형성하도록 시료를 여과관 상부에 주입하면서 흡인여과하고 멸균수 20~30mL로 씻어준다.

③ 여과하여야 할 예상 시료량이 10mL보다 적을 경우에는 멸균된 희석액으로 희석하여 여과하여야 한다.

④ 총대장균군수를 예측할 수 없는 경우에는 여과량을 달리하여 여러 개의 시료를 분석하고 한 여과 표면위의 모든 형태의 집락수가 200개 이상의 집락이 형성되도록 하여야 한다.

해설
총대장균군수를 예측할 수 없을 경우에는 여과량을 달리하여 여러 개의 시료를 분석하고 한 여과 표면 위의 모든 형태의 집락수가 200개 이상의 집락이 형성되지 않도록 하여야 한다.

정답 ④

72 ★★★

시료채취 시 유의사항으로 틀린 것은?

① 유류 또는 부유물질 등이 함유된 시료는 시료의 균일성이 유지될 수 있도록 채취해야 하며 침전물 등이 부상하여 혼입되어서는 안 된다.

② 퍼클로레이트를 측정하기 위한 시료를 채취할 때 시료의 공기접촉이 없도록 시료병에 가득 채운다.

③ 시료채취량은 시험항목 및 시험횟수에 따라 차이가 있으나 보통 3~5L 정도이어야 한다.

④ 휘발성유기화합물 분석용 시료를 채취할 때에는 뚜껑의 격막을 만지지 않도록 주의하여야 한다.

해설
퍼클로레이트를 측정하기 위한 시료채취 시 시료 용기를 질산 및 정제수로 씻은 후 사용하며, 시료채취 시 시료병의 2/3를 채운다.

정답 ②

73 ★★☆

금속성분을 측정하기 위한 시료의 전처리 방법 중 유기물을 다량 함유하고 있으면서 산분해가 어려운 시료에 적용되는 방법은?

① 질산 - 염산에 의한 분해

② 질산 - 불화수소산에 의한 분해

③ 질산 - 과염소산에 의한 분해

④ 질산 - 과염소산 - 불화수소산에 의한 분해

관련이론 | 전처리 방법

전처리 방법	적용 시료
질산법	유기 함량이 비교적 높지 않은 시료의 전처리에 적용된다.
질산 - 염산법	유기물 함량이 비교적 높지 않고 금속의 수산화물, 산화물, 인산염 및 황화물을 함유하고 있는 시료에 적용된다.
질산 - 황산법	유기물 등을 많이 함유하고 있는 대부분의 시료에 적용된다.
질산 - 과염소산법	유기물을 다량 함유하고 있으면서 산분해가 어려운 시료에 적용된다.
질산 - 과염소산 - 불화수소산법	다량의 점토질 또는 규산염을 함유한 시료에 적용된다.

정답 ③

74 ★☆☆

기체크로마토그래프법을 이용한 유기인 측정에 관한 내용으로 틀린 것은?

① 크로마토그램을 작성하여 나타난 피이크의 유지시간에 따라 각 성분의 농도를 정량한다.
② 유기인 화합물 중 이피엔, 파라티온, 메틸디메톤, 다이아지논 및 펜토에이트 측정에 적용한다.
③ 불꽃광도검출기 또는 질소인 검출기를 사용한다.
④ 운반기체는 질소 또는 헬륨을 사용하며 유량은 0.5mL/min~3mL/min을 사용한다.

해설
크로마토그램을 작성하여 나타난 피이크의 유지시간에 따라 각 성분을 확인하고, 피이크의 높이 또는 면적을 측정하여 유기인을 정량한다.

관련이론 | 기체크로마토그래프법을 이용한 유기인 측정
물속에 존재하는 유기계 농약성분 중 다이아지논, 파라티온, 이피엔, 메틸디메톤 및 펜토에이트를 측정하기 위한 것으로, 채수한 시료를 헥산으로 추출하여 필요시 실리카겔 또는 플로리실 컬럼을 통과시켜 정제한다. 이 액을 농축시켜 기체크로마토그래프에 주입하고 크로마토그램을 작성하여 유기인을 확인하고 정량하는 방법이다.

정답 ①

75 ★★☆

수산화나트륨(NaOH) 10g을 물에 녹여서 500mL로 하였을 경우 용액의 농도(N)는?

① 0.25
② 0.5
③ 0.75
④ 1.0

해설
$$X[\text{eq/L}] = \frac{10\text{g}}{0.5\text{L}} \left| \frac{1\text{eq}}{40\text{g}} = 0.5\text{eq/L} \right.$$

정답 ②

76 ★★☆

금속류-유도결합플라스마-원자발광분광법의 간섭물질 중 발생가능성이 가장 낮은 것은?

① 물리적 간섭
② 이온화 간섭
③ 분광 간섭
④ 화학적 간섭

해설
금속류 – 유도결합플라스마 – 원자발광분광법은 물리적 간섭, 이온화 간섭, 분광 간섭이 발생한다. 화학적 간섭은 플라스마의 높은 온도와 비활성으로 발생가능성은 낮으나, 출력이 낮은 경우 일부 발생할 수 있다.

정답 ④

77 ★★☆

다이페닐카바자이드와 반응하여 생성하는 적자색 착화합물의 흡광도를 540nm에서 측정하는 중금속은?

① 6가 크롬
② 인산염인
③ 구리
④ 총인

해설
6가 크롬과 다이페닐카바자이드(DPC)가 반응을 하면 킬레이트 결합이 이루어지면서 착물이 형성되고 그 착물이 540nm의 파장의 빛을 흡광할 수 있게 된다.

정답 ①

78 ★★★

총칙 중 관련 용어의 정의로 틀린 것은?

① 용기: 시험에 관련된 물질을 보호하고 이물질이 들어가는 것을 방지할 수 있는 것을 뜻한다.

② 바탕시험을 하여 보정한다: 시료에 대한 처리 및 측정을 할 때, 시료를 사용하지 않고 정제수를 이용하여 같은 방법으로 측정한 분석값을 시료의 분석값에서 빼는 것을 뜻한다.

③ 정확히 취하여: 규정한 양의 액체를 부피피펫으로 눈금까지 취하는 것을 말한다.

④ 정밀히 단다: 규정된 양의 시료를 취하여 화학저울 또는 미량저울로 칭량함을 말한다.

해설

"용기"라 함은 시험용액 또는 시험에 관계된 물질을 보존, 운반 또는 조작하기 위하여 넣어두는 것으로 시험에 지장을 주지 않도록 깨끗한 것을 뜻한다.

정답 ①

79 ★☆☆

정도관리 요소 중 정밀도를 옳게 나타낸 것은?

① 정밀도(%)=(연속적으로 n회 측정한 결과의 평균값/표준편차)×100

② 정밀도(%)=(표준편차/연속적으로 n회 측정한 결과의 평균값)×100

③ 정밀도(%)=(상대편차/연속적으로 n회 측정한 결과의 평균값)×100

④ 정밀도(%)=(연속적으로 n회 측정한 결과의 평균값/상대편차)×100

해설

정밀도는 시험분석 결과의 반복성을 나타내는 것으로 반복시험하여 얻은 결과를 상대표준편차로 나타내며, 연속적으로 n회 측정한 결과의 평균값($\bar{x}$)과 표준편차(s)로 구한다.

$$정밀도(\%)=\frac{s}{\bar{x}}\times100$$

정답 ②

80 ★★☆

예상 BOD치에 대한 사전경험이 없을 때 오염 정도가 심한 공장폐수의 희석배율(%)은?

① 25~100   ② 5~25

③ 1~5   ④ 0.1~1.0

해설

예상 BOD값에 대한 사전경험이 없을 때 다음과 같이 희석하여 시료를 조제한다.

• 오염 정도가 심한 공장폐수: 시료를 0.1~1.0% 넣는다.
• 처리하지 않은 공장폐수와 침전된 하수: 시료를 1~5% 넣는다.
• 처리하여 방류된 공장폐수: 시료를 5~25% 넣는다.
• 오염된 하천수: 시료를 25~100% 넣는다.

정답 ④

確

수질환경관계법규

81 ★★☆

공공수역의 물환경 보전을 위하여 고랭지 경작지에 대한 경작방법을 권고할 수 있는 기준(환경부령으로 정함)이 되는 해발고도와 경사도는?

① 300m 이상, 10% 이상
② 300m 이상, 15% 이상
③ 400m 이상, 10% 이상
④ 400m 이상, 15% 이상

해설

「법 제59조」
「시행규칙 제85조」
"환경부령으로 정하는 해발고도"란 해발 400미터를 말하고, "환경부령으로 정하는 경사도"란 경사도 15퍼센트를 말한다.

정답 ④

82 ★★★

물환경보전법령상 용어 정의가 틀린 것은?

① 폐수: 물에 액체성 또는 고체성의 수질오염물질이 섞여 있어 그대로는 사용할 수 없는 물
② 수질오염물질: 사람의 건강, 재산이나 동, 식물 생육에 위해를 줄 수 있는 물질로 환경부령으로 정하는 것
③ 강우유출수: 비점오염원의 수질오염물질이 섞여 유출되는 빗물 또는 눈 녹은 물 등
④ 기타수질오염원: 점오염원 및 비점오염원으로 관리되지 아니하는 수질오염물질을 배출하는 시설 또는 장소로서 환경부령으로 정하는 것

해설

「법 제2조」
"수질오염물질"이란 수질오염의 요인이 되는 물질로서 환경부령으로 정하는 것을 말한다.

정답 ②

83 ★★☆

수질오염경보의 종류별·경보단계별 조치사항 중 상수원 구간에서 조류경보의 [관심] 단계일 때 유역·지방 환경청장의 조치사항인 것은?

① 관심경보 발령
② 대중매체를 통한 홍보
③ 조류 제거 조치 실시
④ 시험분석 결과를 발령기관으로 통보

해설

「시행령 별표 4」
조류경보 발령 시 관심단계 조치사항

단계	관계 기관	조치사항
관심	유역·지방 환경청장	· 관심경보 발령 · 주변 오염원에 대한 지도·단속

정답 ①

84 ★★★

위임업무 보고사항 중 보고 횟수가 연 1회에 해당되는 것은?

① 기타 수질오염원 현황
② 폐수위탁·사업장 내 처리현황 및 처리실적
③ 과징금 징수 실적 및 체납처분 현황
④ 폐수처리업에 대한 허가·지도단속실적 및 처리실적 현황

해설

「시행규칙 별표 23」
위임업무 보고사항

· 기타 수질오염원 현황(연 2회)
· 폐수위탁·사업장 내 처리현황 및 처리실적(연 1회)
· 과징금 징수 실적 및 체납처분 현황(연 2회)
· 폐수처리업에 대한 허가·지도단속실적 및 처리실적 현황(연 2회)

정답 ②

85 ★★☆

초과배출부과금의 부과 대상이 되는 오염물질의 종류에 포함되지 않은 것은?

① 페놀류
② 테트라클로로에틸렌
③ 망간 및 그 화합물
④ 플루오르(불소)화합물

해설

「시행령 제46조」
초과배출부과금 부과 대상 수질 오염물질의 종류

- 유기물질
- 부유물질
- 카드뮴 및 그 화합물
- 시안화합물
- 유기인화합물
- 납 및 그 화합물
- 6가크롬화합물
- 비소 및 그 화합물
- 수은 및 그 화합물
- 폴리염화비페닐[polychlorinated biphenyl]
- 구리 및 그 화합물
- 크롬 및 그 화합물
- 트리클로로에틸렌
- 테트라클로로에틸렌
- 망간 및 그 화합물
- 아연 및 그 화합물
- 총 질소
- 총 인
- 페놀류

정답 ④

86 ★☆☆

농약사용제한 규정에 대한 설명으로 (　)에 들어갈 기간은?

> 시·도지사는 골프장의 농약사용제한 규정에 따라 골프장의 맹독성·고독성 농약의 사용여부를 확인하기 위하여 (　　) 마다 골프장별로 농약사용량을 조사하고 농약잔류량을 검사하여야 한다.

① 한 달
② 분기
③ 반기
④ 1년

해설

「시행규칙 제89조」
시·도지사는 골프장의 농약사용제한 규정에 따라 골프장의 맹독성·고독성 농약의 사용여부를 확인하기 위하여 반기마다 골프장별로 농약사용량을 조사하고 농약잔류량을 검사하여야 한다.

정답 ③

87 ★★☆

낚시제한구역에서 과태료 처분을 받는 행위에 속하지 않은 것은?

① 1명당 4대 이상의 낚싯대를 사용하는 행위
② 낚싯바늘에 떡밥을 뭉쳐서 미끼로 던지는 행위
③ 고기를 잡기 위하여 폭발물을 이용하는 행위
④ 낚시어선업을 영위하는 행위

해설

「시행규칙 제30조」
낚시제한구역에서의 제한사항

- 낚싯바늘에 끼워서 사용하지 아니하고 물고기를 유인하기 위하여 떡밥·어분 등을 던지는 행위
- 어선을 이용한 낚시행위 등 「낚시 관리 및 육성법」에 따른 낚시어선업을 영위하는 행위
- 1명당 4대 이상의 낚싯대를 사용하는 행위
- 1개의 낚싯대에 5개 이상의 낚싯바늘을 떡밥과 뭉쳐서 미끼로 던지는 행위
- 쓰레기를 버리거나 취사행위를 하거나 화장실이 아닌 곳에서 대·소변을 보는 등 수질오염을 일으킬 우려가 있는 행위
- 고기를 잡기 위하여 폭발물·배터리·어망 등을 이용하는 행위

정답 ②

88 ★★☆

폐수처리방법이 생물화학적 처리방법인 경우 환경부령으로 정하는 시운전 기간은? (단, 가동시작일은 5월 1일이다.)

① 가동시작일부터 30일
② 가동시작일부터 50일
③ 가동시작일부터 70일
④ 가동시작일부터 90일

해설

「시행규칙 제47조」
시운전 기간

- 폐수처리방법이 생물화학적 처리방법인 경우: 가동시작일부터 50일 (가동시작일기 11월 1일부터 다음 연도 1월 31일까지에 해당하는 경우: 가동시작일부터 70일)
- 폐수처리방법이 물리적 또는 화학적 처리방법인 경우: 가동시작일부터 30일

정답 ②

89 ★☆☆

비점오염원관리지역의 지정기준으로 틀린 것은?

① 환경기준에 미달하는 하천으로 유달부하량 중 비점오염 기여율이 30% 이상인 지역

② 비점오염물질에 의하여 자연생태계에 중대한 위해가 발생되거나 발생될 것으로 예상되는 지역

③ 인구 100만명 이상인 도시로서 비점오염원 관리가 필요한 지역

④ 지질이나 지층 구조가 특이하여 특별한 관리가 필요하다고 인정되는 지역

해설
「시행령 제76조」
비점오염원관리지역의 지정기준
· 환경기준에 미달하는 하천으로 유달부하량 중 비점오염원 기여율이 50% 이상인 지역
· 비점오염물질에 의하여 자연생태계에 중대한 위해가 발생되거나 발생될 것으로 예상되는 지역
· 국가산업단지, 일반산업단지로 지정된 지역으로 비점오염원 관리가 필요한 지역
· 지질이나 지층 구조가 특이하여 특별한 관리가 필요하다고 인정되는 지역

정답 ①
※ ③번 내용은 2022년 7월부로 삭제된 내용임.

90 ★★★

수질오염방지시설 중 물리적 처리시설이 아닌 것은?

① 혼합시설   ② 침전물 개량시설
③ 응집시설   ④ 유수분리시설

해설
「시행규칙 별표 5」
침전물 개량시설은 화학적 처리시설이다.

정답 ②

91 ★☆☆

폐수처리업자의 준수사항으로 틀린 것은?

① 증발농축시설, 건조시설, 소각시설의 대기오염물질 농도를 매월 1회 자가측정하여야 하며, 분기마다 악취에 대한 자가측정을 실시하여야 한다.

② 처리 후 발생하는 슬러지의 수분 함량은 85% 이하이여야 한다.

③ 수탁한 폐수는 정당한 사유 없이 5일 이상 보관할 수 없으며 보관폐수의 전체량이 저장시설 저장능력의 80% 이상 되게 보관하여서는 아니 된다.

④ 기술인력을 그 해당 분야에 종사하도록 하여야 하며, 폐수처리시설을 16시간 이상 가동할 경우에는 해당 처리시설의 현장근무 2년 이상의 경력자를 작업현장에 책임 근무 하도록 하여야 한다.

해설
「시행규칙 별표 21」
수탁한 폐수는 정당한 사유 없이 10일 이상 보관할 수 없으며 보관폐수의 전체량이 저장시설 저장능력의 90% 이상 되게 보관하여서는 아니 된다.

정답 ③

92 ★★☆

비점오염저감시설의 시설유형별 기준에서 자연형 시설이 아닌 것은?

① 저류시설   ② 인공습지
③ 여과형 시설   ④ 식생형 시설

해설
「시행규칙 별표 17」
자연형 시설
· 저류시설
· 인공습지
· 침투시설
· 식생형 시설

정답 ③

93 ★★☆

배출부과금 부과 시 고려사항이 아닌 것은? (단, 환경부령으로 정하는 사항은 제외한다.)

① 배출허용기준 초과 여부
② 배출되는 수질오염물질의 종류
③ 수질오염물질의 배출기간
④ 수질오염물질의 위해성

해설

「법 제41조」

배출부과금을 부과할 때 고려하여야 하는 사항

· 배출허용기준 초과 여부
· 배출되는 수질오염물질의 종류
· 수질오염물질의 배출기간
· 수질오염물질의 배출량
· 자가측정 여부

정답 ④

94 ★★☆

측정기기의 부착 대상 및 종류 중 부대시설에 해당되는 것으로 옳게 짝지은 것은?

① 자동시료채취기, 자료수집기
② 자동측정분석기기, 자동시료채취기
③ 용수적산유량계, 적산전력계
④ 하수, 폐수적산유량계, 적산전력계

해설

「시행령 별표 7」

측정기기의 부착 대상 및 종류 중 부대시설의 종류

· 자동시료채취기
· 자료수집기

정답 ①

95 ★☆☆

중점관리 저수지의 지정 기준으로 옳은 것은?

① 총저수용량이 1백만 m^3 이상인 저수지
② 총저수용량이 1천만 m^3 이상인 저수지
③ 총저수용량이 1백만 m^2 이상인 저수지
④ 총저수용량이 1천만 m^2 이상인 저수지

해설

「법 제31조의2」

중점관리 저수지의 지정 기준

· 총저수용량이 1천만m^3 이상인 저수지
· 오염 정도가 대통령령으로 정하는 기준을 초과하는 저수지
· 그 밖에 환경부장관이 상수원 등 해당 수계의 수질보전을 위하여 필요하다고 인정하는 경우

정답 ②

96 ★☆☆

오염총량관리시행계획에 포함되어야 하는 사항으로 가장 거리가 먼 것은?

① 오염원 현황 및 예측
② 오염도 조사 및 오염부하량 산정방법
③ 연차별 오염부하량 삭감 목표 및 구체적 삭감 방안
④ 수질예측 산정자료 및 이행 모니터링 계획

해설

「시행령 제6조」

오염총량관리시행계획을 수립할 때 포함하여야 하는 사항

· 오염총량관리시행계획 대상 유역의 현황
· 오염원 현황 및 예측
· 연차별 지역 개발계획으로 인하여 추가로 배출되는 오염부하량 및 해당 개발계획의 세부 내용
· 연차별 오염부하량 삭감 목표 및 구체적 삭감 방안
· 오염부하량 할당 시설별 삭감량 및 그 이행 시기
· 수질예측 산정자료 및 이행 모니터링 계획

정답 ②

97 ★★☆

수질 및 수생태계 환경기준 중 하천의 사람의 건강보호 기준항목인 6가 크롬 기준(mg/L)으로 옳은 것은?

① 0.01 이하   ② 0.02 이하

③ 0.05 이하   ④ 0.08 이하

해설

「환경정책기본법 시행령 별표 1」
수질 및 수생태계 환경기준 중 하천의 사람의 건강보호 기준항목인 6가 크롬의 기준값은 0.05mg/L 이하이다.

정답 ③

98 ★★☆

초과부과금의 산정에 필요한 수질오염물질과 1킬로그램당 부과금액이 옳게 연결된 것은?

① 유기물질 – 500원   ② 총질소 – 30,000원

③ 페놀류 – 50,000원   ④ 유기인화합물 – 150,000원

해설

「시행령 별표 14」
수질오염물질 1킬로그램당 부과 금액
• 유기물질(250원)
• 총 질소(500원)
• 페놀류(150,000원)
• 유기인화합물(150,000원)

정답 ④

99 ★☆☆

오염총량관리지역의 수계 이용상황 및 수질상태 등을 고려하여 대통령령이 정하는 바에 따라 수계 구간별로 오염총량관리의 목표가 되는 수질을 정하여 고시하여야 하는 자는?

① 대통령   ② 환경부장관

③ 특별 및 광역 시장   ④ 도지사 및 군수

해설

「법 제4조의2」
환경부장관은 수계 이용상황 및 수질상태 등을 고려하여 대통령령으로 정하는 바에 따라 수계 구간별로 오염총량관리의 목표가 되는 수질을 정하여 고시하여야 한다.

정답 ②

100 ★★☆

폐수처리 시 희석처리를 인정받고자 하는 자가 이를 입증하기 위해 시·도지사에게 제출하여야 하는 사항이 아닌 것은?

① 처리하려는 폐수의 농도 및 특성

② 희석처리의 불가피성

③ 희석배율 및 희석량

④ 희석처리 시 환경에 미치는 영향

해설

「시행규칙 제48조」
오염물질 희석처리의 인정을 받으려는 자가 시·도지사에게 제출하여야 하는 서류
• 처리하려는 폐수의 농도 및 특성
• 희석처리의 불가피성
• 희석배율 및 희석량

정답 ④

수질오염개론

01 ★★★

물의 물리적 특성으로 가장 거리가 먼 것은?

① 물의 표면장력이 낮을수록 세탁물의 세정효과가 증가한다.
② 물이 얼면 액체상태보다 밀도가 커진다.
③ 물의 융해열은 다른 액체보다 높은 편이다.
④ 물의 여러 가지 특성은 물 분자의 수소결합 때문에 나타난다.

해설
물이 얼면 액체상태보다 밀도가 작아져서 물 위에 뜬다.

정답 ②

02 ★★☆

DO 포화농도가 8mg/L인 하천에서 $t=0$일 때 DO가 5mg/L이라면 6일 유하했을 때의 DO 부족량(mg/L)은? (단, BOD_u =20mg/L, K_1=0.1day^{-1}, K_2=0.2day^{-1}, 상용대수)

① 약 2
② 약 3
③ 약 4
④ 약 5

해설
DO 부족량 공식을 이용한다.

$$D_t = \frac{L_0 \cdot K_1}{K_2 - K_1}(10^{-K_1 t} - 10^{-K_2 t}) + D_0 \times 10^{-K_2 t}$$
$$= \frac{20 \times 0.1}{0.2 - 0.1}(10^{-0.1 \times 6} - 10^{-0.2 \times 6}) + (8-5) \times 10^{-0.2 \times 6}$$
$$= 3.95 = 4\text{mg/L}$$

정답 ③

03 ★★★

생체 내에 필수적인 금속으로 결핍 시에는 인슐린의 저하를 일으킬 수 있는 유해물질은?

① Cd
② Mn
③ CN
④ Cr

해설
크롬은 피혁, 합금 제조업, 크롬 도금공업, 화학공업(안료, 촉매, 방청제), 금속제품 저조업 등에서 배출되며, 생체 내에 필수적인 금속으로, 결핍 시 인슐린의 저하로 인해 탄수화물의 대사 장애를 일으킨다.

정답 ④

04 ★★☆

지구상의 담수 중 차지하는 비율이 가장 큰 것은?

① 빙하 및 빙산
② 하천수
③ 지하수
④ 수증기

해설
담수 중 가장 많은 양을 차지하는 것은 빙하나 극지방의 얼음이다.

관련이론 | 지구상에 분포하는 수량의 비율
해수(97.2%) > 빙하(2.15%) > 지하수(0.62%) > 담수호(0.009%) > 염수호(0.008%) > 토양수(0.005%) > 대기(0.001%) > 하천수(0.00009%)

정답 ①

05 ★☆☆

생물학적 변환(생분해)을 통한 유기물의 환경에서의 거동 또는 처리에 관한 내용으로 옳지 않은 것은?

① 케톤은 알데하이드보다 분해되기 어렵다.
② 다환 방향족 탄화수소의 고리가 3개 이상이면 생분해가 어렵다.
③ 포화지방족 화합물은 불포화지방족 화합물(이중결합)보다 쉽게 분해된다.
④ 벤젠고리에 첨가된 염소나 나이트로기의 수가 증가할수록 생분해에 대한 저항이 크고 독성이 강해진다.

해설
불포화지방족 화합물이 포화지방족 화합물보다 반응성이 커서 쉽게 분해된다.

정답 ③

06 ★★☆

$Na^+=360mg/L$, $Ca^{2+}=80mg/L$, $Mg^{2+}=96mg/L$인 농업용수의 SAR 값은? (단, 원자량: Na=23, Ca=40, Mg=24)

① 약 4.8
② 약 6.4
③ 약 8.2
④ 약 10.6

해설

$$SAR = \frac{Na^+}{\sqrt{\dfrac{Ca^{2+}+Mg^{2+}}{2}}}$$ (단, 이온 농도의 단위는 meq/L이다.)

· Na^+: 나트륨의 농도
$$Na^+ = \frac{360mg}{L}\left|\frac{1meq}{23mg}\right. = 15.65meq/L$$

· Ca^{2+}: 칼슘의 농도
$$Ca^{2+} = \frac{80mg}{L}\left|\frac{2meq}{40mg}\right. = 4meq/L$$

· Mg^{2+}: 마그네슘의 농도
$$Mg^{2+} = \frac{96mg}{L}\left|\frac{2meq}{24mg}\right. = 8meq/L$$

$$\therefore SAR = \frac{15.65}{\sqrt{\dfrac{4+8}{2}}} = 6.39 ≒ 6.4$$

정답 ②

07 ★☆☆

생물학적 오탁지표들에 대한 설명으로 틀린 것은?

① BIP(Biological Index of Pollution): 현미경적 생물을 대상으로 전생물 수에 대한 동물성 생물수의 백분율을 나타낸 것으로 값이 클수록 오염이 심하다.
② BI(Biotix Index): 육안적 동물을 대상으로 전생물 수에 대한 청수성 및 광범위 출현 미생물의 백분율을 나타낸 것으로, 값이 클수록 깨끗한 물로 판정된다.
③ TSI(Trophic State Index): 투명도에 대한 부영양화지수와 투명도 - 클로로필농도의 상관관계에 의한 부영양화지수, 클로로필 농도 - 총인의 상관관계를 이용한 부영양화 지수가 있다.
④ SDI(Species Diversity Index): 종의 수와 개체수의 비로 물의 오염도를 나타내는 지표로 값이 클수록 종의 수는 적고 개체수는 많다.

해설
종다양성지수(SDI, Species Diversity Index)
SDI는 (종의 수-1)/log(개체수)의 식에 의하여 구할 수 있으며, 값이 작을수록, 하천의 오염도가 심할수록 종의 수는 적고 개체수는 많다.

정답 ④

08 ★☆☆

콜로이드 입자가 분산매 분자들과 충돌하여 불규칙하게 움직이는 현상은?

① 투석현상(Dialysis)
② 틴들현상(Tyndall)
③ 브라운운동(Brown motion)
④ 반발력(Zeta potential)

해설
브라운 운동은 콜로이드 입자의 대표 특성으로, 콜로이드 입자가 분산매 분자들과 충돌하여 불규칙하게 움직이는 현상이다.

정답 ③

09 ★★☆

수질분석결과 Na$^+$=10mg/L, Ca^{2+}=20mg/L, Mg^{2+}=24 mg/L, Sr^{2+}=2.2mg/L일 때 총경도(mg/L as CaCO$_3$)는? (단, 원자량: Na=23, Ca=40, Mg=24, Sr=87.6)

① 112.5   ② 132.5

③ 152.5   ④ 172.5

해설

경도 유발물질은 Fe^{2+}, Mg^{2+}, Ca^{2+}, Mn^{2+}, Sr^{2+}이다.

$$TH = \sum \left(Mc^{2+} \times \frac{50}{Eq} \right)$$

$$= 20mg/L \times \frac{50}{\frac{40}{2}} + 24mg/L \times \frac{50}{\frac{24}{2}} + 2.2mg/L \times \frac{50}{\frac{87.6}{2}}$$

$$= 152.51 ≒ 152.5mg/L \text{ as } CaCO_3$$

정답 ③

10 ★★★

호수 내의 성층현상에 관한 설명으로 가장 거리가 먼 것은?

① 여름성층의 연직 온도경사는 분자확산에 의한 DO구배와 같은 모양이다.

② 성층의 구분 중 약층(Thermocline)은 수심에 따른 수온변화가 적다.

③ 겨울성층은 표층수 냉각에 의한 성층이어서 역성층이라고도 한다.

④ 전도현상은 가을과 봄에 일어나며 수괴의 연직혼합이 왕성하다.

해설

성층의 구분 중 약층(Thermocline)은 수심에 따른 수온변화가 크다.

관련이론 | Thermocline(수온약층)

Thermocline(수온약층)은 수심에 따른 수온이 크게 변한다고 붙여진 이름이다. 또한 약층 또는 순환층과 정체층의 중간이라 하여 '중간층'이라고도 하며, 수온이 수심 1m당 최대 ±0.9℃ 이상 변화하기 때문에 변온층 또한 변수층이라고도 한다. 따라서 깊이에 따른 수온차이는 표층수에 비해 매우 크다.

정답 ②

11 ★☆☆

다음에 기술한 반응식에 관여하는 미생물 중에서 전자수용체가 다른 것은?

① $H_2S + 2O_2 \rightarrow H_2SO_4$

② $2NH_3 + 3O_2 \rightarrow 2HNO_2^- + 2H_2O$

③ $NO_3^- \rightarrow N_2$

④ $Fe^{2+} + O_2 \rightarrow Fe^{3+}$

해설

전자수용체란 산화-환원 반응에서 전자 또는 수소를 받는 것을 의미하며, NO$_3^-$는 미생물에 의한 탈질과정을 통해 산소를 내어 놓게 된다. 따라서, ①, ②, ④번은 전자수용체가 산소(O) 원자이고 ③번은 질소(N) 원자이다.

정답 ③

12 ★★☆

자체의 염분농도가 평균 20mg/L인 폐수에 시간당 4kg의 소금을 첨가시킨 후 하류에서 측정한 염분의 농도가 55mg/L이었을 때 유량(m^3/sec)은?

① 0.0317   ② 0.317

③ 0.0634   ④ 0.634

해설

$$C_m = \frac{C_1 Q_1 + C_2 Q_2}{Q_1 + Q_2}$$

$$55(mg/L) = \frac{20(mg/L) \times Q_1 + 4(kg/hr)}{Q_1 + 0}$$

$$55(mg/L) \times Q_1 = 20(mg/L) \times Q_1 + 4(kg/hr)$$

$$35(mg/L) \times Q_1 = 4(kg/hr)$$

$$\therefore Q_1[m^3/sec] = \frac{4kg}{hr} \left| \frac{L}{35mg} \right| \frac{10^6 mg}{1kg} \left| \frac{1m^3}{10^3 L} \right| \frac{1hr}{3,600sec}$$

$$= 0.0317 m^3/sec$$

정답 ①

13

★☆☆

하천수질모형의 일반적인 가정 조건이 아닌 것은?

① 오염물질이 하천에 유입되자마자 즉시 완전 혼합된다.

② 정상상태이다.

③ 확산에 의한 영향을 무시한다.

④ 오염물질의 농도분포는 흐름방향으로 이루어진다.

해설

하천 모형화의 일반적인 가정 조건

• 정상상태이다.

• 확산에 의한 영향을 무시한다.

• 오염물질의 농도분포는 흐름방향으로 이루어진다.

• 하천은 관형흐름조라고 가정하고 진행된다.

정답 ①

14

★★★

카드뮴에 대한 내용으로 틀린 것은?

① 카드뮴은 은백색이며 아연 정련업, 도금공업 등에서 배출된다.

② 골연화증이 유발된다.

③ 만성폭로로 인한 흔한 증상은 단백뇨이다.

④ 윌슨씨병 증후군과 소인증이 유발된다.

해설

카드뮴은 식품으로부터 가장 많이 섭취되며 대표적인 질환으로 이타이이타이병이 있다. 칼슘대사기능장해로 칼슘(Ca)의 소실·체내 칼슘(Ca)의 불균형에 의한 골연화증, 위장장애가 유발되며, 발암작용은 아직 알려진 바 없다.

윌슨씨병 증후군은 구리 대사의 이상으로 구리가 축적되는 질환이다.

정답 ④

15

★★☆

분뇨의 특징에 관한 설명으로 틀린 것은?

① 분뇨 내 질소화합물은 알칼리도를 높게 유지시켜 pH의 강하를 막아준다.

② 분과 뇨의 구성비는 약 1:8~1:10 정도이며 고액분리가 용이하다.

③ 분의 경우 질소산화물은 전체 VS의 12~20% 정도 함유되어 있다.

④ 분뇨는 다량의 유기물을 함유하며, 점성이 있는 반고상 물질이다.

해설

분과 뇨의 구성비는 약 1:8~1:10 정도이며 고액분리가 어렵다.

정답 ②

16

★☆☆

평균 단면적 400m², 유량 5,478,600m³/day, 평균 수심 1.5m, 수온 20℃인 강의 재포기계수(K_2, day⁻¹)는?

(단, $K_2 = 2.2 \times (V/H^{1.33})$로 가정)

① 0.20
② 0.23
③ 0.26
④ 0.29

해설

$$V = \frac{Q}{A}$$

$$= \frac{5,478,600\text{m}^3}{\text{day}} \left| \frac{1}{400\text{m}^2} \right| \frac{1\text{day}}{86,400\text{sec}}$$

$$= 0.1585\text{m/sec}$$

$$\therefore K_2 = 2.2 \times \left(\frac{0.1585}{1.5^{1.33}} \right) = 0.203 \fallingdotseq 0.20$$

정답 ①

17 ★☆☆

암모니아를 처리하기 위해 살균제로 차아염소산을 반응시켜 mono-chloramine이 형성되었다. 이 때 각 반응물질이 50% 감소하였다면 반응속도는 몇 % 감소하는가? (단, 반응속도 식: $\dfrac{d[HOCl]}{(dt)_{나중}} = K_{xy}$)

① 75 ② 60
③ 50 ④ 25

해설

$NH_3 + HOCl \rightleftharpoons NH_2Cl + H_2O$

• 반응 초기 속도

$V_1 = -\dfrac{d[HOCl]}{dt} = K[NH_3][HOCl]$

• 반응물 50%

$V_2 = -\dfrac{d[HOCl]}{dt} = K(0.5[NH_3])(0.5[HOCl])$

$= 0.25 \times V_1$

• 반응속도 감소율

$\left(1 - \dfrac{V_2}{V_1}\right) \times 100 = \left(1 - \dfrac{0.25V_1}{V_1}\right) \times 100 = 75\%$

정답 ①

18 ★☆☆

금속을 통해 흐르는 전류의 특성으로 가장 거리가 먼 것은?

① 금속의 화학적 성질은 변하지 않는다.
② 전류는 전자에 의해 운반된다.
③ 온도의 상승은 저항을 증가시킨다.
④ 대체로 전기저항이 용액의 경우보다 크다.

해설

용액의 경우 전기저항은 금속보다 대체로 크다.

정답 ④

19 ★☆☆

급성독성을 평가하기 위하여 일반적으로 사용되는 기준은?

① TLm(Median Tolerance Limit)
② MicroTox
③ Daphnia
④ ORP(Oxidation-Reduction Potential)

선지분석

① TLm : 한계치사농도
② MicroTox : 발광박테리아 독성 측정기
③ Daphnia : 물벼룩
④ ORP : 산호- - 환원 전위법

정답 ①

20 ★★☆

하천의 자정작용 단계 중 회복지대에 대한 설명으로 틀린 것은?

① 물이 비교적 깨끗하다.
② DO가 포화농도의 40% 이상이다.
③ 박테리아가 크게 번성한다.
④ 원생동물 및 윤충이 출현한다.

해설

Whipple의 4지대에는 분해지대, 활발한 분해지대, 회복지대, 정수지대가 있으며, 회복지대는 광합성을 하는 조류가 번식하고 원생동물, 윤충, 갑각류가 번식한다. 박테리아가 크게 번성하는 지대는 분해지대와 활발한 분해지대이다.

정답 ③

상하수도계획

21 ★☆☆

취수관로 구조 결정 시 바람직하지 않은 것은?

① 취수관로를 고수부지에 부설하는 경우, 그 매설깊이는 원칙적으로 계획고수부지고에서 2m 이상 깊게 매설한다.
② 관로에 작용하는 내압 및 외압에 견딜 수 있는 구조로 한다.
③ 사고 등에 대비하기 위하여 가능한 한 2열 이상으로 부설한다.
④ 취수관로가 제방을 횡단하는 경우, 취수관로는 원지반보다는 가능한 한 성토부분에 매설하여 제방을 횡단하도록 한다.

해설
관로가 제방을 횡단하는 경우에는 원칙적으로 유연(柔軟)한 구조로 한다. 또한 비상시에 지수가 확실하고 용이하게 이루어지도록 원칙적으로 제수밸브 등을 설치한다.

정답 ④

22 ★☆☆

도시의 인구가 매년 일정한 비율로 증가한 결과라면 연 평균 증가율은? (단, 현재인구 450,000명, 10년전 인구 200,000명, 장래에 크게 발전할 가망성이 있는 도시)

① 0.225
② 0.084
③ 0.438
④ 0.076

해설
$P_n = P_0(1+r)^n$
· P_n: 현재인구[명]
· P_0: 10년 전 인구[명]
· r: 연 평균 증가율
· n: 경과 연도
$$\frac{450,000}{200,000} = (1+r)^{10}$$
$1.08447 = 1+r$
∴ $r = 0.0845$

정답 ②

23 ★☆☆

하수관로에 관한 내용으로 틀린 것은?

① 도관은 내산 및 내알칼리성이 뛰어나고 마모에 강하며 이형관을 제조하기 쉽다.
② 폴리에틸렌관은 가볍고 취급이 용이하여 시공성은 좋으나 산, 알칼리에 약한 단점이 있다.
③ 덕타일주철관은 내압성 및 내식성이 우수하다.
④ 파형강관은 용융아연도금된 강판을 스파이럴형으로 제작한 강관이다.

해설
폴리에틸렌관은 가볍고 취급이 용이하여 시공성이 좋고 산, 알칼리성에 강한 장점이 있다.

정답 ②

24 ★☆☆

하수관로시설의 황화수소 부식 대책으로 가장 거리가 먼 것은?

① 관로를 청소하고 미생물의 생식 장소를 제거한다.
② 환기에 의해 관내 황화수소를 희석한다.
③ 황산염환원세균의 활동을 촉진시켜 황화수소 발생을 억제한다.
④ 방식재료를 사용하여 관을 방호한다.

해설
황산염환원세균의 활동을 억제시켜 황화수소 생성을 방지한다.

관련이론 | 황화수소에 의한 부식 대책
· 황화수소의 생성을 방지한다.
· 관로를 청소하고 미생물의 생식 장소를 제거한다.
· 황화수소를 희석한다.
· 기상 중으로 확산을 방지한다.
· 황산염환원세균의 활동을 억제한다.
· 유황산화 세균의 활동을 억제한다.
· 방식재료를 사용하여 관을 보호한다.

정답 ③

25 ★★☆

급속여과지의 여과모래에 대한 설명으로 가장 거리가 먼 것은?

① 유효경은 0.45~1.0mm의 범위 내에 있어야 한다.
② 균등계수는 1.7 이하로 한다.
③ 마모율은 3% 이하로 한다.
④ 신규투입 여과사의 세척탁도는 5~10도 범위 내에 있어야 한다.

해설
신규투입 여과사의 세척탁도는 30도 이하로 한다.

정답 ④

26 ★★★

계획우수유출량의 산정방법으로 쓰이는 합리식 $\left(Q = \dfrac{1}{360} C \cdot I \cdot A\right)$에 대한 설명으로 틀린 것은?

① C는 유출계수이다.
② 우수유출량 산정에 있어 가장 기본이 되는 공식이다.
③ I는 유달시간(t)내의 평균강우강도이다.
④ A는 우수배제관로의 통수단면적이다.

해설
합리식에서 A는 유역면적으로, 지형도를 기초로 도로, 철도 및 기존 하천의 배치 등을 답사를 통해 충분히 조사하고 장래의 개발계획도 고려하여 구한다.

정답 ④

27 ★★★

펌프의 토출량이 12m³/min, 펌프의 유효흡입수두 8m, 규정 회전수 2,000회/분인 경우, 이 펌프의 비교 회전도는? (단, 양흡입의 경우가 아님)

① 892
② 1,045
③ 1,286
④ 1,457

해설
$$N_s = N \times \frac{Q^{1/2}}{H^{3/4}} = 2,000 \times \frac{12^{1/2}}{8^{3/4}} = 1,456.5 ≒ 1,457회/min$$

· N : 펌프의 회전수(= 2,000회/min)
· Q : 펌프의 토출량(= 12m³/min)
· H : 펌프의 우효흡입수두(= 8m)

정답 ④

28 ★★★

공동현상(Cavitation)이 발생하는 것을 방지하기 위한 대책으로 틀린 것은?

① 흡입측 밸브를 완전히 개방하고 펌프를 운전한다.
② 흡입관의 손실을 가능한 한 크게 한다.
③ 펌프의 위치를 가능한 한 낮춘다.
④ 펌프의 회전속도를 낮게 선정한다.

해설
흡입관의 손실을 가능한 한 작게 하여 가용유효흡인수두를 크게 한다.

관련이론 | Cavitation 발생 방지 대책
· 펌프의 설치위치를 가능한 한 낮추어 가용유효흡입수두를 크게 한다.
· 흡입관의 손실을 가능한 한 작게 하여 가용유효흡입수두를 크게 한다.
· 펌프의 회전수를 감소시킨다.
· 성능에 크게 영향을 미치지 않는 범위 내에서 흡입관의 직경을 증가시킨다.
· 두 대 이상의 펌프를 사용하거나 회전차를 수중에 완전히 잠기게 한다.
· 양흡입 펌프 · 입축형 펌프 · 수중펌프의 사용을 검토한다.
· 펌프의 회전속도를 낮게 하여 펌프의 필요유효흡입수두를 작게 한다.
· 흡입 측 밸브를 완전히 개방하고 펌프를 운전한다.

정답 ②

2020년

29 ★☆☆

하수의 계획오염부하량 및 계획유입수질에 관한 내용으로 틀린 것은?

① 계획유입수질: 계획오염부하량을 계획1일 최대오수량으로 나눈 값으로 한다.

② 생활오수에 의한 오염부하량: 1인1일당 오염부하량 원단위를 기초로 하여 정한다.

③ 관광오수에 의한 오염부하량: 당일관광과 숙박으로 나누고 각각의 원단위에서 추정한다.

④ 영업오수에 의한 오염부하량: 업무의 종류 및 오수의 특징 등을 감안하여 결정한다.

해설

하수의 계획유입수질은 계획오염부하량을 계획1일 평균오수량으로 나눈 값으로 한다.

정답 ①

30 ★☆☆

상수처리시설 중 장방형 침사지의 구조에 관한 설명으로 틀린 것은?

① 지의 길이는 폭의 3~8배를 표준으로 한다.

② 지의 고수위는 계획취수량이 유입될 수 있도록 취수구의 계획최저수위 이하로 정한다.

③ 지내평균유속은 2~7cm/sec 를 표준으로 한다.

④ 침사지 바닥경사는 1/20 이상의 경사를 두어야 한다.

해설

바닥은 모래배출을 위하여 중앙에 배수로(pit)를 설치하고, 길이방향에는 배수구로 향하여 1/100, 가로방향은 중앙배수로를 향하여 1/50 정도의 경사를 둔다.

정답 ④

31 ★☆☆

펌프효율 η=80%, 전양정 H=16m인 조건하에서 양수량 Q=12L/sec로 펌프를 회전시킨다면 이 때 필요한 축동력 (kW)은? (단, 전동기는 직결, 물의 밀도 γ=1,000kg/m³)

① 1.28   ② 1.73

③ 2.35   ④ 2.88

해설

$$P_a[\text{kW}] = \frac{\gamma \cdot Q \cdot H}{102 \cdot \eta} \times \alpha$$
$$= \frac{1,000 \times 0.012 \times 16}{102 \times 0.8}$$
$$= 2.353 \text{kW}$$

- γ : 물의 밀도[kg/m³]
- Q : 양수량[L/sec]
- H : 전양정[m]
- η : 펌프효율[%]

정답 ③

32 ★★☆

상수취수를 위한 저수시설 계획기준년에 관한 내용으로 ( )에 알맞은 것은?

> 계획취수량을 확보하기 위하여 필요한 저수용량의 결정에 사용하는 계획기준년은 원칙적으로 ( )를 표준으로 한다.

① 7개년에 제1위 정도의 갈수

② 10개년에 제1위 정도의 갈수

③ 7개년에 제1위 정도의 홍수

④ 10개년에 제1위 정도의 홍수

해설

계획취수량을 확보하기 위하여 필요한 저수용량의 결정에 사용하는 계획기준년은 원칙적으로 10개년에 제1위 정도의 갈수를 표준으로 한다.

정답 ②

33 ★☆☆

상수도시설인 도수시설의 도수노선에 관한 설명으로 틀린 것은?

① 원칙적으로 공공도로 또는 수도 용지로 한다.

② 수평이나 수직방향의 급격한 굴곡을 피한다.

③ 관로상 어떤 지점도 동수경사선보다 낮게 위치하지 않도록 한다.

④ 몇 개의 노선에 대하여 건설비 등의 경제성, 유지관리의 난이도 등을 비교·검토하고 종합적으로 판단하여 결정한다.

해설

도수노선은 수평이나 수직 방향의 급격한 굴곡을 피하고, 어떤 경우라도 동수경사선 이하가 되도록 노선을 선정한다.

정답 ③

34 ★☆☆

상수도시설 중 저수시설인 하구둑에 관한 설명으로 틀린 것은? (단, 전용댐, 다목적댐과 비교)

① 개발수량: 중소규모의 개발이 기대된다.

② 경제성: 일반적으로 댐보다 저렴하다.

③ 설치지점: 수요지 가까운 하천의 하구에 설치하여 농업용수에 바닷물의 침해방지기능을 겸하는 경우가 많다.

④ 저류수의 수질: 자체관리로 비교적 양호한 수질을 유지할 수 있어 염소이온 농도에 대한 주의가 필요 없다.

해설

저류수의 수질은 하구둑의 경우 염소이온 농도에 주의가 필요하다.

정답 ④

35 ★★☆

상수도시설인 급속여과지에 관한 내용으로 옳지 않은 것은?

① 여과속도는 단층의 경우 120~150m/d를 표준으로 한다.

② 여과지 1지의 여과면적은 100m² 이하로 한다.

③ 여과면적은 계획정수량을 여과속도로 나누어 계산한다.

④ 급속여과지는 중력식과 압력식이 있으며 중력식을 표준으로 한다.

해설

여과지 1지의 여과면적은 150m² 이하로 한다.

정답 ②

36 ★★★

콘크리트조의 장방형 수로(폭 2m, 깊이 2.5m)가 있다. 이 수로의 유효수심이 2m인 경우의 평균유속(m/sec)은? (단, Manning 공식 이용, 동수경사=1/2,000, 조도계수=0.017)

① 1.01

② 1.42

③ 1.53

④ 1.73

해설

Manning 공식을 이용한다.

$$V = \frac{1}{n} \cdot R^{\frac{2}{3}} \cdot I^{\frac{1}{2}}$$

- V : 평균유속[m/sec]
- n : 조도계수
- R : 경심(경심=수류단면적/윤변)[m]
- I : 동수구배

여기서,

$n = 0.017$

$I = 1/2,000$

$$R = \frac{수류단면적}{윤변} = \frac{2m \times 2m}{2 \times 2m + 2m} = 0.67m$$

$$\therefore V[m/sec] = \frac{1}{0.017} \times (0.67)^{2/3} \times \left(\frac{1}{2,000}\right)^{1/2}$$

$$= 1.007 \fallingdotseq 1.01m/sec$$

정답 ①

※ 실제 문제에서는 ① 0.91로 출제되어 문제 오류로 인한 전항 정답 처리되었음.

37 ★★★

유역면적이 100ha이고 유입시간(time of inlet)이 8분, 유출계수(C)가 0.38일 때 최대계획우수유출량(m^3/sec)은? (단, 하수관로의 길이(L)=400m, 관유속=1.2m/sec로 되도록 설계, $I = \dfrac{655}{\sqrt{t}+0.09}$(mm/hr), 합리식 적용)

① 약 18 ② 약 24
③ 약 36 ④ 약 42

해설

$Q = \dfrac{1}{360}CIA$

여기서, $I = \dfrac{655}{\sqrt{t}+0.09}$에서

$t = t_1 + \dfrac{L}{V}$

$= 8\text{min} + \dfrac{400\text{m}}{} \left|\dfrac{\text{sec}}{1.2\text{m}}\right| \dfrac{1\text{min}}{60\text{sec}}$

$= 13.56\text{min}$

$I = \dfrac{655}{\sqrt{t}+0.09} = \dfrac{655}{\sqrt{13.56}+0.09}$

$= 173.63\text{mm/hr}$

$\therefore Q = \dfrac{1}{360}CIA$

$= \dfrac{1}{360} \times 0.38 \times 173.63 \times 100$

$= 18.3276 \fallingdotseq 18.33\text{m}^3/\text{sec}$

정답 ①

38 ★☆☆

하수관로의 접합방법을 정할 때의 고려 사항으로 ( )에 가장 적합한 것은?

> 2개의 관로가 합류하는 경우의 중심교각은 되도록 (㉠) 이하로 하고, 곡선을 갖고 합류하는 경우의 곡률반경은 내경의 (㉡) 이상으로 한다.

① ㉠ 60˚, ㉡ 5배 ② ㉠ 60˚, ㉡ 3배
③ ㉠ 30~45˚, ㉡ 5배 ④ ㉠ 30~45˚, ㉡ 3배

해설

물의 흐름을 원활하게 하고 유속이 커지는 것을 방지하기 위하여 2개의 관로가 합류하는 경우의 중심교각은 되도록 60˚ 이하로 한다. 또한 곡선을 갖고 합류하는 경우의 곡률반경은 내경의 5배 이상으로 한다.

정답 ①

39 ★☆☆

하수도시설인 유량조정조에 관한 내용으로 틀린 것은?

① 조의 용량은 체류시간 3시간을 표준으로 한다.
② 유효수심은 3~5m를 표준으로 한다.
③ 유량조정조의 유출수는 침사지에 반송하거나 펌프로 일차침전지 혹은 생물반응조에 송수한다.
④ 조내의 침전물의 발생 및 부패를 방지하기 위해 교반장치 및 산기장치를 설치한다.

해설

조의 용량은 유입하수량 및 유입부하량의 시간 변동을 고려하여 설정수량을 초과하는 수량을 일시 저류하도록 정한다.

관련이론 | 유량조정조
• 조의 구조: 철근콘크리트
• 조의 형상: 직사각형 또는 정사각형이며 2조 이상
• 유효수심: 3~5m를 표준으로 함

정답 ①

40

★☆☆

단면형태가 직사각형인 하수관로의 장·단점으로 옳은 것은?

① 시공장소의 흙두께 및 폭원에 제한을 받는 경우에 유리하다.

② 만류가 되기까지는 수리학적으로 불리하다.

③ 철근이 해를 받았을 경우에도 상부하중에 대하여 대단히 안정적이다.

④ 현장 타설의 경우, 공사기간이 단축된다.

선지분석

② 만류가 되기까지는 수리학적으로 유리하다.

③ 철근이 해를 받았을 경우에도 상부하중에 대하여 대단히 불안하게 된다.

④ 현장 타설의 경우, 공사기간이 지연된다. 따라서 직사각형 하수관로 설치 시 공사의 신속성을 도모하기 위해 상부를 따로 제작해 나중에 덮는 방법을 사용할 수 있다.

정답 ①

41

★★★

폐수를 활성슬러지법으로 처리하기 위한 실험에서 BOD를 90% 제거하는 데 6시간의 aeration이 필요하였다. 동일한 조건으로 BOD를 95% 제거하는 데 요구되는 포기시간(hr)은? (단, BOD 제거반응은 1차 반응(base 10)에 따른다.)

① 7.31　　② 7.81

③ 8.31　　④ 8.81

해설

1차 반응식을 이용한다.

$$\ln \frac{C_t}{C_0} = -k \cdot t$$

・$\ln \frac{0.1}{1} = -k \cdot 6\text{hr}$

∴ $k = 0.3838\text{hr}^{-1}$

・$\ln \frac{0.05}{1} = -0.3838 \cdot t$

∴ $t = 7.8055 ≒ 7.81\text{hr}$

정답 ②

42

★☆☆

활성탄 흡착 처리 공정의 효율이 가장 낮은 것은?

① 음용수의 맛과 냄새물질 제거 공정

② 트리할로메탄, 농약, 유기 염소 화합물과 같은 미량 유기 물질 제거 공정

③ 처리된 폐수의 잔존 유기물 제거 공정

④ 산업폐수 및 침출수 처리

해설

활성탄 흡착 처리 공정은 냄새, 유기물 및 농약류 처리에 적합하다. 산업폐수 및 침출수 처리는 전처리와 본처리를 한 후에 활성탄 흡착 처리 같은 고도처리를 해야 하므로 효율이 가장 낮다.

정답 ④

43 ★★☆

수처리 과정에서 부유되어 있는 입자의 응집을 초래하는 원인으로 가장 거리가 먼 것은?

① 제타 포텐셜의 감소
② 플록에 의한 체거름 효과
③ 정전기 전하 작용
④ 가교현상

관련이론 | 응집의 원인

이중층 압축, 전하중화, 이질응집, 가교현상, 체거름 효과

정답 ③

44 ★★★

폐수 처리시설을 설치하기 위한 설계 기준이 다음과 같을 때 필요한 활성슬러지 반응조의 수리학적 체류시간(HRT, hr)은? (단, 일 폐수량=40L, BOD농도=20,000mg/L, MLSS=5,000mg/L, F/M=1.5kg BOD/kg MLSS·day)

① 24
② 48
③ 64
④ 88

해설

$$F/M = \frac{BOD \cdot Q}{\forall \cdot X} \qquad \left(\frac{\forall}{Q} = HRT\right)$$

$$\therefore HRT = \frac{BOD}{F/M \cdot X}$$

$$\frac{BOD}{F/M \cdot X} = \frac{20kg}{m^3} \left| \frac{kg \cdot day}{1.5kg} \right| \frac{m^3}{5kg} \left| \frac{24hr}{1day} \right. = 64hr$$

정답 ③

45 ★☆☆

미처리 폐수에서 냄새를 유발하는 화합물과 냄새의 특징으로 가장 거리가 먼 것은?

① 황화수소 – 썩은 달걀 냄새
② 유기 황화물 – 썩은 채소 냄새
③ 스카톨 – 배설물 냄새
④ 디아민류 – 생선 냄새

해설

디아민류($NH_2(CH_2)_n NH_2$)는 썩은 고기 냄새가 난다.

정답 ④

46 ★☆☆

생물학적 처리공정에서 질산화 반응은 다음의 총괄 반응식으로 나타낼 수 있다.

$$NH_4^+ + 2O_2 \xrightarrow{질산화} NO_3^- + 2H^+ + H_2O$$

NH_4^+-N 3mg/L가 질산화 되는 데 요구되는 산소의 양(mg/L)은?

① 11.2
② 13.7
③ 15.3
④ 18.4

해설

$$\underset{14g}{NH_4^+-N} + \underset{2 \times 32g}{2O_2} \xrightarrow{질산화} NO_3^- + 2H^+ + H_2O$$

비례식으로 정리하면,

$$14g : 2 \times 32g = 3mg/L : X(mg/L)$$

$$\therefore X = 13.71mg/L$$

정답 ②

47 ★★★

유입 폐수량 50m³/hr, 유입수 BOD 농도 200g/m³, MLVSS 농도 2kg/m³, F/M 비 0.5kg BOD/kg MLVSS·day일 때, 포기조 용적(m³)은?

① 240
② 380
③ 430
④ 520

해설

$$F/M = \frac{BOD \cdot Q}{\forall \cdot X}$$

$$\therefore \forall = \frac{BOD \cdot Q}{F/M \cdot X}$$

$$= \frac{0.2kg}{m^3} \left| \frac{50m^3}{hr} \right| \frac{kg\ MLVSS \cdot day}{0.5kg\ BOD} \left| \frac{m^3}{2kg} \right| \frac{24hr}{1day}$$

$$= 240m^3$$

정답 ①

48

★☆☆

기체가 물에 녹을 때 Henry법칙이 적용된다. 다음 설명 중 적합하지 않은 것은?

① 수온이 증가할수록 기체의 포화용존 농도는 높아진다.
② 염분의 농도가 증가할수록 기체의 포화용존 농도는 낮아진다.
③ 기체의 포화용존 농도는 기체상태의 분압에 비례한다.
④ 물에 용해되어 이온화하는 기체에는 적용되지 않는다.

해설

Henry의 법칙

일정한 온도에서 일정 부피의 액체 용매에 녹는 기체의 질량, 즉 용해도는 용매와 평형을 이루고 있는 그 기체 부분압력에 비례한다. 수온이 증가할수록 기체의 포화용존 농도는 낮아진다.

정답 ①

49

★☆☆

심층포기법의 장점으로 옳지 않은 것은?

① 지하에 건설되므로 부지면적이 작게 소요되며, 외기와 접하는 부분이 작아 온도 영향이 적다.
② 고압에서 산소전달을 하므로 산소전달율이 높다.
③ 산소전달률이 높아 MLSS를 높일 수 있어 농도가 높은 폐수를 처리할 수 있고, BOD 용적부하를 증가시킬 수 있어 단위 체적당 처리량을 증가시킬 수 있다.
④ 깊은 하부에 MLSS와 폐수를 같이 순환시키는 데 에너지가 적게 소요된다.

해설

깊은 하부에 MLSS와 폐수를 같이 순환시키는 데 에너지가 많이 소요된다.

관련이론 | 심층포기법

심층포기조는 산기수심을 깊게 할수록 단위 송풍량당 압축동력은 증대하지만, 산소용해력 증대에 따라 송풍량이 감소하기 때문에 소비동력은 증가하지 않는다.

정답 ④

50

★★★

대장균의 사멸속도는 현재의 대장균수에 비례한다. 대장균의 반감기는 1시간이며, 시료의 대장균수는 1,000개/mL이라면, 대장균의 수가 10개/mL가 될 때까지 걸리는 시간(hr)은?

① 약 4.7 ② 약 5.7
③ 약 6.7 ④ 약 7.7

해설

1차 반응 속도식을 이용한다.

$$\ln \frac{C_t}{C_0} = -k \cdot t$$

• C_t: 처리 후 농도[개/mL]
• C_0: 초기 농도[개/mL]
• k: 속도상수[day^{-1}]
• t: 시간[day]

$$\ln \frac{0.5}{1} = -k \cdot 1\text{hr}$$

$$\therefore \ k = 0.693 \text{h}^{-1}$$

$$\ln \frac{10}{1,000} = -0.693 \cdot t$$

$$\therefore \ t = 6.645 ≒ 6.7\text{hr}$$

정답 ③

51 ★★☆

1일 10,000m³의 폐수를 급속혼화지에서 체류시간 60sec, 평균속도경사(G) 400sec^{-1}인 기계식고속 교반장치를 설치하여 교반하고자 한다. 이 장치에 필요한 소요 동력(W)은? (단, 수온 10℃, 점성계수(μ)=1.307×10^{-3}kg/m·s)

① 약 2,621   ② 약 2,226
③ 약 1,842   ④ 약 1,452

해설

$$G = \sqrt{\frac{P}{\mu V}}$$

- G: 속도경사[1/sec]
- P: 동력[Watt]
- μ: 점성계수[kg/m·s]
- V: 부피[m³]

여기서,
$$V = Q \times t$$
$$= \frac{10,000\text{m}^3}{\text{day}} \left| \frac{60\text{sec}}{} \right| \frac{1\text{day}}{86,400\text{sec}}$$
$$= 6.944\text{m}^3$$

$\therefore$ 동력(P) $= G^2 \times \mu \times V$
$$= 400^2 \times 1.307 \times 10^{-3} \times 6.944$$
$$= 1,452.13\text{W}$$

정답 ④

52 ★★☆

다음 중 폐수처리방법으로 가장 적절하지 않은 것은?

① 시안(CN) 함유 폐수를 처리하기 위해 pH를 4 이하로 조정하고 차아염소산나트륨(NaClO)을 사용하였다.
② 카드뮴(Cd) 함유 폐수를 처리하기 위해 pH를 10 정도로 조정하고 수산화나트륨(NaOH)을 사용하였다.
③ 크롬(Cr) 함유 폐수를 처리하기 위해 pH를 3 정도로 조정하고 황산철(FeSO₄)을 사용하였다.
④ 납(Pb) 함유 폐수를 처리하기 위해 pH를 10 정도로 조정하고 수산화나트륨(NaOH)을 사용하였다.

해설

시안(CN) 함유 폐수를 처리하기 위해 pH를 10 이하로 조정하고 차아염소산나트륨(NaClO)을 사용하였다.

정답 ①

53 ★★☆

유량 20,000m³/day, BOD 2mg/L인 하천에서 유량 500m³/day, BOD 500mg/L인 공장 폐수를 폐수처리시설로 유입하여 처리 후 하천으로 방류시키고자 한다. 완전히 혼합된 후 합류지점의 BOD를 3mg/L 이하로 하고자 한다면 폐수처리시설의 BOD 제거율(%)은? (단, 혼합 후의 기타 변화는 없다고 가정)

① 61.8   ② 76.9
③ 87.2   ④ 91.4

해설

$$C_m = \frac{Q_1 C_1 + Q_2 C_2}{Q_1 + Q_2}$$

$$3 = \frac{20,000 \times 2 + 500 \times C_2}{20,000 + 500}$$

$$C_2 = 43\text{mg/L}$$

$\therefore \eta = \left(1 - \frac{C_o}{C_i}\right) \times 100 = \left(1 - \frac{43}{500}\right) \times 100 = 91.4\%$

정답 ④

54 ★★★

지름이 0.05mm이고 비중이 0.6인 기름방울은 비중이 0.8인 기름방울보다 수중에서의 부상속도가 얼마나 더 큰가? (단, 물의 비중=1.0)

① 1.5배   ② 2.0배
③ 2.5배   ④ 3.0배

해설

$$V_f = \frac{d^2(\rho_w - \rho)g}{18\mu} \Rightarrow V_f = K(\rho_w - \rho)$$

여기서, $K = \frac{d^2 \cdot g}{18\mu}$

$V_{f0.6} = K(\rho_w - \rho) = K(1 - 0.6) = 0.4K$
$V_{f0.8} = K(\rho_w - \rho) = K(1 - 0.8) = 0.2K$

$\therefore \frac{V_{f0.6}}{V_{f0.8}} = \frac{0.4K}{0.2K} = 2$

정답 ②

55 ★★☆

생물학적 질소, 인 제거공정에서 포기조의 기능과 가장 거리가 먼 것은?

① 질산화
② 유기물 제거
③ 탈질
④ 인 과잉섭취

해설

탈질반응은 포기조가 아닌 무산소조에서 일어난다.

정답 ③

56 ★★★

입자의 침전속도가 작게 되는 경우는? (단, 기타 조건은 동일하며 침전속도는 스톡스법칙에 따른다.)

① 부유물질 입자 밀도가 클 경우
② 부유물질 입자의 입경이 클 경우
③ 처리수의 밀도가 작을 경우
④ 처리수의 점성도가 클 경우

해설

스톡스법칙

$$V_s = \frac{d^2(\rho_p - \rho)g}{18\mu}$$

처리수의 점성도가 클수록 입자의 침전속도는 작아진다.

정답 ④

57 ★☆☆

유입유량 500,000m³/day, BOD_5 200mg/L인 폐수를 처리하기 위해 완전혼합형 활성슬러지 처리장을 설계하려고 한다. 1차침전지에서 제거된 유입수 BOD_5 34%, MLVSS 3,000mg/L, 반응속도상수(K) 1.0L/g MLVSS·hr이라면, 일차반응일 경우 F/M비(kg BOD/kg MLVSS·day)는? (단, 유출수 BOD_5=10mg/L)

① 0.24
② 0.28
③ 0.32
④ 0.36

해설

$$F/M[day^{-1}] = \frac{유입BOD량}{포기조내의 미생물량}$$

$$= \frac{S_i \cdot Q}{X \cdot \forall} = \frac{S_i}{\theta \cdot X}$$

$$\theta = \frac{S_i - S}{K \cdot X \cdot S}$$

여기서, $S_i = 200(1-0.34) = 132mg/L$

$S = 10mg/L$

$$= \frac{(132-10)mg/L}{1.0L/g\ MLVSS \cdot hr \times 3g/L \times 10mg/L}$$

$$= 4.067hr = 0.17day$$

$$\therefore F/M = \frac{S_i}{X \cdot \theta}$$

$$= \frac{132mg/L}{3,000mg/L \times 0.17day}$$

$$= 0.259kg\ BOD/kg\ MLVSS \cdot day$$

정답 정답 없음

※ 실제 문제에서는 ①번으로 정답처리 되었지만 이 문제의 정답은 보기 ①번과 ②번 사이의 숫자라 정답을 표기하기가 애매함.
F/M비에서 '유입하는 BOD총량'이 적용되는 것인데 '제거되는 BOD총량'으로 출제 오류가 있었던 것으로 예상됨.

2020년

58

★☆☆

다음 활성슬러지 포기조의 수질 측정값에 대한 설명으로 옳은 것은? (단, 수온=27℃, pH 6.5, DO=1mg/L, MLSS =2,500mg/L, 유입수 BOD=100mg/L, 유입수 NH₃−N= 6mg/L, 유입수 PO_4^{3-}−P=2mg/L, 유입수 CN^-=5mg/L)

① F/M 비가 너무 낮으므로 MLSS농도를 1,000mg/L 정도로 낮춘다.

② 수온은 15℃ 정도, pH는 8.5 정도, DO는 2mg/L 정도로 조정하는 것이 좋다.

③ 미생물의 원활한 성장을 위해 질소와 인을 추가 공급할 필요가 있다.

④ CN^-는 포기조에 유입되지 않도록 하는 것이 좋다.

해설

호기성 처리 기본조건

• 영양조건
  BOD : N : P = 100 : 5 : 1
• 온도: 중온(20~30℃)
• pH: 6~8
• 용존산소: 0.5~5ppm
• MLSS: 1,500~2,500mg/L
• 독성물질이 없어야 한다.

정답 ④

59

★☆☆

부유입자에 의한 백색광 산란을 설명하는 Rayleigh의 법칙은? (단, I: 산란광의 세기, V: 입자의 체적, λ: 빛의 파장, n: 입자의 수)

① $I \propto \dfrac{V^2}{\lambda^4} n$

② $I \propto \dfrac{V}{\lambda^2} n$

③ $I \propto \dfrac{V}{\lambda} n^2$

④ $I \propto \dfrac{V}{\lambda^2} n^2$

해설

레일리 산란의 산란강도는 파장의 4승에 반비례한다.

정답 ①

60

★★☆

플록을 형성하여 침강하는 입자들이 서로 방해를 받으므로 침전속도는 점차 감소하게 되며 침전하는 부유물과 상등수 간에 뚜렷한 경계면이 생기는 침전형태는?

① 지역침전
② 압축침전
③ 압밀침전
④ 응집침전

관련이론 | 지역침전

• 지역침전이란 플록을 형성하여 침강하는 입자들이 서로 방해를 받아 침전속도가 감소하는 침전이다.
• 중간 정도의 농도로서 침전하는 부유물과 상징수 간에 경계면을 지키면서 침강한다.
• 일명 방해, 장애, 집단, 계면, 간섭침전 등으로 칭하며 상향류식 부유물 접촉 침전지, 농축조가 이에 해당한다.

정답 ①

수질오염공정시험기준

61 ★★★

수질분석 관련 용어의 설명 중 잘못된 것은?

① 수욕상 또는 수욕중에서 가열한다라 함은 따로 규정이 없는 한 수온 100℃에서 가열함을 뜻한다.
② 용액의 산성, 중성 또는 알칼리성을 검사할 때는 규정이 없는 한 유리전극법에 의한 pH미터로 측정하고 구체적으로 표시할 때는 pH 값을 쓴다.
③ 진공이라 함은 15mmH₂O 이하의 진공도를 말한다.
④ 분석용 저울은 0.1mg까지, 미량저울은 0.01mg까지 달 수 있는 것이어야 한다.

해설
"감압 또는 진공"이라 함은 따로 규정이 없는 한 15mmHg 이하를 뜻한다.

정답 ③

62 ★☆☆

배수로에 흐르는 폐수의 유량을 부유체를 사용하여 측정했다. 수로의 평균단면적 0.5m², 표면 최대속도 6m/s일 때 이 폐수의 유량(m³/min)은? (단, 수로의 구성, 재질, 수로단면의 형상, 기울기 등이 일정하지 않은 개수로)

① 115   ② 135
③ 185   ④ 245

해설
단면형상이 비일정한 경우의 유량계산
$Q = A_m \times V_m$
㉠ $A_m = 0.5m^2$
㉡ $V_m = 0.75 \times V_{max}$
     $= 0.75 \times 6m/sec$
     $= 4.5m/sec$
$\therefore Q[m^3/min] = \dfrac{0.5m^2}{} \left| \dfrac{4.5m}{sec} \right| \dfrac{60sec}{1min}$
     $= 135m^3/min$

정답 ②

63 ★☆☆

퇴적물 채취기 중 포나 그랩(ponar grab)에 관한 설명으로 틀린 것은?

① 모래가 많은 지점에서도 채취가 잘되는 중력식 채취기이다.
② 채취기를 바닥 퇴적물 위에 내린 후 메신저를 투하하면 장방형 상자의 밑판이 닫힌다.
③ 부드러운 펄층이 두터운 경우에는 깊이 빠져 들어가기 때문에 사용하기 어렵다.
④ 원래의 모델은 무게가 무겁고 커서 윈치 등이 필요하지만 소형의 포나 그랩은 윈치 없이 내리고 올릴 수 있다.

해설
②번은 에크만 그랩의 설명이다.

관련이론 | 포나 그랩(Ponar Grab)
모래가 많은 지점에서도 채취가 잘되는 중력식 채취기로서, 조심스럽게 수면 아래로 내려 보내다가 채취기가 바닥에 닿아 줄의 장력이 감소하면 아래 날(Jaws)이 닫히도록 되어 있다. 부드러운 펄층이 두터운 경우에는 깊이 빠져 들어가기 때문에 사용하기 어렵다. 원래의 모델은 무게가 무겁고 커서 윈치 등이 필요하지만 소형의 포나 그랩은 윈치 없이 내리고 올릴 수 있다.

정답 ②

64 ★☆☆

시료의 전처리 방법인 피로리딘다이티오카르바민산 암모늄 추출법에서 사용하는 지시약으로 알맞은 것은?

① 티몰블루 · 에틸알코올용액
② 메타이소부틸 에틸알코올용액
③ 브로모페놀블루 · 에틸알코올용액
④ 메타크레졸퍼플 에틸알코올용액

해설
피로리딘다이티오카르바민산 암모늄 추출법에서 사용하는 지시약은 브로모페놀블루 · 에틸알코올용액(0.1%)이다.

정답 ③

65

★☆☆

자외선 /가시선 분광법으로 분석할 때 측정파장이 가장 긴 것은?

① 구리　　　　　　　② 아연
③ 카드뮴　　　　　　④ 크롬

해설

아연(620nm) > 크롬(540nm) > 카드뮴(530nm) > 구리(440nm)

정답 ②

66

★☆☆

유리전극에 의한 pH 측정에 관한 설명으로 알맞지 않은 것은?

① 유리전극을 미리 정제수에 수 시간 담가둔다.
② pH 전극 보정 시 측정기의 전원을 켜고 시험 시작까지 30분 이상 예열한다.
③ 전극을 프탈산염 표준용액(pH 6.88) 또는 pH 7.00 표준용액에 담그고 표시된 값을 보정한다.
④ 온도보정 시 pH 4 또는 10 표준용액에 전극을 담그고 표준용액의 온도를 10℃~30℃ 사이로 변화시켜 5℃ 간격으로 pH를 측정하여 차이를 구한다.

해설

전극을 프탈산염 표준용액(pH 4.00) 또는 pH 4.01 표준용액에 담그고 표시된 값을 보정한다.

정답 ③

67

★★☆

기체크로마토그래피에 의한 알킬수은의 분석방법으로 (　　) 에 알맞은 것은?

> 알킬수은화합물을 (　㉠　)으로 추출하여 (　㉡　)에 선택적으로 역추출하고 다시 (　㉠　)으로 추출하여 기체크로마토그래프로 측정하는 방법이다.

① ㉠ 헥산, ㉡ 염화메틸수은용액
② ㉠ 헥산, ㉡ 크로모졸브용액
③ ㉠ 벤젠, ㉡ 펜토에이트용액
④ ㉠ 벤젠, ㉡ L – 시스테인용액

해설

알킬수은화합물을 벤젠으로 추출하여 L – 시스테인용액에 선택적으로 역추출하고 다시 벤젠으로 추출하여 기체크로마토그래프로 측정하는 방법이다.

정답 ④

68

★☆☆

유도결합 플라스마 발광분석장치의 측정 시 플라스마 발광부 관측 높이는 유도코일 상단으로부터 얼마의 범위(mm)에서 측정하는가? (단, 알칼리 원소는 제외)

① 15~18　　　　　　② 35~38
③ 55~58　　　　　　④ 75~78

해설

플라스마 발광부의 관측 높이는 유도코일 상단으로부터 15~18mm 범위에서 측정하는 것이 보통이나, 알칼리 원소의 경우는 20~25mm 범위에서 측정한다.

정답 ①

69 ★☆☆

다이메틸글리옥심을 이용하여 정량하는 금속은?

① 아연 ② 망간
③ 니켈 ④ 구리

관련이론 | 니켈–자외선/가시선 분광법

물속에 존재하는 니켈이온을 암모니아의 약알칼리성에서 다이메틸글리옥심과 반응시켜 생성한 니켈착염을 클로로폼으로 추출하고 이것을 묽은 염산으로 역추출한다.

정답 ③

70 ★☆☆

이온전극법에서 격막형 전극을 이용하여 측정하는 이온이 아닌 것은?

① F^- ② CN^-
③ NH_4^+ ④ NO_2^-

해설

격막형 전극을 이용하여 측정 가능한 이온은 NH_4^+, NO_2^-, CN^-가 있다.

관련이론

• 유리막 전극을 이용하여 측정 가능한 이온은 Na^+, K^+, NH_4^+가 있다.
• 고체막 전극을 이용하여 측정 가능한 이온은 F^-, Cl^-, CN^-, Pb^{2+}, Cd^{2+}, Cu^{2+}, NO_3^-, NH_4^+가 있다.

정답 ①

71 ★☆☆

불소화합물의 분석방법과 가장 거리가 먼 것은? (단, 수질오염공정시험기준 기준)

① 자외선/가시선 분광법
② 이온전극법
③ 이온크로마토그래피
④ 불꽃 원자흡수분광광도법

해설

불소화합물의 분석방법에는 자외선/가시선 분광법, 이온전극법, 이온크로마토그래피가 있다.

정답 ④

72 ★☆☆

총질소의 측정원리에 관한 내용으로 (   )에 알맞은 것은?

> 시료 중 모든 질소화합물을 알칼리성 (   )을 사용하여 120℃ 부근에서 유기물과 함께 분해하여 질산이온으로 산화시킨 후 산성상태로 하여 흡광도를 220nm에서 측정하여 총질소를 정량하는 방법이다.

① 과황산칼륨 ② 몰리브덴산 암모늄
③ 염화제일주석산 ④ 아스코르빈산

해설

시료 중 모든 질소화합물을 알칼리성 과황산칼륨을 사용하여 120℃ 부근에서 유기물과 함께 분해하여 질산이온으로 산화시킨 후 산성상태로 하여 흡광도를 220nm에서 측정하여 총질소를 정량하는 방법이다.

정답 ①

2020년

73 ★☆☆

공장폐수의 BOD를 측정하기 위해 검수에 희석을 가하여 50배로 희석하여 20℃, 5일 배양하였다. 희석 후 초기 DO를 측정하기 위해 소모된 $0.025N-Na_2S_2O_3$의 양은 4.0mL였으며 5일 배양 후 DO를 측정하는 데 $0.025N-Na_2S_2O_3$ 2.0mL 소모되었을 때 공장폐수의 BOD(mg/L)는? (단, BOD 병=285mL, 적정에 사용된 액량=100mL, BOD병에 가한 시약은 황산망간과 아지드화나트륨 용액=총 2mL, 적정시액의 factor=1)

① 201.5 ② 211.5
③ 221.5 ④ 231.5

해설

$$DO[mg/L]=a \times f \times \frac{V_1}{V_2} \times \frac{1,000}{V_1-R} \times 0.2$$

· a: 적정에 소비된 티오황산나트륨 용액(0.025M)의 양[mL]
· f: 티오황산나트륨(0.025M)의 인자(factor)
· V_1: 전체 시료의 양[mL]
· V_2: 적정에 사용한 시료의 양[mL]
· R: 황산망간 용액과 알칼리성 요오드화칼륨 – 아자이드화나트륨 용액 첨가량[mL]

$$DO_1[mg/L]=4 \times 1 \times \frac{285}{100} \times \frac{1,000}{285-2} \times 0.2 = 8.057$$

$$DO_2[mg/L]=2 \times 1 \times \frac{285}{100} \times \frac{1,000}{285-2} \times 0.2 = 4.028$$

$$\therefore \ BOD=(D_1-D_2) \times P$$
$$=(8.057-4.028) \times 50$$
$$=201.45mg/L$$

정답 ①

74 ★☆☆

시료의 용기를 폴리에틸렌병으로 사용하여도 무방한 항목은?

① 노말헥산추출물질 ② 페놀류
③ 유기인 ④ 음이온계면활성제

해설

음이온계면활성제는 폴리에틸렌병 또는 유리시료용기를 사용할 수 있다.
노말헥산추출물질, 페놀류, 유기인은 유리시료용기만을 사용한다.

정답 ④

75 ★☆☆

원자흡수분광광도법에서 공존물질과 작용하여 해리하기 어려운 화합물이 생성되어 흡광에 관계하는 기저상태의 원자 수가 감소하는 경우 일어나는 화학적 간섭을 피하는 방법이 아닌 것은?

① 이온교환이나 용매추출 등을 이용하여 방해물질을 제거한다.
② 과량의 간섭원소를 첨가한다.
③ 간섭을 피하는 양이온, 음이온 또는 은폐제, 킬레이트제 등을 첨가한다.
④ 표준시료와 분석시료와의 조성을 같게 한다.

관련이론 | 화학간섭을 피하는 방법
· 이온교환이나 용매추출 등을 이용하여 방해물질의 제거
· 과량의 간섭원소를 첨가
· 간섭을 피하는 양이온, 음이온 또는 은폐제, 킬레이트제 등을 첨가
· 목적원소의 용매추출
· 표준첨가법의 이용

정답 ④

76 ★★★

시료 채취 시 유의사항으로 틀린 것은?

① 시료 채취 용기는 시료를 채우기 전에 시료로 3회 이상 씻은 다음 사용한다.
② 유류 또는 부유물질 등이 함유된 시료는 균일성이 유지될 수 있도록 채취해야 하며, 침전물 등이 부상하여 혼입되어서는 안된다.
③ 심부층의 지하수 채취 시에는 고속양수펌프를 이용하여 채취시간을 최소화함으로써 수질의 변질을 방지하여야 한다.
④ 용존가스, 환원성 물질, 휘발성유기화합물, 냄새, 유류 및 수소이온 등을 측정하기 위한 시료를 채취할 때는 운반 중 공기와의 접촉이 없도록 시료 용기에 가득 채운 후 빠르게 뚜껑을 닫는다.

해설

심부층의 지하수 시료 채취 시에는 저속양수펌프 등을 이용하여 반드시 저속시료채취하여 시료교란을 최소화하여야 하며, 천부층의 경우 저속양수펌프 또는 정량이송펌프 등을 사용한다.

정답 ③

77 ★☆☆

자외선/가시선 분광법으로 불소 시험 중 탈색현상이 나타났을 때 원인이 될 수 있는 것은?

① 황산이 분해되어 유출된 경우
② 염소이온이 다량 함유되어 있을 경우
③ 교반속도가 일정하지 않았을 경우
④ 시료 중 불소함량이 정량범위를 초과할 경우

해설
자외선/가시선 분광법으로 불소 시험 중 탈색현상이 나타나는 경우는 시료 중 불소함량이 정량범위를 초과할 경우이다.

정답 ④

78 ★☆☆

반드시 유리시료용기를 사용하여 시료를 보관해야 하는 항목은?

① 염소이온   ② 총인
③ 시안   ④ 유기인

해설
염소이온, 총인, 시안은 폴리에틸렌용기나 유리용기를 사용할 수 있다.

정답 ④

79 ★★☆

NaOH 0.01M은 몇 mg/L인가?

① 40   ② 400
③ 4,000   ④ 40,000

해설

$$X[\text{mg/L}] = \frac{0.01\text{mol}}{\text{L}} \left| \frac{40\text{g}}{1\text{mol}} \right| \frac{10^3\text{mg}}{1\text{g}} = 400\text{mg/L}$$

정답 ②

80 ★★☆

자외선/가시선 분광법을 적용하여 페놀류를 측정할 때 간섭물질에 관한 설명으로 (   )에 옳은 것은?

> 황 화합물의 간섭을 받을 수 있는데 이는 (   )을 사용하여 pH 4로 산성화하여 교반하면 황화수소, 이산화황으로 제거할 수 있다.

① 염산   ② 질산
③ 인산   ④ 과염소산

해설
황 화합물의 간섭을 받을 수 있는데 이는 인산(H_3PO_4)을 사용하여 pH 4로 산성화하여 교반하면 황화수소(H_2S)나 이산화황(SO_2)으로 제거할 수 있다. 황산구리($CuSO_4$)를 첨가하여 제거할 수도 있다.

정답 ③

수질환경관계법규

81
★★☆

낚시제한구역에서의 낚시방법의 제한사항 기준으로 옳은 것은?

① 1개의 낚싯대에 4개 이상의 낚싯바늘을 떡밥과 뭉쳐서 미끼로 던지는 행위
② 1개의 낚싯대에 5개 이상의 낚싯바늘을 떡밥과 뭉쳐서 미끼로 던지는 행위
③ 1명당 2대 이상의 낚싯대를 사용하는 행위
④ 1명당 3대 이상의 낚싯대를 사용하는 행위

해설

「시행규칙 제30조」

낚시제한구역에서의 제한사항

• 낚싯바늘에 끼워서 사용하지 아니하고 물고기를 유인하기 위하여 떡밥·어분 등을 던지는 행위
• 어선을 이용한 낚시행위 등 「낚시 관리 및 육성법」에 따른 낚시어선업을 영위하는 행위
• 1명당 4대 이상의 낚싯대를 사용하는 행위
• 1개의 낚싯대에 5개 이상의 낚싯바늘을 떡밥과 뭉쳐서 미끼로 던지는 행위
• 쓰레기를 버리거나 취사행위를 하거나 화장실이 아닌 곳에서 대·소변을 보는 등 수질오염을 일으킬 우려가 있는 행위
• 고기를 잡기 위하여 폭발물·배터리·어망 등을 이용하는 행위

정답 ②

82
★☆☆

비점오염원의 변경신고 기준으로 옳지 않은 것은?

① 상호, 대표자, 사업명 또는 업종의 변경
② 총 사업면적, 개발면적 또는 사업장 부지 면적이 처음 신고면적의 100분의 30 이상 증가하는 경우
③ 비점오염저감시설의 종류, 위치, 용량이 변경되는 경우
④ 비점오염원 또는 비점오염저감시설의 전부 또는 일부를 폐쇄하는 경우

해설

「시행령 제73조」

비점오염원의 변경신고를 하여야 하는 경우

• 상호, 대표자, 사업명 또는 업종의 변경
• 총 사업면적, 개발면적 또는 사업장 부지 면적이 처음 신고면적의 100분의 15 이상 증가하는 경우
• 비점오염저감시설의 종류, 위치, 용량이 변경되는 경우
• 비점오염원 또는 비점오염저감시설의 전부 또는 일부를 폐쇄하는 경우

정답 ②

83
★★☆

수질오염경보(조류경보) 발령 단계 중 조류 대발생 시 취수장·정수장 관리자의 조치사항은?

① 주 2회 이상 시료채취·분석
② 정수의 독소분석 실시
③ 발령기관에 대한 시험분석결과의 신속한 통보
④ 취수구 및 조류가 심한 지역에 대한 방어막 설치 등 조류 제거 조치 실시

해설

「시행령 별표 4」

상수원 구간의 조류경보

단계	관계 기관	조치사항
조류 대발생	취수장·정수장 관리자	• 조류증식 수심 이하로 취수구 이동 • 정수 처리 강화(활성탄 처리, 오존 처리) • 정수의 독소분석 실시

정답 ②

84

★☆☆

폐수재이용업의 등록기준에 대한 설명 중 틀린 것은?

① 저장시설: 원폐수 및 재이용 후 발생되는 폐수 저장시설의 용량은 1일 8시간 최대처리량의 3일분 이상의 규모이어야 한다.

② 건조시설: 건조 잔류물이 외부로 누출되지 않는 구조로 건조잔류물의 수분 함량이 75퍼센트 이하의 성능이어야 한다.

③ 소각시설: 소각시설의 연소실 출구 배출가스 온도조건은 최소 850℃ 이상 체류시간은 최소 1초 이상이어야 한다.

④ 운반장비: 폐수운반차량은 흑색으로 도색하고 노란색 글씨로 폐수운반차량, 회사명, 등록번호 및 용량 등을 일정한 크기로 표시하여야 한다.

해설

「시행규칙 별표 20」
폐수운반차량은 청색으로 도색하고 양쪽 옆면과 뒷면에 가로 50cm, 세로 20cm 이상 크기의 노란색 바탕에 검은색 글씨로 폐수운반차량, 회사명, 허가번호, 전화번호 및 용량을 지워지지 아니하도록 표시하여야 한다.

정답 ④

85

★☆☆

중점관리저수지의 관리자와 그 저수지의 소재지를 관할하는 시·도지사가 수립하는 중점관리저수지의 수질오염방지 및 수질개선게 관한 대책에 포함되어야 하는 사항으로 (   )에 옳은 것은?

> 중점관리저수지의 경계로부터 반경 (   )의 거주인구 등 일반현황

① 500m 이내　　　　② 1km 이내
③ 2km 이내　　　　④ 5km 이내

해설

「시행규칙 제33조의3」
중점관리저수지의 관리자와 그 저수지의 소재지를 관할하는 시·도지사는 공동으로 수질오염방지 및 수질개선에 관한 대책을 수립하여 제출할 수 있다.
• 중점관리저수지의 설치목적, 이용현황 및 오염현황
• 중점관리저수지의 경계로부터 반경 2km 이내의 거주인구 등 일반현황
• 중점관리저수지의 수질 관리목표
• 중점관리저수지의 수질오염예방 및 수질개선방안
• 그 밖에 중점관리저수지의 적정관리를 위하여 필요한 사항

정답 ③

86

★☆☆

시·도지사가 설치할 수 있는 측정망의 종류에 해당하는 것은?

① 비점오염원에서 배출되는 비점오염물질 측정망
② 퇴적물 측정망
③ 도심하천 측정망
④ 공공수역 유해물질 측정망

해설

「시행규칙 제23조」
시·도지사가 설치할 수 있는 측정망의 종류
• 소권역을 관리하기 위한 측정망
• 도심하천 측정망
• 그 밖에 유역환경청장이나 지방환경청장과 협의하여 설치·운영하는 측정망

정답 ③

2020년

87 ★★★

대권역 물환경관리계획에 포함되어야 할 사항으로 틀린 것은?

① 상수원 및 물 이용현황
② 점오염원, 비점오염원 및 기타수질오염원의 분포현황
③ 점오염원, 비점오염원 및 기타수질오염원의 수질오염 저감시설 현황
④ 점오염원, 비점오염원 및 기타수질오염원에서 배출되는 수질오염물질의 양

해설
「법 제24조」
대권역계획에는 다음 각 호의 사항이 포함되어야 한다.
• 물환경의 변화 추이 및 물환경목표기준
• 상수원 및 물 이용현황
• 점오염원, 비점오염원 및 기타수질오염원의 분포현황
• 점오염원, 비점오염원 및 기타수질오염원에서 배출되는 수질오염물질의 양
• 수질오염 예방 및 저감 대책
• 물환경 보전조치의 추진방향
• 「기후위기 대응을 위한 탄소중립·녹색성장 기본법」 제2조제1호에 따른 기후변화에 대한 적응대책
• 그 밖에 환경부령으로 정하는 사항

정답 ③

88 ★☆☆

시·도지사가 오염총량관리기본계획의 승인을 받으려는 경우 오염총량관리기본계획안에 첨부하여 환경부장관에게 제출하여야 하는 서류가 아닌 것은?

① 유역환경의 조사·분석 자료
② 오염부하량의 저감계획을 수립하는 데에 사용한 자료
③ 오염총량목표수질을 수립하는 데에 사용한 자료
④ 오염부하량의 산정에 사용한 자료

해설
「시행규칙 제11조」
시·도지사는 오염총량관리기본계획의 승인을 받으려는 경우에는 오염총량관리기본계획안에 다음 각 호의 서류를 첨부하여 환경부장관에게 제출하여야 한다.
• 유역환경의 조사·분석 자료
• 오염원의 자연증감에 관한 분석 자료
• 지역개발에 관한 과거와 장래의 계획에 관한 자료
• 오염부하량의 산정에 사용한 자료
• 오염부하량의 저감계획을 수립하는 데에 사용한 자료

정답 ③

89 ★☆☆

공공폐수처리시설 배수설비의 설치방법 및 구조기준으로 옳지 않은 것은?

① 배수관의 관경은 안지름 150mm 이상으로 하여야 한다.
② 배수관은 우수관과 합류하여 설치하여야 한다.
③ 배수관의 기점·종점·합류점·굴곡점과 관경·관 종류가 달라지는 지점에는 맨홀을 설치하여야 한다.
④ 배수관 입구에는 유효간격 10mm 이하의 스크린을 설치하여야 한다.

해설
「시행규칙 별표 16」
배수관은 우수관과 분리하여 빗물이 혼합되지 아니하도록 설치하여야 한다.

정답 ②

90 ★☆☆

중권역 환경관리위원회의 위원으로 될 수 없는 자는?

① 수자원 관계 기관의 임직원
② 지방의회의원
③ 관계 행정기관의 공무원
④ 영리 민간단체에서 추천한 자

해설

「환경정책기본법 시행령 제17조」
중권역위원회는 위원장 1명을 포함한 30명 이내의 위원으로 구성하고 중권역위원회의 위원장은 유역환경청장 또는 지방환경청장이 된다. 중권역위원회의 위원은 유역환경청장 또는 지방환경청장이 다음의 사람 중에서 위촉하거나 임명한다.

• 관계 행정기관의 공무원
• 지방의회의원
• 수자원 관계 기관의 임직원
• 상공(商工)단체 등 관계 경제단체 · 사회단체의 대표자
• 그 밖에 환경보전 또는 국토계획 · 도시계획에 관한 학식과 경험이 풍부한 사람
• 시민단체(「비영리민간단체 지원법」 제2조에 따른 비영리민간단체)에서 추천한 사람

정답 ④

91 ★☆☆

수질 및 수생태계 환경기준에서 해역의 생활환경 기준으로 옳지 않은 것은?

① 수소이온농도(pH): 6.5~8.5
② 용매추출유분(mg/L): 0.01 이하
③ 총대장균군(총대장균군수/100mL): 1,000 이하
④ 총인(mg/L): 0.05 이하

해설

「환경정책기본법 시행령 별표 1」
총인은 해역의 생활환경 기준 대상이 아니다.

정답 ④

92 ★★☆

수질오염경보(조류경보) 단계 중 다음 발령 · 해제 기준의 설명에 해당하는 단계는? (단, 상수원 구간)

> 2회 연속 채취 시 남조류 세포수가 1,000세포/mL 이상 10,000세포/mL 미만인 경우

① 관심
② 경보
③ 조류대발생
④ 해제

해설

「시행령 별표 3」
조류경보(상수원 구간)

경보단계	발령 · 해제 기준
관심	2회 연속 채취 시 남조류 세포 수가 1,000세포/mL 이상 10,000세포/mL 미만인 경우
경계	2회 연속 채취 시 남조류 세포 수가 10,000세포/mL 이상 1,000,000세포/mL 미만인 경우
조류대발생	2회 연속 채취 시 남조류 세포 수가 1,000,000세포/mL 이상인 경우
해제	2회 연속 채취 시 남조류 세포 수가 1,000세포/mL 미만인 경우

정답 ①

93 ★★☆

초과부과금 산정 시 적용되는 수질오염물질 1킬로그램당 부과금액이 가장 낮은 것은?

① 크롬 및 그 화합물
② 유기인화합물
③ 시안화합물
④ 비소 및 그 화합물

해설

「시행령 별표 14」
• 크롬 및 그 화합물: 75,000원
• 유기인화합물: 150,000원
• 시안화합물: 150,000원
• 비소 및 그 화합물: 100,000원

정답 ①

94 ★★★

수질오염 방지시설 중 생물화학적 처리시설이 아닌 것은?

① 살균시설
② 폭기시설
③ 산화시설(산화조 또는 산화지)
④ 안정조

해설
「시행규칙 별표 5」
살균시설은 화학적 처리시설이다.

정답 ①

95 ★★☆

제2종 사업장에 해당되는 폐수배출량은?

① 1일 배출량이 50m³ 이상, 200m³ 미만
② 1일 배출량이 100m³ 이상, 300m³ 미만
③ 1일 배출량이 500m³ 이상, 2,000m³ 미만
④ 1일 배출량이 700m³ 이상, 2,000m³ 미만

해설
「시행령 별표 13」
사업장 규모별 구분

종류	배출규모
제1종 사업장	1일 폐수배출량이 2,000m³ 이상인 사업장
제2종 사업장	1일 폐수배출량이 700m³ 이상 2,000m³ 미만인 사업장
제3종 사업장	1일 폐수배출량이 200m³ 이상 700m³ 미만인 사업장
제4종 사업장	1일 폐수배출량이 50m³ 이상 200m³ 미만인 사업장
제5종 사업장	위 제1종부터 제4종까지의 사업장에 해당하지 아니하는 배출시설

정답 ④

96 ★★★

위임업무 보고사항 중 보고 횟수가 연 4회에 해당되는 것은?

① 측정기기 부착사업자에 대한 행정처분 현황
② 측정기기 부착사업장 관리 현황
③ 비점오염원의 설치신고 및 방지시설 설치 현황 및 행정처분 현황
④ 과징금 부과 실적

해설
「시행규칙 별표 23」
③번을 제외한 나머지는 연 2회이다.

정답 ③

97 ★☆☆

폐수무방류배출시설의 세부설치기준에 관한 내용으로 ( )에 옳은 내용은?

특별대책지역에 설치되는 폐수무방류배출시설의 경우 1일 24시간 연속하여 가동되는 것이면 배출폐수를 전량 처리할 수 있는 예비 방지시설을 설치하여야 하고 1일 최대 폐수발생량이 ( )m³ 이상이면 배출 폐수의 무방류 여부를 실시간으로 확인할 수 있는 원격유량감시장치를 설치하여야 한다.

① 100 ② 200
③ 300 ④ 500

해설
「시행령 별표 6」
특별대책지역에 설치되는 경우 폐수배출량이 200m³/day 이상이면 실시간 확인 가능한 원격유량감시장치를 설치하여야 한다.

정답 ②

98 ★☆☆

기본배출부과금의 부과 대상이 되는 수질오염물질은?

① 유기물질 ② BOD
③ 카드뮴 ④ 구리

해설

「시행령 제42조」

기본배출부과금 부과 대상 수질오염물질의 종류

• 유기물질
• 부유물질

정답 ①

99 ★★☆

비점오염저감시설의 유형별 기준 중 자연형 시설이 아닌 것은?

① 저류시설 ② 침투시설
③ 식생형 시설 ④ 스크린형 시설

해설

「시행규칙 별표 17」

자연형 시설

• 저류시설
• 인공습지
• 침투시설
• 식생형 시설

정답 ④

100 ★★☆

1일 폐수배출량이 2천m^3 이상인 사업장에서 생물화학적산소요구량의 농도가 25mg/L의 폐수를 배출하였다면, 이 업체의 방류수수질기준 초과에 따른 부과계수는? (단, 배출허용기준에 적용되는 지역은 청정지역임)

① 2.0 ② 2.2
③ 2.4 ④ 2.6

해설

「시행령 별표 11」
「시행규칙 별표 10」
「시행규칙 별표 13」

방류수 수질기준 초과율별 부과계수

초과율	10% 미만	10% 이상 20% 미만	20% 이상 30% 미만	30% 이상 40% 미만	40% 이상 50% 미만
부과계수	1	1.2	1.4	1.6	1.8
초과율	50% 이상 60% 미만	60% 이상 70% 미만	70% 이상 80% 미만	80% 이상 90% 미만	90% 이상 100%까지
부과계수	2.0	2.2	2.4	2.6	2.8

방류수 수질기준 초과율(%)

$$= \frac{(배출농도 - 방류수수질기준)}{(배출허용기준 - 방류수수질기준)} \times 100$$

$$= \frac{(25-10)}{(30-10)} \times 100 = 75(\%)$$

여기서, 배출농도: 25mg/L

방류수 수질기준: 10mg/L

배출허용기준(청정지역): 30mg/L

※ 청정지역에서 1일 폐수배출량 2,000m^3 이상인 경우 생물화학적 산소요구량 버출허용기준 농도는 30mg/L임.

※ Ⅰ~Ⅳ 지역의 방류수 수질기준에서 생물학적 산소요구량은 10mg/L 이하임.

정답 ③

기출문제

자동채점

---

01 ★☆☆

부조화형 호수가 아닌 것은?

① 부식영양형 호수   ② 부영양형 호수

③ 알칼리영양형 호수   ④ 산영양형 호수

해설

• 부(비)조화형 호수에는 부식영양형, 산영양형, 알칼리영양형이 있다.
• 부영양형 호수는 조화형 호수에 해당한다.

정답 ②

02 ★★☆

물의 이온화적(K_W)에 관한 설명으로 옳은 것은?

① 25℃에서 물의 K_W가 1.0×10^{-14}이다.

② 물은 강전해질로서 거의 모두 전리된다.

③ 수온이 높아지면 감소하는 경향이 있다.

④ 순수의 pH는 7.0이며 온도가 증가할수록 pH는 높아진다.

선지분석

② 순수한 물은 비전해질이다.
③ 수온이 높아지면 증가하는 경향이 있다.
④ 순수의 pH는 7.0이며 온도가 증가할수록 pH는 낮아진다.

정답 ①

03 ★★☆

미생물을 진핵세포와 원핵세포로 나눌 때 원핵세포에는 없고 진핵세포에만 있는 것은?

① 리보솜   ② 세포소기관

③ 세포벽   ④ DNA

해설

원핵세포는 세포소기관이 없다.

정답 ②

04 ★☆☆

수중의 물질이동확산에 관한 설명으로 옳은 것은?

① 해역에서의 난류확산은 수평방향이 심하고 수직방향은 비교적 완만하다.

② 일정한 온도에서 일정량의 물에 용해하는 기체의 부피는 그 기체의 분압에 비례한다.

③ 수중에서 오염물질의 확산속도는 분자량이 커질수록 작아지며, 기체 밀도의 제곱근에 반비례한다.

④ 하천, 호수, 해역 등에 유입된 오염물질은 분자확산, 여과, 전도현상 등에 의해 점점 농도가 높아진다.

선지분석

② 헨리의 법칙: 일정한 온도에서 일정량의 물에 용해하는 기체의 질량은 그 기체의 분압에 비례한다.
③ Graham의 법칙: 일정한 온도와 압력상태에서 기체의 확산속도는 그 기체 분자량의 제곱근에 반비례한다.
④ 하천, 호수, 해역 등에 유입된 오염물질은 분자확산, 여과, 전도현상 등에 의해 점점 농도가 낮아진다.

정답 ①

05
★☆☆

Alkalinity의 정의에서 물속에 Carbonate만 있을 경우에 대한 설명으로 가장 거리가 먼 것은?

① pH는 약 9.5 이상이다.

② 페놀프탈레인 종말점은 Total Alkalinity의 절반이 된다.

③ Carbonate Alkalinity는 Total Alkalinity와 같다.

④ 산을 주입시키면 사실상 페놀프탈레인 종말점만 찾을 수 있다.

해설

물속에 Carbonate만 있는 경우에 산을 주입시키면 페놀프탈레인과 메틸오렌지 두 지시약의 종말점을 모두 찾을 수 있다.

관련이론 | 알칼리도

· Alkalinity: 알칼리도

· Total Alkalinity: 총 알칼리도(M-알칼리도+P-알칼리도)
 − M-알칼리도(메틸오렌지 알칼리도): pH 4.5 근처에서의 알칼리도
 − P-알칼리도(페놀프탈레인 알칼리도): pH 8.3 근처에서의 알칼리도

정답 ④

06
★☆☆

금속수산화물 $M(OH)_2$의 용해도적(K_{sp})이 4.0×10^{-9}이면 $M(OH)_2$의 용해도(g/L)는? (단, M은 2가, $M(OH)_2$의 분자량 =80)

① 0.04 　　② 0.08

③ 0.12 　　④ 0.16

해설

$$M(OH)_2 \rightleftharpoons \underset{L_m}{M^{2+}} + \underset{2L_m}{2OH^-}$$

$$K_{sp} = [M^{2+}][OH^-]^2 = L_m \times (2L_m)^2 = 2^2 \cdot L_m^3$$

$$L_m[\text{mol/L}] = \sqrt[3]{K_{sp}/2^2}$$
$$= \sqrt[3]{4.0 \times 10^{-9}/2^2}$$
$$= 1.0 \times 10^{-3} \text{mol/L}$$

$$\therefore \text{용해도[g/L]} = \frac{1.0 \times 10^{-3} \text{mol}}{L} \left| \frac{80g}{1\text{mol}} \right.$$
$$= 0.08g/L$$

정답 ②

07
★★★

하수의 BOD_3가 140mg/L이고 탈산소계수 k(상용대수)가 0.2/day일 때 최종 BOD(mg/L)는?

① 약 164 　　② 약 172

③ 약 187 　　④ 약 196

해설

$$BOD_t = BOD_u(1 - 10^{-k_1 t})$$
$$140 = BOD_u(1 - 10^{-0.2 \times 3})$$
$$\therefore BOD_u = 186.96 \fallingdotseq 187 \text{mg/L}$$

정답 ③

08
★☆☆

세포의 형태에 따른 세균의 종류를 올바르게 짝지은 것은?

① 구형 – Vibrio cholera

② 구형 – Spirillum volutans

③ 막대형 – Bacillus subtilis

④ 나선형 – Streptococcus

선지분석

① 꺾인 막대형 – Vibrio cholera

② 나선형 – Spirillum volutans

④ 구형 – Streptococcus

정답 ③

09

★☆☆

미생물의 종류를 분류할 때, 탄소 공급원에 따른 분류는?

① Aerobic, Anaerobic

② Thermophilic, Psychrophilic

③ Phytosynthetic, Chemosynthetic

④ Autotrophic, Heterotrophic

선지분석

미생물은 탄소 공급원에 따라 Autotrophic과 Heterotrophic으로 분류할 수 있다.

① 산소 호흡 유무에 따른 분류: Aerobic(호기성),
  Anaerobic(혐기성)

② 온도 생장 환경에 따른 분류: Thermophilic(고온성),
  Psychrophilic(저온성)

③ 에너지원에 따른 분류: Phytosynthetic(광합성),
  Chemosynthetic(화학합성)

④ 탄소 공급원에 따른 분류: Autotrophic(독립영양계),
  Heterotrophic(종속영양계)

정답 ④

10

★☆☆

생분뇨의 BOD는 19,500ppm, 염소이온 농도는 4,500ppm 이다. 정화조 방류수의 염소이온 농도가 225ppm이고 BOD 농도가 30ppm일 때, 정화조의 BOD 제거 효율(%)은? (단, 희석 적용, 염소는 분해되지 않음)

① 96

② 97

③ 98

④ 99

해설

$\eta = \left(1 - \dfrac{C_o}{C_i}\right) \times 100$

· C_i: 유입 BOD 농도[mg/L]

· C_o: 처리수 BOD 농도[mg/L]

염소이온의 농도를 이용하여 희석배수를 구하면, $\dfrac{4,500}{225} = 20$배

$C_i = 19,500\text{ppm}$

$C_o = 30 \times 20 = 600\text{ppm}$

$\therefore \ \eta = \left(1 - \dfrac{C_o}{C_i}\right) \times 100 = \left(1 - \dfrac{600}{19,500}\right) \times 100$

$= 96.92 ≒ 97\%$

정답 ②

11

★★☆

Glycine($CH_2(NH_2)COOH$) 7몰을 분해하는 데 필요한 이론적 산소 요구량(g O_2/mol)은? (단, 최종산물은 HNO_3, CO_2, H_2O이다.)

① 724

② 742

③ 768

④ 784

해설

$\underline{CH_2(NH_2)COOH} + \underline{3.5O_2} \rightarrow 2CO_2 + HNO_3 + 2H_2O$

$\quad\quad 1\text{mol} : 3.5 \times 32\text{g}$

$\quad\quad 7\text{mol} : X(\text{g})$

$\therefore \ X = 784\text{g } O_2$

정답 ④

12

★★☆

아세트산(CH_3COOH) 1,000mg/L 용액의 pH가 3.0이었다면, 이 용액의 해리상수(K_a)는?

① 2×10^{-5}

② 3×10^{-5}

③ 4×10^{-5}

④ 6×10^{-5}

해설

$[H^+] = 10^{-pH} = 10^{-3}\text{mol/L}$

$CH_3COOH[\text{mol/L}] = \dfrac{1,000\text{mg}}{L} \left| \dfrac{1\text{g}}{10^3\text{mg}} \right| \dfrac{1\text{mol}}{60\text{g}} = 0.0167\text{mol/L}$

해리상수$[K_a]$

$= \dfrac{[CH_3COO^-][H^+]}{[CH_3COOH]}$ (단, $[CH_3COOH^-] = [H^+]$)

$= \dfrac{(10^{-3})^2}{0.0167} = 5.988 \times 10^{-5} ≒ 6 \times 10^{-5}$

정답 ④

13

★☆☆

오염물질 중 생분해성 유기물이 아닌 것은?

① 알코올
② PCB
③ 전분
④ 에스테르

해설

PCB는 폴리염화비닐로 물에 녹지 않고 기름과 같은 유기 용매에 잘 녹으며 불활성, 내열성, 전기전열성이 좋아 쉽게 분해되지 않는 인공 유기 화합물이다.

정답 ②

14

★☆☆

아래와 같은 반응에 관여하는 미생물은?

$$2NO_3^- + 5H_2 \rightarrow N_2 + 2OH^- + 4H_2O$$

① *Pseudomonas*
② *Sphaerotilus*
③ *Acinetobacter*
④ *Nitrosomonas*

선지분석

탈질미생물에는 *Pseudomonas*, *Micrococcus*, *Achromobacter*, *Bacillus*가 있다.
② *Sphaerotilus*: 슬러지 팽화에 관여하는 미생물
③ *Acinetobacter*: 토양 속에 존재하는 그람음성간균
④ *Nitrosomonas*: 질산화(암모니아성 질소 → 아질산성 질소)에 관여하는 미생물

정답 ①

15

★☆☆

하천이 바다로 유입되는 지역으로 반폐쇄성 수역인 하구에서 물의 흐름에 대한 설명으로 틀린 것은?

① 밀도류에 의해 흐름이 발생한다.
② 조류의 증가나 감소에 의해 흐름이 발생한다.
③ 간조나 만조 사이에 물의 이동 방향은 하류 방향이다.
④ 간조 시에는 담수의 흐름이 바다로 향한 이동에 작용한다.

해설

간조나 만조 사이에 물의 이동 방향은 상류 방향이다.

정답 ③

16

★★☆

지구상에 분포하는 수량 중 빙하(만년설포함) 다음으로 가장 많은 비율을 차지하고 있는 것은? (단, 담수 기준)

① 하천수
② 지하수
③ 대기습도
④ 토양수

해설

지구상에 분포하는 수량의 비율

해수(97.2%) > 빙하(2.15%) > 지하수(0.62%) > 담수호(0.009%) > 염수호(0.008%) > 토양수(0.005%) > 대기(0.001%) > 하천수(0.00009%)

정답 ②

17

★★☆

다음 지하수의 특성에 대한 설명 중 잘못된 것은?

① 지하수는 국지적인 환경조건의 영향을 크게 받는다.
② 지하수의 염분농도는 지표수 평균농도보다 낮다.
③ 주로 세균에 의한 유기물 분해작용이 일어난다.
④ 지하수는 토양수내 유기물질 분해에 따른 탄산가스의 발생과 약산성의 빗물로 인하여 광물질이 용해되어 경도가 높다.

해설

지하수의 염분농도는 지표수 평균농도보다 높다.

정답 ②

18

★☆☆

Streeter-Phelps식의 기본가정이 틀린 것은?

① 오염원은 점오염원
② 하상퇴적물의 유기물 분해를 고려하지 않음
③ 조류의 광합성은 무시, 유기물의 분해는 1차 반응
④ 하천의 흐름 방향 분산을 고려

해설

모든 방향에 대하여 확산(분산)은 무시한다.

정답 ④

19 ★★☆

0.1N HCl 용액 100mL에 0.2N NaOH 용액 75mL를 섞었을 때 혼합용액의 pH는? (단, 전리도는 100% 기준)

① 약 10.1 ② 약 10.4
③ 약 11.3 ④ 약 12.5

해설

$$N_n = \frac{N_1 V_1 - N_2 V_2}{V_1 + V_2} = \frac{0.2 \times 75 - 0.1 \times 100}{75 + 100}$$

$$= 0.02857 \text{N} (= \text{NaOH})$$

$$\text{pOH} = -\log[\text{OH}^-] = -\log(0.02857) = 1.544$$

$$\therefore \text{pH} = 14 - \text{pOH} = 14 - 1.544 \fallingdotseq 12.5$$

정답 ④

20 ★★☆

하천수의 난류확산 방정식과 상관성이 적은 인자는?

① 유량 ② 침강속도
③ 난류확산계수 ④ 유속

해설

하천수의 난류확산 방정식

$$\frac{\partial C}{\partial t} + \frac{\partial(uC)}{\partial x} + \frac{\partial(vC)}{\partial y} + \frac{\partial(wC)}{\partial z}$$

$$= \frac{\partial}{\partial x}\left(D_x \frac{\partial C}{\partial x}\right) + \frac{\partial}{\partial y}\left(D_y \frac{\partial C}{\partial y}\right) + \frac{\partial}{\partial z}\left(D_z \frac{\partial C}{\partial z}\right) + w_o \frac{\partial C}{\partial z} - KC$$

· C: 하천수의 오염물질 농도(mg/L)
· u, v, w: x(유하), y(수평), z(수직) 방향의 유속
· D_x, D_y, D_z: x, y, z 방향의 확산계수
· w_o: 대상오염물질의 침강속도(m/sec)
· K: 대상오염물질의 자기감쇠계수

정답 ①

상하수도계획

21 ★☆☆

관경 1,100mm, 동수경사 2.4‰, 유속 1.63m/sec, 길이 $L = 30.6$m일 때 역사이폰의 손실수두(m)는 약 얼마인가? (단, 손실수두에 관한 여유 α=0.042m)

① 0.42 ② 0.32
③ 0.25 ④ 0.16

해설

$$H = i \cdot L + 1.5 \times \frac{V^2}{2g} + \alpha$$

$$= \frac{2.4}{1,000} \times 30.6 + 1.5 \times \frac{1.63^2}{2 \times 9.8} + 0.042$$

$$= 0.3187 \fallingdotseq 0.32\text{m}$$

정답 ②

22 ★★★

상수도시설인 배수지 용량에 대한 설명이다. (   )의 내용으로 옳은 것은?

> 유효용량은 시간변동조정용량과 비상대처용량을 합하여 급수구역의 (   ) 이상을 표준으로 한다.

① 계획시간 최대급수량의 8시간분
② 계획시간 최대급수량의 12시간분
③ 계획1일 최대급수량의 8시간분
④ 계획1일 최대급수량의 12시간분

해설

배수지의 유효용량은 시간변동조정용량과 비상대처용량을 합하여 급수구역의 계획1일 최대급수량의 12시간분 이상을 표준으로 하여야 하며, 지역특성과 상수도시설의 안정성 등을 고려하여 결정한다.

정답 ④

23 ★☆☆

저수시설을 형태적으로 분류할 때의 구분과 가장 거리가 먼 것은?

① 지하댐　　　　　② 하구둑
③ 유수지　　　　　④ 저류지

해설

저수시설을 형태적으로 분류하면 댐, 호소, 유수지, 하구둑, 저수지, 지하댐 등의 형식이 있다.

정답 ④

24 ★☆☆

수돗물의 랑게리아지수에 관한 설명으로 틀린 것은?

① 랑게리아지수는 pH, 칼슘경도, 알칼리도를 증가시킴으로써 개선할 수 있다.
② 물의 실제 pH와 이론적 pH(pHs : 수중의 탄산칼슘이 용해되거나 석출되지 않는 평형상태로 있을 때에 pH)와의 차이를 말한다.
③ 지수가 양(+)의 값으로 절대치가 클수록 탄산칼슘의 석출이 일어나기 어렵다.
④ 소석회·이산화탄소병용법은 칼슘경도, 유리탄산, 알칼리도가 낮은 원수의 랑게리아지수 개선에 알맞다.

해설

랑게리아지수가 양(+)의 값으로 절대치가 클수록 탄산칼슘의 석출이 일어나기 쉽다.

정답 ③

25 ★★★

유역면적 40ha, 유출계수 0.7, 유입시간 15분, 유하시간 10분인 지역게서의 합리식에 의한 우수관로 설계유량(m³/sec)은? (단, 강우강도 공식 $I = \dfrac{3,640}{t+40}$)

① 4.36　　　　　② 5.09
③ 5.60　　　　　④ 7.01

해설

$$Q = \frac{1}{360} CIA$$

· Q : 우수유출량[m³/sec]
· C : 유출계수
· I : 강우강도[mm/hr]
· A : 유역면적[ha]

여기서,

$C = 0.7$

t = 유입시간 + 유하시간
　 $= 10\text{min} + 15\text{min} = 25\text{min}$

$I = \dfrac{3,640}{t+40} = \dfrac{3,640}{25+40} = 56\text{mm/hr}$

$A = 40\text{ha}$

$\therefore Q[\text{m}^3/\text{sec}] = \dfrac{1}{360} \times 0.7 \times 56 \times 40$
　　　　　　　$= 4.36\text{m}^3/\text{sec}$

정답 ①

26 ★☆☆

지하수 취수 시 적용되는 양수량 중에서 적정양수량의 정의로 옳은 것은?

① 최대양수량의 80% 이하의 양수량
② 한계양수량의 80% 이하의 양수량
③ 최대양수량의 70% 이하의 양수량
④ 한계양수량의 70% 이하의 양수량

해설

적정양수량은 한계양수량의 70% 이하의 양수량을 말한다.

정답 ④

27 ★★★

상수처리시설인 '착수정'에 관한 설명으로 틀린 것은?

① 형상은 일반적으로 직사각형 또는 원형으로 하고 유입구에는 제수밸브 등을 설치한다.
② 착수정의 고수위와 주변벽체의 상단 간에는 60cm 이상의 여유를 두어야 한다.
③ 용량은 체류시간을 30~60분 정도로 한다.
④ 수심은 3~5m 정도로 한다.

해설
착수정의 용량은 체류시간을 1.5분 이상으로 한다.

정답 ③

28 ★☆☆

정수처리를 위한 막여과설비에서 적절한 막여과의 유속 설정 시 고려사항으로 틀린 것은?

① 막의 종류
② 막공급의 수질과 최고 수온
③ 전처리설비의 유무와 방법
④ 입지조건과 설치공간

해설
막여과의 유속 설정 시 고려사항
• 막의 종류
• 막공급의 수질과 최저 수온
• 전처리설비의 유무와 방법
• 입지조건과 설치공간

정답 ②

29 ★★★

지름 2,000mm의 원심력 철근콘크리트관이 포설되어 있다. 만관으로 흐를 때의 유량(m^3/s)은? (단, 조도계수= 0.015, 동수구배=0.001, Manning 공식 이용)

① 4.17
② 2.45
③ 1.67
④ 0.66

해설
$Q=A$(단면적)$\times V$(유속)을 Manning 공식을 사용하여 정리하면 다음과 같다.

Manning 공식: $V=\dfrac{1}{n}\cdot R^{\frac{2}{3}}\cdot I^{\frac{1}{2}}$

• V : 평균유속[m/sec]
• n : 조도계수
• R : 경심$\left(=\dfrac{A(수류단면적)}{P(윤변)}=\dfrac{D}{4}\right)$[m]
• I : 동수경사

$\therefore Q=A\times\left(\dfrac{1}{n}\cdot R^{\frac{2}{3}}\cdot I^{\frac{1}{2}}\right)$

여기서,

$A=\dfrac{\pi D^2}{4}=\dfrac{\pi\times(2m)^2}{4}=3.14m^2$

$n=0.015$

$R=\dfrac{D}{4}=\dfrac{2m}{4}=0.5m$

$I=\dfrac{1}{1,000}$

$\therefore Q=3.14\times\left(\dfrac{1}{0.015}\right)\times(0.5)^{\frac{2}{3}}\times(0.001)^{\frac{1}{2}}$

$\qquad=3.14\times1.328=4.17m^3/sec$

정답 ①

30 ★★★

양수량(Q) 14m^3/min, 전양정(H) 10m, 회전수(N) 1,100rpm인 펌프의 비교회전도(N_s)는?

① 412
② 732
③ 1,302
④ 1,416

해설
$N_s=N\times\dfrac{Q^{1/2}}{H^{3/4}}=1,100\times\dfrac{14^{1/2}}{10^{3/4}}=731.91≒732rpm$

정답 ②

31 ★★☆

취수탑의 취수구에 관한 설명으로 가장 거리가 먼 것은?

① 단면형상은 정방형을 표준으로 한다.
② 취수탑의 내측이나 외측에 슬루스게이트(제수문), 버터플라이밸브 또는 제수밸브 등을 설치한다.
③ 전면에는 협잡물을 제거하기 위한 스크린을 설치해야 한다.
④ 최하단에 설치하는 취수구는 계획최저수위를 기준으로 하고 갈수 시에도 계획취수량을 확실하게 취수할 수 있는 것으로 한다.

해설
단면형상은 장방형 또는 원형으로 한다.

정답 ①

32 ★☆☆

도수시설인 접합정에 관한 설명으로 옳지 않은 것은?

① 접합정은 충분한 수밀성과 내구성을 지니며, 용량은 계획도수량의 1.5분 이상으로 한다.
② 유입속도가 큰 경우에는 접합정 내에 월류벽 등을 설치한다.
③ 수압이 높은 경우에는 필요에 따라 수압제어용 밸브를 설치한다.
④ 유출관의 유출구 중심높이는 저수위에서 관경의 2배 이상 높게 하는 것을 원칙으로 한다.

해설
유출관의 유출구 중심높이는 저수위에서 관경의 2배 이상 낮게 하는 것을 원칙으로 한다.

정답 ④

33 ★★☆

정수시설인 막여과시설에서 막모듈의 파울링에 해당되는 내용은?

① 막모듈의 공급유로 또는 여과수 유로가 고형물로 폐색되어 흐르지 않는 상태
② 미생물과 막 재질의 자화 또는 분비물의 작용에 의한 변화
③ 건조되거나 수축으로 인한 막 구조의 비가역적인 변화
④ 원수 중의 고형물이나 진동에 의한 막 면의 상처나 마모, 파단

해설
파울링은 막 자체의 변질이 아닌 외적 인자로 생긴 막성능의 저하를 말한다. 열화는 막 자체의 변질로 생긴 막성능의 저하로, 선지 ②~④번이 해당한다.

정답 ①

34 ★☆☆

펌프의 제원 결정 시 고려하여야 할 사항이 아닌 것은?

① 전양정   ② 비속도
③ 토출량   ④ 구경

해설
• 펌프의 제원 결정
  전양정, 토출량, 구경, 원동기 출력, 회전속도
• 펌프의 형식 결정
  사용조건에 가장 알맞은 비속도(N_s)의 펌프 선정

정답 ②

2019년

35

★★★

정수장의 플록형성지에 관한 설명으로 틀린 것은?

① 플록형성지는 혼화지와 침전지 사이에 위치하고 침전지에 붙여서 설치한다.

② 플록형성시간은 계획정수량에 대하여 20~40분간을 표준으로 한다.

③ 플록큐레이터의 주변속도는 15~80cm/sec로 한다.

④ 플록형성지 내의 교반강도는 상류, 하류를 동일하게 유지하여 일정한 강도의 플록을 형성시킨다.

해설

플록형성지 내의 교반강도는 하류로 갈수록 점차 감소시키는 것이 바람직하다.

정답 ④

36

★☆☆

우수관로 및 합류관로의 최소관경에 관한 내용으로 옳은 것은?

① 200mm를 표준으로 한다.

② 250mm를 표준으로 한다.

③ 300mm를 표준으로 한다.

④ 350mm를 표준으로 한다.

해설

하수관로의 최소관경
오수관로는 200mm, 우수관로 및 합류관로는 250mm를 표준으로 한다.

정답 ②

37

★★☆

상수도 취수 시 계획취수량의 기준은?

① 계획1일 최대급수량의 10% 정도 증가된 수량으로 정함

② 계획1일 평균급수량의 10% 정도 증가된 수량으로 정함

③ 계획1시간 최대급수량의 10% 정도 증가된 수량으로 정함

④ 계획1시간 평균급수량의 10% 정도 증가된 수량으로 정함

해설

계획취수량은 계획1일 최대급수량을 기준으로 하며, 기타 필요한 작업용수를 포함하여 5~10%의 여유를 둔다.

정답 ①

38

★☆☆

하수관로 연결방법의 특징에 관한 설명 중 틀린 것은?

① 소켓(Socket)연결은 시공이 쉽고 고무링이나 압축조인트를 사용하는 경우에는 배수가 곤란한 곳에서도 시공이 가능하고 수밀성도 높다.

② 맞물림(Butt)연결은 중구경 및 대구경의 시공이 쉽고 배수가 곤란한 곳에서도 시공이 가능하다.

③ 맞물림 연결은 수밀성도 있지만 연결부의 관두께가 얇기 때문에 연결부가 약하고 고무링으로 연결 시 누수의 원인이 된다.

④ 맞대기 연결(수밀밴드 사용)은 흄관의 Butt연결을 대체하는 방법으로서 수밀성이 크게 향상된 수밀밴드 등을 사용하여 시공한다.

해설

맞대기 연결(수밀밴드 사용)은 흄관의 칼라연결을 대체하는 방법으로서 수밀성을 보장받을 수 있는 수밀밴드 등을 사용하여 시공한다.

정답 ④

39 ★☆☆

펌프의 흡입(하수)관에 관한 설명으로 옳은 것은?

① 흡입관은 각 펌프마다 설치할 필요는 없다.

② 흡입관을 수평으로 부설하는 것은 피한다.

③ 횡축펌프의 토출관 끝은 마중물을 고려하여 수중에 잠기지 않도록 한다.

④ 연결부나 기타 부근에서는 공기가 흡입되도록 한다.

해설

펌프의 흡입관

• 흡입관은 펌프 1대당 하나로 한다.

• 흡입관을 수평으로 부설하는 것은 피한다.

• 흡입관은 연결부나 기타 부분으로부터 절대로 공기가 흡입되지 않도록 한다.

• 흡입관의 끝은 나팔 모양으로 한다.

• 흡입관이 길 때에는 중간에 진동방지대를 설치할 수 있다.

• 횡축펌프의 토출관 끝은 마중물을 고려하여 수중에 잠기는 구조로 한다.

정답 ②

40 ★☆☆

계획오염부하량 및 계획유입수질에 관한 내용으로 옳지 않은 것은?

① 관광오수에 의한 오염부하량은 당일관광과 숙박으로 나누고 각각의 원단위에서 추정한다.

② 영업오수에 의한 오염부하량은 업무의 종류 및 오수의 특징 등을 감안하여 결정한다.

③ 생활오수에 의한 오염부하량은 1인1일당 오염부하량 원단위를 기초로 하여 정한다.

④ 하수의 계획유입수질은 계획오염부하량을 계획1일 최대오수량으로 나눈값으로 한다.

해설

하수의 계획유입수질은 계획오염부하량을 계획1일 평균오수량으로 나눈 값으로 한다.

정답 ④

수질오염방지기술

41 ★☆☆

암모니아 제거방법 중 파괴점 염소주입처리의 단점으로 거리가 먼 것은?

① 용존성 고형물 증가

② 많은 경비 소비

③ pH를 10 이상으로 높여야 함

④ THM 등 건강에 해로운 물질이 생성될 수 있음

해설

pH를 10 이상으로 높이는 방법은 암모니아 탈기법이다. 파괴점 염소주입처리는 pH가 10 이상이면 처리되지 않는다.

정답 ③

42 ★☆☆

BOD에 대한 설명으로 가장 거리가 먼 것은?

① 최종 BOD가 같다고 해도 시간과 반응계수(K)에 따라 달라진다.

② 반응계수가 클수록 시간에 대한 산소 소비율은 커진다.

③ 질산화 박테리아의 성장이 늦기 때문에 반응초기에 많은 양의 질산화 박테리아가 존재하여도 5일 BOD실험에는 방해가 되지 않는다.

④ 질산화 반응을 억제하기 위한 억제제(inhibitory agent)로는 methylene blue, thiourea 등이 있다.

해설

시료 중 질산화 미생물이 충분히 존재할 경우 유기 및 암모니아성 질소 등 환원상태의 질소화합물질이 BOD 결과를 높게 만들기 때문에 5일 BOD 실험에 방해가 된다. 따라서 적절한 질산화 억제 시약을 사용하여 질소에 의한 산소 소비를 방지해야 한다.

정답 ③

43 ★☆☆

고농도의 유기물질(BOD)이 오염이 적은 수계에 배출될 때 나타나는 현상으로 가장 거리가 먼 것은?

① pH의 감소　　　　② DO의 감소
③ 박테리아의 증가　　④ 조류의 증가

해설
유기물질(BOD)의 농도 증가는 조류의 증가를 유발한다. 즉, 조류의 증가는 유기물이 어느정도 분해되었을 때 나타나는 현상이다.

정답 ④

44 ★☆☆

소화조 슬러지 주입율이 100m³/day이고, 슬러지의 SS 농도가 6.47%, 소화조 부피가 1,250m³, SS내 VS 함유율이 85%일 때 소화조에 주입되는 VS의 용적부하(kg/m³·day)는? (단, 슬러지의 비중은 1.0이다.)

① 1.4　　　　② 2.4
③ 3.4　　　　④ 4.4

해설

VS의 용적부하$\left[\dfrac{kg}{m^3 \cdot day}\right]$

$= \dfrac{\text{유입 } VS \text{의 양[kg/day]}}{\text{소화조의 용적[m}^3]}$

$= \dfrac{100m^3(SL)}{day} \Big| \dfrac{6.47(TS)}{100(SL)} \Big| \dfrac{85(VS)}{100(TS)} \Big| \dfrac{1}{1,250m^3} \Big| \dfrac{1,000kg}{m^3}$

$= 4.3996 ≒ 4.4kg/m^3 \cdot day$

정답 ④

45 ★☆☆

일차흐름반응인 분산 플러그 흐름 반응조 A물질의 전환율이 90%이고, 플러그 흐름 반응조에 대한 효율식을 사용하면 체류시간이 6.58hr이다. 만일, 확산계수 d=1.0이라면 분산 플러그 흐름 반응조에 대한 반응조 체류시간(hr)은? (단, $\dfrac{\theta_{dpf}}{\theta_{pf}}$=2.2)

① 11.4　　　　② 14.5
③ 23.1　　　　④ 45.7

해설

$\dfrac{\theta_{dpf}}{\theta_{pf}} = \dfrac{\theta_{dpf}}{6.58hr} = 2.2$

· θ_{dpf} : 분산 플러그 흐름 반응조의 체류시간
· θ_{pf} : 플러그 흐름 반응조의 체류시간

∴ $\theta_{dpf} = 14.476 ≒ 14.5hr$

정답 ②

46 ★★☆

다음 조건의 활성슬러지조에서 1일 발생하는 잉여슬러지량(kg/day)은? (단, 유입수량=10,500m³/day, 유입수 BOD=200mg/L, 유출수 BOD=20mg/L, Y=0.6, K_d=0.05/day, θ_c=10일)

① 624　　　　② 756
③ 847　　　　④ 966

해설

$X_r Q_w = \dfrac{YQ(S_i - S)}{(1 + K_d \times \theta_c)}$

$= \dfrac{0.6 \times 10,500 \times (200 - 20) \times 10^{-3}}{1 + 0.05 \times 10}$

$= 756kg/day$

정답 ②

47 ★★☆

유량이 3,000m³/day, BOD 농도가 400mg/L인 폐수를 활성슬러지법으로 처리할 때 내생호흡율(K_d, day⁻¹)은? (단, 포기시간=8시간, 처리수 농도(BOD=30mg/L, SS=30mg/L), MLSS 농도=4,000mg/L, 잉여슬러지 발생량=50m³/day, 잉여슬러지 농도=0.9%, 세포증식 계수=0.8)

① 약 0.052
② 약 0.087
③ 약 0.123
④ 약 0.183

해설

$$SRT = \frac{\forall \cdot X}{X_r Q_w + X_e(Q - Q_w)}$$

$$\forall = Q \times t = \frac{3,000\text{m}^3}{\text{day}} \left| \frac{\text{day}}{24\text{hr}} \right| \frac{8\text{hr}}{1} = 1,000\text{m}^3$$

$$X_r = 0.9\% \times 10^4 = 9,000\text{mg/L}$$

$$SRT = \frac{1,000\text{m}^3 \times 4,000\text{mg/L}}{9,000\text{mg/L} \times 50\text{m}^3/\text{day} + 30\text{mg/L} \times (3,000-50)\text{m}^3/\text{day}}$$
$$= 7.428\text{day}$$

$$\frac{1}{SRT} = \frac{Y(S_i - S)Q}{\forall X}$$

$$\frac{1}{7.428} = \frac{0.8 \times (400-30) \times 3,000}{1,000 \times 4,000} - K_d$$

$$\therefore K_d = 0.08737 ≒ 0.087/\text{day}$$

정답 ②

48 ★★★

A²/O 공법에 대한 설명으로 틀린 것은?

① 혐기조 – 무산소조 – 호기조 – 침전조 순으로 구성된다.
② A²/O 공정은 내부재순환이 있다.
③ 미생물에 의한 인의 섭취는 주로 혐기조에서 일어난다.
④ 무산소조에서 질산성질소가 질소가스로 전환된다.

해설

혐기조에서는 인 방출, 무산소조에서는 탈질, 폭기조에서는 질산화 및 인의 과잉흡수가 일어난다.
미생물에 의한 인의 섭취는 호기조에서 일어난다.

정답 ③

49 ★☆☆

50m³/day의 폐수를 배출하는 도금공장에서 폐수 중에 CN⁻가 150g/m³ 함유되어 있다면 배출허용 농도를 1mg/L 이하로 처리할 때 필요한 NaClO의 양(kg/day)은? (단, NaCN 49, NaClO 74.5, 반응식 2NaCN+5NaClO+H₂O → 2NaHCO₃+N₂+5NaCl)

① 약 35
② 약 42
③ 약 47
④ 약 53

해설

$$\underset{2\times26\text{g}}{2\text{CN}^-} : \underset{5\times74.5\text{g}}{5\text{NaClO}}$$

$$\frac{150\text{g}}{\text{m}^3} \left| \frac{50\text{m}^3}{\text{day}} \right. : X(\text{g/day})$$

$$\therefore X = 53.72\epsilon\text{g/day} = 53.73\text{kg/day} ≒ 53\text{kg/day NaClO}$$

정답 ④

50 ★☆☆

분뇨의 생물학적 처리공법으로서 호기성 미생물이 아닌 혐기성 미생물을 이용한 혐기성처리공법을 주로 사용하는 근본적인 이유는?

① 분뇨에는 혐기성미생물이 살고 있기 때문에
② 분뇨에 포함된 오염물질은 혐기성미생물만이 분해할 수 있기 대문에
③ 분뇨의 유기물 농도가 너무 높아 포기에 너무 많은 비용이 들기 때문에
④ 혐기성처리공법으로 발생되는 메탄가스가 공법에 필수적이기 떠문에

해설

호기성 세균은 산소 기체가 원활히 공급되어야 활동을 할 수 있기 때문에 포기 장치 설치가 필수적이므로 호기성처리공법은 비용이 많이 든다.

정답 ③

51 ★☆☆

Langmuir 등온 흡착식을 유도하기 위한 가정으로 옳지 않은 것은?

① 한정된 표면만이 흡착에 이용된다.
② 표면에 흡착된 용질물질은 그 두께가 분자 한 개 정도의 두께이다.
③ 흡착은 비가역적이다.
④ 평형조건이 이루어졌다.

해설

Langmuir 등온 흡착식은 다음과 같은 가정 하에 식이 유도된다.
• 한정된 표면만이 흡착에 이용된다.
• 표면에 흡착된 용질물질은 그 두께가 분자 한 개 정도의 두께이다.
• 흡착은 가역적이다.
• 평형조건이 이루어진다.

정답 ③

52 ★☆☆

하수 고도처리 도입 이유로 가장 거리가 먼 것은?

① 개방형 수역의 부영양화 촉진
② 방류수역의 수질환경기준의 달성
③ 방류수역의 이용도 향상
④ 처리수의 재이용

해설

고도처리를 도입하는 이유
• 폐쇄성 수역의 부영양화 방지
• 방류수역의 수질환경기준의 달성
• 방류수역의 이용도 향상
• 처리수의 재이용

정답 ①

53 ★☆☆

폐수 중에 함유된 콜로이드 입자의 안정성은 Zeta 전위의 크기에 의존한다. Zeta 전위를 표시한 식으로 알맞은 것은? (단, q=단위면적당 전하, δ=전하가 영향을 미치는 전단 표면 주위의 층의 두께, D=액체의 도전상수)

① $4\pi\delta q/D$
② $4\pi qD/\delta$
③ $\pi\delta q/4D$
④ $\pi qD/4\delta$

관련이론 | 제타전위(Zeta Potential)

입자 사이의 반발력이나 인력의 크기에 대한 단위이다. 제타전위 측정은 분산 메커니즘을 상세하게 이해할 수 있도록 해주며 정전기 분산을 제어하는 데 중요한 요소이다. 따라서 제타전위 값이 크다면 입자들 간의 반발력이 크고 안정하다고 할 수 있고, 작다면 응집력이 큰 것이라고 할 수 있다. 가령 콜로이드에 염을 첨가하면 제타 전위를 감소시킨다.

정답 ①

54 ★★☆

유효수심 3.5m, 체류시간 3시간인 일차침전지의 수면적 부하($m^3/m^2 \cdot day$)는?

① 14
② 28
③ 56
④ 112

해설

$$수면적\ 부하 = \frac{유입부하량[Q]}{수면적[A]}$$

$$= \frac{\forall}{t \cdot A} = \frac{W \times L \times H}{t \times W \times L} = \frac{H}{t}$$

$$= \frac{3.5m}{3hr} = 1.167m/hr$$

$$= 28m^3/m^2 \cdot day$$

정답 ②

55 ★☆☆

하수슬러지를 감량하고 혐기성 소화조의 처리효율을 증대하기 위해 다양한 슬러지 가용화 방법이 개발 및 적용되고 있다. 하수슬러지 가용화의 방법으로 적당하지 않은 것은?

① 오존처리
② 초음파처리
③ 열적처리
④ 염소처리

해설

염소처리는 상수처리 시 사용하는 방법이며, 슬러지 감량화 방법에는 오존처리, 초음파처리, 기계적(물리적) 처리, 수리동력학적 처리, 열적 처리 방법을 사용한다.

정답 ④

56 ★☆☆

폐수를 살수여상법으로 처리할 때 처리효율이 가장 좋은 것은?

① 저속여상(low-rate)
② 중속여상(intermediate-rate)
③ 고속여상(high-rate)
④ 초고속여상(super-rate)

해설

속도를 기준으로 했을 때, 저속(25m/day 이하)으로 여과할수록 처리 효율이 좋다.

정답 ①

57 ★★☆

활성슬러지 혼합액의 고형물을 0.26%에서 3%까지 농축하고자 할 때 가압순환 흐름이 있는 경우의 부상농축기를 설계하고자 한다. 다음의 조건하에서 소요 순환유량(m^3/day)은? (단, A′S=0.06, 온도=20℃, 공기용해도=18.7mL/L, 압력=3.7atm, 용존 공기 비율=0.5, 부유고형물 농도=4,000mg/L, 슬러지 유량=400m^3/day)

① 약 2,500m^3/day
② 약 3,000m^3/day
③ 약 3,500m^3/day
④ 약 4,000m^3/day

해설

$$A/S = \frac{1.3 S_a (f \cdot P - 1)}{SS} \times \left(\frac{Q_r}{Q} \right)$$

- S_a: 공기용해도[mL/L]
- f: 포화상태 공기용해비
- P: 압축탱크의 압력[atm]
- SS: 고형물 농도[mg/L]

$$0.06 = \frac{1.3 \times 18.7 \times (0.5 \times 3.7 - 1)}{0.26 \times 10^4} \times \left(\frac{Q_r}{400} \right)$$

$$\therefore Q_r = 3,019.8 ≒ 3,000 m^3/\text{day}$$

정답 ②

58 ★★☆

기계식 봉 스크린을 0.64m/s로 흐르는 수로에 설치하고자 한다. 봉의 두께는 10mm이고, 간격이 30mm라면 봉 사이로 지나는 유속(m/s)은?

① 0.75
② 0.80
③ 0.85
④ 0.90

해설

$$V_1 \times A_1 = V_2 \times A_2$$

- $V_1 = 0.64$m/s
- $A_1 = 40$mm $\times D$(깊이) → 봉설치 전 면적
- $A_2 = 30$mm $\times D$(깊이) → 봉설치 후 감소된 면적

$$0.64\text{m/s} \times 40\text{mm} \times D = V_2 \times 30\text{mm} \times D$$

$$\therefore V_2 = \frac{0.64\text{m/s} \times 40\text{mm} \times D}{30\text{mm} \times D} ≒ 0.85\text{m/s}$$

정답 ③

59 ★☆☆

슬러지안정화방법 중 슬러지 내 중금속을 제거시키는 방법으로 가장 알맞은 것은?

① 석회석 안정화
② 습식 산화법
③ 염소 산화법
④ 혐기성 소화

관련이론 | 염소 산화법(알칼리염소 주입법)

시안폐수에 알칼리를 투입하여 염소를 산화시켜 CNO로 산화 후 황산과 $NaClO$를 주입하여 CO_2와 N_2로 분리한다.

정답 ③

60 ★★★

회전원판법의 장·단점에 대한 설명으로 틀린 것은?

① 단회로 현상의 제어가 어렵다.
② 폐수량 변화에 강하다.
③ 파리는 발생하지 않으나 하루살이가 발생하는 수가 있다.
④ 활성슬러지법에 비해 최종침전지에서 미세한 부유물질이 유출되기 쉽다.

해설

회전원판법은 단회로 현상을 제어하기 쉽다.

정답 ①

수질오염공정시험기준

61 ★☆☆

수질오염공정시험기준상 냄새 측정에 관한 내용으로 옳지 않은 것은?

① 물속의 냄새를 측정하기 위하여 측정자의 후각을 이용하는 방법이다.
② 잔류염소의 냄새는 측정에서 제외한다.
③ 냄새역치는 냄새를 감지할 수 있는 최대 희석배수를 말한다.
④ 각 판정요원의 냄새의 역치를 산술평균하여 결과를 보고한다.

해설

수질오염공정시험기준상 냄새 측정 시 각 판정요원의 냄새의 역치를 기하평균하여 결과를 보고한다.

관련이론 | 냄새역치(TON: Threshold Odor Number)

냄새역치를 구하는 경우 사용한 시료의 부피와 냄새 없는 희석수의 부피를 사용하여 다음과 같이 계산한다.

$$냄새역치(TON) = \frac{A+B}{A}$$

여기서, A는 시료 부피(mL), B는 무취 정제수 부피(mL)이다.

정답 ④

62 ★★☆

식물성 플랑크톤의 정량시험 중 저배율에 의한 방법은? (단, 200배율 이하)

① 스트립 이용 계수
② 팔머 – 말로니 챔버 이용 계수
③ 혈구계수기 이용 계수
④ 최적 확수 이용 계수

해설

식물성 플랑크톤의 정량시험 중 저배율(200배율 이하)에 의한 방법은 스트립 이용 계수, 격자 이용 계수이다.

정답 ①

63 ★★☆

예상 BOD값에 대한 사전 경험이 없을 때에는 희석하여 시료를 조제한다. 처리하지 않은 공장 폐수와 침전된 하수가 시료에 함유되는 정도는?

① 0.1~1.0%
② 1~5%
③ 5~25%
④ 25~100%

해설

예상 BOD값에 대한 사전 경험이 없을 때의 시료 조제 방법
· 오염정도가 심한 공장 폐수: 시료를 0.1~1% 넣는다.
· 처리하지 않은 공장 폐수와 침전된 하수: 시료를 1~5% 넣는다.
· 처리하여 방류된 공장 폐수: 시료를 5~25% 넣는다.
· 오염된 하천수: 시료를 25~100% 넣는다.

정답 ②

64 ★☆☆

이온전극법에 대한 설명으로 틀린 것은?

① 시료용액의 교반은 이온전극의 응답속도 이외의 전극범위, 정량한계값에는 영향을 미치지 않는다.
② 전극과 비교전극을 사용하여 전위를 측정하고 그 전위차로부터 정량하는 방법이다.
③ 이온전극법에 사용하는 장치의 기본구성은 비교전극, 이온전극, 자석교반기, 저항전위계, 이온측정기 등으로 되어 있다.
④ 이온전극의 종류에는 유리막 전극, 고체막 전극, 격막형 전극으로 구분된다.

해설

시료용액의 교반은 이온전극의 전극범위, 응답속도, 정량한계값에 영향을 미친다.

정답 ①

65 ★★☆

수산화나트륨 1g을 증류수에 용해시켜 400mL로 하였을 때 이 용액의 pH는?

① 13.8
② 12.8
③ 11.8
④ 10.8

해설

$pH = 14 - pOH$, $pOH = -\log[OH^-]$

$NaOH[mol/L] = \dfrac{1g}{0.4L} \bigg| \dfrac{1mol}{40g} = 0.0625mol/L$

$pOH = -\log(0.0625) = 1.204$

$\therefore pH = 14 - 1.204 ≒ 12.8$

정답 ②

66 ★☆☆

퍼지·트랩 – 기체크로마토그래피(질량분석법)법으로 분석하는 휘발성 저급탄화수소와 가장 거리가 먼 것은?

① 벤젠
② 사염화탄소
③ 폴리클로리네이티드비페닐
④ 환원, 1-다이클로로에틸렌

해설

폴리클로리네이티드비페닐은 용매추출 기체크로마토그래피법으로 분석한다.

※ '환원, 1-다이클로로에틸렌'은 '1, 1-다이클로로에틸렌'으로 표기하기도 한다.

정답 ③

67 ★★☆

페놀류 – 자외선/가시선 분광법의 분석에 대한 측정원리에 관한 설명으로 ( )에 옳은 것은?

> 증류한 시료에 염화암모늄 – 암모니아 완충용액을 넣어 ( )으로 조절한 다음 4-아미노안티피린과 헥사시안화철(Ⅱ)산칼륨을 넣어 생성된 붉은색의 안티피린계 색소의 흡광도를 측정한다.

① pH 7
② pH 8
③ pH 9
④ pH 10

관련이론 | 자외선/가시선 분광법에 의한 페놀류 측정원리
물속에 존재하는 페놀류를 측정하기 위하여 증류한 시료에 염화암모늄 – 암모니아 완충용액을 넣어 pH 10으로 조절한 다음 4-아미노안티피린과 헥사시안화철(Ⅱ)산칼륨을 넣어 생성된 붉은색의 안티피린계 흡광도를 측정한다.

정답 ④

68 ★★☆

용존산소 측정 시 티오황산나트륨 표준용액을 표정할 때 표준물질로 사용되는 KIO_3는 아래와 같은 반응을 한다. 이때 0.1N KIO_3 용액을 만들려면 KIO_3 몇 g을 달아 물에 녹여 1L로 만들면 되는가? (단, 분자량 KIO_3=214)

$$IO_3^- + 5I^- + 6H^+ = 3I_2 + 3H_2O$$

① 21.4
② 4.28
③ 3.57
④ 2.14

해설
$$X[g/L] = \frac{0.1eq}{L} \left| \frac{(214/6)g}{1eq} = 3.57g/L\right.$$

정답 ③

69 ★☆☆

총인을 아스코르빈산 환원법에 의해 흡광도를 측정할 때 880nm에서 측정이 불가능한 경우, 어느 파장(nm)에서 측정할 수 있는가?

① 560
② 660
③ 710
④ 810

해설
총인을 아스코르빈산 환원법에 의해 흡광도를 측정할 때 880nm에서 측정이 불가능할 경우 710nm에서 측정한다.

정답 ③

70 ★★☆

고형물질이 많아 관을 메울 우려가 있는 폐·하수의 관내 유량을 측정하는 장치로 가장 옳은 것은?

① 자기식 유량측정기(Magnetic Flow Meter)
② 유량측정용 노즐(Nozzle)
③ 파샬플룸(Parshall Flume)
④ 피토우관(Pitot)

관련이론 | 자기식 유량측정기의 측정원리
패러데이 법칙을 이용하여 자장의 직각에서 전도체를 이동시킬 때 유발되는 전압은 전도체의 속도에 비례한다는 원리를 이용한 것으로, 이 경우 전도체는 폐수 및 하수가 되며 전도체의 속도는 유속이 된다. 이때 발생된 전압은 유량계 전극을 통하여 조절변류기로 전달된다.
이 측정기는 전압이 활성도, 탁도, 점성, 온도의 영향을 받지 않고 다만 유체(폐수 및 하수)의 유속에 의하여 결정되며 수두손실이 적다.

정답 ①

71 ★★★

시료채취 시 유의사항에 관한 내용으로 옳지 않은 것은?

① 채취용기는 시료를 채우기 전에 시료로 3회 이상 세척 후 사용한다.
② 수소이온을 측정하기 위한 시료를 채취할 때에는 운반 중 공기와 접촉이 없도록 용기에 가득 채운다.
③ 휘발성유기화합물 분석용 시료를 채취할 때에는 뚜껑에 격막이 생성되지 않도록 주의한다.
④ 시료채취량은 시험항목 및 시험횟수에 따라 차이가 있으나 보통 3~5리터 정도이다.

해설

휘발성유기화합물 분석용 시료를 채취할 때에는 뚜껑의 격막을 만지지 않도록 주의한다.

정답 ③

72 ★☆☆

중금속 측정을 위하여 물 250mL를 비이커에 취하여 질산(비중: 1.409, 70%)을 5mL 첨가하고, 가열하여 액량을 5mL로 증발 농축한 후, 방냉한 다음 여과하여 물을 첨가하여 정확히 100mL로 할 경우 규정농도(N)는? (단, 질산의 손실은 없다고 가정)

① 0.04
② 0.07
③ 0.35
④ 0.78

해설

$$X[eq/L] = \frac{1.409kg}{L} \left| \frac{70}{100} \right| \frac{5mL}{100mL} \left| \frac{1eq}{63g} \right| \frac{10^3 g}{1kg}$$
$$= 0.783 ≒ 0.78N$$

정답 ④

73 ★☆☆

물의 알칼리도를 측정하기 위해 50mL의 시료를 N/50 황산으로 측정하여 Phenolphthalein 지시약의 종점에서 4.3mL, Methyl orange 지시약의 종점에서 13.5mL이였다. 이 물의 총 알칼리도(mg/L CaCO₃)는? (단, 1/50 황산의 역가=1)

① 68
② 120
③ 186
④ 270

해설

$$AIK = \frac{1/50ec}{L} \left| \frac{13.5mL}{50mL} \right| \frac{50,000mg}{1eq}$$
$$= 270mg/L\ CaCO_3$$

정답 ④

74 ★★☆

자외선/가시선 분광법에 의한 페놀류의 측정원리를 설명한 내용 중 옳지 않은 것은?

① 수용액에서는 510nm에서 흡광도를 측정한다.
② 클로로폼용액에서는 460nm에서 흡광도를 측정한다.
③ 추출법의 정량한계는 0.1mg/L이다.
④ 황 화합물의 간섭이 있는 경우 인산(H_3PO_4)이 사용된다.

해설

자외선/가시선 분광법 중 클로로폼 추출법의 정량한계는 0.005mg/L, 직접측정법의 정량한계는 0.05mg/L이다.

관련이론 | 자외선/가시선 분광법에 의한 페놀류 측정원리

물속에 존재하는 페놀류를 측정하기 위하여 증류한 시료에 염화암모늄-암모니아 완충용액을 넣어 pH 10으로 조절한 다음 4-아미노안티피린과 헥사시안화철(Ⅱ)산칼륨을 넣어 생성된 붉은색의 안티피린계 색소의 흡광도를 측정하는 방법으로, 수용액에서는 510nm, 클로로폼 용액에서는 4€0nm에서 측정한다. 추출법의 정량한계는 0.005mg/L 이다.

정답 ③

2019년

75 ★★☆

I_0 단색광이 정색액을 통과할 때 그 빛의 50%가 흡수된다면 이 경우 흡광도는?

① 0.6 ② 0.5
③ 0.3 ④ 0.2

해설

$A = \log \dfrac{1}{t}$

· A: 흡광도
· t: 투과도

$\therefore A = \log \dfrac{1}{t} = \log \dfrac{1}{0.5} = 0.3$

정답 ③

76 ★★★

다음 용어의 정의로 옳지 않은 것은?

① 밀폐용기: 취급 또는 저장하는 동안에 이물질이 들어가 거나 또는 내용물이 손실되지 아니하도록 보호하는 용 기를 말한다.
② 즉시: 30초 이내에 표시된 조작을 하는 것을 뜻한다.
③ 정확히 단다: 규정된 수치의 무게를 0.001mg까지 다 는 것을 말한다.
④ 냄새가 없다: 냄새가 없거나 또는 거의 없는 것을 표시 하는 것이다.

해설

무게를 "정확히 단다"라 함은 규정된 수치의 무게를 0.1mg까지 다는 것을 말한다.

정답 ③

77 ★☆☆

지하수 시료는 취수정 내에 고여 있는 물과 원래 지하수의 성상이 달라질 수 있으므로 고여 있는 물을 충분히 퍼낸 다 음 새로 나온 물을 채취한다. 이 경우 퍼내는 양은?

① 고여 있는 물의 절반 정도
② 고여 있는 물의 전체량 정도
③ 고여 있는 물의 2~3배 정도
④ 고여 있는 물의 4~5배 정도

해설

지하수 시료를 채취할 때에는 고여 있는 물을 충분히 퍼낸 다음 새로 나온 물을 채취하는데 이 경우 퍼내는 양은 고여 있는 물의 4배~5배 정도이나 pH 및 전기전도도를 연속적으로 측정하여 이 값이 평형을 이룰 때까지로 한다.

정답 ④

78 ★★☆

검정곡선 작성용 표준용액과 시료에 동일한 양의 내부표준 물질을 첨가하여 시험분석 절차, 기기 또는 시스템의 변동 으로 발생하는 오차를 보정하기 위해 사용하는 방법은?

① 검량선법 ② 표준물 첨가법
③ 절대검량선법 ④ 내부표준법

관련이론 | 내부표준법(Internal standard calibration)
검정곡선 작성용 표준용액과 시료에 동일한 양의 내부표준물질을 첨 가하여 시험분석 절차, 기기 또는 시스템의 변동으로 발생하는 오차를 보정하기 위해 사용하는 방법이다.

정답 ④

79 ★☆☆

폐수의 유량 측정법에 있어 1m³/min 이하로 폐수유량이 배출될 경우 용기에 의한 측정방법에 관한 내용이다. ( )에 옳은 내용은?

> 용기는 용량 100~200L인 것을 사용하여 유수를 채우는 데에 요하는 시간을 스톱워치로 잰다. 용기에 물을 받아 넣는 시간을 ( )이 되도록 용량을 결정한다.

① 10초 이상　　　② 20초 이상
③ 30초 이상　　　④ 40초 이상

해설

용기는 용량 100~200L인 것을 사용하여 유수를 채우는 데에 요하는 시간을 스톱워치로 잰다. 용기에 물을 받아 넣는 시간을 20초 이상이 되도록 용량을 결정한다.

정답 ②

80 ★☆☆

다음 시험 항목 중 측정할 때 증류장치가 필요하지 않는 것은?

① 암모니아성 질소 시험법
② 아질산성 질소 시험법
③ 페놀류 시험법
④ 시안 시험법

해설

아질산성 질소는 증류장치가 필요하지 않다. 전처리에서 증류시키는 항목에는 불소, 시안, 페놀, 암모니아성 질소가 있다.

정답 ②

수질환경관계법규

81 ★☆☆

시 · 도지사 등은 수질오염물질 배출량 등의 확인을 위한 오염도검사를 통보를 받은 날부터 며칠 이내에 사업자에게 배출농도 및 일일유량에 관한 사항을 통보해야 하는가?

① 5일　　　　　② 10일
③ 15일　　　　　④ 20일

해설

「시행규칙 제55조」
의뢰한 오염도검사의 결과를 통보받은 시 · 도지사 등은 통보를 받은 날부터 10일 이내에 사업자 등에게 검사결과 중 배출농도와 일일유량에 관한 사항을 알려야 한다.

정답 ②

82 ★☆☆

기술요원 또는 환경기술인의 교육기관으로 알맞게 짝지어진 것은?

① 국립환경과학원 – 환경보전원
② 환경관리협회 – 시도보건환경연구원
③ 국립환경인재개발원 – 환경보전원
④ 환경관리협회 – 국립환경과학원

해설

환경기술인 등의 교육기관
• 기술요원: 국립환경인재개발원
• 환경기술인 : 환경보전원

관련이론

「시행규칙 제93조」
폐수처리업에 종사하는 기술요원: 국립환경인재개발원
「시행령 제84조」
환경부장관 또는 시 · 도지사는 환경기술인의 교육 및 소요경비 징수 업무를 환경보전원에 위탁한다.
※ 개정된 법령에 따라 '환경보전협회'를 '환경보전원'으로 수정함.

정답 ③

83

★☆☆

폐수배출시설에 대한 변경허가를 받지 아니하거나 거짓으로 변경허가를 받아 배출시설을 변경하거나 그 배출시설을 이용하여 조업한 자에 대한 처벌기준은?

① 7년 이하의 징역 또는 7천만원 이하의 벌금
② 5년 이하의 징역 또는 5천만원 이하의 벌금
③ 3년 이하의 징역 또는 3천만원 이하의 벌금
④ 1년 이하의 징역 또는 1천만원 이하의 벌금

해설

「법 제75조」

다음 각 호의 어느 하나에 해당하는 자는 7년 이하의 징역 또는 7천만원 이하의 벌금에 처한다.

- 허가 또는 변경허가를 받지 아니하거나 거짓으로 허가 또는 변경허가를 받아 배출시설을 설치 또는 변경하거나 그 배출시설을 이용하여 조업한 자
- 배출시설의 설치를 제한하는 지역에서 제한되는 배출시설을 설치하거나 그 시설을 이용하여 조업한 자

정답 ①

84

★★☆

조류경보 단계의 종류와 경보단계별 발령, 해제기준으로 틀린 것은?

① 관심 – 2회 연속 채취 시 남조류 세포수가 1,000세포/mL 이상 10,000세포/mL 미만인 경우
② 경계 – 2회 연속 채취 시 남조류 세포수가 10,000세포/mL 이상 1,000,000세포/mL 미만인 경우
③ 조류대발생 – 2회 연속 채취 시 남조류 세포수가 1,000,000세포/mL 이상인 경우
④ 해제 – 2회 연속 채취 시 남조류 세포수가 1,000세포/mL 이상인 경우

해설

「시행령 별표 3」

수질오염경보의 종류별 경보단계 및 그 단계별 발령·해제기준

- 조류경보(상수원 구간)

경보단계	발령·해제 기준
관심	2회 연속 채취 시 남조류 세포수가 1,000세포/mL 이상 10,000세포/mL 미만인 경우
경계	2회 연속 채취 시 남조류 세포수가 10,000세포/mL 이상 1,000,000세포/mL 미만인 경우
조류 대발생	2회 연속 채취 시 남조류 세포수가 1,000,000세포/mL 이상인 경우
해제	2회 연속 채취 시 남조류 세포수가 1,000세포/mL 미만인 경우

정답 ④

85 ★★★

환경부장관이 수립하는 대권역 물환경관리계획에 포함되어야 하는 사항으로 틀린 것은?

① 수질오염관리 기본 및 시행계획
② 점오염원, 비점오염원 및 기타 수질오염원에 의한 수질 오염물질의 양
③ 점오염원, 비점오염원 및 기타 수질오염원의 분포현황
④ 물환경의 변화 추이 및 목표기준

해설

「법 제24조」
대권역 계획에 포함되어야 할 사항
• 물환경의 변화 추이 및 물환경목표기준
• 상수원 및 물 이용현황
• 점오염원, 비점오염원 및 기타 수질오염원의 분포현황
• 점오염원, 비점오염원 및 기타 수질오염원에서 배출되는 수질오염물질의 양
• 수질오염 예방 및 저감 대책
• 물환경 보전조치의 추진방향
• 「기후위기 대응을 위한 탄소중립·녹색성장 기본법」 제2조제1호에 따른 기후변화에 대한 적응대책
• 그 밖에 환경부령으로 정하는 사항

정답 ①

86 ★☆☆

다음은 기타 수질오염원의 설치·관리자가 하여야 할 조치에 관한 내용이다. (   ) 안에 옳은 내용은?

[수산물 양식시설: 가두리양식업시설]
사료를 준 후 2시간 지났을 때 침전되는 양이 (   ) 미만인 물에 뜨는 사료를 사용한다. 다만, 10센티미터 미만의 치어 또는 종묘에 대한 사료는 제외한다.

① 10%
② 20%
③ 30%
④ 40%

해설

「시행규칙 별표 19」
사료를 준 후 2시간 지났을 때 침전되는 양이 10% 미만인 물에 뜨는 사료를 사용한다. 다만, 10센티미터 미만의 치어 또는 종묘에 대한 사료는 제외한다.

정답 ①

87 ★★☆

배출시설에 대한 일일기준초과배출량 산정에 적용되는 일일 유량은 (측정유량×일일조업시간)이다. 일일유량을 구하기 위한 일일조업시간에 대한 설명으로 (   )에 맞는 것은?

측정하기 전 최근 조업한 30일간의 배출시설 조업시간의 (㉠)로서 (㉡)으로 표시한다.

① ㉠ 평균치, ㉡ 분(min)
② ㉠ 평균치, ㉡ 시간(hr)
③ ㉠ 최대치, ㉡ 분(min)
④ ㉠ 최대치, ㉡ 시간(hr)

해설

「시행령 별표 15」
일일유량 산정을 위한 일일조업시간은 측정하기 전 최근 조업한 30일간의 배출시설 조업시간의 평균치로서 분(min)으로 표시한다.

정답 ①

88 ★★☆

수질 및 수상태계 중 하천의 생활환경 기준으로 틀린 것은? (단, 등급: 약간좋음, 단위: mg/L)

① TOC: 2 이하
② BOD: 3 이하
③ SS: 25 이하
④ DO: 5.0 이상

해설

「환경정책기본법 시행령 별표 1」
하천의 생활환경기준(약간 좋음)으로 TOC는 4mg/L 이하이다.

정답 ①

89 ★★★

수질오염방지시설 중 물리적 처리시설에 해당되는 것은?

① 폭기시설
② 산화시설(산화조 또는 산화지)
③ 이온교환시설
④ 부상시설

해설

「시행규칙 별표 5」
폭기시설과 산화시설(산화조 또는 산화지)은 생물화학적 처리시설이고, 이온교환시설은 화학적 처리시설이다.

정답 ④

90 ★☆☆

환경부장관 또는 시·도지사가 측정망을 설치하기 위한 측정망 설치계획에 포함시켜야 하는 사항과 가장 거리가 먼 것은?

① 측정망 배치도　② 측정망 설치시기
③ 측정자료의 확인방법　④ 측정망 운영방법

해설
「시행규칙 제24조」
수질오염측정망 설치계획에 포함되어야 할 사항
- 측정망 설치시기
- 측정망 배치도
- 측정망을 설치할 토지 또는 건축물의 위치 및 면적
- 측정망 운영기관
- 측정자료의 확인방법

정답 ④

91 ★☆☆

수변생태구역의 매수·조성 등에 관한 내용으로 (　)에 옳은 것은?

> 환경부장관은 하천·호소 등의 물환경 보전을 위하여 필요하다고 인정할 때에는 (㉠)으로 정하는 기준에 해당하는 수변습지 및 수변토지를 매수하거나 (㉡)으로 정하는 바에 따라 생태적으로 조성·관리할 수 있다.

① ㉠ 환경부령, ㉡ 대통령령
② ㉠ 대통령령, ㉡ 환경부령
③ ㉠ 환경부령, ㉡ 국무총리령
④ ㉠ 국무총리령, ㉡ 환경부령

해설
「법 제19조의3」
환경부장관은 하천·호소 등의 물환경 보전을 위하여 필요하다고 인정할 때에는 대통령령으로 정하는 기준에 해당하는 수변습지 및 수변토지를 매수하거나 환경부령으로 정하는 바에 따라 생태적으로 조성·관리할 수 있다.

정답 ②

92 ★☆☆

오염총량관리 조사·연구반의 수행 업무와 가장 거리가 먼 것은?

① 오염총량관리기본계획에 대한 검토
② 오염총량관리시행계획에 대한 검토
③ 오염총량관리 성과지표에 대한 검토
④ 오염총량목표수질 설정을 위하여 필요한 수계특성에 대한 조사·연구

해설
「시행규칙 제20조」
오염총량관리 조사·연구반의 수행 업무
- 오염총량목표수질에 대한 검토·연구
- 오염총량관리기본방침에 대한 검토·연구
- 오염총량관리기본계획에 대한 검토
- 오염총량관리시행계획에 대한 검토
- 오염총량관리시행계획에 대한 전년도의 이행사항 평가 보고서 검토
- 오염총량목표수질 설정을 위하여 필요한 수계특성에 대한 조사·연구
- 오염총량관리제도의 시행과 관련한 제도 및 기술적 사항에 대한 검토·연구
- 위의 업무를 수행하기 위한 정보체계의 구축 및 운영

정답 ③

93 ★☆☆

간이공공하수처리시설에서 배출하는 하수찌꺼기 성분 검사주기는?

① 월 1회 이상　② 분기 1회 이상
③ 반기 1회 이상　④ 연 1회 이상

해설
「하수도법 시행규칙 제12조」
공공하수처리시설·간이공공하수처리시설 또는 분뇨처리시설에서 배출하는 하수·분뇨 찌꺼기 성분의 검사주기는 연 1회 이상이다.

정답 ④

94 ★★☆

공공폐수처리시설의 유지·관리기준 중 처리시설의 관리·운영자가 실시하여야 하는 방류수 수질검사에 관한 내용으로 ( )에 옳은 것은? (단, 방류수 수질은 현저하게 악화되지 않음)

> 처리시설의 적정 운영 여부를 확인하기 위하여 방류수 수질검사를 (㉠) 실시하되, 1일당 2천 세제곱미터 이상인 시설은 (㉡) 실시하여야 한다. 다만, 생태독성(TU) 검사는 (㉢) 실시하여야 한다.

① ㉠: 월 1회 이상, ㉡: 주 1회 이상, ㉢: 월 2회 이상
② ㉠: 월 1회 이상, ㉡: 월 2회 이상, ㉢: 주 1회 이상
③ ㉠: 월 2회 이상, ㉡: 주 1회 이상, ㉢: 월 1회 이상
④ ㉠: 월 2회 이상, ㉡: 월 1회 이상, ㉢: 주 1회 이상

해설
「시행규칙 별표 15」
처리시설의 적정 운영 여부를 확인하기 위하여 방류수 수질검사를 월 2회 이상 실시하되, 1일당 2천 세제곱미터 이상인 시설은 주 1회 이상 실시하여야 한다. 다만, 생태독성(TU) 검사는 월 1회 이상 실시하여야 한다.

정답 ③

95 ★★★

물환경보전법 상 호소 및 해당 지역에 관한 설명으로 틀린 것은?

① 제방(사방·사업법의 사방시설 포함)을 쌓아 하천에 흐르는 물을 가두어 놓은 곳
② 하천에 흐르는 물이 자연적으로 가두어진 곳
③ 화산활동 등으로 인하여 함몰된 지역에 물이 가두어진 곳
④ 댐, 보를 쌓아 하천 또는 계곡에 흐르는 물을 가두어 놓은 곳

해설
「법 제2조」
호소란 다음의 어느 하나에 해당하는 지역으로서 만수위(댐의 경우에는 계획홍수위를 말한다) 구역 안의 물과 토지를 말한다.
· 댐·보 또는 둑(「사방사업법」에 따른 사방시설 제외) 등을 쌓아 하천 또는 계곡에 흐르는 물을 가두어 놓은 곳
· 하천에 흐르는 물이 자연적으로 가두어진 곳
· 화산활동 등으로 인하여 함몰된 지역에 물이 가두어진 곳

정답 ①

96 ★★☆

환경부장관이 물환경을 보전할 필요가 있다고 지정, 고시하고 물환경을 정기적으로 조사·측정 및 분석하여야 하는 호소의 기준으로 틀린 것은?

① 1일 30만톤 이상의 원수를 취수하는 호소
② 만수위일 때 면적이 10만 제곱미터 이상인 호소
③ 수질오염이 심하여 특별한 관리가 필요하다고 인정되는 호소
④ 동식물의 서식지·도래지이거나 생물다양성이 풍부하여 특별히 보전할 필요가 있다고 인정되는 호소

해설
「시행령 제30조」
환경부장관은 다음 어느 하나에 해당하는 호소로서 물환경을 보전할 필요가 있는 호소를 지정·고시하고, 그 호소의 물환경을 정기적으로 조사·측정 및 분석하여야 한다.
• 1일 30만 톤 이상의 원수(原水)를 취수하는 호소
• 동식물의 서식지·도래지이거나 생물다양성이 풍부하여 특별히 보전할 필요가 있다고 인정되는 호소
• 수질오염이 심하여 특별한 관리가 필요하다고 인정되는 호소

정답 ②

97 ★★★

물환경보전법상 용어의 정의로 옳지 않은 것은?

① 비점오염저감시설이란 수질오염방지시설 중 비점오염원으로부터 배출되는 수질오염물질을 제거하거나 감소하게 하는 시설로서 환경부령으로 정하는 것을 말한다.
② 공공수역이란 하천, 호소, 항만, 연안해역, 그 밖에 공공용으로 사용되는 수역과 이에 접속하여 공공용으로 사용되는 환경부령으로 정하는 수로를 말한다.
③ 비점오염원이란 도시, 도로, 농지, 산지, 공사장 등으로서 불특정 장소에서 불특정하게 수질오염물질을 배출하는 배출원을 말한다.
④ 기타수질오염원이란 비점오염원으로 관리되지 아니하는 특정수질오염물질을 배출하는 시설로서 환경부령으로 정하는 것을 말한다.

해설
「법 제2조」
기타수질오염원이란 점오염원 및 비점오염원으로 관리되지 아니하는 수질오염물질을 배출하는 시설 또는 장소로서 환경부령으로 정하는 것을 말한다.

정답 ④

98 ★☆☆

수질자동측정기기 및 부대시설을 모두 부착하지 아니할 수 있는 시설의 기준으로 옳은 것은?

① 연간 조업일수가 60일 미만인 사업장
② 연간 조업일수가 90일 미만인 사업장
③ 연간 조업일수가 120일 미만인 사업장
④ 연간 조업일수가 150일 미만인 사업장

해설

「시행령 별표 7」

다음 어느 하나에 해당하는 사업장 또는 시설에는 수질자동측정기기 및 부대시설을 모두 부착하지 아니할 수 있다.

- 폐수가 최종 방류구를 거치기 전에 일정한 관로를 통하여 생산공정에 폐수를 순환시키거나 재이용하는 등의 경우로서 최대 폐수배출량이 1일 200세제곱미터 미만인 사업장 또는 공동방지시설(폐수수탁처리업자가 설치하는 경우 제외)
- 사업장에서 배출되는 폐수를 공동방지시설에 모두 유입시키는 사업장
- 공공폐수처리시설 또는 공공하수처리시설에 폐수를 모두 유입시키거나 대부분의 폐수를 유입시키고 1일 200세제곱미터 미만의 폐수를 공공수역에 직접 방류하는 사업장 또는 공동방지시설(기본계획의 승인을 받거나 공공하수도 설치인가를 받은 공공폐수처리시설이나 공공하수처리시설에 배수설비를 연결하여 처리할 예정인 시설 포함)
- 방지시설설치의 면제기준에 해당되는 사업장
- 배출시설의 폐쇄가 확정·승인·통보된 시설 또는 시·도지사가 측정기기의 부착 기한으로부터 1년 이내에 폐쇄할 배출시설로 인정한 시설
- 연간 조업일수가 90일 미만인 사업장
- 사업장에서 배출하는 폐수를 비연속식(Batch type, 2개 이상 비연속식 처리시설을 설치·운영하는 경우에는 제외)으로 처리하는 수질오염방지시설을 설치·운영하고 있는 사업장
- 그 밖에 자동측정기기에 의한 배출량 등의 측정이 어려워 부착을 면제할 필요가 있다고 환경부장관이 인정하는 시설

정답 ②

99 ★★★

수질오염방지시설 중 생물화학적 처리시설이 아닌 것은?

① 접촉조
② 살균시설
③ 폭기시설
④ 살수여과상

해설

「시행규칙 별표 5」

살균시설은 화학적 처리시설이다.

정답 ②

100 ★★☆

비점오염원으로부터 배출되는 수질오염물질을 제거하거나 감소하게 하는 비점오염저감 시설을 자연형 시설과 장치형 시설로 구분할 때 바르게 나열한 것은?

① 자연형 시설: 여과형 시설, 소용돌이형 시설
② 장치형 시설: 스크린형 시설, 생물학적 처리형 시설
③ 자연형 시설: 식생형 시설, 소용돌이형 시설
④ 장치형 시설: 저류시설, 침투시설

해설

「시행규칙 별표 6」

자연형 비점오염저감시설의 종류
- 저류시설
- 인공습지
- 침투시설
- 식생형 시설

장치형 비점오염저감시설의 종류
- 여과형 시설
- 소용돌이형 시설
- 스크린형 시설
- 응집·침전 처리형 시설
- 생물학적 처리형 시설

정답 ②

수질오염개론

01 ★☆☆

물의 물리적 특성을 나타내는 용어의 단위가 잘못된 것은?

① 밀도: g/cm^3

② 동점성계수: cm^2/sec

③ 표면장력: $dyne/cm^2$

④ 점성계수: $g/cm \cdot sec$

해설

표면장력의 단위는 $dyne/cm$이다.

정답 ③

02 ★☆☆

산성강우에 대한 설명으로 틀린 것은?

① 주요원인물질은 유황산화물, 질소산화물, 염산을 들 수 있다.

② 대기오염이 혹심한 지역에 국한되는 현상으로 비교적 정확한 예보가 가능하다.

③ 초목의 잎과 토양으로부터 Ca^{++}, Mg^{++}, K^+ 등의 용출 속도를 증가시킨다.

④ 보통 대기 중 탄산가스와 평형상태에 있는 물은 약 pH 5.6의 산성을 띠고 있다.

해설

산성강우는 광역적으로 발생하며 정확한 예보가 곤란하다.

정답 ②

03 ★★☆

적조(Red Tide)에 관한 설명으로 틀린 것은?

① 갈수기로 염도가 증가된 정체 해역에서 주로 발생한다.

② 수중 용존산소 감소에 의한 어패류의 폐사가 발생된다.

③ 수괴의 연직안정도가 크고 독립해 있을 때 발생한다.

④ 해저에 빈산소층이 형성할 때 발생한다.

해설

적조현상은 강우에 따른 하천수의 유입으로 염분량이 낮아지고, 물리적 자극물질이 보급된 정체 수역일 때 발생한다.

정답 ①

04 ★★☆

연속류 교반 반응조(CFSTR)에 관한 내용으로 틀린 것은?

① 충격부하에 강하다.

② 부하변동에 강하다.

③ 유입된 액체의 일부분은 즉시 유출된다.

④ 동일 용량 PFR에 비해 제거효율이 좋다.

해설

CFSTR 반응조는 동일 용량 PFR에 비해 제거효율이 낮다.

정답 ④

05 ★★★

하천 모델 중 다음의 특징을 가지는 것은?

> • 유속, 수심, 조도계수에 의한 확산계수 결정
> • 하천과 대기 사이의 열복사, 열교환 고려
> • 음해법으로 미분방정식의 해를 구함

① QUAL-1
② WQRRS
③ DO SAG-1
④ HSPE

선지분석
② WQRRS: 하천 및 호수의 부영양화를 고려한 생태계 모델
③ DO SAG-1(DO-SAG): Streeter-Phelps 식을 기본으로 Ⅰ, Ⅱ, Ⅲ 단계에 걸쳐 개발
④ HSPE: 모듈을 선택하여 다양한 분야에 적용

정답 ①

06 ★★☆

곰팡이(Fungi)류의 경험적 화학 분자식은?

① $C_{12}H_7O_4N$
② $C_{12}H_8O_5N$
③ $C_{10}H_{17}O_6N$
④ $C_{10}H_{18}O_4N$

해설
• 균류(Fungi): $C_{10}H_{17}O_6N$
• 박테리아(Bacteria, 세균): $C_5H_7O_2N$
• 조류(Algae): $C_5H_8O_2N$

정답 ③

07 ★★★

호수의 부영양화에 대한 일반적 영향으로 틀린 것은?

① 부영양화가 진행된 수원을 농업용수로 사용하면 영양염류의 공급으로 농산물 수확량이 지속적으로 증가한다.
② 조류나 미생물에 의해 생성된 용해성 유기물질이 불쾌한 맛과 냄새를 유발한다.
③ 부영양화 경가모델은 인(P)부하모델인 Vollenweider 모델 등이 대표적이다.
④ 심수층의 용존산소량이 감소한다.

해설
부영양화가 진행된 수원을 농업용수로 사용하면 영양염류의 공급으로 농산물 수확량이 지속적으로 감소한다.

정답 ①

08 ★★☆

미생물 영양원 중 유황(Sulfur)에 관한 설명으로 틀린 것은?

① 황환원세균은 편성 혐기성 세균이다.
② 유황을 함유한 아미노산은 세포 단백질의 필수 구성원이다.
③ 미생물세포에서 탄소 대 유황의 비는 100 : 1 정도이다.
④ 유황고정, 유황화합물 환원, 산화 순으로 변환된다.

해설
미생물 영양원 중 유황(Sulfur)은 유황화합물의 환원, 산화, 유황고정 순으로 순환된다.

정답 ④
※ 실제 문제에서는 '① 황산화세균은 편성 혐기성 세균이다.'라고 출제되어 문제 오류로 ①번과 ④번이 중복 정답처리 되었음.

09 ★☆☆

호수의 수질특성에 관한 설명으로 옳지 않은 것은?

① 표수층에서 조류의 활발한 광합성 활동 시 호수의 pH 는 8~9 혹은 그 이상을 나타낼 수 있다.

② 호수의 유기물량 측정을 위한 항목은 COD보다 BOD와 클로로필－a를 많이 이용한다.

③ 수심별 전기전도도의 차이는 수온의 효과와 용존된 오염물질의 농도차로 인한 결과이다.

④ 표수층에서 조류의 활발한 광합성 활동시에는 무기탄소 원인 HCO_3^- 나 CO_3^{2-} 을 흡수하고 OH^- 를 내보낸다.

해설

호수는 조류의 영향으로 BOD 값의 오차가 발생하는 경우가 많기 때문에 유기물량 측정에는 COD를 이용한다.

정답 ②

10 ★☆☆

0℃에서 DO 7.0mg/L인 물의 DO 포화도는 몇 %인가? (단, 대기의 화학적 조성 중 O_2는 21%(V/V), 0℃에서 순수한 물의 공기 용해도는 38.46mL/L, 1기압 기준, 기타 조건은 고려하지 않음)

① 약 61%　　　　　② 약 74%

③ 약 82%　　　　　④ 약 87%

해설

DO 포화도는 다음 식으로 계산된다.

$$DO\ 포화도[\%] = \frac{현재\ DO}{포화\ DO} \times 100$$

현재 DO=7mg/L

$$포화\ DO = \frac{38.46mL}{L} \left| \frac{21}{100} \right| \frac{32mg}{22.4mL}$$

$$= 11.538mg/L$$

$$\therefore DO\ 포화도[\%] = \frac{7}{11.538} \times 100$$

$$= 60.669 ≒ 61\%$$

정답 ①

11 ★★☆

다음의 유기물 1mole이 완전 산화될 때 이론적인 산소요구량(ThOD)이 가장 작은 것은?

① C_6H_6　　　　　② $C_6H_{12}O_6$

③ C_2H_5OH　　　　④ CH_3COOH

선지분석

① $C_6H_6 + 7.5O_2 \rightarrow 6CO_2 + 3H_2O$

　$X = 7.5mol(ThOD)$

② $C_6H_{12}O_6 + 6O_2 \rightarrow 6CO_2 + 6H_2O$

　$X = 6mol(ThOD)$

③ $C_2H_5OH + 3O_2 \rightarrow 2CO_2 + 3H_2O$

　$X = 3mol(ThOD)$

④ $CH_3COOH + 2O_2 \rightarrow 2CO_2 + 2H_2O$

　$X = 2mol(ThOD)$

정답 ④

12 ★☆☆

건조고형물량이 3,000kg/day인 생슬러지를 저율혐기성소화조로 처리할 때 휘발성고형물은 건조고형물의 70%이고 휘발성고형물의 60%는 소화에 의해 분해된다. 소화된 슬러지의 총고형물은 몇 kg/day인가?

① 1,040kg/day　　　② 1,740kg/day

③ 2,040kg/day　　　④ 2,440kg/day

해설

소화 후 슬러지의 총고형물＝소화 후 VS＋소화 후 FS

$$소화\ 후\ VS = \frac{3,000kg}{day} \left| \frac{70}{100} \right| \frac{40}{100}$$

$$= 840kg/day$$

$$소화\ 후\ FS = \frac{3,000kg}{day} \left| \frac{30}{100} \right.$$

$$= 900kg/day$$

$$\therefore 소화\ 후\ 슬러지의\ 총고형물 = 840 + 900 = 1,740kg/day$$

정답 ②

13 ★★★

소수성 콜로이드의 특성으로 틀린 것은?

① 물과 반발하는 성질을 가진다.
② 물 속에 현탁상태로 존재한다.
③ 아주 작은 입자로 존재한다.
④ 염에 큰 영향을 받지 않는다.

해설
소수성 콜로이드는 염에 아주 민감하다.

정답 ④

14 ★★☆

생물농축에 대한 설명으로 가장 거리가 먼 것은?

① 수생생물의 체내의 각종 중금속 농도는 환경수중의 농도보다는 높은 경우가 많다.
② 생물체중의 농도와 환경수중의 농도비를 농축비 또는 농축계수라고 말한다.
③ 수생생물의 종류에 따라서 중금속의 농축비가 다르게 되어 있는 것이 많다.
④ 농축비는 먹이사슬 과정에서 높은 단계의 소비자에 상당하는 생물일수록 낮게 된다.

해설
농축비는 먹이사슬 과정에서 높은 단계의 소비자에 해당하는 생물일수록 높게 된다.

정답 ④

15 ★★☆

25℃, 2atm의 압력에 있는 메탄가스 5.0kg을 저장하는 데 필요한 탱크의 부피는? (단, 이상기체의 법칙 적용, $R=0.082$L·atm/mol·K)

① 약 3.8m³   ② 약 5.3m³
③ 약 7.6m³   ④ 약 9.2m³

해설
이상기체방정식(Ideal Gas Equation)을 이용한다.
$PV = nRT$
· P: 압력[atm]
· V: 부피[L]
· n: 기체의 몰수[mol]
· R: 기체상수[L·atm/mol·K]
· T: 절대온도[K]

$$V[m^3] = \frac{nRT}{P}$$

여기서,

$$n[mol] = \frac{M}{M_w} = \frac{5kg}{} \left| \frac{1mol}{16g} \right| \frac{10^3 g}{1kg} = 312.5mol$$

$$\therefore V[m^3] = \frac{312.5mol}{} \left| \frac{0.082L \cdot atm}{mol \cdot K} \right| \frac{(273+25)K}{} \left| \frac{1}{2atm} \right| \frac{1m^3}{10^3 L}$$
$$= 3.82 ≒ 3.8m^3$$

정답 ①

16 ★★☆

우리나라 연평균강수량은 약 1,300mm 정도로 세계 연평균 강수량 970mm에 비해 많은 편이지만, UN에서는 물 부족 국가로 인정하고 있다. 이는 우리나라 하천의 특성에 의한 것인데, 그러한 이유로 타당하지 않은 것은?

① 계절적인 강우분포의 차이가 크다.
② 하상계수가 작다.
③ 하천의 경사도가 급하다.
④ 하천의 유역면적이 작고 길이가 짧다.

해설
우리나라는 여름철에 집중호우가 내린다. 따라서 우리나라 하천은 최대유량과 최소유량의 비인 하상계수가 크다.

정답 ②

17 ★★★

호소의 성층현상에 관한 설명으로 옳지 않은 것은?

① 수온 약층은 순환층과 정체층의 중간층에 해당되고 변
온층이라고도 하며 수온이 수심에 따라 크게 변화된다.

② 호소수의 성층현상은 연직 방향의 밀도차에 의해 층상
으로 구분되어지는 것을 말한다.

③ 겨울 성층은 표층수의 냉각에 의한 성층이며 역성층이
라고도 한다.

④ 여름 성층은 뚜렷한 층을 형성하며 연직 온도경사와 분
자확산에 의한 DO구배가 반대 모양을 나타낸다.

해설

여름에는 수심에 따른 연직 온도경사와 분자확산에 의한 DO구배가
같은 모양을 나타낸다.

정답 ④

18 ★★☆

**프로피온산(C_2H_5COOH) 0.1M 용액이 4% 이온화 된다면
이온화 정수는?**

① 1.7×10^{-4} ② 7.6×10^{-4}

③ 8.3×10^{-5} ④ 9.3×10^{-5}

해설

프로피온산의 이온화에서

$$C_2H_5COOH \rightleftharpoons C_2H_5COO^- + H^+$$

이온화 전: 0.1M   :   0M   :   0M

이온화 후: $(0.1 \times 0.96)M : (0.1 \times 0.04)M : (0.1 \times 0.04)M$

$$\therefore K = \frac{[C_2H_5COO^-][H^+]}{[C_2H_5COOH]} = \frac{(0.1 \times 0.04)^2}{(0.1 \times 0.96)}$$

$$= 1.67 \times 10^{-4} \fallingdotseq 1.7 \times 10^{-4}$$

정답 ①

19 ★★★

**1차 반응에 있어 반응 초기의 농도가 100mg/L이고, 4시간
후에 10mg/L로 감소되었다. 반응 2시간 후의 농도(mg/L)
는?**

① 17.8   ② 24.8

③ 31.6   ④ 42.8

해설

1차 반응식을 이용한다.

$$\ln \frac{C_t}{C_o} = -k \cdot t$$

- C_t : 처리 후 농도[mg/L]
- C_o : 초기 농도[mg/L]
- k : 반응속도상수[hr^{-1}]
- t : 반응시간[hr]

$$\ln \frac{10}{100} = -k \cdot 4hr$$

$$k = 0.5756hr^{-1}$$

$$\therefore \ln \frac{C_t}{100} = -0.5756 \times 2hr$$

$$\therefore C_t = 100 \times e^{-0.5756 \times 2} = 31.63 \fallingdotseq 31.6mg/L$$

정답 ③

20 ★★☆

Formaldehyde(CH_2O) 500mg/L의 이론적 COD값은?

① 약 512mg/L   ② 약 533mg/L

③ 약 553mg/L   ④ 약 576mg/L

해설

$$\underset{30g}{CH_2O} + \underset{32g}{O_2} \rightarrow H_2O + CO_2$$

비례식으로 정리하면,

$$30g : 32g = 500mg/L : X(mg/L)$$

$$\therefore X(=COD) = 533.33 \fallingdotseq 533mg/L$$

정답 ②

상하수도계획

21   ★★★

계획오수량에 관한 설명 중 틀린 것은?

① 계획시간 최대오수량은 계획1일 최대오수량의 1시간당 수량의 1.3~1.8배를 표준으로 한다.

② 지하수량은 1인1일 최대오수량의 20% 이하로 한다.

③ 합류식에서 우천 시 계획오수량은 원칙적으로 계획1일 최대오수량의 1.5배 이상으로 한다.

④ 계획1일 평균오수량은 계획1일 최대오수량의 70~80%를 표준으로 한다.

해설

합류식에서 우천 시 계획오수량은 원칙적으로 계획시간 최대오수량의 3배 이상으로 한다.

정답 ③

22   ★★☆

취수지점으로부터 정수장까지 원수를 공급하는 시설 배관은?

① 취수관   ② 송수관

③ 도수관   ④ 배수관

해설

상수의 급수계통

취수 → 도수 → 정수 → 송수 → 배수 → 급수

정답 ③

23   ★★☆

호소, 댐을 수원으로 하는 경우의 취수시설인 취수틀에 관한 설명으로 틀린 것은?

① 하천이나 호소 바닥이 안정되어 있는 곳에 설치한다.

② 선박의 항로에서 벗어나 있어야 한다.

③ 호소의 표면수를 안정적으로 취수할 수 있다.

④ 틀의 본체를 하천이나 호소 바닥에 견고하게 고정시킨다.

해설

취수틀은 호소의 중소량 취수시설로 많이 사용되고 구조가 간단하며 시공도 비교적 용이하나 수중에 설치되므로 호소의 표면수는 취수할 수 없다.

정답 ③

24   ★★☆

우수배제계획에서 계획우수량의 설계강우에 관한 내용으로 (　　)에 알맞은 것은?

> 하수관로의 설계강우는 10~30년 빈도, 빗물 펌프장의 설계강우는 (　　) 빈도를 원칙으로 하며, 지역의 특성 또는 방재상 필요성, 기후변화로 인한 강우특성의 변화추세에 따라 이보다 크게 또는 작게 정할 수 있다.

① 15~20년   ② 20~30년

③ 30~50년   ④ 50~100년

해설

하수관로의 설계강우는 10~30년 빈도, 빗물 펌프장의 설계강우는 30~50년 빈도를 원칙으로 한다.

정답 ③

25

★☆☆

하수처리시설 중 소독시설에서 사용하는 오존의 장·단점으로 틀린 것은?

① 병원균에 대하여 살균작용이 강하다.

② 철 및 망간의 제거 능력이 크다.

③ 경제성이 좋다.

④ 바이러스의 불활성화 효과가 크다.

해설

오존 소독 시 오존발생장치가 필요하며, 전력비용이 과다하여 경제성이 좋지 않다.

관련이론 | 오존을 이용한 소독의 장·단점

장점	단점
• 미생물, 병원균의 살균작용이 강하다. • 철 및 망간의 제거 능력이 크다. • 바이러스의 불활성화 효과가 크다. • THM이 생성되지 않는다. • 맛, 냄새 제거에 효과적이다.	• 잔류성이 없다. • 운전비용이 많이 든다.

정답 ③

26

★★☆

하수관로시설인 오수관로의 유속범위기준으로 옳은 것은?

① 계획시간 최대오수량에 대하여 유속을 최소 0.3m/sec, 최대 3.0m/sec로 한다.

② 계획시간 최대오수량에 대하여 유속을 최소 0.6m/sec, 최대 3.0m/sec로 한다.

③ 계획1일 최대오수량에 대하여 유속을 최소 0.3m/sec, 최대 3.0m/sec로 한다.

④ 계획1일 최대오수량에 대하여 유속을 최소 0.6m/sec, 최대 3.0m/sec로 한다.

해설

오수관로는 계획시간 최대오수량에 대해 유속은 최소 0.6m/sec, 최대 3.0m/sec로 한다.

정답 ②

27

★★★

강우강도가 2mm/min, 면적 1.0km², 유입시간 6분, 유출계수가 0.65인 경우 우수량(m³/sec)은? (단, 합리식 적용)

① 21.7

② 0.217

③ 1.30

④ 13.0

해설

$$Q = \frac{1}{360}CIA$$

• Q: 우수유출량[m³/sec]

• C: 유출계수(= 0.65)

• I: 강우강도[mm/hr]

• A: 유역면적[ha]

여기서,

$$I = \frac{2mm}{min} \left| \frac{60min}{1hr} = 120mm/hr \right.$$

$$A = \frac{1km^2}{} \left| \frac{100ha}{1km^2} = 100ha \right.$$

$$\therefore Q = \frac{1}{360}CIA = \frac{1}{360} \times 0.65 \times 120 \times 100 ≒ 21.7 m^3/sec$$

정답 ①

28

★☆☆

막여과법을 정수처리에 적용하는 주된 선정 이유로 옳지 않은 것은?

① 응집제를 사용하지 않거나 또는 적게 사용한다.

② 막의 특성에 따라 원수 중의 현탁물질, 콜로이드, 세균류, 크립토스포리디움 등 일정한 크기 이상의 불순물을 제거할 수 있다.

③ 부지면적이 종래보다 적을 뿐 아니라 시설의 건설공사 기간도 짧다.

④ 막의 교환이나 세척 없이 반영구적으로 자동운전이 가능하여 유지관리 측면에서 에너지를 절약할 수 있다.

해설

막여과법은 정기점검이나 막의 약품세척, 막의 교환 등이 필요하지만, 자동운전이 용이하고 다른 처리법에 비하여 일상적인 운전과 유지관리에서 에너지를 절약할 수 있다.

정답 ④

29 ★☆☆

약품주입설비와 점검에 대한 설명으로 틀린 것은?

① 응집약품을 납품받고 저장하기 위하여 적절한 검수용 계량장비를 설치한다.
② 약품저장설비는 구조적으로 안전하고 약품의 종류와 성상에 따라 적절한 재질로 한다.
③ 저장설비의 용량은 계획정수량에 각 약품의 최대 주입률을 곱하여 산정한다.
④ 저장설비 용량은 응집제는 30일분 이상, 응집보조제는 10일분 이상으로 한다.

해설
저장설비의 용량은 계획정수량에 각 약품의 평균 주입률을 곱하여 산정하고 다음 각 호를 표준으로 한다.
• 응집제는 30일분 이상으로 한다.
• 알칼리제는 연속 주입할 경우 30일분 이상, 간헐 주입할 경우에는 10일분 이상으로 한다.
• 응집보조제는 10일분 이상으로 한다.

정답 ③

30 ★☆☆

생물막을 이용한 처리방식의 하나인 접촉산화법을 적용하여 오수를 처리할 때 반응조 내 오수의 교반과 용존산소 유지를 위한 송풍량에 관한 내용으로 (   )에 옳은 것은?

접촉제를 전면에 설치하는 경우, 계획 오수량에 대하여 (   )를 표준으로 한다.

① 2배
② 4배
③ 6배
④ 8배

해설
접촉제를 전면에 설치하는 경우, 계획 오수량에 대하여 8배를 표준으로 한다.

정답 ④

31 ★★★

상수처리시설 중 플록형성지의 플록형성 표준시간은? (단, 계획정수량 기준)

① 5~10분간
② 10~20분간
③ 20~40분간
④ 40~60분간

해설
플록형성지는 혼화지와 침전지 사이에 위치하고 침전지에 접속하여 설치하여야 한다. 플록형성 시간은 계획정수량에 대하여 20~40분간을 표준으로 하며, 기계식교반에서 플록큐레이터의 주변속도는 15~80cm/sec로 한다. 플록형성지에서의 교반강도는 상류는 강하게, 하류로 갈수록 그 강도를 약하게 하여야 한다.

정답 ③

32 ★☆☆

하수처리시설의 계획하수량에 관한 설명으로 옳은 것은?

① 합류식 하수도에서 일차침전지까지 처리장내 연결관로는 계획시간 최대오수량으로 한다.
② 합류식 하수도에서 우천 시에는 계획시간 최대오수량을 유입시켜 2차처리해야 한다.
③ 합류식 하수도는 우천 시 일차침전지의 침전시간을 0.5시간 이상 확보하도록 한다.
④ 합류식 하수도의 소독시설 계획하수량은 계획시간 최대오수량으로 한다.

선지분석
① 합류식 하수도에서 일차침전지까지 처리장내 연결관로는 우천 시 계획오수량으로 한다.
② 합류식 하수도에서 우천 시에는 우천 시 계획오수량을 유입시켜 1차처리를 한다.
④ 합류식 하수도의 소독시설 계획하수량은 계획1일 최대오수량으로 한다.

정답 ③

2019년

33

★☆☆

펌프의 수격작용(Water hammer)에 관한 설명으로 가장 거리가 먼 것은?

① 관 내 물의 속도가 급격히 변하여 수압의 심한 변화를 야기하는 현상이다.
② 정전 등의 사고에 의하여 운전 중인 펌프가 갑자기 구동력을 소실할 경우에 발생할 수 있다.
③ 펌프계에서의 수격현상은 역회전 역류, 정회전 역류, 정회전 정류의 단계로 진행된다.
④ 펌프가 급정지할 때는 수격작용 유무를 점검해야 한다.

해설
펌프계에서의 수격현상은 정회전 정류, 정회전 역류, 역회전 역류의 단계로 진행된다.

정답 ③

34

★★☆

상수처리를 위한 정수시설인 급속여과지에 관한 설명으로 틀린 것은?

① 여과속도는 120~150m/day를 표준으로 한다.
② 플록의 질이 일정한 것으로 가정하였을 때 여과층의 필요두께는 여재입경에 반비례한다.
③ 여과면적은 계획정수량을 여과속도로 나누어 계산한다.
④ 여과지 1지의 여과면적은 150m² 이하로 한다.

해설
플록의 질을 일정한 것으로 가정하였을 경우에 플록의 여과층 침입깊이, 즉 여과층의 필요두께는 여재입경과 여과속도에 비례한다.

정답 ②

35

★☆☆

취수보의 취수구 표준 유입속도(m/sec)로 가장 적절한 것은?

① 0.1~0.4
② 0.4~0.8
③ 0.8~1.2
④ 1.2~1.6

해설
취수보의 취수구 유입속도는 0.4~0.8m/sec를 표준으로 한다.

정답 ②

36

★★★

상수관로에서 조도계수 0.014, 동수경사 1/100이고, 관경이 400mm일 때 이 관로의 유량은? (단, 만관 기준, Manning 공식에 의함)

① 3.8m³/min
② 6.2m³/min
③ 9.3m³/min
④ 11.6m³/min

해설
$Q = A$(단면적)$\times V$(유속)을 Manning 공식을 사용하여 정리하면 다음과 같다.

Manning 공식: $V = \dfrac{1}{n} \cdot R^{\frac{2}{3}} \cdot I^{\frac{1}{2}}$

- V: 평균유속[m/sec]
- n: 조도계수
- R: 경심$\left(= \dfrac{A(\text{수류단면적})}{P(\text{윤변})} = \dfrac{D}{4}\right)$[m]
- I: 동수경사

$\therefore Q = A \times \left(\dfrac{1}{n} \cdot R^{\frac{2}{3}} \cdot I^{\frac{1}{2}}\right)$

여기서,

$A = \dfrac{\pi D^2}{4} = \dfrac{\pi \times (0.4\text{m})^2}{4} = 0.1257\text{m}^2$

$R = \dfrac{D}{4} = \dfrac{0.4\text{m}}{4} = 0.1\text{m}$

$I = \dfrac{1}{100}$

$\therefore Q = A \times \dfrac{1}{n} \cdot R^{\frac{2}{3}} \cdot I^{\frac{1}{2}}$

$= 0.1257 \times \left(\dfrac{1}{0.014}\right) \times (0.1)^{\frac{2}{3}} \times \left(\dfrac{1}{100}\right)^{\frac{1}{2}}$

$= 0.1934\text{m}^3/\text{sec} = 11.6\text{m}^3/\text{min}$

정답 ④

37 ★★☆

직경 200cm 원형관로에 물이 1/2 차서 흐를 경우, 이 관로의 경심은?

① 15cm ② 25cm
③ 50cm ④ 100cm

해설

$$경심(R) = \frac{수류단면적(A)}{윤변(P)} = \frac{\frac{\pi D^2}{4} \times \frac{1}{2}}{\pi D \times \frac{1}{2}}$$

$$= \frac{D}{4} = \frac{200cm}{4} = 50cm$$

정답 ③

38 ★★☆

케이싱 내에서 임펠러를 회전시켜 유체를 이송하는 터보형 펌프에 속하지 않는 것은?

① 회전펌프 ② 원심펌프
③ 사류펌프 ④ 축류펌프

관련이론 | 펌프의 종류 및 특성

구분	종류	특성
터보형 펌프	원심 펌프	4m 이상 전양정, 80mm 이상 구경 또는 높은 효율의 경우 구경 400mm 이상에서 사용
	사류 펌프	• 전양정(3~12m) 펌프이며, 비교적 적은 공간 차지 • 수명이 길고, 변화 있는 곳에 최적인 펌프로 효율성도 좋음 • 구경 300~1,000mm(일반적으로 400mm 이상)에서 사용
	축류 펌프	• 임펠러 내의 물에 압력 및 속도에너지를 주고 가이드베인으로 속도에너지의 일부를 압력으로 변환 • 전양정(5m 이하) 펌프이며, 양정변화가 적은 곳에 설치 • 간단한 구조, 저렴한 기초공사
비터보형 펌프	스크류 펌프	• 슬러지양수용 펌프이며, 간단한 구조 • 회전수가 낮아 마모가 적음

정답 ①

39 ★★☆

취수시설인 침사지에 관한 설명으로 틀린 것은?

① 표면부하율은 500~800mm/min을 표준으로 한다.
② 지내 평균유속은 2~7cm/sec를 표준으로 한다.
③ 지의 상단높이는 고수위보다 0.6~1m의 여유고를 둔다.
④ 지의 유효수심은 3~4m를 표준으로 하고, 퇴사심도를 0.5~1m로 한다.

해설

침사지의 표면부하율은 200~500mm/min을 표준으로 한다.

정답 ①

40 ★☆☆

하수슬러지 개량방법과 특징으로 틀린 것은?

① 고분자응집제 첨가: 슬러지 성상을 그대로 두고 탈수성, 농축성의 개선을 도모한다.
② 무기약품 첨가: 무기약품은 슬러지의 pH를 변화시켜 무기질 비율을 증가시키고 안정화를 도모한다.
③ 열처리: 슬러지 성분의 일부를 용해시켜 탈수 개선을 도모한다.
④ 세정: 혐기성 소화슬러지의 알칼리도를 증가시켜 탈수 개선을 도모한다.

해설

세정은 소화슬러지에 물을 첨가하여 재침전 시킨 후 슬러지의 알칼리도를 씻어내어 고형물을 분리, 농축시키는 과정이다.

정답 ④

수질오염방지기술

41 ★★★

SBR 공법의 일반적인 운전단계 순서는?

① 주입(Fill) → 휴지(Idle) → 반응(React) → 침전(Settle) → 제거(Draw)

② 주입(Fill) → 반응(React) → 휴지(Idle) → 침전(Settle) → 제거(Draw)

③ 주입(Fill) → 반응(React) → 침전(Settle) → 휴지(Idle) → 제거(Draw)

④ 주입(Fill) → 반응(React) → 침전(Settle) → 제거(Draw) → 휴지(Idle)

해설

연속 회분식 반응조(SBR: Sequencing Batch Reactor)
반응조에 시차를 두고 유입, 반응, 혼합액의 침전, 제거, 휴지 등 각 과정을 거치도록 되어 있다.

정답 ④

42 ★★☆

혐기성 소화 시 소화가스 발생량 저하의 원인이 아닌 것은?

① 저농도 슬러지 유입   ② 소화슬러지 과잉 배출

③ 소화가스 누적   ④ 조 내 온도 저하

해설

소화가스 발생량 저하의 원인
- 저농도 슬러지 유입
- 소화슬러지 과잉 배출
- 조 내 온도저하
- 소화가스 누출
- 과다한 산 생성

정답 ③

43 ★☆☆

경사판 침전지에서 경사판의 효과가 아닌 것은?

① 수면적 부하율의 증가효과

② 침전지 소요면적의 저감효과

③ 고형물의 침전효율 증대효과

④ 처리효율의 증대효과

해설

경사판 침전지에서는 수면적 부하율이 감소한다.

정답 ①

44 ★☆☆

상향류혐기성 슬러지상(UASB)공법에 대한 설명으로 틀린 것은?

① BOD 및 SS 농도가 높은 폐수의 처리가 가능하다.

② HRT가 작아 반응조 용량을 작게 할 수 있다.

③ 상향류이므로 반응기 하부에 폐수의 분산을 위한 장치가 필요하다.

④ 기계적인 교반이나 여재가 불필요하다.

해설

고형물 농도가 높은 경우 SS가 조 내에 침전 가능성이 있어 처리효율이 낮아진다.

정답 ①

45 ★☆☆

하수의 인 제거 처리공정 중 인 제거율(%)이 가장 높은 것은?

① 역삼투   ② 여과

③ RBC   ④ 탄소흡착

해설

- 역삼투: 약 95%
- 여과: 약 40%
- RBC: 약 10%
- 탄소흡착: 약 20%

정답 ①

46 ★★☆

수은계 폐수 처리방법으로 틀린 것은?

① 수산화물 침전법　　② 흡착법
③ 이온교환법　　　　　④ 황화물 침전법

해설

- 수은 함유 폐수를 처리하는 방법은 황화물 침전법, 아말감법, 이온교환법, 흡착법 등이 있다.
- 수산화물 침전법은 주로 Pb, Cd, Cr^{6+} 처리에 이용한다.

정답 ①

47 ★★☆

표면적이 $2m^2$이고 깊이가 2m인 침전지에 유량 $48m^3$/day의 폐수가 유입될 때 폐수의 체류시간(hr)은?

① 2　　　　　　　　　② 4
③ 6　　　　　　　　　④ 8

해설

$$t[hr]=\frac{2m^2}{}\left|\frac{2m}{}\right|\frac{day}{48m^3}\left|\frac{24hr}{day}\right|=2hr$$

정답 ①

48 ★☆☆

환원처리공법으로 크롬함유 폐수를 수산화물 침전법으로 처리하고자 할 때 침전을 위한 적정 pH 범위는?
(단, $Cr^{3+}+ 3OH^- \rightarrow Cr(OH)_3 \downarrow$)

① pH 4.0~4.5　　　　② pH 5.5~6.5
③ pH 8.0~8.5　　　　④ pH 11.0~11.5

해설

크롬함유 폐수를 수산화물 침전법으로 처리할 때에는 pH 8.0~8.5로 한다.

정답 ③

49 ★☆☆

슬러지 탈수 방법에 관한 설명으로 틀린 것은?

① 원심분리기: 고농도의 부유성 고형물에 적합
② 벨트형 여과기: 슬러지 특성에 민감함
③ 원심분리기: 건조한 슬러지 케익을 생산함
④ 벨트형 여과기: 유입부에 슬러지 분쇄기 설치가 필요함

해설

원심분리 탈수방법

슬러지를 회전시켜 원심력을 부여하고 슬러지로부터 고형물을 분리하는 방법으로 슬러지 중 고형물이 물보다 비중이 큰 물질에 유리하며, 고농도의 부유성 고형물의 경우 처리하기 어렵다.

정답 ①

50 ★★☆

유량 $4,000m^3$/day, 부유물질 농도 220mg/L인 하수를 처리하는 일차침전지에서 발생되는 슬러지의 양(m^3/day)은?
(단, 슬러지 단위 중량(비중) 1.03, 함수율 94%, 일차침전지 체류시간 2시간, 부유물질 제거효율 60%, 기타 조건은 고려하지 않음)

① 6.32　　　　　　　② 8.54
③ 10.72　　　　　　　④ 12.53

해설

$$SL[m^3/day]$$
$$=\frac{4,000m^3}{day}\left|\frac{0.22kg}{m^3}\right|\frac{100}{(100-94)}\left|\frac{60}{100}\right|\frac{m^3}{1,030kg}$$
$$=8.54m^3/day$$

정답 ②

51

★★☆

생물학적 원리를 이용하여 질소, 인을 제거하는 공정인 5단계 Bardenpho 공법에 관한 설명으로 옳지 않은 것은?

① 인 제거를 위해 혐기성조가 추가된다.
② 조 구성은 혐기조, 무산소조, 호기조, 무산소조, 호기조 순이다.
③ 내부반송률은 유입유량 기준으로 100~200% 정도이며 2단계 무산소조로부터 1단계 무산소조로 반송된다.
④ 마지막 호기성 단계는 폐수 내 잔류 질소가스를 제거하고 최종 침전지에서 인의 용출을 최소화하기 위하여 사용한다.

해설
5단계 Bardenpho 공법의 내부반송률은 유입유량 기준으로 100~200% 정도이며 1단계 호기조로부터 1단계 무산소조로 반송된다.

정답 ③

52

★☆☆

물속의 휘발성유기화합물(VOC)을 에어스트리핑으로 제거할 때 제거효율 관계를 설명한 것으로 옳지 않은 것은?

① 액체 중의 VOC농도가 클수록 효율이 증가한다.
② 오염되지 않은 공기를 주입할 때 제거효율은 증가한다.
③ K_{La}가 감소하면 효율이 증가한다.
④ 온도가 상승하면 효율이 증가한다.

해설
K_{La}가 감소하면 효율이 감소한다.

정답 ③

53

★☆☆

단면이 직사각형인 하천의 깊이가 0.2m이고 깊이에 비하여 폭이 매우 넓을 때 동수반경(m)은?

① 0.2   ② 0.5
③ 0.8   ④ 1.0

해설

$$R = \frac{a \times b}{a + 2b}$$

$a(\text{폭}) > b(\text{깊이})$이므로 $R = \frac{a \times b}{a} = 0.2\text{m}$

정답 ①

54

★★☆

수량이 30,000m³/day, 수심이 3.5m, 하수 체류시간이 2.5hr인 침전지의 수면부하율(또는 표면부하율, m³/m²·day)은?

① 67.1   ② 54.2
③ 41.5   ④ 33.6

해설

$$\text{수면부하율} = \frac{Q}{A}$$

· Q: 유입유량[m³/day]

· A: 면적[m²] $= \dfrac{\text{부피[m}^3]}{\text{수심[m]}}$

여기서,
$Q = 30,000\text{m}^3/\text{day}$

$A = \dfrac{30,000\text{m}^3}{\text{day}} \left| \dfrac{2.5\text{hr}}{} \right| \dfrac{1\text{day}}{24\text{hr}} \left| \dfrac{}{3.5\text{m}} \right.$

$= 892.86\text{m}^2$

∴ 수면부하율[m³/m²·day]

$= \dfrac{30,000\text{m}^3/\text{day}}{892.86\text{m}^2} = 33.6\text{m}^3/\text{m}^2 \cdot \text{day}$

정답 ④

55 ★☆☆

NH$_3$을 제거하기 위한 방법으로 적당하지 못한 것은?

① Air stripping을 실시한다.
② Break point 염소처리를 한다.
③ 질산화 – 탈질산화를 실시한다.
④ 명반을 이용하여 응집침전 처리를 한다.

해설

명반을 이용하여 응집침전 처리를 하는 것은 인의 화학적 제거 방법이다.

정답 ④

56 ★☆☆

월류 부하가 200m^3/m·day인 원형 침전지에서 1일 4,000m^{3}를 처리하고자 한다. 원형 침전지의 적당한 직경(m)은?

① 5.4　　　　　　　② 6.4
③ 7.4　　　　　　　④ 8.4

해설

원주의 길이[m] $= \dfrac{4,000m^3}{day} \left| \dfrac{m \cdot day}{200m^3} = 20m \right.$

$20m = \pi \cdot D$

∴ $D = 6.4m$

정답 ②

57 ★☆☆

응집을 이용하여 하수를 처리할 때 하수온도가 응집반응에 미치는 영향을 설명한 내용으로 틀린 것은?

① 수온이 높으면 반응속도는 증가한다.
② 수온이 높으면 물의 점도저하로 응집제의 화학반응이 촉진된다.
③ 수온이 낮으면 입자가 커지고 응집제 사용량도 적어진다.
④ 수온이 낮으면 플록 형성에 소요되는 시간이 길어진다.

해설

수온이 낮아지면 입자가 작아지고, 응집제의 사용량이 증가하며 플록 형성의 소요시간이 길어진다.

정답 ③

58 ★☆☆

활성슬러지 공정 운영에 대한 설명으로 잘못된 것은?

① 폭기조 내의 미생물 체류시간을 증가시키기 위해 잉여슬러지 배출량을 감소시켰다.
② F/M비를 낮추기 위해 잉여슬러지 배출량을 줄이고 반송유량을 증가시켰다.
③ 2차 침전지에서 슬러지가 상승하는 현상이 나타나 잉여슬러지 배출량을 증가시켰다.
④ 핀 플록(Pin floc) 현상이 발생하여 잉여슬러지 배출량을 감소시켰다.

해설

SRT가 너무 길게 되면 Pin floc 현상이 발생하는데, 이때 슬러지의 반송률을 낮추어 반응조의 MLSS 농도를 낮게 유지하고 잉여슬러지 배출량을 증가시켜야 한다.

정답 ④

59 ★★☆

역삼투 장치로 하루에 500m³의 3차 처리된 유출수를 탈염시키고자 할 때, 요구되는 막면적(m²)은? (단, 25℃에서 물질전달계수: 0.2068L/(day·m²)(kPa), 유입수와 유출수 사이의 압력차: 2,400kPa, 유입수와 유출수의 삼투압차: 310kPa, 최저운전온도: 10℃, $A_{10℃}=1.284_{25℃}$, A: 막면적)

① 약 1,130
② 약 1,280
③ 약 1,330
④ 약 1,480

해설

단위환산하는 방법으로 푼다.

$$\frac{500\text{m}^3}{\text{day}}\left|\frac{\text{day}\cdot\text{m}^2\cdot\text{kPa}}{0.2068\text{L}}\right|\frac{1}{(2,400-310)\text{kPa}}\left|\frac{10^3\text{L}}{1\text{m}^3}\right|$$

$$=1,156.8397\text{m}^2$$

$$\therefore A_{10℃}=A_{25℃}\times1.28=1,156.84\times1.28$$
$$=1,480.75≒1480\text{m}^2$$

정답 ④

60 ★☆☆

증류수를 가하여 25mL로 희석된 10mL의 시료를 표준 시험법에 따라 분석하였다. 소모된 중크롬산염(DC)은 3.12×10^{-4} 몰로 측정되었을 때 시료의 COD(mg O₂/L)는? (단, 증류수 희석은 유기물 존재량에 영향을 미치지 않음, DC와 산소에 대한 반응으로부터 DC 1몰은 6전자 당량을 가지며 O₂ 1몰은 4당량을 가짐, 산소의 당량은 32.0g/4eq=8.0g/eq이다.)

① 1,273
② 1,498
③ 2,038
④ 2,251

해설

COD[mg O₂/L]

$$=\frac{3.12\times10^{-4}\text{mol}}{10\text{mL}}\left|\frac{6\text{eq}}{1\text{mol}}\right|\frac{8\text{g}}{1\text{eq}}\left|\frac{10^3\text{mg}}{1\text{g}}\right|\frac{10^3\text{mL}}{1\text{L}}$$

$$=1,497.6≒1,498\text{mg/L}$$

정답 ②

61 ★☆☆

기체크로마토그래피법으로 유기인 시험을 할 때 사용되는 검출기로 가장 일반적인 것은?

① 열전도도형 검출기
② 불꽃 이온화 검출기
③ 전자 포집형 검출기
④ 불꽃 광도형 검출기

해설

기체크로마토그래피법으로 유기인 시험을 할 때 일반적으로 불꽃 광도형 검출기 또는 질소인 검출기를 이용한다.

정답 ④

62 ★★☆

기체크로마토그래피법의 어떤 정량법에 대한 설명인가?

크로마토그램으로부터 얻은 시료 각 성분의 봉우리 면적을 측정하고 그것들의 합을 100으로 하여 이에 대한 각각의 봉우리 넓이 비를 각 성분의 함유율로 한다.

① 내부표준 백분율법
② 보정성분 백분율법
③ 성분 백분율법
④ 넓이 백분율법

해설

넓이 백분율법(=면적 백분율법 예시)

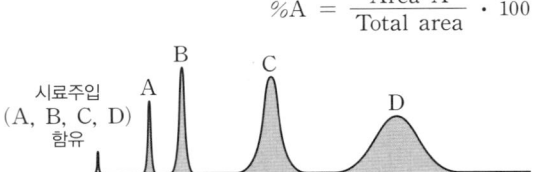

$$\%A=\frac{\text{Area A}}{\text{Total area}}\cdot100$$

Peak No.	보유시간	피크 높이	피크 면적	피크 너비
1(A)	1.2	7.2	20	0.11
2(B)	1.5	9.3	30	0.13
3(C)	3.0	8.5	100	0.71
4(D)	5.2	5.5	150	1.45

정답 ④

63 ★☆☆

총인을 자외선/가시선 분광법으로 정량하는 방법에 대한 설명으로 가장 거리가 먼 것은?

① 분해되기 쉬운 유기물을 함유한 시료는 질산 – 과염소 산으로 전처리한다.
② 다량의 유기물을 함유한 시료는 질산 – 황산으로 전처리한다.
③ 전처리로 유기물을 산화분해시킨 후 몰리브덴산암모늄 · 아스코르빈산 혼액 2mL를 넣어 흔들어 섞는다.
④ 정량한계는 0.005mg/L이며, 상대표준편차는 ±25% 이내이다.

해설
분해되기 쉬운 유기물을 함유한 시료는 과황산칼륨으로 전처리한다.

정답 ①

64 ★☆☆

카드뮴을 자외선/가시선 분광법을 이용하여 측정할 때에 관한 설명으로 (   )에 내용으로 옳은 것은?

> 물속에 존재하는 카드뮴이온을 시안화칼륨이 존재하는 알칼리성에서 디티존과 반응하여 생성하는 카드뮴착염을 사염화탄소로 추출하고, 추출한 카드뮴착염을 (㉠)으로 역추출한 다음 다시 (㉡)과(와) 시안화칼륨을 넣어 디티존과 반응하여 생성하는 (㉢)의 카드뮴착염을 사염화탄소로 추출하고 그 흡광도를 측정하는 방법이다.

① ㉠ 타타르산 용액   ㉡ 수산화나트륨   ㉢ 적색
② ㉠ 아스코르빈산 용액   ㉡ 염산(1+15)   ㉢ 적색
③ ㉠ 타타르산 용액   ㉡ 수산화나트륨   ㉢ 청색
④ ㉠ 아스코르빈산 용액   ㉡ 염산(1+15)   ㉢ 청색

해설
카드뮴(자외선/가시선 분광법)
물속에 존재하는 카드뮴이온을 시안화칼륨이 존재하는 알칼리성에서 디티존과 반응시켜 생성하는 카드뮴착염을 사염화탄소로 추출하고, 추출한 카드뮴착염을 타타르산 용액으로 역추출한 다음 다시 수산화나트륨과 시안화칼륨을 넣어 디티존과 반응하여 생성하는 적색의 카드뮴착염을 사염화탄소로 추출하고 그 흡광도를 530nm에서 측정하는 방법이다.

정답 ①

65 ★★★

수질분석을 위한 시료 채취 시 유의사항과 가장 거리가 먼 것은?

① 채취용기는 시료를 채우기 전에 맑은 물로 3회 이상 씻은 다음 사용한다.
② 용존가스, 환원성 물질, 휘발성 유기물질 등의 측정을 위한 시료는 운반중 공기와의 접촉이 없도록 가득 채워져야 한다
③ 지하수 시료는 취수정 내에 고여 있는 물을 충분히 퍼낸(고여 있는 물의 4~5배 정도이나 pH 및 전기전도도를 연속적으로 측정하여 이 값이 평형을 이룰 때까지로 한다.) 다음 새로 나온 물을 채취한다.
④ 시료채취량은 시험항목 및 시험횟수에 따라 차이가 있으나 보통 3~5L 정도이어야 한다.

해설
시료 채취용기는 시료를 채우기 전에 시료로 3회 이상 씻은 다음 사용한다.

정답 ①

66 ★☆☆

불소를 자외선/가시선 분광법으로 분석할 경우, 간섭 물질로 작용하는 알루미늄 및 철의 방해를 제거할 수 있는 방법은? (단, 수질오염공정시험기준 기준)

① 산화   ② 증류
③ 침전   ④ 환원

해설
알루미늄 및 철의 방해가 크나 증류하면 제거할 수 있다.

정답 ②

67 ★★★

다음 용어의 정의로 옳지 않은 것은?

① 감압 또는 진공: 따로 규정이 없는 한 15mmHg 이하를 뜻한다.

② 바탕시험을 하여 보정한다: 시료에 대한 처리 및 측정을 할 때 시료를 사용하지 않고 같은 방법으로 조작한 측정치를 더한 것을 뜻한다.

③ 용기: 시험용액 또는 시험에 관계된 물질을 보존, 운반 또는 조작하기 위하여 넣어두는 것으로 시험에 지장을 주지 않도록 깨끗한 것을 뜻한다.

④ 정밀히 단다: 규정된 양의 시료를 취하여 화학저울 또는 미량저울로 칭량함을 말한다.

해설

'바탕시험을 하여 보정한다'는 시료에 대한 처리 및 측정을 할 때, 시료를 사용하지 않고 정제수를 이용하여 같은 방법으로 측정한 분석값을 시료의 분석값에서 빼는 것을 뜻한다.

정답 ②

68 ★★☆

백분율(W/V, %)의 설명으로 옳은 것은?

① 용액 100g 중의 성분무게(g)를 표시

② 용액 100mL 중의 성분용량(mL)을 표시

③ 용액 100mL 중의 성분무게(g)를 표시

④ 용액 100g 중의 성분용량(mL)을 표시

해설

W/V, %=g/100mL

정답 ③

69 ★☆☆

흡광광도분석장치 중 파장선택부에 거름종이를 사용한 것으로 단광속형이 많고 비교적 구조가 간단하여 작업 분석용에 적당한 것은?

① 광전광도계   ② 광전자증배관

③ 광전도셀   ④ 광전분광광도계

선지분석

② 광전관, 광전자증배관은 주로 자외선 내지 가시광선 파장범위 내의 광선측광에 사용한다.

③ 광전도셀은 근적외선 파장 범위내의 광선측광에 사용한다.

④ 광전분광광도계는 파장 선택부에 단색화장치를 사용한다.

정답 ①

70 ★☆☆

암모니아성 질소를 분석할 때에 관한 설명으로 (　　　)에 옳은 것은?

> 암모니아성 질소를 자외선/가시선 분광법으로 측정하고자 할 때의 측정파장 (㉠)과 이온전극법으로 측정하고자 할 때 암모늄 이온을 암모니아로 변화시킬 때의 시료의 적정 pH 범위 (㉡)으로 한다.

① ㉠ 630nm, ㉡ 4~6   ② ㉠ 540nm, ㉡ 4~6

③ ㉠ 630nm, ㉡ 11~13   ④ ㉠ 540nm, ㉡ 11~13

해설

물속에 존재하는 암모니아성 질소를 자외선/가시광선 분광법으로 측정 시 암모늄이온이 하이포염소산의 존재 하에서 페놀과 반응하여 생성하는 인도페놀의 청색을 630nm에서 측정한다.

암모니아성 질소 – 이온전극법은 물속에 존재하는 암모니아성 질소를 측정하기 위하여 시료에 수산화나트륨을 넣어 시료의 pH를 11~13으로 하여 암모늄이온을 암모니아로 변화시킨 다음 암모니아 이온전극을 이용하여 암모니아성 질소를 정량하는 방법이다.

정답 ③

71

★☆☆

총유기탄소(TOC)의 공정시험기준에 준하여 시험을 수행하였을 때 잘못된 것은?

① 용존성 유기탄소(DOC)를 측정하기 위하여 $0.45\mu m$ 여과지를 사용하였다.
② 비정화성 유기탄소(NPOC)를 측정하기 위하여 pH를 4로 조절하였다.
③ 부유물질 정도관리를 위하여 셀룰로오스를 사용하였다.
④ 탄소를 검출하기 위하여 고온연소산화법을 적용하였다.

해설

비정화성 유기탄소(NPOC)는 총탄소 중 pH 2 이하에서 포기에 의해 정화(Purging)되지 않는 탄소를 말한다.

정답 ②

72

★☆☆

자외선/가시선 분광법으로 폐수 중의 Cu를 측정할 때 다음 시약과 그 사용 목적을 잘못 연결한 것은?

① 사이트르산이암모늄 – 철의 억제 목적
② 암모니아수(1+1) – 약 pH 9로 조절 목적
③ 아세트산부틸 – 구리착염화합물의 추출 목적
④ EDTA – 구리착염의 발생 증가 목적

해설

EDTA – 구리킬레이트 화합물 형성

정답 ④

73

★★☆

분원성 대장균군–막여과법의 측정방법으로 ( )에 옳은 내용은?

> 물속에 존재하는 분원성 대장균군을 측정하기 위하여 페트리접시에 배지를 올려놓은 다음 배양 후 여러 가지 색조를 띠는 ( )의 집락을 계수하는 방법이다.

① 황색
② 녹색
③ 적색
④ 청색

해설

분원성 대장균군–막여과법

물속에 존재하는 분원성 대장균군을 측정하기 위하여 페트리접시에 배지를 올려놓은 다음 배양 후 여러 가지 색조를 띠는 청색의 집락을 계수하는 방법이다.

정답 ④

74

★☆☆

수질오염공정시험기준에서 아질산성 질소를 자외선/가시선분광법으로 측정하는 흡광도 파장(nm)은?

① 540
② 620
③ 650
④ 690

해설

물속에 존재하는 아질산성 질소를 측정하기 위하여 시료 중 아질산성 질소를 설퍼닐아마이드와 반응시켜 디아조화하고 α–나프틸에틸렌디아민이염산염과 반응시켜 생성된 디아조화합물의 붉은색 흡광도 540nm에서 측정하는 방법이다.

정답 ①

75

★☆☆

다음의 금속류 중 원자형광법으로 측정할 수 있는 것은? (단, 수질오염공정시험기준 기준)

① 수은
② 납
③ 6가 크롬
④ 비소

해설

원자형광법으로 측정할 수 있는 중금속은 수은이다.

정답 ①

76 ★★☆

음이온 계면활성제를 자외선/가시선 분광법으로 측정할 때 사용되는 시약으로 옳은 것은?

① 메틸 레드

② 메틸 오렌지

③ 메틸렌 블루

④ 메틸렌 옐로우

해설

물속에 존재하는 음이온 계면활성제를 측정하기 위하여 메틸렌 블루와 반응시켜 생성된 청색의 착화합물을 클로로폼으로 추출하여 흡광도를 650nm에서 측정하는 방법이다.

정답 ③

77 ★★☆

노말헥산 추출물질 정량에 관한 내용으로 가장 거리가 먼 것은?

① 시료를 pH 4 이하 산성으로 한다.

② 정량한계는 0.5mg/L이다.

③ 상대표준편차가 ±25% 이내이다.

④ 시료용기는 노말헥산 20mL씩으로 1회 씻는다.

해설

시료의 용기는 노말헥산 20mL씩으로 2회 씻어서 씻은 액을 분별깔때기에 합하고 마개를 하여 2분간 세게 흔들어 섞고 정치하여 노말헥산층을 분리한다.

정답 ④

78 ★★☆

36%의 염산(비중 1.18)을 가지고 1N의 HCl 1L를 만들려고 한다. 36%의 염산 몇 mL를 물로 희석해야 하는가? (단, 염산을 물로 희석하는 데 있어서 용량 변화는 없다.)

① 70.4

② 75.9

③ 80.4

④ 85.9

해설

$NV = N'V'$

$$1eq/L \times 1L = \frac{1.18g}{mL} \left| \frac{36}{100} \right| \frac{XmL}{} \left| \frac{1eq}{36.5g} \right.$$

$\therefore X = 85.9mL$

정답 ④

79 ★★☆

식물성 플랑크톤 측정에 관한 설명으로 틀린 것은?

① 시료가 육안으로 녹색이나 갈색으로 보일 경우 정제수로 적절한 농도로 희석한다.

② 물속에 식물성 플랑크톤은 평판집락법을 이용하여 면적당 분포하는 개체수를 조사한다.

③ 식물성 플랑크톤은 운동력이 없거나 극히 적어 수체의 유동에 따라 수체 내에 부유하면서 생활하는 단일개체, 집락성, 선상형태의 광합성 생물을 총칭한다.

④ 시료의 개체수는 계수면적당 10~40 정도가 되도록 희석 또는 농축한다.

해설

물속에 식물성 플랑크톤은 현미경계수법을 이용하여 개체수를 조사한다.

정답 ②

80 ★★☆

예상 BOD치에 대한 사전경험이 없을 때 오염된 하천수의 검액조제 방법은?

① 0.1~1.0%의 시료가 함유되도록 희석 조제

② 1~5%의 시료가 함유되도록 희석 조제

③ 5~15%의 시료가 함유되도록 희석 조제

④ 25~100%의 시료가 함유되도록 희석 조제

해설

예상 BOD치에 대한 사전 경험이 없을 때 다음과 같이 희석하여 시료를 조제한다.

· 오염정도가 심한 공장폐수: 시료를 0.1~1.0% 넣는다.

· 처리하지 않은 공장폐수와 침전된 하수: 시료를 1~5% 넣는다.

· 처리하여 방류된 공장폐수: 시료를 5~25% 넣는다.

· 오염된 하천수: 시료를 25~100% 넣는다.

정답 ④

수질환경관계법규

81

★☆☆

방류수 수질기준 초과율이 70% 이상 80% 미만일 때 부과계수로 적절한 것은?

① 2.8
② 2.6
③ 2.4
④ 2.2

해설

「시행령 별표 11」

방류수 수질기준 초과율별 부과계수

초과율	10% 미만	10% 이상 20% 미만	20% 이상 30% 미만	30% 이상 40% 미만	40% 이상 50% 미만
부과 계수	1	1.2	1.4	1.6	1.8
초과율	50% 이상 60% 미만	60% 이상 70% 미만	70% 이상 80% 미만	80% 이상 90% 미만	90% 이상 100%까지
부과 계수	2.0	2.2	2.4	2.6	2.8

정답 ③

82

★★☆

초과부과금 산정기준 시 1킬로그램당 부과금액이 가장 높은 수질오염물질은?

① 카드뮴 및 그 화합물
② 수은 및 그 화합물
③ 납 및 그 화합물
④ 테트라클로로에틸렌

해설

「시행령 별표 14」

수질오염물질 1킬로그램당 부과 금액

• 카드뮴 및 그 화합물: 500,000원
• 수은 및 그 화합물: 1,250,000원
• 납 및 그 화합물: 150,000원
• 테트라클로로에틸렌: 300,000원

정답 ②

83

★☆☆

어패류의 섭취 및 물놀이 등의 행위를 제한할 수 있는 권고기준으로 적합한 것은?

• 어·패류의 섭취 제한 권고기준: 어·패류 체내에 총 수은이 (㉠) 이상인 경우
• 물놀이 등의 제한권고기준: 대장균이 (㉡) 이상인 경우

① ㉠ 0.1mg/kg, ㉡ 300(개체수/100mL)
② ㉠ 0.2mg/kg, ㉡ 400(개체수/100mL)
③ ㉠ 0.3mg/kg, ㉡ 500(개체수/100mL)
④ ㉠ 0.4mg/kg, ㉡ 600(개체수/100mL)

해설

「시행령 별표 5」

물놀이 등 행위제한 권고기준

대상행위	항목	기준
수영 등 물놀이	대장균	500(개체수/100mL) 이상
어패류 등 섭취	어패류 체내 총 수은(Hg)	0.3mg/kg 이상

정답 ③

84

★☆☆

총량관리 단위유역의 수질 측정 방법 중 목표수질지점별 연간 측정횟수는?

① 10회 이상
② 20회 이상
③ 30회 이상
④ 60회 이상

해설

「시행규칙 별도 7」

목표수질지점별로 연간 30회 이상 측정하여야 한다.

정답 ③

85 ★★★

물환경보전법에 따라 유역환경청장이 수립하는 대권역별 대권역 물환경관리계획의 수립주기와 협의 주체로 맞는 것은?

① 5년, 관계 시·도지사 및 관계 수계관리위원회
② 10년, 관계 시·도지사 및 관계 수계관리위원회
③ 5년, 대권역별 환경관리위원회
④ 10년, 대권역별 환경관리위원회

해설

「법 제24조」

대권역 물환경관리계획의 수립
• 유역환경청장은 국가 물환경관리기본계획에 따라 대권역별로 대권역 물환경관리계획을 10년마다 수립하여야 한다.
• 유역환경청장은 대권역 물환경관리계획을 수립할 때에는 관계 시·도지사 및 「4대강수계법」에 따른 관계 수계관리위원회와 협의하여야 한다.

정답 ②

86 ★★☆

일일기준초과배출량 및 일일유량산정방법에 관한 설명으로 옳지 않은 것은?

① 특정수질유해물질의 배출허용기준 초과 일일오염물질 배출량은 소수점 이하 넷째자리까지 계산한다.
② 배출농도의 단위는 리터당 밀리그램으로 한다.
③ 일일조업시간은 측정하기 전 최근 조업한 30일간의 배출 시간의 조업시간 평균치로서 시간으로 표시한다.
④ 일일유량산정을 위한 측정유량의 단위는 분당 리터로 한다.

해설

「시행령 별표 15」

일일조업시간은 측정하기 전 최근 조업한 30일간의 배출시설 조업시간의 평균치로서 분으로 표시한다.

정답 ③

87 ★★★

청정지역에서 1일 폐수배출량이 2,000m³ 미만으로 배출하는 배출시설에 적용되는 배출 허용기준 중 총유기탄소량(mg/L)은?

① 20 이하 ② 25 이하
③ 30 이하 ④ 35 이하

해설

「시행규칙 별표 13」

항목별 배출허용 기준

대상 규모	1일 폐수배출량 2천 세제곱미터 이상			1일 폐수배출량 2천 세제곱미터 미만		
항목 지역 구분	생물 화학적 산소 요구량 (mg/L)	총유기 탄소량 (mg/L)	부유 물질량 (mg/L)	생물 화학적 산소 요구량 (mg/L)	총유기 탄소량 (mg/L)	부유 물질량 (mg/L)
청정 지역	30 이하	25 이하	30 이하	40 이하	30 이하	40 이하
가 지역	60 이하	40 이하	60 이하	80 이하	50 이하	80 이하
나 지역	80 이하	50 이하	80 이하	120 이하	75 이하	120 이하
특례 지역	30 이하	25 이하	30 이하	30 이하	25 이하	30 이하

정답 ③

※ 화학적 산소요구량의 기준을 묻는 문제였으나 관련 시행규칙 개정으로 인해 개정 내용에 맞게 문제를 수정하였음.

88 ★★☆

공공수역의 물환경보전을 위하여 환경부령이 정하는 휴경 등 권고대상 농경지의 해발고도 및 경사도 기준으로 옳은 것은?

① 해발 400미터, 경사도: 15%
② 해발 400미터, 경사도: 30%
③ 해발 800미터, 경사도: 15%
④ 해발 800미터, 경사도: 30%

해설

「시행규칙 제85조」

"환경부령으로 정하는 해발고도"란 해발 400미터이고, "환경부령으로 정하는 경사도"란 15퍼센트이다.

정답 ①

89 ★★☆

비점오염저감시설 중 장치형 시설에 해당되는 것은?

① 침투형 시설
② 저류형 시설
③ 인공습지형 시설
④ 생물학적 처리형 시설

해설

「시행규칙 별표 6」

비점오염저감시설	
자연형 시설	장치형 시설
• 저류시설 • 인공습지 • 침투시설 • 식생형 시설	• 여과형 시설 • 소용돌이형 시설 • 스크린형 시설 • 응집·침전 처리형 시설 • 생물학적 처리형 시설

정답 ④

90 ★★★

환경부장관 또는 시·도지사가 측정망을 설치하거나 변경하려는 경우, 측정망설치 계획에 포함되어야 하는 사항과 가장 거리가 먼 것은?

① 측정망 은영방법
② 측정자료의 확인방법
③ 측정망 배치도
④ 측정망 설치시기

해설

「시행규칙 제24조」

수질오염측정망 설치계획 포함사항

• 측정망 설치 시기
• 측정망 배치 도
• 측정망을 설치할 토지 또는 건축물의 위치 및 면적
• 측정망 운영기관
• 측정자료의 확인방법

정답 ①

91 ★★☆

폐수무방류배출시설의 세부 설치기준으로 옳지 않은 것은?

① 배출시설에서 분리, 집수시설로 유입하는 폐수의 관로는 맨눈으로 관찰할 수 있도록 설치하여야 한다.
② 폐수무방류배출시설에서 발생된 폐수를 폐수처리장으로 유입. 재처리할 수 있도록 세정식, 응축식 대기오염방지시설 등을 설치하여야 한다.
③ 폐수는 고정된 관로를 통하여 수집, 이송, 처리, 저장되어야 한다.
④ 배출시설의 처리공정도 및 폐수 배관도는 폐수처리장 내 사무실에 비치하여 내부 직원만 열람할 수 있도록 하여야 한다.

해설

「시행령 별표 6」

배출시설의 처리공정도 및 폐수 배관도는 누구나 알아볼 수 있도록 주요 배출시설의 설치장소와 폐수처리장에 부착하여야 한다.

정답 ④

92

★☆☆

골프장의 맹독성·고독성 농약의 사용여부의 확인에 대한 설명으로 틀린 것은?

① 특별자치도지사·시장·군수·구청장은 매년 분기마다 골프장에 대한 농약잔류량 검사를 실시하여야 한다.
② 농약사용량 조사 및 농약잔류량 검사 등에 관하여 필요한 사항은 환경부장관이 정하여 고시한다.
③ 유출수가 흐르지 않을 경우에는 최종 유출구 전단의 집수조 또는 연못 등에서 시료를 채취한다.
④ 유출수 시료채수는 골프장 부지경계선의 각 최종 유출구에서 1개 지점 이상 채취한다.

해설

「시행규칙 제89조」
특별자치도지사·시장·군수·구청장은 매년 반기마다 골프장에 대한 농약잔류량 검사를 실시하여야 한다.

정답 ①

93

★★☆

수질환경기준(하천) 중 사람의 건강보호를 위한 전수역에서 각 성분별 환경기준으로 맞는 것은?

① 비소(As): 0.1 mg/L 이하
② 납(Pb): 0.01 mg/L 이하
③ 6가 크롬(Cr^{6+}): 0.05 mg/L 이하
④ 음이온 계면활성제(ABS): 0.01 mg/L 이하

해설

「환경정책기본법 시행령 별표 1」
수질환경기준(하천) 중 사람의 건강보호기준
① 비소(As): 0.05mg/L 이하
② 납(Pb): 0.05mg/L 이하
③ 6가 크롬(Cr^{6+}): 0.05mg/L 이하
④ 음이온 계면활성제(ABS): 0.5mg/L 이하

정답 ③

94

★☆☆

조업정지 명령에 대신하여 과징금을 징수할 수 있는 시설과 가장 거리가 먼 것은?

① 의료법에 따른 의료기관의 배출시설
② 발전소의 발전설비
③ 도시가스사업법 규정에 의한 가스공급시설
④ 제조업의 배출시설

해설

「법 제43조」
조업정지처분을 갈음하여 과징금을 부과할 수 있는 배출시설
• 「의료법」에 따른 의료기관의 배출시설
• 발전소의 발전설비
• 「초·중등교육법」 및 「고등교육법」에 따른 학교의 배출시설
• 제조업의 배출시설
• 그 밖에 대통령령으로 정하는 배출시설

정답 ③

95

★★☆

물환경보전법상 수면관리자에 관한 정의로 옳은 것은?

(㉠)에 따라 호소를 관리하는 자를 말한다. 이 경우 동일한 호소를 관리하는 자가 둘 이상인 경우에는 (㉡)가 수면관리자가 된다.

① ㉠ 물환경보전법,
㉡ 상수도법에 따른 하천관리청의 자
② ㉠ 물환경보전법,
㉡ 상수도법에 따른 하천관리청 외의 자
③ ㉠ 다른 법령,
㉡ 하천법에 따른 하천관리청의 자
④ ㉠ 다른 법령,
㉡ 하천법에 따른 하천관리청 외의 자

해설

「법 제2조」
수면관리자란 다른 법령에 따라 호소를 관리하는 자를 말한다. 이 경우 동일한 호소를 관리하는 자가 둘 이상인 경우에는 하천법에 따른 하천관리청 외의 자가 수면관리자가 된다.

정답 ④

96 ★★☆

국립환경과학원장이 설치할 수 있는 측정망과 가장 거리가 먼 것은?

① 비점오염원에서 배출되는 비점오염물질 측정망
② 대규모 오염원의 하류지점 측정망
③ 퇴적물 측정망
④ 도심하천 유해물질 측정망

해설

「시행규칙 제22조」

국립환경과학원장, 유역환경청장, 지방환경청장이 설치할 수 있는 측정망의 종류

- 비점오염원에서 배출되는 비점오염물질 측정망
- 수질오염물질의 총량관리를 위한 측정망
- 대규모 오염원의 하류지점 측정망
- 수질오염경보를 위한 측정망
- 대권역·중권역을 관리하기 위한 측정망
- 공공수역 유해물질 측정망
- 퇴적물 측정망
- 생물 측정망
- 그 밖에 국립환경과학원장, 유역환경청장 또는 지방환경청장이 필요하다고 인정하여 설치·운영하는 측정망

정답 ④

97 ★★☆

폐수의 원래상태로는 처리가 어려워 희석하여야만 수질오염 물질의 처리가 가능하다고 인정을 받고자 할 때 첨부하여야 하는 자료가 아닌 것은?

① 희석처리의 불가피성
② 희석배율 및 희석량
③ 처리하려는 폐수의 농도 및 특성
④ 희석방법

해설

「시행규칙 제48조」

오염물질 희석처리의 인정을 받으려는 자가 시·도지사에게 제출하여야 하는 서류

- 처리하려는 폐수의 농도 및 특성
- 희석처리의 불가피성
- 희석배율 및 희석량

정답 ④

98 ★★★

물환경보전법에서 사용하는 용어의 정의 중 호소에 해당되지 않는 지역은? (단, 만수위(댐의 경우에는 계획홍수위를 말한다.) 구역 안의 물과 토지를 말한다.)

① 제방(「사방사업법」에 의한 사방시설 포함)에 의해 물이 가두어진 곳
② 댐, 보를 쌓아 하천 또는 계곡에 흐르는 물을 가두어 놓은 곳
③ 하천에 흐르는 물이 자연적으로 가두어진 곳
④ 화산활동 등으로 인하여 함몰된 지역에 물이 가두어진 곳

해설

「법 제2조」

"호소"란 다음의 어느 하나에 해당하는 지역으로서 만수위(댐의 경우에는 계획홍수위를 말한다) 구역 안의 물과 토지를 말한다.

- 댐·보 또는 둑(「사방사업법」에 따른 사방시설은 제외) 등을 쌓아 하천 또는 계곡에 흐르는 물을 가두어 놓은 곳
- 하천에 흐르는 물이 자연적으로 가두어진 곳
- 화산활동 등으로 인하여 함몰된 지역에 물이 가두어진 곳

정답 ①

99 ★★☆

환경부장관이 물환경을 보전할 필요가 있다고 지정, 고시하고 물환경을 정기적으로 조사·측정 및 분석하여야 하는 호소의 기준으로 틀린 것은?

① 1일 30만톤 이상의 원수를 취수하는 호소
② 만수위일 때 면적이 30만 제곱미터 이상인 호소
③ 수질오염이 심하여 특별한 관리가 필요하다고 인정되는 호소
④ 동식물의 서식지·도래지이거나 생물다양성이 풍부하여 특별히 보전할 필요가 있다고 인정되는 호소

해설

「시행령 제30조」

환경부장관은 다음의 어느 하나에 해당하는 호소로서 물환경을 보전할 필요가 있는 호소를 지정·고시하고, 그 호소의 물환경을 정기적으로 조사·측정 및 분석하여야 한다.

• 1일 30만톤 이상의 원수(原水)를 취수하는 호소
• 동식물의 서식지·도래지이거나 생물다양성이 풍부하여 특별히 보전할 필요가 있다고 인정되는 호소
• 수질오염이 심하여 특별한 관리가 필요하다고 인정되는 호소

정답 ②

100 ★☆☆

소권역 물환경관리계획에 관한 내용으로 (　)에 알맞은 것은?

> 소권역계획 수립 대상 지역이 같은 시·도의 관할 구역 내의 둘 이상의 시·군·구에 걸쳐 있는 경우 (　)가 수립할 수 있다.

① 유역환경청장 또는 지방환경청장
② 광역시장 또는 구청장
③ 환경부장관 또는 시·도지사
④ 중권역수립권자

해설

「법 제27조」

환경부장관 또는 시·도지사의 소권역계획 수립

소권역계획 수립 대상 지역이 같은 시·도의 관할 구역 내의 둘 이상의 시·군·구에 걸쳐있는 경우: 환경부장관 또는 시·도지사가 수립

정답 ③

수질오염개론

01 ★★★

물의 특성에 관한 설명으로 옳지 않은 것은?

① 물은 2개의 수소원자가 산소원자를 사이에 두고 104.5°의 결합각을 가진 구조로 되어 있다.

② 물은 극성을 띠지 않아 다양한 물질의 용매로 사용된다.

③ 물은 유사한 분자량의 다른 화합물보다 비열이 매우 커 수온의 급격한 변화를 방지해 준다.

④ 물의 밀도는 4℃에서 가장 크다.

해설

물 분자는 H^+와 OH^-의 결합으로 극성을 띠며 다양한 용질에 대하여 가장 유효한 용매이다.

정답 ②

02 ★☆☆

하천의 자정작용에 관한 설명으로 옳지 않은 것은?

① 하천의 자정작용은 일반적으로 겨울보다 수온이 상승하여 자정계수(f)가 커지는 여름에 활발하다.

② $β$중부수성 수역(초록색)의 수질은 평지의 일반하천에 상당하며 많은 종류의 조류가 출현한다. (Kolkwitz-Marson법 기준)

③ 하천에서 활발한 분해가 일어나는 지대는 혐기성세균이 호기성세균을 교체하며 fungi는 사라진다. (Whipple의 4지대 기준)

④ 하천이 회복되고 있는 지대의 용존산소가 포화될 정도로 증가한다. (Whipple의 4지대 기준)

해설

미생물은 온도가 높을수록 활동력이 커지므로 겨울보다 여름의 자정능력이 높고, 자정계수(f)는 작아진다.

정답 ①

03 ★☆☆

오염물질의 희석 및 확산작용에 대한 내용으로 틀린 것은?

① 수계에 오염물질이 유입되면 Brown 운동, 밀도차, 온도차, 농도차로 인해 발생된 밀도 흐름이나 난류에 의해서 희석 및 확산된다.

② 폐쇄성 수역은 수질밀도류보다는 난류가 희석에 큰 영향을 준다.

③ 바다는 오염물질의 방류지점에서 생긴 분출확산, 밀도류, 밀물, 썰물, 파도, 표층부의 난류확산으로 희석된다.

④ 하천수는 상류에서 하류로의 오염물질 이동이 희석에 큰 영향을 준다.

해설

폐쇄성 수역에서는 난류보다는 수질밀도류가 희석에 큰 영향을 준다.

정답 ②

04 ★☆☆

$BaCO_3$의 용해도적 $K_{sp}=8.1×10^{-9}$일 때 순수한 물에서 $BaCO_3$의 몰용해도(mol/L)는?

① $0.7×10^{-4}$ ② $0.7×10^{-5}$

③ $0.9×10^{-4}$ ④ $0.9×10^{-5}$

해설

$$BaCO_3 \rightleftharpoons \underset{L_m}{Ba^{2+}} + \underset{L_m}{CO_3^{2-}}$$

$K_{sp}=[Ba^{2+}][CO_3^{2-}]=L_m^2$

$∴ L_m[mol/L]=\sqrt{K_{sp}}=\sqrt{8.1×10^{-9}}$

$\qquad\qquad =0.9×10^{-4} mol/L$

정답 ③

05 ★★☆

다음의 기체 법칙 중 옳은 것은?

① Boyle의 법칙: 일정한 압력에서 기체의 부피는 절대온
　도에 정비례한다.
② Henry의 법칙: 기체와 관련된 화학반응에서는 기체
　와 생성되는 기체의 부피 사이에 정수관계가 있다.
③ Graham의 법칙: 기체의 확산속도(조그마한 구멍을
　통한 기체의 탈출)는 기체 분자량의 제곱근에 반비례
　한다.
④ Gay-Lussac의 결합 부피 법칙: 혼합 기체 내의 각
　기체의 부분압력은 혼합물 속의 기체의 양에 비례한다.

선지분석

① Boyle의 법칙: 일정 온도에서 기체의 압력과 그 부피는 서로 반비
　례한다.
② Henry의 법칙: 일정 온도에서 일정 부피의 액체 용매에 녹는 기
　체의 질량, 즉 용해도는 용매와 평형을 이루고 있는 그 기체의 부분
　압력에 비례한다.
④ Gay-Lussac의 결합 부피 법칙: 동일한 온도와 압력 하에서 기체
　들이 반응할 때 반응에 관여한 기체와 생성된 기체들의 부피 사이
　에는 간단한 정수비가 성립된다.

정답 ③

06 ★★★

수은(Hg) 중독과 관련이 없는 것은?

① 난청, 언어장애, 구심성 시야협착, 정신장애를 일으킨다.
② 이타이이타이병을 유발한다.
③ 유기수은은 무기수은보다 독성이 강하며 신경계통에
　장해를 준다.
④ 무기수은은 황화물침전법, 활성탄 흡착법, 이온교환법
　등으로 처리할 수 있다.

해설

수은은 제련공업, 살충제, 온도계·압력계 제조공업 등에서 발생되며
미나마타병, 신경장애, 지각장애 등을 일으킨다. 이타이이타이병은 카
드뮴 중독 시 일어나는 병이다.

정답 ②

07 ★★☆

지하수의 특성에 관한 설명으로 옳지 않은 것은?

① 염분함량이 지표수보다 낮다.
② 주로 세균(혐기성)에 의한 유기물 분해작용이 일어난다.
③ 국지적인 환경조건의 영향을 크게 받는다.
④ 빗물로 인하여 광물질이 용해되어 경도가 높다.

해설

지하수는 염분함량이 지표수보다 약 30% 이상 높다.

정답 ①

08 ★★★

호수의 성층현상에 대해 틀린 것은?

① 수심에 따른 온도변화로 인해 발생되는 물의 밀도차에
　의하여 발생한다.
② Thermocline(약층)은 순환층과 정체층의 중간층으
　로 깊이에 따른 온도변화가 크다.
③ 봄이 되면 얼음이 녹으면서 수표면 부근의 수온이 높아
　지게 되고 따라서 수직운동이 활발해져 수질이 악화된
　다.
④ 여름이 되면 연직에 따른 온도경사와 용존산소 경사가
　반대 모양을 나타낸다.

해설

여름철 연직 온도경사는 분자 확산에 의한 산소구배(DO구배)와 같은
모양을 나타내는 것이 특징이다.

정답 ④

09 ★★★

해수의 특성에 대한 설명으로 옳은 것은?

① 염분은 적도해역과 극해역이 다소 높다.

② 해수의 주요성분 농도비는 수온, 염분의 함수로 수심이 깊어질수록 증가한다.

③ 해수의 Na/Ca비는 3~4 정도로 담수보다 매우 높다.

④ 해수 내 전체 질소 중 35% 정도는 암모니아성 질소, 유기질소 형태이다.

선지분석

① 염분은 적도해역에서는 높고, 남·북 양극(兩極)해역에서는 다소 낮다.

② 해수의 주요성분 농도비(濃度比)는 항상 일정하다.

③ 해수의 Mg/Ca 비는 3~4 정도로 담수의 0.1~0.3에 비하여 월등히 높다.

정답 ④

10 ★★★

수질오염물질별 인체영향(질환)이 틀리게 짝지어진 것은?

① 비소: 반상치(법랑반점)

② 크롬: 비중격 연골천공

③ 아연: 기관지 자극 및 폐렴

④ 납: 근육과 관절의 장애

해설

• 비소
  ㉠ 급성 중독 증상: 구토, 설사, 복통, 탈수증, 위장염, 혈압 저하, 혈변, 순환기 장애 등을 유발한다.
  ㉡ 만성중독 증상: 국소 및 전신마비, 피부염, 흑피증, 발암, 색소침착, 간장비대 등의 순환기 장애를 유발한다.

• 불소의 중독 증상: 반상치(법랑반점)을 유발한다.

• 납의 급성 중독 증상: 신장, 생식계통, 간 그리고 근육과 관절(뇌와 중추신경계)에 심각한 장애를 유발한다.

정답 ①

11 ★★☆

탈질화와 가장 관계가 깊은 미생물은?

① Nitrosomonas ② Pseudomonas
③ Thiobacillus ④ Vorticella

해설

탈질미생물의 종류

Pseudomonas, Micrococcus, Achromobacter, Bacillus

선지분석

① Nitrosomonas: 아질산균

③ Thiobacillus: 유황세균

④ Vorticella: 양호한 슬러지에서 발견되는 원생동물 중 섬모충류

정답 ②

12 ★★☆

BOD_5가 270mg/L이고, COD가 450mg/L인 경우, 탈산소계수(k_1)의 값이 0.1/day일 때, 생물학적으로 분해 불가능한 COD는? (단, BDCOD=BOD_u, 상용대수 기준)

① 약 55mg/L ② 약 65mg/L
③ 약 75mg/L ④ 약 85mg/L

해설

$COD = NBDCOD + BDCOD$

$COD = 450mg/L$

$BDCOD = BOD_u$

$BOD_5 = BOD_u(1 - 10^{-k_1 t})$

$270 = BOD_u \times (1 - 10^{-0.1 \times 5})$

$\therefore BOD_u(=BDCOD) = 394.87mg/L$

$\therefore NBDCOD = COD - BDCOD$
$= 450 - 394.87 = 55.13 ≒ 55mg/L$

정답 ①

13 ★★☆

3g의 아세트산(CH_3COOH)을 증류수에 녹여 1L로 하였다. 이 용액의 수소이온 농도는? (단, 이온화 상수값은 1.75×10^{-5}이다.)

① 6.3×10^{-4}mol/L   ② 6.3×10^{-5}mol/L

③ 9.3×10^{-4}mol/L   ④ 9.3×10^{-5}mol/L

해설

$$CH_3COOH \rightleftharpoons CH_3COO^- + H^+$$

$$CH_3COOH[mol/L] = \frac{3g}{L} \left| \frac{1mol}{60g} \right. = 0.05mol/L$$

$$K = \frac{[CH_3COO^-][H^+]}{[CH_3COOH]} = 1.75 \times 10^{-5}$$

$$1.75 \times 10^{-5} = \frac{X^2}{0.05}$$

$$\therefore X(=[CH_3COO^-]=[H^+])$$
$$= 9.35 \times 10^{-4} mol/L$$

정답 ③

14 ★☆☆

최근 해양에서의 유류 유출로 인한 피해가 증가하고 있는데, 유출된 유류를 제거하는 방법으로 적당하지 않은 것은?

① 계면활성제를 살포하여 기름을 분산시키는 방법
② 미생물을 이용하여 기름을 생화학적으로 분해하는 방법
③ 오일펜스를 띄워 기름의 확산을 차단하는 방법
④ 누출된 기름의 막이 두꺼워졌을 때 연소시키는 방법

해설

유출된 유류를 제거하는 방법 중 하나로 누출된 기름막이 얇을 때 연소시키는 방법이 있다. 누출된 기름의 막이 두꺼워졌을 때 연소시킬 경우 화재로 인한 피해가 발생할 수 있다.

정답 ④

15 ★★☆

물의 순환과 이용에 관한 설명으로 틀린 것은?

① 지구전체의 강수량은 대략 $4 \times 10^{14} m^3$/년으로서 그 중 약 1/4 가량이 육지에 떨어진다.
② 지구상의 물의 전체량의 약 97%가 해수이다.
③ 담수 중 50%가 곧바로는 이용이 불가능하다.
④ 담수 중 하천수가 차지하는 비율은 약 0.32% 정도이다.

해설

담수 중 11%는 곧바로 이용 가능하다. 즉, 담수 중 89%는 곧바로는 이용이 불가능하다.

정답 ③

16 ★★☆

이상적 Plug Flow에 관한 내용으로 옳은 것은?

① 분산=0, 분산수=0   ② 분산=0, 분산수=1
③ 분산=1, 분산수=0   ④ 분산=1, 분산수=1

해설

이상적 Plug Flow 상태는 분산과 분산수가 0이다.

관련이론 | PFR와 CFSTR(CMFR)의 혼합정도

	PFR	CFSTR(CMFR)
분산	0	1
분산수	0	∞
Morrill 지수	1	클수록
지체시간	이론적 체류시간 동일	0

정답 ①

17 ★☆☆

바닷물에 0.054M의 $MgCl_2$가 포함되어 있을때 바닷물 250mL에 포함되어 있는 $MgCl_2$의 양(g)은? (단, 원자량 Mg=24.3, Cl=35.5)

① 약 0.8g
② 약 1.3g
③ 약 2.6g
④ 약 3.9g

해설

$$X(=MgCl_2)=\frac{0.054mol}{L}\left|\frac{0.25L}{}\right|\frac{95.3g}{1mol}$$
$$=1.29≒1.3g$$

정답 ②

18 ★☆☆

섬유상 유황박테리아로 에너지원으로 황화수소를 이용하며 균체에 황입자를 축적하는 것은?

① Sphaerotilus
② Zooglea
③ Cyanophyia
④ Beggiatoa

선지분석

① Sphaerotilus: 슬러지 팽화에 관여하는 미생물
② Zooglea: 유기물 분해 호기성 미생물
③ Cyanophyia: 남조류, 광합성 및 산소 생성

정답 ④

19 ★★☆

하천의 단면적이 350m², 유량이 428,400m³/hr, 평균수심 1.7m일 때 탈산소계수가 0.12/day인 지점의 자정계수는?
(단, $K_2=2.2\times\frac{V}{H^{1.33}}$ 식에서 단위는 V[m/sec], H[m]이다.)

① 0.3
② 1.6
③ 2.4
④ 3.1

해설

$$V=\frac{Q}{A}=\frac{428,400m^3}{hr}\left|\frac{1}{350m^2}\right|\frac{1hr}{3,600sec}$$
$$=0.34m/sec$$
$$K_2=2.2\times\frac{V}{H^{1.33}}$$
$$=2.2\times\frac{0.34}{1.7^{1.33}}=0.369$$
$$\therefore f=\frac{K_2}{K_1}=\frac{0.369}{0.12}=3.075≒3.1$$

정답 ④

20 ★★☆

NBDCOD가 0일 경우 탄소(C)의 최종 BOD와 TOC 간의 비(BOD_u/TOC)는?

① 0.37
② 1.32
③ 1.83
④ 2.67

해설

$$C+O_2 \rightarrow CO_2$$
$$32g \quad 12g$$
$$BOD_u=32$$
$$TOC=12$$
$$\therefore BOD_u/TOC=2.67$$

정답 ④

2019년

상하수도계획

21 ★☆☆

말굽형 하수관로의 장점으로 옳지 않은 것은?

① 대구경 관로에 유리하며 경제적이다.

② 수리학적으로 유리하다.

③ 단면형상이 간단하여 시공성이 우수하다.

④ 상반부의 아치작용에 의해 역학적으로 유리하다.

해설
말굽형 하수관로의 단점
• 단면형상이 복잡하여 시공성이 열악하다.
• 현장타설일 경우 공사기간이 지연된다.

정답 ③

22 ★☆☆

강우강도에 대한 설명 중 틀린 것은?

① 강우강도는 그 지점에 내린 우량을 mm/hr단위로 표시한 것이다.

② 확률강우강도는 강우강도의 확률적 빈도를 나타낸 것이다.

③ 범람의 피해가 적을 것으로 예상될 때는 재현기간 2~5년의 확률강우강도를 채택한다.

④ 강우강도가 큰 강우일수록 빈도가 높다.

해설
강우강도가 큰 강우일수록 빈도가 낮다.

정답 ④

23 ★★☆

하수배제 방식 중 합류식에 관한 설명으로 알맞지 않은 것은?

① 관로계획: 우수를 신속히 배수하기 위해 지형조건에 적합한 관로망이 된다.

② 청천시의 월류: 없음

③ 관로오접: 없음

④ 토지이용: 기존의 측구를 폐지할 경우는 뚜껑의 보수가 필요하다.

해설
합류식에서의 토지이용: 기존의 측구를 폐지할 경우는 도로폭을 유용하게 이용할 수 있다.

정답 ④

24 ★★☆

급속여과지에 대한 설명으로 잘못된 것은?

① 여과 및 여과층의 세척이 충분하게 이루어질 수 있어야 한다.

② 급속여과지는 중력식과 압력식이 있으며 압력식을 표준으로 한다.

③ 여과면적은 계획정수량을 여과속도로 나누어 계산한다.

④ 여과지 1지의 여과면적은 150m^2 이하로 한다.

해설
급속여과지는 중력식과 압력식이 있으며 중력식을 표준으로 한다.

정답 ②

25 ★★★

상수처리를 위한 응집지의 플록형성지에 대한 설명 중 틀린 것은?

① 플록형성지는 혼화지와 침전지 사이에 위치하고 침전지에 붙여서 설치한다.
② 플록형성시간은 계획정수량에 대하여 20~40분간을 표준으로 한다.
③ 플록형성지 내의 교반강도는 하류로 갈수록 점차 감소시키는 것이 바람직하다.
④ 플록형성지에 저류벽이나 정류벽 등을 설치하면 단락류가 생겨 유효저류시간을 줄일 수 있다.

해설

플록형성지는 단락류나 정체부가 생기지 않으면서 충분하게 교반될 수 있는 구조로 한다.

정답 ④

26 ★☆☆

하수처리계획에서 계획오염부하량 및 계획유입 수질에 관한 설명으로 틀린 것은?

① 계획유입수질: 하수의 계획유입수질은 계획오염부하량을 계획1일 평균오수량으로 나눈 값으로 한다.
② 공장폐수에 의한 오염부하량: 폐수배출부하량이 큰 공장은 업종별 오염부하량 원단위를 기초로 추정하는 것이 바람직하다.
③ 생활오수에 의한 오염부하량: 1인1일당 오염부하량 원단위를 기초로 하여 정한다.
④ 관광오수에 의한 오염부하량: 당일관광과 숙박으로 나누고 각각의 원단위에서 추정한다.

해설

공장폐수에 의한 오염부하량
폐수배출부하량이 큰 공장에 대해서는 부하량을 실측하는 것이 바람직하며, 실측치를 얻기 어려운 경우에 대해서는 업종별의 출하액당 오염부하량 원단위에 기초를 두고 추정한다.

정답 ②

27 ★★☆

펌프의 형식 중 베인의 양력작용에 의하여 임펠러내의 물에 압력 및 속도에너지를 주고 가이드베인으로 속도에너지의 일부를 압력으로 변환하여 양수작용을 하는 펌프는?

① 원심펌프
② 축류펌프
③ 사류펌프
④ 플랜지 펌프

관련이론 | 펌프의 종류 및 특성

구분	종류	특성
터보형 펌프	원심 펌프	4m 이상 전양정, 80mm 이상 구경 또는 높은 효율의 경우 구경 400mm 이상에서 사용
	사루 펌프	• 전양정(3~12m) 펌프이며, 비교적 적은 공간 차지 • 수명이 길고, 수위 변화가 있는 곳에 최적인 펌프로 효율성도 좋음 • 구경 300~1,000mm(일반적으로 400mm 이상)에서 사용
	축루 펌프	• 임펠러내의 물에 압력 및 속도에너지를 주고 가이드베인으로 속도에너지의 일부를 압력으로 변환 • 전양정(5m 이하) 펌프이며, 양정변화가 적은 곳에 설치 • 간단한 구조, 저렴한 기초공사
비터보형 펌프	스크류 펌프	• 슬러지양수용 펌프이며, 간단한 구조 • 회전수가 낮아 마모가 적음

정답 ②

28 ★★★

상수시설 중 배수지에 관한 설명으로 틀린 것은?

① 유효용량은 시간변동조정용량, 비상대처용량을 합하여 급수구역의 계획1일 최대급수량의 12시간분 이상을 표준으로 한다.
② 배수지는 가능한 한 급수지역의 중앙 가까이 설치한다.
③ 유효수심은 1~2m 정도를 표준으로 한다.
④ 자연유하식 배수지의 표고는 최소동수압이 확보되는 높이여야 한다.

해설
배수지의 유효수심은 배수관의 동수압이 적절하게 유지될 수 있도록 3~6m 정도로 한다.

정답 ③

29 ★☆☆

펌프의 운전 시 발생되는 현상이 아닌 것은?

① 공동현상
② 수격작용(수충작용)
③ 노크현상
④ 맥동현상

선지분석
① 공동현상: 펌프의 내부에서 유속이 급변하거나 와류 발생, 유로 장애 등에 의하여 유체의 압력이 저하되어 포화 수증기압에 가까워지면 물속에 용존되어 있는 기체가 액체 중에서 분리되어 기포로 되며 특히 포화수증기압 이하로 되면 물이 기화되어 흐름 중에 공동이 생기는 현상이다.
② 수격작용(수충작용): 관 내를 충만하여 흐르고 있는 물의 속도가 급격히 변하면 수압도 심한 변화를 일으키는 현상이다.
④ 맥동현상: 송출유량과 송출압력 사이에 주기적인 변동이 일어나 토출유량의 변화를 가져오는 현상이다.

정답 ③

30 ★★★

유출계수가 0.65인 $1km^2$의 분수계에서 흘러내리는 우수의 양(m^3/sec)은? (단, 강우강도=3mm/min, 합리식 적용)

① 1.3
② 6.5
③ 21.7
④ 32.5

해설
$Q=\dfrac{1}{360}CIA$

・C: 유출계수=0.65
・I: 강우강도[mm/hr]
・A: 유역면적[ha]=$\dfrac{1km^2}{}\left|\dfrac{100ha}{1km^2}\right.$=100ha

$I=\dfrac{3mm}{min}\left|\dfrac{60min}{1hr}\right.$=180mm/hr

$\therefore Q=\dfrac{1}{360}CIA=\dfrac{1}{360}\times0.65\times180\times100$

$=32.5m^3$/sec

정답 ④

31 ★☆☆

표준활성슬러지법에 관한 내용으로 틀린 것은?

① 수리학적 체류시간은 6~8시간을 표준으로 한다.
② 반응조 내 MLSS 농도는 1,500~2,500mg/L를 표준으로 한다.
③ 포기조의 유효수심은 심층식의 경우 10m를 표준으로 한다.
④ 포기조 여유고는 표준식은 30~60cm 정도를 표준으로 한다.

해설
포기조 여유고는 표준식은 80cm 정도이고, 심층식은 송풍관 구경이 크므로 송풍관 공간을 고려하여 100cm 정도를 표준으로 한다.

관련이론 | 표준활성슬러지법의 설계인자

처리방식	MLSS (mg/L)	F/M비	반응조의 수심(m)	HRT(hr)	SRT(일)
표준활성 슬러지법	1,500~ 2,500	0.2~0.4	4~6	6~8	3~6

정답 ④

32

★★☆

상수처리를 위한 침사지 구조에 관한 기준으로 옳지 않은 것은?

① 지의 상단높이는 고수위보다 0.3~0.6m의 여유고를 둔다.
② 지내 평균유속은 2~7cm/sec를 표준으로 한다.
③ 표면부하율은 200~500mm/min을 표준으로 한다.
④ 지의 유효수심은 3~4m를 표준으로 하고 퇴사심도를 0.5~1m로 한다.

해설
지의 상단높이는 고수위보다 0.6~1m의 여유고를 둔다.

정답 ①

33

★★☆

호소, 댐을 수원으로 하는 취수문에 관한 설명으로 틀린 것은?

① 일반적으로 중, 소량 취수에 쓰인다.
② 일반적으로 취수량을 조정하기 위한 수문 또는 수위조절판(Stop Log)을 설치한다.
③ 파랑, 결빙 등의 기상조건에 영향이 거의 없다.
④ 하천의 표류수나 호소의 표층수를 취수하기 위하여 물가에 만들어지는 취수시설이다.

해설
갈수, 홍수, 결빙 시에는 취수량 확보 조치 및 조정이 필요하다. 특히 파랑, 결빙에 의하여 취수가 불가능해지는 경우가 있기 때문에 주의를 요한다.

정답 ③

34

★★☆

계획급수량 결정 시, 사용수량의 내역이나 다른 기초자료가 정비되어 있지 않은 경우 산정의 기초로 사용할 수 있는 것은?

① 계획1인1일 최대급수량
② 계획1인1일 평균급수량
③ 계획1인1일 평균사용수량
④ 계획1인1일 최대사용수량

해설
계획급수량은 원칙적으로 용도별 사용 수량을 기초로 결정되지만, 사용수량의 내역이나 다른 기초자료가 정비되어 있지 않은 경우에는 1인 1일 평균사용수량을 기초로 산정할 수 있다.

정답 ③

35

★☆☆

농축 후 소화를 하는 공정이 있다. 농축조에서의 건조슬러지가 $1m^3$이고, 소화공정에서 VSS 60%, 소화율 50%, 소화 후 슬러지의 함수율이 96%일 때 소화 후 슬러지의 부피(m^3)는?

① 0.7
② 0.9
③ 18
④ 36

해설
$SL[m^3]$
$$= \frac{1m^3}{} \left| \frac{(0.4+0.6\times 0.5)}{} \right| \frac{100}{(100-96)}$$
$= 17.5 ≒ 18m^3$

정답 ③

36

★☆☆

슬러지탈수 방법 중 가압식 벨트프레스 탈수기에 관한 내용으로 옳지 않은 것은? (단, 원심탈수기와 비교)

① 소음이 적다.
② 동력이 적다.
③ 부대장치가 적다.
④ 소모품이 적다.

해설
벨트프레스 탈수기는 원심탈수기에 비해 부대장치가 많다.

정답 ③

37 ★★☆

정수방법인 완속여과방식에 관한 설명으로 틀린 것은?

① 약품처리가 필요 없다.
② 완속여과의 정화는 주로 생물작용에 의한 것이다.
③ 비교적 양호한 원수에 알맞은 방식이다.
④ 소요 부지면적이 적다.

해설

완속여과방식은 유지관리가 간단하고 고도의 기술을 요구하지 않으면서 안정된 양질의 처리수를 얻을 수 있다는 장점이 있으나, 여과속도가 느리기 때문에 소요 부지면적이 넓어야 한다.

정답 ④

38 ★☆☆

화학적 응집에 영향을 미치는 인자의 설명 중 잘못된 내용은?

① 수온: 수온 저하 시 플록형성에 소요되는 시간이 길어지고, 응집제의 사용량도 많아진다.
② pH: 응집제의 종류에 따라 최적의 pH조건을 맞추어 주어야 한다.
③ 알칼리도: 하수의 알칼리도가 많으면 플록을 형성하는 데 효과적이다.
④ 응집제 양: 응집제 양을 많이 넣을수록 응집효율이 좋아진다.

해설

응집에 영향을 미치는 인자에는 수온, pH, 알칼리도, 용존물질의 성분, 교반조건 등이 있다. 응집제 양을 적정량 넣어 주어야 응집효율이 좋아진다.

정답 ④

39 ★★★

토출량 20m³/min, 전양정 6m, 회전속도 1,200rpm인 펌프의 비교회전도는?

① 약 1,300
② 약 1,400
③ 약 1,500
④ 약 1,600

해설

$$N_s = N \times \frac{Q^{1/2}}{H^{3/4}}$$

- N : 펌프의 회전수($=1,200$회/min)
- Q : 펌프의 토출량($=20\text{m}^3/\text{min}$)
- H : 전양정($=6\text{m}$)

$$\therefore N_s = 1,200 \times \frac{20^{1/2}}{6^{3/4}} = 1,399.9 = 1,400\text{rpm}$$

정답 ②

40 ★★★

정수시설 중 플록형성지에 관한 설명으로 틀린 것은?

① 기계식교반에서 플록큐레이터(Flocculator)의 주변속도는 5~10cm/sec를 표준으로 한다.
② 플록형성시간은 계획정수량에 대하여 20~40분간을 표준으로 한다.
③ 직사각형이 표준이다.
④ 혼화지와 침전지 사이에 위치하고 침전지에 붙여서 설치한다.

해설

기계식교반에서 플록큐레이터의 주변속도는 15~80cm/sec를 표준으로 하고, 우류식교반에서는 평균유속 15~30cm/sec를 표준으로 한다.

정답 ①

수질오염방지기술

41 ★★☆

염소 소독의 장·단점으로 틀린 것은? (단, 자외선 소독과 비교 기준)

① 소독력 있는 잔류염소를 수송관로 내에 유지시킬 수 있다.
② 처리수의 총용존고형물이 감소한다.
③ 염소접촉조로부터 휘발성 유기물이 생성된다.
④ 처리수의 잔류독성이 탈염소과정에 의해 제거되어야 한다.

해설
염소 소독의 단점
• 처리 후 처리수의 총용존고형물이 증가한다.
• THM이 생성된다.
• 하수의 염화물함유량이 증가한다.
• 안전상 화학적 제거시설이 필요할 수도 있다.

정답 ②

42 ★☆☆

활성슬러지법과 비교하여 생물막 공법의 특징이 아닌 것은?

① 적은 에너지를 요구한다.
② 단순한 운전이 가능하다.
③ 2차침전지에서 슬러지 벌킹의 문제가 없다.
④ 충격독성부하로부터 회복이 느리다.

해설
생물막 공법은 충격부하, 독성부하에 강하다.
활성슬러지법의 경우에 충격독성부하로부터 회복이 느리다.

정답 ④

43 ★☆☆

질산화 미생물의 전자공여체로 가장 거리가 먼 것은?

① 메탄올 ② 암모니아
③ 아질산염 ④ 환원된 무기성 화합물

해설
메탄올은 탈질과정에서 탄소원으로 사용된다.

정답 ①

44 ★★☆

포기조 내의 혼합액 중 부유물 농도(MLSS)가 2,000g/m³, 반송슬러지의 부유물 농도가 9,576g/m³이라면 슬러지 반송률은? (단, 유입수내 SS는 고려하지 않음)

① 23.2 ② 26.4
③ 28.6 ④ 32.8

해설
$$R = \frac{X}{X_r - X} \times 100 = \frac{2,000}{9,576 - 2,000} \times 100 = 26.4\%$$

정답 ②

45 ★☆☆

정수처리시 적용되는 랑게리아지수에 관한 내용으로 틀린 것은?

① 랑게리아지수란 물의 실제 pH와 이론적 pH(pHs: 수중의 탄산칼슘이 용해되거나 석출되지 않는 평형상태로 있을 때의 pH)와의 차이를 말한다.
② 랑게리아지수가 양(+)의 값으로 절대치가 클수록 탄산칼슘피막 형성이 어렵다.
③ 랑게리아지수가 음(-)의 값으로 절대치가 클수록 물의 부식성이 강하다.
④ 물의 부식성이 강한 경우의 랑게리아지수는 pH, 칼슘경도, 알칼리도를 증가시킴으로써 개선할 수 있다.

해설
랑겔리아지수가 양(+)의 값으로 절대치가 클수록 탄산칼슘의 석출이 일어나기 쉽고, 0이면 평형관계에 있으며, 음(-)의 값에서는 탄산칼슘피막은 형성되지 않고 그 절대치가 커질수록 물의 부식성이 강하다.

정답 ②

46 ★★★

하수고도처리 공법 중 생물학적 방법으로 질소와 인을 동시에 제거하기 위한 것은?

① Phostrip ② 4단계 Bardenpho
③ A/O ④ A²/O

해설

· A/O 공법, Phostrip 공법: 인만 제거
· A²/O 공법, UCT 공법: 인과 질소 제거
· Bardenpho 공법: 질소 제거(4단계)
· 수정 Bardenpho 공법: 인과 질소 제거(5단계)

정답 ④

47 ★★★

연속회분식반응조(Sequencing Batch Reactor)에 관한 설명으로 틀린 것은?

① 하나의 반응조 안에서 호기성 및 혐기성 반응 모두를 이룰 수 있다.
② 별도의 침전조가 필요없다.
③ 기본적인 처리계통도는 5단계로 이루어지며 요구하는 유출수에 따라 운전 Mode를 채택할 수 있다.
④ 기존 활성슬러지 처리에서의 시간개념을 공간개념으로 전환한 것이라 할 수 있다.

해설

연속회분식반응조(SBR)는 기존 활성슬러지 처리에서의 공간개념을 시간개념으로 전환한 것이다.

정답 ④

48 ★★★

분리막을 이용한 다음의 폐수처리방법 중 구동력이 농도차에 의한 것은?

① 역삼투(Reverse Osmosis)
② 투석(Dialysis)
③ 한외여과(Ultrafiltration)
④ 정밀여과(Microfiltration)

해설

투석(Dialysis)의 추진력은 농도차이다.
정밀여과, 한외여과, 나노여과, 역삼투의 추진력은 정수압차이며, 전기투석은 전기(전압, 기전력)차이다.

정답 ②

49 ★★☆

폐수처리에 관련된 침전현상으로 입자간의 작용하는 힘에 의해 주변입자들의 침전을 방해하는 중간정도 농도 부유액에서의 침전은?

① 제1형 침전(독립입자침전)
② 제2형 침전(응집침전)
③ 제3형 침전(계면침전)
④ 제4형 침전(압밀침전)

관련이론 | 침전현상의 종류 및 특징

제1형 침전	· 독립침전, 자유침전 · 스토크스(Stokes)법칙을 따름
제2형 침전	· 플록침전, 응결침전, 응집침전 · 입자들이 서로 위치를 바꾸려 함
제3형 침전	· 지역침전, 계면침전, 방해침전 · 입자들이 서로 위치를 바꾸려 하지 않음
제4형 침전	· 압축침전, 압밀침전 · 고농도의 폐수에 적용됨

정답 ③

50

★★☆

폭기조의 MLSS 농도를 3,000mg/L로 유지하기 위한 재순환율은? (단, $SVI=120$, 유입 SS 고려하지 않고, 방류수 SS는 0mg/L임)

① 36.3

② 46.3

③ 56.3

④ 66.3

해설

$$R = \frac{X}{\dfrac{10^6}{SVI} - X} = \frac{3,000\text{mg/L}}{\dfrac{10^6}{120} - 3,000\text{mg/L}} = 0.5625 \quad \left(X_r = \frac{10^6}{SVI} \right)$$

$$\therefore R[\%] = 0.5625 \times 100 = 56.25 \fallingdotseq 56.3\%$$

정답 ③

51

★☆☆

하수소독시 적용되는 UV 소독방법에 관한 설명으로 틀린 것은?

① pH 변화에 관계없이 지속적인 살균이 가능하다.

② 유량과 수질의 변동에 대해 적응력이 강하다.

③ 설치가 복잡하고, 전력 및 램프 수가 많이 소요되므로 유지비가 높다.

④ 물이 혼탁하거나 탁도가 높으면 소독능력에 영향을 미친다.

해설

UV(자외선) 소독은 설치가 간단하다. 또한 소독비용이 저렴하고, 램프 수가 적어 전력이 적게 소비되므로 유지관리비가 적게 든다.

정답 ③

52

★☆☆

공장에서 배출되는 pH 2.5인 산성폐수 500m³/day를 인접 공장 폐수와 혼합 처리하고자 한다. 인접 공장 폐수 유량은 10,000m³/day이고, pH=6.5이다. 두 폐수를 혼합한 후의 pH는?

① 1.61

② 3.82

③ 7.64

④ 9.54

해설

$$[\text{H}^+] = \frac{10^{-2.5} \times 500 + 10^{-6.5} \times 10,000}{500 + 10,000}$$

$$= 1.509 \times 10^{-4}\text{mol/L}$$

$$\therefore \text{pH} = -\log[\text{H}^+] = -\log(1.509 \times 10^{-4}) = 3.82$$

정답 ②

53

★★☆

활성슬러지를 탈수하기 위하여 98%(중량비)의 수분을 함유하는 슬러지에 응집제를 가했더니 [상등액 : 침전슬러지]의 용적비가 2 : 1이 되었다. 이 때 침전슬러지의 함수율은? (단, 응집제의 양은 매우 적고, 비중은 1.0으로 가정)

① 92

② 93

③ 94

④ 95

해설

$$V_1(100 - W_1) = V_2(100 - W_2)$$

$$100(100 - 98) = 100 \times \frac{1}{3}(100 - W_2)$$

$$\therefore W_2 = 94\%$$

정답 ③

54 ★★★

생물화학적 인 및 질소 제거 공법 중 인 제거만을 주목적으로 개발된 공법은?

① Phostrip
② A²/O
③ UCT
④ Bardenpho

해설

인 제거만을 주목적으로 개발된 공법에는 Phostrip 공법과 A/O 공법이 있다.

- A/O 공법, Phostrip 공법: 인만 제거
- A²/O 공법, UCT 공법: 인과 질소 제거
- Bardenpho 공법: 질소 제거(4단계)
- 수정 Bardenpho 공법: 인과 질소 제거(5단계)

정답 ①

55 ★☆☆

펜톤처리공정에 관한 설명으로 가장 거리가 먼 것은?

① 펜톤시약의 반응시간은 철염과 과산화수소수의 주입 농도에 따라 변화를 보인다.
② 펜톤시약을 이용하여 난분해성 유기물을 처리하는 과정은 대체로 산화반응과 함께 pH조절, 펜톤산화, 중화 및 응집, 침전으로 크게 4단계로 나눌 수 있다.
③ 펜톤시약의 효과는 pH 8.3~10 범위에서 가장 강력한 것으로 알려져 있다.
④ 폐수의 COD는 감소하지만 BOD는 증가할 수 있다.

해설

펜톤시약의 효과는 pH 3~4.5 범위에서 가장 강력한 것으로 알려져 있다.

정답 ③

56 ★☆☆

생물학적 폐수처리 반응과 그것을 주도하는 미생물 분류 중에서 틀린 것은?

① 활성슬러지: 화학유기 영양계
② 질산화: 화학무기 영양계
③ 탈질산화: 화학유기 영양계
④ 회전원판(생물막): 광유기 영양계

해설

회전원판(생물막), 활성슬러지, 탈질산화 등에 관여하는 미생물은 화학유기 영양계 미생물이다.

정답 ④

57 ★☆☆

300m³/day의 폐수를 배출하는 도금공장이 있다. 이 폐수 중에는 CN⁻이 150mg/L 함유되어 다음 반응식을 이용하여 처리하고자 할 때 필요한 NaClO의 양(kg/day)은 약 얼마인가?

$$2NaCN + 5NaClO + H_2O \rightarrow 2NaHCO_3 + N_2 + 5NaCl$$

① 180.4
② 300.5
③ 322.4
④ 344.8

해설

$\underline{2CN^-}$: 5NaClO
$2 \times 26g$: $5 \times 74.5g$

$= \dfrac{150mg}{L} \left| \dfrac{300m^3}{day} \right| \dfrac{10^3L}{1m^3} \left| \dfrac{1kg}{10^6mg} \right.$: $X(kg/day)$

∴ $X(=NaClO) = 322.36 ≒ 322.4kg/day$

정답 ③

58 ★☆☆

함수율 98%, 유기물함량이 62%인 슬러지 100m³/day를 25일 소화하여 유기물의 2/3를 가스화 및 액화하여 함수율 95%의 소화 슬러지로 추출하는 경우 소화조 용량(m³)은? (단, 슬러지 비중은 1.0, 기타 조건은 고려하지 않음)

① 1,244 ② 1,344
③ 1,444 ④ 1,544

해설

소화조의 용량$[\text{m}^3] = \dfrac{Q_1 + Q_2}{2} \times t$

· Q_1 : 유입슬러지양 $= 100\text{m}^3/\text{day}$
· Q_2 : 소화 후 슬러지양

여기서, 슬러지 비중은 1.0이므로 1,000kg/day라고 할 수 있다.

· 소화 전 $TS = \dfrac{100\text{m}^3}{\text{day}} \left| \dfrac{1000\text{kg}}{\text{m}^3} \right| \dfrac{(1-0.98)}{} = 2,000\text{kg/day}$

· 소화 전 $FS = 2,000\text{kg/day} - 1,240\text{kg/day} = 760\text{kg/day}$

· 소화 후 $VS = 1,240\text{kg/day} \times \dfrac{1}{3} = 413.33\text{kg/day}$

· 소화 후 $FS = 760\text{kg/day}$ (소화시 FS는 변하지 않음)

∴ 소화 후 $TS = 413.33 + 760 = 1,173.33\text{kg/day}$

$Q_2 = \dfrac{1,173.33\text{kg}}{\text{day}} \left| \dfrac{100}{5} \right| \dfrac{\text{m}^3}{1,000\text{kg}} = 23.467\text{m}^3/\text{day}$

∴ 소화조의 용량$(\forall) = \dfrac{100 + 23.467}{2} \times 25$
$= 1,543.34 = 1,544\text{m}^3$

정답 ④

59 ★☆☆

유해물질인 시안(CN)처리 방법에 관한 설명으로 틀린 것은?

① 오존산화법: 오존은 알칼리성 영역에서 시안화합물을 N_2로 분해시켜 무해화한다.
② 전해법: 유가(有價)금속류를 회수할 수 있는 장점이 있다.
③ 충격법: 시안을 pH 3 이하의 강산성 영역에서 강하게 폭기하여 산화하는 방법이다.
④ 감청법: 알칼리성 영역에서 과잉의 황산알루미늄을 가하여 공침시켜 제거하는 방법이다.

해설

감청법은 알칼리성 영역에서 과잉의 철염을 가하여 공침시켜 제거하는 방법이다.

정답 ④

60 ★★☆

역삼투장치로 하루에 600,000L의 3차 처리된 유출수를 탈염하고자 한다. 다음과 같을 때, 10℃에서 요구되는 막 면적(m²)은?

- 25℃에서 물질전달계수: 0.2068L/day·m²(kPa)
- 유입수와 유출수의 압력차: 2,400kPa
- 유입수와 유출수의 삼투압차: 310kPa
- 최저운전온도: 10℃, $A_{10℃} = 1.3 A_{25℃}$

① 약 1,200 ② 약 1,400
③ 약 1,600 ④ 약 1,800

해설

단위환산하는 방법으로 푼다.

$\dfrac{600,000\text{L}}{\text{day}} \left| \dfrac{\text{day}\cdot\text{m}^2\cdot\text{kPa}}{0.2068\text{L}} \right| \dfrac{}{(2,400-310)\text{kPa}}$
$= 1,338.21\text{m}^2$

∴ $A_{10℃} = A_{25℃} \times 1.3 = 1,338.21 \times 1.3$
$= 1,804.67 = 1,800\text{m}^2$

정답 ④

수질오염공정시험기준

61 ★☆☆

기체크로마토그래피법에서 검출기와 사용되는 운반가스를 틀리게 짝지은 것은?

① 열전도도형 검출기 – 질소
② 열전도도형 검출기 – 헬륨
③ 전자포획형 검출기 – 헬륨
④ 전자포획형 검출기 – 질소

해설

· 열전도도형 검출기: 운반가스 순도 99.9% 이상의 수소 또는 헬륨
· 전자포획형 검출기: 운반가스 순도 99.9% 이상의 질소 또는 헬륨
· 불꽃이온화 검출기: 운반가스 순도 99.9% 이상의 질소 또는 헬륨

정답 ①

62 ★☆☆

적정법으로 용존산소를 정량 시 0.01N $Na_2S_2O_3$용액 1mL가 소요되었을 때 이것 1mL는 산소 몇 mg에 상당하겠는가?

① 0.08 ② 0.16
③ 0.2 ④ 0.8

해설

$$O_2[mg] = \frac{0.01eq}{L} \left| \frac{1mL}{} \right| \frac{1L}{1,000mL} \left| \frac{8 \times 10^3 mg}{1eq} \right| = 0.08mg$$

정답 ①

63 ★★★

시료채취 방법 중 옳지 않은 것은?

① 지하수 시료는 물을 충분히 퍼낸 다음, pH와 전기전도도를 연속적으로 측정하여 각각의 값이 평형을 이룰 때 채취한다.
② 시료채취 용기에 시료를 채울 때에는 어떠한 경우라도 시료교란이 일어나서는 안된다.
③ 시료채취량은 시험항목 및 시험횟수에 따라 차이가 있으나 보통 1~2L 정도이어야 한다.
④ 채취용기는 시료를 채우기 전에 대상시료로 3회 이상 씻은 다음 사용한다.

해설

시료채취량은 시험항목 및 시험횟수에 따라 차이가 있으나 보통 3~5L 정도이다.

정답 ③

64 ★★☆

수질오염공정시험기준상 총대장균군의 시험방법이 아닌 것은?

① 현미경계수법 ② 막여과법
③ 시험관법 ④ 평판집락법

해설

총대장균군 시험방법 – 막여과법, 시험관법, 평판집락법, 효소이용정량법
분원성 대장균군 시험방법 – 막여과법, 시험관법, 효소이용정량법
대장균 시험방법 – 효소이용정량법

정답 ①

65 ★★☆

시료의 최대보존기간이 다른 측정 항목은?

① 시안 ② 노말헥산추출물질
③ 화학적산소요구량 ④ 총인

해설

· 시안: 14일 · 노말헥산추출물질: 28일
· 화학적 산소요구량: 28일 · 총인: 28일

정답 ①

66 ★★☆

총대장균군 – 시험관법의 정량방법에 대한 설명으로 틀린 것은?

① 부피 1~25mL의 멸균된 눈금피펫이나 자동피펫을 사용한다.

② 안지름 9mm, 높이 30mm 정도의 다람시험관을 사용한다.

③ 고리의 안지름이 10mm인 백금이를 사용한다.

④ 배양온도를 (35±0.5)℃로 유지할 수 있는 배양기를 사용한다.

해설

고리의 안지름이 3mm인 백금이를 사용한다.

정답 ③

67 ★☆☆

냄새 측정 시 잔류염소 제거를 위해 첨가하는 용액은?

① L–아스코빈산나트륨　② 티오황산나트륨

③ 과망간산칼륨　④ 질산은

해설

잔류염소 냄새는 측정에서 제외한다. 따라서 잔류염소가 존재하면 티오황산나트륨 용액을 첨가하여 잔류염소를 제거한다.

정답 ②

68 ★☆☆

잔류염소(비색법)를 측정할 때 크롬산(2mg/L 이상)으로 인한 종말점 간섭을 방지하기 위해 가하는 시약은?

① 염화바륨　② 황산구리

③ 염산용액(25%)　④ 과망간산칼륨

해설

2mg/L 이상의 크롬산은 종말점에서 간섭을 하는데, 이때 염화바륨을 가하여 침전시켜 제거한다.

정답 ①

69 ★★☆

자외선/가시선 분광법을 적용한 페놀류 측정에 관한 내용으로 옳지 않은 것은?

① 붉은색의 안티피린계 색소의 흡광도를 측정한다.

② 수용액에서는 510nm, 클로로폼용액에서는 460nm에서 측정한다.

③ 정량한계는 클로로폼 추출법일 때 0.05mg/L, 직접측정법일 때 0.5mg/L이다.

④ 시료 중의 페놀을 종류별로 구분하여 정량할 수 없다.

해설

페놀류 – 자외선/가시선 분광법: 정량한계는 클로로폼 추출법일 때 0.005mg/L, 직접측정법일 때 0.05mg/L이다.

정답 ③

70 ★☆☆

채수된 폐수시료의 보존에 관한 설명으로 옳은 것은?

① BOD 검정용 시료는 동결하면 장기간 보존할 수 있다.

② COD 검정용 시료는 황산을 가하여 약산성으로 한다.

③ 노말헥산추출물질 검정용 시료는 염산으로 pH 4 이하로 한다.

④ 부유물질 검정용 시료는 황산을 가하여 pH 4로 한다.

선지분석

① BOD 검정용 시료는 4℃에서 보관한다.

② COD 검정용 시료는 황산을 가하여 pH 2 이하로 한다.

③ 노말헥산추출물질 검정용 시료는 황산으로 pH 2 이하로 한다.

④ 부유물질 검정용 시료는 4℃ 보관한다.

정답 정답 없음

※ 실제 시험에서는 문제 오류로 인해 전항 정답 처리됨.

2019년

71 ★★☆

용존산소의 정량에 관한 설명으로 틀린 것은?

① 전극법은 산화성물질이 함유된 시료나 착색된 시료에 적합하다.
② 일반적으로 온도가 일정할 때 용존산소 포화량은 수중의 염소이온량이 클수록 크다.
③ 시료가 착색, 현탁된 경우는 시료에 칼륨명반 용액과 암모니아수를 주입한다.
④ Fe(Ⅲ) 100~200mg/L가 함유되어 있는 시료의 경우 황산을 첨가하기 전에 플루오린화칼륨용액 1mL을 가한다.

해설

일반적으로 온도가 일정할 때, 용존산소 포화량은 수중의 염소이온량이 적을수록 크다.

정답 ②

72 ★☆☆

물속에 존재하는 비소의 측정방법으로 거리가 먼 것은? (단, 수질오염공정시험기준 기준)

① 수소화물생성 – 원자흡수분광광도법
② 자외선/가시선 분광법
③ 양극벗김전압전류법
④ 이온크로마토그래피법

관련이론 | 비소의 측정방법
• 수소화물생성 – 원자흡수분광광도법
• 자외선/가시선 분광법
• 유도결합플라스마 – 원자발광분광법
• 유도결합플라스마 – 질량분석법
• 양극벗김전압전류법

정답 ④

73 ★☆☆

다음 설명 중 틀린 것은?

① 현장 이중시료는 동일 위치에서 동일한 조건으로 중복 채취한 시료를 말한다.
② 검정곡선은 분석물질의 농도변화에 따른 지시값을 나타낸 것을 말한다.
③ 정량범위라 함은 시험분석 대상을 정량화할 수 있는 측정값을 말한다.
④ 기기검출한계(IDL)란 시험분석 대상물질을 기기가 검출할 수 있는 최소한의 농도 또는 양을 의미한다.

해설

정량범위라 함은 지정된 시험방법에 따라 시험을 할 경우, 표준편차율 10% 이하에서 측정할 수 있는 정량하한과 정량상한의 범위를 말한다. 시험분석 대상을 정량화할 수 있는 측정값은 정량한계(LOQ, Limit Of Quantification)이다.

정답 ③

74 ★☆☆

30배 희석한 시료를 15분간 방치한 후와 5일간 배양한 후의 DO가 각각 8.6mg/L, 3.6mg/L이었고, 식종액의 BOD를 측정할 때 식종액의 배양 전과 후의 DO가 각각 7.5mg/L, 3.7mg/L이었다면 이 시료의 BOD(mg/L)는? (단, 희석시료 중의 식종액 함유율과 희석한 식종액 중의 식종액 함유율의 비는 0.1임)

① 139
② 143
③ 147
④ 15

해설

$BOD = [(D_1 - D_2) - (B_1 - B_2) \times f] \times P$
• D_1: 15분간 방치된 후 희석(조제)한 시료의 DO[mg/L]
• D_2: 5일간 배양한 다음 희석(조제)한 시료의 DO[mg/L]
• B_1: 식종액의 BOD를 측정할 때 희석된 식종액의 배양전 DO[mg/L]
• B_2: 식종액의 BOD를 측정할 때 희석된 식종액의 배양후 DO[mg/L]
• f: 희석시료 중의 식종액 함유율과 희석한 식종액 중의 식종액 함유율의 비
• P: 희석시료 중 시료의 희석배수(희석시료량/시료량)
∴ $BOD = [(8.6 - 3.6) - (7.5 - 3.7) \times 0.1] \times 30$
$= 138.6 ≒ 139 mg/L$

정답 ①

75

★☆☆

질산성 질소의 자외선/가시선 분광법 중 부루신법에 대한 설명으로 틀린 것은?

① 이 시험기준은 지표수, 폐수 등에 적용할 수 있으며 정량한계는 0.1mg/L이다.
② 용존 유기물질이 황산산성에서 착색이 선명하지 않을 수 있으며 이때 부루신설퍼닐산을 포함한 모든 시약을 추가로 첨가하여야 한다.
③ 바닷물과 같이 염분이 높은 경우 바탕시료와 표준용액에 염화나트륨용액(30%)을 첨가하여 염분의 영향을 제거한다.
④ 잔류염소는 이산화비소산나트륨으로 제거할 수 있다.

해설
용존 유기물질이 황산산성에서 착색이 선명하지 않을 수 있으며 이때 부루신설퍼닐산을 제외한 모든 시약을 추가로 첨가하여야 한다.

정답 ②

76

★☆☆

COD 측정에 있어서 COD값에 영향을 주는 인자가 아닌 것은?

① 온도
② MnO_4^- 농도
③ 황산량
④ 가열시간

해설
COD 측정 시 간섭물질
염소이온, 아질산염, 제일철이온, 아황산염, 온도, 가열시간 등은 COD 측정값에 영향을 준다.

정답 ②

77

★★★

수질오염공정시험기준에서 사용하는 용어에 대한 설명으로 틀린 것은?

① "항량으로 될 때까지 건조한다"라 함은 같은 조건에서 1시간 더 건조할 때 전후 무게차가 g당 0.3mg 이하일 때를 말한다.
② 시험조작 중 "즉시"란 30초 이내에 표시된 조작을 하는 것을 뜻한다.
③ "기밀용기"라 함은 취급 또는 저장하는 동안에 밖으로부터의 공기 또는 다른 가스가 침입하지 아니하도록 내용물을 보호하는 용기를 말한다.
④ "방울수"라 함은 0℃에서 정제수 20방울을 적하할 때 그 부피가 약 1mL 되는 것을 뜻한다.

해설
"방울수"라 함은 20℃에서 정제수 20방울을 적하할 때, 그 부피가 약 1mL 되는 것을 뜻한다.

정답 ④

78

★☆☆

자외선/가시선 분광법에 관한 설명으로 틀린 것은?

① 측정파장은 원칙적으로 최고의 흡광도가 얻어질 수 있는 최대 흡수파장을 선정한다.
② 대조액은 일반적으로 용매 또는 바탕시험액을 사용한다.
③ 측정된 흡광도는 되도록 1.0~1.5의 범위에 들도록 시험용액의 농도 및 흡수셀의 길이를 선정한다.
④ 부득이 흡광도를 0.1 미만에서 측정할 때는 눈금 확대기를 사용하는 것이 좋다.

해설
측정된 흡광도는 되도록 0.2~0.8의 범위에 들도록 시험용액의 농도 및 흡수셀의 길이를 선정한다.

정답 ③

2019년

79 ★★☆

음이온계면활성제를 자외선/가시선 분광법으로 분석하고자 할 때 음이온계면활성제와 메틸렌블루가 반응하여 생성된 청색의 착화합물을 추출하는 데 사용하는 용액은?

① 디티존
② 디티오카르바민산
③ 메틸이소부틸케톤
④ 클로로폼

해설

음이온계면활성제 자외선/가시선 분광법

물속에 존재하는 음이온계면활성제를 측정하기 위하여 메틸렌블루와 반응시켜 생성된 청색의 착화합물을 클로로폼으로 추출하여 흡광도를 650nm에서 측정한다.

정답 ④

80 ★☆☆

유도결합플라스마 – 원자발광분광법에 의한 원소별 정량한계로 틀린 것은?

① Cu: 0.006mg/L
② Pb: 0.004mg/L
③ Ni: 0.015mg/L
④ Mn: 0.002mg/L

해설

납(Pb)의 정량한계는 0.04mg/L이다.

정답 ②

수질환경관계법규

81 ★☆☆

시·도지사가 오염총량관리기본계획의 승인을 받으려는 경우, 오염총량관리기본계획안에 첨부하여 환경부장관에게 제출하여야 하는 서류가 아닌 것은?

① 유역환경의 조사·분석 자료
② 오염원의 자연 증감에 관한 분석 자료
③ 오염총량관리 계획 목표에 관한 자료
④ 오염부하량의 저감계획을 수립하는 데 사용한 자료

해설

「시행규칙 제11조」

시·도지사는 오염총량관리 기본계획의 승인을 받으려는 경우에는 오염총량관리 기본계획안에 다음 각 호의 서류를 첨부하여 환경부장관에게 제출하여야 한다.

• 유역환경의 조사·분석 자료
• 오염원의 자연 증감에 관한 분석 자료
• 지역개발에 관한 과거와 장래의 계획에 관한 자료
• 오염부하량의 산정에 사용한 자료
• 오염부하량의 저감계획을 수립하는 데 사용한 자료

정답 ③

82 ★★☆

수질오염물질 중 초과배출부과금 부과 대상이 아닌 것은?

① 디클로로메탄
② 페놀류
③ 테트라클로로에틸렌
④ 폴리염화비페닐

해설

「시행령 제46조」

초과배출부과금 부과대상 수질오염물질의 종류

유기물질, 부유물질, 카드뮴 및 그 화합물, 시안 화합물, 유기인 화합물, 납 및 그 화합물, 6가크롬 화합물, 비소 및 그 화합물, 수은 및 그 화합물, 폴리염화비페닐[polychlorinated biphenyl], 구리 및 그 화합물, 크롬 및 그 화합물, 페놀류, 트리클로로에틸렌, 테트라클로로에틸렌, 망간 및 그 화합물, 아연 및 그 화합물, 총 질소, 총 인

정답 ①

83 ★☆☆

사업자가 배출시설 또는 방지시설의 설치를 완료하여 당해 배출시설 및 방지시설을 가동하고자 하는 때에는 환경부령이 정하는 바에 의하여 미리 환경부 장관에게 가동시작 신고를 하여야 한다. 이를 위반하여 가동시작 신고를 하지 아니하고 조업한 자에 대한 벌칙 기준은?

① 2백만원 이하의 벌금
② 3백만원 이하의 벌금
③ 5백만원 이하의 벌금
④ 1년 이하의 징역 또는 1천만원 이하의 벌금

해설

「법 제78조」

가동시작 신고를 하지 아니하고 조업한 자는 1년 이하의 징역 또는 1천만원 이하의 벌금에 처한다.

정답 ④

84 ★☆☆

환경부장관 또는 시·도지사가 배출시설에 대하여 필요한 보고를 명하거나 자료를 제출하게 할 수 있는 자가 아닌 사람은?

① 사업자
② 공공폐수처리시설을 설치·운영하는 자
③ 기타 수질오염원의 설치·관리 신고를 한 자
④ 배출시설 환경기술인

해설

「법 제68조」

환경부장관 또는 시·도지사는 환경부령으로 정하는 경우에는 다음 각 호의 자에게 필요한 보고를 명하거나 자료를 제출하게 할 수 있으며, 관계 공무원으로 하여금 해당 시설 또는 사업장 등에 출입하여 방류수 수질기준, 배출허용기준, 허가 또는 변경허가 기준의 준수 여부, 측정기기의 정상운영, 특정수질유해물질 배출량조사의 검증, 준수사항, 수질 기준 및 관리 기준의 준수 여부 또는 전자인계·인수관리시스템의 입력 여부를 확인하기 위하여 수질오염물질을 채취하거나 관계 서류·시설·장비 등을 검사하게 할 수 있다.

· 사업자
· 공공폐수처리시설(공공하수처리시설 중 환경부령으로 정하는 시설을 포함한다)을 설치·운영하는 자
· 측정기기 관리대행업자
· 기타 수질오염원의 설치·관리 신고를 한 자
· 물놀이형 수경시설을 설치·운영하는 자
· 폐수처리업자
· 환경부장관 또는 시·도지사의 업무를 위탁받은 자

정답 ④

85 ★★☆

사업자 및 배출시설과 방지시설에 종사하는 자는 배출시설과 방지시설의 정상적인 운영, 관리를 위한 환경기술인의 업무를 방해하여서는 아니 되며, 그로부터 업무 수행에 필요한 요청을 받았을 때에는 정당한 사유가 없으면 이에 따라야 한다. 이 규정을 위반하여 환경기술인의 업무를 방해하거나 환경기술인의 요청을 정당한 사유 없이 거부한 자에 대한 벌칙 기준은?

① 100만원 이하의 벌금　② 200만원 이하의 벌금
③ 300만원 이하의 벌금　④ 500만원 이하의 벌금

해설

「법 제80조」
다음의 어느 하나에 해당하는 자는 100만원 이하의 벌금에 처한다.
• 적산전력계 또는 적산유량계를 부착하지 아니한 자
• 환경기술인의 업무를 방해하거나 환경기술인의 요청을 정당한 사유 없이 거부한 자

「법 제47조」
사업자 및 배출시설과 방지시설에 종사하는 사람은 배출시설과 방지시설의 정상적인 운영·관리를 위한 환경기술인의 업무를 방해하여서는 아니 되며, 그로부터 업무 수행에 필요한 요청을 받았을 때에는 정당한 사유가 없으면 이에 따라야 한다.

정답 ①

86 ★☆☆

폐수수탁처리업자의 등록기준(시설 및 장비현황)으로 옳지 않은 것은?

① 폐수저장시설의 용량은 1일 8시간(1일 8시간 이상 가동할 경우 1일 최대가동시간으로 한다) 최대처리량의 3일분 이상의 규모이어야 하며, 반입폐수의 밀도를 고려하여 전체 용적의 90% 이내로 저장될 수 있는 용량으로 설치하여야 한다.
② 폐수운반장비는 용량 5m³ 이상의 탱크로리, 2m³ 이상의 철제 용기가 고정된 차량이어야 한다.
③ 폐수운반차량은 청색[색번호 10B5−12(1016)]으로 도색한다.
④ 폐수운반차량은 양쪽 옆면과 뒷면에 가로 50cm, 세로 20cm 이상 크기의 노란색 바탕에 검은색 글씨로 폐수운반차량, 회사명, 허가번호, 전화번호 및 용량을 지워지지 아니하도록 표시하여야 한다.

해설

「시행규칙 별표 20」
폐수운반장비는 용량 2m³ 이상의 탱크로리, 1m³ 이상의 합성수지제 용기가 고정된 차량이어야 한다.

정답 ②

87 ★★☆

수질오염경보의 종류별, 경보단계별 조치사항에 관한 내용 중 조류경보(조류대발생경보 단계)시 취수장, 정수장 관리자의 조치사항으로 틀린 것은?

① 정수의 독소분석 실시
② 정수처리 강화(활성탄 처리, 오존처리)
③ 취수구와 조류 우심지역에 대한 방어막 설치
④ 조류증식 수심 이하로 취수구 이동

해설

「시행령 별표 4」
조류경보의 단계가 [조류 대발생 경보]인 경우 취수장, 정수장 관리자의 조치사항
• 조류증식 수심 이하로 취수구 이동
• 정수처리 강화(활성탄 처리, 오존처리)
• 정수의 독소분석 실시

정답 ③

88 ★★☆

비점오염저감시설을 자연형과 장치형 시설로 구분할 때 다음 중 장치형 시설에 해당하지 않는 것은?

① 생물학적 처리형 시설
② 소용돌이형 시설
③ 여과형 시설
④ 저류형 시설

해설

「시행규칙 별표 6」
저류형 시설은 자연형 시설이다.
비점오염저감시설 중 장치형 시설에는 여과형 시설, 소용돌이형 시설, 스크린형 시설, 응집·침전 처리형 시설, 생물학적 처리형 시설이 있다.

정답 ④

89 ★★★

물환경보전법에서 사용하는 용어의 설명이 틀린 것은?

① 수질오염물질이란 수질오염의 요인이 되는 물질로서 대통령령으로 정하는 것을 말한다.
② 점오염원이란 폐수배출시설, 하수발생시설, 축사 등으로서 관로·수로 등을 통하여 일정한 지점으로 수질오염물질을 배출하는 배출원을 말한다.
③ 공공수역이란 하천, 호소, 항만, 연안해역, 그밖에 공공용으로 사용되는 수역과 이에 접속하여 공공용으로 사용되는 환경부령으로 정하는 수로를 말한다.
④ 강우유출수란 비점오염원의 수질오염물질이 섞여 유출되는 빗물 또는 눈 녹은 물 등을 말한다.

해설

「법 제2조」
수질오염물질이란 수질오염의 요인이 되는 물질로서 환경부령으로 정하는 것을 말한다.

정답 ①

90 ★★★

위임업무 보고사항 중 업무내용에 따른 보고횟수가 연 1회에 해당되는 것은?

① 환경기술인의 자격별·업종별 현황
② 폐수무방류배출시설의 설치허가(변경허가) 현황
③ 골프장 맹·고독성 농약 사용 여부확인 결과
④ 비점오염원의 설치신고 및 방지시설 설치 현황 및 행정처분 현황

선지분석
「시행규칙 별표 23」
① 환경기술인의 자격별·업종별 현황: 연 1회
② 폐수무방류배출시설의 설치허가(변경허가) 현황: 수시
③ 골프장 맹·고독성 농약 사용 여부확인 결과: 연 2회
④ 비점오염원의 설치신고 및 방지시설 설치 현황 및 행정처분 현황: 연 4회

정답 ①

91 ★☆☆

시행자(환경부장관은 제외)가 공공폐수처리시설을 설치하거나 변경하려는 경우 환경부장관에게 승인받아야 하는 기본계획에 포함되어야 하는 사항이 아닌 것은?

① 토지 등의 수용·사용에 관한 사항
② 오염원 분포 및 폐수배출량과 그 예측에 관한 사항
③ 오염원 인자에 대한 사업비의 분담에 관한 사항
④ 공공폐수처리시설에서 처리하려는 대상 지역에 관한 사항

해설
「시행령 제66조」
공공폐수처리시설 기본계획 포함사항
• 공공폐수처리시설에서 처리하려는 대상 지역에 관한 사항
• 오염원 분포 및 폐수배출량과 그 예측에 관한 사항
• 공공폐수처리시설의 폐수처리계통도, 처리능력 및 처리방법에 관한 사항
• 공공폐수처리시설에서 처리된 폐수가 방류수역의 수질에 미치는 영향에 관한 평가
• 공공폐수처리시설의 설치·운영자에 관한 사항
• 공공폐수처리시설 부담금 및 공공폐수처리시설 사용료의 비용부담에 관한 사항
• 총사업비, 분야별 사업비 및 그 산출근거
• 연차별 투자계획 및 자금조달계획
• 토지 등의 수용·사용에 관한 사항
• 그 밖에 공공폐수처리시설의 설치·운영에 필요한 사항

정답 ③

92 ★★★

청정지역에서 1일 폐수배출량이 1,000m³ 이하로 배출하는 배출시설에 적용되는 배출허용기준 중 총유기탄소량(mg/L)은?

① 20 이하
② 25 이하
③ 30 이하
④ 35 이하

해설

「시행규칙 별표 13」

항목별 배출허용 기준

대상 규모	1일 폐수배출량 2천 세제곱미터 이상			1일 폐수배출량 2천 세제곱미터 미만		
항목 지역 구분	생물 화학적 산소 요구량 (mg/L)	총유기 탄소량 (mg/L)	부유 물질량 (mg/L)	생물 화학적 산소 요구량 (mg/L)	총유기 탄소량 (mg/L)	부유 물질량 (mg/L)
청정 지역	30 이하	25 이하	30 이하	40 이하	30 이하	40 이하
가 지역	60 이하	40 이하	60 이하	80 이하	50 이하	80 이하
나 지역	80 이하	50 이하	80 이하	120 이하	75 이하	120 이하
특례 지역	30 이하	25 이하	30 이하	30 이하	25 이하	30 이하

정답 ③

※ 화학적 산소요구량의 기준을 묻는 문제였으나 관련 시행규칙 개정으로 인해 개정 내용에 맞게 문제를 수정하였음.

93 ★☆☆

폐수무방류배출시설의 운영일지의 보존기간은?

① 최종 기록일부터 6월
② 최종 기록일부터 1년
③ 최종 기록일부터 3년
④ 최종 기록일부터 5년

해설

「시행규칙 제49조」

폐수배출시설 및 수질오염방지시설의 운영기록 보존

사업자 또는 수질오염방지시설을 운영하는 자는 운영일지를 매일 기록하고, 최종 기록일부터 1년간 보존하여야 한다. 다만, 폐수무방류배출시설의 경우에는 운영일지를 3년간 보존하여야 한다.

정답 ③

94 ★★☆

기본배출부과금에 관한 설명으로 (   )에 알맞은 것은?

> 공공폐수처리시설 또는 공공하수처리시설에서 배출되는 폐수 중 수질오염물질이 (   )하는 경우

① 배출허용기준을 초과
② 배출허용기준을 미달
③ 방류수 수질기준을 초과
④ 방류수 수질기준을 미달

해설

「법 제41조」

기본배출부과금

- 배출시설에서 배출되는 폐수 중 수질오염물질이 배출허용기준 이하로 배출되나, 방류수 수질기준을 초과하는 경우
- 공공폐수처리시설 또는 공공하수처리시설에서 배출되는 폐수 중 수질오염물질이 방류수 수질기준을 초과하는 경우

정답 ③

95 ★★☆

물환경보전법에서 규정하고 있는 기타 수질오염원의 기준으로 틀린 것은?

① 취수능력 10m³/일 이상인 먹는 물 제조시설
② 면적 30,000m² 이상인 골프장
③ 면적 1,500m² 이상인 자동차 폐차장 시설
④ 면적 200,000m² 이상인 복합물류터미널 시설

해설

「시행규칙 별표 1」
먹는 물 제조시설은 해당사항이 없다.

정답 ①

96 ★☆☆

공공수역의 물환경 보전을 위하여 특정농작물의 경작 권고를 할 수 있는 자는?

① 대통령
② 유역 · 지방환경청장
③ 환경부장관
④ 시 · 도지사

해설

「법 제19조」
시 · 도지사 또는 대도시의 장은 공공수역의 물환경 보전을 위하여 필요하다고 인정하는 경우에는 하천 · 호소 구역에서 농작물을 경작하는 사람에게 경작 대상 농작물의 종류 및 경작방식의 변경과 휴경(休耕) 등을 권고할 수 있다.

정답 ④

97 ★☆☆

환경부장관이 공공수역의 물환경을 관리 · 보전하기 위하여 대통령령으로 정하는 바에 따라 수립하는 국가 물환경관리기본계획의 수립주기는?

① 매년
② 2년
③ 3년
④ 10년

해설

「법 제23조의2」
환경부장관은 공공수역의 물환경을 관리 · 보전하기 위하여 대통령령으로 정하는 바에 따라 국가 물환경관리기본계획을 10년마다 수립하여야 한다.

정답 ④

98 ★☆☆

수변생태구역의 매수 · 조성 등에 관한 내용으로 (   )에 옳은 것은?

> 환경부장관은 하천 · 호소 등의 물환경 보전을 위하여 필요하다고 인정하는 때에는 (㉠)으로 정하는 기준에 해당하는 수변습지 및 수변토지를 매수하거나 (㉡)으로 정하는 바에 따라 생태적으로 조성 · 관리할 수 있다.

① ㉠ 환경부령, ㉡ 대통령령
② ㉠ 대통령령, ㉡ 환경부령
③ ㉠ 환경부령, ㉡ 국무총리령
④ ㉠ 국무총리령, ㉡ 환경부령

해설

「법 제19조의3」
수변생태구역의 매수 · 조성
환경부장관은 하천 · 호소 등의 물환경 보전을 위하여 필요하다고 인정할 때에는 대통령령으로 정하는 기준에 해당하는 수변습지 및 수변토지를 매수하거나 환경부령으로 정하는 바에 따라 생태적으로 조성 · 관리할 수 있다.

정답 ②

99 ★★☆

하천의 등급별 수질 및 수생태계 상태를 바르게 설명한 것은?

① 매우 좋음: 용존산소가 많은 편이고 오염물질이 거의 없는 청정상태에 근접한 상태계로 여과·침전·살균 등 일반적인 정수처리 후 생활용수로 사용할 수 있음

② 좋음: 오염물질은 있으나 용존산소가 많은 상태의 다소 좋은 생태계로 여과·침전·살균 등 일반적인 정수처리 후 공업용수 또는 수영용수로 사용할 수 있음

③ 보통: 용존산소가 소모되는 일반 생태계로 여과, 침전, 활성탄 투입, 살균 등 고도의 정수처리 후 생활용수로 이용하거나 일반적인 정수처리 후 공업용수로 사용할 수 있음

④ 나쁨: 상당량의 오염물질로 인하여 용존산소가 소모되는 생태계로 농업용수로 사용하거나 여과, 침전, 활성탄 투입, 살균 등 고도의 정수처리 후 공업용수로 사용할 수 있음

관련이론 | 하천의 등급별 수질 및 수생태계 상태

「환경정책기본법 시행령 별표 1」

등급	수질 및 수생태계 상태
매우 좋음	용존산소가 풍부하고 오염물질이 없는 청정상태의 생태계로 여과·살균 등 간단한 정수처리 후 생활용수로 사용할 수 있음
좋음	용존산소가 많은 편이고 오염물질이 거의 없는 청정상태에 근접한 생태계로 여과·침전·살균 등 일반적인 정수처리 후 생활용수로 사용할 수 있음
약간 좋음	약간의 오염물질은 있으나 용존산소가 많은 상태의 다소 좋은 생태계로 여과·침전·살균 등 일반적인 정수처리 후 생활용수 또는 수영용수로 사용할 수 있음
보통	보통의 오염물질로 인하여 용존산소가 소모되는 일반 생태계로 여과, 침전, 활성탄 투입, 살균 등 고도의 정수처리 후 생활용수로 이용하거나 일반적인 정수처리 후 공업용수로 사용할 수 있음
약간 나쁨	상당량의 오염물질로 인하여 용존산소가 소모되는 생태계로 농업용수로 사용하거나 여과, 침전, 활성탄 투입, 살균 등 고도의 정수처리 후 공업용수로 사용할 수 있음
나쁨	다량의 오염물질로 인하여 용존산소가 소모되는 생태계로 산책 등 국민의 일상생활에 불쾌감을 주지 않으며, 활성탄 투입, 역삼투압 공법 등 특수한 정수처리 후 공업용수로 사용할 수 있음
매우 나쁨	용존산소가 거의 없는 오염된 물로 물고기가 살기 어려움

정답 ③

100 ★★☆

수질 및 수생태계 환경기준 중 하천에서의 사람의 건강보호 기준으로 옳은 것은?

① 6가크롬 – 0.5mg/L 이하

② 비소 – 0.05mg/L 이하

③ 음이온계면활성제 – 0.1mg/L 이하

④ 테트라클로로에틸렌 – 0.02mg/L 이하

선지분석

「환경정책기본법 시행령 별표 1」

① 6가크롬: 0.05mg/L 이하

③ 음이온계면활성제: 0.5mg/L 이하

④ 테트라클로로에틸렌: 0.04mg/L

정답 ②

수질오염개론

01　★★☆

pH 2.5인 용액을 pH 6.0의 용액으로 희석할 때 용량비를 1:9로 혼합하면 혼합액의 pH는?

① 3.1
② 3.3
③ 3.5
④ 3.7

해설

pH 2.5인 용액: $[H^+]_{2.5}=10^{-2.5}$mol/L

pH 6.0인 용액: $[H^+]_{6.0}=10^{-6.0}$mol/L

$$[H^+]=\frac{10^{-2.5}\times 1+10^{-6.0}\times 9}{1+9}=3.17\times 10^{-4}\text{mol/L}$$

$$\therefore pH=-\log(3.17\times 10^{-4})=3.5$$

정답 ③

02　★★★

수은(Hg)에 관한 설명으로 틀린 것은?

① 아연 정련업, 도금공장, 도자기제조업에서 주로 발생한다.
② 대표적 만성질환으로는 미나마타병, 헌터－루셀 증후군이 있다.
③ 유기수은은 금속상태의 수은보다 생물체내에 흡수력이 강하다.
④ 상온에서 액체상태로 존재하며, 인체에 노출 시 중추신경계에 피해를 준다.

해설

수은은 온도계, 전구 제조업, 제련공업, 농약 살포 등에서 주로 발생한다.
카드뮴은 아연 정련업과 도금공업에서 발생한다.
납은 도자기 제조업에서 발생한다.

정답 ①

03　★☆☆

알칼리도에 관한 반응 중 가장 부적절한 것은?

① $CO_2+H_2O \rightarrow H_2CO_3 \rightarrow HCO_3^- +H^+$
② $HCO_3^- \rightarrow CO_3^{2-} +H^+$
③ $CO_3^{2-} +H_2O \rightarrow HCO_3^- +OH^-$
④ $HCO_3^- +H_2O \rightarrow H_2CO_3 +OH^-$

해설

물과 이산화탄소의 반응

$CO_2+H_2O \rightarrow H_2CO_3 \rightarrow HCO_3^- +H^+$

$HCO_3^- \rightarrow CO_3^{2-} +H^+$

$CO_3^{2-} +H_2O \rightarrow HCO_3^- +OH^-$

$M(HCO_3)_2 \rightarrow M^{2+} +2HCO_3^-$

정답 ④

04　★★☆

미생물 세포의 비증식 속도를 나타내는 식에 대한 설명이 잘못된 것은?

$$\mu=\mu_{max}\times \frac{[S]}{[S]+K_s}$$

① μ_{max}는 최대 비증식속도로 시간$^{-1}$ 단위이다.
② K_s는 반속도상수로서 최대성장률이 1/2일 때의 기질의 농도이다.
③ $\mu=\mu_{max}$인 경우, 반응속도가 기질농도에 비례하는 1차 반응을 의미한다.
④ $[S]$는 제한기질 농도이고 단위는 mg/L이다.

해설

$\mu=\mu_{max}$인 경우, 반응속도는 0차 반응을 의미한다.

정답 ③

05 ★★★

성층현상에 관한 설명으로 틀린 것은?

① 수심에 따른 온도변화로 발생되는 물의 밀도차에 의해 발생된다.

② 봄, 가을에는 저수지의 수직혼합이 활발하여 분명한 층의 구별이 없어진다.

③ 여름에는 수심에 따른 연직온도경사와 산소구배가 반대 모양을 나타내는 것이 특징이다.

④ 겨울과 여름에는 수직운동이 없어 정체현상이 생기며 수심에 따라 온도와 용존산소농도의 차이가 크다.

해설

여름에는 수심에 따른 연직온도경사와 산소구배가 같은 모양을 나타내는 것이 특징이다.

정답 ③

06 ★★☆

BOD 1kg의 제거에 보통 1kg의 산소가 필요하다면 1.45ton의 BOD가 유입된 하천에서 BOD를 완전히 제거하고자 할 때 요구되는 공기량(m^3)은? (단, 물의 공기 흡수율은 7% (부피기준)이며, 공기 $1m^3$은 0.236kg의 O_2를 함유한다고 하고 하천의 BOD는 고려하지 않음)

① 약 84,773   ② 약 85,773

③ 약 86,773   ④ 약 87,773

해설

BOD 1kg당 1kg의 산소가 필요하다면, BOD 1.45ton당 필요한 산소는 1.45ton이다. 산소필요량을 공기필요량으로 환산한다.

$$Air(m^3) = \frac{1,450kg}{} \left| \frac{1m^3\ Air}{0.236kg\ O_2} \right| \frac{100}{7}$$
$$= 87,772.4 ≒ 87,773m^3$$

정답 ④

07 ★★☆

2,000mg/L $Ca(OH)_2$ 용액의 pH는? (단, $Ca(OH)_2$는 완전 해리, Ca 원자량=40)

① 12.13   ② 12.43

③ 12.73   ④ 12.93

해설

$$pH = \log\frac{1}{[H^+]} \text{ or } pH = 14 - \log\frac{1}{[OH^-]}$$

① $Ca(OH)_2$의 mol 농도를 먼저 구하면

$$X\left[\frac{mol}{L}\right] = \frac{2,000mg}{L} \left| \frac{1g}{10^3 mg} \right| \frac{1mol}{74g}$$
$$= 2.7 \times 10^{-2} mol/L$$

② $Ca(OH)_2$가 100% 전리된다면 전리된 $[OH^-]$는 $Ca(OH)_2$ mol 농도의 2배가 된다. 따라서 pH를 구하면

$$\therefore pH = 14 - \log\frac{1}{[OH^-]}$$
$$= 14 - \log\frac{1}{(2 \times 2.7 \times 10^{-2})} = 12.73$$

정답 ③

08 ★★★

소수성 콜로이드의 특성으로 틀린 것은?

① 물 속에서 에멀션으로 존재함

② 염에 아주 민감함

③ 물에 반발하는 성질이 있음

④ 소량의 염을 첨가하여도 응결 침전됨

해설

소수성 콜로이드는 현탁상태(Suspension)로 존재한다.
에멀션으로 존재하는 것은 친수성 콜로이드이다.

정답 ①

09 ★☆☆

다음 반응식 중 환원상태가 되면 가장 나중에 일어나는 반응은? (단, ORP값 기준)

① $SO_4^{2-} \rightarrow S^{2-}$
② $NO_2^- \rightarrow NH_3$
③ $Fe^{3+} \rightarrow Fe^{2+}$
④ $NO_3^- \rightarrow NO_2^-$

해설

환원 상태가 되면 가장 나중에 일어나는 반응은 $SO_4^{2-} \rightarrow S^{2-}$이며, 가장 먼저 일어나는 반응은 $NO_3^- \rightarrow NO_2^-$이다.
ORP가 낮은 환원상태에서 전자수용순서는 다음과 같다.
$O_2 > NO_3^- > NO_2^- > Fe^{3+} > SO_4^{2-}$

정답 ①

11 ★★☆

Fungi(균류, 곰팡이류)에 관한 설명으로 틀린 것은?

① 원시적 탄소동화작용을 통하여 유기물질을 섭취하는 독립영양계 생물이다.
② 폐수내의 질소와 용존산소가 부족한 경우에도 잘 성장하며 pH가 낮은 경우에도 잘 성장한다.
③ 구성물질의 75~80%가 물이며 $C_{10}H_{17}O_6N$을 화학구조식으로 사용한다.
④ 폭이 약 5~10μm로서 현미경으로 쉽게 식별되며 슬러지팽화의 원인이 된다.

해설

Fungi(균류, 곰팡이류)는 탄소동화작용을 하지 않는 종속영양계 생물로 곰팡이류, 효모, 사상균 등이 여기에 속한다.

정답 ①

10 ★★☆

수원의 종류 중 지하수에 관한 설명으로 틀린 것은?

① 수온 변동이 적고 탁도가 낮다.
② 미생물이 거의 없고 오염물이 적다.
③ 유속이 빠르고, 광역적인 환경조건의 영향을 받아 정화되는데 오랜 기간이 소요된다.
④ 무기염류 농도와 경도가 높다.

해설

지하수는 유속이 느리며 국지적인 환경조건의 영향을 크게 받는다.

정답 ③

12 ★☆☆

부영양호의 수면관리 대책으로 틀린 것은?

① 수생식물의 이용
② 준설
③ 약품에 의한 영양염류의 침전 및 황산동 살포
④ N, P 유입량의 증대

해설

N, P 유입량의 증대는 호수의 부영양화를 초래하거나 가중하는 요인이므로 N, P 유입량을 저감해야 한다.

정답 ④

13 ★★☆

내경 5mm인 유리관을 정수 중에 연직으로 세울 때 유리관 내의 모세관 높이(cm)는? (단, 물의 수온=15℃, 이때의 표면장력=0.076g/cm, 물과 유리의 접촉각=8°)

① 0.5

② 0.6

③ 0.7

④ 0.8

해설

$$h = \frac{4T\cos\beta}{wd}$$

· T : 표면장력[gf/cm]
· β : 접촉각
· w : 비중량[1gf/cm³]
· d : 직경[cm]

$$\therefore h[\text{cm}] = \frac{4}{} \left| \frac{0.076\text{g}}{\text{cm}} \right| \frac{\cos 8°}{} \left| \frac{\text{cm}^3}{1\text{g}} \right| \frac{}{5\text{mm}} \left| \frac{10\text{mm}}{1\text{cm}} \right|$$

$$= 0.6\text{cm}$$

정답 ②

14 ★★☆

알칼리도가 수질환경에 미치는 영향에 관한 설명으로 가장 거리가 먼 것은?

① 높은 알칼리도를 갖는 물은 쓴맛을 낸다.
② 알칼리도가 높은 물은 다른 이온과 반응성이 좋아 관내에 scale을 형성할 수 있다.
③ 알칼리도는 물 속에서 수중생물의 성장에 중요한 역할을 함으로써 물의 생산력을 추정하는 변수로 활용한다.
④ 자연수 중 알칼리도의 형태는 대부분 수산화물의 형태이다.

해설

수중에서 알칼리도를 증가시킬 수 있는 주요 물질은 수산화물(OH^-), 중탄산염(HCO_3^-), 탄산염(CO_3^{2-}) 등이 있다. 그 중, 자연수의 경우 중탄산염에 의한 알칼리도가 지배적이다.

정답 ④

15 ★★☆

세균(Bacteria)의 경험적 분자식으로 옳은 것은?

① $C_5H_7O_2N$

② $C_5H_8O_2N$

③ $C_7H_8O_5N$

④ $C_8H_9O_5N$

해설

경험적 분자식
· 균류(Fungi): $C_{10}H_{17}O_6N$
· 세균(Bacteria): $C_5H_7O_2N$
· 조류(Algae): $C_5H_8O_2N$

정답 ①

16 ★★☆

25℃, 4atm의 압력에 있는 메탄가스 15kg을 저장하는 데 필요한 탱크의 부피(m³)는? (단, 이상기체의 법칙 적용, 표준상태 기준, $R=0.082L \cdot atm/mol \cdot K$)

① 4.42

② 5.73

③ 6.54

④ 7.45

해설

$$PV = nRT$$

$$V[\text{m}^3] = \frac{nRT}{P}$$

· P : 압력[atm]
· V : 부피[L]
· n : 기체의 몰수[mol]
· R : 기체상수(=0.082L·atm/mol·K)
· T : 절대온도[K]

여기서,

$$n[\text{mol}] = \frac{M}{M_u}$$

$$= \frac{15\text{kg}}{} \left| \frac{1\text{mol}}{16\text{g}} \right| \frac{10^3\text{g}}{1\text{kg}} = 937.5\text{mol}$$

$$\therefore V = \frac{937.5\text{mol}}{} \left| \frac{0.082\text{L} \cdot \text{atm}}{\text{mol} \cdot \text{K}} \right| \frac{(273+25)\text{K}}{} \left| \frac{}{4\text{atm}} \right|$$

$$= 5,727.19\text{L} \fallingdotseq 5.73\text{m}^3$$

정답 ②

17 ★☆☆

다음 물질 중 이온화도가 가장 큰 것은?

① CH_3COOH ② H_2CO_3

③ HNO_3 ④ NH_3

해설

강산, 강염기일수록 이온화도가 크다. 따라서 강산인 질산(HNO_3)이 이온화도가 가장 크다.

정답 ③

18 ★☆☆

수산화칼슘[$Ca(OH)_2$]이 중탄산칼슘[$Ca(HCO_3)_2$]과 반응하여 탄산칼슘($CaCO_3$)의 침전이 형성될 때 10g의 $Ca(OH)_2$에 대하여 생성되는 $CaCO_3$의 양(g)은? (단, 칼슘 원자량=40)

① 17   ② 27

③ 37   ④ 47

해설

$$Ca(OH)_2 + Ca(HCO_3)_2 \rightarrow 2CaCO_3 + 2H_2O$$

$$\begin{array}{ccc} 74g & : & 2 \times 100g \\ =10g & : & X(g) \end{array}$$

$$\therefore X(=CaCO_3)=27.03 ≒ 27g$$

정답 ②

19 ★★☆

하수나 기타 물질에 의해서 수원이 오염되었을 때에 물은 일련의 변화과정을 거친다. Fungi와 같은 정도로 청록색 내지 녹색 조류가 번식하고, 하류로 내려갈수록 규조류가 성장하는 지대는?

① 분해지대   ② 활발한 분해지대

③ 회복지대   ④ 정수지대

해설

Whipple의 4지대

㉠ 분해지대
  • 세균, 곰팡이류 급증
  • 용존산소량 저하, 탄산의 농도 증대

㉡ 활발한 분해지대
  • DO농도의 최저값(임계점)이 나타남
  • 수중 CO_2, NH_3-N 증가
  • H_2S에 의한 악취 발생
  • 곰팡이류가 사라지면서 혐기성 세균이 많아짐

㉢ 회복지대
  • 질산화로 인한 NO_2-N, NO_3-N의 증가
  • 원생동물과 갑각류 번식
  • 조류 급증, 규조류 성장

㉣ 정수지대
  • DO 및 BOD 회복

정답 ③

20 ★★★

카드뮴이 인체에 미치는 영향으로 가장 거리가 먼 것은?

① 칼슘 대사기능 장애   ② Hunter-Russel 장해

③ 골연화증   ④ Fanconi씨 증후군

해설

Hunter-Russel 장해는 수은이 인체에 미치는 영향이다.

정답 ②

상하수도계획

21 ★☆☆

표준맨홀의 형상별 용도에서 내경 1,500mm 원형에 해당하는 것은?

① 1호맨홀 　　　　② 2호맨홀
③ 3호맨홀 　　　　④ 4호맨홀

해설

표준맨홀의 형상별 용도

명칭	치수 및 형상	용도
1호 맨홀	내경 900mm 원형	관로의 기점 및 600mm 이하의 관로 중간지점 또는 내경 400mm까지의 관로 합류지점
2호 맨홀	내경 1,200mm 원형	내경 900mm 이하의 관로 중간지점 및 내경 600mm 이하의 관로 합류지점
3호 맨홀	내경 1,500mm 원형	내경 1,200mm 이하의 관로 중간지점 및 내경 800mm 이하의 관로 합류지점
4호 맨홀	내경 1,800mm 원형	내경 1,500mm 이하의 관로 중간지점 및 내경 900mm 이하의 관로 합류지점
5호 맨홀	내경 2,100mm 원형	내경 1,800mm 이하의 관로 중간지점

정답 ③

22 ★★☆

상수도 송수시설의 계획송수량 산정에 기준이 되는 수량은?

① 계획1일 최대급수량
② 계획1일 평균급수량
③ 계획1일시간 최대급수량
④ 계획1일시간 평균급수량

해설

송수시설의 계획송수량은 계획1일 최대급수량을 기준으로 하여 산정하는 것이 원칙이다.

정답 ①

23 ★★★

정수시설의 착수정 구조와 형상에 관한 설계기준으로 틀린 것은?

① 착수정은 분할을 원칙으로 하며 고수위 이상으로 유지되도록 월류관이나 월류위어를 설치한다.
② 형상은 일반적으로 직사각형 또는 원형으로 하고 유입구에는 제수밸브 등을 설치한다.
③ 착수정의 고수위와 주변벽체의 상단 간에는 60cm 이상의 여유를 두어야 한다.
④ 부유물이나 조류 등을 제거할 필요가 있는 장소에는 스크린을 설치한다.

해설

• 착수정은 2지 이상으로 분할하는 것이 원칙이나 분할하지 않는 경우에는 반드시 우회관과 배수설비를 설치하며, 수위가 고수위 이상으로 올라가지 않도록 월류관이나 월류위어를 설치한다.
• 착수정의 용량은 체류시간을 1.5분 이상으로 하고 수심은 3~5m로 한다.

정답 ①

24 ★★☆

상수도시설긴 완속여과지에 관한 설명으로 틀린 것은?

① 여과지 깊이는 하부집수장치의 높이에 자갈층 두께와 모래층 두께까지 2.5~3.5m를 표준으로 한다.
② 완속여과지의 여과속도는 4~5m/day를 표준으로 한다.
③ 모래층의 두께는 70~90cm를 표준으로 한다.
④ 여과지의 모래면 위의 수심은 90~120cm를 표준으로 한다.

해설

여과지 깊이는 하부집수장치의 높이에 자갈층 두께, 모래층 두께, 모래면 위의 수심과 여유고를 더하여 2.5~3.5m를 표준으로 한다.

정답 ①

25 ★☆☆

정수처리를 위해 완속여과방식(불용해성 성분의 처리방식)만을 선택하였을 때 거의 처리할 수 없는 항목(물질)은?

① 탁도
② 철분, 망간
③ ABS
④ 농약

해설

농약은 활성탄과 오존으로 처리할 수 있다.

정답 ④

26 ★★☆

계획우수량 산정 시 고려하는 하수관로의 설계강우로 알맞은 것은?

① 30~50년 빈도
② 10~30년 빈도
③ 10~15년 빈도
④ 5~10년 빈도

해설

하수도 시설물별 최소 설계빈도는 지선관로 10년, 간선관로 30년, 빗물펌프장 30년이다.

관련이론 | 계획우수량

• 우수유출량 산정식

최대계획우수유출량: 합리식이 원칙, 수문분석, 유역특성 분석 등을 고려하여 수정합리식, MOUSE, SWMM 모형 등 다양한 우수유출 산정식(모형) 사용 가능

• 설계강우
ⓐ 하수도 시설물별 최소 설계빈도: 지선관로 10년, 간선관로 30년, 빗물펌프장 30년
ⓑ 20년 이상의 강우자료가 있는 지역에서 설계빈도에 따른 강우강도: 강우강도 – 지속시간 – 발생빈도 곡선(IDF Curve) 사용 산정
ⓒ 강우자료가 부족한 유역 또는 미계측 지역: 확률강우량도를 이용하여 강우강도 결정

• 도달시간＝유입시간＋유하시간
ⓐ 유입시간: 최소단위 배수구역의 지표면 특성을 고려
ⓑ 유하시간: 최상류 관로의 시작으로부터 하류관로의 특정 지점까지의 거리를 계획유량에 대응한 유속으로 나누어 구함

정답 ②

27 ★★★

계획오수량에 관한 설명으로 틀린 것은?

① 지하수량은 1인1일 최대오수량의 20% 이하로 한다.
② 계획시간 최대오수량은 계획1일 최대오수량의 1시간당 수량의 1.3~1.8배를 표준으로 한다.
③ 합류식에서 우천 시 계획오수량은 원칙적으로 계획시간 최대오수량의 3배 이상으로 한다.
④ 계획1일 평균오수량은 계획1일 최대오수량의 50~60%를 표준으로 한다.

해설

계획1일 평균오수량은 계획1일 최대오수량의 70~80%를 표준으로 한다.

정답 ④

28 ★☆☆

비교회전도(N_s)에 대한 설명으로 틀린 것은?

① 펌프는 N_s값에 따라 그 형식이 변한다.
② N_s값이 같으면 펌프의 크기에 관계없이 같은 형식의 펌프로 하고 특성도 대체로 같아진다.
③ 수량과 전양정이 같다면 회전수가 많을수록 N_s값이 커진다.
④ 일반적으로 N_s값이 작으면 유량이 큰 저양정의 펌프가 된다.

해설

일반적으로 비교회전도(N_s)가 크면 유량이 큰 저양정의 펌프가 된다.

정답 ④

29 ★☆☆

하수관이 부식하기 쉬운 곳은?

① 바닥 부분 ② 양 옆 부분
③ 하수관 전체 ④ 관정부(Crown)

해설

하수관의 관정부식현상이 가장 일어나기 쉽다.

정답 ④

30 ★☆☆

우수배제 계획에서 계획우수량을 산정할 때 고려할 사항이 아닌 것은?

① 유출계수 ② 유속계수
③ 배수면적 ④ 유달시간

해설

우수배제 계획에서 계획우수량을 산정할 때 고려할 사항

• 우수유출량
• 유출계수
• 확률연수
• 유달시간
• 배수면적

정답 ②

31 ★☆☆

용해성 성분으로 무기물인 불소(처리 대상 물질)를 제거하기 위해 유효한 고도정수처리 방법으로 가장 거리가 먼 것은?

① 응집침전 ② 골탄
③ 이온교환 ④ 전기분해

해설

용해성 성분으로 무기물인 불소(처리 대상 물질)를 제거하기 위해 유효한 고도정수처리 방법으로는 응집침전, 활성알루미나, 골탄, 전기분해, 막처리(역삼투)가 있다.

정답 ③

32 ★★★

길이가 100m, 직경이 40cm인 하수관로의 하수유속을 1m/sec로 유지하기 위한 하수관로의 동수경사는? (단, 만관기준, Manning 식의 조도계수 $n=0.012$)

① 1.2×10^{-3} ② 2.3×10^{-3}
③ 3.1×10^{-3} ④ 4.6×10^{-3}

해설

Manning 공식을 이용한다.

$$V = \frac{1}{n} \cdot R^{\frac{2}{3}} \cdot I^{\frac{1}{2}}$$

• V : 평균유속[m/sec]
• n : 조도계수
• R : 경심($=D/4$)[m]
• I : 동수경사

여기서,

$$R(경심) = \frac{A(수류단면적)}{P(윤변)} = \frac{D}{4} = \frac{0.4m}{4} = 0.1m$$

$$V[\text{m/sec}] = \frac{1}{n} \cdot R^{\frac{2}{3}} \cdot I^{\frac{1}{2}}$$

$$1 = \frac{1}{0.012} \times 0.1^{\frac{2}{3}} \times I^{\frac{1}{2}}$$

$$\therefore I = 3.1 \times 10^{-3}$$

정답 ③

33 ★★★

상수도 취수보의 취수구에 관한 설명으로 틀린 것은?

① 높이는 배사문의 바닥높이보다 0.5~1m 이상 낮게 한다.
② 유입속도는 0.4~0.8m/s를 표준으로 한다.
③ 제수문의 전면에는 스크린을 설치한다.
④ 계획취수위는 취수구로부터 도수기점까지의 손실수두를 계산하여 결정한다.

해설

높이는 배사문의 바닥높이보다 0.5~1m 이상 높게 한다.

정답 ①

※ 실제 문제에서는 '상수도 취수관로의 취수구에 관한 설명으로 틀린 것은?'이라고 출제되어 문제 오류로 인한 전항 정답 처리되었음.

34

★★☆

전양정에 대한 펌프의 형식 중 틀린 것은?

① 전양정 5m 이하는 펌프구경 400mm 이상의 축류펌프를 사용한다.
② 전양정 3~12m는 펌프구경 400mm 이상의 원심펌프를 사용한다.
③ 전양정 5~20m는 펌프구경 300mm 이상의 원심 사류펌프를 사용한다.
④ 전양정 4m 이상은 펌프구경 80mm 이상의 원심펌프를 사용한다.

해설
전양정 3~12m는 펌프구경 400mm 이상의 사류펌프를 사용한다.

관련이론 | 펌프의 종류 및 특성

구분	종류	특성
터보형 펌프	원심 펌프	4m 이상 전양정, 80mm 이상 구경 또는 높은 효율의 경우 구경 400mm 이상에서 사용
	사류 펌프	• 전양정 (3~12m) 펌프이며, 비교적 적은 공간 차지 • 수명이 길고, 수위 변화가 있는 곳에 최적인 펌프로 효율성도 좋음 • 구경 300~1,000mm(일반적으로 400mm 이상)에서 사용
	축류 펌프	• 임펠러내의 물에 압력 및 속도에너지를 주고 가이드베인으로 속도에너지의 일부를 압력으로 변환 • 전양정 (5m 이하) 펌프이며, 양정변화가 적은 곳에 설치 • 간단한 구조, 저렴한 기초공사
비터보형 펌프	스크루 펌프	• 슬러지양수용 펌프이며, 간단한 구조 • 회전수가 낮아 마모가 적음

터보형 펌프 종류에 따른 비회전도

펌프의 형식		N_s(비회전도)
터빈펌프	1단식 흡입 및 양흡입형	100~250
	다단식	100~250
원심펌프	1단식 편흡입형	100~450
	1단식 양흡입형	100~750
	다단식	100~200
사류펌프		700~1200
축류펌프		1100~2000

정답 ②

35

★☆☆

펌프를 선정할 때 고려 사항으로 적당치 않는 것은?

① 펌프를 최대효율점 부근에서 운전하도록 용량 및 대수를 결정한다.
② 펌프의 설치대수는 유지관리상 가능한 한 적게하고 동일용량의 것으로 한다.
③ 펌프는 저용량일수록 효율이 높으므로 가능한 한 저용량으로 한다.
④ 내부에서 막힘이 없고, 부식 및 마모가 적어야 한다.

해설
펌프는 펌프 토출량이 많을수록 효율이 높으므로 가능한 한 고용량의 것으로 하며, 유입 오수량에 따라 대응운전이 가능한 대·중·소 조합운전이 되도록 한다.

정답 ③

36

★★☆

하수도계획의 목표연도는 원칙적으로 몇 년으로 설정하는가?

① 15년   ② 20년
③ 2년   ④ 30년

해설
• 하수도계획 목표연도: 20년
• 상수도계획 목표연도: 15~20년

정답 ②

37 ★☆☆

상수도 급수배관에 관한 설명으로 틀린 것은?

① 급수관을 공공도로에 부설할 경우에는 도로관리자가 정한 점용위치와 깊이에 따라 배관해야 하며 다른 매설물과의 간격을 30cm 이상 확보한다.

② 급수관을 부설하고 되메우기를 할 때에는 양질토 또는 모래를 사용하여 적절하게 다짐하여 관을 보호한다.

③ 급수관이 개거를 횡단하는 경우에는 가능한 한 개거의 위로 부설한다.

④ 동결이나 결로의 우려가 있는 급수설비의 노출부분에 대해서는 적절한 방한조치나 결로방지조치를 강구한다.

해설

급수관이 개거를 횡단하는 경우에는 가능한 한 개거의 아래로 부설한다.

정답 ③

38 ★★★

펌프의 규정회전수는 10회/sec, 규정토출량은 0.3m³/sec, 펌프의 규정양정이 5m일 때 비교회전도는?

① 642
② 761
③ 836
④ 935

해설

문제에서 제시된 초당 회전수를 분당 회전수(rpm)로 전환시켜야 한다.

$$N_s = N \times \frac{Q^{\frac{1}{2}}}{H^{\frac{3}{4}}}$$

- N_s : 비교회전도[rpm]
- N : 펌프의 회전수[rpm]
- Q : 펌프의 토출량[m³/min]
- H : 펌프의 양정[m]

$$\therefore N_s = (10 \times 60) \times \frac{(0.3 \times 60)^{\frac{1}{2}}}{(5)^{\frac{3}{4}}}$$
$$= 761.31 ≒ 761회$$

정답 ②

39 ★☆☆

관로의 접합과 관련된 고려 사항으로 틀린 것은?

① 접합의 종류에는 관정접합, 관중심접합, 수면접합, 관저접합 등이 있다.

② 관로의 관경이 변화하는 경우의 접합방법은 원칙적으로 수면접합 또는 관정접합으로 한다.

③ 2개의 관로가 합류하는 경우 중심교각은 되도록 60° 이상으로 흔다.

④ 지표의 경사가 급한 경우에는 관경변화에 대한 유무에 관계없이 원칙적으로 단차접합 또는 계단접합을 한다.

해설

하수관로 접합 시 2개의 관로가 합류하는 경우 중심교각은 되도록 60° 이하로 하고, 극선을 갖고 합류하는 경우의 곡률반경은 내경의 5배 이상으로 한다.

정답 ③

40 ★★☆

복류수나 자유수면을 갖는 지하수를 취수하는 시설인 집수매거에 관한 설명으로 틀린 것은?

① 집수매거의 길이는 시험우물 등에 의한 양수시험 결과에 따라 정한다.

② 집수매거의 매설깊이는 1.0m 이하로 한다.

③ 집수매거는 수평 또는 흐름방향으로 향하여 완경사로 하고 집수매거의 유출단에서 매거내의 평균유속은 1.0m/s 이하로 한다.

④ 세굴의 우려가 있는 제외지에 설치할 경우에는 철근콘크리트틀 등으로 방호한다.

해설

집수매거의 매설깊이는 5m 이상으로 하는 것이 바람직하지만, 대수층의 상황, 불투수층의 깊이 및 수질 등을 고려하여 결정한다.

정답 ②

2018년

수질오염방지기술

41 ★★★

막공법에 관한 설명으로 가장 거리가 먼 것은?

① 투석은 선택적 투과막을 통해 용액 중에 다른 이온 혹은 분자의 크기가 다른 용질을 분리시키는 것이다.
② 투석에 대한 추진력은 막을 기준으로 한 용질의 농도차이다.
③ 한외여과 및 미여과의 분리는 주로 여과작용에 의한 것으로 역삼투현상에 의한 것이 아니다.
④ 역삼투는 반투막으로 용매를 통과시키기 위해 동수압을 이용한다.

해설
역삼투법은 반투과성 멤브레인(막)과 정수압을 이용하여 염 용액으로부터 물과 같은 용매를 분리하는 방법으로 추진력은 정수압차이다.

정답 ④

42 ★☆☆

호기성 미생물에 의하여 발생되는 반응은?

① 포도당 → 알코올
② 초산 → 메탄
③ 아질산염 → 질산염
④ 포도당 → 초산

해설
혐기성 미생물 반응
• 포도당 → 알코올
• 초산 → 메탄
• 포도당 → 초산

정답 ③

43 ★★☆

특정의 반응물을 포함하는 폐수가 연속혼합 반응조를 통과할 때 반응물의 농도가 250mg/L에서 25mg/L로 감소하였다. 반응조내의 반응은 일차반응이고, 폐수의 유량이 1일 5,000m³이면 반응조의 체적(m³)은? (단, 반응속도 상수 (K)=0.2day⁻¹)

① 45,000
② 90,000
③ 112,500
④ 225,000

해설
완전혼합 반응조(CFSTR)의 1차 반응식을 이용한다.
$Q(C_o - C_t) = K \cdot \forall \cdot C_t^m$
• Q: 유량[m³/day]
• C_o: 유입농도[mg/L]
• C_t: 유출농도[mg/L]
• K: 속도상수[day⁻¹]
• $\forall$: 부피[m³]
m(반응차수)은 1차반응이므로 1이 된다.
여기서,
m=반응차수=1차
$Q(C_o - C_t) = K \cdot \forall \cdot C_t^1$에서
$$\forall[m^3] = \frac{Q(C_o - C_t)}{K \cdot C_t}$$
$$= \frac{5,000m^3}{day} \left| \frac{(250-25)mg}{L} \right| \frac{day}{0.2} \left| \frac{L}{25mg} \right.$$
$$= 225,000m^3$$

정답 ④
※ 실제 문제에서는 ④번 선지가 214,286이라고 출제되어 문제 오류로 인한 전항 정답 처리되었음.

44 ★☆☆

난분해성 폐수처리에 이용되는 펜톤 시약은?

① H_2O_2 + 철염
② 알루미늄염 + 철염
③ H_2O_2 + 알루미늄염
④ 철염 + 고분자응집제

해설
펜톤 시약(H_2O_2 + 철염)은 생물학적으로 난분해성인 물질을 생분해가 가능한 물질로 전환하거나 독성을 함유한 폐수의 독성을 감소시킨다.

정답 ①

45 ★★☆

포기조의 MLSS 농도가 3,000mg/L이고, 1L 실린더에 30분 동안 침전시킨 후 슬러지 부피가 150mL이면 슬러지의 SVI는?

① 20
② 50
③ 100
④ 150

해설

$$SVI = \frac{SV(mL/L)}{MLSS(mg/L)} \times 10^3 = \frac{150}{3,000} \times 10^3 = 50$$

정답 ②

46 ★★☆

혐기성 소화조내의 pH가 낮아지는 원인이 아닌 것은?

① 유기물 과부하
② 과도한 교반
③ 중금속 등 유해물질 유입
④ 온도 저하

해설

혐기성 소화조내의 pH가 낮아지는 원인
유기물의 과부하로 인한 소화의 불균형, 온도 급저하, 교반 부족, 메탄균 활성을 저해하는 독물 또는 중금속 투입

정답 ②

47 ★★☆

인구가 10,000명인 마을에서 발생되는 하수를 활성슬러지법으로 처리하는 처리장에 저율혐기성소화조를 설계하려고 한다. 생슬러지(건조고형물기준) 발생량은 0.11kg/인·일이며, 휘발성고형물은 건조고형물의 70%이다. 가스발생량은 0.94m³/VSS·kg이고 휘발성고형물의 65%가 소화된다면 일일 가스발생량(m³/day)은?

① 약 345
② 약 471
③ 약 563
④ 약 644

해설

$$X\left[\frac{m^3}{day}\right] = \frac{10,000인}{} \left| \frac{0.11kg}{인·day} \right| \frac{0.94m^3}{kg} \left| \frac{70}{100} \right| \frac{65}{100}$$
$$= 470.47 ≒ 471m^3/day$$

정답 ②

48 ★☆☆

화학적 인 제거 방법으로 정석탈인법에 사용되는 것은?

① Al
② Fe
③ Ca
④ Mg

해설

정석탈인법은 정인산이온(PO_4^{3-})이 칼슘이온(Ca^{2+})과 반응하여 하이드록시아파타이트를 생성하는 반응을 이용한 방법이다.

정답 ③

49 ★☆☆

Bar rack의 설계조건이 다음과 같을 때 손실수두(m)는? (단, $h_L = 1.79\left(\frac{W}{b}\right)^{4/3} \cdot \frac{u^2}{2g}\sin\theta$, 원형봉의 지름=20mm, bar의 유효간격 25mm, 수평설치각도=50°, 접근유속=1.0m/sec)

① 0.0427
② 0.0482
③ 0.0519
④ 0.0599

해설

$$h_L = 1.79\left(\frac{W}{b}\right)^{\frac{4}{3}} \cdot \frac{u^2}{2g}\sin\theta$$
$$= 1.79\left(\frac{2}{25}\right)^{\frac{4}{3}} \cdot \frac{1^2}{2 \times 9.8} \times \sin 50°$$
$$= 0.0519m$$

정답 ③

50

★★☆

정수장에 적용되는 완속여과의 장점이라 볼 수 없는 것은?

① 여과시스템의 신뢰성이 높고 양질의 음용수를 얻을 수 있다.
② 수량과 탁질의 급격한 부하변동에 대응할 수 있다.
③ 고도의 지식이나 기술을 가진 운전자를 필요로 하지 않고 최소한의 전력만 필요로 한다.
④ 여과지를 간헐적으로 사용하여도 양질의 여과수를 얻을 수 있다.

해설
완속여과방식은 유지관리가 간단하고 고도의 기술을 요구하지 않으면서 안정된 양질의 처리수를 얻을 수 있다는 장점이 있으나, 여과속도가 느리기 때문에(＝항시 운영을 해야 하기 때문에) 넓은 면적이 필요하고 많은 인력이 필요한 단점이 있다.

정답 ④

51

★☆☆

소독제로서 오존(O_3)의 효율성에 대한 설명으로 가장 거리가 먼 것은?

① 오존은 대단히 반응성이 큰 산화제이다.
② 오존은 매우 효과적인 바이러스 사멸제이다.
③ 오존처리는 용존 고형물을 증가시키지 않는다.
④ pH가 높을 때 소독효과가 좋다.

해설
오존처리는 pH 변화에 상관없이 강력한 살균력을 발휘할 수 있다.

관련이론 | 오존을 이용한 소독의 장점과 단점

장점	단점
• 미생물, 병원균의 살균작용이 강하다. • 철 및 망간의 제거 능력이 크다. • 바이러스의 불활성화 효과가 크다. • THM이 생성되지 않는다. • 맛, 냄새 제거에 효과적이다.	• 잔류성이 없다. • 운전비용이 많이 든다.

정답 ④

52

★☆☆

흡착장치 중 고정상 흡착장치의 역세척에 관한 설명으로 가장 알맞은 것은?

(㉠) 동안 먼저 표면세척을 한 다음 (㉡)$m^3/m^2 \cdot hr$의 속도로 역세척수를 사용하여 층을 (㉢) 정도 부상시켜 실시한다.

① ㉠ 24시간, ㉡ 14~48, ㉢ 25~30%
② ㉠ 24시간, ㉡ 24~48, ㉢ 10~50%
③ ㉠ 짧은시간, ㉡ 14~28, ㉢ 25~30%
④ ㉠ 짧은시간, ㉡ 24~48, ㉢ 10~50%

관련이론 | 고정상 흡착장치의 역세척
• 고도정수처리 공정에서 활성탄 여과지의 경우 역세척을 통하여 활성탄 흡착탑내 축적된 부유물을 제거할 수 있다.
• 역세척률은 수리적 부하, 하수내 부유물질의 성질과 농도, 탄소입자의 크기, 접촉방법에 따라 달라진다.
• 역세척의 시간은 대략 10~15분 가량이며, 충분한 양의 물을 통과시킴으로써 진행된다.
• 역세척 횟수는 시간간격, 손실수두, 탁도와 같은 운전기준에 따라 결정된다.

정답 ④

53

★☆☆

정수장의 침전조 설계 시 어려운 점은 물의 흐름은 수평방향이고 입자 침강방향은 중력방향이어서 두 방향의 운동을 해석해야 한다는 점이다. 이상적인 수평 흐름 장방형 침전지(제Ⅰ형 침전)설계를 위한 기본 가정 중 틀린 것은?

① 유입부의 깊이에 따라 SS 농도는 선형으로 높아진다.
② 슬러지 영역에서는 유체이동이 전혀 없다.
③ 슬러지 영역상부에 사영역이나 단락류가 없다.
④ 플러그 흐름이다.

해설
유입부의 SS 농도는 수심, 깊이에 관계없이 균일하게 분포된다.

정답 ①

54 ★☆☆

폐수의 고도처리에 관한 설명으로 가장 거리가 먼 것은?

① 염수 등 무기염류의 제거에는 전기투석, 역삼투 등을 사용한다.
② 질소제거는 소석회 등을 사용하여 pH 10.8~11.5에서 암모니아 스트리핑을 한다.
③ 인산이온은 수산화나트륨 등으로 중화하여 침전처리한다.
④ 잔류 COD는 급속사여과 후 활성탄 흡착 처리한다.

해설
인산이온은 석회(수산화칼슘), 철, 알루미늄 등을 주입하여 응집침전시켜 제거한다.

정답 ③

55 ★★☆

살수여상처리공정에서 생성되는 슬러지의 농도는 4.5%이며 하루에 생성되는 고형물의 양은 1,000kg이다. 중력을 이용하여 농축할 때 중력 농축조의 직경(m)은? (단, 농축조의 형태는 원형, 깊이=3m, 중력농축조의 고형물 부하량= 25kg/m² · day, 비중=1.0)

① 3.55
② 5.10
③ 6.72
④ 7.14

해설
농축조의 고형물 부하량$=\dfrac{농축조로 유입되는 고형물량(kg/day)}{농축조의 수면적(m^2)}$

농축조로 유입되는 고형물의 양: 1,000kg/day
농축조의 고형물 부하량: 25kg/m² · day

$25kg/m^2 \cdot day = \dfrac{1,000kg/day}{A(m^2)}$

농축조의 수면적$(A) = 40m^2 = \dfrac{\pi}{4}D^2$

$\therefore D = 7.14m$

정답 ④

56 ★☆☆

폐수로부터 질소물질을 제거하는 주요 물리화학적 방법이 아닌 것은?

① Phostrip법
② 암모니아스트리핑법
③ 파괴점염소처리법
④ 이온교환법

해설
· Phostrip법은 인(P)을 제거하는 생물화학적 처리 공법이다.
· 물리화학적 질소제거방법으로는 암모니아스트리핑법, 파괴점염소처리법, 이온교환법이 있다.

정답 ①

57 ★★☆

BOD 250mg/L인 폐수를 살수여상법으로 처리할 때 처리수의 BOD는 80mg/L, 온도가 20℃였다. 만일 온도가 23℃로 된다면 처리수의 BOD 농도(mg/L)는? (단, 온도 이외의 처리조건은 같음, $E_t = E_{20} \times \theta^{(t-20)}$, E: 처리효율, $\theta = 1.035$)

① 약 46
② 약 53
③ 약 62
④ 약 71

해설
효율공식을 이용한다.

$\eta = \left(1 - \dfrac{C_o}{C_i}\right) \times 100$

· C_i: 유입 BOD 농도[mg/L]
· C_o: 처리수 BOD 농도[mg/L]

(1) 20℃에서의 살수여상의 효율을 구한다.

$\eta = \left(1 - \dfrac{C_o}{C_i}\right) \times 100$

$= \left(1 - \dfrac{80}{250}\right) \times 100 = 68\%$

(2) 주어진 식을 토대로 23℃에서의 효율로 환산한다.

$E_t = E_{20} \times \theta^{(t-20)} = 68 \times 1.035^{(23-20)}$

$= 75.39\%$

(3) 효율이 75.39%일 때 처리수의 BOD 농도

$75.39[\%] = \left(1 - \dfrac{C_o}{250}\right) \times 100$

$\therefore C_o = 61.53mg/L$

정답 ③

58 ★★★

아래의 공정은 A^2/O 공정을 나타낸 것이다. 각 반응조의 주요 기능에 대하여 옳은 것은?

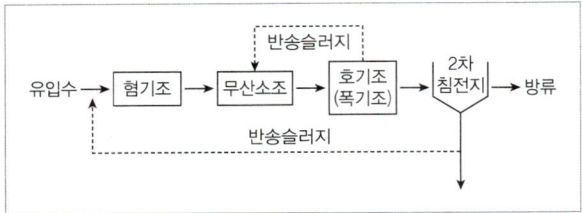

① 혐기조: 인방출,
　무산소조: 질산화, 폭기조: 탈질, 인과잉섭취
② 혐기조: 인방출,
　무산소조: 탈질, 폭기조: 인과잉섭취, 질산화
③ 혐기조: 탈질,
　무산소조: 질산화, 폭기조: 인방출 및 과잉섭취
④ 혐기조: 탈질,
　무산소조: 인과잉섭취, 폭기조: 질산화, 인방출

해설
A^2/O 공정은 슬러지 반송 절차를 통하여 인 제거에 중점을 둔 공정이며, 혐기조(인방출), 무산소조(탈질), 폭기조(질산화, 인과잉섭취)의 반응조가 있다.

정답 ②

59 ★★☆

수질성분이 금속 하수도관의 부식에 미치는 영향으로 가장 거리가 먼 것은?

① 잔류염소는 용존산소와 반응하여 금속부식을 억제시킨다.
② 용존산소는 여러 부식 반응속도를 증가시킨다.
③ 고농도의 염화물이나 황산염은 철, 구리, 납의 부식을 증가시킨다.
④ 암모니아는 착화물의 형성을 통하여 구리, 납 등의 용해도를 증가시킬 수 있다.

해설
잔류염소는 용존산소와 반응하여 금속부식을 더욱 활성화시킨다.

정답 ①

60 ★☆☆

활성슬러지법의 변법인 접촉안정화법에 대한 설명으로 가장 거리가 먼 것은?

① 활성슬러지를 하수와 약 5~20분간 비교적 짧은 시간 동안 접촉조에서 폭기, 혼합한다.
② 활성슬러지를 안정조에서 3~6시간 폭기하여 흡수, 흡착된 유기물질을 산화시킨다.
③ 침전지에서는 접촉조에서 유기물을 흡수, 흡착한 슬러지를 분리한다.
④ 유기물의 상당량이 콜로이드 상태로 존재하는 도시하수처리에 적합하다.

해설
활성슬러지를 하수와 약 30~60분간 혼합 접촉시켜 유기물을 흡착, 제거한다.

정답 ①

수질오염공정시험기준

61 ★★☆

웨어의 수두가 0.25m, 수로의 폭이 0.8m, 수로의 밑면에서 절단 하부점까지의 높이가 0.7m인 직각 3각웨어의 유량 (m³/min)은? (단, 유량계수 $K=81.2+\dfrac{0.24}{h}+\left(8.4+\dfrac{12}{\sqrt{D}}\right)$ $\times\left(\dfrac{h}{B}-0.09\right)^2$)

① 1.4
② 2.1
③ 2.6
④ 2.9

해설

$Q[\mathrm{m^3/min}]=K\cdot h^{\frac{5}{2}}$

$K=81.2+\dfrac{0.24}{h}+\left(8.4+\dfrac{12}{\sqrt{D}}\right)\times\left(\dfrac{h}{B}-0.09\right)^2$

- K : 유량계수
- B : 수로의 폭[m]
- D : 수로의 밑면으로부터 절단 하부점까지의 높이[m]
- h : 웨어의 수두[m]

여기서, $B=0.8\mathrm{m}$, $D=0.7\mathrm{m}$, $h=0.25\mathrm{m}$이다.

$\therefore\ K=81.2+\dfrac{0.24}{0.25}+\left(8.4+\dfrac{12}{\sqrt{0.7}}\right)\times\left(\dfrac{0.25}{0.8}-0.09\right)^2=83.29$

$\therefore\ Q[\mathrm{m^3/min}]=83.29\times0.25^{\frac{5}{2}}$

$\qquad\qquad\quad =2.6\mathrm{m^3/min}$

정답 ③

62 ★☆☆

자외선/가시선 분광법(인도페놀법)으로 암모니아성 질소를 측정할 때 암모늄 이온이 차아염소산의 공존 아래에서 페놀과 반응하여 생성하는 인도페놀의 색깔과 파장은?

① 적자색, 510nm
② 적색, 540nm
③ 청색, 630nm
④ 황갈색, 610nm

해설

자외선/가시선 분광법에 의한 암모니아성 질소 측정은 물속에 존재하는 암모니아성 질소를 측정하기 위하여 암모늄 이온이 하이포염소산(차아염소산)의 존재하에서 페놀과 반응하여 생성하는 인도페놀의 청색을 630nm에서 측정하는 방법이다.

정답 ③

63 ★☆☆

용기에 의한 유량 측정방법 중 최대유량 1m³/분 이상인 경우에 관한 내용으로 ( )에 맞는 것은?

> 수조가 큰 경우는 유입시간에 있어서 유수의 부피는 상승한 수위와 상승 수면의 평균표면적의 계측에 의하여 유량을 산출한다. 이 경우 측정시간은 (㉠)정도, 수위의 상승속도는 적어도 (㉡) 이상이어야 한다.

① ㉠ 1분, ㉡ 매분 1cm
② ㉠ 1분, ㉡ 매분 3cm
③ ㉠ 5분, ㉡ 매분 1cm
④ ㉠ 5분, ㉡ 매분 3cm

해설

수조가 큰 경우는 유입시간에 있어서 유수의 부피는 상승한 수위와 상승 수면의 평균표면적의 계측에 의하여 유량을 산출한다. 이 경우 측정시간은 5분 정도, 수위의 상승속도는 적어도 매분 1cm 이상이어야 한다.

정답 ③

64 ★☆☆

기체크로마트그래피법의 전자포획검출기에 관한 설명으로 ( )에 알맞은 것은?

> 방사선 동위원소로부터 방출되는 ( )이 운반기체를 전리하여 미스전류를 흘려보낼 때 시료 중의 할로겐이나 산소와 같이 전자포획력이 강한 화합물에 의하여 전자가 포획되어 전류가 감소하는 것을 이용하는 방법이다.

① α(알파)선
② β(베타)선
③ γ(감마)선
④ 중성자선

해설

전자포획검출기(ECD, electron capture detector)

방사선 동위원소로부터 방출되는 β선이 운반기체를 전리하여 미소전류를 흘려보낼 때 시료 중의 할로겐이나 산소와 같이 전자포획력이 강한 화합물에 의하여 전자가 포착되어 전류가 감소하는 것을 이용하여 검출하는 검출기로 유기할로겐화합물, 니트로화합물 및 유기 금속화합물을 선택적으로 검출할 수 있다.

정답 ②

65 ★☆☆

불꽃원자흡수분광광도법 분석 절차 중 가장 먼저 수행되는 것은?

① 최적의 에너지 값을 얻도록 선택파장을 최적화한다.
② 버너헤드를 설치하고 위치를 조정한다.
③ 바탕시료를 주입하여 영점조정을 한다.
④ 공기와 아세틸렌을 공급하면서 불꽃을 발생시키고 최대감도를 얻도록 유량을 조절한다.

해설

불꽃원자흡수분광광도법 분석방법

1) 분석하고자 하는 원소의 속빈음극램프를 설치하고 프로그램 상에서 분석 파장을 선택한 후 슬릿 나비를 설정한다.
2) 기기를 가동하여 속빈음극램프에 전류가 흐르게 하고 에너지 레벨이 안정될 때까지 10~20분간 예열한다.
3) 최적 에너지 값을 얻도록 선택파장을 최적화한다.
4) 버너헤드를 설치하고 위치를 조정한다.
5) 공기와 아세틸렌을 공급하면서 불꽃을 발생시키고 최대 감도를 얻도록 유량을 조절한다.
6) 바탕시료를 주입하여 영점 조정을 하고, 시료 분석을 수행한다.

정답 ①

66 ★★☆

총대장균군 측정 시에 사용하는 배양기의 배양온도기준으로 옳은 것은?

① 20±1℃
② 25±0.5℃
③ 30±1℃
④ 35±0.5℃

해설

총대장균군은 그람음성·무아포성의 간균으로서 락토오스를 분해하여 기체 또는 산을 생성하는 모든 호기성 또는 통성 혐기성균을 말한다. 총대장균군 측정 시에 사용하는 배양기는 배양 온도를 (35±0.5)℃로 유지할 수 있는 것을 사용한다.

정답 ④

67 ★★★

수질오염공정시험기준 총칙에서 용어의 정의가 틀린 것은?

① 무게를 "정확히 단다"라 함은 규정된 수치의 무게를 0.1mg까지 다는 것을 말한다.
② 시험조작 중 "즉시"란 30초 이내에 표시된 조작을 하는 것을 뜻한다.
③ "바탕시험을 하여 보정한다"라 함은 시료를 사용하여 같은 방법으로 조작한 측정치를 보정하는 것을 말한다.
④ "정확히 취하여"라 하는 것은 규정한 양의 액체를 부피 피펫으로 눈금까지 취하는 것을 말한다.

해설

"바탕시험을 하여 보정한다"라 함은 시료에 대한 처리 및 측정을 할 때, 시료를 사용하지 않고 정제수를 이용하여 같은 방법으로 측정한 분석값을 시료의 분석값에서 빼는 것을 뜻한다. (2024년 12월 개정)

정답 ③

68 ★☆☆

시료 중 분석대상물의 농도가 낮거나 복잡한 매질 중에서 분석대상물만을 선택적으로 추출하여 분석하고자 할 때 사용되는 전처리방법으로 가장 적당한 것은?

① 마이크로파 산분해법
② 전기회화로법
③ 산분해법
④ 용매추출법

해설

용매추출법은 시료에 적당한 착화제를 첨가하여 시료 중의 금속류와 착화합물을 형성시킨 다음 형성된 착화합물을 유기용매로 추출하여 분석하는 방법이다.

관련이론

· 산분해법

시료에 산을 첨가하고 가열하여 시료 중의 유기물 및 방해물질을 제거하는 방법이다. 이 과정에서 시료 중의 유기물 및 방해물질은 산에 의해 분해되고 이들과 착화합물을 형성하고 있던 중금속류는 이온 상태로 시료 중에 존재하게 된다.

· 마이크로파 산분해법

전반적인 처리 절차 및 원리는 산분해법과 같으나 마이크로파를 이용해서 시료를 가열하는 것이 다르다. 마이크로파를 이용하여 시료를 가열할 경우 고온·고압 하에서 조작할 수 있어 전처리 효율이 좋아진다.

· 회화에 의한 분해

목적성분이 400℃ 이상에서 휘산되지 않고 쉽게 회화될 수 있는 시료에 적용된다. 시료 중에 염화암모늄, 염화마그네슘 등이 다량 함유된 경우에는 납, 철, 주석, 아연, 안티몬 등이 휘산되어 손실을 가져오므로 주의하여야 한다.

정답 ④

69 ★★☆

원자흡수분광광도법에 의한 크롬측정에 관한 설명으로 ( )에 맞는 것은?

> 공기 - 아세틸렌 불꽃에 주입하여 분석하며 정량한계는 ( )nm에서의 산처리법은 ( )mg/L, 용매추출법은 ( )mg/L이다.

① 357.9, 0.01, 0.001
② 357.9, 0.001, 0.01
③ 715.8, 0.01, 0.001
④ 715.8, 0.001, 0.01

해설

크롬 - 원자흡수분광광도법은 물속에 존재하는 크롬을 측정하는 방법으로, 시료를 산분해하거나 용매추출하여 시료를 직접 불꽃으로 주입하여 원자흡수분광광도계로 분석하는 방법이다.

크롬은 공기 - 아세틸렌 불꽃에 주입하여 분석하며 정량한계는 357.9 nm에서의 산처리법은 0.01mg/L, 용매추출법은 0.001mg/L이다.

정답 ①

70 ★☆☆

기기분석법에 관한 설명으로 틀린 것은?

① 유도결합플라스마(ICP)는 시료도입부, 고주파전원부, 광원부, 분광부, 연산처리부 및 기록부로 구성되어 있다.
② 원자흡수분광광도법은 시료중의 유해중금속 및 기타 원소의 분석에 적용한다.
③ 흡광광도법은 파장 200~900nm에서의 액체의 흡광도를 측정한다.
④ 기체크로마토그래피법의 검출기 중 열전도도검출기는 인 또는 유황화합물의 선택적 검출에 주로 사용된다.

해설

기체크로마토그래피법의 검출기 중 불꽃광도검출기(FPD)는 인 또는 유황화합물의 선택적 검출에 주로 사용된다.

정답 ④

71 ★★☆

하천수의 시료 채취 지점에 관한 내용으로 (　　)에 공통으로 들어갈 내용은?

> 하천의 단면에서 수심이 가장 깊은 수면의 지점과 그 지점을 중심으로 하여 좌우로 수면폭을 2등분한 각각의 지점의 수면으로부터 수심 (　　) 미만일 때에는 수심의 $\frac{1}{3}$에서 수심 (　　) 이상일 때에는 수심의 $\frac{1}{3}$ 및 $\frac{2}{3}$에서 각각 채수한다.

① 2m   ② 3m
③ 5m   ④ 6m

해설

하천의 단면에서 수심이 가장 깊은 수면의 지점과 그 지점을 중심으로 하여 좌우로 수면폭을 2등분한 각각의 지점의 수면으로부터 수심 2m 미만일 때에는 수심의 $\frac{1}{3}$에서, 수심이 2m 이상일 때에는 수심의 $\frac{1}{3}$ 및 $\frac{2}{3}$에서 각각 채수한다.

정답 ①

72 ★☆☆

자외선/가시선분광법을 이용하여 아연을 측정하는 원리로 (　　)에 옳은 내용은?

> 아연이온이 (　　)에서 진콘과 반응하여 생성하는 청색의 킬레이트 화합물의 흡광도를 620nm에서 측정하는 방법이다.

① pH 약 2   ② pH 약 4
③ pH 약 9   ④ pH 약 11

해설

자외선/가시선 분광법을 이용하여 물속에 존재하는 아연을 측정하기 위하여 아연이온이 pH 약 9에서 진콘[2-카르복시-2′-하이드록시(hydroxy)-5′ 술포르마질-벤젠·나트륨염]과 반응하여 생성하는 청색 킬레이트 화합물의 흡광도를 620nm에서 측정하는 방법이다.

정답 ③

73 ★★☆

분석물질의 농도변화에 대한 지시값을 나타내는 검정곡선 방법에 대한 설명으로 옳은 것은?

① 검정곡선법은 시료의 농도와 지시값과의 상관성을 검정곡선 식에 대입하여 작성하는 방법으로, 직선성이 유지되는 농도범위 내에서 제조농도 3~5개를 사용한다.

② 표준물첨가법은 시료와 동일한 매질에 일정량의 표준물질을 첨가하여 검정곡선을 작성하는 것으로, 시험분석 절차, 기기 또는 시스템의 변동으로 발생하는 오차를 보정하기 위해 사용한다.

③ 내부표준법은 표준용액과 시료에 동일한 양의 내부표준물질을 첨가하여 검정곡선을 작성하는 것으로, 매질효과가 큰 시험분석방법에서 분석 대상 시료와 동일한 매질의 시료를 확보하지 못한 경우에 매질효과를 보정하기 위해 사용한다.

④ 검정곡선의 검증은 방법검출한계의 2~5배 또는 검정곡선의 중간 농도에 해당하는 표준용액에 대한 측정값이 검정곡선 작성시의 지시값과 10% 이내에서 일치하여야 한다.

관련이론 | 검정곡선

• 검정곡선법: 시료의 농도와 지시값과의 상관성을 검정곡선 식에 대입하여 작성하는 방법이다.

• 표준물첨가법: 시료와 동일한 매질에 일정량의 표준물질을 첨가하여 검정곡선을 작성하는 것으로서, 매질효과가 큰 시험분석방법에서 분석 대상 시료와 동일한 매질의 표준시료를 확보하지 못한 경우에 매질효과를 보정하여 분석할 수 있는 방법이다.

• 내부표준법: 검정곡선 작성용 표준용액과 시료에 동일한 양의 내부표준물질을 첨가하여 시험분석 절차, 기기 또는 시스템의 변동으로 발생하는 오차를 보정하기 위해 사용하는 방법이다.

• 검정곡선의 검증: 방법검출한계의 5~50배 또는 검정곡선의 중간 농도에 해당하는 표준용액에 대한 측정값이 검정곡선 작성 시의 지시값과 10% 이내에서 일치하여야 한다.

정답 ①

74 ★★☆

막여과법에 의한 총대장균군 측정방법에 대한 설명으로 틀린 것은?

① 페트리접시에 배지를 올려놓은 다음 배양 후 금속성 광택을 띠는 적색이나 진한적색 계통의 집락을 계수하는 방법이다.

② 총대장균군은 그람음성, 무아포성의 간균으로서 락토오스를 분해하여 기체 또는 산을 생성하는 모든 호기성 또는 통성 혐기성균을 말한다.

③ 양성대조군은 E. Coli 표준균주를 사용하고 음성대조군은 멸균 희석액을 사용하도록 한다.

④ 고체배지는 에탄올(90%) 20mL를 포함한 정제수 1L에 배지를 정해진 고체배지 조성대로 넣고 완전히 녹을 때까지 저어주면서 끓인다. 이 때 고압증기멸균한다.

해설

고체배지는 에탄올(95%) 20mL를 포함한 정제수 1L에 배지를 고체배지 조성대로 넣고 pH(7.2±0.2)를 확인한 다음 완전히 녹을 때까지 저어주면서 끓인 후, 45~50℃까지 식힌 다음 5~7mL를 페트리접시에 부어 굳힌다. 이 때 고압증기멸균하지 않는다.

정답 ④

75 ★★☆

유기물 함량이 낮은 깨끗한 하천수나 호소수 등의 시료 전처리 방법으로 이용되는 것은?

① 질산에 의한 분해　　② 염산에 의한 분해
③ 황산에 의한 분해　　④ 아세트산에 의한 분해

해설

전처리 방법 중 질산법은 유기물 함량이 비교적 높지 않은 시료의 전처리에 사용한다.

정답 ①

76 ★★☆

환원제인 $FeSO_4$용액 25mL을 H_2SO_4 산성에서 0.1N－$K_2Cr_2O_7$으로 산화시키는 데 31.25mL 소비되었다. $FeSO_4$ 용액 200mL를 0.05N 용액으로 만들려고 할 때 가하는 물의 양(mL)은?

① 200　　　　② 300
③ 400　　　　④ 500

해설

$NV = N'V'$

$0.1N \times 31.25mL = xN \times 25mL$ 　　∴ $x = 0.125$

$0.125N \times 200mL = 0.05N \times XmL$ 　　∴ $X = 500$

따라서, 0.125N 농도 $FeSO_4$용액 200mL에 물 300mL를 주입하면 0.05N 농도 $FeSO_4$용액 500mL가 된다.

정답 ②

77 ★★☆

자외선/가시선 분광법을 적용한 페놀류 측정에 관한 내용으로 옳은 것은?

① 정량한계는 클로로폼 측정법일 때 0.025mg/L이다.

② 정량범위는 직접측정법일 때 0.025~0.05mg/L이다.

③ 증류한 시료에 염화암모늄 – 암모니아 완충용액을 넣어 pH 10으로 조절한다.

④ 4 – 아미노안티피린과 페리시안 칼륨을 넣어 생성된 청색의 안티피린계 색소의 흡광도를 측정하는 방법이다.

선지분석

페놀류(자외선/가시선 분광법)

① 정량한계는 클로로폼 추출법일 때 0.005mg/L이다.

② 정량한계는 직접측정법일 때 0.05mg/L이다.

④ 4 – 아미노안티피린과 헥사시안화철(Ⅱ)산칼륨을 넣어 생성된 붉은색의 안티피린계 색소의 흡광도를 측정하는 방법으로 수용액에서는 510nm, 클로로폼 용액에서는 460nm에서 측정한다.

정답 ③

2018년

78 ★☆☆

산화성물질이 함유된 시료나 착색된 시료에 적합하며 특히 윙클러-아자이드화나트륨변법에 사용할 수 없는 폐하수의 용존산소 측정에 유용하게 사용할 수 있는 측정법은?

① 이온크로마토그래피법 ② 기체크로마토그래피법
③ 알칼리비색법 ④ 전극법

관련이론 | 용존산소 – 전극법
• 물속에 존재하는 용존산소를 측정하기 위해서 시료 중의 용존산소가 격막을 통과하여 전극의 표면에서 산화·환원 반응을 일으키고 이때 산소의 농도에 비례하여 전류가 흐르게 되는데 이 전류량으로부터 용존 산소량을 측정하는 방법이다.
• 정량한계는 0.5mg/L이다.
• 산화성물질이 함유된 시료나 착색된 시료와 같이 윙클러-아자이드화나트륨변법을 적용할 수 없는 폐하수의 용존산소 측정에 유용하게 사용할 수 있다.

정답 ④

79 ★☆☆

유도결합플라스마 원자발광분광법에 의해 측정할 수 있는 항목이 아닌 것은?

① 6가 크롬 ② 비소
③ 불소 ④ 망간

해설
• 유도결합플라스마 – 원자발광분광법은 중금속을 분석하는 방법이며, 분석이 가능한 원소는 구리, 납, 니켈, 망간, 바륨, 비소, 아연, 안티몬, 주석, 철, 카드뮴, 크롬, 6가 크롬 등이다. 분석이 불가능한 중금속은 셀레늄과 수은이다.
• 불소 분석 수단: 자외선/가시선 분광법, 이온전극법, 이온크로마토그래피

정답 ③

80 ★★☆

원자흡수분광광도법에서 일어나는 간섭에 대한 설명으로 틀린 것은?

① 광학적 간섭: 분석하고자 하는 원소의 흡수파장과 비슷한 다른 원소의 파장이 서로 겹쳐 비이상적으로 높게 측정되는 경우
② 물리적 간섭: 표준용액과 시료 또는 시료와 시료 간의 물리적 성질(점도, 밀도, 표면장력 등)의 차이 또는 표준물질과 시료의 매질(matrix) 차이에 의해 발생
③ 화학적 간섭: 불꽃의 온도가 분자를 들뜬 상태로 만들기에 충분히 높지 않아서, 해당 파장을 흡수하지 못하여 발생
④ 이온화 간섭: 불꽃온도가 너무 낮을 경우 중성원자에서 전자를 빼앗아 이온이 생성될 수 있으며 이 경우 양(+)의 오차가 발생

해설
이온화 간섭은 불꽃온도가 너무 높을 경우 중성원자에서 전자를 빼앗아 이온이 생성될 수 있으며 이 경우 음(−)의 오차가 발생한다.

정답 ④

수질환경관계법규

81 ★☆☆

환경부령으로 정하는 폐수무방류배출시설의 설치가 가능한 특정수질유해물질이 아닌 것은?

① 디클로로메탄
② 구리 및 그 화합물
③ 카드뮴 및 그 화합물
④ 1, 1-디클로로에틸렌

해설

「시행규칙 제39조」

폐수무방류배출시설의 설치가 가능한 특정수질유해물질
- 구리 및 그 화합물
- 디클로로메탄
- 1, 1-디클로로에틸렌

정답 ③

82 ★★★

물환경보전법상 폐수에 대한 정의로 (   )에 맞는 것은?

"폐수"란 물에 (   )의 수질오염물질이 섞여 있어 그대로는 사용할 수 없는 물을 말한다.

① 액체성 또는 고체성
② 기체성, 액체성 또는 고체성
③ 기체성 또는 가연성
④ 고체성

해설

「법 제2조」
"폐수"란 물에 액체성 또는 고체성의 수질오염물질이 섞여 있어 그대로는 사용할 수 없는 물을 말한다.

정답 ①

83 ★★★

수질오염방지시설 중 물리적 처리시설에 해당되지 않는 것은?

① 혼합시설
② 흡착시설
③ 응집시설
④ 유수분리시설

해설

「시행규칙 별표 5」

물리적 처리시설	스크린, 분쇄기, 침사시설, 유수분리시설, 유량조정시설(집수조), 혼합시설, 응집시설, 침전시설, 부상시설, 여과시설, 탈수시설, 건조시설, 증류시설, 농축시설
화학적 처리시설	화학적 침강시설, 중화시설, 흡착시설, 살균시설, 이온교환시설, 소각시설, 산화시설, 환원시설, 침전물 개량시설
생물화학적 처리시설	살수여과상, 폭기시설, 산화시설(산화조 또는 산화지), 혐기성·호기성 소화시설, 접촉조, 안정조, 돈사톱밥발효시설

정답 ②

84 ★☆☆

할당오염부하량 등을 초과하여 배출한 자로부터 부과·징수하는 오염총량 초과과징금 산정방법으로 (   )에 들어갈 내용은?

오염총량 초과과징금=초과배출이익×(   )-감액 대상 과징금

① 초과율별 부과계수
② 초과율별 부과계수×지역별 부과계수
③ 지역별 부과계수×위반횟수별 부과계수
④ 초과율별 부과계수×지역별 부과계수×위반횟수별 부과계수

해설

「시행령 별표 1」

오염총량 초과과징금의 산정방법

오염총량 초과과징금=초과배출이익×초과율별 부과계수×지역별 부과겨수×위반횟수별 부과계수-감액 대상 과징금

정답 ④

85 ★★★

공공폐수처리시설의 유지·관리기준에 따라 처리시설의 관리·운영자가 실시하여야 하는 방류수 수질검사의 횟수 기준은? (단, 시설의 규모는 1,500m³/day, 처리시설의 적정 운영을 확인하기 위한 검사이다.)

① 2월 1회 이상　　　② 월 1회 이상
③ 월 2회 이상　　　④ 주 1회 이상

해설

「시행규칙 별표 15」
처리시설의 관리·운영자는 방류수 수질검사를 다음과 같이 실시하여야 한다.
· 처리시설의 적정 운영 여부를 확인하기 위하여 방류수 수질검사를 월 2회 이상 실시하되, 1일당 2천 세제곱미터 이상인 시설은 주 1회 이상 실시하여야 한다. 다만, 생태독성(TU)검사는 월 1회 이상 실시하여야 한다.
· 방류수의 수질이 현저하게 악화되었다고 인정되는 경우에는 수시로 방류수 수질검사를 하여야 한다.

정답　③

86 ★★☆

폐수처리방법이 물리적 또는 화학적 처리방법인 경우 적정 시운전 기간은?

① 가동가동개시일부터 70일
② 가동시작일부터 50일
③ 가동시작일부터 30일
④ 가동시작일부터 15일

해설

「시행규칙 제47조」
시운전 기간
· 폐수처리방법이 생물화학적 처리방법인 경우: 가동시작일부터 50일 (가동개시일이 11월 1일부터 다음 연도 1월 31일까지에 해당하는 경우: 가동시작일부터 70일)
· 폐수처리방법이 물리적 또는 화학적 처리방법인 경우: 가동시작일부터 30일

정답　③

87 ★★★

수질오염방지시설 중 생물화학적 처리시설이 아닌 것은?

① 접촉조　　　② 살균시설
③ 돈사톱밥발효시설　　　④ 폭기시설

해설

「시행규칙 별표 5」
살균시설은 화학적 처리시설에 해당한다.

정답　②

88 ★★☆

환경정책기본법에 따른 환경기준에서 하천의 생활환경기준에 포함되지 않는 검사항목은?

① TP　　　② TN
③ DO　　　④ TOC

해설

「환경정책기본법 시행령 별표 1」
환경기준에서 하천의 생활환경기준에 포함되는 검사항목
① pH, ② BOD, ③ TOC, ④ SS, ⑤ DO, ⑥ T−P
⑦ 총대장균군, ⑧ 분원성 대장균군

정답　②

89 ★☆☆

공공폐수처리시설의 유지·관리기준에 관한 내용으로 (　　)에 맞는 것은?

> 처리시설의 가동시간, 폐수방류량, 약품투입량, 관리·운영자, 그 밖에 처리시설의 운영에 관한 주요사항을 사실대로 매일 기록하고 이를 최종기록한 날부터 (　　) 보존하여야 한다.

① 1년간　　　② 2년간
③ 3년간　　　④ 5년간

해설

「시행규칙 별표 15」
처리시설의 가동시간, 폐수방류량, 약품투입량, 관리·운영자, 그 밖에 처리시설의 운영에 관한 주요사항을 사실대로 매일 기록하고 이를 최종기록한 날부터 1년간 보존하여야 한다.

정답　①

90

★☆☆

폐수배출시설을 설치하려고 할 때 수질오염물질의 배출허용기준을 적용받지 않는 시설은?

① 폐수무방류배출시설
② 일 50톤 미만의 폐수처리시설
③ 일 10톤 미만의 폐수처리시설
④ 공공폐수처리시설로 유입되는 폐수처리시설

해설

「법 제32조」
폐수배출시설을 설치하려고 할 때 수질오염물질의 배출허용기준을 적용받지 않는 시설은 폐수무방류배출시설이다.

정답 ①

91

★★☆

초과부과금 산정기준에서 수질오염물질 1킬로그램당 부과금액이 가장 적은 것은?

① 카드뮴 및 그 화합물
② 수은 및 그 화합물
③ 유기인 화합물
④ 비소 및 그 화합물

해설

「시행령 별표 14」
수질오염물질 1킬로그램당 부과금액
• 카드뮴 및 그 화합물 (500,000원)
• 수은 및 그 화합물 (1,250,000원)
• 유기인화합물 (150,000원)
• 비소 및 그 화합물 (100,000원)

정답 ④

92

★☆☆

거짓이나 그 밖의 부정한 방법으로 폐수배출시설 설치허가를 받았을 때의 행정처분 기준은?

① 개선명령
② 허가취소 또는 폐쇄명령
③ 조업정지 5일
④ 조업정지 30일

해설

「법 제42조」
「시행규칙 별표 22」
거짓이나 그 밖의 부정한 방법으로 허가 · 변경허가를 받았거나 신고 · 변경신고를 한 경우 배출시설의 허가취소 또는 폐쇄명령을 명한다.

정답 ②

93

★★☆

특정수질유해물질이 아닌 것은?

① 구리 및 그 화합물
② 셀레늄 및 그 화합물
③ 플루오르 화합물
④ 테트라클로로에틸렌

해설

「법 제2조제8호」
「시행규칙 제4조」 및 「별표 3」
"특정수질유해물질"이란 사람의 건강, 재산이나 동식물의 생육(生育)에 직접 또는 간접으로 위해(危害)를 줄 우려가 있는 수질오염물질로서 다음의 물질을 말한다.

1. 구리와 그 화합물	18. 클로로포름
2. 납과 그 화합물	19. 1, 4-다이옥산
3. 비소와 그 화합물	20. 디에틸헥실프탈레이트(DEHP)
4. 수은과 그 화합물	21. 염화비닐
5. 시안화합물	22. 아크릴로니트릴
6. 유기인 화합물	23. 브로모포름
7. 6가크롬 화합물	24. 아크릴아미드
8. 카드뮴과 그 화합물	25. 나프탈렌
9. 테트라클로로에틸렌	26. 폼알데하이드
10. 트리클로로에틸렌	27. 에피클로로하이드린
11. 폴리클로리네이티드바이페닐	28. 페놀
12. 셀레늄과 그 화합물	29. 펜타클로로페놀
13. 벤젠	30. 스티렌
14. 사염화탄소	31. 비스 (2-에틸헥실)아디페이트
15. 디클로로메탄	32. 안티몬
16. 1, 1-디클로로에틸렌	
17. 1, 2-디클로로에탄	

정답 ③

94 ★★☆

규정에 의한 관계공무원의 출입·검사를 거부·방해 또는 기피한 폐수무방류배출시설을 설치·운영하는 사업자에게 처하는 벌칙 기준은?

① 3년 이하의 징역 또는 3천만원 이하의 벌금

② 2년 이하의 징역 또는 2천만원 이하의 벌금

③ 1년 이하의 징역 또는 1천만원 이하의 벌금

④ 500만원 이하의 벌금

해설

「법 제78조」

관계 공무원의 출입·검사를 거부·방해 또는 기피한 폐수무방류배출시설을 설치·운영하는 사업자는 1년 이하의 징역 또는 1천만원 이하의 벌금에 처한다.

정답 ③

95 ★★☆

국립환경과학원장이 설치할 수 있는 측정망이 아닌 것은?

① 도심하천 측정망 　② 공공수역 유해물질 측정망

③ 퇴적물 측정망 　④ 생물 측정망

해설

「시행규칙 제22조」

국립환경과학원장, 유역환경청장, 지방환경청장이 설치할 수 있는 측정망

• 비점오염원에서 배출되는 비점오염물질 측정망

• 수질오염물질의 총량관리를 위한 측정망

• 대규모 오염원의 하류지점 측정망

• 수질오염경보를 위한 측정망

• 대권역·중권역을 관리하기 위한 측정망

• 공공수역 유해물질 측정망

• 퇴적물 측정망

• 생물 측정망

• 그 밖에 국립환경과학원장, 유역환경청장 또는 지방환경청장이 필요하다고 인정하여 설치·운영하는 측정망

정답 ①

96 ★★☆

비점오염저감시설 중 자연형 시설인 인공습지 설치기준으로 틀린 것은?

① 인공습지의 유입구에서 유출구까지의 유로는 최대한 길게 하고 길이 대 폭의 비율은 2 : 1 이상으로 한다.

② 유입부에서 유출부까지의 경사는 0.5% 이상 1.0% 이하의 범위를 초과하지 아니하도록 한다.

③ 침전물로 인하여 토양의 공극이 막히지 아니하는 구조로 설계한다.

④ 생물의 서식 공간을 창출하기 위하여 5종부터 7종까지의 다양한 식물을 심어 생물다양성을 증가시킨다.

해설

「시행규칙 별표 17」

인공습지 설치기준

• 인공습지의 유입구에서 유출구까지의 유로는 최대한 길게 하고, 길이 대 폭의 비율은 2 : 1 이상으로 한다.

• 다양한 생태환경을 조성하기 위하여 인공습지 전체 면적 중 50퍼센트는 얕은 습지(0~0.3미터), 30퍼센트는 깊은 습지(0.3~1.0미터), 20퍼센트는 깊은 못(1~2미터)으로 구성한다.

• 유입부에서 유출부까지의 경사는 0.5퍼센트 이상 1.0퍼센트 이하의 범위를 초과하지 아니하도록 한다.

• 물이 습지의 표면 전체에 분포할 수 있도록 적당한 수심을 유지하고, 물 이동이 원활하도록 습지의 형상 등을 설계하며, 유량과 수위를 정기적으로 점검한다.

• 습지는 생태계의 상호작용 및 먹이사슬로 수질정화가 촉진되도록 정수식물, 침수식물, 부엽식물 등 수생식물과 조류, 박테리아 등의 미생물, 소형 어패류 등의 수중생태계를 조성하여야 한다.

• 습지에는 물이 연중 항상 있을 수 있도록 유량공급대책을 마련하여야 한다.

• 생물의 서식 공간을 창출하기 위하여 5종부터 7종까지의 다양한 식물을 심어 생물다양성을 증가시킨다.

• 부유성 물질이 습지에서 최종 방류되기 전에 하류수역으로 유출되지 아니하도록 출구 부분에 자갈쇄석, 여과망 등을 설치한다.

정답 ③

97 ★★★

사업장별 환경기술인의 자격기준 중 제2종 사업장에 해당하는 환경기술인의 기준은?

① 수질환경기사 1명 이상
② 수질환경산업기사 1명 이상
③ 환경기능사 1명 이상
④ 2년 이상 수질분야에 근무한 자 1명 이상

해설

「시행령 별표 17」

사업장별 환경기술인의 자격기준

구분	환경기술인
제1종 사업장	수질환경기사 1명 이상
제2종 사업장	수질환경산업기사 1명 이상
제3종 사업장	수질환경산업기사, 환경기능사 또는 3년 이상 수질분야 환경 관련 업무에 직접 종사한 자 1명 이상
제4종 사업장·제5종 사업장	배출시설 설치허가를 받거나 배출시설 설치신고가 수리된 사업자 또는 배출시설 설치허가를 받거나 배출시설 설치신고가 수리된 사업자가 그 사업장의 배출시설 및 방지시설업무에 종사하는 피고용인 중에서 임명하는 자 1명 이상

정답 ②

98 ★☆☆

수질오염경보 중 수질오염감시경보 대상 항목이 아닌 것은?

① 용존산소　② 전기전도도
③ 부유물질　④ 총유기탄소

해설

「시행령 별표 2」

수질오염경보 중 수질오염감시경보 대상 항목

수소이온농도, 용존산소, 총질소, 총인, 전기전도도, 총유기탄소량, 휘발성유기화합물, 페놀, 중금속(구리, 납, 아연, 카드뮴 등), 클로로필-a, 생물감시

정답 ③

99 ★★☆

정당한 사유 없이 공공수역에 분뇨, 가축분뇨, 동물의 사체, 폐기물(지정폐기물 제외) 또는 오니를 버리는 행위를 하여서는 아니 된다. 이를 위반한 분뇨·가축분뇨 등을 버린 자에 대한 벌칙 기준은?

① 6월 이하의 징역 또는 5백만원 이하의 벌금
② 1년 이하의 징역 또는 1천만원 이하의 벌금
③ 2년 이하의 징역 또는 2천만원 이하의 벌금
④ 3년 이하의 징역 또는 3천만원 이하의 벌금

해설

「법 제78조」

공공수역에 분뇨·가축분뇨 등을 버린 자는 1년 이하의 징역 또는 1천만원 이하의 벌금에 처한다.

정답 ②

100 ★★☆

폐수배출시설외에 수질오염물질을 배출하는 시설 또는 장소로서 환경부령이 정하는 것(기타수질오염원)의 대상시설과 규모기준에 관한 내용으로 틀린 것은?

① 자동차폐차장시설: 면적 1,000m² 이상
② 육상수조식양식업시설: 수조면적 합계 500m² 이상
③ 골프장: 면적 3만m² 이상
④ 무인자동식 현상, 인화, 정착시설: 1대 이상

해설

「시행규칙 별표 1」

자동차 폐차장시설: 면적 1,500m² 이상

정답 ①

수질오염개론

01 ★★☆

유기화합물에 대한 설명으로 옳지 않은 것은?

① 유기화합물들은 일반적으로 녹는점과 끓는점이 낮다.
② 유기화합물들은 하나의 분자식에 대하여 여러 종류의 화합물이 존재할 수 있다.
③ 유기화합물들은 대체로 이온반응보다는 분자반응을 하므로 반응속도가 빠르다.
④ 대부분의 유기화합물은 박테리아의 먹이가 될 수 있다.

해설

유기화합물들은 대체로 이온반응보다는 분자반응을 하므로 반응속도가 느리다.

정답 ③

02 ★★☆

직경 3mm인 모세관의 표면장력이 0.0037kg$_f$/m이라면 물기둥의 상승높이(cm)는? $\left(단,\ h=\dfrac{4T\cos\beta}{wd},\ 접촉각\ \beta=5°\right)$

① 0.26
② 0.38
③ 0.49
④ 0.57

해설

$$h=\frac{4T\cos\beta}{wd}$$

- T : 표면장력[g$_f$/cm]
- β : 접촉각
- w : 비중량(=1g$_f$/cm^3)
- d : 직경[cm]

$$\therefore h=\frac{4\times\dfrac{0.0037kg_f}{m}\times\dfrac{m^3}{1,000kg_f}\times\cos5°}{3mm\times\dfrac{1cm}{10mm}}$$

$$=0.49cm$$

정답 ③

03 ★☆☆

도시에서 DO 0mg/L, BOD$_u$ 200mg/L, 유량 1.0m^3/sec, 온도 20℃의 하수를 유량 6m^3/sec인 하천에 방류하고자 한다. 방류지점에서 몇 km 하류에서 DO 농도가 가장 낮아지겠는가? (단, 하천의 온도 20℃, BOD$_u$ 1mg/L, DO 9.2mg/L, 방류 후 혼합된 유량의 유속 3.6km/hr이며, 혼합수의 k_1=0.1/day, k_2=0.2/day, 20℃에서 산소포화농도는 9.2mg/L이다. 상용대수 기준)

① 약 243
② 약 258
③ 약 273
④ 약 292

해설

$L=V(유속)\times t_c(임계점\ 도달시간)$

- $V=3.6$km/hr
- $t_c=\dfrac{1}{k_1(f-1)}\log\left[f\left\{1-(f-1)\dfrac{D_o}{L_o}\right\}\right]$
- $f=자정계수=\dfrac{k_2}{k_1}=\dfrac{0.2/\text{day}}{0.1/\text{day}}=2$
- $D_o=초기산소부족량$
  $=D_s-D_m=9.2-7.89=1.31$mg/L
- $D_m=\dfrac{(1.0\times0)+(6.0\times9.2)}{1.0+6.0}=7.89$mg/L
- $L_o=\dfrac{(1.0\times200)+(6\times1)}{1+6}=29.43$mg/L
- $\therefore t_c=\dfrac{1}{0.1\times(2-1)}\log\left[2\left\{1-(2-1)\dfrac{1.31}{29.43}\right\}\right]$
  $=2.81$day
- $\therefore L=V\times t_c=\dfrac{3.6\text{km}}{\text{hr}}\left|\dfrac{2.81\text{day}}{}\right|\dfrac{24\text{hr}}{1\text{day}}$
  $=242.78≒243$km

정답 ①

04 ★☆☆

산화 – 환원에 대한 설명으로 알맞지 않은 것은?

① 산화는 전자를 받아들이는 현상을 말하며, 환원은 전자를 잃는 현상을 말한다.

② 이온 원자나 공유원자가에 (＋)나 (－)부호를 붙인 것을 산화수라 한다.

③ 산화는 산화수의 증가를 말하며, 환원은 산화수의 감소를 말한다.

④ 산화는 수소화합물에서 수소를 잃는 현상이며 환원은 수소와 화합하는 현상을 말한다.

해설

산화는 전자를 잃는 현상을 말하며, 환원은 전자를 받아들이는 현상을 말한다.

관련이론 | 산화 – 환원의 정의

	산소	수소	전자	산화수 (산화상태)
산화	얻음	잃음	잃음	증가
환원	잃음	얻음	얻음	감소

정답 ①

05 ★★★

해수의 특성으로 틀린 것은?

① 해수는 HCO_3^-를 포화시킨 상태로 되어 있다.

② 해수의 밀도는 염분비 일정법칙에 따라 항상 균일하게 유지된다.

③ 해수 내 전체 질소 중 약 35% 정도는 암모니아성 질소와 유기질소의 형태이다.

④ 해수의 Mg/Ca 비는 3~4 정도로 담수에 비하여 크다.

해설

해수의 밀도는 수온, 염분, 수압의 함수이며, 수심이 깊을수록 증가한다.

정답 ②

06 ★★☆

배양기의 제한기질농도(S)가 100mg/L, 세포최대비증식계수(μ_{max})가 0.35hr⁻¹일 때 Monod식에 의한 세포의 비증식계수(μ, hr⁻¹)는? (단, 제한기질 반포화농도(K_s)=30mg/L)

① 약 0.27 ② 약 0.34
③ 약 0.42 ④ 약 0.54

해설

$$\mu = \mu_{max} \times \frac{S}{K_s + S}$$
$$= 0.35 \text{hr}^{-1} \times \frac{100}{30+100} = 0.269 \fallingdotseq 0.27 \text{hr}^{-1}$$

정답 ①

07 ★☆☆

유리산소가 존재하는 상태에서 발육하기 어려운 미생물로 가장 알맞은 것은?

① 호기성 미생물 ② 통성혐기성 미생물
③ 편성혐기성 미생물 ④ 미호기성 미생물

해설

편성혐기성 미생물은 유리산소가 존재하는 상태 아래서는 발육하기 어려운 미생물로 파상풍균이 대표적이다.

정답 ③

08 ★★☆

자체의 염분농도가 평균 20mg/L인 폐수에 시간당 4kg의 소금을 첨가시킨 후 하류에서 측정한 염분의 농도가 55mg/L이었을 때 유량(m³/sec)은?

① 0.0317 ② 0.317
③ 0.0634 ④ 0.634

해설

$$C_m = \frac{C_1 Q_1 + C_2 Q_2}{Q_1 + Q_2}$$

$$55mg/L = \frac{20mg/L \times Q_1 + 4kg/hr}{Q_1 + 0}$$

$$55mg/L \times Q_1 = 20mg/L \times Q_1 + 4kg/hr$$

$$35mg/L \times Q_1 = 4kg/hr$$

$$\therefore Q_1[m^3/sec] = \frac{4kg}{hr} \left| \frac{L}{35mg} \right| \frac{10^6 mg}{1kg} \left| \frac{1m^3}{10^3 L} \right| \frac{1hr}{3,600sec}$$
$$= 0.0317 m^3/sec$$

정답 ①

09 ★★★

방사성 물질인 스트론튬(Sr^{90})의 반감기가 29년이라면 주어진 양의 스트론튬(Sr^{90})이 99% 감소하는 데 걸리는 시간(년)은?

① 143 ② 193
③ 233 ④ 273

해설

1차반응식을 이용한다.

$$\ln \frac{C_t}{C_o} = -k \cdot t$$

- C_t: 처리 후 농도[mg/L]
- C_o: 초기 농도[mg/L]
- k: 반응속도상수[year^{-1}]
- t: 반응시간[year]

- $t = 29$년일 때, $C_o = 100$, $C_t = 50$이므로 반응속도상수 k와의 관계식

$$\ln \frac{50}{100} = -k \cdot 29year$$

$$\therefore k = 0.0239 year^{-1}$$

- 99% 감소하는 데 걸리는 시간

$$\therefore t = \frac{\ln(C_t/C_o)}{-k} = \frac{\ln(1/100)}{-0.0239}$$
$$= 192.68 ≒ 193년$$

정답 ②

10 ★☆☆

우리나라 호수들의 형태에 따른 분류와 그 특성을 나타낸 것으로 가장 거리가 먼 것은?

① 하천형: 긴 체류시간
② 가지형: 복잡한 연안구조
③ 가지형: 호수 내 만의 발달
④ 하구형: 높은 오염부하량

해설

하천형은 수심이 얕고 유입·유출량이 저수량에 비해 상대적으로 크므로 수온이나 용존산소의 수직분포가 거의 일정하여 성층의 발달이 미약하다. 짧은 체류시간으로 인해 유역의 강우와 오염물질 부하에 직접적인 영향을 받는다.

관련이론 | 호수 종류에 따른 특징

호수 종류	특징	종류
하천형	• 수질은 수평적으로 균일하다. • 체류시간이 짧다. • 호수 연안이 비교적 단순하다.	춘천호, 의암호, 청평호, 팔당호
가지형	• 체류시간이 길다. • 호수 내 만의 발달 • 수질은 호수 길이에 따라 차이가 있다. • 연안구조가 복잡하다.	소양호, 충주호, 합천호, 안동호, 대청호
저수지형	• 수심이 낮다. • 체류시간이 짧다. • 저수량이 적다.	장성호, 광주호, 호암호, 회동호, 대가미호
하구형	• 하구에 위치하여 오염 부하량이 높다. • 수질은 호수 길이에 따라 차이가 있다.	영산강 하구, 낙동강 하구

정답 ①

11 ★★☆

일반적으로 처리조 설계에 있어서 수리모형으로 plug flow 형과 완전혼합형이 있다. 다음의 혼합 정도를 나타내는 표시항 중 이상적인 plug flow형일 때 얻어지는 값은?

① 분산수: 0
② 통계학적 분산: 1
③ Morrill 지수: 1보다 크다.
④ 지체시간: 0

해설

혼합의 흐름 정도 표시

혼합 정도의 표시	PFR	CFSTR(CMFR)
분산	0	1
분산수	0	∞
Morrill 지수	1	클수록
지체시간	이론적 체류시간과 동일	0

정답 ①

12 ★☆☆

수산화칼슘($Ca(OH)_2$)은 중탄산칼슘($Ca(HCO_3)_2$)과 반응하여 탄산칼슘($CaCO_3$)의 침전을 형성한다고 할 때 10g의 $Ca(OH)_2$에 대하여 몇 g의 $CaCO_3$가 생성되는가? (단, 원자량 Ca: 40)

① 37
② 27
③ 17
④ 7

해설

$$\underline{Ca(OH)_2} + Ca(HCO_3)_2 \rightarrow \underline{2CaCO_3} + 2H_2O$$
$$\;\;74g \qquad\qquad\qquad\quad 2 \times 100g$$

비례식으로 정리하면,

$74g : 2 \times 100g = 10g : X(g)$

$\therefore X(=CaCO_3) = 27.03 ≒ 27g$

정답 ②

13 ★☆☆

수온이 20℃인 저수지의 용존산소 농도가 12.4mg/L이었을 때 저수지의 상태를 가장 적절하게 평가한 것은?

① 물이 깨끗하다.
② 대기로부터의 산소 재폭기가 활발히 일어나고 있다.
③ 조류가 많이 번성하고 있다.
④ 수생동물이 많다.

해설

일반적으로 20℃에서 물의 포화용존산소량은 약 9.17mg/L 정도인데 현재 용존산소량이 12.4mg/L이므로 조류(Algae)의 광합성에 의한 산소의 공급이 이뤄졌을 가능성이 높다.

정답 ③

14 ★☆☆

호소의 부영양화를 방지하기 위해서 호소로 유입되는 영양염류의 저감과 성장조류를 제거하는 수면관리 대책을 동시에 수립하여야 하는데, 유입저감 대책으로 바르지 않은 것은?

① 배출허용기준의 강화
② 약품에 의한 영양염류의 침전 및 황산동 살포
③ 하·폐수의 고도처리
④ 수변구역의 설정 및 유입배수의 우회

해설

약품에 의한 영양염류의 침전 및 황산동 살포는 유입저감 대책이 아니라 수면관리 대책에 해당한다.

정답 ②

2018년

15 ★☆☆

생물학적 질화 중 아질산화에 관한 설명으로 옳지 않은 것은?

① 반응속도가 매우 빠르다.
② 관련 미생물은 독립영양성 세균이다.
③ 에너지원은 화학에너지이다.
④ 산소가 필요하다.

해설
생물학적 질화 중 아질산화는 독성이 가장 강하고, 반응속도가 매우 느리다. 이에 비해 아질산이 질산으로 변화하는 과정은 반응속도가 빠르다.

정답 ①

16 ★☆☆

일반적으로 적용되는 부영양화모델의 방정식 $\frac{\partial x}{\partial t} = f(x, u,$
$a, p)$의 설명으로 틀린 것은?

① a: 호수생태계의 특색을 나타내는 상수 vector
② f: 유입, 유출, 호수 내에서의 이류, 확산 등 상태 변수의 변화속도
③ p: 수량부하, 일사량 등에 관련되는 입력함수
④ x: 호수 및 저니 속의 어떤 지점에서의 물리적, 화학적, 생물학적인 상태량

해설
• p: 확률적인 요인
• u: 입력함수(수량부하, 일사량, 풍력에너지의 대응)

정답 ③

17 ★☆☆

미생물에 의한 산화 · 환원 반응에 있어 전자수용체에 속하지 않는 것은?

① O_2 ② CO_2
③ NH_3 ④ 유기물

해설
NH_3는 전자공여체이다.

정답 ③

18 ★★☆

바다에서 발생되는 적조현상에 관한 설명과 가장 거리가 먼 것은?

① 적조조류의 독소에 의한 어패류의 피해가 발생한다.
② 해수 중 용존산소의 결핍에 의한 어패류의 피해가 발생한다.
③ 갈수기 해수 내 염소량이 높아질 때 발생된다.
④ 플랑크톤의 번식에 충분한 광량과 영양염류가 공급될 때 발생된다.

해설
적조현상은 강우에 따른 하천수의 유입으로 염분량이 낮아지고, 영양염이 높아질 때 발생한다.

정답 ③

19 ★★★

물의 특성을 설명한 것으로 적절치 못한 것은?

① 상온에서 알칼리금속, 알칼리토금속, 철과 반응하여 수소를 발생시킨다.
② 표면장력은 불순물농도가 낮을수록 감소한다.
③ 표면장력은 수온이 증가하면 감소한다.
④ 점도는 수온과 불순물의 농도에 따라 달라지는데 수온이 증가할수록 점도는 낮아진다.

해설
표면장력은 불순물의 농도가 높을수록 감소한다.

정답 ②

20 ★★★

시료의 BOD_5가 200mg/L이고 탈산소계수값이 0.15day^{-1}일 때 최종 BOD(mg/L)는?

① 약 213   ② 약 223
③ 약 233   ④ 약 243

해설
$BOD_5 = BOD_u(1 - 10^{-k_1 t})$
$200 = BOD_u(1 - 10^{-0.15 \times 5})$
$\therefore BOD_u = 243.26 ≒ 243mg/L$

정답 ④

상하수도계획

21 ★★★

배수지의 고수위와 저수위와의 수위차, 즉 배수지의 유효수심의 표준으로 적절한 것은?

① 1~2m ② 2~4m
③ 3~6m ④ 5~8m

해설

배수지의 유효수심은 배수관의 동수압이 적절하게 유지될 수 있도록 3~6m 정도를 표준으로 한다.

정답 ③

22 ★★☆

오수관로의 유속 범위로 알맞는 것은? (단, 계획시간 최대오수량 기준)

① 최소 0.2m/sec, 최대 2.0m/sec
② 최소 0.3m/sec, 최대 2.0m/sec
③ 최소 0.6m/sec, 최대 3.0m/sec
④ 최소 0.8m/sec, 최대 3.0m/sec

해설

오수관로는 계획시간 최대오수량에 대해 유속은 최소 0.6m/sec, 최대 3.0m/sec로 한다.

정답 ③

23 ★★★

정수시설 중 응집을 위한 시설인 플록형성지의 플록형성시간은 계획정수량에 대하여 몇 분을 표준으로 하는가?

① 0.5~1분 ② 1~3분
③ 5~10분 ④ 20~40분

해설

플록형성시간은 원칙적으로 계획정수량에 대하여 20~40분간을 표준으로 한다.

정답 ④

24 ★☆☆

응집 시설 중 완속교반시설에 관한 설명으로 틀린 것은?

① 완속교반기는 패들형과 터빈형이 사용된다.
② 완속교반 시 속도경사는 40~100초$^{-1}$정도로 낮게 유지한다.
③ 조의 형태는 폭 : 길이 : 깊이＝1 : 1 : 1~1.2가 적당하다.
④ 체류시간은 5~10분이 적당하고 3~4개의 실로 분리하는 것이 좋다.

해설

체류시간은 통상 20~30분이 적당하며, 조는 3~4개의 실로 분리하는 것이 좋다.

정답 ④

25 ★★☆

비교회전도가 700~1,200인 경우에 사용되는 하수도용 펌프 형식으로 옳은 것은?

① 터빈펌프 ② 볼류트펌프
③ 축류펌프 ④ 사류펌프

해설

펌프의 형식과 비교회전도(N_s)의 관계

형식	N_s
터빈펌프	100~250
사류펌프	700~1,200
축류펌프	1,100~2,000

정답 ④

2018년

26 ★☆☆

하수관로의 유속과 경사는 하류로 갈수록 어떻게 되도록 설계하여야 하는가?

① 유속: 증가, 경사: 감소 ② 유속: 증가, 경사: 증가
③ 유속: 감소, 경사: 증가 ④ 유속: 감소, 경사: 감소

해설

하수 중의 오물이 차례로 관로에 침전되는 것을 막기 위하여 하류방향으로 내려감에 따라 유속을 점차 증가하도록 해야 하며, 경사는 하류로 갈수록 감소시켜야 한다.

정답 ①

27 ★★★

원형 원심력 철근콘크리트관에 만수된 상태로 송수된다고 할 때 Manning 공식에 의한 유속(m/sec)은? (단, 조도계수=0.013, 동수경사=0.002, 관지름 D=250mm)

① 0.24 ② 0.54
③ 0.72 ④ 1.03

해설

Manning 공식을 이용한다.

$$V = \frac{1}{n} \cdot R^{\frac{2}{3}} \cdot I^{\frac{1}{2}}$$

· V: 평균유속[m/sec]
· n: 조도계수
· R: 경심($=D/4$)[m]
· I: 동수경사

여기서,

$n = 0.013$

$R = \dfrac{D}{4} = \dfrac{0.25\text{m}}{4} = 0.0625\text{m}$

$I = 0.002$

$$\therefore V = \frac{1}{0.013} \times (0.0625)^{\frac{2}{3}} \times (0.002)^{\frac{1}{2}}$$

$$= 0.54\text{m/sec}$$

정답 ②

28 ★★☆

취수탑의 위치에 관한 내용으로 (   )에 옳은 것은?

> 연간을 통하여 최소수심이 (   ) 이상으로 하천에 설치하는 경우에는 유심이 제방에 되도록 근접한 지점으로 한다.

① 1m ② 2m
③ 3m ④ 4m

해설

연간을 통하여 최소수심이 2m 이상으로 하천에 설치하는 경우에는 유심이 제방에 되도록 근접한 지점으로 한다.

정답 ②

29 ★☆☆

상향류식 경사판 침전지의 표준 설계요소에 관한 설명으로 잘못된 것은?

① 표면부하율은 4~9mm/min로 한다.
② 침강장치는 1단으로 한다.
③ 경사각은 55~60°로 한다.
④ 침전지 내의 평균상승유속은 250mm/min 이하로 한다.

해설

상향류식 경사판을 설치하는 경우 표면부하율은 12~28mm/min로 한다.

정답 ①

30 ★★☆

지하수(복류수포함)의 취수시설 중 집수매거에 관한 설명으로 옳지 않은 것은?

① 복류수의 유황이 좋으면 안정된 취수가 가능하다.
② 하천의 대소에 영향을 받으며 주로 소하천에 이용된다.
③ 침투된 물을 취수하므로 토사유입은 거의 없고 대개는 수질이 좋다.
④ 하천바닥의 변동이나 강바닥의 저하가 큰 지점은 노출될 우려가 크므로 적당하지 않다.

해설

지하수 취수시설 중 집수매거는 하천의 대소에 관계없이 이용된다.

정답 ②

31 ★☆☆

저수댐의 위치에 관한 설명으로 틀린 것은?

① 댐 지점 및 저수지의 지질이 양호하여야 한다.

② 가장 작은 댐의 크기로서 필요한 양의 물을 저수할 수 있어야 한다.

③ 유역면적이 작고 수원보호상 유리한 지형이어야 한다.

④ 저수지용지 내에 보상해야 할 대상물이 적어야 한다.

해설

유역면적이 넓어야 한다.

정답 ③

32 ★★★

$I=\dfrac{3,660}{t+15}$ mm/hr, 면적 2.0km^2, 유입시간 6분, 유출계수 $C=0.65$, 관내유속이 1m/sec인 경우, 관길이 600m인 하수관에서 흘러나오는 우수량(m^3/sec)은? (단, 합리식 적용)

① 약 31   ② 약 38

③ 약 43   ④ 약 52

해설

$I=\dfrac{3,660}{t+15}$ mm/hr에서

$t=$유입시간+유하시간

$\quad =6\text{min}+\dfrac{600\text{m}}{}\left|\dfrac{\text{sec}}{1\text{m}}\right|\dfrac{\text{min}}{60\text{sec}}$

$\quad =16\text{min}$

$\therefore I=\dfrac{3,660}{16\text{min}+15}=118.06\text{mm/hr}$

$Q=\dfrac{1}{360}CIA$

· Q: 유량[m^3/sec]

· C: 유출계수

· I: 강우강도[mm/hr]

· A: 유역면적[ha]

$A=2.0\text{km}^2=2.0\text{km}^2\times\dfrac{100\text{ha}}{\text{km}^2}=200\text{ha}$

$\therefore Q[\text{m}^3/\text{sec}]$

$\quad =\dfrac{1}{360}\times0.65\times118.06\text{mm/hr}\times200\text{ha}$

$\quad =42.63\fallingdotseq43\text{m}^3/\text{sec}$

정답 ③

33 ★☆☆

계획우수량을 정할 때 고려하여야 할 사항 중 틀린 것은?

① 하수관로의 확률년수는 원칙적으로 10~30년으로 한다.

② 유입시간은 최소단위배수구의 지표면특성을 고려하여 구한다.

③ 유출계수는 지형도를 기초로 답사를 통하여 충분히 조사하고 장래 개발계획을 고려하여 구한다.

④ 유하시간은 최상류관로의 끝으로부터 하류관로의 어떤 지점까지의 거리를 계획유량에 대응한 유속으로 나누어 구하는 것을 원칙으로 한다.

해설

유출계수는 토지이용도별 기초유출계수로부터 총괄유출계수를 구하는 것을 원칙으로 한다.

정답 ③

34 ★☆☆

하수의 배제방식에 대한 설명으로 잘못된 것은?

① 하수의 배제방식에는 분류식과 합류식이 있다.

② 하수의 배제방식의 결정은 지역의 특성이나 방류수역의 여건을 고려해야 한다.

③ 제반 여건상 분류식이 어려운 경우 합류식으로 설치할 수 있다.

④ 분류식 중 오수관로는 소구경관로로 폐쇄 염려가 있고, 청소가 어렵고, 시간이 많이 소요된다.

해설

분류식의 오수관로에서는 소구경관로에 의한 폐쇄의 우려가 있으나 청소는 비교적 용이하다. 측구가 있는 경우는 관리에 시간이 오래 걸리는 경우가 많다.

정답 ④

35 ★★★

1분당 300m³의 물을 150m 양정(전양정)할 때 최고효율점에 달하는 펌프가 있다. 이때의 회전수가 1,500rpm이라면, 이 펌프의 비속도(비교회전도)는?

① 약 512
② 약 554
③ 약 606
④ 약 658

해설

$$N_s = N \times \frac{Q^{\frac{1}{2}}}{H^{\frac{3}{4}}}$$

- N_s: 비교회전도[rpm]
- N: 펌프의 회전수[rpm]
- Q: 펌프의 토출량[m³/min]
- H: 펌프의 양정[m]

$$\therefore N_s = N \times \frac{Q^{\frac{1}{2}}}{H^{\frac{3}{4}}} = 1,500 \times \frac{300^{\frac{1}{2}}}{150^{\frac{3}{4}}} = 606.15 ≒ 606 \text{rpm}$$

정답 ③

36 ★★★

계획오수량에 관한 내용으로 틀린 것은?

① 지하수 유입량은 토질, 지하수위, 공법에 따라 다르지만 1인1일 평균오수량의 10~20% 정도로 본다.
② 계획1일 최대오수량은 1인1일 최대오수량에 계획인구를 곱한 후 여기에 공장폐수량, 지하수량 및 기타배수량을 가산한 것으로 한다.
③ 계획1일 평균오수량은 계획1일 최대오수량의 70~80%를 표준으로 한다.
④ 계획시간 최대오수량은 계획1일 최대오수량의 1시간당의 수량의 1.3~1.8배를 표준으로 한다.

해설
지하수량은 1인1일 최대오수량의 10~20%이다.

정답 ①

37 ★☆☆

상수도시설의 등급별 내진설계 목표에 대한 내용으로 (   )에 옳은 내용은?

> 상수도시설물의 내진성능 목표에 따른 설계지진강도는 붕괴방지수준에서 시설물의 내진등급이 Ⅰ등급인 경우에는 재현주기 (㉠), Ⅱ등급인 경우에는 (㉡)에 해당되는 지진지반운동으로 한다.

① ㉠ 100년, ㉡ 50년
② ㉠ 200년, ㉡ 100년
③ ㉠ 500년, ㉡ 200년
④ ㉠ 1,000년, ㉡ 500년

해설
상수도시설물의 내진성능 목표에 따른 설계지진강도는 붕괴방지수준에서 시설물의 내진등급이 Ⅰ등급인 경우에는 재현주기 1,000년, Ⅱ등급인 경우에는 500년에 해당하는 지진지반운동으로 한다.

정답 ④

38 ★☆☆

하수처리시설의 계획유입수질 산정방식으로 옳은 것은?

① 계획오염부하량을 계획1일 평균오수량으로 나누어 산정한다.
② 계획오염부하량을 계획시간 평균오수량으로 나누어 산정한다.
③ 계획오염부하량을 계획1일 최대오수량으로 나누어 산정한다.
④ 계획오염부하량을 계획시간 최대오수량으로 나누어 산정한다.

해설
하수의 계획유입수질 산정은 계획오염부하량을 계획1일 평균오수량으로 나눈 값으로 한다.

정답 ①

39 ★★☆

정수시설인 급속여과지의 표준 여과속도(m/day)는?

① 120~150
② 150~180
③ 180~250
④ 250~300

해설

급속여과지의 여과속도는 120~150m/day를 표준으로 한다. 또한, 완속여과지의 여과속도는 4~5m/day를 표준으로 한다.

정답 ①

40 ★☆☆

지하수의 취수지점 선정에 관련된 설명 중 틀린 것은?

① 연해부의 경우에는 해수의 영향을 받지 않아야 한다.
② 얕은 우물인 경우에는 오염원으로부터 5m 이상 떨어져서 장래에도 오염의 영향을 받지 않는 지점이어야 한다.
③ 기존 우물 또는 집수매거의 취수에 영향을 주지 않아야 한다.
④ 복류수인 경우에 장래에 일어날 수 있는 유로변화 또는 하상저하 등을 고려하고 하천개수계획에 지장이 없는 지점을 선정한다.

해설

얕은 우물이나 복류수인 경우에는 오염원으로부터 15m 이상 떨어져서 장래에도 오염의 영향을 받지 않는 지점이어야 한다.

정답 ②

41 ★★★

하수처리방식 중 회전원판법에 관한 설명으로 가장 거리가 먼 것은?

① 활성슬러지법에 비해 2차 침전지에서 미세한 SS가 유출되기 쉽고, 처리수의 투명도가 나쁘다.
② 운전관리상 조작이 간단한 편이다.
③ 질산화가 거의 발생하지 않으며, pH 저하도 거의 없다.
④ 소비 전력량이 소규모 처리시설에서는 표준 활성 슬러지법에 비하여 적은 편이다.

해설

회전원판법은 질산화가 일어나기 쉬우며 pH가 저하되는 경우도 있다.

정답 ③

42 ★☆☆

무기물이 0.30g/g VSS로 구성된 생물성 VSS를 나타내는 폐수의 경우, 혼합액 중의 TSS와 VSS 농도가 각각 2,000 mg/L, 1,480mg/L라 하면 유입수로부터 기인된 불활성 고형물에 대한 혼합액 중의 농도(mg/L)는? (단, 유입된 불활성 부유 고형물질의 용해는 전혀 없다고 가정)

① 76
② 86
③ 96
④ 116

해설

TSS＝VSS＋FSS

1,480mg/L의 VSS는 $1,480 \times 0.3 = 444$mg/L의 FSS로 구성되어 있어야 하지만, TSS가 2,000mg/L이므로 실제 FSS는 520mg/L이다. 따라서, 유입수로부터 기인된 불활성 고형물에 대한 혼합액 중의 농도는 $520 - 444 = 76$mg/L이다.

정답 ①

43 ★★☆

반지름이 8cm인 원형 관로에서 유체의 유속이 20m/sec일 때 반지름이 40cm인 곳에서의 유속(m/sec)은? (단, 유량 동일, 기타 조건은 고려하지 않음)

① 0.8 　　　　　② 1.6
③ 2.2 　　　　　④ 3.4

해설

$A_1 V_1 = A_2 V_2$

$\dfrac{\pi(0.16\text{m})^2}{4} \times 20 = \dfrac{\pi(0.8\text{m})^2}{4} \times V_2$

$\therefore V_2 = 0.8\text{m/sec}$

정답 ①

44 ★☆☆

포기조 부피가 1,000m³이고 MLSS 농도가 3,500mg/L일 때, MLSS 농도를 2,500mg/L로 운전하기 위해 추가로 폐기시켜야 할 잉여슬러지량(m³)은? (단, 반송슬러지 농도 =8,000mg/L)

① 65 　　　　　② 85
③ 105 　　　　　④ 125

해설

포기조의 MLSS 변화량＝폐기할 잉여슬러지량

$(3,500 - 2,500)\text{mg/L} \times 1,000\text{m}^3 = Q_w \times 8,000\text{mg/L}$

$\therefore Q_w = \dfrac{(3,500 - 2,500)\text{mg/L} \times 1,000\text{m}^3}{8,000\text{mg/L}}$

$\qquad = 125\text{m}^3$

정답 ④

45 ★★★

활성슬러지 공정에서 폭기조 유입 BOD가 180mg/L, SS가 180mg/L, BOD—슬러지 부하가 0.6kg BOD/kg MLSS · day일 때, MLSS 농도(mg/L)는? (단, 폭기조 수리학적 체류시간=6시간)

① 1,100 　　　　　② 1,200
③ 1,300 　　　　　④ 1,400

해설

$\text{F/M} = \dfrac{\text{BOD} \cdot Q}{\forall \cdot X} = \dfrac{\text{BOD}}{t \cdot X}$

$\dfrac{0.6}{\text{day}} = \dfrac{180\text{mg}}{\text{L}} \left| \dfrac{24\text{hr}}{6\text{hr}} \right| \dfrac{1\text{day}}{X\,\text{mg}} \left| \dfrac{\text{L}}{}\right.$

$\therefore X(=\text{MLSS}) = 1,200\text{mg/L}$

정답 ②

46 ★☆☆

폐수로부터 암모니아를 제거하는 방법의 하나로 천연 제올라이트를 사용하기로 한다. 천연 제올라이트로 암모니아를 제거할 경우 재생방법을 가장 적절하게 나타낸 것은?

① 깨끗한 증류수로 세척한다.
② 황산이나 질산 등 산성 용액으로 재생한다.
③ NaOH나 석회수 등 알칼리성 용액으로 재생한다.
④ LAS 등 세제로 세척한 후 가열하여 재생한다.

해설

암모늄이온과 암모니아 기체는 pH에 따라 성상이 달라질 수 있으며, 알칼리도가 높을수록 암모니아 기체로 화학 평형이 일어나게 된다.

정답 ③

47 ★☆☆

폐수의 고도처리에 관한 다음의 기술 중 옳지 않은 것은?

① Cl^-, SO_4^{2-} 등의 무기염류의 제거에는 전기투석법이 이용된다.

② 활성탄 흡착법에서 폐수 중의 인산은 제거되지 않는다.

③ 모래여과법은 고도처리 중에서 흡착법이나 전기투석법의 전처리로서 이용된다.

④ 폐수 중의 무기성질소 화합물은 철염에 의한 응집침전으로 완전히 제거된다.

해설

무기성질소는 탈기법과 이온교환, 생물학적 처리법으로 제거가 가능하다.

정답 ④

48 ★☆☆

총 잔류염소 농도를 3.05mg/L에서 1.00mg/L로 탈염시키기 위해 유량 4,350m³/day인 물에 가해주는 아황산염(SO_3^{2-})의 양(kg/day)은? (단, 원자량: Cl=35.5, S=32.1)

① 약 6   ② 약 8

③ 약 10   ④ 약 12

해설

$Cl_2 : SO_3^{2-}$

$2 \times 35.5g : 80.1g$

$= Cl_2$ 발생량 : $X(g)$

$= \dfrac{2.05mg}{L} \Big| \dfrac{4,350m^3}{day} \Big| \dfrac{10^3L}{1m^3} \Big| \dfrac{1kg}{10^6mg} : X(g)$

$\therefore X = 10.06kg/day$

정답 ③

49 ★☆☆

슬러지의 열처리에 대해 기술한 것으로 옳지 않은 것은?

① 슬러지의 열처리는 탈수의 전처리로서 한다.

② 슬러지의 열처리에 의해, 슬러지의 탈수성과 침강성이 좋아진다.

③ 슬러지의 열처리에 의해 슬러지 중의 유기물이 가수분해되어 가용화된다.

④ 슬러지의 열처리에 의한 분리액은 BOD가 낮으므로 그대로 방류할 수 있다.

해설

열처리에 의한 분리액은 BOD가 높아(5,000~7,000mg/L) 수처리공정으로 반송하여 처리 후에 방류해야 한다. 열처리법은 약품 첨가에 의한 슬러지량의 증가는 없고 탈수케이크 중의 미생물이 사멸되는 이점이 있는 반면, 상징수의 수질이 나쁘며 가열 중에 악취가 나는 경우도 있음을 고려해야 한다.

정답 ④

50 ★★☆

길이 : 폭의 비가 3 : 1인 장방형 침전조에 유량 850m³/day 의 흐름이 도입된다. 깊이는 4.0m이고 체류시간은 1.92hr 이라면 표면부하율(m³/m²·day)은? (단, 흐름은 침전조 단 면적에 균일하게 분배)

① 20 ② 30

③ 40 ④ 50

해설

표면부하율 $= \dfrac{\text{유입유량}[\text{m}^3/\text{day}]}{\text{침전조의 표면적}[\text{m}^2]}$

유입유량 $= 850\text{m}^3/\text{day}$

침전조의 표면적$(A) = W(\text{폭}) \times L(\text{길이})$

$\forall[\text{m}^3] = Q \times t$

$\qquad = \dfrac{850\text{m}^3}{\text{day}} \left| \dfrac{1.92\text{hr}}{} \right| \dfrac{1\text{day}}{24\text{hr}}$

$\qquad = 68\text{m}^3$

$\forall = W \times L \times H = W \times 3W \times 4 = 68\text{m}^3 \ (H = 4.0\text{m})$

$\therefore W = 2.38\text{m}$

$\quad L = 3W = 3 \times 2.38 = 7.14\text{m}$

$\therefore$ 표면부하율 $= \dfrac{\text{유입유량}[\text{m}^3/\text{day}]}{\text{침전조의 표면적}[\text{m}^2]}$

$\qquad\qquad = \dfrac{850\text{m}^3}{\text{day}} \left| \dfrac{}{(2.38 \times 7.14)\text{m}^2} \right.$

$\qquad\qquad = 50.02 \fallingdotseq 50\text{m}^3/\text{m}^2 \cdot \text{day}$

정답 ④

51 ★★☆

수질 성분이 부식에 미치는 영향으로 틀린 것은?

① 높은 알칼리도는 구리와 납의 부식을 증가시킨다.

② 암모니아는 착화물 형성을 통해 구리, 납 등의 금속용 해도를 증가시킬 수 있다.

③ 잔류염소는 Ca와 반응하여 금속의 부식을 감소시킨다.

④ 구리는 갈바닉 전지를 이룬 배관상에 흠집(구멍)을 야 기한다.

해설

잔류염소는 용존산소와 반응하여 금속 부식을 더욱 활성화시킨다.

정답 ③

52 ★★★

잔류염소 농도 0.6mg/L에서 3분간에 90%의 세균이 사멸 되었다면 같은 농도에서 95% 살균을 위해서 필요한 시간 (분)은? (단, 염소소독에 의한 세균의 사멸이 1차반응속도 식을 따른다고 가정)

① 2.6 ② 3.2

③ 3.9 ④ 4.5

해설

1차반응식을 이용한다.

$\ln \dfrac{C_t}{C_0} = -k \cdot t$

· C_t : 처리 후 농도[mg/L]

· C_o : 초기 농도[mg/L]

· k : 반응속도상수[min^{-1}]

· t : 반응시간[min]

$\ln \dfrac{(100-90)}{100} = -k \times 3\text{min}$

$k = 0.7675\text{min}^{-1}$

$\ln \dfrac{(100-95)}{100} = \dfrac{-0.7675}{\text{min}} \left| \dfrac{t(\text{min})}{} \right.$

$\therefore t = 3.9\text{min}$

정답 ③

53 ★☆☆

1차 처리결과 슬러지의 함수율이 80%, 고형물 중 무기성고 형물질이 30%, 유기성고형물질이 70%, 유기성 고형물질 의 비중 1.1, 무기성고형물질의 비중이 2.2일 때 슬러지의 비중은?

① 1.017 ② 1.023

③ 1.032 ④ 1.047

해설

$\dfrac{m_{SL}}{\rho_{SL}} = \dfrac{m_{TS}}{\rho_{TS}} + \dfrac{m_w}{\rho_w} = \dfrac{m_{FS}}{\rho_{FS}} + \dfrac{m_{VS}}{\rho_{VS}} + \dfrac{m_w}{\rho_w} \qquad (TS = FS + VS)$

$\dfrac{100}{\rho_{SL}} = \dfrac{100 \times (1-0.8) \times 0.3}{2.2} + \dfrac{100 \times (1-0.8) \times 0.7}{1.1} + \dfrac{80}{1.0}$

$\therefore \rho_{SL} = 1.047$

정답 ④

54

★★★

생물학적 3차 처리를 위한 A/O 공정을 나타낸 것으로 반응조 역할을 가장 적절하게 설명한 것은?

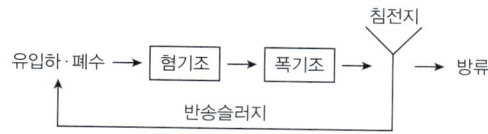

① 혐기조에서는 유기물 제거와 인의 방출이 일어나고, 폭기조에서는 인의 과잉섭취가 일어난다.
② 폭기조에서는 유기물 제거가 일어나고, 혐기조에서는 질산화 및 탈질이 동시에 일어난다.
③ 제거율을 높이기 위해서는 외부탄소원인 메탄올 등을 폭기조에 주입한다.
④ 혐기조에서는 인의 과잉섭취가 일어나며, 폭기조에서는 질산화가 일어난다.

해설
A/O 공정은 인 제거에 중점을 둔 공정으로, 혐기조(유기물 제거, 인방출), 폭기조(인과잉섭취)의 반응조로 이루어져 있다.

정답 ①

55

★☆☆

하수로부터 인 제거를 위한 화학제의 선택에 영향을 미치는 인자가 아닌 것은?

① 유입수의 인 농도
② 슬러지 처리시설
③ 알칼리도
④ 다른 처리공정과의 차별성

해설
다른 처리공정과의 호환성이 화학제의 선택에 영향을 미치는 인자이다.

정답 ④

56

★☆☆

여섯 개의 납작한 날개를 가진 터빈임펠러로 탱크의 내용물을 교반하려 한다. 교반은 난류 영역에서 일어나며 임펠러의 직경은 3m이고 깊이 20m, 바닥에서 4m 위에 설치되어 있다. 30rpm으로 임펠러가 회전할 때 소요되는 동력(kg·m/s)은? (단, $P=k\rho n^3 D^5/g_c$ 식 적용, 소요 동력을 나타내는 계수 k=3.3)

① 9,356
② 10,228
③ 12,350
④ 15,421

해설
$$P = k \cdot \rho \cdot n^3 \cdot D^5 / g_c$$
- P : 소요동력
- k : 상수
- ρ : 유체의 밀도
- n : 임펠러 회전속도
- D : 임펠러 직경

$$\therefore P = \frac{3.3}{} \left| \frac{1,000\text{kg}}{\text{m}^3} \right| \frac{30^3 cycle^3}{60^3 \sec^3} \left| \frac{3^5 \text{m}^5}{9.8\text{m/sec}^2} \right.$$
$$= 10,228.32 \fallingdotseq 10,228\text{kg} \cdot \text{m/sec}$$

정답 ②

57

★☆☆

무기수은계 화합물을 함유한 폐수의 처리방법이 아닌 것은?

① 황화물 침전법
② 활성탄 흡착법
③ 산화분해법
④ 이온교환법

해설
무기수은은 황화물 침전법, 활성탄 흡착법, 이온교환법 등으로 처리할 수 있다.

정답 ③

2018년

58 ★★☆

하수처리과정에서 소독 방법 중 염소와 자외선 소독의 장·단점을 비교할 때 염소소독의 장·단점으로 틀린 것은?

① 암모니아의 첨가에 의해 결합잔류염소가 형성된다.
② 염소접촉조로부터 휘발성유기물이 생성된다.
③ 처리수의 총용존고형물이 감소한다.
④ 처리수의 잔류독성이 탈염소과정에 의해 제거되어야 한다.

해설
염소소독을 하면 처리수의 총용존고형물이 증가하고, 하수의 염화물 함유량이 증가한다. 또한 염소접촉조로부터 휘발성유기물이 생성된다.

정답 ③

59 ★☆☆

질소 제거를 위한 파괴점 염소주입법에 관한 설명과 가장 거리가 먼 것은?

① 적절한 운전으로 모든 암모니아성 질소의 산화가 가능하다.
② 시설비가 낮고 기존 시설에 적용이 용이하다.
③ 수생생물에 독성을 끼치는 잔류염소농도가 높아진다.
④ 독성물질과 온도에 민감하다.

해설
질소 제거를 위한 파괴점 염소주입법은 pH에 민감하다.

정답 ④

60 ★★☆

CFSTR에서 물질을 분해하여 효율 95%로 처리하고자 한다. 이 물질은 0.5차 반응으로 분해되며, 속도상수는 $0.05(mg/L)^{1/2}/hr$이다. 유량은 500L/hr이고 유입농도는 250mg/L로 일정하다면 CFSTR의 필요 부피(m^3)는? (단, 정상상태 가정)

① 약 520
② 약 570
③ 약 620
④ 약 670

해설
$Q(C_o - C_t) = K \forall C_t^m$
· Q: 유량[m^3/hr]
· C_o: 유입농도[mg/L]
· C_t: 유출농도[mg/L]
· K: 반응속도상수[$(mg/L)^{1/2}/hr$]
· $\forall$: 부피[m^3]$\left(= \dfrac{1}{2}\right)$
· m: 반응차수

$\therefore \forall = \dfrac{Q(C_o - C_t)}{K \cdot C_t^m}$

$= \dfrac{500L}{hr} \left| \dfrac{(250-12.5)mg}{L} \right| \dfrac{hr}{0.05(mg/L)^{1/2}} \left| \dfrac{1}{(12.5mg/L)^{1/2}} \right|$

$\left| \dfrac{m^3}{10^3 L} \right|$

$= 671.75 \fallingdotseq 670 m^3$

정답 ④

수질오염공정시험기준

61 ★★★

수질분석용 시료의 보존 방법에 관한 설명 중 틀린 것은?

① 6가 크롬 분석용 시료는 $c-HNO_3$ 1mL/L를 넣어 보관한다.
② 페놀 분석용 시료는 인산을 넣어 pH 4 이하로 조정한 후, 황산구리(1g/L)를 첨가하여 4℃에서 보관한다.
③ 시안 분석용 시료는 수산화나트륨으로 pH 12 이상으로 하여 4℃에서 보관한다.
④ 화학적산소요구량 분석용 시료는 황산으로 pH 2 이하로 하여 4℃에서 보관한다.

해설

6가 크롬 분석용 시료는 4℃에서 보관하며, 최대보존기간은 24시간이다.

정답 ①

62 ★☆☆

BOD측정 시 표준 글루코오스 및 글루탐산 용액의 적정 BOD값(mg/L)이 아닌 것은? (단, 글루코오스 및 글루탐산을 각 150mg씩 물에 녹여 1,000mL로 함)

① 200
② 215
③ 230
④ 260

해설

BOD용 희석수 및 BOD용 식종희석수의 검토

글루코오스 및 글루탐산 각 150mg씩을 취하여 정제수에 녹여 1,000mL로 한 액 5~10mL를 3개의 300mL BOD병에 넣고 BOD용 희석수(또는 BOD용 식종희석수)를 완전히 채운 다음 BOD 시험방법에 따라 시험한다. 이때 측정하여 얻은 BOD값은 (200±30)mg/L의 범위 안에 있어야 한다.

정답 ④

63 ★★☆

0.1mg N/mL 농도의 NH_3-N 표준원액을 1L 조제하고자 할 때 요구되는 NH_4Cl의 양(mg/L)은? (단, NH_4Cl의 $M_W=53.5$)

① 227
② 382
③ 476
④ 591

해설

$NH_3+HCl \rightarrow NH_4Cl$

$NH_4Cl[mg/L]$

$= \dfrac{0.1mg\ N}{mL} \left| \dfrac{1,000mL}{} \right| \dfrac{53.5g\ NH_4Cl}{14g\ NH_3-N} \left| \dfrac{}{1L} \right.$

$= 382.14 ≒ 382mg/L$

정답 ②

64 ★☆☆

불소 측정시험 시 수증기 증류법으로 전처리하지 않아도 되는 것은?

① 색도가 30도인 시료
② PO_4^{3-}의 농도가 4mg/L인 시료
③ Al^{3+}의 농도가 2mg/L인 시료
④ Fe^{2+}의 농도가 7mg/L인 시료

해설

색도 20도 이상, PO_4^{3-} 3mg/L 이상, Al^{3+} 1mg/L 이상, Fe^{2+} 및 Fe^{3+} 10mg/L 이상 함유한 시료는 수증기증류법으로 전처리한다.

정답 ④

※ 수질오염공정시험기준에 나와 있지 않은 내용으로, 문제 자체의 출처가 불분명함.

65 ★★☆

전기전도도의 정밀도 기준으로 (   )에 옳은 것은?

> 측정값의 % 상대표준편차(RSD)로 계산하며 측정값이
> (   ) 이내이어야 한다.

① 15%   ② 20%
③ 25%   ④ 30%

해설

정밀도는 측정값의 % 상대표준편차(RSD)로 계산하며, 측정값이 20% 이내이어야 한다.

정답 ②

66 ★☆☆

pH 표준용액의 온도보정은 온도별 표준용액의 pH 값을 표에서 구하고 또한 표에 없는 온도의 pH 값은 내삽법으로 구한다. 다음 중 20℃에서 가장 낮은 pH 값을 나타내는 표준용액은?

① 붕산염 표준용액   ② 프탈산염 표준용액
③ 탄산염 표준용액   ④ 인산염 표준용액

관련이론 | pH 표준용액의 종류와 농도

명칭	농도	pH
수산염 표준용액	0.05M	1.68
프탈산염 표준용액	0.05M	4.00
인산염 표준용액	0.025M	6.88
붕산염 표준용액	0.01M	9.22
탄산염 표준용액	0.025M	10.07
수산화칼슘 표준용액	0.02M	12.63

정답 ②

67 ★☆☆

20℃ 이하에서 BOD 측정 시료의 용존산소가 과포화되어 있을 때 처리하는 방법은?

① 시료의 산소가 과포화되어 있어도 배양전 용존 산소 값으로 측정되므로 상관이 없다.
② 시료의 수온을 23~25℃로 하여 15분간 통기하고 방냉한 후 수온을 20℃로 한다.
③ 아황산나트륨을 적당량 넣어 산소를 소모시킨다.
④ 5℃ 이하로 냉각시켜 냉암소에서 15분간 잘 저어준다.

해설

수온이 20℃ 이하일 때의 용존산소가 과포화되어 있을 경우에는 수온을 23~25℃로 상승시킨 이후에 15분간 통기하고 방치하고 냉각하여 수온을 다시 20℃로 한다.

정답 ②

68 ★★☆

자외선/가시선 분광법을 적용하여 페놀류를 측정할 때 사용되는 시약은?

① 4-아미노안티피린   ② 인도페놀
③ O-페난트로린   ④ 디티존

관련이론 | 자외선/가시선 분광법을 적용한 페놀류 측정 시 필요한 시약

- 메틸오렌지 0.1% 용액
- 브롬산칼륨-브롬화칼륨 0.1 M 용액
- 4-아미노안티피린 2% 용액
- 인산(1+9)
- 염화암모늄-암모니아 완충용액 pH 10
- 요오드산칼륨 0.025 N 표준용액
- 전분 용액(1%)
- 클로로폼
- 티오황산나트륨 0.025 N 용액
- 황산구리 10% 용액
- 무수황산나트륨
- 황산암모늄철 0.11% 용액
- 헥사시안화철(Ⅲ)산칼륨 9% 용액

정답 ①

69 ★☆☆

시료 중 구리, 아연, 납, 카드뮴, 니켈, 철, 망간, 6가 크롬, 코발트 및 은 등 측정에 적용되고 이들을 암모니아수로 색을 변화 후 다시 산으로 처리하는 전처리 방법은?

① DDTC – MIBK 법
② 디티존 – MIBK 법
③ 디티존 – 사염화탄소법
④ APDC – MIBK 법

관련이론 | 금속이온 추출법

- 다이에틸다이티오카바민산법: 수질 시료 중 구리, 아연, 납, 카드뮴 및 니켈의 측정에 적용한다.
- DDTC – MIBK 법: 해수중 카드뮴, 구리, 납, 아연 및 수은의 원자흡광정량법을 위한 전처리법이다.
- 디티존 – MIBK 법: 구리, 아연, 납, 카드뮴, 니켈 및 코발트 등의 측정에 적용한다.
- 디티존 – 사염화탄소법: 시료 중 아연, 납, 카드뮴 등의 측정을 위해 검수를 암모니아수로 pH 9.5로 조절한 후, 디티존과 사염화탄소를 첨가하여 생성된 디티존 착염을 분해하여 시료를 추출한다. 증류수로 세척 후에 염산으로 금속을 역추출한다.
- 피로리딘 다이티오카르바민산 암모늄 법(APDC – MIBK법): 구리, 아연, 납, 카드뮴, 니켈, 철, 망간, 6가 크롬, 코발트 및 은 등의 측정에 적용한다.

정답 ④

70 ★☆☆

수질오염공정시험기준상 기체크로마토그래피법으로 정량하는 물질은?

① 불소
② 유기인
③ 수은
④ 비소

선지분석

① 불소: 자외선/가시선 분석법, 이온전극법, 이온크로마토그래피
② 유기인: 용매추출/기체크로마토그래피
③ 수은: 냉증기 – 원자흡수분광광도법, 자외선/가시선분광법, 양극벗김전압전류법, 냉증기 – 원자형광법
④ 비소: 수소화물생성법 – 원자흡수분광광도법, 자외선/가시선분광법, 유도결합플라스마 – 원자발광분광법, 유도결합플라스마 – 질량분석법, 양극벗김전압전류법

정답 ②

71 ★★★

'항량으로 될 때까지 강열한다.'는 의미에 해당하는 것은?

① 강열할 때 전후무게의 차가 g당 0.1mg 이하일 때
② 강열할 때 전후무게의 차가 g당 0.3mg 이하일 때
③ 강열할 때 전후무게의 차가 g당 0.5mg 이하일 때
④ 강열할 때 전후무게의 차가 없을 때

해설

'항량으로 될 때까지 건조한다'라 함은 같은 조건에서 1시간 더 건조할 때 전후 무게의 차가 g당 0.3mg 이하일 때를 말한다.

정답 ②

72 ★★★

온도에 관한 내용으로 옳지 않은 것은?

① 찬 곳은 따로 규정이 없는 한 0~15℃의 곳을 뜻한다.
② 냉수는 15℃ 이하를 말한다.
③ 온수는 70~90℃를 말한다.
④ 상온은 15~25℃를 말한다.

해설

냉수는 15℃ 이하, 온수는 60~70℃, 열수는 약 100℃를 말한다.
표준온도는 0℃, 상온은 15~25℃, 실온은 1~35℃로 하고, 찬 곳은 따로 규정이 없는 한 0~15℃의 곳을 뜻한다.

정답 ③

73 ★★☆

흡광 광도 측정에서 입사광의 60%가 흡수되었을 때의 흡광도는?

① 약 0.6
② 약 0.5
③ 약 0.4
④ 약 0.3

해설

흡광도$(A)=\log\dfrac{1}{t}$

· A: 흡광도
· t: 투과도

$\therefore A=\log\dfrac{1}{0.4}=0.4$

정답 ③

74 ★☆☆

자외선/가시선 분광법을 이용한 철의 정량에 관한 내용으로 틀린 것은?

① 등적색 철착염의 흡광도를 측정하여 정량한다.
② 측정파장은 510nm이다.
③ 염산하이드록실아민에 의해 산화제이철로 산화된다.
④ 철이온을 암모니아 알칼리성으로 하여 수산화제이철로 침전분리한다.

해설

물속에 존재하는 철이온을 수산화제이철로 침전분리하고 염산하이드록실아민으로 제일철로 환원한 다음, O-페난트로린을 넣어 약산성에서 나타나는 등적색 철착염의 흡광도를 510nm에서 측정하는 방법이다. 즉, 염산하이드록실아민에 의해 제일철로 환원된다.

정답 ③

75 ★☆☆

시료를 채취해 얻은 결과가 다음과 같고, 시료량이 50mL이었을 때 부유고형물의 농도(mg/L)와 휘발성부유고형물의 농도(mg/L)는?

· Whatman GF/C 여과지무게＝1.5433g
· 105℃ 건조 후 Whatman GF/C 여과지의 잔여무게 ＝1.5553g
· 550℃ 소각 후 Whatman GF/C 여과지의 잔여무게 ＝1.5531g

① 44, 240
② 240, 44
③ 24, 4.4
④ 4.4, 24

해설

$SS=1.5553-1.5433=0.012g=12mg$

$\therefore SS[mg/L]=\dfrac{12mg}{50mL}\left|\dfrac{10^3mL}{1L}\right.$

$=240mg/L$

$VS=1.5553-1.5531=0.0022g=2.2mg$

$\therefore VS[mg/L]=\dfrac{2.2mg}{50mL}\left|\dfrac{10^3mL}{1L}\right.$

$=44mg/L$

정답 ②

76 ★☆☆

다음 중 용량분석법으로 측정하지 않는 항목은?

① 용존산소
② 부유물질
③ 화학적산소요구량
④ 염소이온

해설

부유물질은 용량분석법이 아닌 중량법으로 측정한다.
부유물질은 미리 무게를 단 유리섬유여과지(GF/C)를 여과장치에 부착하여 일정량의 시료를 여과시킨 다음 항량으로 건조하여 무게를 달아 여과 전·후의 유리섬유여과지의 무게차를 산출하여 부유물질의 양을 구한다.

정답 ②

77 ★★★

시료 채취 시 유의사항으로 틀린 것은?

① 채취 용기는 시료를 채우기 전에 시료로 3회 이상 씻은 다음 사용한다.

② 시료 채취 용기에 시료를 채울 때에는 어떠한 경우에도 시료의 교란이 일어나서는 안 된다.

③ 지하수 시료는 취수정 내에 고여 있는 물과 원래 지하수의 성상이 달라질 수 있으므로 고여 있는 물을 충분히 퍼낸 다음 새로 나온 물을 채취한다.

④ 시료채취량은 시험항목 및 시험횟수의 필요량의 3~5배 채취를 원칙으로 한다.

해설

시료채취량은 시험항목 및 시험횟수에 따라 차이가 있으나 보통 3~5L 정도이어야 한다.

정답 ④

78 ★☆☆

COD측정에서 최초로 첨가한 $KMnO_4$량의 1/2 이상이 남도록 첨가하는 이유는?

① $KMnO_4$ 잔류량이 1/2 이하로 되면 유기물의 분해온도가 저하한다.

② $KMnO_4$ 잔류량이 1/2 이상이면 모든 유기물의 산화가 완료한다.

③ $KMnO_4$ 잔류량이 많을 경우 유기물의 산화속도가 저하한다.

④ $KMnO_4$ 농도가 저하되면 유기물의 산화율이 저하한다.

해설

충분한 양의 산화제($KMnO_4$)가 있어야 산화반응이 거의 완전하게 일어날 수 있다.

정답 ④

79 ★☆☆

원자흡수분광광도법을 적용하여 비소를 분석할 때 수소화비소를 직접ㅈ으로 발생시키기 위해 사용하는 시약은?

① 염화제일주석　　　　② 아연

③ 요오드화칼륨　　　　④ 과망간산칼륨

해설

아연 또는 나트륨붕소수화물($NaBH_4$)을 첨가하여 수소화비소를 생성시킬 수 있다.

정답 ②

80 ★★☆

0.1N $Na_2S_2O_3$ 용액 100mL에 증류수를 가해 500mL로 한 다음, 여기서 250mL을 취하여 다시 증류수로 전량 500mL로 하면 용액의 규정농도(N)는?

① 0.01　　　　② 0.02

③ 0.04　　　　④ 0.05

해설

$$X[eq/L] = \frac{0.1eq}{L} \left| \frac{0.1L}{0.5L} \right| \frac{0.25L}{0.5L}$$
$$= 0.01eq/L$$

정답 ①

수질환경관계법규

81 ★☆☆

사업자가 환경기술인을 바꾸어 임명하는 경우는 그 사유가 발생한 날부터 며칠 이내에 신고하여야 하는가?

① 3일   ② 5일
③ 7일   ④ 10일

해설
「시행령 제59조」
환경기술인의 임명
- 최초로 배출시설을 설치한 경우: 가동시작 신고와 동시
- 환경기술인을 바꾸어 임명하는 경우: 그 사유가 발생한 날부터 5일 이내

정답 ②

82 ★☆☆

공공수역에 정당한 사유없이 특정수질유해물질 등을 누출·유출시키거나 버린 자에 대한 처벌기준은?

① 1년 이하의 징역 또는 1천만원 이하의 벌금
② 2년 이하의 징역 또는 2천만원 이하의 벌금
③ 3년 이하의 징역 또는 3천만원 이하의 벌금
④ 5년 이하의 징역 또는 5천만원 이하의 벌금

해설
「법 제77조」
다음 각 호의 어느 하나에 해당하는 자는 3년 이하의 징역 또는 3천 만원 이하의 벌금에 처한다.
- 공공수역에 특정수질유해물질 등을 누출·유출하거나 버린 자
- 폐수의 수탁처리를 위한 영업을 하려는 자 중 허가 또는 변경허가를 받지 아니하거나 거짓이나 그 밖의 부정한 방법으로 허가 또는 변경허가를 받아 폐수처리업을 한 자

정답 ③

83 ★★☆

공공폐수처리시설의 유지·관리기준에 관한 내용으로 (   )에 맞는 것은?

처리시설의 관리·운영자는 처리시설의 적정 운영 여부를 확인하기 위한 방류수 수질검사를 (㉠) 실시하되 2,000m³/일 이상 규모의 시설은 (㉡) 실시하여야 한다.

① ㉠ 분기 1회 이상, ㉡ 월 1회 이상
② ㉠ 월 1회 이상, ㉡ 월 2회 이상
③ ㉠ 월 2회 이상, ㉡ 주 1회 이상
④ ㉠ 주 1회 이상, ㉡ 수시

해설
「시행규칙 별표 15」
처리시설의 관리·운영자는 방류수 수질검사를 다음과 같이 실시하여야 한다.
- 처리시설의 적정 운영 여부를 확인하기 위하여 방류수 수질검사를 월 2회 이상 실시하되, 1일당 2천 세제곱미터 이상인 시설은 주 1회 이상 실시하여야 한다. 다만, 생태독성(TU)검사는 월 1회 이상 실시하여야 한다.
- 방류수의 수질이 현저하게 악화되었다고 인정되는 경우에는 수시로 방류수 수질검사를 하여야 한다.

정답 ③

84 ★☆☆

기본배출부과금 산정에 필요한 지역별 부과계수로 옳은 것은?

① 청정지역 및 가 지역: 1.5
② 청정지역 및 가 지역: 1.2
③ 나 지역 및 특례지역: 1.5
④ 나 지역 및 특례지역: 1.2

해설
「시행령 별표 10」
지역별 부과계수

청정지역 및 가 지역	나 지역 및 특례지역
1.5	1

정답 ①

85 ★★★

물환경보전법상 용어의 정의 중 틀린 것은?

① 폐수라 함은 물에 액체성 또는 고체성의 수질오염물질이 혼입되어 그대로 사용할 수 없는 물을 말한다.
② 수질오염물질이라 함은 수질오염의 요인이 되는 물질로서 환경부령으로 정하는 것을 말한다.
③ 폐수배출시설이라 함은 수질오염물질을 공공수역에 배출하는 시설물·기계·기구·장소 기타 물체로서 환경부령으로 정하는 것을 말한다.
④ 수질오염방지시설이라 함은 폐수배출시설로부터 배출되는 수질오염물질을 제거하거나 감소시키는 시설로서 환경부령으로 정하는 것을 말한다.

해설

「법 제2조」
"폐수배출시설"이란 수질오염물질을 배출하는 시설물, 기계, 기구, 그 밖의 물체로서 환경부령으로 정하는 것을 말한다.
'장소'는 포함되지 않는다.

정답 ③

86 ★☆☆

환경부장관이 수질 등의 측정자료를 관리·분석하기 위하여 측정기기 부착사업자 등이 부착한 측정기기와 연결, 그 측정결과를 전산 처리할 수 있는 전산망 운영을 위한 수질 원격 감시체계 관제센터를 설치·운영할 수 있는 곳은?

① 국립환경과학원
② 유역환경청
③ 한국환경공단
④ 시·도 보건환경연구원

해설

「법 제38조의5」
「시행령 제37조」
환경부장관은 전산망을 운영하기 위하여 「한국환경공단법」에 따른 한국환경공단에 수질원격감시체계 관제센터를 설치·운영할 수 있다.

정답 ③

87 ★★☆

오염총량관리 기본방침에 포함되어야 할 사항으로 틀린 것은?

① 오염원의 조사 및 오염부하량 산정방법
② 오염총량관리의 시행대상 유역 현황
③ 오염총량관리의 대상 수질오염물질 종류
④ 오염총량관리의 목표

해설

「시행령 제4조」
오염총량관리 기본방침에 포함되어야 하는 사항
· 오염총량관리의 목표
· 오염총량관리의 대상 수질오염물질 종류
· 오염원의 조사 및 오염부하량 산정방법
· 오염총량관리기본계획의 주체, 내용, 방법 및 시한
· 오염총량관리시행계획의 내용 및 방법

정답 ②

88 ★☆☆

다음은 배출시설의 설치허가를 받은 자가 배출시설의 변경허가를 받아야 하는 경우에 대한 기준이다. (   )에 들어갈 내용으로 옳은 것은?

> 폐수배출량이 허가 당시보다 100분의 50(특정수질유해물질이 기준 이상으로 배출되는 시설의 경우에는 100분의 30) 이상 또는 (   ) 이상 증가하는 경우

① 1일 500세제곱미터
② 1일 600세제곱미터
③ 1일 700세제곱미터
④ 1일 800세제곱미터

해설

「시행령 제31조」
폐수배출량이 허가 당시보다 100분의 50(특정수질유해물질이 기준 이상으로 배출되는 시설의 경우에는 100분의 30) 이상 또는 1일 700세제곱미터 이상 증가하는 경우 배출시설의 변경허가를 받아야 한다.

정답 ③

89 ★☆☆

폐수수탁처리업에서 사용하는 폐수운반차량에 관한 설명으로 틀린 것은?

① 청색으로 도색한다.
② 차량 양쪽 옆면과 뒷면에 폐수운반차량, 회사명, 허가번호, 전화번호 및 용량을 표시하여야 한다.
③ 차량에 표시는 흰색바탕에 황색글씨로 한다.
④ 운송 시 안전을 위한 보호구, 중화제 및 소화기를 갖추어 두어야 한다.

해설
「시행규칙 별표 20」
• 폐수운반차량은 청색으로 도색하고 양쪽 옆면과 뒷면에 가로 50cm, 세로 20cm이상 크기의 노란색 바탕에 검은색 글씨로 폐수운반차량, 회사명, 허가번호, 전화번호 및 용량을 지워지지 아니하도록 표시하여야 한다.
• 운송 시 안전을 위한 보호구, 중화제 및 소화기를 갖추어 두어야 한다.

정답 ③

90 ★★★

위임업무 보고사항 중 "골프장 맹·고독성 농약 사용 여부 확인 결과"의 보고횟수 기준은?

① 수시
② 연 4회
③ 연 2회
④ 연 1회

해설
「시행규칙 별표 23」
• 골프장 맹·고독성 농약 사용 여부 확인 결과의 보고횟수는 연 2회이다.

정답 ③

91 ★★★

대권역 물환경관리계획에 포함되지 않는 것은?

① 상수원 및 물 이용 현황
② 수질오염 예방 및 저감 대책
③ 기후변화에 대한 적응 대책
④ 폐수배출시설의 설치 제한 계획

해설
「법 제24조」
대권역 물환경관리계획에 포함되어야 하는 사항
• 물환경의 변화 추이 및 물환경목표기준
• 상수원 및 물 이용 현황
• 점오염원, 비점오염원 및 기타수질오염원의 분포현황
• 점오염원, 비점오염원 및 기타수질오염원에서 배출되는 수질오염물질의 양
• 수질오염 예방 및 저감 대책
• 물환경 보전조치의 추진방향
• 기후변화에 대한 적응 대책
• 그 밖에 환경부령으로 정하는 사항

정답 ④

92 ★★★

수질오염 방지시설 중 화학적 처리시설에 해당되는 것은?

① 침전물 개량시설
② 혼합시설
③ 응집시설
④ 증류시설

해설
「시행규칙 별표 5」
화학적 처리시설
• 화학적 침강시설
• 중화시설
• 흡착시설
• 살균시설
• 이온교환시설
• 소각시설
• 산화시설
• 환원시설
• 침전물 개량시설

정답 ①

93 ★★☆

시도지사는 공공수역의 물환경 보전을 위하여 환경부령이 정하는 해발고도 이상에 위치한 농경지 중 환경부령이 정하는 경사도 이상의 농경지를 경작하는 자에 대하여 경작 방식의 변경, 농약·비료의 사용량 저감, 휴경 등을 권고할 수 있다. 위에서 언급한 환경부령이 정하는 해발고도와 경사도 기준은?

① 400미터, 15퍼센트
② 400미터, 25퍼센트
③ 600미터, 15퍼센트
④ 600미터, 25퍼센트

해설

「시행규칙 제85조」
"환경부령으로 정하는 해발고도"는 해발 400미터를 말하고 "환경부령으로 정하는 경사도"는 15퍼센트를 말한다.

정답 ①

94 ★★☆

현장에서 배출허용기준 또는 방류수수질기준의 초과 여부를 판정할 수 있는 수질오염물질 항목을 나열한 것은?

① 수소이온농도, 총유기탄소량, 총질소, 부유물질량
② 수소이온농도, 총유기탄소량, 용존산소, 총인
③ 총유기탄소량, 생화학적 산소요구량, 용존산소, 총인
④ 총유기탄소량, 생화학적 산소요구량, 총질소, 부유물질량

해설

「시행령 별표 7」
현장에서 배출허용기준 등의 초과 여부를 판정할 수 있는 수질오염물질
· 수소이온농도(pH)   · 총유기탄소량(TOC)
· 부유물질량(SS)   · 총질소(T-N)
· 총인(T-P)

정답 ①
※ 배출허용기준 항목 중 화학적 산소요구량(COD) 항목이 삭제되고 총유기탄소량(TOC) 항목이 추가되어 문제를 개정 내용에 맞게 수정함.

95 ★★☆

초과부과금 산정 시 적용되는 위반횟수별 부과계수에 관한 내용으로 (   )에 맞는 것은? (단, 폐수무방류배출시설의 경우)

> 처음 위반으 경우 (㉠), 다음 위반부터는 그 위반 직전의 부과계수에 (㉡)를 곱한 것으로 한다.

① ㉠ 1.5, ㉡ 1.3   ② ㉠ 1.5, ㉡ 1.5
③ ㉠ 1.8, ㉡ 1.3   ④ ㉠ 1.8, ㉡ 1.5

해설

「시행령 별표 16」
폐수무방류배출시설에 대한 위반횟수별 부과계수
처음 위반한 경우 1.8로 하고, 다음 위반부터는 그 위반 직전의 부과계수에 1.5를 곱한 것으로 한다.

정답 ④

96 ★☆☆

1일 200톤 이상으로 특정수질유해물질을 배출하는 산업단지에서 설치하여야 할 시설은?

① 무방류배출시설   ② 완충저류시설
③ 폐수고도처리시설   ④ 비점오염저감시설

해설

「시행규칙 제3조의3」
완충저류시설의 설치대상
특정수질유해물질이 포함된 폐수를 1일 200톤 이상 배출하는 공업지역 또는 산업단지

정답 ②

97 ★★☆

환경정책기본법령에 따른 수질 및 수생태계환경기준 중 하천의 생활환경 기준으로 옳지 않은 것은? (단, 등급은 매우 좋음 기준)

① 수소이온 농도(pH): 6.5~8.5
② 용존산소량 DO(mg/L): 7.5 이상
③ 부유물질량(mg/L): 25 이하
④ 총인(mg/L): 0.1 이하

해설
「환경정책기본법 시행령 별표 1」
총인(mg/L): 0.02 이하

정답 ④

98 ★★☆

오염총량관리기본계획 수립 시 포함되지 않는 내용은?

① 해당 지역 개발계획의 내용
② 지방자치단체별 · 수계구간별 오염부하량의 할당
③ 관할 지역에서 배출되는 오염부하량의 총량 및 저감계획
④ 오염총량초과부과금의 산정방법과 산정기준

해설
「법 제4조의3」
오염총량관리 기본계획에 포함되어야 할 사항
• 해당 지역 개발계획의 내용
• 지방자치단체별 · 수계구간별 오염부하량의 할당
• 관할 지역에서 배출되는 오염부하량의 총량 및 저감계획
• 해당 지역 개발계획으로 인하여 추가로 배출되는 오염부하량 및 그 저감계획

정답 ④

99 ★☆☆

비점오염저감시설의 설치와 관련된 사항으로 틀린 것은?

① 도시의 개발, 산업단지의 조성 등 사업을 하는 자는 환경부령이 정하는 기간 내에 비점오염저감시설을 설치하여야 한다.
② 강우유출수의 오염도가 항상 배출허용기준 이내로 배출되는 사업장은 비점오염저감시설을 설치하지 아니할 수 있다.
③ 한강대권역의 완충저류시설에 유입하여 강우유출수를 처리할 경우 비점오염저감시설을 설치하지 아니할 수 있다.
④ 대통령령으로 정하는 규모 이상의 사업장에 제철시설, 섬유염색시설, 그 밖에 대통령령으로 정하는 폐수배출시설을 설치하는 자는 비점오염저감시설을 설치하여야 한다.

해설
「법 제53조」
한강대권역의 완충저류시설에 유입하여 강우유출수를 처리할 경우 비점오염저감시설을 설치해야 한다.

정답 ③

100 ★★☆

폐수처리방법이 생물화학적 처리방법인 경우 시운전기간 기준은? (단, 가동시작일은 2월 3일이다.)

① 가동서작일부터 50일로 한다.
② 가동시작일부터 60일로 한다.
③ 가동시작일부터 70일로 한다.
④ 가동시작일부터 90일로 한다.

해설
「시행규칙 제47조」
시운전기간
• 폐수처리방법이 생물화학적 처리방법인 경우: 가동시작일부터 50일 (가동시작일이 11월 1일부터 다음 연도 1월 31일까지에 해당하는 경우: 가동시작일부터 70일)
• 폐수처리방법이 물리적 또는 화학적 처리방법인 경우: 가동시작일부터 30일

정답 ①

수질오염개론

01 ★★☆

수자원의 순환에서 가장 큰 비중을 차지하는 것은?

① 해양으로의 강우
② 증발
③ 증산
④ 육지로의 강우

해설

수자원의 순환에서 가장 큰 비중을 차지하는 것은 태양에너지에 의한 증발이며, 비중이 가장 작은 것은 식물의 흡수 및 증산작용이다.

정답 ②

02 ★★☆

C_2H_6 15g이 완전히 산화하는 데 필요한 이론적 산소량(g)은?

① 약 46
② 약 56
③ 약 66
④ 약 76

해설

$C_2H_6 + 3.5O_2 \rightarrow 2CO_2 + 3H_2O$
30g   3.5×32g

비례식으로 정리하면,
$30g : 3.5 \times 32g = 15g : X(g)$
$\therefore X = 56g$

정답 ②

03 ★★☆

$PbSO_4$가 25℃ 수용액 내에서 용해도가 0.075g/L이라면 용해도적은? (단, Pb 원자량=207)

① 3.4×10^{-9}
② 4.7×10^{-9}
③ 5.8×10^{-8}
④ 6.1×10^{-8}

해설

$PbSO_4 \rightleftharpoons Pb^{2+} + SO_4^{2-}$

$PbSO_4$의 몰농도$(L_m) = \dfrac{0.075g}{L} \left| \dfrac{1mol}{303g} \right.$

$\qquad\qquad = 2.475 \times 10^{-4} mol/L$

용해도적$(K_{sp}) = [Pb^{2+}][SO_4^{2-}]$

$\therefore K_{sp} = (2.475 \times 10^{-4}) \times (2.475 \times 10^{-4})$

$\qquad = 6.13 \times 10^{-8} \fallingdotseq 6.1 \times 10^{-8}$

정답 ④

04 ★★☆

하천의 자정계수(f)에 관한 설명으로 맞는 것은? (단, 기타 조건은 같다고 가정함)

① 수온이 상승할수록 자정계수는 작아진다.
② 수온이 상승할수록 자정계수는 커진다.
③ 수온이 상승하여도 자정계수는 변화가 없이 일정하다.
④ 수온이 20℃인 경우, 자정계수는 가장 크며 그 이상의 수온에서는 점차로 낮아진다.

해설

수온이 상승하면 자정계수(f)는 작아진다.
자정계수=재포기계수(K_2)/탈산소계수(K_1)이며 수온이 상승하면 재포기계수(K_2)와 탈산소계수(K_1)가 모두 증가하나 재포기계수에 비해 탈산소계수의 증가율이 높기 때문에 자정계수는 감소한다.

정답 ①

05 ★★★

하천수의 수온은 10℃이다. 20℃의 탈산소계수 k(상용대수)가 0.1day^{-1}일 때 최종 BOD에 대한 BOD$_6$의 비는? (단, $k_T = k_{20} \times 1.047^{(T-20)}$)

① 0.42   ② 0.58

③ 0.63   ④ 0.83

해설

BOD 소모 공식을 이용한다.
먼저 온도변화에 따른 k값을 보정하면

$$k_{10℃} = k_{20} \times 1.047^{(T-20)}$$
$$= 0.1 \times 1.047^{(10-20)}$$
$$= 0.0632 \text{day}^{-1}$$
$$BOD_6 = BOD_u(1 - 10^{-0.0632 \times 6})$$
$$\therefore \frac{BOD_6}{BOD_u} = (1 - 10^{-0.0632 \times 6}) = 0.58$$

정답 ②

06 ★★★

피부점막, 호흡기로 흡입되어 국소 및 전신마비, 피부염, 색소 침착을 일으키며 안료, 색소, 유리공업 등이 주요 발생원인 중금속은?

① 비소   ② 납

③ 크롬   ④ 구리

해설

비소는 혈관 내 용혈을 일으키며 두통, 오심, 흉부압박감을 유발하기도 한다. 10ppm 정도에 폭로되면 혼미, 혼수, 사망에 이른다. 대표적 3대 증상으로는 복통, 황달, 빈뇨 등이며, 만성적인 폭로에 의한 국소증상으로는 손·발바닥에 나타나는 각화증, 각막궤양, 비중격 천공, 탈모 등을 들 수 있다.

정답 ①

07 ★☆☆

연못의 수면에 용존산소 농도가 11.3mg/L이고 수온이 20℃인 경우, 가장 적절한 판단이라 볼 수 있는 것은?

① 수면의 난류로 계속 폭기가 일어나 DO가 계속 높아질 가능성이 있다.

② 연못에 산화제가 유입되었을 가능성이 있다.

③ 조류가 번식하여 DO가 과포화 되었을 가능성이 있다.

④ 물속에 수산화물과 (중)탄산염을 포함하여 완충능력이 클 가능성이 있다.

해설

일반적으로 20℃에서 물의 포화용존산소량은 약 9.17mg/L 정도인데 현재 용존산소량이 11.3mg/L이므로 조류(Algae)의 광합성에 의한 산소의 공급이 이뤄졌을 가능성이 높다.

정답 ③

08 ★★☆

다음 설명과 가장 관계있는 것은?

> 유리산소가 존재해야만 생장하며, 최적 온도는 20~30℃, 최적 pH는 4.5~6.0이다. 유기산과 암모니아를 생성해 pH를 상승 또는 하강시킬 때도 있다.

① 박테리아   ② 균류

③ 조류   ④ 원생동물

해설

균류는 탄소동화작용을 하지 않고 유기물질을 섭취하며 낮은 산성의 폐수에서도 잘 성장한다.

정답 ②

09 ★☆☆

효소 및 기질이 효소 – 기질을 형성하는 가역 반응과 생성물 P를 이탈시키는 착화합물의 비가역 분해과정인 다음의 식에서 Michaelis 상수 K_m은? (단, $k_1 = 1.0 \times 10^7 M^{-1} s^1$, $k_{-1} = 1.0 \times 10^2 s^{-1}$, $k_2 = 3.0 \times 10^2 s^{-1}$)

$$E + S \underset{k_{-1}}{\overset{k_1}{\rightleftharpoons}} ES \overset{k}{\longrightarrow} E + P$$

① $1.0 \times 10^{-5} M$
② $2.0 \times 10^{-5} M$
③ $3.0 \times 10^{-5} M$
④ $4.0 \times 10^{-5} M$

해설

효소반응과정의 특성을 설명하면,

$$E + S \underset{k_{-1}}{\overset{k_1}{\rightleftharpoons}} ES \overset{k_2}{\longrightarrow} E + P$$

효소 E는 속도상수 k_1으로 S와 결합하여 ES 복합체를 형성한다. ES 복합체는 속도상수 k_{-1}로써 E와 S로 해리할 수도 있고 속도상수 k_2로써 생성물 P를 만드는 반응으로 진행할 수 있다. 생성물은 전혀 초기상태의 기질로 되돌아가지 않는다고 가정하면 반응속도 V는 ES 복합체의 농도와 k_2의 곱에 비례한다. 여기서 Michaelis 상수 K_m은 다음과 같이 정의된다.
문제에 나오는 기호로 표시하면,

$$\therefore K_m = \frac{k_2 + k_{-1}}{k_1}$$
$$= \frac{(3.0 \times 10^2) + (1.0 \times 10^2)}{1.0 \times 10^7}$$
$$= 4.0 \times 10^{-5} M$$

정답 ④

10 ★★☆

Formaldehyde(CH_2O)의 COD/TOC비는?

① 1.37
② 1.67
③ 2.37
④ 2.67

해설

$$CH_2O + O_2 \rightarrow H_2O + CO_2$$

1mol 기준: 30g : 32g
COD: 32g
TOC: 12g
$\therefore$ COD/TOC $= 32/12 \fallingdotseq 2.67$

정답 ④

11 ★★★

수질오염물질 중 중금속에 관한 설명으로 틀린 것은?

① 카드뮴: 인체 내에서 투과성이 높고 이동성이 있는 독성 메틸 유도체로 전환된다.
② 비소: 인산염 광물에 존재해서 인 화합물 형태로 환경 중에 유입된다.
③ 납: 급성독성은 신장, 생식계통, 간 그리고 뇌와 중추신경계에 심각한 장애를 유발한다.
④ 수은: 수은 중독은 BAL, Ca_2EDTA로 치료할 수 있다.

해설

카드뮴은 식품으로부터 가장 많이 섭취되며 체내에 잘 축적되고, 대표적인 질환으로 이타이이타이병이 있다.

정답 ①

12 ★★☆

0.2N CH_3COOH 100mL를 NaOH로 적정하고자 하여 0.2N NaOH 97.5mL를 가했을 때 이 용액의 pH는? (단, CH_3COOH의 해리상수 $K_a = 1.8 \times 10^{-5}$)

① 3.67
② 5.56
③ 6.34
④ 6.87

해설

$CH_3COOH + NaOH \rightleftharpoons CH_3COONa + H_2O$

CH_3COONa는 NaOH의 몰수만큼 반응하고 기존의 아세트산의 몰수에서 NaOH의 몰수를 뺀것만큼 아세트산이 남게 된다.

반응 초기 CH_3COOH의 몰 수

$= \dfrac{0.2eq}{L} \left| \dfrac{mol}{1eq} \right| 0.1L = 0.02mol$

NaOH의 몰수 $= CH_3COONa$의 몰수

$= \dfrac{0.2eq}{L} \left| \dfrac{mol}{1eq} \right| 0.0975L = 0.0195mol$

남은 CH_3COOH의 몰 수

$= 0.02 - 0.0195 = 0.0005mol$

$\therefore \ pH = pK_a + \log \dfrac{염(=[CH_3COONa])}{약산(=[CH_3COOH])}$

$\quad = -\log(1.8 \times 10^{-5}) + \log \dfrac{0.0195}{0.0005} = 6.34$

정답 ③

13 ★☆☆

분뇨를 퇴비화 처리할 때 초기의 최적 환경조건으로 가장 거리가 먼 것은?

① 축분에 수분조정을 위해 부자재를 혼합할 때 퇴비재료의 적정 C/N비는 25~30이 좋다.
② 부자재를 혼합하여 수분함량이 20~30% 되도록 한다.
③ 퇴비화는 호기성미생물을 활용하는 기술이므로 산소공급을 충분히 한다.
④ 초기 재료의 pH는 6.0~8.0으로 조정한다.

해설

부자재를 혼합하여 수분함량이 50~60% 되도록 한다.

관련이론 │ 퇴비화 조건

- 수분량: 50~60wt%
- C/N비: 25~30이 적정범위
- 온도: 적절한 온도(50~60℃)
- 입경: 5cm 이하
- pH: 약알칼리 상태(pH 6~8)
- 공기: 호기적 산화 분해로 산소의 존재가 필수적.
  산소함량(5~15%),
  공기주입률(50~200L/min·m³)

정답 ②

14 ★★★

부영양화 현상을 억제하는 방법으로 가장 거리가 먼 것은?

① 비료나 합성세제의 사용을 줄인다.
② 축산폐수의 유입을 막는다.
③ 과잉번식된 조류(Algae)는 황산망간($MnSO_4$)을 살포하여 제거 또는 억제할 수 있다.
④ 하수처리장에서 질소와 인을 제거하기 위해 고도처리 공정을 도입하여 질소, 인의 호소유입을 막는다.

해설

조류 제거를 위한 화학약품은 일반적으로 황산구리($CuSO_4$)를 사용한다.

정답 ③

15 ★★☆

보통 농업용수의 수질평가 시 SAR로 정의하는데 이에 대한 설명으로 틀린 것은?

① SAR의 값이 20 정도이면 Na^+가 토양에 미치는 영향이 적다.
② SAR의 값은 Na^+, Ca^{2+}, Mg^{2+} 농도와 관계가 있다.
③ 경수가 연수보다 토양에 더 좋은 영향을 미친다고 볼 수 있다.
④ SAR의 계산식에 사용되는 이온의 농도는 meq/L를 사용한다.

해설

SAR의 값이 10 이하인 경우는 경작토양으로 문제가 발생하지 않는다. SAR의 값이 20 정도이면 Na^+가 토양에 미치는 영향이 비교적 크다.

정답 ①

16 ★★☆

공장의 COD가 5,000mg/L, BOD_5가 2,100mg/L이었다면 이 공장의 NBDCOD(mg/L)는? (단, $K=BOD_u/BOD_5=1.5$)

① 1,850
② 1,550
③ 1,450
④ 1,250

해설

$NBDCOD=COD-BDCOD(=BOD_u)=COD-BOD_u$
$BOD_u=BOD_5 \times 1.5=2,100 \times 1.5$
$\therefore NBDCOD=5,000-2,100 \times 1.5=1,850mg/L$

정답 ①

17 ★☆☆

분체증식을 하는 미생물을 회분배양하는 경우 미생물은 시간에 따라 5단계를 거치게 된다. 5단계 중 생존한 미생물의 중량보다 미생물 원형질의 전체 중량이 더 크게 되며, 미생물수가 최대가 되는 단계로 가장 적합한 것은?

① 증식단계
② 대수성장단계
③ 감소성장단계
④ 내생성장단계

해설

미생물 성장 곡선은 유도기, 대수성장기, 감소성장기, 정지기, 사멸기이며 미생물수가 최대가 되는 단계는 감소성장단계이다.

정답 ③

18 ★☆☆

팔당호와 의암호와 같이 짧은 체류시간, 호수 수질의 수평적 균일성의 특징을 가지는 호수의 형태는?

① 하천형 호수
② 가지형 호수
③ 저수지형 호수
④ 하구형 호수

해설

관련이론 | 호수 종류에 따른 특징

호수 종류	특징	종류
하천형	• 수질은 수평적으로 균일하다. • 체류시간이 짧다. • 호수 연안이 비교적 단순하다.	춘천호, 의암호, 청평호, 팔당호
가지형	• 체류시간이 길다. • 호수 내 만의 발달 • 수질은 호수 길이에 따라 차이가 있다. • 연안구조가 복잡하다.	소양호, 충주호, 합천호, 안동호, 대청호
저수지형	• 수심이 낮다. • 체류시간이 짧다. • 저수량이 적다.	장성호, 광주호, 호암호, 회동호, 대가미호
하구형	• 하구에 위치하여 오염 부하량이 높다. • 수질은 호수 길이에 따라 차이가 있다.	영산강 하구, 낙동강 하구

정답 ①

2018년

19 ★★★

일차 반응에서 반응물질의 반감기가 5일이라고 한다면 물질의 90%가 소모되는 데 소요되는 시간(일)은?

① 약 14   ② 약 17

③ 약 19   ④ 약 22

해설

$$\ln \frac{C_t}{C_o} = -k \cdot t$$

- C_t: 처리 후 농도
- C_o: 초기 농도
- k: 반응속도상수$[\text{day}^{-1}]$
- t: 반응시간$[\text{day}]$

먼저, 반감기를 이용하여 k를 구한다.

$$\ln \frac{0.5 C_o}{C_o} = -k \cdot 5\text{day}$$

$$\therefore k = 0.1386 \text{day}^{-1}$$

따라서, A 물질의 90%가 소모되는 데 소요되는 시간은 다음과 같다.

$$\ln \frac{10}{100} = -0.1386 \cdot t$$

$$\therefore t = 16.61 = 17\text{day}$$

정답 ②

20 ★☆☆

공장폐수의 BOD를 측정하였을 때 초기 DO는 8.4mg/L이고, 20℃에서 5일간 보관 후 측정한 DO는 3.6mg/L이었다. BOD 제거율이 90%가 되는 활성슬러지 처리시설에서 처리하였을 경우 방류수의 BOD(mg/L)는? (단, BOD 측정 시 희석배율=50배)

① 12   ② 16

③ 21   ④ 24

해설

$$\begin{aligned} \text{BOD} &= (\text{DO}_1 - \text{DO}_2) \times \text{P} \\ &= (8.4 - 3.6) \times 50 \\ &= 240\text{mg/L} \end{aligned}$$

$$\begin{aligned} \therefore \text{방류수의 BOD} &= 240 \times (1 - 0.9) \\ &= 24\text{mg/L} \end{aligned}$$

정답 ④

상하수도계획

21 ★★★

펌프의 회전수 N=2,400rpm, 최고 효율점의 토출량 Q=162m³/hr, 전양정 H=90m인 원심펌프의 비회전도는?

① 약 115   ② 약 125

③ 약 135   ④ 약 145

해설

$$N_s = N \times \frac{Q^{1/2}}{H^{3/4}}$$

이때 주의사항은 유량을 m³/min으로 환산해야 한다.

- N_s: 비교회전도[rpm]
- N: 펌프의 회전수[rpm]
- Q: 펌프의 토출량[m³/min]
- H: 펌프의 양정[m]

$$Q = \frac{162\text{m}^3}{\text{hr}} \left| \frac{1\text{hr}}{60\text{min}} \right. = 2.7\text{m}^3/\text{min}$$

$$\begin{aligned} \therefore N_s &= N \times \frac{Q^{1/2}}{H^{3/4}} = 2{,}400 \times \frac{2.7^{1/2}}{90^{3/4}} \\ &= 134.96 = 135회 \end{aligned}$$

정답 ③

22 ★★★

펌프의 공동현상(Cavitation)에 관한 설명 중 틀린 것은?

① 공동현상이 생기면 소음이 발생한다.

② 공동 속의 압력은 절대로 0이 되지는 않는다.

③ 장시간이 경과하면 재료의 침식을 생기게 한다.

④ 펌프의 흡입양정이 작아질수록 공동현상이 발생하기 쉽다.

해설

펌프의 흡입양정이 커질수록 공동현상이 발생하기 쉽다.

정답 ④

23 ★★☆

펌프의 토출유량은 1,800m³/hr, 흡입구의 유속은 4m/sec일 때 펌프의 흡입구경(mm)은?

① 약 350 　　　　　② 약 400

③ 약 450 　　　　　④ 약 500

해설

$Q = A \cdot V$

$\dfrac{1,800\mathrm{m}^3}{\mathrm{hr}} = A \times \dfrac{4\mathrm{m}}{\mathrm{sec}} \Big| \dfrac{3,600\mathrm{sec}}{1\mathrm{hr}}$

$A = 0.125\mathrm{m}^2$

$A = \dfrac{\pi D^2}{4}$

$\therefore D = 0.3989\mathrm{m} \fallingdotseq 400\mathrm{mm}$

정답 ②

24 ★☆☆

하수관로 개 · 보수계획 수립 시 포함되어야 할 사항이 아닌 것은?

① 불명수량 조사
② 개 · 보수 우선순위의 결정
③ 개 · 보수공사 범위의 설정
④ 주변 인근 신설관로 현황 조사

해설

하수관로 개 · 보수계획은 관로의 중요도, 계획의 시급성, 환경성 및 기존관로 현황 등을 고려하여 수립하되 다음과 같은 사항을 포함한다.

· 기초자료 분석 및 조사우선순위 결정
· 불명수량 조사
· 기존관로 현황조사
· 개 · 보수 우선순위의 결정
· 개 · 보수공사 범위의 설정
· 개 · 보수공법의 선정

정답 ④

25 ★★☆

단면 ①(지름 0.5m)에서 유속이 2m/sec일 때, 단면 ②(지름 0.2m)에서의 유속(m/sec)은? (단, 만관 기준이며 유량은 변화 없음)

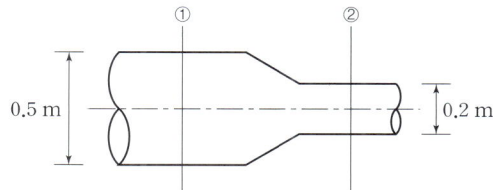

① 약 5.5 　　　　　② 약 8.5

③ 약 9.5 　　　　　④ 약 12.5

해설

$A_1 V_1 = A_2 V_2$

$\dfrac{\pi (0.5)^2}{4} \times 2 = \dfrac{\pi (0.2)^2}{4} \times V_2$

$\therefore V_2 = 12.5\mathrm{m/sec}$

정답 ④

26 ★★☆

상수도 취수시설 중 취수틀에 관한 설명으로 옳지 않은 것은?

① 구조가 간단하고 시공도 비교적 용이하다.
② 수중에 설치되므로 호소 표면수는 취수할 수 없다.
③ 단기간에 완성되고 안정된 취수가 가능하다.
④ 보통 대형 취수에 사용되며 수위변화에 영향이 적다.

관련이론 | 취수틀

· 가장 간단한 취수시설로서 중소량 취수에 사용된다.
· 호소 · 하천 등의 수중에 설치되는 취수설비로서 하상 또는 호상의 변화가 심한 곳은 부적당하다.
· 단기간에 축조할 수 있으며 비교적 안정된 취수를 할 수 있으나 홍수 시 매몰, 유실될 우려가 있다.

정답 ④

27 ★★☆

다음 하수관로에서 평균유속이 2.5m/sec일 때 흐르는 유량(m³/sec)은?

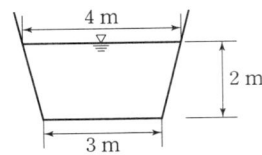

① 7.8

② 12.3

③ 17.5

④ 23.3

해설

$Q = A \cdot V$

여기서,

사다리꼴의 면적(A)

$= \frac{1}{2} H(a+b) = \frac{1}{2} \times 2 \times (3+4) = 7m^2$

$\therefore Q = A \cdot V = 7m^2 \times 2.5m/sec = 17.5m^3/sec$

정답 ③

28 ★☆☆

관경 1,100mm, 역사이펀 관로 내의 동수경사 2.4‰, 유속 2.15m/sec, 역사이펀 관로의 길이 L=76m일 때, 역사이펀의 손실수두(m)는? (단, β=1.5, α=0.05m이다.)

① 0.29

② 0.39

③ 0.49

④ 0.59

해설

$H[m] = i \cdot L + \beta \times \frac{V^2}{2g} + \alpha$

$= \frac{2.4}{1,000} \times 76 + \left(1.5 \times \frac{2.15^2}{2 \times 9.8}\right) + 0.05$

$= 0.586 ≒ 0.59m$

정답 ④

29 ★☆☆

24시간 이상 장시간의 강우강도에 대해 가까운 저류시설 등을 계획할 경우에 적용하는 강우강도식은?

① Cleveland형

② Japanese형

③ Talbot형

④ Sherman형

해설

유달시간이 짧은 관로 등의 유하시설을 계획할 경우에는 원칙적으로 Talbot형을 채용하는 것이 좋으며, 24시간 우량 등의 장시간 강우강도에 대해서는 Cleveland형이 가깝다. 저류시설 등을 계획하는 경우에도 Cleveland형을 채용하는 것이 좋다.

정답 ①

30 ★★☆

하수배제방식이 합류식인 경우 중계펌프장의 계획하수량으로 가장 옳은 것은?

① 우천 시 계획오수량

② 계획우수량

③ 계획시간 최대오수량

④ 계획1일 최대오수량

해설

하수배제방식에 따른 펌프장시설의 계획하수량은 다음과 같다.

하수 배제방식	펌프장의 종류	계획하수량
분류식	중계펌프장 처리장 내 펌프장	계획시간 최대오수량
	빗물펌프장	계획우수량
합류식	중계펌프장 처리장 내 펌프장	우천 시 계획오수량
	빗물펌프장	계획하수량-우천 시 계획오수량

정답 ①

31 ★☆☆

우물의 양수량 결정 시 적용되는 "적정양수량"의 정의로 옳은 것은?

① 최대양수량의 70% 이하
② 최대양수량의 80% 이하
③ 한계양수량의 70% 이하
④ 한계양수량의 80% 이하

해설

지하수(우물)의 양수량 결정 시 "적정양수량"은 한계양수량의 70% 이하의 양수량으로 구한다.

정답 ③

33 ★★☆

계획송수량과 계획도수량의 기준이 되는 수량은?

① 계획송수량 : 계획1일 최대급수량
   계획도수량 : 계획시간 최대급수량
② 계획송수량 : 계획시간 최대급수량
   계획도수량 : 계획1일 최대급수량
③ 계획송수량 : 계획취수량
   계획도수량 : 계획1일 최대급수량
④ 계획송수량 : 계획1일 최대급수량
   계획도수량 : 계획취수량

해설

계획송수량은 계획1일 최대급수량을 기준으로 하며, 계획도수량은 계획취수량을 기준으로 한다.

정답 ④

34 ★★★

정수처리시설인 응집지 내의 플록형성지에 관한 설명 중 틀린 것은?

① 플록형성지는 혼화지와 침전지 사이에 위치하고 침전지에 붙여서 설치한다.
② 플록형성은 응집된 미소플록을 크게 성장시키기 위해 적당한 기계식교반이나 우류식교반이 필요하다.
③ 플록형성지 내의 교반강도는 하류로 갈수록 점차 증가시키는 것이 바람직하다.
④ 플록형성지는 단락류나 정체부가 생기지 않으면서 충분하게 교반될 수 있는 구조로 한다.

해설

플록형성지 내의 교반강도는 하류로 갈수록 점차 감소시키는 것이 바람직하다.

정답 ③

32 ★☆☆

우리나라 대규모 상수도의 수원으로 가장 많이 이용되며 오염물질에 노출을 주의해야 하는 수원은?

① 지표수
② 지하수
③ 용천수
④ 복류수

해설

지표수는 하천수, 호소수로 세분되며, 현재 대규모 상수도원으로 가장 많이 이용되고 있지만 오염물질의 노출에 주의해야 한다.

정답 ①

35 ★☆☆

상수도 기본계획 수립 시 기본적 사항인 계획1일 최대급수량에 관한 내용으로 적절한 것은?

① 계획1일 평균사용수량/계획유효율

② 계획1일 평균사용수량/계획부하율

③ 계획1일 평균급수량/계획유효율

④ 계획1일 평균급수량/계획부하율

해설

계획1일 최대급수량
＝계획1일 평균급수량/계획부하율

정답 ④

36 ★★★

취수시설 중 취수보의 위치 및 구조에 대한 고려사항으로 옳지 않은 것은?

① 유심이 취수구에 가까우며 안정되고 홍수에 의한 하상변화가 적은 지점으로 한다.

② 원칙적으로 철근콘크리트 구조로 한다.

③ 침수 및 홍수 시 수면상승으로 인하여 상류에 위치한 하천공작물 등에 미치는 영향이 적은 지점에 설치한다.

④ 원칙적으로 홍수의 유심방향과 평행인 직선형으로 가능한 한 하천의 곡선부에 설치한다.

해설

취수보는 원칙적으로 홍수의 유심방향과 직각의 직선형으로 가능한 하천의 직선부에 설치한다.

정답 ④

37 ★☆☆

길이 1.2km의 하수관이 2‰의 경사로 매설되어 있을 경우, 이 하수관 양 끝단간의 고저차(m)는? (단, 기타사항은 고려하지 않음)

① 0.24 ② 2.4

③ 0.6 ④ 6.0

해설

H(고저차)＝I(경사)×L(유로길이)

$\therefore H = \dfrac{2}{1,000} \times 1,200 = 2.4m$

정답 ②

38 ★★☆

도수관을 설계할 때 평균유속 기준으로 옳은 것은?

자연유하식인 경우에는 허용최대한도를 (㉠)로 하고, 도수관의 평균유속의 최소한도는 (㉡)로 한다.

① ㉠ 1.5m/s, ㉡ 0.3m/s

② ㉠ 1.5m/s, ㉡ 0.6m/s

③ ㉠ 3.0m/s, ㉡ 0.3m/s

④ ㉠ 3.0m/s, ㉡ 0.6m/s

해설

도수관의 평균유속 기준

자연유하식인 경우에는 허용최대한도를 3.0m/s로 하고, 도수관의 평균유속의 최소한도는 0.3m/s로 한다.

정답 ③

39 ★☆☆

하수 관로시설인 빗물받이의 설치에 관한 설명으로 틀린 것은?

① 협잡물 및 토사의 유입을 저감할 수 있는 방안을 고려하여야 한다.

② 설치위치는 보·차도 구분이 없는 경우에는 도로와 사유지의 경계에 설치한다.

③ 도로 옆의 물이 모이기 쉬운 장소나 L형 측구의 유하방향 하단부에 설치한다.

④ 우수침수방지를 위하여 횡단보도 및 가옥의 출입구 앞에 설치함을 원칙으로 한다.

해설

빗물받이는 횡단보도 및 가옥의 출입구 앞에는 가급적 설치하지 않는 것이 좋다.

정답 ④

40 ★☆☆

상수처리를 위한 약품침전지의 구성과 구조로 틀린 것은?

① 슬러지의 퇴적심도로서 30cm 이상을 고려한다.

② 유효수심은 3~5.5m로 한다.

③ 침전지 바닥에는 슬러지 배제에 편리하도록 배수구를 향하여 경사지게 한다.

④ 고수위에서 침전지 벽체 상단까지의 여유고는 10cm 정도로 한다.

해설

고수위에서 침전지 벽체 상단까지의 여유고는 30cm 이상으로 한다.

정답 ④

수질오염방지기술

41 ★☆☆

정수장 응집 공정에 사용되는 화학 약품 중 나머지 셋과 그 용도가 다른 하나는?

① 오존   ② 명반

③ 폴리비닐다민   ④ 황산제일철

해설

오존은 소독제이고 나머지는 응집제이다.

정답 ①

42 ★☆☆

처리유량이 200m³/hr이고 염소요구량이 9.5mg/L, 잔류염소 농도가 0.5mg/L일 때 하루에 주입되는 염소의 양 (kg/day)은?

① 2   ② 12

③ 22   ④ 48

해설

염소주입량[mg/L]=염소요구량[mg/L]+염소잔류량[mg/L]

$$=9.5+0.5$$
$$=10mg/L$$

∴ 하루에 주입되는 염소의 양[kg/day]

$$=\frac{10mg}{L}\left|\frac{200m^3}{hr}\right|\frac{10^3L}{1m^3}\left|\frac{1kg}{10^6mg}\right|\frac{24hr}{day}$$

$$=48kg/day$$

정답 ④

43 ★☆☆

폐수를 처리하기 위해 시료 200mL를 취하여 Jar Test하여 응집제와 응집보조제의 최적 주입농도를 구한 결과, $Al_2(SO_4)_3$ 200mg/L, $Ca(OH)_2$ 500mg/L였다. 폐수량이 500m³/day을 처리하는 데 필요한 $Al_2(SO_4)_3$의 양(kg/day)은?

① 50　　　　　　　② 100
③ 150　　　　　　　④ 200

해설

$Al_2(SO_4)_3$의 양[kg/day]

$$=\frac{200mg}{L}\left|\frac{500m^3}{day}\right|\frac{1kg}{10^6mg}\left|\frac{1,000L}{1m^3}\right.$$

$=100kg/day$

정답 ②

44 ★★☆

분뇨 소화슬러지 발생량은 1일 분뇨투입량의 10%이다. 발생된 소화슬러지의 탈수 전 함수율이 96%라고 하면 탈수된 소화슬러지의 1일 발생량(m³)은? (단, 분뇨투입량=360kL/day, 탈수된 소화슬러지의 함수율=72%, 분뇨 비중=1.0)

① 2.47　　　　　　　② 3.78
③ 4.21　　　　　　　④ 5.14

해설

· 분뇨활성슬러지 발생량(SL_1) 산정

$$\frac{360kL}{day}\times\frac{1m^3}{1kL}\times\frac{10}{100}=36m^3/day$$

· 함수율(X_1, X_2)에 따른 소화슬러지 발생량(SL_2) 산정

$$SL_1(1-X_1)=SL_2(1-X_2)$$
$$36m^3/day(1-0.96)=SL_2(1-0.72)$$
$$\therefore SL_2=5.14m^3/day$$

정답 ④

45 ★★☆

유기물을 함유한 유체가 완전혼합연속반응조를 통과할 때 유기물의 농도가 200mg/L에서 20mg/L로 감소한다. 반응조 내의 반응이 일차반응이고 반응조체적이 20m³이며, 반응속도상수가 0.2day⁻¹이라면 유체의 유량(m³/day)은?

① 0.11　　　　　　　② 0.22
③ 0.33　　　　　　　④ 0.44

해설

CFSTR의 물질수지식을 이용한다.

$$Q(C_o-C_t)=K\cdot\forall\cdot C_t^m$$

· Q: 유량[m³/day]
· C_o: 유입농도[mg/L]
· C_t: 유출농도[mg/L]
· K: 속도상수[day⁻¹]
· $\forall$: 부피[m³]
· m: 반응차수

여기서, m=반응차수=1차반응=1

$$\therefore Q[m^3/day]=\frac{K\cdot\forall\cdot C_t}{(C_o-C_t)}$$

$$=\frac{0.2}{day}\left|\frac{20m^3}{}\right|\frac{20mg}{L}\left|\frac{L}{(200-20)mg}\right.$$

$$=0.44m^3/day$$

정답 ④

46 ★★★

BOD 400mg/L, 폐수량 1,500m³/day의 공장폐수를 활성슬러지법으로 처리하고자 한다. BOD-MLSS 부하를 0.25kg/kg·day, MLSS 2,500mg/L로 운전한다면 포기조의 크기(m³)는?

① 2,000　　　　　　　② 1,500
③ 1,250　　　　　　　④ 960

해설

$$F/M=\frac{BOD\cdot Q}{\forall\cdot X}$$

$$\therefore \forall=\frac{BOD\cdot Q}{F/M\cdot X}$$

$$=\frac{400mg}{L}\left|\frac{1,500m^3}{day}\right|\frac{kg\cdot day}{0.25kg}\left|\frac{L}{2,500mg}\right.$$

$$=960m^3$$

정답 ④

47

★☆☆

고농도의 액상 PCB 처리방법으로 가장 거리가 먼 것은?

① 방사선 조사(코발트 60에 의한 γ선 조사)
② 연소법
③ 자외선 조사법
④ 고온 고압 알칼리 분해법

해설

방사선 조사법은 저농도 PCB 처리방법이다.

정답 ①

48

★★☆

일반적으로 염소계 산화제를 사용하여 무해한 물질로 산화 분해시키는 처리방법을 사용하는 폐수의 종류는?

① 납을 함유한 폐수
② 시안을 함유한 폐수
③ 유기인을 함유한 폐수
④ 수은을 함유한 폐수

해설

시안을 함유한 폐수를 처리하는 방법에는 알칼리 염소처리법, 오존산화법, 전해산화법, 미생물학적 처리법, 감청법 등이 있으며, 가장 많이 사용되는 방법은 알칼리 염소처리법이다.

정답 ②

49

★☆☆

SS가 55mg/L, 유량이 13,500m³/day인 흐름에 황산제이철($Fe_2(SO_4)_3$)을 응집제로 사용하여 50mg/L가 되도록 투입한다. 응집제를 투입하는 흐름에 알칼리도가 없는 경우, 황산제이철과 반응시키기 위해 투입하여야 하는 이론적인 석회($Ca(OH)_2$)의 양(kg/day)은? (단, Fe=55.8, S=32, O=16, Ca=40, H=1)

① 285
② 375
③ 465
④ 545

해설

황산제이철 주입량[kg/day]

$$= \frac{13,500m^3}{day} \left| \frac{50mg}{L} \right| \frac{10^3L}{m^3} \right| \frac{kg}{10^6mg}$$

$$= 675kg/day$$

황산제이철과 수산화칼슘의 반응식을 이용한다.

$$Fe_2(SO_4)_3 + 3Ca(OH)_2 \rightarrow 2Fe(OH)_3 + 3CaSO_4$$

$$\underline{Fe_2(SO_4)_3} \quad : \quad \underline{3Ca(OH)_2}$$

$$399.6g \quad : \quad 3 \times 74g$$

$$= 675kg/day : x(kg/day)$$

$$\therefore x = 375kg/day$$

정답 ②

50

★☆☆

바퀴모양의 극미동물이며, 상당히 양호한 생물학적 처리에 대한 지표미생물은?

① $Psychodidae$
② $Rotifera$
③ $Vorticella$
④ $Sphaerotillus$

선지분석

① $Psychodidae$: 나방파리과
③ $Vorticella$: 섬모충류(생물학적처리 지표 미생물)
④ $Sphaerotillus$: 사상성 박테리아(슬러지팽화의 원인)

정답 ②

51 ★☆☆

시공계획의 수립 시 준비단계에서 고려할 사항 중 가장 거리가 먼 것은?

① 계약조건, 설계도, 시방서 및 공사조건을 충분히 검토한 후 시공할 작업의 범위를 결정
② 이용 가능한 자원을 최대로 활용할 수 있도록 현장의 각종 제약조건을 분석
③ 계획, 실시, 검토, 통제의 단계를 거쳐 작성
④ 예정공기를 벗어나지 않는 범위 내에서 가장 경제적인 시공이 될 수 있는 공법과 공정계획 수립

해설
계획, 검토, 실시, 통제의 단계를 거쳐 작성한다.
선지 ③번은 공정관리계획 작성 절차에 관한 내용이다.

정답 ③

52 ★★☆

MLSS의 농도가 1,500mg/L인 슬러지를 부상법(Flotation)에 의해 농축시키고자 한다. 압축탱크의 유효전달 압력이 4기압이며 공기의 밀도를 1.3g/L, 공기의 용해량이 18.7mL/L일 때 Air/Solid(A/S)비는? (단, 유량=300m³/day, f=0.5, 처리수의 반송은 없다.)

① 0.008 ② 0.010
③ 0.016 ④ 0.020

해설
A/S 비는 다음 식에 의해 계산된다.

$$A/S비 = \frac{1.3S_a(f \cdot P - 1)}{SS}$$

$$= \frac{1.3 \times 18.7 \times (0.5 \times 4 - 1)}{1,500}$$

$$= 0.016$$

정답 ③

53 ★★★

연속회분식 활성슬러지법(SBR, Sequencing Batch Reactor)에 대한 설명으로 잘못된 것은?

① 단일 반응조에서 1주기(cycle) 중에 호기 – 무산소 – 혐기 등의 조건을 설정하여 질산화, 탈질화를 도모할 수 있다.
② 충격부하 또는 첨두유량에 대한 대응성이 약하다.
③ 처리용량이 큰 처리장에는 적용하기 어렵다.
④ 질소(N)와 인(P)의 동시제거 시 운전의 유연성이 크다.

해설
부하변동이 큰 소규모 시설에서는 운전의 유연성 등을 고려하여 저부하형 연속회분식 활성슬러지법으로 한다. 또한, SBR은 충격부하 또는 첨두유량에 대한 대응성이 강하다.

정답 ②

54 ★☆☆

혐기성 처리와 호기성 처리의 비교 설명으로 가장 거리가 먼 것은?

① 호기성 처리가 혐기성 처리보다 유출수의 수질이 더 좋다.
② 혐기성 처리가 호기성 처리보다 슬러지 발생량이 더 적다.
③ 호기성 처리에서는 1차침전지가 필요하지만 혐기성 처리에서는 1차침전지가 필요 없다.
④ 주어진 기질량에 대한 영양물질의 필요성은 호기성 처리보다 혐기성 처리에서 더 크다.

해설
주어진 기질량에 대한 영양물질의 필요성은 혐기성 처리보다 호기성 처리에서 더 크다.

정답 ④

55 ★★☆

부피가 2,649m³인 탱크에서 G값을 50/sec로 유지하기 위해 필요한 이론적 소요동력(W)과 패들 면적(m²)은? (단, 유체 점성 계수 1.139×10^{-3}N·s/m², 밀도 1,000kg/m³, 직사각형 패들의 항력계수 1.8, 패들 주변속도 0.6m/s, 패들 상대속도=패들 주변속도×0.75로 가정, 패들 면적 $A = [2P/(C \cdot \rho \cdot V^3)]$식 적용)

① 8,543, 104
② 8,543, 92
③ 7,543, 104
④ 7,543, 92

해설

속도경사(G) 계산식을 이용한다.

$$G[\sec^{-1}] = \sqrt{\frac{P}{\mu V}}$$

$$P[\text{Watt}] = G^2 \times V \times \mu$$

$$= \frac{(50)^2}{\sec^2} \left| 2,649\text{m}^3 \right| \frac{1.139 \times 10^{-3}\text{N} \cdot \sec}{\text{m}^2} \left| \frac{1\text{kg} \cdot \text{m}}{1\text{N} \cdot \sec^2} \right.$$

$$= 7,543.03\text{Watt}$$

패들의 면적은 주어진 식을 이용한다.

· $A = [2P/(C \cdot \rho \cdot V^3)]$
· P : 소요동력
· C : 항력계수
· V : 상대속도=패들 주변속도×0.75
        $= 0.6 \times 0.75 = 0.45\text{m/sec}$

$$\therefore A = \frac{2 \times 7,543.03\text{kg} \cdot \text{m}^2}{\sec^3} \left| \frac{1}{1.8} \right| \frac{\text{m}^3}{1,000\text{kg}} \left| \frac{\sec^3}{(0.45)^3\text{m}^3} \right.$$

$$= 91.97 \fallingdotseq 92\text{m}^2$$

정답 ④

56 ★★★

생물학적 질소 및 인 동시제거공정으로서 혐기조, 무산소조, 호기조로 구성되며, 혐기조에서 인 방출, 무산소조에서 탈질화, 호기조에서 질산화 및 인 섭취가 일어나는 공정은?

① A²/O 공정
② Phostrip 공정
③ Modified Bardenpho 공정
④ Modified UCT 공정

관련이론

· Bardenpho process : 질소 제거
· A²/O process, Modified Bardenpho process : 질소와 인 제거
· A/O process : 인 제거
· Modified UCT : 인 제거 공정이 최적화되어 있어 A²/O, UCT 공법보다 처리효율이 안정적이며, 기존하수처리장의 고도처리공정으로 변경 시 적용이 용이하며 혐기·무산소·호기성 부유성장 처리 공법임.

정답 ①

57 ★☆☆

혐기성 공법 중 혐기성 유동상의 장점이라 볼 수 없는 것은?

① 짧은 수리학적 체류시간과 높은 부하율로 운전이 가능하다.
② 유출수는 재순환이 필요 없으므로 공정이 간단하다.
③ 매질의 첨가나 제거가 쉽다.
④ 독성물질에 대한 완충능력이 좋다.

해설

혐기성 유동상은 유출수의 재순환이 필요하므로 공정이 복잡하다.

정답 ②

58

★☆☆

하·폐수를 통하여 배출되는 계면활성제에 대한 설명 중 잘못된 것은?

① 계면활성제는 메틸렌블루 활성물질이라고도 한다.
② 계면활성제는 주로 합성세제로부터 배출되는 것이다.
③ 물에 약간 녹으면 폐수처리 플랜트에서 거품을 만들게 된다.
④ ABS는 생물학적으로 분해가 매우 쉬우나 LAS는 생물학적으로 분해가 어려운 난분해성 물질이다.

해설
ABS 세제는 세척력은 우수하지만 부작용이 크다. 물속에 존재하는 미생물은 탄소화합물을 분해해 정화하는 능력이 있는데 ABS 세제처럼 가지 달린 탄소화합물은 쉽게 분해하지 못한다. 그래서 ABS 세제 대신 개발된 것이 상대적으로 분해가 잘되는 LAS(선형 알킬벤젠술폰산나트륨) 세제다.

정답 ④

59

★☆☆

오존을 이용한 소독에 관한 설명으로 틀린 것은?

① 오존은 화학적으로 불안정하여 현장에서 직접 제조하여 사용해야 한다.
② 오존은 산소의 동소체로서 HOCl 보다 더 강력한 산화제이다.
③ 오존은 20℃ 증류수에서 반감기가 20~30분이고 용액 속에 산화제를 요구하는 물질이 존재하면 반감기는 더욱 짧아진다.
④ 잔류성이 강하여 2차 오염을 방지하며 냄새제거에 매우 효과적이다.

해설
오존은 잔류성이 없으며, 상수에 대해서는 잔류성이 있는 염소와 함께 처리해야 한다.

관련이론 | 오존을 이용한 소독의 장점과 단점

장점	단점
• 미생물, 병원균의 살균작용이 강하다. • 철 및 망간의 제거 능력이 크다. • 바이러스의 불활성화 효과가 크다. • THM이 생성되지 않는다. • 맛, 냄새 제거에 효과적이다.	• 잔류성이 없다. • 운전비용이 많이 든다.

정답 ④

60

★ ☆ ☆

pH=3.0인 산성폐수 1,000m³/day를 도시하수 시스템으로 방출하는 공장이 있다. 도시하수의 유량은 10,000m³/day이고 pH=8.0이다. 하수와 폐수의 온도는 20℃이고 완충작용이 없다면 산성폐수 첨가 후 하수의 pH는?

① 3.2

② 3.5

③ 3.8

④ 4.0

해설

$$N_o = \frac{N_1 V_1 - N_2 V_2}{V_1 + V_2}$$

$$= \frac{10^{-3} \times 1,000 - 10^{-8} \times 10,000}{1,000 + 10,000}$$

$$= 9.09 \times 10^{-5} N$$

$$\therefore \ pH = \log \frac{1}{[H^+]}$$

$$= \log \frac{1}{9.09 \times 10^{-5}}$$

$$= 4.04 ≒ 4.0$$

정답 ④

수질오염공정시험기준

61

★ ☆ ☆

알칼리성 $KMnO_4$법으로 COD를 측정하기 위하여 사용하는 표준적정액은?

① NaOH

② $KMnO_4$

③ $Na_2S_2O_3$

④ $Na_2C_2O_4$

해설

알칼리성 $KMnO_4$법으로 COD를 측정할 경우 티오황산나트륨용액($Na_2S_2O_3$) 0.025M으로 무색이 될 때까지 적정한다.

정답 ③

62

★ ☆ ☆

수질오염공정시험기준상 탁도 측정에 관한 설명으로 틀린 것은?

① 파편과 입자가 큰 침전이 존재하는 시료를 빠르게 침전시킬 경우, 탁도값이 낮게 측정된다.

② 물에 색깔이 있는 시료는 잠재적으로 측정값이 높게 분석된다.

③ 시료 속의 거품은 빛을 산란시키고, 높은 측정값을 나타낸다.

④ 탁도를 측정하기 위하여 탁도계를 이용하여 물의 흐림 정도를 측정한다.

해설

물에 색깔이 있는 시료는 색이 빛을 흡수하기 때문에 잠재적으로 측정값이 낮게 분석된다.

정답 ②

63 ★☆☆

pH 미터의 유지관리에 대한 설명으로 틀린 것은?

① 전극이 더러워 졌을 때는 유리전극을 묽은 염산에 잠시 담갔다가 증류수로 씻는다.
② 유리전극을 사용하지 않을 때는 증류수에 담가둔다.
③ 유지, 그리스 등이 전극표면에 부착되면 유기용매로 적신 부드러운 종이로 전극을 닦고 증류수로 씻는다.
④ 전극에 발생하는 조류나 미생물은 전극을 보호하는 작용이므로 떨어지지 않게 주의한다.

해설
전극에서 발생하는 조류나 미생물은 측정을 방해한다.

정답 ④

64 ★★☆

분원성 대장균군 – 막여과법에서 배양온도 유지 기준은?

① $25 \pm 0.2℃$
② $30 \pm 0.5℃$
③ $35 \pm 0.5℃$
④ $44.5 \pm 0.2℃$

해설
배양기 또는 항온수조는 배양온도를 $(44.5 \pm 0.2)℃$로 유지할 수 있는 것을 사용한다.

정답 ④

65 ★★★

채취된 시료를 즉시 시험할 수 없을 때 4℃에서 NaOH로 pH 12 이상으로 보존해야 하는 항목은?

① 시안
② 클로로필a
③ 페놀류
④ 노말헥산추출물질

해설
시안은 폴리에틸렌, 유리용기에 4℃, NaOH로 pH 12 이상으로 보존하며 최대보존기간은 14일이다.

정답 ①

66 ★☆☆

35% HCl(비중 1.19)을 10% HCl으로 만들려면 35% HCl과 물의 용량비는?

① 1 : 1.5
② 3 : 1
③ 1 : 3
④ 1.5 : 1

해설
10% HCl의 양을 1,000g으로 가정한다.
• 중량기준 35% HCl(X)과 물의 양(g)
  $35\% \times X = 10\% \times 1,000g$
  $X(35\% \text{ HCl}) = 285.7g$
  물$= 1,000 - 285.7 = 714.3g$
• 중량을 용량으로 전환
  $35\% \text{ HCl} = 285.7g \times \dfrac{1mL}{1.19g} = 240.084mL$

  물$= 714.3g \times \dfrac{1mL}{1g} = 714.3mL$

  ∴ $35\% \text{ HCl : 물} = 240.084mL : 714.3mL ≒ 1 : 3$

정답 ③

67 ★☆☆

퇴적물의 완전연소가능량 측정에 관한 내용으로 (   )에 옳은 것은?

> 110℃에서 건조시킨 시료를 도가니에 담고 무게를 측정한 다음 (㉠)℃에서 (㉡)시간 가열한 후 다시 무게를 측정한다.

① ㉠ 400, ㉡ 1
② ㉠ 400, ㉡ 2
③ ㉠ 550, ㉡ 1
④ ㉠ 550, ㉡ 2

해설
퇴적물 측정망의 완전연소가능량을 측정하기 위한 방법으로, 110℃에서 건조시킨 시료를 도가니에 담고 무게를 측정한 다음 550℃에서 2시간 가열한 후 다시 무게를 측정한다.

정답 ④

68 ★☆☆

폐수 20mL를 취하여 산성과망간산칼륨법으로 분석하였더니 0.005M–KMnO₄ 용액의 적정량이 4mL이었다. 이 폐수의 COD(mg/L)는? (단, 공시험값=0mL, 0.005M–KMnO₄ 용액의 f=1.00)

① 16
② 40
③ 60
④ 80

해설

$$COD[mg/L] = (b-a) \times f \times \frac{1,000}{V} \times 0.2$$

- a : 바탕시험 적정에 소비된 과망간산칼륨용액(0.005M)의 양[mL]
- b : 시료의 적정에 소비된 과망간산칼륨용액(0.005M)의 양[mL]
- f : 과망간산칼륨용액(0.005M) 농도계수(factor)
- V : 시료의 양[mL]

여기서,
a=0mL
b=4mL
f=1
V=20mL

$$\therefore COD[mg/L] = (4-0) \times 1 \times \frac{1,000}{20} \times 0.2$$
$$= 40mg/L$$

정답 ②

69 ★☆☆

총유기탄소 분석기기 내 산화부에서 유기탄소를 이산화탄소로 산화하는 방법으로 옳게 짝지은 것은?

① 고온연소 산화법, 저온연소 산화법
② 고온연소 산화법, 전기전도도 산화법
③ 고온연소 산화법, 과황산 열 산화법
④ 고온연소 산화법, 비분산적외선 산화법

해설

총유기탄소 분석기기 내 산화부에서 유기탄소를 이산화탄소로 산화하는 방법으로는 고온연소 산화법, 과황산 열 산화법이 있다.

정답 ③

70 ★★★

"정확히 취하여"라고 하는 것은 규정한 양의 액체를 무엇으로 눈금까지 취하는 것을 말하는가?

① 메스실린더
② 뷰렛
③ 부피피펫
④ 눈금 비이커

해설

"정확히 취하여"라 하는 것은 규정한 양의 액체를 부피피펫으로 눈금까지 취하는 것을 말한다.

정답 ③

71 ★★☆

ppm을 설명한 것으로 틀린 것은?

① ppb농도의 1,000배이다.
② 백만분율이라고 한다.
③ mg/kg이다.
④ %농도의 1/1,000이다.

해설

ppm은 %농도의 1/10,000이다.

정답 ④

72 ★☆☆

수질오염공정시험기준에서 기체크로마토그래피로 측정하지 않는 항목은?

① 유기인
② 음이온계면활성제
③ 폴리클로리네이티드비페닐
④ 알킬수은

해설

음이온계면활성제 분석에 적용 가능한 시험방법은 자외선/가시선 분광법, 연속흐름법이다.

정답 ②

73 ★☆☆

BOD 측정 시 산성 또는 알칼리성 시료에 대하여 전처리를 할 때 중화를 위해 넣어주는 산 또는 알칼리의 양은 시료량의 몇 %가 넘지 않도록 하여야 하는가?

① 0.5 　　　　　　② 1.0
③ 2.0 　　　　　　④ 3.0

해설

pH가 6.5~8.5의 범위를 벗어나는 산성 또는 알칼리성 시료는 염산용액(1M) 또는 수산화나트륨용액(1M)으로 시료를 중화하여 pH 7~7.2로 맞춘다. 다만 이때 넣어주는 염산 또는 수산화나트륨의 양이 시료량의 0.5%가 넘지 않도록 하여야 한다. pH가 조정된 시료는 반드시 식종을 실시한다.

정답 ①

74 ★☆☆

총질소 – 연속흐름법에 관한 내용으로 (　　)에 옳은 것은?

> 시료 중 모든 질소화합물을 산화분해하여 질산성 질소 형태로 변화시킨 다음 (　　　)을 통과시켜 아질산성 질소의 양을 550nm 또는 기기에서 정해진 파장에서 측정하는 방법

① 수산화나트륨(0.025N)용액 칼럼
② 무수황산나트륨 환원 칼럼
③ 환원증류 · 킬달 칼럼
④ 카드뮴 – 구리환원 칼럼

해설

총질소 – 연속흐름법
시료 중 모든 질소화합물을 산화분해하여 질산성 질소 형태로 변화시킨 다음 카드뮴 – 구리환원 칼럼을 통과시켜 아질산성 질소의 양을 550nm 또는 기기에서 정해진 파장에서 측정하는 방법이다.

정답 ④

75 ★☆☆

하수 및 폐수 종말처리장 등의 원수, 공정수, 배출수 등의 개수로의 유량을 측정하는 데 사용하는 웨어의 정확도 기준은? (단, 실제유량에 대한 %)

① ±5% 　　　　　② ±10%
③ ±15% 　　　　　④ ±25%

해설

유량계에 따른 정밀/정확도 및 최대유속과 최소유속의 비율

유량계	범위 (최대유량 : 최소유량)	정확도 (실제유량에 대한, %)	정밀도 (최대유량에 대한, %)
웨어 (weir)	500 : 1	±5	±0.5
파샬수로 (flume)	10 : 1~75 : 1	±5	±0.5

정답 ①

76 ★★☆

시료의 전처리 방법 중 유기물을 다량 함유하고 있으면서 산분해가 어려운 시료에 적용하는 방법은?

① 질산 – 염산 산분해법 　　② 질산 산분해법
③ 마이크로파 산분해법 　　④ 질산 – 황산 산분해법

해설

산분해법
• 질산법: 유기함량이 비교적 높지 않은 시료의 전처리에 사용한다.
• 질산 – 염산법: 유기물 함량이 비교적 높지 않고 금속의 수산화물, 산화물, 인산염 및 황화물을 함유하고 있는 시료에 적용되며 휘발성 또는 난용성 염화물을 생성하는 금속 물질의 분석에는 주의한다.
• 질산 – 황산법: 유기물 등을 많이 함유하고 있는 대부분의 시료에 적용된다. 그러나 칼슘, 바륨, 납 등을 다량 함유한 시료는 난용성의 황산염을 생성하여 다른 금속성분을 흡착하므로 주의한다.
• 질산 – 과염소산법, 마이크로파 산분해법: 유기물을 다량 함유하고 있으면서 산분해가 어려운 시료에 적용된다.
• 질산 – 과염소산 – 불화수소산: 다량의 점토질 또는 규산염을 함유한 시료에 적용된다.

정답 ③

77 ★☆☆

일반적으로 기체크로마토그래피의 열전도도 검출기에서 사용하는 운반기체의 종류는?

① 헬륨
② 질소
③ 산소
④ 이산화탄소

해설

일반적으로 열전도도 검출기(TCD)에서는 순도 99.9% 이상의 수소나 헬륨을 사용한다.

정답 ①

78 ★☆☆

카드뮴을 자외선/가시선 분광법으로 측정할 때 사용되는 시약으로 가장 거리가 먼 것은?

① 수산화나트륨용액
② 요오드화칼륨용액
③ 시안화칼륨용액
④ 타타르산용액

해설

카드뮴을 자외선/가시선 분광법으로 측정할 때 사용되는 시약

- 디티존·사염화탄소용액(0.005%)
- 사이트르산이암모늄용액(10%)
- 수산화나트륨용액(10%)
- 시안화칼륨용액(1%)
- 염산(1+10)
- 염산하이드록실아민용액(10%)
- 타타르산용액(2%)

정답 ②

79 ★★☆

전기전도도 측정에 관한 설명으로 틀린 것은?

① 용액이 전류를 운반할 수 있는 정도를 말한다.
② 온도차에 의한 영향이 적어 폭 넓게 적용된다.
③ 용액에 담겨있는 2개의 전극에 일정한 전압을 가해주면 가한 전압이 전류를 흐르게 하며, 이때 흐르는 전류의 크기는 용액의 전도도에 의존한다는 사실을 이용한다.
④ 용액 중의 이온세기를 신속하게 평가할 수 있는 항목으로 국제적으로 S(Siemens)단위가 통용되고 있다.

해설

전기전도도는 온도차에 의한 영향이 크므로 측정결과치의 통일을 기하기 위하여 온도에 따른 환산식을 사용하여 25℃에서 전기전도도 값으로 환산해야 한다.

정답 ②

80 ★☆☆

자외선/가시선 분광법으로 아연을 정량하는 방법으로 ( )에 옳은 내용은?

> 물속에 존재하는 아연을 측정하기 위하여 아연 이온이 pH 약 ( )에서 진콘과 반응하여 생성하는 청색 킬레이트 화합물의 흡광도를 측정한다.

① 4
② 9
③ 10
④ 12

해설

물속에 존재하는 아연을 측정하기 위하여 아연 이온이 pH 약 9에서 진콘(2-카르복시-2′-하이드록시(hydroxy)-5′술포포마질-벤젠·나트륨염)과 반응하여 생성하는 청색 킬레이트 화합물의 흡광도를 620nm에서 측정하는 방법이다.

정답 ②

2018년

수질환경관계법규

81 ★★☆

사업장의 규모별 구분에 관한 내용으로 (   )에 맞는 내용은?

> 최초 배출시설 설치허가시의 폐수배출량은 사업계획에 따른 (   )을 기준으로 산정한다.

① 예상용수사용량
② 예상폐수배출량
③ 예상하수배출량
④ 예상희석수사용량

해설

「시행령 별표 13」
최초 배출시설 설치허가시의 폐수배출량은 사업계획에 따른 예상용수사용량을 기준으로 산정한다.

정답 ①

82 ★☆☆

조치명령 또는 개선명령을 받지 아니한 사업자가 배출허용기준을 초과하여 오염물질을 배출하게 될 때 환경부장관에게 제출하는 개선계획서에 기재할 사항이 아닌 것은?

① 개선사유
② 개선내용
③ 개선기간 중의 수질오염물질 예상배출량 및 배출농도
④ 개선 후 배출시설의 오염물질 저감량 및 저감효과

해설

「시행령 제40조」
조치명령 또는 개선명령을 받지 아니한 사업자가 배출허용기준을 초과할 우려가 있다고 인정하여 측정기기·배출시설 또는 방지시설을 개선하려는 경우에는 개선사유, 개선기간, 개선내용, 개선기간 중의 수질오염물질 예상배출량 및 배출농도 등을 적어 환경부장관에게 제출하고 그 배출시설 등을 개선할 수 있다.

정답 ④

83 ★★☆

환경정책기본법령에 의한 수질 및 수생태계 상태를 등급으로 나타내는 경우 '좋음' 등급에 대해 설명한 것은? (단, 수질 및 수생태계 하천의 생활 환경기준)

① 용존산소가 풍부하고 오염물질이 거의 없는 청정 상태에 근접한 생태계로 침전 등 간단한 정수처리 후 생활용수로 사용할 수 있음
② 용존산소가 풍부하고 오염물질이 거의 없는 청정 상태에 근접한 생태계로 여과·침전 등 간단한 정수처리 후 생활용수로 사용할 수 있음
③ 용존산소가 많은 편이고 오염물질이 거의 없는 청정 상태에 근접한 생태계로 여과·침전·살균 등 일반적인 정수처리 후 생활용수로 사용할 수 있음
④ 용존산소가 많은 편이고 오염물질이 거의 없는 청정 상태에 근접한 생태계로 활성탄 투입 등 일반적인 정수처리 후 생활용수로 사용할 수 있음

해설

「환경정책기본법 시행령 별표 1」
등급별 수질 및 수생태계 상태
- 매우 좋음: 용존산소가 풍부하고 오염물질이 없는 청정상태의 생태계로 여과·살균 등 간단한 정수처리 후 생활용수로 사용할 수 있음
- 좋음: 용존산소가 많은 편이고 오염물질이 거의 없는 청정상태에 근접한 생태계로 여과·침전·살균 등 일반적인 정수처리 후 생활용수로 사용할 수 있음
- 약간 좋음: 약간의 오염물질은 있으나 용존산소가 많은 상태의 다소 좋은 생태계로 여과·침전·살균 등 일반적인 정수처리 후 생활용수 또는 수영용수로 사용할 수 있음
- 보통: 보통의 오염물질로 인하여 용존산소가 소모되는 일반 생태계로 여과, 침전, 활성탄 투입, 살균 등 고도의 정수처리 후 생활용수로 이용하거나 일반적 정수처리 후 공업용수로 사용할 수 있음
- 약간 나쁨: 상당량의 오염물질로 인하여 용존산소가 소모되는 생태계로 농업용수로 사용하거나 여과, 침전, 활성탄 투입, 살균 등 고도의 정수처리 후 공업용수로 사용할 수 있음
- 나쁨: 다량의 오염물질로 인하여 용존산소가 소모되는 생태계로 산책 등 국민의 일상생활에 불쾌감을 주지 않으며, 활성탄 투입, 역삼투압 공법 등 특수한 정수처리 후 공업용수로 사용할 수 있음
- 매우 나쁨: 용존산소가 거의 없는 오염된 물로 물고기가 살기 어려움

정답 ③

84 ★☆☆

공공폐수처리시설 배수설비의 설치방법 및 구조기준에 관한 내용으로 (   )에 맞는 것은?

> 시간당 최대폐수량이 일평균폐수량의 (㉠   ) 이상인 사업자와 순간수질과 일평균수질과의 격차가 (㉡   )mg/L 이상인 시설의 사업자는 자체적으로 유량조정조를 설치하여 공공폐수처리시설 가동에 지장이 없도록 폐수배출량 및 수질을 조정한 후 배수하여야 한다.

① ㉠ 2배, ㉡ 100
② ㉠ 2배, ㉡ 200
③ ㉠ 3배, ㉡ 100
④ ㉠ 3배, ㉡ 200

해설
「시행규칙 별표 16」
시간당 최대폐수량이 일평균폐수량의 2배 이상인 사업자와 순간수질과 일평균수질과의 격차가 리터당 100밀리그램 이상인 시설의 사업자는 자체적으로 유량조정조를 설치하여 공공폐수처리시설 가동에 지장이 없도록 폐수배출량 및 수질을 조정한 후 배수하여야 한다.

정답 ①

85 ★★★

수질오염방지시설 중 화학적 처리시설이 아닌 것은?

① 농축시설
② 살균시설
③ 흡착시설
④ 소각시설

해설
「시행규칙 별표 5」
농축시설은 물리적 처리시설이다.

관련이론 | 수질오염방지시설

화학적 처리시설	화학적 침강시설, 중화시설, 흡착시설, 살균시설, 이온교환시설, 소각시설, 환원시설, 침전물 개량시설
물리적 처리시설	스크린, 분쇄기, 침사시설, 유수분리시설, 유량조정시설(집수조), 혼합시설, 응집시설, 침전시설, 부상시설, 여과시설, 탈수시설, 건조시설, 증류시설, 농축시설
생물화학적 처리시설	살수여과상, 폭기시설, 산화시설(산화조 또는 산화지), 혐기성·호기성 소화시설, 접촉조, 안정조, 돈사톱밥발효시설

정답 ①

86 ★☆☆

총량관리 단위유역의 수질 측정방법 중 측정수질에 관한 내용으로 (   )에 맞는 것은?

> 산정 시점으로부터 과거 (   ) 측정한 것으로 하며, 그 단위는 리터당 밀리그램(mg/L)으로 표시한다.

① 1년간
② 2년간
③ 3년간
④ 5년간

해설
「시행규칙 별표 7」
측정수질은 산정 시점으로부터 과거 3년간 측정한 것으로 하며, 그 단위는 리터당 밀리그램(mg/L)으로 표시한다.

정답 ③

87 ★★☆

폐수무방류배출시설의 세부 설치기준으로 틀린 것은?

① 특별대책지역에 설치되는 경우 폐수배출량이 200m³/day 이상이면 실시간 확인 가능한 원격유량감시장치를 설치하여야 한다.
② 폐수는 고정된 관로를 통하여 수집·이송·처리·저장되어야 한다.
③ 특별대책지역에 설치되는 시설이 1일 24시간 연속하여 가동되는 것이면 배출 폐수를 전량 처리할 수 있는 예비 방지시설을 설치하여야 한다.
④ 폐수를 고체 상태의 폐기물로 처리하기 위하여 증발·농축·건조·탈수 또는 소각시설을 설치하여야 하며, 탈수 등 방지시설에서 발생하는 폐수가 방지시설에 재유입되지 않도록 하여야 한다.

해설
「시행령 별표 6」
폐수를 고체 상태의 폐기물로 처리하기 위하여 증발·농축·건조·탈수 또는 소각시 설을 설치하여야 하며, 탈수 등 방지시설에서 발생하는 폐수가 방지시설에 재유입하도록 하여야 한다.

정답 ④

2018년

88

★☆☆

수계영향권별 물환경 보전에 관한 설명으로 옳은 것은?

① 환경부장관은 공공수역의 관리·보전을 위하여 국가 물환경관리기본계획을 10년마다 수립하여야 한다.

② 시·도지사는 수계영향권별로 오염원의 종류, 수질오염물질 발생량 등을 정기적으로 조사하여야 한다.

③ 환경부장관은 국가 물환경기본계획에 따라 중권역의 물환경관리계획을 수립하여야 한다.

④ 수생태계 복원계획의 내용 및 수립 절차 등에 필요한 사항은 환경부령으로 정한다.

해설

「법 제23조의2」

환경부장관은 공공수역의 물환경을 관리·보전하기 위하여 대통령령으로 정하는 바에 따라 국가 물환경관리기본계획을 10년마다 수립하여야 한다.

선지분석

② 환경부장관은 수계영향권별로 오염원의 종류, 수질오염물질 발생량 등을 정기적으로 조사하여야 한다. (「법 제23조」)

③ 지방환경관서의 장은 대권역 물환경관리계획에 따른 중권역별로 중권역의 물환경관리계획을 수립하여야 한다. (「법 제25조」)

④ 수생태계 복원계획의 내용 및 수립 절차 등에 필요한 사항은 대통령령으로 정한다. (「법 제27조의2」)

정답 ①

89

★★☆

공공수역에 분뇨·가축분뇨 등을 버린 자에 대한 벌칙기준은?

① 5년 이하의 징역 또는 5천만원 이하의 벌금

② 3년 이하의 징역 또는 3천만원 이하의 벌금

③ 2년 이하의 징역 또는 2천만원 이하의 벌금

④ 1년 이하의 징역 또는 1천만원 이하의 벌금

해설

「법 제78조」

공공수역에 분뇨·가축분뇨 등을 버린 자는 1년 이하의 징역 또는 1천만원 이하의 벌금에 처한다.

정답 ④

90

★☆☆

중점관리저수지의 관리자와 그 저수지의 소재지를 관할하는 시·도지사가 수립하는 중점관리저수지의 수질오염방지 및 수질개선에 관한 대책에 포함되어야 하는 사항으로 (   )에 옳은 것은?

> 중점관리저수지의 경계로부터 반경 (   )의 거주인구 등 일반현황

① 500m 이내   ② 1km 이내

③ 2km 이내   ④ 5km 이내

해설

「시행규칙 제33조의3」

중점관리저수지의 관리자와 그 저수지의 소재지를 관할하는 시·도지사는 공동으로 대책을 수립하여 제출할 수 있다.

- 중점관리저수지의 설치목적, 이용현황 및 오염현황
- 중점관리저수지의 경계로부터 반경 2km 이내의 거주인구 등 일반현황
- 중점관리저수지의 수질 관리목표
- 중점관리저수지의 수질 오염 예방 및 수질 개선방안
- 그 밖에 중점관리저수지의 적정관리를 위하여 필요한 사항

정답 ③

91

★★★

위임업무 보고사항 중 업무내용에 따른 보고횟수가 연 1회에 해당되는 것은?

① 기타 수질오염원 현황

② 환경기술인의 자격별·업종별 현황

③ 폐수무방류배출시설의 설치허가 현황

④ 폐수처리업에 대한 허가·지도단속실적 및 처리실적 현황

선지분석

「시행규칙 별표23」

① 연 2회

③ 수시

④ 연 2회

정답 ②

92 ★★★

대권역 물환경관리계획의 수립 시 포함되어야 할 사항으로 틀린 것은?

① 상수원 및 물 이용현황
② 물환경의 변화 추이 및 물환경목표기준
③ 물환경 보전조치의 추진방향
④ 물환경 관리 우선순위 및 대책

해설

「법 제24조」

대권역 물환경관리계획의 수립 시 포함되어야 할 사항

- 물환경의 변화 추이 및 물환경목표기준
- 상수원 및 물 이용현황
- 점오염원, 비점오염원 및 기타수질오염원의 분포현황
- 점오염원, 비점오염원 및 기타수질오염원에서 배출되는 수질오염물질의 양
- 수질오염 예방 및 저감 대책
- 물환경 보전조치의 추진방향
- 「기후위기 대응을 위한 탄소중립·녹색성장 기본법」에 따른 기후변화에 대한 적응대책
- 그 밖에 환경부령으로 정하는 사항

정답 ④

93 ★☆☆

시·도지사가 측정망을 이용하여 수질오염도를 상시 측정하거나 수생태계 현황을 조사한 경우, 결과를 며칠 이내에 환경부장관에게 보고 하여야 하는지 (　　)에 맞는 것은?

> 수질오염도: 측정일이 속하는 달의 다음 달 (㉠) 이내
> 수생태계 현황: 조사 종료일부터 (㉡) 이내

① ㉠ 5일, ㉡ 1개월　　② ㉠ 5일, ㉡ 3개월
③ ㉠ 10일, ㉡ 1개월　　④ ㉠ 10일, ㉡ 3개월

해설

「시행규칙 제23조」

- 수질오염도: 측정일이 속하는 달의 다음 달 10일 이내
- 수생태계 현황: 조사 종료일부터 3개월 이내

정답 ④

94 ★☆☆

특별자치시장·특별자치도지사·시장·군수·구청장이 하천·호소의 이용목적 및 수질상황 등을 고려하여 대통령령이 정하는 바에 따라 낚시금지구역 또는 낚시제한구역을 지정할 경우 누구와 협의하여야 하는가?

① 수면관리자　　　　② 지방의회
③ 해양수산부장관　　④ 지방환경청장

해설

「법 제20조」

특별자치시장·특별자치도지사·시장·군수·구청장은 하천·호소의 이용목적 및 수질상황 등을 고려하여 대통령령으로 정하는 바에 따라 낚시금지구역 또는 낚시제한구역을 지정할 수 있다. 이 경우 수면관리자와 협의하여야 한다.

정답 ①

95 ★★☆

시·도지사는 오염총량관리기본계획을 수립하거나 오염총량관리기본계획 중 대통령령이 정하는 중요한 사항을 변경하는 경우 환경부장관의 승인을 얻어야 한다. 중요한 사항에 해당되지 않는 것은?

① 해당 지역 개발계획의 내용
② 지방자치단체별·수계구간별 오염부하량의 할당
③ 관할 지역에서 배출되는 오염부하량의 총량 및 저감계획
④ 최종방류구별·단위기간별 오염부하량 할당 및 재출량 지정

해설

「법 제4조의3」

오염총량관리기본계획에 포함되어야 하는 사항

- 해당 지역 개발계획의 내용
- 지방자치단체별·수계구간별 오염부하량의 할당
- 관할 지역에서 배출되는 오염부하량의 총량 및 저감계획
- 해당 지역 개발계획으로 인하여 추가로 배출되는 오염부하량 및 그 저감계획

정답 ④

2018년

96 ★★☆

특정수질유해물질로만 구성된 것은?

① 시안화합물, 셀레늄과 그 화합물, 벤젠
② 시안화합물, 바륨화합물, 페놀류
③ 벤젠, 바륨화합물, 구리와 그 화합물
④ 6가 크롬 화합물, 페놀류, 니켈과 그 화합물

해설

「법 제2조」
「시행규칙 별표 3」
"특정수질유해물질"이란 사람의 건강, 재산이나 동식물의 생육(生育)에 직접 또는 간접으로 위해(危害)를 줄 우려가 있는 수질오염물질로서 다음의 물질을 말한다.

1. 구리와 그 화합물	18. 클로로포름
2. 납과 그 화합물	19. 1, 4-다이옥산
3. 비소와 그 화합물	20. 디에틸헥실프탈레이트
4. 수은과 그 화합물	(DEHP)
5. 시안화합물	21. 염화비닐
6. 유기인 화합물	22. 아크릴로니트릴
7. 6가크롬 화합물	23. 브로모포름
8. 카드뮴과 그 화합물	24. 아크릴아미드
9. 테트라클로로에틸렌	25. 나프탈렌
10. 트리클로로에틸렌	26. 폼알데하이드
11. 폴리클로리네이티드바이페닐	27. 에피클로로하이드린
12. 셀레늄과 그 화합물	28. 페놀
13. 벤젠	29. 펜타클로로페놀
14. 사염화탄소	30. 스티렌
15. 디클로로메탄	31. 비스(2-에틸헥실)아디페이트
16. 1, 1-디클로로에틸렌	32. 안티몬
17. 1, 2-디클로로에탄	

정답 ①

97 ★★★

물환경보전법에서 사용하는 용어의 정의로 틀린 것은?

① 비점오염원: 도시, 도로, 농지, 산지, 공사장 등으로서 불특정 장소에서 불특정하게 수질오염물질을 배출하는 배출원을 말한다.
② 기타수질오염원: 점오염원 및 비점오염원으로 관리되지 아니하는 수질오염물질 배출원으로서 대통령령으로 정하는 것을 말한다.
③ 폐수: 물에 액체성 또는 고체성의 수질오염물질이 혼입되어 그대로 사용할 수 없는 물을 말한다.
④ 강우유출수: 비점오염원의 수질오염물질이 섞여 유출되는 빗물 또는 눈 녹은 물 등을 말한다.

해설

「법 제2조」
"기타수질오염원"이란 점오염원 및 비점오염원으로 관리되지 아니하는 수질오염물질을 배출하는 시설 또는 장소로서 환경부령으로 정하는 것을 말한다.

정답 ②

98 ★☆☆

오염총량초과과징금 산정 방법 및 기준에서 적용되는 측정유량(일일유량 산정 시 적용) 단위로 옳은 것은?

① m^3/min ② L/min
③ m^3/sec ④ L/sec

해설

「시행령 별표 1」
측정유량의 단위는 분당 리터(L/min)로 한다.

정답 ②

99 ★★★

수질오염물질의 배출허용기준에서 나 지역의 총유기탄소량(TOC)의 기준(mg/L 이하)은? (단, 1일 폐수 배출량이 2,000m³ 미만인 경우)

① 30 　　　　　② 75
③ 80 　　　　　④ 120

해설

「시행규칙 별표 13」

대상규모 / 항목 / 지역구분	1일 폐수배출량 2천 세제곱미터 이상			1일 폐수배출량 2천 세제곱미터 미만		
	생물화학적산소요구량 (mg/L)	총유기탄소량 (mg/L)	부유물질량 (mg/L)	생물화학적산소요구량 (mg/L)	총유기탄소량 (mg/L)	부유물질량 (mg/L)
청정지역	30 이하	25 이하	30 이하	40 이하	30 이하	40 이하
가지역	60 이하	40 이하	60 이하	80 이하	50 이하	80 이하
나지역	80 이하	50 이하	80 이하	120 이하	75 이하	120 이하
특례지역	30 이하	25 이하	30 이하	30 이하	25 이하	30 이하

정답 ②

※ 화학적 산소요구량(COD)의 기준을 묻는 문제였으나 화학적 산소요구량(COD)이 삭제되고 총유기탄소량(TOC)이 추가되어 개정 내용에 맞게 문제를 수정함.

100 ★★☆

수질오염경보의 종류별·경보단계별 조치사항 중 상수원 구간에서 조류경보 '경계' 단계 발령시 조치사항이 아닌 것은?

① 정수의 독소분석 실시
② 황토 등 흡착제 살포 등을 이용한 조류제거 조치 실시
③ 주변오염원에 대한 단속 강화
④ 어패류 어획·식용, 가축 방목 등의 자제 권고

해설

「시행령 별표 4」

경계 단계 발령 시 조치사항

관계 기관	조치사항
4대강 물환경연구소장 (시·도 보건환경연구원장 또는 수면관리자)	1) 주 2회 이상 시료 채취 및 분석 (남조류 세포 수, 클로로필-a, 냄새물질, 독소) 2) 시험분석 결과를 발령기관으로 신속하게 통보
수면관리자 (수면관리자)	취수구와 조류가 심한 지역에 대한 차단막 설치 등 조류 제거 조치 실시
취수장·정수장 관리자 (취수장·정수장 관리자)	1) 조류증식 수심 이하로 취수구 이동 2) 정수처리 강화(활성탄처리, 오존처리) 3) 정수의 독소분석 실시
유역·지방 환경청장 (시·도지사)	1) 경계경보 발령 및 대중매체를 통한 홍보 2) 주변오염원에 대한 단속 강화 3) 낚시·수상스키·수영 등 친수활동, 어패류 어획·식용, 가축 방목 등의 자제 권고 및 이에 대한 공지(현수막 설치 등)
홍수통제소장, 한국수자원공사사장(홍수통제소장, 한국수자원공사사장)	기상상황, 하천수문 등을 고려한 방류량 산정
한국환경공단이사장 (한국환경공단이사장)	1) 환경기초시설 및 폐수배출사업장 관계기관 합동점검 시 지원 2) 하천구간 조류 제거에 관한 사항 지원 3) 환경기초시설 수질자동측정자료 모니터링 강화

(관계 기관란의 괄호는 시·도지사가 조류경보를 발령하는 경우의 관계 기관을 말한다.)

정답 ②

내가 꿈을 이루면
나는 누군가의 꿈이 된다.

– 이도준

2026 에듀윌 수질환경기사
필기 4주끝장 +무료특강

1 핵심이론, 빈출공식 & 계산문제 해설 무료특강 제공
  이용경로 에듀윌 도서몰(book.eduwill.net) ▶ 동영상강의실 ▶ '수질환경기사' 검색

2 빈출공식 & 법령 우선순위 암기노트로 마무리 학습
  이용경로 교재 내 별책부록 수록

3 최신 8개년 기출 자동채점으로 합격 진단
  이용경로 교재 내 QR 코드로 접속

고객의 꿈, 직원의 꿈, 지역사회의 꿈을 실현한다

에듀윌 도서몰
book.eduwill.net

• 부가학습자료 및 정오표: 에듀윌 도서몰 > 도서자료실
• 교재 문의: 에듀윌 도서몰 > 문의하기 > 교재(내용, 출간) / 주문 및 배송

2026

에듀윌
수질환경기사
필기 4주끝장
+무료특강

❷권 | 핵심이론

무료특강
핵심이론전체
계산문제해설

기출기반 KEYWORD로 정리한 핵심이론!
빈출공식+8개년 기출 반복으로 단기합격!

- 최신기출 | 2025년 CBT 복원문제 3회 수록
- 무료특강 | 핵심이론, 빈출공식&계산문제 특강 제공
- 별책부록 | 빈출공식&법령 우선순위 암기노트 수록

eduwill

시작하는 방법은
말을 멈추고
즉시 행동하는 것이다.

– 월트 디즈니(Walt Disney)

수질환경관계법규 및 수질오염공정시험기준 개정에 따른 안내사항

수질환경기사 필기 1과목에서는 물환경보전법, 환경정책기본법 등 수질 관련 법령이 출제됩니다. 이 법령들은 수시로 개정되며, 개정된 내용은 시행일 이후 치러지는 시험부터 적용됩니다. 이에 따라 저희 에듀윌 교재는 최신 법령 개정안을 반영하여 개정 및 출간하고 있습니다. (최신 개정 법령: 물환경보전법 2025.08.28 개정안)

또한 4과목에서는 수질오염공정시험기준이 출제되며, 최근 개정안(2024.11.27)에서 관련 용어의 정의, 시료의 보존방법 등 세부 항목이 개정되었습니다. 저희 에듀윌 교재는 수험생이 현행 기준에 맞춰 학습할 수 있도록 개정 사항을 모두 반영하였습니다. 학습에 불편함이 없도록 참고하셔서 합격하시기 바랍니다.

에듀윌 수질환경기사

필기 4주끝장

핵심이론

차례 CONTENTS

수질오염개론

상하수도계획

SUBJECT 01

수질오염개론

합격 GUIDE

수질오염개론은 수질환경기사 시험에서 가장 기초적인 과목으로, 수질환경 분야의 배경지식을 다루는 과목입니다. 따라서 수질오염개론을 가장 먼저 학습하여 기초 용어를 이해하고, 수질환경기사 준비의 기반을 다지는 것이 중요합니다.

수질오염개론에는 매회 계산 문제가 약 7문제 출제됩니다. 기본 공식으로 풀 수 있는 문제와 기초 개념 위주의 문제가 주로 출제되므로 80점 이상 고득점을 목표로 삼아 학습 전략을 세우는 것이 좋습니다.

출제빈도별 기출 KEYWORD

수질오염 지표	55회
물의 특성 및 부존량	32회
수중 미생물	29회
반응속도와 반응즈	27회
기초 화학	23회

※ 최근 8개년 기출쿤석 결과로 분류방법에 따라 수치는 달라질 수 있습니다.

수질환경 입문

1. 단위계

* lb: 파운드, lbf: 파운드힘

단위계	길이(L, Length)	질량(M, Mass)	시간(T, Time)	힘(F, Force)
MKS 단위	m	kg	sec	N
CGS 단위	cm	g	sec	dyne
FPS 단위	ft	lb*	sec	lbf*

2. 수질환경기사에 나오는 여러 단위들

(1) 길이

① 국제표준단위(SI)는 m(미터)이다.

$$1km = 10^3 m = 10^5 cm = 10^6 mm = 10^9 \mu m = 10^{12} nm$$

km	$\xleftarrow{\times 10^3}$	m	$\xleftarrow{\times 10^2}$	cm	$\xleftarrow{\times 10}$	mm	$\xleftarrow{\times 10^3}$	μm	$\xleftarrow{\times 10^3}$	nm

② 1inch = 2.54cm

③ 1ft = 0.3048m

(2) 질량

① 국제표준단위(SI)는 kg(킬로그램)이다.

* 무게 = 질량 × 중력가속도

$$1ton = 10^3 kg = 10^6 g = 10^9 mg = 10^{12} \mu g = 10^{15} ng$$

ton	$\xrightarrow{\times 10^3}$	kg	$\xrightarrow{\times 10^3}$	g	$\xrightarrow{\times 10^3}$	mg	$\xrightarrow{\times 10^3}$	μg	$\xrightarrow{\times 10^3}$	ng

② 1lb = 0.4536kg

③ 1oz = 28.35g

(3) 온도

① 국제표준단위(SI)는 절대온도 켈빈(K)이다.

② 절대온도 K = ℃ + 273.15

③ 화씨온도 °F = 1.8 × ℃ + 32

(4) 면적과 부피

① 면적

㉠ 단위는 m^2이다.

㉡ $1m^2 = 0.0001ha = 10.76ft^2 = 0.3025$평

② 부피 및 용량

㉠ 국제표준단위(SI)는 m^3이다.

㉡ $1m^3 = 1,000L = 1kL$

㉢ $1cm^3 = 1mL = 1cc$

㉣ $1L = 0.264gal$

(5) 속도, 가속도, 힘

① 속도: 시간의 변화에 대한 거리의 변화 [m/sec]

$$v(속도) = \frac{\Delta L(거리\ 변화)}{\Delta t(시간\ 변화)}$$

② 가속도: 시간의 변화에 대한 속도의 변화 [m/sec²]

$$a(가속도) = \frac{\Delta v(속도\ 변화)}{\Delta t(시간\ 변화)}$$

③ 힘: 물체에 작용하여 물체의 모양이나 운동 상태를 변화시키는 요인 [N]

$$F(힘) = M(질량) \times a(가속도)$$

* 단위: $N(kg \cdot m/sec^2)$, $dyne(g \cdot cm/sec^2)$

(6) 압력

① 단위 면적당 작용하는 힘 [atm]

$$P(압력) = \frac{F(힘)}{A(단위\ 면적)}$$

② $1atm = 760torr = 760mmHg = 101.325kPa = 1,013.25mbar = 14.7psi$

(7) 밀도

① 단위 체적당 질량 [g/mL]

$$\rho(밀도) = \frac{M(질량)}{V(체적)}$$

② 밀도의 CGS 단위는 g/cm^3 또는 g/mL를 사용하며, MKS 단위는 kg/m^3를 사용한다.

③ 4℃ 물의 밀도: $1g/mL(= 1,000kg/m^3)$

⑻ 비중(SG, Specific Gravity)

① 4℃ 물의 밀도에 대한 해당 물질의 밀도의 비를 나타낸다.

$$\text{액체, 고체의 비중} = \frac{\text{해당 물질의 밀도}}{\text{물의 밀도}(4℃)}, \qquad \text{기체의 비중} = \frac{\text{해당 물질의 밀도}}{\text{공기의 밀도}(0℃, 1atm)}$$

② 무차원으로 단위는 없다.

⑼ 점성계수 μ

① 유체의 끈끈한 정도를 나타내는 것으로 점성으로 인한 저항이 얼마나 큰지 판단하는 기준이 된다.

② CGS 단위는 g/cm·sec을 사용하며, N·sec/m², dyne·sec/cm², kg/m·sec도 함께 사용한다.

⑽ 동점성계수 ν

① 점성계수(μ)를 밀도(ρ)로 나눈 값으로, 유체의 유동성에 대한 정도를 나타낸다.

$$\nu = \frac{\mu}{\rho}$$

② 동일한 밀도를 기준으로 점성계수를 비교하는 척도이다.

③ 동일한 점성계수를 갖는 유체가 있을 때 밀도가 큰 유체가 밀도가 작은 유체보다 더 잘 흐른다. ← 밀도가 큰 유체의 모멘텀이 더 크므로 점성저항을 이기기 더 쉽기 때문이다.

④ CGS 단위는 스토크(St, stoke), cm²/sec를 사용한다.

⑾ 이상기체방정식(Ideal Gas Equation)

0℃, 1기압(표준상태: STP)에서 모든 기체 1몰의 부피는 기체의 종류에 관계없이 22.4L로 일정하며, 아보가드로 수만큼의 분자 수를 갖는다.

$$PV = nRT$$

- P: 압력[atm]
- V: 부피[L]
- n: 기체의 몰수[mol]
- R: 기체상수[L·atm/K·mol]
- T: 절대온도[K]

고득점 POINT 레이놀즈 수(Reynold's number)

- 유체의 흐름상태가 층류인지 난류인지를 판정할 때 사용하는 수치로서 레이놀즈 수(Re)가 2,000 이하이면 층류, 4,000 이상이면 난류로 구분한다.
- 관성에 의한 힘과 점성에 의한 힘의 비로 나타낸다.

$$Re = \frac{D \cdot v}{\nu} = \frac{D \cdot \rho \cdot v}{\mu} \quad \left(\because \nu = \frac{\mu}{\rho} \right)$$

- D: 관의 직경[m]
- v: 유속[m/sec]
- ν: 동점성계수[m²/sec]
- ρ: 유체의 밀도[kg/m³]
- μ: 점성계수[kg/m·sec]

1. 원자와 분자

(1) 원자

① 물질을 구성하는 가장 작은 입자이다.

② 원소의 원자량은 ^{12}C의 질량을 정확히 12로 정하고, ^{12}C를 기준으로 비교하여 결정된다.

원소명	수소	탄소	질소	산소	플루오린	나트륨	마그네슘
원소기호	H	C	N	O	F	Na	Mg
원자량	1	12	14	16	19	23	24
원소명	알루미늄	인	황	염소	칼륨	칼슘	철
원소기호	Al	P	S	Cl	K	Ca	Fe
원자량	27	31	32	35.5	39	40	56

(2) 분자

① 물질의 성질을 가진 가장 작은 입자로 원자가 모여 형성된다.

② 분자의 분자량은 그 분자를 구성하는 원자들의 원자량의 합이다.

명칭	분자식	분자량
물	H_2O	$(2 \times 1) + 16 = 18$
염화나트륨	NaCl	$23 + 35.5 = 58.5$
아세트산	CH_3COOH	$(2 \times 12) + (4 \times 1) + (2 \times 16) = 60$
황산	H_2SO_4	$(2 \times 1) + 32 + (4 \times 16) = 98$

2. 몰과 당량

(1) 몰(mol)

① 국제단위계에서 물질량을 나타내는 기본단위로 원자, 분자, 이온 등 작은 입자를 아보가드로 수($N_A = 6.02 \times 10^{23}$) 만큼 묶어서 부르는 단위이다.

② 모든 기체는 표준상태(0℃, 1기압)에서 22.4L의 부피를 갖는다.

③ 어떤 물질 1mol은 그 물질의 종류와 상관없이 6.02×10^{23}개 존재하는 것이지만 각각의 질량은 다를 수 있다. 1mol일 때의 질량이 g분자량(g원자량)이다.

구분	수소	탄소	산소
1mol의 개수	6.02×10^{23}개	6.02×10^{23}개	6.02×10^{23}개
1mol의 질량	1g	12g	16g

④ 화학반응식에서 몰수비

　　㉠ 화학반응식에서 반응계수는 곧 몰수비를 의미한다.

　　㉡ 화학반응식에서 몰수비, 계수비, 부피비는 서로 같지만 질량비는 다르다.

　　㉮ 화학식　　N_2　　$+$　　$3H_2$　　$\rightarrow$　　$2NH_3$

　　　　몰수비　　1mol　　:　　3mol　　:　　2mol

　　　　계수비　　1　　　:　　3　　　:　　2

　　　　부피비　　22.4L　　:　　$3 \times 22.4L$　　:　　$2 \times 22.4L$

　　　　질량비　　28g　　:　　6g　　　:　　34g

(2) g당량(gram equivalent, eq)

① 산소 8g 또는 수소 1g과 치환되거나 결합하는 다른 원소의 양으로 다음과 같이 계산한다.

$$당량(eq) = \frac{분자량(원자량)}{가수}$$

② 가수

　　㉠ 원자가, H^+의 수, OH^-의 수, 양이온의 산화수, 산화제의 내보낸 전자수, 환원제의 받은 전자수를 의미한다.

　　㉡ 가수 $\times$ 1eq = 1mol = 분자량[g] 또는 원자량[g]

　　㉢ 가수에 따른 물질의 종류

1가	H^+, OH^-, K^+, Na^+, HCl, NaOH
2가	Mg^{2+}, Ca^{2+}, Sr^{2+}, SO_4^{2-}, O^{2-}, H_2SO_4, $CaCO_3$, $Ca(OH)_2$
3가	Cr^{3+}, Al^{3+}, PO_4^{3-}, H_3PO_4
5가	$KMnO_4$ 　　 * 1mol = 5eq = 158g
6가	$K_2Cr_2O_7$ 　　 * 1mol = 6eq = 294g

③ 주요 물질의 당량

명칭	분자식	분자량	가수	당량
염산	HCl	36.5g	1	$1eq = \dfrac{36.5g}{1가} = 36.5g$
수산화나트륨	NaOH	40g	1	$1eq = \dfrac{40g}{1가} = 40g$
황산	H_2SO_4	98g	2	$1eq = \dfrac{98g}{2가} = 49g$
탄산칼슘	$CaCO_3$	100g	2	$1eq = \dfrac{100g}{2가} = 50g$
과망간산칼륨	$KMnO_4$	158g	5	$1eq = \dfrac{158g}{5가} = 31.6g$
중크롬산칼륨	$K_2Cr_2O_7$	294g	6	$1eq = \dfrac{294g}{6가} = 49g$

3. 용액의 농도 표시

(1) 백분율(%)

* 용액: 용질과 용매가 균일하게 섞여있는 혼합물

100g 중 1g, 100kg 중 1kg 등과 같이 용액의 질량 100 중 용질의 질량의 비를 나타낸다.

$$\% = \frac{\text{용질의 양 g}}{\text{용액의 질량 g}} \times 100 = \frac{\text{용질의 양 g}}{(\text{용매} + \text{용질})\text{의 질량 g}} \times 100$$

(2) ppm(백만분율, parts per million)

① 10^6g 중 1g, 10^6kg 중 1kg 등과 같이 용액의 질량 10^6 중 용질의 질량의 비를 나타낸다.

② 1ppm = 1mg/kg ≒ 1mg/L

③ 10,000ppm = 1%

$$\text{ppm} = \frac{\text{용질의 양 g}}{\text{용액 1,000,000g}}$$

(3) ppb(십억분율, parts per billion)

① 10^9g 중 1g, 10^9kg 중 1kg 등과 같이 용액의 질량 10^9 중 용질의 질량의 비를 나타낸다.

② 1ppb = 1μg/kg ≒ 1μg/L

③ 1,000ppb = 1ppm

$$\text{ppb} = \frac{\text{용질의 양 g}}{\text{용액 1,000,000,000g}}$$

(4) 몰농도(M)

용액 1L에 녹아있는 용질의 mol 수이다.

$$\text{M} = \frac{\text{용질[mol]}}{\text{용액[L]}} = \text{mol/L}$$

(5) 노르말농도(N)

용액 1L에 녹아있는 용질의 g당량 수이다.

$$\text{N} = \frac{\text{g당량[eq]}}{\text{용액[L]}} = \text{eq/L}$$

(6) 몰랄 농도(m)

용매 1kg에 녹아있는 용질의 mol 수이다.

(7) 몰분율(X_A)

① 혼합 용액의 전체 mol 수 중 특정 용질 A만의 mol 수이다.

② 무차원 농도이므로 단위가 없다.

1. 액체 및 기체 법칙

구분	내용
보일 법칙	• 일정한 온도 조건에서 기체의 부피 V는 압력 P에 반비례한다. $$V \propto \frac{1}{P},\ V \times P = 일정$$
샤를 법칙	• 일정한 압력 조건에서 기체의 부피 V는 절대온도 T에 비례한다. $$V \propto T$$
아보가드로 법칙	• 같은 온도와 압력의 조건에서 기체의 종류에 상관없이 부피 V는 몰수 n에 비례한다. $$V \propto n$$
달톤의 법칙	• 혼합기체 내에서 어떤 기체의 부분압은 그 기체가 혼합기체 내에서 차지하는 부피에 비례한다. • 혼합기체의 전체 압력은 각각의 기체의 분압의 합과 같다.
라울의 법칙	• 순수한 용매의 증기압($P_{용매}$)에 비하여 용질과 용매가 혼합된 수용액의 증기압($P_{용액}$)은 용질의 몰분율($X_{용질}$)에 비례하여 감소한다. • 여러 물질(액체)이 혼합된 용액에서 어느 물질의 증기압(분압)은 혼합액에서 그 물질의 몰분율에 순수한 상태에서 그 물질의 증기압을 곱한 것과 같다.
헨리의 법칙	• 일정한 온도 조건에서 일정량의 물에 용해되는 기체의 질량은 그 기체의 부분압력에 비례한다. • 수소, 산소, 질소 등의 난용성 기체에만 적용되며 암모니아나 염화수소 등 용매에 잘 녹는 기체에는 적용되지 않는다.
그레이엄의 법칙	• 수중에서 오염물질의 확산속도는 분자량이 커질수록 작아지며, 기체 분자량의 제곱근에 반비례한다.
게이 – 뤼삭의 법칙	• 두 기체가 서로 과부족없이 반응할 때 이들 기체와 생성된 기체의 부피는 간단한 정수비를 나타낸다.

2. 산과 염기

(1) 산과 염기의 정의

구분	산(Acid)	염기(Base)
아레니우스의 정의 (Arrhenius)	수용액에서 수소 이온(H^+)을 내놓는 물질	수용액에서 수산화 이온(OH^-)을 내놓는 물질
브뢴스테드 – 로우리의 정의 (Brönsted – Lowry)	화학반응 중에 양성자(H^+)를 제공하는 물질 (양성자 주개)	화학반응 중에 양성자(H^+)를 받는 물질 (양성자 받개)
루이스의 정의 (Lewis)	화학반응 중에 비공유 전자쌍을 받는 물질 (전자쌍 받개)	화학반응 중에 비공유 전자쌍을 주는 물질 (전자쌍 주개)

(2) 중화

　① 산과 염기가 중화 반응할 경우 산과 염기는 동일한 당량으로 반응한다.

　② 중화 반응식

$$N_1 V_1 = N_2 V_2$$

- N_1: 산의 노르말 농도[eq/L]
- V_1: 산의 부피[L]
- N_2: 염기의 노르말 농도[eq/L]
- V_2: 염기의 부피[L]

(3) **산화와 환원**

　① 산화 – 환원의 정의

구분	산소 원자	수소 원자	전자	산화수(산화상태)
산화	얻음	잃음	잃음	증가
환원	잃음	얻음	얻음	감소

　② 산화제

　　㉠ 자신은 환원하면서 다른 화합물을 산화시키는 물질이다.

　　㉡ 결과적으로 타 화합물의 전자를 떼어내어 자신에게 전자를 붙이는 물질이다.

　③ 환원제

　　㉠ 자신은 산화하면서 다른 화합물을 환원시키는 물질이다.

　　㉡ 결과적으로 자신의 전자를 떼어내어 타 화합물에 전자를 붙이는 물질이다.

3. 화학평형

(1) **정의**

　① 화학평형은 정반응과 역반응의 속도가 동일해져서 더 이상 반응물과 생성물의 양(농도)이 변하지 않는 상태(동적 평형상태)이다.

　② 정반응과 역반응이 모두 가능한 가역반응에서만 화학평형상태가 가능하다.

(2) **화학평형상수 및 해리상수**

　① 화학평형상수(K)

　　㉠ $aA + bB \rightleftarrows cC + dD$와 같은 가역반응이 있을 때, 다음과 같이 평형상수를 계산할 수 있다.

$$aA + bB \rightleftarrows cC + dD \quad \rightarrow \quad \text{평형상수 } K = \frac{\text{생성물의 몰농도의 곱}}{\text{반응물의 몰농도의 곱}} = \frac{[C]^c [D]^d}{[A]^a [B]^b}$$

　　㉡ 물의 평형상수

$$H_2O \rightarrow H^+ + OH^- \quad \rightarrow \quad K = \frac{[H^+][OH^-]}{[H_2O]}$$

- 25℃일 때의 물의 평형상수 $K = 1.8 \times 10^{-16}$이다.

② 해리상수(＝이온화상수, 전리상수)

　　㉠ 산해리상수(K_a): 약산이 이온화하여 평형상태에 도달하였을 때의 평형상수이다.

$$HA(aq) \rightleftharpoons H^+(aq) + A^-(aq) \quad \rightarrow \quad K_a = \frac{[H^+][A^-]}{[HA]}$$

　　㉡ 염기해리상수(K_b): 약염기가 이온화하여 평형상태에 도달하였을 때의 평형상수이다.

$$BOH(aq) \rightleftharpoons B^+(aq) + OH^-(aq) \quad \rightarrow \quad K_b = \frac{[B^+][OH^-]}{[BOH]}$$

⑶ 수소 이온 지수(pH), 수산화 이온 지수(pOH)

　① 산이나 알칼리의 강도를 나타낸다.

　② 수소 이온 및 수산화 이온의 농도를 표현하는 지수이다.

$$\bullet \ pH = -\log[H^+] = \log\frac{1}{[H^+]} \qquad\qquad \bullet \ pOH = -\log[OH^-] = \log\frac{1}{[OH^-]}$$
$$\bullet \ pH + pOH = 14$$

⑷ 완충용액

　① 외부로부터 어느 정도의 산과 염기가 유입되어도 공통이온효과에 의해 그것들의 영향을 받지 않고 pH에 큰 변화가 생기지 않는 용액이다.

　② 약산과 그 약산의 짝염기의 염이 혼합된 수용액 또는 약염기와 그 약염기의 짝산의 염이 혼합된 수용액이다.

　③ 완충용액의 산성도 방정식(Henderson - Hasselbalch 식)

$$pH = pK_a + \log\frac{[\text{짝염기의 농도}]}{[\text{약산의 농도}]} \qquad \begin{array}{l} * \ K_a \text{는 해리상수이고, } pK_a \text{는 pH와 마찬가지로 } K_a \text{ 값에} \\ \text{역로그를 취해 해리상수의 농도지수를 나타낸 것이다.} \end{array}$$

4. 이온적상수 및 용해도적

⑴ 이온적상수(Q)

　① 혼합된 용액 속의 이온들의 농도 곱이다.

　② 아직 평형에 도달하지 않은 반응의 현재 상태의 농도로 반응의 방향을 예측하는 수단이 된다.

　③ 고체 용질이 이온으로 용해되는 가역반응에서만 적용 가능하다.

$$A_aB_b(s) \rightleftharpoons aA^+(aq) + bB^-(aq) \quad \rightarrow \quad Q = [A^+]^a[B^-]^b$$

⑵ 용해도적(K_{sp})

　① 순수한 고체가 용매에 용해되어 포화상태에 이르렀을 때의 평형상수이다.

　② 고체 용질이 이온으로 용해되는 가역반응에서만 적용 가능하다.

$$A_aB_b(s) \rightleftharpoons aA^+(aq) + bB^-(aq) \quad \rightarrow \quad K_{sp} = [A^+]^a[B^-]^b$$

(3) 이온적상수(Q)와 용해도적(K_{sp})과의 관계

① 과포화 상태의 경우: $K_{sp}<Q$, 침전 생성

② 불포화 생태의 경우: $K_{sp}>Q$, 침전 미생성

③ 평형상태인 경우: $K_{sp}=Q$, 포화상태

KEYWORD 04 반응속도와 반응조

1. 반응속도(Rate)

(1) 정의

① 시간의 변화에 따른 반응물의 농도 감소나 생성물의 농도 증가이다. 즉, 시간의 변화에 따른 농도의 변화이다.

$$\text{rate}=-\frac{d[\text{반응물}]}{dt}=+\frac{d[\text{생성물}]}{dt} \quad \rightarrow \quad \text{시간의 변화에 대한 농도의 변화}=\frac{dC}{dt}$$

② 시간의 변화에 대한 농도 변화는 농도의 m제곱에 비례한다. 이때 m에 따라 0차 반응, 1차 반응, 2차 반응 등으로 나뉜다.

$$\frac{dC}{dt}\propto C^{m}$$

(2) 반응차수

① 0차 반응($m=0$)

㉠ 반응속도가 반응물의 농도에 영향을 받지 않는 반응이다.

㉡ 종류에는 표면반응에서의 확산속도, 광화학반응에서 광 흡수, 암모니아 산화 등이 있다.

㉢ 속도 반응식

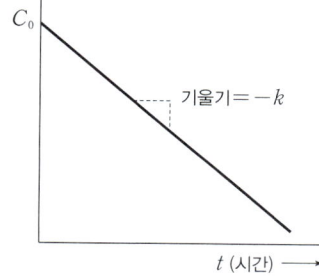

$$\frac{dC}{dt}=-kC^{0}=-k$$
$$\rightarrow dC=-k\cdot dt$$
$$\rightarrow \int_{C_0}^{C_t} dC=-k\int_{0}^{t} dt$$
$$\rightarrow C_t-C_0=-kt$$
$$\therefore C_t=C_0-k\cdot t$$

- $\frac{dC}{dt}$: 반응속도
- k: 반응속도상수
- C_0: 초기 반응물 농도
- C_t: 시간 t 경과 후 반응물 농도

② 1차 반응(m＝1)

㉠ 반응속도가 반응물의 농도에 비례하여 진행되는 반응이다.

㉡ 종류에는 방사성물질의 자연붕괴, 미생물 배양, BOD 시험에서 산소소비량 등이 있다.

㉢ 속도 반응식

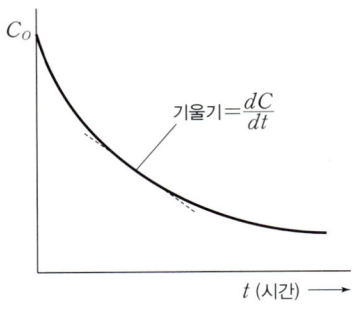

$$\frac{dC}{dt}=-kC^1 \rightarrow \frac{1}{C}\cdot dC=-k\cdot dt$$

$$\rightarrow \int_{C_0}^{C_t}\frac{1}{C}dC=-k\int_0^t dt$$

$$\rightarrow \ln C_t-\ln C_0=-kt$$

$$\therefore \ln\frac{C_t}{C_0}=-k\cdot t$$

③ 2차 반응(m＝2)

㉠ 반응속도가 반응물의 농도의 제곱에 비례하여 진행되는 반응이다.

㉡ 종류에는 이산화질소의 분해, 과산화수소의 분해 등이 있다.

㉢ 속도 반응식

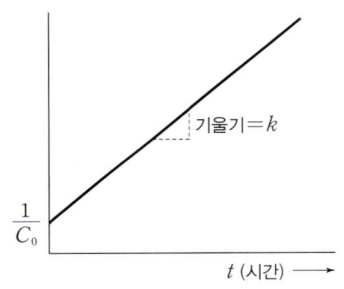

$$\frac{dC}{dt}=-kC^2 \rightarrow \frac{1}{C^2}\cdot dC=-k\cdot dt$$

$$\rightarrow \int_{C_0}^{C_t}\frac{1}{C^2}dC=-k\int_0^t dt$$

$$\rightarrow -\frac{1}{C_t}+\frac{1}{C_0}=-kt$$

$$\therefore \frac{1}{C_t}-\frac{1}{C_0}=k\cdot t$$

고득점 POINT 속도반응식 정리

반응형태	속도반응식	반감기 $t_{1/2}$
0차 반응($m=0$)	$\cdot \frac{dC}{dt}=-kC^0$ $\cdot C_t-C_0=-k\cdot t$	$\cdot t_{1/2}=\frac{C_0}{2k}$
1차 반응($m=1$)	$\cdot \frac{dC}{dt}=-kC^1$ $\cdot \ln\frac{C_t}{C_0}=-k\cdot t$	$\cdot t_{1/2}=\frac{0.693}{k}$
2차 반응($m=2$)	$\cdot \frac{dC}{dt}=-kC^2$ $\cdot \frac{1}{C_t}-\frac{1}{C_0}=k\cdot t$	$\cdot t_{1/2}=\frac{1}{kC_0}$

$\cdot \frac{dC}{dt}$: 반응속도 $\cdot k$: 반응속도상수 $\cdot C_0$: 초기 반응물 농도 $\cdot C_t$: 시간 t 경과 후 반응물 농도

2. 반응조

(1) 회분식 반응조(Batch Reactor)

① 원료를 투입하고 일정시간이나 일정공정을 거쳐 제품을 얻는 공정으로 슬러지 처리공정, 분뇨 처리공정, 산화지법 등에 해당한다.

② 반응처리가 완료되기 전까지는 유체의 출입이 없다.

③ 반응조 내에서 완전혼합된다.

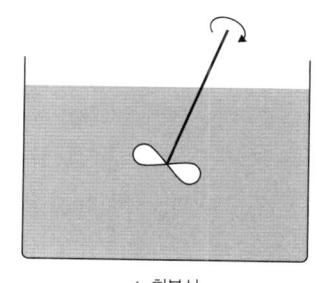

▲ 회분식

(2) 연속흐름식 반응조

유입, 반응, 유출이 연속으로 일어나는 반응조로 완전혼합 반응조와 압출류형 반응조가 있다.

① 완전혼합 반응조(연속류 교반 반응조, CFSTR; Continuous Flow Stirred Tank Reactor)

    ㉠ CFSTR은 CMFR(Completely Mixed Flow Reactor)라고도 한다.

    ㉡ 유입한 유체의 일부분은 즉시 유출된다.

    ㉢ 반응조를 빠져나오는 입자는 통계학적인 농도로 유출된다.

    ㉣ 유입하는 유체는 반응조 내에서 즉시 완전혼합되며 균등하게 분산된다.

▲ CFSTR

② 압출류형 반응조(PFR: Plug-Flow Reactor)

    ㉠ 인접한 유체들이 혼합되지 않고 흐르게 된다.

    ㉡ 반응조 내로 유입하는 유체는 유입되는 순서대로 유입되는 양만큼 유출된다.

    ㉢ 일반적으로 상하의 혼합은 있으나 좌우방향의 혼합은 최소이거나 없는 상태이다.

    ㉣ 충격부하에 약하다. 즉, 짧은 시간에 높은 농도가 유입되면 처리하기 어렵다.

    ㉤ 모든 액체의 조 내 체류시간이 동일하다.

▲ PFR

(3) CFSTR(CMFR)과 PFR 비교

① 동일한 처리효율일 경우 CFSTR의 조 용적이 PFR보다 크며, 반응차원이 높을수록 둘의 조 용적 차이는 더 커진다.

② CFSTR의 길이 : 폭의 비는 3 : 1 이하이며, PFR은 폭에 비해 길이가 긴 장방형이다.

③ 장점과 단점

구분	CFSTR(CMFR)	PFR
장점	• 충격부하 및 부하변동에 강하다. • 유독물질이 유입되어도 순간적으로 조 내에서 분산되므로 미생물에 대한 영향이 적다. • 폭기조 내 다량의 부유물질 수용 및 처리가 가능하다. • 폭기조 내 많은 양의 산소 공급이 가능하다.	• 동력소요가 적다. • 동일한 제거효율일 경우 CFSTR에 비해 조 용량이 작다. • 점감식 포기법, 계단식 포기법 등을 통해 장래 부하변동에 대처할 수 있는 구조가 가능하다.
단점	• 동일한 용량의 PFR보다 처리 효율이 낮다. • 완전혼합 및 폭기에 필요한 동력 소요가 크다.	• 충격부하 및 부하변동에 약하다. • 폭기조 유입부의 BOD 부하가 높아 DO 부족이 발생한다.

④ 이상적 CMFR와 이상적 PFR(ICM와 IPF)

구분	CFSTR(CMFR)	PFR
분산	1	0
분산수	∞	0
Morrill 지수	클수록	1
지체시간	0	이론적 체류시간 동일

(4) 반응조의 반응시간에 따른 출구농도

① 물질수지식

축적(Mass)＝유입(Input) - 유출(Output)±반응(Reaction)

$$\rightarrow \forall \frac{dC}{dt}=QC_0-QC+\forall(-kC^n)$$

- $\forall$: 반응조의 부피
- C: 반응조 유출농도
- C_0: 반응조 유입농도
- k: 반응속도상수
- n: 반응차수

② 물질수지식에서 정상상태를 가정하여 $\dfrac{dC}{dt}=0$으로 놓고, 식을 변형하여 다음 각 식을 도출할 수 있다.

구분	CFSTR(CMFR)	PFR
0차 반응	$C_0-C=kt$ $\rightarrow t_{\text{CFSTR}}=\dfrac{\forall}{Q}=\dfrac{C_0-C}{k}$	$t_{\text{PFR}}=\dfrac{\forall}{Q}=\dfrac{C_0-C}{k}$
1차 반응	$t_{\text{CFSTR}}=\dfrac{\forall}{Q}=\dfrac{(C_0/C)-1}{k}$	$t_{\text{PFR}}=\dfrac{\forall}{Q}=\dfrac{-\ln(C/C_0)}{k}$
2차 반응	$t_{\text{CFSTR}}=\dfrac{\forall}{Q}=\dfrac{(C_0-C)/C^2}{k}$	$t_{\text{PFR}}=\dfrac{\forall}{Q}=\dfrac{1/C-1/C_0}{k}$

CHAPTER 03 물의 특성 및 수자원의 종류

KEYWORD 05 물의 특성 및 부존량

1. 물의 구조 및 특성

(1) 물의 구조

① 물은 하나의 산소와 두 개의 수소가 극성 공유결합을 하여 이루어져 있다.

② 산소와 수소의 거리는 0.957Å이고, H−O−H 사이의 결합각은 104.5°이다. 물 분자는 이런 구부러진 모양의 구조로 인해 극성을 가지게 되고, 물의 극성으로 물은 서로 결합하여 커다란 덩어리를 이룬다.

③ 물 분자끼리는 수소결합을 하고 있어 육각형 결정 구조를 형성한다.

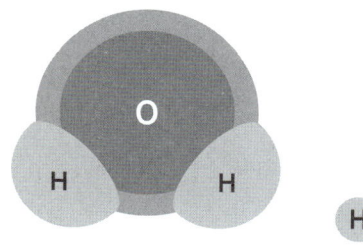 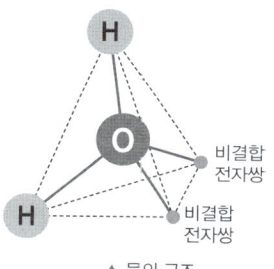 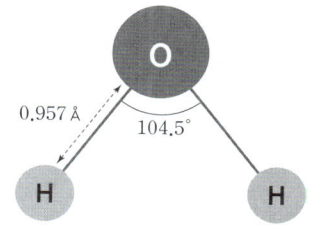

▲ 물의 구조

용어 CHECK **공유결합과 수소결합**

• 공유결합: 전자쌍이 원자 두 개에 공유되어 형성된 결합이다.
• 수소결합: F, O, N 등과 같이 전기음성도가 강한 원소와 결합한 수소 원자가 다른 분자의 전기음성도가 강한 원소와 이루는 인력으로, 분자 간 결합이다.

---

(2) 물의 특성

① 물은 온도에 따라 고체(얼음), 액체(물), 기체(수증기)로 상태변화한다.

② 녹는점과 끓는점이 높아 상온에서 액체로 존재한다.

③ 물은 극성을 가지기 때문에 훌륭한 용매로 작용한다.

④ 다른 화합물에 비해 비열, 융해열, 증발열이 크다.

⑤ 물의 밀도는 약 4℃에서 가장 크다. 물이 얼면 육각형 구조를 형성하며 부피가 증가한다.

⑥ 온도가 증가하면 밀도와 표면장력이 감소한다.

⑦ 열에 매우 안정한 화합물로 2,000℃ 이상에서도 3% 이하만 분해된다.

⑧ 상온에서 알칼리금속과 반응하면 수소가 발생한다.

⑨ 광합성 과정에서 수소를 제공하는 역할을 한다.

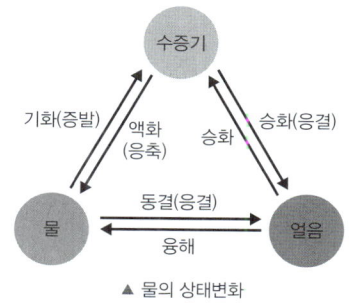

▲ 물의 상태변화

(3) 물의 물성상수

구분	물성상수	의미
녹는점	0℃	–
끓는점	100℃	–
밀도	1g/mL (4℃) 0.99794g/mL (−10℃) 0.99973g/mL (10℃)	밀도 $=\dfrac{질량}{부피}$
비열	1cal/g·℃	14.5℃의 물 1g을 15.5℃로 올리는 데 필요한 열량
융해열	79.4cal/g (0℃)	1g의 얼음이 물이 될 때 흡수하는 열량
증발열	539cal/g (100℃)	1g의 물이 수증기가 될 때 흡수하는 열량
표면장력	72.75dyne/cm (20℃)	물 표면에 작용하는 장력
비저항	$2.5 \times 10^{-7} \Omega \cdot cm$	단위 면적당 저항

2. 증기압, 표면장력, 모세관 현상

(1) 증기압

① 밀폐용기 안에서 특정온도의 물을 장시간 방치하였을 때 증발하는 수증기에 의하여 형성되는 압력으로, 수온에 따라 비례하여 증가한다.

② 용질이 녹아 수용액이 되는 경우, 용액의 농도가 증가할수록 증기압이 낮아진다.

(2) 모세관 현상

① 수직으로 세워진 얇은 유리 모세관의 벽면을 적시며 위로 올라가는 현상으로, 물이 모세관의 벽면에 붙으려는 부착력에 의해 발생한다.

② 물은 아래로 볼록한 형태, 금속액체인 수은(Hg)은 위로 볼록한 형태의 메니스커스를 형성한다.

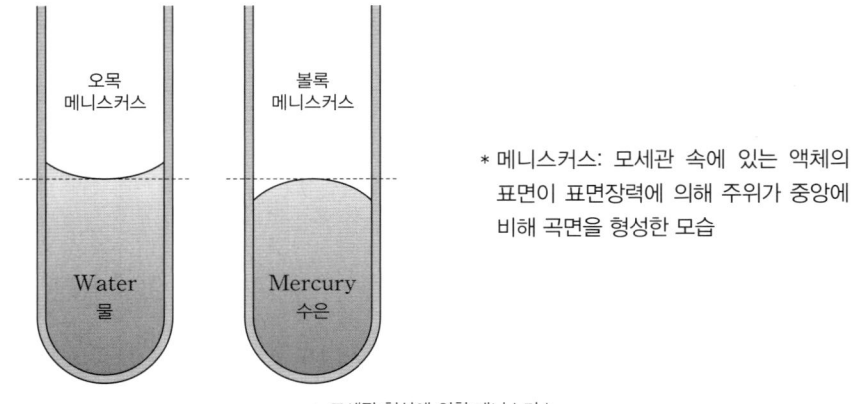

* 메니스커스: 모세관 속에 있는 액체의
표면이 표면장력에 의해 주위가 중앙에
비해 곡면을 형성한 모습

▲ 모세관 현상에 의한 메니스커스

③ 모세관 높이(h)

$$h = \frac{4T\cos\beta}{wd} = \frac{4T\cos\beta}{\rho g d}$$

- h: 높이[cm]
- T: 표면장력[g_f/cm]
- β: 모세관 현상으로 인해 올라간 각도
- w: 물의 비중량($=\rho g$)[$1g_f$/cm^3]
- d: 모세관의 지름[cm]

3. 물의 부존량과 순환

(1) 물의 부존량(지구상의 분포)

① 비율: 해수 > 빙하 > 지하수 > 지표수

② 담수 중 하천수가 차지하는 비율은 약 0.32%이다.

③ 담수 중 11%(표층수, 지하수)만이 바로 이용 가능하다.

④ 물의 이용 형태: 농업용수 > 유지용수 > 생활용수 > 공업용수

(2) 물의 순환

① 자연계에서 물의 순환은 태양에너지가 원동력이다. 증발과 강수, 유출, 삼투 등을 통하여 물의 순환은 연속적으로 진행된다.

② 지구에 도달하는 태양에너지 중 약 45%가 지표면에 도달하고, 이 중 반에 해당하는 약 22%가 물의 증발에 소모된다.

③ 연간 지구의 강수량은 약 4×10^{14}m^3/년이며, 이 중 약 25%가 지표면(육지)의 강수량이다.

④ 자연수는 대기 중 이산화탄소 기체를 흡수하여 결과적으로 일정 수준의 농도로 중탄산이온(HCO_3^-)화 되기도 한다.

⑤ 중탄산이온이 화학평형을 이루면서 형성된 자연수의 경우 pH 5.6의 약산성을 띤다.

$$H_2O + CO_2 \quad \rightarrow \quad H_2CO_3 \quad \rightleftarrows \quad H^+ + HCO_3^-$$

⑥ 물수지 방정식

$$강수량 = 유출량 + 증발\ 및\ 증산량 + 침투량 + 저유량$$

용어 CHECK **증발, 증산, 저유량**

- 증발: 하수 및 해수 등 대기에 노출된 수분이 태양광 등의 에너지를 받아서 기화되는 과정
- 증산: 삼투압에 의하여 뿌리로부터 식물 내부로 흡수된 수분이 낮에 식물의 호흡과정에서 기공을 통해 대기로 증발하는 과정
- 저유량: 호수나 연못에 저장되는 물과 하천을 통해 흐르는 물의 양

1. 기상수

(1) 우수(빗물)

① 빗물은 낙하하면서 대기 중의 CO_2와 반응하여 약한 산성(pH 5.6)이 된다.

② 주성분은 육수보다는 해수와 비슷하다.

(2) 산성비

① 빗물이 대기 중의 황산화물, 질소산화물 등에 의해 pH가 5.6 이하로 낮아진 것을 산성비라고 한다.

② 대기 중의 이산화탄소(CO_2) 기체와 평형상태에 있는 순수한 빗물(탄산수)은 pH 5.6을 띤다.

③ 산성비의 주요 원인 물질: 황산화물(SO_x), 질소산화물(NO_x), 염화 기체(Cl_2, HCl) 등

④ 광범위한 지역에 걸쳐서 생성되며 산성비의 예보는 불가능하다.

⑤ 식물의 잎과 토양으로부터 Ca^{2+}, Mg^{2+}, K^+ 등의 용출을 가속화한다.

2. 지표수

(1) 하천수

① 계절에 따라 강수량의 편차가 크다. (＝유량이 불안정하다.)

② 하상계수가 크다.　　*하상계수＝최대유량/최소유량

③ 하천의 경사도가 급하고, 유출시간이 짧다.

④ 하천의 유역면적이 작고 길이가 짧다.

(2) 호수(담수호, 염수호)

① 국지적인 환경조건(호수의 모양과 크기, 바람에 의한 유속 및 유향)의 영향이 크다.

② 지질의 특성에 영향을 받으며 유속이 대체로 느리다.

③ 지표수에 비하여 대체로 염분 함량이 30% 정도 크다.

　　㉠ 담수호: 염분 함량이 물 1L당 500mg 이하인 호수, 가장 일반적인 호수

　　㉡ 염수호: 염분 함량이 물 1L당 500mg 이상인 호수, 실제로 짠맛이 남

④ 경도가 높으며, 용해된 광물질을 포함하고 있다.

⑤ 무기물이 풍부하며 자정작용의 속도가 느리다.

　　㉠ 조화형 호수: 부영양화 호수, 빈영양화 호수

　　㉡ 부조화형 호수: 부식영양형 호수, 산영양형 호수, 알칼리영양형 호수

⑥ 지층 및 지역별로 수질의 차이가 적다.

⑦ 표수층의 조류의 광합성이 활발할 경우 pH가 8~9 또는 그 이상이 될 수도 있다.

　　→ 조류의 광합성 활동: HCO_3^-, CO_3^{2-}를 흡수하고 OH^-을 생산한다.

3. 지하수

(1) 지하수 분류

① 천층수: 지하로 침투하여 제1불투수층에 고인 물이다.

② 심층수: 제1불침투층과 제2불침투수층 사이의 피압지하수이다.

③ 용천수: 침투된 지표수가 암석이나 점토와 같은 불투수층에 차단되어 지표로 솟아나온 물이다.

④ 복류수: 하천, 저수지, 호수의 바닥, 자갈모래층에 함유되어 있는 좋은 수질의 물이다.

　　㉠ 수질이 지형에 영향을 받는다.

　　　　• 호소의 수질　　　　　• 지층의 토질과 두께　　　　　• 원류로부터의 거리

　　㉡ 그대로 수원으로 사용할 수 있을 만큼 대체로 수질이 양호하다.

　　㉢ 취수량이 증가하면 자연여과 효율이 떨어진다. → 쉽게 수질이 나빠진다.

(2) 지하수 특징

① 적은 수온 변동, 낮은 탁도, 느린 유속, 지표수 대비 약 30% 높은 염분 농도를 갖는다.

② 오염물과 미생물이 적은 편이고, 혐기성 세균에 의한 유기물 분해작용이 일어난다.

③ 한번 오염되면 정화하기 어렵고, 많은 시간과 비용이 든다. (자정속도가 느리다.)

　　→ 지하수의 수질은 해당 지역(국지적인 환경)에 쉽게 영향을 받는다.

> **고득점 POINT** 　지하수 경도
>
> • 금속 양이온이 많이 용해되어 있어 경도가 높다.
> 　− 산성비에 의해 광물질이 쉽게 용해된다.
> 　− 토양 내 유기물이 분해되면서 발생한 이산화탄소로 인해 금속 이온이 더 쉽게 용해된다.
> • 얕은 지하수일수록 경도가 낮다. 깊을수록 지층과의 접촉시간이 길어 용존 금속 이온의 농도가 높아져서 경도가 높다.
> • 지하수 내 무기질 용해 순서: 염화물 → 알칼리금속 황산염 → 칼슘/마그네슘 탄산염 → 철/망간화합물 → 규산염

4. 해수(바닷물)

① pH는 약 8.2로 약알칼리성이며, 중탄산염 완충용액이다.

② 염분

　　㉠ 강전해질 수용액으로 평균적으로 해수 1L당 35g의 염분을 함유한다.

　　㉡ 염분 농도의 크기: 무역풍대 > 적도 > 남북극

③ 밀도

　　㉠ 1.02~1.03g/mL

　　㉡ 밀도의 크기: 남북극 > 무역풍대 > 적도

④ Mg/Ca 농도비는 3~4 정도로 담수(0.1~0.3)보다 크다.

⑤ 해수 중 질소의 35%가 암모니아성 질소 및 유기질소 형태로 존재한다.

⑥ 해수의 난류확산은 수평방향이 활발하며, 수직방향은 완만하다.

> **고득점 POINT** 　해수의 성분
>
> • 해수의 주요 성분(Holy seven): $Cl^- > Na^+ > SO_4^{2-} > Mg^{2+} > Ca^{2+} > K^+ > HCO_3^-$ → Cl^-(염소 이온)의 농도가 19,000mg/L로 가장 높다.
> • 해수 주요 성분의 농도비는 일정하다. (균일 혼합물)

수질오염

1. 수질오염

(1) 정의

① 인위적인 원인에 의하여 자연 수자원의 이용 가치가 저하되거나 피해를 주는 현상이다.

② 인위적인 원인: 특정 물질의 지나친 용해 농도 증가 또는 부족, 비정상적인 부유물의 발생, 비정상적인 침전물의 발생, 비정상적인 산성도 형성, 비정상적인 물의 흐름이나 정체 등이 있다.

(2) 점오염원과 비점오염원

① 점오염원   * 갈수기에 오염 증대

  ㉠ 유출량이 알려진 관로 및 수로 등을 통하여 일정한 지점으로 오염물질을 배출하는 배출원이다.

  ㉡ 배출원: 가정하수, 축산하수, 축산폐수 등

  ㉢ 배출구나 배출단위로 파악이 가능하다.   * 특정 지점. 비교적 좁은 지역

  ㉣ 물질의 경로 및 유출량을 파악하기 용이하여 제어 및 통제가 용이하다.

② 비점오염원   * 홍수기에 오염 증대

  ㉠ 불특정 장소에서 불특정하게 수질오염 물질을 배출하는 배출원이다.

  ㉡ 배출원: 도시, 도로, 농지, 산지, 공사장, 광산(폐광) 등

  ㉢ 배출 근원을 하나의 점으로 파악하기 불가능하다.   * 광역 지역

  ㉣ 주로 강우 또는 강설에 의해 희석 또는 확산되면서 문제를 유발한다.

2. 오염물질 배출원의 종류

(1) 생활하수

① 무기물: 인산염(PO_4^{3-}), 질산염(NO_3^-), 암모늄염(NH_4^+), 식염($NaCl$) 등

  ㉠ 하천과 해수에서 부영양화 및 적조 현상을 유발한다.

  ㉡ 어패류 폐사, 수질 유독화, COD 증가의 원인이 된다.

② 유기물: 중성세제(ABS), 연성세제(LAS) 등의 계면활성제(일명 합성세제)

  ㉠ 메틸렌블루 합성물질이라고도 한다.

  ㉡ ABS는 자연분해가 불가능하고, LAS는 자연분해가 가능하다.

  ㉢ 유기물이 유입되면 낮은 용해도, 하천 수면 거품발생, 자정작용 방해, DO 감소 유발, 부패 요인이 된다.

  ㉣ 오존산화법, 활성흡착법 등으로 제거할 수 있다.

③ 유류: 기름, 어패류 폐사 시 생성유 등으로 수중 생물의 번식과 생장에 장애를 유발한다.

④ 분뇨: 수거식 화장실을 통해 포집되는 액성/고체성 오염물질이다.

　㉠ 콜레라, 이질, 장티푸스 등과 같은 수인성 전염병의 요인이 된다.

　㉡ 분뇨가 유입되면 BOD 증가, COD 증가, DO 감소의 요인이 된다.

　㉢ 질소화합물 $(NH_4)_2CO_3$과 NH_4HCO_3 형태로 존재하며 분뇨 소화조 내 알칼리도를 높게 유지시켜줌으로써 pH의 강하를 막아주는 완충작용을 한다.

　　• 분: 전체 VS(체적)의 $12\sim20\%$ 정도의 질소화합물을 함유한다.

　　• 뇨: 전체 VS(체적)의 $80\sim90\%$ 정도의 질소화합물을 함유한다.

　㉣ 분뇨의 고형물질의 비(분 : 뇨)는 7 : 1 정도이고, 구성비는 1 : 8~10 정도로 고액 분리가 어렵다.

　㉤ 분뇨의 비중은 약 1.02, 점도는 약 1.2~1.3이다.

　㉥ H_2S, NH_3, CH_3SH(멜캅탄) 등에 의해 악취를 유발한다.

　㉦ 1인 1일 발생량: 1L/day·cap, 19g BOD/day·cap

(2) 공장폐수

수중생물 먹이 연쇄반응으로 인해 유독성이 형성된다. → 생물 농축

오염물질	배출원	피해 및 영향
카드뮴	아연 정련업, 도금공업, 원자로 등	이타이이타이병, 칼슘대사 장애, 골연화증, Fanconi씨 증후군 등
수은	제련, 살충제, 온도계, 압력계 제조 공정 등	미나마타병, 헌터루셀 증후군, 중추신경계 피해(난청, 언어장애, 구심성 시야협착, 정신장애) 등
비소	광산정련, 피혁공업, 농약공장 등	구토 및 설사, 피부 청색화, 피부염, 전신마비, 발암, 흑피증 등
망간	건전지 공장, 화학 공장, 광산, 합금 등	파킨슨병
아연	광산 제련, 고무 제조, 아연 공장 등	폐렴 유발, 발열, 구토유발 등 * O·연이 부족하면 소인증이 생길 수 있음
구리	도금 공정, 파이프 제조 공정 등	윌슨씨증후군, 만성중독 시 간경변 등
납	축전지 제조, 페인트 공장, 도자기 제조, 인쇄 등	근육 및 관절 장애, 신장·생식·간·뇌·중추신경계 장애 유발 등
PCB	변압기, 콘덴서, 기판 제조 공정 등	카네미유증 유발, 피부장애, 간장장애 등
불소	알루미늄 제련, 인산비료 공장, 반도체 공장 등	법랑반점(반상치)
페놀	금속 공장, 도로, 양품 공장 등	악취 발생, 상수원 오염, 구토 유발 등
유기용매	생활하수, 식품공장, 낙농업 등	악취 발생, 어패류 패사 등

고득점 POINT THM(트리할로메탄, Trihalomethane)

• 소독제의 부산물로, 수중 염소가 전구물질(브롬 및 유기물 등)과 반응하여 생성된다.

• 수돗물에서는 클로로포름($CHCl_3$)형태로 존재한다.

• 수중 전구물질의 농도가 높을수록, 수중 pH가 높을수록, 수온이 높을수록 THM이 많이 생성된다.

1. BOD(생화학적 산소요구량, Biochemical Oxygen Demand)

(1) 정의

① 물속 호기성 미생물에 의하여 20℃에서 5일간 유기물이 분해될 때 소모되는 산소의 양을 mg/L의 단위로 나타낸 것이다.

② 소모되는 산소의 양은 유기물의 양을 간접적으로 알아내는 데 이용된다.

(2) BOD 소모식

① 공식

• $BOD_t = BOD_u(1-10^{-k_1 t})$ • $BOD_t = BOD_u(1-e^{-k_1 t})$	• BOD_t: t일 후에 소모된 BOD[mg/L] • BOD_u: 최종 BOD[mg/L] • k_1: 탈산소계수[day^{-1}] • t: 시간[day]

② 온도 변화에 따른 탈산소계수의 보정: $K_T = K_{20℃} \times 1.047^{(T-20)}$

고득점 POINT BOD 잔존식

BOD 잔존식은 다음의 식으로 구한다.
- $BOD_t = BOD_u \times 10^{-k_1 t}$
- $BOD_t = BOD_u \times e^{-k_1 t}$

[학습 Tip]
- 문제에서 BOD의 비율이나 주어진 BOD_t에 대하여 BOD_u를 구한다면 BOD 소모식을 사용하고, 잔존의 뜻을 가진 표현이 있을 때는 BOD 잔존식을 사용한다.
- 최종 BOD(BOD_u)는 소모된 BOD(BOD_t)와 잔존한 BOD(잔존 BOD_t)의 합이다.

  $$BOD_u = \text{소모 } BOD_t + \text{잔존 } BOD_t$$

- 따라서, 잔존 BOD_t는 BOD 소모식을 이용하여 BOD_t를 계산하고 $BOD_u -$ 소모 BOD_t로도 구할 수 있다.

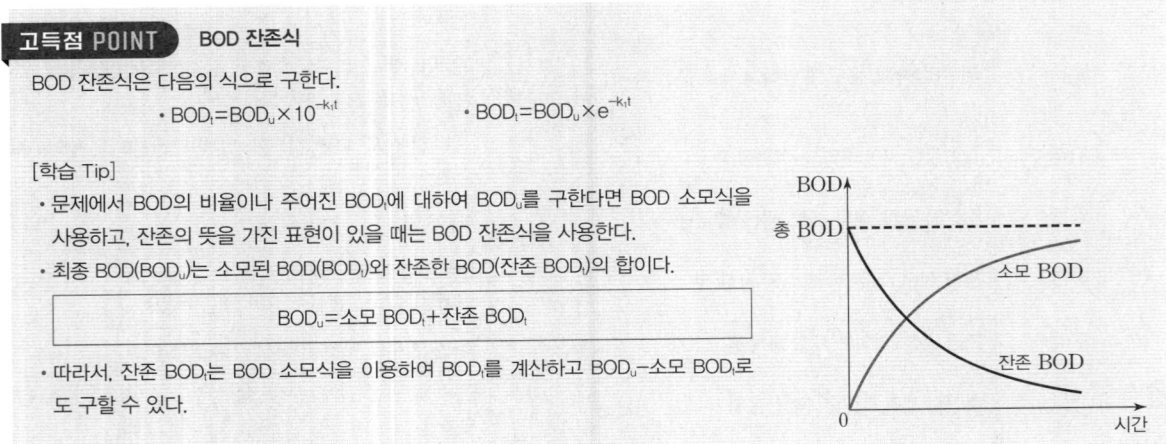

---

(3) 유기물에 의한 BOD단계

① 1단계 BOD: 호기성 생물이 탄소화합물을 분해하는 데 요구된 산소량=탄소성 BOD(CBOD)

② 2단계 BOD: 호기성 생물이 질소화합물을 분해하는 데 요구된 산소량=질소성 BOD(NBOD)

③ BOD 분석 중 질산화가 일어나면 BOD 수치가 높게 측정되며, 질산화는 보통 7일 이후에 일어나므로 5일 산소소비량(BOD_5)을 기준으로 한다. BOD_5는 질소성 BOD 영향을 받지 않고 탄소성 BOD의 양을 확인하는 용도로 이용한다. → BOD_5: 20℃에서 5일간 유기물이 분해될 때 소모되는 산소의 양

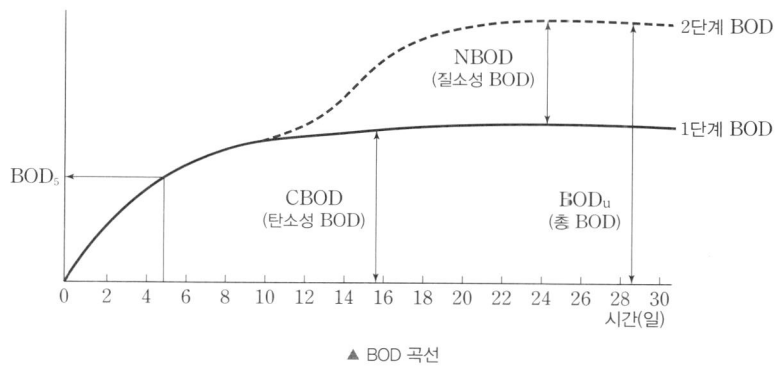

▲ BOD 곡선

2. COD(화학적 산소요구량, Chemical Oxygen Demand)

(1) 정의　　※ 단위: mg/L

① 화학적으로 유기물을 산화시켜 소비된 산화제의 양을 산소의 양으로 환산하여 유기물의 양을 정량하는 지표이다.

② 산화제로는 $KMnO_4$ 또는 $K_2Cr_2O_7$을 사용한다.

③ 유기물 정량 시 신속하게 정량하기 위해 COD를 이용한다.

④ 생분해성 유기물과 난분해성 유기물을 모두 정량할 수 있다.

(2) 분류

① COD＝BDCOD(생분해성 유기물의 COD)＋NBDCOD(난분해성 유기물의 COD)

　　＝SCOD(용해성 COD)＋ICOD(비용해성 COD)

② BDCOD는 최종 BOD(BOD_u)와 같다.

3. SS(부유물질, Suspended Solids)

(1) 정의

① $0.1\mu m$~2mm 정도 크기의 고형물로, 물속에서 용해되지 않고 현탁을 유발한다.

② 오염된 물의 수질을 표시하는 하나의 지표이다.

③ 탁도와 색도를 유발하며, 빛의 투과를 막아 수생식물의 광합성을 방해한다.

(2) 분류

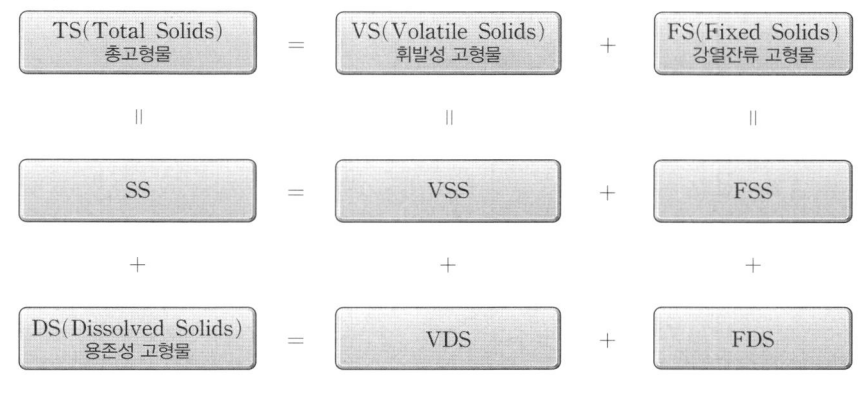

- GF/C 여과지를 통과하지 못하면 SS, 통과하면 DS 이다.
- 400~500℃로 회화시켰을 때 휘발이 되면 VS, 휘발되지 않으면 FS이다.

4. DO(용존산소, Dissolved Oxygen)

(1) 정의

① 수중에 용해되어 있는 산소의 양을 mg/L의 단위로 나타낸 것으로 수중 생태계에 절대적인 영향을 미치는 지표이다.

② BOD가 높은 수원은 반대로 DO를 고갈시킨다.

③ DO가 고갈된 수원은 혐기성 조건으로 변하게 된다.

(2) 용존산소 수하곡선

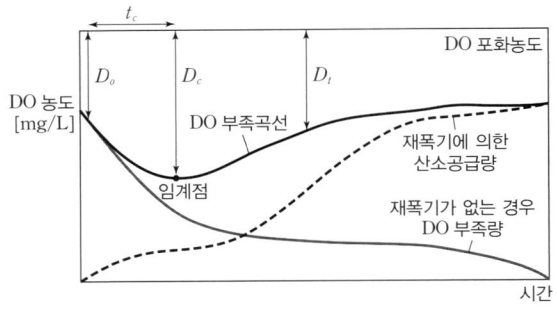

- D_o: 용존산소 초기 부족량
- D_c: 용존산소 임계 부족량
- D_t: 용존산소 부족량
- t_c: 임계시간

① 용존산소 초기 부족량 D_o

$$D_t = \frac{L_o \cdot K_1}{K_2 - K_1}(10^{-K_1 t} - 10^{-K_2 t}) + D_o \times 10^{-K_2 t}$$

- D_t: t일 후의 용존산소 부족량[mg/L]
- K_1: 탈산소계수[day^{-1}]
- K_2: 재폭기계수[day^{-1}]
- t: 시간[day]
- L_o: 최종 BOD=BOD$_u$[mg/L]
- D_o: 초기 용존산소 부족량[mg/L]

② 용존산소 임계부족량 D_c

$$D_c = \frac{L_o}{f} 10^{-k_1 t_c}$$

- D_c: 임계부족량(최대산소부족량)
- f: 자정계수 $= \dfrac{k_2}{k_1}$
- t_c: 임계시간[day]

고득점 POINT 자정계수 f

$$f = \frac{k_2}{k_1}$$

- k_1: 탈산소계수
- k_2: 재폭기계수

- 유속이 빨라지면 자정계수는 커진다. (k_2 증가)
- 구배가 크면 자정계수는 커진다. (k_2 증가) (자정계수는 대형 호수가 소규모 저수지 보다 크다.)
- 자정계수의 단위는 없다.
- 수심이 얕을수록 자정계수는 커진다. (k_2 증가)
- 온도가 높아지면 자정계수는 낮아진다. (온도가 증가함에 따라 k_1, k_2가 모두 증가하지만 k_2가 k_1보다 증가율이 낮아서 f는 감소한다.)
- 자정계수 순서는 폭포＞유속이 빠른 하천＞완만한 하천＞조그마한 연못이다.
- 유기물질의 구조가 간단할수록 탈산소계수는 증가한다.

③ 임계시간 t_c

$$t_c = \frac{1}{k_1(f-1)} \log\left[f\left(1 - (f-1)\frac{D_o}{L_o}\right)\right]$$

- t_c: 임계시간[day]
- k_1: 탈산소계수[day^{-1}]
- f: 자정계수 $= \dfrac{k_2}{k_1}$
- D_o: 초기 용존산소 부족량[mg/L]
- L_o: 최종 BOD = BOD$_u$[mg/L]

5. 콜로이드

(1) 정의

특정한 크기(0.001~1μm 정도)를 가진 입자로 다른 물질 속에 분산되어 있는 상태이다.

(2) 친수성 콜로이드와 소수성 콜로이드

구분	친수성 콜로이드	소수성 콜로이드
물리적 상태	유탁 상태(Emulsion)	현탁 상태(Suspension)
표면장력	용매(분산매)보다 약함	용매(분산매)와 비슷
점도	용매(분산매)보다 현저히 큼	용매(분산매)와 비슷
틴들효과	약하거나 거의 없음	현저함
민감성	염에 민감하지 않음	염에 민감함

6. 경도, 알칼리도, 산도, 대장균군

(1) 경도

① 물의 세기를 의미한다.

② 2가 양이온 금속인 Mg^{2+}, Ca^{2+}, Fe^{2+}, Mn^{2+}, Sr^{2+} 등과 같은 경도 유발물질의 함유 정도를 같은 당량의 $CaCO_3$의 농도로 환산하여 나타낸 값이다.

$$경도[mg/L\ as\ CaCO_3] = \sum_{i=1}^{n}\left(M_c^{2+} \times \frac{100/2}{M_i/2}\right)$$

- M_c^{2+}: 경도 유발물질의 농도[mg/L]
- M_i: 경도 유발물질의 원자량

③ 종류

ㄱ 탄산경도: 경도 유발물질과 알칼리도 유발물질이 졸합한 상태일 때 나타나는 경도로, 끓여서 쉽게 제거되므로 일시경도라고도 한다.

ㄴ 비탄산경도: 경도 유발물질과 산이온이 결합한 상태일 때 나타나는 경도로, 끓여서 제거되지 않으므로 영구경도라고도 한다.

ㄷ 가경도: 저농도에서는 경도를 발생하지 않는 금속 이온인 Na^+, K^+ 등이 가경도 유발물질이다.

④ 경도계산법

㉠ 총경도: 수질분석결과에서 경도유발물질(Mg^{2+}, Ca^{2+}, Fe^{2+}, Mn^{2+}, Sr^{2+} 등)을 파악하여 $CaCO_3$로 환산한 후 합한다.

㉡ 일시경도(탄산경도): 수질분석결과에서 알칼리도 유발물질을 파악하여 $CaCO_3$로 환산한 후 합한다.

- 총경도 > 알칼리도일 때 → 일시경도 = 알칼리도
- 총경도 < 알칼리도일 때 → 일시경도 = 총경도

㉢ 영구경도(비탄산경도)

영구경도 = 총경도 - 일시경도

(2) 알칼리도

① 산을 중화시키는 능력이다.

② OH^-, HCO_3^-, CO_3^{2-} 등과 같은 알칼리도 유발물질의 함유 정도를 같은 당량의 $CaCO_3$의 농도로 환산하여 나타낸 값이다.

$$알칼리도[mg/L \ as \ CaCO_3] = \sum_{i=1}^{n} \left(C_i \times \frac{100/2}{M_i / 가수} \right)$$

- C_i: 알칼리도 유발물질의 농도[mg/L]
- M_i: 알칼리도 유발물질의 분자량

(3) 산도

① 알칼리를 중화시키는 능력이다.

② 산도 유발물질의 함유 정도를 같은 당량의 $CaCO_3$의 농도로 환산하여 나타낸 값이다.

(4) 대장균군

① 사람이나 동물 등의 장기에 서식하는 미생물이다.

② 대장균군이 수중에서 검출될 경우 분변성 오염의 지표가 된다.

③ 신속하게 검출이 가능하고, 방법도 용이한 편이다.

④ 대장균군이 포함된 식수의 이용은 콜레라 등의 수인성 전염병의 발생을 초래할 수 있다.

7. 용존이온측정법

(1) 전기전도도

① 수중 용해염의 농도를 종합적으로 나타내는 지표로서 호수 내 수계 구분, 성층수조 현상, 수질의 연속적 변화양상 등을 파악할 수 있다.

② 정확도는 낮으나 수중 총 용존염을 신속하게 측정할 때 사용된다.

③ 전기전도도는 온도에 따라 변할 수 있으므로 25℃ 조건의 값으로 환산하여 사용한다.

(2) 이온강도 I

① 수중 총 용존염을 정밀하게 측정할 수 있는 방법으로 다음과 같이 계산한다.

$$I = \frac{1}{2} \sum_{i=1}^{n} C_i Z_i^2$$

- C_i: 몰농도[mol/L]
- Z_i: 이온가수

② 전해질 수용액(이온이 용해되어 있는 수용액)에 흐르는 전류의 특징

    ⊙ 용액에서 화학변화가 일어난다.

    ⓒ 전류(전자)는 이온에 의해 흐른다.

    ⓒ 온도가 상승하면 저항이 감소한다. (온도 상승 → 이온의 활동 증가 → 전자 이동 원활 → 저항 감소)

    ⓔ 일반적으로 금속보다 전기저항이 더 크다.

(3) SAR(Sodium Absorption Ratio, 나트륨 흡수 비율)

① 농업용수의 수질을 판단하는 지표이다.

② Na^+ 농도가 증가하면 Mg^{2+}, Ca^{2+}와 치환되어 토질을 불량하게 한다.

$$SAR = \frac{Na^+}{\sqrt{\frac{Ca^{2+} + Mg^{2+}}{2}}} \quad (단, 이온 농도의 단위는 meq/L이다.)$$

③ 수치의 의미

SAR 범위	Na^+의 농도	의미
0~10	미미	토양에 영향 없음
10~18	중간	토양 사용 가능
18~26	높음	토양 제한적 사용 가능
26 이상	매우 높음	토양 사용 불가

8. BOD 관련 수질관리

(1) 혼합된 BOD 농도: 혼합공식

① 하천에 하수를 방류시켰을 때의 혼합된 지역의 BOD 농도를 산출할 수 있다.

② 혼합공식을 통해 혼합된 DO, pH, 온도 등도 계산이 가능하다.

$$C_m = \frac{C_1 Q_1 + C_2 Q_2}{Q_1 + Q_2}$$

- C_1: 1번 농도[mg/L]
- Q_1: 1번 유량[m³/day]
- C_2: 2번 농도[mg/L]
- Q_2: 2번 유량[m³/day]

(2) BOD 제거 효율(η)

$$\begin{aligned}
BOD\ 제거\ 효율(\eta) &= \frac{BOD\ 제거량}{유입수\ BOD량} \times 100 \\
&= \frac{[유입수\ BOD량(농도) - 유출수\ BOD량(농도)]}{유입수\ BOD량(농도)} \times 100 \\
&= \frac{C_i - C_o}{C_i} \times 100 = \left(1 - \frac{C_o}{C_i}\right) \times 100
\end{aligned}$$

CHAPTER 05

수중 생물학

KEYWORD 09   수중 미생물

1. 수중 미생물의 종류

(1) **박테리아(Bacteria)**

① 화학식: $C_5H_7O_2N$

② 엽록소를 가지고 있지 않으며 탄소동화작용을 하지 않는다.

③ 산성도와 온도에 민감하고, 세포 분열을 한다.

④ 단세포 원핵성 진정세균으로 형상에 따라 구형, 막대형, 나선형 및 사상형으로 구분한다.

구균(구형)	간균(막대형)	나선균(나선형)

(2) **균류(곰팡이류, Fungi)**

① 화학식: $C_{10}H_{17}O_6N$

② 탄소동화작용을 하지 않는다.

③ 폐수처리 중에는 sludge bulking의 원인이 된다.

④ pH 3~5처럼 낮은 산성의 폐수에서도 잘 자란다.

⑤ 질량의 75~80%가 물이다.

(3) **조류(Algae)**

① 화학식: $C_5H_8O_2N$

② 원핵생물이고, 세포벽 구조는 박테리아와 비슷하다.

③ 광합성에 의해 유기물을 생산하는 독립영양계 미생물이다.

④ 광합성을 할 때 CO_2를 섭취하므로 수중의 pH를 상승시킨다.

⑤ 종류

　　㉠ 남조류

　　　　• 부영양화의 원인물질로 수화현상을 일으키는 원핵조류이다.

　　　　• 세포벽 형태가 박테리아와 유사하며 단세포로 군체를 형성한다.

　　　　• 호기성 신진대사를 하며, 전자 공여체로 물을 사용한다.

　　㉡ 녹조류

　　　　• 단세포와 다세포가 있다.

　　　　• 운동성이 없는 것도 있고, 유영편모를 갖춘 것도 있다.

　　㉢ 규조류

　　　　• 단세포로 군락을 이룬다.

　　　　• 봄과 가을에 성장하며, 호수의 성층현상과 관련이 있다.

(4) 원생동물(Protozoa)

① 화학식: $C_7H_{14}O_3N$

② 세포벽이 없는 간세포 진핵미생물이다.

③ 대부분 호기성 또는 임의성을 띤 혐기성 종속영양생물이다.

④ 위족류, 편모충류, 섬모충류, 흡관충류로 나뉘며 순서대로 뒤로 갈수록 더 고등한 동물이다.

(5) 고등동물(Rotifer, Crustaceans)

① 미생물 발생의 마지막 단계로 슬러지 벌레라고도 한다.

② 박테리아를 섭취하여 생존하며, 물이 깨끗할수록 다양한 종의 미생물이 적은 수로 균형을 잡고 번식한다.

2. 수중 미생물의 분류 및 특성

(1) 원핵세포, 진핵세포

구분	원핵세포	진핵세포
종류	세균류, 남조류 등	편모류, 섬모류, 조류, 균류, 식물, 동물 등
분열	이분법	유사분열
핵막	없음	있음
세포소기관	없음	있음
리보솜	70S	80S * 예외: 미토콘드리아와 엽록체는 70S
DNA	단일 분자	여러 개의 분자
편모	있음	있음
운동 기관	미발달	편모, 섬모, 위족 등이 발달

* 세포소기관은 미토콘드리아, 엽록체, 액포, 소포체 등이다.

* 리보솜에서 S는 Svedberg 단위로 원심분리 시 침강 속도를 의미한다.

(2) **특성에 따른 분류**

    ① 산소(호흡) 유무

        ㉠ 호기성 미생물: 유리산소의 존재 하에 증식 가능한 미생물

        ㉡ 혐기성 미생물: 유리산소가 없는 곳에서 증식 가능한 미생물

    ② 온도 환경: 저온성 미생물(0~20℃), 중온성 미생물(20~40℃), 고온성 미생물(55~60℃)

    ③ 에너지원: 광합성 미생물, 화학합성 미생물

    ④ 탄소 공급원(영양 공급원)

        ㉠ 독립영양계 미생물: 광합성과 화학합성의 주탄소원＝CO_2

        ㉡ 종속영양계 미생물: 광합성과 화학합성의 주탄소원＝유기탄소

3. 질산화 및 탈질 미생물

(1) **질산화**

    ① 암모니아성 질소가 호기성 조건에서 질산화 미생물에 의해 아질산성 질소를 거쳐 질산성 질소로 변화하는 과정이다.

    ② 질산화 반응 시 용존산소는 2mg/L 이상, 반응이 일어나면 pH는 낮아진다.

    ③ 독립영양미생물(질산화 미생물)에 의해 일어나며 성장속도가 느려 반응에 긴 시간이 필요하다.

    ④ 질산화 반응 및 관여 미생물

$$2NH_4^+ + 3O_2 \rightarrow 2NO_2^- + 4H^+ + 2H_2O \quad \cdots\cdots\cdots \text{아질산화(관여 미생물: Nitrosomonas)}$$
$$2NO_2^- + O_2 \rightarrow 2NO_3^- \quad \cdots\cdots\cdots\cdots\cdots\cdots\cdots\cdots\cdots\cdots\cdots\cdots \text{질산화(관여 미생물: Nitrobacter)}$$

(2) **탈질화**

    ① 미생물이 호흡하기 위해 일어나며 혐기성 조건에서 질산성 질소를 환원시키는 과정이다.

    ② 탈질화 반응 시 용존산소는 0mg/L, 반응이 일어나면 pH는 높아진다.

    ③ 종속영양미생물(탈질 미생물)에 의해 일어난다.

    ④ 탈질화 반응 및 관여 미생물

$$2NO_3^- + 5H_2 \rightarrow N_2 + 2OH^- + 4H_2O \quad \cdots\cdots \text{탈질화}$$
$$\text{(관여 미생물: Pseudomonas, Micrococcus, Achromobacter, Bacillus)}$$

4. 미생물의 유기물 분해

(1) 호기성 분해

① 호기성 세균이 오수 중의 용존산소를 소비하며 동시에 유기물을 영양원으로 하는 분해 방식이다.

② 호기성 세균은 섭취한 유기물을 산화/분해하여 무기물(이산화탄소, 암모니아, 물 등)을 생성한다.

③ 저농도의 유기물을 폭기조에서 처리할 때 사용될 수 있는 분해 방식이다.

④ 호기성 분해식

구분	호기성 분해식
박테리아($C_5H_7O_2N$)	$C_5H_7O_2N \quad + \quad 5O_2 \rightarrow 5CO_2 + 2H_2O + NH_3$ 113g $\qquad$: 5×32g
글루코스($C_6H_{12}O_6$)	$C_6H_{12}O_6 \quad + \quad 6O_2 \rightarrow 6CO_2 + 6H_2O$ 180g $\qquad$: 6×32g
글리신($C_2H_5O_2N$)	$C_2H_5O_2N \quad + \quad \dfrac{7}{2}O_2 \rightarrow 2CO_2 + 2H_2O + HNO_3$ 75g $\qquad$: $\dfrac{7}{2} \times 32$g
에탄올(C_2H_5OH)	$C_2H_5OH \quad + \quad 3O_2 \rightarrow 2CO_2 + 3H_2O$ 46g $\qquad$: 3×32g
메탄올(CH_3OH)	$CH_3OH \quad + \quad \dfrac{3}{2}O_2 \rightarrow CO_2 + 2H_2O$ 32g $\qquad$: $\dfrac{3}{2} \times 32$g
폼알데하이드(CH_2O)	$CH_2O \quad + \quad O_2 \rightarrow CO_2 + H_2O$ 30g $\qquad$: 32g

(2) 혐기성 분해

① 호기성 분해의 상대적 개념이다.

② 혐기성 세균에 의한 분해로, 하수슬러지를 산소 공급없이 처리하는 공정과 연관이 있다.

③ 원활한 산소 공급이 어려운 고농도의 유기고형물을 처리할 때 유리한 분해 방식이다.

④ 호기성 세균에 비해 혐기성 세균의 증식 속도는 느리다.

⑤ 글루코스($C_6H_{12}O_6$) 분해식

$$C_6H_{12}O_6 \rightarrow 3CO_2 + 3CH_4$$
$$180g \qquad\qquad 3 \times 16g$$

고득점 POINT 생물 농축

· 수은, 납, 카드뮴 등의 중금속이 물이나 먹이를 통하여 생물체 내부로 유입된 후 체내에 잔존하여 농축되는 현상을 말한다.

· 하급 중독 생물을 상위 포식자가 먹이로 취하면서 상위포식자의 체내에는 중금속이 높은 농도로 농축된다. 즉, 생태계 먹이 피라미드상 상위 소비자로 갈수록 농축정도(농축비)가 증대한다.

· 생물의 종류에 따라 농축비는 상이하다.

1. 비증식속도(Specific Growth Rate)

(1) 정의

① 세포단위 질량당 시간당 증식하는 세포량을 의미한다.

② 미생물의 증식은 기질의 감소와 관련이 있다. 기질이 많아지면 증식속도는 빨라지고 최대속도에 도달하게 되면 더 이상 증가하지 않는다.

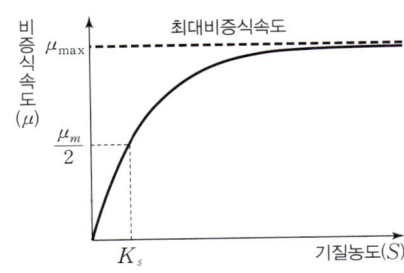

(2) Monod 식(Monod Equation)

$$\mu = \mu_{max} \times \frac{S}{K_s + S}$$

- μ: 비증식속도[day^{-1}]
- μ_{max}: 최대 비증식속도[day^{-1}]
- K_s: 제한기질의 반포화농도[mg/L]
- S: 제한기질의 농도[mg/L]

2. 미생물의 증식 단계

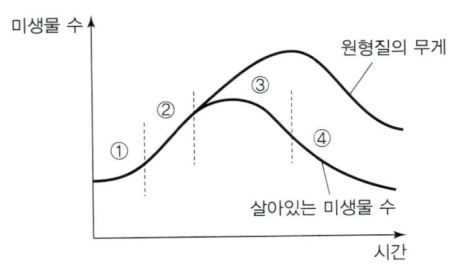

① 유도기
② 대수성장단계
③ 감소성장단계
④ 내생성장단계

(1) 유도기(증식기, 지체기, 적응기)

미생물이 환경에 적응하는 단계로, 미생물 수는 크게 변화하지 않는다.

(2) 대수성장단계(대수증식기, 대수기)

미생물이 유기물을 빠르게 분해하여 미생물 수가 급증한다.

(3) 감소성장단계(정지기)

미생물의 성장률과 사멸률이 비슷해져 미생물 수가 일정하게 유지되는 단계이다.

(4) 내생성장단계(내호흡단계, 사멸기)

미생물의 성장속도보다 사멸속도가 더 커져 미생물 수가 급격히 줄어든다.

CHAPTER 06 수자원 관리

KEYWORD 11 하천의 수질관리

1. Whipple의 4지대

(1) 분해지대

① 유기물이나 기타 오염물을 운반하는 하수의 방류지점과 가까운 하류에 위치한다.

② 상대적으로 희석이 잘되는 큰 하천에서보다 희석이 잘 되지 않는 작은 하천에서 더 뚜렷이 발생한다.

③ 세균의 수가 증가하고 유기물을 많이 함유하는 슬러지의 침전이 많아진다.

④ DO 농도가 크게 줄어들고, 탄산가스의 양은 증가한다.

⑤ 오염물질의 유입으로 오염에 잘 견디는 곰팡이류가 오염에 약한 녹색 수중식물이나 고등미생물을 대신하여 번식한다.

(2) 활발한 분해지대

① 수중에 DO가 거의 없어 혐기성 세균이 번식한다.

② 혐기성 분해가 진행되는 지점으로 수중의 CO_2와 암모니아성 질소가 증가하여 부패상태에 도달하는 단계이다.

③ 암모니아 냄새나 H_2S에 의한 썩은 달걀 냄새가 나며, 하천은 회색이나 검은색과 같이 어두운 색을 띠게 된다.

④ 혐기성 세균이 호기성 세균을 교체하여 곰팡이류는 사라진다.

(3) 회복지대

① DO가 포화될 정도로 증가하고, 아질산염이나 질산염의 농도도 증가한다.

② 호기성 세균이 혐기성 세균을 교체하여 조류가 발생하며, 곰팡이류도 생성되기 시작한다.

③ 분해지대의 현상과 반대현상이 일어나며 수질이 점차 깨끗해지며 기포발생이 사라진다.

④ 세균의 수가 감소하고 원생동물, 윤충류, 갑각류가 번식하기 시작한다.

⑤ 패류나 벌레의 유충이 번식하며 오염에 견디는 힘이 강한 생무지, 황어, 은빛담수어 등의 어류가 서식한다.

(4) 정수지대

① DO와 BOD가 오염되기 이전으로 회복한다.

② 호기성 세균 및 착색조류가 증가하고 맑은 물에 서식하는 송어나 쏘가리 등이 증가한다.

③ 오염되지 않은 자연수처럼 보이나 음용수로 사용할 때에는 소독이 필요하다.

2. Kolkwitz와 Marson의 4지대

(1) 강부수성 수역

① 고등생물은 살기 어려운 강한 부패수역으로 빨간색으로 표시한다.

② 수중에 DO가 거의 없고, H_2S에 의한 썩은 달걀 냄새가 난다.

(2) α – 중부수성 수역

① 약간의 DO가 존재하는 강한 오염수역으로 노란색으로 표시한다.

② 조류가 대량 발생한다.

③ 고분자 화합물 분해에 의한 아미노산이 풍부하다.

(3) β – 중부수성 수역

① 어느 정도의 DO가 존재하는 상당히 오염된 수역으로 녹색으로 표시한다.

② 지방산의 암모니아 화합물이 대량 존재한다.

(4) 빈부수성 수역

① DO가 풍부한 오염되지 않은 수역으로 파란색으로 표시한다.

② 수중에 조류는 많지 않으나, 착색조류가 많이 번식한다.

KEYWORD 12 · 호수 및 저수지의 수질관리

1. 성층현상

(1) 정의

① 호수나 저수지에서 수심에 따른 물의 온도 변화로 인해 발생되는 물의 밀도 차에 의해 층이 형성되는 것을 뜻한다.

② 햇빛에 의해 수표면 가열이 일어나 표층의 밀도가 심층보다 낮아져 가벼운 물(수온이 높은 물)은 표층에, 무거운 물(수온이 낮은 물)은 심층에 존재하게 됨으로써 수체의 수직 혼합이 억제되어 안정상태를 유지하게 된다.

③ 수직 혼합이 억제되므로 수질은 양호한 편이다.

④ 주로 여름과 겨울에 일어나며, 겨울보다는 여름에 더 심하다.

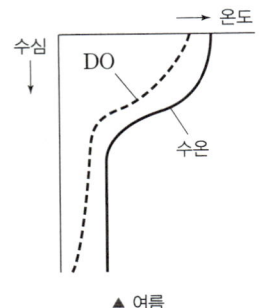

▲ 여름

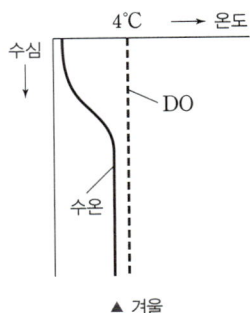

▲ 겨울

⑵ **층의 구분**

  ① 표층(Epilimnion): 조류가 번식하고 DO의 과포화 및 부영양화가 발생할 수 있다.

  ② 수온약층(Thermocline)

    ㉠ 햇빛에 의해 지표면의 수온이 상승하면 표층과 심수층 간에 뚜렷한 온도차가 나타나게 되는데, 이때 표층과 심수층의 중간에 수온 변화가 큰 층을 수온약층이라고 한다.

    ㉡ 일반적으로 수심 1m당 수온이 1℃ 낮아진다.

  ③ 심수층(Hypolimnion): 표층에 있는 조류의 시체가 쌓이며 혐기성 미생물의 증식으로 수질이 악화된다.

2. 전도현상

  ① 호수에서 하층의 물과 표면의 물이 서로 상하로 이동하며 순환하는 현상이다.

  ② 봄과 가을에 수표면의 기온이 4℃가 되면 물의 밀도가 최대가 되고 물은 아래로 이동한다. 하층의 물은 위로 이동하여 물의 전도현상이 일어난다.

  ③ 여름과 겨울에 혐기화가 진행된 하층의 물에 산소를 공급할 수 있다.

  ④ 전도현상으로 자정작용은 일어나지만, 하층의 오염물질이 상승하여 전체적으로 수질은 나빠진다.

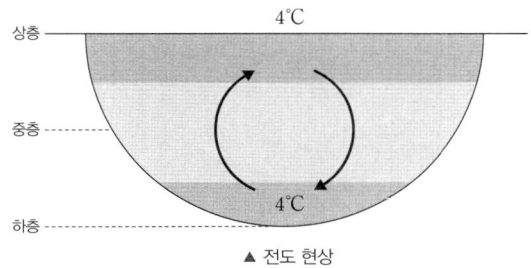

▲ 전도 현상

3. 부영양화

⑴ **특징**

  ① 부영양화 과정

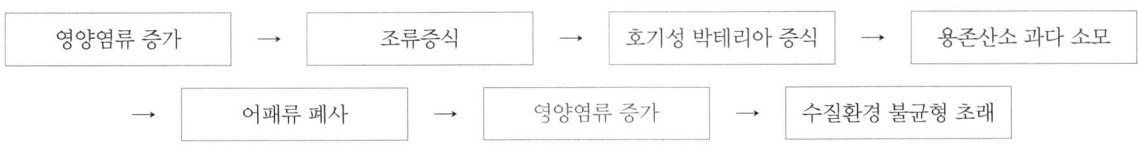

  ② 부영양화는 호수의 온도성층에 의해 크게 영향을 받는다.

  ③ 식물성 플랑크톤(녹색, 갈색)의 생장을 제한하는 요소는 질소와 인이다. 질소보다는 인이 더 중요한 제한 물질이다.

  ④ 일반적으로 식물성 플랑크톤이나 수초생체의 N : P 중량비는 16 : 1로 일정하게 유지되어야 부영양화가 일어나지 않는다.

  ⑤ 부영양호는 수심이 낮고 비옥한 평야나 산간에 위치한다.

  ⑥ 부영양화 평가 모델은 인(P) 부하 모델인 폴렌바이더(Vollenweider) 모델이 대표적이다.

(2) **부영양화가 호소 수질에 미치는 영향**

① 심층수의 용존산소량이 감소한다.

② 퇴적물의 용출이 늘어나며, COD 농도가 증가한다.

③ 생물종의 다양성이 감소하고, 개체 수는 증가한다.

④ 부영양화가 진행되면 플랑크톤 및 그 잔재물이 증가하고, 물의 투명도가 점차 낮아진다.

⑤ 표층수에는 과도한 광합성 때문에 산소의 과포화가 일어나고 pH가 증가한다.

⑥ 식물성 플랑크톤은 점차 규조류, 남조류, 편모충류로 변환한다. 최종단계에서는 청록조류가 생긴다.

⑦ 조류나 미생물에 의해 생성된 용해성 유기물질이 불쾌한 맛과 냄새를 유발한다.

(3) **빈영양호와 부영양호**

빈영양호	부영양호
• 5m 이상의 투명도 • 포화된 용존산소 • 녹색 또는 남색의 물 색깔 • 냉수성 어종(송어, 황어) 서식	• 5m 이하의 투명도 • 심수층 용존산소 격감, 포화된 표수층의 용존산소 • 황색 또는 녹색의 물 색깔 • 난수성 어종(잉어, 붕어) 서식

(4) **부영양호 관리대책**

① 수면 관리대책

ㄱ 수생식물의 이용과 준설

ㄴ 약품에 의한 영양염류의 침전 및 황산동(구리) 살포

ㄷ 질소와 인의 유입량 억제

② 유입 저감대책

ㄱ 배출허용기준의 강화

ㄴ 하·폐수의 고도처리

ㄷ 수변구역의 설정 및 유입배수의 우회

KEYWORD 13 　연안의 수질관리

1. 적조현상

(1) 원인 및 영향

① 적조현상은 식물성 플랑크톤의 이상증식으로 바다의 색이 적색으로 변하는 현상이다.

② 원인

　㉠ 수온의 상승 및 염분농도의 감소

　㉡ 상승류(Upwelling) 현상으로 인하여 영양염류가 표수층으로 상승

　㉢ 정체 해류 및 수괴의 연직안정도가 클 경우에 발생

　㉣ 적조 유발 생물: 코르토디니움, 카레니아

③ 영향: DO가 감소하고 수중 생물, 어패류 등이 폐사한다.

(2) 대책

① 황토를 살포하여 적조 생물과 흡착시켜 처리한다.

② 연안오염 저감정책을 강화한다.

③ 수계로 들어오는 화학비료 및 오수를 처리할 수 있는 처리장을 설치한다.

④ 영양염류가 적은 물을 섞어 교환율을 높인다.

2. 유류오염

(1) 유류의 거동

① 해상의 유류의 유출은 선박사고나 공장 배출에 의하여 발생한다.

② 생태계에 큰 영향을 미치며, 그 범위 또한 상당히 광범위하다.

③ 사고 직후 최단 시간 내에 오일펜스를 둘러 추가 확산을 저지하는 것이 가장 중요하다.

(2) 제어방법

① 계면활성제를 살포하여 기름을 분산시킨다.

② 오일펜스를 띄워 기름의 확산을 차단한다.

③ 미생물을 이용하여 기름을 생화학적으로 분해시킨다.

④ 흡수제를 이용하여 기름을 흡수한다.

⑤ 점도가 낮은 유류는 연소하여 처리한다.

> **고득점 POINT**　해류의 종류
> - 상승류(Upwelling): 해수나 바람과 같은 외력으로 인해 표층수가 밀리면서 그 자리에 심층수가 표층으로 상승
> - 조류: 태양과 달의 위치 변화에 의해 변하는 만유인력에 의한 하수면의 흐름
> - 심해류: 해수의 온도차 및 농도차에 의해 형성되는 해류
> - 쓰나미: 지진 등에 의한 해일

1. 공간성에 따른 차원별 모델 특성

(1) 0차원 모델

① 완전혼합반응조(CFSTR)인 것으로 가정한다.

② 수체 내부에서의 물질 이동은 무시한다.

③ 식물성 플랑크톤의 계절적 변동사항에는 적용하기 어렵다.

(2) 1차원 모델

① 완전혼합반응조(CFSTR)인 것으로 가정한다.

② 하천은 종방향, 호수는 횡방향으로 일어난다고 가정한다.

(3) 2차원 모델

수질의 변동이 일방향성이 아닌 이방향성으로 분포하는 것으로 가정한다.

(4) 3차원 모델

대호수의 순환 패턴 분석에 이용된다.

2. 모델링 절차

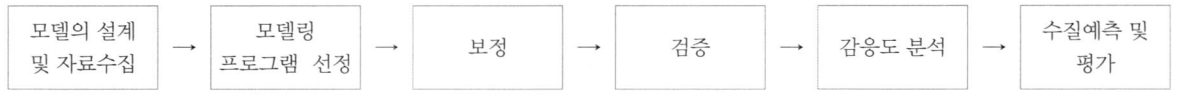

모델의 설계 및 자료수집 → 모델링 프로그램 선정 → 보정 → 검증 → 감응도 분석 → 수질예측 및 평가

3. 하천수질모델

(1) Streeter – Phelps 모델

① 최초의 하천 수질 모델로 유기물 분해에 의한 산소소비(DO)와 재폭기만을 고려한 모델이다.

② 수면에서의 산소 공급만을 이용하여 산소농도 변화를 판단하는 모델이다.

③ 점오염원으로부터 오염 부하량을 고려한다.

④ 조류의 광합성은 무시하고, 유기물의 분해는 1차 반응이다.

⑤ 하천을 Plug flow형으로 가정하며, 하천의 흐름방향 분산을 고려할 수 없다.

(2) DO SAG – Ⅰ, Ⅱ, Ⅲ 모델

① Streeter-Phelps 방식을 기본으로 한 모델이다.

② 점오염원 및 비점오염원이 하천의 용존산소에 미치는 영향을 판단할 수 있는 모델이다.

③ 1차원 정상 모델, 정상상태를 가정한다.

④ 저질의 영양과 광합성 작용에 의한 용존산소 반응을 무시한다.

(3) WQRRS

　① 하천 및 호수의 부영양화를 고려한 생태계 모델이다.

　② 정적 및 동적인 하천의 수질, 수문학적 특성을 광범위하게 고려한다.

　③ 호수의 경우 수심별 1차원 모델을 적용한다.

(4) SNSIM 모델

　① Braster가 개발한 모델이다.

　② 저질의 영양과 광합성 작용에 의한 용존산소 반응을 고려한다.

(5) QUAL - Ⅰ, Ⅱ 모델

　① 유속, 수심, 조도계수에 의해 확산계수를 결정한다.

　② 하천과 대기 사이의 열복사 및 열교환을 고려한다.

　③ 음해법으로 미분방정식의 해를 구할 수 있다.

(6) WASP5

　① 1, 2, 3차원까지 고려할 수 있다.

　② 수질항목 간의 상태적 반응기작을 Streeter - Phelps 식으로부터 수정 가능하다.

　③ 수질이 저질에 미치는 영향을 보다 상세히 고려한 모델이다.

　④ 하천의 수리학적 모델, 수질 모델, 독성물질의 거동 모델 등을 고려한다.

4. 호소수질모델(부영양화 모델)

(1) Vollenweider 모델

　① 호소에 부하되는 인산량을 적용하여 대상호소의 영양상태를 평가하는 모델이다.

　② 예측하는 모델 중 호소 내 인의 물질 수지 관계식을 이용하여 평가한다.

　③ 인 변화량＝유입부하량－유출부하량－침전량

　④ 유량, 호수의 체적, 농도, 침전율 계수 인자가 적용되는 모델이다.

(2) 기타 부영양화 모델

　① Dilan 모델

　② Larsen & Mercie 모델

고득점 POINT　　난류확산

1. 오염물질이 확산 혼합되는 현상의 원인
　• 브라운 운동에 의한 분자확산
　• 난류확산
　• 수온에 따른 밀도차 흐름(밀도류)
2. 난류확산 방정식의 인자
　• 오염물질의 농도
　• 유하거리 방향의 유속, 단면 방향의 유속, 수심 방향의 유속
　• 난류확산계수, 자기감쇠계수
　• 침강속도

KEYWORD 15 | 총칙상의 물환경보전법 용어 정의

1. 물환경보전법 용어의 정의 「법 제2조」

① 점오염원: 폐수배출시설, 하수발생시설, 축사 등으로서 관로·수로 등을 통하여 일정한 지점으로 수질오염물질을 배출하는 배출원을 말한다.

② 비점오염원: 도시, 도로, 농지, 산지, 공사장 등으로서 불특정 장소에서 불특정하게 수질오염물질을 배출하는 배출원을 말한다.

③ 기타수질오염원: 점오염원 및 비점오염원으로 관리되지 아니하는 수질오염물질을 배출하는 시설 또는 장소로서 환경부령으로 정하는 것을 말한다.

④ 폐수: 물에 액체성 또는 고체성의 수질오염물질이 섞여 있어 그대로는 사용할 수 없는 물을 말한다.

⑤ 강우유출수: 비점오염원의 수질오염물질이 섞여 유출되는 빗물 또는 눈 녹은 물 등을 말한다.

⑥ 불투수면: 빗물 또는 눈 녹은 물 등이 지하로 스며들 수 없게 하는 아스팔트·콘크리트 등으로 포장된 도로, 주차장, 보도 등을 말한다.

⑦ 수질오염물질: 수질오염의 요인이 되는 물질로서 환경부령으로 정하는 것을 말한다.

⑧ 특정수질유해물질: 사람의 건강, 재산이나 동식물의 생육에 직접 또는 간접으로 위해를 줄 우려가 있는 수질오염물질로서 환경부령으로 정하는 것을 말한다.

⑨ 공공수역: 하천, 호소, 항만, 연안해역, 그 밖에 공공용으로 사용되는 수역과 이에 접속하여 공공용으로 사용되는 환경부령으로 정하는 수로를 말한다.

⑩ 폐수무방류배출시설: 폐수배출시설에서 발생하는 폐수를 해당 사업장에서 수질오염방지시설을 이용하여 처리하거나 동일 폐수배출시설에 재이용하는 등 공공수역으로 배출하지 아니하는 폐수배출시설을 말한다.

⑪ 수질오염방지시설: 점오염원, 비점오염원 및 기타수질오염원으로부터 배출되는 수질오염물질을 제거하거나 감소하게 하는 시설로서 환경부령으로 정하는 것을 말한다.

⑫ 비점오염저감시설: 수질오염방지시설 중 비점오염원으로부터 배출되는 수질오염물질을 제거하거나 감소하게 하는 시설로서 환경부령으로 정하는 것을 말한다.

⑬ 호소: 다음 각 목의 어느 하나에 해당하는 지역으로서 만수위(댐의 경우에는 계획홍수위를 말한다) 구역 안의 물과 토지를 말한다.

　㉠ 댐·보 또는 둑(「사방사업법」에 따른 사방시설은 제외) 등을 쌓아 하천 또는 계곡에 흐르는 물을 가두어 놓은 곳

　㉡ 하천에 흐르는 물이 자연적으로 가두어진 곳

　㉢ 화산활동 등으로 인하여 함몰된 지역에 물이 가두어진 곳

⑭ 수면관리자: 다른 법령에 따라 호소를 관리하는 자를 말한다. 이 경우 동일한 호소를 관리하는 자가 둘 이상인 경우에는 「하천법」에 따른 하천관리청 외의 자가 수면관리자가 된다.

KEYWORD 16 물환경관리계획

1. 대권역 물환경관리계획의 수립 「법 제24조」

① 유역환경청장은 국가 물환경관리기본계획에 따라 대권역별로 대권역 물환경관리계획을 10년마다 수립하여야 한다.

② 대권역 물환경관리계획에는 다음의 사항이 포함되어야 한다.

  ㉠ 물환경의 변화 추이 및 물환경목표기준

  ㉡ 상수원 및 물 이용현황

  ㉢ 점오염원, 비점오염원 및 기타수질오염원의 분포현황

  ㉣ 점오염원, 비점오염원 및 기타수질오염원에서 배출되는 수질오염물질의 양

  ㉤ 수질오염 예방 및 저감 대책

  ㉥ 물환경 보전조치의 추진방향

  ㉦ 「기후위기 대응을 위한 탄소중립·녹색성장 기본법」에 따른 기후변화에 대한 적응대책

  ㉧ 그 밖에 환경부령으로 정하는 사항

2. 오염총량관리기본계획의 수립 「법 제4조의3」

오염총량관리지역을 관할하는 시·도지사는 다음 기본계획을 수립하여 환경부령으로 정하는 바에 따라 환경부장관의 승인을 받아야 하며 오염총량관리기본계획의 승인기준은 환경부령으로 정한다.

① 해당 지역 개발계획의 내용

② 지방자치단체별·수계구간별 오염부하량의 할당

③ 관할 지역에서 배출되는 오염부하량의 총량 및 저감계획

④ 해당 지역 개발계획으로 인하여 추가로 배출되는 오염부하량 및 그 저감계획

KEYWORD 17 배출관리

1. 배출허용기준 「법 제32조」

① 폐수배출시설에서 배출되는 수질오염물질의 배출허용기준은 환경부령으로 정한다.

② 환경부장관은 환경부령으로 배출허용기준을 정할 때에는 관계 중앙행정기관의 장과 협의하여야 한다.

③ 시·도 또는 대도시는 지역환경기준을 유지하기가 곤란하다고 인정할 때에는 환경부령으로 정한 배출허용기준보다 엄격한 배출허용기준을 정할 수 있다.

④ 시·도지사 또는 대도시의 장은 배출허용기준을 설정·변경하는 경우에는 이해관계자의 의견을 듣고, 이를 반영하도록 노력하여야 한다.

⑤ 시·도지사 또는 대도시의 장은 배출허용기준이 설정·변경된 경우에는 지체 없이 환경부장관에게 보고하고 이해관계자가 알 수 있도록 필요한 조치를 하여야 한다.

⑥ 환경부장관은 특별대책지역의 수질오염을 방지하기 위하여 필요하다고 인정할 때에는 해당 지역에 설치된 배출시설에 대하여 기준보다 엄격한 배출허용기준을 정할 수 있고, 해당 지역에 새로 설치되는 배출시설에 대하여 특별배출허용기준을 정할 수 있다.

⑦ 시·도 또는 대도시에서 지역환경기준을 유지하기가 곤란하다고 인정되어 보다 엄격한 배출허용기준이 적용되는 경우, 같은 시·도 또는 대도시 내에서 해당 기준이 적용되지 아니하는 지역에 설치되었거나 설치되는 배출시설에 대해서도 엄격한 배출허용기준을 적용한다.

⑧ 환경부장관은 공공폐수처리시설 또는 공공하수처리시설에 배수설비를 통하여 폐수를 전량 유입하는 배출시설에 대해서는 그 공공폐수처리시설 또는 공공하수처리시설에서 적정하게 처리할 수 있는 항목에 한정하여 따로 배출허용기준을 정하여 고시할 수 있다.

2. 배출부과금 「법 제41조」

(1) 배출부과금 부과 대상

환경부장관은 수질오염물질로 인한 수질오염 및 수생태계 훼손을 방지하거나 감소시키기 위하여 수질오염물질을 배출하는 사업자 또는 허가·변경허가를 받지 아니하거나 신고·변경신고를 하지 아니하고 배출시설을 설치하거나 변경한 자에게 배출부과금을 부과·징수한다. 이 경우 배출부과금의 산정방법과 산정기준 등에 관하여 필요한 사항은 대통령령으로 정한다.

① 기본배출부과금

　㉠ 배출시설(폐수무방류배출시설 제외)에서 배출되는 폐수 중 수질오염물질이 배출허용기준 이하로 배출되나 방류수 수질기준을 초과하는 경우

　㉡ 공공폐수처리시설 또는 공공하수처리시설에서 배출되는 폐수 중 수질오염물질이 방류수 수질기준을 초과하는 경우

② 초과배출부과금

　㉠ 수질오염물질이 배출허용기준을 초과하여 배출되는 경우

　㉡ 수질오염물질이 공공수역에 배출되는 경우(폐수무방류배출시설 한정)

(2) 배출부과금 부과 시 고려사항

① 배출허용기준 초과 여부

② 배출되는 수질오염물질의 종류

③ 수질오염물질의 배출기간

④ 수질오염물질의 배출량

⑤ 자가측정 여부

⑥ 그 밖에 수질환경의 오염 또는 개선과 관련되는 사항으로서 환경부령으로 정하는 사항

(3) 방류수 수질기준 이하로 배출하는 사업자

방류수 수질기준 이하로 배출하는 사업자(폐수무방류배출시설을 운영하는 사업자는 제외)에 대해서는 부과하지 아니하며, 대통령령으로 정하는 양 이하의 수질오염물질을 배출하는 사업자 및 다른 법률에 따라 수질오염물질의 처리비용을 부담한 사업자에 대해서는 배출부과금을 감면할 수 있다. 이 경우 다른 법률에 따라 처리비용을 부담한 사업자에 대한 배출부과금의 감면은 그 부담한 처리비용의 금액 이내로 한정한다.

KEYWORD 18 　벌칙 및 과태료

1. 7년 이하의 징역 또는 7천만원 이하의 벌금 「법 제75조」

① 허가 또는 변경허가를 받지 아니하거나 거짓으로 허가 또는 변경허가를 받아 배출시설을 설치 또는 변경하거나 그 배출시설을 이용하여 조업한 자

② 배출시설의 설치를 제한하는 지역에서 제한되는 배출시설을 설치하거나 그 시설을 이용하여 조업한 자

③ 폐수무방류배출시설에서 배출되는 폐수를 사업장 밖으로 반출하거나 공공수역으로 배출하거나 배출할 수 있는 시설을 설치하는 행위를 한 자

④ 폐수무방류배출시설에서 배출되는 폐수를 오수 또는 다른 배출시설에서 배출되는 폐수와 혼합하여 처리하거나 처리할 수 있는 시설을 설치하는 행위를 한 자

⑤ 폐수무방류배출시설에서 배출되는 폐수를 재이용하는 경우 동일한 폐수무방류배출시설에서 재이용하지 않고 다른 배출시설에서 재이용하거나 화장실 용수, 조경용수 또는 소방용수 등으로 사용하는 행위를 한 자

2. 5년 이하의 징역 또는 5천만원 이하의 벌금 「법 제76조」

① 배출시설의 조업정지 · 폐쇄 명령을 이행하지 아니한 자

② 신고를 하지 아니하거나 거짓으로 신고를 하고 배출시설을 설치하거나 그 배출시설을 이용하여 조업한 자

③ 배출시설에서 배출되는 수질오염물질을 방지시설에 유입하지 아니하고 배출하거나 방지시설에 유입하지 아니하고 배출할 수 있는 시설을 설치하는 행위를 한 자

④ 방지시설에 유입되는 수질오염물질을 최종 방류구를 거치지 아니하고 배출하거나 최종 방류구를 거치지 아니하고 배출할 수 있는 시설을 설치하는 행위를 한 자

⑤ 배출시설에서 배출되는 수질오염물질에 공정 중 배출되지 아니하는 물 또는 공정 중 배출되는 오염되지 아니한 물을 섞어 처리하거나 배출허용기준을 초과하는 수질오염물질이 방지시설의 최종 방류구를 통과하기 전에 오염도를 낮추기 위하여 물을 섞어 배출하는 행위를 한 자. 다만, 환경부장관이 환경부령으로 정하는 바에 따라 희석하여야만 수질오염물질을 처리할 수 있다고 인정하는 경우와 그 밖에 환경부령으로 정하는 경우는 제외한다.

⑥ 그 밖에 배출시설 및 방지시설을 정당한 사유 없이 정상적으로 가동하지 아니하여 배출허용기준을 초과한 수질오염물질을 배출하는 행위를 한 자

⑦ 측정기기의 부착 조치를 하지 아니한 자(적산전력계 또는 적산유량계를 부착하지 아니한 자는 제외한다)

⑧ 고의로 측정기기를 작동하지 아니하게 하거나 정상적인 측정이 이루어지지 아니하도록 하는 행위를 한 자

⑨ 측정 결과를 누락시키거나 거짓으로 측정 결과를 작성하는 행위를 한 자

⑩ 측정기기 관리대행업자에게 측정값을 조작하게 하는 등 측정 · 분석 결과에 영향을 미칠 수 있는 행위를 한 자

⑪ 조업정지명령을 위반한 자

⑫ 조업정지 또는 폐쇄 명령을 위반한 자

⑬ 사용중지명령 또는 폐쇄명령을 위반한 자

⑭ 폐수관로로 유입된 수질오염물질을 공공폐수처리시설에 유입하지 아니하고 배출하거나 공공폐수처리시설에 유입시키지 아니하고 배출할 수 있는 시설을 설치하는 행위를 한 자

⑮ 공공폐수처리시설에 유입된 수질오염물질을 최종 방류구를 거치지 아니하고 배출하거나 최종 방류구를 거치지 아니하고 배출할 수 있는 시설을 설치하는 행위를 한 자

⑯ 공공폐수처리시설에 유입된 수질오염물질에 오염되지 아니한 물을 섞어 처리하거나 방류수 수질기준을 초과하는 수질오염물질이 공공폐수처리시설의 최종 방류구를 통과하기 전에 오염도를 낮추기 위하여 물을 섞어 배출하는 행위를 한 자

3. 3년 이하의 징역 또는 3천만원 이하의 벌금 「법 제77조」

① 공공수역에 정당한 사유 없이 특정수질유해물질 등을 누출·유출하거나 버린 자

② 폐수처리업의 허가 또는 변경허가를 받지 아니하거나 거짓이나 그 밖의 부정한 방법으로 허가 또는 변경허가를 받아 폐수처리업을 한 자

4. 1년 이하의 징역 또는 1천만원 이하의 벌금 「법 제78조」

① 시설의 개선 등의 조치명령을 위반한 자

② 업무상 과실 또는 중대한 과실로 특정수질유해물질 등을 누출·유출한 자

③ 공공수역에 분뇨·가축분뇨 등을 버린 자

④ 방제조치의 이행명령을 위반한 자

⑤ 통행제한을 위반한 자

⑥ 특별조치명령을 위반한 자

⑦ 가동시작 신고를 하지 아니하고 조업한 자

⑧ 조사를 거부·방해 또는 기피한 자

⑨ 수질오염방지시설(공동방지시설을 포함한다), 공공폐수처리시설 또는 공공하수처리시설의 운영을 수탁받은 자에게 측정기기의 관리업무를 대행하게 한 자

⑩ 조업정지명령을 이행하지 아니한 자

⑪ 측정기기 관리대행업의 등록 또는 변경등록을 하지 아니하고 측정기기 관리업무를 대행한 자

⑫ 시설의 개선 등의 조치명령을 위반한 자

⑬ 환경부령으로 정하는 기준에 따라 비점오염저감시설을 설치하지 아니한 자

⑭ 비점오염저감계획의 이행명령 또는 비점오염저감시설의 설치·개선 명령을 위반한 자

⑮ 성능검사를 받지 아니한 비점오염저감시설을 공급한 자

⑯ 성능검사 판정의 취소처분을 받은 자 또는 성능검사 판정이 취소된 비점오염저감시설을 공급한 자

⑰ 신고를 하지 아니하고 기타수질오염원을 설치 또는 관리한 자

⑱ 조업정지·폐쇄 명령을 위반한 자

⑲ 관계 공무원의 출입·검사를 거부·방해 또는 기피한 폐수무방류배출시설을 설치·운영하는 사업자

5. 100만원 이하의 벌금 「법 제80조」

① 적산전력계 또는 적산유량계를 부착하지 아니한 자

② 환경기술인의 업무를 방해하거나 환경기술인의 요청을 정당한 사유 없이 거부한 자

6. 과태료 「법 제82조」

(1) 1천만원 이하의 과태료

① 측정기기를 부착하지 아니하거나 측정기기를 가동하지 아니한 자

② 측정 결과를 기록·보존하지 아니하거나 거짓으로 기록·보존한 자

③ 공공수역에 환경부령으로 정하는 기준 이상의 토사를 유출하거나 버리는 행위를 한 자

④ 방지시설의 설치면제 및 면제자 준수사항 규정에 의한 준수사항을 지키지 아니한 자

⑤ 부식, 마모, 고장 또는 훼손으로 정상적인 작동을 하지 아니하는 측정기기를 정당한 사유없이 방치하는 행위를 한 자

⑥ 조사결과를 제출하지 아니하거나 거짓으로 제출한 자

⑦ 환경기술인을 임명하지 아니한 자

⑧ 비점오염원의 설치신고·준수사항·개선명령에 따른 신고를 하지 아니한 자

⑨ 골프장의 잔디 및 수목 등에 맹·고독성 농약을 사용한 자

⑩ 폐수처리업의 규정에 의한 준수사항을 지키지 아니한 폐수처리업자

(2) 300만원 이하의 과태료

① 토지의 소유자 또는 점유자가 수생태계 현황 조사를 위한 소속 공무원 또는 조사자의 출입을 정당한 사유 없이 방해하거나 거부한 자

② 낚시금지구역에서 낚시행위를 한 사람

③ 배출시설 등의 운영상황에 관한 기록을 보존하지 아니하거나 거짓으로 기록한 자

④ 5년마다 소관 완충저류시설에 대한 기술진단을 실시하지 아니한 자

⑤ 5년마다 공공폐수처리시설(폐수관로를 포함한다)에 대한 기술진단을 실시하지 아니한 자

⑥ 비점오염원에 의한 오염유발 사업 또는 폐수배출시설 설치에 대한 신고를 하지 아니한 자

⑦ 기타수질오염원을 설치·관리하는 자 중 수질오염물질의 배출을 방지·억제하는 시설을 설치하지 않거나 그 밖에 필요한 조치를 아니한 자

⑧ 물놀이형 수경시설의 설치신고 또는 변경신고를 하지 아니하고 시설을 운영한 자

⑨ 물놀이형 수경시설의 수질 기준 또는 관리 기준을 위반하거나 수질 검사를 받지 아니한 자

(3) 100만원 이하의 과태료

① 하천·호소에서 자동차를 세차하는 행위를 한 자

② 낚시제한구역에서 환경부령으로 정한 사항을 준수하지 않고 낚시행위를 한 자

③ 배출시설의 변경신고를 하지 아니한 자

④ 사업장 신설·증설 전에 오·폐수 유입처리 승인을 받지 아니하거나 거짓이나 부정한 방법으로 승인을 받은 자

⑤ 배수설비 설치 승인을 받지 아니하고 배수설비를 설치(승인과 관련하여 변경하는 경우를 포함한다)한 자

⑥ 배수설비의 설치에 대한 시행자의 승인을 받는 법에 따른 명령을 위반하여 배수설비를 설치한 자

⑦ 배수설비 설치완료 검사필증을 받지 아니하고 배수설비를 사용한 자

⑧ 배수설비 시행자의 조치명령을 위반한 자

⑨ 기타수질오염원의 변경신고를 하지 아니한 자

⑩ 환경기술인 등의 교육을 받게 하지 아니한 자

⑪ 보고를 하지 아니하거나 거짓으로 보고한 자 또는 자료를 제출하지 아니하거나 거짓으로 제출한 자

물환경 및 오염관리

1. 호소수 이용 상황 등의 조사·측정 및 분석 「시행령 제30조」

환경부장관은 다음 어느 하나에 해당하는 호소로서 물환경을 보전할 필요가 있는 호소를 지정·고시하고, 그 호소의 물환경을 정기적으로 조사·측정 및 분석하여야 한다.

① 1일 30만 톤 이상의 원수를 취수하는 호소

② 동식물의 서식지·도래지이거나 생물다양성이 풍부하여 특별히 보전할 필요가 있다고 인정되는 호소

③ 수질오염이 심하여 특별한 관리가 필요하다고 인정되는 호소

2. 오염총량관리기본방침 「시행령 제4조」

오염총량관리기본방침에 포함되어야 할 사항

① 오염총량관리의 목표

② 오염총량관리의 대상 수질오염물질 종류

③ 오염원의 조사 및 오염부하량 산정방법

④ 오염총량관리기본계획의 주체, 내용, 방법 및 시한

⑤ 오염총량관리시행계획의 내용 및 방법

3. 수질오염경보단계 및 그 단계별 발령·해제기준 「시행령 별표 3」

⑴ 조류경보

① 상수원 구간

경보단계	발령·해제 기준
관심	2회 연속 채취 시 남조류 세포수가 1,000세포/mL 이상 10,000세포/mL 미만인 경우
경계	2회 연속 채취 시 남조류 세포수가 10,000세포/mL 이상 1,000,000세포/mL 미만인 경우
조류 대발생	2회 연속 채취 시 남조류 세포수가 1,000,000세포/mL 이상인 경우
해제	2회 연속 채취 시 남조류 세포수가 1,000세포/mL 미만인 경우

② 친수활동 구간

경보단계	발령·해제 기준
관심	2회 연속 채취 시 남조류 세포수가 20,000세포/mL 이상 100,000세포/mL 미만인 경우
경계	2회 연속 채취 시 남조류 세포수가 100,000세포/mL 이상인 경우
해제	2회 연속 채취 시 남조류 세포수가 20,000세포/mL 미만인 경우

KEYWORD 20   폐수배출관련 법규

1. 설치허가 및 신고 대상 폐수배출시설의 범위 「시행령 제31조」

배출시설의 설치허가를 받은 자가 배출시설의 변경허가를 받아야 하는 경우

① 폐수배출량이 허가 당시보다 100분의 50(특정수질유해물질이 환경부령으로 정하는 기준 이상으로 배출되는 배출
시설의 경우에는 100분의 30) 이상 또는 1일 700세제곱미터 이상 증가하는 경우

② 배출허용기준을 초과하는 새로운 수질오염물질이 발생되어 배출시설 또는 수질오염방지시설의 개선이 필요한 경우

③ 허가를 받은 폐수무방류배출시설로서 고체상태의 폐기물로 처리하는 방법에 대한 변경이 필요한 경우

2. 폐수무방류배출시설의 세부 설치기준 「시행령 별표 6」

① 배출시설에서 분리·집수시설로 유입하는 폐수의 관로는 맨눈으로 관찰할 수 있도록 설치하여야 한다.

② 배출시설의 처리공정도 및 폐수 배관도는 누구나 알아 볼 수 있도록 주요 배출시설의 설치장소와 폐수처리장에 부
착하여야 한다.

③ 폐수를 고체 상태의 폐기물로 처리하기 위하여 증발·농축·건조 탈수 또는 소각시설을 설치하여야 하며, 탈수
등 방지시설에서 발생하는 폐수가 방지시설에 재유입하도록 하여여 한다.

④ 폐수를 수집·이송·처리 또는 저장하기 위하여 사용되는 설비는 폐수의 누출을 방지할 수 있는 재질이어야 하며,
방지시설이 설치된 바닥은 폐수가 땅속으로 스며들지 아니하는 재질이어야 한다.

⑤ 폐수는 고정된 관로를 통하여 수집·이송·처리·저장되어야 한다.

⑥ 폐수를 수집·이송·처리·저장하기 위하여 사용되는 설비는 폐수의 누출을 맨눈으로 관찰할 수 있도록 설치하되,
부득이한 경우에는 누출을 감지할 수 있는 장비를 설치하여야 한다.

⑦ 누출된 폐수의 차단시설 또는 차단 공간과 저류시설은 폐수가 땅속으로 스며들지 아니하는 재질이어야 하며, 폐수
를 폐수처리장의 저류조에 유입시키는 설비를 갖추어야 한다.

⑧ 폐수무방류배출시설과 관련된 방지시설, 차단·저류시설, 폐기물보관시설 등은 빗물과 접촉되지 아니하도록 지붕
을 설치하여야 하며, 폐기물보관시설에서 침출수가 발생될 경우에는 침출수를 폐수처리장의 저류조에 유입시키는
설비를 갖추어야 한다.

⑨ 폐수무방류배출시설에서 발생된 폐수를 폐수처리장으로 유입·재처리할 수 있도록 세정식·응축식 대기오염방지
시설 등을 설치하여야 한다.

⑩ 특별대책지역에 설치되는 폐수무방류배출시설의 경우 1일 24시간 연속하여 가동되는 것이면 배출 폐수를 전량 처
리할 수 있는 예비 방지시설을 설치하여야 하고, 1일 최대 폐수발생량이 200세제곱미터 이상이면 배출 폐수의 무
방류 여부를 실시간으로 확인할 수 있는 원격유량감시장치를 설치하여야 한다.

1. 배출부과금의 감면 「시행령 제52조」

(1) 기본배출부과금 면제대상 사업자

① 제5종사업장의 사업자

② 공공폐수처리시설에 폐수를 유입하는 사업자

③ 공공하수처리시설에 폐수를 유입하는 사업자

(2) 기본배출부과금 감면의 범위

① 해당 부과기간의 시작일 전 6개월 이상 방류수수질기준을 초과하는 수질오염물질을 배출하지 아니한 사업자: 방류수수질기준을 초과하지 아니하고 수질오염물질을 배출한 기간별로 다음의 구분에 따른 감면율을 적용하여 해당 부과기간에 부과되는 기본배출부과금을 감경

ⓐ 6개월 이상 1년 내: 100분의 20

ⓑ 1년 이상 2년 내: 100분의 30

ⓒ 2년 이상 3년 내: 100분의 40

ⓓ 3년 이상: 100분의 50

② 최종방류구에 방류하기 전에 배출시설에서 배출하는 폐수를 재이용하는 사업자: 다음의 구분에 따른 폐수 재이용률별 감면율을 적용하여 해당 부과기간에 부과되는 기본배출부과금을 감경

ⓐ 재이용률이 10퍼센트 이상 30퍼센트 미만인 경우: 100분의 20

ⓑ 재이용률이 30퍼센트 이상 60퍼센트 미만인 경우: 100분의 50

ⓒ 재이용률이 60퍼센트 이상 90퍼센트 미만인 경우: 100분의 80

ⓓ 재이용률이 90퍼센트 이상인 경우: 100분의 90

(3) 기본배출부과금 감면을 받으려는 사업자

기본배출부과금의 감면을 받으려는 사업자는 환경부령으로 정하는 바에 따라 부과기간이 끝나는 달의 다음달 말일까지 자신이 감면대상임을 증명할 수 있는 자료를 제출하여야 한다.

다만, 제5종사업장의 사업자, 공공폐수처리시설에 폐수를 유입하는 사업자, 공공하수처리시설에 폐수를 유입하는 사업자, 해당 부과기간의 시작일 전 6개월 이상 방류수수질기준을 초과하는 수질오염물질을 배출하지 아니한 사업자의 경우에는 그 자료를 제출하지 아니할 수 있다.

2. 방류수수질기준초과율별 부과계수 「시행령 별표 11」

초과율	10% 미만	10% 이상 20% 미만	20% 이상 30% 미만	30% 이상 40% 미만	40% 이상 50% 미만
부과계수	1	1.2	1.4	1.6	1.8
초과율	50% 이상 60% 미만	60% 이상 70% 미만	70% 이상 80% 미만	80% 이상 90% 미만	90% 이상 100% 까지
부과계수	2.0	2.2	2.4	2.6	2.8

3. 지역별 부과계수「시행령 별표 10」

- 청정지역 및 가 지역: 1.5
- 나 지역 및 특례지역: 1

4. 초과부과금의 산정기준「시행령 별표 14」

수질오염물질 1킬로그램당 부과금액 (단위: 원)

수질오염물질	부과금액	수질오염물질	부과금액
부유물질	250	페놀류	150,000
유기물질 • 배출농도를 BOD, COD로 측정 시 250원 • 배출농도를 TOC로 측정 시 450원	250	시안화합물	
	450	유기인화합물	
총질소	500	납 및 그 화합물	300,000
총인		6가크롬화합물	
망간 및 그 화합물	30,000	트리클로로에틸렌	
아연 및 그 화합물		테트라클로로에틸렌	
구리 및 그 화합물	50,000	카드뮴 및 그 화합물	500,000
크롬 및 그 화합물	75,000	수은 및 그 화합물	1,250,000
비소 및 그 화합물	100,000	폴리염화비페닐(PCB)	

5. 일일유량 산정 방법「시행령 별표 15」

일일유량＝측정유량×일일조업시간

① 측정유량의 단위는 분당 리터(L/min)로 한다.

② 일일조업시간은 측정하기 전 최근 조업한 30일간의 배출시설 조업시간의 평균치로서 분으로 표시한다.

6. 위반횟수별 부과계수「시행령 별표 16」

(1) 사업장의 종류별 구분에 따른 위반횟수별 부과계수

사업장 종류/규모 (단위: m³/일)	제1종사업장 (다음 위반 시 이전 부과계수×1.5)				제2종 사업장	제3종 사업장	제4종 사업장	제5종 사업장
	10,000 이상	7,000 이상 10,000 미만	4,000 이상 7,000 미만	2,000 이상 4,000 미만	1.4 (다음 위반 시×1.4)	1.3 (다음 위반 시×1.3)	1.2 (다음 위반 시×1.2)	1.1 (다음 위반 시×1.1)
부과계수	1.8	1.7	1.6	1.5				

(2) 폐수무방류배출시설에 대한 위반횟수별 부과계수

처음 위반한 경우 1.8로 하고, 다음 위반부터는 그 위반 직전의 부과계수에 1.5를 곱한 것으로 한다.

1. 사업장의 규모별 구분 「시행령 별표 13」

종류	배출규모
제1종사업장	1일 폐수배출량이 2,000m³ 이상인 사업장
제2종사업장	1일 폐수배출량이 700m³ 이상, 2,000m³ 미만인 사업장
제3종사업장	1일 폐수배출량이 200m³ 이상, 700m³ 미만인 사업장
제4종사업장	1일 폐수배출량이 50m³ 이상, 200m³ 미만인 사업장
제5종사업장	위 제1종부터 제4종까지의 사업장에 해당하지 아니하는 배출시설

※ 사업장의 규모별 구분은 1년 중 가장 많이 배출한 날을 기준으로 정한다.

2. 사업장별 환경기술인의 자격기준 「시행령 별표 17」

※ 사업장의 규모별 구분은 「시행령 별표 13」에 따른다.

구분	환경기술인
제1종사업장	수질환경기사 1명 이상
제2종사업장	수질환경산업기사 1명 이상
제3종사업장	수질환경산업기사, 환경기능사 또는 3년 이상 수질분야 환경관련 업무에 직접 종사한 자 1명 이상
제4종사업장 · 제5종사업장	배출시설 설치허가를 받거나 배출시설 설치신고가 수리된 사업자 또는 배출시설 설치허가를 받거나 배출시설 설치신고가 수리된 사업자가 그 사업장의 배출시설 및 방지시설업무에 종사하는 피고용인 중에서 임명하는 자 1명 이상

① 특정수질유해물질이 포함된 수질오염물질을 배출하는 제4종 또는 제5종사업장은 제3종사업장에 해당하는 환경기술인을 두어야 한다. 다만, 특정수질유해물질이 포함된 1일 10㎥ 이하의 폐수를 배출하는 사업장의 경우에는 그러하지 아니하다.

② 공동방지시설의 경우에는 폐수배출량이 제4종 또는 제5종사업장의 규모에 해당하면 제3종사업장에 해당하는 환경기술인을 두어야 한다.

③ 공공폐수처리시설에 폐수를 유입시켜 처리하는 제1종 또는 제2종사업장은 제3종사업장에 해당하는 환경기술인을, 제3종사업장은 제4종사업장 · 제5종사업장에 해당하는 환경기술인을 둘 수 있다.

④ 방지시설 설치면제 대상인 사업장과 배출시설에서 배출되는 수질오염물질 등을 공동방지시설에서 처리하게 하는 사업장은 제4종사업장 · 제5종사업장에 해당하는 환경기술인을 둘 수 있다.

⑤ 연간 90일 미만 조업하는 제1종부터 제3종까지의 사업장은 제4종사업장 · 제5종사업장에 해당하는 환경기술인을 선임할 수 있다.

⑥ 대기환경기술인으로 임명된 자가 수질환경기술인의 자격을 함께 갖춘 경우 수질환경기술인을 겸임할 수 있다.

⑦ 환경산업기사 이상의 자격이 있는 자를 임명하여야 하는 사업장에서 환경기술인을 바꾸어 임명하는 경우로서 자격이 있는 구직자를 찾기 어려운 경우 등 부득이한 사유가 있는 경우에는 잠정적으로 30일 이내의 범위에서는 제4종사업장 · 제5종사업장의 환경기술인 자격에 준하는 자를 그 자격을 갖춘 자로 본다.

CHAPTER 09

물환경보전법 시행규칙

KEYWORD 23 **공공수역의 물환경 보전**

1. 국립환경과학원장 등이 설치 · 운영하는 측정망의 종류 「시행규칙 제22조」

국립환경과학원장, 유역환경청장, 지방환경청장이 설치할 수 있는 측정망

① 비점오염원에서 배출되는 비점오염물질 측정망

② 수질오염물질의 총량관리를 위한 측정망

③ 대규모 오염원의 하류지점 측정망

④ 수질오염경보를 위한 측정망

⑤ 대권역 · 중권역을 관리하기 위한 측정망

⑥ 공공수역 유해물질 측정망

⑦ 퇴적물 측정망

⑧ 생물 측정망

⑨ 그 밖에 국립환경과학원장, 유역환경청장 또는 지방환경청장이 필요하다고 인정하여 설치 · 운영하는 측정망

2. 폐수배출시설 시운전 기간 「시행규칙 제47조」

⑴ 환경부령으로 정하는 시운전 기간

① 폐수처리방법이 생물화학적 처리방법인 경우: 가동시작일부터 50일

※ 가동시작일이 11월 1일부터 다음 연도 1월 31일까지에 해당하는 경우: 가동시작일부터 70일

② 폐수처리방법이 물리적 또는 화학적 처리방법인 경우: 가동시작일부터 30일

⑵ **가동시작신고**

가동시작신고(가동시작일의 변경신고 포함)를 받은 시 · 도지사는 환경부령으로 정하는 시운전 기간이 지난 날부터 15일 이내에 폐수배출시설 및 수질오염방지시설의 가동상태를 점검하고, 수질오염물질을 채취한 후 다음의 어느 하나에 해당하는 검사기관에 오염도검사를 하도록 하여 배출허용기준의 준수 여부를 확인하도록 하여야 한다.

① 국립환경과학원 및 그 소속기관

② 특별시 · 광역시 및 도의 보건환경연구원

③ 유역환경청 및 지방환경청

④ 한국환경공단 및 그 소속 사업소

⑤ 인정된 수질 분야의 검사기관 중 환경부장관이 정하여 고시하는 기관

⑥ 그 밖에 환경부장관이 정하여 고시하는 수질검사기관

1. 공공폐수처리시설의 방류수 수질기준 「시행규칙 별표 10」

구분	수질기준			
	Ⅰ지역	Ⅱ지역	Ⅲ지역	Ⅳ지역
생물화학적 산소요구량(BOD)(mg/L)	10(10) 이하	10(10) 이하	10(10) 이하	10(10) 이하
총유기탄소량(TOC)(mg/L)	15(25) 이하	15(25) 이하	25(25) 이하	25(25) 이하
부유물질(SS)(mg/L)	10(10) 이하	10(10) 이하	10(10) 이하	10(10) 이하
총질소(T-N)(mg/L)	20(20) 이하	20(20) 이하	20(20) 이하	20(20) 이하
총인(T-P)(mg/L)	0.2(0.2) 이하	0.3(0.3) 이하	0.5(0.5) 이하	2(2) 이하
총대장균군수(개/mL)	3,000(3,000) 이하	3,000(3,000) 이하	3,000(3,000) 이하	3,000(3,000) 이하
생태독성(TU)	1(1) 이하	1(1) 이하	1(1) 이하	1(1) 이하

※ 적용기간에 따른 수질기준란의 (   )는 농공단지 공공폐수처리시설의 방류수 수질기준을 말한다.

2. 공공폐수처리시설의 유지·관리기준 「시행규칙 별표 15」

① 처리시설을 정상적으로 가동하여 배출되는 수질오염물질이 공공폐수처리시설의 방류수 수질기준에 적합하도록 하여야 한다.

② 개선 등 조치명령을 받지 아니한 운영자가 부득이하게 방류수 수질기준을 초과하여 수질오염물질을 배출하게 되는 경우에는 처리시설의 개선사유, 개선기간, 개선하려는 내용, 개선기간 중의 수질오염물질 예상배출량 및 배출농도 등을 적은 개선계획서를 유역환경청장 또는 지방환경청장에게 제출하고 처리시설을 개선하여야 한다.

③ 처리시설의 가동시간, 폐수방류량, 약품투입량, 관리·운영자, 그 밖에 처리시설의 운영에 관한 주요사항을 사실대로 매일 기록하고 이를 최종기록한 날부터 1년간 보존하여야 한다.

④ 처리시설에서 배출되는 수질오염물질의 양을 측정할 수 있는 기기를 부착하는 등 필요한 조치를 하여야 한다.

⑤ 처리시설의 관리·운영자는 방류수 수질기준 항목에 대한 방류수 수질검사를 다음과 같이 실시하여야 한다.

㉠ 처리시설의 적정 운영 여부를 확인하기 위하여 방류수수질검사를 월 2회 이상 실시하되, 1일당 2천 세제곱미터 이상인 시설은 주 1회 이상 실시하여야 한다. 다만, 생태독성(TU) 검사는 월 1회 이상 실시하여야 한다.

㉡ 방류수의 수질이 현저하게 악화되었다고 인정되는 경우에는 수시로 방류수수질검사를 하여야 한다.

고득점 POINT 휴경 등 권고대상 농경지의 해발고도 및 경사도 「시행규칙 제85조」

"환경부령으로 정하는 해발고도"란 해발 400미터를 말하고 "환경부령으로 정하는 경사도"란 경사도 15퍼센트를 말한다.

KEYWORD 25 　수질오염

1. 기타수질오염원「시행규칙 별표 1」

시설구분	대상	규모
수산물 양식시설	가두리양식업시설	면허대상 모두
	육상수조식해수양식업시설	수조면적의 합계 500m² 이상
	육상수조식내수양식업시설	
골프장	「체육시설의 설치·이용에 관한 법률 시행령」에 따른 골프장	면적 3만m² 이상이거나 3홀 이상(비점오염원으로 설치 신고대상인 골프장은 제외)
운수장비 정비 또는 폐차장 시설	동력으로 움직이는 모든 기계류·기구류·장비류의 정비를 목적으로 사용하는 시설	면적 200m² 이상(검사장 면적 포함)
	자동차 폐차장시설	면적 1,500m² 이상
농축수산물 단순가공시설	조류의 알을 물세척만 하는 시설	물사용량 1일 5m³ 이상(공공하수처리시설 및 개인하수처리시설에 유입하는 경우 1일 20m³ 이상)
	1차 농산물을 물세척만 하는 시설	
	농산물의 보관·수송 등을 위하여 소금으로 절임만 하는 시설	용량 10m³ 이상(공공하수처리시설 및 개인하수처리시설에 유입하는 경우 1일 20m³ 이상)
	고정된 배수관을 통하여 바다로 직접 배출하는 시설로서 물세척만 하는 시설	물사용량이 1일 5m³ 이상(농축수산물 단순가공시설이 바다에 붙어 있는 경우 1일 20m³ 이상)
사진 처리 또는 X-Ray 시설	무인자동식 현상·인화·정착시설	1대 이상
	한국표준산업분류 733사진촬영 및 처리업으 사진처리시설(X-Ray시설 포함) 중에서 폐수를 전량 위탁처리하는 시설	1대 이상
금은판매점의 세공시설이나 안경원	금은판매점의 세공시설(준주거지역 및 상업지역에서 금은을 세공하여 금은판매점에 제공하는 시설 포함)에서 발생되는 폐수를 전량 위탁처리하는 시설	폐수발생량 1일 0.01m³ 이상
	안경원에서 렌즈를 제작하는 시설	1대 이상
복합물류터미널 시설	화물의 운송, 보관, 하역과 관련된 작업을 하는 시설	면적 20만m² 이상
거점소독시설	조류인플루엔자 등의 방역을 위하여 축산 관련 차량의 소독을 실시하는 시설	면적 15m² 이상

고득점 POINT ｜ 폐수처리업자의 준수사항 중 제한사항「시행규칙 별표 21」

수탁한 폐수는 정당한 사유 없이 10일 이상 보관할 수 없으며, 보관폐수의 전체량이 저장시설 저장능력의 90퍼센트 이상 되게 보관하여서는 아니 된다.

2. 수질오염물질의 배출허용기준 「시행규칙 별표 13」

항목별 배출허용기준

대상규모 항목 지역구분	1일 폐수배출량 2천 세제곱미터 이상			1일 폐수배출량 2천 세제곱미터 미만		
	생물화학적 산소요구량 (mg/L)	총유기탄소량 (mg/L)	부유물질량 (mg/L)	생물화학적 산소요구량 (mg/L)	총유기탄소량 (mg/L)	부유물질량 (mg/L)
청정지역	30 이하	25 이하	30 이하	40 이하	30 이하	40 이하
가지역	60 이하	40 이하	60 이하	80 이하	50 이하	80 이하
나지역	80 이하	50 이하	80 이하	120 이하	75 이하	120 이하
특례지역	30 이하	25 이하	30 이하	30 이하	25 이하	30 이하

3. 특정수질유해물질 「시행규칙 별표 3」

① 구리와 그 화합물	⑫ 셀레늄과 그 화합물	㉓ 브로모포름
② 납과 그 화합물	⑬ 벤젠	㉔ 아크릴아미드
③ 비소와 그 화합물	⑭ 사염화탄소	㉕ 나프탈렌
④ 수은과 그 화합물	⑮ 디클로로메탄	㉖ 폼알데하이드
⑤ 시안화합물	⑯ 1, 1-디클로로에틸렌	㉗ 에피클로로하이드린
⑥ 유기인 화합물	⑰ 1, 2-디클로로에탄	㉘ 페놀
⑦ 6가 크롬 화합물	⑱ 클로로포름	㉙ 펜타클로로페놀
⑧ 카드뮴과 그 화합물	⑲ 1, 4-다이옥산	㉚ 스티렌
⑨ 테트라클로로에틸렌	⑳ 디에틸헥실프탈레이트(DEHP)	㉛ 비스(2-에틸헥실)아디페이트
⑩ 트리클로로에틸렌	㉑ 염화비닐	㉜ 안티몬
⑪ 폴리클로리네이티드바이페닐	㉒ 아크릴로니트릴	

4. 수질오염방지시설 「시행규칙 별표 5」

(1) 물리적 처리시설

스크린, 분쇄기, 침사시설, 유수분리시설, 유량조정시설(집수조), 혼합시설, 응집시설, 침전시설, 부상시설, 여과시설, 탈수시설, 건조시설, 증류시설, 농축시설

(2) 화학적 처리시설

화학적 침강시설, 중화시설, 흡착시설, 살균시설, 이온교환시설, 소각시설, 산화시설, 환원시설, 침전물 개량시설

(3) 생물화학적 처리시설

살수여과상, 폭기시설, 산화시설(산화조 또는 산화지), 혐기성·호기성 소화시설, 접촉조, 안정조, 돈사톱밥발효시설

5. 비점오염저감시설「시행규칙 별표 6」

비점오염저감시설의 종류

비점오염저감시설	자연형 시설	저류시설, 인공습지, 침투시설, 식생형 시설
	장치형 시설	여과형 시설, 소용돌이형 시설, 스크린형 시설, 응집 · 침전 처리형 시설, 생물학적 처리형 시설

KEYWORD 26   **위임업무 보고사항**

위임업무 보고사항「시행규칙 별표 23」

보고횟수	업무내용
연 1회	폐수위탁 · 사업장 내 처리현황 및 처리실적
	환경기술인의 자격별 · 업종별 현황
	측정기기 관리대행업에 대한 등록 · 변경등록, 관리대행능력 평가 · 공시 및 행정처분 현황
연 2회	기타 수질오염원 현황
	폐수처리업에 대한 허가 · 지도단속실적 및 처리실적 현황
	배출부과금 징수 실적 및 체납처분 현황
	과징금 부과 실적
	과징금 징수 실적 및 체납처분 현황
	골프장 맹 · 고독성 농약 사용 여부 확인 결과
	측정기기 부착시설 설치 현황
	측정기기 부착사업장 관리 현황
	측정기기 부착사업자에 대한 행정처분 현황
	수생태계 복원계획(변경계획) 수립 · 승인 및 시행계획(변경계획) 협의 현황
	수생태계 복원 시행계획(변경계획) 협의 현황
연 4회	폐수배출시설의 설치허가, 수질오염물질의 배출상황검사, 폐수배출시설에 대한 업무처리 현황
	배출업소의 지도 · 점검 및 행정처분 실적
	배출부과금 부과 실적
	비점오염원의 설치신고 및 방지시설 설치 현황 및 행정처분 현황
수시	폐수무방류배출시설의 설치허가(변경허가) 현황
	배출업소 등에 따른 수질오염사고 발생 및 조치사항

CHAPTER 10

환경정책기본법

1. 환경기준 「환경정책기본법 시행령 별표 1」

(1) 하천의 생활환경 기준

등급		수소이온 농도 (pH)	생물화학적 산소요구량 (BOD) (mg/L)	총유기 탄소량 (TOC) (mg/L)	부유물질량 (SS) (mg/L)	용존산소량 (DO) (mg/L)	총인 (total phosphorus) (mg/L)	대장균군 (군수/100mL)	
								총대장균군	분원성 대장균군
매우 좋음	Ⅰa	6.5~8.5	1 이하	2 이하	25 이하	7.5 이상	0.02 이하	50 이하	10 이하
좋음	Ⅰb	6.5~8.5	2 이하	3 이하	25 이하	5.0 이상	0.04 이하	500 이하	100 이하
약간 좋음	Ⅱ	6.5~8.5	3 이하	4 이하	25 이하	5.0 이상	0.1 이하	1,000 이하	200 이하
보통	Ⅲ	6.5~8.5	5 이하	5 이하	25 이하	5.0 이상	0.2 이하	5,000 이하	1,000 이하
약간 나쁨	Ⅳ	6.0~8.5	8 이하	6 이하	100 이하	2.0 이상	0.3 이하		
나쁨	Ⅴ	6.0~8.5	10 이하	8 이하	쓰레기 등이 떠 있지 않을 것	2.0 이상	0.5 이하		
매우 나쁨	Ⅵ		10 초과	8 초과		2.0 미만	0.5 초과		

(2) 등급별 수질 및 수생태계 상태

① 매우 좋음: 용존산소가 풍부하고 오염물질이 없는 청정상태의 생태계로 여과·살균 등 간단한 정수처리 후 생활용수로 사용할 수 있음

② 좋음: 용존산소가 많은 편이고 오염물질이 거의 없는 청정상태에 근접한 생태계로 여과·침전·살균 등 일반적인 정수처리 후 생활용수로 사용할 수 있음

③ 약간 좋음: 약간의 오염물질은 있으나 용존산소가 많은 상태의 다소 좋은 생태계로 여과·침전·살균 등 일반적인 정수처리 후 생활용수 또는 수영용수로 사용할 수 있음

④ 보통: 보통의 오염물질로 인하여 용존산소가 소모되는 일반 생태계로 여과, 침전, 활성탄 투입, 살균 등 고도의 정수처리 후 생활용수로 이용하거나 일반적 정수처리 후 공업용수로 사용할 수 있음

⑤ 약간 나쁨: 상당량의 오염물질로 인하여 용존산소가 소모되는 생태계로 농업용수로 사용하거나 여과, 침전, 활성탄 투입, 살균 등 고도의 정수처리 후 공업용수로 사용할 수 있음

⑥ 나쁨: 다량의 오염물질로 인하여 용존산소가 소모되는 생태계로 산책 등 국민의 일상생활에 불쾌감을 주지 않으며, 활성탄 투입, 역삼투압 공법 등 특수한 정수처리 후 공업용수로 사용할 수 있음

⑦ 매우 나쁨: 용존산소가 거의 없는 오염된 물로 물고기가 살기 어려움

(3) 하천의 수질 및 수생태계 환경기준 중 사람의 건강보호를 위한 기준

항목	기준값(mg/L)	항목	기준값(mg/L)
음이온 계면활성제(ABS)	0.5 이하	클로로포름	0.08 이하
포름알데히드		사염화탄소	0.004 이하
벤젠	0.01 이하	카드뮴(Cd)	0.005 이하
안티몬	0.02 이하	디에틸헥실프탈레이트(DEHP)	0.008 이하
디클로로메탄		헥사클로로벤젠	0.00004 이하
1, 2-디클로로에탄	0.03 이하	시안(CN)	검출되어서는 안 됨 (검출한계 0.01)
테트라클로로에틸렌(PCE)	0.04 이하		
비소(As)	0.05 이하	수은(Hg)	검출되어서는 안 됨 (검출한계 0.001)
납(Pb)			
6가 크롬(Cr^{6+})		유기인	검출되어서는 안 됨 (검출한계 0.0005)
1, 4-다이옥세인		폴리 염화비페닐(PCB)	

SUBJECT 02

상하수도계획

상하수도계획은 상하수도 시설 및 설비의 종류, 특징 등을 묻는 문제가 자주 출제됩니다. 단순 암기로 풀 수 있는 문제가 대부분이지만 범위가 넓기 때문에 기출문제 위주로 반복 학습하는 것이 효율적입니다.

상하수도계획에서 고득점을 얻기 위해서는 각 상하수도 계통에 따른 시설 및 처리의 특징을 비교할 수 있어야 합니다. 특히 급속 여과와 완속 여과 등 정수 설계 요소와 시설 관련 내용이 가장 많이 출제되므로, 각 정수시설의 특징과 구조를 표로 정리해 확실히 암기하고 70점 이상을 목표로 삼아 학습 전략을 세우는 것이 좋습니다.

출제빈도별 기출 KEYWORD

키워드	출제횟수
정수시설	59회
취수시설	40회
하수도 우수·오수 배제계획	35회
펌프의 종류와 특성	32회
배수 및 급수시설	21회

※ 최근 8개년 기출분석 결과로 분류방법에 따라 수치는 달라질 수 있습니다.

상하수도 기본계획

1. 상수도 계획의 일반사항

(1) 기본방침(계획기준)

① 수량적인 안정성 확보

    ㉠ 취수시설의 계획취수량은 계획1일 최대급수량을 기준으로 한다.

    ㉡ 취수시설의 계획도수량은 계획취수량(또는 계획1일 최대급수량)을 기준으로 한다.

    ㉢ 취수시설의 계획정수량은 계획1일 최대급수량을 기준으로 한다.

    ㉣ 취수시설의 계획송수량은 계획1일 최대급수량을 기준으로 한다.

② 수질적인 안전성 확보

③ 적정한 수압의 확보

④ 지진, 태풍, 홍수, 가뭄, 단수사고 등의 비상대책

⑤ 자산관리 기법을 통한 시설의 최적개량과 교체

⑥ 환경대책

> **고득점 POINT** **취수, 도수, 정수, 송수의 기준과 배수의 기준 비교**
> 배수시설의 계획배수량은 원칙적으로 해당 배수구역의 계획시간 최대배수량으로 한다.

(2) 기본사항의 결정

① 계획(목표) 연도: 기본계획에서 대상이 되는 기간으로 계획수립 시부터 15~20년간을 표준으로 한다.

② 계획급수구역: 계획 연도까지의 여러 가지 상황들을 종합적으로 고려하여 계획급수구역을 결정한다.

③ 계획급수인구

    ㉠ 계획급수인구＝계획급수구역 내의 인구×계획급수보급률

    ㉡ 계획급수보급률은 과거의 실적 또는 장래의 수도시설계획 등이 종합적으로 검토되어 결정된다.

    ㉢ 인구추정법

• 등차급수법: 매년 일정한 수만큼 인구가 증가한다고 가정하는 방법 $$P_n = P_o + na$$ • 등비급수법: 매년 일정한 비율만큼 인구가 증가한다고 가정하는 방법 $$P_n = P_o(1+r)^n$$ • 이 외에도 최소자승법, 논리법, 배기곡선에 의한 방법 등이 있다.	• P_o : 현재 인구[명] • P_n : 계획 연도의 인구[명] • n : 계획 년수 • a : 인구 증가 수 • r : 인구 증가비

④ 계획급수량: 원칙적으로 용도별 사용수량을 기초로 하여 결정한다.

- 계획1일 평균급수량 = $\dfrac{\text{계획1일 평균사용수량}}{\text{계획유효율}}$

- 계획1일 최대급수량 = 계획1일 평균급수량 × 계획첨두율 = $\dfrac{\text{계획1일 평균급수량}}{\text{계획부하율}}$

(3) 급수시설의 설계유량

① 수원지, 저수지, 유역면적 결정에는 1일 평균급수량이 기준이다.

② 배수지, 송수관 구경 결정에는 1일 최대급수량이 기준이다.

③ 배수본관의 구경 결정에는 시간 최대급수량이 기준이다.

2. 상수도 급수계통

* 수원: 수돗물의 원료가 되는 물인 원수의 공급원으로 빗물, 지표수, 지하수이다.

수원 → 취수 → 도수 → 정수 → 송수 → 배수 → 급수

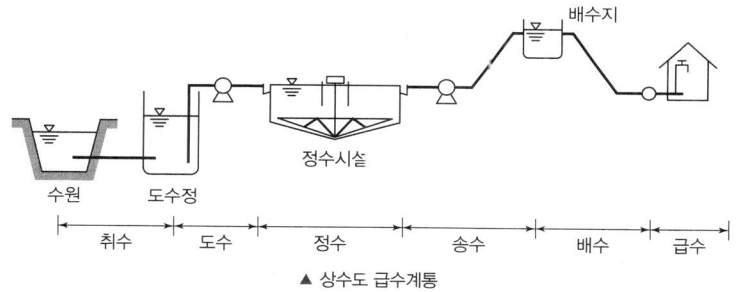

▲ 상수도 급수계통

(1) 취수

수원에서 필요한 수량을 취입하는 과정으로 수원의 종류, 취수량 등에 따라 방법이나 규모를 결정한다.

(2) 도수

수원에서 취수한 원수를 정수처리하기 위해 관로를 통해 정수장으로 이송하는 과정이다.

(3) 정수

원수 수질을 사용목적에 맞게 개선하는 과정이다.

(4) 송수

정수장에서 정수된 물을 배수지까지 보내는 과정으로, 오염 방지를 위해 관수로로 해야 하며 부득이한 경우 개수로라도 암거로만 시공한다.

(5) 배수

정수장에서 배수지로 보내진 물을 소요수압으로 소요수량만큼 배수관을 통해 급수지로 보내는 과정이다.

(6) 급수

배수된 물을 사용자에게 급수관을 통해 보내는 과정이다.

1. 하수도 계획의 일반사항

(1) 하수도 시설의 목적

① 하수도 배제와 이에 따른 생활 환경의 개선

② 기상이변의 국지성 호우에 대응한 침수피해 방지

③ 공공수역의 수질보전과 건전한 물순환의 회복

④ 지속발전 가능한 도시 구축에 기여

(2) 하수도 계획의 수립

① 침수방지계획

② 수질보전계획

③ 물관리 및 재이용계획

④ 슬러지 처리 및 자원화계획

(3) 기본사항의 결정

① 하수도 계획 목표 연도: 하수도 계획의 목표 연도는 원칙적으로 20년 정도로 한다.

② 분뇨처리와 하수도

  ㉠ 하수처리구역 내 발생하는 수세분뇨는 관로정비상황 등을 고려하여 하수관로에 투입하는 것을 원칙으로 한다.

  ㉡ 처리구역 내에서 발생하는 수거식 분뇨도 하수처리장에서 전처리 후 합병 처리하는 것을 원칙으로 한다.

2. 하수도 배제방식

하수도의 배제방식은 분류식과 합류식이 있으며 지역의 특성, 방류수역의 여건 등을 고려하여 배제방식을 정한다.

구분		분류식	합류식
배제방식			
유지 관리면 검토사항	관로오접	철저한 감시 필요	감시 불필요
	관로 내 퇴적	관로 내 퇴적이 적으며, 수세효과는 없음	청천 시에 수위가 낮고 유속이 적어 오염물이 침전하기 쉬우나 우천 시에는 수세효과가 있기 때문에 관로 내의 청소 빈도가 적음
	처리장으로 토사유입	토사의 유입이 있지만 합류식보다 적음	우천 시에 처리장으로 다량의 토사가 유입하여 장기간에 걸쳐 수로 바닥 등에 퇴적됨
수질 보전면 검토사항	청천 시 및 우천 시의 월류	청천 시, 우천 시 월류 없음	• 청천 시 월류 없음 • 우천 시 일정량 이상이 되면 월류함

1. 하수도 우수 배제계획

(1) 계획우수량

① 우수유출량의 산정식: 최대계획우수유출량의 산정은 합리식을 사용하는 것을 원칙으로 하지만, 필요에 따라 다양한 우수유출산정방법 사용이 가능하다.

- 합리식

$$Q = \frac{1}{360} CIA$$

- Q: 최대계획우수유출량[m³/sec]
- C: 유출계수
- I: 강우강도[mm/hr]
- A: 우역면적[ha]

② 유달(도달)시간[min]

㉠ 유달(도달)시간(t) = 유입시간(t_1) + 유하시간(t_2)

㉡ 유입시간은 최소단위 배수구역의 지표면 특성을 고려하여 구하며, 강우가 배수구의 최원격 지점에서 하수관로 입구까지 유입되는 데 걸리는 시간이다.

㉢ 유하시간은 최상류관로의 끝으로부터 하류관로의 특정 지점까지의 거리를 계획유량에 대응한 유속으로 나누어 구하는 것을 원칙으로 한다.

㉣ 강우지속시간은 유달시간으로 대체하여 사용한다.

- 유달시간 > 강우지속시간: 흘러내려오는 데 걸리는 시간이 길다. (지체현상 발생)
- 유달시간 < 강우지속시간: 전배수 면적에서의 우수가 동시에 하수관로 지점으로 모일 때가 있다. (집중현상 발생)
- 도시화가 될수록 강우의 유출계수는 증가되고 유달시간이 감소하여 침수피해 발생 빈도가 증가한다.

③ 유출계수

㉠ 유출계수는 토지이용도별 기초유출계수로부터 총괄(평균)유출계수를 구하는 것을 원칙으로 한다.

㉡ 총괄(평균)유출계수 = (유출계수×각 면적)/총 면적

$$C = \frac{\sum_{i=1}^{m}(C_i \cdot A_i)}{\sum_{i=1}^{m} A_i}$$

- C: 총괄(평균)유출계수
- C_i: i번째 토지이용도별 기초유출계수
- A_i: i번째 토지이용도별 총면적
- m: 토지이용도의 수

④ 설계강우   * '설계강우'를 용어 변경 전에는 '확률년수'라고 명칭하였음

㉠ 하수관로의 설계강우는 10~30년을 원칙으로 한다.

㉡ 빗물펌프장의 설계강우는 30~50년을 원칙으로 한다.

㉢ 설계강우는 지역의 특성 또는 방재상 필요에 따라 원칙보다 크게 또는 작게 정할 수 있다.

⑤ 배수면적: 지형도를 기초로 도로, 철도 및 기존하천의 배치 등을 답사에 의해 충분히 조사하고 장래의 개발계획도 고려하여 정확히 구한다.

⑵ **강우강도**

    ① 강우강도는 한 지점에 내린 강수량을 mm/hr 단위로 나타낸다.

    ② 확률강우강도: 강우강도의 확률적 빈도를 나타낸 것이다.

    ③ 범람의 피해가 적을 것으로 예상될 때는 재현기간 2~5년 확률강우강도를 채택한다.

    ④ 강우강도가 큰 강우일수록 빈도가 낮다.

    ⑤ 강우강도 공식

구분	특징	공식	
Talbot 형	곡선의 굽은 정도가 적은 성질을 가지고 있으며, 유달시간이 짧은 관로 등의 유하시설을 계획할 경우에 적용한다.	$I = \dfrac{a}{t+b}$	
Sherman 형	관로 곡선의 굽은 정도가 심하다.	$I = \dfrac{a}{t^m}$	• I: 강우강도[mm/hr] • t: 강우지속시간[min] • a, b, m: 상수
Hisano - Ishiguro 형	관로 곡선의 굽은 정도가 심하다.	$I = \dfrac{a}{\sqrt{t}+b}$	
Cleveland 형	24시간 이상 장시간 강우강도에 대해 저류시설 등을 계획하는 경우에도 적용한다.	$I = \dfrac{a}{t^m+b}$	

2. 하수도 오수 배제계획

⑴ **계획오수량**

    ① 생활오수량: 생활오수량의 1인1일 최대오수량은 계획 목표 연도에서 계획지역 내 상수도 계획상의 1인1일 최대급수량을 감안하여 결정한다.

    ② 지하수량: 1인1일 최대오수량의 20% 이하로 한다.   * 시험에 '1인1일 최대오수량의 10~20%'로 출제되기도 함

    ③ 계획1일 최대오수량: 1인1일 최대오수량에 계획인구를 곱한 후 기타 배수량(공장폐수량, 지하수량)을 더한 것으로 한다.

    ④ 계획1일 평균오수량: 계획1일 최대오수량의 70~80%를 표준으로 한다.

    ⑤ 계획시간 최대오수량: 계획1일 최대오수량의 1시간당 수량의 1.3~1.8배를 표준으로 한다.

    ⑥ 합류식에서 우천 시 계획오수량: 계획시간 최대오수량의 3배 이상으로 한다.

⑵ **계획오염부하량 및 계획유입수질**

    ① 계획오염부하량: 각종 오수(생활오수, 영업오수, 공장폐수, 관광오수 등)의 오염부하량을 합한 값으로 한다.

    ② 계획유입수질: 계획오염부하량을 계획1일 평균오수량으로 나눈 값으로 한다.

    ③ 대상 수질항목: 처리목표수질의 항목에 일치하는 것을 원칙으로 한다.

    ④ 생활오수에 의한 오염부하량: 1인1일당 오염부하량 원단위를 기초로 하여 정한다.

    ⑤ 영업오수에 의한 오염부하량: 업무의 종류 및 오수의 특징 등을 감안하여 결정한다.

    ⑥ 공장폐수에 의한 오염부하량: 부하량 실측이 바람직하며, 실측치를 얻기 어려운 경우 업종별 출하액당 오염부하량 원단위에 기초를 두고 추정한다.

    ⑦ 관광오수에 의한 오염부하량: 당일관광과 숙박으로 나누고 각각의 원단위에서 추정한다.

집수설비

수원

1. 수원의 종류 및 구비요건

⑴ 수원의 종류

① 지표수: 하천수, 호소수

② 지하수: 복류수, 얕은 우물 지하수, 깊은 우물 지하수, 용천수

③ 기타: 빗물, 해수

⑵ 수원의 구비요건

① 수량이 풍부해야 한다.

② 수질이 좋아야 한다.

③ 가능한 한 높은 곳에 위치해야 한다.

④ 수돗물 소비지에서 가까운 곳에 위치해야 한다.

2. 저수시설 계획 기준년

계획 취수량을 확보하기 위해서 필요한 저수량의 결정에 사용하는 계획 기준년은 원칙적으로 10개년에 제1위 정도의 갈수를 표준으로 한다.

취수시설

1. 지표수(하천수, 호소수) 취수시설

⑴ 취수시설의 선정

수원의 종류에 따라 취수시설을 분류하면 하천수에서는 취수보, 취수탑, 취수문, 취수관로 등이 사용되며 호소수에서는 취수탑, 취수문, 취수틀 등이 사용된다.

⑵ 취수보

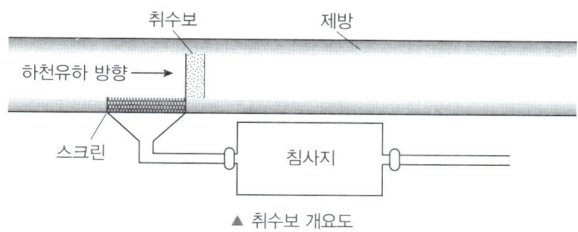

▲ 취수보 개요도

① 위치 및 구조

　　㉠ 유심이 취수구에 가까우며 안정되고 홍수에 의한 하상변화가 적은 지점으로 선정한다.

　　㉡ 원칙적으로 홍수의 유심방향과 직각의 직선형으로, 가능한 한 하천의 직선부에 설치한다.

　　㉢ 침수 및 홍수 시의 수면 상승으로 인하여 상류수에 위치한 하천 공작물 등에 미치는 영향이 적은 지점에 설치한다.

　　㉣ 가동보의 상단 높이는 계획하상높이, 현재의 하상높이 및 장래의 하상변동 등을 고려하여 유수소통에 지장이 없는 높이로 한다.

　　㉤ 원칙적으로 철근 콘크리트 구조로 한다.

② 특징

　　㉠ 취수보는 보통 대량취수에 적합하다.

　　㉡ 개발이 진행된 하천 등에서 정확한 취수조정이 필요한 경우, 하천 흐름이 불안정한 경우 적합하다.

　　㉢ 안정된 취수가 가능하고, 침전효과가 크다.

③ 취수구

　　㉠ 계획취수량을 언제든지 취수할 수 있고, 취수구에 토사가 퇴적·유입되지 않으며, 유지관리가 용이해야 한다.

　　㉡ 높이는 배사문의 바닥 높이보다 0.5~1.0m 이상 높게 한다.

　　㉢ 유입속도는 0.4~0.8m/sec를 표준으로 한다.

　　㉣ 제수문 전면에는 스크린을 설치한다.

(3) 취수탑

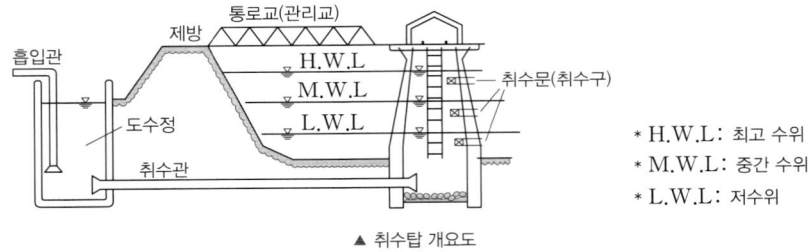

▲ 취수탑 개요도

* H.W.L: 최고 수위
* M.W.L: 중간 수위
* L.W.L: 저수위

① 위치 및 구조

　　㉠ 연간 최소수심이 2m 이상인 하천에 설치하는 경우에는 되도록 유심이 제방에 근접한 지점으로 한다.

　　㉡ 수면이 결빙되는 경우에는 취수에 지장을 미치지 않는 위치에 설치한다.

　　㉢ 하천에 설치하는 경우 원칙적으로 타원형으로 하며, 장축방향을 흐름방향과 일치하도록 설치한다.

　　㉣ 일반적으로 철근 콘크리트 구조로 한다.

② 특징

　　㉠ 하천, 호소, 댐 내에 설치된 탑 모양의 구조물로, 측벽에 만들어진 취수구에서 직접 탑 내로 취수하는 시설이다.

　　㉡ 수위변화가 큰 지점 등에서도 연간 안정적인 취수가 가능하다.

　　㉢ 대량 취수 시 경제적이며, 유황이 안정된 하천에서 대량 취수 시 특히 유리하다.

③ 취수구

　　㉠ 계획최저수위인 경우에도 계획취수량을 확실히 취수할 수 있는 설치 위치로 한다.

　　㉡ 전면에서는 협잡물을 제거하기 위한 스크린을 설치해야 한다.

　　㉢ 취수탑의 내측이나 외측에 슬루스게이트(제수문), 버터플라이밸브 또는 제수밸브 등을 설치한다.

　　㉣ 단면 형상은 장방형 또는 원형으로 한다.

⑷ **취수문**

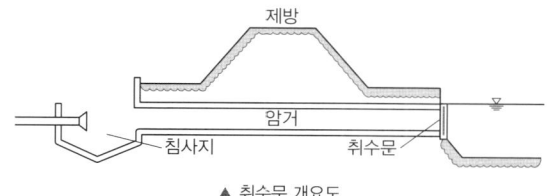

▲ 취수문 개요도

① 위치 및 구조

    ㉠ 수문의 전면에는 스크린을 설치한다.

    ㉡ 문설주에는 수문 또는 수위조절판을 설치하며, 문설주는 철근 콘크리트 구조를 원칙으로 한다.

    ㉢ 취수문을 통한 유입속도가 0.8m/sec 이하가 되도록 취수문의 크기를 정한다.

② 특징

    ㉠ 하천의 표류수나 호소의 표층수를 취수하기 위하여 물가에 만들어지는 취수시설이다.

    ㉡ 하천유황의 영향을 직접 받아 불안정하며, 일반적으로 중, 소량 취수에 쓰인다.

    ㉢ 갈수, 홍수, 결빙 시에는 취수량 확보조치 및 조정이 필요하다.

    ㉣ 시공조건에서 일반적으로 가물막이를 하고 임시하드 설치 등을 고려해야 한다.

⑸ **취수관로**

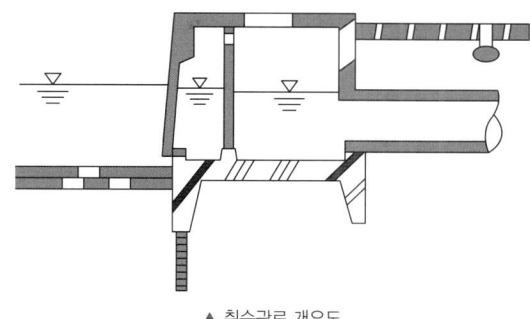

▲ 취수관로 개요도

① 관로의 구조

    ㉠ 관로를 제외지에 부설하는 경우 원칙적으로 계획고수부지고에서 2m 이상 깊게 매설한다.

    ㉡ 하상 및 고수부위의 세굴방지에 관하여 적절하게 고려해야 한다

    ㉢ 관로가 제방을 횡단하는 경우에는 원칙적으로 유연한 구조로 한다.

    ㉣ 비상 시 제수가 확실하고 용이하게 이루어지도록 원칙적으로 제수밸브 등을 설치한다.

② 특징

    ㉠ 취수구를 제방법선에 직각으로 설치하고 직접 관로 안으로 표류수를 취수하여 자연유하로 제내지에 도수하는 시설이다.

    ㉡ 유지관리가 비교적 용이하다.

    ㉢ 하상변동이 크고 유심이 불안정한 하천에서는 하천 상황의 영향을 받기 쉽다.

③ 취수구

    ㉠ 철근 콘크리트 구조로 하며, 설치 높이는 장래의 하상변동을 고려하여 결정한다.

    ㉡ 하상변동이 큰 지점에서는 취수구의 매몰과 세굴에 의한 관로 노출 등의 우려가 있다.

⑹ 취수틀

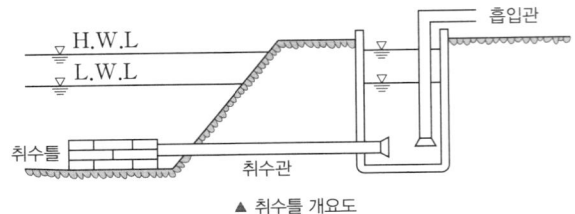

▲ 취수틀 개요도

① 위치 및 구조

    ㉠ 호소의 바닥이 변화가 심한 곳은 매몰이나 파손 등의 우려가 있으므로 바닥이 안정되어 있는 곳에 설치한다.

    ㉡ 철근 콘크리트 틀의 본체를 하천이나 호소의 바닥에 고정시킨다.

    ㉢ 항로는 피해서 설치해야 하지만 부득이 항로에 근접한 지점에는 충분한 수심을 확보한다.

② 특징

    ㉠ 하천이나 호소의 하부 수중에 매몰시켜 만드는 상자형 또는 원통형 취수시설로, 측변에 위치한 다수의 개구를 통해 취수한다.

    ㉡ 수위변화에 대한 영향이 비교적 작다.

    ㉢ 호소 등의 크기나 규모에는 영향을 받지 않는다.

    ㉣ 수중에 설치되기 때문에 호소의 표면수 취수는 불가능하다.

    ㉤ 구조가 간단하고, 시공도 비교적 용이하다.

    ㉥ 호소의 중소량 취수시설로 많이 사용된다.

2. 지하수 취수시설

⑴ 취수지점의 선정

① 연해부의 경우에는 해수의 영향을 받지 않아야 한다.

② 기존 우물 또는 집수매거의 취수에 영향을 주지 않아야 한다.

③ 얕은 우물이나 복류수인 경우에는 오염원으로부터 15m 이상 떨어져서 장래에도 오염의 영향을 받지 않는 지점이어야 한다.

④ 복류수인 경우에 장래에 일어날 수 있는 유로변화 또는 하상저하 등을 고려하고 하천 개수계획에 지장이 없는 지점을 선정한다.

⑵ 양수량의 결정

① 한 개의 우물에서 계획취수량을 얻는 경우의 적정양수량은 양수시험에 의해 판단한다.

    • 적정양수량: 한계양수량의 약 70% 이하 양수량이다.

② 우물 상호간의 영향권을 고려하여 양수를 결정한다.

③ 양수량은 양수시험과 부근 우물의 수위관측으로 수위가 계속하여 강하하지 않는 안전양수량으로 한다.

> **용어 CHECK** 　각종 양수량
> • 최대양수량: (우물 하나당) 양수시험의 과정에서 얻어진 최대의 양수량
> • 한계양수량: (우물 하나당) 단계양수시험으로 더 이상 양수량을 늘리면 급격히 수위가 강하되어 우물에 장애를 일으키는 양수량
> • 안전양수량: 단일 우물이 아닌 대수역에서 물수지의 균형을 무너뜨리지 않고 장기적으로 취할 수 있는 양수량

⑶ 집수매거 취수방법

① 위치 및 구조

ⓐ 지형 등을 고려하여 가능한 한 복류수 흐름방향과 수직으로 설치하는 것이 효율적이다.

ⓑ 경사는 수평으로 하거나 1/500 이하의 완만한 경사로 한다.

ⓒ 집수개구부의 공경은 $1m^2$당 20~30개의 비율로 한다.

ⓓ 집수매거로의 유입속도는 3cm/sec로 한다.

ⓔ 집수매거의 유출단에서 매거 내의 평균유속은 1m/sec 이하로 한다.

ⓕ 집수매거는 수평 또는 흐름방향으로 향하여 완경사로 한다.

ⓖ 집수매거의 길이는 시험우물 등에 의한 양수시험 결과에 따라 정한다.

ⓗ 매설깊이는 5m 이상으로 하는 것이 바람직하며, 제외지의 경우 2m 이상으로 한다.

ⓘ 세굴의 우려가 있는 제외지에 설치할 경우에는 철근 콘크리트틀 등으로 방호한다.

② 특징

ⓐ 투수성이 큰 하천 바닥에 적합한 방법으로 지상구조물을 축조할 수 없는 경우의 취수시설로 유효하다.

ⓑ 일반적으로 중량 취수에 이용된다.

ⓒ 하천의 유황에 영향이 적고, 토사유입이 거의 없어 수질이 좋다.

ⓓ 하천의 대소에 관계없이 사용한다.

⑷ 얕은 우물과 깊은 우물의 취수방법

① 얕은 우물(천정호)의 구조

ⓐ 원통형의 철근 콘크리트조를 표준으로 한다.

ⓑ 대수층이 두껍고 우물통의 밑바닥으로부터 취수하는 경우에 우물의 크기는 시험우물의 양수시험결과에 근거하여 정한다.

ⓒ 밑바닥에서의 유입속도는 모래의 소류한계유속 이하를 표준으로 한다.

② 깊은 우물(심정호)의 구조

ⓐ 예정심도, 양수량, 지하수의 수위 및 수질 등을 고려하여 결정한다.

ⓑ 우물로써는 비교적 다량의 취수에 이용된다.

ⓒ 우물을 2개 이상 설치할 경우에는 일반적으로 지하수의 흐름방향과 직각으로 지그재그로 배치한다.

ⓓ 우물 간의 간격은 양수량의 상호간섭이 가능한 정도로 정한다.

CHAPTER 03

상수도시설

KEYWORD 06 도수 및 송수시설

1. 도수시설

(1) 개요

① 구성: 도수관 또는 도수거, 펌프설비 등으로 구성된다.

② 도수방식: 자연유하식, 펌프가압식, 병용식

(2) 도수노선

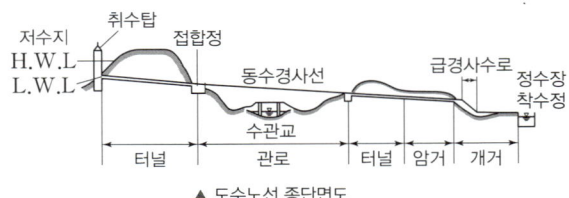

▲ 도수노선 종단면도

① 도수노선은 유지관리상 사유지를 피하고 공공도로 또는 수도용지 내에 매설하는 것이 바람직하다.

② 수평이나 수직방향의 급격한 굴곡은 손실수두를 크게 하고 수리학적으로 좋지 않으므로 지양한다.

③ 관로의 일부가 동수경사선보다 높을 경우에는 관 상부의 관내 압력이 대기압보다 낮아져 공기가 축적될 가능성이 있으므로 관로상 어떤 지점도 동수경사선보다 항상 낮게 유지하도록 노선을 선정한다.

> **용어 CHECK 개거와 암거**
> • 개거: 위를 덮지 않고 터놓은 뚜껑이 없는 수로
> • 암거: 땅속이나 구조물 밑으로 전단면이 사방으로 둘러싸인 박스형 단면의 수로

(3) 도수관의 유속

① 자연유하식: 최대유속 3.0m/sec, 최소유속 0.3m/sec

② 펌프가압식: 경제적인 유속을 적용한다.

(4) 도수관의 설치

① 일반적으로 관경 900mm 이하는 120cm 이상의 깊이로 매설한다.

② 일반적으로 관경 1,000mm 이상은 150cm 이상의 깊이로 매설한다.

③ 도로하중을 고려하지 않을 경우 매설 깊이의 제한이 없다.

④ 도로하중을 고려해야 할 대구경관의 경우 매설 깊이를 관경보다 크게 한다.

(5) 도수거

① 역할 및 구조

㉠ 취수시설로부터 정수시설까지 원수를 개수로 방식으로 도수하는 시설이다.

㉡ 개거, 암거 및 터널 등의 구조이다.

㉢ 한랭지에서뿐만 아니라 기타 지역에서도 가급적 암거로 설치한다.

㉣ 개거나 암거인 경우에는 대개 30~50m 간격으로 시공조인트를 겸한 신축조인트를 설치한다.

㉤ 지층의 변화점, 수로교, 둑, 통문 등의 전후에는 플렉시블한 신축조인트를 설치한다.

㉥ 암거에는 환기구를 설치한다.

㉦ 균일한 동수경사(통상 1/1,000~1/3,000)로 도수하는 시설이다.

② 도수방식

㉠ 자연유하식

• 간편하고 안전하며 유지비가 저렴하다.

• 수로의 적당한 구배로 자연유하가 가능한 곳에 설치한다.

㉡ 펌프가압식

• 수압조절이 용이하다.

• 작업이 복잡하고 안정성이 낮다.

• 지하수를 수원으로 하는 경우에 적당하다.

• 지형에 관계없이 관망의 설치가 가능하다.

• 수원이 비교적 도시에 가까울 때 사용한다.

• 자연유하를 위한 수로의 구배 확보가 곤란한 곳에 설치한다.

2. 송수시설

(1) 개요

① 구성: 송수관, 송수펌프, 조정지 및 밸브 등의 부속 설비로 구성된다.

② 송수방식

㉠ 자연유하식: 배수시설보다 수위가 확실히 높은 경우에 사용하는 방식이다.

㉡ 펌프가압식: 배수시설과 수위가 비슷하거나 동일한 경우에 사용하는 방식이다.

㉢ 병용식: 자연유하식 + 펌프가압식

(2) 설계

① 유속의 경우 자연유하식인 경우에는 최대유속을 3.0m/sec, 최소유속을 0.3m/sec로 한다.

② 송수시설은 정수의 안정성 확보를 위해 관수로에 의한 것을 원칙으로 한다.

1. 유속·손실수두 산출

(1) Manning 유속 공식

$$V = \frac{1}{n} \cdot R^{\frac{2}{3}} \cdot I^{\frac{1}{2}}$$

- V: 유속[m/sec]
- n: 조도계수(유체가 흐르는 면의 거칠기에 따른 계수)
- R: 평균수리심(경심, 동수반경)[m]
- I: 동수경사(동수구배)

(2) 마찰손실수두 공식

$$h = f \times \frac{L}{D} \times \frac{V^2}{2g}$$

- h: 마찰손실수두[m]
- f: 마찰계수
- L: 관의 길이[m]
- D: 관의 안지름[m]
- V: 유속[m/sec]
- g: 중력가속도[m/sec^2]

2. 수로의 종류별 경심 공식

구분	구형 개수로	만수된 원형 관수로	제형 개수로
형태			
수류단면적(A)	$B \cdot h$	$\pi D^2 / 4$	$\dfrac{h(B_1 + B_2)}{2}$
윤변(P)	$B + 2h$	πD	$B_2 + 2b$
경심(R)	$\dfrac{Bh}{B + 2h}$	$\dfrac{\pi D^2 / 4}{\pi D} = \dfrac{D}{4}$	$\dfrac{h(B_1 + B_2)}{2(B_2 + 2b)}$

① R(경심) $= A$(수류단면적)$/P$(윤변)

② 모든 수로에서 동일 유량, 동일 유속으로 흐르는 경우 경심(R)은 같다.

③ 모든 수로를 원형관으로 환산하면 $D = 4 \times R$이다.

용어 CHECK **윤변**

수로의 횡단면에서 물과 접하고 있는 젖은 벽면의 길이를 말한다.

1. 배수지

① 배수지 유효용량: 계획1일 최대급수량의 12시간분 이상을 표준으로 한다.

② 배수지 위치: 가능한 한 급수지역 중앙 가까이 설치한다.

③ 자연유하식 배수지의 표고: 최소동수압이 확보되는 높이여야 한다.

④ 배수지 유효수심: 3~6m를 표준으로 한다.

⑤ 고수위로부터 배수지의 상부 슬래브: 30cm 이상의 여유고를 둔다.

⑥ 바닥: 저수위보다 15cm 이상 낮게 해야 한다.

⑦ 지수: 2지 이상으로 하는 것을 원칙으로 한다.

2. 배수관 및 배수량

① 배수관 내의 최소동수압: 150kPa(약 1.53kgf/cm²) 이상

② 배수관 내의 최대정수압: 700kPa(약 7.1kgf/cm²) 이하

③ 배수관 관경 수량: 계획시간 최대배수량이다.

3. 상수도관(금속관) 부식의 종류

① 미크로셀 부식: 양/음극부가 아닌 개개의 원자로 이루어진 활성점으로 무수히 분산하여 부식되는 현상이다.

② 매크로셀 부식: 양/음극부가 뚜렷이 구분되며 거시적 전지가 형성되어 양극부가 부식되는 현상이다.

③ 전식: 지중 또는 수중을 통한 누설전류 그리고 점핑과 같은 간섭에 의해 전기적으로 발생하는 부식이다.

자연부식		전식
미크로셀 부식	매크로셀 부식	
• 일반토양 부식 • 특수토양 부식 • 박테리아 부식	• 콘크리트/토양 • 산소농담(통기차·) • 이종금속	• 전철의 미주 전류 • 간섭

고득점 POINT   계획급수량

• 1일 평균급수량=S

• 1일 최소급수량=S×0.6

• 1일 최대급수량=S×1.5(평균)

• 1시간 평균급수량=S×1/24

• 1시간 최대급수량=S×1/24×1.5×1.5=S×1/24×2.25

1. 정수시설의 설계요소

(1) 침사지

① 정수시설의 침사지는 취수구에 근접하여 설치한다.

② 지의 형상은 장방형(직사각형)으로 하고 유입부 및 유출부를 각각 점차 확대, 축소시킨 형태로 한다.

③ 지수는 2지 이상으로 한다.

④ 철근 콘크리트 구조로 하며 부력에 안전한 구조로 한다.

⑤ 표면부하율은 200~500mm/min을 표준으로 한다.

⑥ 지 내 평균유속은 2~7cm/sec를 표준으로 하며, 지의 길이는 폭의 3~8배를 표준으로 한다.

⑦ 지의 고수위는 계획취수량이 유입될 수 있도록 취수구의 계획최저수위 이하로 정한다.

⑧ 지의 상단 높이는 고수위보다 0.6~1m의 여유고를 둔다.

⑨ 지의 유효수심은 3~4m를 표준으로 하고, 퇴사심도를 0.5~1m로 한다.

⑩ 바닥은 모래배출을 위하여 중앙에 배수로를 설치하고, 길이방향에는 배수구로 향하여 1/100 정도의 경사를 두고, 가로방향은 중앙배수로를 향하여 1/50 정도의 경사를 둔다.

(2) 착수정

① 착수정은 도수시설에서 도수되는 원수의 수위 동요를 안정시키고 원수량을 조절하여 정수작업이 정확하고 용이하게 처리될 수 있도록 설치한다.

② 착수정은 2지 이상으로 분할하는 것이 원칙이나 분할하지 않는 경우에는 반드시 우회관을 설치하며 배수설비를 설치한다.

③ 착수정의 수위가 고수위 이상으로 올라가지 않도록 월류관이나 월류웨어를 설치한다.

④ 형상은 일반적으로 직사각형 또는 원형으로 하고 유입구에는 제수 밸브 등을 설치한다.

⑤ 착수정의 고수위와 주변 벽체의 상단 간에는 60cm 이상의 여유를 두어야 한다.

⑥ 부유물이나 조류 등을 제거할 필요가 있는 장소에는 스크린을 설치한다.

⑦ 착수정 용량은 체류시간을 1.5분 이상으로 한다.

⑧ 착수정 수심은 3~5m 정도로 한다.

⑨ 필요에 따라 분말활성탄을 주입할 수 있는 장치를 설치하는 것이 바람직하다.

⑩ 착수정에는 원수수질을 파악할 수 있도록 채수설비와 수질측정장치를 설치하는 것이 바람직하다.

(3) 플록형성지

① 플록형성지는 혼화지와 침전지 사이에 위치하고 침전지에 붙여서 설치한다.

② 플록형성지는 직사각형이 표준이다.

③ 플록형성지는 플록큐레이터(Flocculator)를 설치하거나 또는 저류판을 설치한 유수로로 하는 등 유지관리면을 고려하여 효과적인 방법을 선정한다.

④ 플록형성시간은 계획정수량에 대하여 20~40분간을 표준으로 한다.

⑤ 기계식교반에서 플록큐레이터의 주변속도는 15~80cm/sec로 하고 우류식교반에서는 평균 유속을 15~30cm/sec를 표준으로 한다.

⑥ 플록형성지 내의 교반강도는 하류로 갈수록 점차 감소시키는 것이 바람직하다.

⑦ 야간근무자도 플록형성상태를 감시할 수 있는 적절한 조명장치를 설치한다.

⑧ 플록형성지는 단락류나 정체부가 생기지 않으면서 충분하게 교반될 수 있는 구조로 한다.

⑨ 교반설비는 수질변화에 따라 교반강도를 조절할 수 있는 구조로 한다.

⑩ 플록형성지에서 발생한 슬러지나 스케일이 쉽게 배출 또는 제거될 수 있는 구조로 한다.

(4) 고속응집침전지

① 설치조건

　ㄱ 원수 탁도는 10NTU(도) 이상, 최고 탁도는 1,000NTU(도) 이하로 한다.

　ㄴ 탁도와 수온, 수량의 변동이 적어야 한다.

② 지수와 구조

　ㄱ 지수는 청소와 고장에 대비하여 2지 이상 설치한다.

　ㄴ 표면부하율(평균상승유속): 40~60mm/min

　ㄷ 용량: 계획정수량의 1.5~2.0시간분

　ㄹ 경사판 등의 침강장치를 설치하는 경우에는 슬러지 계면의 상부에 설치한다.

　ㅁ 슬러지 배출설비는 지 내의 잉여슬러지를 수시로 또는 상시 연속으로 충분하게 배출할 수 있는 구조로 설치한다.

2. 여과 방식

구분	급속여과	완속여과
구조 및 방식	• 여과면적은 계획정수량을 여과속도로 나누어 구한다. • 여과 및 여과층의 세척이 충분하게 이루어질 수 있어야 한다. • 예비지 포함 2지 이상으로 하며, 10지가 넘을 경우 1할 정도를 예비지로 한다. • 1지의 여과 면적을 $150m^2$ 이하로 한다.	• 여과지의 깊이는 하부집수장치의 높이에 자갈층 두께, 모래층 두께, 모래면 위의 수심과 여유고를 더하여 2.5~3.5m를 표준으로 한다. • 배치는 몇 개 여과지를 접속시켜 1열이나 2열로 하고, 그 주위는 유지관리 공간으로 둔다. • 주위벽의 상단은 지반보다 15cm 이상 높여서 여과지 내로 오염수나 토사 등의 유입을 방지하여야 한다. • 한랭지에서는 여과지 물이 동결될 우려가 있으므로 여과지를 복개한다.
여과모래	• 균등계수: 1.7 이하 • 유효경: 0.45~0.7mm	• 균등계수: 2.0 이하 • 유효경: 0.3~0.45mm • 모래면 위의 수심: 90~120cm
여과속도	120~150m/day	4~5m/day
모래층의 두께	60~70cm	70~90cm
여유고	30cm 정도	
형상	직사각형	

3. 막여과 시설

(1) 막여과 시설의 종류

구분	정밀여과법	한외여과법	나노여과법
분리입경 분자량	입경 0.01μm 이상	분자량 1,000~300,000 범위	분자량 최대 수백 정도
조작 압력[MPa]	0.06 이상(흡인방식), 0.2 이하(가압방식)	0.06 이상(흡인방식), 0.3 이하(가압방식)	약 0.2~0.5
수도에서 제거대상 물질	현탁물질, 콜로이드, 세균, 조류, 크립토스포리듐 등	현탁물질, 콜로이드, 세균, 조류, 크립토스포리듐 등	소독부산물, 전구물질, 농약, 냄새, 합성세제, 칼슘, 마그네슘, 경도성분, 증발잔류물 등

(2) 막모듈의 종류 및 유지관리

① 막모듈의 종류: 중공사형 모듈, 판형모듈, 나선형 모듈, 관형 모듈, 단일체형 모듈

② 막모듈의 유지관리(열화와 파울링)

열화	정의	막 자체의 변질로 생긴 비가역적인 막 성능의 저하
	종류	• 물리적 열화: 장기적인 압력부하에 의한 막 구조의 압밀화 • 압밀화: 원수 중의 고형물이나 진동에 의한 막 면의 상처나 마모, 파단 • 손상건조: 건조되거나 수축으로 인한 막 구조의 비가역적인 변화
		• 화학적 열화: 막이 pH나 온도 등의 작용에 의해 분해 • 가수분해 산화: 산화제에 의하여 막 재질의 특성 변화나 분해
		• 생물화학적 변화: 미생물과 막 재질의 자화 또는 분비물의 작용에 의한 변화
파울링	정의	막 자체의 변질이 아닌 외적 인자로 생긴 막 성능의 저하
	종류	부착층 • 케익층: 공급수 중의 현탁물질이 막 면상에 축적되어 생성되는 층 • 겔층: 농축으로 용해성 고분자 등의 막 표면 농도가 상승하여 막 면에 형성된 겔(Gel)상의 비유동성 층 • 스케일층: 농축으로 난용해성 물질이 용해도를 초과하여 막 면에 석출된 층 • 흡착층: 공급수 중에 함유되어 막에 대하여 흡착성이 큰 물질이 막 면상에 흡착되어 형성된 층
		막힘 • 고체: 막의 다공질부의 흡착, 석출, 포착 등에 의한 폐색 • 액체: 소수성 막의 다공질부가 기체로 치환(건조)
		유로폐색: 막 모듈의 공급유로 또는 여과수 유로가 고형물로 폐색되어 흐르지 않는 상태

관로시설과 하수처리시설

KEYWORD 10 | 관로 계획 및 구비조건

1. 관로 계획

* 용어 '관로'는 '관거'라는 과거 용어와 혼용하여 사용되고 있다.

관로	계획하수량	최소 및 최대 유속	최소관경
오수관로	계획시간 최대오수량 기준	최소 0.6m/sec, 최대 3.0m/sec	200mm
우수관로	계획우수량 기준	최소 0.8m/sec, 최대 3.0m/sec	250mm
합류식 관로	계획시간 최대오수량 + 계획우수량		
합류식에서 하수의 차집관로	우천 시 계획오수량 기준	지역실정에 따라 다름	지역실정에 따라 다름

2. 관로의 구비조건

① 외압에 대한 강도가 충분하고 파괴에 대한 저항력이 커야 한다.
② 관로 내면이 매끈하여 조도계수가 작아야 한다.
③ 유량의 변동에 대해서 유속의 변동이 적은 수리특성을 가진 단면형이어야 한다.
④ 산·알칼리에 대한 내부식성과 자갈의 유하에 대한 내마모성이 강해야 한다.
⑤ 이음의 시공이 용이하고 수밀성과 신축성이 높아야 한다.
⑥ 이음공(工)을 포함해서 가격이 저렴해야 한다.
⑦ 중량이 작고 운반이 용이해야 한다.

3. 관로 설치 시 고려사항

① 관로 내에 토사 등이 침전하지 않도록 일정 유속을 유지한다.
② 유속이 너무 크면 관 밑면을 손상시켜 내구연한이 짧아진다.
③ 하류로 갈수록 관로 내 유속은 크게 한다.
④ 하수관로의 경사는 하류로 갈수록 완만하게 한다.
⑤ 현저한 급류가 생기는 경사는 관로에 손상을 주므로 피한다.
⑥ 하수관로의 매설깊이는 상부의 하중 등을 고려해서 1~2m로 한다.

1. 관로의 종류

종류	장점	단점
강관	• 라이닝의 종류가 다양함 • 가공성이 좋고 충격에 강함 • 용접으로 전구간 일체화 가능함	• 전식에 대해 고려해야 함 • 내외의 방식면이 손상되면 부식되기 쉬움 • 용접이음은 숙련공이나 특수한 공구 필요함
스테인리스 강관	• 내식성 우수함 • 강인성이 뛰어나고 충격에 강함 • 라이닝이나 도장을 필요로 하지 않음	• 용접접속에 시간이 걸림 • 이종금속과의 절연처리 필요
경질염화비닐관	• 내화학성 우수함 • 내면조도가 변하지 않음 • 가벼워서 시공성이 뛰어남	• 압력을 지나치게 받으면 깨지거나 금이 감 • 열에 의하여 변형되기 쉬움
폴리에틸렌관	• 내산성과 내알칼리성 우수함	• 재질이 가벼워 수중 부력이 있어 대응 필요함 • 되메우기 작업 시 다짐현상에 대해 유의해야 함
덕타일주철관	• 내압성과 내식성 우수함 • 이음 부분에 신축휨성이 있어 지반변동에 유연함 • 다양한 이음의 종류 구현 가능함	• 중량이 비교적 무거움 • 이음의 종류에 따라 이형관 보호공 필요함

2. 관로의 단면의 종류 및 장단점

단면	장점	단점
원형(가장 일반적)	• 수리학적으로 유리함 • 내경 3,000mm 정도까지 공장 제품 사용이 가능하여 공사기간을 단축할 수 있음 • 역학적 계산이 간단함	• 안전한 지지를 위해 모래기초 외에 별도로 적당한 기초공사가 필요한 경우가 있음 • 공장제품으로 접합부가 많아 침투량 증가의 우려가 있음
직사각형	• 만류가 될 때까지 수리학적으로 유리함 • 시공장소의 흙 두께 및 폭원에 제한을 받는 경우에 유리함(공장제품 사용 가능) • 역학적 계산이 간단함	• 철근이 손상되었을 경우 상부하중에 대하여 불안정함 • 현장 타설일 경우 공사기간 지연 → 상부를 따로 제작해 나중에 덮는 방법을 사용할 수 있음
말굽형	• 대구경관로에 유리하며 경제적임 • 수리학적으로 유리함 • 상반부 아치 작용에 의해 역학적으로 유리함	• 단면형상이 복잡하기 때문에 시공성이 열악함 • 현장타설일 경우 공사기간이 지연될 수 있음
계란형	• 유량이 적은 경우 원형관로에 비하여 수리학적으로 유리함 • 원형관로에 비해 관 폭이 작아도 되므로 수직방향의 토압에 유리함	• 재질에 따라 제조비 증가함 • 수직방향의 시공에 정확도가 요구되므로 면밀한 시공 필요함

KEYWORD 12 관로의 접합

1. 관로 접합 시 고려사항

① 관로의 관경이 변화하는 경우 또는 2개의 관로가 합류하는 경우의 접합 방법은 원칙적으로 수면접합 또는 관정접합으로 한다.

② 지표의 경사가 급한 경우에는 관경변화에 대한 유무에 관계없이 원칙적으로 지표의 경사에 따라서 단차접합 또는 계단접합으로 한다.

③ 2개의 관로가 합류하는 경우의 중심교각은 되도록 60° 이하로 하고 곡선을 가지고 합류를 하는 경우의 곡률반경은 내경의 5배 이상으로 한다.

2. 관로 접합의 종류 및 특성

종류	특성	단면도
수면접합	• 수리학적으로 대개 계획수위를 일치시켜 접합시키는 방법 • 수리학적으로 이상적임	수면을 합치시킴
관정접합	• 관로의 내면 상부를 일치시키도록 접합시키는 방법 • 굴착 깊이가 증가되므로 공사비 증대 • 양정이 높아지는 단점이 있음	관정을 합치시킴
관중심접합	• 관의 중심선을 일치시켜 설치하는 방법 • 수면접합과 관정접합의 중간적인 방법 • 계획하수량에 대응하는 수위를 산출할 필요가 없으므로 수면접합에 준용되는 경우가 있음	중심선
관저접합	• 관로의 내면 바닥이 일치되도록 접합하는 방법 • 굴착 깊이를 얕게 함으로써 공사비용을 줄일 수 있음 • 수위상승을 방지하고 양정고를 줄일 수 있어 펌프로 배수하는 지역에 적합함 • 상류부에서는 동수경사선이 관정보다 높이 올라갈 우려가 있음	

종류	특성	단면도
단차접합	• 지표의 경사에 따라 적당한 간격으로 맨홀 설치 • 1개소당 단차는 1.5m 이내 • 단차가 0.6m 이상인 합류관 및 오수관에는 부관을 사용하는 것을 원칙으로 함	
계단접합	• 통상 대구경관로 또는 현장타설관로에 설치 • 계단의 높이는 1단당 0.3m 이내 정도로 하는 것이 바람직	

1. 역사이펀의 정의 및 특징

(1) 정의

① 하수관이 하천, 수로, 지하철 등 이설이 불가능한 지하 매설물 아래를 횡단하는 경우 평면교차로는 접합이 곤란해 그 밑을 통과하도록 설계된 하수관이다.

② 하수관과 상수관이 만나면 하수관을 역사이펀으로, 오수관과 우수관이 만나면 오수관을 역사이펀으로 배치한다.

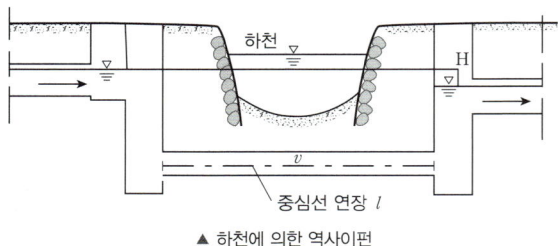

▲ 하천에 의한 역사이펀

(2) 특징

① 시공이 어렵고 침전물의 청소가 곤란하다.

② 매설깊이가 깊기 때문에 하중이 커 균열, 파손의 우려가 크다.

③ 내부검사나 보수가 곤란해 하수도 관리상 지장이 많으므로 가급적 피한다.

2. 설치 시 고려사항

① 역사이펀의 구조는 장애물의 양측에 수직으로 역사이펀실을 설치하고, 이것을 수평 또는 하류로 하향 경사의 역사이펀 관로로 연결한다.

② 역사이펀실에는 수문설비 및 깊이 0.5m 정도의 이토실을 설치하고, 역사이펀실의 깊이가 5m 이상인 경우에는 중간에 배수펌프를 설치할 수 있는 설치대를 둔다.

③ 역사이펀 관로는 일반적으로 복수로 하고, 호안, 기타 구조물의 하중 및 그들의 부등침하에 대한 영향을 받지 않도록 한다.

④ 설치위치는 교대, 교각 등의 바로 밑은 피한다.

⑤ 역사이펀 관로의 유입구와 유출구는 손실수두를 적게 하기 위하여 종 모양(Bell mouth)으로 하고, 관로 내의 유속은 상류측 관로 내의 유속을 20~30% 증가시킨 것으로 한다.

⑥ 역사이펀 관로의 흙 두께는 계획하상고, 계획준설면 도는 현재의 하저최심부로부터 중요도에 따라 1m 이상으로 하고 하천관리자와 협의한다.

3. 역사이펀의 손실수두

$$H = i \cdot L + \beta \times \frac{V^2}{2g} + \alpha$$

- H: 역사-이펀의 손실수두[m]
- i: 동수경사
- L: 관의 길이[m]
- V: 관내 유속[m/sec]
- g: 중력가속도($=9.8$m/sec^2)
- α: 여유율($0.03\sim0.05$m)
- β: 계수(보통 1.5를 표준으로 함)

KEYWORD 14 **하수처리시설**

1. 하수처리시설의 계획하수량

구분		계획하수량	
		분류식 하수도	합류식 하수도
1차 처리 (1차 침전지까지)	처리시설	계획1일 최대오수량	우천 시 계획오수량
	처리장 내 연결관로	계획시간 최대오수량	우천 시 계획오수량
2차 처리	처리시설	계획1일 최대오수량	계획1일 최대오수량
	처리장 내 연결관로	계획시간 최대오수량	계획시간 최대오수량
3차 처리 및 고도처리	처리시설	계획1일 최대오수량	계획1일 최대오수량
	처리장 내 연결관로	계획시간 최대오수량	계획시간 최대오수량

2. 하수처리시설

(1) 중력식 침사지
① 차집관로를 통해 유입된 하수 중 협잡물 및 모래 등의 침전을 제거한다.
② 저부경사는 보통 1/100~2/100으로 한다.
③ 평균유속은 0.3m/sec를 표준으로 한다.
④ 체류시간은 30~60초를 표준으로 한다.
⑤ 수심은 유효수심에 모래퇴적부의 깊이를 더한 것으로 한다.
⑥ 표면부하율은 오수침사지의 경우 $1,800m^3/m^2 \cdot day$ 정도로 하고, 우수침사지의 경우 $3,600m^3/m^2 \cdot day$ 정도로 한다.

(2) 유입펌프동(유량조정조)
수처리하기에 적당한 높이까지 하수를 끌어 올려 최초 침전지로 이송한다.

(3) 1차 침전지(최초침전지)
① 물속의 오염물질을 물리적으로 1차 제거한다.
② 표면부하율은 분류식의 경우 계획1일 최대오수량에 대해 $35~70m^3/m^2 \cdot day$이고, 합류식의 경우 계획1일 최대오수량에 대해 $25~50m^3/m^2 \cdot day$이다.
③ 여유고는 40~60cm이다.
④ 유효수심은 2.5~4.0m를 표준으로 한다.
⑤ 침전시간은 계획1일 최대오수량에 대하여 2~4시간이다.

(4) 생물반응조
1차 처리된 물에 공기를 불어 넣어 미생물을 증식시키고 이 미생물로 오염물질을 분해한다.

(5) 2차 침전지(최종침전지)
① 생물반응조에서 증식된 미생물을 침전시켜 오염물질을 제거한다.
② 표면부하율은 계획1일 최대오수량에 대해 $20~30m^3/m^2 \cdot day$이다.
③ 여유고는 40~60cm이다.
④ 유효수심은 2.5~4.0m를 표준으로 한다.
⑤ 침전시간은 계획1일 최대오수량에 대하여 3~5시간이다.

(6) 총인처리시설
섬유디스크 여과 공법에 의한 인(P) 제거시설이다.

(7) UV 소독조
자외선을 이용한 방류수의 대장균 제거시설이다.

(8) 농축조
최초침전지 및 최종침전지에서 발생된 찌꺼기를 농축시켜 소화조로 이송한다.

(9) 재이용시설
하천의 건천화 방지를 위한 처리수 이송(펌핑)시설이다.

KEYWORD 15   펌프의 종류와 특성

1. 펌프의 종류(형식)

① 펌프는 계획조건에 가장 적합한 표준특성을 가지도록 비교회전도(N_S)를 정한다.

② 펌프는 흡입실 양정 및 토출량을 고려하여 전양정에 따라 다음을 기준으로 한다.

형식	전양정[m]	펌프구경[mm]	비교회전도(N_S)
사류펌프	3~12	400 이상	700~1,200
축류펌프	5 이하	400 이상	1,100~2,000
원심사류펌프	5~20	300 이상	—
원심펌프	4 이상	80 이상	1단식 편흡입형: 100~450
			1단식 양흡입형: 100~750
			다단식: 100~200
터빈펌프			1단식 편흡입 및 양흡입형: 100~250
			다단식: 100~250

③ 침수될 우려가 있는 곳이나 흡입실 양정이 큰 경우에는 입축형 혹은 수중형으로 한다.

④ 펌프는 내부에서 막힘이 없고, 부식 및 마모가 적으며, 분해하여 청소하기 쉬운 구조로 한다.

2. 전양정에 따른 펌프의 분류 및 특성

(1) 원심펌프

① 원심력의 작용에 의하여 임펠러 내의 물에 압력 및 속드에너지를 주고, 이 속도에너지의 일부를 압력으로 변환하여 양수하는 펌프이다.

② 효율이 높고 적용범위가 넓다.

③ 흡입성능이 우수하고 공동현상이 잘 발생하지 않는다.

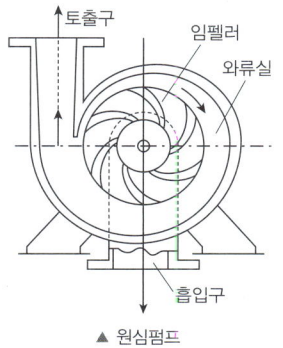

▲ 원심펌프

(2) 사류펌프

① 원심력과 베인의 양력작용에 의하여 임펠러 내의 물에 압력 및 속도에너지를 주어 벌류트케이싱 또는 디퓨저케이싱에서 속도에너지의 일부를 압력으로 변환하여 양수하는 펌프이다.

② 양정변화에 대하여 수량의 변동이 적고 또 수량변동에 대해 동력의 변화도 적으므로 우수용 펌프 등 수위변동이 큰 곳에 적합하다.

③ 흡입성능: 축류펌프 < 사류펌프 < 원심펌프

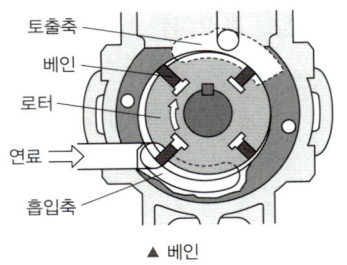

▲ 사류펌프

> **용어 CHECK**
>
> • 베인(Vane): 펌프의 로터와 내벽 사이의 이격에 압력이 새지 않도록 로터에 홈을 내어 그 안에서 움직일 수 있도록 설치된 편자이다.
> • 임펠러(Impeller): 물을 받아 그 동력으로 바퀴를 회전하기 위해 회전축에 날개를 단 것으로, 모터나 엔진이 공급한 자를 유체로 전달하는 부품이다.

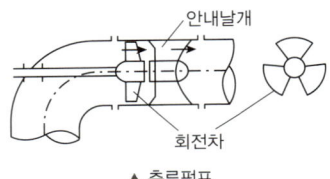

▲ 베인

(3) 축류펌프

① 베인의 양력작용에 의하여 임펠러 내의 물에 압력 및 속도에너지를 주고 더욱이 가이드 베인으로 속도에너지의 일부를 압력으로 변환하여 양수하는 펌프이다.

② 규정양정이 130% 이상인 경우 소음과 진동이 발생하여 축동력 증가로 과부하되기 쉬우므로 수위 변동이 현저한 경우에는 이 점에 유의한다.

▲ 축류펌프

(4) 스크류펌프

① 스크류형의 날개를 용접한 속이 빈 축을 상부 및 하부의 수중베어링으로 지지하고 수평에 대해 약 30° 경사진 U자형 드럼통 속에서 회전시켜 하부로부터 양수작용을 한다.

② 최대양정 약 8m, 효율 75~80% 정도, 회전수 분당 100 이하이다.

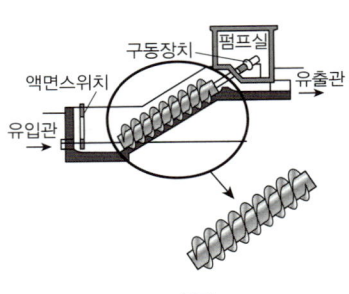

▲ 스크류펌프

장점	단점
• 구조가 간단함 • 개방형이라 운전 및 보수가 쉬움 • 회전수가 낮아 마모가 적음 • 수중의 협잡물이 물과 함께 떠올라 폐쇄가 적음 • 자동운전이 쉬움	• 양정에 제한이 있음 • 비교적 펌프가 큼 • 양수 시에 개방된 상태이므로 냄새 발생함 • 토출측의 수로를 압력관으로 할 수 없음

(5) 수중펌프: 펌프와 전동기를 일체로 펌프흡입실 내에 설치한다.

3. 비교회전도에 따른 펌프 시설

(1) 비교회전도(N_S)

① 펌프의 최고 성능을 나타내는 지표이다.

② 임펠러가 $1m^3/min$의 유량을 1m 양수하는 데 필요한 회전수이다.

$$N_S = N \times \frac{Q^{1/2}}{H^{3/4}}$$

- N_S: 비교회전도[rpm]
- N: 펌프의 회전수[rpm]
- Q: 펌프의 토출량[m^3/min]
- H: 펌프의 양정[m]

(2) 펌프의 특성과 비교회전도(N_S)

① 일반적으로 N_S가 적으면 유량(토출량)이 적은 고양정의 펌프, N_S가 크면 유량(토출량)이 많은 저양정의 펌프이다.

② 수량과 양정이 같으면, 회전수가 많을수록 N_S가 커진다.

③ 일반적으로 N_S가 클수록 흡입성능이 나쁘고, 공동현상이 발생하기 쉬워진다.

④ 토출량(양수량)과 양정이 동일하면 회전속도가 클수록 N_S가 크며, 펌프의 크기가 소형으로 되고 일반적으로 가격이 저렴해진다.

고득점 POINT | **펌프구경**

$$D = 146\sqrt{\frac{Q}{V}}$$

- D: 펌프의 흡입구경[mm], Q: 펌프의 토출량[m^3/min], V: 흡입구의 유속[m/s]
- 위 공식은 $Q = AV$이며, $A = \frac{\pi D^2}{4}$의 식에서 단위환산하여 유도된 공식이다.

KEYWORD 16 | 펌프장 시설

1. 펌프장 종류

① 빗물(배수)펌프장: 우천 시 지반이 낮은 지역에서 자연유하에 의해 우수를 배제할 수 없으므로 배수구역 내의 우수를 방류지역으로 배제하기 위한 펌프장이다.

② 중계펌프장: 관로가 길 경우 관로의 매설깊이가 깊어져 비경제적으로 되는 경우 유입구역의 오수를 다음의 펌프장 또는 처리장으로 송수하기 위한 펌프장이다.

③ 처리장 내 펌프장: 유입하수를 자연유하로 처리해서 하천, 해역 등으로 방류시키기 위해 설치한 펌프장이다.

2. 계획 하수량

하수배제방식	펌프장의 종류	계획하수량
분류식	중계펌프장, 소규모펌프장, 처리장 내 펌프장(유입방류 펌프장)	계획시간 최대오수량
	빗물펌프장	계획우수량
합류식	중계펌프장, 소규모펌프장, 처리장 내 펌프장(유입방류 펌프장)	우천 시 계획오수량
	빗물펌프장	합류식 관로 계획하수량 − 우천 시 계획오수량

KEYWORD 17 펌프 운용 시 발생하는 현상

1. 공동현상(캐비테이션, Cavitation)

(1) 정의

펌프 회전차 또는 동체 속에 흐르는 액체의 압력이 국소적으로 저하하여 그 액체의 포화증기압 이하로 떨어져 발생하는 현상이다.

(2) 원인

① 펌프의 과속으로 유량이 급증할 때 또는 펌프의 흡수면 사이의 수직거리가 길 때 발생한다.

② 관내의 수온이 증가할 때 또는 펌프의 흡입양정이 높을 때 발생한다.

③ 고속회전으로 임펠러 끝단에서 속도가 고속일 때 발생한다.

(3) 방지 대책

① 펌프의 회전수를 감소시켜 필요유효흡입수두를 작게 한다.

② 흡입측의 손실을 가능한 한 작게 하여 가용유효흡입수두를 크게 한다.

③ 펌프의 설치위치를 가능한 한 낮추어 가용유효흡입수두를 크게 한다.

④ 흡입측 밸브를 완전히 개방하고 펌프를 운전한다.

⑤ 동일한 회전수와 동일한 토출양에서는 양쪽흡입펌프가 유리하다.

⑥ 임펠러를 수중에 잠기게 한다.

(4) 펌프 운용 시 중요 사항

① 펌프가 공동현상(캐비테이션)이 발생하지 않고 안전하게 운전되도록 유효흡입수두 이상의 유량이 펌프에 유입이 되도록 항시 유념해야 한다.

② 유효흡입수두는 가용유효흡입수두와 필요유효흡입수두로 나누어 판단해야하며, 이는 펌프보다 아래에 있는 물을 흡입하거나 펌프보다 위에 있는 물을 흡입하는 경우에 따라 달라진다.

2. 수격작용

(1) 정의

유체의 움직임이 변화함에 따라 순간적으로 압력이 관의 스음과 충격을 발생시키는 현상이다.

(2) 원인

① 정전 등으로 인하여 순간적으로 정지 및 가동을 할 때 발생한다.

② 배관의 급격한 굴곡이 존재할 때 발생한다.

③ 배관의 밸브가 급격하게 개폐될 때 발생한다.

(3) 방지 대책

① 펌프에 fly wheel을 붙여 펌프의 관성을 증가시킨다.

② 펌프 토출구 부근에 공기 탱크를 두거나 부압 발생지점에 흡기밸브를 설치하여 압력강하 시 공기를 넣어준다.

③ 관내 유속을 낮추거나 관로 상황을 변경한다.

④ 토출측 관로에 한 방향 조압수조를 설치한다.

⑤ 토출관측에 조압수조를 설치한다.

3. 맥동현상

(1) 정의

펌프운전 시 발생할 수 있는 비정상현상 중 펌프 운전 중에 토출량과 토출압이 주기적으로 변동하는 상태이다.

(2) 원인

① 토출관이 길고, 공기가 차 있을 때 발생한다.

② 수량조절 밸브가 수조의 끝단에서 행할 때 발생한다.

(3) 방지 대책

① 양수량 및 회전수를 조절한다.

② 관로 내의 공기를 제거한다.

SUBJECT 3

수질오염 방지기술

합격 GUIDE

수질오염방지기술은 1과목인 수질오염개론과 연계되는 내용이 많습니다. 수질오염개론이 수질오염의 기초를 다루는 과목이라면, 수질오염방지기술은 이를 실무에 응용하는 기술을 다루고 있습니다. 따라서 먼저 수질오염개론을 학습한 뒤 수질오염방지기술을 학습하는 것이 효율적입니다.

수질오염방지기술의 내용은 실기시험에도 자주 출제되므로 꼼꼼히 학습하는 것이 좋습니다. 특히 공식을 이용한 계산문제가 많이 출제되며, 시험에 주로 출제되는 공식이 어느 정도 정해져 있어 기출문제 위주로 공식을 암기하고 반복 학습하여 70점 이상을 목표로 삼아 학습 전략을 세우는 것이 좋습니다.

출제빈도별 기출 KEYWORD

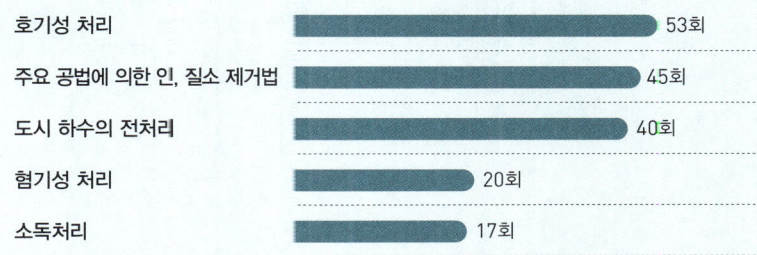

키워드	출제 횟수
호기성 처리	53회
주요 공법에 의한 인, 질소 제거법	45회
도시 하수의 전처리	40회
혐기성 처리	20회
소독처리	17회

※ 최근 8개년 기출분석 결과로 분류방법에 따라 수치는 달라질 수 있습니다.

하폐수 처리시설의 설계

도시 하수 및 산업폐수의 특성

1. 도시 하수의 특성

(1) **고형물:** 도시 하수는 일반적으로 1,000~2,000ppm의 고형물(TS)을 함유한다.

   ① 고형물 중 유기물 비율: 50~70%

   ② 고형물 중 용존성 비율: 70~80%

(2) **유기물:** 도시하수의 유기물은 동식물의 단백질, 지방, 탄수화물 및 그 분해 물질이 근원이다.

   ① 침강성 + 현탁성 유기물: 약 70%

   ② 용해성 유기물: 약 30%

(3) **무기물**

   ① 금속성 산화물(Fe, Na, Mg, Al 등), 염화물, 탄산염, 황산염, 규산염

   ② 용해성 무기물: 약 70%

   ③ 침강성＋현탁성 무기물: 약 30%

▼ 일반적인 하수처리 계통

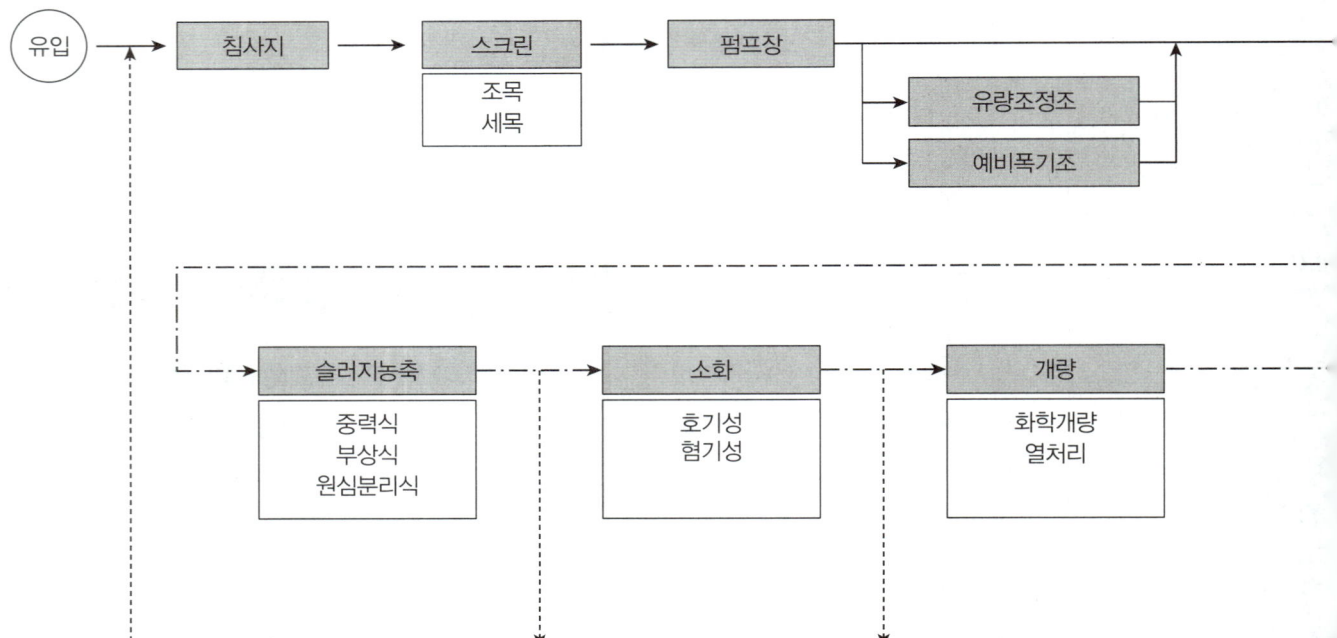

2. 산업폐수의 분류 및 특성

(1) 유기성

① 유기성으로 비교적 고농도인 폐수

　　㉠ 유기물의 농도가 높고 여타 물질이 없는 폐수로 일반적인 생화학적 처리법으로 처리가 가능하다.

　　㉡ 식료품 폐수, 의약품 폐수, 펄프·제지공업 폐수, 유지 공업 폐수 등이 있다.

② 유기성으로 비교적 저농도인 폐수

　　㉠ 보통의 가정하수가 해당되며, 일반적인 생화학적 처리법으로 처리가 가능하다.

　　㉡ 식료품제조업 폐수, 섬유공업 폐수, 종이제품공업 폐수, 화학공업 폐수, 정유공업 폐수 등이 있다.

③ 유기성으로 유해물질 함유 폐수

　　㉠ 유해물질은 생화학적 처리법으로 처리가 불가능하며, 사전 유해물질 제거 및 저농도화 전처리 후 생물학적 처리가 가능하다.

　　㉡ 제철 공업의 폐수, 가스 공업의 폐수, 피혁 공업의 폐수, 석탄 공업의 폐수, 살균제 제조업 폐수, 수은사용 공업의 폐수

(2) 무기성

① 무기성의 일반 폐수

　　㉠ 용존 염의 종류에 따라 처리방법이 다양하며, 산 및 알칼리 폐수는 우선적으로 중화 후에 처리한다.

　　㉡ 산 및 알칼리 공업의 폐수, 요업토석 공업의 폐수, 제철업 폐수 등

② 무기성의 유해물질 함유 폐수

　　㉠ 수중생물이나 인체에 악영향을 미칠 수 있는 성분이 용존되어 있는 폐수이다.

　　㉡ 금속정련 공업의 폐수, 금속가공 공업의 폐수, 인산비료제조 공업의 폐수 등

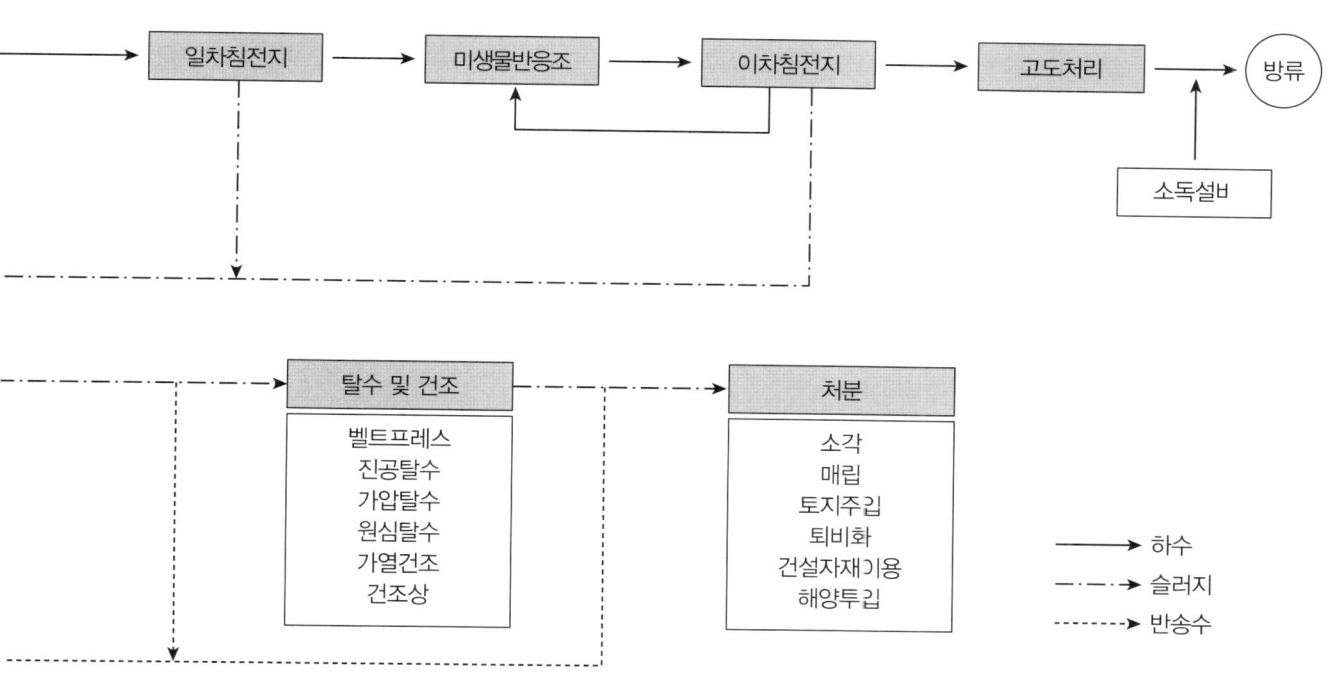

1. 스크린(봉 스크린 기준으로 설명)

(1) 정의

목적	부유협잡물 제거	
설치	• 대부분 침사지 앞에 설치	• 조목 – 침사지 – 세목 순으로 설치
경사도	• 인력식: 45°~60°	• 기계식: 70°
유속	• 통과유속: 0.45~0.8m/sec • 접근유속: 수동스크린 0.3~0.45m/sec, 자동스크린 0.45~0.6m/sec	
분류	• 봉 간격에 따라 분류 • 세목(눈의 간격 50mm 이하), 조목(눈의 간격 50mm 이상)	

(2) 손실수두(=수두손실)

① 유체가 흐르면서 발생한 에너지 손실을 높이로 환산한 것이다.

② 대부분의 손실은 마찰에 의한 마찰손실수두이고 나머지 굴곡손실, 유출입손실, 확대관 손실, 축소관 손실 등은 미소손실에 해당한다.

③ 모든 수두손실은 속도수두에 비례한다.

④ 접근유속과 통과유속의 속도수두 차에 의한 손실수두 공식

$$h_L = \frac{1}{0.7} \times \frac{V_2^2 - V_1^2}{2g}$$

• h_L: 손실수두[m]
• V_1: 접근유속[m/sec]
• V_2: 통과유속[m/sec]
• $\frac{1}{0.7}$: 1.43으로 계산하는 경우도 있음

고득점 POINT Kirschmer 손실수두 공식

$$h_L = \beta \sin\alpha \left(\frac{t}{b}\right)^{\frac{4}{3}} \frac{V^2}{2g}$$

• h_L: 손실수두[m]
• β: 스크린 형상계수
• α: 스크린의 설치 각도
• t: 스크린 봉의 두께[m]
• b: 스크린의 유효 간격[m]
• V: 스크린 전의 유속[m/sec]

2. 침사지

(1) 정의

목적	• 비중 2.65, 입경 0.2mm 이상의 그릿(모래, 돌) 침전제거 • 직경 0.2mm 이상의 비부패성 무기물 및 입자가 큰 부유물 제거	
설치	• 일반적으로 스크린 뒤, 1차 침전지 앞에 설치	
경사도	• 인력식: 45°~60°	• 기계식: 70°
유속	• 평균유속: 0.3m/sec 표준(상수: 2~7cm/sec) • 통과유속: 정수처리 1m/sec, 오폐수처리 0.75m/sec	
형상 및 지수	형상은 직사각형과 정사각형의 구조, 지수는 2지 이상	

(2) 종류

① 수평류 장방형 침사지

　㉠ 가장 오래된 형태로서 수밀성이 있는 철근 콘크리트 구조이다.

　㉡ 표면부하율은 오수침사지의 경우 $1,800\text{m}^3/\text{m}^2 \cdot \text{day}$이고, 우수침사지의 경우 $3,600\text{m}^3/\text{m}^2 \cdot \text{day}$이다.

　㉢ 체류시간은 30~60sec이다.

　㉣ 저부경사는 보통 1/100~2/100로 한다.

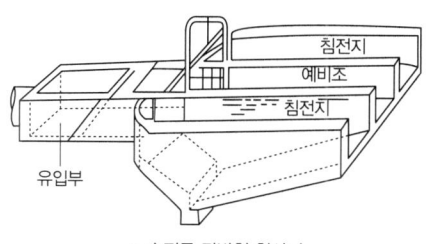

▲ 수평류 장방형 침사지

② 폭기식 침사지

　㉠ 바닥 중앙에 고형물을 펌프로 퍼올릴 때, 산기관으로 폭기를 실시하여 유기성 입자물질은 다시 부유시키고 밀도가 큰 무기성 물질들만을 제거하도록 설계한다.

　㉡ 체류시간은 1~2분이다.

　㉢ 호기성 상태를 유지할 수 있어 유기물이 혐기성에 의한 부패로 발생하는 악취를 막을 수 있다.

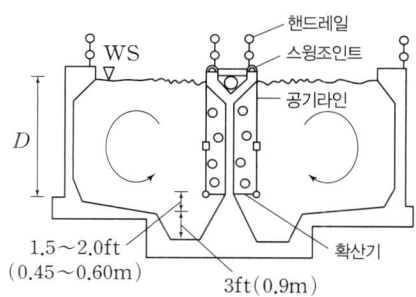

▲ 폭기식 침사지

③ 와류형 침사지

　㉠ 수밀성이 있는 철근 콘크리트 구조이며, 유입부는 와류가 자연적으로 형성될 수 있는 구조로 한다.

　㉡ 공정이 작고 설치가 간단하며 정비가 용이하다.

3. 유량조정조

① 유입하수의 유량과 수질의 변동을 균등화하여 처리 시설의 효율을 높이고 처리수질을 향상시킨다.

② 저류탱크, 유량조절펌프, 예비폭기 설비로 구성된다.

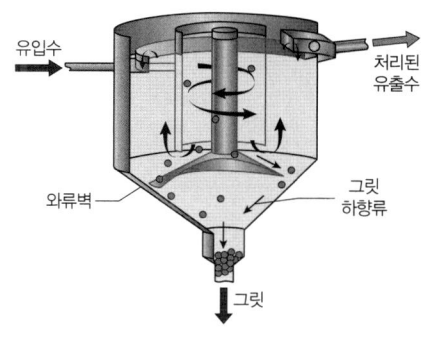

▲ 와류형 침사지

③ 역할

  ㉠ 후속설비에 일정 부하량을 공급한다.

  ㉡ 예비폭기이며, pH를 조절한다.

④ 수밀한 철근 콘크리트 구조로 부력에 대해 안전한 구조로 한다.

⑤ 유효수심은 3~5m를 표준으로 한다.

⑥ 조 내에 침전물이 발생하는 것을 방지하기 위해 교반장치 및 산기장치를 설치한다.

4. 침전지

① 침전 가능한 부유고형물(SS)을 제거한다.

② 휘발성 고형물(VSS)이 제거된 슬러지는 처리 후 폐기가 가능하다.

③ 휘발성 고형물(VSS)이 제거되면서 BOD가 제거된다.

④ 유속은 0.3~0.4m/min를 표준으로 한다.

⑤ 1차 침전지와 2차 침전지

구분	1차 침전지	2차 침전지
제거대상	• 침전 가능한 SS 제거 • Stokes 법칙 적용(물과 밀도차 큼)	• 폭기조에서 형성된 미생물 Floc 제거 • Stokes 법칙 적용이 안 됨
표면적부하율	계획1일 최대오수량에 대해 25~70m³/m²·day (분류식: 35~70, 합류식: 25~50)	계획1일 최대오수량에 대해 20~30m³/m²·day
월류부하율	250m³/m²·day	190m³/m²·day
침전시간	2~4hr	3~5hr
형식	• 침전지의 지수는 최소 2지 이상이다. • 형상은 원형, 직사각형, 정사각형으로 한다.	

구분	폭 : 길이	폭 : 깊이	기울기
직사각형	1 : 3	1 : 1~2.25 : 1	$\frac{1}{100}$ ~ $\frac{2}{100}$
원형, 정사각형	−	6 : 1~12 : 1	$\frac{5}{100}$ ~ $\frac{10}{100}$ *측벽의 기울기: 60°

수심	2.5~4m
여유고	40~60cm

고득점 POINT **월류부하**

• 침전지 따위에서 일정 시간 동안 웨어를 통하여 넘쳐흐르는 유량으로, 침전지의 수심 및 부유물질의 침전성을 고려하여 결정한다.

• 월류부하는 유입유량을 월류보의 전체 길이로 나눈 값이다. (단위: m³/m·day)

① 월류부하[m³/m·day]$=\dfrac{Q}{L}$ (수평류 장방형 침전지)   ② 월류부하[m³/m·day]$=\dfrac{Q}{\pi D}$ (원형 침전지)

• Q: 유입유량[m³/day], L: 웨어의 길이[m], D: 침전지 지름[m]

5. 침전의 형태

(1) Ⅰ형 침전(독립침전, 돌·자갈 등 비중이 큰 입자의 침강)

① 입자 간 상호작용 없이 침전하는 형태이다.

② 비중이 1보다 큰 입자의 침전형태이다.

③ Stokes 법칙이 적용된다.

④ 침사지, 1차 침전지에서 적용한다.

(2) Ⅱ형 침전(응집침전, 응결침전, 플록침전)

① 플록(Floc)이 형성되면서 침전되는 형태이다.

② 입자가 서로 응결, 응집되면서 입자의 질량이 증가하여 침전속도가 증가한다.

③ 약품침전지에서 적용한다.

(3) Ⅲ형 침전(간섭침전, 지역침전, 계면침전)

① Floc 형성 후 침강하는 입자들이 서로 방해를 받아 침전속도가 감소하는 침전형태이다.

② 입자 서로 간의 상대적 위치를 변경시키려 하지 않고 전체 입자들은 한 개의 단위로 침전한다.

③ 침전하는 부유물과 상등수 간에 뚜렷한 경계면이 생긴다.

④ 생물학적 2차 침전지에서 적용한다.

(4) Ⅳ형 침전(압축침전, 압밀침전)

① 침전된 입자들이 그 자체의 무게로 인하여 서로 접촉한 입자들 사이의 물이 빠져 나가는 압밀 작용이 발생하여 계속 농축되는 침전형태이다.

② 농축시설에서 적용한다.

6. 침강 공식

(1) Stokes 법칙

① 액체에서 구형 입자의 침강속도를 나타내는 식으로, 침강속도는 입자의 직경의 제곱에 비례한다.

② 입자의 밀도가 클수록, 점성이 낮을수록 침강속도는 증가한다.

$$V_s = \frac{d^2(\rho_p - \rho)g}{18\mu}$$

- V_s: 침강속도[m/sec]
- d: 입자의 직경[m]
- ρ_p: 입자의 밀도[kg/m^3]

- ρ: 물의 밀도[kg/m^3]
- g: 중력가속도(9.8m/sec^2)
- μ: 점성계수[kg/m·sec]

(2) 레이놀즈 수(Reynold's number, Re)

① 유체의 흐름상태가 층류인지 난류인지를 판정할 때 사용하는 수치이다.

㉠ 층류: $Re < 2,100$

㉡ 천이영역: $2,100 < Re < 4,000$

㉢ 난류: $Re > 4,000$

② 관성에 의한 힘과 점성에 의한 힘의 비로 나타낸다.

$$Re = \frac{관성력}{점성력} = \frac{D \cdot V \cdot \rho}{\mu} = \frac{D \cdot V}{\nu}$$

- D: 관의 직경[m]
- V: 유속[m/sec]
- ρ: 유체의 밀도[kg/m^3]
- μ: 점성계수[kg/m·sec]
- ν: 동점성계수[m^2/sec]

(3) 수면부하 V_0 (설계침강속도, 표면부하, 표면부하속도)

표면적당 유입하는 유량으로, 유입부하(량)를 수면적(침전면적)으로 나눈 값이다.

$$V_0 = \frac{Q}{A}$$

① $\forall = LWH = AH$

② $\forall = Qt$

①과 ②에 의해서 $Qt = AH \rightarrow \dfrac{Q}{A} = \dfrac{H}{t}$

$\therefore V_0 = \dfrac{Q}{A} = \dfrac{H}{t}$

- V_0: 수면부하[m^3/m^2·day]
- $\forall$: 체적[m^3]
- L: 길이[m]
- W: 폭[m]
- H: 수심[m]
- t: 체류시간[day]

KEYWORD 03　도시 하수의 주처리

1. 부상분리조

(1) 종류

용존 공기부상법	압력탱크에 공기와 폐수를 가압시켜 대기압으로 전환 시 미세기포가 형성되어 입자를 부상시키는 방법으로 일반적으로 많이 사용함
공기 부상법	부상조 바닥에 공기주입장치를 설치하여 미세공기를 형성하여 제거하는 방법
진공 부상법	폐수를 진공상태에서 대기압상태로 전환 시 용존기체가 작은 기포를 형성하여 제거하는 방법

(2) A/S비(기고비, Air/SS비)

감압으로 발생하는 공기와 고형물의 비율이다.

$$A/S비 = \frac{1.3 S_a (f \cdot P - 1)}{SS} \times R$$

- 1.3: 공기밀도[mg/mL]
- S_a: 대기압 상태에서 폐수에 대한 공기의 용해도[mL/L], (20℃에서는 18.7mL/L)
- f: 압력 P에 용존되는 공기분율
- SS: 고형물 농도[mg/L]
- P: 압력[atm]
- R: 반송률$\left(= \dfrac{Q_r}{Q} \right)$
- Q_r: 반송유량(반송유량이 없을 경우 생략)[m^3/day]
- Q: 기존 폐수유량[m^3/day]

2. 여과

(1) 여과재료(여과대상)의 종류

① 모래(일반적으로 많이 사용, 비중: 2.55～2.65)

② 안트라사이트(무연탄, 비중: 1.4～1.6)

③ 인공경량사(비중: 1.75～1.82)

④ 석류석(Garnet, 비중: 3.15～4.3)

⑤ 일메나이트(티타늄철광, 비중: 4.5～5)

(2) 급속여과와 완속여과

① 균등계수(U)가 1에 가까울수록 공극이 커지며 탁질의 억류능력이 증가한다.

② 유효경이 작을수록 부유물질이나 세균 등의 제거효과는 좋아지지만 더 쉽게 막히는 현상이 발생한다.

구분	급속여과	완속여과
구조와 방식	• 여과면적은 계획정수량을 여과속도로 나누어 구함 • 지수는 예비지를 포함하여 2지 이상으로 하고, 10지를 넘을 경우 1할 정도를 예비지로 설치함 • 1지의 여과면적은 150m² 이하	• 여과면적은 계획정수량을 여과속도로 나누어 구함 • 주위 벽 상단은 지반보다 15cm 이상 높여 여과지 내로 오염수나 토사 등의 유입을 방지함
세척방법	• 역세척과 표면세척 조합 • 필요에 따라 공기세척 조합	걷어낸 더러운 모래를 세척하고, 깨끗한 모래로 보충
여과속도	120～150m/day	4～5m/day
모래층의 두께	60～100cm	70～90cm
약품 주입	한다	안 한다
균등계수(U)	1.7 이하	2 이하
유효경	0.45～1.0mm	0.3～0.45mm

고득점 POINT **급속여과의 운영상 문제점**

• 니구(Mud ball)의 축적: 여과 및 역세척을 반복하면서 여과지 표면에 잔류하는 점착성 고형물이 여재입자와 서로 엉겨 덩어리를 형성하게 되는 것으로, 역세척 시 내부로 이동하여 여과수의 수질을 악화시키는 원인이 된다.

• 공기결합(Air binding): 수중의 용존 공기가 여과지 내의 부압발생이나 수온의 상승으로 용존 공기의 용해도 저하에 따라 기포가 발생되는 현상이다.

• 탁질누출현상(Break through): 여과의 진행에 따른 현탁물질이 여층에 억류되며 여층이 폐색되어 국부적으로 부압이 발생되는 현상이다.

• 과도한 손실수두

• 여과상의 수축

3. 흡착

(1) 정의 및 활성탄의 종류

① 냄새, 맛, 잔류소독제, 난분해성 유기물, 중금속 등이 흡착제(대표적으로 활성탄)에 물리적, 화학적으로 붙는 현상이다.

② 활성탄의 종류: 입상활성탄(GAC), 분말활성탄(PAC), 생물활성탄(BAC)

⑵ 물리적 흡착과 화학적 흡착

구분	물리적 흡착	화학적 흡착
흡착원리	반데르발스 힘	화학적 결합
반응온도(=흡착열)	낮음	높음
발열량	작음	큼
형태	다분자층 흡착	단분자층 흡착
흡착속도	빠름	느림
재생	가능함(가역적)	불가능함(비가역적)

⑶ 흡착공식

① 프로인틀리히(Freundlich) 등온흡착식

　㉠ 상수나 하수처리장에서 가장 일반적으로 사용된다.

　㉡ $1/n$은 흡착지수로 보통 0.2~1 정도이고, 2 이상이 되면 흡착이 어렵다는 것을 의미한다.

$$\frac{X}{M} = KC^{\frac{1}{n}}$$

- X: 흡착제에 흡착된 피흡착물질의 농도[mg/L]($=C_i-C_0$)
- M: 주입된 흡착제의 농도[mg/L]
- C: 흡착 후 남은 농도[mg/L]
- K, n: 온도에 따라 변하는 상수

② Langmuir 등온흡착식

$$\frac{X}{M} = \frac{abC}{1+bC}$$

- X: 흡착된 피흡착물의 농도[mg/L]
- M: 주입된 흡착제의 농도[mg/L]
- C: 흡착되고 남은 피흡착물질의 농도, 평형농도[mg/L]
- a, b: 경험상수

고득점 POINT 　Langmuir 등온흡착식 가정조건
- 한정된 표면만이 흡착에 이용된다. (가역적)
- 표면에 흡착된 용질물질은 분자 한 개 정도의 두께이다.
- 흡착된 분자들 사이에는 상호작용이 없다.
- 흡착된 기체는 단분자층에 국한되어 있다.

③ BET(Brunauer, Emmett & Teller): Langmuir의 단분자 모델에 대하여 Brunauer, Emmett 및 Teller 등은 다분자층 흡착 모델(흡착제의 표면에 분자가 점점 쌓여 무한정으로 흡착할 수 있다)을 세워 등온흡착식을 유도하였다.

화학적 처리

KEYWORD 04 중화 및 응집

1. 중화

(1) 정의

① pH 7을 만드는 단순한 의미가 아닌 산성도(pH) 조절공정의 전체적인 의미를 갖는다.

② 계산상 산과 염기의 당량이 일치해야 중화이다.

(2) 중화제의 종류

① 산성폐수중화제: $NaOH$, Na_2CO_3, $Ca(OH)_2$, CaO, $CaCO_3$

② 염기성폐수중화제: H_2SO_4, HCl, CO_2

2. 화학적 응집

(1) 원리

① 전기적 중화: 양이온계 응집제를 투여하여 입자 표면을 전기적으로 중화시켜 floc을 형성한다.

② 가교작용: 고분자 응집제에 의해 입자와 입자가 서로 뭉치게 된다.

③ 체거름 현상: 전기적 중화, 가교작용에 의해 만들어진 floc이 침전하면서 미세한 입자를 걸러 탁도를 제거한다.
이를 스윕응집(Sweep coagulation)이라고 한다.

고득점 POINT 응집과 응결

- 응집: 혼화가 목적, 소규모 floc 형성, 침전되지 않음, 급속교반
- 응결: Floc 형성이 목적, 대규모 floc 형성, 침전됨, 완속교반

(2) 관련 공식

$$G = \sqrt{\frac{P}{\mu V}} \rightarrow P = G^2 \mu V$$

$1N = 1kg \cdot m/sec^2$
$1Watt = 1kg \cdot m^2/sec^3 = 1N \cdot m/sec$

- G: 속도경사$[sec^{-1}]$
- P: 소요동력$[N \cdot m/sec, Watt]$
- V: 혼합조 용적$[m^3]$
- μ: 점성계수$[N \cdot sec/m^2, kg/m \cdot sec]$

(3) Jar Test(응집교반실험)

① 폐수처리 시 응집제를 현장 적용할 때, 최적 pH의 범위와 응집제의 최적 주입농도를 알기 위한 응집교반실험이다.

② 실험 방법

　㉠ 처리하려는 폐수를 4∼6개의 비커에 500mL 또는 1L씩 동일량으로 준비한다.

　㉡ pH 조정을 위한 약품과 응집제를 빠르게 주입시킨다. 이때, 응집제의 주입량은 차차 증가시키며 이론상으로 3번째 비커에서 응집이 가장 잘 일어나도록 한다.

　㉢ 교반기로 최대의 속도로 급속 혼합(약 120∼150rpm)시킨다.

　㉣ 교반기의 회전속도를 완속교반(약 20∼70rpm)으로 감소시키고 10∼30분간 교반시킨다. → 응결 형성

　㉤ Floc이 생기는 시간을 기록한다.

　㉥ 약 30분간 침전시킨 후 상징수를 분석한다.

(4) 응집제의 종류 및 장단점

구분	응집제 종류		장점	단점	적정 pH
무기 응집제	알루미늄염	황산 알루미늄	• 가격이 저렴하다. • 거의 모든 현탁성 물질이나 부유물의 제거에 유효하다. • 독성이 없어 대량 사용이 가능하다. • 결정은 부식성이 없고 취급이 용이하다. • 철염과 같이 시설을 더럽히지 않는다.	• Floc의 비중이 낮다. • 적정 pH 폭이 좁다.	5.5∼8.5
		폴리염화 알루미늄 (PAC)	• 저수온 고탁도 시 응집효과가 우수하다. • 적정 pH 폭이 넓다. • 응집 및 floc 형성이 빠르다. • pH 및 알칼리도 저하가 작다.	• 황산알루미늄과 혼합 사용하면 침전물이 발생한다.	6∼9
	철염	황산 제1철	• 황산알루미늄에 비해 가격이 저렴하다. • Floc이 빠르게 침전한다.	• 철이온이 잔류한다. • 부식성이 크다.	9∼11
		황산 제2철	• Floc이 빠르게 침전한다. • 적정 pH 폭이 넓다.	• 알칼리도 보조제를 사용한다. • 철이온이 잔류한다. • 부식성이 크다.	4∼12
		염화 제2철	• Floc이 빠르게 침전한다. • 적정 pH 폭이 넓다.	• 부식성이 크다. • 취급에 주의해야 한다.	4∼12
유기 응집제	Polymer		• 황산알루미늄으로 처리하기 곤란한 폐수에 유효하다. • 탈수성 개선과 슬러지 발생량이 적다.	• 가격이 고가이다.	-

* 알칼리도 저하 효과는 황산알루미늄이 크며 사용 농도가 높을수록 알칼리도를 잘 낮출 수 있다. 폴리염화알루미늄이 알칼리도 저하 효과가 가장 작다.

(5) 응집반응

① 가장 대표적인 응집반응식이며, 침전물인 $CaSO_4$와 $Al(OH)_3$은 슬러지의 고형물이 된다.

$$Al_2(SO_4)_3 \cdot 18H_2O + 3Ca(HCO_3)_2 \rightarrow 3CaSO_4 \downarrow + 2Al(OH)_3 \downarrow + 6CO_2 + 18H_2O$$

② 황산알루미늄의 저수화물의 경우 다음 두 가지의 응집반응이 병행하여 진행된다. 응집 생성 속도는 느리지만 이 경우도 $CaSO_4$와 $Al(OH)_3$은 슬러지의 고형물이 된다.

$$Al_2(SO_4)_3 \cdot 14.3H_2O + 3Ca(OH)_2 \rightarrow 2Al(OH)_3 \downarrow + 3CaSO_4 \downarrow + 14.3H_2O$$
$$Al_2(SO_4)_3 \cdot 14H_2O + 6OH^- \rightarrow 2Al(OH)_3 \downarrow + 3SO_4^{2-} + 14H_2O$$

③ 황산 제1철의 응집반응식이며, $Fe(OH)_3$과 $CaSO_4$이 슬러지의 고형물이 된다.

$$2FeSO_4 \cdot 7H_2O + 2Ca(OH)_2 + 0.5O_2 \rightarrow 2Fe(OH)_3 + 2CaSO_4 + 13H_2O$$

④ 염화 제2철의 응집반응식이며, 이산화탄소 기체가 발생하는 특징이 있고, $Fe(OH)_3$만이 슬러지의 고형물이 된다.

$$2FeCl_3 + 3Ca(HCO_3)_2 \rightarrow 2Fe(OH)_3 + 3CaCl_2 + 6CO_2$$

KEYWORD 05 　이온교환법

1. 이온교환법: 담수화, 연수화, 중금속 제거

(1) 정의

이온교환수지가 가지는 무해이온과 수중 유해이온을 치환하여 고도처리하는 공정이다.

(2) 특징

① 생물학적 처리 유출수 내의 유기물이 수지 접착의 원인이 된다.

② 재사용 가능한 물질(암모니아 용액)이 생산된다.

③ 일반적으로 부유물질 축적에 의한 과다한 수두손실을 방지하기 위해 여과에 의한 전처리가 필요하다.

(3) 해수를 담수로 바꾸는 공정

불필요한 염류 이온을 고분자 이온교환수지 중의 H^+ 또는 OH^- 이온과 교환 제거함으로써 목적하는 순수한 물만 남도록 처리하는 공정이다.

① $R-H + NaOH \leftrightarrow R-Na + H_2O$

② $R-H + NaCl \leftrightarrow R-Na + HCl$

③ $R-Na + KCl \leftrightarrow R-K + NaCl$

④ $R-OH + HCl \leftrightarrow R-Cl + H_2O$

⑤ $R-OH + NaCl \leftrightarrow R-Cl + NaOH$

⑥ $R-Cl + NaBr \leftrightarrow R-Br + NaCl$

(4) 경도를 제거하는 연수화 반응

① 경수: Ca^{2+}, Mg^{2+} 이온이 많이 포함되어 있어 비누 등이 잘 풀리지 않는 물이다.

② 연수 : Ca^{2+}, Mg^{2+} 이온이 적게 포함되어 있어 비누 등이 잘 풀리는 물이다.

③ Ca 제거: $2(R-H) + Ca^{2+} \rightarrow R_2-Ca + 2H^+$

　Mg 제거: $2(R-H) + Mg^{2+} \rightarrow R_2-Mg + 2H^+$

2. 해수의 담수화

*해수담수화방식은 상변화방식(증발법, 결정법)과 상불변방식(막공법, 용매추출법)으로 분류된다.

(1) 증발법

① 해수를 가열하여 발생하는 증기를 응축하여 담수를 얻는 방법이다.

② 증발법에는 다단플래쉬법, 다중효용법, 증기압축법, 투과기화법이 있다.

(2) 막공법

① 역삼투법: 반투막으로 용매를 통과시키기 위해 정수압(흐르지 않을 때)을 이용한다.

② 전기투석법

  ㉠ 선택적 투과막을 통해 용액 중의 다른 이온 혹은 분자의 크기가 다른 용질을 분리시킨다.

  ㉡ Cl^-, SO_4^{2-} 등의 무기염류 제거에 이용하며, 전처리로 모래여과법을 사용한다.

KEYWORD 06 | 소독처리

1. 소독

*소독: 위생적인 안전성을 높이기 위하여 처리수 내의 병원성 세균을 사멸시키는 처리 과정

(1) 염소소독

① 염소반응: 하수 내에 염소를 주입하면 낮은 pH(5~6)에서는 차아염소산(HOCl), 높은 pH(8 이상)에서는 차아염소산이온(OCl^-)을 형성한다.

  ㉠ 차아염소산(HOCl)의 소독력이 차아염소산이온(OCl^-)의 소독력보다 약 80배 강한 것으로부터 염소소독은 pH가 낮을수록 소독력이 강하다는 것을 알 수 있다.

  ㉡ 가수분해: $Cl_2 + H_2O \rightleftharpoons HOCl + HCl$ (pH 5~6)

  ㉢ 이온화: $HOCl \rightleftharpoons H + OCl^-$ (pH 8 이상)

② 결합잔류염소(클로라민, Chloramine) 형성

  ㉠ 다량의 암모니아를 함유하고 있는 하수는 암모니아-염소 간 반응을 통하여 클로라민 화합물(NH_2Cl, $NHCl_2$, NCl_3)을 형성한다.

  ㉡ 클로라민은 유리잔류염소보다 살균력이 약하지만 물에 취미를 유발하지 않고 살균작용이 오래 지속된다.

  ㉢ 클로라민 화합물 형성 반응식

  $NH_3 + HOCl \rightarrow NH_2Cl + H_2O$ (pH 8.5 이상)

  $NH_2Cl + HOCl \rightarrow NH_2Cl + H_2O$ (pH 4.5~8.5)

  $NH_2Cl + HOCl \rightarrow NCl_3 + H_2O$ (pH 4.5 이하)

  ㉣ 소독력: $HOCl > OCl^- >$ 클로라민

③ 파괴점 염소주입

  ㉠ 살균(소독)을 위해 물속에 염소를 주입할 때 살균이 시작되는 염소량을 의미하며, 수중의 질소화합물(NH_3) 제거 시 사용하기도 한다. → 염소로 소독할 경우 반드시 파괴점 이상으로 염소를 주입하여야 한다.

  ㉡ 파괴점: 일반적으로 출구농도가 입구농도의 약 10%가 되는 점을 파괴점이라 하며, 파괴점 이후 출구농도는 급격히 증가하여 입구농도와 같게 된다.

© 총괄반응

$$3Cl_2 + 3H_2O \rightarrow 3HOCl + 3HCl$$

$$2NH_3 + 2HOCl \rightarrow 2NH_2Cl + 2H_2O$$

$$2NH_2Cl + HOCl \rightarrow N_2\uparrow + 3HCl + H_2O$$

$$3Cl_3 + 2NH_3 \rightarrow N_2\uparrow + 6HCl$$

(2) 염소의 소독력을 증가시키는 조건

① 온도가 높을수록, 접촉시간이 길수록, 주입량이 많을수록 강해진다.

② pH가 낮을수록, 알칼리도가 낮을수록, 환원성물질이 적을수록 강해진다.

2. 소독제의 종류에 따른 장단점

구분	장점	단점
염소 (Cl_2)	• 주입방법이 간단하다. • 저렴하고 일반적으로 많이 사용된다. • 강한 소독력을 가지며, 소독력 있는 잔류염소를 수송관로 내에 유지시킬 수 있다. • 소독이 효과적이다.	• THM 등 염소계 소독부산물이 발생된다. • 바이러스 사멸률이 낮다. • 탈염소 과정에 의해 처리수의 잔류독성이 제거될 필요가 있다. • 처리수의 총용존고형물이 증가한다.
이산화염소 (ClO_2)	• 염소와 클로라민보다 병원성 미생물의 살균에 더 효과적이다. • THM이 생성되지 않으며, pH의 영향을 받지 않는다. • 잔류효과가 있다.	• 고가이다. • 폭발성이 있고 빛에 노출되면 분해되는 등 저장 및 운반이 곤란해 현장에서 제조해야 한다. • 바이러스 사멸률이 낮다. • 부산물에 의해 청색증이 유발된다.
차아염소산나트륨 (NaClO)	• 소독력이 강하고, 잔류효과가 있다. • 박테리아 살균에 효과적이다. • 유지비용이 적게 든다.	• 바이러스 사멸률이 낮다. • 소량의 THM을 생성한다. • 불쾌한 맛과 냄새가 난다.
오존 (O_3)	• 산화력이 높다. • 바이러스 불활성화 효율이 높다. • 소독에 의한 부산물 생성이 적다. • 탈취 및 탈색 효과가 좋으며, 맛과 냄새에 문제가 없다. • 철 또는 망간 제거에 효과적이다. • 유지관리가 쉽고, 안전성이 높다.	• 저장이 어려워 현장에서 제조해야 한다. • 에너지 소요가 커 전력비가 많이 들고, 경제적이지 못하다. • 잔류효과가 없다. • 효과의 지속성이 떨어져 염소처리와 병행될 필요가 있다.
자외선 (UV)	• 소독 효과가 우수하다. • 유량이나 수질의 변동에 영향을 적게 받는다. • 소독에 의한 부산물이 생성되지 않고, 잔류독성이 없다. • 설치가 쉽고, 인체에 무해하다. • pH 영향을 받지 않고, 지속적인 살균이 가능하다. • 요구되는 공간이 작고, 소독 비용이 저렴하다.	• 잔류소독 효과가 없다. • 소독의 성공 여부를 즉시 측정할 수 없다. • 물의 탁도가 높으면 소독 효과에 영향을 준다.

> **고득점 POINT** 브롬화염소($BrCl_2$)의 장점과 단점
>
> • 장점: 기화속도가 낮아 염소보다 덜 유해하고, 부식성이 낮다.
> • 단점: 잔류량이 급속히 감소하기 때문에 주입 지점에서 하구와 잘 교반해야 한다.

1. 공장폐수 속 독성물질 제거

(1) 폐수 발생원과 그 특성

① 식품: 고농도 유기물을 함유하고 있어 생물학적 처리가 가능하다.

② 피혁: 높은 BOD, SS, n-Hexane, 중금속을 함유하고 있다.

③ 철강: 코크스 공장에서 시안, 암모니아, 페놀 등이 발생한다.

④ 도금: 특정유해물질(Cr^{6+}, CN^-, Pb, Hg 등)이 발생하므로 그 대상에 따라 처리공법을 선정한다.

(2) 공장폐수 속 독성물질 제거 처리법

독성물질	처리법
수은(Hg)	황화물 침전법, 활성탄 흡착법, 이온교환법, 아말감법
카드뮴(Cd)	수산화물 침전법, 황화물 침전법, 여과법, 이온교환법, 흡착법
망간(Mn)	이온교환법, 침전법
비소(As)	수산화물 공침법, 이온교환법, 흡착법
납(Pb)	이온교환법, 침전법
유기인	이온교환법, 흡착법
PCB	• 고농도 함유 처리법: 연소법, 자외선조사법, 고온고압 알칼리 분해법, 추출법 • 저농도 함유 처리법: 응집 침전법, 생물학적 처리, 방사선 조사법, 추출법

2. 크롬(Cr) 함유 폐수처리

(1) 크롬의 특성

① 수중의 크롬은 주로 6가 형태로 존재한다.

② 3가 크롬은 인체 건강에 그다지 해를 끼치지 않으며, 자연수에서 완전 가수분해된다.

③ 6가 크롬은 합금, 도금, 페인트 생산 공정에서 배출된다.

(2) 환원침전법

① 처리과정: 6가 크롬을 3가 크롬으로 환원 후 수산화물로 침전 제거한다.

Cr^{6+} → pH 2~3에서 환원제(Na_2SO_3, $NaHSO_3$, $FeSO_4$)를 통해 Cr^{3+}로 전환 → pH 8~9에서 중화제 NaOH, $Ca(OH)_2$를 통해 $Cr(OH)_3$로 전환

② pH 2~3이 적정하며, pH가 낮을수록 반응속도가 빠르나 비경제적이다.

③ 계통도: 저류 → 환원 → 중화 → 침전

3. 시안(CN) 함유 폐수처리

(1) 알칼리 염소법(=알칼리 조건하에서 산화 시)

① 시안이 함유된 폐수를 알칼리성으로 바꾸고 염소를 이용하여 산화분해시켜 처리하는 방법으로, 시안 함유 폐수처리 방법 중 가장 일반적인 처리 방법이다.

② 차아염소산나트륨($NaClO$)을 사용하며, 염소계 산화제를 이용해 무해한 물질로 산화분해시킨다.

③ 시안의 경우 염소와 반응을 하기 위해서 음이온의 상태로 용존해야 하는데, 이를 위해서는 폐수용액이 염기성 상태이어야 한다. 따라서 pH 10~10.5로 유지하여 처리한다.

④ 시안의 반응비
  ㉠ CN^- : $NaClO$ = 2 : 5
  ㉡ CN^- : Cl_2 = 2 : 5

(2) 기타 처리법

① 오존산화법: 오존은 알칼리성 영역에서 시안화합물을 N_2로 분해하여 무해화시킨다.

② 전해법: 수중의 직류 전류를 통해 전기분해를 일으켜 산화처리한다.

③ 충격법: pH 3 이하의 강산성 영역에서 강하게 폭기해 산화시킨다.

④ 감청법: 과잉의 3가 철을 첨가하여 불용성 감청을 생성해 침전분리시킨다.

생물학적 처리

| KEYWORD 08 | 호기성 처리 |

1. 활성슬러지법: 폭기설비, 침전설비, 반송설비

(1) 활성슬러지법의 기본원리

| 활성슬러지를
산소와 함께 혼합 | ▶ | 하수 중의 유기물은 활성슬러지에
흡착되어 활성슬러지를 형성 | ▶ | 미생물군의 대사 기능에 따라 슬러지
체류시간(SRT) 동안 산화/동화되며
활성슬러지로 전환 |

▼

| 반응조로부터 유출된 활성슬러지 혼
합액은 2차 침전지에서 중력침전에
의해 고액 분리 | ◀ | 발생하는 반응조 내의 수류에 의해
활성슬러지가 부유 상태로 유지 | ◀ | 공기를 불어 넣거나
기계적인 수면 교반 등에 의해
반응조 내에 산소 공급 |

▼

| 상징수는 처리수로서 방류 | ▶ | 침전된 농축 활성슬러지의
일부는 반응조로 반송되고
일부는 잉여슬러지로 처리 |

(2) 관련 공식

① BOD 부하

㉠ BOD 부하: 하루에 유입하는 BOD 총량

$$\text{BOD 부하} = \text{BOD} \cdot Q$$

- BOD: BOD의 농도[mg/L]
- Q: 유량[m³/day]

㉡ BOD 용적부하: 폭기조 용적당 유입하는 BOD 총량

$$\text{BOD 용적부하} = \frac{\text{BOD} \cdot Q}{\forall} = \frac{\text{BOD} \cdot Q}{Q \cdot t} = \frac{\text{BOD}}{t}$$

- BOD: BOD의 농도[mg/L]
- Q: 유량[m³/day]
- $\forall$: 폭기조의 용량[m³]
- t: 체류시간[day]

© BOD-MLSS 부하(F/M비): 공정의 MLSS량당 우입하는 BOD 총량 * MLSS: 혼합액 속 부유물질

$$F/M = \frac{BOD \cdot Q}{\forall \cdot X} = \frac{BOD \cdot Q}{Q \cdot t \cdot X} = \frac{BOD}{t \cdot X}$$

- BOD: BOD의 농도[mg/L]
- X: MLSS의 농도[mg/L]
  (MLSS 대신 MLVSS 적용가능)
- Q: 유량[m³/day]
- $\forall$: 폭기조의 용량[m³]

② 체류시간

㉠ 수리학적 체류시간(HRT)

$$\forall = Q \cdot t$$
$$\rightarrow t = \frac{\forall}{Q}$$

- $\forall$: 처류부피[m³]
- Q: 유입유량[m³/day]
- t: 유입시간[day]

㉡ 고형물 체류시간(SRT, MCRT, θ_c)

$$SRT = \frac{공정 \ 내 \ 고형물}{반송 + 유출 \ 고형물(= 잉여슬러지)} = \frac{\forall \cdot X}{X_r Q_w + X_e(Q - Q_w)} \rightarrow \frac{\forall \cdot X}{X_r \cdot Q_w}(X_e = 0)$$

- $\forall$: 폭기조의 부피[m³]
- X: MLSS의 농도[mg/L]
  (MLSS 대신 MLVSS 적용 가능)
- X_r: 잉여슬러지 SS농도[mg/L]
- X_e: 2차 침전지 유출수 SS농도[mg/L]
- Q_w: 잉여슬러지 배출량[m³/day]

③ 침강성 지표

㉠ SVI: 슬러지 용적지수, 고형물 1g이 만드는 슬러지의 부피를 뜻하며, 단위는 mL/g이다.

$$SVI = \frac{SV_{30}}{MLSS} = \frac{10^6}{X_r}$$

- SV_{30}: 30분 침강 후 슬러지 부피

㉡ SDI: 슬러지 밀도지수

$$SDI = \frac{100}{SVI}$$

④ 슬러지 반송비(산소전달속도 = 산소소비속도)

$$R = \frac{Q_r}{Q} = \frac{X - SS}{X_r - X} = \frac{X}{X_r - X} = \frac{SV(\%)}{100 - SV(\%)}$$

SUBJECT 03 수질오염방지기술

⑤ 슬러지 생산량

세포생산량＝기질제거에 따른 세포발생량－내호흡 세포량

$X_r \cdot Q_w = Y \cdot BOD \cdot Q \cdot \eta - K_d \cdot \forall \cdot X$

$\rightarrow \dfrac{X_r \cdot Q_w}{\forall \cdot X} = \dfrac{Y \cdot BOD \cdot Q \cdot \eta}{\forall \cdot X} - K_d = \dfrac{1}{SRT}$

여기서, $BOD \cdot \eta = S_i - S$이므로

$\dfrac{1}{SRT} = \dfrac{Y(S_i - S)Q}{\forall X} - K_d$

- X_r: 잉여슬러지 SS농도[mg/L]
- Q_w: 잉여슬러지 배출량[m³/day]
- BOD: BOD의 농도[mg/L]
- SRT: 고형물 체류시간[day]
- K_d: 내호흡계수
- Y: 세포생산계수
- X: MLSS의 농도[mg/L]
- S_i: 유입수의 BOD농도[mg/L]
- S: 처리수의 BOD농도[mg/L]

(3) 활성슬러지법 운영상 문제점 및 대책

구분	정의	원인	대책
Nocardia 거품발생	끈적끈적한 갈색 거품이 폭기조를 덮는 현상	• 낮은 F/M비와 불충분한 슬러지 인출로 MLSS 농도가 증가하는 경우 • 수온이 높을 때	• SRT를 감소시킨다. • 폭기량을 감소시킨다. • 미생물 체류시간을 낮춘다. • 폭기조의 pH를 낮춘다.
핀 플록 (Pin floc) 형성	세포가 과도하게 산화되어 활성과 응집력을 잃어 현탁된 상태	• SRT가 길 때 • 독성물질이 유입되었을 때 • 혐기성 상태일 때 • F/M비가 낮을 때	• SRT를 줄이고, F/M비를 높인다.
슬러지 부상 (Sludge Rising)	2차 침전지에서 탈질화로 인한 슬러지의 부상 현상	• 2차 침전지에서 혐기성화에 따른 탈질화되는 경우	• 폭기조에서 2차 침전지로의 유량을 감소시킨다. • 폭기량을 줄여 질산화를 줄인다.
플록(Floc) 해체현상	과도한 전단응력이나 독성물질 유입 등으로 플록이 현탁된 상태	• F/M비가 일정하지 않을 때 • 독성물질이 유입되었을 때 • 영양물질이 부족할 때 • 용존산소가 부족할 때	• F/M비 일정하게 유지한다. • 독성물질의 유입을 막는다. • 영양물질 알맞게 넣어준다. • 용존산소를 일정하게 유지시킨다.

고득점 POINT 슬러지 팽화

- 폭기조 내의 사상세균(Sphaerotilus, Gestrichum, Bacillus 등)이 증가함으로써 발생하며, 슬러지가 뿌옇게 올라오는 현상이다.
- 원인과 대책

원인	대책
SRT가 짧을 경우	적절한 SRT 유지
DO 농도가 낮을 경우	DO 농도를 높게 유지(2ppm 이상)
F/M비가 낮을 경우	F/M을 높게 유지
질소(N) 또는 인(P) 등의 영양원소가 결핍된 경우	영양물질 BOD : N : P = 100 : 5 : 1을 유지
영양상태가 불균형할 경우	
MLSS농도가 낮을 경우	MLSS를 적당히 유지(1,500~2,500mg/L)

⑷ 활성슬러지 변법

① 계단식 폭기법(Step aeration)

　　㉠ 유입을 나누어서 유입부 과부하와 유출부 과폭기의 단점을 보완한 변법이다.

　　㉡ 표준활성 슬러지법에 비해 폭기조의 용량을 2/3 정도 줄일 수 있다.

② 점감식법

　　㉠ 초반에 폭기량을 집중시키고 이후 과정에서 감소시켜 초반에 산소를 많이 쓰는 만큼 많이 공급하고, 공정 마지막에 산소를 적게 쓰는 만큼 적게 공급하는 변법이다.

　　㉡ 유입부 과부하와 유출부 과폭기의 단점을 보완한 방법이다.

③ 장기폭기법

　　㉠ SRT를 길게 운전해 미생물의 내생성장을 이용하는 방법이다.

　　㉡ 과잉포기로 슬러지의 분산이 야기되거나 슬러지의 활성도가 저하되는 경우가 있다.

④ 고율폭기법

　　㉠ 미생물의 대수성장단계를 적용하여 낮은 효율로 빠르게 BOD를 처리하는 방법이다.

　　㉡ 높은 F/M비, 긴 평균 미생물 체류시간, 상대적으로 짧은 수리학적 체류시간으로 되어 있다.

⑤ 접촉안정화법(접촉안정법, Contact stabilization)

　　㉠ 접촉조: 짧은 시간(약 30분) 동안 폭기시킨다.

　　㉡ 안정조: 약 6시간 동안 재폭기시킨다.

　　㉢ 침전지: 접촉조에서 흡수한 유기물질을 슬러지에 신속히 흡착시켜 제거한다.

　　㉣ 유기물의 상당량이 콜로이드 상태로 존재하는 도시하수처리에 적합하다.

　　㉤ 기존 활성 슬러지의 용적을 50~60%로 줄일 수 있다.

⑥ 산화구법(Oxidation ditch)

　　㉠ 큰 Ditch를 흘려주면 로터에 의해 산소 공급 및 교반이 진행되면서 미생물이 유기물을 제거한다.

　　㉡ 질소 제거에 효과적인 방법이다.

　　㉢ 수심이 낮아야 한다.

　　㉣ 산소전달효율이 낮고, 소음과 진동이 발생한다.

⑦ 기타 변법

　　㉠ Kraus 공법: 질소나 인이 부족한 공장폐수에 소화조 상등액의 질소와 인을 이용하여 유기물을 제거한다.

　　㉡ 심층포기법

　　　• 수심이 10m 정도로 깊은 조를 이용하여 용지이용률을 높이기 위해 고안된 방법이다.

　　　• 폭기조 설치 시 필요 단위 용량당 용지면적은 조의 수심에 비례해 감소하기 때문에 용지이용률이 높다.

　　　• 산기수심이 깊을수록 단위 송풍량당 압축동력은 증대하나, 산소용해력 증대에 따라 송풍량이 감소해 소비동력은 증가하지 않는다.

　　　• 산기수심이 깊을수록 용존질소농도 증가로 2차 침전지에서 과포화분의 질소가 재기포화되는 경우가 있어 활성슬러지의 침강성이 나빠질 수 있다.

　　㉢ 초심층 포기법: 수심이 50~150m에 달한다.

　　㉣ 순산소 활성슬러지법: 공기 대신 순수 산소를 직접 폭기조에 공급하는 방법이다.

2. 생물막법

(1) 살수여상법

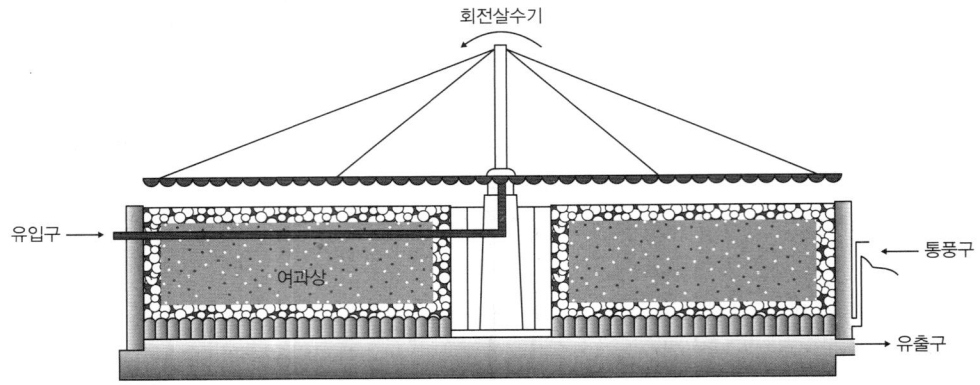

▲ 살수여상법 모식도

① 특징
- ㉠ 미생물 점막으로 덮인 여재 위에 폐수를 뿌려서 미생물 막과 폐수 중 유기물을 접촉시켜 처리하는 생물막 공법이다.
- ㉡ 부착성장미생물을 이용하는 공법이다.
- ㉢ 회전살수기로 물을 여과상에 뿌려 준다.

② 장점과 단점

장점	단점
• 운전이 쉽고, 동력소모가 적다.	• 처리효율이 낮고, 처리수량이 많다.
• 슬러지 발생량이 적고, 반송이 필요 없다.	• 악취와 파리가 발생한다.
• 슬러지 벌킹(팽화)에 문제가 없다.	• 연못화 현상이 발생하고, 손실수두가 크다.
• 질산화가 일어나 질소제거에 유리하다.	• 미생물 탈락 발생 가능성이 있다.
• 건설 및 유지관리 비용이 적게 든다.	• 소요 부지면적이 크다.

③ 적용공식
- ㉠ BOD 부하: 하루에 유입되는 BOD 총량[kg BOD/day]

$$\text{BOD 부하} = \text{BOD} \cdot Q$$

- ㉡ BOD 용적부하: 살수여상 용적당 유입하는 BOD 총량[kg BOD/m³·day]

$$\text{BOD 용적부하} = \frac{\text{유입유량(m}^3/\text{day)} \times \text{BOD농도(mg/L)} \times 10^{-3}}{\text{여상면적(m}^2) \times \text{여층깊이(m)}}$$
$$= \frac{\text{BOD} \cdot Q}{A \cdot H} = \frac{\text{BOD} \cdot Q}{\forall}$$

© 표면부하: 살수여상 면적(A)당 유입하는 유량(Q)

$$표면부하 = \frac{Q}{A} \ (재순환이 \ 없는 \ 표준 \ 살수여상)$$

$$= \frac{Q+Q_r}{A} \ (재순환이 \ 있는 \ 고율 \ 살수여상)$$

② 제거효율 추정 경험식

$$\eta = \frac{100}{1 + 0.432\sqrt{\dfrac{W}{\forall \cdot F}}}$$

$$F = \frac{1+R}{(1+0.1R)^2}$$

$$R = \frac{Q_r}{Q}$$

- $\dfrac{W}{\forall}$: BOD 용적부하$\left(\dfrac{BOD \cdot Q}{\forall} = kg \ BOD/m^3 \cdot day\right)$

- F : 재순환 계수
- R : 재순환율, 반송률

* 수리학적 부하에 따라 살수여상은 저속, 중속, 고속 및 초고속 등으로 분류되며, 농도 저감 효율만 봤을 때 저속일수록 효율이 높다.

고득점 POINT 활성슬러지법과 살수여상법의 비교

항목	활성슬러지법	살수여상법
소요면적	작음	큼
수두손실	작음	큼
건설비	많음	적음
Bulking	발생함	발생하지 않음
파리	발생하지 않음	발생함
온도 영향	많이 받음	비교적 적게 받음
슬러지 발생	많음(효율이 좋음)	적음
충격부하 영향	큼	작음
폭기시설	필요함(강제폭기)	불필요함(자연환기)
처리시설	대규모	소규모
유지관리비	많음	적음
운전관리	어려움	쉬움

(2) 회전원판법(RBC, Rotating Biological Contactor)

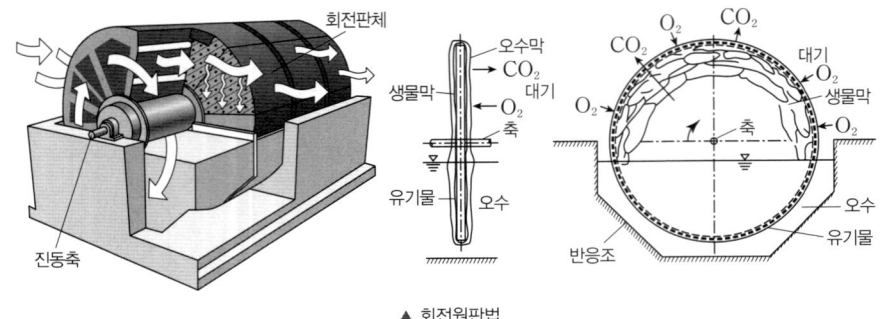

▲ 회전원판법

① 특징

㉠ 원판의 일부(40%)를 수면에 잠기도록 하여 원판 위에 자연적으로 발생하는 호기성 미생물을 이용한다.

㉡ 질산화가 일어나기 쉽고, pH가 저하되는 경우가 있다.

㉢ 소규모 처리시설에서 소비전력량은 표준활성슬러지법에 비해 적다.

② 장점과 단점

장점	단점
• 운전 조작이 간단하고, 충격부하 및 부하변동에 강하다. • 슬러지 발생량이 적고, 슬러지 반송이 필요없다. • 슬러지 일령이 높게 유지된다. • 단회로 현상이 없고, 폐수량 변화에 강하다. • 반응조를 다단화 함으로써 반응효율, 처리 안정성이 향상된다. • 벌킹으로 인해 2차 침전지에서 일시적으로 다량의 슬러지가 유출되는 현상은 일어나지 않는다.	• 처리효율이 낮고, 처리수량이 많다. • 하루살이가 발생한다. • 활성슬러지법에 비해 2차 침전지에서 미세한 SS가 유출되기 쉽고, 처리수의 투명도가 나쁘다. • 구조적으로 회전체가 취약하고, 외기기온에 민감하다. • 다른 생물학적 처리공정에 비해 scale-up(대규모 처리)이 어렵다.

(3) 산화지법(Oxidation Pond)

① 특징

㉠ 회분식 반응조로 호기성 박테리아와 조류의 공생 관계를 이용하여 유기물을 처리하는 공정이다.

㉡ 수심이 낮을수록 처리효율이 증가하기 때문에 산화지의 경우 활성슬러지보다 소요부지를 많이 차지한다.

② 장점과 단점

장점	단점
• 확실한 처리가 가능하고, 동력 소모가 적다. • 손실수두가 적다.	• 계절, 기후, 시간에 영향을 받는다. • 처리효율이 낮고, 소요기간이 길다. • 소요 부지가 크고, 해충이 번식한다.

(4) 접촉산화법

① 특징

㉠ 소규모 시설에 적합하다.

㉡ 비표면적이 큰 접촉재를 사용해 부착생물량을 다량으로 보유할 수 있어 유입기질의 변동에 유연히 대응하는 것이 가능하다.

㉢ 매체에 생성되는 생물량은 부하조건에 의하여 결정된다.

② 장점과 단점

장점	단점
• 슬러지 발생량이 적고, 슬러지 반송이 필요없다. • 반송슬러지가 필요하지 않으므로 운전관리가 용이하다. • 부착생물량을 임의로 조정할 수 있어 조작조건의 변경에 대응하기 쉽다. • 부하 및 수량 변동에 완충능력이 있고, 수온의 변동에 강하다. • 분해 속도가 낮은 기질 제거에 효과적이다. • 생물상이 다양하여 처리효과가 안정적이다.	• 미생물량과 영향인자를 정상상태로 유지하기 위한 조작이 어렵다. • 접촉재가 조 내에 있어 부착생물량을 확인하기 어렵다. • 고부하에서 운전하면 생물막이 비대화되어 접촉재가 막히는 경우가 발생한다. • 반응조 내 매체를 균일하게 폭기 교반하는 조건 설정이 어렵고, 사수부가 발생할 우려가 있다.

고득점 POINT 활성슬러지법과 생물막법

1. 활성슬러지법과 비교한 생물막법의 특징
   • 운전이 쉽다.
   • 에너지가 적게 든다.
   • 2차 침전지에서 슬러지 벌킹의 문제가 없다.
   • 충격독성부하로부터 회복이 빠르다.
   • 질산화세균 및 탈질균이 잘 증식한다.
   • 먹이연쇄가 길고 정화에 관여하는 미생물의 다양성이 높다.

2. 생물막법의 효과적 적용이 필요한 경우
   • 특수한 기능을 가진 미생물을 반응조 내 고정화해야 할 필요가 있는 경우
   • 활성슬러지로는 대응할 수 없는 정도의 큰 부하변동이 있는 경우
   • 생물반응의 저해물질이 유입되는 경우
   • 증식속도가 느려 고정화하지 않으면 유출될 가능성이 있는 미생물이 필요한 경우

1. 혐기성 처리 조건 및 과정

(1) 혐기성 처리 조건

① 유기물의 농도가 높아야 한다.

② 적절한 산성도: pH 6.8~7.2

③ 최적 온도: 35℃(중온소화), 55℃(고온소화)

④ 혐기성 미생물도 결합산소가 필요하다.

⑤ 독성물질이 없어야 한다.

(2) 혐기성 처리 과정

① CH_4, CO_2, H_2S가 발생하고, SO_2는 발생하지 않는다.

② 소화가 양호할 때 메탄(CH_4)이 전체 가스의 2/3이고, 이산화탄소(CO_2)가 1/3이다.

③ 소화가스 발생량 저하의 원인: 저농도 슬러지 유입, 소화슬러지 과잉배출, 조 내 온도저하, 소화가스 누출, 과다한 산 생성

(3) 혐기성 처리의 장점과 단점

장점	단점
• 슬러지 발생량이 적고, 메탄(CH_4)이 생성된다. • 유지관리비가 적게 든다. • 부패성 유기물 분해에 효과적이다. • 고농도 폐수처리에 적당하다.	• 암모니아(NH_3), 황화수소(H_2S)에 의해 악취가 발생한다. • 초기 건설비가 많이 들고, 부지면적이 넓어야 한다. • 처리 후 상등액의 수질이 불량하다. • 운전조건이 변화할 때 그에 적응하는 시간이 오래 걸린다.

(4) 혐기성 처리의 계산

메탄 생성수율: $0.35m^3 \, CH_4/kg \, BOD$

2. 혐기성 처리 공정

(1) 혐기성 소화조: 슬러지 처리

① pH가 낮아지는 원인: 유기물 과부하, 메탄균 활성을 저해하는 중금속 등 유해물질 유입, 온도 저하, 교반 부족

② 공정 영향인자: 체류시간, 온도, 영양염류, pH, 독성물질, 알칼리도, 소화가스의 CO_2 함유도

(2) 부패조, 임호프탱크: 분뇨 처리

(3) 상향류 혐기성 슬러지 블랭킷(UASB, AUSB, USB): 유기성 폐수처리

① HRT가 작아 반응조 용량을 작게 할 수 있다.

② 상향류이므로 반응기 하부에 폐수 분산을 위한 장치가 필요하다.

③ 기계적 교반이나 여재가 필요 없다.

④ 균체가 펠렛 모양으로 유지된다.

⑤ 낮은 SS농도에 적합하다.

CHAPTER 05 슬러지 처리

KEYWORD 10 슬러지의 분류 및 표현법

1. 개요

(1) 슬러지의 분류

① 생슬러지: 1차 슬러지, 1차 침전지에서 발생

② 잉여슬러지: 폐슬러지, 2차 침전에서 발생(반송 안하는 슬러지)

③ 농축슬러지: 농축조에서 폐슬러지를 고액분리한 슬러지

④ 소화슬러지: 소화조에서 농축슬러지를 안정화시킨 슬러지

⑤ 탈수슬러지: 탈수장치로 함수율 극소화, 슬러지케이크

(2) 슬러지 처리의 목표

① 부피의 감소

② 안정화(유기물 제거)

③ 안전화(병원균 제거)

④ 처분의 확실성

(3) 슬러지 처리과정

유입슬러지 ▶ 농축 ▶ 안정화(소화) ▶ 개량(조정) ▶ 탈수 ▶ 소각(최종처분)

2. 슬러지량 표현법

① 슬러지 습량(슬러지 수분량＋슬러지 고형물량), 슬러지 건량(슬러지 고형물량＝유기물량＋무기물량)

② 슬러지 비중

$$㉠ \quad \frac{100}{\rho_{SL}} = \frac{\%_W}{\rho_W} + \frac{\%_{TS}}{\rho_{TS}}$$

$$㉡ \quad \frac{100}{\rho_{TS}} = \frac{\%_{VS}}{\rho_{VS}} + \frac{\%_{FS}}{\rho_{FS}}$$

- $\%$: 함유량, ρ: 밀도 또는 비중
- SL: 슬러지, W: 수분, TS: 고형물, VS: 유기물, FS: 무기물

③ 슬러지 부피

$$V_1(100-W_1)=V_2(100-W_2)$$

- V_1: 처리 전 슬러지 부피[m³]
- V_2: 처리 후 슬러지 부피[m³]
- W_1: 처리 전 슬러지의 함수율[%]
- W_2: 처리 후 슬러지의 함수율[%]

KEYWORD 11 슬러지의 처리공정

1. 농축조

(1) 농축의 목적

① 가열에 필요한 에너지가 감소한다.

② 슬러지 부피가 감소한다.

③ 알칼리도의 농도가 높아져 소화과정이 보다 안정된다.

(2) 농축방법의 비교

구분	중력식 농축	부상식 농축	원심분리 농축	중력벨트 농축
설치비	크다	중간	작다	작다
설치면적	크다	중간	작다	중간
부대설비	적다	많다	중간	많다
동력비	작다	중간	크다	중간
장점	• 구조 간단, 유지관리 용이 • 1차 슬러지에 적합 • 저장과 농축 동시 가능 • 약품 미사용	• 잉여슬러지에 효과적 • 약품주입 없이도 운전 가능	• 잉여슬러지에 효과적 • 운전조작 용이 • 악취가 적음 • 연속운전 가능 • 고농도 농축 가능	• 잉여슬러지에 효과적 • 벨트탈수기와 같이 연동운전 가능 • 고농도 농축 가능
단점	• 악취 발생 • 잉여슬러지 농축에 부적합 • 잉여슬러지의 경우 소요면적이 큼	• 악취 발생 • 소요면적이 큼 • 실내에 설치할 경우 부식 문제 유발	• 동력비 높음 • 스크류 보수 필요 • 소음 큼	• 악취 발생 • 소요면적이 크고, 규격이 한정됨 • 별도의 세정장치 필요

(3) 관련 공식

$$\rho_1 V_1(100-W_1)=\rho_2 V_2(100-W_2)$$

- ρ_1: 처리 전 밀도 또는 비중
- V_1: 처리 전 슬러지 부피[m³]
- W_1: 처리 전 슬러지의 함수율[%]
- ρ_2: 처리 후 밀도 또는 비중
- V_2: 처리 후 슬러지 부피[m³]
- W_2: 처리 후 슬러지의 함수율[%]

2. 소화조

(1) 소화의 목적

① 슬러지 내 유기물 분해로 슬러지를 안정화한다.

② 슬러지 무게와 부피를 감소시킨다.

③ 살균한다.

④ 이용가치가 있는 메탄(CH_4)을 얻을 수 있다.

(2) 소화조 운전상의 문제점 및 대책

상태	원인	대책
소화가스 발생량 저하	저농도 슬러지 유입	• 슬러지 농도를 높이도록 노력한다. • 조 용량 감소는 스컴 및 토사 퇴적이 원인이므로 준설하고 슬러지 농도를 높이도록 한다.
	소화슬러지 과잉배출	배출량을 조절한다.
	조 내 온도저하	저온일 때에는 온도를 소정치까지 높이고, 가온시간이 정상인데 온도가 떨어지는 경우는 보일러를 점검한다.
	소화가스 누출	가스누출은 위험하므로 수리한다.
	과다한 산 생성	과다한 산은 과부하 및 공장폐수의 영향일 수도 있으므로, 부하조정 또는 배출 원인의 감시가 필요하다.
상징수 악화 (BOD와 SS가 비정상적으로 높은 경우)	소화가스 발생량 저하와 동일 원인	소화가스 발생량 저하의 대책과 동일하다.
	과다교반	교반횟수를 조정한다.
	소화슬러지의 혼입	슬러지 배출량을 줄인다.
pH 저하 (이상발포, 악취, 가스발생량 저하, 스컴 다량 발생)	유기물의 과부하로 소화의 불균형	유입슬러지 일부를 직접 탈수하는 등 부하량을 조절한다.
	온도 급저하	온도유지에 노력한다.
	교반부족	교반강도, 횟수를 조정한다
	메탄균 활성을 저해하는 독물 또는 중금속 투입	배출원을 규제하고, 조 내 슬러지의 대체방법을 강구한다.
이상발포 (맥주모양의 이상발포)	과다배출로 조 내 슬러지 부족, 유기물의 과부하	슬러지의 유입을 줄이고, 배출을 일시 중지한다.
	1단계 조의 교반부족	조 내 교반을 충분히 한다.
	온도저하	소화온도를 높인다.
	스컴 및 토사의 퇴적	• 스컴을 파쇄·제거한다. • 토사의 퇴적은 준설한다.

⑶ 관련 공식

① 소화조의 용량

$$\text{소화조 부피: } V = \left(\frac{Q_1 + Q_2}{2}\right) \cdot t$$

$$\text{소화조 용량(1단): } V = \left(\frac{Q_1 + Q_2}{2}\right) \cdot t_1 + Q_2 \cdot t_2$$

- Q_1: 소화조로 주입되는 슬러지 유량[m³/day]
- Q_2: 소화조에 축적되는 소화슬러지 유량[m³/day]
- t: 소화 기간[day]
- t_1: 슬러지 소화기간[day]
- t_2: 소화 슬러지 저장기간[day]

② 슬러지 소화율

$$\text{소화율} = \frac{\text{제거된 유기물량}}{\text{유입된 유기물량}} \times 100 = \left(\frac{FS_1 \cdot VS_2}{VS_1 \cdot FS_2}\right) \times 100$$

- VS_1: 투입슬러지의 유기성분[%]
- FS_1: 투입슬러지의 무기성분[%]
- VS_2: 소화슬러지의 유기성분[%]
- FS_2: 소화슬러지의 무기성분[%]

⑷ 혐기성 소화법과 비교한 호기성 소화법의 장점과 단점

장점	단점
• 유출수의 수질이 더 좋음 • 운전 용이 • 최초 시공비 절감 • 악취문제 감소	• 소화슬러지의 탈수성 불량 • 저온 시 효율 저하 • 폭기(산소공급)에 드는 동력비 과다 • 유기물 감소율 저조 • 넓은 건설부지 필요, 가치 있는 부산물 생성되지 않음

⑸ 고율소화조와 저율소화조

① 고율소화조: 주로 연속식 교반이며, 약 10~20일 소요된다.

② 저율소화조: 주로 간헐식 교반이며, 약 30~60일 소요된다.

3. 슬러지 개량

⑴ 정의

하수 슬러지는 복잡한 구조를 갖는 유기물과 무기물의 집합체로, 슬러지의 입자는 물과 친화력이 강하기 때문에 적절한 예비처리를 하지 않으면 입자와 물을 분리하기 어려워지는데, 이런 슬러지의 특성을 개선하는 처리를 슬러지 개량이라고 한다.

⑵ 슬러지 개량 방법

① 세정

ㄱ 소화슬러지에 물을 첨가하여 재침전 시킨 후 슬러지의 알칼리도를 씻어내어 고형물을 분리, 농축시키는 과정이다.

ㄴ 세정은 슬러지 탈수에 사용되는 응집제량을 줄일 수 있으나, 슬러지 탈수 특성을 좋게 하기 위한 직접적인 방법은 아니다.

② 열처리

  ㉠ 슬러지에 열을 가하여 세포 내의 수분이 유출되어 무기약품으로 탈수되는 방법이다.

  ㉡ 슬러지를 고온처리하면 BOD가 매우 높아지며, 슬러지의 침강성 및 탈수성이 개선되는 장점이 있다.

③ 동결: 슬러지 내의 유리수의 결빙, 고형물 농축, 세포막 파괴에 의해 탈수성을 개선시키는 방법이다.

④ 약품첨가

  ㉠ 무기약품을 투여하여 슬러지의 pH를 변화시켜 무기질 비율을 증가시키고 안정화를 도모하는 방법이다.

  ㉡ 대표적인 약품은 정수나 폐수처리를 위하여 사용되는 응집제로서 명반(Alum), 철염 등이 있다.

4. 탈수

(1) 탈수의 목적

슬러지를 최종처분하기 전에 부피를 감소시키고 취급이 용이하도록 한다.

(2) 탈수기의 종류 및 특징

① 가압탈수설비: 여포를 2매의 주철제 탈수판에 붙여 하나의 탈수실이 되도록 한 방법으로, 탈수실 수는 필요용량에 맞추어 증가시킨다.

② 벨트프레스 탈수설비(=벨트형 여과기)

  ㉠ 슬러지에서 물을 짜내기 위해 벨트와 롤러를 사용하여 압력을 가하는 방법이다.

  ㉡ 슬러지 특성에 민감, 유입부에 슬러지 분쇄기 설치 필요, 에너지 저소비, 설치비·운전비 적음, 기계조작, 유지 양호, 매우 건조한 cake 생산

③ 원심탈수설비

  ㉠ 약품을 첨가한 후 중력가속도의 2,000~3,000배의 원심력으로 원심분리시켜 슬러지를 탈수하는 방식이다.

  ㉡ 건조한 슬러지 cake를 생산하며, 고농도 부유성 고형물에 적절하지 못하다.

④ 진공여과: 진공드럼이 천천히 회전하면서 슬러지의 수분을 흡입할 때 여포에서 고형물을 걸러주는 탈수 방식이다.

항목	가압탈수기		벨트프레스탈수기	원심탈수기
	Filter press	Screw press		
소음	보통(간헐적)	적음	적음	보통(패키지 포함)
동력	많음	적음	적음	많음
부대장치	많음	많음	많음	적음
소모품	보통	많음	적음	적음

(3) 관련 공식

$$여과율(여과속도) = \frac{고형물의\ 총량[m^3/day]}{여포(여재)의\ 면적[m^2]}$$

1. 정의
   슬러지 처리를 위한 여러 가지 방법 중 하나로, 탈수된 슬러지를 고온에서 소각로를 통해 연소시키는 열처리 공정이다.
2. 장점
   ① 슬러지의 부피를 크게 감소시킬 수 있다.
   ② 부패성이 없고 위생적이다.
   ③ 소각 시 발생하는 열은 회수하여 사용할 수 있다.
3. 단점
   ① 유지비용이 많다.
   ② 대기 등 주변 환경 문제를 일으킬 수 있다.
   ③ 대기오염방지를 위한 제진장치가 설치되어야 한다.

KEYWORD 12　바이오가스

1. 개요

(1) 정의
   ① 최종 처리 후 남은 슬러지를 혐기성 세균이 혐기성 소화 공정을 거치게 되면서 발생하는 기체를 말한다.
   ② 주로 메탄(CH_4), 이산화탄소(CO_2), 암모니아(NH_3) 기체 등이 해당된다.

(2) 생성원리 및 용도
   ① 무산소 미생물에 의해 슬러지 내 유기물이 분해되면 미생물의 작용에 의해 슬러지의 전체 중량이 줄어들고 세균 분해활동의 부산물로 메탄, 이산화탄소, 암모니아 기체가 생성된다.
   ② 발생한 기체 부산물은 발전의 용도(연료 에너지)로 사용될 수 있다.

2. 바이오가스 시설

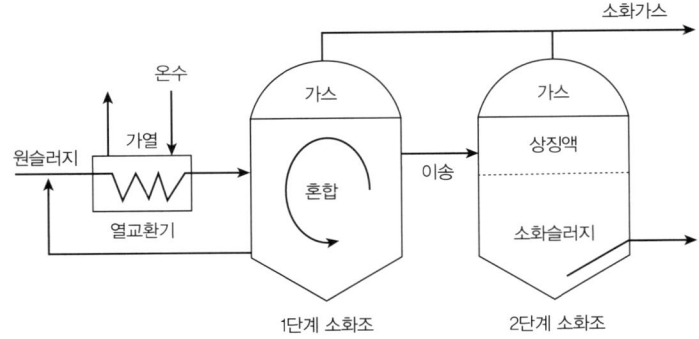

CHAPTER

06 고도처리

KEYWORD 13   **고도처리**

1. 고도처리(Advanced treatment, High class treatment)의 개요

(1) 의미

    1차, 2차 처리 후에 보다 더 양호한 수질을 얻기 위한 처리공정이다.

(2) 목적

    ① 상수의 고도처리: 중금속류, 용존물질, 색도 등의 제거

    ② 하수 및 폐수의 고도처리: 방류수역의 수질환경기준의 달성, 방류수역의 이용도 향상, 폐쇄성 수역의 부영양화 방지, 처리수의 재이용

2. 고도처리 방법

(1) 막공법

분리방법	막형태	구동력	분리원리	특징
정밀여과	대칭형 다공성막 0.1~1㎛	정수압차 (0.1~1bar)	여고·막공 크기 (Pore size) 및 흡착한상에 기인한 체거름	• 초순수 제조 • 무균여과
한외여과	비대칭형 다공성막	정수압차 (0.5~1bar)	체거름	• 콜로이드 정제 • 잔류 교질성 물질과 분자량이 5,000 이상인 큰 분자 제거에 사용 • 경제적
역삼투	비대칭성 Skin형막	정수압차 (20~100bar)	용해, 확산	인 제거율이 가장 높음
투석	비대칭형 다공성막	농도차	대류가 없는 층에서의 확산	–
전기투석	양이온, 음이온 교환막	전위차	입자의 전하 크기	• 주입 수량의 약 10%가 박막의 연속세척을 위해 필요 • 스케일 형성을 최소화하기 위해 pH를 낮게 유지해야 함

(2) **이온교환법** * CHAPTER 03 > KEYWORD 05 > 1. 이온교환법 참고(107쪽)

(3) **흡착법** * CHAPTER 02 > KEYWORD 03 > 3. 흡착 참고(103쪽)

(4) **고도산화처리기술(AOP, Advanced Oxidation Process):** 펜톤(Fenton) 산화

① 펜톤산화 원리: 펜톤시약[2가 철염과 과산화수소(H_2O_2)]을 사용하여 반응 중 생성되는 OH radical($\cdot OH$)의 산화력으로 오폐수의 유기물을 산화처리하는 방법이다.

② 펜톤산화법 특징

㉠ 최적 pH: pH 3~4.5이다.

㉡ pH 조절 후 산화반응, 중화반응, 응집반응(철염 제거)의 세 단계로 이루어진다.

㉢ COD값은 감소하지만 BOD값은 증가할 수 있다.

㉣ 철염량에 비하여 과산화수소(H_2O_2)를 과량으로 주입하면 슬러지를 부상시켜 수산화철의 침전을 방해한다.

㉤ 과산화수소(H_2O_2)는 철염이 과량으로 존재할 때 조금씩 단계적으로 첨가하는 것이 효과적이다.
이는 여분의 과산화수소(H_2O_2)는 후처리의 미생물 성장에 영향을 미치기 때문이다.

KEYWORD 14 물리/화학/생물학적 고도처리를 통한 인, 질소 제거법

1. 질소(N) 제거

(1) **물리적 고도처리:** 암모니아 탈기법(=Air stripping)

① 폐수 속에 존재하는 암모늄이온(NH_4^+)을 암모니아 기체 형태로 제거하는 공법이다.

② 가장 중요한 인자: pH (최적 pH조건: pH 10~12)

③ 소석회 등을 사용해 pH를 10 이상(pH 10.8~11.5)으로 높여야 한다.

* 암모니아성 질소(NH_3-N 등)는 응집(응결)침전이 발생하지 않는다.

(2) **화학적 고도처리:** 파괴점 염소주입

파괴점 염소주입 장점	• 시설비가 낮고 기존 시설에 적용이 용이하다. • 적절한 운전으로 모든 암모니아성 질소의 산화가 가능하다.
파괴점 염소주입 단점	• 용존성 고형물이 증가하고, THM이 생성된다. • 휘발성 유기물이 생성되고, 수생생물에 독성을 끼치는 잔류염소농도가 증가한다. • 경비가 많이 소모된다.

(3) **생물학적 처리:** Bacteria 동화작용, 조류채취법, 질산화 반응과 탈질산화 반응

① Bacteria 동화작용: Bacteria에 의한 질소 제거 방법이다.

② 조류채취법: 질소와 인을 동화작용한 조류를 채취하여 질소, 인을 제거하는 방법이다.

③ 질산화 반응과 탈질산화 반응: 질산화 반응은 호기성 독립영양미생물에 의해 진행되고, 탈질산화 반응은 혐기성 종속영양미생물에 의해 진행된다.

㉠ 질산화 반응식: $NH_4^+ + 2O_2 \rightarrow 2H^+ + NO_3^- + H_2O$

㉡ 탈질산화 반응식: $6NO_3^- + 5CH_3OH \rightarrow 3N_2 + 5CO_2 + 6OH^- + 7H_2O$

질산화 공정의 비교, 비탈질율, 온도, DO 보정

1. 질산화 공정의 비교
   - 단일단계 질산화(BOD/TKN비가 5 이상): 온도가 낮으면 반응조 용적이 매우 크게 소요된다. 안정성은 2차 침전지의 운전에 좌우된다.
   - 분리단계 질산화(BOD/TKN비가 3 이하): 독성물질에 대한 질산화 저해 방지가 가능하다.

2. 비탈질율 공식

$$R_{DN} = \frac{(S_i - S)Q}{\forall X} = \frac{S_i - S}{t \cdot X}$$

3. 온도, DO 보정식

$$R'_{DN} = R_{DN} \cdot K^{T-20} \cdot (1 - DO)$$

④ 제올라이트(Zeolite) 이용(흡착)

   ㉠ 제올라이트 수지의 기본체가 나트륨을 함유하고 있다.

   ㉡ 재생방법: NaOH나 석회수 등 알칼리성 용액으로 재생한다.

2. 인(P) 제거

(1) 화학적 방법: 응집침전

① 금속염 첨가법: 응집제(황산알루미늄, 폴리염화알루미늄, 염화제이철)에 포함된 알루미늄염이나 3가 철염이 인을 침전제거하는 방법이다.

② 정석탈인법: 칼슘이온을 첨가하여 인을 침전제거하는 방법이다.

   ㉠ 석회를 주입해 아파타이트 형태로 고정한다.

   ㉡ 응집제를 첨가한 응집침전에 비하여 석회의 주입량을 적게 할 수 있으므로 슬러지 발생이 적어진다.

③ 인 제거를 위한 화학제의 선택에 영향을 미치는 인자: 유입수의 인 농도, 슬러지 처리시설, 알칼리도

(2) 생물학적 방법: 생물학적 탈인

① 활성슬러지 미생물(주 미생물: Acinetobacter)에 의한 과잉섭취 현상을 이용하여 수중의 인을 생물학적으로 제거하는 방법이다.

② 혐기성에서 인이 방출되고, 호기성에서 미생물이 인을 과잉흡수하는 현상을 이용한다.

KEYWORD 15   주요 공법에 의한 인, 질소 제거법

1. A/O 공정: 인 제거

(1) 주요공정

① 혐기조: 유기물 흡수, 인 방출

② 호기조: 유기물 흡수, 인 과잉흡수

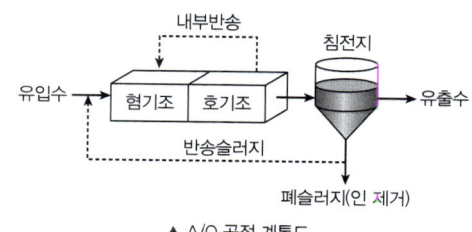

▲ A/O 공정 계통도

(2) **장점과 단점**

장점	단점
• 비교적 운전 간단 • 비교적 수리학적 체류시간이 짧음 • 폐슬러지 내 인의 함량(3~5% 정도)이 비교적 높아 비료의 가치가 있음	• 무산소조가 없어 질소 처리 불가능, 인만 처리 가능 • 높은 BOD/P 비 요구 • 공정의 운전 유연성 제한

2. A^2/O 공정: 질소와 인 제거

(1) **주요공정**

① 혐기조: 인 방출

② 무산소조: 탈질미생물에 의한 탈질화

③ 호기조: BOD 잔여량 제거, 호기성 미생물의 세포합성

    을 통한 인 과잉흡수, 질산화

④ 내부반송: 호기성조에서 질산화된 혼합액을 반송하여

    질소 가스 제거

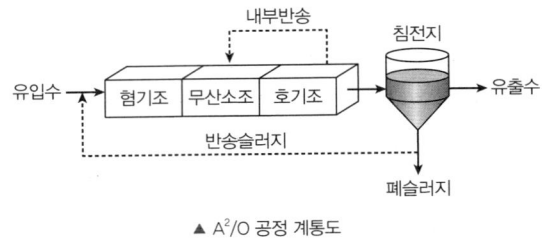

▲ A^2/O 공정 계통도

(2) **장점과 단점**

장점	단점
• 무산소조가 추가되어 질산염이 탈질 가능함 • 폐슬러지 내 인의 함량(3~5% 정도)이 비교적 높아 비료로서 가치가 있음 • 기존 하수처리장의 고도처리 공정으로 적용 용이	• 수온 저하 시 질소, 인 제거효율 저하 • 반송슬러지 내 질산염에 의해 인 방출이 억제되어 인 제거 효율이 감소될 수 있음

3. SBR 공정(연속 회분식 반응조): 질소와 인 제거

기존 활성 슬러지 처리에서의 공간개념을 시간개념으로 전환한 것이다.

(1) **운전 단계**

(2) **장점과 단점**

장점	단점
• 하나의 반응조 안에서 호기성, 무산소, 혐기성 등의 조건을 설정해 질산화와 탈질반응을 모두 이룰 수 있음 • 별도의 2차 침전지 및 슬러지 반송설비가 필요 없음 • 운전 방식의 변경이 용이함 • 질소와 인 동시 제거 시 운전의 유연성이 큼 • 충격부하에 강함	• 처리용량이 큰 처리장에는 적용이 어려움 • 연속적으로 유입되는 폐수처리에 제한적임

4. Modified-Bardenpho 공정(= 수정 Bardenpho 공정=5단계 Bardenpho 공정): 질소와 인 제거

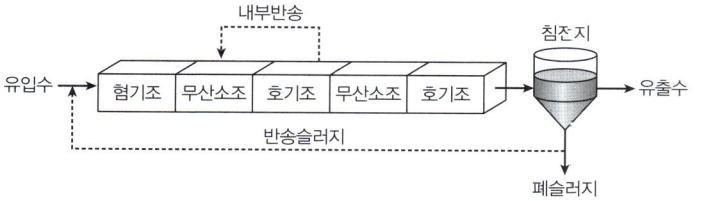

▲ Modified-Bardenpho 공정 계통도

*5단계 Bardenpho 공정에서 앞에 혐기조가 없는 공정이 4단계 Bardenpho 공정이다.

(1) 주요공정

① 혐기조: 인산염 인 방출

② 1차 무산소조: 1차 호기조에서 질산화된 혼합액이 반송되어 질소 가스로 탈질되어 제거

③ 1차 호기조: BOD 잔여량 제거, 질산화, 인산염 인 과잉 섭취

④ 2차 무산소조: 1차 호기조에서 유입되는 질산염을 탈질시켜 질소 가스로 제거

⑤ 2차 호기조: 최종 침전지의 인산염 인의 방출을 막기 위해 DO 공급, 잔류 질소가스를 제거하여 최종 침전지의 슬러지부상 방지

(2) 장점과 단점

장점	단점
• 다른 인 제거 공정에 비해 슬러지 생산이 적음 • 긴 체류시간을 사용함으로 유기물 산화 능력이 높음 • 질소(90%)와 인(85%)의 제거율이 높음	• 높은 BOD/P 비 필요 • 다량의 내부 순환이 펌프에너지와 유지관리비를 증가시킴

5. UCT(University of Cape Town) 공정: 질소와 인 제거

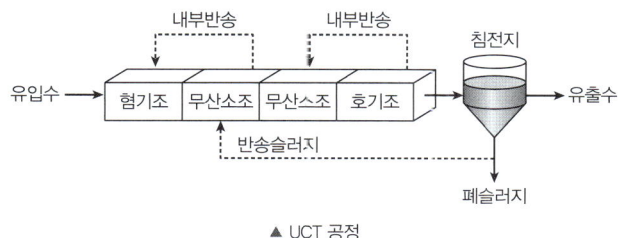

▲ UCT 공정

(1) 주요공정

반송 슬러지를 무산소조로 반송시켜서 탈질 반응에 의해 질산성 질소를 제거시킨 후 혐기조로 다시 반송한다.

(2) 장점과 단점

장점	단점
• A^2/O 공정과 유사하나 슬러지반송을 혐기조로 하지 않고 무산소조로 반송하여 혐기조에 질산염의 부하를 감소시키기 때문에 혐기조에서 인의 방출을 증대시킴 • 반응조의 용적이 감소됨	• 내부순환에 사용되는 펌프가 많아 유지 관리비가 증가함 • 운전이 복잡함

6. VIP(Virginia Initiative Plant) 공정: 질소와 인 제거

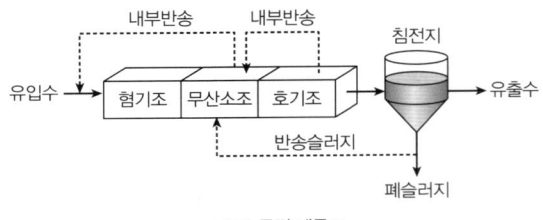

▲ VIP 공정 계통도

(1) 주요공정

각 조가 2개 이상의 동일한 크기의 완전혼합조로 나누어지며, 호기조에서 질산화된 폐수의 일부는 반송슬러지와 함께 무산소조의 유입구로 내부반송되고, 무산소조의 혼합액은 혐기조의 앞쪽으로 내부반송된다.

(2) 장점과 단점

장점	단점
• A²/O 공정, UCT 공정보다 처리효율이 안정적임 • 반응조 크기가 작아 경제적임	• 내부순환을 위한 펌프사용량이 많아 유지관리비가 증가함 • 운전이 복잡함

7. Phostrip 공정(=반송슬러지의 탈인 제거 공정): 인 제거

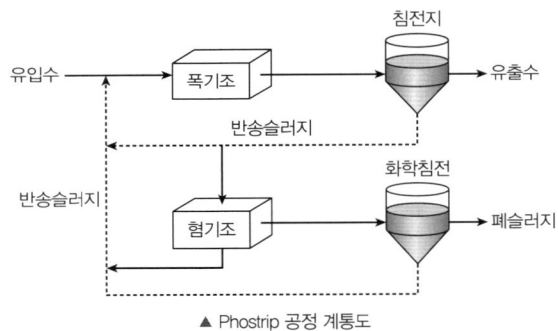

▲ Phostrip 공정 계통도

(1) 주요공정

생물학적 방법과 화학적 방법을 함께 이용한 것으로 반송슬러지의 일부를 혐기성 상태인 탈인조로 유입시켜 혐기성 상태에서 인을 방출 및 분리한 후 상등수에 과량 함유된 인을 화학침전시키는 방법으로, 측류(Side Stream)에서 인을 제거한다.

(2) 장점과 단점

장점	단점
• 인 제거 시 BOD/P 비에 의해 조절되지 않음 • 유입수질의 부하변동에 강함 • 기존 활성슬러지 처리장에 쉽게 적용 가능 • Mainstream 화학 공정에 비하여 약품 사용량이 훨씬 적음	• Stripping을 위한 별도의 반응조 필요 • 인 제거를 위한 석회 주입으로 유지관리비 증가 • 최종 침전지에서 인 제거를 위해 MLSS 내 DO를 높게 유지해야 함

하폐수 성상 및 시설관리

CHAPTER 07

KEYWORD 16 **수질검사 및 자료 분석**

1. 유입 원수의 분류

유입 원수	원수별 분류
생활계	주거시설, 숙박시설, 위락시설, 의료시설, 문화 및 집회시설, 판매 및 영업시설, 운동시설, 교육견구 및 복지시설, 자동차 관리시설, 업무시설, 근린생활시설, 공업시설, 공공용시설 등
축산계	소, 말, 돼지, 양/사슴, 개, 가금 등
산업계	매우 다양
토지계	전, 답, 임야, 대지 등

2. 수질 검사 주기

(1) 유입수 및 방류수

① 500m³/일 이상의 공공하수처리시설: 매일 1회 이상 (단, 생태독성은 월 1회 이상 실시)

② 50m³/일 이상 500m³/일 미만의 공공하수처리시설: 주 1회 이상

③ 50m³/일 미만의 공공하수처리시설: 월 1회 이상

④ 분뇨·축산폐수·침출수·산업폐수 등 연계처리수의 유입수질: 주 1회 이상

(2) 정수장

① 냄새, 맛, 색도, 탁도, 수소이온농도 및 잔류염소: 매일 1회 이상

② 일반세균, 총대장균군, 대장균 또는 분원성 대장균군, 암모니아성 질소, 질산성 질소, 과망간산칼륨 소비량 및 증발잔류물: 주 1회 이상 (단, 일반세균, 총대장균군, 대장균 또는 분원성 대장균군을 제외한 항목에 대하여 지난 1년간 수질검사를 실시한 결과 위 수질기준의 10%를 초과한 적이 없는 항목: 월 1회 이상 실시)

③ 미생물, 건강상 유해영향 무기물질, 건강상 유해영향 유기물질 및 심미적 영향물질: 월 1회 이상 (단, 일반세균, 총대장균군, 대장균 또는 분원성 대장균군, 암모니아성 질소, 질산성 질소, 과망간산칼륨 소비량, 냄새, 맛, 색도, 수소이온농도, 염소이온, 망간, 탁도 및 알루미늄을 제외한 항목에 대하여 지난 3년간 수질검사를 실시한 결과 위 수질기준의 10%를 초과한 적이 없는 항목: 분기 1회 이상 실시)

④ 소독제 및 소독부산물질: 분기 1회 이상 (단, 총트리할로메탄, 클로로포름, 브로모디클로로메탄 및 디브로모클로로메탄: 월 1회 이상 실시)

⑶ 수도꼭지

① 일반세균, 총대장균군, 대장균 또는 분원성 대장균군, 잔류염소: 월 1회 이상

② 정수장별 수도관 노후지역에 대한 일반세균, 총대장균군, 대장균 또는 분원성 대장균군, 암모니아성 질소, 동, 아연, 철, 망간, 염소이온 및 잔류염소: 월 1회 이상

3. 검사기관 및 결과에 따른 조치사항

① 수질검사는 원칙적으로 공공하수도관리청에서 통합 또는 자체적으로 설치한 실험실에서 실시하는 것으로 한다. (다만, 통합 또는 자체적 수질검사가 곤란한 경우에는 시·도보건환경연구원 등 전문기관에 위탁하여 수질검사를 실시할 수 있다.)

② 유입수 및 방류수 수질검사 이외에도 주요 공정별로 공공처리시설의 적정 운영을 위해 주기적으로 실시하여 시설의 정상가동 여부를 수시로 확인하여야 한다.

③ 방류수의 수질검사를 실시한 때에는 수질검사결과를 기록하고 5년간 보관하여야 한다.

④ 방류수 수질분석결과 방류수수질기준 초과사실을 알았을 때에는 즉시 개선대책을 강구하고, 방류수수질기준에 적합할 때까지 반복하여 수질검사를 실시하여야 한다.

⑤ 유입수질이 설계유입수질과 비교하여 현저히 낮은 경우(BOD 50% 미만)에는 하수 차집관로(간선관로)에 대한 설치상태를 정밀 조사하여 적정한 대책을 강구하고, 하수관로정비 미비에 따른 불명수 과다 유입으로 유입수질이 낮은 경우에 사업구간, 사업물량, 사업비 조달방안 등에 대한 구체적인 계획을 연차별로 수립·추진하여 하천수 및 계곡수 등 불명수의 유입을 조기에 차단 조치하여야 한다.

⑥ 공장폐수, 축산폐수, 분뇨, 침출수 및 음식물처리시설 배출수 등이 공공하수처리시설에 유입되고 있는 경우 하수처리구역 내 폐수배출업소, 축산폐수 등에 대한 현황(배출업소현황, 발생량, 수질, 수질성상 등)을 파악하여, 악성폐수의 유입으로 하수처리가 곤란하다고 판단될 경우 이에 대한 대처방법을 강구하는 등 적정한 유입수질이 확보될 수 있도록 필요한 대책을 강구하여야 한다.

⑦ 특히, 분뇨·축산폐수, 침출수 및 음식물처리시설 배출수 등의 전처리수는 합류식 하수 차집관로에 연결하여 유입하는 것은 원칙적으로 제한하여야 한다.

고득점 POINT　수질평가지수(WQI, Water Quality Index)

수질평가지수란 해역수질평가의 종합적인 기준 설정을 위해 5가지 평가항목(용존 무기질소, 용존 무기인, 클로로필-a, 투명도, 저층용존산소포화도)을 이용하여 5등급으로 평가하는 지표를 말한다.

수질평가지수＝10×[저층산소포화도(DO)]＋6×[(클로로필-a)＋투명도(SD))/2]
＋4×[(용존 무기질소 농도(DIN)＋용존 무기인 농도(DIP))/2]

1. 개요

(1) 정의

① 하폐수 처리시설 및 배출 사업장 등 수질 TMS 부착시설에서 배출하는 수질오염물질의 현황을 24시간 원격 모니터링하는 시스템이다.

② 측정된 데이터는 수질원격감시체계 관제센터로 전송도며, 확인 과정을 거친 후 환경부 등 관계기관에 데이터를 제공한다.

(2) 구축 및 운영

① 수질오염물질의 배출현황을 실시간으로 모니터링함으로써 수질오염사고를 예방하고 사업장에 대해 계절별, 시간대별 등 각 상황에 따른 배출현황을 분석·관리하여 방지시설의 공정을 개선시킨다.

② 배출시간대별 수질오염물질의 배출현황을 통해 부과금 산정 및 수질환경정책의 기초자료를 제공함으로써 환경정책 운영의 신뢰도 및 정확도를 높일 수 있다.

2. TMS 시설 관리

(1) 측정기기의 운영 및 관리 기준

① 측정기기의 측정·분석·평가 등의 방법이 환경오염공정시험기준에 부합되도록 유지한다.

② 형식승인을 받은 측정기기를 부착하고, 정도검사를 받아야 한다.

③ 측정기기에 의하여 측정된 자동측정자료를 오염도 검사의 자료로 활용할 수 있도록 수질원격감시체계 관제센터에 상시 전송한다.

④ 측정기기의 도입 및 교체 시 측정기기의 현황을 수질원격감시체계 관제센터에 전송한다.

(2) 운영 및 처리 과정

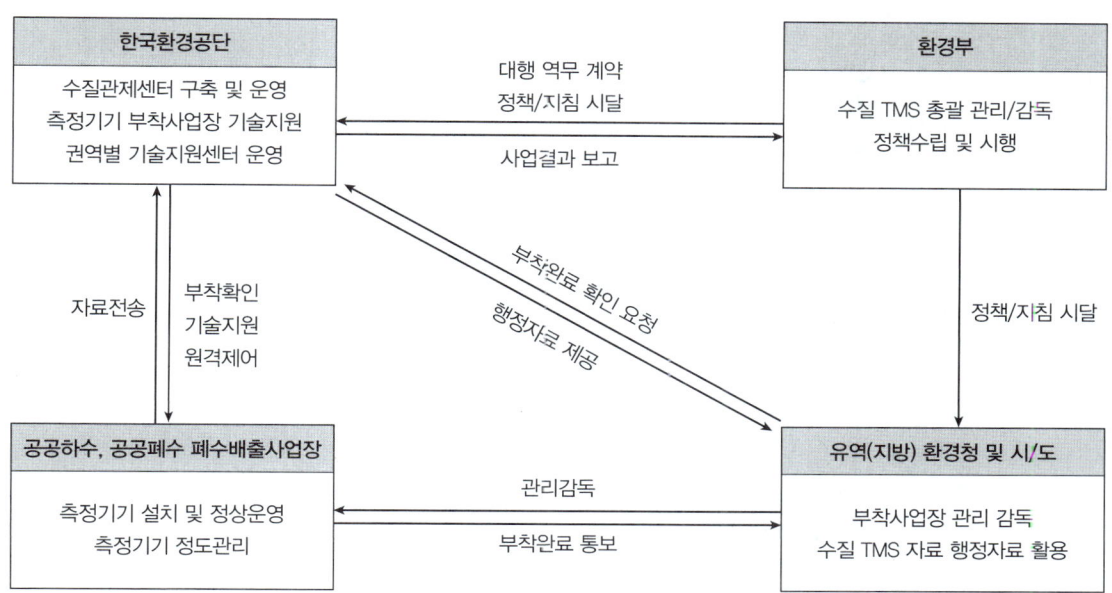

SUBJECT 04

수질오염
공정시험기준

합격 GUIDE

수질오염공정시험기준은 법으로 규정된 시험 기준에 대한 문제가 출제되며, 다루는 범위가 방대하여 과락이 자주 발생하는 과목입니다. 수질오염공정시험기준에서 가장 많이 출제되는 KEYWORD는 자외선/가시선 분광광도법으로, 물질별 측정법을 암기하는 것이 중요합니다.

수질오염공정시험의 내용을 모두 암기하는 것은 현실적으로 어렵기 때문에 기출문제에 출제된 개념 위주로 암기하여 50점 이상을 목표로 삼아 학습 전략을 세우는 것이 좋습니다.

출제빈도별 기출 KEYWORD

KEYWORD	출제 횟수
자외선/가시선 분광법	50회
그 외 항목별 측정방법	37회
총칙상의 용어	33회
생물 시험방법	30회
시료의 채취	25회

※ 최근 8개년 기출분석 결과로 분류방법에 따라 수치는 달라질 수 있습니다.

총칙, 정도보증/정도관리

KEYWORD 01 **총칙상의 용어**

1. 농도와 온도

(1) 농도의 백분율(%) 표시

① W/V(%): 용액 또는 기체 100mL 중의 성분무게[g]를 표시할 때

② V/V(%): 용액 또는 기체 100mL 중의 성분용량[mL]을 표시할 때

③ V/W(%): 용액 100g 중 성분용량[mL]을 표시할 때

④ W/W(%): 용액 100g 중 성분무게[g]를 표시할 때

* 용액의 농도를 "%"로만 표시할 때는 W/V(%)를 말한다.

(2) 온도 표시

① ℃(셀시우스): 셀시우스(Celsius) 법에 따라 아라비아 숫자의 오른쪽에 ℃를 붙인다.

② K(켈빈): 절대온도는 K로 표시하고, 절대온도 0K는 −273℃를 의미한다.

(3) 온도 구분

① 표준온도는 0℃, 상온은 15~25℃, 실온은 1~35℃, 찬 곳은 따로 규정이 없는 한 0~15℃의 곳을 뜻한다.

② 냉수는 15℃ 이하, 온수는 60~70℃, 열수는 약 100℃를 말한다.

③ "수욕상 또는 수욕중에서 가열한다"라 함은 따로 규정이 없는 한 수온 100℃에서 가열함을 뜻하고, 약 100℃의 증기욕을 쓸 수 있다.

④ 각각의 시험은 따로 규정이 없는 한 상온에서 조작하고 조작 직후에 그 결과를 관찰한다. 단, 온도의 영향이 있는 것의 판정은 표준온도를 기준으로 한다.

2. 시약 및 용액

① 시험에 사용하는 시약은 따로 규정이 없는 한 1급 이상 또는 이와 동등한 규격의 시약을 사용하여 각 시험항목별 시약 및 표준용액에 따라 조제해야 한다.

② 용액의 앞에 %라고 한 것은 수용액을 말하며, 따로 조제방법을 기재하지 아니하였으면 일반적으로 용액 100mL 에 녹아 있는 용질의 g수를 나타낸다.

③ 용액 다음의 (   ) 안에 몇 N, 몇 M, 또는 %라고 한 것은 용액의 조제방법에 따라 조제하여야 한다.

④ 용액의 농도를 (1 → 10), (1 → 100) 또는 (1 → 1,000) 등으로 표시하는 것은 고체 성분에 있어서는 1g, 액체성분 에 있어서는 1mL를 용매에 녹여 전체 양을 10mL, 100mL 또는 1,000mL로 하는 비율을 표시한 것이다.

⑤ 액체 시약의 농도에 있어서 예를 들어 염산 (1+2)이라고 되어 있을 때에는 염산 1mL를 물 2mL에 혼합하여 조제한 것을 말한다.

3. 기기

① 공정시험기준의 분석절차 중 일부 또는 전체를 자동화한 기기가 정도관리 목표 수준에 적합하고, 그 기기를 사용한 방법이 국내외에서 공인된 방법으로 인정되는 경우 이를 사용할 수 있다.

② 연속측정, 현장측정 목적의 측정기기는 공정시험기준에 의한 측정치와의 정확한 보정을 행한 후 사용할 수 있다.

③ 분석용 저울은 0.1mg까지, 미량 저울은 0.01mg까지 달 수 있는 것이어야 하며, 분석용 저울 및 분동은 국가 검정을 필한 것을 사용한다.

4. 시험결과의 표시 검토

① 시험성적수치는 따로 규정이 없는 한 KS Q 5002(데이터의 통계적 기술) 4사5입법의 수치 맺음법에 따라 기록한다.

② 시험성적서 등 공표되는 시험결과의 표시는 정량한계의 결과 표시 자리수를 따르며, 정량한계 미만은 불검출된 것으로 간주한다. 다만, 시험기록부 등 원자료에는 정도관리/정도보증의 절차에 따라 시험하여 목표값보다 낮은 정량한계를 제시한 경우에는 정량한계 미만의 시험결과를 기록할 수 있다.

5. 관련 용어의 정의

① 시험조작 중 "즉시"란 30초 이내에 표시된 조작을 하는 것을 뜻한다.

② "감압 또는 진공"이라 함은 따로 규정이 없는 한 15mmHg 이하를 뜻한다.

③ "이상"과 "초과", "이하", "미만"이라고 기재하였을 때는 "이상"과 "이하"는 기산점 또는 기준점인 숫자를 포함하며, "초과"와 "미만"은 기산점 또는 기준점인 숫자를 포함하지 않는 것을 뜻한다. 또 "a~b"라 표시한 것은 a 이상 b 이하임을 뜻한다.

④ "바탕시험을 하여 보정한다"라 함은 시료에 대한 처리 및 측정을 할 때, 시료를 사용하지 않고 정제수를 이용하여 같은 방법으로 측정한 분석값을 시료의 분석값에서 빼는 것을 뜻한다.

⑤ "방울수"라 함은 20℃에서 정제수 20 방울을 적하할 때, 그 부피가 약 1mL 되는 것을 뜻한다.

⑥ "항량으로 될 때까지 건조한다"라 함은 같은 조건에서 1시간 더 건조할 때 전후 무게의 차가 g당 0.3mg 이하일 때를 말한다.

⑦ 용액의 산성, 중성, 또는 알칼리성을 검사할 때는 따로 규정이 없는 한 유리전극법에 의한 pH 미터로 측정하고 구체적으로 표시할 때는 pH 값을 쓴다.

⑧ "용기"라 함은 시험용액 또는 시험에 관계된 물질을 보존, 운반 또는 조작하기 위하여 넣어두는 것으로 시험에 지장을 주지 않도록 깨끗한 것을 뜻한다.

⑨ "밀폐용기"라 함은 취급 또는 저장하는 동안에 이물질이 들어가거나 또는 내용물이 손실되지 아니하도록 보호하는 용기를 말한다.

⑩ "기밀용기"라 함은 취급 또는 저장하는 동안에 밖으로부터의 공기 또는 다른 가스가 침입하지 아니하도록 내용물을 보호하는 용기를 말한다.

⑪ "밀봉용기"라 함은 취급 또는 저장하는 동안에 기체 또는 미생물이 침입하지 아니하도록 내용물을 보호하는 용기를 말한다.

⑫ "차광용기"라 함은 광선이 투과하지 않는 용기 또는 투과하지 않게 포장을 한 용기이며 취급 또는 저장하는 동안에 내용물의 광화학적 변화를 방지할 수 있는 용기를 말한다.

⑬ 여과용 기구 및 기기를 기재하지 않고 "여과한다"라고 하는 것은 거름종이 5종 A(거름시간 70s/100mL 이하) 또는 이와 동등한 여과지를 사용하여 여과함을 말한다.

⑭ "정밀히 단다"라 함은 규정된 양의 시료를 취하여 화학저울 또는 미량저울로 칭량함을 말한다.

⑮ 무게를 "정확히 단다"라 함은 규정된 수치의 무게를 0.1mg까지 다는 것을 말한다.

⑯ "정확히 취하여"라 하는 것은 규정한 양의 액체를 부피피펫으로 눈금까지 취하는 것을 말한다.

⑰ "약"이라 함은 기재된 양에 대하여 ±10% 이상의 차가 있어서는 안 된다.

⑱ "냄새가 없다"라고 기재한 것은 냄새가 없거나, 또는 거의 없는 것을 표시하는 것이다.

⑲ 시험에 쓰는 물은 따로 규정이 없는 한 증류수 또는 정제수로 한다.

⑳ "방랭한다"라 함은 상온에 방치하여 상온까지 냉각하는 것을 말한다.

㉑ 미생물을 다루는 시험에서 사용한 배지, 기구 등을 폐기할 때는 반드시 멸균하여 미생물을 불활성화한 후 사업장 일반폐기물로 처리한다. (다만, 미생물을 다루는 시험 기관이 의료폐기물 발생기관에 해당하면 시험에서 사용한 배지, 기구 등은 의료폐기물(병리계폐기물)로 폐기한다.)

KEYWORD 02 정도보증 /정도관리

1. 검정곡선

(1) 개요

검정곡선(Calibration curve)은 분석물질의 농도변화에 따른 지시값을 나타낸 것으로 시료 중 분석 대상 물질의 농도를 포함하도록 범위를 설정하고, 검정곡선 작성용 표준용액은 가급적 시료의 매질과 비슷하게 제조하여야 한다.

(2) 검정곡선법

① 검정곡선은 직선성이 유지되는 농도범위 내에서 제조농도 3~5개를 사용한다.

② 제조한 n개의 검정곡선 작성용 표준용액을 분석하여 농도와 지시값의 자료를 각각 얻는다.

③ n개의 시료에 대하여 농도와 지시값 쌍을 각각 (x_1, y_1), ……, (x_n, y_n)이라 하고, 농도에 대한 지시값의 검정곡선을 도시한다.

④ 검정곡선 작성용 표준용액의 농도와 지시값의 상관성을 1차식으로 표현하는 경우 검정곡선식은 다음과 같다.

$$y = a_0 + a_1 \cdot x$$
- y: 지시값, x: 농도, a_0, a_1: 계수
- 시료의 농도는 시료의 지시값을 검정곡선 식에 대입하여 구한다.

(3) 표준물첨가법

① 시료와 동일한 매질에 일정량의 표준물질을 첨가하여 검정곡선을 작성하는 방법이다.

② 매질효과가 큰 시험 분석 방법에서 분석 대상 시료와 동일한 매질의 표준시료를 확보하지 못한 경우에 매질효과를 보정하여 분석할 수 있는 방법이다.

⑷ 내부표준법

① 검정곡선 작성용 표준용액과 시료에 동일한 양의 내부표준물질을 첨가하여 시험분석 절차, 기기 또는 시스템의 변동으로 발생하는 오차를 보정하기 위해 사용하는 방법이다.

② 내부표준법은 시험 분석하려는 성분과 물리·화학적 성질은 유사하나 시료에는 없는 순수 물질을 내부표준물질로 선택한다.

③ 일반적으로 내부표준물질로는 분석하려는 성분에 동위원소가 치환된 것을 많이 사용한다.

⑸ 검정곡선의 작성 및 검증

① 검정곡선을 작성하고 얻어진 검정곡선의 결정계수(R^2) 또는 감응계수(RF, Response Factor)의 상대표준편차가 일정 수준 이내이어야 하며, 결정계수나 감응계수의 상대표준편차가 허용범위를 벗어나면 재작성하여야 한다.

② 감응계수는 다음과 같이 구한다.

$$감응계수 = \frac{R}{C}$$

- C: 검정곡선 작성용 표준용액의 농도
- R: 반응값

2. 검출한계

⑴ 정량한계

시험분석 대상을 정량화할 수 있는 측정값으로서, 제시된 정량한계 부근의 농도를 포함하도록 시료를 준비하고 이를 반복 측정하여 얻은 결과의 표준편차(s)에 10배한 값을 사용한다.

$$정량한계 = 10 \times s$$

⑵ 정밀도

시험분석 결과의 반복성을 나타내는 것으로 반복시험하여 얻은 결과를 상대표준편차(RSD, Relative Standard Deviation)로 나타낸다.

$$정밀도(\%) = \frac{s}{\bar{x}} \times 100$$

- $\bar{x}$: 연속적으로 n회 측정한 결과의 평균값
- s: 표준편차

시료의 채취 및 보존

KEYWORD 03   시료의 채취

1. 적용 범위

본 방법은 지표수, 하·폐수 등의 시료채취 및 보존에 적용한다. (24년도 12월 개정으로 지하수 제외(지하수 시료채취 별도 존재), 하수 및 폐수 명칭 통합)

2. 시료 채취 방법

⑴ **복수시료채취방법 등**

① 수동으로 시료를 채취할 경우에는 30분 이상 간격으로 2회 이상 채취하고 동일한 양을 혼합하여 단일 시료(Composite sample)로 한다. 단, 부득이한 사유로 6시간 이상 간격으로 채취한 시료는 각각 측정분석한 후 산술평균하여 측정분석값을 산출한다. (2개 이상의 시료를 각각 측정분석한 후 산술평균한 결과 배출허용기준을 초과한 경우의 위반일 적용은 최초 배출허용기준이 초과된 시료의 채취일을 기준으로 한다.)

② 자동시료채취기로 시료를 채취할 경우에는 6시간 이내에 30분 이상 간격으로 2회 이상 채취하고 동일한 양을 혼합하여 단일 시료(Composite sample)로 한다.

③ 수소이온농도(pH), 수온 등 현장에서 즉시 측정하여야 하는 항목인 경우에는 30분 이상 간격으로 2회 이상 측정한 후 산술평균하여 측정값을 산출한다. (단, pH의 경우 2회 이상 측정한 값을 pH 7을 기준으로 산과 알칼리로 구분하여 평균값을 산정하고 산정한 평균값 중 배출허용기준을 많이 초과한 평균값을 측정분석값으로 한다.)

④ 시안(CN), 노말헥산추출물질, 대장균군 등 시료채취기구 등에 의하여 시료의 성분이 유실 또는 변질 등의 우려가 있는 경우에는 30분 이상 간격으로 2개 이상의 시료를 채취하여 각각 분석한 후 산술평균하여 분석값을 산출한다. 단, 복수시료채취 과정에서 시료 성분의 유실 또는 변질 등의 우려가 없는 경우에는 ①의 방법으로 할 수 있다.

⑵ **복수시료채취방법 적용 제외가 가능한 경우**

① 환경오염사고 또는 취약시간대(일요일, 공휴일 및 평일 18:00~09:00 등)의 환경오염감시 등 신속한 대응이 필요한 경우 제외할 수 있다.

② 비정상적인 행위를 할 경우 제외할 수 있다.

③ 사업장 내에서 발생하는 폐수를 회분식(Batch 식) 등 간헐적으로 처리하여 방류하는 경우 제외할 수 있다.

④ 기타 부득이 복수시료채취 방법으로 시료를 채취할 수 없을 경우 제외할 수 있다.

(3) 하천수 등 수질조사를 위한 시료채취

시료는 시료의 성상, 유량, 유속 등의 시간에 따른 변화(폐수의 경우 조업상황 등)를 고려하여 대상 시료의 성질을 대표할 수 있도록 채취하여야 하며, 수질 또는 유량의 변화가 심하다고 판단될 때에는 오염상태를 잘 알 수 있도록 시료의 채취 횟수를 늘려야 하며, 이때에는 채취 시의 유량에 비례하여 시료를 서로 섞은 다음 단일시료로 한다.

(4) 지하수 수질조사를 위한 시료채취

지하수 침전물로부터 오염을 피하기 위하여 보존 전에 현장에서 여과(0.45μm)하는 것을 권장한다. 단, 기타 휘발성 유기화합물과 민감한 무기화합물질을 함유한 시료는 그대로 보관한다.

2. 시료채취 시 유의사항

① 시료는 목적시료의 성질을 대표할 수 있는 위치에서 시료채취용기 또는 채수기를 사용하여 채취하여야 한다.

② 시료채취용기는 깨끗이 세척된 용기 또는 멸균된 용기를 사용하며, 시료를 채울 때에는 어떠한 경우에도 시료의 교란이 일어나서는 안 되며 가능한 한 공기와 접촉하는 시간을 짧게 하여 채취한다.

③ 시료채취량은 시험항목 및 시험횟수에 따라 차이가 있으나 보통 3~5L 정도이어야 한다. 다만, 시료를 가능한 한 빨리 시험할 수 없어 보존하여야 할 경우 또는 시험항목에 따라 각각 다른 채취용기를 사용하여야 할 경우에는 시료채취량을 적절히 증감할 수 있다.

④ 시료채취 시에 시료채취시간, 보존제 사용여부, 매질 등 분석결과에 영향을 미칠 수 있는 사항을 기재하여 분석자가 참고할 수 있도록 한다.

⑤ 용존가스, 환원성 물질, 휘발성유기화합물, 냄새, 유류 및 수소이온 등을 측정하기 위한 시료를 채취할 때에는 운반 중 공기와의 접촉이 없도록 시료 용기에 가득 채운 후 빠르게 뚜껑을 닫는다.

    ㉠ 휘발성유기화합물 분석용 시료를 채취할 때에는 뚜껑의 격막을 만지지 않도록 주의하여야 한다.

    ㉡ 병을 뒤집어 공기 방울이 확인되면 다시 채취해야 한다.

⑥ 현장에서 용존산소 측정이 어려운 경우에는 시료를 가득 채운 300mL BOD 병에 황산망간 용액 1mL와 알칼리성 요오드화포타슘-아자이드화소듐 용액 1mL를 넣고 기포가 남지 않게 조심하여 마개를 닫고 수회 병을 회전하고 암소에 보관하여 8시간 이내 측정한다.

⑦ 유류 또는 부유물질 등이 함유된 시료는 시료의 균일성이 유지될 수 있도록 채취해야 하며, 침전물 등이 부상하여 혼입되어서는 안 된다.

⑧ 지하수 시료는 취수정 내에 고여 있는 물과 원래 지하수의 성상이 달라질 수 있으므로 고여 있는 물을 충분히 퍼낸 다음 새로 나온 물을 채취한다. 이 경우 퍼내는 양은 고여 있는 물을 4~5배 정도나 pH 및 전기전도도를 연속적으로 측정하여 이 값이 평형을 이룰 때까지로 한다.

⑨ 지하수 시료채취 시 심부층의 경우 저속양수펌프 등을 이용하여 반드시 저속시료채취하여 시료 교란을 최소화하여야 하며, 천부층의 경우 저속양수펌프 또는 정량이송펌프 등을 사용한다.

⑩ 냄새 측정을 위한 시료채취 시 유리기구류는 사용 직전에 새로 세척하여 사용한다. 먼저 냄새 없는 세제로 닦은 후 정제수로 닦아 사용하고, 고무 또는 플라스틱 재질의 마개는 사용하지 않는다.

⑪ 총유기탄소를 측정하기 위한 시료 채취 시 시료병은 가능한 외부의 오염이 없어야 하며, 이를 확인하기 위해 바탕시료를 시험해 본다. 시료병은 폴리테트라플루오로에틸렌(PTFE, Polytetrafluoroethylene)으로 처리된 고무마개를 사용하며, 암소에서 보관하며 깨끗하지 않은 시료병은 사용하기 전에는 산세척하고, 알루미늄 포일로 포장하여 400℃ 회화로에서 1시간 이상 구워 냉각한 것을 사용한다.

⑫ 퍼클로레이트를 측정하기 위한 시료채취 시 시료 용기를 질산 및 정제수로 씻은 후 사용하며, 시료채취 시 시료병의 2/3를 채운다.

⑬ 저농도 수은(0.0002mg/L 이하) 시료를 채취하기 위한 시료 용기는 채취 전에 미리 다음과 같이 준비한다. 우선 염산 용액(4M)이나 진한 질산을 채워 내산성 플라스틱 덮개를 이용하여 오목한 부분이 밑에 오도록 덮고 가열판을 이용하여 48시간 동안 65~75℃가 되도록 후드에서 실시한다. 실온으로 식힌 후 정제수로 3회 이상 헹구고, 염산 용액(1%) 세정수로 다시 채운다. 마개를 막고 60~70℃에서 하루 이상 내부식성에 강한 깨끗한 오븐에 보관한다. 실온으로 다시 식힌 후 정제수로 3회 이상 헹구고, 염산 용액(0.4%)으로 채워서 클린벤치(Clean bench)에 넣고 용기 외벽을 완전히 건조시킨다. 건조된 용기를 밀봉하여 폴리에틸렌(PE, Polyethylene) 지퍼백으로 이중 포장하고 사용 시까지 플라스틱이나 목재상자에 넣어 보관한다.

⑭ 다이에틸헥실프탈레이트를 측정하기 위한 시료채취 시 스테인레스강이나 유리 재질의 시료채취기를 사용한다. 플라스틱 시료채취기나 튜브 사용을 피하고 불가피한 경우 시료 채취량의 5배 이상을 흘려보낸 다음 채취하며, 갈색 유리병에 시료를 공간이 없도록 채우고 폴리테트라플루오로에틸렌(PTFE, Polytetrafluoroethylene) 마개 (또는 알루미늄 포일)나 유리마개로 밀봉한다. 시료병을 미리 시료로 헹구지 않는다.

⑮ 1, 4-다이옥산, 염화비닐, 아크릴로니트릴, 브로모폼을 측정하기 위한 시료용기는 갈색유리병을 사용하고, 사용 전 미리 질산 및 정제수로 씻은 다음, 아세톤으로 세정한 후 120℃에서 2시간 정도 가열한 후 방랭하여 준비한다. 시료에 산을 가하였을 때에 거품이 생기면 그 시료는 버리고 산을 가하지 않은 시료를 채취한다.

⑯ 과불화화합물을 측정하기 위한 시료 용기는 폴리프로필렌(PP, Polypropylene) 용기를 사용하고, 사용 전에 메탄올 또는 아세톤으로 세정하고, HPLC급 정제수로 헹구어 자연 건조하여 준비한다.

⑰ 미생물 시료는 멸균된 용기를 이용하여 무균적으로 채취하여야 하며, 시료채취 직전에 일회용 장갑을 착용하고 물 속에서 채수병의 뚜껑을 여는 등 신체접촉에 의한 오염이 발생하지 않도록 유의하여야 한다.

⑱ 생태독성 시료 용기로 폴리에틸렌(PE, Polyethylene) 재질을 사용하는 경우 멸균 채수병 사용을 권장하며, 재사용할 수 없다.

⑲ 식물성 플랑크톤을 측정하기 위한 시료 채취 시 플랑크톤 네트(Mesh size 25μm)를 이용한 정성채집과, 반돈 (Van-Dorn) 채수기 또는 채수병을 이용한 정량채집을 병행한다. 정성 채집 시 플랑크톤 네트는 수평 및 수직으로 수 회씩 끌어 채집한다.

⑳ 채취된 시료는 가능한 한 빨리 시험하여야 하며, 그렇지 못한 경우에는 시료의 보존방법에 따라 현장 또는 실험실에서 보존하고 규정된 시간 내에 시험하여야 한다.

고득점 POINT **항목별 채취량**
- 가득 담아야할 항목: 용존가스, 환원성가스, VOC, 냄새, 유류, 수소이온
- 2/3만 담아야할 항목: 퍼클로레이트

3. 시료 채취지점

(1) 배출시설 등의 폐수 채취

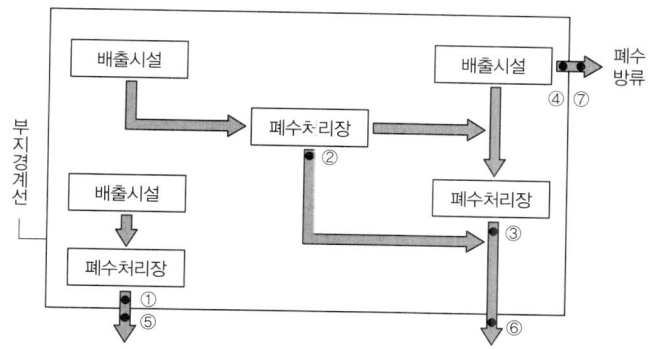

- 당연 채취지점: ① ② ③ ④
- 필요 시 채취지점: ⑤ ⑥ ⑦

  ① ② ③: 방지시설 최초 방류지점

  ④: 배출시설 최초 방류지점(방지시설을 거치지 않을 경우)

  ⑤ ⑥ ⑦: 부지경계선 외부 배출수로

(2) 하천수 채취

① 합류 시 채취지점: 하천본류와 하천지류가 합류하는 경우 하천수의 오염 및 용수의 목적에 따라 채수지점을 선정하며 합류 이전의 각 지점과 합류 이후 충분히 혼합된 지점에서 각각 채수한다.

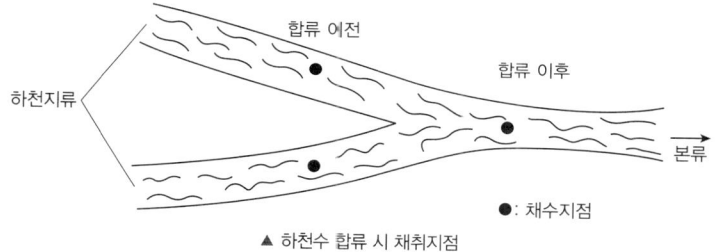

▲ 하천수 합류 시 채취지점

② 수심별 채취지점: 하천의 단면에서 수심이 가장 깊은 수면의 지점과 그 지점을 중심으로 좌우로 수면폭을 2등분한 각각의 지점의 수면으로부터 수심 2m 미만일 때에는 수심의 1/3(아래 그림에서 ①지점)에서, 수심이 2m 이상일 때에는 수심의 1/3 및 2/3(아래 그림에서 ②지점)에서 각각 채수한다.

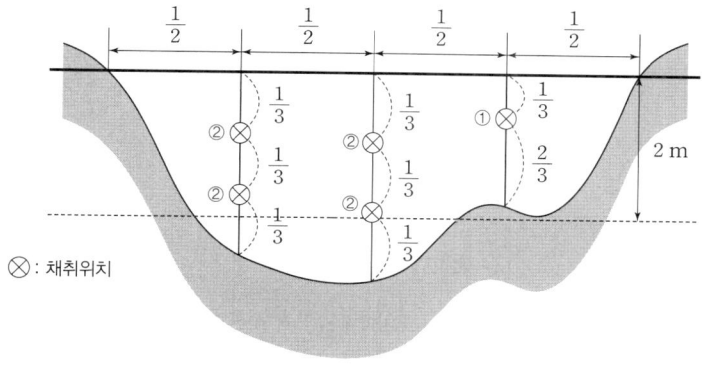

▲ 하천수 수심별 채취지점

채취된 시료를 현장에서 시험할 수 없을 때에는 따로 규정이 없는 한 다음 표의 보존방법에 따라 보존하고 보존기간 이내에 시험을 실시하여야 한다.

항목		시료용기	보존방법	최대보존기간 (권장보존기간)
냄새		G	가능한 한 빨리 분석 또는 냉장 보관	6시간
노말헥산추출물질		G	H_2SO_4로 pH 2 이하	28일
부유물질		P, G	—	7일
색도		P, G	—	48시간
생물화학적 산소요구량		P, G	—	48시간(6시간)
수소이온농도		P, G	—	가능한 한 빨리 현장 측정
온도		P, G	—	가능한 한 빨리 현장 측정
용존산소	적정법	BOD병	가능한 한 빨리 용존산소 고정 후 암소 보관	8시간
	전극법	BOD병	—	가능한 한 빨리 현장 측정
잔류염소		G(갈색)	—	가능한 한 빨리 현장 측정
전기전도도		P, G	—	24시간
총 유기탄소(용존유기탄소)		P, G	가능한 한 빨리 분석 또는 H_3PO_4 또는 H_2SO_4로 pH 2 이하	28일(7일)
[1)]클로로필 a		P, G	가능한 한 빨리 여과하여 $-20℃$ 이하에서 보관	7일(24시간)
탁도		P, G	—	48시간(24시간)
투명도		—	—	현장 측정
화학적 산소요구량		P, G	H_2SO_4로 pH 2 이하	28일(7일)
불소		P	—	28일
브롬이온		P, G	—	28일
[2)]시안		P, G	NaOH로 pH 12 이상	14일(24시간)
아질산성 질소		P, G	—	48시간(즉시)
[3)]암모니아성 질소		P, G	H_2SO_4로 pH 2 이하	28일(7일)
염소이온		P, G	—	28일
음이온계면활성제		P, G	—	48시간
인산염인		P, G	가능한 한 빨리 여과	48시간
질산성 질소		P, G	—	48시간
총인(용존 총인)		P, G	H_2SO_4로 pH 2 이하	28일
총질소(용존 총질소)		P, G	H_2SO_4로 pH 2 이하	28일(7일)
퍼클로레이트		P, G	현장에서 멸균된 여과지로 여과	28일
[4)]페놀류		G	H_3PO_4로 pH 4 이하 조정한 후 시료 1L당 $CuSO_4$ 1g 첨가	28일
황산이온		P, G	—	28일(48시간)

항목		시료용기	보존방법	최대보존기간 (권장보존기간)
금속류(일반)		P, G	HNO₃로 pH 2 이하(실온에서 보관 가능)	6개월
5)수은 (0.2µg/L 이하)		P, G	1L 당 HCl(12M) 5mL 첨가	28일
6가크롬		P, G	−	24시간
알킬수은		P, G	HNO₃ 2mL/L	1개월
6)다이에틸헥실프탈레이트, 다이에틸헥실아디페이트		G(갈색)	−	7일(추출 후 40일)
7)1, 4−다이옥산		G(갈색)	HCl(1+1)로 pH 2 이하	14일
7)염화비닐, 아크릴로니트릴, 브로모폼		G(갈색)	HCl(1+1)로 pH 2 이하	14일
석유계총탄화수소		G(갈색)	H₂SO₄ 또는 HCl으로 pH 2 이하	7일 이내 추출, 추출 후 40일
유기인		G, G(갈색)	NaOH 또는 H₂SO₄로 pH 5 ~ 9	7일(추출 후 40일)
폴리클로리네이티드비페닐 (PCB)		G, G(갈색)	NaOH 또는 H₂SO₄로 pH 5 ~ 9	7일(추출 후 40일)
과불화화합물		PP	2주 이내 분석 어려울 때 냉동(−20℃)보관	냉동 시 필요에 따라 분석 전까지 시료의 안정성 검토 (2주)
8)휘발성유기화합물		G, G(갈색)	HCl로 pH 2 이하	7일(추출 후 14일)
노닐페놀, 옥틸페놀, 니트로벤젠, 2, 6−디니트로톨루엔, 2, 4−디니트로톨루엔		G, G(갈색)	H₂SO₄로 pH 2 이하	28일(추출 후 40일)
10)총대장균군	환경기준적용 시료	P, G	1~5℃	24시간
	배출허용기준 및 방류수 기준 적용 시료	P, G	1~5℃	6시간
10)분원성 대장균군		P, G	1~5℃	24시간
10)대장균		P, G	1~5℃	24시간
물벼룩 급성 독성		P, G	암소에 통기되지 않는 용기에 보관	72시간(24시간)
9, 10)식물성 플랑크톤		P, G	가능한 한 빨리 분석 또는 포르말린용액을 시료의 3~5% 가하거나 글루타르알데하이드 또는 루골용액을 시료의 1~2% 가하여 냉암소 보관	6개월

① P: polyethylene, G: glass, PP: polypropylene

② 시료 채취 후 운반 온도는 (5±3)℃, 실험실 보관 온도는 (3±2)℃로 하여 냉암소에 보관한다.

③ 시료 보존처리는 현장에서 실시하는 것을 원칙으로 한다.

④ TOC, 노말헥산추출물질의 경우 실험실 운반 후 바로 분석하거나 보존 처리할 수 있다.

⑤ TN, TP, 금속류의 경우 48시간 이내 실험실에서 보존 처리할 수 있다.

⑥ 시료 보존처리는 실험실에서 미리 시료 용기에 첨가하여 준비할 수 있다. 이 경우 시료 채취 시 시료가 넘치지 않도록 주의하면서 채취한다.

1) 클로로필a 분석용 시료는 즉시 여과하여 여과한 여과지를 알루미늄 호일로 싸서 −20℃ 이하에서 보관한다. 여과한 여과지는 상온에서 3시간까지 보관할 수 있으며, 냉동 보관시에는 25일까지 가능하다. 즉시 여과할 수 없다면 시료를 빛이 차단된 암소에서 4℃ 이하로 냉장하여 보관하고 채수 후 24시간 이내에 여과하여야 한다.

2) 시안 분석용 시료에 잔류염소가 공존할 경우 시료 1L 당 아스코르빈산 1g을 첨가하고, 산화제가 공존할 경우에는 시안을 파괴할 수 있으므로 채수 즉시 이산화비소산나트륨 또는 티오황산나트륨을 시료 1L 당 0.6g을 첨가한다.

3) 암모니아성 질소 분석용 시료에 잔류염소가 공존할 경우 증류과정에서 암모니아가 산화되어 제거될 수 있으므로 시료채취 즉시 티오황산나트륨용액(0.09%)을 첨가한다.

3-1) 티오황산나트륨용액 (0.09%) 1mL를 첨가하면 시료 1L 중 2mg 잔류염소를 제거할 수 있다.

4) 페놀류 분석용 시료에 산화제가 공존할 경우 채수 즉시 황산암모늄철용액을 첨가한다.

5) 비소와 셀레늄 분석용 시료를 pH 2 이하로 조정할 때에는 질산(1+1)을 사용할 수 있으며, 시료가 알칼리화되어 있거나 완충효과가 있다면 첨가하는 산의 양을 질산(1+1) 5mL까지 늘려야 한다.

6) 저농도 수은(0.0002mg/L 이하) 분석용 시료는 보관기간 동안 수은이 시료 중의 유기성 물질과 결합하거나 벽면에 흡착될 수 있으므로 가능한 한 빠른 시간 내 분석하여야 하고, 용기 내 흡착을 최대한 억제하기 위하여 산화제인 브롬산/브롬용액 (0.1N)을 분석하기 24시간 전에 첨가한다.

7) 다이에틸헥실프탈레이트 분석용 시료에 잔류염소가 공존할 경우 시료 1L 당 티오황산나트륨을 80mg 첨가한다.

8) 1, 4-다이옥산, 염화비닐, 아크릴로니트릴 및 브로모폼 분석용 시료에 잔류염소가 공존할 경우 시료 40mL(잔류염소 농도 5mg/L 이하) 당 티오황산나트륨 3mg 또는 아스코르빈산 25mg을 첨가하거나 시료 1L 당 염화암모늄 10mg을 첨가한다.

9) 휘발성유기화합물 분석용 시료에 잔류염소가 공존할 경우 시료 1L 당 아스코르빈산 1g을 첨가한다.

10) 식물성 플랑크톤을 즉시 시험하는 것이 어려울 경우 포르말린용액을 시료의 3~5% 가하여 보존한다. 침강성이 좋지 않은 남조류나 파괴되기 쉬운 와편모조류와 황갈조류 등은 글루타르알데하이드나 루골용액을 시료의 1~2% 가하여 보존한다.

11) 미생물(총대장균군, 분원성대장균군, 대장균, 식물성 플랑크톤) 분석 시, 잔류염소가 존재하는 경우 잔류염소 제거를 위한 시약은 잔류염소 4mg/L 이하인 시료 1L 기준으로 멸균한 티오황산나트륨 용액(80g/L) 1mL에 준하는 양을 첨가하며, 잔류염소 농도에 따라 첨가량을 조절한다.

고득점 POINT　　**시료의 보존 방법**
- 즉시 측정 또는 분석항목: pH, 온도, 용존산소(DO – 전극법), 잔류염소
- 가능한 한 즉시 분석항목: 냄새, 총유기탄소(TOC)

KEYWORD 05　퇴적물 채취

1. 퇴적물 채취기

(1) 포나 그랩(표층 모래용)

① 모래가 많은 지점에서 유용한 중력식 채취기이다.

② 수면 아래로 내려 보내다가 채취기가 바닥에 닿아 줄의 장력이 감소하면 아래 날이 닫히는 구조이다.

③ 부드러운 펄층이 두터운 경우 깊이 들어가 사용이 어렵다.

▲ 포나 그랩

⑵ **에크만 그랩(표층 펄용)**

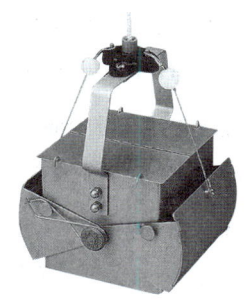

① 물의 흐름이 거의 없는 곳에서 유용한 채취기이다.

② 채취기를 바닥 퇴적물 위에 내린 후 메신저 투하 시, 장방형 상자의 밑판이 닫히는 구조
이다.

③ 바닥이 모래질인 곳은 사용이 어렵다.

④ 채집면적이 좁고 조류가 센 곳에서는 바닥에 안정시키기 어렵다.

⑤ 가벼워서 휴대가 용이하며 작은 배에서 손쉽게 사용할 수 있다.

⑶ **삽, 모종삽, 스쿱**

① 얕은 곳에서 퇴적물을 뜨거나 시료를 혼합할 때 이용한다.

② 스텐레스 재질의 모종삽, 스쿱 등이 있다.

▲ 에크만 그랩

KEYWORD 06 　전처리

1. 목적 및 적용범위

⑴ **목적**

채취된 시료에는 보통 유기물 및 부유물질 등을 함유하고 있어 탁하거나 색상을 띠고 있는 경우가 있을 뿐만 아니라
목적성분들이 흡착되어 있거나 난분해성의 착화합물 또는 착이온 상태로 존재하는 경우가 있기 때문에 실험의 목적
에 따라 적당한 방법으로 전처리를 한 다음 실험하여야 한다.

⑵ **적용범위**

원자흡수분광광도법, 유도결합플라스마－원자발광분광법, 유도결합플라스마－질량분석법, 양극벗김전압전류법,
자외선/가시선 분광법을 위한 금속측정용 시료의 전처리에 사용한다.

⑶ **전처리를 하지 않는 경우**

무색투명한 탁도 1 NTU 이하인 시료의 경우 전처리 과정을 생략하고, pH 2 이하로(시료 1L 당 진한질산 1~3mL
를 첨가)하여 분석용 시료로 한다.

2. 시료의 전처리 방법

⑴ **산분해법**

① 질산법: 유기함량이 비교적 높지 않은 시료의 전처리에 사용한다.

② 질산－염산법: 유기물 함량이 비교적 높지 않고 금속의 수산화물, 산화물, 인산염 및 황화물을 함유하고 있는 시
료에 적용된다.

③ 질산－황산법: 유기물 등을 많이 함유하고 있는 대부분의 시료에 적용된다.

④ 질산－과염소산법: 유기물을 다량 함유하고 있으면서 산분해가 어려운 시료에 적용된다.

⑤ 질산－과염소산－불화수소산: 다량의 점토질 또는 규산염을 함유한 시료에 적용된다.

⑵ 마이크로파 산분해법

유기물을 다량 함유하고 있으면서 산분해가 어려운 시료에 적용된다.

⑶ 회화에 의한 분해

목적성분이 400℃ 이상에서 휘산되지 않고 쉽게 회화될 수 있는 시료에 적용된다.

⑷ 용매추출법

원자흡수분광광도법을 사용한 분석 시 목적성분의 농도가 미량이거나 측정에 방해하는 성분이 공존할 경우 시료의 농축 또는 방해물질을 제거하기 위한 목적으로 사용된다.

① 다이에틸다이티오카바민산 추출법: 수질 시료 중 구리, 아연, 납, 카드뮴 및 니켈의 측정에 적용된다.

② 디티존－메틸아이소부틸케톤(MIBK) 추출법: 구리, 아연, 납, 카드뮴, 니켈 및 코발트 등의 측정에 적용된다.

KEYWORD 07   관내의 유량측정방법

1. 유량계 종류 및 특성

* 가장 적절한 측정방법을 선택할 때에는 가급적 수두손실이 적은 방법을 선택한다.

⑴ **벤튜리미터(Venturi meter)**

① 긴 관의 일부로서 단면이 작은 목(Throat) 부분과 점점 축소, 점점 확대되는 단면을 가진 관이다.

② 축소부분에서 정력학적인 수두의 일부는 속도수두로 변하게 되어 관의 목 부분의 정력학적 수두보다 적게 되며, 이러한 수두의 차에 의해 직접적으로 유량을 계산할 수 있다.

③ 난류 발생에 원인이 되는 관로상의 점으로부터 충분히 하류지점에 설치해야 하며, 통상 관 직경의 약 $30\sim50$배 하류에 설치해야 효과적이다.

④ 최대유속과 최소유속의 비율이 4 : 1이다.

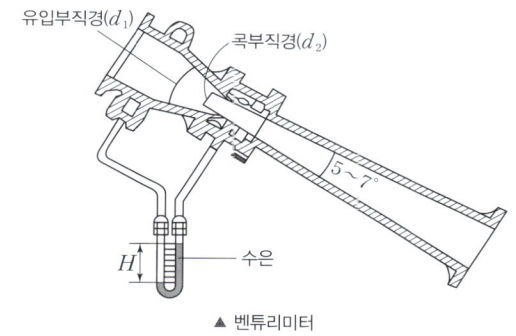

▲ 벤튜리미터

⑵ **유량측정용 노즐(Nozzle)**

① 벤튜리미터와 오리피스 간의 특성을 고려하여 만든 유량측정용 기구이다.

② 정수압이 유속으로 변하는 원리를 이용한 것으로 벤튜리미터의 유량 공식을 노즐에도 이용할 수 있다.

③ 약간의 고형 부유물질이 포함된 폐·하수에도 이용할 수 있다.

④ 최대유속과 최소유속의 비율이 4 : 1이다.

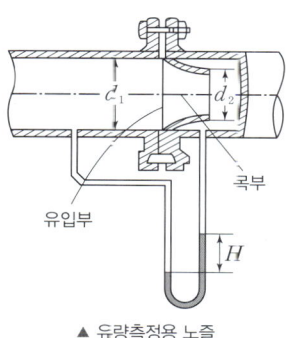

▲ 유량측정용 노즐

(3) 오리피스(Orifice)

① 설치에 비용이 적게 들고 비교적 유량측정이 정확하여 얇은 판 오리피스가 널리 이용되고 있으며 흐름의 수로 내에 설치한다.

② 장점: 단면이 축소되는 목부분을 조절함으로써 유량이 조절된다.

③ 단점: 오리피스 단면에서 커다란 수두손실이 일어난다.

④ 최대유속과 최소유속의 비율이 4 : 1이다.

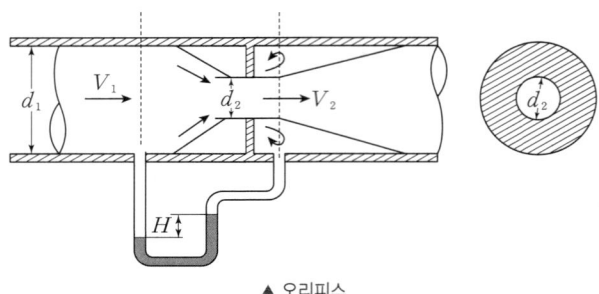

▲ 오리피스

(4) 피토우(Pitot) 관

① 유속은 마노미터에 나타나는 수두 차에 의하여 계산한다.

② 왼쪽의 관은 정수압 측정, 오른쪽관은 유속이 0인 상태인 정체압력을 측정한다.

③ 측정 시 반드시 일직선상의 관에서 이루어져야 한다.

④ 관의 설치 장소는 관이 변화하는 지점(엘보우, 티 등)으로부터 최소한 관 지름의 15~50배 정도 떨어진 지점이어야 한다.

⑤ 부유물질이 많은 폐·하수에는 사용이 곤란하나 부유물질이 적은 대형 관에서는 효율적이다.

⑥ 최대유속과 최소유속의 비율이 3 : 1이다.

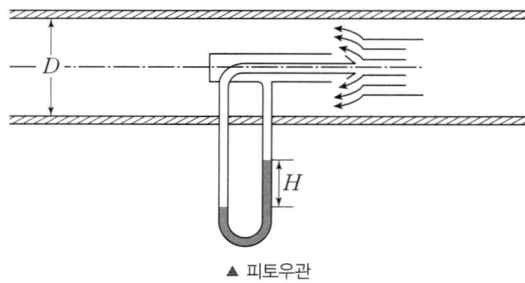

▲ 피토우관

(5) 자기식 유량측정기(Magnetic flow meter)

① 측정원리는 패러데이 법칙을 이용하여 자장의 직각에서 전도체를 이동시킬 때 유발되는 전압은 전도체의 속도에 비례한다는 원리를 이용한 것으로 이 경우 전도체는 폐·하수가 되며, 전도체의 속도는 유속이 된다. 이때 발생된 전압은 유량계 전극을 통하여 조절변류기로 전달된다.

② 전압이 활성도, 탁도, 점성, 온도의 영향을 받지 않는다.

③ 전압이 유체(폐·하수)의 유속에 의하여 결정되며 수두손실이 적다.

④ 고형물질이 많아 관을 메울 우려가 있는 폐·하수에 이용할 수 있다.

⑤ 최대유속과 최소유속의 비율이 10 : 1이다.

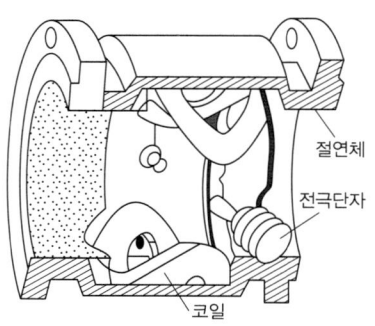

절연체

전극단자

코일

▲ 자기식 유량측정기

2. 적용범위

장치	공장폐수 원수	1차 처리수	2차 처리수	1차 슬러지	반송 슬러지	농축 슬러지	포기액	공정수
벤튜리미터	○	○	○	○	○	○	○	
유량측정용 노즐	○	○	○	○	○	○	○	○
오리피스								○
피토우 관								○
자기식 유량측정기	○	○	○	○	○	○		○

3. 유량계에 따른 정밀/정확도 및 최대유속과 최소유속의 비율

유량계	범위(최대유량 : 최소유량)	실제유량에 대한 정확도(%)	최대유량에 대한 정밀도(%)
벤튜리미터	4 : 1	±1	±0.5
유량측정용 노즐	4 : 1	±0.3	±0.5
오리피스	4 : 1	±1	±1
피토우 관	3 : 1	±3	±1
자기식 유량측정기	10 : 1	±1~2	±0.5

4. 유량 측정 공식

(1) 벤튜리미터, 유량측정용 노즐, 오리피스 측정 공식

$$Q = \frac{C \cdot A}{\sqrt{1 - \left[\dfrac{d_2}{d_1}\right]^4}} \sqrt{2g \cdot H}$$

- Q: 유량[cm^3/sec]
- C: 유량계수
- V: 유속($\sqrt{2g \cdot H}$)[cm/sec]
- A: 목(throat) 부분의 단면적[cm^2] $\left(= \dfrac{\pi d_2^2}{4}\right)$
- g: 중력가속도(980cm/sec^2)

- H: $H_1 - H_2$ (수두차: cm)
- H_1: 유입부 관 중심부에서의 수두[cm]
- H_2: 목(throat)부의 수두[cm]
- d_1: 유입쿠의 직경[cm]
- d_2: 목(throat)부의 직경[cm]

(2) 피토우 관 측정 공식

$$Q = C \cdot A \cdot V$$

- Q: 유량[cm^3/sec]
- C: 유량계수
- V: 유속($\sqrt{2g \cdot H}$)[cm/sec]
- A: 관의 유수단면적[cm^2] $\left(= \dfrac{\pi D^2}{4}\right)$

- H: $H_S - H_o$ (수두차: cm)
- H_S: 정처압력 수두[cm]
- H_o: 정수압 수두[cm]
- D: 관의 직경[cm]

(3) 자기식 유량측정기 측정 공식

$$Q = C \cdot A \cdot V$$

- Q: 유량[m³/sec]
- C: 유량계수
- A: 관의 유수단면적[m²]

- V: 유속$\left(= \dfrac{E}{B \cdot D} 10^6 \right)$[m/sec]
- E: 기전력, B: 자속밀도(Gauss), D: 관경[m]

KEYWORD 08 측정용 수로 및 기타 유량측정방법

1. 폐수처리 공정에서 유량측정장치의 적용

구분	공장폐수 원수	1차 처리수	2차 처리수	1차 슬러지	반송 슬러지	농축 슬러지	포기액	공정수
웨어		○	○					○
플룸	○	○	○					○

2. 유량계에 따른 정밀도와 정확도 및 최대유속과 최소유속의 비율

유량계	범위(최대유량 : 최소유량)	실제유량에 대한 정확도(%)	최대유량에 대한 정밀도(%)
웨어	500 : 1	±5	±0.5
파샬수로	10 : 1 ~ 75 : 1	±5	±0.5

3. 유량계의 종류 및 특성

(1) 직각 3각 웨어

$$Q = K \cdot h^{5/2}$$

- Q: 유량[m³/min]
- K: 유량계수 $= 81.2 + \dfrac{0.24}{h} + \left(8.4 + \dfrac{12}{\sqrt{D}} \right) \times \left(\dfrac{h}{B} - 0.09 \right)^2$
- B: 수로의 폭[m]
- D: 수로의 밑면으로부터 절단 하부점까지의 높이[m]
- h: 웨어의 수두[m]

$$Q = K \cdot b \cdot h^{3/2}$$

- Q: 유량[m³/min]
- K: 유량계수 $= 107.1 + \dfrac{0.177}{h} + 14.2\dfrac{h}{D} - 25.7 \times \sqrt{\dfrac{(B-b)h}{D \cdot B}} + 2.04\sqrt{\dfrac{B}{D}}$
- D: 수로의 밑면으로부터 절단 하부 모서리까지의 높이[m]
- B: 수로의 폭[m]
- b: 절단의 폭[m]
- h: 웨어의 수두[m]

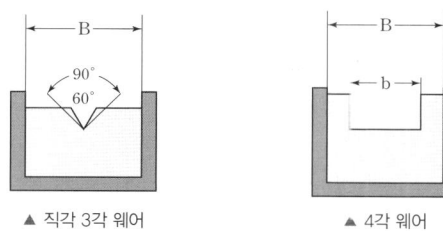

▲ 직각 3각 웨어   ▲ 4각 웨어

(3) 파샬수로(Parshall flume)

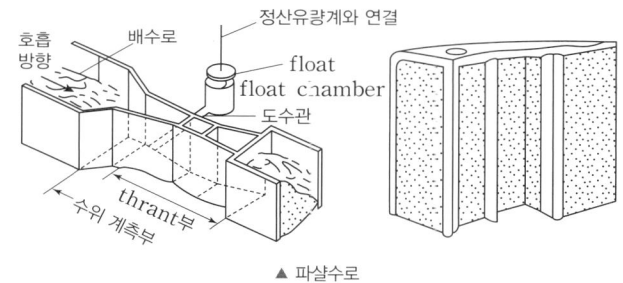

▲ 파샬수로

① 수두차가 작아도 유량 측정의 정확도가 양호하다.

② 측정하려는 폐하수중에 부유물질 또는 토사 등이 많이 섞여있는 경우에도 목 부분에서의 유속이 상당히 빠르므로 부유물질의 침전이 적고 자연유하가 가능하다.

4. 용기에 의한 유량 측정

(1) 최대유량이 1m³/분 미만인 경우

① 유수를 용기에 받아서 측정한다.

② 용기는 용량 100~200L인 것을 사용하여 유수를 채우는 데 요하는 시간을 스톱워치로 잰다.

③ 용기에 물을 받아 넣는 시간을 20초 이상이 되도록 용량을 결정한다.

④ 계산식에 의하여 유량을 구한다.

$$Q = 60\dfrac{V}{t}$$

- Q: 유량[m³/min]
- V: 측정용기의 용량[m³]
- t: 유수가 용량 V를 채우는 데 걸린 시간[sec]

(2) 최대유량이 1m³/분 이상인 경우

① 이 경우는 침전지, 저수지 기타 적당한 수조를 이용한다.

② 수조가 작은 경우는 수조를 한번 비우고서 유수가 수조를 채우는 데 걸리는 시간으로부터 최대 유량이 1m³/분 미만인 경우와 동일한 방법으로 유량을 구한다.

③ 수조가 큰 경우는 유입시간에 있어서 유수의 부피는 상승한 수위와 상승수면의 평균표면적의 계측에 의해 유량을 산출한다. 이 경우 측정시간은 5분 정도, 수위의 상승속도는 적어도 매분 1cm 이상이어야 한다.

5. 개수로에 의한 유량 측정

(1) 수로의 구성, 재질, 수로단면의 형상이 일정하고 수로의 길이가 적어도 10m까지 똑바른 경우

① 직선 수로의 구배와 횡단면을 측정하고 이어서 자 등으로 수로폭간의 수위를 측정한다.

② 평균유속은 케이지(Chezy)의 유속공식에 의한다.

③ 케이지(Chezy)의 유속공식

$$Q = 60 \cdot A \cdot V$$

- Q: 유량[m³/min]
- V: 평균유속($= C\sqrt{Ri}$)[m/sec]
- A: 유수단면적[m²]
- i: 홈 바닥의 구배(비율)

- C: 유속계수(Bazin의 공식)

$$C = \frac{87}{1 + \dfrac{r}{\sqrt{R}}} \text{(m/sec)}$$

- R: 경심(유수단면적 A를 윤변 P로 나눈 것)[m]

④ 경심(R) 산출식

$$R = \frac{A(\text{유로의 단면적})}{P(\text{젖은 벽면의 둘레} = \text{윤변})}$$

㉠ 장방형(직사각형)일 때

$$A = B \cdot h$$
$$P = B + 2h$$
$$R = \frac{B \cdot h}{B + 2h}$$

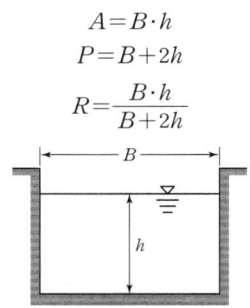

㉡ 제형(사다리꼴)일 때

$$A = \frac{h(B_1 + B_2)}{2}$$
$$P = B_2 + 2b$$
$$R = \frac{h(B_1 + B_2)}{2(B_2 + 2b)}$$

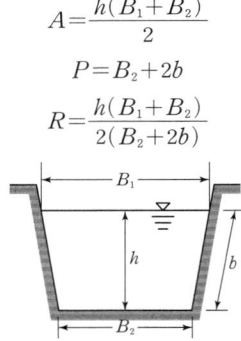

(2) 수로의 구성, 재질, 수로단면의 형상, 구배 등이 일정하지 않은 개수로의 경우

① 수로는 될수록 직선적이며, 수면이 물결치지 않는 곳을 고른다.

② 10m를 측정구간으로 하여 2m마다 유수의 횡단면적을 측정하고, 산술평균값을 구하여 유수의 평균 단면적으로 한다.

③ 유속의 측정은 부표를 사용하여 10m 구간을 흐르는 데 걸리는 시간을 스톱워치(stop watch)로 재며 이때 실측 유속을 표면 최대유속으로 한다.

④ 수로의 수량 공식

$$V = 0.75V_e$$

- V: 총평균 유속[m/sec]
- V_e: 표면 최대유속[m/sec]

$$Q = 60V \cdot A$$

- Q: 유량[m³/분]
- V: 총평균 유속[m/sec]
- A: 측정구간의 유수의 평균단면적[m²]

KEYWORD 09 **자외선/가시선 분광법**

1. 금속류 자외선/가시선 분광법 측정원리

* 이온류 자외선/가시선 분광법에 관한 내용은 'CHAPTER 05 항목별 시험 방법' 참고

* 6가 크롬을 제외한 금속류 자외선/가시선 분광 측정 원리에 대한 내용은 2026년 중 폐지 예정임

측정항목	정량한계 [mg/L]	측정원리
구리	0.01	구리이온이 알칼리성에서 다이에틸다이티오카르바민산나트륨과 반응하여 생성하는 황갈색의 킬레이트 화합물을 아세트산부틸로 추출하여 흡광도를 440nm에서 측정하는 방법
납	0.004	납이온이 시안화포타슘 공존하에 알칼리성에서 디티존과 반응하여 생성하는 납 디티존착염을 사염화탄소로 추출하고 과잉의 디티존을 시안화포타슘 용액으로 씻은 다음 납착염의 흡광도를 520nm에서 측정하는 방법
니켈	0.008	니켈이온을 암모니아의 약알칼리성에서 다이메틸글리옥심과 반응시켜 생성한 니켈착염을 클로로폼으로 추출하고 이것을 묽은 염산으로 역추출한 뒤 추출물에 브롬과 암모니아수를 넣어 니켈을 산화시키고 다시 암모니아 알칼리성에서 다이메틸글리옥심과 반응시켜 생성한 적갈색 니켈착염의 흡광도 450nm에서 측정하는 방법
망간	0.2	망간이온을 황산산성에서 과요오드산포타슘으로 산화하여 생성된 과망간산이온의 흡광도를 525nm에서 측정하는 방법
비소	0.004	3가 비소로 환원시킨 다음 아연을 넣어 발생되는 수소화비소를 다이에틸다이티오카바민산은(Ag–DDTC)의 피리딘 용액에 흡수시켜 생성된 적자색 착화합물을 530nm에서 흡광도를 측정하는 방법
수은	0.003	수은을 황산 산성에서 디티존·사염화탄소로 일차 추출하고 브롬화포타슘 존재하에 황산산성에서 역추출하여 방해성분과 분리한 다음 인산–탄산염 완충용액 존재하에서 디티존·사염화탄소로 수은을 추출하여 490nm에서 흡광도를 측정하는 방법
아연	0.01	아연이온이 pH 약 9에서 진콘(2–카르복시–2′–하이드록시(hydroxy)–5′ 술포포마질–벤젠·소듐염)과 반응하여 생성하는 청색 킬레이트 화합물의 흡광도를 620nm에서 측정하는 방법
철	0.08	철이온을 수산화제이철로 침전분리하고 염산하이드록실아민으로 제일철로 환원한 다음, o–페난트로린을 넣어 약산성에서 나타나는 등적색 철착염의 흡광도를 510nm에서 측정하는 방법
카드뮴	0.004	카드뮴이온을 시안화포타슘이 존재하는 알칼리성에서 디티존과 반응시켜 생성하는 카드뮴착염을 사염화탄소로 추출하고, 추출한 카드뮴 착염을 타타르산용액으로 역추출한 다음 다시 수산화소듐과 시안화포타슘을 넣어 디티존과 반응하여 생성하는 적색의 카드뮴착염을 사염화탄소로 추출하고 그 흡광도를 530nm에서 측정하는 방법
크롬	0.04	3가 크롬은 과망간산포타슘을 첨가하여 크롬으로 산화시킨 후, 산성 용액에서 다이페닐카바자이드와 반응하여 생성하는 적자색 착화합물의 흡광도를 540nm에서 측정
6가 크롬	0.04	산성 용액에서 다이페닐카바자이드와 반응하여 생성하는 적자색 착화합물의 흡광도를 540nm에서 측정

2. 장치

| 광원부 | — | 파장선택부 | — | 시료부 | — | 측광부 |

일반적으로 사용하는 흡광광도 분석장치는 그림과 같이 광원부(光源部), 파장선택부(波長選擇部), 시료부(試料部) 및 측광부(測光部)로 구성되고 광원부에서 측광부까지의 광학계(光學系)에는 측정목적에 따라 여러 가지 형식이 있다.

3. 관련 공식

(1) Lambert – Beer의 법칙

$$I_t = I_o \cdot 10^{-\varepsilon CL}$$

I_t: 투사광의 강도, I_o: 입사광의 강도, ε: 흡광계수, C: 농도, L: 빛의 투과거리

(2) 흡광도 공식

$$A = \log\left(\frac{1}{t}\right) = \varepsilon CL \ (A: \text{흡광도}, \ t: \text{투과도})$$

KEYWORD 10 | 불꽃 원자흡수분광광도법

1. 간섭종류

(1) 광학적 간섭

① 분석하고자 하는 원소의 흡수파장과 비슷한 다른 원소의 파장이 서로 겹치거나 다중원소램프 사용 시 다른 원소로부터 공명 에너지나 속빈 음극램프의 금속 불순물에 의해서 비이상적으로 높게 측정되는 것으로, 슬릿 간격을 좁혀 간섭을 배제할 수 있다.

② 시료 중에 유기물의 농도가 높을 경우 바탕선 보정 또는 분석 전 유기물 제거를 통해 오차를 줄일 수 있다.

③ 용존 고체 물질 농도가 높으면 빛 산란 등 비원자적 흡수현상이 발생하여 간섭이 발생할 수 있다.

④ 바탕값이 커서 보정이 어려울 경우 다른 파장을 선택하여 분석한다.

(2) 물리적 간섭

① 표준용액과 시료 또는 시료와 시료간의 물리적 성질(점도, 밀도, 표면장력 등)의 차이 또는 표준물질과 시료의 매질 차이에 의해 발생한다.

② 물리적 간섭은 표준용액과 시료간의 매질을 일치시키거나 표준물질첨가법을 사용하여 방지할 수 있다.

(3) 이온화 간섭

불꽃온도가 너무 높을 경우 중성원자에서 전자를 빼앗아 이온이 생성될 수 있으며 이 경우 음(−)의 오차가 발생하게 되는데, 이러한 간섭은 시료와 표준물질에 보다 쉽게 이온화되는 물질을 과량 첨가하면 감소시킬 수 있다.

(4) 화학적 간섭

불꽃의 온도가 분자를 들뜬 상태로 만들기에 충분히 높지 않아서, 해당 파장을 흡수하지 못하여 발생한다.

2. 분석 방법

① 분석하고자 하는 원소의 속빈 음극램프를 설치하고 프로그램상에서 분석파장을 선택한 후 슬릿 너비를 설정한다. 이 때 기기 제조회사에서 제시하는 파장의 조건을 따를 수 있다.

② 기기를 가동하여 속빈 음극램프에 전류가 흐르게 하고 에너지 레벨이 안정될 때까지 10~20분간 예열한다.

③ 최적 에너지 값을 얻도록 선택파장을 최적화한다.

④ 버너헤드를 설치하고 위치를 조정한다.

⑤ 공기와 아세틸렌을 공급하면서 불꽃을 발생시키고, 최대 감도를 얻도록 유량을 조절한다. 이때 분석원소에 따라 불꽃 연료를 달리 사용하며, 기기 제조회사에서 제시하는 가스를 사용할 수 있다.

⑥ 바탕시료를 주입하여 영점조정, 시료분석을 수행한다.

용어 CHECK **속빈 음극램프**

원자흡수 측정에 사용하는 가장 보편적인 광원으로 네온이나 아르곤가스를 1~5torr의 압력으로 채운 유리관에 텅스텐 양극과 원통형 음극을 봉입한 형태의 램프이다.

---

3. 원자흡수분광광도법의 원소별 선택파장(nm) 및 불꽃연료, 정량한계(mg/L)

원소	선택파장(nm)	불꽃연료	정량한계(mg/L)
Cu	324.7	A−Ac[1]	0.008
Pb	283.3/217.0	A−Ac[1]	0.04
Ni	232.0	A−Ac[1]	0.01
Mn	279.5	A−Ac[1]	0.005
Ba	553.6	N−Ac[2]	0.1
As	193.7	H[3]	0.005
Se	196.0	H[3]	0.005
Hg	253.7	CV[4]	0.0005
Zn	213.9	A−Ac[1]	0.002
Sn	224.6	A−Ac[1]	0.8
Fe	248.3	A−Ac[1]	0.03
Cd	228.8	A−Ac[1]	0.002
Cr	357.9	A−Ac[1]	0.01(산처리), 0.001(용매추출)

US EPA Method 200.0 Metals Atomic Absorption Spectrometry

1) 공기−아세틸렌
2) 아산화질소−아세틸렌
3) 환원기화법(수소화물 생성법)
4) 냉증기법

1. 간섭종류

(1) 물리적 간섭

① 시료 도입부의 분무과정에서 시료의 비중, 점성도, 표면장력의 차이에 의해 발생한다.

② 시료의 물리적 성질이 다르면 플라스마로 흡입되는 원소의 양이 달라져 방출선의 세기에 차이가 생기며, 특히 비중이 큰 황산과 인산 사용 시 물리적 간섭이 크다.

③ 시료의 종류에 따라 분무기의 종류를 바꾸거나, 시료의 희석, 매질 일치법, 내부표준법, 농축분리법을 사용하여 간섭을 최소화한다.

(2) 이온화 간섭

① 이온화 에너지가 작은 소듐 또는 포타슘 등 알칼리 금속이 공존원소로 시료에 존재 시 플라스마의 전자밀도를 증가시키고, 증가된 전자 밀도는 들뜬 상태의 원자와 이온화된 원자수를 증가시켜 방출선의 세기를 크게 할 수 있다.

② 전자가 이온화된 시료내의 원소와 재결합하여 이온화된 원소의 수를 감소시켜 방출선의 세기를 감소시킨다.

(3) 분광 간섭

측정원소의 방출선에 대해 플라스마의 기체 성분이나 공존 물질에서 유래하는 분광학적 요인에 의해 원래의 방출선의 세기 변동 및 다른 원자 혹은 이온의 방출선과의 겹침 현상이 발생할 수 있으며, 시료 분석 후 보정이 반드시 필요하다.

(4) 기타

플라스마의 높은 온도와 비활성으로 화학적 간섭의 발생가능성은 낮으나, 출력이 낮은 경우 일부 발생할 수 있다.

2. 용어 정의

(1) 발광 세기

금속 원자를 적절한 방법으로 여기 시킨 후, 각 금속의 여기 상태에서 에너지준위가 낮은 상태로 전자가 되돌아가는 과정에서, 각 궤도 간의 에너지 차이가 빛으로 방사될 때 그 빛에너지의 세기이다.

3. 특징

① 원소별 정량한계: 구리 (0.006mg/L), 납 (0.04mg/L), 니켈 (0.015mg/L), 망간 (0.002mg/L)

② 측정항목: 구리, 납, 니켈, 망간, 비소, 아연, 안티몬, 철, 카드뮴, 크롬, 6가 크롬, 바륨, 주석 등

1. 음이온류 – 이온크로마토그래피

(1) 개요

① 목적: 음이온류(F^-, Br^-, NO_2^-, NO_3^-, Cl^-, PO_4^{3-}, SO_4^{2-})를 이온크로마토그래프를 이용하여 분석하는 방법으로, 시료를 $0.2\mu m$ 막 여과지에 통과시켜 고체미립자를 제거한 후 음이온 교환 컬럼을 통과시켜 각 음이온들을 분리한 후 전기전도도 검출기로 측정하는 방법이다.

② 물질별 정량한계

음이온	F^-	Br^-	NO_2^-	NO_3^-	Cl^-	PO_4^-	SO_4^{2-}
정량한계[mg/L]	0.1	0.03	0.1	0.1	0.1	0.1	0.5

(2) 간섭물질

① 머무름 시간이 같은 물질이 존재할 경우, 컬럼 교체, 시료희석 또는 용리액 조성을 바꾸어 방해를 줄일 수 있다.

② 정제수, 유리기구 및 기타 시료 주입 공정의 오염으로 베이스라인이 올라가 분석 대상물질에 대한 양(+)의 오차를 만들거나 검출한계가 높아질 수 있다.

③ $0.45\mu m$ 이상의 입자를 포함하는 시료 또는 $0.20\mu m$ 이상의 입자를 포함하는 시약을 사용할 경우 반드시 여과하여 컬럼과 흐름 시스템의 손상을 방지해야 한다.

(3) 분석기기 및 기구

검출기, 분리컬럼, 시료주입부, 제거장치(억제기), 펌프

2. 음이온류–이온전극법

(1) 개요

① 목적: 불소, 시안, 염소 등을 이온전극법을 이용하여 분석하는 방법으로 시료에 이온강도 조절용 완충용액을 넣어 pH를 조절하고 전극과 비교전극을 사용하여 전위를 측정하고 그 전위차로부터 정량하는 방법이다.

② 간섭물질: 황화물이온 등이 존재하면 염소이온의 분석에 방해가 될 수 있다.

(2) 분석기기 및 기구

① 비교전극: 일반적으로 내부전극으로 염화제일수은 전극(칼로멜 전극) 또는 은－염화은 전극이 많이 사용된다.

② 이온전극: 이온전극은 이온에 대한 고도의 선택성이 있고, 이온농도에 비례하여 전위를 발생할 수 있는 전극으로서 감응막의 구성에 따라 유리막 전극, 고체막 전극, 액체막 전극, 격막형 전극으로 구분된다.

③ 자석교반기: 교반에 의하여 열이 발생하여 액온에 변화가 일어나서는 안 되며, 회전속도가 일정하게 유지될 수 있는 것이어야 한다.

④ 저항 전위계 또는 이온측정기: 저항 전위계 또는 이온측정기는 mV까지 읽을 수 있는 고압력 저항 측정기여야 한다.

3. 기타물질 기체크로마토그래피

물질의 종류	특징
알킬수은	• 정량한계: 0.0005mg/L • 운반기체: 순도 99.999% 이상의 질소 또는 헬륨 • 운반기체의 유속범위: 30~80mL/min • 검출기 및 검출기 온도: 전자포획검출기(ECD) 사용, 온도 140~200℃
유기인	• 정량한계: 0.0005mg/L • 운반기체: 순도 99.999% 이상의 질소 또는 헬륨 • 운반기체의 유속범위: 0.5~3mL/min • 검출기 및 검출기 온도: 불꽃광도검출기(FPD) 또는 질소인검출기(NPD) 사용, 온도 270~300℃
석유계 총탄화수소	• 정량한계: 0.2mg/L • 운반기체: 순도 99.999% 이상의 질소 또는 헬륨 • 운반기체의 유속범위: 0.5~5mL/min • 검출기 및 검출기 온도: 불꽃이온화검출기(FID) 사용, 온도 280~320℃
PCB (polychlorinated biphenyl)	• 정량한계: 0.0005mg/L • 운반기체: 순도 99.999% 이상의 질소 • 운반기체의 유속범위: 0.5~3mL/min • 검출기 및 검출기 온도: 전자포획검출기(ECD) 사용, 온도 270~320℃

KEYWORD 13 생물화학적 산소요구량(BOD)과 화학적 산소요구량(COD)

1. 생물화학적 산소요구량(BOD)

(1) 목적

물속에 존재하는 생물화학적 산소요구량을 측정하기 위하여 시료를 20℃에서 5일간 저장하여 두었을 때 시료 중의 호기성 미생물의 증식과 호흡작용에 의하여 소비되는 용존산소의 양으로부터 측정하는 방법이다.

(2) 분석방법

① 시료(또는 전처리한 시료)의 예상 BOD값으로부터 단계적으로 희석배율을 정하여 3~5종의 희석시료를 2개를 한 조로 하여 조제한다. 예상 BOD값에 대한 사전경험이 없을 때에는 희석하여 시료를 조제한다. 오염정도가 심한 공장폐수는 0.1~1.0%, 처리하지 않은 공장폐수와 침전된 하수는 1~5%, 처리하여 방류된 공장폐수는 5~25%, 오염된 하천수는 25~100%의 시료가 함유되도록 희석 조제한다.

② 5일 저장기간 동안 산소의 소비량이 40~70% 범위 안의 희석 시료를 선택하여 초기용존산소량과 5일간 배양한 다음 남아 있는 용존산소량의 차로부터 BOD를 계산한다.

(3) 농도계산

① 식종하지 않은 시료

$$BOD[mg/L] = (D_1 - D_2) \times P$$

- D_1: 15분간 방치된 후의 희석(조제)한 시료의 DO[mg/L]
- D_2: 5일간 배양한 다음의 희석(조제)한 시료의 DO[mg/L]
- P: 희석시료 중 시료의 희석배수(희석시료량/시료량)

② 식종희석수를 사용한 시료

$$BOD[mg/L] = [(D_1 - D_2) - (B_1 - B_2) \times f] \times P$$

- D_1: 15분간 방치된 후의 희석(조제)한 시료의 DO[mg/L]
- D_2: 5일간 배양한 다음의 희석(조제)한 시료의 DO[mg/L]
- B_1: 식종액의 BOD를 측정할 때 희석된 식종액의 배양전 DO[mg/L]
- B_2: 식종액의 BOD를 측정할 때 희석된 식종액의 배양후 DO[mg/L]
- f: 희석시료 중의 식종액 함유율과 희석한 식종액 중의 식종액 함유율의 비
- P: 희석시료 중 시료의 희석배수(희석시료량/시료량)

2. 화학적 산소요구량(COD) – 산성 과망간산칼륨법, 알칼리성 과망간산칼륨법, 다이크롬산포타슘법

(1) 목적

① 산성 과망간산칼륨법: 물속에 존재하는 화학적 산소요구량을 측정하기 위하여 시료를 황산산성으로 하여 과망간 산칼륨 일정과량을 넣고 30분간 수욕상에서 가열반응 시킨 다음 스비된 과망간산칼륨량으로부터 이에 상당하는 산소의 양을 측정하는 방법이다.

② 알칼리성 과망간산칼륨법: 물속에 존재하는 화학적 산소요구량을 측정하기 위하여 시료를 알칼리성으로 하여 과 망간산칼륨 일정과량을 넣고 60분간 수욕상에서 가열반응 시키고 요오드화칼륨 및 황산을 넣어 남아있는 과망간 산칼륨에 의하여 유리된 요오드의 양으로부터 산소의 양을 측정하는 방법이다.

③ 다이크롬산포타슘법: 포타슘 시료를 황산산성으로 하여 다이크롬산-포타슘 일정과량을 넣고 2시간 가열반응 시킨 다음 소비된 다이크롬산포타슘의 양을 구하기 위해 환원되지 않고 남아 있는 다이크롬산포타슘을 황산제일철암모 늄용액으로 적정하여 시료에 의해 소비된 다이크롬산프타슘을 계산하고 이에 상당하는 산소의 양을 이용하여 화 학적 산소요구량을 측정하는 방법이다.

(2) 농도계산

① 산성 과망간산칼륨법

$$COD[mg/L] = (b-a) \times f \times \frac{1,000}{V} \times 0.2$$

- a: 바탕시험 적정에 소비된 과망간산칼륨 용액의 양[mL]
- b: 시료의 적정에 소비된 과망간산칼륨 용액의 양[mL]
- f: 과망간산칼륨 용액의 농도계수(factor)
- V: 시료의 양[mL]

② 알칼리성 과망간산칼륨법

$$COD[mg/L] = (a-b) \times f \times \frac{1,000}{V} \times 0.2$$

- a: 바탕시험 적정에 소비된 티오황산나트륨 용액의 양[mL]
- b: 시료의 적정에 소비된 티오황산나트륨 용액의 양[mL]
- f: 티오황산나트륨 용액의 농도계수(factor)
- V: 시료의 양[mL]

③ 다이크롬산칼륨법

$$COD[mg/L] = (b-a) \times f \times \frac{1,000}{V} \times 0.2$$

- a: 시료의 적정에 소비된 황산제일철암모늄 용액의 양[mL]
- b: 바탕시료에 소비된 황산제일철암모늄 용액의 양[mL]
- f: 황산제일철암모늄 용액의 농도계수(factor)
- V: 시료의 양[mL]

1. 대장균

시험방법	시험원리
총대장균군 – 막여과법	• 페트리접시에 배지를 올려놓은 다음 20~80개의 세균 집락을 형성하도록 하며, 한 여과 표면 위의 모든 형태의 집락수가 200개 이상의 집락이 형성되지 않도록 하여야 한다. 총대장균군의 배양온도는 $(35\pm0.5)^{\circ}C$이다. • 배양 후 금속성 광택을 띠는 적색이나 진한적색 계통의 집락을 계수하며, 집락 수가 20~80개의 범위에 드는 것을 선정하여 다음의 식에 의해 계산한다. $$총대장균군수/100mL = \frac{생성된집락수}{여과한시료량[mL]} \times 100$$
총대장균군 – 시험관법	시료 또는 희석된 시료를 다람시험관이 들어있는 추정시험용 배지에 접종하여 배양하는 추정시험 방법과 접종루프를 사용하여 무균적으로 이식하는 확정시험 방법으로 나뉘며 추정시험이 양성일 경우 확정시험을 시행한다.
총대장균군 – 평판집락법	페트리접시의 배지표면에 평판집락법 배지를 굳힌 후 배양한 다음 진한 적색의 전형적인 집락을 계수하는 방법이다.
총대장균군 – 효소기질정량법	상용화된 용기와 시약을 사용하고 무균조작으로 시료와 효소기질 시약을 넣어 완전히 혼합하고 배양 후 발색이 확인되면 총대장균군 양성으로 판정하여 정량한다.
총대장균군 – 건조필름법	시료를 희석하고 시험용액 1mL씩 2매 이상 총대장균군 건조필름배지에 접종한 후 배양온도 $(35\pm0.5)^{\circ}C$에서 (24 ± 2)시간 배양한 다음 양성 집락수를 계산하고 그 평균집락 수에 희석배수를 곱하여 총대장균군 수를 산출한다.
분원성대장균군 – 막여과법	페트리접시에 배지를 올려놓은 다음 배양 후 여러 가지 색조를 띠는 청색의 집락을 계수하는 방법이다. 분원성대장균군의 배양온도는 $(44.5\pm0.2)^{\circ}C$이다.
분원성대장균군 – 시험관법	희석된 시료를 다람시험관이 들어있는 추정시험용 배지에 접종하여 배양하는 추정시험방법과 접종루프를 사용하여 무균적으로 이식하는 확정시험 방법으로 나뉘며 추정시험이 양성일 경우 확정시험을 시행한다.
분원성대장균군 – 효소기질정량법	상용화된 용기와 시약을 사용하고 무균조작으로 시료와 효소기질 시약을 넣어 완전히 혼합하고 배양 후 발색이 확인되면 분원성대장균군 양성으로 판정하여 정량한다.

* 대장균군 분석방법에는 막여과법, 시험관법, 효소기질정량법이 있다.

용어 CHECK   **총대장균군과 분원성대장균군**
• 총대장균군: 그람음성·무아포성의 간균으로서 락토오스를 분해하여 기체 또는 산을 생성하는 모든 호기성 또는 통성 혐기성균을 말한다.
• 분원성대장균군: 온혈동물의 배설물에서 발견되는 그람음성·무아포성의 간균으로서 44.5℃에서 락토오스를 분해하여 가스 또는 산을 생성하는 모든 호기성 또는 통성 혐기성균을 말한다.

2. 물벼룩 – 급성독성 시험법

⑴ 용어 정의

① 치사: 일정 희석 비율로 준비된 시료에 물벼룩을 투입하여 24시간 경과 후 시험용기를 손으로 살짝 두드려 주고, 15초 후 관찰했을 때 독성물질에 의해 영향을 받아 움직임이 명백하게 없는 상태를 '치사'라 판정한다.

② 유영저해: 일정 희석 비율로 준비된 시료에 물벼룩을 투입하여 24시간 경과 후 시험용기를 손으로 살짝 두드려 주고, 15초 후 관찰했을 때 독성물질에 의해 영향을 받아 움직임이 없을 경우를 '유영저해'로 판정한다. 이때 안테나나 다리 등 부속지를 움직인다 하더라도 유영을 하지 못한다면 '유영저해'로 판정한다.

③ 반수영향농도(EC_{50} 값): 투입 시험생물의 50%가 치사 혹은 유영저해를 나타낸 농도이다.

④ 생태독성값(TU): 통계적 방법을 이용하여 반수영향농도 EC_{50} 값을 구한 후 100에서 EC_{50} 값을 나눠준 값을 말한다. 이때 EC_{50} 값의 단위는 %이다.

⑤ 지수식 시험방법: 시험기간 중 시험용액을 교환하지 않는 시험을 말한다.

⑥ 표준독성물질: 독성시험이 정상적인 조건에서 수행되는지를 주기적으로 확인하기 위하여 사용하며 다이크롬산포타슘을 이용한다.

(2) 시험생물

① 시험생물은 물벼룩은 *Daphnia magna Straus*를 사용하도록 하며, 출처가 명확하고 건강한 개체를 사용한다.

② 물벼룩은 배양 상태가 좋을 때 7~10일 사이에 첫 새끼를 부화하게 되는데 이때 부화한 새끼는 시험에 사용하지 않고 같은 어미가 약 네 번째 부화한 새끼부터 시험에 사용하여야 한다.

③ 시험하기 2시간 전에 먹이를 충분히 공급하여 시험 중 먹이가 주는 영향을 최소화하도록 한다.

④ 물벼룩을 폐기할 경우에는 망으로 걸러 살아있는 상태로 하수구에 유입되지 않도록 주의해야한다.

⑤ 배양액을 교체해주거나 정해진 희석배율의 시험수에 시험생물을 옮겨 주입할 때에는 시험생물이 공기 중에 노출되는 시간을 가능한 한 짧게 한다.

⑥ 태어난 지 24시간 이내의 시험생물일지라도 가능한 한 크기가 동일한 시험 생물을 시험에 사용한다.

⑦ 평상 시 물벼룩 배양에서 하루에 배양 용기 내 전체 물벼룩 수의 10% 이상이 치사한 경우 어미개체를 폐기하고 이들로부터 생산된 어린 물벼룩은 시험생물로 사용하지 않는다.

3. 식물성플랑크톤 – 현미경 계수법

(1) 식물성 플랑크톤

운동력이 없거나 극히 적어 수체의 유동에 따라 수체 내에 부유하면서 생활하는 단일 개체, 집락성, 선상형태의 광합성 생물을 총칭한다.

(2) 분석기기 및 기구

① 광학현미경 또는 위상차현미경: 1,000배율까지 확대 가능한 현미경을 사용한다.

② 대물마이크로미터(stage micrometer): 눈금이 새겨져 있는 평평한 판으로, 현미경으로 물체의 길이를 측정하고자 할 때 쓰는 도구로 접안마이크로미터 한 눈금의 길이를 계산하는 데 사용한다.

③ 세즈윅 – 라프터(Sedgwick – Rafter) 챔버: 길이 50mm, 폭 20mm, 깊이 1mm이며 부피 1mL인 챔버를 사용한다.

④ 접안마이크로미터(ocular micrometer): 둥근 유리에 새겨진 눈금으로 접안렌즈에 부착하여 사용한다. 현미경으로 물체의 길이를 측정할 때 사용한다.

⑤ 커버글라스: 길이 55mm, 폭 24mm 또는 길이 21mm, 폭 21mm를 사용한다.

⑥ 팔머 – 말로니(Phalmer – Maloney) 챔버: 직경 17mm, 깊이 0.4mm이며 부피 0.1mL인 챔버를 사용한다.

⑦ 혈구계수기: 슬라이드글라스의 중앙에 격자모양의 계수 구역이 상하 2개로 구분되어 있으며, 계수 구역에는 격자모양으로 구분이 되어 있어 각 격자 구역 내의 침전된 조류를 계수한 후 mL 당 총 세포수를 환산한다.

항목별 측정방법에 따른 측정원리 및 적용범위

항목	측정방법	측정원리 및 적용범위
암모니아성 질소	자외선/가시선 분광법	암모니아성 질소를 측정하기 위하여 암모늄이온이 하이포염소산의 존재하에서, 페놀과 반응하여 생성하는 인도페놀의 청색을 630nm에서 측정하는 방법
	이온전극법	시료에 수산화나트륨을 넣어 pH 11~13으로 하여 암모늄이온을 암모니아로 변화시킨 다음 암모니아 이온전극을 이용하여 암모니아성 질소를 정량하는 방법
	적정법	암모니아성 질소를 측정하기 위하여 시료를 증류하여 유출되는 암모니아를 황산 용액에 흡수시키고 수산화나트륨용액으로 잔류하는 황산을 적정하여 암모니아성 질소를 정량하는 방법
아질산성 질소	자외선/가시선 분광법	아질산성 질소를 측정하기 위하여, 시료 중 아질산성 질소를 설퍼닐아마이드와 반응시켜 디아조화하고 α-나프틸에틸렌디아민이염산염과 반응시켜 생성된 디아조화합물의 붉은색의 흡광도 540nm에서 측정하는 방법
	이온크로마토그래피	시료를 $0.2\mu m$ 막 여과지에 통과시켜 고체 미립자를 제거한 후 음이온 교환 컬럼을 통과시켜 각 음이온들을 분리한 후 전기전도도 검출기로 측정하는 방법
질산성 질소	자외선/가시선 분광법 – 부루신법	질산성 질소를 측정하기 위하여 황산 산성 ($13N\ H_2SO_4$ 용액, 100℃)에서 질산 이온이 부루신과 반응하여 생성된 황색화합물의 흡광도를 410nm에서 측정하여 질산성 질소를 정량하는 방법
	자외선/가시선 분광법 – 활성탄흡착법	질산성질소를 측정하기 위하여 pH 12 이상의 알칼리성에서 유기물질을 활성탄으로 흡착한 다음 혼합 산성액으로 산성으로 하여 아질산염을 은폐시키고 질산성 질소의 흡광도를 215nm에서 측정하는 방법
	이온크로마토그래피	시료를 $0.2\mu m$ 막 여과지에 통과시켜 고체 미립자를 제거한 후 음이온 교환 컬럼을 통과시켜 각 음이온들을 분리한 후 전기전도도 검출기로 측정하는 방법
	데발다합금 환원증류법	질산성 질소를 측정하기 위하여 아질산성 질소를 설퍼민산으로 분해 제거하고 암모니아성 질소 및 일부 분해되기 쉬운 유기질소를 알칼리성에서 증류제거한 다음 데발다합금으로 질산성 질소를 암모니아성 질소로 환원하여 이를 암모니아성 질소 시험방법에 따라 시험하고 질산성 질소의 농도를 환산하는 방법으로 지표수, 폐수 등에 적용할 수 있음
총질소	자외선/가시선 분광법 – 산화법	총질소를 측정하기 위하여 시료 중 모든 질소화합물을 알칼리성 과황산칼륨을 사용하여 120℃ 부근에서 유기물과 함께 분해하여 질산이온으로 산화시킨 후 산성상태로 하여 흡광도를 220nm에서 측정하여 총질소를 정량하는 방법
	자외선/가시선 분광법 – 카드뮴 · 구리 환원법	시료중의 질소화합물을 알칼리성 과황산칼륨의 존재하에 120℃에서 유기물과 함께 분해하여 질산이온으로 산화시킨 다음 산화된 질산이온을 다시 카드뮴 · 구리환원 컬럼을 통과시켜 아질산이온으로 환원시키고 아질산성 질소의 양을 구하여 총질소로 환산하는 방법
	자외선/가시선 분광법 – 환원증류 · 킬달법	시료에 데발다합금을 넣고 알칼리성에서 증류하여 시료 중의 무기질소를 암모니아로 환원 유출시키고, 다시 잔류시료 중의 유기질소를 킬달 분해 한 다음 증류하여 암모니아로 유출시켜 각각의 암모니아성 질소의 양을 구하고 이들을 합하여 총질소를 정량하는 방법
	연속흐름법	시료 중 모든 질소화합물을 산화분해하여 질산성 질소(NO_3^-) 형태로 변화시킨 다음 카드뮴-구리환원 컬럼을 통화시켜 아질산성 질소의 양을 550nm 또는 기기에서 정해진 파장에서 측정하는 방법

항목	측정방법	측정원리 및 적용범위
인산염인	자외선/가시선 분광법 – 이염화주석환원법	인산이온이 몰리브덴산 암모늄과 반응하여 생성된 몰리브덴산인 암모늄을 이염화주석으로 환원하여 생성된 몰리브덴 청의 흡광도를 690nm에서 측정하는 방법
	자외선/가시선 분광법 – 아스코빈산환원법	몰리브덴산암모늄과 반응하여 생성된 몰리브덴산인암모늄을 아스코빈산으로 환원하여 생성된 몰리브덴 청의 흡광도를 880nm에서 측정하여 인산염인을 정량하는 방법
	이온크로마토그래피	지하수, 지표수, 폐수 등을 이온교환 컬럼에 고압으로 전개시켜 분리되는 인산염인을 분석하는 방법
페놀	자외선/가시선 분광법	증류한 시료에 염화암모늄–암모니아 완충용액을 넣어 pH 10으로 조절한 다음 4–아미노안티피린과 헥사시안화철(Ⅰ)산칼륨을 넣어 생성된 붉은색의 안티피린계 색소의 흡광도를 측정하는 방법으로 수용액에서는 510nm, 클로로폼 용액에서는 460nm에서 측정
	연속흐름법	페놀 및 그 화합물을 분석하기 위하여 증류한 시료에 염화암모늄–암모니아 완충용액을 넣어 pH 10으로 조절한 다음 4–아미노안티피린과 헥사시안화철(Ⅱ)산칼륨을 넣어 생성된 붉은색의 안티피린계 색소의 흡광도를 510nm 또는 기기에서 정해진 파장에서 측정하는 방법
시안	자외선/가시선 분광법	시료를 pH 2 이하의 산성에서 가열 증류하여 시안화물 및 시안착화합물의 대부분을 시안화수소로 유출시켜 포집한 다음 포집된 시안이온을 중화하고 클로라민–T를 넣어 생성된 염화시안이 피리딘–피라졸론 등의 발색시약과 반응하여 나타나는 청색을 620nm에서 측정하는 방법
	이온전극법	pH 12~pH 13의 알칼리성에서 시안이온전극과 비교전극을 사용하여 전위를 측정하고 그 전위차로부터 시안을 정량하는 방법
	연속흐름법	시료를 산성상태에서 가열 증류하여 시안화물 및 시안착화합물의 대부분을 시안화수소로 유출시켜 포집한 다음 포집된 시안이온을 중화하고 클로라민–T를 넣어 생성된 염화시안이 발색시약과 반응하여 나타나는 청색을 620nm 또는 기기에 따라 정해진 파장에서 분석하는 시험방법
음이온계면 활성제	자외선/가시선 분광법	메틸렌블루와 반응시켜 성성된 청색의 착화합물을 클로로폼으로 추출하여 흡광도를 650nm에서 측정하는 방법
	연속흐름법	물속에 존재하는 음이온 계면활성제가 메틸렌블루와 반응하여 생성된 청색의 착화합물을 클로로폼 등으로 추출하여 650nm 또는 기기의 정해진 흡수 파장에서 흡광도를 측정하는 방법

안전 및 환경관리

위험성 평가

1. 개요

(1) 정의

① 사업주가 스스로 유해·위험요인의 위험성 수준을 결정하여, 위험성을 낮추기 위한 적절한 조치를 마련하고 실행하는 과정을 말한다.

② 유해·위험요인을 파악하고 그 요인에 의한 부상 또는 질병의 발생 가능성과 중대성을 결정하고 감소대책을 수립하여 실행한다.

(2) 주체 및 역할

① 사업주가 주체가 되어 사업자의 주도로 총괄 관리한다.

② 안전보건관리책임자, 관리감독자, 안전 및 보건관리자, 일반 작업자 및 근로자 등이 각자의 역할을 분담하고 수행한다.

  ㉠ 안전보건관리책임자: 위험성 평가의 실시를 총괄 관리한다.

  ㉡ 관리감독자: 유해·위험요인 파악 및 개선 조치한다.

  ㉢ 안전 및 보건관리자: 위험성 평가 실시에 관한 보좌 및 지도한다.

  ㉣ 일반 작업자 및 근로자: 작업 대상 유해·위험요인 파악 및 감소대책 수립 시 직접 참여하여 수행한다.

2. 평가 절차

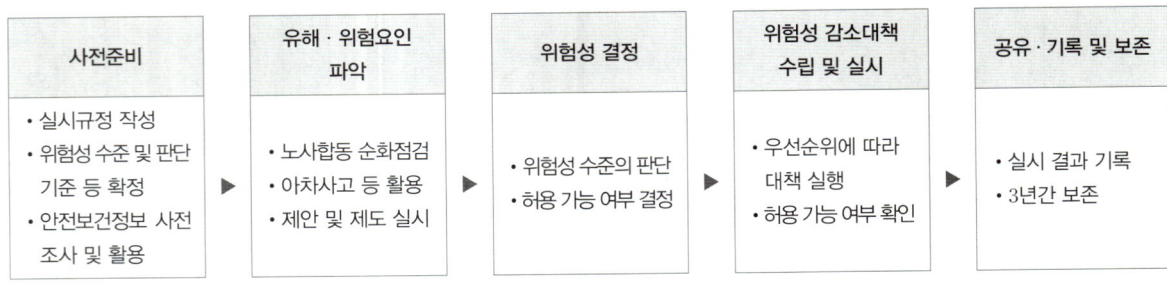

사전준비	유해·위험요인 파악	위험성 결정	위험성 감소대책 수립 및 실시	공유·기록 및 보존
• 실시규정 작성 • 위험성 수준 및 판단 기준 등 확정 • 안전보건정보 사전 조사 및 활용	• 노사합동 순화점검 • 아차사고 등 활용 • 제안 및 제도 실시	• 위험성 수준의 판단 • 허용 가능 여부 결정	• 우선순위에 따라 대책 실행 • 허용 가능 여부 확인	• 실시 결과 기록 • 3년간 보존

1. 개요

① 화학물질의 유해·위험성, 취급방법, 응급조치 등을 설명한 자료르, 사업주는 MSDS에 따라 화학물질을 관리하고 근로자는 화학사고 또는 직업병 등 산업재해로부터 대응하는 더 사용한다.

② 흔히 화학물질 설명서라고 정의할 수 있으며, 사업주가 유해 위험성 등에 관한 설명서를 작성하여 보기 쉬운 작업 장소에 비치한다.

③ 유해화학물질로부터 근로자의 건강을 보호하기 위해 물질을 담은 용기에 경고표지를 부착하도록 하는 등 이를 취급하는 근로자에게 유해 위험성 등을 정확하게 알도록 교육시키는 제도가 필요하다.

2. 작성 방법

(1) 구성 항목

MSDS에는 16개의 항목 및 72개의 세부사항이 포함되어 있다.

① 화학제품과 회사에 관한 정보	⑨ 폭발·화재 시 대처방법
② 구성성분의 명칭 및 함유량	⑩ 누출 사-고 시 대처방법
③ 유해성·위험성	⑪ 폐기 ㅅ 주의사항
④ 안정성·반응성	⑫ 환경에 미치는 영향
⑤ 물리화학적 특성	⑬ 노출방지 및 개인보호구
⑥ 독성에 관한 정보	⑭ 운송에 필요한 정보
⑦ 취급 및 저장방법	⑮ 법적 규제현황
⑧ 응급조치 요령	⑯ 그 밖으 참고사항

(2) 작성법 및 제출

① 물질안전보건자료 대상물질 제조·수입 관련 종사자는 제조·수입 전에 MSDS를 작성하여 제출해야 한다.

② 작성 시 한글로 작성하는 것이 원칙이며, 화학 물질명, 외국 기관명 등의 고유명사는 영어로 표기할 수 있다. 또한, 실험실에서 시험, 연구목적으로 사용하는 시약의 경우 MSDS가 외국어일 경우 한국어로 번역하지 않는다.

③ 제출시기

　㉠ 기존 작성 MSDS 경우: 산업안전보건법 표에 따라 물질안전보건자료 대상물질의 연간 제조량 또는 수입량에 의해 부여되는 유예기간 내에 제출한다.

　㉡ 신규 작성 MSDS 경우: 물질안전보건자료 대상물질을 제조하거나 수입하기 전에 제출한다.

고득점 POINT　사업주의 MSDS 이행사항

1. MSDS 확보 및 비치
2. 근로자에 대한 교육
3. 사업장 내 사용되는 모든 대상 화학물질에 대한 MSDS를 다음 장소 중 하나 이상의 장소에 게시 및 점검·관리
   - 대상 화학물질 취급 공정내
   - 안전사고 또는 직업병 발생 우려가 있는 장소
   - 사업장 내 근로자가 가장 보기 쉬운 장소

1. 실험실 안전 관리

(1) 안전원칙

① 위험성을 가진 작업을 할 때는 적절한 보호구를 착용한다. (실험복, 보안경, 보안면, 안전장갑, 안전화, 보호의 등)

② 위험, 유독, 휘발성 있는 화학약품은 후드 내에서 사용한다.

③ 실험실에서 문제가 발생되었을 때 연락할 수 있도록 연구(실험)책임자의 연락처와 위험성, 응급조치요령 등을 명시한 기록표를 부착하여야 한다.

④ 모든 위험물 용기에는 위험성 표지를 부착하여 안전하게 사용해야 한다.

⑤ 사고 발생 시 근처에 있는 사람에게 알리고 건물에서 피난 시 화재경보를 울리고, 지체 없이 가까운 출구로 빠져나가도록 한다. 단, 절대 승강기 이용은 삼가도록 한다.

⑥ 사고 발생 시 지체 없이 안전담당부서에 전화를 하여 조치하도록 하고 실험실 책임자에게 보고하여야 한다.

(2) 안전장치

① 세안장치: 실험실 내의 모든 인원이 쉽게 접근하고 사용할 수 있도록 실험실의 모든 장소에서 15m 이내, 또는 15초~30초 이내에 도달할 수 있는 위치에 확실히 알아볼 수 있는 표시와 함께 설치되어 있어야 하며, 실험실 작업자들은 그들의 눈을 감은 상태에서 가장 가까운 세안장치에 도착될 수 있어야 한다.

② 샤워장치: 화학물질이 피부나 옷에 튀거나 묻었을 때 샤워장치로 씻어낸다. 샤워장치는 화학물질 (산, 알칼리, 기타 부식성물질)이 있는 곳에는 반드시 설치하여야 하며 모든 사람들이 이용할 준비가 되어 있어야 한다.

③ 소방안전설비

　　㉠ 경보장치: 실험실 내 인원들에게 위험사항을 신속히 알릴 수 있어야 한다. 모든 연구원, 근무자들은 그들의 실험실에 가장 가까운 화재경보기의 정확한 위치를 잘 알고있어야 한다.

　　㉡ 소화기: 소화기는 적합한 표시에 의하여 확실히 구분되어야 하며 출입구 가까운 벽에 안전하게 설치되어 있어야 한다. 모든 소화기들은 매 12개월 마다 시일상태, 손상여부, 압력저하, 설치불량 등을 점검한다.

　　㉢ 화재담요: 작은 불을 끄거나 화재 시 발생하는 고온으로부터 보호하기 위하여 실험자의 몸을 감싸기 위한 것이다.

　　㉣ 모래, 흡착제

　　㉤ 스프링클러: 실험실 용품들은 스프링클러 헤드에서 적어도 50cm 이상 떨어진 곳에 위치하도록 한다.

2. 실험폐기물 관리

(1) 일반 원칙

① 화학폐기물 수집 용기는 반드시 운반 및 부피 측정이 용이한 플라스틱 용기를 사용하여야 한다.

② 수집용기 외부에는 부서명과 호실, 전화번호, 품명, 특성 및 주의사항 등을 기록한 "특정폐기물" 스티커를 부착한다.

③ 화학폐기물을 수집할 때는 폐산, 폐알칼리, 폐유기용제(할로겐족, 비할로겐족) 폐유 등 종류별로 구분하여 수집하여야 하며, 절대로 하수구나 싱크대에 버려서는 안된다.

④ 수집한 화학폐기물 용기는 직사광선을 피하고 통풍이 잘되는 곳을 "폐기물 보관장소"로 지정하여 보관하여야 하며 복도, 계단 등에 방치하여서는 안된다.

⑤ 화학폐기물 취급 및 보관 장소에는 "금연", "화기취급엄금" 표지와 "폐기물 보관수칙"을 부착한다.

⑥ 수집 · 보관된 화학폐기물 용기는 폐액의 유출 · 악취가 발생되지 않도록 2중 마개로 닫는 등 필요한 조치를 하여야 한다.

(2) 처리상의 일반적 기준

① 폐액에 의하여서는 처리 중 유독기체의 발생 또는 발열, 폭발 등의 위험을 동반하는 일이 있으므로 처리 전에 폐액의 성질을 충분히 조사하고, 첨가하는 약재를 소량씩 넣는 등 주의하면서 처리해야 한다.

② 다음 폐액은 서로 혼합하여서는 안 된다.

　㉠ 과산화물과 유기물

　㉡ 사이안화물, 황화물, 차아염소산염과 산

　㉢ 염산, 플루오린화수소산 등의 휘발성산과 비휘발성산

　㉣ 진한 황산, 설폰산, 옥살산, 폴리인산 등의 산과 기타 산

　㉤ 암모늄염, 휘발성 아민과 알칼리

③ 악취가 나는 머캡탄, 아민 등의 폐액, 유독기체를 발생하는 사이안, 포스겐 등의 폐액 및 인화성이 강한 이황화탄소(CS_2), 에테르 등의 폐액은 누설되지 않도록 적당한 처리를 강구하여 조기에 처리한다.

④ 과산화물, 나이트로글리세린 등의 폭발성 물질을 함유하는 폐액은 보다 신중하게 취급하고 조기 처리한다.

⑤ 착이온, 킬레이트(chelate) 생성제 등을 포함한 폐액은 간단한 제거제로는 처리가 어려운 경우가 많으므로 적당한 처리를 강구하여 일부가 무 처리 상태로 방출되는 일이 없도록 주의한다.

⑥ 사이안 분해를 위해 차아염소산소듐의 첨가에 의한 유리염소, 황화물 침전법에 의한 수용성 황화물 등에 의해 처리 후의 폐수가 유해하게 될 때도 있다. 따라서 이것들을 더욱 후처리할 필요가 있다.

⑦ 폐액처리에 필요한 약제를 절감하기 위해 폐크로뮴산 혼액을 유기물의 분해에 폐산 · 폐알칼리를 각각 중화제로 이용하여 적극적인 폐액의 재활용을 고려한다.

⑧ 크로뮴산혼액 등 유해 폐액을 배출하는 약제 대신에 무해 또는 처리 용이한 대체품을 적극적으로 이용한다.

⑨ 메탄올, 에탄올, 아세톤, 벤젠 등 비교적 다량으로 사용하는 용매는 원칙적으로 회수하여 재활용한다.

종류별 실험 폐약의 처리법

실험 폐약	처리법
6가크로뮴 함유 폐액	• 보호안경, 고무장갑의 착용, 후드장치 속에서 실험한다. • Cr(Ⅵ)을 Cr(Ⅲ)로 환원한 후 타 중금속 폐액과 같이 처리하여도 된다. • 크로뮴산 혼합액은 강산성이므로 약 1%로 희석한 후 환원시킨다. 더욱이 이미 환원되어 녹색으로 변해 있을 때는 Cr(Ⅵ)이 검출되지 않음을 확인한 후에 시작한다. • 처리법으로는 환원중화법, 흡착법 등이 있다.
사이안 함유 폐액	• 유독기체를 방출할 염려가 있으며, 폐액은 알칼리성으로 한다. • 난분해성 사이안화합물(Zn, Cu, Cd, Ni, Co, Fe의 사이안화합물), 유기사이안화합물의 폐액은 별도로 수집하여 처리를 해야 한다. • 중금속 함유 폐액에서는 사이안 분해 후, 적합한 방법으로 중금속의 처리를 해야 한다. • 처리법으로는 알칼리염소법, 전해산화법, 오존산화법 등이 있다.
카드뮴을 비롯한 납 함유 폐액	• 2종 이상의 중금속을 함유할 때는 최적 pH 값이 다르므로, 처리 후의 폐액에 주의가 필요하다. • 다량의 유기물 또는 사이안을 함유하는 것, 또는 착이온을 형성하는 물질을 함유할 때는 미리 분해하여 제거해 두어야 한다. • 처리법으로는 수산화물공침법, 황화침전법, 흡착법 등이 있다.
비소 함유 폐액	• 삼산화비소(As_2O_3)는 극히 유독하고 치사량은 0.1g이다. 따라서 신중하게 취급해야 한다. • 유기 화합물을 함유할 때는 산화분해 후 처리한다. • 처리법으로는 수산화물공침법이 있다.
수은 함유 폐액	• 독성이 강하고, 미생물 등의 작용으로 더욱 독성이 강한 유기수은이 되므로, 취급에는 만전을 기해야 한다. • 알킬수은 등의 유기수은을 함유한 것은 분해하여 무기수은으로 처리한다. • 금속수은은 함유하지 않도록 한다. • 처리법으로는 수산화물공침법, 황화물공침법, 탄산염법, 흡착법 등이 있다.
중금속 함유 유기계 폐액	• 중금속 처리에 있어 방해유기물질을 산화, 흡착 등 적당한 방법으로 하여 제거한 후에 무기계 폐액으로써 처리한다. • 처리법으로는 소각법, 산화분해법, 활성탄 흡착법 등이 있다.
산화환원제 함유 폐액	• 원칙적으로 산화, 환원제는 별도로 수집하지만 위험성이 없을 때는 함께 하여도 무방하다. • 크로뮴산염은 Cr(Ⅵ)를 포함해서 처리한다. • 중금속을 함유하고 있는 것은 중금속 함유 폐액으로 처리한다. • 유해물질을 함유하고 있지 않은 1% 이하의 농도의 폐액은 중화 후 방류한다.
플루오린 함유 폐액	• 소석회 슬러리를 충분히 알칼리성이 되도록 가하고, 잘 교반한 후 하루를 방치한 뒤 여과한다. • 여액은 폐액으로 처리한다. 이 처리는 농도를 8ppm(μg/g) 이하로 할 수는 없다. • 플루오린 농도를 더욱 감소시키기 위해서는 음이온 교환수지를 사용한다.

삶의 순간순간이
아름다운 마무리이며
새로운 시작이어야 한다.

– 법정 스님

여러분의 작은 소리
에듀윌은 크게 듣겠습니다.

본 교재에 대한 여러분의 목소리를 들려주세요.
공부하시면서 어려웠던 점, 궁금한 점,
칭찬하고 싶은 점, 개선할 점, 어떤 것이라도 좋습니다.

에듀윌은 여러분께서 나누어 주신 의견을
통해 끊임없이 발전하고 있습니다.

에듀윌 도서몰 book.eduwill.net
- 부가학습자료 및 정오표: 에듀윌 도서몰 → 도서자료실
- 교재 문의: 에듀윌 도서몰 → 문의하기 → 교재(내용, 출간) / 주문 및 배송

2026 에듀윌 수질환경기사 필기 4주끝장

발 행 일	2025년 9월 18일 초판
편 저 자	정윤성
펴 낸 이	양형남
개발책임	목진재
개 발	나현아
펴 낸 곳	(주)에듀윌
I S B N	979-11-360-3982-8
등록번호	제25100-2002-000052호
주 소	08378 서울특별시 구로구 디지털로34길 55 코오롱싸이언스밸리 2차 3층

www.eduwill.net
대표전화 1600-6700

꿈을 현실로 만드는
에듀윌

DREAM

공무원 교육
- 선호도 1위, 신뢰도 1위!
  브랜드만족도 1위!
- 합격자 수 2,100% 폭등시킨
  독한 커리큘럼

자격증 교육
- 9년간 아무도 깨지 못한 기록
  합격자 수 1위
- 가장 많은 합격자를 배출한
  최고의 합격 시스템

직영학원
- 검증된 합격 프로그램과 강의
- 1:1 밀착 관리 및 컨설팅
- 호텔 수준의 학습 환경

종합출판
- 온라인서점 베스트셀러 1위!
- 출제위원급 전문 교수진이
  직접 집필한 합격 교재

어학 교육
- 토익 베스트셀러 1위
- 토익 동영상 강의 무료 제공

콘텐츠 제휴 · B2B 교육
- 고객 맞춤형 위탁 교육 서비스 제공
- 기업, 기관, 대학 등 각 단체에 최적화된
  고객 맞춤형 교육 및 제휴 서비스

부동산 아카데미
- 부동산 실무 교육 1위!
- 상위 1% 고소득 창업/취 업 비법
- 부동산 실전 재테크 성공 비법

학점은행제
- 99%의 과목이수율
- 17년 연속 교육부 평가 인정 기관 선정

대학 편입
- 편입 교육 1위!
- 최대 200% 환급 상품 서비스

국비무료 교육
- '5년우수훈련기관' 선정
- K-디지털, 산대특 등 특화 훈련과정
- 원격국비교육원 오픈

에듀윌 교육서비스 **AI 교육** AI 프롬프트 연구소/AI CLASS(ChatGPT/AICE/노션 AI/중개업 AI 등) **공무원 교육** 9급공무원/소방공무원/계리직공무원 **자격증 교육** 공인중개사/주택관리사/손해평가사/감정평가사/노무사/전기기사/경비지도사/검정고시/소방설비기사/소방시설관리사/사회복지사1급/대기환경기사/수질환경기사/건축기사/토목기사/직업상담사/청소년상담사/전기기능사/산업안전기사/산업위생관리기사/건설안전기사/위험물산업기사/위험물기능사/설비보전기사/에너지관리기사/유통관리사/물류관리사/행정사/한국사능력검정/한경TESAT/매경TEST/KBS한국어능력시험·실용글쓰기/국제무역사/무역영어 **어학 교육** 토익 교재/토익 동영상 강의 **금융/IT/비즈니스** 전산세무회계/ERP정보관리사/재경관리사/정보처리기사/컴퓨터활용능력/SQLD/ADsP **대학 편입** 편입영어·수학/연고대/의약대/경찰대/논술/면접 **직영학원** 공무원학원/소방학원/공인중개사 학원/주택관리사 학원/전기기사 학원/편입학원 **종합출판** 공무원·자격증 수험교재 및 단행본 **학점은행제** 교육부평가인정기관 원격평생교육원(사회복지사2급/경영학/CPA) **콘텐츠 제휴·B2B 교육** 교육 콘텐츠 제휴/기업 맞춤 자격증 교육/대학취업역량 강화 교육 **부동산 아카데미** 부동산 창업CEO/부동산 경매마스터/부동산 컨설팅 **주택취업센터** 실무 특강/실무 아카데미 **국비무료 교육(국비교육원)** 전기기능사/전기(산업)기사/소방설비(산업)기사/IT(빅데이터/자바프로그래밍/파이썬)/게임그래픽/3D프린터/실내건축디자인/웹퍼블리셔/그래픽디자인/영상편집(유튜브) 디자인/온라인 쇼핑몰광고 및 제작(쿠팡, 스마트스토어)/전산세무회계/컴퓨터활용능력/ITQ/GTQ/직업상담사

교육문의 1600-6700 www.eduwill.net

eduwill

2026 에듀윌 수질환경기사
필기 4주끝장 +무료특강

1 **핵심이론, 빈출공식 & 계산문제 해설 무료특강 제공**
　이용경로　에듀윌 도서몰(book.eduwill.net) ▶ 동영상강의실 ▶ '수질환경기사' 검색

2 **빈출공식 & 법령 우선순위 암기노트로 마무리 학습**
　이용경로　교재 내 별책부록 수록

3 **최신 8개년 기출 자동채점으로 합격 진단**
　이용경로　교재 내 QR 코드로 접속

고객의 꿈, 직원의 꿈, 지역사회의 꿈을 실현한다

에듀윌 도서몰
book.eduwill.net
・부가학습자료 및 정오표: 에듀윌 도서몰 > 도서자료실
・교재 문의: 에듀윌 도서몰 > 문의하기 > 교재(내용, 출간) / 주문 및 배송